高等代数解题方法

（第2版）

许甫华　张贤科　编著

清华大学出版社
北京

内容简介

本书是学习高等代数和线性代数的辅导参考书，内容系统深入. 在内容的组织上，以清华版《高等代数学》(张贤科、许甫华编著，第2版2004年)各章为基准，内容有：系统的线性代数学，数与多项式理论，近世代数介绍，变换族(群)，正交几何与辛几何，Hilbert空间，张量积和外积等，共12章. 每章包括：概念和定理介绍；解题方法思路的分析总结；《高等代数学》(第2版)中全部习题的详细分析解答；补充题与解答. 书中融入了作者在中国科学技术大学和清华大学的数学系和非数学系的长期教学经验和科研心得. 本书适用于各类高校学生学习和复习高等代数或线性代数时参考，还适合于各类考试(例如研究生考试)前的复习以及应用代数知识的科技人员学习参考.

图书在版编目(CIP)数据

高等代数解题方法/许甫华，张贤科编著. —2版. —北京：清华大学出版社，2005.11(2025.1重印)
ISBN 978-7-302-11088-0

Ⅰ. 高…　Ⅱ. ①许… ②张…　Ⅲ. 高等代数—高等学校—解题　Ⅳ. O15-44

中国版本图书馆CIP数据核字(2005)第052528号

责任编辑：刘　颖
责任印制：沈　露

出版发行：清华大学出版社
　　网　　址：https://www.tup.com.cn, https://www.wqxuetang.com
　　地　　址：北京清华大学学研大厦A座　　**邮　　编**：100084
　　社 总 机：010-83470000　　**邮　　购**：010-62786544
　　投稿与读者服务：010-62776969，c-service@tup.tsinghua.edu.cn
　　质 量 反 馈：010-62772015，zhiliang@tup.tsinghua.edu.cn
印 装 者：三河市君旺印务有限公司
经　　销：全国新华书店
开　　本：185mm×230mm　　**印　张**：33.5　　**字　　数**：713千字
版　　次：2005年11月第2版　　**印　　次**：2025年1月第13次印刷
定　　价：94.00元

产品编号：015576-04

引　言

本书内容以我们编写的《高等代数学》第2版的章为基准，分为三大部分：基础内容(第1～6章)，深入内容(第7～9章)，选学内容(第10～12章). 各章内容基本分为4个板块：(1)定义与定理；(2)解题方法介绍；(3)《高等代数学》(第2版)中习题与解答；(4)补充题与解答.

此次再版，新增加的内容和习题，有以下几方面：

1. 增加了两章，即正交几何与辛几何(第10章)，Hilbert空间(第11章). 这是《高等代数学》第2版新增的两章. 分别是欧几里得空间和酉空间的发展. 前者的基域可以是任意域(如二元域)，内积可以是奇异的、交错的. Hilbert空间即是无限维的完备的酉空间. 这些内容在数学和许多科学技术，例如信息和编码、量子物理等中都很重要. 连同张量积与外积(第12章)，此3章作为选读参考，不在基础课内讲授. 这部分收入的习题，有些也是信息编码、物理应用(如Minkowski四维时空)的基础.

2. 解答了《高等代数学》第2版增加的习题.

3. 新补充了一批习题及其解答，除了普通习题，还有一些问题是课堂内容的发展、延伸和补充. 介绍了一些不便于写入教材的(因为篇幅限制或不在基础课主线上等原因)，但又很有价值和趣味的内容. 这类补充题主要如下：

第1章：多项式方面，关于正根个数的“笛卡儿符号判则”，关于实根个数的“施图姆(Sturm)定理”，根的范围估计；方程的模素数幂解，即p-adic数和Hensel提升的萌芽；形式幂级数的性质；古希腊直尺圆规作图问题，立方倍积、三等分角不可能性的证明；多元多项式因式分解示例等.

第3章：结式的次数，Bezout定理(关于两曲线交点个数).

第4章：矩阵的各类广义逆与方程组的解.

第5章：线性映射的分解.

第6章：正合序列介绍.

第8章：无限维空间中对偶和伴随映射的关系；二次型与多元二次多项式的分解.

第 9 章：线性变换族(群表示和特征)基础；对偶和伴随变换的各种关系；射影空间介绍；Frobenius 定理(即$\mathbb{R}$上有限维可除代数必为$\mathbb{R}$，$\mathbb{C}$，$\mathbf{H}$之一).

第 10 章：代数编码基础知识，Singleton 界，Griesmer 界等.

作　者

2005 年 5 月于清华园

第1版引言

本书是学习和使用高等代数和线性代数的辅导参考书，内容系统深入．本书适用于各类高校学生学习和复习时参考；并适合各类考试（例如研究生考试）前的复习以及应用代数知识的科学技术人员学习参考．

内容顺序依照《高等代数学》（张贤科，许甫华编著．清华大学出版社．1998年）来安排，包括：系统的线性代数学，数与多项式理论，近世代数介绍，酉空间和内积空间，变换族（群），张量积和外积等，共11章．每章首先介绍概念和定理，然后是解题方法思路分析（绝大部分章均有），接下来逐一详细分析解答《高等代数学》一书收入的大量习题，最后是此次补充的习题和解答．本书对大量各类问题，包括一些难题，作了深入分析，给出详尽解答，并总结了解题方法．许多解题方法简洁巧妙，切入理论本质的理解，是作者多年教学的积累，期望能引导启发读者掌握解决问题的思路和方法，帮助读者克服在高等代数的学习、复习、迎考和应用中遇到的困难，培养学习代数的兴趣，增进对代数理论的深入理解．

第一作者有长期教授"非数学系代数"课程的经验（也有数学系高等代数教学经验），包括理论课和习题课（在中国科学技术大学和清华大学），有许多教学心得和解题方法技巧方面的总结，大多融入了本书．第二作者有长期从事数学系高等代数和其他代数、数论课程的教学及科研经验，使得本书收入了一些综合性强的习题．此次特别在第10章、第11章的补充题中，较系统地介绍了线性空间的"变换族"（变换群）、空间的特征分解、对称平方等群表示论的基础问题，这是许多数学和应用领域常常需要的．

《高等代数学》一书有一些特点，也影响到本书，现将该书前言简述如下：内容较深厚，基础训练得到加强；包含了一些进一步的内容，采用了较新的理论观点．一方面，坐标和矩阵方法使用较多，因为有简洁直接性，可算性，也有助于对抽象概念的理解领悟；另一方面，映射和变换等概念和方法论述也很充分，这是进一步学习和阅读现代文献的基础．为了适应理论和应用两方面的新需求，采用了较新的理论角度，也写进了一些书中不常有的内容，一些地方试探了新的、可能更自然的发展脉络和证法．《高等代数学》一书适于高等学校作为高等代数或者线性代数的教材．可以讲授两学期，每周四学时．也可以只讲授一学期，每周四或三学时，只讲第2～6章及若干介绍（若当形、二次型和欧氏空间，即7.7～7.9，8.1～8.4，9.1～9.3）．带星号的内容一般不作要求．

《高等代数学》一书出版以来，收到全国各地一些读者的来信，反映此书对他们学习帮助很大，其中也有自学、考研究生的同学询问书上习题的解答．这也促使我们下决心编写目前这样一本解题方法方面的书.

本书中分析讨论的问题,数量很大,有各种层次.一方面有许多基础性问题,从多个角度帮助理解理论和概念,锤炼基本方法;另一方面,也有许多层次较高的问题,有助于进一步的学习和应用.不少问题的解答有独特思路和方法,有的是吸收了较新的成果,有些则是作者的心得积累.创新能力和创新意识的提高,人人向往,它需要我们主动地、深入系统地学习和理解现代理论,在实践中不断培养分析和解决问题的能力.我们希望本书在这方面对读者能有所帮助,帮您实现跨越.

不足之处,请批评指正.

作　者

2000年初夏于清华园

目　　录

第1章

数与多项式

1.1 定义与定理

定义 1.1 设 G 是一个非空集合,在 G 中定义了一个二元运算 $*$(即对 G 中任意元素 a,b 在 G 中有唯一元素(记为 $a*b$)与之对应),且满足如下规律:

(1) **封闭性** 对任意 $a,b\in G$,总有 $a*b\in G$;

(2) **结合律** $a*(b*c)=(a*b)*c$ (对任意 $a,b,c\in G$);

(3) 恒元 存在 $e\in G$,使 $e*a=a$ 对所有 $a\in G$ 成立;

(4) 逆元 对任意 $a\in G$,总存在 $b\in G$,使 $b*a=e$.

则称 $(G,*)$ 为**群**,(4)中的 b 称为 a 的逆元,记为 a^{-1},(3)中的 e 称为恒元,也称为单位元.

如果还有对任意 $a,b\in G,a*b=b*a$,则称 $(G,*)$ 为 **Abel 群或交换群**. Abel 群的运算常记为加法(+),恒元常记为 0,称为**零元**,a 的逆元常记为 $-a$ 称为 a 的负元.

定义 1.2 设 R 是一个集合,在 R 上定义了两个二元运算,分别记为加法(+)和乘法($*$),且满足:

(1) $(R,+)$ 是 Abel 群;

(2) $(R,*)$ 是半群,即满足封闭性和结合律;

(3) **分配律** $a*(b+c)=a*b+a*c,(a+b)*c=a*c+b*c$,对任意 $a,b,c\in R$ 成立. 则称 $(R,+,*)$ 为**环**. 如果环 R 对乘法有恒元 e,则称 R 为**含幺环**. 若乘法满足交换律,则称 R 为**交换环**. 在含幺环 R 中,对 $c\in R$,若 $\exists x\in R$ 使得 $xc=cx=e$,则称 x 为 c 的**逆元**,称 c 为**可逆元**.

定义 1.3 设 F 是有两个二元运算(+)和(·)的集合,且满足:

(1) $(F,+)$ 是 Abel 群;

(2) $(F^*,\cdot)$ 是 Abel 群,F^* 指 F 的非 0 元全体;

(3) 分配律.

则称 $(F,+,\cdot)$ 为域.

定义 1.4 若域 F 的子集合 K 对于 F 中的原运算仍是一个域,则称 K 是 F 的**子域**,F 是 K 的扩域,类似有**子群**,**子环**的定义.

定义 1.5　若整数 a 与 b 除以 m 的余数相同,则称 a 与 b 对模 m 同余,记为 $a\equiv b(\bmod m)$.

弃九法:记正整数 a 的十进位表示的各位数字之和除以 9 的余数为 $\bar{a}$,则"弃九法"断言,若 $a\times b=c$,则$\overline{\bar{a}\times\bar{b}}=\bar{c}$;若 $a+b=c$,则$\overline{\bar{a}+\bar{b}}=\bar{c}$.

定理 1.1　整数对模 m 的 m 个同余类构成的集合记为

$$\mathbb{Z}/m\mathbb{Z}=\{l+m\mathbb{Z}\mid l=0,1,\cdots,m-1\}=\{\bar{0},\bar{1},\cdots,\overline{m-1}\},$$

它对如下定义的加法和乘法是一个交换环:

$$\overline{l_1}+\overline{l_2}=\overline{l_1+l_2},\qquad \overline{l_1}\cdot\overline{l_2}=\overline{l_1l_2}.$$

定理 1.2　(1) 当 $m=p$ 为素数时,$\mathbb{Z}/p\mathbb{Z}=\mathbb{F}_p$是域.

(2) 当 m 不是素数时,$\mathbb{Z}/m\mathbb{Z}$ 不是域.此时 $\bar{l}$ 可逆,当且仅当 l 与 m 互素.

引理 1.1　若整数 l 与 m 互素,则存在 $s,t\in\mathbb{Z}$,使得

$$sl+tm=1.$$

定义 1.6　$\mathbb{F}_p=\mathbb{Z}/p\mathbb{Z}=\{\bar{0},\bar{1},\cdots,\overline{p-1}\}$,称为 **$p$ 元(有限)域**(其中 p 为素数,这样的域称为**特征是 p** 的域,对任一元 $\bar{a}\in\mathbb{F}_p$,总有 $\bar{a}+\cdots+\bar{a}=\overline{pa}=\bar{p}\bar{a}=\bar{0}$).

定理 1.3(Fermat)　$\mathbb{F}_p$的元素 x 均满足

$$x^p=x.$$

定理 1.4　域 F 上 X 的多项式形式全体 $F[X]$按如下运算成为交换环(称为多项式形式环)

$$\sum_{i=0}^{\infty}a_iX^i+\sum_{i=0}^{\infty}b_iX^i=\sum_{i=0}^{\infty}(a_i+b_i)X^i,$$

$$\left(\sum_{i=0}^{\infty}a_iX^i\right)\left(\sum_{i=0}^{\infty}b_iX^i\right)=\sum_{i=0}^{\infty}\left(\sum_{i+j=k}a_ib_j\right)X^k.$$

其中 a_i,b_i 只有有限个非零.

系　多项式形式环 $F[X]$中**消去律**成立,即若 $fg=fh$,且 $f\neq0$,则 $g=h$(对任意 $f,g,h\in F[X]$).

定义 1.7　有消去律的含幺交换环称为整环(也是无零因子的含幺交换环).

定理 1.5(带余除法)　对域 F 上任两多项式形式 $f,g\in F[X]$,若 $g\neq0$,则总存在多项式形式 $q,r\in F[X]$使

$$f=gq+r,\quad \deg r<\deg g\quad 或\quad r=0,$$

且 q 和 r 由 f,g 唯一地决定.

定义 1.8　有带余除法的环称为 **Euclid 环**.

定理 1.6　记 f 与 g 的首一最大公因子为(f,g),若 $f=gq+r$,则$(f,g)=(r,g)$(其中 $f,g,q,r\in F[X]$).

定理 1.7 域 F 上任两不全为 0 的多项式形式 $f,g\in F[X]$的最大公因子 d 存在且唯一(不计常数倍);且存在 $u,v\in F[X]$使得

$$uf+vg=d.\quad \text{(Bezout 等式)}$$

系 1 f 与 $g(\in F[X])$互素当且仅当存在 $u,v\in F[X]$使得

$$uf+vg=1.$$

系 2 若 $h|fg$, $(h,g)=1$,则 $h|f$.

系 3 若$(f,g)=1,(f,h)=1$,则$(f,gh)=1$.

系 4 若 $f|h,g|h,(f,g)=1$,则 $fg|h$.

系 5 设 $f_1,\cdots,f_n\in F[X]$,则其首一最大公因子$(f_1,\cdots,f_n)$存在且唯一,且存在 $u_1,\cdots,u_n\in F[X]$使得

$$u_1f_1+\cdots+u_nf_n=(f_1,\cdots,f_n)\qquad \text{(Bezout 等式)}.$$

定义 1.9 若域 F 上的非常数多项式形式 $f\in F[X]$可表示为

$$f=gh\qquad (g,h\in F[X]\text{ 均非常数}),$$

则称 f 在 F 上是**可约的**;否则称 f 是不可约的.

定理 1.8 域 F 上的多项式形式环 $F[X]$是**唯一析因整环**.即对任一非常数多项式 $f\in F[X]$均有

$$f=p_1p_2\cdots p_s,$$

其中 $p_1,\cdots,p_s$ 是不可约多项式,且不计常数倍及 p_i 的次序,此分解是唯一的.

定理 1.9(算术基本定理) 整数环$\mathbb{Z}$是唯一析因环.即任一整数 $n(0,\pm1$ 除外)均可表为素数的乘积 $n=p_1\cdots p_s$,若不计正负号和素数的次序,则此表示是唯一的.

定义 1.10 设 $f(X)=a_nX^n+\cdots+a_0\in F[X],c\in F$,则 $f(c)=a_nc^n+\cdots+a_0\in F$ 称为 $f(X)$**在 c 点的值**.如果 $f(c)=0$,则称 c 为 $f(X)$在 F 中的**零点**(或根).

定理 1.10 设 $f(X)\in F[X],c\in F$,则有

(1) (**余数定理**)$f(X)$除以 $X-c$ 的余式为 $f(c)$.

(2) (**零点-因子定理**)$X-c$ 整除 $f(X)$的充分必要条件为 $f(c)=0$.

定理 1.11 域 F 上的 $n(\geqslant0)$次多项式 $f(X)\in F[X]$在 F 中最多有 n 个根(重根按重数计入).

定理 1.12 若次数小于 n 的两个多项式形式 $f(X),g(X)\in F[X]$,在 n 个不同点 $c_1,\cdots,c_n\in F$ 的值均相同,即

$$f(c_i)=g(c_i)\qquad (1\leqslant i\leqslant n),$$

则 $f(X)=g(X)$.

定理 1.13 设 $f(X)\in F[X]$, $c\in F$.

(1) c 为 $f(X)$的重根$\Leftrightarrow f(c)=f'(c)=0\Leftrightarrow c$ 为$(f(X),f'(X))$的根;

(2) 若$(f,f')=1$,则 $f(X)$无重根(在 F 或其任意扩域中);

(3) 若 $f(X)$在 F 上不可约且 $f'(X)\neq 0$,则 $f(X)$无重根(在 F 或其任意扩域中),特别,数域上不可约多项式在$\mathbb{C}$中无重根.

定理 1.14 设 $f(X),p(X)\in F[X]$,$p(X)$不可约.

(1) $p(X)$为 $f(X)$的重因子$\Leftrightarrow p(X)$为 $f(X)$与 $f'(X)$的公因子.

(2) $(f,f')=1\Leftrightarrow f(X)$无重因子.

古典代数学基本定理 任一非常数复系数多项式在复数域中总有一根.

定理 1.15 n 次复系数多项式($n\geqslant 1$)$f(X)$在复数域$\mathbb{C}$中恰有 n 个根,且总可以唯一分解为一次因子的乘积

$$f(X)=c(X-z_1)^{n_1}(X-z_2)^{n_2}\cdots(X-z_s)^{n_s}\quad (c,z_i\in\mathbb{C}).$$

定理 1.16 实系数多项式(次数$\geqslant 1$)$f(X)$在实数域上总可以唯一分解为一次和二次不可约因子之积

$$f(X)=a(X-a_1)^{n_1}\cdots(X-a_s)^{n_s}(X^2-b_1X+c_1)^{e_1}\cdots(X^2-b_tX+c_t)^{e_t}.$$

定义 1.11 若 $f(X)\in\mathbb{Q}[X]$且其系数为互素的整数,则称 $f(X)$为本原多项式.

定理 1.17 设 $f(X)\in\mathbb{Z}[X]$,则 $f(X)$可分解为$\mathbb{Q}[X]$中 $r,s(\neq 0)$次多项式的乘积当且仅当 $f(X)$可分解为$\mathbb{Z}[X]$中 r,s 次多项式之积.

定理 1.18 $\mathbb{Z}[X]$是唯一析因整环,即任一 $f(X)\in\mathbb{Z}[X]$($f\neq 0,\pm 1$)可唯一表示为若干素数和(在$\mathbb{Z}$和$\mathbb{Q}$上均)不可约的本原多项式之积.

定理 1.19 若整系数多项式 $f(X)=a_nX^n+\cdots+a_1X+a_0\in\mathbb{Z}[X]$有有理根$\dfrac{b}{a}\in\mathbb{Q}$,$(a,b)=1$,则 $a|a_n,b|a_0$.

定理 1.20(Eisenstein 判别法) 设

$$f(X)=a_nX^n+\cdots+a_1X+a_0\in\mathbb{Z}[X],$$

若有素数 p 使 $p\nmid a_n,p|a_i(i=0,\cdots,n-1),p^2\nmid a_0$,则 $f(X)$在$\mathbb{Q}[X]$中不可约.

定理 1.21 设 $f(X)=a_nX^n+\cdots+a_1X+a_0\in\mathbb{Z}[X]$. 若存在素数 $p\nmid a_n$ 且 $\bar{f}(X)$在$\mathbb{F}_p[X]$中不可约,则 $f(X)$在$\mathbb{Z}[X]$中不可约.

定义 1.12 $f(X_1,\cdots,X_n)\in F[X_1,\cdots,X_n]$称为**对称多项式**,如果对任意 $1\leqslant i<j\leqslant n$,均有

$$f(X_1,\cdots,X_i,\cdots,X_j,\cdots,X_n)=f(X_1,\cdots,X_j,\cdots,X_i,\cdots,X_n).$$

定义 1.13 $\sigma_1=\sum\limits_{i=1}^{n}X_i,\cdots,\sigma_k=\sum\limits_{1\leqslant i_1<\cdots<i_k\leqslant n}X_{i_1}\cdots X_{i_k},\cdots,\sigma_n=X_1\cdots X_n$ 称为 $X_1,\cdots,X_n$ 的**初等对称多项式**.

定理 1.22 对称多项式总可唯一地表为初等对称多项式的多项式.即对任意 n 元对称多项式 $f(X_1,\cdots,X_n)$总存在唯一的 n 元多项式 $\varphi(Y_1,\cdots,Y_n)$使得

$$f(X_1,\cdots,X_n)=\varphi(\sigma_1,\cdots,\sigma_n).$$

1.2 解题方法介绍

1.2.1 表对称多项式 $f(X_1,\cdots,X_n)$ 为初等对称多项式的多项式 $\varphi(\sigma_1,\cdots,\sigma_n)$ 的方法

(1) 表 f 为齐次对称多项式之和：$f=f_n+f_{n-1}+\cdots+f_0$，先对每个 m 次齐次多项式 f_m 按下述步骤表出，再合而得 f 的表示.

(2) 设 f_m 首项为 $aX_1^{i_1}X_2^{i_2}\cdots X_n^{i_n}$，写出满足以下三条件的所有可能数组 $(l_1,l_2,\cdots,l_n)$：

① $(i_1,i_2,\cdots,i_n)\geqslant(l_1,l_2,\cdots,l_n)$，

② $l_1\geqslant l_2\geqslant\cdots\geqslant l_n$，

③ $l_1+l_2+\cdots+l_n=m$.

(3) 令 $f_m(X_1,\cdots,X_m)=\sum\limits_{(i_1,\cdots,i_n)}A_{(l_1,\cdots,l_n)}\sigma_1^{l_1-l_2}\sigma_2^{l_2-l_3}\cdots\sigma_n^{l_n}$，其中 $(l_1,\cdots,l_n)$ 是满足(2)中三个条件的数组，$A_{(l_1,\cdots,l_n)}$ 为待定系数.

(4) 取 $(X_1,\cdots,X_n)$ 的若干特殊值(例如 $(1,1,\cdots,1,0,0,\cdots,0)$)代入上式定出各系数 $A_{(l_1,\cdots,l_n)}$，即得出 f_m.

1.2.2 求 f,g 的首一最大公因式 (f,g) 及 Bezout 等式 $(uf+vg=(f,g))$ 中 u,v 的方法

(1) 辗转相除求 (f,g). 由带余除法可设

$$
\begin{array}{ll}
f=q_1g+r_1 & \deg r_1<\deg g\\
g=q_2r_1+r_2 & \deg r_2<\deg r_1\\
r_1=q_3r_2+r_3 & \deg r_3<\deg r_2\\
\cdots & \cdots\\
r_{s-2}=q_sr_{s-1}+r_3 & \deg r_s<\deg r_{s-1}\\
r_{s-1}=q_{s+1}r_s &
\end{array}
$$

由定理 1.6 知有

$$(f,g)=(g,r_1)=\cdots=(r_{s-2},r_{s-1})=cr_s,$$

这里要特别注意 r_s 与 (f,g) 的关系，当 r_s 不是首一多项式时，它们相差一个倍数.

(2) 先找公式，再代入 q_i 算 u,v. 应该说求 u,v 使 $uf+vg=(f,g)$ 的思路大部分人是知道的，但许多人往往得不到正确的结果，其原因主要是从反解(或称回代)上述公式找 f,g 的关系中，一开始就用具体的多项式参加运算，结果越算越繁，眼花缭乱. 我们认为要分两步走：①写出公式；②再代具体的多项式. 下面以辗转相除三次得到最大公因式为例说明方法. 由

$$
\begin{aligned}
(f,g)&=c(r_3)=c(r_1-q_3r_2)=c[(f-q_1g)-q_3(g-q_2r_1)],\\
&=c[f-q_1g-q_3(g-q_2(f-q_1g))],
\end{aligned}
$$

$$=c(1+q_2q_3)f-c(q_1+q_1q_2q_3+q_3)g,$$

所以

$$u=c(1+q_2q_3),\qquad v=-c(q_1+q_1q_2q_3+q_3).$$

再把辗转相除中的各 q_i 的表达式代入,即可求出 u,v.

(3) 请注意 u,v 的选取是不唯一的. 故当看到 r_s 是最大公因式(即 $r_s\mid r_{s-1}$)时,用 $r_s=(r_{s-2}-q_sr_{s-1})$ 做回代,直到最后把 $r_1=f-q_1g$ 代入. 计算得到的 u,v 最简单.

1.3　习题与解答

1. 自然数全体$\mathbb{N}$对加法是否成群? 对乘法呢?

解　对加法不成群,因为无恒元,无逆元. 对乘法也不成群,因为有恒元为1,但无逆元.

2. $(\mathbb{Z},+,\cdot)$是否为域? 含$\mathbb{Z}$的最小域是什么? 为什么?

解　$(\mathbb{Z},+,\cdot)$不是域. 因为$(\mathbb{Z},+)$是Abel群,但$(\mathbb{Z},\cdot)$是半群(对乘法有恒元1,但无逆元). 要有逆元必须有分数,所以含$\mathbb{Z}$的最小域为$\mathbb{Q}$,这时$(\mathbb{Q},+)$为Abel群,$(\mathbb{Q}^*,\cdot)$为Abel群,且满足乘法对加法的分配律.

3. 举出$(\mathbb{Z},+)$中三个子群例子.

解　$\{2K\mid K\in\mathbb{Z}\}$,$\{3K\mid K\in\mathbb{Z}\}$;$\{4K\mid K\in\mathbb{Z}\}$.

4. 在$\mathbb{F}_2$中计算:$(a+b)^2$,$(a-b)^4$,$(a+b)^{32}$　$(a,b\in\mathbb{F}_2)$.

解　因为在$\mathbb{F}_2$中,任 $x\in\mathbb{F}_2$ 均有 $x^2=x$, $2x=0$. 所以

$$(a+b)^2=(a+b),$$
$$(a-b)^4=[(a-b)^2]^2=(a-b)^2=(a-b)=a+b,$$
$$(a+b)^{32}=(a+b)^{4\times4\times2}=(a+b).$$

这里用到$-\bar{1}=\bar{1}$.

注意　在一般的特征为 p 的域中,仅有 $px=0$,未必有 $x^p=x$(x 为域中任一元素),只在$\mathbb{F}_p$中有 $x^p=x$,因为$\mathbb{F}_p^*$是乘法循环群.

5. 举出一些群,环,域的例子.

解　$(\mathbb{Z},+)$Abel群;$(\mathbb{Z},+,\cdot)$是环;$\mathbb{Q}$,$\mathbb{R}$,$\mathbb{C}$等均是域.

$\mathbb{Z}/8\mathbb{Z}$中子集$\mathbb{U}=\{\bar{1},\bar{3},\bar{5},\bar{7}\}$是个群(乘法群);

$\mathbb{Z}/5\mathbb{Z}$中子集$\{\bar{1},\bar{2},\bar{3},\bar{4}\}$是乘法群.

6. 分别找出 3,9,4,5,8,7,11,13 整除一个整数 n 的判则,并证明之.

解　**用3整除判则**:因为 $10\equiv1\pmod 3$,所以设 $n=a_0+a_1\times10+\cdots+a_k\times10^k$,则

$$n\equiv a_0+a_1+\cdots+a_k\pmod 3,$$

所以

$$3 \mid n \Leftrightarrow 3 \mid \sum_{i=1}^{k} a_i.$$

用 9 整除判则：因为 $9|n \Leftrightarrow n \equiv 0 \pmod 9$，以及

$$n = \sum_{i=0}^{k} a_i \times 10^i \equiv \sum_{i=0}^{k} a_i \pmod 9,$$

所以

$$9 \mid n \Leftrightarrow 9 \mid \sum_{i=0}^{n} a_i.$$

用 4 整除判则：因为 $100 \equiv 0 \pmod 4$，所以

$$n \equiv a_0 + a_1 \times 10 \pmod 4,$$

故只要看末两位数字能否被 4 整除即可.

用 5 整除判则：因为 $10 \equiv 0 \pmod 5$，所以 $n \equiv a_0 \pmod 5$ 所以只要看个位数字能否被 5 整除.

用 8 整除判则：因为 $1000 \equiv 0 \pmod 8$，所以

$$n \equiv a_0 + a_1 \times 10 + a_2 \times 10^2 \pmod 8,$$

故只要看末三位数字能否被 8 整除.

用 7 整除判则：因为 $11 \times 7 \times 13 = 1001$，所以

$$1000 \equiv -1 \pmod 7,$$

故

$$n = \sum_{i=1}^{k} a_i \times 10^i = \sum_{i=0}^{[k/3]} b_i \times 10^{3i} \equiv \sum_{i=0} b_i(-1)^i$$

$$= b_0 - b_1 + b_2 - b_3 - \cdots \pmod 7.$$

即只要看把 n 从个位开始三位一组分组后得到的数字的代数和能否被 7 整除.

用 11 整除判则：因为 $10 \equiv -1 \pmod{11}$，所以

$$n = \sum_{i=0}^{k} a_i \times 10^i \equiv \sum_{i=0}^{k} a_i \times (-1)^i$$

$$= a_0 - a_1 + a_2 - \cdots + (-1)^k a_k \pmod{11}.$$

故只要看(从个位数)n 的奇数位数字的和与偶数位数字和的差能否被 11 整除.

用 13 整除判则：同 7，即对任整数 n，看 13 是否能整除 $b_0 - b_1 + b_2 - b_3 + \cdots$，其中 $b_i(i=0,1,2,\cdots)$ 是把 n 从个位开始三位一组分组后得到的数字.

例 $n = 87654320$，则因为

$$n \equiv b_0 - b_1 + b_2 = 320 - 654 + 87 = -247 \pmod{13},$$

而 $13|-247$，故 $13|n$.

7. 证明 $641|2^{32}+1$.

证 方法 1 因为 $641 = 2^6 \times 10 + 1 = 2^7 \times 5 + 1$，所以

$$-1\equiv 2^7\times 5 \pmod{641},$$

故
$$1\equiv(2^7)^4\times 5^4=(2^7)^4\times 625$$
$$\equiv(2^7)^4(-2^4)=-2^{32} \pmod{641},$$

即
$$2^{32}+1\equiv 0 \pmod{641}.$$

方法2
$$641=2^6\times 10+1=2^7\times 5+1,$$
$$\begin{aligned}2^{32}+1&=2^4\times 2^{28}+1=(15+1)(2^7)^4+1\\&=3\times(2^7)^3[5\times 2^7+1]+(2^7)^4-3(2^7)^3+1\\&=3\times(2^7)^3[5\times 2^7+1]+125(2^7)^3+1\\&=(5\times 2^7+1)[3\times(2^7)^3+(5\times 2^7)^2-5\times 2^7+1],\end{aligned}$$

所以
$$641\mid 2^{32}+1.$$

8. 域$\mathbb{F}_p=\mathbb{Z}/p\mathbb{Z}$的特征是多少？计算$(a+b)^{p^k}$ $(a,b\in\mathbb{F}_p)$.

解　因为
$$\mathbb{F}_p=\{\bar{0},\bar{1},\cdots,\overline{p-1}\},$$
$$\overbrace{\bar{1}+\bar{1}+\cdots+\bar{1}}^{p\text{个}}=\bar{p}=\bar{0},$$

所以$\mathbb{F}_p$的特征是p；又因为在$\mathbb{F}_p$中，任$x\in\mathbb{F}_p$，有$x^p=x$，所以
$$(a+b)^{p^k}=(a+b)^{p^{k-1}}=\cdots=a+b.$$

9. 列出$\mathbb{Z}/7\mathbb{Z}$和$\mathbb{Z}/8\mathbb{Z}$的乘法表.

解

*	0	1	2	3	4	5	6
0	0	0	0	0	0	0	0
1	0	1	2	3	4	5	6
2	0	2	4	6	1	3	5
3	0	3	6	2	5	1	4
4	0	4	1	5	2	6	3
5	0	5	3	1	6	4	2
6	0	6	5	4	3	2	1

*	0	1	2	3	4	5	6	7
0	0	0	0	0	0	0	0	0
1	0	1	2	3	4	5	6	7
2	0	2	4	6	0	2	4	6
3	0	3	6	1	4	7	2	5
4	0	4	0	4	0	4	0	4
5	0	5	2	7	4	1	6	3
6	0	6	4	2	0	6	4	2
7	0	7	6	5	4	3	2	1

10. 把多项式形式$f(X)\in\mathbb{F}_7[X]$化为降幂排列形式：

(1) $f(X)=(4X^3+2X+6)(3X^3-4X^2-3)$；

(2) $f(X)=(3X^5+5X^3-2)(4X^4+6X+5)$.

解　(1) $f(X)=12X^6-16X^5+6X^4-2X^3-24X^2-6X-18$
$$=5X^6+5X^5+6X^4+5X^3+4X^2+X+3.$$

(2) $f(X)=5X^9+6X^7+4X^6+X^5+X^4+4X^3+2X+4$.

11. $\frac{1}{3}+\frac{1}{5}X^{\frac{1}{2}}+4X^5+\frac{1}{2}X^7$ 是否是$\mathbb{Q}$上多项式？

解 因为不定元 X 的次数非全是自然数，所以不是$\mathbb{Q}$上多项式.

12. 作 $f(X)$除以 $g(X)$的带余除法：

(1) $f(X)=X^5+4X^4+X^2+2X+3$，$g(X)=X-2$；

(2) $f(X)=X^n-1$，$g(X)=X-a$；

(3) $f(X)=X^6-1$，$g(X)=X^3+X+1$.

解 (1)

$$
\begin{array}{c|cccccc}
2 & 1 & 4 & 0 & 1 & 2 & 3 \\
 & & \underline{2} & \underline{12} & \underline{24} & \underline{50} & \underline{104} \\
 & & 6 & 12 & 25 & 52 & 107
\end{array}
$$

所以

$$f(X)=g(X)(X^4+6X^3+12X^2+25X+52)+107.$$

(2) 因为
$$
\begin{aligned}
f(X)&=X^n-a^n+a^n-1=g\cdot q+r \\
&=(X-a)(X^{n-1}+aX^{n-2}+\cdots+a^{n-1})+a^n-1.
\end{aligned}
$$

或直接做带余除法有

$$
\begin{array}{c|cccccc}
a & 1 & 0X^{n-1} & \cdots & \cdots & 0X & -1 \\
 & & \underline{a} & \underline{a^2} & \cdots & \underline{a^{n-1}} & \underline{a^n} \\
 & & a & a^2 & & a^{n-1} & a^n-1
\end{array}
$$

所以

$$f(X)=(X-a)(X^{n-1}+aX^{n-2}+\cdots+a^{n-1})+a^n-1.$$

(3)

$$
\begin{array}{c|ccccccc|c}
X^3+X+1 & X^6 & 0 & 0 & 0 & 0 & 0 & -1 & X^3-X-1 \\
 & X^6 & & X^4 & X^3 & & & & \\
\cline{2-8}
 & & & -X^4 & -X^3 & & & -1 & \\
 & & & -X^4 & & -X^2 & -X & & \\
\cline{4-8}
 & & & & -X^3 & +X^2 & +X & -1 & \\
 & & & & -X^3 & & -X & -1 & \\
\cline{5-8}
 & & & & & X^2 & +2X & &
\end{array}
$$

所以

$$f(X)=(X^3+X+1)(X^3-X-1)+X^2+2X.$$

或直接由因式分解得

$$X^6-1=(X^3+X+1)(X^3-X-1)+(X+1)^2-1.$$

13. 求下列各对多项式的首一最大公因式(f,g)及 Bezout 等式：

(1) $f(X)=X^5+X^4-X^3-2X^2+X$，$g(X)=X^4+2X^3-3X$；

(2) $f(X)=X^5+2X^4-3X^2-X+1$，$g(X)=X^3+2X^2-X-2$；

(3) $f(X)=X^4+3X^3+3X^2+3X+2$，$g(X)=X^3-3X+2$.

解　定理 1.6 提供了求首一最大公因式(f,g)的方法——**辗转相除**(见 1.2.2 节).

(1) 由于

$$f(X)=X(X^4+X^3-X^2-2X+1)=Xf_1(X),$$
$$g(X)=X(X^3+2X^2-3)=Xg_1(X),$$

显然$(f,g)=X(f_1,g_1)$，故首先对f_1,g_1用辗转相除法求其最大公因子，有

	$g_1(X)$	$f_1(X)$	
$q_2=X+1$	$X^3+2X^2\quad -3$	$X^4+X^3-X^2-2X+1$	$q_1=X-1$
	X^3+X^2-2X	$X^4+2X^3-\quad 3X$	
	X^2+2X-3	$-X^3-X^2+X+1$	
	X^2+X-2	$-X^3-2X^2\quad +3$	
	$r_2=X-1$	$r_1=X^2+X-2$	
		$=(X-1)(X+2)$	

即　$$f_1=g_1q_1+r_1,\quad g_1=r_1q_2+r_2,\quad r_1=r_2q_3.$$

故　$$(f_1,g_1)=(X-1)=r_2=g_1-r_1q_2=g_1-(f_1-g_1q_1)q_2$$
$$=-q_2f_1+(1+q_1q_2)g_1,$$

于是得

$$u_1(X)=-q_2=-(X+1),$$
$$v_1(X)=1+q_1q_2=1+(X-1)(X+1)=X^2.$$

所以

$$(f,g)=X(X-1),\quad u(X)=-(X+1),\quad v(X)=X^2.$$

(2) 直接对f,g用辗转相除，有

	$g(X)$	$f(X)$	
$q_2=-\frac{1}{3}X-\frac{2}{3}$	X^3+2X^2-X-2	$X^5+2X^4-\quad 3X^2-X+1$	$q_1=X^2+1$
	$X^3\quad -X$	$X^5+2X^4-X^3-2X^2$	
	$2X^2\quad -2$	X^3-X^2-X+1	
	$2X^2\quad -2$	X^3+2X^2-X-2	
	$r_2=0$	$r_1=-3X^2+3$	
		$=-3(X^2-1)$	

故

$$(f,g)=X^2-1=-\frac{1}{3}r_1=-\frac{1}{3}(f-gq_1)=-\frac{1}{3}f+\frac{1}{3}gq_1,$$

所以

$$(f,g)=X^2-1,\quad u(X)=-\frac{1}{3},\quad v(X)=\frac{1}{3}(X^2+1).$$

(3) 因

	$g(X)$	$f(X)$	
$q_2=\frac{1}{6}X-\frac{5}{18}$	$X^3-\qquad 3X+2$	$X^4+3X^3+3X^2+3X+2$	$q_1=X+3$
	$X^3+\frac{5}{3}X^2-\frac{2}{3}X$	$X^4\qquad -3X^2+2X$	
	$-\frac{5}{3}X^2-\frac{7}{3}X+2$	$3X^3+6X^2+X+2$	
	$-\frac{5}{3}X^2-\frac{25}{9}X+\frac{10}{9}$	$3X^3\qquad -9X+6$	
	$r_2=\frac{4}{9}X+\frac{8}{9}$	$r_1=6X^2+10X-4$	
	$=\frac{4}{9}(X+2)$	$=2(3X-1)(X+2)$	

即

$$f=gq_1+r_1,\quad g=r_1q_2+r_2,\quad r_1=r_2q_3.$$

故

$$(f,g)=(X+2)=\frac{9}{4}r_2=\frac{9}{4}[-q_2f+(1+q_1q_2)g],$$

$$u(X)=-\frac{9}{4}q_2=-\frac{3X-5}{8},$$

$$v(X)=\frac{9}{4}(1+q_1q_2)=\frac{9}{4}\left[1+(X+3)\frac{3X-5}{18}\right]=\frac{1}{8}(3X^2+4X+3).$$

14. (1) 求第 13 题中前 4 个多项式的首一最大公因式(f,g)及 Bezout 等式；

(2) 求第 13 题中后 4 个多项式的首一最大公因式(f,g)及 Bezout 等式；

解 记第 13 题中的多项式分别为 $f_1,g_1;f_2,g_2;f_3,g_3$，并分别记相应的 Bezout 等式为

$$d_1(X)=(f_1,g_1)=X(X-1)=w_1f_1+v_1g_1, \tag{*1}$$

$$d_2(X)=(f_2,g_2)=X^2-1=w_2f_2+v_2g_2, \tag{*2}$$

$$d_3(X)=(f_3,g_3)=X+2=w_3f_3+v_3g_3. \tag{*3}$$

(1) 显然,第13题中前4个多项式的最大公因式$(f_1,g_1,f_2,g_2)=(d_1,d_2)$,把辗转相除法用于$d_1,d_2$,有$d_1=d_2+r_1$(即$(X^2-X)=(X^2-1)-(X-1)$),故

$$(d_1,d_2)=(X-1)=-r_1=-(d_1-d_2)=d_2-d_1.$$

把(*1)式,(*2)式代入上式,得

$$-w_1f_1-v_1g_1+w_2f_2+v_2g_2=(d_1,d_2)=(f_1,g_1,f_2,g_2),$$

所以

$$u_1=-w_1=(X+1),\ u_2=-v_1=-X^2,\ u_3=w_2=-\frac{1}{3},\ u_4=v_2=\frac{1}{3}(X^2+1),$$

且有

$$u_1f_1+u_2g_1+u_3f_2+u_4g_2=(f_1,g_1,f_2,g_2)=X-1.$$

(2) 由于$(d_2,d_3)=(X^2-1,X+2)=1$(互素),故$(f_2,g_2,f_3,g_3)=1$.因

$$d_2=X^2-1=(X+2)(X-2)+3=d_3q_1+r_1,$$

故
$$(d_2,d_3)=1=\frac{1}{3}r_1=\frac{1}{3}(d_2-d_3q_1)=\frac{1}{3}d_2-\frac{1}{3}q_1d_3,$$

把(*2)式,(*3)式代入上面的表达式,得

$$\frac{1}{3}(w_2f_2+v_2g_2)-\frac{1}{3}(X-2)(w_3f_3+v_3g_3)=(d_2,d_3)=(f_2,g_2,f_3,g_3)=1,$$

即

$$u_1=\frac{1}{3}w_2=-\frac{1}{9},\quad u_2=\frac{1}{3}v_2=\frac{1}{9}(X^2+1),$$

$$u_3=-\frac{1}{3}(X-2)w_3=\frac{1}{24}(X-2)(3X-5)=\frac{1}{24}(3X^2-11X+10),$$

$$u_4=-\frac{1}{3}(X-2)v_3=-\frac{1}{24}(X-2)(3X^2+4X+3)=-\frac{1}{24}(3X^3+2X^2-5X-6);$$

且有

$$u_1f_2+u_2g_2+u_3f_3+u_4g_3=(f_2,g_2,f_3,g_3)=1.$$

15. 试求a与b使$X^2-2aX+2$整除X^4+3X^2+aX+b.

解　方法1　设多项式X^4+3X^2+aX+b的4个根分别为$\alpha_1,\alpha_2,\alpha_3,\alpha_4$,由根与系数的关系知

$$\alpha_1+\alpha_2+\alpha_3+\alpha_4=0,\quad \alpha_1\alpha_2\alpha_3\alpha_4=b,$$

又其中的两个根应是多项式$X^2-2aX+2$的根,故不妨设

$$\alpha_1+\alpha_2=2a,\quad \alpha_1\alpha_2=2,$$

于是应有

$$\alpha_3+\alpha_4=-2a,\quad \alpha_3\alpha_4=\frac{b}{2},$$

即有

$$(X^2-2aX+2)\left(X^2+2aX+\frac{b}{2}\right)=X^4+3X^2+aX+b;$$

比较两边二次项和一次项的系数,得

$$\begin{cases}-4a^2+2+\dfrac{b}{2}=3,\\ 4a-ab=a.\end{cases}\rightarrow\begin{cases}a=0,\\ b=2.\end{cases}\quad 或\quad\begin{cases}a=\pm\dfrac{1}{2\sqrt{2}},\\ b=3.\end{cases}$$

方法 2 因

$$\begin{array}{l|l|l}
X^2-2aX+2 & X^4+\ 0X^3+3X^2+aX+b & q=X^2+2aX+1+4a^2\\
 & \underline{X^4-2aX^3+2X^2} & \\
 & \qquad 2aX^3+X^2+aX+b & \\
 & \qquad \underline{2aX^3-4a^2X^2+4aX} & \\
 & \qquad\quad (1+4a^2)X^2-3aX+b & \\
 & \qquad\quad \underline{(1+4a^2)X^2-2a(1+4a^2)X+2(1+4a^2)} & \\
 & \qquad\qquad\qquad\qquad 0 &
\end{array}$$

所以

$$\begin{cases}3a=2a(1+4a^2),\\ b=2(1+4a^2)\end{cases}\rightarrow\begin{cases}a=0,\\ b=2\end{cases}\quad 或\quad\begin{cases}a=\pm\dfrac{\sqrt{2}}{4},\\ b=3.\end{cases}$$

16. 试证明 X^2+X+1 整除 $X^{3m}+X^{3n+1}+X^{3p+2}$(m,n,p 为任意正整数).

证 方法 1 因为 $X^3-1=(X-1)(X^2+X+1)\equiv 0 \pmod{X^2+X+1}$,所以

$$X^3\equiv 1 \pmod{X^2+X+1}.$$

于是

$$X^{3m}+X^{3n+1}+X^{3p+2}\equiv 1+X+X^2\equiv 0 \pmod{X^2+X+1}.$$

方法 2 因为

$$X^{3m}+X^{3n+1}+X^{3p+2}=(X^{3m}-1)+X(X^{3n}-1)+X^2(X^{3p}-1)+1+X+X^2,$$

而

$$X^{3k}-1=(X^3-1)(X^{3(k-1)}+X^{3(k-2)}+\cdots+1),\quad k\in\mathbb{N}.$$

故

$$X^2+X+1\mid X^{3m}-1,\ X^{3n}-1,\ X^{3p}-1,$$

所以

$$X^2+X+1\mid(X^{3m}+X^{3n+1}+X^{3p+2}).$$

17. 试证明 $(f(X),g(X))h(X)=(f(X)h(X),g(X)h(X))$ ($h(X)$ 为首一多项式).

证 记 $(f,g)h=d_1$,$(fh,gh)=d_2$,由 Bezout 等式存在 $u,v\in F[X]$,使

$$(f,g)=uf+vg,$$

两边同乘 h,得

$$d_1=(f,g)h=ufh+vgh;$$

因

$$d_2\mid fh,\quad 且\ d_2\mid gh\rightarrow d_2\mid d_1,$$

又记$(f,g)=d$,则 $d_1=dh$,且因 $d|f$,且 $d|g$,故

$$d_1\mid fh,\quad d_1\mid gh\rightarrow d_1\mid d_2,$$

于是得 $d_1=d_2$.

18. 设 $d(X)=(f(X),g(X))\neq 0$,试证明$\left(\dfrac{f(X)}{d(X)},\dfrac{g(X)}{d(X)}\right)=1$.

证 因为由 Bezout 等式,存在 $u,v\in F[X]$,使

$$d(X)=u(X)f(X)+v(X)g(X),$$

因 $d(X)\neq 0$,上式两边同除 $d(X)$得

$$1=u(X)\frac{f}{d}+v(X)\frac{g}{d},$$

故
$$\left(\frac{f}{d},\frac{g}{d}\right)=1,\quad 即\frac{f}{d},\frac{g}{d}\ 互素.$$

此时也有

$$(u(X),v(X))=1,\quad 即\ u,v\ 互素,$$

(因为若有$(u,v)=d_1$,则 $d_1|$右,也应有 $d_1|$左,故 $d_1(X)=1$).

19. 试证明

$$((f(X),g(X)),h(X))=(f(X),(g(X),h(X)))=(f(X),g(X),h(X)).$$

证 设$(f(X),g(X))=d_1(X)$,$(d_1(X),h(X))=d_2(X)$,则由 Bezout 等式,存在 u_1,v_1,u_2,v_2 使得

$$u_1f+v_1g=d_1(X), \tag{1}$$
$$u_2d_1+v_2h=d_2(X); \tag{2}$$

把(1)式代入(2)式得

$$u_2u_1f+u_2v_1g+v_2h=d_2,$$

所以

$$(f,g,h)\mid d_2.$$

又因为 $d_2|h$,$d_2|d_1\rightarrow d_2|f$ 且 $d_2|g$,所以

$$d_2|(f,g,h),$$

故
$$((f(X),g(X)),h(X))=(f,g,h).$$

同理可证另一等式.

20. 设 $d(X)=(f(X),g(X))$,试证明在 Bezout 等式 $uf+vg=d$ 中可以选取 u,v 使 $\deg u<\deg g$,$\deg v<\deg f$.

证 若 $\deg u>\deg g$，则由带余除法，存在 q,u_1，使 $u=qg+u_1$，$\deg u_1<\deg g$，代入 Bezout 等式有

$$(qg+u_1)f+vg=u_1f+(v+qf)g=d(X),$$

因为 $\deg(v+qf)g<\deg f\cdot g$，所以

$$\deg(v+qf)<\deg f.$$

于是，存在 $u_1,v_1=(v+gf)$，使

$$u_1f+v_1g=d(X).$$

且 $\deg u_1<\deg g$，$\deg v_1<\deg f$.

21. 设 a,b 为正整数，试证明数集 $ma+nb$（m,n 过正整数）包含 (a,b) 的大于 ab 的所有倍数.

证 此题要证的是当 $k(a,b)>ab$ 时，$k(a,b)$ 都可写成 $ma+nb$（m,n 为正整数）的形式. 因为对任两个正整数 a,b，由 Bezout 等式存在 u,v 使

$$(a,b)=ua+vb\longrightarrow k(a,b)=kua+kvb,$$

记 $ku=qb+r$，则 $0<r\leqslant b$，所以

$$k(a,b)=(qb+r)a+kvb=ra+(aq+kv)b,$$

要 $k(a,b)>ab$，而 $r\leqslant b$（所以 $ra\leqslant ab$，由此 b 的系数不能 $\leqslant 0$），故

$$aq+kv>0.$$

22. 试证明：(1) 若 $(f,h)=(g,h)=1$，则 $(fg,h)=1$；

(2) 若 $(f,h)=d$，$f|g$，$h|g$，则 $fh|gd$；

(3) 最小公倍 $[f,h]=\dfrac{fh}{(f,h)}$.

证 (1) 由已知 $(f,h)=(g,h)=1$，所以 $\exists u_1,v_1,u_2,v_2$ 使得

$$u_1f+v_1h=1, \tag{1}$$

$$u_2g+v_2h=1. \tag{2}$$

(1)式，(2)式两边分别相乘，即有

$$(u_1f+v_1h)(u_2g+v_2h)=1.$$

乘开得

$$u_1u_2fg+(v_1u_2g+u_1v_2f+v_1v_2h)h=1,$$

记 $u=u_1u_2$，$v=v_1u_2g+u_1v_2f+v_1v_2h$，就有

$$ufg+vh=1,$$

于是由 Bezout 等式，知 $(fg,h)=1$.

(2) 记 $f=f_1d$，$h=h_1d$，因为 $f|g$，所以

$$g=fq=df_1q,$$

又由于 $h_1d\,|\,df_1q$，且 $(f_1,h_1)=1$，故 $h_1|q$. 设 $q=h_1q_0$，于是

$$gd = df_1qd = df_1h_1dq_0 = fhq_0,$$

所以

$$fh \mid gd.$$

(3) ① 若$(f,h)=1$,则显然有$[f,h]=f \cdot h$;

② 若$(f,h)=d(X)\neq 1$,则有

$$[f,h] = [df_1, dh_1] = d[f_1,h_1] = \frac{df_1h_1 \cdot d}{d} = \frac{f \cdot h}{(f,g)}.$$

23. 设 $f(X)=f_1(X)f_2(X)$,$\deg f_i>0$,且$(f_1,f_2)=1$,试证明:若 $\deg g(X)<\deg f(X)$,则存在 $u_i(X)$使

$$g(X) = u_2(X)f_1(X) + u_1(X)f_2(X), \quad 且\ \deg u_i < \deg f_i.$$

证 由已知$(f_1,f_2)=1$,则由 Bezout 等式,$\exists u,v$ 使得

$$uf_1 + vf_2 = 1.$$

两边乘 $g(X)$,有

$$ugf_1 + vgf_2 = g(X). \qquad (*)$$

若 $\deg ug>\deg f_2$,则由带余除法知,$\exists q,u_2$ 使

$$ug = f_2q + u_2, \qquad \deg u_2 < \deg f_2,$$

代入(*)式,整理得

$$u_2f_1(X) + (f_1q + vg)f_2(X) = g(X).$$

记 $f_1q+vg=u_1(X)$,则有

$$u_2f_1(X) + u_1f_2(X) = g(X), \quad 且\ \deg u_1 < \deg f_1.$$

(因为 $\deg g<\deg f$,$\deg u_2f_1<f$,故 $\deg u_1f_2<\deg f=\deg f_1f_2$)

24. 试证明若 $g(X)$,$p(X)\neq 0$,则存在 $a_i(X)$使 $\deg a_i<\deg p$,且

$$g(X) = a_0(X) + a_1(X)p(X) + \cdots + a_{e-1}(X)p(X)^{e-1},$$

$$\frac{g(X)}{p(X)^e} = \frac{a_0(X)}{p(X)^e} + \frac{a_1(X)}{p(X)^{e-1}} + \cdots + \frac{a_{e-1}(X)}{p(X)}.$$

证 (1) 若 $\deg g<\deg p$,则取 $a_0(X)=g(X)$,$e=1$ 即可.

(2) 若 $\deg g>\deg p$,由带余除法有

$$g(X) = pq_0 + r_0, \quad 且\ \deg r_0 < \deg p,$$

若 $\deg q_0>\deg p$,则又有

$$q_0 = pq_1 + r_1, \quad 且\ \deg r_1 < \deg p,$$

于是得

$$g(X) = p(pq_1 + r_1) + r_0 = p^2q_1 + pr_1 + r_0.$$

继续下去,必存在 k,使 $\deg q_k<\deg p$(因 q_i 降次,而 p 为有限次),于是有

$$g(X) = p^{k+1}q_k + p^kr_k + \cdots + pr_1 + r_0.$$

记 $r_i=a_i$, $i=1,2,\cdots,k$, $k=e-2, q_k=a_{k+1}=a_{e-1}$,即得

$$g(X)=a_{e-1}p^{e-1}+a_{e-2}p^{e-2}+\cdots+a_1p+a_0.$$

两边同除 $p(x)^e$,则有

$$\frac{g(X)}{p(X)^e}=\frac{a_{e-1}(X)}{p(X)}+\frac{a_{e-2}(X)}{p(X)^2}+\cdots+\frac{a_1(X)}{p(X)^{e-1}}+\frac{a_0(X)}{p(X)^e}.$$

这就是微积分学中部分分式积分法的理论基础.

25. 若 $f(X),g(X)\in\mathbb{R}[X]$,$\deg g<\deg f$,试证明分式 $g(X)/f(X)$可被分解为形如 $a/(X-r)^e$ 或 $bX+c/(X^2+sX+t)^e$ 的部分分式之和(这里设 X^2+sX+t 在$\mathbb{R}[X]$中不可约).详言之,若 $f(X)=\prod\limits_{i=1}^{m}(X-r_i)^{e_i}\prod\limits_{j=1}^{n}(X^2+s_jX+t_j)^{d_j}$,其中二次多项式均在$\mathbb{R}[X]$中不可约,则 $g(X)/f(X)$可被表为

$$\sum_{i=1}^{m}\sum_{k_i=1}^{e_i}\frac{a_{ik_i}}{(X-r_i)^{k_i}}+\sum_{j=1}^{n}\sum_{e_j=1}^{d_j}\frac{b_{je_j}X+c_{je_j}}{(X^2+s_jX+t_j)}.$$

(可用以下事实:$\mathbb{R}[X]$中不可约多项式只能是一次或二次的.)

证 设 $f=\prod\limits_{i=1}^{s}p_i^{e_i}$,$Q_i=f/p_i^{e_i}$,则 $\exists u_i$,使

$$u_1Q_1+u_2Q_2+\cdots+u_sQ_s=g,$$

令 $u_i=p_i^{e_i}q_i+u_i'$,则 $\deg u_i'<\deg p_i^{e_i}$,由此可使 $\deg u_iQ_i<\deg f$ $(1\leqslant i\leqslant s-1)$,从而也有 $\deg u_sQ_s<\deg f$. 所以

$$\frac{u_1}{p_1^{e_1}}+\cdots+\frac{u_s}{p_s^{e_s}}=\frac{g}{f},$$

由第 24 题可得每个分式为

$$\frac{u_i}{p_i^{e_i}}=\frac{a_0(X)}{p_i^{e_i}}+\frac{a_1(X)}{p_i^{e_i-1}}+\cdots+\frac{a_{e_i-1}(X)}{p_i}.$$

其中 $\deg a_k<\deg p_i$. 而 p_i 是一次或二次的.

26. (Taylor 公式)设 $f(X)$是数域 F 上次数不超过 n 的多项式,$c\in F$,则

$$f(X)=\sum_{j=0}^{n}\frac{f^{(j)}(c)}{j!}(X-c)^j.$$

其中 $f^{(j)}(c)$是 $f(X)$的 j 次形式微商在 c 的值.

证 设 $f(X)=\sum\limits_{j=0}^{n}a_j(X-c)^j$,令 $X=c$ 得 $a_0=f(c)$;求导后,代入 $X=c$ 得 $a_1=f'(c)$;再求导,代入 $X=c$,得 $a_2=f''(c)/2!$,继续下去可得

$$a_j=f^{(j)}(c)/j!,\qquad j=1,2,\cdots,n.$$

27. 设 $f(X)$是数域 F 上多项式,$\deg f\leqslant n$,则 $c\in F$ 是 $f(X)$的 m 重根的充要条件为

$$\begin{cases} f^{(j)}(c) = 0 & (0 \leqslant j \leqslant m-1), \\ f^{(m)}(c) \neq 0. \end{cases}$$

证　因 c 是 $f(X)$ 的 m 重根 $\Leftrightarrow f(X)=(X-c)^m g(X)$，且 $g(c)\neq 0$.

$\Rightarrow$ 由定义　有 $f'(X)|_c=0,\cdots$,

$$f^{(m-1)}(X)|_c = m!(X-c)g(X)+m(m-1)\cdots 3(X-c)^2 g'(X) + \cdots + (X-c)^m g^{(m-1)}(X)|_c = 0.$$

最后一个等号是因为中间的展开式中每项都有因式 $(X-c)$. 而

$$f^{(m)}(X)|_c = m!g(X)+(X-c)Q(X)|_c = m!g(c) \neq 0.$$

$\Leftarrow$ 由第 26 题，当 $f^{(j)}(c)=0\ (0\leqslant j\leqslant m-1)$，$f^{(m)}(c)\neq 0$ 时，有

$$f(X) = \frac{f^{(m)}(c)}{m!}(X-c)^m + \frac{f^{(m+1)}(c)}{(m+1)!}(X-c)^{m+1} + \cdots + \frac{f^{(n)}(c)}{n!}(X-c)^n = (X-c)^m g(X),$$

且 $g(c)=\dfrac{f^{(m)}(c)}{m!}\neq 0$，所以 c 为 $f(X)$ 的 m 重根.

28. 若多项式 $f(X)$ 与 $g(X)$ 互素，则 $f(X)^2+g(X)^2$ 的重根是 $f'(X)^2+g'(X)^2$ 的根.

证　若 x_0 是 f^2+g^2 的重根，则有

$$\begin{cases} f(x_0)^2 + g(x_0)^2 = 0, & (1) \\ f(x_0)f'(x_0) + g(x_0)g'(x_0) = 0. & (2) \end{cases}$$

所以

$$f(x_0)^2 f'(x_0)^2 = g(x_0)^2 g'(x_0)^2. \tag{3}$$

因 $f(X)$，$g(X)$ 互素，所以 $f(x_0)\neq 0$，$g(x_0)\neq 0$. (1)式代入(3)式中有

$$f^2 f'^2 = -f^2 g'^2,\quad 消去\ f^2\ 得\ f'^2 = -g'^2,$$

即 $f'^2(x_0)+g'(x_0)^2=0$，故 x_0 是 $f'(X)^2+g'(X)^2$ 的根.

29. 证明多项式 $f(u(X),v(X))$ 的 $n(>1)$ 重根是 $f(u'(X),v'(X))$ 的 $n-1$ 重根. 其中 $u(X)$，$v(X)$ 是互素多项式，$u'(X)$，$v'(X)$ 互素，$f(X,Y)$ 是没有一次重因子的齐次多项式.

证　(1) 可设

$$f(u,v) = a_0(u-a_1 v)\cdots(u-a_m v)v, \tag{$*$}$$

其中 $a_i\in\mathbb{C}$ 互异（最后一个 v 可能没有），事实上，因 $f(u,v)$ 是齐次多项式，设为 d 次，则

$$v^{-d} f(u,v) = f\left(\frac{u}{v},1\right)$$

作为 $t=\dfrac{u}{v}$ 的多项式可在复数域中完全分解为一次因子之积（可能有重的），再乘以 v^d 即得($*$)式（注意 $f(u,v)$ 无一次重因子）. 例如若 $f(u,v)=u^2v+3uv^2+2v^3$，则

$$v^{-3}f(u,v)=\left(\frac{u}{v}\right)^2+3\left(\frac{u}{v}\right)+2=\left(\frac{u}{v}+2\right)\left(\frac{u}{v}+1\right),$$

故

$$f(u,v)=(u+2v)(u+v)v.$$

(2) 设 x_0 是 $f(u(X),v(X))=0$ 的 n 重根，以 $u=u(x_0),v=v(x_0)$ 代入（$*$）式，可知必有一个因子为 0，而且只有这一个因子为 0，不妨设为 $u(x_0)-a_1v(x_0)=0$，事实上，在 uv 平面上(见图 1-1)，（$*$）式代表 $m+1$ 条互异直线 l_i：$u-a_iv=0$，第 i 个因子(代入后)为 0，意味着 $P_0=(u(x_0),v(x_0))$ 在 l_i 上. 而 P_0 在 l_i 上，又在 l_j 上($i\neq j$)则意味着 P_0 为原点，即 $u(x_0)=v(x_0)=0$，与 $u(X),v(X)$ 互素矛盾.

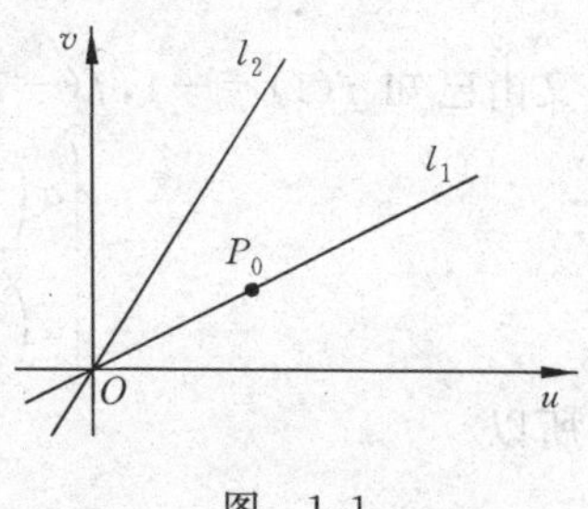

图 1-1

(3) 于是

$$f(u'(X),v'(X))=a_0(u'(X)-a_1v'(X))\cdots(u'(X)-a_mv'(X))v(X),\quad (**)$$

且以 $X=x_0$ 代入后第一个因子为 0，即

$$u'(x_0)-a_1v'(x_0)=0\quad(\text{因 } n>1,\text{故 } x_0 \text{ 是其 } n-1 \text{ 重根}),$$

由 $u'(X)$与 $v'(X)$互素，可知 x_0 不是其余因子的根(与(2)同理).

注 若无条件"$u'(X)$与 $v'(X)$互素"则不可. 反例如下：设$f(u,v)=uv,u(X)=X^5$，$v(X)=X^5+1$，则$f(u,v)=X^5(X^5+1)$有 5 重根 $x_0=0$，而 $f(u'(X),v'(X))=25X^8$ 有 8 重根 $x_0=0$.

30. 用 $X-a,X-b,X-c$ 除 $f(X)$的余式依次为 r,s,t. 试求用 $g=(X-a)(X-b)(X-c)$除 $f(X)$的余式.

解 由已知

$$f(X)=(X-a)q_1+r,\quad \text{所以 } r=f(a),$$
$$f(X)=(X-b)q_2+s,\quad \text{所以 } s=f(b),$$
$$f(X)=(X-c)q_3+t,\quad \text{所以 } t=f(c).$$

设 $f(X)=(X-a)(X-b)(X-c)q+d$，则 $\deg d\leqslant 2$，$d(X)$为二次函数，且在 a,b,c 三点取值 r,s,t，所以由 Lagrange 插值公式有

$$d(X)=r\frac{(X-b)(X-c)}{(a-b)(a-c)}+s\frac{(X-a)(X-c)}{(b-a)(b-c)}+t\frac{(X-a)(X-b)}{(c-a)(c-b)}.$$

31. 试求 7 次多项式 $f(X)$，使 $f(X)+1$ 能被$(X-1)^4$ 整除，而 $f(X)-1$ 能被$(X+1)^4$整除.

解 方法 1 因为 $X=1$ 是 $f(X)+1$ 的 4 重根，所以 $X=1$ 是 $f'(X)$的三重根. 同理可得 $X=-1$ 是 $f'(X)$的三重根. 又因为 $\deg f'(X)<\deg f(X)=7$，故 $\deg f'(X)=6$，于是

设

$$f'(X)=a(X-1)^3(X+1)^3=a(X^6-3X^4+3X^2-1)\ (a\text{ 待定}),$$

积分得

$$f(X)=a\left(\frac{1}{7}X^7-\frac{3}{5}X^5+X^3-X\right)+b.$$

又由已知 $f(1)=-1,f(-1)=1$,可得

$$\begin{cases}a\left(\frac{1}{7}-\frac{3}{5}\right)+b=-1,\\ a\left(-\frac{1}{7}+\frac{3}{5}\right)+b=1,\end{cases}\Rightarrow\begin{cases}a=\frac{35}{16},\\ b=0.\end{cases}$$

所以

$$f(X)=\frac{5}{16}X^7-\frac{21}{16}X^5+\frac{35}{16}X^3-\frac{35}{16}X.$$

方法2 设 $f(X)=(X-1)^4q_1-1=(X+1)^4q_2+1$,则有

$$f(-X)=(X+1)^4q_1(-X)-1=(X-1)^4q_2(-X)+1,$$

故 $f(-X)=-f(X)$. 于是可设

$$f(X)=AX^7+BX^5+CX^3+DX.$$

再利用 $f(1)=-1,(X-1)^4\mid f(X)+1$,得方程组

$$\begin{cases}A+B+C+D=-1,\\ 4B+20A=1,\\ -84A-20B=0,\\ 35A+10B+C=0.\end{cases}\Rightarrow\begin{cases}A=5/16,\\ B=-21/16,\\ C=35/16,\\ D=-35/16.\end{cases}$$

32. 试求 p,q,n 使 X^4+pX^n+q 有三重根$(0<n<4)$.

解 由已知该三重根满足

$$\begin{cases}f(X)=X^4+pX^n+q=0, & (1)\\ f'(X)=4X^3+npX^{n-1}=0, & (2)\\ f''(X)=12X^2+n(n-1)pX^{n-2}=0, & (3)\\ f'''(X)=24X+n(n-1)(n-2)pX^{n-3}\neq 0. & (4)\end{cases}$$

若 $p=0$,则使(2)式,(3)式只有零解,而 $X=0$ 也使(4)式为0,所以必有 $p\neq 0$.

又 $n=1$ 时,(3)式只有零解,这又使 $f'''(X)=0$,故 $n\neq 1$;

当 $n=2$ 时

$$\begin{cases}f'(X)=2X(2X^2+p)=0\to X_1=0,X_{2,3}^2=-\frac{p}{2},\\ f''(X)=2(6X^2+p)=0\to X_{1,2}^2=-\frac{p}{6}.\end{cases}$$

所以无解.

当 $n=3$ 时

$$\begin{cases} f'(X) = X^2(4X+3p) = 0, \\ f''(X) = 12X^2 + 6pX = 0, \end{cases} \quad \text{故 } X = 0.$$

此时 $f'''(X)\neq 0$，即(4)式成立，且要使(1)式成立必须 $q=0$.

所以当且仅当 $n=3, p\neq 0, q=0$ 时，X^4+pX^3+q 有三重根.

33. 在$\mathbb{R}[X]$中分解：$X^{2n}-1$，$X^{2n+1}-1$，$X^{2n+1}+1$，$X^{2n}+1$.

解 因为

$$X^m - 1 = \prod_{k=0}^{m-1}(X-\omega_k), \qquad \omega_k = \mathrm{e}^{\mathrm{i}\frac{2k\pi}{m}},$$

其中 $1,\omega_1,\omega_2,\cdots,\omega_{m-1}$ 为 1 的 m 次单位根. 又因为实系数多项式复根共轭出现，而

$$(X-\omega_k)(X-\omega_{m-k}) = \left(X^2 - 2\cos\frac{2k\pi}{m}X + 1\right),$$

当 m 为偶数时，± 1 均为根，m 为奇数时只有 1 为根，即 $m=2n$ 时，有

$$X^{2n}-1 = (X^2-1)\prod_{k=1}^{n-1}\left(X^2 - 2X\cos\frac{k\pi}{n}+1\right); \tag{1}$$

$m=2n+1$ 时，有

$$X^{2n+1}-1 = (X-1)\prod_{k=1}^{n}\left(X^2 - 2X\cos\frac{2k\pi}{2n+1}+1\right); \tag{2}$$

同理

$$X^m + 1 = \prod_{k=0}^{m-1}(X-\zeta_k), \qquad \zeta_k = \mathrm{e}^{\mathrm{i}\frac{\pi+2k\pi}{m}},$$

当 m 为偶数时，无实根，当 m 为奇数时，-1 为根，即当 $m=2n+1$ 时，有

$$X^{2n+1}+1 = (X+1)\prod_{k=1}^{n}\left(X^2 - 2X\cos\frac{(2k-1)\pi}{2n+1}+1\right); \tag{3}$$

当 $m=2n$ 时，有

$$X^{2n}+1 = \prod_{k=1}^{n}\left(X^2 - 2X\cos\frac{2k-1}{2n}\pi+1\right). \tag{4}$$

34. 证明 $\cos\frac{\pi}{2n+1}\cos\frac{2\pi}{2n+1}\cdots\cos\frac{n\pi}{2n+1}=\frac{1}{2^n}$.

证 在第 33 题(2)式中，令 $X=-1$ 得

$$-2 = -2\prod_{k=1}^{n}2\left(1+\cos\frac{2k\pi}{2n+1}\right) = (-2)2^n\prod_{k=1}^{n}2\cos^2\frac{k\pi}{2n+1},$$

两端同除 $(-2)2^{2n}$ 即得$\frac{1}{2^{2n}} = \prod_{k=1}^{n}\cos^2\frac{k\pi}{2n+1}$，再开方即得结论.

35. 证明 $\sin\frac{\pi}{2n}\cdot\sin\frac{2\pi}{2n}\cdots\sin\frac{(n-1)\pi}{2n}=\frac{\sqrt{n}}{2^{n-1}}$.

证 由第33题(1)式有

$$\prod_{k=1}^{n-1}\left(X^2-2X\cos\frac{k\pi}{n}+1\right)=\frac{X^{2n}-1}{X^2-1}=X^{2(n-1)}+X^{2(n-2)}+\cdots+X^2+1,$$

两边用 $X=1$ 代入得

$$\prod_{k=1}^{n-1}\left(2-2\cos\frac{k\pi}{n}\right)=\prod_{k=1}^{n-1}2\cdot 2\sin\frac{k\pi}{2n}=n,$$

两边同除以 $2^{2(n-1)}$ 并开方得

$$\prod_{k=1}^{n-1}\sin\frac{k\pi}{2n}=\frac{\sqrt{n}}{2^{n-1}}.$$

36. $X^n-1\mid X^m-1$ 的条件是什么？证明之.

解 设 $\omega_k=e^{i\frac{2k\pi}{n}}(k=0,1,\cdots,n-1)$ 为 n 次单位根，$\zeta_k=e^{i\frac{2k\pi}{m}}(k=0,1,\cdots,m-1)$ 为 m 次单位根，则有

$$X^n-1=(X-1)(X-\omega_1)\cdots(X-\omega_{n-1}),\tag{1}$$

$$X^m-1=(X-1)(X-\zeta_1)\cdots(X-\zeta_{m-1}).\tag{2}$$

由已知(1)式的因子都是(2)式的因子，即 n 次单位根都是 m 次单位根. 所以条件为 m 是 n 的倍数，即 $n\mid m$.

37. 求 a,b 使 $X^4+2X^3-21X^2+aX+b$ 的根为等差数列，并求出此数列.

解 记根为 $x_1,x_2=x_1+d,x_3=x_1+2d,\ x_4=x_1+3d$，则由根与系数的关系有

$$\begin{cases}x_1+x_2+x_3+x_4=-2, & (1)\\ x_1x_2+x_1x_3+x_1x_4+x_2x_3+x_2x_4+x_3x_4=-21, & (2)\\ x_1x_2x_3+x_1x_2x_4+x_1x_3x_4+x_2x_3x_4=-a, & (3)\\ x_1x_2x_3x_4=b. & (4)\end{cases}$$

由(1),(2)两式得

$$\begin{cases}2x_1+3d=-1, & (1)'\\ 6x_1^2+18x_1d+11d^2=-21, & (2)'\end{cases}$$

由(1)′式得 $x_1=(-1-3d)/2$ 代入(2)′式中解得 $d^2=9$，$d=\pm3$. 于是等差数列为

$$-5,-2,1,4\quad 或\quad 4,1,-2,-5.$$

代入(3),(4)两式得

$$a=-22,\qquad b=40.$$

38. 求 p,q,r 间的关系，使 X^3+pX^2+qX+r 的根为等比数列.

解 记三个根为 x_1, x_1d, x_1d^2 则由根与系数的关系有

$$\begin{cases} x_1 + x_1d + x_1d^2 = x_1(1+d+d^2) = -p, & (1) \\ x_1^2d + x_1^2d^2 + x_1^2d^3 = x_1^2d(1+d+d^2) = q, & (2) \\ x_1^3d^3 = -r. & (3) \end{cases}$$

(1)式,(3)式代入(2)式中有

$$\sqrt[3]{-r}\cdot(-p) = q \to p^3r = q^3.$$

39. 把下列多项式分解为有理数及$\mathbb{Z}[X]$中本原多项式的积:

$$3X^2+12X+21;\quad \frac{X^3}{2}+\frac{X^2}{3}+X+5.$$

解 (1) $3X^2+12X+21=3(X^2+4X+7)$;

(2) $\dfrac{X^3}{2}+\dfrac{X^2}{3}+X+5=\dfrac{1}{6}(3X^3+2X^2+6X+30)$.

40. 在$\mathbb{Z}[X]$中求 $12X^2+6X-6$ 的所有因子.

解 $12X^2+6X-6=6(2X^2+X-1)=2\cdot3\cdot(X+1)(2X-1)$.

41. 求出下列多项式在$\mathbb{Q}[X]$中的不可约因子:

$$X^3-1001X^2-1;\quad X^4+50X^2+2.$$

解 由定理 1.19,若整系数多项式 $X^3-1001X^2-1=0$ 有有理根$\dfrac{b}{a}$,则 $a|1, b|-1$,故根只能为±1,把±1代入知均不是根,故没有一次因子,于是也没有二次因子(因为三次式分解出二次式就得有一个一次式),因此不可约.

对 $f(X)=X^4+50X^2+2$,用 Eisenstein 判别法,令 $p=2$,因为 $a_4=1, a_3=0, a_2=50, a_1=0, a_0=2$. 显然 $p\nmid a_4, p|a_i(i=0,1,2,3), p^2\nmid a_0$,故知 $f(X)$不可约.

***42.** 设 $f(X), g(X)$是 $F[X]$中互素多项式,求证 $Yf(X)+g(X)$在 $F[X,Y]$中不可约.

证 把此多项式看成为不定元 Y 的以 $F[X]$中元素为系数的多项式$(F[X])[Y]$,因 $f(X), g(X)$互素,故作为 Y 的多项式是本原的,又是一次的,所以不可约.

43. 下列多项式中哪些是在$\mathbb{Q}$上不可约的?

(1) X^3+2X^2+8X+2, (2) X^3+2X^2+2X+4, (3) $X^{17}-37$, (4) X^4+21.

解 (1) 取 $p=2$,由 $p\nmid a_n$, $p|a_i$, $p^2\nmid a_0$,利用 Eisenstein 判别法知此多项式不可约.

(2) 由定理 1.19 知此多项式的根只可能是±4,±1或±2,代入知 $X=-2$ 为根.或由

$$X^3+2X^2+2X+4 = X^2(X+2)+2(X+2) = (X+2)(X^2+2),$$

故可约.

(3) 用 Eisenstein 判别法知不可约.

(4) 已知 $X^4=-21$,故此方程只有复根,所以 X^4+21 在$\mathbb{Q}$上不可约.

44. 证明：若 $f(X)\in F[X]$不可约，则 $f(X+a)$也不可约($a\in F$).

证 用反证法.若有

$$f(X+a)=f_1(X)f_2(X),\quad f_1,f_2\ \text{为非常数},$$

作代换 $X+a=Y$ 有

$$f(Y)=f_1(Y-a)f_2(Y-a)=g_1(Y)g_2(Y),$$

因为 $f_1(Y-a)$与 $f_1(Y)$首项同，所以 $g_1(Y),g_2(Y)$仍非常数，与已知 $f(X)$不可约矛盾.

45. 设 $f(X)=\sum\limits_{i=0}^{n}a_iX^i\in\mathbb{Z}[X]$，$\deg f=n>k$，且对素数 p 满足：

$$a_n\not\equiv 0,\ a_k\not\equiv 0,\ a_{k-1}\equiv\cdots\equiv a_0\equiv 0\pmod p,\ a_0\not\equiv 0\ (\mathrm{mod}\ p^2).$$

试证明 $f(X)$有一个次数至少为 k 的不可约因子.

证 (1) 若 $f(X)$不可约，命题已证.

(2) 设 $f(X)=f_1\cdots f_s$，其中 f_i 不可约，并设其常数项为 a_{i0}，则

因为 $p|a_0=a_{10}a_{20}\cdots a_{s0}$，所以 $\exists\, l$，使 $p|a_{l0}$，重新记

$$g(X)=f_l(X),\quad h(X)=\prod_{i\neq l}f_i(X)=\sum b_jX^j,$$

在 $g(X)$中有 $p|a_{l0},\cdots,p\nmid a_{lm}$(因为若 p 能整除 $f_l(X)$的所有系数，则$p|f(X)$与已知矛盾，所以 $\exists\, m$，使 $p\nmid a_{lm}$).

考虑 $f(X)=g(X)h(X)$两边 X^m 项的系数，

$$a_m=a_{lm}b_0+a_{lm-1}b_1+a_{lm-2}b_2+\cdots+a_{l0}b_m,$$

因为 $p|a_{lm-1},\cdots,p|a_{l0}$，而 $p\nmid a_{lm}b_0$(注意 $p\nmid b_0$)，所以 $p\nmid a_m$，由已知得 $m=k$，故

$$\deg f_l(X)\geqslant m=k.$$

***46.** 设 $f(X)=\sum\limits_{i=0}^{2n+1}a_iX^i\in\mathbb{Z}[X]$，次数为 $2n+1$，试证明由下列条件可知 $f(X)$ 不可约：对素数 p 满足 $a_{2n+1}\not\equiv 0\ (\mathrm{mod}\ p)$，$a_{2n}\equiv\cdots\equiv a_{n+1}\equiv 0\ (\mathrm{mod}\ p)$，$a_n\equiv\cdots\equiv a_0\equiv 0\ (\mathrm{mod}\ p^2)$，$a_0\not\equiv 0\ (\mathrm{mod}\ p^3)$.

证 设 $f=g_1\cdot g_2=\left(\sum\limits_{i=0}^{n}b_iX^i\right)\left(\sum\limits_{i=0}^{m}c_iX^i\right)$，因为 $p|a_0=b_0c_0$，所以可设 $p|b_0$，且设

$$p\mid b_0,b_1,\cdots,b_{s-1},\quad \text{但}\ p\nmid b_s,\ s<h\ (\text{因}\ f\not\equiv 0\ \mathrm{mod}\ p).$$

由

$$p\mid a_s=b_sc_0+b_{s-1}c_1+\cdots+b_0c_s \qquad (*)$$

知 $p|c_0$，同样知 $p|c_1,\cdots,p|c_{2n-s}$，但 $p\nmid c_{2n-s+1}$(因为 $f\equiv a_{2n+1}X^{2n+1}$，mod p).

若 $s\leqslant n$，则由($*$)式知 $p^2|b_sc_0$(因为 $p^2|a_s,p^2|b_{s-1}c_1,\cdots,b_0c_s$)，所以 $p^2|c_0$ 与 $p^3\nmid a_0$ 矛盾.

若 $s>n$，则 $t=2n-s+1\leqslant n$，由 $p^2|a_t$，则 t 相当于上一种情况中 s，所以由($*$)式亦得 $p^2|c_0$，而 $a_0=b_0c_0$，所以 $p^3|b_0c_0$，与 $a_0\not\equiv 0\ (\mathrm{mod}\ p^3)$矛盾，故知 $f(X)$不可约.

*47. (1) 设 $f(X)\in\mathbb{Z}[X]$为首一多项式，若 $f(X)\pmod p$不可约，则 $f(X)$不可约(p 为素数)；

(2) 设 $g(X)$是 $f(X)$在$\mathbb{Z}[X]$中的因子，则 $g(X)\pmod p$是 $f(X)\pmod p$的因子；

(3) 证明以下多项式在$\mathbb{Q}$上不可约：

① $X^3+6X^2+5X+25$， ② $X^3+6X^2+11X+8$， ③ $X^4+8X^3+X^2+2X+5$.

证 (1) 用反证法. 若 $f(X)=g(X)h(X)$，则

$$f(X)\equiv g(X)h(X)\pmod p\quad \text{即 } \bar{f}=\overline{gh},$$

以下只要证明$\overline{gh}=\bar{g}\cdot\bar{h}$，事实上设

$$g(X)=\sum b_iX^i,\qquad h(X)=\sum c_iX^i,$$

则

$$\overline{gh}=\overline{\sum\Big(\sum_{i+j=k}b_ic_j\Big)X^k}=\sum\overline{\Big(\sum_{i+j=k}b_ic_j\Big)}X^k=\sum\Big(\sum_{i+j=k}\overline{b_i}\,\overline{c_j}\Big)X^k=\bar{g}\bar{h}.$$

于是 $\bar{f}$ 可约，与已知 $f(X)\pmod p$不可约矛盾.

(2) 由(1)的证明已得：若 $g(X)$是 $f(X)$的因子，则 $\bar{g}$ 是 $\bar{f}$ 的因子.

(3) ① $\overline{f(X)}=X^3+X+1\pmod 2$在 F_2 中不可约，因为若可约，就应分解为一次因子与二次因子的乘积，它的根只可能为 $\bar{0},\bar{1}$，而 $\bar{0},\bar{1}$ 代入均不为 0，所以没有一次因子，故不可约，于是由(1) f 不可约.

② $\overline{g(X)}=X^3+2X+2\pmod 3$在 F_3 中不可约，因为 $\bar{0},\bar{1},\bar{2}$ 均不是根，所以没有一次因子，于是由(1)知 g 不可约.

③ $\overline{h(X)}=X^4+X^2+1=(X^2+X+1)^2\pmod 2$.

所以或 $h(X)$不可约，或 $h(X)$有两个 2 次因子，设

$$\begin{aligned}h(X)&=(X^2+aX\pm5)=(X^2+bX\pm1)\\&=X^4+(a+b)X^3+(ab\pm5\pm1)X^2\pm(5b+a)X+5.\end{aligned}$$

所以

$$\begin{cases}a+b=8, & 1)\to a=8-b,\\ ab\pm6=1, & 2)\\ 5b+a=\pm2, & 3)\to 8+4b=\pm2,\end{cases}\quad\Rightarrow\quad \text{无解}\left(\begin{matrix}\text{由 1),3)得 } a,b \text{ 值}\\ \text{与 2)矛盾}\end{matrix}\right).$$

所以不可约.

**48. (1) 设$\mathbb{R}=F[t]$是不定元 t 的多项式形式环，试把 Eisenstein 定理推广到$\mathbb{R}[X]$中多项式，并证明之；

(2) 用(1)中结果证明 $X^3+3t^5X^2+5t^2X^2+t^7X+32t+t^3$ 在 $F[t,X]$中不可约.

证 (1) Eisenstein 定理的推广：设

$$f(t,X)=a_n(t)X^n+a_{n-1}(t)X^{n-1}+\cdots+a_1(t)X+a_0(t),$$

若 $t\nmid a_n(t)$,$t|a_i(t)$, $i=0,1,\cdots,n-1$,$t^2\nmid a_0(t)$,则 $f(t,X)$在$\mathbb{R}[X]$中不可约.

用反证法证明 设 $f(t,X)=g(t,X)h(t,X)$,其中 $g(t,X)=g_m(t)X^m+\cdots+g_1(t)X+g_0(t)$,$h(t,X)=h_l(t)X^l+\cdots+h_1(t)X+h_0(t)$,则因 $t^2\nmid a_0(t)=g_0(t)h_0(t)$,故可设 $t\nmid h_0(t)$. 设 $g(t,X)$的不能被 t 整除的最低次系数为 $g_k(k\leqslant m<n)$,则

$$a_k(t)=g_kh_0+g_{k-1}h_1+\cdots+g_0h_k,$$

故 $t\nmid a_k$,而 $k\leqslant m<n$,与已知 $t|a_i(t)$,$i=0,1,\cdots,n-1$ 矛盾,所以必不可约.

(2) 因为 $t\nmid a_3(t)=1$,$t|a_2(t)=3t^5+5t^2$,$t|a_1(t)=t^7$,$t^2\nmid a_0(t)=32t+t^3$,所以满足(1)中定理条件,故在 $F[t,X]$中不可约.

***49.** 设 $f(X)=a_0+a_1X+\cdots+a_nX^n\in\mathbb{Z}[X]$,$|a_0|>|a_1|+\cdots+|a_n|$,$a_0$ 为素数(或 $\sqrt{|a_0|}-\sqrt{|a_n|}<1$),则 $f(X)$在$\mathbb{Z}$上不可约.

证 设 x_i 是 $f(X)$的复根,则必有 $|x_i|>1$(否则,$|a_0|=|-a_1x_i-\cdots-a_nx_i^n|\leqslant|a_1|+\cdots+|a_n|$),若

$$f=gh=(g_0+g_1X+\cdots+g_sX^s)(h_0+h_1X+\cdots+h_tX^t),$$

则 $a_0=g_0h_0$,而

$$|g_0|=|g_s||x_1x_2\cdots x_s|>|g_s|\geqslant 1,$$

同样 $|h_0|>1$,所以 a_0 是合素与已知矛盾,故 f 在$\mathbb{Z}$上不可约. 或者由

$$|g_0|\geqslant|g_s|+1,\quad |h_0|\geqslant|h_t|+1,$$

有

$$\begin{aligned}|a_0|=|g_0||h_0|&\geqslant(|g_s|+1)(|h_t|+1)=|g_s||h_t|+|g_s|+|h_t|+1\\&\geqslant|a_n|+2\sqrt{|g_s||h_t|}+1=|a_n|+2\sqrt{|a_n|}+1\\&=(\sqrt{|a_n|}+1)^2.\end{aligned}$$

所以 $\sqrt{|a_0|}-\sqrt{|a_n|}>1$,与已知矛盾,故 f 在$\mathbb{Z}$上不可约.

50. 设 $f(X)=a_0+\cdots+a_nX^n\in\mathbb{Z}[X]$,而 $a_0,a_0+\cdots+a_n,a_0-a_1+\cdots+(-1)^na_n$ 均非3的倍数,则 $f(X)$无整数根.

证 若有整数根 x,则 $x\equiv 0$,或1,或$-1 \pmod 3$,所以上述三式之一应 $\equiv 0 \pmod 3$,即有

$x\equiv 0$ 时, $a_0\equiv 0 \pmod 3$,

$x\equiv 1$ 时, $a_0+\cdots+a_n\equiv 0 \pmod 3$,

$x\equiv -1$ 时, $a_0-a_1+\cdots+(-1)^na_n\equiv 0 \pmod 3$,

与已知矛盾,故 $f(X)$无整数根.

51. 设 n 为正整数,试证明 X^4+n 在$\mathbb{Q}$上可约当且仅当 $n=4m^4(m\in\mathbb{Z})$.

证 设$(X^4+n)=(X^2+a_1X+b_1)(X^2+a_2X+b_2)$,于是有

$$\begin{cases} a_1 + a_2 = 0 \to a_1 = -a_2, & (1) \\ b_1 + b_2 + a_1 a_2 = 0 \to b_1 + b_2 = a_1^2, & (2) \\ (a_1 b_1 + a_2 b_1) = 0 \to a_1 b_2 + (-a_1 b_1) = a_1(b_2 - b_1) = 0, & (3) \\ b_1 b_2 = n. & (4) \end{cases}$$

由(3)式得或 $a_1=0\to a_2=0$,又由(2)式知有 $b_1+b_2=0$,即 $b_1=-b_2$,与(4)式矛盾,所以此时无解;或 $a_1\neq 0$,而 $b_2=b_1$,代入(4)式得 $b_1^2=n$,故 $b_1=b_2=\sqrt{n}$,再代入(2)式有

$$a_1^2=b_1+b_2=2\sqrt{n}\to a_1=\pm\sqrt{2\sqrt{n}},$$

于是 $a_2=\mp\sqrt{2\sqrt{n}}=\mp\sqrt{2}\sqrt[4]{n}$.由题目要求 a_1,a_2 不能为实数(必须是有理数),所以要消去$\sqrt{2}$,必须有

$$\sqrt[4]{n} = \sqrt{2}m \to n = 4m^4 \to a_1 = \pm 2m, \quad m \in \mathbb{Z}.$$

此时

$$(X^4 + n) = (X^2 + 2mX + 2m^2)(X^2 - 2mX + 2m^2).$$

52. (1) 记 $f_n(X)=X^n+a_1X^{n-1}+\cdots+a_n$,其诸复数根的 k 次幂之和记为$S_k(f_n(X))$ 或 S_k,试证明当 $m\leqslant n$ 时,$S_k(f_n)=S_k(f_m)$ $(1\leqslant k\leqslant m)$;

(2) 试证明当 $m\leqslant n$ 时,有牛顿公式

$$S_m + a_1 S_{m-1} + \cdots + a_{m-1} S_1 + m a_m = 0;$$

(3) 试证明当 $m>n$ 时,有牛顿公式

$$S_m + a_1 S_{m-1} + \cdots + a_n S_{m-n} = 0;$$

(4) 记 $\sigma_k=(-1)^k a_k$(假定读者已知行列式算法,见第 2 章),试证:

$$S_m = \begin{vmatrix} \sigma_1 & 1 & & & \\ 2\sigma_2 & \sigma_1 & 1 & & \\ 3\sigma_3 & \sigma_2 & \sigma_1 & \ddots & \\ \vdots & \vdots & & \ddots & 1 \\ m\sigma_m & \sigma_{m-1} & \cdots & \cdots & \sigma_1 \end{vmatrix}, \quad \sigma_m = \frac{1}{m!}\begin{vmatrix} S_1 & 1 & & & \\ S_2 & S_1 & 2 & & \\ \vdots & \vdots & \ddots & \ddots & \\ \vdots & \vdots & & \ddots & m-1 \\ S_m & \cdots & \cdots & \cdots & S_1 \end{vmatrix}.$$

证 (1) 由已知

$$f_n(X) = X^n + a_1 X^{n-1} + \cdots + a_{n-1} X + a_n, \quad ①$$

$$f_m(X) = X^m + a_1 X^{m-1} + \cdots + a_{m-1} X + a_m, \quad ②$$

当 $k\leqslant m\leqslant n$ 时,a_k 相同.设

$f_n(X)$的复根为 $x_1,x_2,\cdots,x_n$,则 $S_k(f_n)=x_1^k+x_2^k+\cdots+x_n^k$.

$f_m(X)$的复根为 $x_{10},x_{20},\cdots,x_{m0}$,则 $S_k(f_m)=x_{10}^k+x_{20}^k+\cdots+x_{m0}^k$.

把 $S_k(f_n)$ 与 $S_k(f_m)$ 均表为初等对称多项式的多项式,则因首项为$(\overbrace{k,0,\cdots,0}^{n个})$和

$(\overbrace{k,0,\cdots,0}^{m\text{个}})$,所以要

$$l_1+\cdots+l_k=k,\quad 且\ l_1\geqslant l_2\geqslant l_3\geqslant\cdots\geqslant l_n,\quad 或$$

$$l_1+\cdots+l_m=k,\quad 且\ l_1\geqslant l_2\geqslant\cdots\geqslant l_m.$$

因此可能的幂次均为

$(\overbrace{k,0,\cdots,0}^{n\text{个}})$	$(\overbrace{k,0,\cdots,0}^{m\text{个}})$
$(k-1,1,0,\cdots,0)$	$(k-1,1,0,\cdots,0)$
$(k-2,2,0,\cdots,0)$	$(k-2,2,0,\cdots,0)$
$(k-2,1,1,0,\cdots,0)$	$(k-2,1,1,0,\cdots,0)$
$\vdots$	$\vdots$
$(\overbrace{1,1,\cdots,1}^{k},0,\cdots,0)$	$(\overbrace{1,1,\cdots,1}^{k},0,\cdots,0)$

于是有

$$S_k(f_n)=\sigma_1^k+A_1\sigma_1^{k-1}\sigma_2+A_2\sigma_1^{k-2}\sigma_2^2+\cdots+A_l\sigma_1\sigma_2\cdots\sigma_k,\qquad ③$$

$$S_k(f_m)=\sigma_1^k+B_1\sigma_1^{k-1}\sigma_2+B_2\sigma_1^{k-2}\sigma_2^2+\cdots+B_l\sigma_1\sigma_2\cdots\sigma_k.\qquad ④$$

式③中 $\sigma_i=(-1)^i a_i$,式④中的 $\sigma_i=(-1)^i a_i$,故两式中 σ_i 相同($i=1,2,\cdots,k$),用 $(x_1,x_2,\cdots,x_n)=(x_{10},x_{20},\cdots,x_{m0},0,\cdots,0)$代入计算得(其中 $x_{10},x_{20},\cdots,x_{m0}$ 任取)

$$A_i=B_i,\qquad i=1,2,\cdots,l.$$

(2) 因为 $a_1=-(x_1+x_2+\cdots+x_n)=-\sigma_1$,所以

$$-a_1S_{m-1}=(x_1+x_2+\cdots+x_n)(x_1^{m-1}+\cdots+x_n^{m-1})$$
$$=S_m+S(x_1^{m-1}x_2).\qquad (1)$$

其中 $S(x_1^{m-1}x_2)$是以 $x_1^{m-1}x_2$ 为首项的对称多项式.

$$(-1)^2a_2S_{m-2}=(x_1x_2+x_1x_3+\cdots+x_{n-1}x_n)(x_1^{m-2}+\cdots+x_n^{m-2})$$
$$=S(x_1^{m-1}x_2)+S(x_1^{m-2}x_2x_3)\qquad (2)$$

$$\cdots\ \cdots\ \cdots\ \cdots\ \cdots$$

$$(-1)^ja_jS_{m-j}=(x_1x_2\cdots x_j+\cdots+x_{n-j+1}\cdots x_n)(x_1^{m-j}+\cdots+x_n^{m-j})$$
$$=S(x_1^{m-j+1}x_2\cdots x_j)+S(x_1^{m-j}x_2\cdots x_{j+1}).\qquad (j)$$

当 $m\leqslant n$ 时

$$(-1)^{m-1}a_{m-1}S_1=(x_1\cdots x_{m-1}+\cdots+x_{n-m+1}\cdots x_n)(x_1+\cdots+x_n)$$
$$=S(x_1^2x_2\cdots x_{m-1})+m\sigma_m.\qquad (m-1)$$

其中 $\sigma_m=(-1)^m a_m$,把第(j)式乘$(-1)^{j-1}$后全部相加得

$$-a_1S_{m-1}-a_2S_{m-2}-\cdots-a_{m-1}S_1=S_m+ma_m,$$

移项即(2)题证毕.

(3) 当 $m>n$ 时

$$(-1)^n a_n S_{m-2} = x_1\cdots x_n(x_1^{m-n}+x_2^{m-n}+\cdots+x_n^{m-n})$$
$$= S(x_1^{m-n+1}x_2\cdots x_n). \qquad (n)$$

同样,第(j)式乘$(-1)^{j-1}$后全部相加得

$$-a_1S_{m-1}-a_2S_{m-2}-\cdots-a_nS_{m-n}=S_m,$$

移项即(3)题证毕.

(4) 先证明第一个等式,用第二数学归纳法.因为由第(1)题已证得$S_k(f_n)=S_k(f_m)$,所以只要计算 $S_k(f_m)$即可.当 $m=2$ 时有

$$S_2=x_1^2+x_2^2=(x_1+x_2)^2-2x_1x_2$$
$$=\sigma_1^2-2\sigma_2=\begin{vmatrix}\sigma_1 & 1\\ 2\sigma_2 & \sigma_1\end{vmatrix}.$$

假设对 $m\leqslant k-1$ 均成立,则当 $m=k$ 时,把行列式按最后一行展开有

$$\Delta_k=(-1)^{k+1}k\sigma_k\begin{vmatrix}1 & & & \\ \sigma_1 & \ddots & & \\ \vdots & \ddots & \ddots & \\ \sigma_{k-1} & \cdots & \sigma_1 & 1\end{vmatrix}+(-1)^k\sigma_{k-1}\begin{vmatrix}\sigma_1 & 0 & \cdots & 0\\ * & 1 & \ddots & \vdots\\ \vdots & \ddots & \ddots & 0\\ * & \cdots & * & 1\end{vmatrix}$$

$$+(-1)^{k-1}\sigma_{k-2}\left|\begin{array}{cc:ccc}\sigma_1 & 1 & & & \\ 2\sigma_2 & \sigma_1 & & 0 & \\ \hdashline & & 1 & & \\ & * & & \ddots & \\ & & & & 1\end{array}\right|+(-1)^{k-2}\sigma_{k-3}\left|\begin{array}{c:ccc}S_3 & & 0 & \\ \hdashline & 1 & & 0\\ & * & \ddots & \\ & * & & 1\end{array}\right|$$

$$+\cdots+(-1)^{2k}\sigma_1S_{k-1}$$
$$=-(k\sigma_k(-1)^k+(-1)^{k-1}\sigma_{k-1}S_1+(-1)^{k-2}\sigma_{k-2}S_2+(-1)^{k-3}\sigma_{k-3}S_3$$
$$+\cdots+(-1)\sigma_1S_{k-1})$$
$$=-(a_1S_{k-1}+\cdots+a_{k-3}S_3+a_{k-2}S_2+a_{k-2}S_1+ka_k)$$
$$=S_k.$$

上面最后一个等号由本题第(2)题已证得.故当 $m=k$ 时,结论成立,于是对一切 m 均成立.第一个等式证毕.

同理,对第二式用数学归纳法.当 $m=2$ 时,有

$$\sigma_2=\sum_{1\leqslant i<j\leqslant n}x_ix_j=\frac{1}{2}\Big[\Big(\sum_{i=1}^n x_i\Big)^2-\sum_{i=1}^n x_i^2\Big]=\frac{1}{2}(S_1^2-S_2)=\frac{1}{2!}\begin{vmatrix}S_1 & 1\\ S_2 & S_1\end{vmatrix},$$

因 $\sigma_1=S_1$ 及 $S_3=\sigma_1^3-3\sigma_1\sigma_2+3\sigma_3$,知

$$\sigma_3=\frac{1}{3}(S_3-\sigma_1^3+3\sigma_1\sigma_2)=\frac{1}{3}\left[S_3-S_1^3+3S_1\cdot\frac{1}{2}(\sigma_1^2-S_2)\right]$$
$$=\frac{1}{3!}(2S_3+S_1^3-3S_1S_2)$$
$$=\frac{1}{3!}\begin{vmatrix}S_1 & 1 & 0\\ S_2 & S_1 & 2\\ S_3 & S_2 & S_1\end{vmatrix}.$$

假设对$\leqslant m-1$均成立,当m阶时,把右边行列式按最后一行展开有

$$\text{右边}=\frac{1}{m!}\Big[(-1)^{m+1}S_m(m-1)!+(-1)^{m+2}S_{m-1}\cdot S_1(m-1)!$$
$$+(-1)^{m+3}S_{m-2}\cdot\sigma_2\cdot\frac{(m-1)!}{2}2!+\cdots+(-1)^{2m-1}S_2(m-1)(m-2)!\ \sigma_{m-2}$$
$$+(-1)^{2m}(m-1)!\ S_1\cdot\sigma_{m-1}\Big]$$
$$=\frac{(-1)^{m+1}}{m}[S_m-S_{m-1}\sigma_1+(-1)^2S_{m-2}\sigma_2+\cdots+(-1)^{m-2}\cdot S_2\cdot\sigma_{m-2}$$
$$+(-1)^{m-1}S_1\sigma_{m-1}]$$
$$=\frac{(-1)^{m+1}}{m}(S_m+S_{m-1}a_1+S_{m-2}a_2+\cdots+S_2a_{m-2}+S_1a_{m-1})$$
$$=(-1)^m\cdot a_m=\sigma_m.$$

所以对一切m,第二个公式成立.

为了简化以下习题的求解过程,请看在1.2.1中给出的:

表对称多项式$f(X_1,\cdots,X_n)$为初等对称多项式的多项式$\varphi(\sigma_1,\cdots,\sigma)$的方法.

53. 对下列多项式的根,求相应指出的对称多项式的值.

(1) X^5-3X^3-5X+1, $\sum X_i^4$;

(2) X^3+3X^2-X-7, $\sum X_i^6$;

(3) X^3-X-1, $\sum X_i(X_j-X_k)^2(\{i,j,k\}=\{1,2,3\}$,对各种可能求和);

(4) X^4-5X^2-2X+1, $\sum(X_i-X_j)^2(X_k-X_l)^2,\{i,j,k,l\}=\{1,2,3,4\}$;

(5) $X^n+\cdots+X+1$, $\sum X_i^3X_j^3X_k^3,(1\leqslant i<j<k\leqslant n,\ n>8)$.

解 (1) 先把已知对称多项式写成初等对称多项式的多项式.因为该对称多项式为4次齐次部分,首项的幂排成数组为(4,0,0,0,0),满足三条件的所有可能的数组(l_1,l_2,l_3,l_4,l_5)为(4,0,0,0,0),(3,1,0,0,0),(2,2,0,0,0),(2,1,1,0,0),(1,1,1,1,0).所以设

$$\sum X_i^4=\sigma_1^4+A\sigma_1^2\sigma_2+B\sigma_2^2+C\sigma_1\sigma_3+D\sigma_4,\qquad (*)$$

以下取($X_1,\cdots,X_5$)的特殊值,定出A,B,C,D.取

$(X_1,\cdots,X_5)=(1,1,0,0,0)$， 有 $\sigma_1=2,\sigma_2=1,\sigma_3=\sigma_4=0$，

$(X_1,\cdots,X_5)=(2,1,0,0,0)$， 有 $\sigma_1=3,\sigma_2=2,\sigma_3=\sigma_4=0$.

分别代入(*)式得

$$\begin{cases}2=16+4A+B\\16+1=81+18A+4B\end{cases}\Rightarrow\begin{cases}A=-4\\=2\end{cases},$$

取

$(X_1,\cdots,X_5)=(1,1,1,0,0)$， 有 $\sigma_1=3,\sigma_2=3,\sigma_3=1,\sigma_4=0$.

$(X_1,\cdots,X_5)=(1,1,1,1,0)$， 有 $\sigma_1=4,\sigma_2=6,\sigma_3=4,\sigma_4=1$，

得

$$\begin{cases}3=81+27A+9B+3C,\\4=4^4+16\times 6A+6^2A+16C+D.\end{cases}$$

把 A,B 值代入，解得

$$C=4,\quad D=-4.$$

故

$$\sum X_i^4=\sigma_1^4-4\sigma_1^2\sigma_2+2\sigma_2^2+4\sigma_1\sigma_3-4\sigma_4.$$

当 X_1,X_2,X_3,X_4,X_5 为多项式 X^5-3X^3-5X+1 的根时，$\sigma_1=0,\sigma_2=-3,\sigma_3=0,\sigma_4=-5,\sigma_5=-1$. 于是得

$$\sum X_i^4=2(-3)^2+(-4)(-5)=38.$$

(2) 求解过程同(1)，结论为

$$\sum_{i=1}^3 X_i^6=\sigma_1^6-6\sigma_1^4\sigma_2+9\sigma_1^2\sigma_2^2+6\sigma_1^3\sigma_3-2\sigma_2^3-12\sigma_1\sigma_2\sigma_3+3\sigma_3^2.$$

当 X_1,X_2,X_3 为多项式 X^3+3X^2-X-7 的根时，有 $\sigma_1=-3,\sigma_2=-1,\sigma_3=7$，故

$$\sum_{i=1}^3 X_i^6=59.$$

(3) 因为 $\sum X_i(X_j-X_k)^2=2X_1^2X_2+2X_2^2X_3+\cdots$，所以

$$\sum X_i(X_j-X_k)^2=2\sigma_1\sigma_2-18\sigma_3.$$

当 X_1,X_2,X_3 为 X^3-X-1 的根时，有 $\sigma_1=0,\sigma_2=-1,\sigma_3=1$，此时

$$\sum X_i(X_j-X_k)^2=-18.$$

(4) 由已知得

$$\sum(X_i-X_j)^2(X_k-X_l)^2=16X_1^2X_2^2+\cdots=16\sigma_2^2-48\sigma_1\sigma_3+192\sigma_4.$$

当 X_1,X_2,X_3,X_4 为 X^4-5X^2-2X+1 的根时，有 $\sigma_1=0,\sigma_2=-5,\sigma_3=2,\sigma_4=1$，此时

$$\sum(X_i-X_j)^2(X_k-X_l)^2=592.$$

(5) $f(X_1,\cdots,X_n)=\sum X_i^3X_j^3X_k^3$ 是9次齐次对称多项式,首项为 $X_1^3X_2^3X_3^3$,满足三条件的数组 $(l_1,l_2,\cdots,l_n)$ 全体为 $(3,3,3,0,\cdots,0)$,$(3,3,2,1,0,\cdots,0)$,$(3,2,2,2,0,\cdots,0)$,$(3,3,1,1,1,0,\cdots,0)$,$(3,2,2,1,1,0,\cdots,0)$,$(2,2,2,2,1,0,\cdots,0)$,$(3,2,1,1,1,1,0,\cdots,0)$,$(2,2,2,1,1,1,0,\cdots,0)$,$(3,1,1,1,1,1,1,0,\cdots,0)$,$(2,2,1,1,1,1,1,0,\cdots,0)$,$(2,1,1,1,1,1,1,1,0,\cdots,0)$,$(1,1,1,1,1,1,1,1,1,0,\cdots,0)$.故令

$$
\begin{aligned}
f=\sigma_3^3&+A\sigma_2\sigma_3\sigma_4+B\sigma_1\sigma_4^2+C\sigma_2^2\sigma_5+D\sigma_1\sigma_3\sigma_5+E\sigma_4\sigma_5\\
&+F\sigma_1\sigma_2\sigma_6+G\sigma_3\sigma_6+H\sigma_1^2\sigma_7+I\sigma_2\sigma_7+J\sigma_1\sigma_8+K\sigma_9,
\end{aligned}
$$

分别取

$$(X_1,\cdots,X_n)=(1,1,1,1,0,\cdots,0),(1,1,1,-1,0,\cdots,0),$$

得

$$\begin{cases}6A+B=-15\\B=3\end{cases}\Rightarrow\begin{cases}A=-3,\\B=3.\end{cases}$$

分别取

$$
\begin{aligned}
(X_1,\cdots,X_n)=&(1,1,1,1,1,0,\cdots,0),(1,1,1,1,-1,0,\cdots,0),\\
&(1,1,1,-1,-1,0,\cdots,0),
\end{aligned}
$$

得

$$\begin{cases}20C+10D+E=27,\\-4C+6D+3E=-39,\\4C-2D+E=15.\end{cases}\Rightarrow\begin{cases}C=3,\\D=-3,\\E=-3.\end{cases}$$

分别取

$$(X_1,\cdots,X_n)=(1,1,1,1,1,1,0,\cdots,0),(1,1,1,1,1,-1,0,\cdots,0),$$

得

$$\begin{cases}9F+2G=-15,\\F=-3.\end{cases}\Rightarrow\begin{cases}G=6,\\F=-3.\end{cases}$$

又取

$$(X_1,\cdots,X_n)=(1,1,1,1,1,1,1,0,\cdots,0),(1,1,1,1,1,1,-1,0,\cdots,0),$$

得

$$\begin{cases}7H+3I=12,\\25H+9I=48.\end{cases}\Rightarrow\begin{cases}H=3,\\I=-3.\end{cases}$$

再取 $(X_1,\cdots,X_n)=(1,1,1,1,1,1,1,1,0,\cdots,0)$,知 $J=-3$,

最后取 $(X_1,\cdots,X_n)=(1,1,1,1,1,1,1,1,1,0,\cdots,0)$,知 $K=3$.所以

$$
\begin{aligned}
f=\sigma_3^3&-3\sigma_2\sigma_3\sigma_4+3\sigma_1\sigma_4^2+3\sigma_2^2\sigma_5-3\sigma_1\sigma_3\sigma_5-3\sigma_4\sigma_5-3\sigma_1\sigma_2\sigma_6+6\sigma_3\sigma_6\\
&+3\sigma_1^2\sigma_7-3\sigma_2\sigma_7-3\sigma_1\sigma_8+3\sigma_9.
\end{aligned}
$$

当 $X_1,\cdots,X_n$ 为 $X^n+\cdots+X+1$ 的根时，有

$$\sigma_1=\sigma_3=\sigma_5=\sigma_7=\sigma_9=-1,\quad \sigma_2=\sigma_4=\sigma_6=\sigma_8=1,$$

所以

$$\begin{aligned}f=&(-1)^3-3\times(-1)+3\times(-1)+3\times(-1)-3\times(-1)-3\times(-1)\\&-3\times(-1)+6\times(-1)+3\times(-1)-3\times(-1)-3\times(-1)+3\times(-1)\\=&-1.\end{aligned}$$

54. 用初等对称函数表示下列对称多项式：

(1) $(X_1+X_2+X_1X_2)(X_2+X_3+X_2X_3)(X_1+X_3+X_1X_3)$；

(2) $(X_1^2+X_2X_3)(X_2^2+X_1X_3)(X_3^2+X_1X_2)$；

(3) $X_1^3X_2X_3+X_1X_2^3X_3+X_1X_2X_3^3$；

(4) $X_1^3X_2^3X_3X_4+\cdots+X_1X_2X_3^3X_4^3$.

解 (1) 因为 $f(X_1,X_2,X_3)=f_6+f_5+f_4+f_3$，其中 f_6 是 6 次齐次多项式，它的首项为 $X_1^2X_2^2X_3^2$，所以 $f_6=\sigma_3^2$；f_5 是 5 次齐次多项式，它的首项为 $2X_1^2X_2^2X_3$，所以 $f_5=2\sigma_2\sigma_3$；f_4 的首项为 $X_1^2X_2^2$（后项为 $X_1^2X_2X_3$），所以可设

$$f_4=\sigma_2^2+A\sigma_1\sigma_3,\qquad (*)$$

又

$$\begin{aligned}f_4=&X_1X_2(X_2+X_3)(X_1+X_3)+X_2X_3(X_1+X_2)(X_1+X_3)\\&+X_1X_3(X_1+X_2)(X_2+X_3),\end{aligned}$$

取 $(X_1,X_2,X_3)=(1,1,-1)$，则 $\sigma_1=1,\sigma_2=-1,\sigma_3=-1$，代入(*)式得 $0=1+A(-1)$，所以 $A=1$；f_3 的首项为 $X_1^2X_2$（后项为 $X_1X_2X_3$），有

$$f_3=(X_1+X_2)(X_2+X_3)(X_1+X_3)=\sigma_1\sigma_2+B\sigma_3,$$

取 $(X_1,X_2,X_3)=(1,1,-1)$ 代入上式，得 $B=-1$. 所以

$$f(X_1,X_2,X_3)=\sigma_1\sigma_2+\sigma_1\sigma_3+\sigma_2^2+2\sigma_2\sigma_3-\sigma_3+\sigma_3^2.$$

(2) 首项为 $X_1^4X_2X_3$，所以 (l_1,l_2,l_3) 可以取为 $(4,1,1),(3,3,0),(3,2,1),(2,2,2)$. 经计算得

$$f(X_1,X_2,X_3)=\sigma_1^3\sigma_3+\sigma_2^3-6\sigma_1\sigma_2\sigma_3+8\sigma_3^2.$$

(3) $f(X_1,X_2,X_3)=\sigma_1^2\sigma_3-2\sigma_2\sigma_3$.

(4) $f=\sigma_2^2\sigma_4-2\sigma_1\sigma_3\sigma_4+2\sigma_4^2$.

55. 在 $\mathbb{Z}[X]$ 中分解因式：

$$X^6-1,\quad X^8-1,\quad X^{12}-1,\quad X^{32}-1.$$

解 $X^6-1=(X-1)(X+1)(X^2+X+1)(X^2-X+1)$,

$X^8-1=(X-1)(X+1)(X^2+1)(X^4+1)$,

$X^{12}-1=(X-1)(X+1)(X^2+1)(X^2+X+1)(X^2-X+1)(X^4-X^2+1)$,

$X^{32}-1=(X-1)(X+1)(X^2+1)(X^4+1)(X^8+1)(X^{16}+1)$.

*56. 设 F 为域，考虑 F 上的无限序列

$$f=(a_i)=(a_0,a_1,a_2,\cdots),$$

两个序列 $f=(a_i)$ 和 $g=(b_i)$ 的和定义为

$$(a_i)+(b_i)=(a_i+b_i),$$

积定义为 $(a_i)(b_i)=(c_i)$，其中

$$c_i=a_0b_i+a_1b_{i-1}+\cdots+a_ib_0.$$

试证明

(1) F 上序列全体是含幺(乘法单位元)交换环；

(2) $f=(a_i)$ 可逆当且仅当 $a_0\neq 0$；

(3) 记 $X=(0,1,0,0,\cdots)$，则

$$X^2=(0,0,1,0,\cdots),\quad X^3=(0,0,0,1,0,\cdots).$$

记 $X^0=(1,0,0,\cdots)$，则任一序列 f 可写为

$$f=(a_i)=\sum_{i=0}^{\infty}a_iX^i=a_0X^0+a_1X+a_2X^2+\cdots$$

(于是 F 上无穷序列全体记为 $F[[X]]$，称为**形式幂级数环**)；

(4) 设映射 φ: $F\to F[[X]]$，$\varphi(a)=aX^0$，则 φ 是单射，且保持 F 的加法和乘法，即 $\varphi(a+b)=\varphi(a)+\varphi(b)$，$\varphi(ab)=\varphi(a)\varphi(b)$(由此可把 F 与 $F[[X]]$ 等同，即把 a 和 aX^0 等同，从而 $F[[X]]=\{f=a_0+a_1X+a_2X^2+\cdots|a_i\in F\}$)；

(5) $F[X]$ 是 $F[[X]]$ 的子环.

证　(1) 显然 F 上序列全体对加法构成 Abel 群：满足封闭性、结合律、有恒元 $(0,\cdots)$，$(-a_i)$ 是 (a_i) 的逆元且有交换律(因为 $(a_i)+(b_i)=(b_i)+(a_i)$). 对乘法是半群：满足封闭性、结合律；且可交换即 $(a_i)(b_i)=(b_i)(a_i)$，有单位元 $e=(1,0,\cdots)$，对任意 f，有 $ef=fe=f$. 乘法对加法有分配律. 故是含幺交换环.

(2) 若 f 可逆，设 $fg=(1,0,\cdots)$，$g=(b_i)$，则有 $a_0b_0=1$，故 $a_0\neq 0$.

反之，若 $a_0\neq 0$，则 a_0 在域 F 中可逆，故从 $a_0b_0=1$，$a_0b_1+a_1b_0=0$，$a_0b_2+a_1b_1+a_2b_0=0$，$a_0b_3+a_1b_2+a_2b_1+a_3b_0=0$，…中可逐一求出 b_0,b_1,b_2,b_3，等等，即可得序列 $g=(b_i)$ 满足 $fg=(1,0,\cdots)$，故 f 可逆.

(3) 由序列乘法的定义，显然有 $X^2=(0,0,1,0,\cdots)$ 等.

(4) 若 $\varphi(a)=0$，即 $aX^0=0$，故知

$$a(1,0,\cdots)=(a,0,\cdots)=(0,0,\cdots),$$

得 $a=0$，于是知 φ 是单射. 又

$$\begin{aligned}\varphi(a+b)&=(a+b)X^0=(a+b)(1,0,\cdots)=(a+b,0,\cdots)\\&=(a,0,\cdots)+(b,0,\cdots)=aX^0+bX^0=\varphi(a)+\varphi(b),\\\varphi(ab)&=(ab)X^0=(ab,0,\cdots)=(a,0,\cdots)(b,0,\cdots)\end{aligned}$$

$$=(aX^0)(bX^0)=\varphi(a)\cdot\varphi(b).$$

(5) 因为任 $f\in F[X]$,有

$$\begin{aligned}f&=a_0+a_1X+\cdots+a_nX^n\\&=a_0+a_1X+\cdots+a_nX^n+0X^{n+1}+0X^{n+2}+\cdots\\&\in F[[X]],\end{aligned}$$

所以 $F[X]\subset F[[X]]$.

又 $F[X]$和 $F[[X]]$中的加法和乘法显然是一致的.

*57. 设 A 是 $F[X]$的非空子集且满足:① 若 $f,g\in A$,则 $f-g\in A$;② 若 $f\in A,h\in F[X]$,则 $hf\in A$. 这样的子集 A 称为 $F[X]$的一个**理想**. 试证:

(1) 条件①等价于 A 是 Abel 群;

(2) 举出 $F[X]$的两个理想例子;

(3) 对 $F[X]$中任意多个多项式$\{f_i\}_{i\in S}$,集合

$$\langle f_i\rangle_{i\in S}=\left\{\sum_{i\in S}h_if_i\mid h_i\in F[X]\right\}$$

是 $F[X]$的理想(称为$\{f_i\}$**生成的理想**);

(4) $F[X]$的任一理想 A 必是某多项式 $d[X]$的倍式全体:

$$A=\{hd\mid h\in F[X]\}=\langle d\rangle,$$

且 $d(X)$是 A 中多项式的最大公因子.

证 (1) 设条件①成立,则 A 对加法封闭,因对 $f,g\in A$, $-g\in A$,故 $f+g=f-(-g)\in A$. 又若 $f\in A,0=f-f\in A,-f=0-f\in A$,故 A 是 Abel 群.

(2) A=次数大于 n 的多项式全体和 0.

B=一个多项式 f 的倍式全体,即

$$B=\{fg\mid g\in F[X]\}.$$

(3) 因为

$$\sum h_if_i-\sum h_i^*f_i=\sum(h_i-h_i^*)f_i,$$

$$f\left(\sum h_if_i\right)=\sum(fh_i)f_i,$$

所以$\langle f_i\rangle_{i\in S}$满足①,②两条件,故是理想.

(4) 任取 A 中一个次数最低的非零多项式 $g(X)$,则对任一 $f(X)\in A$,设

$$f(X)=g(X)q(X)+r(X),\quad \deg r(X)<\deg g(X),$$

于是 $r(X)=f-gq\in A$. 如果 $r(X)\neq 0$,则与 $g(X)$是 A 中次数最低的非零多项式矛盾,故 $r(X)=0,g(X)\mid f(X)$. 也就是说 A 是 $g(X)=d(X)$的倍式全体,从而 $g(X)$是 A 中多项式的因子;因为 $g(X)$本身属于 A,故 $g(X)$是 A 中多项式的最大公因子.

*58. 设 $m(X)\in F[X]$为非 0 多项式,$f,g\in F[X]$称为**同余**(模 $m(X)$)的意思是指 $m(X)\mid(f-g)$(亦即 f 和 g 被 m 除的余式相同),记为

$$f \equiv g \pmod{m},$$

试证明：

(1) 模 $m(X)$ 同余是一种等价关系，即 $f \equiv f \pmod{m}$；若 $f \equiv g \pmod{m}$，则 $g \equiv f \pmod{m}$；若 $f \equiv g$，$g \equiv h$，则 $f \equiv h \pmod{m}$；

(2) 若 $f \equiv g \pmod{m}$，$f_1 \equiv g_1 \pmod{m}$，则

$$f + f_1 \equiv g + g_1 \pmod{m}, \qquad ff_1 = gg_1 \pmod{m};$$

若 $f \equiv g \pmod{m}$，d 是 f, g, m 的公因子则

$$f/d \equiv g/d \pmod{m/d};$$

若 $f \equiv g \pmod{m}$，h 是 f, g 的公因子，而与 m 互素，则

$$f/h \equiv g/h \pmod{m};$$

(3) 按照(1)，$F[X]$中多项式可按模 $m(X)$ 同余关系分为若干类(称为同余类)：同余者在同一类，不同余者不在同一类. 则每个同余类可写为

$$f(X) + F[X]m(X) = \{f(X) + g(X)m(X) \mid g(X) \in F[X]\}$$

其中 $f(X)$ 是该类中任一多项式；

(4) 记 $\bar{f} = f + F[X]m$，定义两个同余类的加法和乘法如下：

$$\bar{f} + \bar{g} = \overline{f+g}, \qquad \bar{f} \cdot \bar{g} = \overline{f \cdot g}.$$

试证明此定义是合理的，且 $F[X]$ 模 $m(X)$ 同余类全体 $F[X]/m(X)$ 构成一个环；

(5) 对 $a \in F$，$a \to \bar{a} \in F[X]/\langle m(X) \rangle$ 是单射. 从而常可记 $\bar{a} = a$，即视二者为等同；

(6) 设 $\deg m(X) = n$，则

$$F[X]/\langle m(X) \rangle = \{a_0 + a_1\bar{X} + \cdots + a_{n-1}\bar{X}^{n-1} \mid a_i \in F\};$$

(7) 当 $m(X) = p(X)$ 为不可约多项式时，$F[X]/\langle p(X) \rangle = E$ 是域，且包含 F；

(8) $\bar{X} \in E$ 是 $p(X)$ 的一个根，记 $\alpha = \bar{X}$，则

$$E = \{a_0 + a_1\alpha + \cdots + a_{n-1}\alpha^{n-1}\} = \{f(\alpha) \mid f(X) \in F[X]\}$$

$$= \left\{\frac{f(\alpha)}{g(\alpha)} \middle| f, g \in F[X], g(\alpha) \neq 0\right\},$$

因此 E 也称为添加 $p(X)$ 的一个根到 F 生成；

(9) 对 $F = \mathbb{R}$，$p(X) = m(X) = X^2 + 1$，具体写出(4)至(8). $E = \mathbb{R}[X]/\langle X^2 + 1 \rangle$ 是你熟悉的域吗？

证 (1) ① 由 $m \mid f - f$，即 $m \mid 0$，知 $f \equiv f \pmod{m}$，

② 若 $f \equiv g \pmod{m}$，则 $m \mid f - g$，故 $m \mid g - f$，即 $g \equiv f \pmod{m}$.

③ 若 $f \equiv g$，$g \equiv h$，则 $m \mid f - g$，$m \mid g - h$. 因 $f - h = (f - g) + (g - h)$，故 $m \mid f - h$，即

$$f \equiv h \pmod{m}.$$

(2) ① 由 $f \equiv g$，$f_1 \equiv g_1$，知 $m \mid f - g$，$m \mid f_1 - g_1$，而

$$(f + f_1) - (g + g_1) = (f - g) + (f_1 - g_1),$$

故
$$m\mid(f+f_1)-(g+g_1),$$
即
$$f_1+f\equiv g+g_1 \pmod{m}.$$
同样,因
$$ff_1-gg_1=ff_1-gf_1+gf_1-gg_1=(f-g)f_1+g(f_1-g_1),$$
故 $m\mid ff_1-gg_1$,即 $ff_1\equiv gg_1 \pmod{m}$.

② 若 d 是 f,g,m 的公因子,则可设
$$f=f_1d,\quad g=g_1d,\quad m=m_1d,$$
故由 $f\equiv g \pmod{m}$ 知 $m\mid f-g$,即 $m_1d\mid f_1d-g_1d$,故 $m_1\mid f_1-g_1$,于是 $f_1\equiv g_1 \pmod{m_1}$,即
$$f/d\equiv g/d \pmod{m/d}.$$

③ 若 h 是 f,g 的公因子,可设 $f=f_1h,g=g_1h$,由 $f\equiv g \pmod{m}$ 知 $m\mid(f_1-g_1)h$,且 h 与 m 互素,故由定理 1.7 系 2 知 $m\mid f_1-g_1$,即 $f_1\equiv g_1 \pmod{m}$,也就是有
$$f/h\equiv g/h \pmod{m}.$$

(3) $f+F[X]m$ 中元素显然属于同一类:设 $f+g_1m$ 和 $f+g_2m$ 是其中任二元素,则
$$(f+g_1m)-(f+g_2m)=(g_1-g_2)m \text{ 是 } m \text{ 的倍式},$$
故
$$f+g_1m=f+g_2m \pmod{m}.$$

另一方面,与 f 同类的多项式 $h(X)$ 必然在 $f+F[X]m$ 中.事实上,因 h 与 f 同类,故 $m\mid h-f$,于是 $h-f=mg$ (对某 $g\in F[X]$),故
$$h=f+gm\in f+F[X]m.$$

(4) 定义的合理性:设 $\bar{f}=\bar{f}_1$,即
$$f+F[X]m=f_1+F[X]m,$$
只需验证 $\bar{f}+\bar{g}=\bar{f}_1+\bar{g}$,$\bar{f}\bar{g}=\bar{f}_1\bar{g}$,即要验证
$$\overline{f+g}=\overline{f_1+g},\quad \overline{fg}=\overline{f_1g}.$$
由 $\bar{f}=\bar{f}_1$ 知 $m\mid f-f_1$,故 $m\mid(f+g)-(f_1+g_1)$,$m\mid fg-f_1g$.这就说明
$$\overline{f+g}=\overline{f_1+g},\quad \overline{fg}=\overline{f_1g}.$$

因为 $F[X]/\langle m(X)\rangle$ 对加法封闭(即 $\bar{f}+\bar{g}=\overline{f+g}$ 仍是一个同余类),满足结合律(即 $(\bar{f}+\bar{g})+\bar{h}=\bar{f}+(\bar{g}+\bar{h})$)和交换律,有零元(即 $\bar{0}=F[X]m(X)$),任一 $\bar{f}$ 有负元 $-\bar{f}=\overline{-f}$,故 $F[X]/\langle m\rangle$ 是加法 Abel 群.又它对乘法封闭,满足结合律,还满足乘法对加法的分配律,故是一个环.

(5) 对 $a,b\in F$,若 $\bar{a}=\bar{b}$,即 $m\mid a-b$,则只能是 $a-b=0$,$\rightarrow a=b$,故 $a\mapsto\bar{a}$ 是单射.

(6) 对任一 $f(X)\in F[X]$,设
$$f(X)=m(X)q(X)+r(X),\quad \deg r(X)<\deg m(X)=n \quad \text{或 } r(X)=0.$$
故

$$\bar{f}(X)=\bar{m}(X)\bar{q}(X)+\bar{r}(X)=\bar{r}(X).$$

若

$$r(X)=a_0+a_1X+\cdots+a_{n-1}X^{n-1},$$

则

$$\overline{f(X)}=\overline{r(X)}=\bar{a}_0+\bar{a}_1\bar{X}+\cdots+\bar{a}_{n-1}\bar{X}^{n-1}=a_0+a_1\bar{X}+\cdots+a_{n-1}\bar{X}^{n-1}$$

(因为 a_i 与 $\bar{a}_i$ 等同).

(7) E 中显然有乘法单位元 $\bar{1}=1$. 任取 E 中一非 0 元 β,则 β 可写为 $\beta=\overline{r(X)}$,其中 $r(X)=a_0+\cdots+a_{n-1}X^{n-1}\neq 0$,因为 $\deg r(X)<\deg p(X)=n$,故 $r(X)$ 与 $p(X)$ 互素,故存在 $u(X)$,$v(X)$ 使

$$u(X)r(X)+v(X)p(X)=1,$$

即

$$\overline{u(X)}\ \overline{r(X)}+\overline{v(X)}\ \overline{p(X)}=\bar{1}.$$

注意 $\overline{p(X)}=\overline{m(X)}=\bar{0}=0$($E$ 中的零元素),$\bar{1}=1$. 故 $\overline{u(X)}\beta=1$,即 β 可逆,故 E 是域.

(8) 设 $p(X)=m(X)=p_0+p_1X+\cdots+p_nX^n$,则

$$\begin{aligned}p(\alpha)=p(\bar{X})&=p_0+p_1\bar{X}+\cdots+p_n\bar{X}^n\\&=\overline{p_0+p_1X+\cdots+p_nX^n}=\overline{p(X)}=\bar{0}=0.\end{aligned}$$

故 $\alpha=\bar{X}$ 是 $p(X)$ 的根. 对任意 $f(X)\in F[X]$,设

$$f(X)=p(X)q(X)+r(X),$$

则

$$f(\alpha)=p(\alpha)q(\alpha)+r(\alpha)=r(\alpha),$$

故

$$E=\{f(\alpha)\mid f\in F[X]\}.$$

现设 $t=f(\alpha)/g(\alpha)$,$g(\alpha)\neq 0$,$f,g\in F[X]$,因为 $g(\alpha)\neq 0$,故 $g(\alpha)\in E$ 有逆,设为 $g(\alpha)^{-1}=h(\alpha)$,其中 $h(X)\in F[X]$,$\deg h(X)<n$. 则

$$t=f(\alpha)/g(\alpha)=f(\alpha)h(\alpha)\in E.$$

故

$$E=\{f(\alpha)/g(\alpha)\mid g(\alpha)\neq 0\}.$$

(9) 当 $F=\mathbb{R}$,$p(X)=m(X)=X^2+1$ 时,$E=\mathbb{R}[X]/\langle X^2+1\rangle$ 是一个环,包含 $\mathbb{R}$(即 a 等同于 $\bar{a}$),且

$$E=\{a_0+a_1\bar{X}\mid a_i\in\mathbb{R}\}=\{a+b\bar{X}\mid a,b\in\mathbb{R}\},$$

E 是一个域. 任一非零 $\beta\in E$ 可表为 $\beta=a+b\bar{X}=\overline{a+bX}$,$a+bX\neq 0$. 因 $a+bX$ 与 X^2+1 互素,故

$$u(X)(a+bX)+r(X)(X^2+1)=1,$$

故

$$\overline{u(X)}\ \overline{(a+bX)}=1,$$

即 $\beta^{-1}=\overline{u(X)}$. 记 $\overline{X}=\mathrm{i}$,则知道 $\mathrm{i}^2=\overline{X}^2=\overline{X^2}=-1$,故

$$E=\{a+b\overline{X}\}=\{a+b\mathrm{i}\mid a,b\in\mathbb{R}\}, \text{即是复数域}\mathbb{C}.$$

59. 判断下列多项式在$\mathbb{Q}$上是否可约(p 为奇素数):

$$f=X^p+pX+1, \qquad g=X^p-pX+1.$$

解

$$\begin{aligned}f(X-1)&=X^p-pX^{p-1}+\frac{p(p-1)}{2}X^{p-2}-\cdots-\frac{p(p-1)}{2}X^2\\&\quad+pX-1+(pX-p)+1\\&=X^p-pX^{p-1}+\cdots+2pX-p,\end{aligned}$$

由 Eisensten 判别法知,$h(X)=f(X-1)\in\mathbb{Z}[X]$不可约,于是 $f(X)$不可约. 否则由$f(X)=f_1(X)f_2(X)$有

$$f(X-1)=f_1(X-1)f_2(X-1), \quad \text{即 } h(X)=h_1(X)h_2(X).$$

同理

$$g(X-1)=X^p-pX^{p-1}+\cdots-\frac{p(p-1)}{2}X^2+p$$

也不可约.

60. 是否存在正整数 n,使 $7\mid 2^n+1$?

答 不存在. 设 $n=3q+n_1(0\leqslant n_1\leqslant 2)$,则

$$\begin{aligned}2^n+1&=2^{3q+n_1}+1=8^q\cdot 2^{n_1}+1\equiv 2^{n_1}+1 \pmod 7\\&\equiv 2,3,\text{或}\,5(\text{当 } n_1=0,1,\text{或 } 2) \pmod 7.\end{aligned}$$

故 $2^n+1\not\equiv 0 \pmod 7$,即 $7\nmid 2^n+1$(对任意正整数 n).

61. 是否存在整数 b 使 $7\mid 2^n+b$ 对任意正整数 n 成立?

答 不存在. 由60题有

$$2^n+b\equiv 2^{n_1}+b=\begin{cases}b+1, & \text{当 } n_1=0\\ b+2, & \text{当 } n_1=1\\ b+4, & \text{当 } n_1=2\end{cases} \pmod 7,$$

故

$$2^n+b\equiv 0 \pmod 7 (\text{对任意正整数 } n)\Leftrightarrow b+1\equiv b+2\equiv b+4\equiv 0 \pmod 7,$$

这不可能.

62. 已知 $f(X),g(X)\in F[X]$,且不全为零,若存在 $u(X),v(X)\in F[X]$,使得 $uf+vg=(f,g)$,试证 $u(X),v(X)$必互素.

证 因为 $uf+vg=(g,h)$,且$(f,g)\mid f$,又$(f,g)\mid g$,所以

$$u\frac{f}{(f,g)}+v\frac{g}{(f,g)}=1,$$

其中$\frac{f}{(f,g)}$，$\frac{g}{(f,g)}$不全为 0，由 Bezout 等式知 $u(X)$，$v(X)$互素.

1.4　补充题与解答

1. 设 $a_1,\cdots,a_n$ 为互异整数，则如下多项式在$\mathbb{Q}[X]$和$\mathbb{Z}[X]$中不可约：

$$f(X)=(X-a_1)^2\cdots(X-a_n)^2+1.$$

证　假设 $f(X)=g(X)h(X)$，其中 $g(X)$，$h(X)$为整数系数多项式，均非常数. 则

$$f(a_i)=g(a_i)h(a_i)=1,\quad i=1,\cdots,n.$$

故 $g(a_i)=h(a_i)=\pm1$. 因 $f(X)$无实根，故 $g(X)$，$h(X)$无实根，所以 $g(a_i)$与 $g(a_j)$的正负号相同（否则因为 $g(X)$连续，必在 a_i 与 a_j 之间有实根）.

(1) 如果 $g(a_i)=h(a_i)=1$（对 $i=1,\cdots,n$），则 $g(X)-1$ 和 $h(X)-1$ 以 $a_1,\cdots,a_n$ 为根，这说明它们都是 n 次（因为二者次数之和为 $\deg f=2n$）. 故知

$$g(X)-1=h(X)-1=(X-a_1)\cdots(X-a_n),$$

$$f(X)=g(X)h(X)=((X-a_1)\cdots(X-a_n)+1)^2$$

$$=(X-a_1)^2\cdots(X-a_n)^2+2(X-a_1)\cdots(X-a_n)+1.$$

从而得知$(X-a_1)\cdots(X-a_n)=0$，$g(X)=h(X)=1$，矛盾.

(2) 如果 $g(a_i)=h(a_i)=-1$（对 $i=1,\cdots;n$），可以完全类似证明.

因为 $f(X)$是本原多项式，故上述说明它在$\mathbb{Q}[X]$和$\mathbb{Z}[X]$中均不可约.

2. 设 $f(X)=X^n+a_1X^{n-1}+\cdots+a_{n-1}X+a_n$ 为 n 次复系数多项式，则 $f(X)$的任意复根 c 满足

$$|c|<1+\max\{|a_1|,\cdots,|a_n|\}.$$

证　记 $M=\max\{|a_1|,\cdots,|a_n|\}$. 若 $M=0$，则显然 $c=0$，结论成立. 若 $M>0$，而 $|c|\geqslant1+M$，则由 $f(c)=0$ 得

$$|c^n|\leqslant|a_1c^{n-1}|+\cdots+|a_{n-1}c|+|a_n|\leqslant M(|c^{n-1}|+\cdots+|c|+1)$$

$$=M(|c^n|-1)/(|c|-1)<M|c^n|/(|c|-1),$$

约去$|c|^n$，即得 $1<M/(|c|-1)$，$|c|-1<M$，$|c|<1+M$，矛盾.

3.（笛卡儿符号判则）　实系数多项式 $f(X)$的正根个数 r（重根记入），等于其系数的变号数 v 或比 v 少一个正偶数. $f(X)$的负根个数，等于 $f(-X)$的系数变号数或差一个正偶数.（这里 $f(X)=a_0X^n+a_1X^{n-1}+\cdots+a_{n-1}X+a_n$ 的系数的变号数 v 定义如下. 从左向右考察 $f(X)$的系数序列 $a_0,a_1,\cdots,a_{n-1},a_n$（删除零），相邻两数正负号改变的次数，即称为系数的变号数. 例如 $f(X)=X^5-3X^3-X+1$ 的系数变号数为 $v(f)=2$.）

证　当 $n=\deg f=1$ 时显然成立. 当 $n=2$ 时可设 $f=X^2+bX+c=(X-c_1)(X-c_2)$，$b=-(c_1+c_2)$，$c=c_1c_2$. 分不同情形：$c_1,c_2$ 均正；c_1,c_2 一正一负；c_1,c_2 均负；c_1,c_2 均

非实数(为共轭复数)；以及 c_1,c_2 中有零. 分别讨论，易知笛卡儿符号判则成立.

对一般情形，可设

$$f(X)=X^n+a_1X^{n-1}+\cdots+a_{n-1}X+a_n$$

为首一多项式(事实上,用首项系数除各个系数即可，这样既不改变系数变号数 v，也不改变根). 也不妨设常数项 $a_n\neq0$(否则可设 $f(X)=X^sf_1(X)$,$f_1(X)$的常数项非零. f_1 与 f 的正根相同，系数的变号数也相同).

若 $a_n>0$，则系数序列变号数 v 必为偶数，因为首尾两系数均为正数. 而且正实数根的个数 r 也必是偶数，因为当 $X\geqslant M$ 充分大时 $f(X)>0$；当 $X=0$ 时 $f(0)=a_n>0$，故 $f(X)=0$的图像曲线在区间$(0,M)$只能交 X 轴偶数次. 故 r 与 v 同奇偶.

而若 $a_n<0$，同上可知 v 必为奇数，正实数根的个数 r 是奇数(因为 $f(M)>0$，$f(0)=a_n<0$，图像曲线在区间 $(0,M)$交 X 轴奇数次). 故 r 与 v 的奇偶性也相同.

如果 $r(f)>v(f)$，则 $r(f)\geqslant v(f)+2$. 而 $f(X)$的每两个相邻实根之间必有 $f'(X)$ 的实根，故 $r(f')\geqslant v(f)+1$. 但是 $v(f')\leqslant v(f)$，而且由归纳法可假设 $r(f')\leqslant v(f')$. 于是 $r(f')\leqslant v(f')\leqslant v(f)$，矛盾. 这就说明 $r(f)\leqslant v(f)$，而且 $r(f)=v(f)-2k$(其中 $k\geqslant0$ 为整数). 证毕.

4.(斯图姆(Sturm)序列) 设 $f(X)$为无重根的实系数多项式(次数大于1)，令 $f_0=f$，$f_1=f'$，$-f_2=r_1$ 为 f_0 除以 f_1 的余式，$-f_3=r_2$ 为 f_1 除以 f_2 的余式，等等，直到 f_s 可整除 f_{s-1}为止. 则 $f_0,f_1,\cdots,f_s$ 为 f 的 Sturm 序列，即满足：

(1) 最后一个多项式 f_s 无实数根；

(2) 相邻两多项式无公共根；

(3) 若 f_i 有实数根 a，则 $f_{i-1}(a)$与 $f_{i+1}(a)$反号；

(4) 若 f 有实数根 a 则 $f(X)f_1(X)$在 a 点为增函数.

证 (1) 因 f 为无重根，故$(f,f')=1$. 由定义知 f_s 是 f,f'的公因子，故 f_s 是常数.

(2) 由于 $f_{i-1}=f_iq_i-f_{i+1}$，故 f_i,f_{i+1}如果有公根，则也是 f_{i-1},f_i 的公根，递推之知道也是 f,f'的公根，不可能.

(3) 由 $f_{i-1}=f_iq_i-f_{i+1}$知 $f_{i-1}(a)=-f_{i+1}(a)$.

(4) 因 f 有单根 a，故 $f'(a)\neq0$，故$(ff')'=f'^2+ff''$，$(ff')'(a)=f'(a)^2>0$，即知 ff'在 a 点为增函数.

5.(斯图姆(Sturm)定理) 设 $f(X)$为无重根的实系数多项式，$f_0,f_1,\cdots,f_s$ 为其 Sturm 序列，实数 $a,b(a<b)$不是 $f(X)$的根. 则 $f(X)$在区间(a,b)内实根的个数等于 $W(a)-W(b)$，其中 $W(a)$表示序列 $f_0(a),f_1(a),\cdots,f_s(a)$的变号数(即删除 0 之后，从左向右查看，符号改变的次数. 例如 1，0，-2，$\sqrt{2}$，$-\sqrt{3}$的变号数为 3).

证 将 Sturm 序列 $f_0,f_1,\cdots,f_s$ 中所有多项式的所有实数根排列如下：

$$c_1<c_2<\cdots<c_m.$$

在每个区间$(-\infty,c_1),(c_1,c_2),\cdots,(c_{m-1},c_m),(c_k,+\infty)$之中，Sturm 序列中的每个多项式 f_i 均无实根，故均不变正负号，所以 $W(X)$在每个区间内取值为常数(不随 X 而改变).

断言：(1)若 c_i 不是 f 的根，则 $W(X)$在 c_i 左右两边的取值相同.(2)若 c_i 是 f 的根，则 $W(X)$在 c_i 左边的取值比在右边大 1.

如果断言得证，我们来考察当 X 由 $-\infty$ 变化到 $+\infty$ 的时候，$W(X)$的值的变化. 每当 X 经过 c_i 而且 c_i 是 f 的根的时候，$W(X)$的值减少 1；其余的时候 $W(X)$的值不变(当 X 经过上述区间内部时，$W(X)$的值不变；当 X 经过 c_i 而且 c_i 不是 f 的根的时候，$W(X)$的值也不变). 所以 $W(X)$值的变化值 $W(a)-W(b)$，恰为(a,b)内实根的个数. 现在证明断言：

先设 $f(c_i)\neq 0$，则在 c_i 充分小的邻域内 f 不变号，故 f 对 $W(X)$在此小邻域内的值的变化无影响. 同样可知，若 $f_k(c_i)\neq 0$，则 f_k 对 $W(X)$在 c_i 附近取值的变化无影响. 现若 $f_k(c_i)=0(1\leqslant k\leqslant s-1)$，则由 Sturm 序列性质知 $f_{k-1}(c_i)f_{k+1}(c_i)<0$，故当 X 在 c_i 的充分小的邻域内时总有 $f_{k-1}(X)f_{k+1}(X)<0$. 故在此邻域内，三项$(f_{k-1}(X),f_k(X),f_{k+1}(X))$的变号数恒为 1(取值可能为(正，零，负)，或(负，零，正)). 总之，此时 $W(X)$在 c_i 左右的取值相同.

再设 $f(c_i)=0$，由 Sturm 序列性质知 $f(X)f_1(X)$在 c_i 附近为增函数，而在 c_i 值为零. 故 f,f_1 在 c_i 左侧异号，右侧同号. 即知 f,f_1 引起 $W(X)$在 c_i 的左右侧取值相差 1. 根据前面的讨论可知，无论 $f_k(c_i)\neq 0$ 或 $f_k(c_i)=0(1\leqslant k\leqslant s-1)$，均对 $W(X)$在 c_i 附近取值的变化无影响. 所以知道此时 $W(X)$在 c_i 左侧取值比右侧大 1.

6. (1) 求 $X^2-2\equiv 0 \pmod 7$的解 $X_0=a_0$.

(2) 求 $X^2-2\equiv 0 \pmod {7^2}$的解 X_1，使得 $X_1=a_0+a_1 7$.

(3) 求 $X^2-2\equiv 0 \pmod {7^3}$的解 X_2，使得 $X_2=a_0+a_1 7+a_2 7^2$.

(4) 证明上述过程可以一直进行，即 $X^2-2\equiv 0 \pmod {7^{n+1}}$有唯一解 X_n，使得

$$X_n=a_0+a_1 7+a_2 7^2+\cdots+a_n 7^n.$$

(对任意正整数 n，且整数 $0\leqslant a_i\leqslant 6(i=0,1,\cdots,n)$)

解　(1) 因为$\mathbb{Z}/7\mathbb{Z}=\mathbb{F}_7$是域，故 $X^2-2\equiv 0 \pmod 7$有两解 $X_0=3,X_0'=4$.

(2) 设 $X_1=X_0+7k$，其中 k 为待定整数. 代入 $X_1^2-2\equiv 0 \pmod {7^2}$得到

$$X_0^2+2X_0 7k+7^2k^2-2\equiv 7+6\times 7k\equiv 0 \pmod {7^2},$$

$$1+6k\equiv 0 \pmod 7,\ k=1,$$

$$X_1=3+7=10.$$

同样，可设另一解 $X_1'=X_0'+7m$，代入得 $14+8\times 7m\equiv 0 \pmod {7^2}$，$2+m\equiv 0 \pmod 7$，得

$$X_1'=4+5\times 7=39.$$

(3) 设 $X_2=X_1+7^2k$，代入 $X_2^2-2\equiv 0 \pmod {7^3}$得到 $X_1^2+2X_1 7^2k-2\equiv 98+20\times 7^2k\equiv$

$0 \pmod{7^3}$，$2-k\equiv 0 \pmod 7$，$k=2$，$X_2=3+7+2\times 7^2=108$. 同样，可设另一解 $X_2'=X_1'+7^2m$，代入得 $3+m\equiv 0 \pmod 7$，得 $X_2'=4+5\times 7+4\times 7^2=235$.

(4) 设 $X_n=X_{n-1}+7^n k$，代入 $X_n^2-2\equiv 0 \pmod{7^{n+1}}$ 得到

$$X_{n-1}^2+2X_{n-1}7^n k-2\equiv 0 \pmod{7^{n+1}},$$

因为 $X_{n-1}^2-2\equiv 0 \pmod{7^n}$，故上式化为

$$(X_{n-1}^2-2)/7^n+2X_{n-1}k\equiv 0 \pmod 7.$$

因为 $2X_{n-1}\equiv 2a_0\neq 0 \pmod 7$，即 $2X_{n-1}$ 在域 $\mathbb{Z}/7\mathbb{Z}=\mathbb{F}_7$ 中可逆（由 Bezout 等式 $s2X_{n-1}+t7=1$ 可知其逆为 s），故由上式可得唯一的 $0\leqslant k\leqslant 6$. 这样就得到 $X_n=X_{n-1}+7^n k$. 同理可得到 $X_n'=X_{n-1}'+7^n m$.

7. 设 $f(X)$ 为整数系数多项式，p 为素数，$f(a_0)\equiv 0 \pmod p$ 而 $f'(a_0)\not\equiv 0 \pmod p$（其中 a_0 为整数）. 则 $f(X)\equiv 0 \pmod{p^{n+1}}$ 有唯一解 X_n，使得

$$X_n=a_0+a_1p+a_2p^2+\cdots+a_np^n.$$

（对任意正整数 n，且整数 $0\leqslant a_i\leqslant p-1, i=0,1,\cdots,n-1$）

证 用归纳法. 设 $f(X)\equiv 0 \pmod{p^n}$ 有唯一解 $X_{n-1}=a_0+a_1p+a_2p^2+\cdots+a_{n-1}p^{n-1}$ 满足条件. 令 $X_n=X_{n-1}+p^n k$，代入 $f(X_n)\equiv 0 \pmod{p^{n+1}}$，用 Taylor 展开式得到

$$f(X_n)\equiv f(X_{n-1})+f'(X_{n-1})p^n k\equiv 0 \pmod{p^{n+1}},$$

$$f(X_{n-1})/p^n+f'(X_{n-1})k\equiv 0 \pmod p.$$

因为 $f'(a_0)\not\equiv 0 \pmod p$，即 $f'(a_0)$ 在域 $\mathbb{Z}/p\mathbb{Z}=\mathbb{F}_p$ 中可逆（由 Bezout 等式 $sf'(a_0)+tp=1$ 可知其逆为 s），故由上式可得唯一的 k 满足 $0\leqslant k\leqslant p-1$. 记 $k=a_n$，就得到 $f(X)\equiv 0 \pmod{p^{n+1}}$ 的解

$$X_n=X_{n-1}+p^n k=a_0+a_1p+a_2p^2+\cdots+a_{n-1}p^{n-1}+a_np^n.$$

假若 $\hat{X}_n$ 也是 $f(X)\equiv 0 \pmod{p^{n+1}}$ 的满足条件的解，则 $\hat{X}_n$ 也应当是 $f(X)\equiv 0 \pmod{p^n}$ 的满足条件的解，故 $\hat{X}_n\equiv X_{n-1} \pmod{p^n}$，即 $\hat{X}_n=X_{n-1}+p^n\hat{k}$. 由上述 k 的唯一性知道 $\hat{k}=k$，$\hat{X}_n=X_n$. 证毕.

8. 设 $F[[X]]$ 是形式幂级数 $f=a_0+a_1X+a_2X^2+\cdots$ 全体所组成的环（$a_i\in F$，X 为不定元. 如第 56 题）. 注意形式幂级数 f 可以有无限多项非零. 令

$$F((X))=\{f/g \mid f,g\in F[[X]],\ g\neq 0\},$$

而且规定 $f/g=f_1/g_1$ 当且仅当 $fg_1=f_1g$. 则 $F((X))$ 是域（运算仿照通常分式的加减乘除定义），称为**形式幂级数域**. 证明：$F((X))$ 中每个元素可表示为

$$f/g=\sum_{i=r}^{\infty}a_iX^i=X^r\Big(\sum_{j=0}^{\infty}b_iX^i\Big),$$

其中 r 为整数（可为负数），$a_m=b_0\neq 0$，$a_i, b_j\in F$.

证 设 $f=X^s\left(\sum_{i=0}^{\infty}k_iX^i\right)=X^sf^*, g=X^t\left(\sum_{i=0}^{\infty}c_iX^i\right)$，其中 k_0 和 c_0 非零，$s,t\geqslant 0$，$k_i,c_i\in F$. 则由第56题知道 $g^*=\sum_{i=0}^{\infty}c_iX^i$ 可逆，即存在 $h=\sum_{j=0}^{\infty}d_jX^j$ 使得 $g^*h=1$. 所以

$$f/g=X^sf^*/(X^tg^*)=X^{s-t}f^*h=X^{s-t}\left(\sum_{i=0}^{\infty}k_iX^i\right)\left(\sum_{j=0}^{\infty}d_jX^j\right).$$

从而得到 $f/g=X^r\left(\sum_{i=0}^{\infty}b_iX^i\right), r=s-t, b_0=k_0d_0\neq 0$.

9. 形式幂级数 $f=a_0+a_1X+a_2X^2+\cdots\in F[[X]]$ 可以表示为两个多项式的商，即

$$f=p(X)/q(X)\ (p,q\in F[X])$$

的充分必要条件为存在一个非负整数 s，使得对任意充分大的 n（即当 n 大于某 N 时）总有 $\det A_{n,s}=0$，其中

$$A=A_{n,s}=\begin{bmatrix} a_n & a_{n+1} & \cdots & a_{n+s} \\ a_{n+1} & a_{n+2} & \cdots & a_{n+s+1} \\ \vdots & \vdots & & \vdots \\ a_{n+s} & a_{n+s+1} & \cdots & a_{n+2s} \end{bmatrix}.$$

证 $f(X)=p(X)/q(X)$ 相当于 $f(X)q(X)=p(X)$，记 $p=b_0+b_1X+\cdots+b_rX^r$，$q=c_0+c_1X+\cdots+c_sX^s$，比较两边系数得

$$b_{i+s}=a_ic_s+a_{i+1}c_{s-1}\cdots+a_{i+s}c_0=0\quad(\text{对充分大的所有 } i).$$

也就是说，"f 可表为多项式之商"当且仅当"如下无限多方程有公共解"：

$$a_iX_s+a_{i+1}X_{s-1}+\cdots+a_{i+s}X_0=0\quad(\text{对充分大的所有 } i).\qquad(E_i)$$

特别地，取 $s+1$ 个相邻的方程 $E_n,E_{n+1},\cdots,E_{n+s}$ 构成线性方程组，即为 $A_{n,s}X=0$. 因为它有非零解 $(c_s,\cdots,c_0)$，故知 $\det A_{n,s}=0$.

反之，若 $\det A=\det A_{n,s}=0$（当 n 充分大，即大于某个正整数 N），我们可取 s 为满足此条件的最小可能值. 若 $s=0$，则 $0=\det A=a_n$（当 $n>N$），则 f 是多项式. 设 $s\geqslant 1$. 由条件 $\det A=0$ 知方程组 $AX=0$ 有非零解（即方程 $E_n,E_{n+1},\cdots,E_{n+s}$ 有公共非零解）. 我们将证明，此方程组中的前 s 个方程 $E_n,E_{n+1},\cdots,E_{n+s-1}$ 的公共解 $C=(c_s,\cdots,c_0)$，自动满足最后一个方程 E_{n+s}. 这样即可递推：由 C 满足 $E_{n+1},\cdots,E_{n+s}$ 又知 C 满足 E_{n+s+1}，等等. 从而知 C 满足所有 E_i（当 $i>N$），令 $q=c_0+\cdots+c_sX^s$ 则说明 $f(X)q(X)$ 的高于 $n+s$ 的所有项均为零，故 $f(X)q(X)=p(X)$ 为多项式，就可得到 $f(X)=p(X)/q(X)$.

为此我们断言："若 $\det A=\det A_{n,s}=0$，则 A 的左上角 s 阶子方阵 $A'=A_{n,s-1}$ 的行列式非零（当 $n>N$）." 如果断言不成立，即若对某 $n=n_0>N$ 有 $\det A'=0$. 则有两种可能：

(1) A' 的后 $s-1$ 行线性相关. 则 A 的左下角 s 阶子式为零，即 $\det A_{n+1,s-1}=0$.

(2) A'的后 $s-1$ 行线性无关，则其首行是后面各行的线性组合. 将 A 的后面各行的适当倍加到首行去，可将 A 的首行化为$(0,\cdots,0,b)$，按第一行展开 $\det A$ 得

$$0=\det A=b\det A_{n+1,s-1}.$$

若 $b\neq 0$ 则 $\det A_{n+1,s-1}=0$. 若 $b=0$ 则 A 的右上角 s 阶子式为零，此子式也为 $\det A_{n+1,s-1}$.

总之，假若对某 $n=n_0>N$ 有 $\det A'=\det A_{n,s-1}=0$，则导致 $\det A_{n+1,s-1}=0$. 由此递推，又导致 $\det A_{n+2,s-1}=0,\det A_{n+3,s-1}=0$ 等. 这就是说，对所有充分大的 n 总有 $\det A_{n,s-1}=0$. 这与我们选取的 s 的最小性矛盾. 故得断言，即 $\det A'\neq 0$.

因为 $\det A=0$ 而 $\det A'\neq 0$，可知 A 的最后一行能表为其余行的线性组合. 这说明线性方程组 $AX=0$ 中前 s 个方程的非零解自动满足最后一个方程. 注意前 s 个方程一定有一个非零解（因为方程个数比未知量个数少 1）. 按上面的说明即得证.

10. 试证明$\sqrt{2}$不是有理数.

证 假设$\sqrt{2}$是有理数，则可写为既约分数，即存在互素整数 a,b 使

$$\sqrt{2}=b/a.\ \text{即}\ \sqrt{2}a=b,\ 2a^2=b^2.$$

故知 b^2 是偶数，所以 b 是偶数，记为 $b=2b_1$，其中 b_1 是整数. 代入上式得到

$$2a^2=4b_1^2,\quad \text{即}\ a^2=2b_1^2.$$

这又说明 a 是偶数，与 a,b 互素的假设矛盾. 这就证明了$\sqrt{2}$不是有理数.

11.（直尺圆规可构作的数） 在取定直角坐标系的平面上（从而单位长度 1 是已知的），用直尺圆规作图. 实数用线段的长表示.（这里的直尺是没有刻度的，只能过两点作直线. 圆规只能以给定点为圆心过另一给定点作圆.）

(1) 直尺圆规可作出和差积商，以及平方根. 也就是说，若已知实数 a,b，则用直尺圆规可作出 $a\pm b,ab,b/a$，以及$\sqrt{a}$.

(2) 过点 P_1 和 P_2 作直线 L，或以点 P_0 为圆心过点 P_3 作圆，则直线和圆的方程的系数可由已知点的坐标经加减乘除得到.

(3) 直线与直线、直线与圆、圆与圆的交点的坐标，可由原来两个图形的方程的系数经过加减乘除和开平方得到.

(4) 综合出结论：基于已知实数 $a_1,\cdots,a_s$，用直尺和圆规作图可构作出实数 x 的充分必要条件是：x 可以由 $1,a_1,\cdots,a_s$ 经过有限多次的加减乘除和开平方运算得到.

(5) 实数 x 是“基于已知实数 $a_1,\cdots,a_s$ 的可构作数”（即在取定坐标系的平面上，已知线段长 $a_1,\cdots,a_s$，用直尺圆规可作出线段长 X）的充分必要条件是：x 属于基域F 的某一个 2 次扩域塔

$$F_n=F(\sqrt{m_1},\cdots,\sqrt{m_n}),$$

其中基域 $F=\mathbb{Q}(a_1,\cdots,a_s)$，$m_k\in F_{k-1}=F(\sqrt{m_1},\cdots,\sqrt{m_{k-1}})$，而$\sqrt{m_k}\notin F_{k-1}$（$n$ 为某自然

数,$k=1,2,\cdots,n$).(这里$\mathbb{Q}(\beta_1,\cdots,\beta_t)$是指$\{\mathbb{Q},\beta_1,\cdots,\beta_t\}$中的数经有限步加减乘除所得全体;它也恰为包含$\{\mathbb{Q},\beta_1,\cdots,\beta_t\}$的最小的域. 注意$F\subset F_1\subset F_2\subset\cdots\subset F_n$,且$F_k=F_{k-1}(\sqrt{m_k})=\{a+b\sqrt{m_k}\mid a,b\in F_{k-1}\}$是$F_{k-1}$的2次扩域. 所以称$F_n$为$F$的$n$级2次扩域塔.)

证 直尺圆规只能由已知点或线段作出直线、圆和它们的交点. 反映到数上,就是能够作出直线方程、圆方程、求解它们构成的方程组.

(1) ①任取一角AOC(例如直角). 在直线OA上取点A,B,在直线OC上取点C,D,使得$BD//AC$. 由三角形相似可知$OD:OC=OB:OA$. 若取$OA=1$,$OB=a$,$OC=b$,记$OD=x$,则得$x:b=a:1$,即$x=ab$. 如果取$OC=1$,$OA=a$,$OB=b$,则得$x=b/a$.

② 作线段AB长为a,延长为AC使BC长为b. 以AC为直径作圆. 作$BD\perp AC$且D在圆上. 则直角$\triangle BDC$和$\triangle BDA$相似. 所以$|BD|:|BC|=|AB|:|BD|$,记$x=|BD|$,即有$x:b=a:x$. 所以$x^2=ab,x=\sqrt{ab}$. 取$b=1$即得$x=\sqrt{a}$.

(2) 我们知道,尺规作图不外乎过两点作直线,作圆,再求这些直线和圆之间的交点. 取坐标系之后,这些作图都相当于代数运算,就是加减乘除和开平方. 例如由点$P_1(a_1,b_1)$,$P_2(a_2,b_2)$作直线L,则L的方程为

$$(y-b_1)=(x-a_1)(b_2-b_1)/(a_2-a_1),$$

方程的系数可由P_1和P_2两点的坐标经加减乘除得到. 再考虑以点(a_0,b_0)为圆心,过点(a_3,b_3)作圆,方程为

$$(x-a_0)^2+(y-b_0)^2=(a_3-a_0)^2+(b_3-b_0)^2,$$

方程的系数可由点(a_0,b_0)和(a_3,b_3)的坐标经加减乘除得到.

(3) ①求两条直线L_1,L_2的交点,实际上是解两个一次方程构成的方程组. 交点的坐标当然可由直线方程的系数经加减乘除得到.

② 求直线L与圆O的交点P,是解L的一次方程和圆O的二次方程构成的方程组. 将一次方程代入二次方程,得到一个二次方程$ax^2+bx+c=0$,系数a,b,c可由直线L与圆O的方程的系数经加减乘除得到. $ax^2+bx+c=0$的解为

$$x=\frac{-b\pm\sqrt{b^2-4ac}}{2a}.$$

所以x(交点P的坐标)可由直线L与圆O的方程的系数经加减乘除和开平方得到.

③ 两个圆的方程可分别写为

$$O_1:x^2+y^2+a_1x+b_1y=c_1,\quad O_2:x^2+y^2+a_2x+b_2y=c_2.$$

二式相减得直线方程

$$L:(a_1-a_2)x+(b_1-b_2)y=c_1-c_2.$$

圆O_1和圆O_2的交点就是圆O_1与直线L的交点,其坐标当然是原方程系数的加减乘除和开平方的运算结果.

(4) 总之，我们已经看到，“x 可用直尺圆规作出”意味着 x 是一些直线和圆的交点的坐标，从而可由已知数经加减乘除和开平方得到．多次不断地作图，就相当于由已知数多次反复作加减乘除和开平方运算．

(5) 在平面中取定正交坐标系之后，单位长 1 自然是确定了的．由上述知道，x 是基于 $a_1,\cdots,a_s$ 的可构作数的充分必要条件是：x 可由 $1, a_1,\cdots,a_s$ 经有限多次的加减乘除和开平方得到．由 1 经加减乘除可得任意有理数，即得到有理数域$\mathbb{Q}$．有理数和已知数 $a_1,\cdots,a_s$ 经过四则运算(加减乘除)可能得到的数的全体即为基域 $F=\mathbb{Q}(a_1,\cdots,a_s)$．

基于已知数 $a_1,\cdots,a_s$ 用直尺圆规作图求新的数，相当于对基域 F 中的数作多次的加减乘除和开平方．因为域 F 对加减乘除封闭，所以它的数经加减乘除之后还在 F 中．但是，开平方之后，就可能得到$\sqrt{m_1}$不属于 F，从而得到 F 的二次扩域 $F_1=F(\sqrt{m_1})$．再对 $F(\sqrt{m_1})$ 的数加减乘除，还是在 $F(\sqrt{m_1})$ 中，但经开平方可以得到 $\sqrt{m_2}\notin F(\sqrt{m_1})$，从而得到 F 的 4 次扩张 $F_2=F(\sqrt{m_1},\sqrt{m_2})$．如此进行下去，可能得到 F 的 2 次扩张塔(n 为任意自然数)．即得所欲证．

12.(三次方程根不可构作) 考虑整数系数的三次多项式

$$p(x)=a_0x^3+a_1x^2+a_2x+a_3.$$

如果 $p(x)$没有有理数根，则它的复数根都是不可构作的(即不能由直尺圆规作图(只基于整数 1)作出)．

证 用反证法．假设 $p(x)=0$ 有复数根是可构作数．由上题知，可构作的复数根应属于有理数域$\mathbb{Q}$ 的某 2 次扩张塔

$$\mathbb{Q}_n=\mathbb{Q}(\sqrt{m_1},\cdots,\sqrt{m_n}),$$

其中 $m_k\in\mathbb{Q}_{k-1}=\mathbb{Q}(\sqrt{m_1},\cdots,\sqrt{m_{k-1}})$，而$\sqrt{m_k}\notin\mathbb{Q}_{k-1}$．我们不妨设 n 是有如下性质的最小自然数：$\mathbb{Q}$ 有某 n 级 2 次扩张塔包含 $p(x)=0$ 的某个复数根．注意$\mathbb{Q}_n=\mathbb{Q}_{n-1}(\sqrt{m_n})$是$\mathbb{Q}_{n-1}$的 2 次扩张，其中 $m_n\in\mathbb{Q}_n$而$\sqrt{m_n}\notin\mathbb{Q}_{n-1}$．因此 $p(x)=0$ 的在$\mathbb{Q}_n$中的根可写为

$$\alpha=a+b\sqrt{m_n}\quad(\text{其中 } a,b\in\mathbb{Q}_{n-1}),$$

而且 $b\neq0$(否则与 n 的最小性矛盾)．

(1) 由 $\alpha=a+b\sqrt{m_n}$是 $p(x)=0$ 的根，可推知 $\alpha'=a-b\sqrt{m_n}$(称为 α 的共轭数)也是 $p(x)=0$ 的根．证明如下．

$$\begin{aligned}p(a+b\sqrt{m_n})&=a_0(a+b\sqrt{m_n})^3+a_1(a+b\sqrt{m_n})^2+a_2(a+b\sqrt{m_n})+a_3\\&=c+d\sqrt{m_n},\end{aligned}$$

其中 c,d 属于$\mathbb{Q}_{n-1}$．因此可知

$$p(a-b\sqrt{m_n})=a_0(a-b\sqrt{m_n})^3+a_1(a-b\sqrt{m_n})^2+a_2(a-b\sqrt{m_n})+a_3$$

$$= c - d\sqrt{m_n}.$$

由 $0=p(a+b\sqrt{m_n})=c+d\sqrt{m_n}$，可知 $c=d=0$. 所以 $p(a-b\sqrt{m_n})=c-d\sqrt{m_n}=0$. 即得断言.

(2) 易知 $p(x)$ 共有3个复数根：α,α',β. 事实上，α 是 $p(x)$ 的根当且仅当 $x-\alpha$ 整除 $p(x)$，即存在 $q(x)$ 使 $p(x)=(x-\alpha)q(x)$. 于是由 $0=p(\alpha')=(\alpha'-\alpha)q(\alpha')$，知 $q(\alpha')=0$. 这又说明 $q(x)=(x-\alpha')q_1(x)$，$q_1(x)$ 为一次多项式，可设为 $q_1(x)=a_0(x-\beta)$. 这也就说明

$$p(x)=a_0x^3+a_1x^2+a_2x+a_3=(x-\alpha)q(x)=a_0(x-\alpha)(x-\alpha')(x-\beta),$$

即知 $f(x)$ 共有3个根：α,α',β. 于是三根 α,α',β 之和为

$$-a_1/a_0=\alpha+\alpha'+\beta=2a+\beta.$$

故 $\beta=-a_1/a_0-2a\in\mathbb{Q}_{n-1}$，即 $\mathbb{Q}$ 的 2^{n-1} 次扩张 $\mathbb{Q}_{n-1}$ 包含 $p(x)=0$ 的根 β. 这与上边所设 n 的最小性矛盾. 由反证法原理，即得所欲证.

13. 证明古希腊的"立方倍积"问题不可能有解(即如下要求不可能：对任意给定的立方体，用直尺圆规作出新的立方体使其体积是原立方体的2倍).

证 设给定的立方体边长为 a，则要求新立方体的边长 x 满足 $x^3=2a^3$，即满足 $x=a\sqrt[3]{2}$. 所以只要能作出 $y=\sqrt[3]{2}$ 即可. 即作出如下方程的根：

$$y^3=2.$$

由上题知，只需证 $x^3-2=0$ 无有理数根. 用反证法，假设 $x^3=2$ 有有理根 s/t，其中 s,t 为互素的整数. 于是

$$(s/t)^3=2,\quad 即\ s^3=2t^3.$$

设 s 和 t 的素因子个数分别为 u 和 v(例如 $72=2\times2\times2\times3\times3$ 的素因子个数为5)，则 s^3 和 $2t^3$ 的素因子个数分别为 $3u$ 和 $3v+1$. 由 $s^3=2t^3$ 则应当

$$3u=3v+1.$$

当然这是不可能的，因为两边除以3的余数不同. 所以 $s^3\neq2t^3$，$y^3=2$ 无有理根，它的根都是不可构作的. 故用尺规作图完成立方倍积是不可能的.

14. 证明古希腊的"三等分角"问题不可能有解(即如下要求不可能：对任意给定的一个角，用直尺圆规作图将此角三等分).

证 对任意给定的角 φ，要求作出 $\theta=\varphi/3$. 由三角恒等式 $\cos(3\theta)=4\cos^3\theta-3\cos\theta$，记 $\cos3\theta=a$，$\cos\theta=x$，得方程 $4x^3-3x-a=0$. 特别取 $\varphi=60^\circ$，$a=1/2$，记 $y=2x$，则三等分角问题化为：求作实数 y 使得

$$y^3-3y-1=0.$$

由补充12题知道，只需证明此方程无有理数解. 假设此方程有一个有理根 $y=s/t$(既约分数)，其中 s,t 为互素的整数. 于是

$$(s/t)^3 - 3(s/t) - 1 = 0, \quad 即\ s^3 - 3st^2 = t^3.$$

因 s 能整除左边，所以 s 能整除 t^3. 这说明 s 的素因子能整除 t. 因为 s,t 是互素的(没有公因子)，这说明 s 没有素因子，即 $s=\pm1$. 另一方面，$s^3-3st^2=t^3$ 也可写为 $s^3=t^3-3st^2$，说明 t 可整除 s^3，与上面同理可推知 $t=\pm1$. 这说明 $y=s/t=\pm1$ 是 $y^3-3y-1=0$ 的根. 显然不可能. 这一矛盾说明此方程无有理根. 所以直尺圆规作图三等分任意角是不可能的.

15. 在有理数域上分解二元多项式

$$f(X,Y) = 2X^2Y - XY^2 - 4XY + Y^2 - 2X + 3Y + 2$$

解 视 $f(X,Y)\in\mathbb{Q}[Y][X]$,即以 Y 的多项式为系数的 X 的多项式. 按 X 的降幂写为

$$f(X,Y) = 2YX^2 - (Y^2 + 4Y + 2)X + (Y^2 + 3Y + 2).$$

这是 X 的二次三项式，可以按有理数系数二次三项式的分解方法分解. 即需要寻求 $u(Y),v(Y)$ 使得 $(Y^2+3Y+2)/2Y=u(Y)v(Y)$，且 $(Y^2+4Y+2)/2Y=u(Y)+v(Y)$. 因为 $Y^2+3Y+2=(Y+1)(Y+2)$,尝试得到 $u(Y)=(Y+1)/Y,v(Y)=(Y+2)/2$. 所以得到

$$f(X,Y) = 2Y(X-u)(X-v) = (XY-Y-1)(2X-Y-2).$$

16. 分解三元多项式

$$f(X,Y,Z) = X^3 + Y^3 + Z^3 - 3XYZ.$$

解 视 $f(X,Y,Z)\in\mathbb{Q}[Y,Z][X]$,即以 Y,Z 的函数为系数的 X 的多项式(这里的道理与 $f\in\mathbb{Z}[X]$类似，环$\mathbb{Q}[Y,Z]$类比于$\mathbb{Z}$，域$\mathbb{Q}(Y,Z)$类比于$\mathbb{Q}$). 按 X 的降幂写为

$$f(X,Y,Z) = X^3 - 3YZX + (Y^3 + Z^3).$$

这是 3 次本原多项式，如果可约则应有一次因子$(X-\alpha)$，即在$\mathbb{Q}(Y,Z)$中有根 $\alpha=b/a$，其中 $a,b\in\mathbb{Q}[Y,Z]$，而且 b 应当整除 Y^3+Z^3(即不含 X 的“常数项”),a 应当整除首项系数 1. 所以 $\alpha=b/a=b$ 整除 Y^3+Z^3. 故在$\mathbb{Q}[Y,Z]$中作分解

$$Y^3 + Z^3 = (Y+Z)(Y^2 - YZ + Z^2).$$

所以 b 的可能取值是$\pm1,\pm(Y+Z),\pm(Y^2-YZ+Z^2)$,或 Y^3+Z^3. 但因为 $f(X,Y,Z)$是三次齐次多项式，故其因子 $X-b$ 也应当是齐次多项式，所以只可能是

$$X - \alpha = X \pm (Y+Z).$$

作除法验证可知

$$f(X,Y,Z) = (X+Y+Z)(X^2 - (Y+Z)X + (Y^2 - YZ + Z^2)).$$

即上式最后一个因子 $g(X,Y,Z)=X^2-(Y+Z)X+(Y^2-YZ+Z^2)$. 因为 Y^2-YZ+Z^2 在有理数域上不可约，所以 $g(X,Y,Z)$在有理数域上也不可约，上式即是 f 在有理数域上的分解. 但是因为 $g(X,Y,Z)$是 X 的二次三项式，其判别式 $\Delta(g)$和根 $\beta_\pm$ 如下：

$$\Delta(g) = (Y+Z)^2 - 4(Y^2 - YZ + Z^2) = -3(Y-Z)^2,$$

$$\beta_{\pm}=\frac{Y+Z\pm \mathrm{i}\sqrt{3}(Y-Z)}{2}=\frac{1\pm \mathrm{i}\sqrt{3}}{2}Y+\frac{1\mp \mathrm{i}\sqrt{3}}{2}Z.$$

所以在复数域上，最终有 $f(X,Y,Z)$ 的分解式：

$$\begin{aligned}X^3-3YZX+(Y^3+Z^3)&=(X-\alpha)(X-\beta_-)(X-\beta_+)\\&=(X+Y+Z)(X+\omega Y+\omega^2 Z)(X+\omega^2 Y+\omega Z),\end{aligned}$$

其中 $\omega=(-1+\mathrm{i}\sqrt{3})/2,\omega^2=(-1-\mathrm{i}\sqrt{3})/2$，为3次本原单位根.

17. 求次数最低的多项式 $f(X)$，使得 $f(X)$ 被 $(X-1)^2$ 除时余式为 $2X$，被 $(X-2)^3$ 除时，余式为 $3X$.

解 由已知，有

$$\begin{aligned}f(X)&=q_1(X-1)^2+2X=q_2(X-2)^3+3X=q_2[(X-1)-1]^3+3X\\&=q_2[(X-1)^3-3(X-1)^2+3(X-1)-1]+3X.\end{aligned}$$

于是应有 $q_2(3X-4)+X$ 是 $(X-1)^2$ 的倍式，$\deg q_2\geqslant 1$，设 $q_2=(aX+b)$，则可设 $(3X-4)(aX+b)+X=3a(X-1)^2$，比较两边同次系数得

$$\begin{cases}-4a+3b+1=-6a\\-4b=3a\end{cases}\Rightarrow\begin{cases}a=4\\b=-3\end{cases}.$$

所以

$$f(X)=(X-1)^3(4X-3)+3X=4X^4-27X^3+66X^2-65X+24.$$

18. 设 $f(X)=X^3+(1+t)X^2+2X+2u,g(X)=X^3+tX^2+u$ 的最大公因式是一个二次多项式，求 t,u 的值.

解 因为 $f(X)-g(X)=X^2+2X+u$，所以 X^2+2X+u 为最大公因式. 故 $(X^2+2X+u)\mid g(X)$. 由长除法得关系式

$$\begin{cases}-u=2(t-2)\\u=u(t-2)\end{cases}\Rightarrow\begin{cases}u=0\\t=2\end{cases}\text{或}\begin{cases}u=-2,\\t=3\end{cases}.$$

19. 设 $f(X)=X^5+3X^4+X^3+X^2+3X+1,g(X)=X^4+2X^3+X+2$，试求 $u(X)$，$v(X)$，使 $u(X)f(X)+v(X)f(X)=(f(X),g(X))$.

解 用辗转相除法得

$$(f,g)=X^3+1,\qquad u(X)=-1,\qquad v(X)=X+1.$$

第2章

行列式

2.1 定义与定理

定义 2.1 由 $1,2,\cdots,n$ 组成的任一个有序数组 $i_1\cdots i_n$ 称为一个 n 级**排列**.

对一个排列 $i_1\cdots i_n$，若 $i_p>i_q$ 而 $p<q$，则称 (i_p,i_q) 为该排列的一个**逆序**，排列 $i_1\cdots i_n$ 的逆序总数记为 $\tau(i_1i_2\cdots i_n)$，称为此排列的**逆序数**. 排列 $1\ 2\cdots n$ 的逆序数为 0，称为**自然排列**.

若 $\tau(i_1i_2\cdots i_n)$ 为奇数，则称排列 $i_1\cdots i_n$ 为**奇排列**，否则称为**偶排列**.

互换一对数的操作称为**对换**.

定理 2.1 对换一次后，排列的奇偶性改变.

定理 2.2 任一排列 $i_1i_2\cdots i_n$ 都可由自然排列经有限次对换得到，且对换的次数与 $\tau(i_1i_2\cdots i_n)$ 的奇偶性相同.

定义 2.2 由 $m\times n$ 个数 a_{ij}（属于域 F，$1\leqslant i\leqslant m$，$1\leqslant j\leqslant n$）排成的数表

$$A=\begin{bmatrix} a_{11} & a_{12} & \cdots & a_{1n} \\ a_{21} & a_{22} & \cdots & a_{2n} \\ \vdots & \vdots & & \vdots \\ a_{m1} & a_{m2} & \cdots & a_{mn} \end{bmatrix}$$

称为 F 上的一个 $m\times n$ **矩阵**，也记为 $A=(a_{ij})_{m\times n}$，a_{ij} 称为其 (i,j) 位置上**元素**. 有序数组 $(a_{i1},\cdots,a_{in})$ 称为其第 i **行**，纵列数组 $\begin{pmatrix} a_{1j} \\ \vdots \\ a_{mj} \end{pmatrix}$ 称为其第 j **列**. $n\times n$ 矩阵也称为 n 阶**方阵**，a_{11}，a_{22}，$\cdots$，a_{nn} 称为其**对角元素**.

两个 $m\times n$ 矩阵 $A=(a_{ij})$ 与 $B=(b_{ij})$ 的和定义为 $A+B=(a_{ij}+b_{ij})$，$\lambda\in F$ 与 $A=(a_{ij})$ 的"数乘"定义为 $\lambda A=(\lambda a_{ij})$. 以 $M_{m\times n}(F)$ 记元素属于 F 的 $m\times n$ 矩阵全体. n 阶方阵全体记为 $M_n(F)$.

$1\times n$ 矩阵 $\alpha=(a_1,a_2,\cdots,a_n)$，称为 F 上（n 数组）行向量，全体行向量记为 F^n. 行向量的和定义为 $(a_1,\cdots,a_n)+(b_1,\cdots,b_n)=(a_1+b_1,\cdots,a_n+b_n)$. 数 $\lambda\in F$ 乘行向量定义为 $\lambda(a_1,\cdots,a_n)=(\lambda a_1,\cdots,\lambda a_n)$.

定义 2.3 F 上方阵 $A=\begin{bmatrix} a_{11} & \cdots & a_{1n} \\ \vdots & & \vdots \\ a_{n1} & \cdots & a_{nn} \end{bmatrix}$ 的行列式定义为 F 中数

$$\det A = \sum_{j_1 j_2 \cdots j_n} (-1)^{\tau(j_1 \cdots j_n)} a_{1j_1} a_{2j_2} \cdots a_{nj_n},$$

其中 $j_1 j_2 \cdots j_n$ 过(即取遍)$1\ 2\ \cdots\ n$ 的所有排列. $\det A$ 称为 n 阶行列式. 有时也记为 $|A|$.

定理 2.3 (1) 行列式对行有**多线性**性. 也就是说对任意 $i(1 \leqslant i \leqslant n)$ 及 $\alpha_i, \alpha_i^* \in F^n$, $\lambda, \mu \in F$, 总有

$$\det \begin{bmatrix} \alpha_1 \\ \vdots \\ \alpha_{i-1} \\ \lambda\alpha_i + \mu\alpha_i^* \\ \alpha_{i+1} \\ \vdots \\ \alpha_n \end{bmatrix} = \lambda \det \begin{bmatrix} \alpha_1 \\ \vdots \\ \alpha_{i-1} \\ \alpha_i \\ \alpha_{i+1} \\ \vdots \\ \alpha_n \end{bmatrix} + \mu \det \begin{bmatrix} \alpha_1 \\ \vdots \\ \alpha_{i-1} \\ \alpha_i^* \\ \alpha_{i+1} \\ \vdots \\ \alpha_n \end{bmatrix};$$

(2) 行列式对行有**交错性**,即若有两行相同,则行列式值为 0;

(3) (**规范性**)$\det I=1$,其中 I 为单位方阵;

(4) 对换两行,则行列式变号;

(5) 将一行的倍数加到另一行上去,行列式值不变;

(6) 把行列式某一行元素皆乘以 λ,数 $\lambda \in F$,则行列式值是原值 λ 倍,即

$$\det \begin{bmatrix} \alpha_1 \\ \vdots \\ \lambda\alpha_i \\ \vdots \\ \alpha_n \end{bmatrix} = \lambda \det \begin{bmatrix} \alpha_1 \\ \vdots \\ \alpha_i \\ \vdots \\ \alpha_n \end{bmatrix};$$

(7) 若有两行成比例,则行列式值为 0;

(8) $\det A=\det A^{\mathrm{T}}$,这里 A^{T} 称为 A 的**转置**,即若 $A=(a_{ij})_{n\times n}$,则 $A^{\mathrm{T}}=(b_{ij})_{n\times n}$,其中 $b_{ij}=a_{ji}(1 \leqslant i, j \leqslant n)$.

性质(8)说明行列式中行与列的地位是相同的,特别关于行的性质(1)至(7)对于列也都成立.

定理 2.4 定义在 n 阶方阵集上,对于方阵的行有多线性、交错性、规范性的函数,存在且唯一,它就是行列式.

推论 定义于 n 阶方阵集上,对方阵的行有多线性、交错性的函数 f 定为行列式的 $f(I)$倍.

定义 2.4 设 $1\leqslant i_1<i_2<\cdots<i_p\leqslant n, 1\leqslant j_1<j_2<\cdots<j_p\leqslant n$. n 阶方阵 $A=(a_{ij})$ 中位于第 $i_1,\cdots,i_p$ 行和第 $j_1,\cdots,j_p$ 列交叉处的元素按原序排成的方阵称为 A 的一个 p **阶子方阵**，记为 $A\begin{bmatrix} i_1\cdots i_p \\ j_1\cdots j_p \end{bmatrix}$，其行列式称为 $\det A$ 的 p **阶子式**，记为

$$\det A\begin{bmatrix} i_1\cdots i_p \\ j_1\cdots j_p \end{bmatrix}.$$

从 A 中删去第 $i_1,\cdots,i_p$ 行和第 $j_1,\cdots,j_p$ 列所余下的元素按原序排成的 $n-p$ 阶方阵称为 $A\begin{bmatrix} i_1\cdots i_p \\ j_1\cdots j_p \end{bmatrix}$ 的**余子方阵**，记为 $A^c\begin{bmatrix} i_1\cdots i_p \\ j_1\cdots j_p \end{bmatrix}$，余子方阵的行列式称为**余子式**，而

$$(-1)^{i_1+\cdots+i_p+j_1+\cdots+j_p}\det A\begin{bmatrix} i_{p+1}\cdots i_n \\ j_{p+1}\cdots j_n \end{bmatrix}$$

称为 $\det A\begin{bmatrix} i_1\cdots i_p \\ j_1\cdots j_p \end{bmatrix}$ 的**代数余子式**，也记为 $\det A^{ac}\begin{bmatrix} i_1\cdots i_p \\ j_1\cdots j_p \end{bmatrix}$.

定理 2.5(Laplace 展开) 任意取定行列式的 $i_1,\cdots,i_p(1\leqslant i_1<i_2<\cdots<i_p\leqslant n)$ 行，位于这些行上的所有可能的 C_n^p 个 p 阶子式与各自的代数余子式乘积的和，等于原行列式. 即

$$\det A=\sum_{1\leqslant j_1<\cdots<j_p\leqslant n}\det A\begin{bmatrix} i_1\cdots i_p \\ j_1\cdots j_p \end{bmatrix}\det A\begin{bmatrix} i_{p+1}\cdots i_n \\ j_{p+1}\cdots j_n \end{bmatrix}(-1)^{i_1+\cdots+i_p+j_1+\cdots+j_p},$$

其中 $i_1\cdots i_n$ 与 $j_1\cdots j_n$ 为 $1\ 2\ \cdots\ n$ 的排列且 $i_{p+1}<i_{p+2}<\cdots<i_n, j_{p+1}<\cdots<j_n$.

推论 设 $A=(a_{ij})$ 为 n 阶方阵，A_{ij} 为 a_{ij} 的代数余子式，则

(1) $\det(a_{ij})=\sum_{j=1}^{n}a_{ij}A_{ij}$（这称为**按第 i 行展开**），

(2) $\sum_{j=1}^{n}a_{kj}A_{ij}=0\quad$（当 $k\neq i$）.

定理 2.6(Cramer 法则) 设 n 个变量 $x_1,\cdots,x_n$ 的线性方程组

$$\begin{cases} a_{11}x_1+a_{12}x_2+\cdots+a_{1n}x_n=b_1, \\ \cdots\cdots\cdots\cdots\cdots\cdots\cdots\cdots\cdots \\ a_{n1}x_1+a_{n2}x_2+\cdots+a_{nn}x_n=b_n \end{cases}$$

的系数方阵 $A=(a_{ij})$ 的行列式非 0，则此方程组有唯一解

$$x_j=\frac{D_j}{|A|}\quad(j=1,\cdots,n),$$

其中 D_j 是把 $|A|$ 的第 j 列换为 $(b_1,\cdots,b_n)^{\mathrm{T}}$ 所得的矩阵.

定义 2.5 设 $A=(a_{ij}), B=(b_{ij})$ 分别为 $m\times s$ 和 $s\times n$ 矩阵，其**乘积**定义为 $m\times n$ 矩阵 $AB=C=(c_{ij})$，其中 c_{ij} 是 A 的第 i 行与 B 的第 j 列之积，即

$$c_{ij}=a_{i1}b_{1j}+a_{i2}b_{2j}+\cdots+a_{is}b_{sj}.$$

从定义中可以看出，C 的第 i 行是由 A 的第 i 行与 B 的各列相乘而得，C 的第 j 列是由 A 的诸行与 B 的第 j 列逐一相乘而得.

定理 2.7　矩阵的乘法满足结合律，对加法的分配律，与数乘可交换.

需要注意的是，矩阵乘法不满足交换律，没有消去律，即由 $AB=AC$，不能推出 $B=C$（A 可逆时例外），这缘于矩阵的乘法是有零因子的，即 $A\neq 0$，$B\neq 0$，但可有 $AB=0$.

定义 2.6　对方阵 A，若存在方阵 B 使得

$$AB = BA = I,$$

则称 A **可逆**，称 B 为 A 的**逆**，记为 $B=A^{-1}$.

定理 2.8　设方阵 $A=(a_{ij})$，若 $\det A\neq 0$，则 A 可逆，其逆为

$$A^{-1} = (\det A)^{-1}A^*,$$

其中 $A^*=(A_{ji})$ 称为 A 的**古典伴随方阵**，A^* 的 (i,j) 位元素是 a_{ji} 的代数余子式 A_{ji}.

定理 2.9（Binet-Cauchy）　设 A 与 B 分别为 $n\times s$ 与 $s\times n$ 矩阵，则

$$\det AB = \begin{cases} 0, & \text{当 } n > s; \\ \det A\cdot\det B, & \text{当 } n = s; \\ \displaystyle\sum_{1\leqslant k_1<k_2<\cdots<k_n\leqslant s} \det A\begin{pmatrix} 1 & 2 & \cdots & n \\ k_1 & k_2 & \cdots & k_n \end{pmatrix}\cdot\det B\begin{pmatrix} k_1 & k_2 & \cdots & k_n \\ 1 & 2 & \cdots & n \end{pmatrix}, & \text{当 } n < s. \end{cases}$$

定理 2.10　设 $AB=C$，其中 A,B 分别为 $n\times s$，$s\times m$ 矩阵，则乘积 C 的子式

$$\det C\begin{pmatrix} i_1 & \cdots & i_r \\ j_1 & \cdots & j_r \end{pmatrix} = \begin{cases} \displaystyle\sum_{1\leqslant k_1<\cdots<k_r\leqslant s} \det A\begin{pmatrix} i_1 & \cdots & i_r \\ k_1 & \cdots & k_r \end{pmatrix}\cdot\det B\begin{pmatrix} k_1 & \cdots & k_r \\ j_1 & \cdots & j_r \end{pmatrix}, & \text{当 } r\leqslant s; \\ 0, & \text{当 } r > s. \end{cases}$$

定义 2.7　在方阵 $A=(a_{ij})$ 中，① 若 $i\neq j$ 时，$a_{ij}=0$，则称 A 为对角形方阵；② 若 $i>j$ 时，$a_{ij}=0$，则称 A 为上三角形方阵；③ 若 $i<j$ 时，$a_{ij}=0$，则称 A 为下三角形方阵. 即

$$A = \begin{bmatrix} a_{11} & & \\ & \ddots & \\ & & a_{nn} \end{bmatrix} \quad 或 \quad A = \begin{bmatrix} a_{11} & \cdots & \cdots & a_{1n} \\ 0 & \ddots & & \vdots \\ \vdots & \ddots & \ddots & \vdots \\ 0 & \cdots & 0 & a_{nn} \end{bmatrix} \quad 或 \quad A = \begin{bmatrix} a_{11} & 0 & \cdots & 0 \\ \vdots & \ddots & \ddots & \vdots \\ \vdots & & \ddots & 0 \\ a_{n1} & \cdots & \cdots & a_{nn} \end{bmatrix}.$$

以上均有

$$\det A = a_{11}a_{22}\cdots a_{nn}.$$

2.2　解题方法介绍

2.2.1　行列式计算的一些技巧

(1) 降阶法.

① 利用行(列)初等变换. a) 交换两行(列)；b)某行(列)乘以 k 倍；c)某行(列)的 k 倍加

到另一行(列)上去.

② 看行和(列和),如行和相等,则均可加到某列上去,然后提出一数.

③ 逐行相减(加).

④ 找递推公式.注意对称性.

⑤ Laplace 展开.

一个复杂的行列式往往是以上这些步骤的联合使用.

(2) 升阶(加边)法.

$$\begin{vmatrix} a_{11} & \cdots & a_{1n} \\ \vdots & & \vdots \\ a_{n1} & \cdots & a_{nn} \end{vmatrix}_n = \begin{vmatrix} 1 & * & \cdots & * \\ 0 & a_{11} & \cdots & a_{1n} \\ \vdots & \vdots & & \vdots \\ 0 & a_{n1} & \cdots & a_{nn} \end{vmatrix}_{n+1} = \begin{vmatrix} 1 & 0 & 0 & \cdots & 0 \\ * & 1 & * & \cdots & * \\ * & 0 & a_{11} & \cdots & a_{1n} \\ \vdots & \vdots & \vdots & & \vdots \\ * & 0 & a_{n1} & \cdots & a_{nn} \end{vmatrix}_{n+2}.$$

这里升阶是为了降阶,在 $*$ 处加上所需要的数,即刻可以简化 $\det A$ 的计算,用此法时要注意行列式阶数的变化.

(3) 分项(拆开)找递推公式.

$$|\beta_1+\beta_1^* \quad \beta_2 \quad \cdots \quad \beta_n| = |\beta_1 \quad \beta_2 \quad \cdots \quad \beta_n| + |\beta_1^* \quad \beta_2 \quad \cdots \quad \beta_n|.$$

其中 $\beta_j(j=1,2,\cdots,n)$ 为 n 维列向量.

(4) 利用公式

$$\det(AB) = (\det A)(\det B)$$

其中 A,B 均为 n 阶方阵.此方法关键的一步是能把一个已知矩阵拆成两个(行列式值易算出的)矩阵之积.

(5) 利用公式

$$\det(I_n \mp AB) = \det(I_m \mp BA)$$

其中 A 是 $n\times m$ 矩阵,B 是 $m\times n$ 矩阵.

特别地,当 $m=1$ 时,有

$$\det(I_n \mp \alpha\beta^{\mathrm{T}}) = \det(I_1 \mp \beta^{\mathrm{T}}\alpha).$$

其中,α,β 均为 n 维列向量.

(6) 若行列式元素含有未定元 x,则行列式是关于 x 的多项式.

$$f(x) = \begin{vmatrix} x & * & \cdots & * \\ * & \ddots & \ddots & \vdots \\ \vdots & \ddots & \ddots & * \\ * & \cdots & * & x \end{vmatrix} = a(x-a_1)\cdots(x-a_n).$$

通过判断 $f(x)$ 的根,并考虑 x^n 的系数定出 $a,a_1,\cdots,a_n$.

2.2.2　几个重要的行列式

(1) Vandermonde 行列式

$$V_n(x_1,\cdots,x_n)=\begin{vmatrix}1&1&\cdots&1\\x_1&x_2&\cdots&x_n\\x_1^2&x_2^2&\cdots&x_n^2\\\vdots&\vdots&&\vdots\\x_1^{n-1}&x_2^{n-1}&\cdots&x_n^{n-1}\end{vmatrix}=\prod_{1\leqslant j<i\leqslant n}(x_i-x_j).$$

(2) 三对角线行列式

$$D_n=\begin{vmatrix}a&b&&&\\c&a&b&&\\&c&a&\ddots&\\&&\ddots&\ddots&b\\&&&c&a\end{vmatrix}=\begin{cases}\dfrac{\alpha^{n+1}-\beta^{n+1}}{\alpha-\beta}, & \text{当 } a^2\neq 4bc \text{ 时},\\[2mm] \dfrac{(n+1)a^n}{2^n}, & \text{当 } a^2=4bc \text{ 时}.\end{cases}$$

其中 α,β 是方程 $x^2-ax+bc=0$ 的两个根.

(3) 循环方阵 A 的行列式

$$\det A=\begin{vmatrix}a_0&a_1&a_2&\cdots&a_{n-1}\\a_{n-1}&a_0&a_1&\cdots&a_{n-2}\\\vdots&\vdots&\vdots&&\vdots\\a_1&a_2&a_3&\cdots&a_0\end{vmatrix}=f(1)f(w)\cdots f(w^{n-1}).$$

其中 $f(u)=a_0+a_1u+\cdots+a_{n-1}u^{n-1}$，$w=\exp(2\pi i/n)$ 为 n 次本原单位根. $1,w,w^2,\cdots,w^{n-1}$ 互异且均为单位根.

2.2.3　特殊矩阵的行列式

(1) 准上三角阵，准下三角阵，准对角阵的行列式

$$\begin{vmatrix}A&C\\0&B\end{vmatrix}=\begin{vmatrix}A&0\\C&B\end{vmatrix}=\begin{vmatrix}A&0\\0&B\end{vmatrix}=|A||B|.$$

(2) 上三角阵，下三角阵，对角阵的行列式

$$\begin{vmatrix}a_{11}&\cdots&\cdots&a_{1n}\\0&\ddots&&\vdots\\\vdots&\ddots&\ddots&\vdots\\0&\cdots&0&a_{nn}\end{vmatrix}=\begin{vmatrix}a_{11}&0&\cdots&0\\\vdots&\ddots&\ddots&\vdots\\\vdots&&\ddots&0\\a_{n1}&\cdots&\cdots&a_{nn}\end{vmatrix}=\begin{vmatrix}a_{11}&0&\cdots&0\\0&\ddots&\ddots&\vdots\\\vdots&\ddots&\ddots&0\\0&\cdots&0&a_{nn}\end{vmatrix}=a_{11}a_{22}\cdots a_{nn}=\prod_{i=1}^{n}a_{ii}$$

2.3 习题与解答

1. 试计算下列排列的逆序数,从而决定它们的奇偶性.

(1) 1 3 5 2 4 8 6 7;

(2) 9 5 3 8 4 6 2 1 7;

(3) 7 1 6 2 5 3 4.

答 (1) 5,奇排列; (2) 24,偶排列; (3) 12,偶排列.

2. 由 1,2,3,4,5,6,7,8,9 这 9 个自然数组成的 9 级排列中,选择 i,k 使

(1) 1 4 2 5 i 7 k 9 6 为奇排列;

(2) 3 7 2 9 i 1 4 k 5 为偶排列;

答 (1) $i=8,k=3$; (2) $i=8,\ k=6$.

3. 在数 $1,2,\cdots,n$ 组成的任一 n 级排列中,逆序数和正序数的和等于多少?

答 $\frac{n(n-1)}{2}$. 因为自然排列 $1\ 2\cdots n$ 的正序数为$\frac{n(n-1)}{2}$,逆序数为 0;任一个 n 级排列都可由自然排列经有限次对换得到,而每经一次对换,正序数减少的个数恰等于逆序增加的个数,所以正序数与逆序数的和始终保持不变.

4. 已知排列 $a_1,a_2,\cdots,a_n$ 的逆序数等于 k,问:排列 $a_n,a_{n-1},\cdots,a_2,a_1$ 的逆序数等于多少?

答 $\frac{n(n-1)}{2}-k$. 因为 $\tau(a_1,a_2,\cdots,a_n)=k$,所以排列 $a_n,a_{n-1},\cdots,a_2,a_1$ 的正序数为 k,由第 3 题即得.

5. 在由自然数 $1,2,\cdots,n$ 组成的所有 n 级排列中,一共有多少个逆序?

答 $\frac{n!}{2}\cdot\frac{n(n-1)}{2}$. 因为 n 级排列共有 $n!$ 个,分为$\frac{n!}{2}$对,其中每对排列为 $i_1,i_2,\cdots,i_n$ 和 $i_n,i_{n-1},\cdots,i_2,i_1$,由第 4 题可知,这样两个排列的逆序数之和为$\frac{n(n-1)}{2}$.

6. 试证明 在 n 级排列中,奇偶排列各半.

证 设偶排列为 k 个,奇排列为 l 个.

方法 1 因为对换一次后排列的奇偶性改变. 所以每个偶排列经过第 1,2 位数码的对换后成为奇排列,所以 $k\leqslant l$;同样可得 $l\leqslant k$,故 $k=l=\frac{n!}{2}$.

方法 2 因为

$$\Delta_n=\begin{vmatrix}1 & \cdots & 1\\ \vdots & & \vdots\\ 1 & \cdots & 1\end{vmatrix}=0,$$

又由行列式定义知 $\Delta_n = \sum\limits_{j_1\cdots j_n} (-1)^{\tau(j_1,\cdots,j_n)} 1 = k - l = 0$,行列式展开为 $n!$项,所以得

$$k = l = \frac{n!}{2}.$$

7. 选取 i,k 的值使乘积 $a_{62}a_{i5}a_{34}a_{k3}a_{41}a_{26}$ 含于6阶行列式且带有正号.

解　因为

$$a_{62}a_{i5}a_{34}a_{k3}a_{41}a_{26} = a_{41}a_{62}a_{k3}a_{34}a_{i5}a_{26},$$

其前的正负号由 $(-1)^{\tau(4\,6\,k\,3\,i\,2)}$ 决定,即 $4\,6\,k\,3\,i\,2$ 应为偶排列,所以 $k=5, i=1$.

8. n 阶行列式 $\det(a_{ij})$ 的反对角线元素之积(即 $a_{1n}a_{2n-1}\cdots a_{n1}$)一项有怎样的正负号?

答

$$(-1)^{\tau(n,n-1,\cdots,2,1)} = (-1)^{\frac{n(n-1)}{2}}.$$

9. 如果 n 阶行列式中所有元素变号,则行列式值如何变化?

答　因为 $\Delta_n(-a_{ij}) = (-1)^n \Delta_n(a_{ij})$,所以行列式值乘 $(-1)^n$.

10. 如果行列式中每一个元素 a_{ik} 乘以 $c^{i-k}(c \neq 0)$,问行列式值有什么变化?

解　由行列式定义

$$\Delta_n(a_{ij}) = \sum_{(j_1\cdots j_n)} (-1)^{\tau(j_1\cdots j_n)} a_{1j_1}a_{2j_2}\cdots a_{nj_n},$$

于是

$$\Delta_n(c^{i-j}a_{ij}) = \sum_{(j_1\cdots j_n)} (-1)^{\tau(j_1\cdots j_n)} c^{1-j_1}a_{1j_1}c^{2-j_2}a_{2j_2}\cdots c^{n-j_n}a_{nj_n}.$$

即每项前乘以 $c^{(1+2+\cdots+n)-(j_1+\cdots+j_n)} = c^0 = 1$,所以行列式值不变.

11. 计算下列行列式:

(1) $\begin{vmatrix} 1 & 0 & 0 & 0 & 0 \\ 2 & 3 & 0 & 0 & 0 \\ 4 & 5 & 6 & 0 & 0 \\ 7 & 8 & 9 & 1 & -2 \\ 10 & 11 & 12 & 3 & 4 \end{vmatrix}$;　(2) $\begin{vmatrix} 0 & 1 & 0 & \cdots & 0 \\ 0 & \ddots & \ddots & \ddots & \vdots \\ \vdots & \ddots & \ddots & \ddots & 0 \\ 0 & & \ddots & \ddots & n-1 \\ n & 0 & \cdots & 0 & 0 \end{vmatrix}$;

(3) $\begin{vmatrix} 0 & \cdots & 0 & 2 & 0 \\ \vdots & ⋰ & ⋰ & ⋰ & \vdots \\ 0 & ⋰ & ⋰ & & \vdots \\ n & ⋰ & & & 0 \\ 0 & \cdots & \cdots & 0 & 1 \end{vmatrix}$;　(4) $\begin{vmatrix} -a_1 & -a_2 & \cdots & \cdots & -a_n \\ 1 & 0 & \cdots & \cdots & 0 \\ 0 & \ddots & \ddots & & \vdots \\ \vdots & \ddots & \ddots & \ddots & \vdots \\ 0 & \cdots & 0 & 1 & 0 \end{vmatrix}$.

解

(1) $$\begin{vmatrix} 1 & 0 & 0 & 0 & 0 \\ 2 & 3 & 0 & 0 & 0 \\ 4 & 5 & 6 & 0 & 0 \\ 7 & 8 & 9 & 1 & -2 \\ 10 & 11 & 12 & 3 & 4 \end{vmatrix} = \begin{vmatrix} 1 & 0 & 0 \\ 2 & 3 & 0 \\ 4 & 5 & 6 \end{vmatrix} \begin{vmatrix} 1 & -2 \\ 3 & 4 \end{vmatrix} = 180.$$

(2) $$\begin{vmatrix} 0 & 1 & 0 & \cdots & 0 \\ 0 & \ddots & \ddots & \ddots & \vdots \\ \vdots & \ddots & \ddots & \ddots & 0 \\ 0 & & \ddots & \ddots & n-1 \\ n & 0 & \cdots & 0 & 0 \end{vmatrix} = (-1)^{\tau(2,3,\cdots,n-1,n,1)} 1 \cdot 2 \cdots (n-1) \cdot n = (-1)^{n-1} \cdot n!.$$

(3) $$\begin{vmatrix} 0 & \cdots & 0 & 2 & 0 \\ \vdots & \iddots & \iddots & \iddots & \vdots \\ 0 & \iddots & \iddots & & \vdots \\ n & \iddots & & & 0 \\ 0 & \cdots & \cdots & 0 & 1 \end{vmatrix} = (-1)^{\tau(n-1,n-2,\cdots,1,n)} 2 \cdot 3 \cdots n \cdot 1 = (-1)^{\frac{(n-1)(n-2)}{2}} \cdot n!.$$

(4) $$\begin{vmatrix} -a_1 & -a_2 & \cdots & \cdots & -a_n \\ 1 & 0 & \cdots & \cdots & 0 \\ 0 & \ddots & \ddots & & \vdots \\ \vdots & \ddots & \ddots & \ddots & \vdots \\ 0 & \cdots & 0 & 1 & 0 \end{vmatrix} = (-1)^{\tau(n,1,2,\cdots,n-1)} (-a_n) = (-1)^n a_n.$$

12. 由行列式定义计算

$$f(x) = \begin{vmatrix} 4x & 3x & 2 & 1 \\ 1 & x & 1 & -1 \\ 3 & 2 & 2x & 1 \\ 1 & 0 & 1 & x \end{vmatrix}$$

中 x^4, x^3 的系数.

解 因为 x^4 只能由对角线元素之积得到,其系数为 8;x^3 由 $a_{12}a_{21}a_{33}a_{44}$ 得到,其系数为 -6.

13. 设 α,β,γ 是方程 $x^3-1=0$ 的根,求行列式

$$\begin{vmatrix} \alpha & \beta & \gamma \\ \gamma & \alpha & \beta \\ \beta & \gamma & \alpha \end{vmatrix}$$

的值.

解　由已知有 $\alpha^3=\beta^3=\gamma^3=1$，$\alpha\beta\gamma=1$，所以

$$\Delta_3=\alpha^3+\beta^3+\gamma^3-3\alpha\beta\gamma=1+1+1-3=0.$$

14. 计算行列式：

(1) $\begin{vmatrix} a & b & c \\ a & a+b & a+b+c \\ a & 2a+b & 3a+2b+c \end{vmatrix}$；(2) $\begin{vmatrix} -3 & 1 & 2 \\ 2 & 3 & -1 \\ 1 & -2 & 3 \end{vmatrix}$；(3) $\begin{vmatrix} 46 & 24 & 36 \\ 80 & 34 & 70 \\ 124 & 44 & 114 \end{vmatrix}$；

(4) $\begin{vmatrix} 5 & 6 & 7 & 8 \\ 6 & 7 & 8 & 5 \\ 7 & 8 & 5 & 6 \\ 8 & 5 & 6 & 7 \end{vmatrix}$；(5) $\begin{vmatrix} (a-1)^2 & a^2 & (a+1)^2 & 1 \\ (b-1)^2 & b^2 & (b+1)^2 & 1 \\ (c-1)^2 & c^2 & (c+1)^2 & 1 \\ (d-1)^2 & d^2 & (d+1)^2 & 1 \end{vmatrix}$；(6) $\begin{vmatrix} 1 & -1 & 1 & 1 \\ 1 & -1 & -1 & -1 \\ 1 & 1 & -1 & -1 \\ 1 & 1 & 1 & -1 \end{vmatrix}$；

(7) $\begin{vmatrix} 7 & 6 & 5 \\ 1 & 2 & 1 \\ 3 & -2 & 1 \end{vmatrix}$；(8) $\begin{vmatrix} 2 & 1 & 3 & 2 \\ 3 & 0 & 1 & -2 \\ 1 & -1 & 4 & 3 \\ 2 & 2 & -1 & 1 \end{vmatrix}$.

解

(1) $$\begin{vmatrix} a & b & c \\ a & a+b & a+b+c \\ a & 2a+b & 3a+2b+c \end{vmatrix} \xlongequal[-r_1+r_2]{-r_2+r_3} \begin{vmatrix} a & b & c \\ 0 & a & a+b \\ 0 & a & 2a+b \end{vmatrix}=a^3.$$

(2) $$\begin{vmatrix} -3 & 1 & 2 \\ 2 & 3 & -1 \\ 1 & -2 & 3 \end{vmatrix}=-27-1-8-6+6-6=-42.$$

(3) $$\begin{vmatrix} 46 & 24 & 36 \\ 80 & 34 & 70 \\ 124 & 44 & 114 \end{vmatrix} \xlongequal{-c_3+c_1} \begin{vmatrix} 10 & 24 & 36 \\ 10 & 34 & 70 \\ 10 & 44 & 114 \end{vmatrix}=10\begin{vmatrix} 10 & 34 \\ 10 & 44 \end{vmatrix}=1000.$$

(4) $$\begin{vmatrix} 5 & 6 & 7 & 8 \\ 6 & 7 & 8 & 5 \\ 7 & 8 & 5 & 6 \\ 8 & 5 & 6 & 7 \end{vmatrix} \xlongequal[j=2,3,4]{c_j+c_1} \begin{vmatrix} 26 & 6 & 7 & 8 \\ 26 & 7 & 8 & 5 \\ 26 & 8 & 5 & 6 \\ 26 & 5 & 6 & 7 \end{vmatrix}=26\begin{vmatrix} 1 & 1 & -3 \\ 2 & -2 & -2 \\ -1 & -1 & 1 \end{vmatrix}=416.$$

(5) $$\begin{vmatrix} (a-1)^2 & a^2 & (a+1)^2 & 1 \\ (b-1)^2 & b^2 & (b+1)^2 & 1 \\ (c-1)^2 & c^2 & (c+1)^2 & 1 \\ (d-1)^2 & d^2 & (d+1)^2 & 1 \end{vmatrix} \xlongequal[c_2+c_4]{c_1+c_3} \begin{vmatrix} (a-1)^2 & a^2 & 2(a^2+1) & a^2+1 \\ (b-1)^2 & b^2 & 2(b^2+1) & b^2+1 \\ (c-1)^2 & c^2 & 2(c^2+1) & c^2+1 \\ (d-1)^2 & d^2 & 2(d^2+1) & d^2+1 \end{vmatrix}=0.$$

(6) $\begin{vmatrix} 1 & -1 & 1 & 1 \\ 1 & -1 & -1 & -1 \\ 1 & 1 & -1 & -1 \\ 1 & 1 & 1 & -1 \end{vmatrix} \xlongequal[j=1,2,3]{c_4+c_j} \begin{vmatrix} 2 & 0 & 2 & 1 \\ 0 & -2 & -2 & -1 \\ 0 & 0 & -2 & -1 \\ 0 & 0 & 0 & -1 \end{vmatrix} = -8.$

(7) $\begin{vmatrix} 7 & 6 & 5 \\ 1 & 2 & 1 \\ 3 & -2 & 1 \end{vmatrix} = 14+18-10-30+14-6=0.$

(8) $\begin{vmatrix} 2 & 1 & 3 & 2 \\ 3 & 0 & 1 & -2 \\ 1 & -1 & 4 & 3 \\ 2 & 2 & -1 & 1 \end{vmatrix} \xlongequal[-2r_1+r_4]{r_1+r_3} \begin{vmatrix} 2 & 1 & 3 & 2 \\ 3 & 0 & 1 & -2 \\ 3 & 0 & 7 & 5 \\ -2 & 0 & -7 & -3 \end{vmatrix} = -\begin{vmatrix} 3 & 1 & -2 \\ 0 & 6 & 7 \\ -2 & -7 & -3 \end{vmatrix}$

$= -55.$

15. 如果 $\begin{vmatrix} x & y & z \\ 3 & 0 & 2 \\ 1 & 1 & 1 \end{vmatrix} = 1$,计算下列各行列式之值:

(1) $\begin{vmatrix} 2x & 2y & 2z \\ \frac{3}{2} & 0 & 1 \\ 1 & 1 & 1 \end{vmatrix}$; (2) $\begin{vmatrix} x & y & z \\ 3x+3 & 3y & 3z+2 \\ x+1 & y+1 & z+1 \end{vmatrix}$; (3) $\begin{vmatrix} x-1 & y-1 & z-1 \\ 4 & 1 & 3 \\ 1 & 1 & 1 \end{vmatrix}$.

解

(1) $\begin{vmatrix} 2x & 2y & 2z \\ \frac{3}{2} & 0 & 1 \\ 1 & 1 & 1 \end{vmatrix} = 2 \cdot \frac{1}{2} \begin{vmatrix} x & y & z \\ 3 & 0 & 2 \\ 1 & 1 & 1 \end{vmatrix} = 1.$

(2) $\begin{vmatrix} x & y & z \\ 3x+3 & 3y & 3z+2 \\ x+1 & y+1 & z+1 \end{vmatrix} \xlongequal[-r_1+r_3]{-3r_1+r_2} \begin{vmatrix} x & y & z \\ 3 & 0 & 2 \\ 1 & 1 & 1 \end{vmatrix} = 1.$

(3) $\begin{vmatrix} x-1 & y-1 & z-1 \\ 4 & 1 & 3 \\ 1 & 1 & 1 \end{vmatrix} \xlongequal[-r_3+r_2]{r_3+r_1} \begin{vmatrix} x & y & z \\ 3 & 0 & 2 \\ 1 & 1 & 1 \end{vmatrix} = 1.$

16. 计算 n 阶行列式

(1) $\begin{vmatrix} 1 & 2 & \cdots & n-2 & n-1 & n \\ 2 & 3 & \cdots & n-1 & n & n \\ 3 & 4 & \cdots & n & n & n \\ \vdots & \vdots & \iddots & \vdots & \vdots & \vdots \\ n-1 & n & \cdots & n & n & n \\ n & n & \cdots & n & n & n \end{vmatrix}$; (2) $\begin{vmatrix} 1 & 1 & \cdots & \cdots & \cdots & 1 \\ b_1 & a_1 & \cdots & \cdots & \cdots & a_1 \\ \vdots & b_2 & a_2 & \cdots & \cdots & a_2 \\ \vdots & \vdots & b_3 & \ddots & & \vdots \\ \vdots & \vdots & \vdots & \ddots & \ddots & \vdots \\ b_1 & b_2 & b_3 & \cdots & b_n & a_n \end{vmatrix}$;

(3) $\begin{vmatrix} \alpha & \beta & \cdots & \cdots & \cdots & \beta \\ \beta & \alpha & \beta & \cdots & \cdots & \beta \\ \vdots & \ddots & \ddots & \ddots & & \vdots \\ \vdots & & \ddots & \ddots & \ddots & \vdots \\ \vdots & & & \ddots & \ddots & \beta \\ \beta & \cdots & \cdots & \cdots & \beta & \alpha \end{vmatrix}$; (4) $\begin{vmatrix} 1 & 2 & 3 & \cdots & n-1 & n \\ 1 & 3 & 3 & \cdots & n-1 & n \\ 1 & 2 & 5 & \cdots & n-1 & n \\ \vdots & \vdots & \vdots & & \vdots & \vdots \\ 1 & 2 & \cdots & \cdots & 2n-3 & n \\ 1 & 2 & 3 & \cdots & n-1 & 2n-1 \end{vmatrix}$.

解

(1) $$\begin{vmatrix} 1 & 2 & \cdots & n-2 & n-1 & n \\ 2 & 3 & \cdots & n-1 & n & n \\ 3 & 4 & \cdots & n & n & n \\ \vdots & \vdots & \iddots & \vdots & \vdots & \vdots \\ n-1 & n & \cdots & n & n & n \\ n & n & \cdots & n & n & n \end{vmatrix} \xlongequal[i=n-1,\cdots,1]{-\mathrm{r}_i+\mathrm{r}_{i+1}} \begin{vmatrix} 1 & 2 & \cdots & n-2 & n-1 & n \\ 1 & 1 & \cdots & \cdots & 1 & 0 \\ \vdots & & & \iddots & \iddots & \vdots \\ \vdots & & \iddots & \iddots & & \vdots \\ \vdots & \iddots & \iddots & & & \vdots \\ 1 & 0 & \cdots & \cdots & \cdots & 0 \end{vmatrix}$$

$$=(-1)^{\frac{n(n-1)}{2}}\cdot n.$$

(2) $$\begin{vmatrix} 1 & 1 & \cdots & \cdots & \cdots & 1 \\ b_1 & a_1 & \cdots & \cdots & \cdots & a_1 \\ \vdots & b_2 & a_2 & \cdots & \cdots & a_2 \\ \vdots & \vdots & b_3 & \ddots & & \vdots \\ \vdots & \vdots & \vdots & \ddots & \ddots & \vdots \\ b_1 & b_2 & b_3 & \cdots & b_n & a_n \end{vmatrix} \xlongequal[j=n-1,\cdots,1]{-\mathrm{c}_j+\mathrm{c}_{j+1}} \begin{vmatrix} 1 & 0 & \cdots & \cdots & \cdots & 0 \\ b_1 & a_1-b_1 & 0 & \cdots & \cdots & 0 \\ \vdots & b_2-b_1 & a_2-b_2 & \ddots & & \vdots \\ \vdots & \vdots & b_3-b_2 & \ddots & \ddots & \vdots \\ \vdots & \vdots & \vdots & & \ddots & 0 \\ b_1 & b_2-b_1 & b_3-b_2 & \cdots & \cdots & a_n-b_n \end{vmatrix}$$

$$=\prod_{i=1}^{n}(a_i-b_i).$$

(3) 方法1 $$\begin{vmatrix} \alpha & \beta & \cdots & \beta \\ \beta & \ddots & \ddots & \vdots \\ \vdots & \ddots & \ddots & \beta \\ \beta & \cdots & \beta & \alpha \end{vmatrix} \xlongequal[i=2,\cdots,n]{-\mathrm{r}_1+\mathrm{r}_i} \begin{vmatrix} \alpha & \beta & \cdots & \beta & \beta \\ \beta-\alpha & \alpha-\beta & 0 & \cdots & 0 \\ \vdots & 0 & \ddots & \ddots & \vdots \\ \vdots & \vdots & \ddots & \ddots & 0 \\ \beta-\alpha & 0 & \cdots & 0 & \alpha-\beta \end{vmatrix}$$

$$\xlongequal[j=2,\cdots,n]{c_j+c_1}\begin{vmatrix} \alpha+(n-1)\beta & \beta & \cdots & \cdots & \beta \\ 0 & \alpha-\beta & 0 & \cdots & 0 \\ \vdots & 0 & \ddots & \ddots & \vdots \\ \vdots & \vdots & \ddots & \ddots & 0 \\ 0 & 0 & \cdots & 0 & \alpha-\beta \end{vmatrix}$$

$$=(\alpha-\beta)^{n-1}[\alpha+(n-1)\beta].$$

方法 2

$$\Delta_n=\det\left[(\alpha-\beta)I_n+\begin{pmatrix}\beta\\ \vdots\\ \beta\end{pmatrix}(1\ \cdots\ 1)\right]=(\alpha-\beta)^n\det\left[I_n+\frac{1}{\alpha-\beta}\begin{pmatrix}\beta\\ \vdots\\ \beta\end{pmatrix}(1\ \cdots\ 1)\right]$$

$$=(\alpha-\beta)^n\left[I_1+\frac{1}{\alpha-\beta}(1\ \cdots\ 1)\begin{pmatrix}\beta\\ \vdots\\ \beta\end{pmatrix}\right]=(\alpha-\beta)^{n-1}[\alpha-\beta+n\beta].$$

(4) $$\begin{vmatrix} 1 & 2 & 3 & \cdots & n-1 & n \\ 1 & 3 & 3 & \cdots & n-1 & n \\ 1 & 2 & 5 & \cdots & n-1 & n \\ \vdots & \vdots & \vdots & \ddots & \vdots & \vdots \\ 1 & 2 & \cdots & \cdots & 2n-3 & n \\ 1 & 2 & 3 & \cdots & n-1 & 2n-1 \end{vmatrix}\xlongequal[i=2,3,\cdots,n]{-r_1+r_i}\begin{vmatrix} 1 & 2 & 3 & \cdots & n-1 & n \\ 0 & 1 & 0 & \cdots & \cdots & 0 \\ \vdots & \ddots & \ddots & \ddots & & \vdots \\ \vdots & & \ddots & \ddots & \ddots & \vdots \\ \vdots & & & \ddots & n-2 & 0 \\ 0 & \cdots & \cdots & \cdots & 0 & n-1 \end{vmatrix}$$

$$=(n-1)!.$$

17. 如果对从第二列开始的每一列加上它前面的一列，同时对第一列加上原先最后面的一列，同时对第一列加上原先最后面的一列，问行列式值如何变化？

解 设 $\det A=\det(\beta_1\ \beta_2\cdots\ \beta_n)$，则

$$\Delta_n=\det(\beta_1+\beta_n,\ \beta_1+\beta_2,\ \beta_2+\beta_3,\ \cdots,\ \beta_{n-1}+\beta_n),$$

按第一列拆开成两个行列式，得

$$\Delta_n=|\ \beta_1,\beta_1+\beta_2,\cdots,\beta_{n-1}+\beta_n\ |+|\ \beta_n,\beta_1+\beta_2,\cdots,\beta_{n-1}+\beta_n\ |,$$

把右边第一个行列式逐列相减，即 $-c_i+c_{i+1}$，$i=1,2,\cdots,n-1$；第二个行列式中先做 $-c_1+c_n$ 后逐列相减，即 $-c_i+c_{i-1}$，$i=n,\cdots,3$，得

$$\Delta_n=|\ \beta_1\quad \beta_2\quad \beta_3\quad \cdots\quad \beta_n\ |+|\ \beta_n\quad \beta_1\quad \beta_2\quad \cdots\quad \beta_{n-1}\ |$$

$$=\det A+(-1)^{n-1}\det A=[1+(-1)^{n-1}]\det A.$$

18. 如果在行列式中，偶数号码各行的和等于奇数号码各行的和，问行列式值等于什么？

解 把偶数号码各行加到第二行，把奇数号码各行加到第一行，则行列式值不变，且第一、二行元素相等，所以行列式值等于 0.

19. 如果除最后一行外，从每一行减去后面的一行，而从最后一行减去原先的第一行，问行列式值如何变化？

解　设原行列式为 $\det A=\det\begin{bmatrix}\alpha_1\\ \vdots\\ \alpha_n\end{bmatrix}$，则新行列式为

$$\Delta_n=\begin{vmatrix}\alpha_1-\alpha_2\\ \alpha_2-\alpha_3\\ \vdots\\ \alpha_{n-1}-\alpha_n\\ \alpha_n-\alpha_1\end{vmatrix}\xlongequal[i=2,3,\cdots,n]{r_i+r_1}\begin{vmatrix}0\\ \alpha_2-\alpha_1\\ \vdots\\ \alpha_{n-1}-\alpha_n\\ \alpha_n-\alpha_1\end{vmatrix}=0.$$

20. 证明：对于奇数阶的行列式 $\det(a_{ij})$，如果 $a_{ij}=-a_{ji}$ 对任意 i,j 成立，则 $\det(a_{ij})=0$.

证　因为 $\det(a_{ij})=\det(a_{ji})=\det(-a_{ij})=(-1)^n\det(a_{ij})=-\det(a_{ij})$，故

$$\det(a_{ij})=0.$$

21. 证明：如果行列式关于主对角线对称的元素是共轭复数，则行列式值是实数.

证　因为

$$\det(a_{ij})=\det(a_{ji})=\det(\overline{a_{ij}})=\overline{\det(a_{ij})},$$

所以 $\det(a_{ij})$ 为实数.

22. 一个 n 阶行列式的元素由条件 $a_{ij}=\max(i,j)$ 给定，试计算此行列式.

解　由已知

$$\Delta_n=\begin{vmatrix}1&2&3&\cdots&n\\ 2&2&3&\cdots&n\\ 3&3&3&\ddots&\vdots\\ \vdots&&\ddots&\ddots&n\\ n&\cdots&\cdots&n&n\end{vmatrix}\xlongequal[i=2,\cdots,n]{-r_1+r_i}\begin{vmatrix}1&2&\cdots&\cdots&n\\ 1&0&\cdots&\cdots&0\\ 2&\ddots&\ddots&&\vdots\\ \vdots&\ddots&\ddots&\ddots&\vdots\\ n-1&\cdots&2&1&0\end{vmatrix}=n(-1)^{n-1}.$$

23. 设 A 为 n 阶方阵，α 为 $n\times1$ 矩阵，β 为 $1\times n$ 矩阵，且 $\begin{vmatrix}A&\alpha\\ \beta&b\end{vmatrix}=0$，求证：

$$\begin{vmatrix}A&\alpha\\ \beta&c\end{vmatrix}=(c-b)\det A.$$

证
$$\begin{vmatrix}A&\alpha\\ \beta&c\end{vmatrix}=\begin{vmatrix}A&\alpha\\ \beta&b\end{vmatrix}+\begin{vmatrix}A&0\\ \beta&c-b\end{vmatrix}=(c-b)\det A.$$

24. 计算行列式

(1) $\begin{vmatrix} 1 & 1 & 1 & 1 & 1 & 1 \\ 1 & 1 & 1 & -1 & -1 & -1 \\ 1 & 1 & -1 & -1 & 1 & 1 \\ 1 & -1 & -1 & 1 & -1 & 1 \\ 1 & -1 & 1 & -1 & 1 & 1 \\ 1 & -1 & -1 & 1 & 1 & -1 \end{vmatrix}$； (2) $\begin{vmatrix} 1 & 1 & 1 & 1 \\ a & b & c & d \\ a^2 & b^2 & c^2 & d^2 \\ a^4 & b^4 & c^4 & d^4 \end{vmatrix}$；

(3) $\begin{vmatrix} 1 & 0 & \cdots & 0 & \beta_1 \\ 0 & \ddots & \ddots & \vdots & \vdots \\ \vdots & \ddots & \ddots & 0 & \vdots \\ 0 & \cdots & 0 & 1 & \beta_n \\ \alpha_1 & \alpha_2 & \cdots & \alpha_n & 0 \end{vmatrix}_{n+1}$； (4) $\begin{vmatrix} x & y & 0 & \cdots & 0 \\ 0 & x & y & \ddots & \vdots \\ \vdots & \ddots & \ddots & \ddots & 0 \\ 0 & & \ddots & \ddots & y \\ y & 0 & \cdots & 0 & x \end{vmatrix}_{n\times n}$；

(5) $\begin{vmatrix} 1 & 1 & \cdots & 1 \\ x_1 & x_2 & \cdots & x_n \\ x_1^2 & x_2^2 & \cdots & x_n^2 \\ \vdots & \vdots & & \vdots \\ x_1^{n-2} & x_2^{n-2} & \cdots & x_n^{n-2} \\ x_1^n & x_2^n & \cdots & x_n^n \end{vmatrix}$； (6) $\begin{vmatrix} a_{11} & 1 & a_{12} & 1 & \cdots & a_{1n} & 1 \\ 1 & 0 & 1 & 0 & \cdots & 1 & 0 \\ a_{21} & x_1 & a_{22} & x_2 & \cdots & a_{2n} & x_n \\ x_1 & 0 & x_2 & 0 & \cdots & x_n & 0 \\ \vdots & \vdots & \vdots & \vdots & & \vdots & \vdots \\ a_{n1} & x_1^{n-1} & a_{n2} & x_2^{n-1} & \cdots & a_{nn} & x_n^{n-1} \\ x_1^{n-1} & 0 & x_2^{n-1} & 0 & \cdots & x_n^{n-1} & 0 \end{vmatrix}$.

解

(1) $$\begin{vmatrix} 1 & 1 & 1 & 1 & 1 & 1 \\ 1 & 1 & 1 & -1 & -1 & -1 \\ 1 & 1 & -1 & -1 & 1 & 1 \\ 1 & -1 & -1 & 1 & -1 & 1 \\ 1 & -1 & 1 & -1 & 1 & 1 \\ 1 & -1 & -1 & 1 & 1 & -1 \end{vmatrix} = \begin{vmatrix} 0 & 0 & -2 & -2 & -2 \\ 0 & -2 & -2 & 0 & 0 \\ -2 & -2 & 0 & -2 & 0 \\ -2 & 0 & -2 & 0 & 0 \\ -2 & -2 & 0 & 0 & -2 \end{vmatrix}$$

$$=(-2)\begin{vmatrix} 0 & -2 & -2 & -2 \\ -2 & -2 & 0 & 0 \\ 2 & -2 & 2 & 0 \\ 0 & 0 & 2 & -2 \end{vmatrix}$$

$$=(-4)\begin{vmatrix} -2 & 0 & 4 \\ -4 & 2 & 0 \\ 0 & 2 & -2 \end{vmatrix} = -160.$$

此题主要反复使用 Laplace 展开公式. 实施的步骤为：第 1 行乘(−1)加到其余各行，再按第 1

列展开得5阶行列式;第3行乘(−1)分别加到第4,5行上去,再按第1列展开得4阶行列式;第3行加到第2行上去,第4行加到第1行上去后,按第1列展开得3阶行列式.

(2) $$\begin{vmatrix} 1 & 1 & 1 & 1 \\ a & b & c & d \\ a^2 & b^2 & c^2 & d^2 \\ a^4 & b^4 & c^4 & d^4 \end{vmatrix} = (b-a)(c-a)(d-a)\begin{vmatrix} 1 & 1 & 1 \\ b & c & d \\ b^2(b+a), & c^2(c+a), & d^2(d+a) \end{vmatrix}$$

$$= (b-a)(c-a)(d-a)\left[\begin{vmatrix} 1 & 1 & 1 \\ b & c & d \\ b^3 & c^3 & d^3 \end{vmatrix} + a\begin{vmatrix} 1 & 1 & 1 \\ b & c & d \\ b^2 & c^2 & d^2 \end{vmatrix}\right]$$

$$= (a+b+c+d)(b-a)(c-a)(d-a)(c-b)(d-b)(d-c).$$

这个行列式与Vandermonde行列式的区别是 x_i 的幂指数跳跃一次.它有两种解法:①仿照Vandermonde行列式的计算方法;②补上一行一列后,利用Vandermonde行列式的结果,本题是按①做的,第3行乘$(-a^2)$加到4行上,第2行乘$(-a)$加到第3行上,第1行乘$(-a)$加到第2行上,然后按第1列展开;将第3行拆开成两个行列式.

(3) $$\begin{vmatrix} 1 & 0 & \cdots & 0 & \beta_1 \\ 0 & \ddots & \ddots & \vdots & \vdots \\ \vdots & \ddots & \ddots & 0 & \vdots \\ 0 & \cdots & 0 & 1 & \beta_n \\ \alpha_1 & \alpha_2 & \cdots & \alpha_n & 0 \end{vmatrix}_{n+1} \xlongequal[\text{展开}]{\text{按第1行}} \Delta_n + (-1)^n\beta_1 \begin{vmatrix} 0 & 1 & 0 & \cdots & 0 \\ \vdots & \ddots & \ddots & \ddots & \vdots \\ \vdots & & \ddots & \ddots & 0 \\ 0 & \cdots & \cdots & 0 & 1 \\ \alpha_1 & \alpha_2 & \cdots & \cdots & \alpha_n \end{vmatrix}_n$$

$$= \Delta_n - \alpha_1\beta_1 = \cdots$$

$$= \begin{vmatrix} 1 & \beta_n \\ \alpha_n & 0 \end{vmatrix} - \alpha_{n-1}\beta_{n-1} - \cdots - \alpha_2\beta_2 - \alpha_1\beta_1$$

$$= -(\alpha_1\beta_1 + \cdots + \alpha_n\beta_n).$$

(4) $$\begin{vmatrix} x & y & 0 & \cdots & 0 \\ 0 & x & y & \ddots & \vdots \\ \vdots & \ddots & \ddots & \ddots & 0 \\ 0 & & \ddots & \ddots & y \\ y & 0 & \cdots & 0 & x \end{vmatrix}_{n\times n} \xlongequal{\text{按第1列展开}} x^n + (-1)^{n+1}y^n.$$

(5) 方法1　此行列式与Vandermonde行列式的区别仅在于最后一行是 x_j^n 而不是 x_j^{n-1},一个自然的想法是补上一行一列,再利用Vandermonde行列式.令

$$V_{n+1}(x_1,\cdots,x_n,z)=\begin{vmatrix}1&1&\cdots&1&1\\x_1&x_2&\cdots&x_n&z\\\vdots&\vdots&&\vdots&\vdots\\x_1^{n-1}&x_2^{n-1}&\cdots&x_n^{n-1}&z^{n-1}\\x_1^n&x_2^n&\cdots&x_n^n&z^n\end{vmatrix}$$

$$=\Big[\prod_{1\leqslant j<i\leqslant n}(x_i-x_j)\Big]\Big[\prod_{j=1}^{n}(z-x_j)\Big]$$

$$=(z-x_1)\cdots(z-x_n)V_n(x_1,\cdots,x_n),$$

另一方面,把 $V_{n+1}(x_1,\cdots,x_n,z)$ 按最后一列进行 Laplace 展开得

$$V_{n+1}(x_1,\cdots,x_n,z)=\sum_{k=1}^{n+1}(-1)^{n+1+k}M_{k,n+1}z^{k-1},$$

而 $M_{n,n+1}$ 即是所求的行列式.比较上两式中 z^{n-1} 的系数得

$$-(x_1+\cdots+x_n)V_n(x_1,\cdots,x_n)=(-1)^{2n+1}M_{n,n+1},$$

所以

$$M_{n,n+1}=(x_1+\cdots+x_n)V_n(x_1,\cdots,x_n).$$

此题也可仿照 Vandermonde 行列式的计算过程求解.

方法 2 考察以 $y_1,\cdots,y_n$ 为变量的线性方程组:

$$\begin{cases}y_1+x_1y_2+x_1^2y_3+\cdots+x_1^{n-1}y_n=x_1^n,\\y_1+x_2y_2+x_2^2y_3+\cdots+x_2^{n-1}y_n=x_2^n,\\\cdots\cdots\cdots\cdots\cdots\cdots\cdots\cdots\cdots\cdots\\y_1+x_ny_2+x_n^2y_3+\cdots+x_n^{n-1}y_n=x_n^n.\end{cases}$$

则此线性方程组的系数矩阵的行列式恰为

$$\Delta=V_n(x_1,\cdots,x_n).$$

把 Δ 的第 n 列元素换成线性方程组的常数项 $(x_1^n,\cdots,x_n^n)^{\mathrm{T}}$,得到的行列式记为 $\Delta^{(n)}$,则有

$$y_n=\frac{\Delta^{(n)}}{\Delta},$$

而显然 $\Delta^{(n)}$ 的转置就是我们要计算的行列式.

设以 X 为不定元的 n 次多项式为

$$\varphi(X)=X^n-y_nX^{n-1}-y_{n-1}X^{n-2}-\cdots-y_3X^2-y_2X-y_1,$$

则由前面的线性方程组知 $\varphi(x_i)=0,i=1,2,\cdots,n$.且由多项式的根与系数的关系知有

$$y_n=x_1+x_2+\cdots+x_n,$$

于是得

$$\Delta^{(n)}=y_n\Delta=(x_1+x_2+\cdots+x_n)V_n(x_1,\cdots,x_n).$$

注 当 $x_i=x_j(i\neq j)$ 时,原行列式值为 0;当 $x_i\neq x_j(i\neq j)$ 时,$\Delta=V_n(x_1,\cdots,x_n)\neq 0$,故由

Cramer 法则(定理 2.6)有

$$y_j=\frac{\Delta^{(j)}}{\Delta},\quad j=1,2,\cdots,n.$$

(6) 容易看出此行列式的第 $2,4,\cdots,2n$ 列中第 $1,3,\cdots,2n-1$ 行构成的是 Vandermonde 行列式,记为 $V_n(x_1,\cdots,x_n)$;同样第 $1,3,\cdots,2n-1$ 列中第 $2,4,\cdots,2n$ 行也构成 $V_n(x_1,\cdots,x_n)$. 把 $2,4,\cdots,2n$ 列换到第 $1,\cdots,n$ 列,符号变化为 $(-1)^{\frac{n(n+1)}{2}}$,再把 $1,3,\cdots,2n-1$ 行换到 $1,\cdots,n$ 行,符号变化为 $(-1)^{\frac{n(n-1)}{2}}$,又 n^2 与 n 同奇、偶,所以有

$$\Delta_{2n}=(-1)^{n^2}\begin{vmatrix}V_n & A\\ 0 & V_n\end{vmatrix}=(-1)^n\prod_{1\leqslant k<i\leqslant n}(x_i-x_k)^2.$$

此题也可直接用 Laplace 展开定理;取行列式的第 $2,4,\cdots,2n$ 列,则按此 n 列的展开中只有一个子式非零,即第 $1,3,\cdots,2n-1$ 行构成(其余的子式都会取到一行零,故为零.),而此子式的余子式恰为第 $1,3,\cdots,2n-1$ 列,$2,4,\cdots,2n$ 行交叉处的元素构成. 所以

$$\begin{aligned}\det M&=\det M\begin{pmatrix}1&3&\cdots&2n-1\\2&4&\cdots&2n\end{pmatrix}\cdot\det M\begin{pmatrix}2&4&\cdots&2n\\1&3&\cdots&2n-1\end{pmatrix}(-1)^{1+3+\cdots+2n-1}\\&=(-1)^n\cdot V_n\cdot V_n=(-1)^n\prod_{1\leqslant k<i\leqslant n}(x_i-x_k)^2.\end{aligned}$$

25. 设 n 阶行列式 $\det A$ 的元素 a_{ij} 都是变数 t 的可微函数. 试证明行列式的微分可作如下计算:

(1)
$$\frac{\mathrm{d}(\det A)}{\mathrm{d}t}=\det A_1+\cdots+\det A_n,$$

其中 A_i 为对 A 的第 i 行求导,而其余行不变所得到的方阵($i=1,\cdots,n$).

(2)
$$\frac{\mathrm{d}(\det A)}{\mathrm{d}t}=\sum_{i,j=1}^n\frac{\mathrm{d}a_{ij}(t)}{\mathrm{d}t}\cdot A_{ij}.$$

证　(1) 由行列式定义

$$\det A=\sum_{j_1j_2\cdots j_n}(-1)^{\tau(j_1\cdots j_n)}a_{1j_1}(t)a_{2j_2}(t)\cdots a_{nj_n}(t),$$

于是

$$\begin{aligned}\frac{\mathrm{d}(\det A)}{\mathrm{d}t}&=\sum_{j_1j_2\cdots j_n}(-1)^{\tau(j_1\cdots j_n)}[a_{1j_1}(t)a_{2j_2}(t)\cdots a_{nj_n}(t)]'_t\\&=\sum_{j_1j_2\cdots j_n}(-1)^{\tau(j_1\cdots j_n)}\sum_{i=1}^n[a_{1j_1}(t)\cdots a'_{ij_i}(t)\cdots a_{nj_n}(t)]\\&=\sum_{i=1}^n\Big(\sum_{j_1j_2\cdots j_n}(-1)^{\tau(j_1\cdots j_n)}a_{1j_1}(t)\cdots a'_{ij_i}(t)\cdots a_{nj_n}(t)\Big)\\&=\sum_{i=1}^n|A_i|.\end{aligned}$$

(2) 把$|A_i|$按 i 行作 Laplace 展开得

$$|A_i|=a_{i1}'(t)A_{i1}+\cdots+a_{ij}'(t)A_{ij}+\cdots+a_{in}'(t)A_{in}=\sum_{j=1}^{n}a_{ij}'(t)A_{ij},$$

故

$$\frac{\mathrm{d}(\det A)}{\mathrm{d}t}=\sum_{i=1}^{n}|A_i|=\sum_{i,j=1}^{n}a_{ij}'(t)A_{ij}.$$

26. 设

$$\det A=\begin{vmatrix} a_{11} & a_{12} & \cdots & a_{1n} \\ \vdots & \vdots & & \vdots \\ a_{n-1,1} & a_{n-1,2} & \cdots & a_{n-1,n} \\ 1 & 1 & \cdots & 1 \end{vmatrix},$$

用 $\det A_j(j=1,2,\cdots,n)$表示把 $\det A$ 中第 j 列元素换为 $x_1,x_2,\cdots,x_{n-1},1$ 后而得的新行列式. 试证：

$$\sum_{j=1}^{n}\det A_j=\det A.$$

证 方法 1 利用加边的方法,因为

$$\Delta_{n+1}=\begin{vmatrix} 1 & 1 & \cdots & 1 \\ x_1 & & & \\ \vdots & & A & \\ x_{n-1} & & & \\ 1 & & & \end{vmatrix}=0,$$

然后按第 1 行展开得

$$\det A-\det A_1-\det A_2-\cdots-\det A_n=0.$$

方法 2 把所有的 A_j 加边,然后进行 $1,j$ 列的对换,再按第 1 行相加,即

$$\det A_j=\begin{vmatrix} 1 & 0 & \cdots & 0 \\ a_{1j} & & & \\ \vdots & & A_j & \\ a_{n-1j} & & & \\ 1 & & & \end{vmatrix}\xlongequal{c_1\leftrightarrow c_j}-\begin{vmatrix} 0 & \cdots & 1 & \cdots & 0 \\ x_1 & & & & \\ \vdots & & A & & \\ x_{n-1} & & & & \\ 1 & & & & \end{vmatrix},$$

所以

$$\sum_{j=1}^{n}\det A_j=-\begin{vmatrix} 0 & 1 & \cdots & 1 \\ x_1 & a_{11} & \cdots & a_{1n} \\ \vdots & \vdots & & \vdots \\ x_{n-1} & a_{n-11} & \cdots & a_{n-1n} \\ 1 & 1 & \cdots & 1 \end{vmatrix}\xlongequal{-r_{n+1}+r_1}\begin{vmatrix} 1 & 0 & \cdots & 0 \\ x_1 & & & \\ \vdots & & A & \\ x_{n-1} & & & \\ 1 & & & \end{vmatrix}=\det A.$$

方法3 把 A_j 按第 j 列展开，用 A_{ij} 记 $\det A$ 中 (i,j) 位元素的代数余子式，于是 $\det A = A_{n1}+A_{n2}+\cdots+A_{nn}$，则有

$$\sum_{j=1}^{n}\det A_j=\sum_{j=1}^{n}\Big(\sum_{i=1}^{n-1}x_iA_{ij}+A_{nj}\Big)=\sum_{j=1}^{n}A_{nj}+\sum_{i=1}^{n-1}x_i\sum_{j=1}^{n}A_{ij}=\det A.$$

这里用到 $\det A=\sum_{j=1}^{n}A_{nj}$ 以及 $\sum_{j=1}^{n}A_{ij}=0$，后者相当把 $\det A$ 的第 i 行换成 $1,\cdots,1$ 所得行列式按第 i 行的展开，$i=1,\cdots,n-1$. 这 $n-1$ 个行列式值均为0(因其都有两行元素对应相等).

27. 如果 $a_{ii}>0\ (i=1,2,\cdots,n)$，$a_{ij}<0\ (i\neq j)$，又设 $\sum_{i=1}^{n}a_{ij}>0\ (j=1,\cdots,n)$. 试证行列式

$$\begin{vmatrix} a_{11} & \cdots & a_{1n} \\ \vdots & & \vdots \\ a_{n1} & \cdots & a_{nn} \end{vmatrix}>0.$$

证 对行列式的阶数用归纳法. $n=2$ 时，$\Delta_2=a_{11}a_{22}-a_{12}a_{21}>0$ 成立. 今假设 $n-1$ 阶时结论成立，则当 n 阶时，把第一列乘 $\left(-\dfrac{a_{1j}}{a_{11}}\right)$ 加到第 j 列上去 $(j=2,\cdots,n)$，于是

$$\det A=\begin{vmatrix} a_{11} & 0 & \cdots & 0 \\ a_{21} & a'_{22} & \cdots & a'_{2n} \\ \vdots & \vdots & & \vdots \\ a_{n1} & a'_{n2} & \cdots & a'_{nn} \end{vmatrix}=a_{11}\begin{vmatrix} a'_{22} & \cdots & a'_{2n} \\ \vdots & & \vdots \\ a'_{n2} & \cdots & a'_{nn} \end{vmatrix}_{n-1},$$

其中 $a'_{ij}=a_{ij}-a_{i1}a_{1j}/a_{11}$，我们要证明上面这个 $n-1$ 阶行列式仍满足已知条件：

(1) $a'_{ii}=a_{ii}-\dfrac{a_{i1}a_{1i}}{a_{11}}=\dfrac{a_{ii}a_{11}-a_{i1}a_{1i}}{a_{11}}>0$，(因为 $a_{ii}>|a_{1i}|$，$a_{11}>|a_{i1}|$)；

(2) $a'_{ij}=a_{ij}-\dfrac{a_{i1}a_{1j}}{a_{11}}<0$， $(i\neq j$，因为 $a_{ij}<0$，$-a_{i1}a_{1j}<0)$；

(3) $$\sum_{i=2}^{n}a'_{ij}=\sum_{i=2}^{n}a_{ij}-\sum_{i=2}^{n}\frac{a_{i1}a_{1j}}{a_{11}}>-a_{1j}-a_{1j}\sum_{i=2}^{n}\frac{a_{i1}}{a_{11}}$$
$$=-a_{1j}\Big[1+\Big(\sum_{i=2}^{n}a_{i1}\Big)\Big/a_{11}\Big]$$
$$=-a_{1j}\Big(a_{11}+\sum_{i=2}^{n}a_{i1}\Big)\Big/a_{11}>0.$$

所以由归纳假设

$$\begin{vmatrix} a'_{22} & \cdots & a'_{2n} \\ \vdots & & \vdots \\ a'_{n2} & \cdots & a'_{nn} \end{vmatrix}>0,$$

从而得

$$\det A > 0.$$

28. 用 Cramer 法则解线性方程组

(1) $\begin{cases} 2x_1 + x_2 - 5x_3 + x_4 = 8, \\ x_1 - 3x_2 \qquad - 6x_4 = 9, \\ \qquad 2x_2 - x_3 + 2x_4 = -5, \\ x_1 + 4x_2 - 7x_3 + 6x_4 = 0; \end{cases}$ (2) $\begin{cases} x_2 + x_3 + x_4 = 1, \\ x_1 \qquad + x_3 + x_4 = 2, \\ x_1 + x_2 \qquad + x_4 = 3, \\ x_1 + x_2 + x_3 \qquad = 4; \end{cases}$

(3) $\begin{cases} 2x_1 + 3x_2 + 11x_3 + 5x_4 = 2, \\ x_1 + x_2 + 5x_3 + 2x_4 = 1, \\ 2x_1 + x_2 + 3x_3 + 2x_4 = -3, \\ x_1 + x_2 + 3x_3 + 4x_4 = -3; \end{cases}$ (4) $\begin{cases} 3x_1 + 4x_2 + x_3 + 2x_4 + 3 = 0, \\ 3x_1 + 5x_2 + 3x_3 + 5x_4 + 6 = 0, \\ 6x_1 + 8x_2 + x_3 + 5x_4 + 8 = 0, \\ 3x_1 + 5x_2 + 3x_3 + 7x_4 + 8 = 0. \end{cases}$

本题解略. 答案分别为(1) $\begin{cases} x_1 = 3, \\ x_2 = -4, \\ x_3 = -1, \\ x_4 = 1; \end{cases}$ (2) $\begin{cases} x_1 = \dfrac{7}{3}, \\ x_2 = \dfrac{4}{3}, \\ x_3 = \dfrac{1}{3}, \\ x_4 = -\dfrac{2}{3}; \end{cases}$ (3) $\begin{cases} x_1 = -2, \\ x_2 = 0, \\ x_3 = 1, \\ x_4 = -1; \end{cases}$ (4) $\begin{cases} x_1 = 2, \\ x_2 = -2, \\ x_3 = 1, \\ x_4 = -1. \end{cases}$

29. 设 $a_1, a_2, \cdots, a_n$ 是数域 F 中互不相同的数, $b_1, b_2, \cdots, b_n$ 是数域 F 中任一组给定的数, 用 Cramer 法则证明: 存在唯一的数域 F 上, 次数小于 n 的多项式 $f(X)$, 使

$$f(a_i) = b_i.$$

证 设 $f(X) = c_0 + c_1 X + \cdots + c_{n-1} X^{n-1}$, 则有

$$\begin{cases} c_0 + c_1 a_1 + \cdots + a_{n-1} a_1^{n-1} = b_1, \\ c_0 + c_1 a_2 + \cdots + c_{n-1} a_2^{n-1} = b_2, \\ \cdots\cdots\cdots\cdots\cdots\cdots\cdots\cdots \\ c_0 + c_1 a_n + \cdots + c_{n-1} a_n^{n-1} = b_n. \end{cases}$$

因为 $a_i \neq a_j (i \neq j)$, 所以系数行列式 $V_n(a_1, a_2, \cdots, a_n) \neq 0$, 于是由 Cramer 法则知, 此线性方程组有唯一解 $c_0, \cdots, c_{n-1}$, 即 $f(X)$ 唯一.

30. 用古典伴随矩阵求下列方阵的逆:

(1) $\begin{bmatrix} a & b \\ c & d \end{bmatrix}$; (2) $\begin{bmatrix} -2 & 3 & 2 \\ 6 & 0 & 3 \\ 4 & 1 & -1 \end{bmatrix}$; (3) $\begin{bmatrix} \cos\theta & 0 & -\sin\theta \\ 0 & 1 & 0 \\ \sin\theta & 0 & \cos\theta \end{bmatrix}$.

解

(1) $\begin{bmatrix} a & b \\ c & d \end{bmatrix}^{-1} = \dfrac{1}{ad-bc}\begin{bmatrix} d & -b \\ -c & a \end{bmatrix}$.

(2) $\begin{bmatrix} -2 & 3 & 2 \\ 6 & 0 & 3 \\ 4 & 1 & -1 \end{bmatrix}^{-1} = \dfrac{1}{72}\begin{bmatrix} -3 & 5 & 9 \\ 18 & -6 & 18 \\ 6 & 14 & -18 \end{bmatrix}$.

(3) $\begin{bmatrix} \cos\theta & 0 & -\sin\theta \\ 0 & 1 & 0 \\ \sin\theta & 0 & \cos\theta \end{bmatrix}^{-1} = \begin{bmatrix} \cos\theta & 0 & \sin\theta \\ 0 & 1 & 0 \\ -\sin\theta & 0 & \cos\theta \end{bmatrix}$.

31. 32. 是矩阵乘法,直接乘即可,解答略去.

33. (1) 证明两个上三角形方阵的乘积仍为上三角阵($A=(a_{ij})$为上三角阵是指当 $i>j$ 时 $a_{ij}=0$).

(2) 证明两个下三角形方阵的乘积仍为下三角阵(若当 $i<j$ 时 $a_{ij}=0$,则称 A 为下三角阵).

证 (1) 设 $A=(a_{ij})$,$B=(b_{ij})$,由已知 $i>j$ 时,有 $a_{ij}=0$,$b_{ij}=0$. 令 $AB=(c_{ij})$,则当 $i>j$ 时,有

$$c_{ij}=\sum_{k=1}^{n}a_{ik}b_{kj}=\sum_{k=1}^{j}a_{ik}b_{kj}+\sum_{k=j+1}^{n}a_{ik}b_{kj}=\sum_{k=1}^{n}0\cdot b_{kj}+\sum_{k=j+1}^{n}a_{ik}\cdot 0=0.$$

(2) 设 $A=(a_{ij})$,$B=(b_{ij})$,由已知 $i<j$ 时,$a_{ij}=b_{ij}=0$ 记 $AB=(c_{ij})$,则当 $i<j$ 时,有

$$c_{ij}=\sum_{k=1}^{n}a_{ik}b_{kj}=\sum_{k=1}^{i}a_{ik}b_{kj}+\sum_{k=i+1}^{n}a_{ik}b_{kj}=\sum_{k=1}^{i}a_{ik}\cdot 0+\sum_{k=i+1}^{n}0\cdot b_{kj}=0.$$

34. 计算 n 阶行列式 $\det(a_{ij})$,它的元素由条件 $a_{ij}=|i-j|$ 所给定.

解 由已知

$$\det(a_{ij})=\begin{vmatrix} 0 & 1 & \cdots & n-1 \\ 1 & \ddots & \ddots & \vdots \\ \vdots & \ddots & \ddots & 1 \\ n-1 & \cdots & 1 & 0 \end{vmatrix} \xlongequal[i=n-1,\cdots,1]{-r_i+r_{i+1}} \begin{vmatrix} 0 & 1 & \cdots & n-1 \\ 1 & -1 & \cdots & -1 \\ \vdots & \ddots & \ddots & \vdots \\ 1 & \cdots & 1 & -1 \end{vmatrix}$$

$$\xlongequal[j=1,\cdots,n-1]{c_n+c_j} \begin{vmatrix} n-1 & \cdots & \cdots & \cdots & n-1 \\ 0 & -2 & & & -1 \\ \vdots & \ddots & \ddots & & \vdots \\ \vdots & & \ddots & -2 & \vdots \\ 0 & \cdots & \cdots & 0 & -1 \end{vmatrix} = (-1)^{n-1}(n-1)\cdot 2^{n-2}$$

35. 设 n 阶方阵 A 的元素全为 1 或 -1,求证 $\det A$ 被 2^{n-1} 整除.

证 把第一列中元素为 -1 的行都乘 -1 后,第一行的 -1 倍加到各行上去得

$$\det A = \begin{vmatrix} 1 & * & \cdots & * \\ 0 & & & \\ \vdots & & A_{n-1} & \\ 0 & & & \end{vmatrix} = \det A_{n-1} = 2^{n-1}\det B_{n-1},$$

其中 A_{n-1} 的元素由 2,-2,0 组成,B_{n-1} 的元素由 1,-1,0 组成(若 A 的第一行与某行成比例,则 A_{n-1} 有一行全为 0,此时 $\det A=0$,也看成可被 2^{n-1} 整除),故证得 $\det A$ 被 2^{n-1} 整除.

36. 计算 n 阶行列式

(1) $\begin{vmatrix} 2n & n & 0 & \cdots & 0 \\ n & \ddots & \ddots & \ddots & \vdots \\ 0 & \ddots & \ddots & \ddots & 0 \\ \vdots & \ddots & \ddots & \ddots & n \\ 0 & \cdots & 0 & n & 2n \end{vmatrix}$; (2) $\begin{vmatrix} \alpha+\beta & \alpha\beta & 0 & \cdots & 0 \\ 1 & \ddots & \ddots & \ddots & \vdots \\ 0 & \ddots & \ddots & \ddots & 0 \\ \vdots & \ddots & \ddots & \ddots & \alpha\beta \\ 0 & \cdots & 0 & 1 & \alpha+\beta \end{vmatrix}$;

(3) $\begin{vmatrix} 1+x_1 & 1+x_1^2 & \cdots & 1+x_1^n \\ 1+x_2 & 1+x_2^2 & \cdots & 1+x_2^n \\ \vdots & \vdots & & \vdots \\ 1+x_n & 1+x_n^2 & \cdots & 1+x_n^n \end{vmatrix}$; (4) $\begin{vmatrix} \lambda & & & -a_{n-1} \\ -1 & \ddots & & \vdots \\ & \ddots & \lambda & -a_1 \\ & & -1 & \lambda-a_0 \end{vmatrix}$;

(5) $\begin{vmatrix} C_0^m & C_1^m & \cdots & C_{n-1}^m \\ C_0^{m+1} & C_1^{m+1} & \cdots & C_{n-1}^{m+1} \\ \vdots & \vdots & & \vdots \\ C_0^{m+n-1} & C_1^{m+n-1} & \cdots & C_{n-1}^{m+n-1} \end{vmatrix}$; (6) $\begin{vmatrix} a_1b_1 & a_1b_2 & a_1b_3 & \cdots & a_1b_n \\ a_1b_2 & a_2b_2 & a_2b_3 & \cdots & a_2b_n \\ a_1b_3 & a_2b_3 & a_3b_3 & \cdots & a_3b_n \\ \vdots & \vdots & \vdots & & \vdots \\ a_1b_n & a_2b_n & a_3b_n & \cdots & a_nb_n \end{vmatrix}$.

解

(1) $$\begin{vmatrix} 2n & n & 0 & \cdots & 0 \\ n & \ddots & \ddots & \ddots & \vdots \\ 0 & \ddots & \ddots & \ddots & 0 \\ \vdots & \ddots & \ddots & \ddots & n \\ 0 & \cdots & 0 & n & 2n \end{vmatrix} = n^n \begin{vmatrix} 2 & 1 & 0 & \cdots & 0 \\ 1 & \ddots & \ddots & \ddots & \vdots \\ 0 & \ddots & \ddots & \ddots & 0 \\ \vdots & \ddots & \ddots & \ddots & 1 \\ 0 & \cdots & 0 & 1 & 2 \end{vmatrix} = (n+1)n^n.$$

此题是三对角线行列式,提出 n 后相当 $a=2,b=c=1$(见几个重要的行列式中结论).

(2) $$\begin{vmatrix} \alpha+\beta & \alpha\beta & 0 & \cdots & 0 \\ 1 & \ddots & \ddots & \ddots & \vdots \\ 0 & \ddots & \ddots & \ddots & 0 \\ \vdots & \ddots & \ddots & \ddots & \alpha\beta \\ 0 & \cdots & 0 & 1 & \alpha+\beta \end{vmatrix}$$

$$=\begin{vmatrix} \alpha & \alpha\beta & 0 & \cdots & 0 \\ 1 & \alpha+\beta & \ddots & \ddots & \vdots \\ 0 & \ddots & \ddots & \ddots & 0 \\ \vdots & \ddots & \ddots & \ddots & \alpha\beta \\ 0 & \cdots & 0 & 1 & \alpha+\beta \end{vmatrix} + \begin{vmatrix} \beta & \alpha\beta & 0 & \cdots & 0 \\ 0 & \alpha+\beta & \ddots & \ddots & \vdots \\ 0 & 1 & \ddots & \ddots & 0 \\ \vdots & \ddots & \ddots & \ddots & \alpha\beta \\ 0 & \cdots & 0 & 1 & \alpha+\beta \end{vmatrix}$$

$$=\alpha\begin{vmatrix} 1 & \beta & 0 & \cdots & 0 \\ 0 & \alpha & \alpha\beta & & \vdots \\ 0 & 1 & \alpha+\beta & \ddots & 0 \\ \vdots & \ddots & \ddots & \ddots & \alpha\beta \\ 0 & \cdots & 0 & 1 & \alpha+\beta \end{vmatrix} + \beta\Delta_{n-1} = \alpha^n + \beta\Delta_{n-1},$$

由 α,β 的对称性，又有 $\Delta_n=\beta^n+\alpha\Delta_{n-1}$，所以

$$\Delta_{n-1}=\frac{\alpha^n-\beta^n}{\alpha-\beta}\Rightarrow\Delta_n=\frac{\alpha^{n+1}-\beta^{n+1}}{\alpha-\beta}\quad(\alpha\neq\beta).$$

注 上面第一个等号是按第一列分项；第二个等号是第一个行列式中第一行提出 α 后，再乘(−1)加到第二行上去.

(3) $$\begin{vmatrix} 1+x_1 & 1+x_1^2 & \cdots & 1+x_1^n \\ 1+x_2 & 1+x_2^2 & \cdots & 1+x_2^n \\ \vdots & \vdots & & \vdots \\ 1+x_n & 1+x_n^2 & \cdots & 1+x_n^n \end{vmatrix} \xlongequal{\text{加边}} \begin{vmatrix} 1 & 0 & 0 & \cdots & 0 \\ 1 & 1+x_1 & 1+x_1^2 & \cdots & 1+x_1^n \\ 1 & 1+x_2 & 1+x_2^2 & \cdots & 1+x_2^n \\ \vdots & \vdots & \vdots & & \vdots \\ 1 & 1+x_n & 1+x_n^2 & \cdots & 1+x_n^n \end{vmatrix}_{n+1}$$

$$\xlongequal[j=2,\cdots,n]{-c_1+c_j} \begin{vmatrix} 1 & -1 & -1 & \cdots & -1 \\ 1 & x_1 & x_1^2 & \cdots & x_1^n \\ 1 & x_2 & x_2^2 & \cdots & x_2^n \\ \vdots & \vdots & \vdots & & \vdots \\ 1 & x_n & x_n^2 & \cdots & x_n^n \end{vmatrix}$$

$$\xlongequal[\text{拆开}]{\text{按第 1 行}} \begin{vmatrix} 2 & 0 & \cdots & \cdots & 0 \\ 1 & x_1 & x_1^2 & \cdots & x_1^n \\ \vdots & x_2 & x_2^2 & \cdots & x_2^n \\ \vdots & \vdots & \vdots & & \vdots \\ 1 & x_n & x_n^2 & \cdots & x_n^n \end{vmatrix} - \begin{vmatrix} 1 & \cdots & \cdots & \cdots & 1 \\ \vdots & x_1 & x_1^2 & \cdots & x_1^n \\ \vdots & x_2 & x_2^2 & \cdots & x_2^n \\ \vdots & \vdots & \vdots & & \vdots \\ 1 & x_n & x_n^2 & \cdots & x_n^n \end{vmatrix}$$

$$=2x_1x_2\cdots x_nV_n(x_1,x_2,\cdots,x_n)-V_{n+1}(1,x_1,\cdots,x_n)$$

$$=\left[2\prod_{i=1}^n x_i-\prod_{i=1}^n(x_i-1)\right]\prod_{1\leqslant k<i\leqslant n}(x_i-x_k).$$

(4) $$\begin{vmatrix} \lambda & & & -a_{n-1} \\ -1 & \ddots & & \vdots \\ & \ddots & \lambda & -a_1 \\ & & -1 & \lambda-a_0 \end{vmatrix} \xlongequal[i=n,\cdots,2]{r_i\times\lambda+r_{i-1}} \begin{vmatrix} 0 & \cdots & 0 & f(\lambda) \\ -1 & \ddots & & \vdots \\ & \ddots & 0 & \vdots \\ & & -1 & \lambda-a_0 \end{vmatrix} = f(\lambda).$$

$$=\lambda^n - a_0\lambda^{n-1} - \cdots - a_{n-1}.$$

(5) $$\begin{vmatrix} C_0^m & C_1^m & \cdots & C_{n-1}^m \\ C_0^{m+1} & C_1^{m+1} & \cdots & C_{n-1}^{m+1} \\ \vdots & \vdots & & \vdots \\ C_0^{m+n-1} & C_1^{m+n-1} & \cdots & C_{n-1}^{m+n-1} \end{vmatrix} \xlongequal[i=n-1,\cdots,1]{-r_i+r_{i+1}} \begin{vmatrix} 1 & C_1^m & \cdots & C_{n-1}^m \\ 0 & C_0^m & \cdots & C_{n-2}^m \\ \vdots & \vdots & & \vdots \\ 0 & C_0^{m+n-2} & \cdots & C_{n-2}^{m+n-2} \end{vmatrix}_n,$$

这里利用了公式 $C_n^m + C_{n-1}^m = C_n^{m+1}$，即 $C_n^{m+1} - C_n^m = C_{n-1}^m$ 及 $C_0^m = C_0^{m+1} = \cdots = C_0^{m+n-1} = 1$.

所以 $\det A(m,n) = \det A(m,n-1) = \cdots = \det A(m,1) = |C_0^m| = 1$.

(6) $$\begin{vmatrix} a_1b_1 & a_1b_2 & a_1b_3 & \cdots & a_1b_n \\ a_1b_2 & a_2b_2 & a_2b_3 & \cdots & a_2b_n \\ a_1b_3 & a_2b_3 & a_3b_3 & \cdots & a_3b_n \\ \vdots & \vdots & \vdots & & \vdots \\ a_1b_n & a_2b_n & a_3b_n & \cdots & a_nb_n \end{vmatrix} \xlongequal{\frac{c_1}{a_1},\frac{r_n}{b_n}} a_1b_n \begin{vmatrix} b_1 & a_1b_2 & a_1b_3 & \cdots & a_1b_n \\ b_2 & a_2b_2 & a_2b_3 & \cdots & a_2b_n \\ b_3 & a_2b_3 & a_3b_3 & \cdots & a_3b_n \\ \vdots & \vdots & \vdots & & \vdots \\ 1 & a_2 & a_3 & \cdots & a_n \end{vmatrix}$$

$$\xlongequal[i=1,\cdots,n-1]{-b_ir_n+r_i} a_1b_n \begin{vmatrix} 0 & a_1b_2-a_2b_1 & a_1b_3-a_3b_1 & \cdots & \cdots & a_1b_n-a_nb_1 \\ 0 & 0 & a_2b_3-a_3b_2 & \cdots & \cdots & a_2b_n-a_nb_2 \\ 0 & 0 & 0 & \ddots & & \vdots \\ \vdots & \vdots & \vdots & \ddots & \ddots & \vdots \\ 0 & 0 & \cdots & \cdots & 0 & a_{n-1}b_n-a_nb_{n-1} \\ 1 & a_2 & a_3 & \cdots & \cdots & a_n \end{vmatrix}$$

$$= a_1b_n\prod_{i=1}^{n-1}(a_{i+1}b_i - a_ib_{i+1}).$$

37. Fibonacci 数(斐波那契数) F_i 由条件 $F_0=F_1=1, F_2=2, F_n=F_{n-1}+F_{n-2}\,(n\geqslant 3)$ 所定义，求证：

$$F_n = \begin{vmatrix} 1 & 1 & 0 & 0 \\ -1 & \ddots & \ddots & 0 \\ 0 & \ddots & \ddots & 1 \\ 0 & 0 & -1 & 1 \end{vmatrix}_{n\times n}, \quad n\geqslant 1.$$

证 按第一行展开，得

$$F_n = F_{n-1} + F_{n-2}.$$

38. 计算 n 阶行列式

$$\Delta_n = \begin{vmatrix} 1 & a_1 & \cdots & a_1^k & a_1^{k+3} & \cdots & a_1^{n+1} \\ 1 & a_2 & \cdots & a_2^k & a_2^{k+3} & \cdots & a_2^{n+1} \\ \vdots & \vdots & & \vdots & \vdots & & \vdots \\ 1 & a_n & \cdots & a_n^k & a_n^{k+3} & \cdots & a_n^{n+1} \end{vmatrix}.$$

解 把 Δ_n 添加两行两列得到一个 $n+2$ 个变元的 Vandermonde 行列式.

$$\Delta_{n+2} = \begin{vmatrix} 1 & a_1 & \cdots & a_1^k & a_1^{k+1} & a_1^{k+2} & a_1^{k+3} & \cdots & a_1^{n+1} \\ \vdots & \vdots & & \vdots & \vdots & \vdots & \vdots & & \vdots \\ 1 & a_n & \cdots & a_n^k & a_n^{k+1} & a_n^{k+2} & a_n^{k+3} & \cdots & a_n^{n+1} \\ 1 & z_1 & \cdots & z_1^k & z_1^{k+1} & z_1^{k+2} & z_1^{k+3} & \cdots & z_1^{n+1} \\ 1 & z_2 & \cdots & z_2^k & z_2^{k+1} & z_2^{k+2} & z_2^{k+3} & \cdots & z_2^{n+1} \end{vmatrix} = V_{n+2}(a_1,\cdots,a_n,z_1,z_2),$$

显然 Δ_n 是 Δ_{n+2} 中子式 $\begin{vmatrix} z_1^{k+1} & z_1^{k+2} \\ z_2^{k+1} & z_2^{k+2} \end{vmatrix}$ 的余子式,也是 $z_1^{k+1}z_2^{k+2}$ 的系数.

再看等式右边 $z_1^{k+1}z_2^{k+2}$ 的系数,为此把右边写成如下形式

$$\begin{aligned} V_{n+2}(a_1,\cdots,a_n,z_1,z_2) &= (z_2-z_1)(z_2-a_n)(z_2-a_{n-1})\cdots(z_2-a_1) \\ &\quad\cdot(z_1-a_n)(z_1-a_{n-1})\cdots(z_1-a_1)V_n(a_1,\cdots,a_n). \end{aligned}$$

(1) 若 z_1^{k+1} 全由第 2 行取,则系数为 $V_n\cdot\sigma_{n-k-1}\cdot\sigma_{n-k-1}(-1)^{2(n-k-1)}$;

(2) 若 z_1^{k+1} 在第 1 行取 z_1,则系数为 $V_n\cdot\sigma_{n-k-2}\cdot\sigma_{n-k}(-1)^{(n-k)+(n-k-2)+1}$. 所以在右边的乘积中 $z_1^{k+1}z_2^{k+2}$ 的系数为 $V_n(\sigma_{n-k-1}^2-\sigma_{n-k}\sigma_{n-k-2})$,故

$$\Delta_n = (\sigma_{n-k-1}^2-\sigma_{n-k}\sigma_{n-k-2})V_n(a_1,\cdots,a_n).$$

其中 $\sigma_k = \sum\limits_{1\leqslant i_1<\cdots<i_k\leqslant n} a_{i_1}\cdots a_{i_k}$ 是 $a_1,\cdots,a_n$ 的初等对称多项式.

39. 设 a_{ij},b_{ij} 分别为 n 阶行列式 $\det A,\det B$ 的元素,且满足 $b_{ij}=\sum\limits_{k=1}^n a_{ik}-a_{ij}$ $(i=1,\cdots,n,j=1,\cdots,n)$,试证:$\det B=(-1)^{n-1}(n-1)\det A$.

证 方法 1 记 $s_i=\sum\limits_{k=1}^n a_{ik}$,则 $b_{ij}=s_i-a_{ij}$,于是

$$\det B \xlongequal{\text{加边}} \begin{vmatrix} 1 & 0 & \cdots & 0 \\ s_1 & s_1-a_{11} & \cdots & s_1-a_{1n} \\ \vdots & \vdots & & \vdots \\ s_n & s_n-a_{n1} & \cdots & s_n-a_{nn} \end{vmatrix} = \begin{vmatrix} 1 & -1 & \cdots & -1 \\ s_1 & -a_{11} & \cdots & -a_{1n} \\ \vdots & \vdots & & \vdots \\ s_n & -a_{n1} & \cdots & -a_{nn} \end{vmatrix}$$

$$= \begin{vmatrix} -(n-1) & -1 & \cdots & -1 \\ 0 & -a_{11} & \cdots & -a_{1n} \\ \vdots & \vdots & & \vdots \\ 0 & -a_{n1} & \cdots & -a_{nn} \end{vmatrix} = -(n-1)(-1)^n\det A.$$

方法 2 利用矩阵乘法和公式 $\det(I_n-\alpha\alpha^T)=\det(1-\alpha^T\alpha)$.

$$\det B=\det(s_i-a_{ij})=\left|A\begin{bmatrix}1\\ \vdots\\ 1\end{bmatrix}(1\quad\cdots\quad 1)-A\right|$$

$$=(\det A)(-1)^n\left|I-\begin{bmatrix}1\\ \vdots\\ 1\end{bmatrix}(1\quad\cdots\quad 1)\right|$$

$$=\det A\cdot(-1)^n\cdot\left|1-(1\quad\cdots\quad 1)\begin{bmatrix}1\\ \vdots\\ 1\end{bmatrix}\right|$$

$$=(-1)^n(1-n)\cdot\det A.$$

40. 设 n 阶行列式 $\det A$ 的元素为 a_{ij},行列式

$$\det D=\begin{vmatrix}a_{11}+x & a_{12}+x & \cdots & a_{1n}+x\\ a_{21}+x & a_{22}+x & \cdots & a_{2n}+x\\ \vdots & \vdots & & \vdots\\ a_{n1}+x & a_{n2}+x & \cdots & a_{nn}+x\end{vmatrix}.$$

试证 $\det D=\det A+x\sum_{i,j=1}^{n}A_{ij}$,其中 A_{ij} 为 a_{ij} 在 $\det A$ 中的代数余子式.

证 把 $\det D$ 升阶得到

$$\det D=\begin{vmatrix}1 & -x & \cdots & -x\\ 0 & & & \\ \vdots & & D & \\ 0 & & & \end{vmatrix}_{n+1}\xlongequal[i=2,\cdots,n+1]{r_1+r_i}\begin{vmatrix}1 & -x & \cdots & -x\\ 1 & & & \\ \vdots & & A & \\ 1 & & & \end{vmatrix}$$

$$\xlongequal{\text{按第1列展开}}\det A-\begin{vmatrix}-x & \cdots & -x\\ a_{21} & \cdots & a_{2n}\\ \vdots & & \vdots\\ a_{n1} & \cdots & a_{nn}\end{vmatrix}+\cdots+(-1)^n\begin{vmatrix}-x & \cdots & -x\\ a_{11} & \cdots & a_{1n}\\ \vdots & & \vdots\\ a_{n-11} & \cdots & a_{n-1n}\end{vmatrix}$$

$$=\det A+x\sum_{j=1}^{n}A_{1j}+\cdots+x\sum_{j=1}^{n}A_{nj}=\det A+x\sum_{i,j=1}^{n}A_{ij}.$$

41. 设 $A=(a_{ij})$,A_{ij} 是 a_{ij} 在 $\det A$ 中的代数余子式,求证

$$\begin{vmatrix}a_{11}-a_{12} & a_{12}-a_{13} & \cdots & a_{1n-1}-a_{1n} & 1\\ a_{21}-a_{22} & a_{22}-a_{23} & \cdots & a_{2n-1}-a_{2n} & 1\\ \vdots & \vdots & & \vdots & \vdots\\ a_{n1}-a_{n2} & a_{n2}-a_{n3} & \cdots & a_{nn-1}-a_{nn} & 1\end{vmatrix}=\sum_{i,j=1}^{n}A_{ij}.$$

证

$$\text{左边} \xlongequal{\text{升阶}} \begin{vmatrix} 1 & 0 & \cdots & 0 & 0 \\ a_{1n} & a_{11}-a_{12} & \cdots & a_{1n-1}-a_{1n} & 1 \\ a_{2n} & a_{21}-a_{22} & \cdots & a_{2n-1}-a_{2n} & 1 \\ \vdots & \vdots & & \vdots & \vdots \\ a_{nn} & a_{n1}-a_{n2} & \cdots & a_{nn-1}-a_{nn} & 1 \end{vmatrix}_{n+1} = \begin{vmatrix} 1 & \cdots & \cdots & 1 & 0 \\ a_{1n} & a_{11} & \cdots & a_{1n-1} & 1 \\ a_{2n} & a_{21} & \cdots & a_{2n-1} & 1 \\ \vdots & \vdots & & \vdots & \vdots \\ a_{nn} & a_{n1} & \cdots & a_{nn-1} & 1 \end{vmatrix}_{n+1},$$

上述第二个等号实行的操作是：$c_1+c_n, c_n+c_{n-1}, \cdots, c_3+c_2$. 下面把最后一个行列式先按第1行展开，得 n 个 n 阶行列式，然后再把每个 n 阶行列式按第 n 列展开即得结论.

42. 计算 n 阶行列式

(1) $\begin{vmatrix} a_1+b_1 & a_1+b_2 & \cdots & a_1+b_n \\ a_2+b_1 & a_2+b_2 & \cdots & a_2+b_n \\ \vdots & \vdots & & \vdots \\ a_n+b_1 & a_n+b_2 & \cdots & a_n+b_n \end{vmatrix}$;

(2) $\begin{vmatrix} \sin 2\alpha_1 & \sin(\alpha_1+\alpha_2) & \cdots & \sin(\alpha_1+\alpha_n) \\ \sin(\alpha_2+\alpha_1) & \sin 2\alpha_2 & \cdots & \sin(\alpha_2+\alpha_n) \\ \vdots & \vdots & & \vdots \\ \sin(\alpha_n+\alpha_1) & \sin(\alpha_n+\alpha_2) & \cdots & \sin 2\alpha_n \end{vmatrix}$;

(3) $\begin{vmatrix} \lambda & 2 & 3 & \cdots & n \\ 1 & \lambda+1 & 3 & \cdots & n \\ 1 & 2 & \lambda+2 & \cdots & \vdots \\ \vdots & \vdots & \vdots & \ddots & n \\ 1 & 2 & \cdots & \cdots & \lambda+n-1 \end{vmatrix}$;　(4) $\begin{vmatrix} a_0 & a_1 & a_2 & \cdots & a_{n-1} \\ \mu a_{n-1} & a_0 & \ddots & \ddots & \vdots \\ \vdots & \ddots & \ddots & \ddots & a_2 \\ \vdots & \ddots & \ddots & \ddots & a_1 \\ \mu a_1 & \cdots & \cdots & \mu a_{n-1} & a_0 \end{vmatrix}$;

(5) $\begin{vmatrix} a_1 & a_2 & a_3 & \cdots & a_n \\ -a_n & a_1 & a_2 & \cdots & a_{n-1} \\ \vdots & \ddots & \ddots & \ddots & \vdots \\ \vdots & & \ddots & \ddots & a_2 \\ -a_2 & -a_3 & \cdots & -a_n & a_1 \end{vmatrix}$.

解

(1) $= \begin{vmatrix} a_1+b_1 & a_1+b_2 & \cdots & a_1+b_n \\ a_2+b_1 & a_2+b_2 & \cdots & a_2+b_n \\ \vdots & \vdots & & \vdots \\ a_n+b_1 & a_n+b_2 & \cdots & a_n+b_n \end{vmatrix}$

$$=\begin{vmatrix} a_1 & 1 & 0 & \cdots & 0 \\ a_2 & 1 & 0 & \cdots & 0 \\ \vdots & \vdots & \vdots & & \vdots \\ \vdots & \vdots & \vdots & & \vdots \\ a_n & 1 & 0 & \cdots & 0 \end{vmatrix} \times \begin{vmatrix} 1 & 1 & \cdots & \cdots & 1 \\ b_1 & b_2 & \cdots & \cdots & b_n \\ 0 & 0 & \cdots & \cdots & 0 \\ \vdots & \vdots & & & \vdots \\ 0 & 0 & \cdots & \cdots & 0 \end{vmatrix}$$

$$=\begin{cases} 0, & n\geqslant 3, \\ a_1+b_1, & n=1, \\ (a_1-a_2)(b_2-b_1), & n=2. \end{cases}$$

(2) $$\begin{vmatrix} \sin 2\alpha_1 & \sin(\alpha_1+\alpha_2) & \cdots & \sin(\alpha_1+\alpha_n) \\ \sin(\alpha_2+\alpha_1) & \sin 2\alpha_2 & \cdots & \sin(\alpha_2+\alpha_n) \\ \vdots & \vdots & & \vdots \\ \sin(\alpha_n+\alpha_1) & \sin(\alpha_n+\alpha_2) & \cdots & \sin 2\alpha_n \end{vmatrix}$$

$$=\begin{vmatrix} \sin\alpha_1 & \cos\alpha_1 & 0 & \cdots & 0 \\ \sin\alpha_2 & \cos\alpha_2 & 0 & \cdots & 0 \\ \vdots & \vdots & \vdots & & \vdots \\ \vdots & \vdots & \vdots & & \vdots \\ \sin\alpha_n & \cos\alpha_n & 0 & \cdots & 0 \end{vmatrix} \begin{vmatrix} \cos\alpha_1 & \cos\alpha_2 & \cdots & \cdots & \cos\alpha_n \\ \sin\alpha_1 & \sin\alpha_2 & \cdots & \cdots & \sin\alpha_n \\ 0 & 0 & \cdots & \cdots & 0 \\ \vdots & \vdots & & & \vdots \\ 0 & 0 & \cdots & \cdots & 0 \end{vmatrix} =0, \quad n>2.$$

(3) $$\begin{vmatrix} \lambda & 2 & 3 & \cdots & n \\ 1 & \lambda+1 & 3 & \cdots & n \\ 1 & 2 & \lambda+2 & \cdots & \vdots \\ \vdots & \vdots & \vdots & \ddots & n \\ 1 & 2 & \cdots & \cdots & \lambda+n-1 \end{vmatrix} = \left| (\lambda-1)I_n+\begin{bmatrix} 1 \\ \vdots \\ 1 \end{bmatrix}(1,2,\cdots,n) \right|$$

$$=(\lambda-1)^n \left| 1+\frac{1}{\lambda-1}(1,2,\cdots,n)\begin{bmatrix} 1 \\ \vdots \\ 1 \end{bmatrix} \right|$$

$$=(\lambda-1)^{n-1}\left[\lambda-1+\frac{n(n+1)}{2}\right].$$

(4) 记此行列式为 $\det A$. 首先,若 u 为 μ 的 n 次根(即 $u^n=\mu$),则

$$A\begin{bmatrix} 1 \\ u \\ \vdots \\ u^{n-1} \end{bmatrix} = \begin{bmatrix} a_0+a_1u+\cdots+a_{n-1}u^{n-1} \\ a_{n-1}u+a_0u+\cdots+a_{n-2}u^{n-1} \\ \vdots \\ \mu a_1+\mu a_2 u+\cdots+a_0u^{n-1} \end{bmatrix} = f(u)\begin{bmatrix} 1 \\ u \\ \vdots \\ u^{n-1} \end{bmatrix},$$

其中 $f(u)=a_0+a_1u+\cdots+a_{n-1}u^{n-1}$,这里用到 $\mu=u^n$,$\mu u=u^{n+1}$ 等.

我们设 $\omega=\exp(2\pi\mathrm{i}/n)$ 为 n 次本原单位根($\omega^n=1, \omega^k\neq 1,\ 0<k<n$),于是对任意取定的

一个 $\alpha=\sqrt[n]{\mu}\in\mathbb{C}$，$\alpha,\omega\alpha,\omega^2\alpha,\cdots,\omega^{n-1}\alpha$ 互异且均为 μ 的 n 次根. 记

$$W_j=\begin{bmatrix}1\\ \omega^j\alpha\\ \omega^{2j}\alpha^2\\ \vdots\\ \omega^{(n-1)j}\alpha^{n-1}\end{bmatrix},\qquad \text{方阵 } W=(W_0,W_1,\cdots,W_{n-1}),$$

则由上述知 $AW_j=f(\omega^j\alpha)W_j$，故

$$\begin{aligned}AW&=(AW_0,AW_1,\cdots,AW_{n-1})\\&=(f(\alpha)W_0,f(\omega\alpha)W_1,\cdots,f(\omega^{n-1}\alpha)W_{n-1})\\&=(W_0,W_1,\cdots,W_{n-1})\begin{bmatrix}f(\alpha)&&\\&\ddots&\\&&f(\omega^{n-1}\alpha)\end{bmatrix}\\&=W\cdot\operatorname{diag}\{f(\alpha),f(\omega\alpha),\cdots,f(\omega^{n-1}\alpha)\},\end{aligned}$$

因 $\det W$ 是 Vandermonde 行列式，非 0，故上式两边取行列式知有

$$\det A=f(\alpha)f(\omega\alpha)\cdots f(\omega^{n-1}\alpha).$$

(5) 解法同(4)，$\mu=-1$，$f(x)=a_1+a_2x+\cdots+a_nx^{n-1}$.

43. 设 $S_k=\lambda_1^k+\lambda_2^k+\cdots+\lambda_n^k(k=1,2,\cdots)$，求证

$$\begin{vmatrix}n&S_1&S_2&\cdots&S_{n-1}\\S_1&S_2&S_3&\cdots&S_n\\\vdots&\vdots&\vdots&&\vdots\\S_{n-1}&S_n&S_{n+1}&\cdots&S_{2n-2}\end{vmatrix}=\prod_{1\leqslant j<i\leqslant n}(\lambda_i-\lambda_j)^2.$$

证　把左边拆成两个行列式之积，即有

$$\begin{aligned}\text{左边}&=\begin{vmatrix}1&\cdots&\cdots&1\\\lambda_1&\cdots&\cdots&\lambda_n\\\vdots&&&\vdots\\\lambda_1^{n-1}&\cdots&\cdots&\lambda_n^{n-1}\end{vmatrix}\begin{vmatrix}1&\lambda_1&\cdots&\lambda_1^{n-1}\\\vdots&\vdots&&\vdots\\\vdots&\vdots&&\vdots\\1&\lambda_n&\cdots&\lambda_n^{n-1}\end{vmatrix}\\&=(V_n(\lambda_1,\lambda_2,\cdots,\lambda_n))^2=\text{右边}.\end{aligned}$$

44. 计算行列式

$$\begin{vmatrix}1+a_1+b_1&a_1+b_2&\cdots&a_1+b_n\\a_2+b_1&1+a_2+b_2&\cdots&a_2+b_n\\\vdots&\vdots&&\vdots\\a_n+b_1&a_n+b_2&\cdots&1+a_n+b_n\end{vmatrix}.$$

解　方法 1

$$\Delta_n = \left| I + \begin{bmatrix} a_1+b_1 & a_1+b_2 & \cdots & a_1+b_n \\ a_2+b_1 & a_2+b_2 & \cdots & a_2+b_n \\ \vdots & \vdots & & \vdots \\ a_n+b_1 & a_n+b_2 & \cdots & a_n+b_n \end{bmatrix} \right|$$

$$= \left| I_n + \begin{bmatrix} a_1 & 1 \\ a_2 & 1 \\ \vdots & \vdots \\ a_n & 1 \end{bmatrix} \begin{bmatrix} 1 & 1 & \cdots & 1 \\ b_1 & b_2 & \cdots & b_n \end{bmatrix} \right| = \left| I_2 + \begin{bmatrix} 1 & 1 & \cdots & 1 \\ b_1 & b_2 & \cdots & b_n \end{bmatrix} \begin{bmatrix} a_1 & 1 \\ a_2 & 1 \\ \vdots & \vdots \\ a_n & 1 \end{bmatrix} \right|$$

$$= \left| I_2 + \begin{bmatrix} \sum_{k=1}^n a_k & n \\ \sum_{k=1}^n a_k b_k & \sum_{k=1}^n b_k \end{bmatrix} \right| = \left(1+\sum_{k=1}^n a_k\right)\left(1+\sum_{k=1}^n b_k\right) - n\sum_{k=1}^n a_k b_k.$$

方法 2(加边)

$$\Delta_n \xlongequal{\text{加边}} \begin{vmatrix} 1 & -b_1 & -b_2 & \cdots & -b_n \\ 0 & 1+a_1+b_1 & a_1+b_2 & \cdots & a_1+b_n \\ 0 & a_2+b_1 & 1+a_2+b_2 & \cdots & a_2+b_n \\ \vdots & \vdots & \vdots & & \vdots \\ 0 & a_n+b_1 & a_n+b_2 & \cdots & 1+a_n+b_n \end{vmatrix}_{n+1}$$

$$\xlongequal[i=2,\cdots,n+1]{\mathrm{r}_1+\mathrm{r}_i} \begin{vmatrix} 1 & -b_1 & -b_2 & \cdots & -b_n \\ 1 & 1+a_1 & a_1 & \cdots & a_1 \\ 1 & a_2 & 1+a_2 & \cdots & a_2 \\ \vdots & \vdots & \vdots & & \vdots \\ 1 & a_n & a_n & \cdots & 1+a_n \end{vmatrix}_{n+1}$$

$$\xlongequal{\text{加边}} \begin{vmatrix} 1 & 0 & 0 & 0 & \cdots & 0 \\ 0 & 1 & -b_1 & -b_2 & \cdots & -b_n \\ -a_1 & 1 & 1+a_1 & a_1 & \cdots & a_1 \\ -a_2 & 1 & a_2 & 1+a_2 & \cdots & a_2 \\ \vdots & \vdots & \vdots & \vdots & & \vdots \\ -a_n & 1 & a_n & a_n & \cdots & 1+a_n \end{vmatrix}_{n+2}$$

$$\xlongequal[j=3,\cdots,n+2]{c_1+c_j}\begin{vmatrix} 1 & 0 & 1 & 1 & \cdots & 1 \\ 0 & 1 & -b_1 & -b_2 & \cdots & -b_n \\ -a_1 & 1 & 1 & 0 & \cdots & 0 \\ -a_2 & 1 & 0 & \ddots & \ddots & \vdots \\ \vdots & \vdots & \vdots & \ddots & \ddots & 0 \\ -a_n & 1 & 0 & \cdots & 0 & 1 \end{vmatrix}_{n+2}$$

$$\xlongequal[j=3,\cdots,n+2]{\substack{-c_j+c_2\to c_2\\ a_{j-2}c_j+c_1\to c_1}}\begin{vmatrix} 1+\sum\limits_{i=1}^{n}a_i & -n & 1 & \cdots & \cdots & 1 \\ -\sum\limits_{i=1}^{n}a_ib_i & 1+\sum\limits_{i=1}^{n}b_i & -b_1 & \cdots & \cdots & -b_n \\ 0 & 0 & 1 & 0 & \cdots & 0 \\ \vdots & \vdots & 0 & \ddots & \ddots & \vdots \\ \vdots & \vdots & \vdots & \ddots & \ddots & 0 \\ 0 & 0 & 0 & \cdots & 0 & 1 \end{vmatrix}_{n+2}$$

$$=\left(1+\sum_{k=1}^{n}a_k\right)\left(1+\sum_{k=1}^{n}b_k\right)-n\sum_{k=1}^{n}a_kb_k.$$

45. 计算 n 阶行列式

$$\begin{vmatrix} 1+a_1 & 1 & \cdots & 1 \\ 1 & 1+a_2 & \ddots & \vdots \\ \vdots & \ddots & \ddots & 1 \\ 1 & \cdots & 1 & 1+a_n \end{vmatrix},\quad 其中\ a_i\neq 0,\ i=1,2,\cdots,n.$$

解　方法1

$$\begin{vmatrix} 1+a_1 & 1 & \cdots & 1 \\ 1 & 1+a_2 & \ddots & \vdots \\ \vdots & \ddots & \ddots & 1 \\ 1 & \cdots & 1 & 1+a_n \end{vmatrix}_n \xlongequal{加边} \begin{vmatrix} 1 & 1 & 1 & \cdots & 1 \\ 0 & 1+a_1 & 1 & \cdots & 1 \\ 0 & 1 & 1+a_2 & \ddots & \vdots \\ \vdots & \vdots & \ddots & \ddots & 1 \\ 0 & 1 & \cdots & 1 & 1+a_n \end{vmatrix}_{n+1}$$

$$\xlongequal[i=2,\cdots,n+1]{-r_1+r_i}\begin{vmatrix} 1 & 1 & \cdots & \cdots & 1 \\ -1 & a_1 & 0 & \cdots & 0 \\ -1 & 0 & a_2 & \ddots & \vdots \\ \vdots & \vdots & \ddots & \ddots & 0 \\ -1 & 0 & \cdots & 0 & a_n \end{vmatrix}_{n+1}$$

$$\xrightarrow[j=1,\cdots,n]{\frac{1}{a_j}c_{j+1}+c_1}\begin{vmatrix} 1+\sum_{i=1}^{n}\frac{1}{a_i} & 1 & \cdots & \cdots & 1 \\ 0 & a_1 & 0 & \cdots & 0 \\ \vdots & 0 & \ddots & \ddots & \vdots \\ \vdots & \vdots & \ddots & \ddots & 0 \\ 0 & 0 & \cdots & 0 & a_n \end{vmatrix}_{n+1} = \left(1+\sum_{i=1}^{n}\frac{1}{a_i}\right)\prod_{i=1}^{n}a_i.$$

方法 2　$\Delta_n = \left|\begin{bmatrix} a_1 & & & \\ & a_2 & & \\ & & \ddots & \\ & & & a_n \end{bmatrix} + \begin{bmatrix} 1 & 1 & \cdots & 1 \\ \vdots & \vdots & \vdots & \vdots \\ \vdots & \vdots & \vdots & \vdots \\ 1 & \cdots & \cdots & 1 \end{bmatrix}\right|.$

记 $A=\operatorname{diag}\{a_1,a_2,\cdots,a_n\}$，$\alpha=(1,1,\cdots,1)^{\mathrm T}$，则有

$$\begin{aligned}\Delta_n &= \det(A+\alpha\alpha^{\mathrm T}) = (\det A)\det(I_n + A^{-1}\alpha\alpha^{\mathrm T}) \\ &= (\det A)\det(I_1+\alpha^{\mathrm T}A^{-1}\alpha) = \left(\prod_{i=1}^{n}a_i\right)\left(1+\sum_{i=1}^{n}\frac{1}{a_i}\right).\end{aligned}$$

2.4 补充题与解答

1. 若 A 为 n 阶可逆阵，则 $AA^{\mathrm T}$ 的任一主子式大于 0.

证　记 $C=AA^{\mathrm T}$，则

$$\begin{aligned} C\begin{pmatrix} i_1\cdots i_k \\ i_1\cdots i_k\end{pmatrix} &= \sum_{1\leqslant l_1<\cdots<l_k\leqslant n} A\begin{pmatrix} i_1\cdots i_k \\ l_1\cdots l_k\end{pmatrix} A^{\mathrm T}\begin{pmatrix} l_1\cdots l_k \\ i_1\cdots i_k\end{pmatrix} \\ &= \sum_{1\leqslant l_1<\cdots<l_k\leqslant n}\left[A\begin{pmatrix} i_1\cdots i_k \\ l_1\cdots l_k\end{pmatrix}\right]^2.\end{aligned}$$

因为 A 可逆，故必有一个 k 阶子式不等式 0，故上式大于 0.

2. 证明 $n+1$ 阶行列式

$$\begin{vmatrix} (a_0+b_0)^n & (a_0+b_1)^n & \cdots & (a_0+b_n)^n \\ (a_1+b_0)^n & (a_1+b_1)^n & \cdots & (a_1+b_n)^n \\ \vdots & \vdots & & \vdots \\ (a_n+b_0)^n & (a_n+b_1)^n & \cdots & (a_n+b_n)^n \end{vmatrix} = \mathrm C_n^1\mathrm C_n^2\cdots\mathrm C_n^{n-1}\prod_{0\leqslant j<i\leqslant n}(a_j-a_i)(b_i-b_j).$$

证　因由二项式展开，有

$$(a_0+b_0)^n = a_0^n + \mathrm C_n^1 a_0^{n-1}b_0 + \mathrm C_n^2 a_0^{n-2}b_0^2 + \cdots + \mathrm C_n^{n-1}a_0 b_0^{n-1} + b_0^n,$$

同理，对任 $i,j=0,1,\cdots,n$，有

$$(a_i+b_j)^n = a_i^n + \mathrm C_n^1 a_i^{n-1}b_j + \mathrm C_n^2 a_i^{n-2}b_j^2 + \cdots + \mathrm C_n^{n-1}a_i b_j^{n-1} + b_j^n.$$

以下用两种方法证明结论. 记原行列式为 $\det A$.

方法1 由二项式展开知,矩阵 A 的每个元素都是 $n+1$ 项的和,再分析 A 的行、列元素的特点,故可以把 A 拆开成两个矩阵 B、C 的乘积,且 B、C 的行列式都容易算出,即有

$$\begin{aligned}\det A &= \det B\cdot\det C\\ &=\begin{vmatrix} a_0^n & C_n^1a_0^{n-1} & \cdots & C_n^{n-1}a_0 & 1\\ a_1^n & C_n^1a_1^{n-1} & \cdots & C_n^{n-1}a_1 & 1\\ \vdots & \vdots & & \vdots & \vdots\\ a_{n-1}^n & C_n^1a_{n-1}^{n-1} & \cdots & C_n^{n-1}a_{n-1} & 1\\ a_n^n & C_n^1a_n^{n-1} & \cdots & C_n^{n-1}a_n & 1\end{vmatrix}\begin{vmatrix} 1 & 1 & \cdots & 1 & 1\\ b_0 & b_1 & \cdots & b_{n-1} & b_n\\ \vdots & \vdots & & \vdots & \vdots\\ b_0^{n-1} & b_1^{n-1} & \cdots & b_{n-1}^{n-1} & b_n^{n-1}\\ b_0^n & b_1^n & \cdots & b_{n-1}^n & b_n^n\end{vmatrix}\\ &= C_n^1\cdot C_n^2\cdots C_n^{n-1}(-1)^{\frac{n(n-1)}{2}}V_{n+1}(a_0,a_1,\cdots,a_n)V_{n+1}(b_0,b_1,\cdots,b_n)\\ &= C_n^1\cdot C_n^2\cdots C_n^{n-1}\prod_{0\leqslant j<i\leqslant n}(a_j-a_i)(b_i-b_j)\end{aligned}$$

上面倒数第2个等号是因为 $\det C$ 已是 Vandermonde 行列式,而 $\det B$ 的 $2,\cdots,n$ 列分别提出公因数 $C_n^1,\cdots,C_n^{n-1}$ 后,再进行列的调整,即把最后一列调到第1列,n 列调到第2列……就可以化为 Vandermonde 行列式.

方法2 因 $\det A$ 的每个元素都是 $n+1$ 项的和,把行列式按列分项拆成多个行列式之和;首先按第一列可拆成 $n+1$ 个行列式之和(第2列至第 $n+1$ 列都相同). 再把这 $n+1$ 个行列式都按第2列又拆成 $n+1$ 个行列式之和,再按第3列拆成 $n+1$ 个行列式,等等. 但由前面给出的二项展开式可以看出:若行列式的第一列取了展开的第1项. 则其余各列若再取展开的第1项,则行列式值为0,如:

$$\begin{vmatrix} a_0^n & a_0^n & * & \cdots & *\\ a_1^n & a_1^n & \vdots & & \vdots\\ \vdots & \vdots & \vdots & & \vdots\\ a_{n-1}^n & a_{n-1}^n & \vdots & & \vdots\\ a_n^n & a_n^n & * & \cdots & *\end{vmatrix}=0,$$

同理,若都取出展开式的第2项,则有两列成比例,故

$$\begin{vmatrix} C_n^1a_0^{n-1}b_0 & C_n^1a_0^{n-1}b_1 & * & \cdots & *\\ C_n^1a_1^{n-1}b_0 & C_n^1a_1^{n-1}b_1 & \vdots & & \vdots\\ \vdots & \vdots & \vdots & & \vdots\\ C_n^1a_n^{n-1}b_0 & C_n^1a_n^{n-1}b_1 & * & \cdots & *\end{vmatrix}=0.$$

所以,拆出的行列式只能是二项展开式中不同项分别构成各列. 故只有 $(n+1)!$ 个行列式(其余皆因两列相同,或两列成比例而行列式值为0,故甩掉). 如各列分别依次取为二项展开式的第 $1,2,\cdots,n+1$ 项,有行列式

$$\begin{vmatrix} a_0^n & C_n^1 a_0^{n-1} b_1 & C_n^2 a_0^{n-2} b_2^2 & \cdots & C_n^{n-1} a_0 b_{n-1}^{n-1} & b_n^n \\ a_1^n & C_n^1 a_1^{n-1} b_1 & C_n^2 a_1^{n-2} b_2^2 & \cdots & C_n^{n-1} a_1 b_{n-1}^{n-1} & b_n^n \\ \vdots & \vdots & \vdots & & \vdots & \vdots \\ a_n^n & C_n^1 a_n^{n-1} b_1 & C_n^2 a_n^{n-2} b_2^2 & \cdots & C_n^{n-1} a_n b_{n-1}^{n-1} & b_n^n \end{vmatrix}$$

$$= C_n^1 C_n^2 \cdots C_n^{n-1} \cdot 1 \cdot b_1 b_2^2 \cdots b_{n-1}^{n-1} b_n^n \begin{vmatrix} a_0^n & a_0^{n-1} & \cdots & a_0 & 1 \\ a_1^n & a_1^{n-1} & \cdots & a_1 & 1 \\ \vdots & \vdots & & \vdots & \vdots \\ a_n^n & a_n^{n-1} & \cdots & a_n & 1 \end{vmatrix}$$

$$= C_n^1 C_n^2 \cdots C_n^{n-1} \prod_{0 \leqslant j < i \leqslant n} (a_j - a_i) \cdot 1 \cdot b_1 b_2^2 \cdots b_{n-1}^{n-1} b_n^n.$$

易知,$C_n^1 C_n^2 \cdots C_n^{n-1} \prod\limits_{0 \leqslant j < i \leqslant n} (a_j - a_i)$是这$(n+1)$! 个行列式的公因数,把它提到外面,里面是$(n+1)$! 个数相加,其中每个数都是 $b_0, b_1, \cdots, b_n$ 的不同方幂的乘积,其前面所带的正负号由行列式的各列取二项展开式的第几项所构成的排列决定. 如上面的行列式所对应的排列为(自然排列)

$$1, 2, \cdots, n+1.$$

如某个行列式的取项恰为把上述行列式的各列取项改为:第 1 列取第 4 项,第 4 列取第 1 项,其余不动. 则其所对应的排列为

$$(4, 2, 3, 1, 5, \cdots, n+1)$$

这时该行列式值为

$$C_n^1 \cdots C_n^{n-1} b_0^3 b_1 b_2^2 \cdot 1 \cdot b_4^4 \cdots b_n^n \begin{vmatrix} a_0^{n-3} & a_0^{n-1} & a_0^{n-2} & a_0^n & \cdots & a_0 & 1 \\ a_1^{n-3} & a_1^{n-1} & a_1^{n-2} & a_1^n & \cdots & a_1 & 1 \\ \vdots & \vdots & \vdots & \vdots & & \vdots & \vdots \\ a_n^{n-3} & a_n^{n-1} & a_n^{n-2} & a_n^n & \cdots & a_n & 1 \end{vmatrix}$$

$$= C_n^1 \cdots C_n^{n-1} \prod_{0 \leqslant j < i \leqslant n} (a_j - a_i) (-1)^{(4,2,3,1,5,\cdots,n+1)} \cdot 1 \cdot b_1 b_2^2 b_0^3 \cdot b_4^4 \cdots b_n^n,$$

故各项提出公因数后,里面 $n+1$ 个数之和恰为

$$V_{n+1}(b_0, b_1, \cdots, b_n) = \begin{vmatrix} 1 & 1 & \cdots & 1 & 1 \\ b_0 & b_1 & \cdots & b_{n-1} & b_n \\ \vdots & \vdots & & \vdots & \vdots \\ b_0^{n-1} & b_1^{n-1} & \cdots & b_{n-1}^{n-1} & b_n^{n-1} \\ b_0^n & b_1^n & \cdots & b_{n-1}^n & b_n^n \end{vmatrix}.$$

3. 对任意非零整数 $a_1, \cdots, a_n$,存在整数系数方阵 A,其第一行为 $a_1, \cdots, a_n$,且 $\det A = d$ 为 $a_1, \cdots, a_n$ 的最大公因子,即

$$\det A = \det \begin{bmatrix} a_1 & \cdots & a_n \\ * & \cdots & * \\ \vdots & & \vdots \\ * & \cdots & * \end{bmatrix} = (a_1, \cdots, a_n) = d.$$

将“整数”换为“域上多项式”上述仍成立.

证　用归纳法. 当 $n=1$ 时显然. 当 $n=2$ 时, 由 Bezout 等式知有整数 s, t 使 $sa_1+ta_2=d$, 故如下 A 即可:

$$A = \begin{bmatrix} a_1 & a_2 \\ -t & s \end{bmatrix}.$$

对一般的 n, 记 $d_1=(a_1,\cdots,a_{n-1})$, 则 $d=(d_1,a_n)=ud_1+va_n$(其中 u,v 是整数). 由归纳法可设存在 $n-1$ 阶方阵 A_1, 其第一行为 $a_1,\cdots,a_{n-1}$, 且 $\det A_1=d_1$. 于是令

$$A = \begin{bmatrix} & & & a_n \\ & & & 0 \\ & A_1 & & \vdots \\ & & & 0 \\ -va_1/d_1 & \cdots & -va_{n-1}/d_1 & u \end{bmatrix}.$$

则 A 的第一行恰为 $a_1,\cdots,a_n$. 按最后一列展开行列式 $\det A$, 得到

$$\det A = u\det A_1 + (-1)^{n-1}a_n \det A_2,$$

其中 A_2 是 a_n 的余子方阵(即删去 A 的首行和末列得到). 注意 A_1 和 A_2 有 $n-2$ 行是公共的, 且 A_2 的末行是 A_1 的首行的 $-v/d_1$ 倍. 故知

$$\det A_2 = (-1)^{n-2}(-v/d_1)\det A_1 = (-1)^{n-1}v,$$

$$\det A = ud_1 + a_n v = d.$$

上述证明只用到 Bezout 等式, 所以将“整数”换为“域上多项式”仍成立.

4. 设 A 是 n 阶方阵, 满足 $AA^{\mathrm{T}}=I$, $|A|<0$, 求 $|A+I|$.

解　由已知 $(\det A)^2=1$, 且 $|A|<0$, 所以 $\det A=-1$. 又因为

$$|A+I| = |A+AA^{\mathrm{T}}| = |A||I+A^{\mathrm{T}}| = -|(I+A)^{\mathrm{T}}| = -|I+A|,$$

所以

$$|A+I| = 0.$$

5. 设 A, B 均为 n 阶方阵, $|A|=2$, $|B|=-3$, 试求 $|2A^* B^{-1}|=?$

解　因为 $A^{-1}=\dfrac{1}{\det A}A^*$, 所以 $A^*=|A|A^{-1}=2A^{-1}$. 又由 $AA^{-1}=I$, $BB^{-1}=I$. 取行列式知 $|B^{-1}|=\dfrac{1}{|B|}=-\dfrac{1}{3}$, $|A^{-1}|=\dfrac{1}{|A|}=\dfrac{1}{2}$, 故知

$$|2A^* B^{-1}| = |2\times 2A^{-1}B^{-1}| = 4^n |A^{-1}||B^{-1}| = -\frac{1}{3}\times 2^{2n-1}.$$

6. 已知 $A=\begin{bmatrix}1 & 1 & -1\\ 0 & -1 & 1\\ 0 & 0 & 1\end{bmatrix}$,且 $A^2-AB=I_3$,求矩阵 B.

解 由已知 $\det A=-1$,故 A 可逆.用 A^{-1} 左乘方程 $A^2-AB=I_3$ 两边得

$$A-B=A^{-1}\to B=A-A^{-1}$$

又

$$A^{-1}=\frac{1}{-1}\begin{bmatrix}A_{11} & A_{21} & A_{31}\\ A_{12} & A_{22} & A_{32}\\ A_{13} & A_{23} & A_{33}\end{bmatrix}=\begin{bmatrix}1 & 1 & 0\\ 0 & -1 & 1\\ 0 & 0 & 1\end{bmatrix},$$

故

$$B=A-A^{-1}=\begin{bmatrix}0 & 0 & -1\\ 0 & 0 & 0\\ 0 & 0 & 0\end{bmatrix}.$$

7. 设三阶方阵 A,B 满足:$A^{-1}BA=6A+BA$,且 $A=\mathrm{diag}\left\{\frac{1}{3},\frac{1}{4},\frac{1}{7}\right\}$,试求 B.

解 因为 A 可逆,所以在已给矩阵方程两边右乘 A^{-1} 得:

$$A^{-1}B=6I+B\to(A^{-1}-I)B=6I,$$

所以

$$B=6(A^{-1}-I)^{-1}=6\left(\begin{bmatrix}3 & & \\ & 4 & \\ & & 7\end{bmatrix}-I_3\right)^{-1}=\begin{bmatrix}3 & & \\ & 2 & \\ & & 1\end{bmatrix}.$$

第3章 线性方程组

3.1 定义与定理

定义 3.1 设 F 为任一域,方程组

$$\begin{cases} a_{11}x_1 + a_{12}x_2 + \cdots + a_{1n}x_n = b_1, \\ \cdots\cdots\cdots\cdots\cdots\cdots\cdots\cdots \\ a_{m1}x_1 + a_{m2}x_2 + \cdots + a_{mn}x_n = b_m \end{cases} \tag{1}$$

称为域 F 上的 n(变)元 m 个方程的方程组. $m\times n$ 矩阵 $A=(a_{ij})$ 称为**系数矩阵**. 此方程组也可以用矩阵乘法写为

$$Ax = b.$$

其中 $x=(x_1,\cdots,x_n)^{\mathrm{T}}$ 为未知元列, $b=(b_1,\cdots,b_n)^{\mathrm{T}}$ 为**常数项列**, $m\times(n+1)$ 矩阵 (A,b) 称为增广矩阵.

当 $b=0$ 时,方程组

$$Ax = 0$$

称为齐次线性方程组.

定义 3.2 对方程组的初等变换是指

(1) 交换两个方程的位置;

(2) 用非零常数 $\lambda\in F$ 乘某方程的两边;

(3) 把一个方程的常数倍加到另一方程上去.

显然这三种变换都是可逆的.

定义 3.3 形如

$$\begin{cases} x_{i_1} + a'_{1,i_1+1}x_{i_1+1} + \cdots + 0x_{i_2} + \cdots + 0x_{i_r} + \cdots + a'_{1n}x_n = b'_1, \\ \qquad x_{i_2} + \cdots + 0x_{i_r} + \cdots + a'_{2n}x_n = b'_2, \\ \qquad \cdots\cdots\cdots\cdots\cdots\cdots\cdots\cdots \\ \qquad\qquad x_{i_r} + \cdots + a'_{rn}x_n = b'_r, \\ \qquad\qquad\qquad 0 = b'_{r+1} \end{cases} \tag{2}$$

的方程组称为(既约)阶梯形方程组.

定理 3.1 (Gauss 消元法) n 元线性方程组(1)经过初等变换可化为同解的阶梯形方程组(2). 此时若 $b'_{r+1}\neq 0$(即存在着未知元系数全为 0 而常数项非 0 的方程),则方程组(1)无解;若 $b'_{r+1}=0$,则方程组有解,且恰有 $n-r$ 个自由未知元(r 为非 0 方程个数).

系 当 n(未知元个数)$>m$(方程的个数)时,齐次线性方程组定有非 0 解.

定义 3.4 以下三种变换称为对矩阵的初等行变换:

(1) 交换矩阵的两行;

(2) 以非零常数乘以矩阵某行;

(3) 把矩阵某行的非 0 常数倍加到另一行上去.

定理 3.2 每个矩阵均可经行的初等变换化为**行既约阶梯形**:

$$\begin{bmatrix} 0 & \cdots & 0 & 1 & \cdots & 0 & \cdots & 0 & * & \cdots & * \\ & & & & & 1 & \cdots & 0 & * & \cdots & * \\ & & & & & & \cdots & \cdots & \cdots & \cdots & \cdots \\ & & & & & & & 1 & * & \cdots & * \\ & & & & & & & & 0 & & \end{bmatrix},$$

其特点为

(1) 非 0 行的最左非 0 元素为 1,且此 1 所在列的其余元素为 0;

(2) 各非 0 行最左非 0 元素 1 的位置,随行号增加而右移,若有零行均排在最后.

最后的 0 可能是子方阵,也可能没有.

定义 3.5 矩阵 M 的最高阶非 0 子式的阶数称为 M 的**秩**,记为 $\mathrm{r}(M)$或 $\mathrm{rank}M$.

定理 3.3 行的初等变换不改变矩阵的秩.

定理 3.4 n 元线性方程组 $Ax=b$ 有解的充分必要条件是系数矩阵与增广矩阵的秩相同,即 $\mathrm{r}(A)=\mathrm{r}(A,b)$,而且当方程组 $Ax=b$ 有解时,解由 $n-\mathrm{r}(A)$个自由未知元决定.

系 n 元齐次线性方程组 $Ax=0$ 有非 0 解的充分必要条件是 $n-\mathrm{r}(A)>0$.

定义 3.6 设 A 为方阵,如果存在方阵 B 使

$$AB=BA=I,$$

则称 A 是**可逆的**(或非奇异的,或满秩的),此时称 B 为 A 的**逆**,记为 $B=A^{-1}$.

定理 3.5 n 阶方阵 A 可逆的充分必要条件为 $\det A\neq 0$(即 $\mathrm{r}(A)=n$),且当 A 可逆时有 $A^{-1}=(\det A)^{-1}A^*$,是唯一的.

逆方阵有如下性质:

(1) $(A^{-1})^{-1}=A$; (2) $(A^{\mathrm{T}})^{-1}=(A^{-1})^{\mathrm{T}}$;

(3) $(AB)^{-1}=B^{-1}A^{-1}$; (4) $(\lambda A)^{-1}=\lambda^{-1}A^{-1}\quad(\lambda\in F,\lambda\neq 0)$;

(5) $\det A^{-1}=(\det A)^{-1}$;

(6) 如果 A 可逆,那么 $Ax=b$ 有唯一解 $x=A^{-1}b$;

(7) 设 A 是 $m\times n$ 矩阵,P 是 m 阶可逆方阵,Q 是 n 阶可逆阵,则有

$$\mathrm{r}(A)=\mathrm{r}(PA)=\mathrm{r}(AQ)=\mathrm{r}(PAQ).$$

定义 3.7 设 F 为任一域,F 中的 n 个数组成的有序数组

$$(a_1,a_2,\cdots,a_n)\qquad(a_i\in F,\quad 1\leqslant i\leqslant n)$$

称为 F 上的一个 **n 数组行向量**,a_i 称为其第 i 分量($1\leqslant i\leqslant n$).全体 n 数组行向量记为 F^n.规定两行向量$(a_1,\cdots,a_n)$与$(b_1,\cdots,b_n)$相等意义为 $a_i=b_i(1\leqslant i\leqslant n)$.

定义 3.8 行向量间的**加法**定义为

$$(a_1,\cdots,a_n)+(b_1,\cdots,b_n)=(a_1+b_1,\cdots,a_n+b_n),$$

域 F 的元素也称为常数.$\lambda\in F$ 与行向量的乘法称为**数乘**,定义为

$$\lambda(a_1,\cdots,a_n)=(\lambda a_1,\cdots,\lambda a_n).$$

F^n 中行向量的加法和数乘满足如下规律:

(1) 行向量集 F^n 对加法成 Abel 群,即满足:

① 加法交换律 $\alpha+\beta=\beta+\alpha$, $\quad\forall\,\alpha,\beta\in F^n$,

② 加法结合律 $(\alpha+\beta)+\gamma=\alpha+(\beta+\gamma)$,

③ 存在零元素 $0=(0,\cdots,0)$,使 $0+\alpha=\alpha$,

④ 任一向量 $\alpha=(a_1,\cdots,a_n)$有负元 $-\alpha=(-a_1,\cdots,-a_n)$使 $-\alpha+\alpha=0$.

(2) 数乘满足(与域 F 的运算及向量加法的协合性):

① $\lambda(\alpha+\beta)=\lambda\alpha+\lambda\beta$,

② $(\lambda_1+\lambda_2)\alpha=\lambda_1\alpha+\lambda_2\alpha$,

③ $(\lambda_1\lambda_2)\alpha=\lambda_1(\lambda_2\alpha)$,

④ $1\alpha=\alpha$.

(对任意 $\lambda_1,\lambda_2,\lambda\in F$, $\alpha,\beta,\gamma\in F^n$.)

定义 3.9 域 F 上 n 数组行向量集合 F^n 对于上述定义的加法和数乘(及其满足的 8 条性质)称为域 F 上的 n 数组**行向量空间**(或 n 维行向量空间).

类似地,可以定义 n 数组列向量空间 $F^{(n)}$,即

$$F^{(n)}=\{(a_1,\cdots,a_n)^{\mathrm{T}}\mid a_1,\cdots,a_n\in F\}.$$

定义 3.10 (1) 行向量 $\beta\in F^n$ 称为是 F^n 中行向量 $\alpha_1,\cdots,\alpha_s$ 的**线性组合**,是指存在常数 $\lambda_1,\cdots,\lambda_s\in F$ 使

$$\beta=\lambda_1\alpha_1+\cdots+\lambda_s\alpha_s,$$

此时也称 β 可由 $\alpha_1,\cdots,\alpha_s$ **线性表出**.

(2) 行向量组 $S_1\subset F^n$ 称为可由向量组 $S_2\subset F^n$ 线性表出,是指 S_1 中每个向量均可由 S_2 中有限个向量**线性表出**.

(3) 若行向量组 S_1 与 S_2 可以互相线性表出,则称二者(**线性**)**等价**,记为 $S_1\sim S_2$.

显然零向量可由任一组向量线性表出.**单位向量组** $\varepsilon_1=(1,0,\cdots,0),\cdots,\varepsilon_n=(0,\cdots,0,1)$ 可以线性表出任一向量.

定义 3.11 向量组 $\alpha_1,\cdots,\alpha_s\in F^n(s\geqslant 1)$称为**线性相关**的，如果存在不全为 0 的常数 $\lambda_1,\cdots,\lambda_s\in F$ 使

$$\lambda_1\alpha_1+\cdots+\lambda_s\alpha_s=0;$$

否则称 $\alpha_1,\cdots,\alpha_s$ 是**线性无关的**或**线性独立的**.

所以 $\alpha_1,\cdots,\alpha_s$ 线性无关意味着：若 $\lambda_1\alpha_1+\cdots+\lambda_s\alpha_s=0$，则必有 $\lambda_1=\cdots=\lambda_s=0$.

引理 3.1 向量组 $\alpha_1,\cdots,\alpha_s\in F^n$线性相关当且仅当其中某一个向量可表为该组其余向量的线性组合.

引理 3.2 (1) 若向量组 $\alpha_i=(a_{i1},\cdots,a_{in})\in F^n\ (1\leqslant i\leqslant s)$线性无关，则“接长”的向量组 $\tilde{\alpha}_i=(a_{i1},\cdots,a_{in},a_{in+1},\cdots,a_{im})\in F^m\ (1\leqslant i\leqslant s)$仍线性无关.

(2) 若向量组 $\beta_i=(b_{i1},\cdots,b_{in})\in F^n\ (1\leqslant i\leqslant s)$线性相关，则“截短”的向量组 $\beta_i^*=(b_{i1},\cdots,b_{ik})\in F^k$(这里 $k<n$) $(1\leqslant i\leqslant s)$也线性相关.

定理 3.6 若 t 个向量 $\alpha_1,\cdots,\alpha_t$ 可由 $s(<t)$个向量线性表出，则 $\alpha_1,\cdots,\alpha_t$ 线性相关.

系 1 若线性无关的向量组 $\alpha_1,\cdots,\alpha_t$ 可由 $\beta_1,\cdots,\beta_s$ 线性表出，则 $t\leqslant s$.

系 2 F^n中任意 $n+1$ 个向量必定线性相关.

系 3 两个等价的线性无关的向量组具有相同的向量个数.

定义 3.12 设 S 是一个向量组，T 是 S 的子集. 如果 T 是线性无关的，且 S 中没有包含 T 的更大的线性无关子集，则称 T 是 S 的**极大无关组**或**极大线性无关组**.

定理 3.7 一个向量组 S 的各个极大线性无关组相互等价，含有向量的个数相同(此个数称为向量组 S 的秩，记为 $\mathrm{r}(S)$).

定义 3.13 设 A 为域 F 上 $m\times n$ 矩阵. A 的行向量集称为其行向量组. A 的行向量组张成的 F^n 的子空间称为 A 的**行(子)空间**，记为 $\mathrm{Span_r}(A)$，行子空间的维数，即行向量组的秩，称为 A 的**行秩**，记为 $\mathrm{r_r}(A)$. 同样定义 A 的**列(子)空间** $\mathrm{Span_c}(A)$，列秩 $\mathrm{r_c}(A)$.

定理 3.8 行的初等变换不改变矩阵的行秩，也不改变矩阵的列秩. 更进一步，行的初等变换不改变矩阵任意列间的线性相关性，即若矩阵的第 $j_1,\cdots,j_s$ 列原是线性无关(或相关的)，则行初等变换后这些列仍是线性无关(或相关的).

由此定理得到**求向量组 $\boldsymbol{\alpha}_1,\cdots,\boldsymbol{\alpha}_s\in \boldsymbol{F}^n$的极大线性无关组的方法.**

把 α_i^{T} 作为矩阵的第 i 列，即令 $A=(\alpha_1^{\mathrm{T}},\cdots,\alpha_s^{\mathrm{T}})$，对 A 做初等行变换化为既约阶梯形 $\tilde{A}$，设 $\tilde{A}$ 的列向量组的极大线性无关组为 $\tilde{\alpha}_{i_1},\cdots,\tilde{\alpha}_{i_r}$，则 $\alpha_{i_1},\cdots,\alpha_{i_r}$ 就是 $\alpha_1,\cdots,\alpha_s$ 的极大线性无关组.

定理 3.9 矩阵的秩、行秩和列秩三者相等.

系 $\det A=0$ 当且仅当 A 的行向量组线性相关.

定义 3.14 设 W 是 $F^n(=\{(a_1,\cdots,a_n)\mid a_i\in F\})$的一个非空子集且对 F^n中的加法及数乘封闭，则称 W 是 F^n的**子空间**. W 的极大线性无关组称为 W 的**基**，W 的秩称为 W 的**维数**，记为 $\dim(W)$.

定理 3.10 (1) 设 $Ax=0$ 为域 F 上 n 元齐次线性方程组，W_A 为其解(列)向量全体，则 W_A 是列向量空间 $F^{(n)}$ 的 $n-\mathrm{r}(A)$ 维子空间，称为**解(子)空间**.

(2) 设 $Ax=b$ 为域 F 上 n 元非齐次线性方程组，则其解(列)向量全体为

$$x_0+W_A=\{x_0+x\mid x\in W_A\},$$

其中 x_0 是 $Ax=b$ 的任一固定解(称为**特解**)，W_A 是相应齐次方程组 $Ax=0$ 的**解子空间** (x_0+W_A 称为 $Ax=b$ 的**解陪集**).

求 W_A 的方法：用 Gauss 消元法化 $Ax=0$ 为阶梯形方程组，设 $\mathrm{r}(A)=r$，且设 $x_{r+1},\cdots,x_n$ 为自由未知元，分别令

$$\begin{bmatrix}x_{r+1}\\ \\ \vdots\\ \\ x_n\end{bmatrix}=\begin{bmatrix}1\\0\\ \vdots\\ \vdots\\0\end{bmatrix},\begin{bmatrix}0\\1\\0\\ \vdots\\0\end{bmatrix},\cdots,\begin{bmatrix}0\\ \vdots\\ \vdots\\0\\1\end{bmatrix},$$

得 $Ax=0$ 的 $n-r$ 个特殊解

$$\eta_1=\begin{bmatrix}b_{11}\\ \vdots\\ b_{r1}\\1\\0\\ \vdots\\0\end{bmatrix},\quad \eta_2=\begin{bmatrix}b_{12}\\ \vdots\\ b_{r2}\\0\\1\\0\\ \vdots\\0\end{bmatrix},\cdots,\quad \eta_{n-r}=\begin{bmatrix}b_{1n-r}\\ \vdots\\ b_{rn-r}\\0\\ \vdots\\0\\1\end{bmatrix}$$

称为 $Ax=0$ 的**基础解系**，$\eta_1,\cdots,\eta_{n-r}$ 就是 W_A 的基，即

$$W_A=c_1\eta_1+c_2\eta_2+\cdots+c_{n-r}\eta_{n-r},\qquad c_1,\cdots,c_{n-r}\in F.$$

引理 3.3 域 F 上两个非零多项式

$$f(x)=a_0x^n+a_1x^{n-1}+\cdots+a_n,$$
$$g(x)=b_0x^m+b_1x^{m-1}+\cdots+b_m,\qquad (a_0,b_0\ 不全为\ 0),$$

不互素(即有非常数公因子)的充分必要条件为，存在不全为 0 的两多项式 $u(x),v(x)\in F[x]$使得

$$u(x)f(x)=v(x)g(x),$$

其中 $$\deg u(x)<m,\qquad \deg v(x)<n.$$

定义 3.15 设 $f(x)=a_0x^n+a_1x^{n-1}+\cdots+a_n$，$g(x)=b_0x^m+b_1x^{m-1}+\cdots+b_m$ 为 F 上两非 0 多项式，记

$$A=\begin{bmatrix} a_0 & a_1 & \cdots & a_n & & \\ & a_0 & \cdots & & a_n & \\ & & \ddots & & & \ddots \\ & & & a_0 & \cdots & a_n \end{bmatrix}_{m\times(m+n)},$$

$$B=\begin{bmatrix} b_0 & \cdots & b_m & & \\ & b_0 & \cdots & b_m & \\ & & \ddots & & \ddots \\ & & & b_0 & \cdots & b_m \end{bmatrix}_{n\times(m+n)},$$

则 $\det\begin{bmatrix} A \\ B \end{bmatrix}$ 称为 $f(x)$ 与 $g(x)$ 的**结式**,记为 $R(f,g)$.

定理 3.11 域 F 上两非 0 多项式 $f(x)=a_0x^n+\cdots+a_n$, $g(x)=b_0x^m+\cdots+b_m$(a_0,b_0 不全为 0)不互素的充分必要条件是

$$R(f,g)=\det\begin{bmatrix} A \\ B \end{bmatrix}=0.$$

定理 3.12 两多项式 $f(x)=a_0(x-x_1)\cdots(x-x_n)$,$g(x)=b_0(x-y_1)\cdots(x-y_m)$ 的结式

$$R(f,g)=a_0^m b_0^n \prod_{\substack{1\leqslant i\leqslant n\\ 1\leqslant j\leqslant m}}(x_i-y_j)=a_0^m\prod_{i=1}^{n}g(x_i)=(-1)^{mn}b_0^n\prod_{j=1}^{m}f(y_j).$$

定义 3.16 多项式 $f(x)=a_0(x-x_1)\cdots(x-x_n)$ 的**判别式**定义为

$$\operatorname{disc}(f)=a_0^{2n-2}\prod_{1\leqslant i<j\leqslant n}(x_i-x_j)^2.$$

定理 3.13 $f(x)\in F[x]$ 的判别式是 F 中元素,且

$$\operatorname{disc}(f)=R(f,f')/a_0(-1)^{\frac{n(n-1)}{2}}.$$

系 对 $f(x),g(x)\in\mathbb{C}[X]$,方程组 $\begin{cases} f(x)=0 \\ g(x)=0 \end{cases}$ 有复数解当且仅当结式 $R(f,g)=0$.

定理 3.14 复数域上二元高次方程组 $\begin{cases} f(x,y)=0 \\ g(x,y)=0 \end{cases}$ 的求解问题归结为其结式 $R_x(f,g)=0$ 的求解(变元为 y),即 y_0 是结式的零点当且仅当 $\begin{cases} f(x,y_0)=0 \\ g(x,y_0)=0 \end{cases}$ 有解 x_0 或者 $a_0(y_0)=b_0(y_0)=0$,这里 $a_0(y)$,$b_0(y)$ 是 $f(x,y)$ 和 $g(x,y)$ 作为 x 多项式的首项.

3.2 解题方法介绍

3.2.1 判断行向量组 $\boldsymbol{\alpha}_1,\cdots,\boldsymbol{\alpha}_s$ 线性无关的方法

(1) 用定义,即若 $k_1\alpha_1+\cdots+k_s\alpha_s=0$,则必有 $k_1=k_2=\cdots=k_s=0$.

(2) 令 $A=(\alpha_1^{\mathrm{T}},\cdots,\alpha_s^{\mathrm{T}})$，对矩阵 A 做初等行变换化为阶梯形 $\widetilde{A}=(\widetilde{\alpha_1^{\mathrm{T}}},\cdots,\widetilde{\alpha_s^{\mathrm{T}}})$，若 $\mathrm{r}(\widetilde{A})=s$（即 $\widetilde{A}$ 列满秩），则 $\alpha_1,\cdots,\alpha_s$ 线性无关.

(3) 对于 n 个 F^n 中向量所构成的向量组（即向量的个数等于分量的个数），则 $A=(\alpha_1^{\mathrm{T}},\cdots,\alpha_n^{\mathrm{T}})$ 是方阵，于是可计算 A 的行列式：

$\det A\neq 0 \Leftrightarrow \mathrm{r}_c(A)=n \Leftrightarrow \alpha_1^{\mathrm{T}},\cdots,\alpha_n^{\mathrm{T}}$ 线性无关 $\Leftrightarrow \alpha_1,\cdots,\alpha_n$ 线性无关.

(4) 若 m 个 F^n 中向量所构成的向量组，则

① 当 $m>n$ 时，必线性相关

② 当 $m=n$ 时，$\alpha_1,\cdots,\alpha_n$ 线性无关 $\Leftrightarrow \det A\neq 0$

③ 当 $m<n$ 时，则截短为 F^m 中向量（即在 α_i 中选取 m 个分量），记为 $\widetilde{\beta_1^{\mathrm{T}}},\cdots,\widetilde{\beta_m^{\mathrm{T}}}$，若 $\det B=\det(\widetilde{\beta_1^{\mathrm{T}}},\cdots,\widetilde{\beta_m^{\mathrm{T}}})\neq 0$，则 $\alpha_1,\cdots,\alpha_m$ 线性无关.

此时 $A=(\alpha_1^{\mathrm{T}},\cdots,\alpha_m^{\mathrm{T}})$ 是 $n\times m$ 矩阵，上法意即只要 A 有一个 m 阶子式 $\neq 0$ 则 $\mathrm{r}(A)=\mathrm{r}_c(A)=m$，于是 A 列满秩，即 $\alpha_1,\cdots,\alpha_m$ 线性无关.

3.2.2　关于求多项式的结式和判别式的方法

(1) 求结式的方法

设
$$f(x)=a_0(x-x_1)\cdots(x-x_n)=a_0x^n+a_1x^{n-1}+\cdots+a_{n-1}x+a_n,$$
$$g(x)=b_0(x-y_1)\cdots(x-y_m)=b_0x^m+b_1x^{m-1}+\cdots+b_{m-1}x+b_m,$$
其中 $a_0b_0\neq 0$，则定义

$$R(f,g)=\begin{vmatrix} a_0 & a_1 & \cdots & a_n & & \\ & \ddots & \ddots & & \ddots & \\ & & a_0 & a_1 & \cdots & a_n \\ b_0 & b_1 & \cdots & b_m & & \\ & \ddots & \ddots & & \ddots & \\ & & b_0 & b_1 & \cdots & b_m \end{vmatrix}\begin{matrix} \left.\vphantom{\begin{matrix}a\\a\\a\end{matrix}}\right\} m\text{行} \\ \left.\vphantom{\begin{matrix}a\\a\\a\end{matrix}}\right\} n\text{行}\end{matrix}.$$

具体计算时，要注意 a_i,b_i 的位置. 此定义可以用来计算，但在某些情况下是不方便的，所以我们又有计算公式

$$R(f,g)=a_0^m b_0^n\prod_{j=1}^{n}\prod_{k=1}^{m}(x_j-y_k) \tag{1}$$

$$=a_0^m\prod_{j=1}^{n}g(x_j) \tag{2}$$

$$=(-1)^{mn}a_0^m b_0^n\prod_{j=1}^{n}\prod_{k=1}^{m}(y_k-x_j)=(-1)^{mn}b_0^n\prod_{k=1}^{m}f(y_k). \tag{3}$$

（上面实际是3个公式）还有如下结论：

① f,g 不互素 $\Leftrightarrow R(f,g)=0$;

② $R(f,g_1g_2)=R(f,g_1)\cdot R(f,g_2)$;

③ $R(f,f+g)=\begin{cases}R(f,g), & m>n,\\ a_0^{n-m}R(f,g), & m<n.\end{cases}$

证 ③由公式(2)有

$$R(f,f+g)=\begin{cases}a_0^m\prod\limits_{j=1}^n(f+g)(x_j)=a_0^m\prod\limits_{j=1}^n g(x_j)=R(f,g), & m>n,\\ a_0^n\prod\limits_{j=1}^n(f+g)(x_j)=a_0^{n-m}a_0^m\prod\limits_{j=1}^n g(x_j)=a_0^{n-m}R(f,g), & m<n.\end{cases}$$

④ 若 $g=q_1(x)f+r_1, f=q_2r_1+r_2$,则

$$R(f,g)=a_0^{m-\deg r_1}R(f,r_1)=a_0^{m-\deg r_1}c_0^{n-\deg r_2}R(r_2,r_1).$$

其中 c_0 为 r_1 的首项系数,$\deg r_1,\deg r_2$ 分别为 r_1 与 r_2 的次数.第 1 个等号是因为当 $m=\deg g>\deg f=n$ 时

$$R(f,g)=R(f,q_1f+r_1)=a_0^m\prod_{j=1}^n(q_1f+r_1)(x_j)=a_0^m\prod_{j=1}^n r_1(x_j)$$

$$=a_0^{m-\deg r_1}a^{\deg r_1}\prod_{j=1}^n r_1(x_j)=a_0^{m-\deg r_1}R(f,r_1).$$

同理得第 2 个等号.

(2) 求判别式的方法

由定义

$$\operatorname{disc}(f)=a_0^{-1}\cdot(-1)^{\frac{n(n-1)}{2}}R(f,f')=a_0^{2n-2}\prod_{1\leqslant i<j\leqslant n}(x_i-x_j)^2$$

$$=a_0^{2n-2}\begin{vmatrix}n & s_1 & \cdots & s_{n-1}\\ s_1 & s_2 & \cdots & s_n\\ \vdots & \vdots & & \vdots\\ s_{n-1} & s_n & \cdots & s_{2n-2}\end{vmatrix}.$$

其中 $s_k=x_1^k+x_2^k+\cdots+x_n^k(k=1,2,\cdots)$.关于判别式的定义有些书上定义为:

$$1)\ R(f,f'),\ 或\ 2)\ (-1)^{\frac{n(n-1)}{2}}R(f,f'),$$

我们分别记之为 $\Delta(f)$ 和 $D(f)$,则显然有我们给出的定义与 1),2)的关系如下:

$$\operatorname{disc}(f)=a_0^{-1}(-1)^{\frac{n(n-1)}{2}}\Delta(f),$$

$$\operatorname{disc}(f)=a_0^{-1}D(f).$$

请读者注意它们的差异.关于判别式我们给出以下重要结论和性质:

① f 有重根(即 f,f' 不互素)$\Leftrightarrow R(f,f')=0\Leftrightarrow\operatorname{disc}(f)=0$;

② 设 $f(x)=g(h(x))$,则

$$\Delta(f)=[\Delta(g)]^m\cdot\prod_{j=1}^{n}\Delta(h(x)-x_j).$$

证 ② 由已知有 $f(x)=\prod\limits_{j=1}^{n}(h(x)-x_j)$,则

$$f'(x)=\sum_{i=1}^{n}\Big[\prod_{k\neq i}(h(x)-x_k)\Big]h'(x).$$

故

$$\begin{aligned}\Delta(f)&=R\Big(\prod_{j=1}^{n}[h(x)-x_j],\sum_{i=1}^{n}\Big[\prod_{k\neq i}(h(x)-x_k)\Big]h'(x)\Big)\\&=\prod_{j=1}^{n}R\Big(h(x)-x_j,h'(x)\sum_{i=1}^{n}\prod_{k\neq i}(h(x)-x_k)\Big)\\&=\prod_{j=1}^{n}R(h(x)-x_j,h'(x))\cdot R\Big(h(x)-x_j,\sum_{i=1}^{n}\prod_{k\neq i}(h(x)-x_k)\Big)\\&=\Big[\prod_{j=1}^{n}\prod_{k\neq j}R(h(x)-x_j,h(x)-x_k)\Big]\Big[\prod_{j=1}^{n}\Delta(h(x)-x_j)\Big]\\&=\prod_{j=1}^{n}\prod_{k\neq j}(x_j-x_k)^m\Big[\prod_{j=1}^{n}\Delta(h(x)-x_j)\Big]\\&=[\Delta(g(x))]^m\cdot\prod_{j=1}^{n}\Delta(h(x)-x_j).\end{aligned}$$

倒数第二个等号是由于:设 $h(x)-x_j$ 的根为 $\xi_1,\cdots,\xi_m$,则 $h(x)-x_k=h(x)-x_j+x_j-x_k$,故

$$R(h(x)-x_j,h(x)-x_k)=\prod_{j=1}^{m}(x_j-x_k)=(x_j-x_m)^m.$$

此性质的两个特例:

i. 若 $f(x)=g(x^2)$,则

$$\Delta(f)=[\Delta(g(x))]^2\cdot\prod_{j=1}^{n}2^2(-x_j)=2^{2n}a_n[\Delta(g(x))]^2;$$

ii. 若 $f(x)=g(x^m)$,则

$$\Delta(f)=[\Delta(g(x))]^m\cdot\prod_{j=1}^{n}m^m(-x_j)^{m-1}=(-1)^{m+n-1}\cdot m^{mn}\cdot a_n^{m-1}[\Delta(g(x))]^m.$$

③ $\Delta((x-a)f(x))=(-1)^n\Delta(f(x))\cdot(f(a))^2$.

证 左$=a_0^{2n+1}[\prod\limits_{j\neq k}(x_j-x_k)](-1)^n(a-x_1)^2\cdots(a-x_n)^2=$右.

②,③两条性质是用 $\Delta(f)$的关系式给出的,很容易把它们转化成关于 $\mathrm{disc}(f)$或 $D(f)$的

关系式,请读者自己给出.

3.3 习题与解答

1. 用 Gauss 消元法解下列方程组.

(1) $\begin{cases}2x_1+x_2+x_3=2,\\ x_1+3x_2+x_3=5,\\ x_1+x_2+5x_3=-7,\\ 2x_1+3x_2-3x_3=14.\end{cases}$ (2) $\begin{cases}6x_1+6x_2+5x_3+18x_4+20x_5=14,\\ 10x_1+9x_2+7x_3+24x_4+30x_5=18,\\ 12x_1+12x_2+13x_3+27x_4+35x_5=32,\\ 8x_1+6x_2+6x_3+15x_4+20x_5=16,\\ 4x_1+5x_2+4x_3+15x_4+15x_5=11.\end{cases}$

(3) $\begin{cases}2x_1+7x_2+3x_3+x_4=5,\\ x_1+3x_2+5x_3-2x_4=3,\\ x_1+5x_2-9x_3+8x_4=1,\\ 5x_1+18x_2+4x_3+5x_4=12.\end{cases}$ (4) $\begin{cases}2x_1-x_2+x_3-x_4=3,\\ 4x_1-2x_2-2x_3+3x_4=2,\\ 2x_1-x_2+5x_3-6x_4=1,\\ 2x_1-x_2-3x_3+4x_4=5.\end{cases}$

解 (1) 用初等行变换将增广矩阵化为阶梯形

$$\begin{bmatrix}2&1&1&2\\1&3&1&5\\1&1&5&-7\\2&3&-3&14\end{bmatrix}\to\begin{bmatrix}1&1&5&-7\\0&-1&-9&16\\0&2&-4&12\\0&1&-13&28\end{bmatrix}\to\begin{bmatrix}1&1&5&-7\\0&-1&-9&16\\0&0&-1&2\\0&0&0&0\end{bmatrix}$$

$$\to\begin{bmatrix}1&0&0&1\\0&-1&0&-2\\0&0&-1&2\\0&0&0&0\end{bmatrix},$$

故,方程组有唯一解 $\begin{cases}x_1=1,\\ x_2=2,\\ x_3=-2.\end{cases}$

(2) 因为

$$(A\ b)\xrightarrow[\substack{-r_1+r_4\to r_4\\ -r_5+r_1\to r_1}]{\substack{-r_2+r_3\to r_3\\ -r_4+r_2\to r_2}}\begin{bmatrix}2&1&1&3&5&3\\2&3&1&9&10&2\\2&3&6&3&5&14\\2&0&1&-3&0&2\\4&5&4&15&15&11\end{bmatrix}$$

$$
\to\begin{bmatrix}2&0&1&-3&0&2\\0&3&0&12&10&0\\0&3&5&6&5&12\\0&1&0&6&5&1\\0&3&2&9&5&5\end{bmatrix}\to\begin{bmatrix}2&0&1&-3&0&2\\0&1&0&6&5&1\\0&0&0&-6&-5&-3\\0&0&5&-12&-10&9\\0&0&2&-9&-10&2\end{bmatrix}
$$

$$
\to\begin{bmatrix}2&0&1&-3&0&2\\0&1&0&6&5&1\\0&0&1&6&10&5\\0&0&0&-3&-15&1\\0&0&0&0&25&-5\end{bmatrix}\to\begin{bmatrix}2&0&0&0&0&1\\0&1&0&0&0&-2\\0&0&1&0&0&3\\0&0&0&-3&0&-2\\0&0&0&0&5&-1\end{bmatrix}
$$

显然 $\det A\neq 0$,故原方程组有唯一解,$x_1=\frac{1}{2},x_2=-2,x_3=3,x_4=\frac{2}{3},x_5=-\frac{1}{5}$.

注 当方程组的系数是较大的数字时,直接消元计算较繁,可先做一些初等行变换,再消元,以简化计算.

(3) 对增广矩阵$(A\ b)$做初等行变换,有

$$
\begin{bmatrix}2&7&3&1&5\\1&3&5&-2&3\\1&5&-9&8&1\\5&18&4&5&12\end{bmatrix}\to\begin{bmatrix}1&3&5&-2&3\\0&1&-7&5&-1\\0&2&-14&10&-2\\0&3&-21&15&-3\end{bmatrix}\to\begin{bmatrix}1&3&5&-2&3\\0&1&-7&5&-1\\0&0&0&0&0\\0&0&0&0&0\end{bmatrix}
$$

因为 $\mathrm{r}(A\ b)=\mathrm{r}(A)$,故 $Ax=b$ 有解,且

$$
\dim W_A = 4-\mathrm{r}(A) = 2.
$$

分别令

$$
(x_3,x_4)^{\mathrm{T}} = (1,0)^{\mathrm{T}};(0,1)^{\mathrm{T}};(0,0)^{\mathrm{T}},
$$

得 W_A 的基 η_1,η_2 及 $Ax=b$ 的一个特解 η_0:

$$
\eta_1 = (-26,7,1,0)^{\mathrm{T}};\quad \eta_2 = (17,-5,0,1)^{\mathrm{T}};\quad \eta_0 = (6,-1,0,0)^{\mathrm{T}}.
$$

故全部解为

$$
\begin{bmatrix}x_1\\x_2\\x_3\\x_4\end{bmatrix}=c_1\begin{bmatrix}-26\\7\\1\\0\end{bmatrix}+c_2\begin{bmatrix}17\\-5\\0\\1\end{bmatrix}+\begin{bmatrix}6\\-1\\0\\0\end{bmatrix},\quad 任\ c_1,c_2\in\mathbb{R}.
$$

(4)

$$\begin{bmatrix}2&-1&1&-1&3\\4&-2&-2&3&2\\2&-1&5&-6&1\\2&-1&-3&4&5\end{bmatrix}\to\begin{bmatrix}2&-1&1&-1&3\\0&0&-4&5&-4\\0&0&4&-5&-2\\0&0&-4&5&2\end{bmatrix}\to\begin{bmatrix}2&-1&1&-1&3\\0&0&-4&5&-4\\0&0&0&0&-6\\0&0&0&0&0\end{bmatrix},$$

因为 $\mathrm{r}(A)\neq\mathrm{r}(A,b)$,所以无解.

2. a,d 取什么值时,下面方程组有解,并求出它的解.

$$\begin{cases}3x_1+2x_2+x_3+x_4-3x_5=a,\\5x_1+4x_2+3x_3+3x_4-x_5=d,\\x_1+x_2+x_3+x_4+x_5=1,\\x_2+2x_3+2x_4+6x_5=3.\end{cases}$$

解 为简化计算,先 $-\mathrm{r}_1+\mathrm{r}_2\to\mathrm{r}_2$ 再 $\mathrm{r}_1\leftrightarrow\mathrm{r}_3$ 后再消元. 对方程组的增广矩阵做初等行变换

$$(A\ b)\to\begin{bmatrix}1&1&1&1&1&1\\2&2&2&2&2&d-a\\3&2&1&1&-3&a\\0&1&2&2&6&3\end{bmatrix}\to\begin{bmatrix}1&1&1&1&1&1\\0&0&0&0&0&d-a-2\\0&-1&-2&-2&-6&a-3\\0&0&0&0&0&a\end{bmatrix},$$

由阶梯型矩阵的第 4 行显见,要方程组有解必须 $a=0$,代入第 2 行,知须 $d=2$. 分别取

$$(x_3,x_4,x_5)^{\mathrm{T}}=(1,0,0);(0,1,0);(0,0,1);(0,0,0),$$

得 W_A 的基 η_1,η_2,η_3 及非齐次方程组 $Ax=b$ 的一个特解 η_0:

$$\eta_1=(1,-2,1,0,0)^{\mathrm{T}},\quad \eta_2=(1,-2,0,1,0)^{\mathrm{T}},$$
$$\eta_3=(5,-6,0,0,1)^{\mathrm{T}},\quad \eta_0=(-2,3,0,0,0)^{\mathrm{T}},$$

则方程组的全部解为

$$(x_1,x_2,x_3,x_4,x_5)^{\mathrm{T}}=c_1\eta_1+c_2\eta_2+c_3\eta_3+\eta_0,$$

其中 c_1,c_2,c_3 为任实数.

3. 对下列各矩阵,求 λ 的值,使矩阵秩最小.

(1) $\begin{bmatrix}3&1&1&4\\\lambda&4&10&1\\1&7&17&3\\2&2&4&3\end{bmatrix}$; (2) $\begin{bmatrix}1&\lambda&-1&2\\2&-1&\lambda&5\\1&10&-6&1\end{bmatrix}$.

解 对矩阵做初等行变换,有

(1)

$$A \to \begin{bmatrix} 1 & 7 & 17 & 3 \\ 0 & -12 & -30 & -3 \\ 0 & -20 & -50 & -5 \\ 0 & 4-7\lambda & 10-17\lambda & 1-3\lambda \end{bmatrix} \to \begin{bmatrix} 1 & 7 & 17 & 3 \\ 0 & -4 & -10 & -1 \\ 0 & 0 & 0 & 0 \\ 0 & 7\lambda & 17\lambda & 3\lambda \end{bmatrix}$$

所以 $\lambda=0$ 时，$r(A)$最小，且 $r(A)=2$ ($\lambda\neq 0$, $r(A)=3$).

(2)

$$B \to \begin{bmatrix} 1 & \lambda & -1 & 2 \\ 0 & -1-2\lambda & \lambda+2 & 1 \\ 0 & 10-\lambda & -5 & -1 \end{bmatrix}$$

故阶梯型矩阵的第 2,3 行成比例时，$r(A)$最小，即 λ 满足方程 $\begin{cases} \lambda+2=5, \\ 1+2\lambda=10-\lambda. \end{cases}$

解之，得 $\lambda=3$($r(A)=2$).

4. 证明：如果矩阵包含 m 行并且秩为 r，则它的任何 s 行组成一个秩不小于 $r+s-m$ 的矩阵.

证　记矩阵 A 的行向量为 $\alpha_1,\cdots,\alpha_m$，由已知秩$(A)=r$，不妨设 $\alpha_1,\cdots,\alpha_r$ 为行向量组的极大线性无关组，于是 $\alpha_{r+1},\cdots,\alpha_m$ 均可由 $\alpha_1,\cdots,\alpha_r$ 线性表出. 任取 A 的 s 行，即使 $\alpha_{r+1},\cdots,\alpha_m$ 全被取到，则它至少包含 $\alpha_1,\cdots,\alpha_r$ 中 $s-(m-r)$ 个向量，所以在 s 行中至少有 $s-(m-r)=r+s-m$ 个线性无关，所以其秩不小于 $r+s-m$.

5. 用行的初等变换把下列矩阵化为既约阶梯形并求矩阵的秩.

(1) $\begin{bmatrix} 25 & 31 & 17 & 43 \\ 75 & 94 & 53 & 132 \\ 75 & 94 & 54 & 134 \\ 25 & 32 & 20 & 48 \end{bmatrix}$；　(2) $\begin{bmatrix} 24 & 19 & 36 & 72 & -38 \\ 25 & 21 & 37 & 75 & -42 \\ 73 & 59 & 98 & 219 & -118 \\ 47 & 36 & 71 & 141 & -72 \end{bmatrix}$；

(3) $\begin{bmatrix} 1 & 0 & 1 & 0 \\ 3 & 1 & 2 & 1 \\ 1 & 2 & -1 & 2 \\ -1 & 0 & -1 & 0 \\ 0 & -1 & 1 & -1 \end{bmatrix}$.

解

(1) $$\begin{bmatrix} 25 & 31 & 17 & 43 \\ 75 & 94 & 53 & 132 \\ 75 & 94 & 54 & 134 \\ 25 & 32 & 20 & 48 \end{bmatrix} \to \begin{bmatrix} 25 & 31 & 17 & 43 \\ 0 & 1 & 2 & 3 \\ 0 & 0 & 1 & 2 \\ 0 & 1 & 3 & 5 \end{bmatrix} \to \begin{bmatrix} 25 & 31 & 17 & 43 \\ 0 & 1 & 2 & 3 \\ 0 & 0 & 1 & 2 \\ 0 & 0 & 0 & 0 \end{bmatrix},$$

所以 $r(A)=3$.

(2) $\begin{bmatrix} 24 & 19 & 36 & 72 & -38 \\ 25 & 21 & 37 & 75 & -42 \\ 73 & 59 & 98 & 219 & -118 \\ 47 & 36 & 71 & 141 & -72 \end{bmatrix} \to \begin{bmatrix} 24 & 19 & 36 & 72 & -38 \\ 1 & 2 & 1 & 3 & -4 \\ 1 & 2 & -10 & 3 & -4 \\ -1 & -2 & -1 & -3 & 4 \end{bmatrix}$,

所以 $r(A)=3$.

(3) $\begin{bmatrix} 1 & 0 & 1 & 0 \\ 3 & 1 & 2 & 1 \\ 1 & 2 & -1 & 2 \\ -1 & 0 & -1 & 0 \\ 0 & -1 & 1 & -1 \end{bmatrix} \to \begin{bmatrix} 1 & 0 & 1 & 0 \\ 0 & 1 & -1 & 1 \\ 0 & 2 & -2 & 2 \\ 0 & 0 & 0 & 0 \\ 0 & -1 & 1 & -1 \end{bmatrix} \to \begin{bmatrix} 1 & 0 & 1 & 0 \\ 0 & 1 & -1 & 1 \\ 0 & 0 & 0 & 0 \\ 0 & 0 & 0 & 0 \\ 0 & 0 & 0 & 0 \end{bmatrix}$,

所以 $r(A)=2$.

6. 举出一个无解的线性方程组的例子,并化为阶梯形(要求 3 个变元以上).

解 利用第 5 题(3)构造线性方程组如下(即用第 5 题(3)中的矩阵去掉第 4 行做系数矩阵 A,再选 b,使 $Ax=b$ 无解)

$$\begin{cases} x_1 + x_3 = 1, \\ 3x_1 + x_2 + 2x_3 + x_4 = 2, \\ x_1 + 2x_2 - x_3 + 2x_4 = 1, \\ -x_2 + x_3 - x_4 = 0. \end{cases}$$

因为

$$(A,b) = \begin{bmatrix} 1 & 0 & 1 & 0 & 1 \\ 3 & 1 & 2 & 1 & 2 \\ 1 & 2 & -1 & 2 & 1 \\ 0 & -1 & 1 & -1 & 0 \end{bmatrix} \to \begin{bmatrix} 1 & 0 & 1 & 0 & 1 \\ 0 & 1 & -1 & 1 & 1 \\ 0 & 2 & -2 & 2 & 0 \\ 0 & -1 & 1 & -1 & 0 \end{bmatrix} \to \begin{bmatrix} 1 & 0 & 1 & 0 & 1 \\ 0 & 1 & -1 & 1 & 1 \\ 0 & 0 & 0 & 0 & 1 \\ 0 & 0 & 0 & 0 & 0 \end{bmatrix},$$

显然 $r(A,b) \neq r(A)$,所以无解.

7. 研究下列方程组的相容性并求其通解和一个特解.

(1) $\begin{cases} 3x_1 + 4x_2 + x_3 + 2x_4 = 3, \\ 6x_1 + 8x_2 + 2x_3 + 5x_4 = 7, \\ 9x_1 + 12x_2 + 3x_2 + 10x_4 = 13; \end{cases}$ (2) $\begin{cases} 3x_1 - 5x_2 + 2x_3 + 4x_4 = 2, \\ 7x_1 - 4x_2 + x_3 + 3x_4 = 5, \\ 5x_1 + 7x_2 - 4x_3 - 6x_4 = 3; \end{cases}$

(3) $\begin{cases} 2x_1 + 5x_2 - 8x_3 = 8, \\ 4x_1 + 3x_2 - 9x_3 = 9, \\ 2x_1 + 3x_2 - 5x_3 = 7, \\ x_1 + 8x_2 - 7x_3 = 12. \end{cases}$

解

(1)

$$(A\,b)\to\begin{bmatrix}3&4&1&2&3\\0&0&0&1&1\\0&0&0&0&0\end{bmatrix},$$

分别令

$$(x_2,x_3)^{\mathrm{T}}=(1,0)^{\mathrm{T}};(0,1)^{\mathrm{T}};(0,0)^{\mathrm{T}},$$

则得 $Ax=0$ 的基础解系和 $Ax=b$ 的一个特解

$$\eta_1=\left(-\frac{4}{3},1,0,0\right)^{\mathrm{T}};\quad \eta_2=\left(-\frac{1}{3},0,1,0\right)^{\mathrm{T}};\quad \eta_0=\left(\frac{1}{3},0,0,1\right)^{\mathrm{T}}.$$

于是

$$(x_1,x_2,x_3,x_4)^{\mathrm{T}}=c_1\eta_1+c_2\eta_2+\eta_0,\qquad c_1,c_2\in\mathbb{R}.$$

(2)

$$(A,b)\xrightarrow[-5r_1+r_3]{\substack{-2r_1+r_2\to r_1\\-3r_1+r_2}}\begin{bmatrix}1&6&-3&-5&1\\0&-23&11&19&-1\\0&-23&11&19&-2\end{bmatrix}\to\begin{bmatrix}1&6&-3&-5&1\\0&-23&11&19&-1\\0&0&0&0&-1\end{bmatrix}$$

因为 $\mathrm{r}(A,b)\neq\mathrm{r}(A)$,所以无解.

(3)

$$(A,b)\xrightarrow[\substack{-r_3+r_4\\-2r_1+r_3}]{\substack{r_1\leftrightarrow r_4\\-2r_3+r_2}}\begin{bmatrix}1&8&-7&12\\0&-3&1&-5\\0&-13&9&-17\\0&2&-3&1\end{bmatrix}\xrightarrow[2r_2+r_4\to r_3]{\substack{-3r_2+2r_4+r_3\\r_4+r_2}}\begin{bmatrix}1&8&-7&12\\0&-1&-2&-4\\0&0&-7&-7\\0&0&0&0\end{bmatrix},$$

所以有唯一解 $(x_1,x_2,x_3)^{\mathrm{T}}=(3,2,1)^{\mathrm{T}}$.

8. 求方程组

$$\begin{cases}2x_1-x_2+3x_3+4x_4=5,\\4x_1-2x_2+5x_3+6x_4=7,\\6x_1-3x_2+7x_3+8x_4=9,\\\lambda x_1-4x_2+9x_3+10x_4=11\end{cases}$$

依赖于参数 λ 的通解.

解

$$(A,b)\to\begin{bmatrix}2&-1&3&4&5\\0&0&-1&-2&-3\\\lambda-8&0&0&0&0\\0&0&0&0&0\end{bmatrix}.$$

对任意 λ 有解. 当 $\lambda\neq8$ 时

$$(x_1,x_2,x_3,x_4)^{\mathrm{T}}=c(0,-2,-2,1)^{\mathrm{T}}+(0,4,3,0)^{\mathrm{T}},\quad c\in\mathbb{R}.$$

当$\lambda=8$时

$$\begin{bmatrix}x_1\\x_2\\x_3\\x_4\end{bmatrix}=c_1\begin{bmatrix}1\\0\\-2\\1\end{bmatrix}+c_2\begin{bmatrix}\frac{1}{2}\\1\\0\\0\end{bmatrix}+\begin{bmatrix}-2\\0\\3\\0\end{bmatrix},\quad c_1,c_2\in\mathbb{R}.$$

9. 设A为$m\times n$实矩阵,试证:$\mathrm{r}(A^{\mathrm{T}}A)=\mathrm{r}(A)$.

证 方法1 首先证明$A^{\mathrm{T}}Ax=0$与$Ax=0$是同解方程组.显然,由$Ax=0$,两边左乘A^{T}得$A^{\mathrm{T}}Ax=0$,所以$W_A\subseteq W_{A^{\mathrm{T}}A}$;又由$A^{\mathrm{T}}Ax=0$,两边左乘$x^{\mathrm{T}}$得$x^{\mathrm{T}}A^{\mathrm{T}}Ax=(Ax)^{\mathrm{T}}Ax=0$,设$Ax=(y_1,\cdots,y_n)^{\mathrm{T}}$,则由

$$(Ax)^{\mathrm{T}}(Ax)=y_1^2+\cdots+y_n^2=0,\quad 知\ y_1=\cdots=y_n=0,$$

即$Ax=0$,所以$W_{A^{\mathrm{T}}A}\subseteq W_A$.故$W_A=W_{A^{\mathrm{T}}A}$.又因为

$$\dim W_A=n-\mathrm{r}(A)=\dim W_{A^{\mathrm{T}}A}=n-\mathrm{r}(A^{\mathrm{T}}A),$$

所以

$$\mathrm{r}(A^{\mathrm{T}}A)=\mathrm{r}(A).$$

方法2 设$\mathrm{r}(A)=r$,则存在可逆阵P,Q使得$A=P\begin{pmatrix}I_r&0\\0&0\end{pmatrix}Q$,于是有$A^{\mathrm{T}}=Q^{\mathrm{T}}\begin{pmatrix}I_r&0\\0&0\end{pmatrix}P^{\mathrm{T}}$,则

$$\mathrm{r}(A^{\mathrm{T}}A)=\mathrm{r}\left(Q^{\mathrm{T}}\begin{pmatrix}I_r&0\\0&0\end{pmatrix}P^{\mathrm{T}}P\begin{pmatrix}I_r&0\\0&0\end{pmatrix}Q\right)=\mathrm{r}\left(\begin{pmatrix}I_r&0\\0&0\end{pmatrix}P^{\mathrm{T}}P\begin{pmatrix}I_r&0\\0&0\end{pmatrix}\right).$$

记$P^{\mathrm{T}}P=\begin{pmatrix}P_{rr}&*\\ *&*\end{pmatrix}$,由2.4节第1题知$|P_{rr}|>0$,故$\mathrm{r}(P_{rr})=r$.所以有

$$\mathrm{r}(A^{\mathrm{T}}A)=\mathrm{r}\left(\begin{pmatrix}I_r&0\\0&0\end{pmatrix}\begin{pmatrix}P_{rr}&*\\ *&*\end{pmatrix}\begin{pmatrix}I_r&0\\0&0\end{pmatrix}\right)=\mathrm{r}\begin{pmatrix}P_{rr}&0\\0&0\end{pmatrix}=r.$$

10. 举出矩阵A,B的例子,分别使

(1) $\mathrm{r}(AB)<\min\{\mathrm{r}(A),\mathrm{r}(B)\}$,

(2) $\mathrm{r}(AB)=\min\{\mathrm{r}(A),\mathrm{r}(B)\}$.

解 (1) $A=\begin{bmatrix}1&0\\0&0\end{bmatrix}$, $B=\begin{bmatrix}0&0\\0&1\end{bmatrix}$,则$\mathrm{r}(AB)=0$.

(2) $A=I=\begin{bmatrix}1&0\\0&1\end{bmatrix}$, $B=\begin{bmatrix}0&0\\0&1\end{bmatrix}$,则$\mathrm{r}(AB)=\mathrm{r}(B)$.

11. 判断下列行向量组是否线性相关.

(1) (1,2,3),(4,8,12),(3,0,1),(4,5,8);

(2) (1,2,3,4,5,6),(1,0,1,0,1,0),(−1,1,1,−1,1,1),(−2,3,2,3,4,7);

(3) (1,2,3,4),(1,0,1,0),(−1,1,1,−1),(−2,3,2,3);

(4) (1,0,0,2,3,1),(0,1,0,4,6,2),(0,0,1,−2,−3,−1);

(5) (2,−3,1),(3,−1,5),(1,−4,3);

(6) (4,−5,2,6),(2,−2,1,3),(6,−3,3,9),(4,−1,5,6);

(7) (1,0,0,2,5),(0,1,0,3,4),(0,0,1,4,7),(2,3,4,11,12).

解 (1) 线性相关(因为 F^3 中4个向量必定线性相关).

(2) 为了简化计算,把已知向量组的排序改变一个(这不影响它们的线性相(无)关性).于是

$$A=(\alpha_2^{\mathrm{T}},\alpha_3^{\mathrm{T}},\alpha_4^{\mathrm{T}},\alpha_1^{\mathrm{T}})=\begin{bmatrix}1&-1&-2&1\\0&1&3&2\\1&1&2&3\\0&-1&3&4\\1&1&4&5\\0&1&7&6\end{bmatrix}\to\begin{bmatrix}1&-1&-2&1\\0&1&3&2\\0&0&1&1\\0&0&0&0\\0&0&0&0\\0&0&0&0\end{bmatrix}.$$

所以 $\mathrm{r_c}(A)=3$, $\alpha_1,\alpha_2,\alpha_3,\alpha_4$ 线性相关.

(3) 线性相关(这是(2)中向量组的"截短"向量,由上题结果显然其前4个分量排成的矩阵列秩也为3).

(4) 因为这三个向量的"截短"向量(只取前三个分量)是线性无关的,所以这三个向量也线性无关.

(5)

$$\text{因为}\qquad \det\begin{bmatrix}2&3&1\\-3&-1&-4\\1&5&3\end{bmatrix}=\det\begin{bmatrix}0&-7&-5\\0&7&0\\1&5&3\end{bmatrix}=35\neq0,$$

所以 $\alpha_1,\alpha_2,\alpha_3$ 线性无关.

(6)

$$\text{因为}\qquad \det\begin{bmatrix}4&2&6&4\\-5&-2&-3&-1\\2&1&3&5\\6&3&9&6\end{bmatrix}\xlongequal[-r_3+r_4]{-r_1+r_4}\det\begin{bmatrix}4&2&6&4\\-5&-2&-3&-1\\2&1&3&5\\0&0&0&-3\end{bmatrix}=0,$$

所以 $\alpha_1,\alpha_2,\alpha_3,\alpha_4$ 线性相关(因左上角三阶主子式为0).

(7) 考虑各向量只取前4个分量的向量组,有

$$\det\begin{bmatrix}1 & 0 & 0 & 2\\0 & 1 & 0 & 3\\0 & 0 & 1 & 4\\2 & 3 & 4 & 11\end{bmatrix}=11-29=-18\neq 0$$

故“截短”的向量组线性无关,于是原向量组亦线性无关(**短无关,长亦无关**).

12. 对上题中每组向量,求出一个极大线性无关组.

解 (1) $\begin{bmatrix}1 & 4 & 3 & 4\\2 & 8 & 0 & 5\\3 & 12 & 1 & 8\end{bmatrix}\rightarrow\begin{bmatrix}1 & 4 & 3 & 4\\0 & 0 & -6 & -3\\0 & 0 & -8 & -4\end{bmatrix}$,

所以 α_1,α_3 为极大线性无关组;

(2) $\alpha_1,\alpha_2,\alpha_3$;

(3) $\alpha_1,\alpha_2,\alpha_3$;

(4) 自身;

(5) 自身;

(6) $\alpha_1,\alpha_2,\alpha_4$;

(7) 自身.

13. 求满足下列等式的行向量 x.

(1) $\alpha_1+2\alpha_2+3\alpha_3+4x=0$;其中

$$\alpha_1=(5,-8,-1,2),\quad \alpha_2=(2,-1,4,-3),\quad \alpha_3=(-3,2,-5,4);$$

(2) $3(\alpha_1-x)+2(\alpha_2+x)=5(\alpha_3+x)$;其中

$$\alpha_1=(2,5,1,3),\quad \alpha_2=(10,1,5,10),\quad \alpha_3=(4,1,-1,1).$$

解 (1) $x=-\dfrac{1}{4}(\alpha_1+2\alpha_2+3\alpha_3)=-\dfrac{1}{4}(0,-4,-8,8)=(0,1,2,-2)$.

(2) 由已知得 $3\alpha_1+2\alpha_2-5\alpha_3=6x$, 所以

$$\begin{aligned}x&=\frac{1}{6}(3\alpha_1+2\alpha_2-5\alpha_3)\\&=\frac{1}{6}(6+20-20,15+2-5,3+10+5,9+20-5)\\&=(1,2,3,4).\end{aligned}$$

14. 证明向量组 S 的极大线性无关组可这样选取:先任取 S 中非 0 向量记为 α_1;次取 $\alpha_2\in S$ 使之非 α_1 的线性组合;再取 α_3,使之非 α_1,α_2 的线性组合;如此下去,直到取得了 $\alpha_1,\alpha_2,\cdots,\alpha_s$,而不再能取得 α_{s+1} 非 $\alpha_1,\cdots,\alpha_s$ 的线性组合,则 $\alpha_1,\cdots,\alpha_s$ 即为 S 的极大线性无关组.

证 首先 $\alpha_1,\cdots,\alpha_s$ 线性无关. 否则,必存在不全为 0 的数 $k_1,\cdots,k_s$ 使

$$k_1\alpha_1+\cdots+k_s\alpha_s=0,$$

从后往前数,设第一个不为0的为 k_i,则有

$$k_1\alpha_1+\cdots+k_{i-1}\alpha_{i-1}+k_i\alpha_i=0,$$

于是有 $\alpha_i=-\frac{1}{k_i}(k_1\alpha_1+\cdots+k_{i-1}\alpha_{i-1})$ 与已知 α_i 非 $\alpha_1,\cdots,\alpha_{i-1}$ 的线性组合矛盾;

其次,任 $\alpha\in S$,则或 $\alpha\in\{\alpha_1,\cdots,\alpha_s\}$,或 $\alpha\notin\{\alpha_1,\cdots,\alpha_s\}$. 然都有 α 是 $\alpha_1,\cdots,\alpha_s$ 的线性组合,即 α 都可由 $\alpha_1,\cdots,\alpha_s$ 线性表出.

所以 $\alpha_1,\cdots,\alpha_s$ 是 S 的极大线性无关组.

15. 设有 s 个行向量 $\alpha_i=(a_{i1},\cdots,a_{in})$ $(1\leqslant i\leqslant s, s\leqslant n)$,其分量满足 $|a_{jj}|>\sum\limits_{\substack{i=1\\i\neq j}}^{s}|a_{ij}|$ $(1\leqslant j\leqslant s)$, 则这 s 个向量线性无关.

证　取

$$B=\begin{bmatrix}a_{11}&\cdots&a_{1s}\\ \vdots&&\vdots\\ a_{s1}&\cdots&a_{ss}\end{bmatrix},$$

我们要证 $\det B\neq 0$. 若不然,则由 $\det B=0$ 可知 $B^{\mathrm{T}}x=0$ 有非0解, $x=(x_1,\cdots,x_s)^{\mathrm{T}}$,设 $|x_k|=\max\limits_{1\leqslant i\leqslant s}|x_i|$,则由

$$a_{1k}x_1+a_{2k}x_2+\cdots+a_{kk}x_k+\cdots+a_{sk}x_s=0$$

得

$$|a_{kk}x_k|=\left|\sum_{\substack{i=1\\i\neq k}}^{s}a_{ik}x_i\right|\leqslant\sum_{\substack{i=1\\i\neq k}}^{s}|a_{ik}||x_k|\leqslant|x_k|\sum_{\substack{i=1\\i\neq k}}^{s}|a_{ik}|,$$

即

$$|a_{kk}|\leqslant\sum_{\substack{i=1\\i\neq k}}^{s}|a_{ik}|,$$

与已知矛盾. 所以 $\det B\neq 0$,即知 B 的各行线性无关,于是得其"加长"向量 $\alpha_1,\cdots,\alpha_s$ 线性无关(短无关,长亦无关).

16. 若向量组 $\alpha_1,\cdots,\alpha_k$ 线性无关,而 $\alpha_1,\cdots,\alpha_k,\alpha_{k+1}$ 线性相关,则 α_{k+1} 可由 $\alpha_1,\cdots,\alpha_k$ 线性表出.

证　由已知 $\alpha_1,\cdots,\alpha_k,\alpha_{k+1}$ 线性相关,所以存在不全为0的数 $\lambda_1,\cdots,\lambda_k,\lambda_{k+1}$ 使

$$\lambda_1\alpha_1+\cdots+\lambda_k\alpha_k+\lambda_{k+1}\alpha_{k+1}=0,$$

而 $\lambda_{k+1}\neq 0$ (否则 $\alpha_1,\cdots,\alpha_k$ 线性相关),于是得

$$\alpha_{k+1}=-\frac{1}{\lambda_{k+1}}(\lambda_1\alpha_1+\cdots+\lambda_k\alpha_k).$$

17. 如果在有序线性无关向量组 $\alpha_1,\alpha_2,\cdots,\alpha_k$ 的前面再添写一个向量 β,则在所得到

的组中，能用其前面向量线性表示的向量不多于一个.

证 用反证法. 设有两个向量 α_i,α_j（不妨设 $j>i$）可用其前面向量表示：

$$\alpha_i=\lambda\beta+\lambda_1\alpha_1+\cdots+\lambda_{i-1}\alpha_{i-1}, \tag{1}$$

$$\alpha_j=\mu\beta+\mu_1\alpha_1+\cdots+\mu_{i-1}\alpha_{i-1}+\cdots+\mu_{j-1}\alpha_{j-1}, \tag{2}$$

因为 $\alpha_1,\cdots,\alpha_i$ 线性无关，故 $\lambda\neq0$；$\alpha_1,\cdots,\alpha_j$ 线性无关，故 $\mu\neq0$. 于是(1)$\times\mu-$(2)$\times\lambda$ 得：

$$\mu\alpha_i-\lambda\alpha_j=(\lambda_1\mu-\mu_1\lambda)\alpha_1+\cdots+(\lambda_{i-1}\mu-\lambda\mu_{i-1})\alpha_{i-1}-\lambda\mu_i\alpha_i-\cdots-\lambda\mu_{j-1}\alpha_{j-1},$$

因为 $\mu\neq0,\lambda\neq0$，所以上式说明 $\alpha_1,\cdots,\alpha_i,\cdots,\alpha_j$ 线性相关，与已知矛盾，故必不多于一个.

18. 证明：如果三向量 $\alpha_1,\alpha_2,\alpha_3$ 线性相关，且向量 α_3 不能用向量 α_1 和 α_2 线性表示，则向量 α_1 和 α_2 仅差一数值因子.

证 由已知，存在不全为 0 的数 $\lambda_1,\lambda_2,\lambda_3$ 使得

$$\lambda_1\alpha_1+\lambda_2\alpha_2+\lambda_3\alpha_3=0,$$

而 $\lambda_3=0$（否则，α_3 可以用 α_1 和 α_2 线性表出），所以 λ_1,λ_2 中至少有一个不等于 0，于是其中一个是另一个的倍.

19. 证明：若向量 a,b,c 线性无关，则向量 $a+b$, $b+c$, $c+a$ 也线性无关.

证 若有线性组合

$$k_1(a+b)+k_2(b+c)+k_3(c+a)=0,$$

整理得

$$(k_1+k_3)a+(k_1+k_2)b+(k_2+k_3)c=0,$$

由已知 a,b,c 线性无关，所以必有 $k_1+k_3=k_1+k_2=k_2+k_3=0$，解得 $k_1=k_2=k_3=0$，所以 $a+b$, $b+c$, $c+a$ 线性无关.

20. 若向量组 $\alpha_1,\cdots,\alpha_s$ 的秩为 r，证明其中任意 r 个线性无关向量都构成它的一个极大无关组.

证 设 $\alpha_{i_1},\cdots,\alpha_{i_r}$ 为向量组中任意 r 个线性无关向量，则有(1)它们本身线性无关；(2)任取 $\alpha\in\{\alpha_{i_{r+1}},\cdots,\alpha_{i_s}\}$，因为秩$(\alpha_1,\cdots,\alpha_s)=r$，所以都有 $\alpha_{i_1},\cdots,\alpha_{i_r},\alpha$ 线性相关，于是 α 可由 $\alpha_{i_1},\cdots,\alpha_{i_r}$ 线性表出. 由定义知 $\alpha_{i_1},\cdots,\alpha_{i_r}$ 是极大线性无关组.

21. 对第 1 题中每个线性方程组的增广矩阵，求出其列向量组的两个极大无关组，再求出其行向量组的一个极大无关组.

解 记第 1 题中各增广矩阵的列向量组为 $\beta_1,\cdots,\beta_s$，行向量组为 $\alpha_1,\cdots,\alpha_k$. 则由第 1 题所化的阶梯形矩阵，很容易看出

(1) β_1,β_2,β_3 和 β_1,β_2,β_4 为列的极大无关组；$\alpha_1,\alpha_2,\alpha_3$ 为行向量组的极大无关组.

(2) $\beta_1,\beta_2,\beta_3,\beta_4,\beta_5$ 和 $\beta_1,\beta_2,\beta_3,\beta_4,\beta_6$ 为列的极大无关组；$\alpha_1,\alpha_2,\alpha_3,\alpha_4,\alpha_5$ 为行的极大无关组（即行向量组是线性无关的向量组）.

(3) β_1,β_2 和 β_1,β_5； α_1,α_2.

(4) β_1,β_3,β_5 和 β_2,β_3,β_5； $\alpha_1,\alpha_2,\alpha_3$.

22. 证明：矩阵的非0子式所在的行向量组和列向量组均是线性无关的.

证　设 $A=(a_{ij})$，其 r 阶子式 $\det A\begin{pmatrix} i_1\cdots i_r \\ j_1\cdots j_r \end{pmatrix}\neq 0$. 于是子方阵

$$B=\begin{bmatrix} a_{i_1j_1} & \cdots & a_{i_1j_1} \\ \vdots & & \vdots \\ a_{i_rj_1} & \cdots & a_{i_rj_r} \end{bmatrix}$$

的行向量组和列向量组均是线性无关向量组(因为 $Bx=0$ 和 $B^{\mathrm{T}}x=0$ 只有0解).

而 A 的 $i_1,\cdots,i_r$ 行是 B 的行向量"接长"，所以仍线性无关，同理 A 的 $j_1,\cdots,j_r$ 列是 B 的列的"接长"，所以也线性无关.

23. 第22题的逆命题是否成立，即位于线性无关行向量组及线性无关列向量交叉处的子式是否一定非0？证明之.

证　不一定.（1）当线性无关行(列)的个数$<\mathrm{r}(A)$时，该子式不一定非0. 例如

$$A=\begin{bmatrix} 1 & 0 & 0 \\ 0 & 1 & 0 \\ 0 & 0 & 1 \end{bmatrix},$$

A 的1,2行线性无关且2,3列线性无关而交叉处的子式 $\begin{vmatrix} 0 & 0 \\ 1 & 0 \end{vmatrix}=0$.

（2）当线性无关行(列)的个数$=\mathrm{r}(A)$时，子式定非0. 证明如下：记 $\mathrm{r}(A)=r$.

不防设 A 的前 r 行及前 r 列线性无关，记

$$A=\begin{bmatrix} A_1 & A_2 \\ A_3 & A_4 \end{bmatrix},$$

其中 A_1 为 r 阶方阵，由于 $\mathrm{r}(A)=r$，所以 $\begin{bmatrix} A_2 \\ A_4 \end{bmatrix}$ 的列向量均可由 $\begin{bmatrix} A_1 \\ A_3 \end{bmatrix}$ 的列向量线性表出，即 A_2 的列可由 A_1 的列线性表出，故 $\mathrm{r_c}(A_1)=\mathrm{r_c}(A_1,A_2)=\mathrm{r_r}(A_1,A_2)=r$，于是 $\mathrm{r}(A_1)=r$，故 $\det A_1\neq 0$.

24. 设法运用"矩阵的行秩、列秩、秩三者相等"这一事实，尽量清楚地解释线性方程组解的理论.

解　首先，对方程组 $Ax=b$ 考虑 A 的列向量 $\beta_1,\cdots,\beta_n$. 由矩阵乘法知 $Ax=b$ 当且仅当 $x_1\beta_1+\cdots+x_n\beta_n=b$. 因此，$Ax=b$ 有解当且仅当 b 可表为 A 的各列的线性组合，这相当于

$$\mathrm{r_c}(A)=\mathrm{r_c}(A,b),$$

特别 $Ax=0$ 有非0解当且仅当 A 的列线性相关，即 $\mathrm{r_c}(A)<n$. 由于列秩＝秩，故 $Ax=b$ 有解当且仅当 $\mathrm{r}(A)=\mathrm{r}(A,b)$；$Ax=0$ 有非零解当且仅当 $\mathrm{r}(A)<n$.

其次,考虑 A 的行向量 $\alpha_1,\cdots,\alpha_m$,记 $\alpha_i=(a_{i1},\cdots,a_{in})$,则 $Ax=0$ 相当于

$$\alpha_i x = a_{i1}x_1 + \cdots + a_{in}x_n = 0 \qquad (i=1,\cdots,m).$$

注意 $\alpha_i x$ 是 α_i 与 x 的内积,$\alpha_i x=0$ 相当于 α_i 与 x 正交.故 x 是 $Ax=0$ 的解相当于 x 与 A 的行向量均正交,假定 $\alpha_1,\cdots,\alpha_r$ 是 $\alpha_1,\cdots,\alpha_m$ 的极大线性无关组,注意 x 与 $\alpha_1,\cdots,\alpha_m$ 均正交当且仅当 x 与 $\alpha_1,\cdots,\alpha_r$ 均正交,而"与 $\alpha_1,\cdots,\alpha_r$ 正交的 x 全体是 $n-\mathrm{r}_r(A)$ 维子空间",这相当于说 $Ax=0$ 的解集合是 $n-\mathrm{r}_r(A)$ 维子空间,由于行秩=列秩即得解空间是 $n-\mathrm{r}(A)$ 维子空间.

再考虑 A 的子式.不妨设其 $r=\mathrm{r}(A)$ 阶非 0 子式在左上角.此时 A 的后 $m-r$ 个方程可以删去(因为 $\mathrm{r}(A)=\mathrm{r}_r(A)$, $\mathrm{r}(A,b)=\mathrm{r}_r(A,b)$,故后 $m-r$ 个方程可由前 r 个方程线性组合得出),故 $Ax=b$ 与下列方程组同解

$$(A_1,A_2)x = b^*, \quad (\text{即 } Ax=b \text{ 的前 } r \text{ 个方程}),$$

记 $x=\begin{bmatrix} y_1 \\ y_2 \end{bmatrix}$,则有

$$A_1 y_1 + A_2 y_2 = b^*,$$

即得

$$y_1 = A_1^{-1}(b^* - A_2 y_2).$$

y_2 的分量是自由未知元,任意取值后由上式算出 y_1,从而得出解 $x=\begin{bmatrix} y_1 \\ y_2 \end{bmatrix}$.

25. 写出通过点(1,1,1),(1,1,−1),(1,−1,1),(−1,0,0)的球面方程并求其中心和半径.

解 设球面方程为 $x^2+y^2+z^2+ax+by+cz+d=0$,把已知条件代入得关于 a,b,c,d 的线性方程组

$$\begin{cases} a+b+c+d=-3, \\ a+b-c+d=-3, \\ a-b+c+d=-3, \\ -a+d=-1. \end{cases} \quad \text{解得} \quad \begin{cases} a=-1, \\ b=0, \\ c=0, \\ d=-2. \end{cases}$$

所以球面方程为 $x^2+y^2+z^2-x-2=0$,中心坐标为 $\left(\frac{1}{2},0,0\right)$,半径为 $R=\frac{3}{2}$.

26. 写出通过 5 点 $M_1(0,1)$,$M_2(2,0)$,$M_3(-2,0)$,$M_4(1,-1)$,$M_5(-1,-1)$的二次曲线的方程并确定其位置和大小范围.

解 设二次曲线的方程为 $Ax^2+By^2+Cx+D=E$,因 M_1,M_2,M_3,M_4,M_5 在曲线上,所以有

$$\begin{cases} B+D=E, \\ 4A+2C=E, \\ 4A-2C=E, \\ A+B+C-D=E, \\ A+B-C-D=E. \end{cases} \Rightarrow \begin{cases} A=\dfrac{1}{4}E, \\ B=\dfrac{7}{8}E, \\ C=0, \\ D=\dfrac{1}{8}E. \end{cases}$$

取 $E=8$,则 $A=2,B=7,D=1$,故所求方程为 $2x^2+7y^2+y-8=0$,即

$$2x^2+7\left(y+\frac{1}{14}\right)^2=\left(\frac{15}{2\sqrt{7}}\right)^2$$

是椭圆,中心为 $\left(0,-\dfrac{1}{14}\right)$,长轴平行 x 轴,短轴在 y 轴上,半长轴长 $\dfrac{15}{28}\sqrt{14}$,半短轴长 $\dfrac{15}{14}$.

27. 怎样的线性方程组,给出空间中三个没有公共点但两两相交的平面?

解　空间中平面的方程为 $Ax+By+Cz=D$,要三张平面没有公共点,即是下面的线性方程组

$$\begin{cases} A_1x+B_1y+C_1z=D_1, \\ A_2x+B_2y+C_2z=D_2, \\ A_3x+B_3y+C_3z=D_3. \end{cases}$$

无解,它等价于 $\mathrm{r}(A)<\mathrm{r}(A,b)$,于是或 $\mathrm{r}(A)=1$, $\mathrm{r}(A,b)=2$,或 $\mathrm{r}(A)=2$, $\mathrm{r}(A,b)=3$,但若 $\mathrm{r}(A)=1$,则三张平面平行,所以必为 $\mathrm{r}(A)=2$,$\mathrm{r}(A,b)=3$,且 A 的任两行线性无关(因为任两平面不平行).

28. 给出以下事实的几何解释:在三个未知量四个方程的某一线性方程组中,任三个方程未知量的系数所组成的矩阵的秩,以及增广矩阵的秩都等于3.

解　设此线性方程组的系数矩阵为 A,增广矩阵为(A,b).由已知,$\mathrm{r}(A,b)=3$,而 A 为4×3 矩阵,所以 $\mathrm{r}(A)\leqslant3$,又因 A 中任三行的秩为3,所以 $\mathrm{r}(A)=3$,即有 $\mathrm{r}(A)=\mathrm{r}(A,b)=3$,于是知线性方程组

$$\begin{cases} a_1x+b_1y+c_1z=d_1, \\ a_2x+b_2y+c_2z=d_2, \\ a_3x+b_3y+c_3z=d_3, \\ a_4x+b_4y+c_4z=d_4 \end{cases}$$

有解,这就是说,空间四平面共点(因为每个方程代表一张平面).又 A 的任三行秩为3,所以任三张平面有唯一交点,如 Π_1,Π_2,Π_3 的交点为

$$\begin{bmatrix} x \\ y \\ z \end{bmatrix}=\begin{bmatrix} a_1 & b_1 & c_1 \\ a_2 & b_2 & c_2 \\ a_3 & b_3 & c_3 \end{bmatrix}^{-1}\begin{bmatrix} d_1 \\ d_2 \\ d_3 \end{bmatrix}.$$

29. 求四张平面

$$
\begin{aligned}
a_1x+b_1y+c_1z+d_1&=0,\\
a_2x+b_2y+c_2z+d_2&=0,\\
a_3x+b_3y+c_3z+d_3&=0,\\
a_4x+b_4y+c_4z+d_4&=0.
\end{aligned}
$$

共点的充分必要条件.

解 四张平面共点的充要条件为已知的四个方程所构成的线性方程组有唯一解.记

$$
A=\begin{bmatrix}a_1&b_1&c_1\\a_2&b_2&c_2\\a_3&b_3&c_3\\a_4&b_4&c_4\end{bmatrix},\qquad b=\begin{bmatrix}-d_1\\-d_2\\-d_3\\-d_4\end{bmatrix},
$$

则线性方程组可写为 $Ax=b$,它有解 $\Leftrightarrow \mathrm{r}(A)=\mathrm{r}(A,b)$. 又 $\mathrm{r}(A)\leqslant 3$,当 $\mathrm{r}(A)=1$,则 $\dim W_A=2$,此时四张平面重合;当 $\mathrm{r}(A)=2$,则 $\dim W_A=1$,此时四张平面相交于一条直线;所以有唯一交点(共点) $\Leftrightarrow \mathrm{r}(A)=\mathrm{r}(A,b)=3$.

30. 在$\mathbb{R}^2$和$\mathbb{R}^3$中画出下列方程组的解子空间或解陪集.

(1) $\begin{cases}x-2y=0,\\-3x+6y=0;\end{cases}$　　(2) $\begin{cases}2x-3y=1,\\-6x+9y=-3;\end{cases}$

(3) $\begin{cases}x-y+2z=0,\\4x+y-5z=0,\\3x+2y-7z=0;\end{cases}$　　(4) $\begin{cases}2x-y-2z=1,\\-6x+3y+6z=-3,\\-8x+4y+8z=-4.\end{cases}$

解 (1) $x-2y=0\to x=2y$,是过原点的直线(见图 3-1),所以

$$
\begin{bmatrix}x\\y\end{bmatrix}=c\begin{bmatrix}2\\1\end{bmatrix},\qquad c\in\mathbb{R},
$$

(2) $2x-3y=1$, $x=\dfrac{3}{2}y+\dfrac{1}{2}$,是过$\left(\dfrac{1}{2},0\right)$的直线(见图 3-2),所以

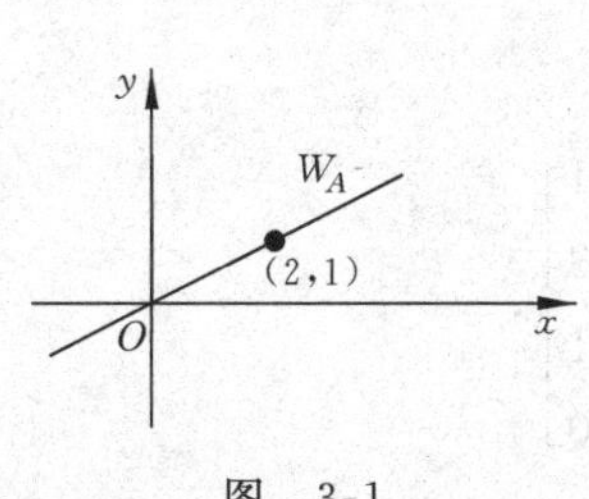

图 3-1

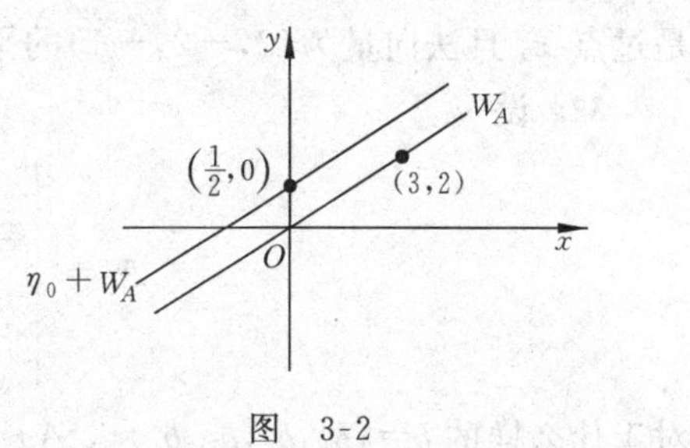

图 3-2

$$\begin{bmatrix} x \\ y \end{bmatrix} = c\begin{bmatrix} 3 \\ 2 \end{bmatrix} + \begin{bmatrix} \frac{1}{2} \\ 0 \end{bmatrix}, \quad c \in \mathbb{R},$$

(3) $A \to \begin{bmatrix} 1 & -1 & 2 \\ 0 & 5 & -13 \\ 0 & 0 & 0 \end{bmatrix}$，所以 $\begin{bmatrix} x \\ y \\ z \end{bmatrix} = c\begin{bmatrix} 3 \\ 13 \\ 5 \end{bmatrix}$，$c \in \mathbb{R}$

是过(0,0,0)和(3,13,5)两点的直线，也即两张过原点的平面 $x-y+2z=0$ 和 $5y-13z=0$ 的交线.

(4) $(A,b) \to \begin{bmatrix} 2 & -1 & -2 & 1 \\ 0 & 0 & 0 & 0 \\ 0 & 0 & 0 & 0 \end{bmatrix}$，所以 $\begin{bmatrix} x \\ y \\ z \end{bmatrix} = c_1\begin{bmatrix} 1 \\ 0 \\ 1 \end{bmatrix} + c_2\begin{bmatrix} \frac{1}{2} \\ 1 \\ 0 \end{bmatrix} + \begin{bmatrix} \frac{1}{2} \\ 0 \\ 0 \end{bmatrix}$，

其中 c_1, c_2 为任实数. W_A 是过原点的平面$\left(\text{法向量为} -\vec{i} + \frac{1}{2}\vec{j} + \vec{k}\right)$，解陪集 $\eta_0 + W_A$ 是过点$\left(\frac{1}{2},0,0\right)$平行 W_A 的平面.

31. 设 $\alpha_1=(1,1,0)$，$\alpha_2=(2,1,2)$，$\alpha_3=(3,2,2)$，

(1) 求出并画出 $\alpha_1, \alpha_2, \alpha_3$ 在 $\mathbb{R}^3$ 中生成的子空间 W；

(2) 求出并画出陪集 x_0+W，其中 $x_0=(2,1,0)$.

解　(1) 因为 $\alpha_3=\alpha_1+\alpha_2$，所以 $W=c_1\alpha_1+c_2\alpha_2$ ($c_1, c_2 \in \mathbb{R}$) 是过原点，法向量为 $\vec{n}=2\vec{i}-2\vec{j}-\vec{k}$ 的平面(见图 3-3).

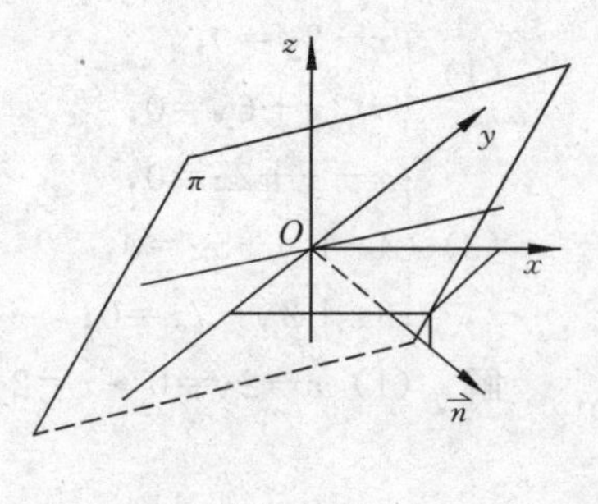

图　3-3

(2) $x_0+W=c_1\begin{bmatrix} 1 \\ 1 \\ 0 \end{bmatrix} + c_2\begin{bmatrix} 2 \\ 1 \\ 2 \end{bmatrix} + \begin{bmatrix} 2 \\ 1 \\ 0 \end{bmatrix}$

是过点 x_0 且法向量为(2,−2,−1)的平面(即平行 W).

32. 设

$$A = \begin{bmatrix} 3 & -6 & 2 & -1 \\ -2 & 4 & 1 & 3 \\ 0 & 0 & 1 & 1 \\ 1 & -2 & 1 & 0 \end{bmatrix},$$

对于什么样的 $b=(b_1,b_2,b_3,b_4)^{\mathrm{T}}$，$Ax=b$ 有解？

解

$$\begin{bmatrix} 3 & -6 & 2 & -1 & b_1 \\ -2 & 4 & 1 & 3 & b_2 \\ 0 & 0 & 1 & 1 & b_3 \\ 1 & -2 & 1 & 0 & b_4 \end{bmatrix} \to \begin{bmatrix} 1 & -2 & 1 & 0 & b_4 \\ 0 & 0 & 3 & 3 & b_2+2b_4 \\ 0 & 0 & 1 & 1 & b_3 \\ 0 & 0 & -1 & -1 & b_1-3b_4 \end{bmatrix}$$

$$\to \begin{bmatrix} 1 & -2 & 1 & 0 & b_4 \\ 0 & 0 & 1 & 1 & b_3 \\ 0 & 0 & 0 & 0 & b_2+2b_4-3b_3 \\ 0 & 0 & 0 & 0 & b_1-3b_4+b_3 \end{bmatrix},$$

要 $Ax=b$ 有解，必 $\mathrm{r}(A)=\mathrm{r}(A,b)$. 所以

$$\begin{cases} b_1-3b_4+b_3=0, \\ b_2+2b_4-3b_3=0, \end{cases} \to \begin{cases} b_1=-b_3+3b_4, \\ b_2=3b_3-2b_4, \end{cases}$$

故
$$\begin{bmatrix} b_1 \\ b_2 \\ b_3 \\ b_4 \end{bmatrix} = c_1 \begin{bmatrix} -1 \\ 3 \\ 1 \\ 0 \end{bmatrix} + c_2 \begin{bmatrix} 3 \\ -2 \\ 0 \\ 1 \end{bmatrix}, \qquad c_1, c_2 \in \mathbb{R}.$$

33. 已知线性方程组 $\begin{bmatrix} 1 & 2 & 1 \\ 2 & 3 & \lambda+2 \\ 1 & \lambda & -2 \end{bmatrix} \begin{bmatrix} x_1 \\ x_2 \\ x_3 \end{bmatrix} = \begin{bmatrix} 1 \\ 3 \\ 0 \end{bmatrix}$.

(1) 当 λ 为何值时，方程组无解？

(2) 若方程组有唯一解，则 $\lambda=$？

解 对增广矩阵做初等行变换得

$$(A,b) \to \begin{bmatrix} 1 & 2 & 1 & 1 \\ 2 & 3 & \lambda+2 & 3 \\ 1 & \lambda & -2 & 0 \end{bmatrix} \to \begin{bmatrix} 1 & 2 & 1 & 1 \\ 0 & -1 & \lambda & 1 \\ 0 & 0 & (\lambda+1)(\lambda-3) & \lambda-3 \end{bmatrix}.$$

(1) $Ax=b$ 无解 $\Leftrightarrow \mathrm{r}(A)<\mathrm{r}(A,b) \Leftrightarrow \lambda=-1$,

(2) 由 $Ax=b$ 有唯一解 $\Leftrightarrow \det A \neq 0$(此时当然有 $\mathrm{r}(A)=\mathrm{r}(A,b)$). 故知有 $\lambda \neq 3,-1$, 即对除 $3,-1$ 以外的数，方程组均有唯一解.

34. 设 $A=\begin{bmatrix} 1 & 2 & -2 \\ 4 & t & 3 \\ 3 & -1 & 1 \end{bmatrix}$, B 为三阶非零矩阵，且 $AB=0$，则 $t=$？

解 由 $AB=0$，知 B 的列均为齐次线性方程组 $Ax=0$ 的解；由 $B\neq 0$，知 $Ax=0$ 有非零解，故其系数行列式必为 0.

$$\det A = t + 18 + 8 + 6t + 3 - 8 = 0 \to t = -3.$$

35. 已知 $\alpha_1=(0,1,0)^T$, $\alpha_2=(-3,2,2)^T$ 是线性方程组

$$\begin{cases} x_1 - x_2 + 2x_3 = -1, \\ 3x_1 + x_2 + 4x_3 = 1, \\ ax_1 + bx_2 + cx_3 = d \end{cases}$$

的两个解，求此方程组的全部解.

解　记已知方程组为 $Ax=\beta$. 因 $r(A)\geqslant 2$（显然，A 的 1,2 两行不成比例），故相应的齐次线性方程组 $Ax=0$ 的解空间的维数不超过 1，即 $\dim W_A\leqslant 1$. 又 $(\alpha_1-\alpha_2)=\eta$ 是 $Ax=0$ 的非零解，所以 $\dim W_A=1$，于是 $Ax=\beta$ 的全部解为

$$x = \alpha_1 + k(\alpha_1 - \alpha_2) = \begin{pmatrix} 0 \\ 1 \\ 0 \end{pmatrix} + k\begin{pmatrix} 3 \\ -1 \\ -2 \end{pmatrix}, \quad k \text{ 为任意数}.$$

36. 试证明：$r(AB)=r(B)$ 当且仅当方程组 $ABx=0$ 的解均为 $Bx=0$ 的解.

证　$\Leftarrow$当 $ABx=0$ 的解都是 $Bx=0$ 的解时，由于 $Bx=0$ 的解也都是 $ABx=0$ 的解. 所以两方程组是同解的，于是其系数矩阵的秩相同.

$\Rightarrow$当 $r(AB)=r(A)$ 时，

$$\dim W_{AB} = n - r(AB) = n - r(B) = \dim W_B,$$

又 $W_B\subseteq W_{AB}$，所以必有 $W_{AB}=W_B$（即 $ABx=0$ 的解均为 $Bx=0$ 的解）.

37. 设 $r(AB)=r(B)$，试证明对任意可乘的矩阵 C，均有 $r(ABC)=r(BC)$.

证　由第 36 题，只需证明：方程组 $ABCx=0$ 的解均为 $BCx=0$ 的解. 事实上，若有 y_0 适合 $ABCy_0=0$，记 $Cy_0=x_0$，此即是 $ABx_0=0$，也就是说 x_0 是 $ABx=0$ 的解，又由已知 $r(AB)=r(B)$ 及第 36 题的必要性知，x_0 也是 $Bx=0$ 的解，即有 $Bx_0=0$ 也即是 $BCy_0=0$，所以 y_0 是 $BCx=0$ 的解.（由第 36 题的充分性即知有 $r(ABC)=r(BC)$.）

38. 试证明：若有正整数 k 使 $r(A^k)=r(A^{k+1})$ 则 $r(A^k)=r(A^{k+j})$ $(j=1,2,3,\cdots)$.

证　用归纳法证明 $r(A^k)=r(A^{k+j})$ 对 $j=1,2,\cdots$ 成立.

当 $j=1$ 时为 $r(A^k)=r(A^{k+1})$，由已知成立. 设当 $j=n$ 时成立，即有 $r(A^k)=r(A^{k+n})$，则当 $j=n+1$ 时，由 37 题，取 $C=A$，则 $r(A^k\cdot A)=r(A^{k+n}\cdot A)$，即

$$r(A^{k+n+1})=r(A^{k+1})=r(A^k),$$

所以当 $j=n+1$ 时也成立，于是对任 j，$r(A^{k+j})=r(A^k)$ 成立.

39. 设矩阵 $A_{n\times r}$ 的列向量空间是某齐次线性方程组的解子空间. 试证明：$C_{n\times r}$ 的列向量空间也为该向量组的解子空间的充分必要条件为 $C=AB$（B 为某 r 阶可逆方阵，其中 $r=r(A)=r(C)$）.

证　$\Leftarrow$由 $C=AB=(A_1,\cdots,A_r)B$，知 C 的列是 A 的列的线性组合，所以也是该方程组的解，且线性无关，又 $r_c(C)=r=r_c(A)$，所以 C 的列也是该方程组的一个基础解系，由

此得证.

⇒由 C 的列可由 A 的列线性表出,设 $C_j=b_{1j}A_1+\cdots+b_{rj}A_r$, $j=1,2,\cdots,r$. 得

$$(C_1,\cdots,C_r)=(A_1,\cdots,A_r)\begin{bmatrix}b_{11}&\cdots&b_{1r}\\ \vdots&&\vdots\\ b_{r1}&\cdots&b_{rr}\end{bmatrix},$$

记 $B=(b_{ij})_{r\times r}$,有 $C=AB$,又因为 $\mathrm{r}(A)=\mathrm{r}(C)=r$,而 $\mathrm{r}(C)\leqslant\min \mathrm{r}(B,A)$,所以 $\mathrm{r}(B)=r$,即 B 可逆.

40. 设向量组$\{\beta_1,\cdots,\beta_m\}$线性无关且可由向量组$\{\alpha_1,\cdots,\alpha_n\}$线性表出,则存在 $\alpha_k(1\leqslant k\leqslant n)$使$\{\alpha_k,\beta_2,\cdots,\beta_m\}$线性无关.

证 反证法. 若对所有的 α_k 都有 $\alpha_k,\beta_2,\cdots,\beta_m$ 线性相关,即存在一组不全为 0 的数 $\lambda_k,\mu_2,\cdots,\mu_m$ 使

$$\lambda_k\alpha_k+\mu_2\beta_2+\cdots+\mu_m\beta_m=0,$$

由已知 $\beta_2,\cdots,\beta_m$ 线性无关,所以必 $\lambda_k\neq 0$,即 α_k 可由 $\beta_2,\cdots,\beta_m$ 线性表出. 又因 β_1 可由$\{\alpha_1,\cdots,\alpha_n\}$线性表出,从而 β_1 可由$\{\beta_2,\cdots,\beta_m\}$线性表出. 这与已知$\{\beta_1,\beta_2,\cdots\beta_m\}$线性无关矛盾,所以必有某个 α_k 使$\{\alpha_k,\beta_2,\cdots,\beta_m\}$线性无关.

41. 试证明斜对称方阵的秩是偶数(斜对称方阵是指满足 $A^{\mathrm{T}}=-A$ 的方阵,又称反对称方阵).

证 设 $\mathrm{r}(A)=r$,则若 A 的第 $i_1,\cdots,i_r$ 行线性无关,由反对称性知 A 的第 $i_1,\cdots,i_r$ 列也线性无关$\left(\text{因为记 } A=\begin{bmatrix}\alpha_1\\ \vdots\\ \alpha_n\end{bmatrix}, \text{则 } A=(-\alpha_1^{\mathrm{T}},\cdots,-\alpha_n^{\mathrm{T}})\right)$. 于是由第 23 题知

$$\det A\begin{pmatrix}i_1&\cdots&i_r\\ i_1&\cdots&i_r\end{pmatrix}\neq 0.$$

又 A 的所有主子式均为反对称阵,而奇数阶的反对称阵的行列式值均为 0(见 2.3 节第 20 题),所以 r 为偶数.

42. 求证对两个二次多项式的结式 R,有

$$4R=(2a_0b_2-a_1b_1+2a_2b_0)^2-(4a_0a_2-a_1^2)(4b_0b_2-b_1^2).$$

证 设 $f(x)=a_0x^2+a_1x+a_2$, $g(x)=b_0x^2+b_1x+b_2$,

$$4R(f,g)=\begin{vmatrix}2a_0&a_1&a_2&\\ &a_0&a_1&2a_2\\ 2b_0&b_1&b_2&\\ &b_0&b_1&2b_2\end{vmatrix}=-\begin{vmatrix}2a_0&a_1&a_2&\\ 2b_0&b_1&b_2&\\ &a_0&a_1&2a_2\\ &b_0&b_1&2b_2\end{vmatrix}$$

$$=-\begin{vmatrix}2a_0&a_1\\ 2b_0&b_1\end{vmatrix}\begin{vmatrix}a_1&2a_2\\ b_1&2b_2\end{vmatrix}+\begin{vmatrix}2a_0&a_2\\ 2b_0&b_2\end{vmatrix}\begin{vmatrix}a_0&2a_2\\ b_0&2b_2\end{vmatrix}$$

$$=-(2a_0b_1-2b_0a_1)(2a_1b_2-2b_1a_2)+(2a_0b_2-2a_2b_0)^2$$
$$=-4a_0b_2a_1b_1+4a_1^2b_0b_2+4a_0a_2b_1^2-4b_0a_2a_1b_1+(2a_0b_2+2a_2b_0)^2-16a_0b_2a_2b_0$$
$$=(2a_0b_2-a_1b_1+2a_2b_0)^2-a_1^2b_1^2+4a_0a_2b_1^2+4b_0b_1a_1^2-16a_0a_2b_0b_2$$
$$=(2a_0b_2-a_1b_1+2a_2b_0)^2-(4a_0a_2-a_1^2)(4b_0b_2-b_1^2).$$

43. 若 $y_1,\cdots,y_{n-1}$ 是 $f(x)$ 的微商 $f'(x)$ 的零点,则

$$\operatorname{disc}(f)=(-1)^{\frac{n(n-1)}{2}}n^na_0^{n-1}\prod_k f(y_k).$$

证 设 $f(x)=a_0x^n+\cdots+a_{n-1}x+a_n$,则 $f'(x)=na_0x^{n-1}+\cdots+a_{n-1}=b_0x^{n-1}+\cdots$,又 $\operatorname{disc}(f)=(-1)^{\frac{n(n-1)}{2}}a_0^{-1}R(f,f')$,由定理 3.12 知有

$$R(f,f')=(-1)^{n(n-1)}b_0^n\prod_{k=1}^{n-1}f(y_k)=n^na_0^n\prod_{k=1}^{n-1}f(y_k).\quad (\text{注意 } b_0=na_0)$$

所以得证.

44. (1) 求 $f(x)=x^n+ax+b$ 的判别式;

(2) 求 $f(x)=x^n+ax^k+b$ 的判别式($n>k$).

解 (1) 因为 $f'(x)=nx^{n-1}+a$,故 $f'(x)=0$ 的根为

$$y_k=\sqrt[n-1]{-\frac{a}{n}}\varepsilon^k,\quad k=0,1,\cdots,n-2,$$

其中 $\varepsilon=e^{\frac{2\pi i}{n-1}}$. 于是

$$R(f,f')=(-1)^{n(n-1)}n^n\prod_{k=0}^{n-2}(y_k^n+ay_k+b)$$
$$=n^n\prod_{k=0}^{n-2}\left(b+\frac{n-1}{n}a\sqrt[n-1]{-\frac{a}{n}}\varepsilon^k\right)=n^n\left[b^{n-1}-\frac{(1-n)^{n-1}}{n^{n-1}}a^{n-1}\left(-\frac{a}{n}\right)\right]$$
$$=n^n\left[b^{n-1}+(-1)^{n-1}\frac{(n-1)^{n-1}}{n^n}a^n\right]=n^nb^{n-1}+(1-n)^{n-1}a^n,$$

故 $$\operatorname{disc}(f)=(-1)^{\frac{n(n-1)}{2}}R(f,f')=(-1)^{\frac{n(n-1)}{2}}[n^nb^{n-1}+(1-n)^{n-1}a^n].$$

(2) 设 $(n,k)=d$,则 $n=n_1d,k=k_1d$,因为

$$f'(x)=nx^{n-1}+kax^{k-1}=nx^{k-1}\left[x^{n-k}-\frac{-ka}{n}\right],$$

所以 $f'(x)$ 的根为 $\xi_1=\xi_2=\cdots=\xi_{k-1}=0$,及 $\xi_{k+l}=\sqrt[(n-k)]{\frac{-ka}{n}}\varepsilon^l=\xi_k\varepsilon^l,l=0,1,\cdots,n-k-1$. 其中 $\varepsilon^{n-k}=1$,又因为

$$\varepsilon^{lk}=1^{\frac{lk}{n-k}}=1^{\frac{lk_1d}{(n_1-k_1)d}}=\eta^{lk_1}\quad (\text{即 } \eta^{n_1-k_1}=1),$$

所以 $$R(f,f')=n^n\prod_{j=1}^{n-1}(f(\xi_j))=n^nb^{k-1}\prod_{l=0}^{n-k-1}f(\xi_{k+l})$$

$$=n^n b^{k-1}\prod_{l=0}^{n-k-1}(\xi_k^n\varepsilon^{ln}+a\xi_k^k\varepsilon^{lk}+b)$$

$$=n^n b^{k-1}\prod_{l=0}^{n-k-1}\left[b+\frac{(n-k)a}{n}\xi_k^k\varepsilon^{lk}\right]$$

$$=n^n b^{k-1}\prod_{l=0}^{n_1-k_1-1}\left[b+\frac{(n-k)a}{n}\xi_k^k\eta^{lk_1}\right]^d$$

$$=n^n b^{k-1}\left[b^{n_1-k_1}-\frac{(-(n-k)a)^{n_1-k_1}}{n^{n_1-k_1}}\cdot\frac{(-ka)^{k_1}}{n^{k_1}}\right]^d$$

$$=b^{k-1}[n^{n_1}b^{n_1-k_1}+(-1)^{n_1-1}(n-k)^{n_1-k_1}k^{k_1}a^{n_1}]^d.$$

以上化简过程还用到 $\xi_k^k=\left(-\frac{ka}{n}\right)^{\frac{k}{n-k}}=\left(\frac{-ka}{n}\right)^{\frac{k_1}{n_1-k_1}}$ 及 $\eta^{lk_1(n_1-k_1)}=1,(\xi_k\varepsilon^l)^{n-k}=\frac{-ka}{n}$等.

于是得

$$\operatorname{disc}(f)=(-1)^{\frac{n(n-1)}{2}}b^{k-1}[n^{n_1}b^{n_1-k_1}+(-1)^{n_1-1}(n-k)^{n_1-k_1}k^{k_1}a^{n_1}]^d.$$

45. 求结式：

(1) x^n+x+1 与 x^2-3x+2；(2) x^n+1 与 $(x-1)^n$；(3) x^n-1 与 x^m-1.

解 (1) 因为 $g(x)=x^2-3x+2$ 的根为 $y_1=1,y_2=2$,所以

$$R(f,g)=(-1)^{2n}\cdot 1^n\cdot\prod_{j=1}^{2}(f(y_j))=(1+1+1)(2^n+2+1)=3(2^n+3).$$

(2) 因为 1 是 $g(x)=(x-1)^n$ 的 n 重根,所以

$$R(f,g)=(-1)^{n\cdot n}\prod_{j=1}^{n}f(y_j)=(-1)^{n^2}\cdot 2^n=(-1)^n 2^n$$

(最后一个等号是因为 n 与 n^2 同奇、偶).

(3) 因为 $(x^n-1,x^m-1)=(x-1)$,即 f,g 有公因子,所以

$$R(f,g)=0.$$

46. 解方程组：

(1) $\begin{cases}x^3+y^3=7(x+y),\\x^2+y^2=13;\end{cases}$ (2) $\begin{cases}-ay+x(1-x^2-y^2)=0,\\ax+y(1-x^2-y^2)=a;\end{cases}$

(3) $\begin{cases}x^3-y^3-z^3=3xyz,\\x^2=2(y^2+z^2).\end{cases}$ (仅求正整数解)

解　(1)

$$R_x(f,g)=\begin{vmatrix}1 & 0 & -7 & -7y+y^3 & 0\\ 0 & 1 & 0 & -7 & -7y+y^3\\ 1 & 0 & -13+y^2 & 0 & 0\\ 0 & 1 & 0 & -13+y^2 & 0\\ 0 & 0 & 1 & 0 & -13+y^2\end{vmatrix}$$

$$=\begin{bmatrix}1 & 0 & -7 & y^3-7y & 0\\ 0 & 1 & 0 & -7 & y^3-7y\\ 0 & 0 & y^2-6 & 7y-y^3 & 0\\ 0 & 0 & 0 & y^2-6 & 7y-y^3\\ 0 & 0 & 1 & 0 & y^2-13\end{bmatrix}$$

$$=(y^2-6)^2(y^2-13)+(7y-y^3)^2=2y^6-39y^4+241y^2-468,$$

令 $y^2=z$,求三次方程

$$z_3-\frac{39}{2}z^2+\frac{241}{2}z-234=(z-4)\left(z^2-\frac{31}{2}z+\frac{117}{2}\right)=0$$

的根,知 $y^2=4,9,\frac{13}{2}$,即 $y=\pm 2,\pm 3,\pm\sqrt{\frac{13}{2}}$,代入原方程组,由 x,y 的对称性知 $x=\pm 3,\pm 2,\mp\sqrt{\frac{13}{2}}$. 故原方程组的解为

$$(\pm 2,\pm 3);(\pm 3,\pm 2);\left(\pm\sqrt{\frac{13}{2}},\mp\sqrt{\frac{13}{2}}\right).$$

(2)

$$R_x(f,g)=\begin{bmatrix}-1 & 0 & (1-y^2) & -ay & 0\\ 0 & -1 & 0 & 1-y^2 & -ay\\ -y & a & y(1-y^2)-a & 0 & 0\\ 0 & -y & a & y(1-y^2)-a & 0\\ 0 & 0 & -y & a & y(1-y^2)-a\end{bmatrix}$$

$$\xlongequal[\text{按第 1 列展开}]{(-y)\times r_1+r_3\text{ 后}}-\begin{bmatrix}-1 & 0 & 1-y^2 & -ay\\ a & -a & ay^2 & 0\\ -y & a & y(1-y^2)-a & 0\\ 0 & -y & a & y(1-y^2)-a\end{bmatrix}$$

$$\xlongequal[ar_1+r_3]{ar_1+r_2}\begin{bmatrix}-a & a & -a^2y\\ a & -a & ay^2\\ -y & a & y(1-y^2)-a\end{bmatrix}$$

$$=-a^2y(a-y)^2.$$

故 $y_1=0$ 或 $y_2=a$，代入解得 $x_1=1, x_2=\frac{1\pm\sqrt{1-4a^2}}{2}$. 故原方程的解为 $(1,0)$；$\left(\frac{1\pm\sqrt{1-4a^2}}{2},a\right)$.

(3) 因

$$R_x(f,g)=\begin{vmatrix}1 & 0 & -3yz & -y^3-z^3 & 0\\ 0 & 1 & 0 & -3yz & -y^3-z^3\\ 1 & 0 & -2(y^2+z^2) & 0 & 0\\ 0 & 1 & 0 & -2(y^2+z^2) & 0\\ 0 & 0 & 1 & 0 & -2(y^2+z^2)\end{vmatrix}$$

$$\xlongequal[\text{按第 1 列展开}]{-r_1+r_3\text{ 后}}\begin{vmatrix}1 & 0 & -3yz & -y^3-z^3\\ 0 & 3yz-2(y^2+z^2) & y^3+z^3 & 0\\ 1 & 0 & -2(y^2+z^2) & 0\\ 0 & 1 & 0 & -2(y^2+z^2)\end{vmatrix}$$

$$\xlongequal[\text{按第 1 列展开}]{-r_1+r_3\text{ 后}}\begin{vmatrix}3yz-2(y^2+z^2) & y^3+z^3 & 0\\ 0 & 3yz-2(y^2+z^2) & y^3+z^3\\ 1 & 0 & -2(y^2+z^2)\end{vmatrix}$$

$$=7y^6-24y^5z+42y^4z^2-50y^3z^3+42y^2z^4-24yz^5+7z^6$$

$$=(y-z)^2(7y^4-10y^3z+15y^2z^2-10yz^3+7z^4)=0,$$

于是得

① $y=z$，代入原方程组第 2 个方程中得 $x^2=4y^2$，解得 $x=\pm 2y$. 因 $x=-2y$ 不满足原方程组第 1 个方程，所以舍去. 故得方程组的全部解为 $t(2,1,1), t\in\mathbb{N}$. 或

② $7u^4-10u^3+15u^2-10u+7=0, u=\frac{y}{z}$ 为正整数之商，所以 u 为正有理数，u 的可能值为 $1,\frac{1}{7},7$. 1 显然不是根；7 代入只要看个位数即可. $(7-0+5-0+7)\neq 0$，所以 7 不是根；于是 $\frac{1}{7}$ 也不是根 $\left(\text{因为 } v=\frac{z}{y}\text{ 的方程与关于 } u \text{ 的方程同，而 } v=7 \text{ 不是根，所以 } \frac{1}{7}\text{ 不是根}\right)$，故此时原方程组无解.

47. 试判定方程组 $\begin{cases}y^2+2x^2y-1=0,\\ 6x^2-y^2-3y=0\end{cases}$ 无有理数解.

解

$$R_x(f,g)=\begin{vmatrix}2y & 0 & y^2-1 & 0\\ 0 & 2y & 0 & y^2-1\\ 6 & 0 & -y^2-3y & 0\\ 0 & 6 & 0 & -y^3-3y\end{vmatrix}\xlongequal[\text{展开}]{\text{按1,3行}}\begin{vmatrix}2y & y^2-1\\ 6 & -y^3-3y\end{vmatrix}$$

$$=2^2(y^4+6y^2-3)^2=0,$$

因为 $y^4+6y^2-3=0$ 的根满足 $y^2=-3\pm2\sqrt{3}$不是有理数,故原方程组无有理数解.

48. 试计算多项式 $f(x)$的判别式:

(1) $f(x)=x^n+a$; (2) $f(x)=\dfrac{x^n-1}{x-1}$; (3) $f(x)=x^n+ax^{n-1}+ax^{n-2}+\cdots+a$.

解 (1) 方法1　因为 $f(x)=x^n+a$,所以 $f'(x)=nx^{n-1}$,即0为 f'的 $n-1$重根.

所以
$$\Delta(f)=R(f,f')=(-1)^{n(n-1)}n^n\prod_{j=1}^{n-1}f(0)=n^na^{n-1}.$$

方法2　用行列式算

$$\Delta(f)=\begin{vmatrix}1 & & & 0 & a & & \\ & \ddots & & \vdots & & \ddots & \\ & & 1 & 0 & & & a\\ n & & & & & & \\ & \ddots & & & & & \\ & & n & & & & \end{vmatrix}=\begin{vmatrix}1 & & & 0 & a & & \\ & \ddots & & \vdots & & \ddots & \\ & & 1 & 0 & & & a\\ & & & 0 & -na & & \\ & & & & \ddots & \ddots & \\ & & & & & \ddots & -na\\ & & & n & & & 0\end{vmatrix}$$

$$=(-1)^n n(-na)^{n-1}=a^{n-1}n^n.$$

其中第二个等号是对行列式做了如下运算:i行的$(-n)$倍加到$(n-1)+i$行上$(i=1,\cdots,n-1)$,故行列式值不变.于是得:$\mathrm{disc}(f)=(-1)^{\frac{n(n-1)}{2}}a^{n-1}\cdot n^n$.

(2) 由 $f(x)=\dfrac{x^n-1}{x-1}\to(x-1)f(x)=x^n-1$,因为

$$\Delta((x-1)(f(x)))=(-1)^{n-1}\Delta(f(x))\cdot n^2,\quad \Delta(x^n-1)=(-1)^{n-1}n^n,$$

所以

$$\Delta(f(x))=n^{n-2}\to\mathrm{disc}(f)=(-1)^{\frac{n(n-1)}{2}}n^{n-2}.$$

(3) 由 $f(x)=x^n+ax^{n-1}+ax^{n-2}+\cdots+a$,易知

$$(x-1)f(x)=x^{n+1}+(a-1)x^n-a,$$

左边的判别式为$(1+na)^2$,而右边的多项式相当于习题44(2)中 n取 $n+1$,k取 n,a取 $a-1$,b取 $-a$,故有

$$(1+na)^2\Delta(f(x))=(-a)^{n-1}[(n+1)^{n+1}(-a)+(-1)^n n^n(a-1)^{n+1}]$$
$$=(-1)^n a^{n-1}[(n+1)^{n+1}a+n^n(1-a)^{n+1}]$$

所以

$$\Delta(f(x))=(-1)^n a^{n-1}[(n+1)^{n+1}a+n^n(1-a)^{n+1}]/(1+na)^2.$$

故
$$\mathrm{disc}(f(x))=a^{n-1}\frac{(n+1)^{n+1}a+n^n(1-a)^{n+1}}{(1+na)^2}.$$

3.4 补充题与解答

1. 设 $A=(a_{ij})$是$\mathbb{R}$上的 n 阶方阵,其元素满足

$$|a_{ii}|>\sum_{k\neq i}|a_{ik}|,\quad i=1,\cdots,n.$$

试证:$\det A\neq 0$.

证 方法 1(反证法) 若 $\det A=0$,则存在非零向量 $x=(x_1,x_2,\cdots,x_n)^{\mathrm{T}}$ 使 $Ax=0$.不妨设

$$|x_1|=\max_{1\leqslant i\leqslant n}|x_i|,$$

则由 $Ax=0$ 的第一个方程(若$|x_k|=\max\limits_{1\leqslant i\leqslant n}|x_i|$,则取第 k 个方程)

$$a_{11}x_1+a_{12}x_2+\cdots+a_{1n}x_n=0.$$

可得

$$|a_{11}x_1|=|a_{12}x_2+\cdots+a_{1n}x_n|\leqslant(|a_{12}|+\cdots+|a_{1n}|)|x_1|,$$

两边消去$|x_1|$,即得 $|a_{11}|\leqslant\sum\limits_{k\neq 1}|a_{1k}|$,这与已知矛盾,故必有 $\det A\neq 0$.

方法 2(归纳法) A 为 2 阶方阵时,显然成立(因$|a_{11}|>|a_{12}|$,$|a_{22}|>|a_{21}|$,故 $\det A=(a_{11}a_{22}-a_{12}a_{21})\neq 0$).

今假设对 $n-1$ 阶方阵结论成立,要推出 n 阶方阵亦成立.为此,把 A 的第 1 行乘$\left(-\frac{a_{i1}}{a_{11}}\right)$加到第 i 行上去($i=2,\cdots,n$),即有

$$\det A=\begin{vmatrix}a_{11}&a_{12}&\cdots&a_{1n}\\0&a'_{22}&\cdots&a'_{2n}\\\vdots&\vdots&&\vdots\\0&a'_{n2}&\cdots&a'_{nn}\end{vmatrix}_n=a_{11}\begin{vmatrix}a'_{22}&\cdots&a'_{2n}\\\vdots&&\vdots\\a'_{n2}&\cdots&a'_{nn}\end{vmatrix}_{n-1}.$$

其中 $a'_{ij}=a_{ij}-\frac{a_{i1}a_{1j}}{a_{11}}$.现在要证等号右边的 $n-1$ 阶行列式的元素仍满足已知条件:因

$$\sum_{\substack{j=2\\j\neq i}}^n|a'_{ij}|=\sum_{\substack{j=2\\j\neq i}}^n\left|a_{ij}-\frac{a_{i1}a_{1j}}{a_{11}}\right|\leqslant\sum_{\substack{j=2\\j\neq i}}^n|a_{ij}|+\sum_{\substack{j=2\\j\neq i}}^n\left|\frac{a_{i1}a_{1j}}{a_{11}}\right|$$

$$=\sum_{\substack{j=2\\j\neq i}}^{n}|a_{ij}|+\frac{|a_{i1}|}{|a_{11}|}\left(\sum_{\substack{j=2\\j\neq i}}^{n}|a_{1j}|+|a_{1i}|-|a_{1i}|\right),$$

又因为

$$\left(\sum_{\substack{j=2\\j\neq i}}^{n}|a_{ij}|+|a_{i1}|\right)-|a_{1i}|<|a_{11}|-|a_{1i}|,$$

代入前式得

$$\sum_{\substack{j=2\\j\neq i}}^{n}|a'_{ij}|<\sum_{\substack{j=2\\j\neq i}}^{n}|a_{ij}|+\frac{|a_{i1}|}{|a_{11}|}|a_{11}|-\frac{|a_{i1}a_{1i}|}{a_{11}}$$

$$<|a_{ii}|-\left|\frac{a_{i1}a_{1i}}{a_{11}}\right|\leqslant\left|a_{ii}-\frac{a_{i1}a_{1i}}{a_{11}}\right|=|a'_{ii}|,$$

由归纳假设，此 $n-1$ 阶行列式值不为 0，从而得 $\det A\neq 0$.

2. 设 A 为$\mathbb{R}$上的 $n\times(n+1)$矩阵，X 为$(n+1)\times n$ 矩阵，其元素由独立未知数构成. 试证：矩阵方程 $AX=I_n$ 有解的充分必要条件是 $\mathrm{r}(A)=n$.

证 方法 1 令 $e_1=(1,0,\cdots,0)^{\mathrm{T}}, e_2=(0,1,0,\cdots,0)^{\mathrm{T}},\cdots,e_n=(0,\cdots,0,1)^{\mathrm{T}}$ 则 $I_n=(e_1,\cdots,e_n)$，记 $A=(\beta_1,\cdots,\beta_n,\beta_{n+1})$. $X=(X_1,\cdots,X_n)$，则有

$$\begin{aligned}AX=I_n\text{ 有解}&\Leftrightarrow A(X_1,\cdots,X_n)=(e_1,\cdots,e_n)\text{ 有解}\\&\Leftrightarrow AX_i=e_i\text{ 均有解}(i=1,\cdots,n)\\&\Leftrightarrow e_1,\cdots,e_n\text{ 均可由 }A\text{ 的列线性表出}\\&\Leftrightarrow e_1,\cdots,e_n\text{ 与向量组 }\beta_1,\cdots,\beta_n,\beta_{n+1}\text{ 等价}\\&\Leftrightarrow \mathrm{r}(A)=n.\end{aligned}$$

可精细地叙述如下：

$\Leftarrow$ 若 $\mathrm{r}(A)=n$，不妨设 $\beta_1,\cdots,\beta_n$ 是 A 的列向量组的极大线性无关组，则它们也是$\mathbb{R}^n$的一组基，故 $e_1,\cdots,e_n$ 均可由其线性表出，即 $AX_i=e_i, i=1,\cdots,n$ 均有解，从而 $AX=I_n$ 有解.

$\Rightarrow$ 反之，若 $AX_i=e_i$ 均有解$(i=1,\cdots,n)$，即 $e_1,\cdots,e_n$ 可由 $\beta_1,\cdots,\beta_n,\beta_{n+1}$ 线性表出，又$\beta_i\in\mathbb{R}^n(i=1,\cdots,n)$，$e_1,\cdots,e_n$ 是$\mathbb{R}^n$的自然基，故 β_i 均可由 $e_1,\cdots,e_n$ 线性表出. 所以 $e_1,\cdots,e_n$ 与 $\beta_1,\cdots,\beta_n,\beta_{n+1}$是等价向量组，故

$$\mathrm{r}(A)=\mathrm{r}(e_1,\cdots,e_n)=\mathrm{r}(I_n)=n.$$

注 由以上证明不难看出，把题设条件 $n+1$ 改为 m 结论仍成立.

方法 2 设 $\mathrm{r}(A)=r$，则存在可逆阵 P,Q 使 $PAQ=\begin{pmatrix}I_r&0\\0&0\end{pmatrix}$. 由已知 A 是 $n\times(n+1)$ 矩阵，故 $r\leqslant n$.

$\Rightarrow$ 若存在 X，使 $AX=I_n$，则

$$PAQQ^{-1}X = PI = P.$$

记 $Q^{-1}X=\begin{bmatrix} X_{11} & X_{12} \\ X_{21} & X_{22} \end{bmatrix}$,由上式得

$$\begin{pmatrix} I_r & 0 \\ 0 & 0 \end{pmatrix}\begin{bmatrix} X_{11} & X_{12} \\ X_{21} & X_{22} \end{bmatrix} = \begin{pmatrix} X_{11} & X_{12} \\ 0 & 0 \end{pmatrix} = P.$$

于是,因等式右边的方阵 P 是可逆阵,有 $\mathrm{r}(P)=n$,故 $\mathrm{r}\begin{pmatrix} X_{11} & X_{12} \\ 0 & 0 \end{pmatrix}=n$,所以必有 $r\geqslant n$. 又由题设知 $r\leqslant n$,故得 $r=n$,即 $\mathrm{r}(A)=n$.

$\Leftarrow$ 若 $\mathrm{r}(A)=n$,即 $PAQ=(I_n,0)$,由此得

$$AQ = P^{-1}(I_n,0) = (P^{-1},0) = (I_n,0)\begin{pmatrix} P^{-1} & \\ & 1 \end{pmatrix}_{n+1}.$$

记 $X=Q\begin{pmatrix} P & \\ & 1 \end{pmatrix}\begin{pmatrix} I_n \\ 0 \end{pmatrix}$,则有

$$AX = AQ\begin{pmatrix} P & \\ & 1 \end{pmatrix}\begin{pmatrix} I_n \\ 0 \end{pmatrix} = (I_n \quad 0)\begin{pmatrix} I_n \\ 0 \end{pmatrix} = I_n.$$

即把 A 只经过初等列变换化为 $(I_n, 0)$ 的可逆阵的前 n 列组成的矩阵就是 $AX=I_n$ 的解.

注 存在 n 阶可逆阵 P 和 $n+1$ 阶可逆阵 Q 使 $PAQ=\begin{pmatrix} I_r & 0 \\ 0 & 0 \end{pmatrix}$ 的结论见定理 4.4,等式右边称为 A 的相抵标准形.

3. 试证方阵 A 的任一特征根 λ_j 适合不等式

$$|\lambda_j| \leqslant \min\left(\max_{1\leqslant l\leqslant n}\sum_{k=1}^{n}|a_{kl}|, \max_{1\leqslant l\leqslant n}\sum_{k=1}^{n}|a_{lk}|\right),$$

其中 λ_j 是 $|\lambda I-A|=0$ 的解.

证(利用 1 题的结论) 设 λ_j 为 A 的任一特征值,则有 $|\lambda_j I-A|=0$,故由 1 题,必存在 l 使得

$$|\lambda_j - a_{ll}| \leqslant \sum_{k\neq l}|a_{lk}|,$$

即有

$$|\lambda_j| \leqslant \sum_{k=1}^{n}|a_{lk}| \leqslant \max_{1\leqslant l\leqslant n}\left(\sum_{k=1}^{n}|a_{lk}|\right).$$

同理可证(因 $|(\lambda I-A)^{\mathrm{T}}|=|\lambda I-A|$)

$$|\lambda_j| \leqslant \max_{1\leqslant l\leqslant n}\left(\sum_{k=1}^{n}|a_{kl}|\right).$$

故得

$$|\lambda_j| \leqslant \min\left(\max_{1\leqslant l\leqslant n}\sum_{k=1}^{n}|a_{kl}|,\ \max_{1\leqslant l\leqslant n}\sum_{k=1}^{n}|a_{lk}|\right).$$

4. 设 $A=(a_{ij})$ 是 $m\times n$ 矩阵($m<n$),已知齐次线性方程组 $AX=0$ 的基础解系为 $\beta_i=(b_{i1},b_{i2},\cdots,b_{in})^{\mathrm{T}}(i=1,2,\cdots,n-m)$. 试求齐次线性方程组

$$\sum_{j=1}^{n}b_{ij}y_j=0,\quad i=1,2,\cdots,n-m$$

的基础解系,并说明理由.

解　由题设知 $AX=0$ 的基础解系含有 $n-m$ 个向量,故知 $\mathrm{r}(A)=m$,即 A 的行向量组线性无关. 从而知 A^{T} 的列向量组线性无关. 记

$$B=(\beta_1,\beta_2,\cdots,\beta_{n-m}).$$

由 $A\beta_i=0,i=1,\cdots,n-m$,故有 $AB=0$,转置得

$$B^{\mathrm{T}}A^{\mathrm{T}}=0,$$

于是知,A^{T} 的列向量都是 $B^{\mathrm{T}}y=0$ 的解. 又因

$$\mathrm{r}(B^{\mathrm{T}})=\mathrm{r}(B)=\mathrm{r}(\beta_1,\cdots,\beta_{n-m})=n-m,$$

所以 $B^{\mathrm{T}}y=0$ 的基础解系含有 $n-(n-m)=m$ 个向量,而 A^{T} 的列恰是 m 个线性无关的向量. 所以知,A^{T} 的列恰是 $B^{\mathrm{T}}y=0$,即

$$\sum_{j=1}^{n}b_{ij}y_j=0,\quad i=1,\cdots,n-m$$

的基础解系.

5. 设有(Ⅰ)$AX=b$ 和(Ⅱ)$\begin{pmatrix}A^{\mathrm{T}}\\ b^{\mathrm{T}}\end{pmatrix}X=\begin{pmatrix}0\\1\end{pmatrix}$ 两个线性方程组. 试证:(Ⅰ)有解的充分必要条件是(Ⅱ)无解.

证　因线性方程组

$$\begin{aligned}(\text{Ⅰ})\text{有解}&\Leftrightarrow \mathrm{r}(A)=\mathrm{r}(A,b)\\ &\Leftrightarrow \mathrm{r}(A^{\mathrm{T}})=\mathrm{r}\begin{pmatrix}A^{\mathrm{T}}\\ b^{\mathrm{T}}\end{pmatrix}\\ &\Leftrightarrow \mathrm{r}\begin{pmatrix}A^{\mathrm{T}}\\ b^{\mathrm{T}}\end{pmatrix}<\mathrm{r}\begin{pmatrix}A^{\mathrm{T}}&0\\0&1\end{pmatrix}\leqslant \mathrm{r}\begin{pmatrix}A^{\mathrm{T}}&0\\ b^{\mathrm{T}}&1\end{pmatrix}\\ &\Leftrightarrow(\text{Ⅱ})\text{无解}.\end{aligned}$$

6. 设 $f(x,y)=a_0x^n+a_1(y)x^{n-1}+\cdots+a_n(y)$ 和 $g(x,y)=b_0x^m+b_1(y)x^{m-1}+\cdots+b_m(y)$ 是数域 F 上的二元多项式($m,n>0$),在环 $F[x,y]$ 中互素且 $a_0\neq 0$,则结式 $R_x(f,g)$ 不恒等于零.

证　假设 $R_x(f,g)$ 恒为零. 由定理 3.14,对任意取值 $y=t$ 可得 f,g 公共零点

(x_0,t). 故 f,g 作为 $F(y)[x]$ 中多项式有公共零点，不互素（注意 $F(y)$ 为 y 的分式域）.（另证：若互素则有 $u,v\in F(y)[x]$ 使 $uf+vg=1$. 取 u,v 的系数的分母的公倍式 $M(y)\in F[y]$，则 $(Mu)f+(Mv)g=M$，以公共零点 (x_0,t) 代入得 $M(t)=0$（对任意 t），即 $M(y)=0$，不可能.）

于是 f,g 在 $F(y)[x]$ 中的公因子 $d(x,y)$ 不是常数. 设 $f=df_1$，$g=dg_1$. 用引理 1.5 容量分解法有 $d=c_d\tilde{d}$，$f_1=c_1\tilde{f}_1$，其中 $\tilde{d}$，$\tilde{f}_1$ 是 $F[y][x]$ 中本原多项式，$c_d,c_1\in F(y)$ 为分式. 故 $f=c_dc_1\tilde{d}\tilde{f}_1$. 因 $a_0\neq 0$，f 是本原的，由容量分解唯一性（不记非零常数倍）知，$c_dc_1=1$，$f=\tilde{d}\tilde{f}_1$. 记 $\tilde{d}=d_0(y)x^k+\cdots+d_k(y)$，$\tilde{f}_1=e_0(y)x^s+\cdots+e_s(y)$，则知 $a_0=d_0(y)e_0(y)$，故 $d_0(y)$ 为常数. 而由 $g=dg_1=\tilde{d}(c_dg_1)$，可知 $\tilde{d}$ 整除 g（在环 $F(y)[x]$ 中）. 因 $\tilde{d}$ 的首项系数 $d_0(y)$ 为常数（环中可逆元），故作长除法用 $\tilde{d}$ 除 g 得到的商 $c_dg_1\in F[y][x]$. 故由 $g=\tilde{d}(c_dg_1)$ 和 $f=\tilde{d}\tilde{f}_1$ 知 $\tilde{d}$ 是 f,g 在环 $F[y][x]=F[x,y]$ 中的公因子，而且 $\tilde{d}$ 不是常数，故 f,g 在 $F[x,y]$ 中不互素. 矛盾. 证毕.

7. 设 $f(x,y)$ 和 $g(x,y)$ 是数域 F 上的二元多项式，（作为二元多项式的）次数分别为 n,m. 则它们作为 x 的多项式的结式 $R_x(f,g)$ 的次数不超过 mn.

证 由定理 3.12 知道，对于 $f(x)=(x-x_1)\cdots(x-x_n)=x^n+a_1x^{n-1}+\cdots+a_n$ 和 $g(x)=(x-y_1)\cdots(x-y_m)=x^m+b_1x^{m-1}+\cdots+b_m$，结式 $R(f,g)=\prod\limits_{i,j}(x_i-y_j)$（其中 $1\leqslant i\leqslant n$，$1\leqslant j\leqslant m$）. 我们将 x，x_i，y_j，都看作不同的不定元. 则 $R(f,g)$ 的次数为 mn（作为 $\{x_i\}$，$\{y_i\}$ 的多项式）.

另一方面，定义 $R(f,g)$ 的行列式展开后，它的每一项均形如

$$r=\pm a_1^{s_1}\cdots a_n^{s_n}b_1^{t_1}\cdots b_m^{t_m},$$

记 $d(r)=s_1+2s_2+\cdots+ns_n+t_1+2t_2+\cdots+mt_m$，称为 r 的权. 注意 a_i，b_i 分别是 $\{x_i\}$，$\{y_i\}$ 的初等对称多项式. 故展开后 r 是 $\{x_i\}$，$\{y_i\}$ 的多项式，其次数即为权 $d(r)$，即 $\deg(r)=d(r)$. 考虑另一项

$$r'=\pm a_1^{s_1'}\cdots a_n^{s_n'}b_1^{t_1'}\cdots b_m^{t_m'},$$

且 r 和 r' 不是同类项，即 $(s_1,\cdots,s_n,t_1,\cdots,t_m)\neq(s_1',\cdots,s_n',t_1',\cdots,t_m')$，则显然 r 和 r' 的首项是不同的（展开后作为 $\{x_i\}$，$\{y_i\}$ 的多项式，按字典排列法排列各项），所以二者首项不能互相抵消. 特别可知，$R(f,g)$ 的行列式展开且合并同类项之后，权最大（设为 D）的那些项，（展开后作为 $\{x_i\}$，$\{y_i\}$ 的多项式的）首项不能相消，它们的次数为 D，就是 $R(f,g)$ 的最高次项. 故 $R(f,g)$ 的次数即为 D. 综合之知道 $D=mn$.

现在设 $f(x,y)=a_0x^n+a_1(y)x^{n-1}+\cdots+a_n(y)$，$g(x,y)=b_0x^m+b_1(y)x^{m-1}+\cdots+b_m(y)$. 注意 a_0，b_0 为常数，可以设为 1. 于是得到结式 $R_x(f,g)$，是 y 的多项式. 以 $a_i=a_i(y)$ 和 $b_i=b_i(y)$ 应用上述结果，注意 $\deg a_i(y)\leqslant i$，$\deg b_i(y)\leqslant i$，所以 r 作为 y 的多项

式的次数 $\deg r(y)\leqslant d(r)$. 这说明 $\deg R_x(f,g)\leqslant D=mn$.

8.(Bezout 定理) 设 $f(x,y)$和 $g(x,y)$是数域 F 上互素的二元多项式，次数分别为 n 和 m，则 $f(x,y)$和 $g(x,y)$的公共复零点个数不超过 mn.

证 假若 f,g 有 s 个不同的公共零点 $P_i=(x_i,y_i)$. 由定理 3.14 知道 x_i 是 $R_y(f,g)$的根. 而且由 f,g 互素知道 $R_y(f,g)$不恒等于零，且 $\deg R_y(f,g)\leqslant mn$(见前面题). 故若$\{x_i\}$互异，则必有 $s\leqslant mn$. 但是$\{x_i\}$不一定互异. 所以我们要设法作变换将$\{x_i\}$变得互异. 作可逆线性变换 $x=au+bv,y=cu+dv(ad-bc=\delta\neq 0)$. 易知其逆变换为 $u=(dx-by)/\delta,v=(-cx+ay)/\delta$. 设

$$\hat{f}(u,v)=f(au+bv,cu+dv)=c_0(u)v^n+c_1(u)v^{n-1}+\cdots+c_n(u),$$

$$\hat{g}(u,v)=g(au+bv,cu+dv)=d_0(u)v^m+d_1(u)v^{m-1}+\cdots+d_m(u).$$

因为变换是可逆的线性变换，故 $\hat{f},\hat{g}$ 仍为互素的 n,m 次多项式. 设 $f(x,y)$的 n 次部分为$f_n=a_0y^n+a_1xy^{n-1}+\cdots+a_nx^n$. 因经变换后 $x^iy^j=b^id^jv^{i+j}+(v$ 的低次项)，故知变换后

$$f_n=(a_0d^n+a_1bd^{n-1}+\cdots+a_nb^n)v^n+(v\text{ 的低次项}).$$

即 $c_0(u)=a_0d^n+a_1bd^{n-1}+\cdots+a_nb^n$. 取 $b=1$ 和适当的 d 使 $c_0(u)\neq 0$. 现 f,g 的公共零点$P_i=(x_i,y_i)$经变换后化为 $Q_i=(u_i,v_i)(i=1,\cdots,s)$，其中

$$u_i=(dx_i-y_i)/\delta,\quad v_i=(-cx_i+ay_i)/\delta.$$

注意 $u_i-u_j=d(x_i-x_j)-(y_i-y_j)/\delta=0$ 相当于 $d(x_i-x_j)=y_i-y_j$. 我们可以取 d 使 $c_0(u)\neq 0$ 且 $d(x_i-x_j)\neq y_i-y_j$(对互异的 $i,j=1,\cdots,s$)(因为使等号成立的 d 只有有限个). 于是$\{u_i\}$互异. 因为 $Q_i=(u_i,v_i)$是 $\hat{f},\hat{g}$ 的公共零点，所以$\{u_i\}$是 $R_y(\hat{f},\hat{g})$的根. 但由上题知道，$R_y(\hat{f},\hat{g})$的次数是 mn，故 $s\leqslant mn$. 证毕.

(说明：注意，$R_y(f,g)$的根的个数(即使重根记入)不会超过 mn. 事实上，在代数几何中可证明，f,g 的公共复零点(重零点和无穷远零点都记入)总数恰为 mn.)

9. 设 $Ax=b$ 为有理数域 $F=\mathbb{Q}$ 上的线性方程组，A 为 $m\times n$ 矩阵，并设方程组有有理数解. 试问何时此方程组有解 $x\in\mathbb{C}^{(n)}-\mathbb{Q}^{(n)}$(即不是有理数解的复数解)？举例说明之.

解 当 $\mathrm{r}(A)<n$ 的时候(即方程组的解不唯一的时候)，此方程组一定有解 $x\in\mathbb{C}^{(n)}-\mathbb{Q}^{(n)}$. 这是因为，一方面 $Ax=b$ 也可看作 $E=\mathbb{C}$ 上的线性方程组，且是相容方程组(即 $\mathrm{r}(A,b)=\mathrm{r}(A)$，因此应当有有理数解)，而且有 $e=n-\mathrm{r}(A)\geqslant 1$ 个自由未知元，令这些自由未知元取复数(且为非有理数)，则得到"不是有理数解的复数解". 另一方面，当 $\mathrm{r}(A)=n$ 时，此方程组没有非有理数的复数解 $x\in\mathbb{C}^{(n)}-\mathbb{Q}^{(n)}$. 这是因为 $Ax=b$ 此时只有唯一解，此唯一解由方程组的系数经加减乘除得到(由 Gauss 消元法或 Cramer 法则).

例如方程组 $x_1+x_2=1$,$e=n-\mathrm{r}(A)=2-1=1$,可认为 x_2 是自由未知元，故可取 $x_2=\sqrt{-1}$,而得 $x_1=1-\sqrt{-1}$，从而得到复数解(非有理数解).

而由 $x_1+x_2=1$ 和 $x_1-x_2=1$ 连立的方程组,$e=n-\mathrm{r}(A)=2-2=0$，没有自由未知元. 视为复数域上的方程组，只有唯一解$(x_1,x_2)=(1,0)$，它其实是有理数解.

第4章

矩阵的运算与相抵

4.1 定义与定理

定义 4.1 设 F 为域，$M_{m\times n}(F)$为 F 上的 $m\times n$ 矩阵全体.

(1) 两个 $m\times n$ 矩阵 $A=(a_{ij})$，$B=(b_{ij})$的加法，定义为

$$A+B=(a_{ij}+b_{ij}).$$

$M_{m\times n}(F)$对此加法成 Abel 群，$A=(a_{ij})$的负元为$-A=(-a_{ij})$，加法恒元为零矩阵.

(2) 域 F 中元素 λ 与矩阵 $A=(a_{ij})$的乘法(数乘)定义为

$$\lambda A=(\lambda a_{ij}).$$

对任意 $\lambda_1,\lambda_2,\lambda\in F$ 及 $A,B\in M_{m\times n}(F)$有

$$\lambda(A+B)=\lambda A+\lambda B,\quad (\lambda_1\lambda_2)A=\lambda_1(\lambda_2 A),$$
$$(\lambda_1+\lambda_2)A=\lambda_1 A+\lambda_2 A,\qquad 1A=A.$$

$M_{m\times n}(F)$对加法与数乘运算像行向量空间一样满足 8 条性质，它也是向量空间(与 $F^{m\times n}$ 写法不同).

定义 4.2 设 $A=(a_{ij})\in M_{m\times s}(F)$，$B=(b_{ij})\in M_{s\times n}(F)$，则 $AB=C=(c_{ij})\in M_{m\times n}(F)$由下式定义：

$$c_{ij}=a_{i1}b_{1j}+a_{i2}b_{2j}+\cdots+a_{is}b_{sj}=\sum_{k=1}^{s}a_{ik}b_{kj},\quad 1\leqslant i\leqslant m,1\leqslant j\leqslant n.$$

矩阵乘法无交换律，有零因子(即当 $A\neq 0,B\neq 0$ 时可能 $AB=0$)，无消去律(即 $AB=AC$ 并不能推出 $B=C$).

定理 4.1 域 F 上 n 阶方阵全体 $M_n(F)$对方阵加法和乘法是一个环(称为 n 阶全方阵环).

定义 4.3 设 $A=(a_{ij})\in M_{m\times n}(F)$，则矩阵

$$A^{\mathrm{T}}=(b_{ij})\in M_{n\times m}(F),\quad b_{ij}=a_{ij},$$

称为矩阵 A 的转置.

转置有性质：$(AB)^{\mathrm{T}}=B^{\mathrm{T}}A^{\mathrm{T}}$，$(A^{-1})^{\mathrm{T}}=(A^{\mathrm{T}})^{-1}$，$(A+B)^{\mathrm{T}}=A^{\mathrm{T}}+B^{\mathrm{T}}$，$(\lambda A)^{\mathrm{T}}=\lambda A^{\mathrm{T}}$.

定义 4.4 方阵 $A=(a_{ij})\in M_n(F)$的迹即为其主对角线上元素之和

$$\mathrm{tr}(A)=a_{11}+a_{22}+\cdots+a_{nn}.$$

定理 4.2 设 $A,B\in M_n(F)$，$\lambda\in F$，则

(1) $\operatorname{tr}(A+B)=\operatorname{tr}(A)+\operatorname{tr}(B)$，$\operatorname{tr}(\lambda A)=\lambda\operatorname{tr}(A)$，$\operatorname{tr}(A^{\mathrm{T}})=\operatorname{tr}A$，

(2) $\operatorname{tr}(AB)=\operatorname{tr}(BA)$，

(3) $\operatorname{tr}(A\overline{A}^{\mathrm{T}})=0$ 当且仅当 $A=0$（设 $F=\mathbb{C}$，$\bar{a}$ 是 a 的复共轭，$\overline{(a_{ij})}=(\overline{a_{ij}})$）.

定义 4.5 设 $A=(a_{ij})$ 为 $m\times n$ 矩阵，设想在 A 的某些行间和列间插入若干直线，把 A 分割为许多子矩阵（称为 A 的**块**），这样对 A 的分割称为对 A 分块，把 A 表为由**块**构成的矩阵时，称为分块矩阵.

定理 4.3 设 $A=(a_{ij})$，$B=(b_{ij})$ 分别为 $m\times s$ 和 $s\times n$ 矩阵，把 A 和 B 分块为 $A=(A_{uv})$，$B=(B_{wx})$ 且 A 的列与 B 的行分割方式相同（即分组数相同，各组成员数依次相同）$(1\leqslant u\leqslant p,1\leqslant v\leqslant q,1\leqslant w\leqslant q,1\leqslant x\leqslant r)$，则 A,B 的积 $C=(C_{ux})$，其中

$$C_{ux}=\sum_{k=1}^{q}A_{uk}B_{kx},\quad 1\leqslant u\leqslant p,\quad 1\leqslant x\leqslant r.$$

系 (1)矩阵 A 与列向量 y 的积，是 A 的各列的线性组合，组合系数为 y 的各分量.

(2) 行向量 x 与矩阵 B 的积是 B 的各行的线性组合，组合系数为 x 的各分量.

(3) AB 的第 j 列是 A 的各列的线性组合，组合系数是 B 的第 j 列元素.

(4) AB 的第 i 行是 B 的各行的线性组合，组合系数是 A 的第 i 行元素.

即

$$Ay=(A_1,\cdots,A_n)\begin{bmatrix}y_1\\ \vdots\\ y_n\end{bmatrix}=y_1A_1+\cdots+y_nA_n;$$

$$xB=(x_1,\cdots,x_m)\begin{bmatrix}\beta_1\\ \vdots\\ \beta_n\end{bmatrix}=x_1\beta_1+\cdots+x_n\beta_n;$$

$$AB=A(B_1,\cdots,B_n)=(AB_1,\cdots,AB_n);$$

$$AB=\begin{bmatrix}\alpha_1\\ \vdots\\ \alpha_m\end{bmatrix}B=\begin{bmatrix}\alpha_1B\\ \vdots\\ \alpha_mB\end{bmatrix}.$$

定义 4.6 由单位方阵 I 经过一次初等变换而得到的方阵称为**初等方阵**.

(1) 把 I 的 i,j 行互换得

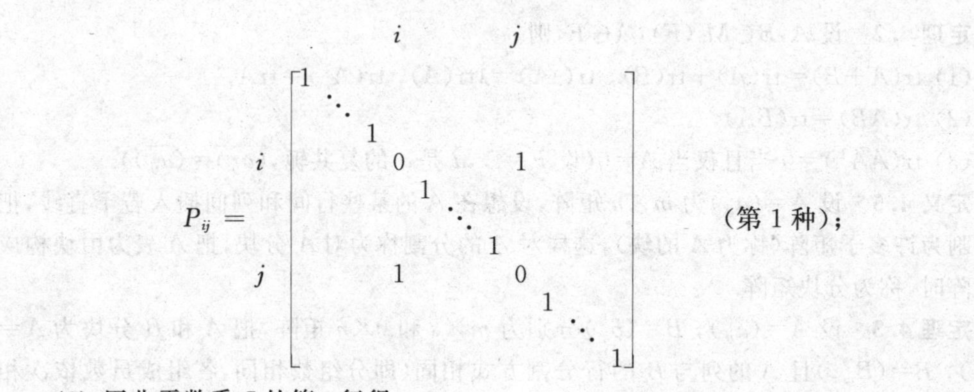

(2) 用非零数乘 I 的第 i 行得

$$P_i(c)=\begin{bmatrix}1 & & & & & \\ & \ddots & & & & \\ & & 1 & & & \\ & & & c & & \\ & & & & 1 & \\ & & & & & \ddots \\ & & & & & & 1\end{bmatrix}\quad(\text{第 2 种});$$

(3) 把 I 的第 j 行的 c 倍加到第 i 行上去得

$$P_{ij}(c)=\begin{matrix} \\ \\ i \\ \\ j \\ \\ \\ \end{matrix}\begin{bmatrix}1 & & & & \\ & \ddots & & & \\ & & 1 & c & \\ & & & \ddots & \\ & & & & 1 \\ & & & & & \ddots \\ & & & & & & 1\end{bmatrix}\quad(\text{第 3 种}).$$

初等方阵都是可逆的,它们的逆矩阵还是初等方阵. 即有

$$P_{ij}^{-1}=P_{ij};\quad P_i(c)^{-1}=P_i\left(\frac{1}{c}\right);\quad P_{ij}(c)^{-1}=P_{ij}(-c).$$

引理 4.1　初等方阵左乘矩阵 A 相当对 A 作初等行变换;初等方阵右乘 A 相当对 A 作初等列变换.

(1)$P_{ij}A$,把 A 的 i,j 行互换; (2)$P_i(c)A$,把 A 的 i 行乘 c 倍; (3)$P_{ij}(c)A$, 把 A 的第 j 行的 c 倍加到第 i 行上去.

定义 4.7　矩阵 A 与 B 相抵是指存在初等方阵 $P_1,\cdots,P_s,Q_1,\cdots,Q_t$,使得

$$P_s\cdots P_1AQ_1\cdots Q_t=B.$$

(意即对 A 作行和列的初等变换可得到 B.)

定理 4.4　任一矩阵 A 相抵于

$$\begin{bmatrix}I_r & 0\\ 0 & 0\end{bmatrix},$$

称为 A 的相抵标准形，$r=\mathrm{r}(A)$.

系 1 域 F 上方阵 A 可逆当且仅当 A 是初等方阵之积.

系 2 对任一矩阵 A，存在可逆阵 P,Q 使得

$$PAQ=\begin{bmatrix}I_r & 0\\ 0 & 0\end{bmatrix}.$$

系 3 任一可逆方阵 A 经有限次行的初等变换能够化为单位方阵.

系 4 设 A 为 n 阶可逆方阵，对 $n\times 2n$ 矩阵 (A,I) 作初等行变换化 A 为 I_n，则右边单位阵同时化为 A^{-1}（因为 $A^{-1}(A,I_n)=(I_n,A^{-1})$），此即初等变换求 A^{-1} 的方法.

定义 4.8 设 C 为域 F 上的 $m\times n$ 矩阵，若 C 的列向量组线性无关，则称 C 为**列独立阵**（或列满秩矩阵，因为 $\mathrm{r}(C)=n$）. 若 $m\times n$ 矩阵 R 的行向量组线性无关，则称 R 为**行独立阵**（或行满秩矩阵，因 $\mathrm{r}(R)=m$）.

列独立阵的列数总是不超过行数，故是"高"矩阵；行独立阵的行数总是小于等于列数，故是"偏"矩阵.

定理 4.5 (1) C 为列独立阵 $\Leftrightarrow Cx=0$ 只有零解 $\Leftrightarrow C$ 有左逆（即存在列独立阵 X，使 $X^{\mathrm{T}}C=I$）.

(2) R 为行独立阵 $\Leftrightarrow Rx=b$ 总有解（对任意 b）；

$\Leftrightarrow R$ 有右逆（存在 Y，使 $RY=I$）.

定义 4.9 设映射

$$\varphi_A:\ F^{(n)}\to F^{(m)},\quad x\ \mapsto Ax.$$

显然它有如下性质：

$$\varphi_A(x_1+x_2)=\varphi_A(x_1)+\varphi_A(x_2),\qquad x_1,x_2\in F^{(n)},$$
$$\varphi_A(\lambda x)=\lambda\varphi_A(x),\qquad \lambda\in F,x\in F^{(n)}.$$

满足这样性质的映射称为**线性映射**.

$$\ker(A)=\{x\in F^{(n)}\mid Ax=0\},$$

称为映射 φ_A 的核，就是线性方程组 $Ax=0$ 的解子空间. $\dim(\ker A)=n-\mathrm{r}(A)$ 称为 A 的零度，记为 $\mathrm{null}A$.

$$\mathrm{Im}(A)=\{Ax\mid x\in F^{(n)}\},$$

称为映射 φ_A 的**像**，是 $F^{(m)}$ 的子空间. 因为 $Ax=(\beta_1,\cdots,\beta_n)x=\beta_1x_1+\beta_2x_2+\cdots+x_n\beta_n$，所以像 Ax 是 A 的列的线性组合. 由 $\beta_1,\beta_2,\cdots,\beta_n$ 生成的子空间称为 A 的**列空间**，于是有

$$\mathrm{Im}(A)=\langle\beta_1,\cdots,\beta_n\rangle=F\beta_1+\cdots+F\beta_n,$$
$$\dim(\mathrm{Im}(A))=\mathrm{r}\{\beta_1,\cdots,\beta_n\}=\mathrm{r}(A),$$

故
$$\dim(\mathrm{Im}(A))+\dim(\ker(A))=n.$$

又 $\forall\, y\in\mathrm{Im}A$ 的**原像全体**

$$\varphi_A^{-1}(y)=\{x\in F^{(n)}\mid Ax=y\}=x_0+\ker(A),$$

其中 x_0 是 y 的任一个原像.

定理 4.6　记 φ_A 为"乘 A 映射"：$F^{(n)}\to F^{(m)}$，$x\mapsto Ax$，则

(1) φ_A 为单射当且仅当 A 为列独立阵；

(2) φ_A 为满射当且仅当 A 为行独立阵；

(3) φ_A 为双射当且仅当 A 为可逆方阵.

定义 4.10　$F^{(n)}$ 到自身的线性映射 $\varphi_A: F^{(n)}\to F^{(n)}$，$x\mapsto Ax$，称为**线性变换**. 此时

$$\varphi_A \text{ 是单射} \Leftrightarrow \varphi_A \text{ 是满射} \Leftrightarrow \varphi_A \text{ 是双射} \Leftrightarrow \det A\neq 0.$$

定理 4.7　设 V 是 $F^{(n)}$ 的一个子空间，$\varphi_A: x\mapsto Ax$ 是 $F^{(n)}$ 到 $F^{(m)}$ 的线性映射，将 φ_A 限制到 V 上给出映射

$$\psi_A: V\to F^{(m)},\quad x\mapsto Ax,$$

则有维数公式：$\dim(\ker\psi_A)+\dim(\mathrm{Im}\psi_A)=\dim V$.

定义 4.11　设 A 为矩阵，满足 $AXA=A$ 的矩阵 X 称为 A 的**广义逆**，记为 A^-（若 A 为 $m\times n$ 阵，则 A^- 为 $n\times m$ 阵）.

定理 4.8　任意矩阵 A 的广义逆 A^- 总存在，事实上，若有可逆阵 P,Q 使 $A=P\begin{pmatrix}I_r & 0\\ 0 & 0\end{pmatrix}Q$，则 A^- 能且只能为

$$A^-=Q^{-1}\begin{bmatrix}I_r & Y_2\\ Y_3 & Y_4\end{bmatrix}P^{-1},$$

其中 Y_2,Y_3,Y_4 的元素是任意的.

定义 4.12　矩阵 $\mathbf{A}$ 的 Moore-Penrose 广义逆 A^+ 是指同时满足下列等式的矩阵 X：

$$\begin{cases} AXA=A, \\ XAX=X, \\ \overline{(AX)^{\mathrm{T}}}=AX, \\ \overline{(XA)^{\mathrm{T}}}=XA, \end{cases}$$

即 A,X 互为广义逆（前两式），

即 AX,XA 为 Hermite 阵（后两式）.

定理 4.9　任意矩阵 A 的 Moore-Penrose 广义逆 A^+ 存在且唯一，事实上，若 $A=CR$，其中 C,R 分别为列、行独立阵，则

$$A^+=\overline{R^{\mathrm{T}}}(R\overline{R^{\mathrm{T}}})^{-1}(\overline{C}^{\mathrm{T}}C)^{-1}\overline{C}^{\mathrm{T}}.$$

引理 4.2　(1) $(A^+)^+=A$；(2) $\mathrm{r}(A)=\mathrm{r}(A^+)=\mathrm{r}(A^+A)=\mathrm{r}(AA^+)$.

定理 4.10　(1) 齐次线性方程组 $Ax=0$ 的解全体为

$$x=(I-A^-A)z,$$

其中 A^- 为 A 的广义逆，z 为列向量.

(2) 非齐次线性方程组 $Ax=b$ 有解当且仅当 $b=AA^-b$（A^- 为某广义逆）；有解时解

全体为 $A^- b$,A^- 为 A 的广义逆.

定理 4.11 对于线性方程组 $Ax=b$,当 $Ax=b$ 无解时,若有分解式 $A=CR$(其中 C,R 分别为列、行独立阵)则

$$\overline{X} = A^+ b = \overline{R}^{\mathrm{T}}(R\overline{R}^{\mathrm{T}})^{-1}(\overline{C}^{\mathrm{T}}C)^{-1}\overline{C}^{\mathrm{T}}b$$

是最优最小二乘解.

4.2 解题方法介绍

4.2.1 方阵求逆的方法

(1) 用定义. 若存在方阵 B,使 $AB=BA=I$,则 $B=A^{-1}$. 此法要求对矩阵乘法比较熟练,对于元素比较特殊的矩阵,可直观看出满足条件的 B(只验证 $AB=I$,或 $BA=I$ 一个即可).

(2) 用公式

$$A^{-1} = \frac{1}{\det A}A^*.$$

其中 $A^*=(A_{ji})$是 A 的古典伴随方阵.

(3) 初等变换法. 因为 $A^{-1}(A,I)=(I,A^{-1})$,故得:把(A,I)同时做初等行变换,当 A 处变为 I 时,I 处得到 A^{-1}.

(4) 公式 $\begin{bmatrix} A & C \\ 0 & B \end{bmatrix}^{-1} = \begin{bmatrix} A^{-1} & -A^{-1}CB^{-1} \\ 0 & B^{-1} \end{bmatrix}$.

(5) 设 $M=\begin{bmatrix} A & B \\ C & D \end{bmatrix}$, 其中 A 为 r 阶方阵,$\mathrm{r}(A)=r$. 因为

$$\begin{bmatrix} I_r & 0 \\ -CA^{-1} & I \end{bmatrix}\begin{bmatrix} A & B \\ C & D \end{bmatrix} = \begin{bmatrix} A & B \\ 0 & D-CA^{-1}B \end{bmatrix},$$

所以

$$M^{-1} = \begin{bmatrix} A & B \\ 0 & D-CA^{-1}B \end{bmatrix}^{-1}\begin{bmatrix} I_r & 0 \\ -CA^{-1} & I \end{bmatrix}.$$

(6) 若 n 阶方阵 M 可以分解为 $M=I_n-\alpha\beta^{\mathrm{T}}$(其中 α,β 均为 n 维列向量),则有

$$M^{-1} = (I_n - \alpha\beta^{\mathrm{T}})^{-1} = I_n + \frac{\alpha\beta^{\mathrm{T}}}{1-\beta^{\mathrm{T}}\alpha}.$$

(7) 对于任意 n 阶可逆方阵 B 及任意 n 维列向量 α,β,若 $M=B-\alpha\beta^{\mathrm{T}}$ 可逆,则有计算公式

$$M^{-1} = (B-\alpha\beta^{\mathrm{T}})^{-1} = \left(I + \frac{B^{-1}\alpha\beta^{\mathrm{T}}}{1-\beta^{\mathrm{T}}B^{-1}\alpha}\right)B^{-1}.$$

4.2.2 解矩阵方程的方法

形如

$$AX=B \quad ①, \quad XA=B \quad ②, \quad AXC=B \quad ③$$

(其中 X 为未知矩阵)的等式称为**矩阵方程**.其求解方法如下:

(1) 当方阵 A,C 可逆时,以上方程的解分别为

$$X=A^{-1}B \quad ①', \quad X=BA^{-1} \quad ②', \quad X=A^{-1}BC^{-1} \quad ③'.$$

(2) 当 A,C 不可逆时,用解线性方程组的消元法求 X.下面以方程①为例,说明此法.

记 $B=(B_1,B_2,\cdots,B_n)$,$X=(x_1,x_2,\cdots,x_n)$,则 x_i 分别是线性方程组

$$Ax_i=B_i, \quad i=1,2,\cdots,n$$

的解.故可用 Gauss 消元法求解,只要这 n 个线性方程组中有一个无解,则原矩阵方程 $AX=B$ 无解(见 4.3 节习题 9(2)).

方程②经转置后成为 $A^{\mathrm{T}}X^{\mathrm{T}}=B^{\mathrm{T}}$,于是可用形同解决①的方法求解.

在方程③中,记 $XC=y$,则有 $Ay=B$.这是形如①的方程,解出 y 后,再解形如②的方程 $XC=y$,得解.

(3) 由以上讨论知,当把题目中给定的关于未知矩阵 X 的方程化简整理为形如方程①、②、③的最简形式后,需要判断其中的已知方阵 A,C 是否可逆,这有以下 3 个方法:

(a) 直接计算 $|A|$ 或 $|C|$.若 $|A|\neq 0$,则 A 可逆,若 $|C|\neq 0$,则 C 可逆.

(b) 若在形如①、②、③的方程中,有 $B=I$,则不必再去计算 A 的行列式,由逆方阵的定义,可知此时 A,C 均可逆.或由 $|MN|=1$,知 $|M|\neq 0$,$|N|\neq 0$.

(c) 以①为例说明此法:不用先计算 $|A|$,直接对 (A,B) 做初等行变换,若 A 处化为 I,自然说明 A 相抵于 I,故 A 是可逆方阵.此时在 B 处已得到 $A^{-1}B$.

4.2.3 关于矩阵的秩的几个公式

(1) 设 A 为 $m\times n$ 矩阵,B 为 $n\times q$ 矩阵,则

$$\mathrm{r}(A)+\mathrm{r}(B)-n\leqslant \mathrm{r}(AB)\leqslant \min(\mathrm{r}(A),\mathrm{r}(B)).$$

(2) 设 $A_{m\times n}$, $B_{n\times p}$, $C_{p\times q}$ 为矩阵,则

$$\mathrm{r}(AB)+\mathrm{r}(BC)\leqslant \mathrm{r}(ABC)+\mathrm{r}(B).$$

(3) 设 A,B 行数相同,则

$$\max(\mathrm{r}(A),\mathrm{r}(B))\leqslant \mathrm{r}(A,B)\leqslant \mathrm{r}(A)+\mathrm{r}(B).$$

(4) 设 A,B 均为 $m\times n$ 矩阵,则

$$\mathrm{r}(A+B)\leqslant \mathrm{r}(A)+\mathrm{r}(B).$$

(5) 设 A 为 $m\times n$,B 为 $n\times q$ 矩阵,$AB=0$,则

$$\mathrm{r}(A)+\mathrm{r}(B)\leqslant n.$$

(6) 设 A 是 n 阶方阵($n\geqslant 2$),A^* 为其古典伴随方阵,则

$$\mathrm{r}(A^*)=\begin{cases} n, & \text{当 } \mathrm{r}(A)=n \\ 1, & \text{当 } \mathrm{r}(A)=n-1 \\ 0 & \text{当 } \mathrm{r}(A)<n-1. \end{cases}$$

4.3 习题与解答

1. 设

(1) $A=\begin{bmatrix} -1 & -2 & -4 \\ -1 & -2 & -4 \\ 1 & 2 & 4 \end{bmatrix}$, $B=\begin{bmatrix} 1 & 2 & 3 \\ 2 & 4 & 6 \\ 3 & 6 & 9 \end{bmatrix}$;

(2) $A=\begin{bmatrix} 2 & 1 & 0 \\ 1 & 1 & 2 \\ -1 & 2 & 1 \end{bmatrix}$, $B=\begin{bmatrix} 3 & 1 & -2 \\ 3 & -2 & 4 \\ -3 & 5 & -1 \end{bmatrix}$.

计算 AB, BA.

解

(1) $AB=\begin{bmatrix} -17 & -34 & -51 \\ -17 & -34 & -51 \\ 17 & 34 & 51 \end{bmatrix}$, $BA=0$;

(2) $AB=BA=9I$.

2. 设 $A=(a_{ij})_{3\times 3}$,

$$N=\begin{bmatrix} 0 & 1 & 0 \\ 0 & 0 & 1 \\ 0 & 0 & 0 \end{bmatrix},\quad P_1=\begin{bmatrix} 1 & 0 & 0 \\ 0 & 0 & 1 \\ 0 & 1 & 0 \end{bmatrix},\quad P_2=\begin{bmatrix} 1 & 0 & 0 \\ 0 & 2 & 0 \\ 0 & 0 & 1 \end{bmatrix},\quad P_3=\begin{bmatrix} 1 & 0 & 0 \\ 0 & 1 & c \\ 0 & 0 & 1 \end{bmatrix}.$$

计算 P_1A, P_2A, P_3A, NA, AN.

解 P_1A 把 A 的 2,3 行互换;P_2A 把 A 的第 2 行乘上 2 倍;P_3A 把 A 的第 3 行的 c 倍加到第 2 行上去;NA 把 A 的各行上移,第 3 行补入 0;AN 是把 A 的各列向后移,第 1 列为 0.

3. 计算

(1) $\begin{bmatrix} \cos\varphi & -\sin\varphi \\ \sin\varphi & \cos\varphi \end{bmatrix}^n$; (2) $\begin{bmatrix} 1 & \alpha & \beta \\ 0 & 1 & \alpha \\ 0 & 0 & 1 \end{bmatrix}^{n+1}$;

(3) $\begin{bmatrix}0&1&0&0\\0&0&1&0\\0&0&0&1\\0&0&0&0\end{bmatrix}^3$；(4) $\begin{bmatrix}\lambda&1&0&0\\0&\lambda&1&0\\0&0&\lambda&1\\0&0&0&\lambda\end{bmatrix}^n$.

解 计算过程略,答案分别为(其中(1),(2),(4)用归纳法证明):

(1) $\begin{bmatrix}\cos n\varphi & -\sin n\varphi\\ \sin n\varphi & \cos n\varphi\end{bmatrix}$；(2) $\begin{bmatrix}1 & (n+1)\alpha & \frac{n(n+1)}{2}\alpha^n+(n+1)\beta\\ 0 & 1 & (n+1)\alpha\\ 0 & 0 & 1\end{bmatrix}$；

(3) $\begin{bmatrix}0&0&0&1\\0&0&0&0\\0&0&0&0\\0&0&0&0\end{bmatrix}$；(4) $\begin{bmatrix}\lambda^n & n\lambda^{n-1} & \frac{n(n-1)}{2}\lambda^{n-2} & \frac{n(n-1)(n-2)}{3!}\lambda^{n-3}\\ 0 & \lambda^n & n\lambda^{n-1} & \frac{n(n-1)}{2}\lambda^{n-2}\\ 0 & 0 & \lambda^n & n\lambda^{n-1}\\ 0 & 0 & 0 & \lambda^n\end{bmatrix}$.

4. 证明:如果 A 是对角形阵且其主对角线上的元素各不相同,则任一与 A 乘法可交换的矩阵也是对角形阵.

证 设 $A=\mathrm{diag}(a_{11},a_{22},\cdots,a_{nn})$, $B=(b_{ij})$,则 $AB=(a_{ii}b_{ij})$, $BA=(b_{ij}a_{jj})$,要 $AB=BA$,必有

$$a_{ii}b_{ij}=b_{ij}a_{jj};$$

又当 $i\neq j$ 时,$a_{ii}\neq a_{jj}$,所以必 $b_{ij}=0$,

所以 $$B=\mathrm{diag}(b_{11},b_{22},\cdots,b_{nn}).$$

5. 求平方等于单位阵的所有二阶方阵.

解 设 $A=\begin{bmatrix}a&b\\c&d\end{bmatrix}$,由 $A^2=I$ 知有

$$\begin{cases}a^2+bc=1,\\ ab+bd=ac+cd=0 \quad \Rightarrow a^2=d^2,\\ bc+d^2=1\end{cases}$$

所以当 $a=d$ 时,$b=c=0$;$a=-d$ 时,b,c 任意但要求 $bc=1-a^2$. 即

$$A=\pm I,\quad 或\quad \begin{bmatrix}a&b\\c&-a\end{bmatrix},$$

其中 a,b,c 满足 $a^2=1-bc$.

6. 设 $A=(a_{ij})$ 为 n 阶上三角形方阵且对角线元素均为 0,求 A^{n-1}, A^n.

解 设 $A=(a_{ij})$,由已知当 $i\geqslant j$ 时,$a_{ij}=0$,记 $A^2=(\tilde{a}_{ij})$,则当 $i\geqslant j-1$ 时有

$$\tilde{a}_{ij}=\sum_{k=1}^{n}a_{ik}a_{kj}=\sum_{k=1}^{j-1}a_{ik}a_{kj}+\sum_{k=j}^{n}a_{ik}a_{kj}=0+0=0,$$

所以
$$A^2=\begin{bmatrix}0 & 0 & * & \cdots & * \\ & \ddots & \ddots & \ddots & \vdots \\ & & \ddots & \ddots & * \\ & & & \ddots & 0 \\ & & & & 0\end{bmatrix}\Rightarrow A^{n-1}=\begin{bmatrix}0 & \cdots & 0 & * \\ \vdots & \ddots & & 0 \\ \vdots & & \ddots & \vdots \\ 0 & \cdots & \cdots & 0\end{bmatrix},$$

故
$$A^n=0.$$

7. 证明：对任意 n 阶方阵 A,B，等式 $AB-BA=I_n$ 都不成立.

证 首先证 $\mathrm{tr}(AB)=\mathrm{tr}(BA)$. 设 $A=(a_{ij})$，$B=(b_{ij})$，$AB=(c_{ij})$，$BA=(d_{ij})$则有

$$c_{ii}=\sum_{k=1}^{n}a_{ik}b_{ki},\quad d_{kk}=\sum_{i=1}^{n}b_{ki}a_{ik},$$

于是得

$$\mathrm{tr}(AB)=\sum_{i=1}^{n}c_{ii}=\sum_{i=1}^{n}\sum_{k=1}^{n}a_{ik}b_{ki}=\sum_{k=1}^{n}\sum_{i=1}^{n}b_{ki}a_{ik}=\sum_{k=1}^{n}d_{kk}=\mathrm{tr}(BA).$$

由上知

$$\mathrm{tr}(AB-BA)=\mathrm{tr}(AB)-\mathrm{tr}(BA)=0,\text{ 而 }\mathrm{tr}I=n,$$

所以
$$AB-BA\neq I_n.$$

8. 求 A^{-1}.

(1) $A=\begin{bmatrix}2 & 0 & 7 \\ -1 & 4 & 5 \\ 3 & 1 & 2\end{bmatrix}$； (2) $A=\begin{bmatrix}1 & 3 & -5 & 7 \\ 0 & 1 & 2 & -3 \\ 0 & 0 & 1 & 2 \\ 0 & 0 & 0 & 1\end{bmatrix}$；

(3) $\begin{bmatrix}1 & 1 & 1 & 1 \\ 1 & 1 & -1 & -1 \\ 1 & -1 & 1 & -1 \\ 1 & -1 & -1 & 1\end{bmatrix}$； (4) $A=\begin{bmatrix}a & b \\ c & d\end{bmatrix}$，其中 $ad-bc=1$；

(5) $\begin{bmatrix}1 & a & a^2 & \cdots & a^n \\ 0 & \ddots & \ddots & \ddots & \vdots \\ \vdots & \ddots & \ddots & \ddots & a^2 \\ \vdots & & \ddots & \ddots & a \\ 0 & \cdots & \cdots & 0 & 1\end{bmatrix}$； (6) $\begin{bmatrix}1 & 2 & 3 & \cdots & n \\ 0 & 1 & 2 & \cdots & n-1 \\ \vdots & \ddots & \ddots & \ddots & \vdots \\ \vdots & & \ddots & \ddots & 2 \\ 0 & \cdots & \cdots & 0 & 1\end{bmatrix}$.

解

(1) $A^{-1}=-\frac{1}{85}\begin{bmatrix}3 & 7 & -28\\ 17 & -17 & -17\\ -13 & -2 & 8\end{bmatrix}$；(2) $A^{-1}=\begin{bmatrix}1 & -3 & 11 & -38\\ 0 & 1 & -2 & 7\\ 0 & 0 & 1 & -2\\ 0 & 0 & 0 & 1\end{bmatrix}$；

(3) 此题由矩阵乘法很容易看出 $A^2=4I$,所以易知 $A^{-1}=\frac{1}{4}A$.

(4) 由公式 $A^{-1}=\frac{1}{\det A}A^*$ 立得：$A^{-1}=\frac{1}{ad-bc}\begin{bmatrix}d & -b\\ -c & a\end{bmatrix}=\begin{bmatrix}d & -b\\ -c & a\end{bmatrix}$.

(5) 因为 A 的第 i 行的$(-a)$倍加到第$(i-1)$行上去$(i=2,\cdots,n)$则得单位方阵. 这相当于在 A 的左边乘一系列初等方阵 $P_1,\cdots,P_{n-1}$，于是知

$$A^{-1}=P_{n-1}\cdot\cdots\cdot P_2\cdot P_1=\begin{bmatrix}1 & -a & & \\ & \ddots & \ddots & \\ & & \ddots & -a\\ & & & 1\end{bmatrix}.$$

(6) 用初等变换求逆法知

$$A^{-1}=\begin{bmatrix}1 & -2 & 1 & & \\ & \ddots & \ddots & \ddots & \\ & & \ddots & \ddots & 1\\ & & & \ddots & -2\\ & & & & 1\end{bmatrix}.$$

9. 解下列矩阵方程：

(1) $X\begin{bmatrix}2 & 0 & 0\\ 0 & 2 & 5\\ 0 & 3 & 8\end{bmatrix}=\begin{bmatrix}1 & -1 & 1\\ 2 & -3 & 1\\ 3 & -4 & 1\end{bmatrix}$；(2) $\begin{bmatrix}4 & 6\\ 6 & 9\end{bmatrix}X=\begin{bmatrix}1 & 1\\ 1 & 1\end{bmatrix}$；

(3) $\begin{bmatrix}2 & -3 & 1\\ 4 & -5 & 2\\ 5 & -7 & 3\end{bmatrix}X\begin{bmatrix}9 & 7 & 6\\ 1 & 1 & 2\\ 1 & 1 & 1\end{bmatrix}=\begin{bmatrix}2 & 0 & -2\\ 18 & 12 & 9\\ 23 & 15 & 11\end{bmatrix}$；

(4) $\begin{bmatrix}1 & \cdots & \cdots & 1\\ 0 & \ddots & & \vdots\\ \vdots & \ddots & \ddots & \vdots\\ 0 & \cdots & 0 & 1\end{bmatrix}X=\begin{bmatrix}1 & 2 & \cdots & n\\ 0 & \ddots & \ddots & \vdots\\ \vdots & \ddots & \ddots & 2\\ 0 & \cdots & 0 & 1\end{bmatrix}$.

解

(1) $X=\begin{bmatrix}1 & -1 & 1\\ 2 & -3 & 1\\ 3 & -4 & 1\end{bmatrix}\begin{bmatrix}2 & 0 & 0\\ 0 & 2 & 5\\ 0 & 3 & 8\end{bmatrix}^{-1}=\begin{bmatrix}\frac{1}{2} & -11 & 7\\ 1 & -27 & 17\\ \frac{3}{2} & -35 & 22\end{bmatrix}$.

(2) 记 $A=\begin{bmatrix}4 & 6\\ 6 & 9\end{bmatrix}$, $b=\begin{bmatrix}1\\ 1\end{bmatrix}$,则所求矩阵 X 的列应为线性方程组 $Ax=b$ 的解. 但因为 $\mathrm{r}(A)\neq\mathrm{r}(A,b)$,所以方程组 $Ax=b$ 无解,于是此矩阵方程亦无解.

(3) $X=\begin{bmatrix}2 & -3 & 1\\ 4 & -5 & 2\\ 5 & -7 & 3\end{bmatrix}^{-1}\begin{bmatrix}2 & 0 & -2\\ 18 & 12 & 9\\ 23 & 15 & 11\end{bmatrix}\begin{bmatrix}9 & 7 & 6\\ 1 & 1 & 2\\ 1 & 1 & 1\end{bmatrix}^{-1}=\begin{bmatrix}1 & 1 & 1\\ 1 & 2 & 3\\ 2 & 3 & 1\end{bmatrix}$.

(4) 由于矩阵方程两边同时左乘可逆阵,相当对方程两边各自第一个矩阵做初等行变换. 又显见本题中,X 前的方阵经初等变换"第 i 行乘(-1)加到第$(i-1)$行上去"$(i=2,3,\cdots,n)$后得单位方阵 I_n,所以只要将右边的方阵做同样变换即可. 用矩阵乘法写出就是

$$X=\begin{bmatrix}1 & -1 & & \\ & \ddots & \ddots & \\ & & \ddots & -1\\ & & & 1\end{bmatrix}\begin{bmatrix}1 & 2 & \cdots & n\\ & \ddots & \ddots & \vdots\\ & & \ddots & 2\\ & & & 1\end{bmatrix}=\begin{bmatrix}1 & \cdots & \cdots & 1\\ & \ddots & & \vdots\\ & & \ddots & \vdots\\ & & & 1\end{bmatrix}.$$

10. 求所有与下列方阵 A 可交换的矩阵 B(即满足 $AB=BA$):

(1) $A=\begin{bmatrix}0 & 1\\ 0 & 0\end{bmatrix}$; (2) $A=\begin{bmatrix}0 & 1 & 0 & 0\\ 0 & 0 & 1 & 0\\ 0 & 0 & 0 & 1\\ 0 & 0 & 0 & 0\end{bmatrix}$;

(3) $A=\begin{bmatrix}1 & 1 & 0 & 0\\ 0 & 1 & 0 & 0\\ 0 & 0 & 1 & 1\\ 0 & 0 & 0 & 1\end{bmatrix}$; (4) $A=\begin{bmatrix}1 & & & \\ & 1 & & \\ & & 2 & \\ & & & 2\end{bmatrix}$.

解 (1) 设 $B=\begin{bmatrix}a & b\\ c & d\end{bmatrix}$,由 $AB=BA$ 知 $\begin{bmatrix}c & d\\ 0 & 0\end{bmatrix}=\begin{bmatrix}0 & a\\ 0 & c\end{bmatrix}$. 所以 $c=0$, $a=d$, 即 $B=\begin{bmatrix}a & b\\ 0 & a\end{bmatrix}$,其中 a,b 任意.

(2) 设 $B=(b_{ij})$，则由 $AB=BA$ 得：

$$\begin{bmatrix} b_{21} & b_{22} & b_{23} & b_{24} \\ b_{31} & b_{32} & b_{33} & b_{34} \\ b_{41} & b_{42} & b_{43} & b_{44} \\ 0 & 0 & 0 & 0 \end{bmatrix} = \begin{bmatrix} 0 & b_{11} & b_{12} & b_{13} \\ 0 & b_{21} & b_{22} & b_{23} \\ 0 & b_{31} & b_{32} & b_{33} \\ 0 & b_{41} & b_{42} & b_{43} \end{bmatrix}.$$

于是有

$$b_{11}=b_{22}=b_{33}=b_{44},\quad b_{12}=b_{23}=b_{24},\quad b_{13}=b_{24},\quad b_{ij}=0(i>j),$$

所以

$$B=\begin{bmatrix} b_1 & b_2 & b_3 & b_4 \\ & b_1 & b_2 & b_3 \\ & & b_1 & b_2 \\ & & & b_1 \end{bmatrix},\quad b_1,b_2,b_3,b_4\in\mathbb{C}.$$

(3) 记 $A_1=\begin{bmatrix} 1 & 1 \\ 0 & 1 \end{bmatrix}$，于是 $A=\begin{bmatrix} A_1 & \\ & A_1 \end{bmatrix}$，设 $B=\begin{bmatrix} B_{11} & B_{12} \\ B_{21} & B_{22} \end{bmatrix}$，由 $AB=BA$ 知有 $A_1B_{ij}=B_{ij}A_1$，而 $A_1=I+\begin{bmatrix} 0 & 1 \\ 0 & 0 \end{bmatrix}$，所以由(1)知 B_{ij} 形如 $\begin{bmatrix} a & b \\ 0 & a \end{bmatrix}$. 即

$$B=\left[\begin{array}{cc:cc} a_1 & b_1 & a_2 & b_2 \\ 0 & a_1 & 0 & a_2 \\ \hdashline a_3 & b_3 & a_4 & b_4 \\ 0 & a_3 & 0 & a_4 \end{array}\right],\quad \text{其中 } a_i,b_i\in\mathbb{C}.$$

(4) 因为 $A=\begin{bmatrix} I_2 & 0 \\ 0 & 2I_2 \end{bmatrix}$，设 $B=\begin{bmatrix} B_{11} & B_{12} \\ B_{21} & B_{22} \end{bmatrix}$，由 $AB=BA$ 得

$$B=\begin{bmatrix} B_{11} & 0 \\ 0 & B_{22} \end{bmatrix},\ \text{其中 } B_{11},\ B_{22}\in M_2(F).$$

11. 设多项式 $f(\lambda)=a_n\lambda^n+\cdots+a_1\lambda+a_0$，对任意方阵 A，定义 $f(A)=a_nA^n+\cdots+a_1A+a_0I$，对下列 $f(\lambda)$ 和 A，求 $f(A)$：

(1) $f(\lambda)=\lambda^2+3\lambda+2,\quad A=\begin{bmatrix} 1 & 2 & -1 \\ 3 & 2 & 1 \\ 0 & 1 & 3 \end{bmatrix}$；

(2) $f(\lambda)=\lambda^7+8\lambda^6+9\lambda^5+\lambda^3+\lambda^2-\lambda+1,\quad A=\begin{bmatrix} 0 & 1 & 0 \\ 0 & 0 & 1 \\ 0 & 0 & 0 \end{bmatrix}$；

(3) $f(\lambda)=4\lambda^3+2\lambda^2-\lambda-1$, $A=\begin{bmatrix} c & 1 & 0 \\ 0 & c & 1 \\ 0 & 0 & c \end{bmatrix}$.

解 (1) $f(A)=\begin{bmatrix} 12 & 11 & -5 \\ 18 & 19 & 5 \\ 3 & 8 & 21 \end{bmatrix}$.

(2) 因为 $A^k=0\quad(k\geqslant 3)$,所以

$$f(A)=A^2-A+I=\begin{bmatrix} 1 & -1 & 1 \\ 0 & 1 & -1 \\ 0 & 0 & 1 \end{bmatrix}.$$

(3) 记 $A=cI+N$, 则 $N^3=0$,

$$\begin{aligned} f(A) &= 4(cI+N)^3+2(cI+N)^2-(cI+N)-I \\ &= (4c^3+2c^2-c-1)I+(12c^2+4c-1)N+(12c+2)N^2 \\ &= \begin{bmatrix} f(c) & f'(c) & \frac{1}{2}f''(c) \\ 0 & f(c) & f'(c) \\ 0 & 0 & f(c) \end{bmatrix}. \end{aligned}$$

12. 设 E_{ij} 为 (i,j) 位元素为 1,而其余元素均为 0 的 n 阶方阵,求所有与 E_{ij} 可交换的方阵 B.

解 设 $B=(b_{ij})$,则由 $E_{ij}B=BE_{ij}$ 得:左边的方阵除 i 行是 $b_{j1},b_{j2},\cdots,b_{jn}$ 外,其余元素均为 0;右边的方阵除 j 列是 $b_{1i},b_{2i},\cdots,b_{ni}$ 外,其余元素均为 0.于是知

$$b_{ki}=0(k\neq i),\ b_{jk}=0\ (k\neq j),\ b_{ii}=b_{jj},\text{其余元素任意}.$$

13. 设 $A=\begin{bmatrix} \lambda_1 I & & \\ & \ddots & \\ & & \lambda_s I \end{bmatrix}$,$\lambda_1,\cdots,\lambda_s$ 互异,求与 A 可交换的所有方阵 B.

解 设 $B=(B_{ij})$,其中分块方法以使 AB,BA 可乘.于是由 $AB=BA$ 知有

$$\lambda_i B_{ij}=B_{ij}\lambda_j,\ \text{因为}\ \lambda_i\neq\lambda_j,\ \text{所以}\ B_{ij}=0\ (i\neq j),$$

所以 $B=\mathrm{diag}(B_{11}I,\ B_{22}I,\cdots,B_{ss}I)$是准对角阵.

14. 证明:与所有 n 阶方阵均可交换的方阵必为纯量方阵.

证 由第 12 题知,要 $AE_{ij}=E_{ij}A$, $i,j=1,\cdots,n$,必有

$$a_{ik}=0\quad(k\neq i)\quad i=1,\cdots,n$$

$$a_{11}=a_{22}\cdots=a_{nn}=a,$$

所以 A 为纯量方阵.

15. 证明：如果 A 为实对称阵，且 $A^2=0$，那么 $A=0$.

证 设 $A=(a_{ij})$，$B=A^2=(b_{ij})$，所以 $b_{ii}=\sum_{k=1}^{n}a_{ik}a_{ki}=\sum_{k=1}^{n}a_{ik}^2=0$，故

$$a_{ik}=0;\quad k,i=1,2,\cdots,n.$$

16. 证明：若 $A^2=I$，且 $A\neq I$，则 $A+I$ 非可逆阵.

证 方法1 由 $A^2=I\to(A+I)(A-I)=0$，若 $A+I$ 为可逆阵，则前式左乘 $(A+I)^{-1}$ 得 $A=I$，与已知 $A\neq I$ 矛盾.

方法2 由 $(A-I)(A+I)=0$ 知，$(A+I)$ 的列是线性方程组 $(A-I)x=0$ 的解. 又因为 $A\neq I$，所以 $A-I\neq 0$，故 $\mathrm{r}(A-I)\geqslant 1$. 设 A 是 n 阶方阵，则由线性方程组的理论知

$$\dim W_{(A-I)}=n-\mathrm{r}(A-I)\leqslant n-1.$$

而 $(A+I)$ 的列是 $W_{(A-I)}$ 的部分解，所以

$$\mathrm{r_c}(A+I)\leqslant \dim W_{(A-I)}\leqslant n-1.$$

故 $A+I$ 非可逆阵.

17. 设 A 是 n 阶方阵，A^* 为其古典伴随方阵，试证明：

(1) 当 A 可逆时，A^{T} 和 A^* 都是可逆阵，且

$$(A^{\mathrm{T}})^{-1}=(A^{-1})^{\mathrm{T}},\quad (A^*)^{-1}=(A^{-1})^*;$$

(2) $(A^*)^{\mathrm{T}}=(A^{\mathrm{T}})^*$.

证 (1) 因为 $\det A^{\mathrm{T}}=\det A\neq 0$，$\det A^*=|(\det A)A^{-1}|\neq 0$，所以 A^{T} 和 A^* 都是可逆阵. 又因为 $(AB)^{\mathrm{T}}=B^{\mathrm{T}}A^{\mathrm{T}}$，$(A^{-1})^{\mathrm{T}}A^{\mathrm{T}}=(AA^{-1})^{\mathrm{T}}=I$，$A^{\mathrm{T}}(A^{-1})^{\mathrm{T}}=I$，所以 $(A^{\mathrm{T}})^{-1}=(A^{-1})^{\mathrm{T}}$. 由公式

$$A^{-1}=\frac{1}{\det A}A^*$$

有
$$A=\det A\cdot(A^*)^{-1}=\frac{1}{\det A^{-1}}(A^{-1})^*=\det A\cdot(A^{-1})^*,$$

故
$$(A^*)^{-1}=(A^{-1})^*.$$

(2) $(A^*)^{\mathrm{T}}=(A_{ji})^{\mathrm{T}}=(A_{ij})$，$(A^{\mathrm{T}})^*=(a_{ji})^*=(A_{ij})$，所以 $(A^*)^{\mathrm{T}}=(A^{\mathrm{T}})^*$.

18. 设 A,B 都是 n 阶对称方阵，证明：AB 也是对称方阵的充分必要条件是 A,B 可交换.

证 因为
$$(AB)^{\mathrm{T}}=B^{\mathrm{T}}A^{\mathrm{T}}=BA,$$

所以
$$(AB)^{\mathrm{T}}=AB\Leftrightarrow BA=AB.$$

19. 令 $R=\begin{bmatrix}A & B\\ C & D\end{bmatrix}$ 是分块矩阵，其中 A 是非奇异 n 阶方阵. 证明：R 的秩等于 n 当且仅当 $D=CA^{-1}B$.

证 由 $\begin{bmatrix}I & 0\\ -CA^{-1} & I\end{bmatrix}\begin{bmatrix}A & B\\ C & D\end{bmatrix}=\begin{bmatrix}A & B\\ 0 & D-CA^{-1}B\end{bmatrix}$，则

$$\mathrm{r}\begin{bmatrix}A & B\\ C & D\end{bmatrix}=\mathrm{r}\begin{bmatrix}A & B\\ 0 & D-CA^{-1}B\end{bmatrix}=\mathrm{r}(A)\Leftrightarrow D-CA^{-1}B=0.$$

20. 设 A 是秩为 1 的 $n\times m$ 矩阵,证明:存在 n 维列向量 α 和 m 维行向量 β,使得 $A=\alpha\beta$.

证 因为 $\mathrm{r}(A)=1$,所以 $\exists$ 可逆阵 $P=(p_{ij})$(n 阶),$Q=(q_{ij})$(m 阶)使

$$A=P\begin{bmatrix}I_1 & 0\\ 0 & 0\end{bmatrix}Q=P\begin{bmatrix}1\\ 0\\ \vdots\\ 0\end{bmatrix}(1,0,\cdots,0)Q=\begin{bmatrix}p_{11}\\ \vdots\\ p_{n1}\end{bmatrix}(q_{11},\cdots,q_{1m})=\alpha\beta.$$

21. 方阵 A 称为**幂等方阵**,如果 $A^2=A$;方阵 B 称为**对合方阵**,如果 $B^2=I$,证明:A 是幂等方阵的充要条件是 $B=2A-I$ 为对合方阵.

证 因为 $A^2=A\Leftrightarrow 4A^2-4A+I=I\Leftrightarrow(2A-I)^2=I\Leftrightarrow B^2=I.$

22. 设 $A=\begin{bmatrix}0 & \cdots & 0 & a_n\\ a_1 & \ddots & & 0\\ & \ddots & \ddots & \vdots\\ & & a_{n-1} & 0\end{bmatrix}$, $a_i\neq 0,\ i=1,\cdots,n$,求 A^{-1}.

解 记 $A=\begin{bmatrix}0 & a_{nn}\\ A_{n-1} & 0\end{bmatrix}$, 因为 $\begin{bmatrix}0 & I_{n-1}\\ 1 & 0\end{bmatrix}A=\begin{bmatrix}A_{n-1} & \\ & a_{nn}\end{bmatrix}$,两边取逆得

$$A^{-1}\begin{bmatrix}0 & I_{n-1}\\ 1 & 0\end{bmatrix}^{-1}=\begin{bmatrix}A_{n-1} & \\ & a_{nn}\end{bmatrix}^{-1}=\begin{bmatrix}A_{n-1}^{-1} & \\ & a_{nn}^{-1}\end{bmatrix},$$

所以

$$A^{-1}=\begin{bmatrix}A_{n-1}^{-1} & \\ & a_{nn}^{-1}\end{bmatrix}\begin{bmatrix}0 & I_{n-1}\\ 1 & 0\end{bmatrix}=\begin{bmatrix}0 & A_{n-1}^{-1}\\ a_{nn}^{-1} & 0\end{bmatrix}=\begin{bmatrix}0 & a_1^{-1} & & \\ & \ddots & \ddots & \\ & & \ddots & a_{n-1}^{-1}\\ a_{nn}^{-1} & & & 0\end{bmatrix}.$$

23. 设 $\alpha=(a_1,\cdots,a_n)$,$0\neq a_i\in\mathbb{R}\ (1\leqslant i\leqslant n)$,$A=\mathrm{diag}\{a_1,\cdots,a_n\}$;试求 $\det(A-\alpha^{\mathrm{T}}\alpha)$.

解
$$\begin{aligned}\det(A-\alpha^{\mathrm{T}}\alpha)&=\det[A(I_n-A^{-1}\alpha^{\mathrm{T}}\alpha)]=(\det A)\det(I_n-A^{-1}\alpha^{\mathrm{T}}\alpha)\\&=(\det A)\det(I_1-\alpha A^{-1}\alpha^{\mathrm{T}})=\Big(1-\sum_{i=1}^{n}a_i\Big)\prod_{i=1}^{n}a_i.\end{aligned}$$

24. 计算行列式

$$\begin{vmatrix}1+x_1y_1 & x_1y_2 & \cdots & x_1y_n\\ x_2y_1 & 1+x_2y_2 & \cdots & x_2y_n\\ \vdots & \vdots & \ddots & \vdots\\ x_ny_1 & x_ny_2 & \cdots & 1+x_ny_n\end{vmatrix}.$$

解

$$\det A=\det\left[I_n+\begin{bmatrix}x_1\\ \vdots\\ x_n\end{bmatrix}(y_1,\cdots,y_n)\right]=1+(y_1,\cdots,y_n)\begin{bmatrix}x_1\\ \vdots\\ x_n\end{bmatrix}=1+\sum_{k=1}^{n}x_ky_k.$$

25. 设 A 为 n 阶可逆阵，$\alpha=(a_1,\cdots,a_n)^{\mathrm{T}}$，证明：

$$\det(A-\alpha\alpha^{\mathrm{T}})=(1-\alpha^{\mathrm{T}}A^{-1}\alpha)\cdot\det A.$$

证 因为

$$\begin{aligned}\det(A-\alpha\alpha^{\mathrm{T}})&=\det[A(I_n-A^{-1}\alpha\alpha^{\mathrm{T}})]=(\det A)\cdot\det(I_n-A^{-1}\alpha\alpha^{\mathrm{T}})\\&=(1-\alpha^{\mathrm{T}}A^{-1}\alpha)\cdot\det A.\end{aligned}$$

23～25题都用了公式 $\det(I_n-AB)=\det(I_m-BA)$，其中 A,B 分别为 $n\times m,m\times n$ 矩阵.

26. 试求第1题中四个方阵的相抵标准形.

解 (1) 因为 $\mathrm{r}(A)=\mathrm{r}(B)=1$，所以 A,B 的相抵标准形均为 $\begin{bmatrix}1&0&0\\0&0&0\\0&0&0\end{bmatrix}$；

(2) 因为 $\mathrm{r}(A)=\mathrm{r}(B)=3$，所以 A,B 均相抵于 I_3.

27. 试求可逆方阵 P,Q 使 PAQ 为 A 的相抵标准形，其中

(1) $A=\begin{bmatrix}1&-2&3\\3&-6&9\\2&1&5\end{bmatrix}$； (2) $A=\begin{bmatrix}0&0&1\\0&1&0\\0&1&1\end{bmatrix}$.

解 (1) 因为

$$A\xrightarrow[-2r_1+r_3]{-3r_1+r_2}\begin{bmatrix}1&-2&3\\0&0&0\\0&5&-1\end{bmatrix}\xrightarrow[-3c_1+c_3]{2c_1+c_2}\begin{bmatrix}1&0&0\\0&0&0\\0&5&-1\end{bmatrix}\xrightarrow[-c_3]{5c_3+c_2}\begin{bmatrix}1&0&0\\0&0&0\\0&0&1\end{bmatrix}\xrightarrow[c_2\leftrightarrow c_3]{r_2\leftrightarrow r_3}\begin{bmatrix}1&0&0\\0&1&0\\0&0&0\end{bmatrix}.$$

因为对 A 做初等行变换可通过左乘可逆阵 P_i 实现，对 A 做初等列变换可通过右乘可逆阵 Q_k 实现. 由上述初等变换过程可知：

$$P_1=\begin{bmatrix}1&0&0\\-3&1&0\\-2&0&1\end{bmatrix},\quad Q_1=\begin{bmatrix}1&2&-3\\0&1&0\\0&0&1\end{bmatrix},\quad Q_2=\begin{bmatrix}1&&\\&1&\\&5&-1\end{bmatrix},$$

$$P_2=Q_3=\begin{bmatrix}1&0&0\\0&0&1\\0&1&0\end{bmatrix}.$$

所以 $$P=P_2P_1=\begin{bmatrix}1&0&0\\-2&0&1\\-3&1&0\end{bmatrix},\quad Q=Q_1Q_2Q_3=\begin{bmatrix}1&3&-13\\0&0&1\\0&-1&5\end{bmatrix},$$

则

$$PAQ=\begin{bmatrix}1&&\\&1&\\&&0\end{bmatrix}.$$

(2) 因为 $A\xrightarrow{c_1\leftrightarrow c_3}\begin{bmatrix}1&0&0\\0&1&0\\1&1&0\end{bmatrix}\xrightarrow[-r_2+r_3]{-r_1+r_3}\begin{bmatrix}1&0&0\\0&1&0\\0&0&0\end{bmatrix}$,

由上知

$$Q=\begin{bmatrix}0&0&1\\0&1&0\\1&0&0\end{bmatrix},P=\begin{bmatrix}1&0&0\\0&1&0\\-1&-1&1\end{bmatrix},$$

且有
$$PAQ=\begin{bmatrix}I_2&0\\0&0\end{bmatrix}.$$

28. 设 A,B 为同阶实方阵,求证:

(1) $\begin{vmatrix}A&B\\B&A\end{vmatrix}=|A+B|\ |A-B|$; (2) $\begin{vmatrix}A&-B\\B&A\end{vmatrix}=\left|\det(A+\sqrt{-1}B)\right|^2$.

证 (1) 因为

$$\begin{bmatrix}I&I\\0&I\end{bmatrix}\begin{bmatrix}A&B\\B&A\end{bmatrix}\begin{bmatrix}I&-I\\0&I\end{bmatrix}=\begin{bmatrix}A+B&0\\B&A-B\end{bmatrix}$$

两边取行列式即得.

(2) 由于

$$\begin{bmatrix}I&\mathrm{i}I\\0&I\end{bmatrix}\begin{bmatrix}A&-B\\B&A\end{bmatrix}\begin{bmatrix}I&-\mathrm{i}I\\&I\end{bmatrix}=\begin{bmatrix}A+\mathrm{i}B&0\\B&A-\mathrm{i}B\end{bmatrix}$$

两边取行列式得

$$\det\begin{bmatrix}A&-B\\B&A\end{bmatrix}=\det(A+\mathrm{i}B)\cdot\det(A-\mathrm{i}B)=|\det(A+\mathrm{i}B)|^2.$$

最后一个等号是因为 $\det(A-\mathrm{i}B)=\det\overline{(A+\mathrm{i}B)}=\overline{\det(A+\mathrm{i}B)}$.

29. 设 $A_{n\times n}=(B_{n\times k},C)$ 为实方阵,求证 $|A|^2\leqslant|B^{\mathrm{T}}B|\ |C^{\mathrm{T}}C|$.

证 把 $|A|$ 按前 k 列展开,有

$$|A|=\sum_{1\leqslant i_1<\cdots<i_k\leqslant n}B\begin{pmatrix}i_1&\cdots&i_k\\1&\cdots&k\end{pmatrix}A\begin{pmatrix}i_{k+1}&\cdots&i_n\\k+1&\cdots&n\end{pmatrix},$$

于是

$$|A|^2=\left(\sum_{1\leqslant i_1<\cdots<i_k\leqslant n}B\begin{pmatrix}i_1&\cdots&i_k\\1&\cdots&k\end{pmatrix}C\begin{pmatrix}i_{k+1}&\cdots&i_n\\1&\cdots&n-k\end{pmatrix}\right)^2$$

$$\leqslant \sum_{1\leqslant i_1<\cdots<i_k\leqslant n}\left(B\begin{pmatrix} i_1 & \cdots & i_k \\ 1 & \cdots & k\end{pmatrix}\right)^2 \cdot \sum_{1\leqslant i_1<\cdots<i_k\leqslant n}\left(C\begin{pmatrix} i_{k+1} & \cdots & i_n \\ 1 & \cdots & n-k\end{pmatrix}\right)^2$$

$$=|B^{\mathrm T}B|\cdot|C^{\mathrm T}C|.$$

“$\leqslant$”成立是由于 $\left(\sum\limits_{i=1}^n a_ib_i\right)^2\leqslant\left(\sum\limits_{i=1}^n a_i^2\right)\left(\sum\limits_{i=1}^n b_i^2\right)$，即 Cauchy 不等式(其证法很多，之一见《高等代数学》例 2.13)．最后一个等号是根据定理 2.9(即设 $A_{k\times n}, B_{n\times k}, k<n$，则

$$\det AB=\sum_{1\leqslant i_1<\cdots<i_k\leqslant n}\left(A\begin{pmatrix} 1 & \cdots & k \\ i_1 & \cdots & i_k\end{pmatrix}\cdot B\begin{pmatrix} i_1 & \cdots & i_k \\ 1 & \cdots & k\end{pmatrix}\right).$$

30. 设 B 和 C 为 $n\times k$ 和 $n\times(n-k)$ 实矩阵，求证：

$$\begin{vmatrix} B^{\mathrm T}B & B^{\mathrm T}C \\ C^{\mathrm T}B & C^{\mathrm T}C\end{vmatrix}\leqslant|B^{\mathrm T}B|\,|C^{\mathrm T}C|.$$

证 作矩阵 $A=(B\quad C)$，则

$$\text{左边}=|A^{\mathrm T}A|=|A|^2=|A^2|\leqslant|B^{\mathrm T}B|\,|C^{\mathrm T}C|.$$

最后的$\leqslant$是利用上题的结论．

31. 证明：任一秩为 r 的矩阵可以表为 r 个秩为 1 的矩阵的和，但不能表为少于 r 个这种矩阵的和．

证 设 $\mathrm r(A)=r$，则存在可逆阵 P,Q 使

$$A=P\begin{bmatrix} I_r & 0 \\ 0 & 0\end{bmatrix}Q=P\begin{bmatrix} 1 & & & \\ & 0 & & \\ & & \ddots & \\ & & & \ddots \\ & & & & 0\end{bmatrix}Q+P\begin{bmatrix} 0 & & & \\ & 1 & & \\ & & 0 & \\ & & & \ddots \\ & & & & 0\end{bmatrix}Q+\cdots+P\begin{bmatrix} \ddots & & & \\ & 0 & & \\ & & 1 & \\ & & & 0 \\ & & & & \ddots\end{bmatrix}Q$$

$$=A_1+A_2+\cdots+A_r,\quad \text{且 } \mathrm r(A_i)=1,\quad i=1,\cdots,r.$$

若 A 可表为少于 r 个秩为 1 的矩阵之和，由 20 题知每个秩为 1 的矩阵可写为 $\alpha\beta$(其中 α 为列阵，β 为行阵)，所以有

$$A=\alpha_1\beta_1+\cdots+\alpha_k\beta_k=(\alpha_1,\cdots,\alpha_k)\begin{bmatrix}\beta_1 \\ \vdots \\ \beta_k\end{bmatrix},$$

于是 $\mathrm r(A)\leqslant k<r$，与已知 $\mathrm r(A)=r$ 矛盾．

32. 设 A,B 为 n 阶方阵，证明：如果 $AB=0$，则 $\mathrm r(A)+\mathrm r(B)\leqslant n$．

证 方法 1 设 $\mathrm r(A)=r$，$\mathrm r(B)=s$，则存在可逆阵 P,Q 使

$$PAQ=\begin{pmatrix} I_r & 0 \\ 0 & 0\end{pmatrix}.$$

由已知$AB=0$知 $PAB=0$，进而有 $PAQQ^{-1}B=0$，记 $Q^{-1}B=B_1$，显然 $\mathrm r(B_1)=\mathrm r(B)$，于是

有

$$\begin{bmatrix} I_r & 0 \\ 0 & 0 \end{bmatrix} B_1 = 0,$$

所以 B_1 的前 r 行均为 0,则 $\mathrm{r}(B_1)=s\leqslant n-r$,即

$$\mathrm{r}(A)+\mathrm{r}(B)\leqslant n.$$

方法 2 记 $B=(\beta_1,\beta_2,\cdots,\beta_n)$,由

$$AB=(A\beta_1,A\beta_2,\cdots,A\beta_n)=0,$$

知 $\beta_1,\beta_2,\cdots,\beta_n$ 是方程组 $Ax=0$ 的解. 因为 $\dim(W_A)=n-\mathrm{r}(A)$,所以

$$\mathrm{r}(B)=\text{秩}(\beta_1,\cdots,\beta_n)\leqslant\dim W_A=n-\mathrm{r}(A).$$

不等号是由于 $\langle\beta_1,\cdots,\beta_n\rangle$ 不一定是 $Ax=0$ 的全部解.

33. 设 A 是 n 阶方阵($n\geqslant 2$),A^* 为其古典伴随方阵,证明:

$$\mathrm{r}(A^*)=\begin{cases} n, & \text{当 } \mathrm{r}(A)=n; \\ 1, & \text{当 } \mathrm{r}(A)=n-1; \\ 0, & \text{当 } \mathrm{r}(A)<n-1. \end{cases}$$

证 (1) 当 $\mathrm{r}(A)=n$,有 $\det A\neq 0$,由 $AA^*=(\det A)I$ 知 $\det A^*=(\det A)^{n-1}\neq 0$,所以 $\mathrm{r}(A^*)=n$.

(2) 当 $\mathrm{r}(A)=n-1$ 时,$\det A=0$,从而 $AA^*=0$. 由 32 题知有 $\mathrm{r}(A)+\mathrm{r}(A^*)\leqslant n$,所以 $\mathrm{r}(A^*)\leqslant 1$,又因为 $\mathrm{r}(A)=n-1$,所以 A^* 中至少有一个 $A_{ij}\neq 0$,所以 $\mathrm{r}(A^*)=1$.

(3) 因为 $\mathrm{r}(A)<n-1$,所以 A 的所有 $n-1$ 阶子式全为 0,故

$$A_{ij}=0, A^*=(A_{ji})=0, \text{即 } \mathrm{r}(A^*)=0.$$

34. 证明:(1) $\mathrm{r}(AB)\leqslant\min(\mathrm{r}(A),\mathrm{r}(B))$;

(2) $\mathrm{r}(A,B)\leqslant\mathrm{r}(A)+\mathrm{r}(B)$;

(3) $\mathrm{r}(A+B)\leqslant\mathrm{r}(A)+\mathrm{r}(B)$.

证 (1) 设 $A_{m\times l}$, $B_{l\times n}$, $\mathrm{r}(A)=r$, $\mathrm{r}(B)=s$. 因为 $\mathrm{r}(A)=r$,所以存在可逆阵 P,Q 使得

$$PAQ=\begin{bmatrix} I_r & 0 \\ 0 & 0 \end{bmatrix},$$

于是

$$\mathrm{r}(AB)=\mathrm{r}(PAB)=\mathrm{r}(PAQQ^{-1}B)=\mathrm{r}\left(\begin{bmatrix} I_r & 0 \\ 0 & 0 \end{bmatrix}B_1\right),$$

其中 $$B_1=Q^{-1}B=(b'_{ij}),$$

所以
$$\mathrm{r}(AB)=\mathrm{r}\left(\begin{bmatrix} I_r & 0 \\ 0 & 0 \end{bmatrix}(b'_{ij})\right)=\mathrm{r}\begin{bmatrix} b'_{11} & \cdots & \cdots & b'_{1n} \\ \cdots & \cdots & \cdots & \cdots \\ b'_{r1} & \cdots & \cdots & b'_{rn} \\ 0 & \cdots & \cdots & 0 \\ \vdots & & & \vdots \\ 0 & \cdots & \cdots & 0 \end{bmatrix}_{m\times n}. \qquad (*)$$

显然最右边一个矩阵的秩不超过它的非0行数($=r$)，也不超过 B_1 的秩($=s$)，所以
$$\mathrm{r}(AB)\leqslant \min(\mathrm{r}(A),\mathrm{r}(B)).$$

注 从(*)式也很容易得出最后一个矩阵的秩$\geqslant r+s-l$(因为 $\mathrm{r}(B_1)=\mathrm{r}(B)$，$B_1$ 的行向量中有 s 个线性无关，而其余行均可由它们线性表出. 假设这 s 个向量位于 B_1 的后 s 行，则前 r 行中至少仍有 $s-(l-r)$ 个线性无关). 由此得出
$$\mathrm{r}(AB)\geqslant \mathrm{r}(A)+\mathrm{r}(B)-l.$$

(2) 方法1 设 $A_1,A_2,\cdots,A_r$ 为 A 的列向量的极大线性无关组，$B_1,B_2,\cdots,B_s$ 为 B 的列向量的极大线性无关组. 则 (A,B) 的列向量均可由 $\{A_1,\cdots,A_r,B_1,\cdots,B_s\}$ 线性表出，所以
$$\mathrm{r}(A,B)\leqslant 秩\{A_1,\cdots,A_r,B_1,\cdots,B_s\}.$$
而 $A_1,\cdots,A_r,B_1,\cdots,B_s$ 中线性无关的向量一定不超过 $r+s$ 个. 所以
$$\mathrm{r}(A,B)\leqslant \mathrm{r}(A)+\mathrm{r}(B).$$

方法2 设 $\mathrm{r}(A)=r$，$\mathrm{r}(B)=s$，则必存在可逆阵 P_1,Q_1,P_2,Q_2，使得
$$A=P_1\begin{pmatrix} I_r & 0 \\ 0 & 0 \end{pmatrix}Q_1,\quad B=P_2\begin{pmatrix} I_s & 0 \\ 0 & 0 \end{pmatrix}Q_2,$$
则
$$\begin{aligned}\mathrm{r}(A,B)&=\mathrm{r}\left(P_1\begin{pmatrix} I_r & 0 \\ 0 & 0 \end{pmatrix}Q_1,\ P_2\begin{pmatrix} I_s & 0 \\ 0 & 0 \end{pmatrix}Q_2\right)\\ &=\mathrm{r}\left[\left(P_1\begin{pmatrix} I_r & 0 \\ 0 & 0 \end{pmatrix},\ P_2\begin{pmatrix} I_s & 0 \\ 0 & 0 \end{pmatrix}\right)\begin{bmatrix} Q_1 & \\ & Q_2 \end{bmatrix}\right],\end{aligned}$$
因为方阵 $\begin{bmatrix} Q_1 & \\ & Q_2 \end{bmatrix}$ 是可逆阵，又记 $P_1^{(r)}$ 和 $P_2^{(s)}$ 分别为 P_1 前 r 列和 P_2 的前 s 列，则有
$$\mathrm{r}(A,B)=\mathrm{r}((P_1^{(r)}\quad 0),\ (P_2^{(s)}\quad 0))\leqslant r+s.$$

注 因为 A 的列均可由 (A,B) 的列线性表出，B 的列均可由 (A,B) 的列线性表出，所以 $\mathrm{r}(A)\leqslant\mathrm{r}(A,B)$，$\mathrm{r}(B)\leqslant\mathrm{r}(A,B)$. 于是有 $\max(\mathrm{r}(A),\mathrm{r}(B))\leqslant\mathrm{r}(A,B)$.

(3) 方法1 设 A,B 均为 $m\times n$ 矩阵，则
$$\mathrm{r}(A+B)=\mathrm{r}(AI+BI)=\mathrm{r}\left((A,B)\begin{pmatrix} I \\ I \end{pmatrix}\right)\leqslant\min(\mathrm{r}(A,B),n)\leqslant\mathrm{r}(A,B)\leqslant\mathrm{r}(A)+\mathrm{r}(B).$$

方法 2　因为 $A+B$ 的列均可由 (A,B) 的列线性表出，再由(2)即得

$$r(A+B)\leqslant r(A,B)\leqslant r(A)+r(B).$$

35. 设 A 是 n 阶方阵，证明：

(1) $A^2=I \Leftrightarrow r(A+I)+r(A-I)=n$；

(2) $A^2=A \Leftrightarrow r(A)+r(A-I)=n$.

证　(1) $\Rightarrow$ 由 $A^2=I$ 知 $A^2-I=(A+I)(A-I)=0$，由第 32 题得

$$r(A+I)+r(A-I)\leqslant n$$

又由第 34 题(3)知 $r(A+I)+r(A-I)\geqslant r(A+I+A-I)=r(A)=n$（因为 $\det A\neq 0$），所以有

$$r(A+I)+r(A-I)=n.$$

$\Leftarrow$ 因 $n=r(A+I)+r(A-I)=r\begin{bmatrix}A+I & 0\\ 0 & A-I\end{bmatrix}=r\begin{bmatrix}A+I & 0\\ A+I & I-A\end{bmatrix}$

$$=\begin{bmatrix}A+I & A+I\\ A+I & 2I\end{bmatrix}=r\begin{bmatrix}\frac{1}{2}(I-A^2) & 0\\ A+I & 2I\end{bmatrix}=r\begin{bmatrix}\frac{1}{2}(I-A^2) & 0\\ 0 & 2I\end{bmatrix}$$

$$=r(I-A^2)+r(I),$$

又 $r(I)=n$，所以

$$r(I-A^2)=0\rightarrow A^2=I.$$

(2) $\Rightarrow$ 因为 $A^2=A$，所以 $0=A^2-A=A(A-I)$，故 $r(A)+r(A-I)\leqslant n$，又 $r(A-I)=r(I-A)$，所以 $r(A)+r(A-I)\geqslant r(A+I-A)=r(I)=n$，于是

$$r(A)+r(A-I)=n.$$

$\Leftarrow$ 因为

$$n=r(A)+r(A-I)=r\begin{bmatrix}A & 0\\ 0 & A-I\end{bmatrix}=r\begin{bmatrix}A & 0\\ A & -A+I\end{bmatrix}$$

$$=r\begin{bmatrix}A & A\\ A & I\end{bmatrix}=r\begin{bmatrix}A-A^2 & 0\\ A & I\end{bmatrix}=r\begin{bmatrix}A-A^2 & 0\\ 0 & I\end{bmatrix}=r(A-A^2)+r(I),$$

所以 $r(A-A^2)=0$，故 $A^2=A$.

上面恒等变形中第 3,4,5,6 个等号分别做了以下矩阵运算：左乘可逆阵 $\begin{bmatrix}I_n & 0\\ I & -I_n\end{bmatrix}$；右乘可逆阵 $\begin{bmatrix}I_n & I\\ 0 & I_n\end{bmatrix}$；左乘可逆阵 $\begin{bmatrix}I_n & -A\\ 0 & I_n\end{bmatrix}$，右乘可逆阵 $\begin{bmatrix}I_n & 0\\ -A & I_n\end{bmatrix}$.

36. 设 A 是 n 阶方阵，且 $r(A)=r$，证明：存在 n 阶可逆矩阵 P 使 PAP^{-1} 的后 $n-r$ 行全为零.

证　因为 $r(A)=r$，所以必存在可逆阵 P,Q 使得

$$PAQ=\begin{bmatrix}I_r & 0\\0 & 0\end{bmatrix},\quad 设\ Q^{-1}P^{-1}=\begin{bmatrix}C_1 & C_2\\C_3 & C_4\end{bmatrix},$$

则有

$$PAP^{-1}=PAQQ^{-1}P^{-1}=\begin{bmatrix}I_r & 0\\0 & 0\end{bmatrix}\begin{bmatrix}C_1 & C_2\\C_3 & C_4\end{bmatrix}=\begin{bmatrix}C_1 & C_2\\0 & 0\end{bmatrix}\}r\ 行.$$

37. 求下列矩阵 A 的广义逆 A^- 和 A^+：

(1) (a,b,c)；(2) $\begin{bmatrix}a\\b\\c\end{bmatrix}$；(3) $\begin{bmatrix}a & 0 & 0\\0 & b & 0\\0 & 0 & 0\end{bmatrix}$；(4) $\begin{bmatrix}a & b\\2a & 2b\end{bmatrix}$；(5) $\begin{bmatrix}a & b & c\\e & f & g\\0 & 0 & 0\end{bmatrix}$；

(6) $\begin{bmatrix}a & e & 0\\b & f & 0\\c & g & 0\end{bmatrix}$；(7) $\begin{bmatrix}a & b & c\\2a & 2b & 2c\\3a & 3b & 3c\end{bmatrix}$；(8) $\begin{bmatrix}0 & 1 & & \\ & \ddots & \ddots & \\ & & \ddots & 1\\ & & & 0\end{bmatrix}$；

(9) $\begin{bmatrix}0 & \cdots & 0 & 1\\0 & \cdots & \cdots & 0\\\vdots & \cdots & \cdots & \vdots\\0 & \cdots & \cdots & 0\end{bmatrix}$.

解 (1) 因为$(a,b,c)=(1,0,0)\begin{bmatrix}a & b & c\\0 & 1 & 0\\0 & 0 & 1\end{bmatrix}=(1,0,0)Q$,所以

$$(a,b,c)^-=Q^{-1}\begin{bmatrix}1\\y_2\\y_3\end{bmatrix}=\begin{bmatrix}\frac{1}{a} & -\frac{b}{a} & -\frac{c}{a}\\0 & 1 & 0\\0 & 0 & 1\end{bmatrix}\begin{bmatrix}1\\y_2\\y_3\end{bmatrix}=\begin{bmatrix}\frac{1}{a}-\frac{b}{a}y_2-\frac{c}{a}y_3\\y_2\\y_3\end{bmatrix};$$

其中 y_2,y_3 任取. 又因为

$$(a,b,c)=1\cdot(a,b,c)=CR,$$

故得

$$(a,b,c)^+=\overline{R}^{\mathrm T}(R\overline{R}^{\mathrm T})^{-1}(\overline{C}^{\mathrm T}C)^{-1}\overline{C}^{\mathrm T}=\begin{bmatrix}\bar a\\\bar b\\\bar c\end{bmatrix}\frac{1}{|a|^2+|b|^2+|c|^2}\cdot 1$$

$$=\frac{1}{|a|^2+|b|^2+|c|^2}\begin{bmatrix}\bar a\\\bar b\\\bar c\end{bmatrix}.$$

(2) 因为

$$\begin{bmatrix}a\\b\\c\end{bmatrix}=\begin{bmatrix}a&0&0\\b&1&0\\c&0&1\end{bmatrix}\begin{bmatrix}1\\0\\0\end{bmatrix}=P\begin{bmatrix}1\\0\\0\end{bmatrix},$$

所以

$$\begin{bmatrix}a\\b\\c\end{bmatrix}^{-}=(1,y_2,y_3)P^{-1}=(1,y_2,y_3)\begin{bmatrix}\frac{1}{a}&0&0\\-\frac{b}{a}&1&0\\-\frac{c}{a}&0&1\end{bmatrix}=\left(\frac{1}{a}-\frac{b}{a}y_2-\frac{c}{a}y_3,y_2,y_3\right);$$

其中 y_2,y_3 任取.

又

$$\begin{bmatrix}a\\b\\c\end{bmatrix}=\begin{bmatrix}a\\b\\c\end{bmatrix}\cdot 1=CR,$$

所以

$$\begin{bmatrix}a\\b\\c\end{bmatrix}^{+}=1\cdot(\bar{C}^{\mathrm{T}}C)^{-1}\bar{C}^{\mathrm{T}}=\left[(\bar{a},\bar{b},\bar{c})\begin{bmatrix}a\\b\\c\end{bmatrix}\right]^{-1}(\bar{a},\bar{b},\bar{c})=\frac{1}{|a|^2+|b|^2+|c|^2}(\bar{a},\bar{b},\bar{c}).$$

(3) 由于

$$\begin{bmatrix}a&0&0\\0&b&0\\0&0&0\end{bmatrix}=\begin{bmatrix}1&0&0\\0&1&0\\0&0&0\end{bmatrix}\begin{bmatrix}a&0&0\\0&b&0\\0&0&1\end{bmatrix}=\begin{bmatrix}I_2&0\\0&0\end{bmatrix}Q,$$

所以

$$A^{-}=Q^{-1}\begin{bmatrix}I_2&Y_2\\Y_3&Y_4\end{bmatrix}=\begin{bmatrix}\frac{1}{a}&0&0\\0&\frac{1}{b}&0\\0&0&1\end{bmatrix}\begin{bmatrix}I_2&Y_2\\Y_3&Y_4\end{bmatrix}=\begin{bmatrix}\frac{1}{a}&0&\frac{1}{a}y_{12}\\0&\frac{1}{b}&\frac{1}{b}y_{22}\\y_{31}&y_{32}&y_{33}\end{bmatrix};$$

其中 $y_{12},y_{22},y_{31},y_{32},y_{33}$ 任取. 又因为

$$A=\begin{bmatrix}a&0&0\\0&b&0\\0&0&0\end{bmatrix}=\begin{bmatrix}a&0\\0&b\\0&0\end{bmatrix}\begin{bmatrix}1&0&0\\0&1&0\end{bmatrix}=CR,$$

所以

$$A^{+}=\begin{bmatrix}1&0\\0&1\\0&0\end{bmatrix}\begin{bmatrix}1&0\\0&1\end{bmatrix}^{-1}\begin{bmatrix}|a|^2&0\\0&|b|^2\end{bmatrix}\begin{bmatrix}\bar{a}&0&0\\0&\bar{b}&0\end{bmatrix}=\begin{bmatrix}|a|^2\bar{a}&0&0\\0&|b|^2\bar{b}&0\\0&0&0\end{bmatrix}.$$

(4) 因为 $A=\begin{bmatrix} a & b \\ 2a & 2b \end{bmatrix}=\begin{bmatrix} 1 & 0 \\ 2 & 1 \end{bmatrix}\begin{bmatrix} 1 & 0 \\ 0 & 0 \end{bmatrix}\begin{bmatrix} a & b \\ 0 & 1 \end{bmatrix}=P\begin{bmatrix} 1 & 0 \\ 0 & 0 \end{bmatrix}Q$,所以有

$$A^{-}=Q^{-1}\begin{bmatrix} 1 & y_2 \\ y_3 & y_4 \end{bmatrix}P^{-1}=\begin{bmatrix} \frac{1}{a} & -\frac{b}{a} \\ 0 & 1 \end{bmatrix}\begin{bmatrix} 1 & y_2 \\ y_3 & y_4 \end{bmatrix}\begin{bmatrix} 1 & 0 \\ -2 & 1 \end{bmatrix}$$

$$=\begin{bmatrix} \frac{1}{a}-\frac{2}{a}y_2-\frac{b}{a}y_3+\frac{2b}{a}y_4 & \frac{y_2}{a}-\frac{b}{a}y_4 \\ y_3-2y_4 & y_4 \end{bmatrix},$$

其中 y_2,y_3,y_4 任取.又因为 $A=\begin{bmatrix} 1 \\ 2 \end{bmatrix}(a,b)=CR$,所以得

$$A^{+}=\begin{bmatrix} \bar{a} \\ \bar{b} \end{bmatrix}(|a|^2+|b|^2)^{-1}\left[(1,2)\begin{bmatrix} 1 \\ 2 \end{bmatrix}\right]^{-1}(1,2)=\frac{1}{5(|a|^2+|b|^2)}\begin{bmatrix} \bar{a} & 2\bar{a} \\ \bar{b} & 2\bar{b} \end{bmatrix}.$$

(5) 因为

$$\begin{bmatrix} a & b & c \\ e & f & g \\ 0 & 0 & 0 \end{bmatrix}=\begin{bmatrix} 1 & 0 & 0 \\ -\frac{e}{a} & 1 & 0 \\ 0 & 0 & 1 \end{bmatrix}^{-1}\begin{bmatrix} 1 & 0 & 0 \\ 0 & 1 & 0 \\ 0 & 0 & 0 \end{bmatrix}\begin{bmatrix} \frac{1}{a} & -\frac{b}{af-eb} & \frac{b(ag-ec)}{(af-eb)a}-\frac{c}{a} \\ 0 & \frac{a}{af-eb} & -\frac{ag-ec}{af-eb} \\ 0 & 0 & 1 \end{bmatrix}^{-1}$$

$$=P\begin{bmatrix} 1 & 0 & 0 \\ 0 & 1 & 0 \\ 0 & 0 & 0 \end{bmatrix}Q,$$

所以有

$$A^{-}=Q^{-1}\begin{bmatrix} I_2 & Y_2 \\ Y_3 & Y_4 \end{bmatrix}P^{-1}=Q^{-1}\begin{bmatrix} 1 & 0 & y_{13} \\ 0 & 1 & y_{23} \\ y_{31} & y_{32} & y_{33} \end{bmatrix}P^{-1}=\frac{1}{af-eb}\cdot$$

$$\begin{bmatrix} f+(bg-cf)\left(y_{31}-\frac{e}{a}y_{32}\right) & y_{33}(bg-cf)-b & \left(f-\frac{eb}{a}\right)y_{13}-by_{23}+(bg-cf)y_{33} \\ -e-(ag-ec)\left(y_{31}-\frac{e}{a}y_{32}\right) & a-y_{32}(ag-ec) & ay_{23}-(ag-ec)y_{33} \\ (af-eb)\left(y_{31}-\frac{e}{a}y_{32}\right) & y_{32}(af-eb) & y_{33}(af-eb) \end{bmatrix}.$$

又因为

$$A=\begin{bmatrix} a & b & c \\ e & f & g \\ 0 & 0 & 0 \end{bmatrix}=\begin{bmatrix} 1 & 0 \\ 0 & 1 \\ 0 & 0 \end{bmatrix}\begin{bmatrix} a & b & c \\ e & f & g \end{bmatrix}=CR,$$

故得

$$A^{+}=\begin{bmatrix}\bar{a} & \bar{e}\\ \bar{b} & \bar{f}\\ \bar{c} & \bar{g}\end{bmatrix}\begin{bmatrix}|a|^2+|b|^2+|c|^2 & a\bar{e}+b\bar{f}+c\bar{g}\\ e\bar{a}+f\bar{b}+g\bar{c} & |e|^2+|f|^2+|g|^2\end{bmatrix}^{-1}\begin{bmatrix}1 & 0\\ 0 & 1\end{bmatrix}^{-1}\begin{bmatrix}1 & 0 & 0\\ 0 & 1 & 0\end{bmatrix}$$

$$=\frac{1}{d}\begin{bmatrix}\bar{a}(|f|^2+|g|^2)-\bar{e}(f\bar{b}+g\bar{c}) & \bar{e}(|b|^2+|c|^2)-\bar{a}(b\bar{f}+c\bar{g}) & 0\\ \bar{b}(|e|^2+|g|^2)-\bar{f}(e\bar{a}+g\bar{c}) & \bar{f}(|a|^2+|c|^2)-\bar{b}(a\bar{e}+c\bar{g}) & 0\\ \bar{c}(|e|^2+|f|^2)-\bar{g}(e\bar{a}+f\bar{b}) & \bar{g}(|a|^2+|b|^2)-\bar{c}(a\bar{e}+bf) & 0\end{bmatrix},$$

其中 $d=(|a|^2+|b|^2+|c|^2)(|e|^2+|f|^2+|g|^2)-(a\bar{e}+b\bar{f}+c\bar{g})(e\bar{a}+f\bar{b}+g\bar{c})$.

(6) $$\begin{bmatrix}a & e & 0\\ b & f & 0\\ c & g & 0\end{bmatrix}=\begin{bmatrix}\frac{1}{a} & 0 & 0\\ -\frac{b}{af-eb} & \frac{a}{af-eb} & 0\\ \frac{bg-fc}{af-eb} & \frac{ec-ag}{af-eb} & 1\end{bmatrix}^{-1}\begin{bmatrix}1 & 0 & 0\\ 0 & 1 & 0\\ 0 & 0 & 0\end{bmatrix}\begin{bmatrix}1 & -\frac{e}{a} & 0\\ 0 & 1 & 0\\ 0 & 0 & 1\end{bmatrix}^{-1}$$

$$=P\begin{bmatrix}I_2 & 0\\ 0 & 0\end{bmatrix}Q,$$

所以

$$A^{-}=Q^{-1}\begin{bmatrix}1 & 0 & y_{13}\\ 0 & 1 & y_{23}\\ y_{31} & y_{32} & y_{33}\end{bmatrix}P^{-1}$$

$$=\frac{1}{af-eb}\cdot$$

$$\begin{bmatrix}f+(bg-fc)\left(y_{13}-\frac{e}{a}y_{23}\right) & -e+(ec-ag)\left(y_{13}-\frac{e}{a}y_{23}\right) & (af-eb)\left(y_{13}-\frac{e}{a}y_{23}\right)\\ (bg-fc)y_{23}-b & a-(ec-ag)y_{23} & (af-eb)y_{23}\\ \left(f-\frac{eb}{a}\right)y_{31}-by_{32}+(bg-cf)y_{33} & ay_{32}+(ec-ag)y_{33} & (af-eb)y_{33}\end{bmatrix}.$$

又因为

$$A=\begin{bmatrix}a & e & 0\\ b & f & 0\\ c & g & 0\end{bmatrix}=\begin{bmatrix}a & e\\ b & f\\ c & g\end{bmatrix}\begin{bmatrix}1 & 0 & 0\\ 0 & 1 & 0\end{bmatrix}=CR,$$

所以

$$A^{+}=\begin{bmatrix}1 & 0\\ 0 & 1\\ 0 & 0\end{bmatrix}\begin{bmatrix}1 & 0\\ 0 & 1\end{bmatrix}^{-1}\begin{bmatrix}|a|^2+|b|^2+|c|^2 & \bar{a}e+\bar{b}f+\bar{c}g\\ \bar{e}a+\bar{f}b+\bar{g}c & |e|^2+|f|^2+|g|^2\end{bmatrix}^{-1}\begin{bmatrix}\bar{a} & \bar{b} & \bar{c}\\ \bar{e} & \bar{f} & \bar{g}\end{bmatrix}$$

$$=\frac{1}{d}\cdot$$

$$\begin{bmatrix} \bar{a}(|f|^2+|g|^2)-\bar{e}(f\bar{b}+g\bar{c}) & \bar{b}(|e|^2+|g|^2)-\bar{f}(e\bar{a}+g\bar{c}) & \bar{c}(|e|^2+|f|^2)-\bar{g}(e\bar{a}+f\bar{b}) \\ \bar{e}(|b|^2+|c|^2)-\bar{a}(b\bar{f}+c\bar{g}) & \bar{f}(|a|^2+|c|^2)-\bar{b}(a\bar{e}+c\bar{g}) & \bar{g}(|a|^2+|b|^2)-\bar{c}(a\bar{e}+b\bar{f}) \\ 0 & 0 & 0 \end{bmatrix}.$$

其中 d 同(5)中表达式.

(7) 因为 $A=\begin{bmatrix} a & b & c \\ 2a & 2b & 2c \\ 3a & 3b & 3c \end{bmatrix}=\begin{bmatrix} 1 & 0 & 0 \\ 2 & 1 & 0 \\ 3 & 0 & 1 \end{bmatrix}\begin{bmatrix} 1 & 0 & 0 \\ 0 & 0 & 0 \\ 0 & 0 & 0 \end{bmatrix}\begin{bmatrix} a & b & c \\ 0 & 1 & 0 \\ 0 & 0 & 1 \end{bmatrix}=P\begin{bmatrix} I_1 & 0 \\ 0 & 0 \end{bmatrix}Q$,

所以

$$A^-=Q^{-1}\begin{bmatrix} I_1 & Y_2 \\ Y_3 & Y_4 \end{bmatrix}P^{-1}=\begin{bmatrix} \frac{1}{a} & -\frac{b}{a} & -\frac{c}{a} \\ 0 & 1 & 0 \\ 0 & 0 & 1 \end{bmatrix}\begin{bmatrix} 1 & y_{12} & y_{13} \\ y_{21} & y_{22} & y_{23} \\ y_{31} & y_{32} & y_{33} \end{bmatrix}\begin{bmatrix} 1 & 0 & 0 \\ -2 & 1 & 0 \\ -3 & 0 & 1 \end{bmatrix}$$

$$=\begin{bmatrix} \frac{1}{a}(1-by_{21}-cy_{31})-2u-3v & u & v \\ y_{21}-2y_{22}-3y_{23} & y_{22} & y_{23} \\ y_{31}-2y_{32}-3y_{33} & y_{32} & y_{33} \end{bmatrix}.$$

其中 y_{ij} 任取,$u=\frac{1}{a}(y_{12}-by_{22}-cy_{32})$, $v=\frac{1}{a}(y_{13}-by_{23}-cy_{33})$. 又因为

$$A=\begin{bmatrix} 1 \\ 2 \\ 3 \end{bmatrix}(a,b,c)=CR,$$

故知

$$A^+=\begin{bmatrix} \bar{a} \\ \bar{b} \\ \bar{c} \end{bmatrix}(|a|^2+|b|^2+|c|^2)^{-1}\left[(1,2,3)\begin{bmatrix} 1 \\ 2 \\ 3 \end{bmatrix}\right]^{-1}(1,2,3)$$

$$=\frac{1}{14(|a|^2+|b|^2+|c|^2)}\begin{bmatrix} \bar{a} & 2\bar{a} & 3\bar{a} \\ \bar{b} & 2\bar{b} & 3\bar{b} \\ \bar{c} & 2\bar{c} & 3\bar{c} \end{bmatrix}.$$

(8) 因为 $A=\begin{bmatrix} 0 & 1 & & \\ & \ddots & \ddots & \\ & & \ddots & 1 \\ & & & 0 \end{bmatrix}=\begin{bmatrix} 0 & I_{n-1} \\ 0 & 0 \end{bmatrix}=\begin{bmatrix} I_{n-1} & 0 \\ 0 & 0 \end{bmatrix}\begin{bmatrix} 0 & I_{n-1} \\ 1 & 0 \end{bmatrix}=\begin{bmatrix} I_{n-1} & 0 \\ 0 & 0 \end{bmatrix}Q$,

所以

$$A^{-}=\begin{bmatrix}0 & I_{n-1}\\1 & 0\end{bmatrix}^{-1}\begin{bmatrix}I_{n-1} & Y_2\\Y_3 & y_{nn}\end{bmatrix}=\begin{bmatrix}0 & 1\\I_{n-1} & 0\end{bmatrix}\begin{bmatrix}I_{n-1} & Y_2\\Y_3 & y_{nn}\end{bmatrix}=\begin{bmatrix}Y_3 & y_{nn}\\I_{n-1} & Y_2\end{bmatrix},$$

其中 Y_2, Y_3, y_{nn} 任意. 又因为

$$A=\begin{bmatrix}I_{n-1}\\0\end{bmatrix}(0\quad I_{n-1})=CR,$$

所以

$$A^{+}=\begin{bmatrix}0\\I_{n-1}\end{bmatrix}\cdot I_{n-1}^{-1}\cdot I_{n-1}^{-1}\cdot(I_{n-1}\quad 0)=\begin{bmatrix}0 & 0\\I_{n-1} & 0\end{bmatrix}.$$

(9) $$A=\begin{bmatrix}0 & \cdots & 0 & 1\\\vdots & \ddots & & 0\\\vdots & & \ddots & \vdots\\0 & \cdots & \cdots & 0\end{bmatrix}=\begin{bmatrix}0 & 1\\0_{n-1} & 0\end{bmatrix}=\begin{bmatrix}I_1 & 0\\0 & 0\end{bmatrix}\begin{bmatrix}0 & I_{n-1}\\1 & 0\end{bmatrix}^{-1}=\begin{bmatrix}I_1 & 0\\0 & 0\end{bmatrix}Q,$$

所以

$$A^{-}=\begin{bmatrix}0 & I_{n-1}\\1 & 0\end{bmatrix}\begin{bmatrix}1 & Y_2\\Y_3 & Y_4\end{bmatrix}=\begin{bmatrix}Y_3 & Y_4\\1 & Y_2\end{bmatrix},\quad Y_2, Y_3, Y_4 \text{ 任取.}$$

又因为

$$A=\begin{bmatrix}0 & 1\\0_{n-1} & 0\end{bmatrix}=\begin{bmatrix}1\\0\\\vdots\\0\end{bmatrix}(0,\cdots,0,1)=CR,$$

所以

$$A^{+}=\begin{bmatrix}0\\\vdots\\0\\1\end{bmatrix}\cdot 1\cdot 1\cdot(1,0,\cdots,0)=\begin{bmatrix}0 & 0_{n-1}\\1 & 0\end{bmatrix}.$$

38. 试证明,若 C 为实数列独立阵,则 $\det C^{\mathrm{T}}C>0$.

证 设

$$C=\begin{bmatrix}c_{11} & c_{12} & \cdots & c_{1r}\\\vdots & \vdots & & \vdots\\c_{n1} & c_{n2} & \cdots & c_{nr}\end{bmatrix},\qquad r\leqslant n.$$

则

$$\det C^{\mathrm{T}}C=\sum_{1\leqslant k_1<\cdots<k_r\leqslant n}\det C^{\mathrm{T}}\begin{pmatrix}1\cdots r\\k_1\cdots k_r\end{pmatrix}\cdot\det C\begin{pmatrix}k_1\cdots k_r\\1\cdots r\end{pmatrix}$$

$$= \sum_{1 \leqslant k_1 < \cdots < k_r \leqslant n} \left(\det C \begin{pmatrix} k_1 \cdots k_r \\ 1 \cdots r \end{pmatrix} \right)^2 \geqslant 0.$$

又因为 C 为列独立阵，$\mathrm{r}(C)=r$，所以至少有一个 r 阶子式 $\neq 0$，因此"$>$"号成立.

39. 试证明若 C 为 $n \times r$ 列独立阵，则存在列独立阵 X 使 $C^{\mathrm{T}}X=0$ 且 X 列数 $\leqslant n-r$.

证　因为 $\mathrm{r}(C^{\mathrm{T}})=r$，所以线性方程组 $C^{\mathrm{T}}x=0$ 的解空间 W_C 的维数为 $n-r$. 取一个基础解系 $x_1,\cdots,x_{n-r}$，则有

$$C^{\mathrm{T}}(x_1,\cdots,x_{n-r}) = 0.$$

于是可知取 W_C 中任 k 个线性无关的解做矩阵 X 的列向量，均有

$$C^{\mathrm{T}}X = 0,\ 且\ X\ 为列独立阵.$$

(因为 $\dim W_C=n-r$，所以 $k \leqslant n-r$).

40. 试证明，若 C 为列独立矩阵，$CA=B$，则 B 的第 $j_1,\cdots,j_s$ 列线性相关(或无关)当且仅当 A 的第 $j_1,\cdots,j_s$ 列线性相关(或无关)，特别 A 与 B 的列向量组的极大线性无关组相互对应，A 与 B 的秩相同.

证　设 $C_{n\times r}$, $A_{r\times m}$, $B_{n\times m}$，记 $A=(A_1,\cdots,A_m)$, $B=(B_1,\cdots,B_m)$，则有

$$B_j = CA_j, \quad j = 1,2,\cdots,m.$$

因为 C 为列独立阵，则 $Cx=0 \Leftrightarrow x=0$，又

$$\lambda_1 B_{j1} + \cdots + \lambda_s B_{js} = \lambda_1 CA_{j1} + \cdots + \lambda_s CA_{js} = C(\lambda_1 A_{j1} + \cdots + \lambda_s A_{js}),$$

所以

$$\lambda_1 B_{j1} + \cdots + \lambda_s B_{js} = 0 \Leftrightarrow \lambda_1 A_{j1} + \cdots + \lambda_s A_{js} = 0,$$

即 $B_{j1},\cdots,B_{js}$ 与 $A_{j1},\cdots,A_{js}$ 同时线性相关(或无关)，由此当前者为 B 的极大线性无关组时，后者亦为 A 的极大线性无关组. 于是 $\mathrm{r}(A)=\mathrm{r}(B)$.

41. 设 A 为对合方阵(即 $A^2=I$)，则存在可逆阵 P，使 $P^{-1}AP=\begin{bmatrix} I_r & 0 \\ 0 & -I_s \end{bmatrix}$.

证　令 $B=A+I$，由相抵标准形知存在可逆阵 P_1,Q_1，使

$$B = P_1 \begin{bmatrix} I_r & 0 \\ 0 & 0 \end{bmatrix} Q_1,$$

由 $B^2=A^2+2A+I=2B$ 可知

$$P_1 \begin{bmatrix} I_r & 0 \\ 0 & 0 \end{bmatrix} Q_1 P_1 \begin{bmatrix} I_r & 0 \\ 0 & 0 \end{bmatrix} Q_1 = 2P_1 \begin{bmatrix} I_r & 0 \\ 0 & 0 \end{bmatrix} Q_1$$

记

$$Q_1 P_1 = R = \begin{bmatrix} R_1 & R_2 \\ R_3 & R_4 \end{bmatrix},$$

则由

$$\begin{bmatrix} I_r & 0 \\ 0 & 0 \end{bmatrix}\begin{bmatrix} R_1 & R_2 \\ R_3 & R_4 \end{bmatrix}\begin{bmatrix} I_r & 0 \\ 0 & 0 \end{bmatrix} = \begin{bmatrix} 2I_r & 0 \\ 0 & 0 \end{bmatrix},$$

知 $R_1 = 2I_r$. 注意 $Q_1 = RP_1^{-1}$，于是得

$$B = P_1\begin{bmatrix} I_r & 0 \\ 0 & 0 \end{bmatrix}\begin{bmatrix} 2I_r & R_2 \\ R_3 & R_4 \end{bmatrix}P_1^{-1} = P_1\begin{bmatrix} 2I_r & R_2 \\ 0 & 0 \end{bmatrix}P_1^{-1}.$$

再令 $S = \begin{bmatrix} I_r & -\frac{1}{2}R_2 \\ 0 & I \end{bmatrix}$，则有

$$S^{-1}P_1^{-1}BP_1S = \begin{bmatrix} 2I_r & 0 \\ 0 & 0 \end{bmatrix},$$

记 $P = P_1S$，即得

$$P^{-1}AP = \begin{bmatrix} I_r & 0 \\ 0 & -I_s \end{bmatrix}.$$

42. 设 A 为二次幂零方阵(即 $A^2=0$)，则存在可逆阵 P，使 $P^{-1}AP = \begin{bmatrix} 0 & I_r & 0 \\ 0 & 0 & 0 \end{bmatrix}$.

证 设 $\mathrm{r}(A) = r$，由相抵标准形知存在可逆阵 P_1, Q_1，使

$$A = P_1\begin{bmatrix} I_r & 0 \\ 0 & 0 \end{bmatrix}Q_1,$$

因为

$$A^2 = P_1\begin{bmatrix} I_r & 0 \\ 0 & 0 \end{bmatrix}Q_1P_1\begin{bmatrix} I_r & 0 \\ 0 & 0 \end{bmatrix}Q_1 = 0,$$

记

$$Q_1P_1 = R = \begin{bmatrix} R_1 & R_2 \\ R_3 & R_4 \end{bmatrix},$$

知有

$$\begin{bmatrix} I_r & 0 \\ 0 & 0 \end{bmatrix}\begin{bmatrix} R_1 & R_2 \\ R_3 & R_4 \end{bmatrix}\begin{bmatrix} I_r & 0 \\ 0 & 0 \end{bmatrix} = 0, \to R_1 = 0.$$

又

$$Q_1 = RP_1^{-1},$$

所以

$$A = P_1\begin{bmatrix} I_r & 0 \\ 0 & 0 \end{bmatrix}\begin{bmatrix} 0 & R_2 \\ R_3 & R_4 \end{bmatrix}P_1^{-1} = P_1\begin{bmatrix} 0 & R_2 \\ 0 & 0 \end{bmatrix}P_1^{-1},$$

显然 $\mathrm{r}(R_2) = \mathrm{r}(A) = r$，所以 R_2 为行满秩，于是存在可逆阵 S_1, S_2 使，$S_1R_2S_2 = (I_r, 0)$，令

$$P = P_1\begin{bmatrix} S_1^{-1} & \\ & S_2 \end{bmatrix},$$

则有

$$P^{-1}AP=\begin{bmatrix}S_1&\\&S_2^{-1}\end{bmatrix}P_1^{-1}AP\begin{bmatrix}S_1^{-1}&\\&S_2\end{bmatrix}=\begin{bmatrix}0&I_r&0\\0&0&0\end{bmatrix}.$$

43. 交换 n 阶单位方阵 I 的两行得到的方阵称为对换方阵，对换方阵的乘积称为置换矩阵. 试证明对于任意 n 阶可逆阵 A，存在置换矩阵 P，使得 $PA=LU$，其中 L 是对角元都是1的下三角阵，U 是上三角阵.

证　因为 A 可逆，所以 A 的第一列中必至少有一个元素非零，设为 a_{i1}，则通过做第一行与第 i 行的对换可以使(1,1)位非零，然后把第一列中(1,1)位以下的元素打成0. 这可以通过左乘第一，三种初等方阵实现. 即存在 P_{1i}，Q_1 使

$$Q_1P_{1i}A=\begin{bmatrix}a_{11}'&\beta\\0&A_{n-1}\end{bmatrix},\quad \text{其中 } Q_1=\begin{bmatrix}1&0\\\alpha&I_{n-1}\end{bmatrix},$$

因为 A_{n-1} 是 $n-1$ 阶方阵，由归纳假设命题对 A_{n-1} 成立，记 $P_{n-1}A_{n-1}=L_{n-1}U_{n-1}$，其中 P_{n-1}，L_{n-1}，U_{n-1} 满足题设要求，于是有

$$\begin{bmatrix}1&\\&P_{n-1}\end{bmatrix}Q_1P_{1i}A=\begin{bmatrix}a_{11}'&\beta\\0&P_{n-1}A_{n-1}\end{bmatrix}=\begin{bmatrix}a_{11}'&\beta\\0&L_{n-1}U_{n-1}\end{bmatrix}=\begin{bmatrix}1&\\&L_{n-1}\end{bmatrix}\begin{bmatrix}a_{11}'&\beta\\0&U_{n-1}\end{bmatrix},$$

因为 L_{n-1} 是下三角阵(对角元均为1)，U_{n-1} 是上三角阵，所以上式右边已满足题目要求，再看左边，两个置换方阵(因为 P_{n-1} 是置换阵，所以最左边一个也是置换阵)中间是 Q_1，它是一个对角线元都是1的下三角阵，若能把它换到最左边后在矩阵等式两边乘其逆即可得证，但 Q_1 与其左边的矩阵乘法不可交换，所以不能直接换位，但我们有

$$\begin{bmatrix}1&0\\0&P_{n-1}\end{bmatrix}Q_1=\begin{bmatrix}1&0\\P_{n-1}\alpha&P_{n-1}\end{bmatrix}=\begin{bmatrix}1&0\\P_{n-1}\alpha&I_{n-1}\end{bmatrix}\begin{bmatrix}1&0\\0&P_{n-1}\end{bmatrix},$$

于是得

$$\begin{aligned}\begin{bmatrix}1&0\\0&P_{n-1}\end{bmatrix}P_{1i}A&=\begin{bmatrix}1,&0\\P_{n-1}\alpha,&I_{n-1}\end{bmatrix}^{-1}\begin{bmatrix}a_{11}'&\beta\\0&L_{n-1}U_{n-1}\end{bmatrix}\\&=\begin{bmatrix}1&0\\-P_{n-1}\alpha&I_{n-1}\end{bmatrix}\begin{bmatrix}1&\\&L_{n-1}\end{bmatrix}\begin{bmatrix}a_{11}'&\beta\\0&U_{n-1}\end{bmatrix}\\&=\begin{bmatrix}1&0\\-P_{n-1}\alpha,&L_{n-1}\end{bmatrix}\begin{bmatrix}a_{11}'&\beta\\0&U_{n-1}\end{bmatrix}=LU,\end{aligned}$$

令 $P=\begin{bmatrix}1&0\\0&P_{n-1}\end{bmatrix}P_{1i}$，则 P 为置换阵，且有

$$PA=LU.$$

讲评　此题曾是清华大学一年级学生的期末考试题. 乍看有点难，但其中的教学思想

其实很简单:因为 A 是可逆阵,所以 A 可仅用第一,三种初等行变换化为上三角阵.即存在 $P_{1i_1},\cdots,P_{si_s},Q_1,\cdots,Q_s$ 使

$$Q_sP_{si_s}\cdots Q_2P_{2i_2}Q_1P_{1i_1}A=U,$$

其中 $P_{1i_1},\cdots,P_{si_s}$ 为对换方阵,$Q_1,\cdots,Q_s$ 均为对角线元素为 1 的下三角阵.剩下的问题是怎样把 $P_{1i_1},\cdots,P_{si_s}$ 移到一起(同时 $Q_1,\cdots,Q_s$ 也连到了一起),这是关键的一步,我们以 $P_{2i_2}Q_1$ 为例,说明如何把 P_{2i_2} 换到右边.因为显然 $P_{2i_2}Q_1\neq Q_1P_{2i_2}$,所以不能直接做乘法交换,但我们有 $P_{2i_2}Q_1=Q_1^{(1)}P_{2i_2}$,其中 $Q_1^{(1)}\neq Q_1$,其仍是对角线元为 1 的下三角阵.事实上,记

$$Q_1=\begin{bmatrix}1&0&\cdots&\cdots&0\\\lambda_2&1&\ddots&&\vdots\\\vdots&0&\ddots&\ddots&\vdots\\\vdots&\vdots&\ddots&\ddots&0\\\lambda_n&0&\cdots&0&1\end{bmatrix},$$

则

$$P_{2i_2}\begin{bmatrix}1&0&\cdots&\cdots&0\\\lambda_2&1&\ddots&&\vdots\\\vdots&0&\ddots&\ddots&\vdots\\\vdots&\vdots&\ddots&\ddots&0\\\lambda_n&0&\cdots&0&1\end{bmatrix}=\begin{bmatrix}1&&&&\\\lambda_{i2}&\ddots&&&\\\vdots&&\ddots&&\\\lambda_2&&&\ddots&\\\vdots&&&&\ddots\\\lambda_n&&&&&1\end{bmatrix}P_{2i_2}=Q_1^{(1)}P_{2i_2},$$

这样就把 $P_{2i_2}P_{1i_1}$ 连到一起,接下来 $Q_1^{(1)}$ 还要与 $P_{3i_3},\cdots,P_{si_s}$ 换,我们把换 $s-1$ 次后的矩阵记为 $Q^{(s-1)}$,于是得

$$Q_sQ_{s-1}^{(1)}\cdots Q_2^{(s-2)}Q_1^{(s-1)}P_{si_s}\cdots P_{2i_2}P_{1i_1}A=U,$$

记 $P=P_{si_s}\cdot\cdots\cdot P_{1i_1}$(则 P 为置换矩阵),$L^{-1}=Q_s\cdots Q_2^{(s-2)}Q_1^{(s-1)}$,(则 L^{-1} 为对角线元素为 1 的下三角阵),由 $L^{-1}PA=U\rightarrow PA=LU$.

44. 设 A 是 n 阶可逆方阵,则存在唯一的单位下三角阵 L(即对角线上的元素全为 1 的下三角矩阵)和上三角矩阵 U,使得

$$A=LU$$

的充分必要条件是 A 的所有顺序主子式均非零,即

$$\Delta_k=A\begin{pmatrix}1\cdots k\\1\cdots k\end{pmatrix}\neq 0,\quad k=1,\cdots,n-1.$$

证⇒(必要性) 若存在单位下三角阵 L 和上三角阵 U 使得 $A=LU$,两边取行列式有(记 $U=(U_{ij})$)

$$|A|=|L||U|=|U|=u_{11}u_{22}\cdots u_{nn}\neq 0.$$

故知 $u_{ii}\neq 0(i=1,\cdots,n)$. 为了计算 A 的 k 阶左上角主子式，将 A,L,U 均分块，有

$$\begin{pmatrix} A_{11} & A_{12} \\ A_{21} & A_{22} \end{pmatrix}=\begin{pmatrix} L_{11} & 0 \\ L_{21} & L_{22} \end{pmatrix}\begin{pmatrix} U_{11} & U_{12} \\ 0 & U_{22} \end{pmatrix}, \tag{44.1}$$

其中 A_{11},L_{11},U_{11} 分别是 A,L,U 的 k 阶顺序主子方阵. 由分块矩阵的乘法，得

$$A_{11}=L_{11}U_{11},$$

因为 L_{11} 的对角线元素均为 1(又是下三角阵)，故 $\det L_{11}=1$. 从而有

$$\Delta_k=\det A_{11}=\det U_{11}=u_{11}\cdots u_{kk}\neq 0,\quad k=1,\cdots,n-1,$$

而且，由上式可以计算出 U 的对角元

$$u_{11}=a_{11},\quad u_{22}=\Delta_2/\Delta_1,\quad u_{kk}=\Delta_k/\Delta_{k-1},\quad k=3,\cdots,n.$$

(实因 $\Delta_k=u_{11}u_{22}\cdots u_{kk},\Delta_{k-1}=u_{11}u_{22}\cdots u_{k-1,k-1}$，故 $u_{kk}=\Delta_k/\Delta_{k-1}$.)

$\Leftarrow$(充分性)　对方阵 A 的阶数作归纳法. 当 $n=2$ 时，设

$$A=\begin{pmatrix} a_{11} & a_{12} \\ a_{21} & a_{22} \end{pmatrix},\quad \text{其中 } \Delta_1=a_{11}\neq 0,\Delta_2=|A|\neq 0,$$

用第 3 种初等方阵左乘 A，可以得到上三角阵

$$\begin{pmatrix} 1 & 0 \\ -\dfrac{a_{21}}{a_{11}} & 1 \end{pmatrix}\begin{pmatrix} a_{11} & a_{12} \\ a_{21} & a_{22} \end{pmatrix}=\begin{pmatrix} a_{11} & a_{12} \\ 0 & a_{22}-\dfrac{a_{12}a_{21}}{a_{11}} \end{pmatrix}, \tag{44.2}$$

记

$$L=\begin{pmatrix} 1 & 0 \\ -\dfrac{a_{21}}{a_{11}} & 1 \end{pmatrix}^{-1}=\begin{pmatrix} 1 & 0 \\ \dfrac{a_{21}}{a_{11}} & 1 \end{pmatrix},\quad U=\begin{pmatrix} a_{11} & a_{12} \\ 0 & a_{22}-\dfrac{a_{12}a_{21}}{a_{11}} \end{pmatrix},$$

则有分解式

$$A=LU,$$

且 L 是单位下三角阵，U 是对角线上元素不为 0 的上三角阵(显然有 $u_{11}=a_{11},u_{22}=(a_{11}a_{22}-a_{12}a_{21})/a_{11}=\Delta_2/\Delta_1$).

设对 $n-1$ 阶方阵结论成立，则当 A 为 n 阶方阵时，记

$$A=\begin{pmatrix} A_{n-1} & \beta \\ \alpha & a_{nn} \end{pmatrix},$$

其中 A_{n-1} 是 A 的 $n-1$ 阶顺序主子式，由已知条件知 $\det A_{n-1}\neq 0$，故 A_{n-1}^{-1} 存在. 又由归纳假设存在 $n-1$ 阶单位下三角阵 L_{n-1} 和上三角阵 U_{n-1} 使得

$$A_{n-1}=L_{n-1}U_{n-1}.$$

用第 3 种块初等方阵左乘 A 化为准上三角阵

$$\begin{pmatrix} I_{n-1} & 0 \\ -\alpha A_{n-1}^{-1} & 1 \end{pmatrix} A = \begin{pmatrix} I_{n-1} & 0 \\ -\alpha A_{n-1}^{-1} & 1 \end{pmatrix} \begin{pmatrix} A_{n-1} & \beta \\ \alpha & a_{nn} \end{pmatrix} = \begin{pmatrix} A_{n-1} & \beta \\ 0 & a_{nn} - \alpha A_{n-1}^{-1}\beta \end{pmatrix}. \quad (44.3)$$

上式两边左乘 $\begin{pmatrix} I_{n-1} & 0 \\ -\alpha A_{n-1}^{-1} & 1 \end{pmatrix}^{-1}$，并把 $A_{n-1}=L_{n-1}U_{n-1}$ 代入，得

$$A = \begin{pmatrix} I_{n-1} & 0 \\ -\alpha A_{n-1}^{-1} & 1 \end{pmatrix}^{-1} \begin{pmatrix} A_{n-1} & \beta \\ 0 & a_{nn} - \alpha A_{n-1}^{-1}\beta \end{pmatrix} = \begin{pmatrix} I_{n-1} & 0 \\ \alpha A_{n-1}^{-1} & 1 \end{pmatrix} \begin{pmatrix} L_{n-1}U_{n-1} & \beta \\ 0 & a_{nn} - \alpha A_{n-1}^{-1}\beta \end{pmatrix}.$$

记 $b=a_{nn}-\alpha A_{n-1}^{-1}\beta$，则 $b=|A|/|A_{n-1}|\neq 0$，且因有

$$\begin{pmatrix} L_{n-1}U_{n-1} & \beta \\ 0 & b \end{pmatrix} = \begin{pmatrix} L_{n-1} & 0 \\ 0 & 1 \end{pmatrix} \begin{pmatrix} U_{n-1} & L_{n-1}^{-1}\beta \\ 0 & b \end{pmatrix}.$$

故令

$$L = \begin{pmatrix} I_{n-1} & 0 \\ \alpha A_{n-1}^{-1} & 1 \end{pmatrix} \begin{pmatrix} L_{n-1} & 0 \\ 0 & 1 \end{pmatrix} = \begin{pmatrix} L_{n-1} & 0 \\ \alpha A_{n-1}^{-1} L_{n-1} & 1 \end{pmatrix}, \quad U = \begin{pmatrix} U_{n-1} & L_{n-1}^{-1}\beta \\ 0 & b \end{pmatrix},$$

即得

$$A = LU,$$

其中 L 为单位下三角阵，U 为对角线上的元素不为 0 的上三角阵.

下证分解的唯一性. 若有 $A=LU=L_1U_1$，则由

$$LU = L_1U_1 \to L_1^{-1}L = U_1U^{-1}.$$

因上(下)三角阵的逆，乘积仍为上(下)三角阵，故上面右式的左边为对角元为 1 的下三角阵，而右边为对角线元素不为 0 的上三角阵，于是它们均只能是对角阵，即有

$$L_1^{-1}L = U_1U^{-1} = I \to L_1 = L, \quad U_1 = U.$$

45. 设 A 是 n 阶可逆方阵，则存在唯一的单位下三角阵 L，对角阵 $D(=\mathrm{diag}\{d_1,\cdots,d_n\})$ 和单位上三角阵 U 使

$$A = LDU$$

的充分必要条件是 A 的所有顺序主子式均非零，即 $\Delta_k = A\begin{pmatrix} 1\cdots k \\ 1\cdots k \end{pmatrix} \neq 0, k=1,\cdots,n-1$，且有

$$d_1 = a_{11}, \quad d_k = \Delta_k/\Delta_{k-1}, \quad k = 2,\cdots,n.$$

证 方法 1 利用 44 题的结果. 因为 $\widetilde{U}$(记 44 题的分解为 $A=L\widetilde{U}$)是可逆的上三角阵，其对角线上元素 $u_{ii}\neq 0, i=1,\cdots,n$. 故可以把 $\widetilde{U}$ 分解为

$$\widetilde{U} = \begin{pmatrix} u_{11} & u_{12} & u_{13} & \cdots & u_{1n} \\ 0 & u_{22} & u_{23} & \cdots & u_{2n} \\ \vdots & \ddots & \ddots & \ddots & \vdots \\ \vdots & & \ddots & u_{n-1,n-1} & u_{n-1,n} \\ 0 & \cdots & \cdots & 0 & u_{nn} \end{pmatrix}$$

$$=\begin{pmatrix} u_{11} & 0 & \cdots & \cdots & 0 \\ 0 & u_{22} & \ddots & & \vdots \\ \vdots & \ddots & \ddots & & \vdots \\ \vdots & & & u_{n-1,n-1} & 0 \\ 0 & \cdots & \cdots & 0 & u_{nn} \end{pmatrix}\begin{pmatrix} 1 & \dfrac{u_{12}}{u_{11}} & \dfrac{u_{13}}{u_{11}} & \cdots & \dfrac{u_{1n}}{u_{11}} \\ 0 & 1 & \dfrac{u_{23}}{u_{22}} & \cdots & \dfrac{u_{2n}}{u_{22}} \\ \vdots & \ddots & \ddots & \ddots & \vdots \\ \vdots & & \ddots & 1 & \dfrac{u_{n-1,n}}{u_{n-1,n-1}} \\ 0 & \cdots & \cdots & 0 & 1 \end{pmatrix}=DU.$$

由第 44 题可得

$$A = L\widetilde{U} = LDU.$$

方法 2　仿第 44 题的证明过程. 必要性的证明中只是把(44.1)式换为

$$\begin{pmatrix} A_{11} & A_{12} \\ A_{21} & A_{22} \end{pmatrix} = \begin{pmatrix} L_{11} & 0 \\ L_{21} & L_{22} \end{pmatrix}\begin{pmatrix} D_{11} & \\ & D_{22} \end{pmatrix}\begin{pmatrix} U_{11} & U_{12} \\ 0 & U_{22} \end{pmatrix}.$$

于是得

$$A_{11} = L_{11}D_{11}U_{11}.$$

因 L_{11}, U_{11} 的对角元均为 1,故 $|L_{11}|=|U_{11}|=1$,所以得

$$|A_{11}| = |D_{11}| = d_1\cdots d_k \neq 0.$$

充分性的证明中,$n=2$ 时把(44.2)式变为

$$\begin{pmatrix} 1 & 0 \\ -\dfrac{a_{21}}{a_{11}} & 1 \end{pmatrix}\begin{pmatrix} a_{11} & a_{12} \\ a_{21} & a_{22} \end{pmatrix}\begin{pmatrix} 1 & -\dfrac{a_{12}}{a_{11}} \\ 0 & 1 \end{pmatrix} = \begin{pmatrix} a_{11} & 0 \\ 0 & a_{22}-\dfrac{a_{12}a_{21}}{a_{11}} \end{pmatrix},$$

即分别用第 3 种初等方阵左乘和右乘 A,得到对角阵. 而代替(44.3)式的是

$$\begin{pmatrix} I_{n-1} & 0 \\ -\alpha A_{n-1}^{-1} & 1 \end{pmatrix}\begin{pmatrix} A_{n-1} & \beta \\ \alpha & a_{nn} \end{pmatrix}\begin{pmatrix} I_{n-1} & -A_{n-1}^{-1}\beta \\ 0 & 1 \end{pmatrix} = \begin{pmatrix} A_{n-1} & 0 \\ 0 & a_{nn}-\alpha A_{n-1}^{-1}\beta \end{pmatrix}.$$

即用第 3 种块初等行、列变换,把 A 化为准对角阵,再利用归纳假设.

注　从以上两题的充分性的证明中,我们看到:只用第 3 种初等行变换就可以把 A 化为上三角阵(或再加上第 3 种初等列变换,就可以把 A 化为对角阵). 这里条件“各阶顺序主子式不为零”起了关键的作用. 这点,从 $n=2$ 时,看得更清楚:因 $a_{11}\neq 0$,可直接把(2,1)位(或同时把(1,2)位)打成 0. 如果没有“各阶顺序主子式不为零”的条件,只有 A 非奇异,则必须要对 A 进行第 1 种初等行变换(即两行对换位置),于是 A 的前面要乘置换方阵 P. 即只能得

$$PA = LU.$$

这就是第 43 题.

46. 求平方为零的所有三阶方阵.

解 因为 $A^2=0$,故 $2\mathrm{r}(A)\leqslant 3$(利用32题),所以 $\mathrm{r}(A)=1$ 或0.当 $\mathrm{r}(A)=1$ 时,有(利用相抵标准形)

$$A=\begin{bmatrix}\lambda_1\\ \lambda_2\\ \lambda_3\end{bmatrix}(\mu_1,\mu_2,\mu_3),\quad \text{其中}\lambda_i\text{ 和 }\mu_i\text{ 不全为 }0$$

又

$$0=A^2=\begin{bmatrix}\lambda_1\\ \lambda_2\\ \lambda_3\end{bmatrix}(\mu_1,\mu_2,\mu_3)\begin{bmatrix}\lambda_1\\ \lambda_2\\ \lambda_3\end{bmatrix}(\mu_1,\mu_2,\mu_3)=(\lambda_1\mu_1+\lambda_2\mu_2+\lambda_3\mu_3)A.$$

因为 $A\neq 0$,所以必 $\lambda_1\mu_1+\lambda_2\mu_2+\lambda_3\mu_3=0$.于是得满足已知条件的三阶方阵为:

$$A=0,\quad \text{或 }A=\begin{bmatrix}\lambda_1\\ \lambda_2\\ \lambda_3\end{bmatrix}(\mu_1,\mu_2,\mu_3),\quad \text{其中}\begin{cases}\lambda_i\text{ 不全为 }0\\ \mu_i\text{ 不全为 }0,\end{cases}\text{ 且}\sum_{i=1}^{3}\lambda_i\mu_i=0.$$

4.4 补充题与解答

1. 试证:对任意秩为 r 的矩阵 A 均有分解式 $A=CR$,其中 C,R 分别为列,行独立阵,且 $\mathrm{r}(C)=\mathrm{r}(R)=\mathrm{r}(A)$.

证 由定理4.4系2知存在可逆方阵 P,Q 使

$$A=P\begin{bmatrix}I_r & 0\\ 0 & 0\end{bmatrix}Q=P\begin{bmatrix}I_r\\ 0\end{bmatrix}(I_r,0)Q=CR,$$

其中 $C=P\begin{bmatrix}I_r\\ 0\end{bmatrix}$,$R=(I_r,0)Q$ 分别为可逆方阵 P 的前 r 列,Q 的前 r 行,所以它们分别为列,行独立阵(因为可逆阵的列、行均线性无关),又显然有 $\mathrm{r}(C)=r$, $\mathrm{r}(R)=r$.

2. 设矩阵 $C_{m\times n}$ 为列独立阵,试证存在可逆阵 P 使得 $C=P\begin{bmatrix}I_n\\ 0\end{bmatrix}$.

证 因为 $\mathrm{r}(C)=n$,所以存在可逆阵 P_1(m 阶),Q_1(n 阶)使

$$C=P_1\begin{bmatrix}I_n\\ 0\end{bmatrix}Q_1=P_1\begin{bmatrix}Q_1\\ 0\end{bmatrix}=P_1\begin{bmatrix}Q_1 & \\ & I_{m-n}\end{bmatrix}\begin{bmatrix}I_n\\ 0\end{bmatrix}=P\begin{bmatrix}I_n\\ 0\end{bmatrix},$$

其中 $P=P_1\begin{bmatrix}Q_1 & \\ & I_{m-n}\end{bmatrix}$ 为可逆阵.

3.(Frobenius 不等式) 设 A,B,C 分别为 $m\times n,n\times p,p\times q$ 矩阵,则

$$\mathrm{r}(AB)+\mathrm{r}(BC)\leqslant \mathrm{r}(ABC)+\mathrm{r}(B).$$

证　因为$\begin{bmatrix} I & -A \\ 0 & I \end{bmatrix}\begin{bmatrix} AB & 0 \\ B & BC \end{bmatrix}\begin{bmatrix} I & -C \\ 0 & I \end{bmatrix}=\begin{bmatrix} 0 & -ABC \\ B & 0 \end{bmatrix}$，所以

$$r(AB)+r(BC)=r\begin{bmatrix} AB & 0 \\ 0 & BC \end{bmatrix}\leqslant r\begin{bmatrix} AB & 0 \\ B & BC \end{bmatrix}=r\begin{bmatrix} 0 & -ABC \\ B & 0 \end{bmatrix}=r(ABC)+r(B).$$

其中"$\leqslant$"是由于$r(AB)\leqslant r(B)$，$r(BC)\leqslant B$，所以B可以既不能用AB也不能用BC线性表出.

4. 设A为n阶方阵，且$r(A)=r(A^2)$，试证：对任自然数k，有$r(A^k)=r(A)$.

证　方法1　因为$r(A^2)+r(A^2)=r\begin{bmatrix} A^2 & 0 \\ 0 & A^2 \end{bmatrix}\leqslant r\begin{bmatrix} A^2 & 0 \\ A & A^2 \end{bmatrix}=r\begin{bmatrix} A^2 & -A^3 \\ A & 0 \end{bmatrix}$

$$=r\begin{bmatrix} 0 & -A^3 \\ A & 0 \end{bmatrix}=r(A)+r(A^3).$$

又由已知$r(A)=r(A^2)$，所以有$r(A^2)\leqslant r(A^3)$；另外显然有$r(A^3)=r(A^2\cdot A)\leqslant r(A^2)$，于是得

$$r(A^2)=r(A^3).$$

由此式可推得$r(A^3)=r(A^4)$，…，所以有$r(A^k)=r(A)$.

方法2　设

$$\varphi_A:\quad F^{(n)}\to F^{(m)},\quad x\mapsto Ax,$$

则$r(A)=\dim(\mathrm{Im}A)$，又$r(A^2)=r(A)=\dim(\mathrm{Im}A)$，所以$\varphi_A$在$\mathrm{Im}A$上是满射，即$\varphi_A(\mathrm{Im}A)=\mathrm{Im}A$，于是知$r(A^3)=\dim(\mathrm{Im}A)=r(A)$，同理得$r(A^k)=r(A)$.

5. 设A,B分别为$m\times n,n\times m$矩阵，试证：

$$\det(I_m-AB)=\det(I_n-BA).$$

证　因为$\begin{bmatrix} I_m & 0 \\ -B & I_n \end{bmatrix}\begin{bmatrix} I_m & A \\ B & I_n \end{bmatrix}=\begin{bmatrix} I_m & A \\ 0 & I_n-BA \end{bmatrix}$，

$$\begin{bmatrix} I_m & A \\ B & I_n \end{bmatrix}\begin{bmatrix} I_m & 0 \\ -B & I_n \end{bmatrix}=\begin{bmatrix} I_m-AB & A \\ 0 & I_n \end{bmatrix},$$

上两式两端取行列式，立得

$$\det(I_m-AB)=\det(I_n-BA).$$

注　此公式用得巧，可大大简化行列式的计算.又因为

$$\det(\lambda I_m-AB)=\lambda^m\det\left(I_m-\frac{1}{\lambda}AB\right)=\lambda^m\det\left(I_n-\frac{1}{\lambda}BA\right)=\lambda^{m-n}\det(\lambda I_n-BA),$$

此即是

$$\lambda^n\mid\lambda I_m-AB\mid=\lambda^m\mid\lambda I_n-BA\mid.$$

因此只须记住题目中要求的公式，其他的可由其推出，更繁杂一些的也可类似推导.另外，由公式$\lambda^n\det(\lambda I_m-AB)=\lambda^m\det(\lambda I_n-BA)$还可看出

$$\det(\lambda I_m - AB) = 0 \Leftrightarrow \det(\lambda I_n - BA) = 0,$$

这就是说 AB 与 BA 的特征值相同.这一结论在以后的解题中很有用.

6. 设 A,B 是 n 阶方阵,且 $\mathrm{r}(A)=\mathrm{r}(BA)$,证明 $\mathrm{r}(A^2)=\mathrm{r}(BA^2)$.

证 因为 $\mathrm{r}(A)=\mathrm{r}(BA)$,所以 $Ax=0$ 与 $BAx=0$ 同解(因为解空间维数同,且 $Ax=0$ 的解都是 $BAx=0$ 的解).

下证 $A^2x=0(1)$ 与 $BA^2x=0(2)$ 是同解方程组:显然(1)的解都是(2)的解;又设 x_0 为 $BA^2x=0$ 的任一解,即有 $BA^2x_0=0$.令 $y_0=Ax_0$,则有 $BAy_0=0$,所以 y_0 是 $BAx=0$ 的解,由已知,y_0 也是 $Ax=0$ 的解,故 $Ay_0=A^2x_0=0$,故 x_0 也是 $A^2x=0$ 的解,所以(2)的解均为(1)的解.所以

$$\dim W_{A^2} = \dim W_{BA^2} \rightarrow \mathrm{r}(A^2) = \mathrm{r}(BA^2).$$

注 本题是第 3 章第 37 题的特殊情况,因是一道考试题,所以这里直接写出解法.

7. 设矩阵 A 的伴随矩阵 $A^* = \begin{bmatrix} 1 & 0 & 0 & 0 \\ 0 & 1 & 0 & 0 \\ 1 & 0 & 1 & 0 \\ 0 & -3 & 0 & 8 \end{bmatrix}$,且 $ABA^{-1}=BA^{-1}+3I$,求矩阵 B.

解 由 $AA^*=(\det A)I$,因为 $|A^*|=8=|A|^3$,所以 $|A|=2$.因 A 可逆,故在矩阵方程

$$ABA^{-1} = BA^{-1} + 3I$$

的两边左乘 A^{-1},右乘 A 得 $B=A^{-1}B+3I$.即

$$B(I - A^{-1}) = 3I.$$

所以

$$B = 3(I - A^{-1})^{-1} = 3\left(I - \frac{A^*}{|A|}\right)^{-1} = 6(2I - A^*)^{-1}$$

$$= 6\begin{bmatrix} 1 & 0 & 0 & 0 \\ 0 & 1 & 0 & 0 \\ -1 & 0 & 1 & 0 \\ 0 & 3 & 0 & -6 \end{bmatrix}^{-1} = \begin{bmatrix} 6 & 0 & 0 & 0 \\ 0 & 6 & 0 & 0 \\ 6 & 0 & 6 & 0 \\ 0 & 3 & 0 & -1 \end{bmatrix}.$$

8. 设 n 阶方阵 A 满足 $A^2=I$,则存在可逆方阵 P,使得

$$A = P\begin{pmatrix} I_r & B \\ 0 & -I_s \end{pmatrix}P^{-1}.$$

证 设 $\mathrm{r}(A+I)=r$,则存在可逆阵 P,Q 使

$$I + A = P\begin{pmatrix} I_r & 0 \\ 0 & 0 \end{pmatrix}Q,$$

故

$$A^2 = \left[P\begin{pmatrix} I_r & 0 \\ 0 & 0 \end{pmatrix}Q - I\right]^2 = \left[P\begin{pmatrix} I_r & 0 \\ 0 & 0 \end{pmatrix}Q\right]^2 - 2P\begin{pmatrix} I_r & 0 \\ 0 & 0 \end{pmatrix}Q + I_n,$$

由 $A^2=I$,得

$$P\begin{pmatrix} I_r & 0 \\ 0 & 0 \end{pmatrix}QP\begin{pmatrix} I_r & 0 \\ 0 & 0 \end{pmatrix}Q = P\begin{pmatrix} 2I_r & 0 \\ 0 & 0 \end{pmatrix}Q,$$

由 P,Q 是可逆方阵,故上式等号两边左乘 P^{-1},右乘 Q^{-1},得

$$\begin{pmatrix} I_r & 0 \\ 0 & 0 \end{pmatrix}QP\begin{pmatrix} I_r & 0 \\ 0 & 0 \end{pmatrix} = \begin{pmatrix} 2I_r & 0 \\ 0 & 0 \end{pmatrix},$$

于是知 QP 的左上角 r 阶子式为 $2I_r$,即可设

$$QP = \begin{pmatrix} 2I_r & B \\ C & D \end{pmatrix} \xrightarrow{\text{右乘 } P^{-1}} Q = \begin{pmatrix} 2I_r & B \\ C & D \end{pmatrix}P^{-1},$$

故有

$$I + A = P\begin{pmatrix} I_r & 0 \\ 0 & 0 \end{pmatrix}\begin{pmatrix} 2I_r & B \\ C & D \end{pmatrix}P^{-1} = P\begin{pmatrix} 2I_r & B \\ 0 & 0 \end{pmatrix}P^{-1},$$

即得

$$A = P\begin{pmatrix} 2I_r & B \\ 0 & 0 \end{pmatrix}P^{-1} - I = P\begin{bmatrix} I_r & B \\ 0 & -I_s \end{bmatrix}P^{-1}.$$

9. 计算 $\begin{bmatrix} 1 & \frac{\lambda}{n} \\ -\frac{\lambda}{n} & 1 \end{bmatrix}^n$.

解 方法1 因为

$$\begin{bmatrix} 1 & \frac{\lambda}{n} \\ -\frac{\lambda}{n} & 1 \end{bmatrix}^n = \left[I_2 + \frac{\lambda}{n}\begin{pmatrix} 0 & 1 \\ -1 & 0 \end{pmatrix}\right]^n = \left(I_2 + \frac{\lambda}{n}\Lambda\right)^n$$

显然,Λ 有性质,

$$\Lambda^2 = -I, \quad \Lambda^3 = -\Lambda, \quad \Lambda^4 = I$$

故 Λ 与 i 的运算性质同$\left(\text{即 } I+\frac{\lambda}{n}\Lambda \text{ 与 } 1+\frac{\lambda}{n}\mathrm{i} \text{ 在加法和乘法下同构}\right)$.

于是,若设 $(z_n)^n = \left(1+\frac{\lambda}{n}\mathrm{i}\right)^n = a_n + \mathrm{i}b_n$,其中 a_n, b_n 为实数.有

$$a_n = 1 - \mathrm{C}_n^2\left(\frac{\lambda}{n}\right)^2 + \mathrm{C}_n^4\left(\frac{\lambda}{n}\right)^4 + \cdots,$$

$$b_n = \mathrm{C}_n^1\frac{\lambda}{n} - \mathrm{C}_n^3\left(\frac{\lambda}{n}\right)^3 + \mathrm{C}_n^5\left(\frac{\lambda}{n}\right)^5 + \cdots,$$

a_n, b_n 中都只含有限项,其末项因 n 为奇或偶尔有所不同.则可得

$$\begin{pmatrix} 1 & \frac{\lambda}{n} \\ -\frac{\lambda}{n} & 1 \end{pmatrix}^n = \left(I_2 + \frac{\lambda}{n}\Lambda\right)^n = a_n I + \Lambda b_n = \begin{pmatrix} a_n & b_n \\ -b_n & a_n \end{pmatrix}.$$

又因为

$$\lim_{n\to\infty}(z_n)^n = \lim_{n\to\infty}\left(1+\frac{\lambda}{n}\mathrm{i}\right)^{\frac{n}{\lambda \mathrm{i}}\lambda \mathrm{i}} = \mathrm{e}^{\lambda \mathrm{i}},$$

故 $\lim\limits_{n\to\infty} a_n = \cos\lambda$, $\lim b_n = \mathrm{sim}\lambda$,所以

$$\lim_{n\to\infty}\left(I + \frac{\lambda}{n}\Lambda\right)^n = \begin{pmatrix} \cos\lambda & \sin\lambda \\ -\sin\lambda & \cos\lambda \end{pmatrix}.$$

方法 2 为了利用 4.3 节 3(1)题的结果,把原方阵写为

$$A = \frac{1}{k^n}\begin{pmatrix} k & \frac{\lambda}{n}k \\ -\frac{\lambda}{n}k & k \end{pmatrix}^n = \frac{1}{\cos^n\varphi_n}\begin{pmatrix} \cos\varphi_n & \sin\varphi_n \\ -\sin\varphi_n & \cos\varphi_n \end{pmatrix}^n = \frac{1}{\cos^n\varphi_n}\begin{pmatrix} \cos n\varphi_n & \sin n\varphi_n \\ -\sin n\varphi_n & \cos n\varphi_n \end{pmatrix}.$$

其中 k 满足 $k^2 + \left(\frac{\lambda}{n}k\right)^2 = 1$,于是设 $\cos\varphi_n = k, \sin\varphi_n = \frac{\lambda}{n}k$.而

$$(\cos n\varphi_n + \mathrm{i}\sin n\varphi_n) = (\cos\varphi_n + \mathrm{i}\sin\varphi_n)^n = \cos^n\varphi_n(1+\mathrm{i}\tan\varphi_n)^n = \cos^n\varphi_n\left(1+\frac{\lambda}{n}\mathrm{i}\right)^n,$$

若设 $\left(1+\frac{\lambda}{n}\mathrm{i}\right)^n = a_n + \mathrm{i}b_n$,则得

$$A = \begin{pmatrix} a_n & b_n \\ -b_n & a_n \end{pmatrix}.$$

方法 3 利用循环级数.令 $a = \frac{\lambda}{n}$,并设

$$\begin{pmatrix} 1 & a \\ -a & 1 \end{pmatrix}^n = \begin{pmatrix} f_n(a) & g_n(a) \\ -g_n(a) & f_n(a) \end{pmatrix},$$

则有

$$\begin{pmatrix} f_{n+1}(a) & g_{n+1}(a) \\ -g_{n+1}(a) & f_{n+1}(a) \end{pmatrix} = \begin{pmatrix} f_n(a) & g_n(a) \\ -g_n(a) & f_n(a) \end{pmatrix}\begin{pmatrix} 1 & a \\ -a & 1 \end{pmatrix}$$

显然,等号两边(i,j)位元素应相等,故得

$$\begin{cases} f_{n+1} = f_n - a g_n, & n \geqslant 1, \quad f_1 = 1, \quad g_1 = a, \\ g_{n+1} = a f_n + g_n. \end{cases}$$

进一步可得关于 f_n 的双递推公式

$$f_{n+2} = 2f_{n+1} - (a^2+1)f_n, \quad n \geqslant 1.$$

初值 $f_1=1, f_2=1-a^2$，于是有

$$f_n=\frac{1}{2}(\alpha^n+\beta^n).$$

其中 α,β 是方程 $x^2-2x+(a^2+1)=0$ 的两个根.由此也得到如方法1，方法2的结论.

10. 试证：线性方程组 $Ax=b$ 有解当且仅当 $AA^-b=b$ 对 A 的某广义逆 A^- 成立，此时通解为

$$x=A^-b+(I-A^-A)y,$$

其中 y 是任意列向量.以 A^+ 代替 A^- 上述结论仍成立，即有解当且仅当 $AA^+b=b$，通解为

$$x=A^+b+(I-A^+A)y.$$

证　若 $Ax=b$，则 $b=Ax=AA^-Ax=AA^-b$.而若 $AA^-b=b$，则 $x=A^-b$ 为原方程解.易验证 $x=A^-b+(I-A^-A)y$ 为解.反之，任一解 x 可写为 $x=A^-b+x-A^-Ax$.

11. 设线性方程组 $Ax=b$ 无解，则其最小二乘解的通解如下(y 是任意列向量)：

$$x'=A^+b+(I-A^+A)y.$$

证　由定理4.11知 $A^{\mathrm T}Ax'=A^{\mathrm T}b$(正则方程)，对正则方程用补10题(取 $A^-=A^+$)即知 $x'=(A^{\mathrm T}A)^+A^{\mathrm T}b+(I-(A^{\mathrm T}A)^+A^{\mathrm T}A)y$.再因 $(A^{\mathrm T}A)^+A^{\mathrm T}=A^+A^{+\mathrm T}A^{\mathrm T}=A^+AA^+=A^+$，即得.

12.(Penrose定理)　设 A,B,C 分别为 $m\times n, s\times t, m\times t$ 矩阵.求证矩阵方程

$$AXB=C$$

有解的充分必要条件是

$$AA^-CB^-B=C,$$

且有解时的通解为

$$X=A^-CB^-+Y-A^-AYBB^-\quad (Y\text{ 是任意 } n\times s \text{ 矩阵}).$$

证　若 $AXB=C$，则 $C=AXB=AA^-AXBB^-B=AA^-CB^-B$.而若 $AA^-CB^-B=C$，则 $X=A^-CB^-$ 即为原方程解.易验证 $X=A^-CB^-+Y-A^-AYBB^-$ 为解.反之，任一解 X 可写为 $X=A^-CB^-+X-A^-AXBB^-$.

13. 设复矩阵 A 的酉相抵标准形(也称为奇异值分解，见后面定理9.29)为

$$A=U_1\begin{pmatrix}\Lambda & \\ & 0\end{pmatrix}U_2,.$$

其中 $\Lambda=\mathrm{diag}(\lambda_1,\cdots,\lambda_r)$，$\lambda_i^2$ 为 $\overline{A}^{\mathrm T}A$ 的非零特征值.则满足 $AA_l^-A=A$，$(\overline{AA_l^-})^{\mathrm T}=AA_l^-$ 的矩阵 A_l^- 全体如下(X,Y 任意)：

$$A_l^-=\overline{U}_2^{\mathrm T}\begin{pmatrix}\Lambda^{-1} & 0\\ X & Y\end{pmatrix}\overline{U}_1^{\mathrm T}.$$

证　对题中给定的 A_l^- 具体形式，直接验证

$$AA_l^-A=U_1\begin{pmatrix}\Lambda & \\ & 0\end{pmatrix}U_2\overline{U}_2^{\mathrm T}\begin{pmatrix}\Lambda^{-1} & 0\\ X & Y\end{pmatrix}\overline{U}_1^{\mathrm T}U_1\begin{pmatrix}\Lambda & \\ & 0\end{pmatrix}U_2=U_1\begin{pmatrix}\Lambda & \\ & 0\end{pmatrix}U_2=A,$$

$$AA_l^- = U_1\begin{pmatrix}\Lambda & \\ & 0\end{pmatrix}U_2\overline{U}_2^{\mathrm T}\begin{pmatrix}\Lambda^{-1} & 0\\ X & Y\end{pmatrix}\overline{U}_1^{\mathrm T} = U_1\begin{pmatrix}I & \\ & 0\end{pmatrix}\overline{U}_1^{\mathrm T}, (\overline{AA_l^-})^{\mathrm T} = AA_l^-.$$

反之,若方阵 A_l^- 满足题中两条件,设

$$A_l^- = \overline{U}_2^{\mathrm T}\begin{pmatrix}M & N\\ X & Y\end{pmatrix}\overline{U}_1^{\mathrm T},$$

由 $AA_l^-A=A$ 和

$$AA_l^-A = U_1\begin{pmatrix}\Lambda & \\ & 0\end{pmatrix}U_2\overline{U}_2^{\mathrm T}\begin{pmatrix}M & N\\ X & Y\end{pmatrix}\overline{U}_1^{\mathrm T}U_1\begin{pmatrix}\Lambda & \\ & 0\end{pmatrix}U_2 = U_1\begin{pmatrix}\Lambda M\Lambda & \\ & 0\end{pmatrix}U_2,$$

所以 $\Lambda M\Lambda=\Lambda, M=\Lambda^{-1}$. 再由$(\overline{AA_l^-})^{\mathrm T}=AA_l^-$ 和

$$AA_l^- = U_1\begin{pmatrix}\Lambda & \\ & 0\end{pmatrix}U_2\overline{U}_2^{\mathrm T}\begin{pmatrix}\Lambda^{-1} & 0\\ X & Y\end{pmatrix}\overline{U}_1^{\mathrm T} = U_1\begin{pmatrix}I & \Lambda N\\ 0 & 0\end{pmatrix}\overline{U}_1^{\mathrm T},$$

故知 $\Lambda N=0, N=0$. 即知 A_l^- 为题中所给具体形式.

14. 设复矩阵 A 的酉相抵标准形(也称为奇异值分解)为 $A=U_1\mathrm{diag}(\Lambda,0)U_2$ 如补13题. 则满足 $AA_m^-A=A,(\overline{A_m^-A})^{\mathrm T}=A_m^-A$ 的矩阵 A_m^- 全体如下(N,Y 任意):

$$A_m^- = \overline{U}_2^{\mathrm T}\begin{pmatrix}\Lambda^{-1} & N\\ 0 & Y\end{pmatrix}\overline{U}_1^{\mathrm T}.$$

证 易验证给定的 A_m^- 形式满足条件. 反之若 $AA_m^-A=A,(\overline{A_m^-A})^{\mathrm T}=A_m^-A$,设

$$A_m^- = \overline{U}_2^{\mathrm T}\begin{pmatrix}M & N\\ X & Y\end{pmatrix}\overline{U}_1^{\mathrm T},$$

由 $AA_m^-A=A$ 知 $M=\Lambda^{-1}$(上题已证). 再因

$$A_m^-A = \overline{U}_2^{\mathrm T}\begin{pmatrix}\Lambda^{-1} & 0\\ X & Y\end{pmatrix}\overline{U}_1^{\mathrm T}U_1\begin{pmatrix}\Lambda & \\ & 0\end{pmatrix}U_2 = \overline{U}_2^{\mathrm T}\begin{pmatrix}I & 0\\ X\Lambda & 0\end{pmatrix}U_2,$$

由$(\overline{A_m^-A})^{\mathrm T}=A_m^-A$ 即知 $X\Lambda=0, X=0$. 即知 A_m^- 为所求形式.

15. 设复矩阵 A 的酉相抵标准形(也称为奇异值分解)为 $A=U_1\mathrm{diag}(\Lambda,0)U_2$ 如补13题. 证明 A 的 **Moore-Penrose 广义逆** A^+ 为

$$A^+ = \overline{U}_2^{\mathrm T}\begin{pmatrix}\Lambda^{-1} & \\ & 0\end{pmatrix}\overline{U}_1^{\mathrm T}.$$

证 综合上两题即知 A^+ 应为

$$A^+ = \overline{U}_2^{\mathrm T}\begin{pmatrix}\Lambda^{-1} & 0\\ 0 & Y\end{pmatrix}\overline{U}_1^{\mathrm T}.$$

再因为 $A^+AA^+=A^+$,而

$$A^+AA^+ = \overline{U}_2^{\mathrm T}\begin{pmatrix}\Lambda^{-1} & 0\\ 0 & Y\end{pmatrix}\overline{U}_1^{\mathrm T}U_1\begin{pmatrix}\Lambda & \\ & 0\end{pmatrix}U_2\overline{U}_2^{\mathrm T}\begin{pmatrix}\Lambda^{-1} & 0\\ 0 & Y\end{pmatrix}\overline{U}_1^{\mathrm T} = \overline{U}_2^{\mathrm T}\begin{pmatrix}\Lambda^{-1} & 0\\ 0 & 0\end{pmatrix}\overline{U}_1^{\mathrm T},$$

即知 $Y=0$, A^+ 为所求形式.

第5章

线性(向量)空间

5.1 定义与定理

定义 5.1 设 F 是域,V 是一个集合,如果 V 中定义了一种运算称为加法(即对 $\forall x, y \in V$,V 中有唯一的 z 与之对应,记为 $z=x+y$),F 与 V 之间定义了一种运算称为数乘(即对任 $\lambda \in F, x \in V$,V 中有唯一的 y 与之对应,记为 $y=\lambda x$),且满足如下性质,则称 V 是域 F 上的**线性空间或向量空间**.

(1) V 对加法成 Abel 群,即满足

① (交换律) $x+y=y+x$;

② (结合律) $(x+y)+z=x+(y+z)$;

③ (零元素) 存在元素 $0 \in V$,使对任意 $x \in V$ 均有 $0+x=x$;

④ (负元素) 对任意 $x \in V$,存在 $y \in V$ 使 $y+x=0$;

(2) 数乘满足

① $\lambda(x+y)=\lambda x+\lambda y$;

② $(\lambda+\mu)x=\lambda x+\mu x$;

③ $(\lambda\mu)x=\lambda(\mu x)$;

④ $1x=x$;

其中 x,y,z 为 V 中任意元素,λ,μ 为 F 中任意元素,1 是 F 的乘法单位元.

域 F 称为向量空间 V 的**系数域或基域**,F 中元素称为**纯量或数量**,V 中元素称为**向量**.

定义 5.2 (1) 设 V 是域 F 上的线性空间,$\alpha,\alpha_1,\cdots,\alpha_r$ 是 V 中向量,若有 $\lambda_1,\cdots,\lambda_r \in F$,使得

$$\alpha = \lambda_1\alpha_1 + \cdots + \lambda_r\alpha_r,$$

则称 α 可由 $\alpha_1,\cdots,\alpha_r$ **线性表出**,或称 α 为向量 $\alpha_1,\cdots,\alpha_r$ 的**线性组合**($\lambda_1,\cdots,\lambda_r$ 称为组合系数).

(2) 设 S_1,S_2 是线性空间 V 的两个向量组,若 S_2 中任一向量均可由 S_1 线性表出,则称 S_2 可由 S_1 线性表出,若 S_1 与 S_2 可相互线性表出,则称 S_1 与 S_2 等价或**线性等价**.

(3) 若线性空间 V 可由其向量组 S 线性表出,则称 S 为 V 的一个生成元系,若 V 有

一个有限生成元系，则称 V 为**有限生成**的.

定义 5.3 线性空间 V 中的向量 $\alpha_1,\alpha_2,\cdots,\alpha_r$ 称为**线性相关**是指存在不全为 0 的 $\lambda_1,\cdots,\lambda_r\in F$，使

$$\lambda_1\alpha_1+\cdots+\lambda_r\alpha_r=0;$$

若 $\alpha_1,\cdots,\alpha_r$ 不线性相关，则称为**线性无关**(或线性独立). 即 $\lambda_1\alpha_1+\cdots+\lambda_r\alpha_r=0$ 仅当 $\lambda_1=\cdots=\lambda_r=0$ 时成立.

定义 5.4 (1) 一个向量组 S 的**极大线性无关组** S_M 是 S 的一个子集，满足：① S_M 是线性无关的，② S 可由 S_M 线性表出. S_M 的元素个数称为 S 的秩，记为 $\mathrm{r}(S)$.

(2) 线性空间 V 的一个**基**是 V 中一个向量组，它线性无关并且可以(通过有限的线性组合)线性表出 V，基中向量的个数称为 V 的**维数**. 记为 $\dim V$.

引理 5.1 设 V 是 n 维线性空间，(1) V 中任意 n 个线性无关的向量必构成基. (2) V 中任意能线性表出 V 的 n 个向量必构成基.

定义 5.5 设 $\alpha_1,\cdots,\alpha_n$ 是 F 上线性空间 V 的基，$\alpha\in V$，若有

$$\alpha=a_1\alpha_1+\cdots+a_n\alpha_n,\quad a_1,\cdots,a_n\in F,$$

则 $a_1,\cdots,a_n$ 称为 α 在基 $\alpha_1,\cdots,\alpha_n$ 下的**坐标**. $(a_1,\cdots,a_n)$ 和 $(a_1,\cdots,a_n)^{\mathrm{T}}$ 分别称为**坐标行**和**坐标列**.

在 F 上的 n 维线性空间 F^n 中，显然 $\varepsilon_1=(1,0,\cdots,0),\cdots,\varepsilon_n=(0,\cdots,0,1)$ 是一基，称为**自然基**.

定义 5.6 设 V 是 F 上线性空间，W 是 V 的子集合，若 W 在 V 中定义的加法和数乘运算下是 F 上线性空间，则称 W 是 V 的**子空间**. 0 和 V 称为 V 的**平凡子空间**，其他子空间称为**真子空间**.

任给 $\alpha_1,\cdots,\alpha_s\in V$，则 $\alpha_1,\cdots,\alpha_s$ 的所有可能的线性组合是 V 的一个子空间，称为 $\alpha_1,\cdots,\alpha_s$ **生成**的(或张成的)子空间，记为 $\langle\alpha_1,\cdots,\alpha_s\rangle$ 或 $L(\alpha_1,\cdots,\alpha_n)$，即

$$\langle\alpha_1,\cdots,\alpha_s\rangle=\{\lambda_1\alpha_1+\cdots+\lambda_s\alpha_s\mid\lambda_1,\cdots,\lambda_s\in F\}=F\alpha_1+\cdots+F\alpha_s.$$

引理 5.2 F 上线性空间 V 的非空子集合 W 是 V 的子空间的充分必要条件是 W 对加法和数乘封闭，即对 $\forall\,\alpha,\beta\in W,\lambda\in F$，总有

$$\alpha+\beta\in W,\quad \lambda\alpha\in W.$$

定义 5.7 设 V_1 和 V_2 是域 F 上的两个线性空间，若映射

$$\varphi:V_1\to V_2$$

满足：(1) $\varphi(\alpha+\beta)=\varphi(\alpha)+\varphi(\beta)$，(2) $\varphi(\lambda\alpha)=\lambda\varphi(\alpha)$ (对任意 $\alpha,\beta\in V_1,\lambda\in F$)，则称 φ 为**线性映射**(当 $V_2=F$ 时，φ 称为**线性函数**；$V_2=V_1$ 时，φ 称为**线性变换**).

定义 5.8 (1) $\ker\varphi=\{\alpha\in V_1\mid\varphi\alpha=0\}$ 称为 φ 的**核**，它是 V_1 的子空间. $\dim(\ker\varphi)$ 称为 φ 的**零度**.

(2) $\mathrm{Im}\varphi=\varphi V_1=\{\varphi\alpha\mid\alpha\in V_1\}$ 称为 φ 的象集合，它是 V_2 的子空间. $\dim(\mathrm{Im}\varphi)$ 称为 φ 的

秩. 若 $\alpha_1,\cdots,\alpha_n$ 是 V_1 的基,则 $\mathrm{Im}\varphi=\langle\varphi\alpha_1,\cdots,\varphi\alpha_n\rangle$.

定义 5.9　设 $\varphi:V_1\to V_2$ 是域 F 上线性空间 V_1 到 V_2 的线性映射,若 φ 是双射,则称 φ 为同构(映射),且称 V_1 与 V_2 是同构的,记为 $V_1\cong V_2$. 当 $V_2=V_1$ 时,φ 称为自同构映射.

定理 5.1　设 $\varphi:V_1\to V_2$ 是线性空间的同构映射,$\alpha_1,\cdots,\alpha_s$ 是 V_1 中任意向量,则 $\varphi\alpha_1,\cdots,\varphi\alpha_s$ 线性相关当且仅当 $\alpha_1,\cdots,\alpha_s$ 线性相关.

系　设 $\varphi:V_1\to V_2$ 是线性空间的同构映射,则

(1) 当 $\alpha_1,\cdots,\alpha_n$ 是 V_1 的基时,$\varphi\alpha_1,\cdots,\varphi\alpha_n$ 是 V_2 的基.

(2) $\dim V_1=\dim V_2$.

定理 5.2　域 F 上任意 n 维线性空间 V 均同构于 F^n(n 维行向量空间). 特别知

$$V_1\cong V_2\Leftrightarrow \dim V_1=\dim V_2.$$

定义 5.10　设 $\varepsilon_1,\cdots,\varepsilon_n$ 是 V 的一个基,$\eta_1,\cdots,\eta_n$ 是 V 的另一个基. 且设

$$\eta_i=a_{1i}\varepsilon_1+\cdots+a_{ni}\varepsilon_n=\sum_{k=1}^n a_{ki}\varepsilon_k,\quad i=1,\cdots,n.$$

则 $A=(a_{ij})$ 称为由基 $\varepsilon_1,\cdots,\varepsilon_n$ 到 $\eta_1,\cdots,\eta_n$ 的**过渡矩阵**. 即 A 的第 j 列是 η_j 在 $\varepsilon_1,\cdots,\varepsilon_n$ 上的坐标. 形式地记为

$$(\eta_1,\cdots,\eta_n)=(\varepsilon_1,\cdots,\varepsilon_n)A.$$

任 $\alpha\in V$,设 α 在基 $\varepsilon_1,\cdots,\varepsilon_n$ 下的坐标列为 $x=(x_1,\cdots,x_n)^{\mathrm{T}}$,$\alpha$ 在基 $\eta_1,\cdots,\eta_n$ 下的坐标列为 $y=(y_1,\cdots,y_n)^{\mathrm{T}}$,则有如下的**坐标变换公式**:

$$y=A^{-1}x.$$

注　数学是要理解的,理解地记住一些公式是有意义的. 这里的坐标变换公式不需死记硬背:由 $y=A^{-1}x\to Ay=x$,当 $y=(1,0,\cdots,0)^{\mathrm{T}}$ 时,$x=(a_{11},\cdots,a_{n1})^{\mathrm{T}}$,所以 A 的第一列为 η_1 在基 $\varepsilon_1,\cdots,\varepsilon_n$ 下的坐标列.

定义 5.11　设 V 是域 F 上线性空间,W_1 和 W_2 是 V 的两个子空间,W_1 与 W_2 的**交**为

$$W_1\cap W_2=\{\alpha\mid\alpha\in W_1,\alpha\in W_2\}.$$

W_1 与 W_2 的和为

$$W_1+W_2=\{\alpha_1+\alpha_2\mid\alpha_1\in W_1,\alpha_2\in W_2\}.$$

引理 5.3　两个子空间的交与和均为线性子空间.

定理 5.3　设 V_1,V_2 是线性空间 V 的两个子空间,则

$$\dim(V_1+V_2)=\dim(V_1)+\dim(V_2)-\dim(V_1\cap V_2).$$

定义 5.12　设 $W=W_1+W_2$ 是线性空间 V 的子空间 W_1 与 W_2 的和,若 W 中每个元素 α 表为 W_1 与 W_2 中元素的和的方法是唯一的,即若

$$\alpha=\alpha_1+\alpha_2=\beta_1+\beta_2,\quad\alpha_1,\beta_1\in W_1;\ \alpha_2,\beta_2\in W_2.$$

则必有 $\alpha_1=\beta_1$，$\alpha_2=\beta_2$，那么 W 称为 W_1 与 W_2 的直和或内直和. 记为

$$W = W_1 \oplus W_2.$$

定理 5.4 设 W_1, W_2 是线性空间 V 的子空间，$W=W_1+W_2$，则以下四个命题等价：

(1) $W=W_1 \oplus W_2$；

(2) 0 表为 W_1 与 W_2 中元素和的方法唯一(即 $0=0+0$)；

(3) $W_1 \cap W_2=0$；

(4) $\dim(W)=\dim(W_1)+\dim(W_2)$.

定义 5.13 对线性空间 V 的任一子空间 W，总存在子空间 W^*，使 $V=W \oplus W^*$，W^* 称为 W 在 V 中的补子空间，其不唯一.

定义 5.14 设 $W=W_1+\cdots+W_s$，W_i 是线性空间 V 的子空间($i=1,2,\cdots,s$). W 称为是 $W_1,\cdots,W_s$ 的直和或内直和，如果每个 $\alpha \in W$ 表为 $W_1,\cdots,W_s$ 中元素和的方法是唯一的. 记为 $W=W_1 \oplus \cdots \oplus W_s=\bigoplus\limits_{i=1}^{s} W_i$.

定理 5.5 设 $W_1,\cdots,W_s$ 是线性空间 V 的子空间，$W=W_1+\cdots+W_s$，则 $W=W_1 \oplus \cdots \oplus W_s$ 的充分必要条件是

(1) 0 表为 $W_1,\cdots,W_s$ 中元素和的方法唯一(即 $0=0+\cdots+0$)；

(2) $W_i \cap \sum\limits_{j \neq i} W_j = 0 \quad (1 \leqslant i \leqslant s)$；

(3) $\dim(W) = \sum\limits_{i=1}^{s} \dim(W_i)$.

定理 5.6 设 V_1 与 V_2 是域 F 上两个线性空间，令

$$V = \{(\alpha,\beta) \mid \alpha \in V_1, \beta \in V_2\}$$

且定义

$$(\alpha_1,\beta_1)+(\alpha_2,\beta_2)=(\alpha_1+\alpha_2,\beta_1+\beta_2),$$

$$\lambda(\alpha,\beta)=(\lambda\alpha,\lambda\beta) \quad (\alpha_i \in V_1, \beta_i \in V_2, \lambda \in F),$$

则 V 是 F 上线性空间，称为 V_1 与 V_2 的**外直和**，记为 $V=V_1 \oplus V_2$. 且若 $\alpha_1,\cdots,\alpha_m$ 是 V_1 的基，$\beta_1,\cdots,\beta_n$ 是 V_2 的基，则 $(\alpha_1,0),\cdots,(\alpha_m,0),(0,\beta_1),\cdots,(0,\beta_n)$ 是 V 的基，特别

$$\dim(V)=\dim(V_1)+\dim(V_2).$$

定义 5.15 设 $W_i(i=1,\cdots,s)$ 是线性空间 V 的子空间，且 $V=W_1 \oplus \cdots \oplus W_s$，于是任 $\alpha \in V$，有唯一分解式 $\alpha=\alpha_1+\cdots+\alpha_s$，其中 $\alpha_i \in W_i$，$i=1,\cdots,s$. 作线性映射

$$\pi_i: V \to V,$$

$$\alpha \mapsto \alpha_i,$$

则 $\operatorname{Im}\pi_i=W_i$，$\ker\pi_i=W_1 \oplus \cdots \oplus W_{i-1} \oplus W_{i+1} \oplus \cdots \oplus W_s$，且 $\pi_i \cdot \pi_i=\pi_i$(记为 $\pi_i^2=\pi_i$). 这 s 个线性映射 π_i 称为关于直和 $V=W_1 \oplus \cdots \oplus W_s$ 的**典型(正则)投射(投影)**.

定义 5.16 设 W 是 F 上的线性空间 V 的子空间，如 $\alpha,\beta \in V$，满足 $\alpha-\beta \in W$，则称 α

与β**模 W 同余**,记作$\alpha\equiv\beta(\bmod W)$(这时可把$V$中向量分类:$\alpha$与$\beta$同属一类$\Leftrightarrow \alpha-\beta\in W$).$V$的子集合

$$\bar{\alpha}=\alpha+W=\{\alpha+\omega \mid \omega\in W\}$$

称为模W的一个**同余类**,α称为此类的**代表元**.

定理 5.7 设W是域F上线性空间V的子空间,V/W是V模W的同余类全体.则

(1) V/W是域F上线性空间(称为**商空间**).

(2) 设$\varepsilon_1,\cdots,\varepsilon_r$是$W$的基,扩展为$V$的基$\varepsilon_1,\cdots,\varepsilon_n$,则$\bar{\varepsilon}_{r+1},\cdots,\bar{\varepsilon}_n$是$V/W$的基,特别知

$$\dim V/W=\dim V-\dim W.$$

(3) 映射

$$\varphi_W: V\to V/W$$
$$\alpha\mapsto\bar{\alpha}$$

是满线性映射(称为自然(或典型)线性映射),且

$$\ker\varphi_W=W.$$

定理 5.8 (线性映射基本(第一同构)定理)设有域F上线性空间V_1到V_2的线性映射

$$\psi: V_1\to V_2,$$

核$\ker\psi=W$.则ψ诱导出线性空间同构

$$\bar{\psi}: V_1/\ker\psi\xrightarrow{\cong}\mathrm{Im}\psi,$$
$$\bar{\alpha}\to\psi(\alpha).$$

系 1 设$\psi:V_1\to V_2$是线性映射,则

$$\dim V_1=\dim(\ker\psi)+\dim(\mathrm{Im}\psi).$$

系 2 设W_1,W_2是V的子空间,则

$$(W_1\oplus W_2)/W_2\cong W_1.$$

定理 5.9 设线性映射$\sigma: V_1\to V_2$的核含V_1的子空间W(即$\ker\sigma\supset W$),则存在唯一的线性映射$\sigma': V_1/W\to V_2$,使$\sigma=\sigma'\varphi_W$(其中$\varphi_W: V_1\to V_2/W,\alpha\mapsto\bar{\alpha}$是典型线性映射).

5.2 解题方法介绍

5.2.1 求过渡矩阵的方法

1. 用定义 由定义5.10,求从基$\varepsilon_1,\cdots,\varepsilon_n$到基$\eta_1,\cdots,\eta_n$的过渡矩阵$T$,只要直接计算$\eta_j(j=1,\cdots,n)$在$\varepsilon_1,\cdots,\varepsilon_n$下的坐标列(也即$\eta_j$关于$\varepsilon_1,\cdots,\varepsilon_n$的线性组合系数),作为$T$的第$j$列.形式地记为

$$(\eta_1,\cdots,\eta_n)=(\varepsilon_1,\cdots,\varepsilon_n)T.$$

2. 用公式$(\eta_1,\cdots,\eta_n)=(\varepsilon_1,\cdots,\varepsilon_n)T$.

(1) 当V是n维列向量空间(记为$F^{(n)}$)时,$(\eta_1,\cdots,\eta_n)$与$(\varepsilon_1,\cdots,\varepsilon_n)$均可看成方阵,于是上式可按通常矩阵乘法进行,又因为$\varepsilon_1,\cdots,\varepsilon_n$线性无关,所以方阵$(\varepsilon_1,\cdots,\varepsilon_n)$可逆,于是

$$T=(\varepsilon_1,\cdots,\varepsilon_n)^{-1}(\eta_1,\cdots,\eta_n),$$

此时,坐标变换矩阵

$$T^{-1}=(\eta_1,\cdots,\eta_n)^{-1}(\varepsilon_1,\cdots,\varepsilon_n).$$

(2) 对于任意的n维线性空间$V_n(F)$,若知道$\varepsilon_1,\cdots,\varepsilon_n,\eta_1,\cdots,\eta_n$在某组基下的坐标列,则仍可用(1)的方法计算过渡矩阵T,只不过$(\varepsilon_1,\cdots,\varepsilon_n)$,$(\eta_1,\cdots,\eta_n)$不是由两组基向量排成的,而是由两组基向量的坐标列排成(见第27题).

3. 用坐标变换公式$Y=T^{-1}X$.

由于若从基$\varepsilon_1,\cdots,\varepsilon_n$到基$\eta_1,\cdots,\eta_n$的过渡矩阵为$T$,则任一向量$\alpha$在两组基下的坐标之间有关系

$$Y=T^{-1}X,$$

其中X,Y分别为α在基Ⅰ与基Ⅱ下的坐标列. 所以,若知道n个向量$\alpha_1,\cdots,\alpha_n$在两组基下的坐标列分别为$X_1,\cdots,X_n$及$Y_1,\cdots,Y_n$,则应有

$$Y_1=T^{-1}X_1,\quad Y_2=T^{-1}X_2,\quad \cdots,\quad Y_n=T^{-1}X_n,$$

于是得

$$(Y_1,\cdots,Y_n)=T^{-1}(X_1,\cdots,X_n),$$

所以

$$T=(X_1,\cdots,X_n)(Y_1,\cdots,Y_n)^{-1}.$$

4. $F^{(n)}$(n维列向量空间)中,已知向量$\alpha_1,\cdots,\alpha_n$在基$\eta_1,\cdots,\eta_n$下的坐标为$\beta_1,\cdots,\beta_n$,则从自然基到基$\eta_1,\cdots,\eta_n$的过渡矩阵T由下式给出:

$$T=(\alpha_1,\cdots,\alpha_n)(\beta_1,\cdots,\beta_n)^{-1},$$

数组向量$\alpha_1,\cdots,\alpha_n$在自然基下的坐标就是其自身(各分量排成的列向量),由3立得结论.

若是n维行向量空间,也按一般线性空间考虑,取坐标列即可.

5.2.2 求$A^{-1}B$或AB^{-1}的方法

在计算过渡矩阵及解矩阵方程的问题中,经常需要计算形如$A^{-1}B$(或AB^{-1})的矩阵. 如果先求A^{-1},再做矩阵乘法,计算量较大. 这里给出用初等变换法直接得出结果的方法.

因为

$$A^{-1}(A,B)=(I,A^{-1}B),$$

所以

$$(A,B)\xrightarrow[\text{行变换}]{\text{做初等}}(I,A^{-1}B).$$

即对 $n\times 2n$ 矩阵 (A,B) 做初等行变换,当 A 处变成 I 时,B 处得到的方阵就是 $A^{-1}B$. 同理有

$$\begin{bmatrix} A \\ B \end{bmatrix} \xrightarrow[\text{列变换}]{\text{初等}} \begin{bmatrix} AB^{-1} \\ I \end{bmatrix}.$$

5.2.3　求两个子空间 W_1 与 W_2 的和与交(的维数与基)的方法

设 $W_1=\langle \alpha_1,\alpha_2,\cdots,\alpha_s\rangle \in V_n(F)$, $W_2=\langle \beta_1,\cdots,\beta_t\rangle \in V_n(F)$,则

$$W_1+W_2=\langle \alpha_1,\cdots,\alpha_s,\beta_1,\cdots,\beta_t\rangle.$$

为求 W_1+W_2 的维数和基,需要求向量组 $\alpha_1,\cdots,\alpha_s,\beta_1,\cdots,\beta_t$ 的极大线性无关组:把这 $s+t$ 个向量的坐标列排成一个 $n\times(s+t)$ 矩阵,(仍用原符号记各坐标列),对 $(\alpha_1,\cdots,\alpha_s,\beta_1,\cdots,\beta_t)$ 做初等行变换化为阶梯型 $(\alpha_1^*,\cdots,\alpha_s^*,\beta_1^*,\cdots,\beta_t^*)$. 易判断此阶梯型的秩,设为 r,则 $\dim(W_1+W_2)=r$. 且 r 阶 $\neq 0$ 的子式所在的列向量,即是 W_1+W_2 的基(如 r 阶子式所在的列为 $1,2,s+1$,则知 $\alpha_1,\alpha_2,\beta_1$ 为基).

利用阶梯型 $(\alpha_1^*,\cdots,\alpha_s^*,\beta_1^*,\cdots,\beta_t^*)$ 也可以得到 W_1 与 W_2 的维数和基:不妨设 $\dim W_1=s_1$, $\dim W_2=t_1$,且 W_1 的基为 $\alpha_1,\cdots,\alpha_{s_1}$, W_2 的基为 $\beta_1,\cdots,\beta_{t_1}$. 则任 $\alpha\in W_1\cap W_2$,有 $\alpha\in W_1$ 且 $\alpha\in W_2$,于是有

$$\alpha=\lambda_1\alpha_1+\cdots+\lambda_{s_1}\alpha_{s_1}=\mu_1\beta_1+\cdots+\mu_{t_1}\beta_{t_1},$$

求解以 $\lambda_1,\cdots,\lambda_{s_1},-\mu_1,\cdots,-\mu_{t_1}$ 为未知元的线性方程组

$$\lambda_1\alpha_1+\cdots+\lambda_{s_1}\alpha_{s_1}-\mu_1\beta_1-\cdots-\mu_{t_1}\beta_{t_1}=0,$$

(仍可利用上述阶梯型——划去 $(s-s_1)+(t-t_1)$ 列)

这个线性方程组的解空间的维数就是 $\dim(W_1\cap W_2)$. 以其基础解系 $\{\eta_i\}$ 为组合系数得到的 $\{\gamma_i\}$,就是 $W_1\cap W_2$ 的基. 如 $\eta_0=(\lambda_1^0,\cdots,\lambda_{s_1}^0,-\mu_1^0,\cdots,-\mu_{t_1}^0)$,则 $\gamma_0=\lambda_1^0\alpha_1+\cdots+\lambda_{s_1}^0\alpha_{s_1}=\mu_1^0\beta_1+\cdots+\mu_{t_1}^0\beta_{t_1}\in W_1\cap W_2$(见第29题).

5.3　习题与解答

1. (1)不利用向量空间中加法的可交换性,证明:左逆元和左零元也是右逆元和右零元;(2)利用(1)证明:向量加法的可交换性可从线性空间的其他公理推出.

证　(1) 由已知,任 $x\in V$ 有

$$0+x=x,$$

$$(-x)+x=0,$$

于是

$$\begin{aligned} x+(-x)&=0+x+(-x)=(-(-x))+(-x)+x+(-x)\\ &=(-(-x))+(-x)=0, \end{aligned}$$

$$x+0=x+(-x)+x=0+x=x.$$

(2) $\forall x,y\in V$ 有

$$(1+1)(x+y)=x+y+x+y,$$
$$=(1+1)x+(1+1)y=x+x+y+y,$$

即有

$$x+y+x+y=x+x+y+y,$$

两边左加$-x$,右加$-y$得

$$x+y=y+x.$$

2. 令$\mathbb{R}$是实数域,而V是定义于区间$[a,b]$上取正值的所有函数的集合,我们定义

$$f\oplus g=fg,\quad \lambda\odot f=f^{\lambda},\qquad f,g\in V,\lambda\in\mathbb{R}.$$

(1) 证明:在上述运算下,V是$\mathbb{R}$上的线性空间;

(2) 证明:空间V同构于空间V',其中V'是定义于区间$[a,b]$上的所有的实函数,其函数加法及数乘如常;

(3) 求空间V的维数.

证 (1) 因为加法封闭. $\forall f,g\in V$,fg仍为$[a,b]$上的正值函数,且满足:

① $f\oplus g=fg=g\oplus f$;

② $(f\oplus g)\oplus h=(fg)h=fgh=f\oplus(g\oplus h)$;

③ 零元为常值函数1, $1\oplus f=f$;

④ $\forall f\in V$的负元为$\dfrac{1}{f}$, $\dfrac{1}{f}\oplus f=1$.

数乘封闭. $\forall f\in V$,f^{λ}是$[a,b]$上的正值函数,且数乘运算满足:

① $1\odot f=f^{1}=f$;

② $\lambda\odot(\mu\odot f)=\lambda\odot f^{\mu}=f^{\lambda\mu}=\lambda\mu\odot f$;

③ $(\lambda+\mu)\odot f=f^{(\lambda+\mu)}=f^{\lambda}\cdot f^{\mu}=f^{\lambda}\oplus f^{\mu}=\lambda\odot f\oplus\mu\odot f$;

④ $\lambda\odot(f\oplus g)=\lambda\odot fg=(fg)^{\lambda}=f^{\lambda}\cdot g^{\lambda}=f^{\lambda}\oplus g^{\lambda}=\lambda\odot f\oplus\lambda\odot g$.

所以V是$\mathbb{R}$上的线性空间.

(2) 设

$$\varphi: V\to V',$$
$$f\mapsto \ln f,$$

则显然φ是V到V'的1—1对应,且满足:

$$\ln(f\oplus g)=\ln f+\ln g \qquad (\text{对任 } f,g\in V),$$
$$\ln(\lambda\odot f)=\lambda\ln f \qquad (\forall f\in V,\lambda\in\mathbb{R}),$$

于是φ是同构映射,V同构于V'.

(3) 空间V是无限维的.

3. 判断下列集合是否为相应向量空间的线性子空间.

(1) n 维向量空间中,坐标是整数的所有向量;

(2) 三维空间中,终点不位于一给定直线上的所有向量;

(3) 平面上,终点位于第一象限的所有向量;

(4) $\mathbb{R}^n$ 中坐标满足方程 $x_1+x_2+\cdots+x_n=0$ 的所有向量;

(5) $\mathbb{R}^n$ 中坐标满足方程 $x_1+x_2+\cdots+x_n=1$ 的所有向量.

解　(1) 不是.因为数乘不封闭.

(2) 不是子空间,因为加法与数乘运算均不封闭.

(3) 不是.因为没有负元.数乘运算不封闭.

(4) 是子空间(因其对加法和数乘均封闭).是 $n-1$ 维子空间.

(5) 不是子空间.因为加法,数乘均不封闭.

4. 证明:函数组 $e^{\lambda_1 x},\cdots,e^{\lambda_n x}$ 是线性无关的,其中 $\lambda_1,\cdots,\lambda_n$ 是互不相同的实数,线性空间定义如:连续实变函数全体按函数的加法和数与函数的乘法是 $\mathbb{R}$ 上线性空间.

证　设有 $k_1e^{\lambda_1 x}+\cdots+k_ne^{\lambda_n x}=0$,依次求导 $1,\cdots,n-1$ 次得关于未知量 $k_1,k_2,\cdots,k_n$ 的线性方程组

$$\begin{cases} k_1e^{\lambda_1 x}+\cdots+k_ne^{\lambda_n x}=0, \\ k_1\lambda_1e^{\lambda_1 x}+\cdots+k_n\lambda_ne^{\lambda_n x}=0, \\ \cdots\cdots\cdots\cdots\cdots\cdots \\ k_1\lambda_1^{n-1}e^{\lambda_1 x}+\cdots+k_n\lambda_n^{n-1}e^{\lambda_n x}=0. \end{cases}$$

由于系数矩阵行列式为

$$V_n(\lambda_1,\cdots,\lambda_n)\cdot e^{\lambda_1 x+\cdots+\lambda_n x}\neq 0,$$

所以 $k_1=k_2=\cdots=k_n=0$,故 $e^{\lambda_1 x},\cdots,e^{\lambda_n x}$ 线性无关.

5. 证明　$\alpha_1,\alpha_2,\alpha_3$ 为 $\mathbb{R}^3$ 的一组基,并求向量 x 在该组基下的坐标:

(1) $\alpha_1=(1,1,1)$, $\alpha_2=(1,1,2)$, $\alpha_3=(1,2,3)$; $x=(6,9,14)$;

(2) $\alpha_1=(2,1,-3)$, $\alpha_2=(3,2,-5)$, $\alpha_3=(1,-1,1)$; $x=(6,2,-7)$.

解　(1) 令 $A=(\alpha_1^T,\alpha_2^T,\alpha_3^T)$,则因为 $\det A\neq 0$,所以 $\alpha_1,\alpha_2,\alpha_3$ 为 $\mathbb{R}^3$ 的一组基.又设

$$x=x_1\alpha_1+x_2\alpha_2+x_3\alpha_3=(x_1,x_2,x_3)\begin{bmatrix}\alpha_1\\ \alpha_2\\ \alpha_3\end{bmatrix},$$

所以

$$(x_1,x_2,x_3)=x\begin{bmatrix}\alpha_1\\ \alpha_2\\ \alpha_3\end{bmatrix}^{-1}=(6,9,14)\begin{bmatrix}1&1&1\\1&1&2\\1&2&3\end{bmatrix}^{-1}=(1,2,3),$$

所以 x 在基 $\alpha_1,\alpha_2,\alpha_3$ 下的坐标为 $(1,2,3)^{\mathrm{T}}$.

也可以这样求 x 的坐标：设 $\mathbb{R}^3$ 的自然基为 e_1,e_2,e_3，则有

$$(\alpha_1,\alpha_2,\alpha_3)=(e_1,e_2,e_3)B,$$

其中 B 是从基 e_1,e_2,e_3 到基 $\alpha_1,\alpha_2,\alpha_3$ 的过渡矩阵，由过渡矩阵的定义知

$$B=\begin{bmatrix}1&1&1\\1&1&2\\1&2&3\end{bmatrix},$$

于是 x 在基 $\alpha_1,\alpha_2,\alpha_3$ 下的坐标为

$$y=B^{-1}\begin{bmatrix}6\\9\\14\end{bmatrix}=\begin{bmatrix}1&1&-1\\1&-2&1\\-1&1&0\end{bmatrix}\begin{bmatrix}6\\9\\14\end{bmatrix}=\begin{bmatrix}1\\2\\3\end{bmatrix}.$$

(2) 因为 $\det(\alpha_1^{\mathrm{T}},\alpha_2^{\mathrm{T}},\alpha_3^{\mathrm{T}})\neq 0$，所以 $\alpha_1,\alpha_2,\alpha_3$ 是 $\mathbb{R}^3$ 的基. 从自然基 e_1,e_2,e_3 到基 $\alpha_1,\alpha_2,\alpha_3$ 的过渡矩阵为

$$A=\begin{bmatrix}2&3&1\\1&2&-1\\-3&-5&1\end{bmatrix},$$

于是 x 在基 $\alpha_1,\alpha_2,\alpha_3$ 下的坐标为

$$y=A^{-1}x^{\mathrm{T}}=\begin{bmatrix}-3&-8&-5\\2&5&3\\1&1&1\end{bmatrix}\begin{bmatrix}6\\2\\-7\end{bmatrix}=\begin{bmatrix}1\\1\\1\end{bmatrix}.$$

6. 试证明域 F 上形式幂级数全体 $F[[x]]$ 是 F 上线性空间.

证 任 $f\in F[[x]]$，有 $f=\sum_{i=0}^{\infty}a_ix^i$，其中 x 为不定元. 加法和数乘分别定义为

$$f+g=\sum_{i=0}^{\infty}(a_i+b_i)x^i,\quad \lambda f=\sum_{i=0}^{\infty}\lambda a_ix^i,$$

则加法封闭，有零元，负元. 数乘封闭，所以是 F 上线性空间（运算满足其他性质显然）. 基为 $1,x,x^2,\cdots,x^n,\cdots$.

7. 设 V 由实数对 (x,y) 全体构成，定义

$$(x,y)+(x_1,y_1)=(x+y_1,y+y_1),\qquad \lambda(x,y)=(\lambda x,y),$$

那么 V 对此二运算是否是 $\mathbb{R}$ 上的线性空间.

答 不是线性空间（因交换律不成立，没左零元，也没负元）.

8. 在 n 维行向量空间 $\mathbb{R}^n$ 中另外定义运算

$$\alpha\oplus\beta=\alpha-\beta,\quad \lambda*\alpha=-\lambda\alpha,$$

（等式右方为通常运算），那么 $(\mathbb{R}^n,\oplus,*)$ 满足向量空间定义中的哪几条公理？

解 只满足数乘运算的第一条公理,即对任 $x,y\in\mathbb{R}^n$,$\lambda\in\mathbb{R}$ 有

$$\lambda(x+y)=\lambda x+\lambda y.$$

9. 设 V 由实数对 (x,y) 全体构成,定义

$$(x,y)+(x_1,y_1)=(x+x_1,0),\quad \lambda(x,y)=(\lambda x,0),$$

对此二运算 V 是否是 $\mathbb{R}$ 上线性空间?

解 不是线性空间(因为无零元).

10. 试证明线性空间 V 的任意多个子空间的交仍为子空间.

证 任 $\alpha,\beta\in\bigcap V_i$,则 $\alpha,\beta\in V_i$,$i\in I$(I 为指标集),所以 $\alpha+\beta\in V_i$(因为 V_i 为子空间),$\alpha+\beta\in\bigcap V_i$;同理因为 $\lambda\alpha\in V_i$,所以 $\lambda\alpha\in\bigcap V_i$. 即交对加法和数乘封闭,所以是子空间.

11. 设 W_1,W_2 是线性空间 V 的两个子空间.

(1) $W_1\cup W_2$ 是否为 V 的子空间,举数例说明;

(2) 证明包含 W_1 和 W_2 的最小子空间为

$$W_1+W_2=\{\alpha_1+\alpha_2\mid\alpha_1\in W_1,\ \alpha_2\in W_2\};$$

(3) 设 $W_1\cap W_2=\{0\}$,证明 W_1+W_2 中任一向量 α 表为 $\alpha=\alpha_1+\alpha_2$($\alpha_1\in W_1$,$\alpha_2\in W_2$)的方法是唯一的.

解 (1) 设 $\varepsilon_1,\cdots,\varepsilon_n$ 为 V 的基. 显然 $W_1=\langle\varepsilon_1\rangle$,$W_2=\langle\varepsilon_2\rangle$ 均是 V 的子空间,但 $W_1\cup W_2$ 不是子空间;又若取 $W_1=\langle\varepsilon_1\rangle$,$W_2=\langle\varepsilon_1,\varepsilon_2\rangle$,则 $W_1\cup W_2=W_2$ 是子空间.

可以证明 $W_1\cup W_2$ 仍为子空间 $\Leftrightarrow W_1\supseteq W_2$ 或 $W_1\subseteq W_2$. 其证法如下:

$\Leftarrow$ 显然.

$\Rightarrow$ 若 W_1 与 W_2 互不包含,则一定存在 $\alpha_1\in W_1$,但 $\alpha_1\overline{\in}W_2$ 及 $\alpha_2\in W_2$,但 $\alpha_2\overline{\in}W_1$,而 $\alpha_1,\alpha_2\in W_1\cup W_2$,又已知 $W_1\cup W_2$ 为子空间,所以 $\alpha_1+\alpha_2\in W_1\cup W_2$. 由并集的定义有:或 $\alpha_1+\alpha_2\in W_1$ 或 $\alpha_1+\alpha_2\in W_2$,不妨设为 $\alpha_1+\alpha_2\in W_1$,又 $\alpha_1\in W_1$,由 W_1 为子空间知有

$$\alpha_1+\alpha_2+(-\alpha_1)=\alpha_2\in W_1$$

与 $\alpha_2\overline{\in}W_1$ 矛盾,所以 W_1 与 W_2 必有一个包含于另一个中.

(2) 因为 W_1+W_2 为子空间,且 $W_1\cup W_2\subset W_1+W_2$,下面只要证明任包含 W_1 和 W_2 的子空间 V_1 都包含 W_1+W_2.

任取 $\alpha_1\in W_1\subset V_1$,$\alpha_2\in W_2\subset V_1$,因为 V_1 为子空间,所以 $\alpha_1+\alpha_2\in V_1$ 即集合

$$\{\alpha_1+\alpha_2\mid\alpha_1\in W_1,\ \alpha_2\in W_2\}\subset V_1,$$

而左边恰为 W_1+W_2. 所以 W_1+W_2 为包含 $W_1\cup W_2$ 的最小子空间. 于是得出:

$$W_1\cup W_2\text{ 为子空间}\Leftrightarrow W_1\cup W_2=W_1+W_2.$$

(3) 设有

$$\alpha=\alpha_1+\alpha_2=\beta_1+\beta_2,\quad \alpha_1,\beta_1\in W_1,\quad \alpha_2,\beta_2\in W_2,$$

则有
$$\alpha_1-\beta_1=\beta_2-\alpha_2,$$
又
$$\alpha_1-\beta_1\in W_1,\quad \beta_2-\alpha_2\in W_2,$$
于是
$$\alpha_1-\beta_1=\beta_2-\alpha_2\in W_1\cap W_2=\{0\}$$
所以 $\alpha_1=\beta_1,\alpha_2=\beta_2$，即分解式唯一.

12. 设 V 是迹为 0 的二阶复方阵全体.

(1) 证明 V 是 $\mathbb{R}$ 上线性空间(对通常矩阵加法与数乘)；

(2) 求 V 在 $\mathbb{R}$ 上的一个基；

(3) 设 $W=\{(a_{ij})\in V\mid a_{21}=-\bar{a}_{12}\}$，证明 W 是 V 的子空间，并求出 W 的一个基.

证 (1) 任 $A=(a_{ij})\in V$，由已知 $\mathrm{tr}A=0$，所以 $a_{11}+a_{22}=0$，于是可设
$$A=\begin{bmatrix}a+\mathrm{i}b & a_{12}\\ a_{21} & -a-\mathrm{i}b\end{bmatrix},$$
容易看出 V 对加法，数乘封闭，所以是 $\mathbb{R}$ 上线性空间.

(2) 设 $a_{12}=a_1+\mathrm{i}b_1,\ a_{21}=a_2+\mathrm{i}b_2$，则由(1)知，对任 $A\in V$ 有
$$\begin{aligned}A&=\begin{bmatrix}a+\mathrm{i}b, & a_1+\mathrm{i}b_1\\ a_2+\mathrm{i}b_2 & -a-\mathrm{i}b\end{bmatrix}\\ &=a\begin{bmatrix}1&0\\0&-1\end{bmatrix}+b\begin{bmatrix}\mathrm{i}&0\\0&-\mathrm{i}\end{bmatrix}+a_1\begin{bmatrix}0&1\\0&0\end{bmatrix}+b_1\begin{bmatrix}0&\mathrm{i}\\0&0\end{bmatrix}+a_2\begin{bmatrix}0&0\\1&0\end{bmatrix}+b_2\begin{bmatrix}0&0\\\mathrm{i}&0\end{bmatrix}.\end{aligned}$$
所以 $\begin{bmatrix}1&0\\0&-1\end{bmatrix},\begin{bmatrix}\mathrm{i}&0\\0&\mathrm{i}\end{bmatrix},\begin{bmatrix}0&1\\0&0\end{bmatrix},\begin{bmatrix}0&\mathrm{i}\\0&0\end{bmatrix},\begin{bmatrix}0&0\\1&0\end{bmatrix},\begin{bmatrix}0&0\\\mathrm{i}&0\end{bmatrix}$ 为基.

(3) 任 $B\in W$，由已知条件知
$$B=\begin{bmatrix}a+\mathrm{i}b & c+\mathrm{i}d\\ -c+\mathrm{i}d & -a-\mathrm{i}b\end{bmatrix},$$
于是知 W 对加法和数乘封闭(任 $B_1,B_2\in W,\lambda\in\mathbb{R},B_1+B_2\in W,\lambda B_1\in W$)，即任两形如上式的二阶复方阵之和还是形如上式的方阵；乘 λ 后仍为上述形式的复方阵.

因为
$$B=a\begin{bmatrix}1&\\&-1\end{bmatrix}+b\begin{bmatrix}\mathrm{i}&\\&-\mathrm{i}\end{bmatrix}+c\begin{bmatrix}&1\\-1&\end{bmatrix}+d\begin{bmatrix}&\mathrm{i}\\-\mathrm{i}&\end{bmatrix},$$
所以 $\begin{bmatrix}1&0\\0&-1\end{bmatrix},\begin{bmatrix}\mathrm{i}&0\\0&-\mathrm{i}\end{bmatrix},\begin{bmatrix}0&1\\-1&0\end{bmatrix},\begin{bmatrix}0&\mathrm{i}\\-\mathrm{i}&0\end{bmatrix}$ 为 W 的基.

13. 设域 E 包含域 F，E 作为 F 上的线性空间有一基 $x_1,\cdots,x_m$，设 V 是 E 上线性空间，在 E 上有基 $y_1,\cdots,y_n$，证明 V 是 F 上线性空间，维数是 mn，基为
$$\{x_iy_j\}\qquad(1\leqslant i\leqslant m,1\leqslant j\leqslant n).$$

证 先证 V 是 F 上线性空间：定义加法，数乘同前(因为 V 是 E 上的线性空间)，于

是加法四条公理均满足,封闭性也满足;数乘的四条因为当$\lambda\in F$时,$\lambda\in E$,所以也满足.故得证.

再证基为$x_iy_j(1\leqslant i\leqslant m,1\leqslant j\leqslant n)$:

① 设有$\sum_{i=1}^{m}\sum_{j=1}^{n}\lambda_{ij}x_iy_j=0$,于是$\sum_{j=1}^{n}\left(\sum_{i=1}^{m}\lambda_{ij}x_i\right)y_j=0$,其中$\sum_{i=1}^{m}\lambda_{ij}x_i\in E$,因为$y_1,\cdots,y_n$线性无关,则必有

$$\sum_{i=1}^{m}\lambda_{ij}x_i=0,\quad \text{对 } j=1,2,\cdots,n \text{ 同时成立.}$$

又因为$x_1,\cdots,x_m$线性无关,所以必

$$\lambda_{ij}=0,\quad i=1,\cdots,m,j=1,\cdots,n.$$

故x_iy_j线性无关$(1\leqslant i\leqslant m,1\leqslant j\leqslant n)$.

② $\forall\alpha\in V$,有

$$\begin{aligned}\alpha&=\sum_{j=1}^{n}\lambda_jy_j\quad\left(\lambda_j\in E,\text{所以又有 }\lambda_j=\sum_{i=1}^{m}k_{ij}x_i\right)\\&=\sum_{j=1}^{n}\left(\sum_{i=1}^{m}k_{ij}x_i\right)y_j=\sum_{j=1}^{n}\sum_{i=1}^{m}k_{ij}x_iy_j,\end{aligned}$$

于是得$\{x_iy_j\mid 1\leqslant i\leqslant m,1\leqslant j\leqslant n\}$为基,空间为$mn$维的.

例如:F为$\mathbb{R}$,E为$\mathbb{C}$,E作为F上的线性空间是2维的,基为$1,\mathrm{i}$;$V=\mathbb{C}^{(n)}$,V作为E上的线性空间是n维的,基为$e_1,\cdots,e_n$,即$e_1=(1,0,\cdots,0)^{\mathrm{T}},\cdots,e_n=(0,\cdots,0,1)^{\mathrm{T}}$.则$V$作$\mathbb{R}$上的线性空间是$2n$维的.基为$e_1,\mathrm{i}e_1,\cdots,e_n,\mathrm{i}e_n$即

$$\begin{bmatrix}1\\0\\\vdots\\0\end{bmatrix},\begin{bmatrix}\mathrm{i}\\0\\\vdots\\0\end{bmatrix},\cdots,\begin{bmatrix}0\\\vdots\\0\\1\end{bmatrix},\begin{bmatrix}0\\\vdots\\0\\\mathrm{i}\end{bmatrix}.$$

14. 证明:如果n维线性空间的两个线性子空间的维数之和大于n,则这两个子空间有公共的非零向量.

证　设$W_1=\langle\alpha_1,\cdots,\alpha_r\rangle$, $W_2=\langle\beta_1,\cdots,\beta_s\rangle$,则

$$W_1+W_2=\langle\alpha_1,\cdots,\alpha_r,\beta_1,\cdots,\beta_s\rangle$$

记$\dim W_1=r$ ($\alpha_1,\cdots,\alpha_r$线性无关),$\dim W_2=s$ ($\beta_1,\cdots,\beta_s$线性无关),则由维数公式有

$$\begin{aligned}\dim(W_1\cap W_2)&=\dim W_1+\dim W_2-\dim(W_1+W_2)\\&=r+s-\dim(W_1+W_2)\\&>n-\dim(W_1+W_2)\geqslant 1,\end{aligned}$$

所以$W_1\cap W_2\neq\{0\}$.故W_1与W_2有公共的非零向量.

15. 证明:$\mathbb{R}^n$中下列向量集合组成它的线性子空间,并分别求出一个基和维数.

(1) 第一个和最后一个坐标相等的所有 n 维向量;

(2) 偶数号码坐标等于零的所有 n 维向量;

(3) 偶数号码的坐标相等的所有 n 维向量;

(4) 形如$(a,b,a,b,a,b,\cdots)$的所有 n 维向量,其中 a,b 为任意实数.

证 (1) 任 $\alpha,\beta\in W_1$,设 $\alpha=(a_1,\cdots,a_n)$, $\beta=(b_1,\cdots,b_n)$. 由已知 $a_1=a_n,b_1=b_n$,则

$$\alpha+\beta=(a_1+b_1,a_2+b_2,\cdots,a_n+b_n)\in W_1,$$

$$\lambda\alpha=(\lambda a_1,\cdots,\lambda a_n)\in W_1,$$

故 W_1 对加法和数乘运算封闭,所以 W_1 是子空间. 基为

$$(1,0,\cdots,0,1),(0,1,0,\cdots,0),\cdots,(0,\cdots,0,1,0),$$

$$\dim W_1=n-1.$$

(2) 因为此集合对$\mathbb{R}^n$中加法和数乘运算封闭,所以它是$\mathbb{R}^n$的子空间. 基为

$(1,0,\cdots,0),(0,0,1,0,\cdots,0),\cdots,(0,\cdots,0,1,0)$($n$ 为偶数)或$(0,\cdots,0,1)$(n 为奇数),

$$\dim W_2=\left[\frac{n+1}{2}\right].$$

(3) 设此子集为 W_3,因为 W_3 对加法和数乘封闭,所以是$\mathbb{R}^n$的子空间. W_3 的基是 W_2 的基$+(0,1,0,1,\cdots,0,1)$(n 为偶数)或$(0,1,\cdots,0,1,0)$(n 为奇数),

$$\dim W_3=1+\left[\frac{n+1}{2}\right].$$

(4) 因为 W_4 对加法和数乘封闭,所以是子空间. 任 $\alpha\in W_4$,有

$$\alpha=(a,b,a,b,a,b,\cdots)=a(1,0,1,0,\cdots)+b(0,1,0,1,\cdots),$$

于是知 W_4 的基为

$$(1,0,1,0,1,0,\cdots)\quad 和\quad (0,1,0,1,0,1,\cdots),$$

所以 $\dim W_4=2$.

16. 证明:所有 n 阶对称方阵构成 n 阶方阵空间的一个线性子空间,求这子空间的一组基和维数.

证 设对称方阵的全体为集合 W. 任 $A,B\in W$,记 $A=(a_{ij})$, $B=(b_{ij})$且有 $a_{ij}=a_{ji}$, $b_{ij}=b_{ji}$,则

$$A+B=(c_{ij})=(a_{ij}+b_{ij})\in W,$$

$$\lambda A=(d_{ij})=(\lambda a_{ij})\in W,$$

前一式由于 $c_{ij}=a_{ij}+b_{ij}=a_{ji}+b_{ji}=c_{ji}$,后一式是因 $\lambda a_{ij}=\lambda a_{ji}$. 所以 W 是 $M_n(F)$的子空间.

记 E_{ij} 是(i,j)位元素为 1,而其余元素为 0 的 n 阶方阵,则 W 的基为

$$F_{ij}=\begin{cases}E_{ii}, & i=j,\\ E_{ij}+E_{ji}, & i<j,\end{cases}\qquad j=1,2,\cdots,n;\ i=1,2,\cdots,j.$$

于是知 $\dim W=\frac{1}{2}n(n+1)$.

17. 证明：所有 n 阶斜对称方阵 A(即 $A^{\mathrm{T}}=-A$)组成 n 阶方阵空间的一个线性子空间，求它的一组基和维数.

证　与第16题类似易证对加法和数乘封闭，所以所有 n 阶斜对称方阵按通常矩阵的加法和数乘构成一个 $M_n(F)$ 的子空间. 基为

$$G_{ij}=E_{ij}-E_{ji},\quad 1\leqslant i<j\leqslant n.$$

$$\text{维数}=\frac{1}{2}n(n-1).$$

18. 设 L 是由其坐标满足方程 $x_1+x_2+\cdots+x_n=0$ 的向量所组成的 $\mathbb{R}^n$ 的子空间，试求它的一组基和维数.

解　因为 $x_2,x_3,\cdots,x_n$ 为自由未知量，分别取

$$\begin{bmatrix}x_2\\x_3\\\vdots\\x_n\end{bmatrix}=\begin{bmatrix}1\\0\\\vdots\\0\end{bmatrix},\begin{bmatrix}0\\1\\0\\\vdots\end{bmatrix},\cdots,\begin{bmatrix}0\\\vdots\\0\\1\end{bmatrix},$$

可得基础解系为

$$\begin{bmatrix}-1\\1\\0\\\vdots\\0\end{bmatrix},\begin{bmatrix}-1\\0\\1\\0\\\vdots\end{bmatrix},\cdots,\begin{bmatrix}-1\\0\\\vdots\\0\\1\end{bmatrix}.$$

此即为解子空间的基. 维数是 $n-1$.

19. 求线性方程组，使得它的解是由下列向量组所张成的线性子空间.

(1) $\alpha_1=(1,-1,1,0)^{\mathrm{T}},\alpha_2=(1,1,0,1)^{\mathrm{T}},\alpha_3=(2,0,1,1)^{\mathrm{T}}$;

(2) $\alpha_1=(1,-1,1,-1,1)^{\mathrm{T}},\alpha_2=(1,1,0,0,3)^{\mathrm{T}},\alpha_3=(3,1,1,-1,7)^{\mathrm{T}},\alpha_4=(0,2,-1,1,2)^{\mathrm{T}}$.

解　(1) 因为 $\mathrm{r}(\alpha_1,\alpha_2,\alpha_3)=2$，所以线性方程组的系数矩阵的秩为2，于是可设方程组为

$$\begin{cases}a_{11}x_1+a_{12}x_2+a_{13}x_3+a_{14}x_4=0,\\a_{21}x_1+a_{22}x_2+a_{23}x_3+a_{24}x_4=0.\end{cases}$$

记 $A=(a_{ij})$，由已知有 $A(\alpha_1,\alpha_2,\alpha_3)=0$，转置得

$$\begin{bmatrix}\alpha_1^{\mathrm{T}}\\\alpha_2^{\mathrm{T}}\\\alpha_3^{\mathrm{T}}\end{bmatrix}A^{\mathrm{T}}=0,\qquad \text{记 } B=(\alpha_1,\alpha_2,\alpha_3)^{\mathrm{T}},$$

于是 A^{T} 的列(即 A 的行)是线性方程组 $BY=0$ 的解,也即

$$\begin{cases} y_1 - y_2 + y_3 = 0, \\ y_1 + y_2 + y_4 = 0, \\ 2y_1 + y_3 + y_4 = 0 \end{cases} \Leftrightarrow \quad \begin{cases} y_1 - y_2 + y_3 = 0, \\ y_1 + y_2 + y_4 = 0 \end{cases}$$

的解,选 y_1, y_2 为自由未知量,分别令

$$\begin{bmatrix} y_1 \\ y_2 \end{bmatrix} = \begin{bmatrix} 1 \\ 0 \end{bmatrix}, \begin{bmatrix} 0 \\ 1 \end{bmatrix},$$

得解 $(y_1, y_2, y_3, y_4)^{\mathrm{T}} = (1,0,-1,-1)^{\mathrm{T}}, (0,1,1,-1)$,则 A 的行可选为

$$c_1(1,0,-1,-1) + c_2(0,1,1,-1), \quad c_1, c_2 \in \mathbb{R},$$

中任两个线性无关的向量,例如线性方程组

$$\begin{cases} x_1 - x_3 - x_4 = 0, \\ x_2 + x_3 - x_4 = 0. \end{cases} \quad \text{即为所求.}$$

(2) 设所求线性方程组为 $Ax=0$,则 $W_A = \langle \alpha_1, \alpha_2, \alpha_3, \alpha_4 \rangle$,所以

$$A(\alpha_1, \alpha_2, \alpha_3, \alpha_4) \begin{bmatrix} k_1 \\ k_2 \\ k_3 \\ k_4 \end{bmatrix} = 0,$$

转置得

$$(k_1, k_2, k_3, k_4) \begin{bmatrix} \alpha_1^{\mathrm{T}} \\ \alpha_2^{\mathrm{T}} \\ \alpha_3^{\mathrm{T}} \\ \alpha_4^{\mathrm{T}} \end{bmatrix} A^{\mathrm{T}} = 0,$$

由于$(k_1, k_2, k_3, k_4)^{\mathrm{T}} \in \mathbb{C}^4$,分别选取为$(1,0,0,0),(0,1,0,0),(0,0,1,0),(0,0,0,1)$知有

$$\begin{bmatrix} \alpha_1^{\mathrm{T}} \\ \alpha_2^{\mathrm{T}} \\ \alpha_3^{\mathrm{T}} \\ \alpha_4^{\mathrm{T}} \end{bmatrix} A^{\mathrm{T}} = 0, \quad \text{记 } B = (\alpha_1, \alpha_2, \alpha_3, \alpha_4)^{\mathrm{T}},$$

上式说明 A^{T} 的列(A 的行)恰为线性方程组 $BY=0$ 的解.求解方程组

$$\begin{cases} y_1 - y_2 + y_3 - y_4 + y_5 = 0, \\ y_1 + y_2 + 3y_5 = 0, \\ 3y_1 + y_2 + y_3 - y_4 + 7y_5 = 0, \\ 2y_2 - y_3 + y_4 + 2y_5 = 0. \end{cases} \Leftrightarrow \begin{cases} y_1 - y_2 + y_3 - y_4 + y_5 = 0, \\ 2y_2 - y_3 + y_4 + 2y_5 = 0. \end{cases}$$

得基础解系

$$\eta_1=\left(-\frac{1}{2},\frac{1}{2},1,0,0\right)^{\mathrm{T}},\ \eta_2=\left(\frac{1}{2},-\frac{1}{2},0,1,0\right)^{\mathrm{T}},\ \eta_3=(-2,-1,0,0,1)^{\mathrm{T}}.$$

于是所求线性方程组可选为

$$\begin{cases}x_1-x_2-2x_3 & =0,\\ x_1-x_2\qquad+2x_4 & =0,\\ 2x_1+x_2\qquad\qquad-x_5 & =0.\end{cases}$$

20. 设 $P_{m\times m},Q_{n\times n}$ 是域 F 上固定方阵,$M_{m\times n}(F)$ 是 F 上 $m\times n$ 矩阵全体,对其中任一矩阵 A,定义 $\varphi(A)=PAQ$,试证明 φ 是 F 上线性空间 $M_{m\times n}(F)$ 到自身的线性映射,φ 是否为同构?

证 对任 $A,B\in M_{m\times n}(F)$,及 $\lambda\in F$,有

$$\varphi(A+B)=P(A+B)Q=PAQ+PBQ=\varphi(A)+\varphi(B),$$

$$\varphi(\lambda A)=P\lambda AQ=\lambda PAQ=\lambda\varphi(A),$$

所以是线性映射.

当 P,Q 为可逆阵时,φ 还是双射,于是 φ 为同构映射(因为 $PAQ=B\to A=P^{-1}BQ^{-1}$,所以是 1-1 对应). 否则,可能有 $A\neq C$,但 $PAQ=PCQ$(即 $P(A-C)Q=0$,在 $A\neq C$ 时成立,因为矩阵乘法有零因子).

21. 设 V 是连续实函数全体,看作 $\mathbb{R}$ 上线性空间,对 $f\in V$,令

$$(\varphi f)(x)=\int_0^x f(t)\mathrm{d}t,$$

试证明 φ 是 V 到自身的线性映射.

证 $\forall f,g\in V,\ \lambda\in\mathbb{R}$ 有

$$\begin{aligned}(\varphi(f+g))(x)&=\int_0^x(f+g)(t)\mathrm{d}t\\&=\int_0^x f(t)\mathrm{d}t+\int_0^x g(t)\mathrm{d}t=(\varphi f)(x)+(\varphi g)(x),\end{aligned}$$

于是知

$$\varphi(f+g)=\varphi(f)+\varphi(g),$$

又由于

$$(\varphi(\lambda f))(x)=\int_0^x\lambda f(t)\mathrm{d}t=\lambda\int_0^x f(t)\mathrm{d}t=\lambda(\varphi f)(x),$$

所以 $\varphi(\lambda f)=\lambda\varphi(f)$,故 φ 是线性映射.

22. 求线性空间的同构映射:

(1) φ: $F^n\to F^{(n)}$;

(2) φ: $M_{m\times n}(F)\to F^{m\times n}$;

(3) φ: $M_{2\times 2}(\mathbb{C})\to M_{2\times 4}(\mathbb{R})$.

解 (1) 任 $\alpha=(a_1,\cdots,a_n)\in F^n$,定义 $\varphi(\alpha)=(a_1,\cdots,a_n)^{\mathrm{T}}\in F^{(n)}$. 可以验证 φ 是线性映射,且是双射(1－1 对应),所以 φ 是同构映射.

(2) 任 $A=(a_{ij})_{m\times n}\in M_{m\times n}(F)$,定义

$$\varphi(A)=(a_{11},\cdots,a_{1n},a_{21},\cdots,a_{2n},\cdots,a_{m1},\cdots,a_{mn})\in F^{m\times n}.$$

易知 φ 是线性映射(设 $B=(b_{ij})\in M_{m\times F}(F)$,$\lambda\in F$,有 $\varphi(A+B)=\varphi(A)+\varphi(B)$,$\varphi(\lambda A)=\lambda\varphi(A)$),是单射(若 $A\neq B$,则 $\varphi(A)\neq\varphi(B)$),是满射(任 $\beta\in F^{m\times n}$,有 $A\in M_{m\times n}(F)$,使 $\varphi(A)=\beta$),所以是同构映射.

(3) 定义 φ:

$$\forall A=\begin{bmatrix}a_1+\mathrm{i}b_1, & a_2+\mathrm{i}b_2\\ a_3+\mathrm{i}b_3, & a_4+\mathrm{i}b_4\end{bmatrix}\in M_{2\times 2}(\mathbb{C}),$$

$$\varphi(A)=\begin{bmatrix}a_1 & b_1 & a_2 & b_2\\ a_3 & b_3 & a_4 & b_4\end{bmatrix}\in M_{2\times 4}(\mathbb{R}).$$

显然 φ 是线性映射,且是双射,所以是同构映射.

23. 对于下列线性映射 $\varphi:\mathbb{R}^3\to\mathbb{R}^4$,求 $\varphi(x_1,x_2,x_3)$:

(1) $\varphi(1,0,0)=(1,0,0,0)$, $\varphi(0,1,0)=(0,0,1,0)$, $\varphi(0,0,1)=(0,0,0,1)$;

(2) $\varphi(1,0,0)=(1,1,1,1)$, $\varphi(0,1,0)=(4,2,1,1)$, $\varphi(0,0,1)=(3,1,0,0)$;

(3) $\varphi(1,1,1)=(1,2,3,1)$, $\varphi(1,2,1)=(0,1,2,1)$, $\varphi(1,1,0)=(1,1,1,0)$;

解 (1) $\varphi(x_1,x_2,x_3)=(x_1,0,x_2,x_3)$.

(2)
$$\begin{aligned}\varphi(x_1,x_2,x_3)&=x_1(1,1,1,1)+x_2(4,2,1,1)+x_3(3,1,0,0)\\&=(x_1+4x_2+3x_3,x_1+2x_2+x_3,x_1+x_2,x_1+x_2).\end{aligned}$$

(3) 记 $e_1=(1,1,1)$, $e_2=(1,2,1)$, $e_3=(1,1,0)$,则因为

$$(x_1,x_2,x_3)=(x_1-x_2+x_3)e_1+(x_2-x_1)e_2+(x_1-x_3)e_3,$$

所以

$$\begin{aligned}\varphi(x_1,x_2,x_3)&=(x_1-x_2+x_3)\varphi(e_1)+(x_2-x_1)\varphi(e_2)+(x_1-x_3)\varphi(e_3)\\&=(2x_1-x_2,2x_1-x_2+x_3,2x_1-x_2+2x_3,x_3).\end{aligned}$$

24. 证明如下映射是线性映射,并求出其核与象:

(1) φ: $\mathbb{R}^2\to\mathbb{R}^1$, $(x,y)\to x$;

(2) φ: $\mathbb{R}^2\to\mathbb{R}^1$, $(x,y)\to x-y$;

(3) φ: $\mathbb{R}^{(2)}\to\mathbb{R}^{(3)}$, $(x,y)^{\mathrm{T}}\to(x+y,x-y,2x+3y)^{\mathrm{T}}$;

(4) 设 W 是 $\mathbb{R}^{(3)}$ 中点 (x_1,y_1,z_1) 和 (x_2,y_2,z_2) 决定的过原点 $(0,0,0)$ 的平面,对任一点 $\alpha=(x,y,z)$,记过 α 而平行 W 的平面交 X 轴于 $\bar{\alpha}\in\mathbb{R}$,作映射 $\varphi:\mathbb{R}^{(3)}\to\mathbb{R}$, $\alpha\to\bar{\alpha}$.

证 (1) 任 $(x_1,y_1),(x_2,y_2)\in\mathbb{R}^2$,$\lambda\in\mathbb{R}$,有

$$\varphi((x_1,y_1)+(x_2,y_2))=\varphi(x_1+x_2,y_1+y_2)=x_1+x_2=\varphi(x_1,y_1)+\varphi(x_2,y_2),$$
$$\varphi(\lambda(x_1,y_1))=\varphi(\lambda x_1,\lambda y_1)=\lambda x_1=\lambda\varphi(x_1,y_1).$$

所以 φ 是线性映射.

$$\ker\varphi = \{(0,y) \mid y \in \mathbb{R}\},\ \mathrm{Im}\varphi = \mathbb{R}\text{ 是满射.}$$

(2) $\ker\varphi=\{(x,y)\mid y=x,x,y\in\mathbb{R}\}$,$\mathrm{Im}\varphi=\mathbb{R}$ 是满射.

(3) 任$(x_1,y_1)^{\mathrm{T}},(x_2,y_2)^{\mathrm{T}}\in\mathbb{R}^{(2)},\lambda\in\mathbb{R}$,有

$$\begin{aligned}\varphi((x_1,y_1)+(x_2,y_2)) &= \varphi(x_1+x_2,y_1+y_2)\\ &= (x_1+x_2+y_1+y_2,x_1+x_2-y_1-y_2,2x_1+2x_2+3y_1+3y_2)\\ &= (x_1+y_1,x_1-y_1,2x_1+3y_1)+(x_2+y_2,x_2-y_2,2x_2+3y_2)\\ &= \varphi(x_1,y_1)+\varphi(x_2,y_2),\\ \varphi(\lambda(x_1,y_1)) &= \varphi(\lambda x_1,\lambda y_1) = (\lambda x_1+\lambda y_1,\lambda x_1-\lambda y_1,2\lambda x_1+3\lambda y_1)\\ &= \lambda(x_1+y_1,x_1-y_1,2x_1+3y_1) = \lambda\varphi(x_1,y_1).\end{aligned}$$

所以 φ 是线性映射.

$$\ker\varphi = \{0\},\ \mathrm{Im}\varphi = \left\{(a,b,c)^{\mathrm{T}}\,\middle|\,\frac{5}{2}a-\frac{1}{2}b=c\right\}.$$

(因要求 $x+y=a$, $x-y=b$, $2x+3y=c$,有解(x,y).)

(4) 设 X 轴不在 W 上. $\forall\alpha,\beta\in\mathbb{R}^3$,有 $\alpha=\bar{\alpha}+\alpha_1$,$\beta=\bar{\beta}+\beta_1$,其中 $\bar{\alpha},\bar{\beta}\in\mathbb{R}$($X$ 轴),α_1,$\beta_1\in W$,于是

$$\varphi(\alpha+\beta)=\varphi(\bar{\alpha}+\alpha_1+\bar{\beta}+\beta_1)=\varphi(\bar{\alpha}+\bar{\beta}+\alpha_1+\beta_1)=\bar{\alpha}+\bar{\beta}=\varphi(\alpha)+\varphi(\beta),$$
$$\varphi(\lambda\alpha)=\varphi(\lambda\bar{\alpha}+\lambda\alpha_1)=\lambda\bar{\alpha}=\lambda\varphi(\alpha)\quad(\lambda\in\mathbb{R}),$$

所以 φ 是线性映射.

$$\ker\varphi = W,\quad \mathrm{Im}\varphi = \mathbb{R}\,(X\text{ 轴}).$$

(以上,把以原点为起点,终点为(x,y,z)的向量分解为分别在 X 轴上和平面 W 上的两个向量之和.)

25. 设 W 是 $V=\mathbb{R}^{(3)}$ 中过原点$(0,0,0)$的一平面,平行于 W 的平面全体记为 $\bar{V}_W$,对 $\pi_1,\pi_2\in\bar{V}_W,k\in\mathbb{R}$,任取点 $\alpha_1\in\pi_1,\alpha_2\in\pi_2$,若 $\alpha_1+\alpha_2\in\pi_3,k\alpha_1\in\pi_4$,则定义,$\pi_1+\pi_2=\pi_3$,$k\pi_1=\pi_4$,证明 $\bar{V}_W$ 是$\mathbb{R}$上的线性空间. 再证明 $\bar{V}_W\cong\mathbb{R}^{(1)}$,并给出同构映射.

证　不妨设 W 与 X 轴只相交于$(0,0,0)$. 任 $\pi_i,\pi_j\in\bar{V}_W$,取 $\alpha_i\in\pi_i$, $\alpha_j\in\pi_j$,则

$$\pi_i=\alpha_i+W,\quad \pi_j=\alpha_j+W,$$

且有

$$\pi_i+\pi_j=\alpha_i+W+\alpha_j+W=\alpha_i+\alpha_j+W=\pi_{ij}\in\bar{V}_W,$$
$$\lambda\pi_i=\lambda(\alpha_i+W)=\lambda\alpha_i+W=\pi_{\lambda i}\in\bar{V}_W,$$

所以 $\bar{V}_W$ 对加法、数乘封闭,0 元是 W,每个元素的负元是这个平面关于 W 对称的另一个平面,例如 $\pi_i=\alpha_i+W$ 的负元为 $-\alpha_i+W$. 易验证其他几条性质,所以 $\bar{V}_W$ 是线性空间.

定义

$$\varphi:\ \bar{V}_W\to\mathbb{R},$$
$$\pi\mapsto(x,0,0),$$

其中$(x,0,0)$是平面π与X轴的交点. 又$\pi_1\neq\pi_2$时,有$\varphi(\pi_1)\neq\varphi(\pi_2)$,所以是单射,且易知$\varphi$是满射,是线性映射,所以$\varphi$是同构映射. 于是知$\bar{V}_W\cong\mathbb{R}^{(1)}$.

26. (1) 设$\varphi:\mathbb{R}^{(3)}\to\mathbb{R}^{(1)}$是一满线性映射,证明$W=\ker\varphi$是过原点的平面;

(2) 证明:任一$x\in\mathbb{R}^{(1)}$的原象$\varphi^{-1}(x)$是平行于W的平面.

证 (1) 因为

$$\dim(\ker\varphi)=\dim(\mathbb{R}^{(3)})-\dim(\mathrm{Im}\varphi)=2,$$

所以$\ker\varphi$是$\mathbb{R}^3$中二维子空间,因此它是过原点的平面.

(2) 由于任$x\in\mathbb{R}^{(1)}$,设α_0为其一个原象(即有$\varphi(\alpha_0)=x$),则x的原象的全体为

$$\varphi^{-1}(x)=\alpha_0+\ker\varphi=\{\alpha_0+\alpha\mid\alpha\in\ker\varphi\},$$

所以是平行W的平面.

27. 在$\mathbb{R}^4$中,求由基$\alpha_1,\alpha_2,\alpha_3,\alpha_4$到基$\beta_1,\beta_2,\beta_3,\beta_4$的过渡矩阵,并求向量$x$在指定基下的坐标:

(1) $\alpha_1=(1,1,1,1)$, $\alpha_2=(1,1,-1,-1)$, $\alpha_3=(1,-1,1,-1)$, $\alpha_4=(1,-1,-1,1)$;

$\beta_1=(1,2,-1,-2)$, $\beta_2=(2,3,0,-1)$, $\beta_3=(1,2,1,4)$, $\beta_4=(1,3,-1,0)$;

并求$x=(7,14,-1,2)$在基$\beta_1,\beta_2,\beta_3,\beta_4$下的坐标;

(2) $\alpha_1=(0,0,1,0)$, $\alpha_2=(0,0,0,1)$, $\alpha_3=(1,0,0,0)$, $\alpha_4=(0,1,0,0)$;

$\beta_1=(1,0,-1,0)$, $\beta_2=(-1,0,-1,0)$, $\beta_3=(0,1,0,-1)$, $\beta_4=(0,-1,0,-1)$;

并求$x=(1,4,-3,2)$在$\beta_1,\beta_2,\beta_3,\beta_4$下的坐标;

(3) $\alpha_1=(1,1,1,1)$, $\alpha_2=(1,2,1,1)$, $\alpha_3=(1,1,2,1)$, $\alpha_4=(1,3,2,3)$;

$\beta_1=(1,0,3,3)$, $\beta_2=(-2,-3,-5,-4)$, $\beta_3=(2,2,5,4)$, $\beta_4=(-2,-3,-4,-4)$;

并求$x=(0,-3,0,-2)$在$\alpha_1,\alpha_2,\alpha_3,\alpha_4$下的坐标.

解 (1) 由过渡矩阵的定义,有以下形式写法

$$(\beta_1,\beta_2,\beta_3,\beta_4)=(\alpha_1,\alpha_2,\alpha_3,\alpha_4)A,$$

其中A的第j列是β_j在$\alpha_1,\alpha_2,\alpha_3,\alpha_4$下的坐标. 把两组基用坐标列写出,即得

$$(\beta_1^{\mathrm{T}},\beta_2^{\mathrm{T}},\beta_3^{\mathrm{T}},\beta_4^{\mathrm{T}})=(\alpha_1^{\mathrm{T}},\alpha_2^{\mathrm{T}},\alpha_3^{\mathrm{T}},\alpha_4^{\mathrm{T}})A,$$

于是

$$\begin{aligned}A&=(\alpha_1^{\mathrm{T}},\alpha_2^{\mathrm{T}},\alpha_3^{\mathrm{T}},\alpha_4^{\mathrm{T}})^{-1}(\beta_1^{\mathrm{T}},\beta_2^{\mathrm{T}},\beta_3^{\mathrm{T}},\beta_4^{\mathrm{T}})\\&=\frac{1}{4}\begin{bmatrix}1&1&1&1\\1&1&-1&-1\\1&-1&1&-1\\1&-1&-1&1\end{bmatrix}\begin{bmatrix}1&2&1&1\\2&3&2&3\\-1&0&1&-1\\-2&-1&4&0\end{bmatrix}=\frac{1}{4}\begin{bmatrix}0&4&8&3\\6&6&-2&5\\0&0&-4&-3\\-2&-2&2&-1\end{bmatrix}.\end{aligned}$$

又从自然基$\varepsilon_1=(1,0,0,0),\cdots,\varepsilon_4=(0,0,0,1)$到基$\beta_1,\beta_2,\beta_3,\beta_4$的过渡矩阵为

$$B=(\beta_1^{\mathrm{T}},\beta_2^{\mathrm{T}},\beta_3^{\mathrm{T}},\beta_4^{\mathrm{T}}),$$

向量x在自然基下的坐标列为x^{T},于是x在基$\beta_1,\beta_2,\beta_3,\beta_4$下的坐标列为

$$y=B^{-1}x^{\mathrm{T}}=\begin{bmatrix}1&2&1&1\\2&3&2&3\\-1&0&1&-1\\-2&-1&4&0\end{bmatrix}^{-1}\begin{bmatrix}7\\14\\-1\\2\end{bmatrix}=\begin{bmatrix}0\\2\\1\\2\end{bmatrix}.$$

(2) 设 A 是由基 $\alpha_1,\alpha_2,\alpha_3,\alpha_4$ 到基 $\beta_1,\beta_2,\beta_3,\beta_4$ 的过渡矩阵,则有

$$A=(\alpha_1^{\mathrm{T}},\alpha_2^{\mathrm{T}},\alpha_3^{\mathrm{T}},\alpha_4^{\mathrm{T}})^{-1}(\beta_1^{\mathrm{T}},\beta_2^{\mathrm{T}},\beta_3^{\mathrm{T}},\beta_4^{\mathrm{T}})$$

$$=\begin{bmatrix}0&0&1&0\\0&0&0&1\\1&0&0&0\\0&1&0&0\end{bmatrix}\begin{bmatrix}1&-1&0&0\\0&0&1&-1\\-1&-1&0&0\\0&0&-1&-1\end{bmatrix}=\begin{bmatrix}-1&-1&0&0\\0&0&-1&-1\\1&-1&0&0\\0&0&1&-1\end{bmatrix},$$

向量 x 在基 $\beta_1,\beta_2,\beta_3,\beta_4$ 下的坐标为:

$$y=B^{-1}x^{\mathrm{T}}=\frac{1}{2}\begin{bmatrix}1&0&-1&0\\-1&0&-1&0\\0&1&0&-1\\0&-1&0&-1\end{bmatrix}\begin{bmatrix}1\\4\\-3\\2\end{bmatrix}=\begin{bmatrix}2\\1\\1\\-3\end{bmatrix}.$$

其中矩阵 B 是由自然基到基 $\beta_1,\beta_2,\beta_3,\beta_4$ 的过渡矩阵.

(3) 记由基 $\alpha_1,\alpha_2,\alpha_3,\alpha_4$ 到基 $\beta_1,\beta_2,\beta_3,\beta_4$ 的过渡矩阵为 A,由自然基到基 $\alpha_1,\alpha_2,\alpha_3,\alpha_4$ 的过渡矩阵为 B,则有

$$A=(\alpha_1^{\mathrm{T}},\alpha_2^{\mathrm{T}},\alpha_3^{\mathrm{T}},\alpha_4^{\mathrm{T}})^{-1}(\beta_1^{\mathrm{T}},\beta_2^{\mathrm{T}},\beta_3^{\mathrm{T}},\beta_4^{\mathrm{T}}).$$

$$=\frac{1}{2}\begin{bmatrix}4&-2&-2&2\\0&2&0&-2\\-1&0&2&-1\\-1&0&0&1\end{bmatrix}\begin{bmatrix}1&-2&2&-2\\0&-3&2&-3\\3&-5&5&-4\\3&-4&4&-4\end{bmatrix}=\begin{bmatrix}2&0&1&-1\\-3&1&-2&1\\1&-2&2&-1\\1&-1&1&-1\end{bmatrix}.$$

向量 x 在基 $\alpha_1,\alpha_2,\alpha_3,\alpha_4$ 下的坐标列为

$$y=B^{-1}x^{\mathrm{T}}=\frac{1}{2}\begin{bmatrix}4&-2&-2&2\\0&2&0&-2\\-1&0&2&-1\\-1&0&0&1\end{bmatrix}\begin{bmatrix}0\\-3\\0\\-2\end{bmatrix}=\begin{bmatrix}1\\-1\\1\\-1\end{bmatrix}.$$

28. 设 P_n 是 F 上次数不超过 n 的多项式全体,求由基 $\alpha_1=1,\alpha_2=x,\cdots,\alpha_{n+1}=x^n$ 到基 $\beta_1=1,\beta_2=(x-a),\cdots,\beta_{n+1}=(x-a)^n$ 的过渡矩阵,并求多项式 $f(x)=a_0+a_1x+\cdots+a_nx^n$ 在这两组基下的坐标.

解 记所求过渡矩阵为 A,由定义 A 的第 j 列是 $\beta_j=(x-a)^{j-1}$ 在基 $1,x,\cdots,x^n$ 下的坐标,故知

$$A=\begin{bmatrix}1 & -a & a^2 & \cdots & (-1)^n a^n\\ 0 & 1 & -2a & \cdots & (-1)^{n-1}na^{n-1}\\ \vdots & \ddots & 1 & & \vdots\\ \vdots & & \ddots & \ddots & \vdots\\ 0 & \cdots & \cdots & 0 & 1\end{bmatrix},$$

又 $f(x)=a_0+a_1x+\cdots+a_nx^n$ 在基 $1,x,\cdots,x^n$ 下的坐标列为其系数排成的列向量

$$(a_0,a_1,a_2,\cdots,a_n)^{\mathrm{T}},$$

在基 $1,(x-a),(x-a)^2,\cdots,(x-a)^n$ 下的坐标列为其 Taylor 展开系数排成的列向量，即

$$\left(f(a),f'(a),\frac{f''(a)}{2!},\cdots,\frac{1}{n!}f^{(n)}(a)\right)^{\mathrm{T}}.$$

29. 求由向量组 $\alpha_1,\alpha_2,\alpha_3$ 和 β_1,β_2,β_3 所张成的两个线性子空间的和与交的基.

(1) $\alpha_1=(1,2,1)$，$\alpha_2=(1,1,-1)$，$\alpha_3=(1,3,3)$；

$\beta_1=(2,3,-1)$，$\beta_2=(1,2,2)$，$\beta_3=(1,1,-3)$；

(2) $\alpha_1=(1,2,1,-2)$，$\alpha_2=(2,3,1,0)$，$\alpha_3=(1,2,2,-3)$；

$\beta_1=(1,1,1,1)$，$\beta_2=(1,0,1,-1)$，$\beta_3=(1,3,0,-4)$；

(3) $\alpha_1=(1,1,0,0)$，$\alpha_2=(0,1,1,0)$，$\alpha_3=(0,0,1,1)$；

$\beta_1=(1,0,1,0)$，$\beta_2=(0,2,1,1)$，$\beta_3=(1,2,1,2)$.

解 (1) 记 $W_1=\langle\alpha_1,\alpha_2,\alpha_3\rangle$，$W_2=\langle\beta_1,\beta_2,\beta_3\rangle$，则

$$W_1+W_2=\langle\alpha_1,\alpha_2,\alpha_3,\beta_1,\beta_2,\beta_3\rangle,$$

因为 W_1+W_2 的基就是向量组 $\alpha_1,\alpha_2,\alpha_3,\beta_1,\beta_2,\beta_3$ 的极大线性无关组，为求极大线性无关组，只需把这 6 个向量的坐标列排成 3×6 矩阵，并对该矩阵进行初等行变换化为阶梯型：

$$\begin{bmatrix}1 & 1 & 1 & 2 & 1 & 1\\ 2 & 1 & 3 & 3 & 2 & 1\\ 1 & -1 & 3 & -1 & 2 & -3\end{bmatrix}\to\begin{bmatrix}1 & 1 & 1 & 2 & 1 & 1\\ 0 & -1 & 1 & -1 & 0 & -1\\ 0 & 0 & 0 & -1 & 1 & -2\end{bmatrix},\qquad (*)$$

由于阶梯型矩阵的 1,2,4 列线性无关，所以 $\alpha_1,\alpha_2,\beta_1$ 是 W_1+W_2 的一组基；又任 $\alpha\in W_1\cap W_2$，有

$$\alpha=k_1\alpha_1+k_2\alpha_2+k_3\alpha_3=-\mu_1\beta_1-\mu_2\beta_2-\mu_3\beta_3,$$

而由(*)式知 α_3 可由 α_1,α_2 线性表出，β_3 可由 β_1,β_2 线性表出，所以可取 $k_3=\mu_3=0$，即只要解线性方程组

$$(\alpha_1^{\mathrm{T}},\alpha_2^{\mathrm{T}},\beta_1^{\mathrm{T}},\beta_2^{\mathrm{T}})\begin{bmatrix}k_1\\ k_2\\ \mu_1\\ \mu_2\end{bmatrix}=0,$$

利用(*)式(划去第 3,6 列)易知解为

$$c(2,1,-1,-1)^{\mathrm{T}},\quad c\in\mathbb{R}$$

所以 $W_1\cap W_2$ 是 1 维的，基为

$$2\alpha_1+\alpha_2=\beta_1+\beta_2=(3,5,1).$$

(2) 同(1)有 $W_1+W_2=\langle\alpha_1,\alpha_2,\alpha_3,\beta_1,\beta_2,\beta_3\rangle$，由于

$$(\alpha_1^{\mathrm{T}},\alpha_2^{\mathrm{T}},\alpha_3^{\mathrm{T}},\beta_1^{\mathrm{T}},\beta_2^{\mathrm{T}},\beta_3^{\mathrm{T}})$$

$$=\begin{bmatrix}1&2&1&1&1&1\\2&3&2&1&0&3\\1&1&2&1&1&0\\-2&0&-3&1&-1&-4\end{bmatrix}\to\begin{bmatrix}1&2&1&1&1&1\\0&-1&0&-1&-2&1\\0&0&1&1&2&-2\\0&0&0&0&-5&0\end{bmatrix},$$

故知 $\alpha_1,\alpha_2,\alpha_3,\beta_2$ 是 W_1+W_2 的一组基；为求 $W_1\cap W_2$ 的基，需解线性方程组

$$(\alpha_1^{\mathrm{T}},\alpha_2^{\mathrm{T}},\alpha_3^{\mathrm{T}},\beta_1^{\mathrm{T}},\beta_2^{\mathrm{T}},\beta_3^{\mathrm{T}})\begin{bmatrix}k_1\\k_2\\k_3\\\mu_1\\\mu_2\\\mu_3\end{bmatrix}=0,$$

其基础解系为

$$\eta_1=(2,-1,-1,1,0,0)^{\mathrm{T}},\quad \eta_2=(-5,1,2,0,0,1)^{\mathrm{T}},$$

于是得 $\dim W_1\cap W_2=2$，其基为

$$e_1=2\alpha_1-\alpha_2-\alpha_3=-\beta_1=(-1,-1,-1,-1),$$
$$e_2=-5\alpha_1+\alpha_2+2\alpha_3=-\beta_3=(-1,-3,0,4).$$

也就是 β_1,β_3 为 $W_1\cap W_2$ 的基.

(3) 因为 $\begin{bmatrix}1&0&0&1&0&1\\1&1&0&0&2&2\\0&1&1&1&1&1\\0&0&1&0&1&2\end{bmatrix}\xrightarrow[\text{行变换}]{\text{经初等}}\begin{bmatrix}1&0&0&1&0&1\\0&1&0&-1&2&1\\0&0&1&2&-1&0\\0&0&0&-2&2&2\end{bmatrix},$

所以 $W_1+W_2=\langle\alpha_1,\alpha_2,\alpha_3,\beta_1,\beta_2,\beta_3\rangle$ 的基是 $\alpha_1,\alpha_2,\alpha_3,\beta_1$（不唯一）. 又线性方程组

$$(\alpha_1^{\mathrm{T}},\alpha_2^{\mathrm{T}},\alpha_3^{\mathrm{T}},\beta_1^{\mathrm{T}},\beta_2^{\mathrm{T}},\beta_3^{\mathrm{T}})\begin{bmatrix}k_1\\k_2\\k_3\\\mu_1\\\mu_2\\\mu_3\end{bmatrix}=0$$

的基础解系为

$$\eta_1=(1,1,1,-1,-1,0),\ \eta_2=(2,0,1,-1,0,-1)^{\mathrm{T}},$$

所以 $\dim W_1\cap W_2=2$，e_1,e_2 是 $W_1\cap W_2$ 的一组基，其中

$$e_1=\alpha_1+\alpha_2+\alpha_3=\beta_1+\beta_2=(1,2,2,1),\quad e_2=2\alpha_1+2\alpha_3=\beta_1+\beta_3=(2,2,2,2).$$

30. 证明：线性子空间 L_1 和 L_2 的和 S 是直和当且仅当至少有一个向量 $x\in S$ 唯一地表为形式 $x=x_1+x_2$，其中 $x_1\in L_1, x_2\in L_2$.

证 $\Rightarrow$(必要性)由于 $S=L_1\oplus L_2$ 是直和，所以 $\forall x\in S$ 关于 L_1,L_2 的分解式是唯一的，故至少有一个 x 表示式唯一.

$\Leftarrow$(充分性)若存在一个 x，表示式 $x=x_1+x_2, x_1\in L_1, x_2\in L_2$ 唯一，要证 $S=L_1+L_2$ 是直和. 用反证法，若不是直和，由定理 5.4 知，有非零向量 $\alpha\in L_1\cap L_2$，又因为 $L_1\cap L_2$ 为子空间，所以 $-\alpha\in L_1\cap L_2$，于是有

$$x=x_1+x_2=(x_1+\alpha)+(x_2-\alpha),\quad x_1+\alpha\in L_1,\quad x_2-\alpha\in L_2,$$

与已知 x 的分解式唯一矛盾，所以必 $L_1\cap L_2=0$，故必为直和.

31. 证明：所有 n 阶方阵空间是线性子空间 L_1 和 L_2 的直和，其中 L_1 是对称方阵子空间，L_2 是斜对称方阵子空间.

证 方法 1 记 $M_n(F)$ 是 n 阶方阵空间，任 $A\in M_n(F)$，有

$$A=\frac{1}{2}(A+A^{\mathrm{T}})+\frac{1}{2}(A-A^{\mathrm{T}})=B+C,$$

其中 $B\in L_1, C\in L_2$，又显然 $L_1+L_2\subseteq M_n(F)$，所以

$$M_n(F)=L_1+L_2,\ 且\ L_1\cap L_2=0,$$

(若 $M\in L_1\cap L_2$，有 $M^{\mathrm{T}}=M, M^{\mathrm{T}}=-M$，故 $M=-M$，所以 $M=0$)故得

$$M_n(F)=L_1\oplus L_2.$$

方法 2 因为 $L_1\subset M_n(F), L_2\subset M_n(F)$，所以 $L_1+L_2\subseteq M_n(F)$. 又因为 $L_1\cap L_2=0$，所以 L_1+L_2 是直和.

用 E_{ij} 记(i,j)位元素为 1，其余元素为 0 的 n 阶方阵，则由于

$$\{(E_{ij}+E_{ji}),\ E_{ii}\},\ 1\leqslant i<j\leqslant n\quad 是\ L_1\ 的基,$$

$$\{(E_{ij}-E_{ji})\},\ 1\leqslant i\leqslant j\leqslant n\quad 是\ L_2\ 的基.$$

知有

$$\dim L_1=\frac{1}{2}n(n+1),\ \dim L_2=\frac{1}{2}n(n-1),$$

所以 $\dim L_1+\dim L_2=n^2=\dim M_2(F)$，故

$$M_n(F)=L_1\oplus L_2.$$

32. 证明：每一个 n 维线性空间都可以表示成 n 个一维子空间的直和.

证 设 $\alpha_1,\alpha_2,\cdots,\alpha_n$ 是 $V_n(F)$ 的一组基，则

$$V_n(F)=\langle\alpha_1,\cdots,\alpha_n\rangle=\langle\alpha_1\rangle+\langle\alpha_2\rangle+\cdots+\langle\alpha_n\rangle,$$

其中$\langle\alpha_i\rangle,i=1,2,\cdots,n$,均是一维子空间,又任$\alpha\in V_n(F)$有

$$\alpha=a_1\alpha_1+a_2\alpha_2+\cdots+a_n\alpha_n,\quad 其中\ a_i\alpha_i\in\langle\alpha_i\rangle$$

由于坐标$a_1,a_2,\cdots,a_n$唯一,所以$a_i\alpha_i$唯一,即α关于子空间$\langle\alpha_1\rangle,\langle\alpha_2\rangle,\cdots,\langle\alpha_n\rangle$的分解式唯一,所以

$$V_n(F)=\langle\alpha_1\rangle\oplus\langle\alpha_2\rangle\oplus\cdots\oplus\langle\alpha_n\rangle.$$

33. 证明:和$\sum\limits_{i=1}^{s}V_i$是直和的充分必要条件是

$$V_i\cap\sum_{j=1}^{i-1}V_j=\{0\},\quad i=2,\cdots,s.$$

证　方法1(归纳法)　$s=2$时,显然成立(定理5.4),假设$s-1$个子空间时命题成立,则当s个子空间时,由和$\sum\limits_{i=1}^{s}V_i$为直和$\Leftrightarrow V_s+\sum\limits_{i=1}^{s-1}V_i$为直和

$$\Leftrightarrow V_s\cap\sum_{i=1}^{s-1}V_i=\{0\}\ 及\ V_i\cap\sum_{j=1}^{i-1}V_j=\{0\},\quad i=2,\cdots,s-1$$

(由归纳假设,$\sum\limits_{i=1}^{s-1}V_i$是直和$\Leftrightarrow V_i\cap\sum\limits_{j=1}^{i-1}V_j=\{0\},i=2,\cdots,s-1$),得证.

方法2　$\Rightarrow$若有i,使得$(V_1+\cdots+V_{i-1})\cap V_i\neq(0)$,则必$\exists\,\alpha\neq0$,使

$$\alpha,-\alpha\in V_i,\quad 且\ \alpha,-\alpha\in V_1+\cdots+V_{i-1}.$$

设α有分解式:

$$\alpha=\alpha_1+\cdots+\alpha_{i-1},\quad 其中\ \alpha_k\in V_k,\ k=1,\cdots,i-1,$$

则α_k不全为0,于是有

$$0=\alpha_1+\cdots+\alpha_{i-1}+(-\alpha)=0+\cdots+0,$$

即零向量的分解不唯一,与已知$\sum\limits_{i=1}^{s}V_i$为直和矛盾,所以必有

$$V_i\cap\sum_{j=1}^{i-1}V_j=\{0\}.$$

$\Leftarrow$如果$\sum\limits_{i=1}^{s}V_i$不是直和,则零向量表示不唯一,

$$0=0+\cdots+0=\alpha_1+\alpha_2+\cdots+\alpha_s,$$

其中α_i不全为零.设从后往前数第一个非零的为α_t,则有

$$\alpha_t=-(\alpha_1+\alpha_2+\cdots+\alpha_{t-1}),$$

又$\alpha_1,\cdots,\alpha_{t-1}$不能全为0(否则$\alpha_t$为零),而$\alpha_t\in V_t,-(\alpha_1+\cdots+\alpha_{t-1})\in\sum\limits_{j=1}^{t-1}V_j$,

于是得

$$V_t \cap \sum_{j=1}^{t-1} V_j \neq \{0\},$$

与已知矛盾,所以必有 $\sum_{i=1}^{s} V_i$ 是直和.

34. 令 V 是 X 的次数$\leqslant n(n\geqslant 1)$的实系数多项式全体所构成的线性空间.

(1) 证明:V 中有给定实根 c 的全体多项式的集合 L 是 V 的一个子空间;

(2) 求 L 的维数;

(3) 对 V 中有 k 个不同实根 $c_1,\cdots,c_k$(不计重数)的全体多项式的集合 $L_k(1\leqslant k\leqslant n)$,证明同样的问题.

证 (1) L 中加法封闭:$\forall f,g\in L, f+g\in L$.

事实上,由

$$\left.\begin{array}{r} f(c)=0 \\ g(c)=0 \end{array}\right\} \Rightarrow (f+g)(c)=0;$$

数乘封闭:$\forall \lambda\in\mathbb{R}, f\in L$,由 $f(c)=0\Rightarrow \lambda f(c)=0$. 所以 L 是子空间.

(2) 作映射

$$\varphi:\ V\to\mathbb{R}$$
$$f\mapsto f(c)$$

则 $\ker\varphi=L, \operatorname{Im}\varphi=\mathbb{R}$,所以

$$\dim L=\dim V-\dim\mathbb{R}=(n+1)-1=n.$$

(3) L_k 对加法封闭:任 $f,g\in L_k$ 有 $f+g\in L_k$,因为对 $i=1,\cdots,k$ 均有

由
$$\left.\begin{array}{r} f(c_i)=0 \\ g(c_i)=0 \end{array}\right\} \Rightarrow (f+g)(c_i)=0;$$

对数乘封闭:任 $\lambda\in\mathbb{R}, f\in L_k$ 均有 $\lambda f\in L_k$ 即 $\lambda f(c_i)=0$,所以 L_k 是子空间.

下面用归纳法证明

$$\dim(L_k)=n+1-k.$$

$k=1$ 时,(2)中已证. 设 k 时成立,则当 $k+1$ 时,令

$$\varphi_{k+1}:\ L_k\to\mathbb{R},$$
$$f\mapsto f(c_{k+1}),$$

则 $\ker\varphi_{k+1}=L_{k+1}, \operatorname{Im}\varphi_{k+1}=\mathbb{R}$,所以

$$\begin{aligned}\dim(L_{k+1}) &= \dim L_k-\dim\mathbb{R}=(n+1-k)-1 \\ &= (n+1)-(k+1).\end{aligned}$$

35. 设 X^2+1 的倍式全体为 $\langle X^2+1\rangle=\{(X^2+1)g(X)\mid g(X)\in\mathbb{R}[X]\}$,这是$\mathbb{R}[X]$的一个子空间.

(1) 描述商空间 $E=\mathbb{R}[X]/\langle X^2+1\rangle$,证明 E 是$\mathbb{R}$上的二维线性空间,$\{\overline{1},\overline{X}\}$为其一基,其中 $\overline{h(X)}$表示 $h(X)$代表的同余类,即 $\overline{h(X)}=h(X)+\langle X^2+1\rangle$;

(2) 在 E 中定义乘法 $\bar{\alpha}_1\bar{\alpha}_2=\overline{\alpha_1\alpha_2}$，证明 E 是一个域，求 $2\cdot\bar{1}+3\bar{X}$ 的逆；

(3) 证明 $\varphi:\mathbb{R}\to\bar{\mathbb{R}}$，$a\mapsto\bar{a}$ 是域的同构映射(即 φ 为双射且 $\varphi(a_1+a_2)=\varphi(a_1)+\varphi(a_2)$，$\varphi(a_1a_2)=\varphi(a_1)\varphi(a_2)$)，其中 $\bar{\mathbb{R}}=\{\bar{a}\mid a\in\mathbb{R}\}$. 于是 $\mathbb{R}$ 与 $\bar{\mathbb{R}}$ 可视为等同，从而 $E\supset\mathbb{R}$ 是 $\mathbb{R}$ 的扩域；

(4) 证明 $\bar{X}\in E$ 是 X^2+1 在 E 中的根，因此若记 $\bar{X}=\mathrm{i}$，可知 $\mathrm{i}^2=-1$.

证 (1) 对任一 $f(X)\in\mathbb{R}[X]$，设 $f(X)=(X^2+1)q(X)+r(X)$，其中 $r(X)=a_0+a_1X$，则

$$\overline{f(X)}=\overline{(X^2+1)}\,\overline{q(X)}+\overline{r(X)}=\overline{r(X)}=\bar{a}_0+\bar{a}_1\bar{X}.$$

现在证明 $\varphi:\mathbb{R}\to\bar{\mathbb{R}}$，$a\mapsto\bar{a}$ 是同构映射(符号如本题(3))：若 $\bar{a}=\bar{b}$，则 $\overline{a-b}=\bar{a}-\bar{b}=0$，$a-b\in\langle X^2+1\rangle$(即是 X^2+1 的倍式)，故 $a-b=0$，$a=b$，这说明 φ 是单射，又显然是满射，从而是双射. 再由

$$\overline{a_1+a_2}=\bar{a}_1+\bar{a}_2,\qquad \overline{a_1a_2}=\bar{a}_1\bar{a}_2,$$

即知 φ 是同构映射. 所以可将 $\bar{\mathbb{R}}$ 和 $\mathbb{R}$ 等同，将 $\bar{a}\in\bar{\mathbb{R}}$ 与 $a\in\mathbb{R}$ 等同. 于是上述

$$\overline{f(X)}=a_0+a_1\bar{X}.$$

故

$$E=\{a_0+a_1\bar{X}\mid a_0,a_1\in\mathbb{R}\},$$

而且 $a_0+a_1\bar{X}=b_0+b_1\bar{X}$ 当且仅当 $a_0=b_0$，$a_1=b_1$. (若 $a_0\neq b_0$，或 $a_1\neq b_1$，则 $(a_0+a_1\bar{X})-(b_0+b_1\bar{X})=(a_0-b_0)+(a_1-b_1)\bar{X}=\overline{(a_0-b_0)+(a_1-b_1)X}\neq\bar{0}$，因为 $(a_0-b_0)+(a_1-b_1)X$ 不是 X^2+1 的倍式.)

所以 E 是 $\mathbb{R}$ 上二维线性空间，$\{\bar{1},\bar{X}\}$ 是基.

(2) 显然 E 是一个含幺交换环，对其中任一非0元 $\bar{r}=a_0+a_1\bar{X}$，显然 $r=a_0+a_1X$ 与 X^2+1 互素，故存在 $u,v\in\mathbb{R}[X]$ 使 $ur+v(X^2+1)=1$，$\bar{u}\,\bar{r}+\bar{v}\,\overline{(X^2+1)}=\bar{1}$，即 $\bar{u}\,\bar{r}=1$，即知 $\bar{r}$ 可逆且 $\bar{r}^{-1}=\bar{u}$. 对 $r=2+3X$，由带余除法知

$$(X^2+1)-\left(\frac{1}{3}X-\frac{2}{9}\right)(3X+2)=\frac{13}{9},$$

于是有 Bezout 等式

$$\frac{9}{13}(X^2+1)+\frac{1}{13}(2-3X)(3X+2)=1,$$

故 $\bar{r}=2+3\bar{X}$ 的逆为 $\frac{2}{13}-\frac{3}{13}\bar{X}$.

(3) 见(1)中证明.

(4) 因为 $\bar{X}^2+1=\overline{X^2+1}=\bar{0}=0$，故 $\bar{X}\in E$ 是 X^2+1 的根.

* **36.** 设 $p(X)$ 为域 F 上 n 次不可约多项式，记 $\langle p(X)\rangle=\{p(X)g(X)\mid g(X)\in$

$F[X]\}$，称为 $p(X)$ 的倍式全体. 证明 $\langle p(X)\rangle$ 是 $F[X]$ 的子空间.

(1) 描述商空间 $E=F[X]/\langle p(X)\rangle$，求其维数、基；

(2) 适当定义乘法使 E 成为域，如何求 E 中一个非 0 元的逆？

(3) 证明 $\varphi: F\to\bar{F}, a\mapsto\bar{a}$ 是域的同构映射（定义见上题(3)），其中 $\bar{F}=\{\bar{a}\mid a\in F\}$，因此 F 与 $\bar{F}$ 可视为等同，$E\supset F$；

(4) 证明 E 中有 $p(X)$ 的至少一个根；

(5) 如果上述 $p(X)$ 代之以可约多项式 $f(X)$，情况有何不同，为什么？

证 因 $p(X)\in\langle p(X)\rangle$；且对任 $p_1,p_2\in\langle p(X)\rangle$，$\exists g_1,g_2\in F[X]$，使 $p_1=p(X)g_1, p_2=p(X)g_2$，于是有

$$p_1(X)+p_2(X)=p(X)(g_1+g_2)\in\langle p(X)\rangle,$$

及任 $\lambda\in F$，$\lambda p_1(X)=p(X)(\lambda g_1)\in\langle p(X)\rangle$. 所以 $\langle p(X)\rangle$ 非空，对加法和数乘运算封闭，故是 $F[X]$ 的子空间.

(1) 对任一 $f(X)\in F[X]$，设 $f(X)=p(X)q(X)+r(X)$，其中 $r(X)=a_0+a_1X+\cdots+a_{n-1}X^{n-1}$. 则

$$\overline{f(X)}=\overline{a_0+\cdots+a_{n-1}X^{n-1}}=\bar{a}_0+\bar{a}_1\bar{X}+\cdots+\bar{a}_{n-1}\bar{X}^{n-1}.$$

如同第 35 题(1)中证明，$\bar{F}=\{\bar{a}\mid a\in F\}$ 与 F 同构，故可将 $\bar{F}$ 与 F 等同，将 $\bar{a}$ 与 a 等同. 故

$$\overline{f(X)}=a_0+a_1\bar{X}+\cdots+a_{n-1}\bar{X}^{n-1}.$$

于是

$$E=\{a_0+a_1\bar{X}+\cdots+a_{n-1}\bar{X}^{n-1}\mid a_i\in F, 0\leqslant i\leqslant n-1\},$$

而且 $a_0+\cdots+a_{n-1}\bar{X}^{n-1}=b_0+\cdots+b_{n-1}\bar{X}^{n-1}$ 当且仅当 $a_i=b_i\,(0\leqslant i\leqslant n-1)$（若存在 $a_i\neq b_i$，则

$$\begin{aligned}(a_0+\cdots+a_{n-1}\bar{X}^{n-1})-(b_0+\cdots+b_{n-1}\bar{X}^{n-1})&=(a_0-b_0)+\cdots+(a_{n-1}-b_{n-1})\bar{X}^{n-1}\\&=\overline{(a_0-b_0)+\cdots+(a_{n-1}-b_{n-1})X^{n-1}}\neq\bar{0},\end{aligned}$$

因为 $(a_0-b_0)+\cdots+(a_{n-1}-b_{n-1})X^{n-1}$ 不是 $p(X)$ 的倍式）. 这说明 E 是 $\mathbb{R}$ 上的 n 维线性空间，$\{1,\bar{X},\cdots,\bar{X}^{n-1}\}$ 是一个基.

(2) 在 E 中定义乘法：$\bar{f}_1\bar{f}_2=\overline{f_1f_2}\,(\bar{f}_i\in E)$，则显然 E 是一个交换环，对其中任一非 0 元 $\bar{f}=\bar{r}=a_0+a_1\bar{X}+\cdots+a_{n-1}\bar{X}^{n-1}$，记 $r=a_0+a_1X+\cdots+a_{n-1}X^{n-1}$，则 r 与 $p(X)$ 互素，故存在 $u,v\in F[X]$，使

$$ur+vp=1.$$

故 $\bar{u}\bar{r}+\bar{v}\bar{p}=\bar{1}$，即 $\bar{u}\bar{r}=1$. 故 $\bar{r}$ 可逆且 $\bar{r}^{-1}=\bar{u}$.

(3) 在(1)中已证.

(4) 记 $\alpha=\bar{X}\in E$，则 $p(\alpha)=p(\bar{X})=\overline{p(X)}=\bar{0}=0$，故 α 是 $p(X)$ 在 E 中的一个根.

(5) 当 $p(X)=g(X)$ 为可约时，则 E 不是一个域. 理由如下：

设 $g(X)=g_1(X)g_2(X)$，$g_i(X)$不是常数. 则$\bar{0}=\overline{g(X)}=\overline{g_1(X)}\ \overline{g_2(X)}$. 注意$\overline{g_i(X)}$是 E 中非 0 元(因为 $g_i(X)$不可能是 $g(X)$的倍). 所以非零元$\overline{g_i(X)}$是零因子(所以不可能有逆存在，否则，若$\overline{g_1(X)}^{-1}=\overline{h(X)}$. 则由$\bar{0}=\overline{g_1(X)}\ \overline{g_2(X)}$，可知，$\bar{0}=\overline{h(X)}\cdot\bar{0}=\overline{h(X)}\ \overline{g_1(X)}\cdot\overline{g_2(X)}=\overline{g_2(X)}$，不可能)，故 E 不是域.

37. 设 $W_1=\left\{\begin{bmatrix}a&0&c\\a&0&0\\c&b&0\end{bmatrix}\middle|\ a,b,c\in\mathbb{R}\right\}$，$W_2=\left\{\begin{bmatrix}x&0&0\\0&y&0\\0&z&z\end{bmatrix}\middle|\ x,y,z\in\mathbb{R}\right\}$，

(1) 试求 W_1+W_2；

(2) 记 $W=W_1+W_2$，试求子空间 W_3，使得 $M_3(\mathbb{R})=W\oplus W_3$，并说明理由.

解　记 E_{ij} 为(i,j)位元素为 1，而其余元素均为 0 的 3 阶方阵. 则

$$W_1=a\begin{bmatrix}1&0&0\\1&0&0\\0&0&0\end{bmatrix}+b\begin{bmatrix}0&0&0\\0&0&0\\0&1&0\end{bmatrix}+c\begin{bmatrix}0&0&1\\0&0&0\\1&0&0\end{bmatrix}$$
$$=a(E_{11}+E_{21})+bE_{32}+c(E_{31}+E_{13}),$$
$$W_2=xE_{11}+yE_{22}+z(E_{32}+E_{33}).$$

(1)

$$W_1+W_2=L(E_{11}+E_{21},\ E_{32},E_{31}+E_{13},E_{22},E_{11},E_{33}+E_{32})$$
$$=L(E_{11},E_{13}+E_{31},\ E_{32},E_{22},E_{21},E_{33}).$$

所以 $\dim(W_1+W_2)=6$，上式中 6 个生成元就是它的一组基.

(2) 把 W_1+W_2 的基扩充为 $M_3(\mathbb{R})$的基，

$$E_{11},\ E_{13}+E_{31},\ E_{21},\ E_{22},\ E_{32},\ E_{33},\ E_{12},\ E_{23},\ E_{31}(\text{或 } E_{13}),$$

故有 $\dim W_3=3$，

$$W_3=\langle E_{12},\ E_{23},\ E_{31}\rangle\quad\text{或}\quad W_3=\langle E_{12},\ E_{23},\ E_{13}\rangle.$$

38. 设 W_1,W_2 是线性空间 V 的两个非平凡子空间，证明：存在 $\alpha\in V$ 使 $\alpha\,\overline{\in}\,W_1$ 且 $\alpha\,\overline{\in}\,W_2$.

证　因为 W_1,W_2 是 V 的非平凡子空间，所以存在 $\alpha\,\overline{\in}\,W_1$，$\beta\,\overline{\in}\,W_2$. 若 $\alpha\,\overline{\in}\,W_2$，则 α 为所求；若 $\beta\,\overline{\in}\,W_1$，则 β 为所求. 否则便有

$$\alpha\,\overline{\in}\,W_1,\beta\in W_1;\qquad \beta\,\overline{\in}\,W_2,\alpha\in W_2,$$

于是令 $\gamma=\alpha+\beta$，则 $\gamma\,\overline{\in}\,W_1$，且 $\gamma\,\overline{\in}\,W_2$.

5.4 补充题与解答

1.（线性映射的分解） 设 $\varphi: V_1\to V_2$ 和 $\psi: V_1\to V_3$ 均为线性映射. 若 $\ker\psi\supset\ker\varphi$，则 ψ 可经 φ 分解，即存在线性映射 $\chi: V_2\to V_3$ 使得

$$\psi=\varphi\chi(=\varphi\circ\chi).$$

证 由定理 5.9 知道，存在线性映射 $\bar{\psi}: V_1/\ker\varphi\to V_3$ 使得 $\psi=\bar{\psi}\pi$，其中 $\pi: V_1\to V_1/\ker\varphi, \alpha\mapsto\bar{\alpha}=\alpha+\ker\varphi$ 是典型的模 $\ker\varphi$ 映射. 注意有线性空间的同构 $\bar{\varphi}: V_1/\ker\varphi\xrightarrow{\cong}\operatorname{Im}\varphi, \bar{\alpha}\mapsto\varphi(\alpha)$. 令 $\bar{\psi}_1=\bar{\psi}\bar{\varphi}^{-1}$，即

$$\bar{\psi}_1: \operatorname{Im}\varphi\xrightarrow{\bar{\varphi}^{-1}}V_1/\ker\varphi\xrightarrow{\bar{\psi}}V_3.$$

再将 $\operatorname{Im}\varphi$ 上的映射 $\bar{\psi}_1$ 扩展到整个 V_2，即令线性映射 $\chi: V_2\to V_3$ 为 $\bar{\psi}_1$ 的任一个扩展（即对直和分解 $V_2=\operatorname{Im}\varphi\oplus W$，$\alpha=\alpha_1+\alpha_2$，令 $\chi(\alpha)=\chi(\alpha_1)+\chi(\alpha_2)$，$\chi(\alpha_1)=\bar{\psi}_1(\alpha_1)$，$\chi$ 限制在 W 为任一线性映射），即得到分解

$$\psi=\bar{\psi}\pi=\bar{\psi}(\bar{\varphi}^{-1}\bar{\varphi}\pi)=\bar{\psi}(\bar{\varphi}^{-1}\varphi)=\bar{\psi}_1\varphi=\chi\varphi.$$

2. 设 W_1 是齐次线性方程组 $\begin{cases}x_1+x_2+x_3=0\\ \quad\ \ x_2-x_3=0\end{cases}$ 的解空间，求商空间 $\mathbb{R}^{(3)}/W_1$ 的维数和基.

解 求解已知的齐次线性方程组，得

$$W_1=\{k(-2,1,1)^{\mathrm{T}}\},\quad k\in\mathbb{R},$$

于是 $(-2,1,1)^{\mathrm{T}}$ 是 W_1 的基，把它扩充为 $\mathbb{R}^{(3)}$ 的基

$$(-2,1,1)^{\mathrm{T}},\ (0,1,0)^{\mathrm{T}},\ (0,0,1)^{\mathrm{T}},$$

由此知 $\mathbb{R}^3/W_1$ 的基为

$$(0,1,0)^{\mathrm{T}}+W_1,\ (0,0,1)^{\mathrm{T}}+W_2.$$

所以
$$\dim\mathbb{R}^{(3)}/W_1=2.$$

3. 设 $e_{11}=\begin{bmatrix}1&0\\0&0\end{bmatrix}$， $e_{12}=\begin{bmatrix}1&1\\0&0\end{bmatrix}$， $e_{13}=\begin{bmatrix}0&0\\1&0\end{bmatrix}$， $e_{14}=\begin{bmatrix}0&0\\1&1\end{bmatrix}$，

$g_{21}=\begin{bmatrix}1&0\\1&0\end{bmatrix}$， $g_{22}=\begin{bmatrix}1&1\\1&0\end{bmatrix}$， $g_{23}=\begin{bmatrix}0&1\\0&1\end{bmatrix}$， $g_{24}=\begin{bmatrix}1&1\\0&1\end{bmatrix}$.

(1) 证明 $\{e_{1i}\}$，$\{g_{2j}\}$ 都是 $M_2(\mathbb{R})$ 的基；(2) 求由基 $\{e_{1i}\}$ 到基 $\{g_{2j}\}$ 的过渡矩阵；(3) 求方阵 $A=\begin{bmatrix}1&-2\\3&0\end{bmatrix}$ 在两组基下的坐标.

证 (1) 记 $(e_{11},e_{12},e_{13},e_{14})=(E_{11},E_{12},E_{13},E_{14})B$，

$$(g_{21},g_{22},g_{23},g_{24})=(E_{11},E_{12},E_{13},E_{14})C,$$

则因为

$$\det B=\begin{vmatrix}1&1&0&0\\0&1&0&0\\0&0&1&1\\0&0&0&1\end{vmatrix}\neq 0,\quad \det C=\begin{vmatrix}1&1&0&1\\0&1&1&1\\1&1&0&0\\0&0&1&1\end{vmatrix}\neq 0,$$

知$\{e_{1i}\}$,$\{g_{2j}\}$是两组线性无关的向量,所以均是 $M_2(\mathbb{R})$的基.

(2) 设由基$\{e_{1i}\}$到基$\{g_{2j}\}$的过渡矩阵为 D,则有形式写法

$$(g_{21},g_{22},g_{23},g_{24})=(e_{11},e_{12},e_{13},e_{14})D,$$

把两组基在自然基 $E_{11},E_{12},E_{13},E_{14}$下的坐标列代入上式有:

$$C=BD.\quad 所以\ D=B^{-1}C.$$

以下用初等变换法求 $B^{-1}C$:

$$(B,C)=\begin{bmatrix}1&1&0&0&1&1&0&1\\0&1&0&0&0&1&1&1\\0&0&1&1&1&1&0&0\\0&0&0&1&0&0&1&1\end{bmatrix}\xrightarrow[-r_4+r_3]{-r_2+r_1}\begin{bmatrix}1&0&0&0&1&0&-1&0\\0&1&0&0&0&1&1&1\\0&0&1&0&1&1&-1&-1\\0&0&0&1&0&0&1&1\end{bmatrix},$$

所以

$$D=\begin{bmatrix}1&0&-1&0\\0&1&1&1\\1&1&-1&-1\\0&0&1&1\end{bmatrix}.$$

(3) $A=\begin{bmatrix}1&-2\\3&0\end{bmatrix}=E_{11}-2E_{12}+3E_{21}=e_{11}-2(e_{12}-e_{11})+3e_{13}=3e_{11}-2e_{12}+3e_{13}$,

又

$$A=\begin{bmatrix}1&-2\\3&0\end{bmatrix}=E_{11}-2E_{12}+3E_{21}$$

$$=(g_{24}-g_{23})-2(g_{22}-g_{21})+3(g_{21}+g_{23}-g_{24})=5g_{21}-2g_{22}+2g_{23}-2g_{24},$$

所以 A 在两组基下的坐标分别为:

$$X=(3,-2,3,0)^{\mathrm T},\quad Y=(5,-2,2,-2)^{\mathrm T}.$$

4. 设 $A=\begin{bmatrix}1&0&\cdots&0\\\vdots&\ddots&\ddots&\vdots\\\vdots&&\ddots&0\\1&\cdots&\cdots&1\end{bmatrix}$是 n 阶方阵,

(1) 证明所有与 A 可交换的矩阵(记为 $T(A)$)的全体是 $M_2(\mathbb{R})$的子空间;

(2) 求 $T(A)$的维数和一组基.

证 (1) 因为 $AI=IA$,所以 $I\in T(A)$,故 $T(A)$非空.

$\forall B,C\in T(A)$,有 $AB=BA,AC=CA$,于是,$A(B+C)=(B+C)A$,所以 $B+C\in T(A)$,又对任 $k\in F$,均有$(kB)A=A(kB)$,即 $kB\in T(A)$,所以 $T(A)$对加法和数乘封闭.由引理 5.2,$T(A)$是 $M_2(\mathbb{R})$的子空间.

(2) 因为 $A=I+J+J^2+\cdots+J^{n-1}$,所以 $A^{-1}=I-J$,其中

$$J=\begin{bmatrix}0 & \cdots & \cdots & 0\\ 1 & \ddots & & \vdots\\ & \ddots & \ddots & \vdots\\ & & 1 & 0\end{bmatrix},$$

又因为 $AB=BA\Leftrightarrow BA^{-1}=A^{-1}B\Leftrightarrow B(I-J)=(I-J)B\Leftrightarrow BJ=JB$. 于是知,与 A 乘法可交换的全体 $B=(b_{ij})$须满足

$$\begin{bmatrix}b_{12} & \cdots & \cdots & b_{1n} & 0\\ b_{22} & b_{23} & \cdots & b_{2n} & 0\\ b_{32} & b_{33} & \cdots & b_{3n} & \vdots\\ \vdots & \vdots & & \vdots & \vdots\\ b_{n2} & \cdots & \cdots & b_{nn} & 0\end{bmatrix}=\begin{bmatrix}0 & \cdots & \cdots & \cdots & 0\\ b_{11} & b_{12} & \cdots & b_{1n-1} & b_{1n}\\ b_{21} & b_{22} & \cdots & \cdots & b_{2n}\\ \vdots & \vdots & & & \vdots\\ b_{n-11} & \cdots & \cdots & b_{n-1n-1} & b_{n-1n}\end{bmatrix},$$

故 $b_{12}=\cdots=b_{1n}=0\rightarrow b_{23}=\cdots=b_{2n}=0\rightarrow b_{34}=\cdots=b_{3n}=0\rightarrow\cdots\rightarrow b_{n-1n}=0$(即 $b_{ij}=0$ ($j>i$ 时));且 $b_{11}=b_{22}=\cdots=b_{nn},b_{21}=b_{32}=\cdots=b_{nn-1},b_{31}=b_{42}=\cdots=b_{nn-2},\cdots,b_{n-11}=b_{n2}$(因为比较两边$(i,j)$位元素有 $b_{ij+1}=b_{i-1j}$). 即

$$B=\begin{bmatrix}b_1 & 0 & \cdots & 0\\ b_2 & \ddots & \ddots & \vdots\\ \vdots & \ddots & \ddots & 0\\ b_n & \cdots & b_2 & b_1\end{bmatrix}=b_1I+b_2J+\cdots+b_nJ^{n-1}.$$

所以 $T(A)$是 n 维的,$I,J,J^2,\cdots,J^{n-1}$为其一组基.

5. 设 $V_1,V_2,\cdots,V_s$ 是线性空间 $V_n(F)$的 s 个非平凡子空间,证明:$V_n(F)$中至少有一个向量不属于 $V_1,V_2,\cdots,V_s$ 中任意一个.

证 方法1 不妨设 $V_i(i=1,2,\cdots,s)$均为 $n-1$ 维子空间. 在 $V_n(F)$中取基 $\varepsilon_1,\cdots,\varepsilon_n$. 于是 V_i 中全体向量的坐标列向量可以看成是一个齐次线性方程组(只有一个方程,有 n 个未知量)的解子空间. 记这些方程分别为:

$$a_{i1}x_1+a_{i2}x_2+\cdots+a_{in}x_n=0,\quad 1\leqslant i\leqslant s.$$

再令不定元 T 的多项式

$$f_i(T)=a_{i1}T^{n-1}+a_{i2}T^{n-2}+\cdots+a_{in},\quad i=1,\cdots,s$$

则每个 $f_i(T)=0$ 最多有 $n-1$ 个根,故这 s 个多项式最多有 $s(n-1)$个根. 而域 F 中有无限多个元素,故必存在数 $\lambda\in F$,使

$$f_i(\lambda) \neq 0, \quad i = 1, \cdots, s$$

即

$$a_{i1}\lambda^{n-1} + a_{i2}\lambda^{n-2} + \cdots + a_{in-1}\lambda + a_{in} \neq 0, \quad 1 \leqslant i \leqslant s.$$

令 $x_0 = (\lambda^{n-1}, \lambda^{n-2}, \cdots, \lambda, 1)^{\mathrm{T}}$，则 x_0 不是这 s 个方程组的解，故

$$\alpha = (\varepsilon_1, \varepsilon_2, \cdots, \varepsilon_n) x_0 \notin V_i, \quad 1 \leqslant i \leqslant s.$$

方法 2　对子空间的个数 s 用归纳法：当 $s=2$ 时，由本章第 38 题知，结论成立.

今设对 $s-1$ 个非平凡的子空间结论成立，即在 $V_n(F)$ 中存在向量 α，使

$$\alpha \notin V_i \quad i = 1, 2, \cdots, s-1.$$

对第 s 个子空间 V_s，若 $\alpha \notin V_s$，则结论已对(因 α 不属于所有的子空间 $V_1, V_2, \cdots, V_s$). 若 $\alpha \in V_s$，则由于 V_s 是非平凡子空间，故必存在 $\beta \in V_n(F)$，但 $\beta \notin V_s$. 于是，对任数 k，有 $(k\alpha + \beta) \notin V_s$，且对不同的 k_1, k_2，$k_1\alpha + \beta$ 与 $k_2\alpha + \beta$ 不属于同一个 V_i $(1 \leqslant i \leqslant s-1)$(否则有 $(k_1\alpha + \beta) - (k_2\alpha + \beta) = (k_1 - k_2)\alpha \in V_i$，与 $\alpha \notin V_i$ 矛盾).

今取 s 个互不相同的数 $k_1, k_2, \cdots, k_s$，则 s 个向量

$$k_1\alpha + \beta, \; k_2\alpha + \beta, \; \cdots, \; k_s\alpha + \beta$$

中至少有一个不属于任何一个 $V_1, V_2, \cdots, V_{s-1}$ 中，它即为所求(这个向量不属于 V_i $(i = 1, \cdots, s)$).

第6章

线性变换

6.1 定义与定理

定义 6.1 设 V_1 和 V_2 是域 F 上的线性空间,若映射 $\varphi: V_1 \to V_2$,满足 $\varphi(\alpha+\beta)=\varphi(\alpha)+\varphi(\beta)$,$\varphi(\lambda\alpha)=\lambda\varphi(\alpha)$,$(\alpha,\beta\in V,\lambda\in F)$则称 φ 为线性映射.

核 $\ker\varphi$ 是 V_1 的子空间,象 $\mathrm{Im}\varphi=\varphi V_1$ 是 V_2 的子空间.

定理 6.1 设 $\varphi: V_1\to V_2$ 是 F 上两线性空间 V_1 到 V_2 的线性映射,则

$$\dim V_1 = \dim(\ker\varphi) + \dim(\mathrm{Im}\varphi).$$

定理 6.2 设 $\mathscr{A}: V_1\to V_2$ 为域 F 上线性空间 V_1 到 V_2 的线性映射,在 V_1 和 V_2 中分别取定(有序)基 $\alpha_1,\cdots,\alpha_n$ 和 $\beta_1,\cdots,\beta_n$ 之后,以 $\mathscr{A}\alpha_1,\cdots,\mathscr{A}\alpha_n$ 的坐标列为列作矩阵 A,亦即

$$\mathscr{A}(\alpha_1,\cdots,\alpha_n) = (\beta_1,\cdots,\beta_n)A.$$

则对任意 $\alpha\in V_1$,$\beta=\mathscr{A}\alpha$ 的充分必要条件是

$$y = Ax.$$

其中 x,y 分别为 α,β 的坐标列(A 称为 $\mathscr{A}$ 的**矩阵表示**).

系 (1) $\dim(\ker\mathscr{A})=n-\mathrm{r}(A)$ (称为 $\mathscr{A}$ 或 A 的零度(nullity));

(2) $\dim(\mathrm{Im}\mathscr{A})=\mathrm{r}(A)$ (称为 $\mathscr{A}$ 或 A 的秩);

(3) $\mathscr{A}$ 为单射$\Leftrightarrow\ker\mathscr{A}=0\Leftrightarrow A$ 为列独立阵;

(4) $\mathscr{A}$ 为满射$\Leftrightarrow\mathscr{A}V_1=V_2\Leftrightarrow A$ 为行独立阵;

(5) $\mathscr{A}$ 为双射$\Leftrightarrow A$ 为可逆方阵.

定理 6.3 设 $\mathscr{A}: V_1\to V_2$ 为域 F 上线性空间 V_1 到 V_2 的线性映射,且 $\mathscr{A}$ 在 V_1 和 V_2 的基$\{\alpha_i\}$,$\{\beta_i\}$下的矩阵表示为 A,在基$\{\tilde{\alpha}_i\}$,$\{\tilde{\beta}_i\}$下的矩阵表示为 B,若

$$(\tilde{\alpha}_1,\cdots,\tilde{\alpha}_n)=(\alpha_1,\cdots,\alpha_n)P,\quad (\tilde{\beta}_1,\cdots,\tilde{\beta}_n)=(\beta_1,\cdots,\beta_m)Q,$$

则

$$B = Q^{-1}AP.$$

即 $\mathscr{A}$ 在 V_1 和 V_2 不同基之下的矩阵表示 A 与 B 相抵.

系 对任一线性映射 $\mathscr{A}: V_1\to V_2$,总存在 V_1 和 V_2 的基 $\varepsilon_1,\cdots,\varepsilon_n$ 和 $\eta_1,\cdots,\eta_n$ 使得 $\mathscr{A}$ 的矩阵表示为 $A=\begin{bmatrix} I_r & 0 \\ 0 & 0 \end{bmatrix}$.

设 V_1,V_2 分别是域 F 上 n 维，m 维线性空间，记 V_1 到 V_2 的线性映射全体为 $\mathrm{Hom}(V_1,V_2)$，则有

定理 6.4 $\mathrm{Hom}(V_1,V_2)$在以下定义的加法和数乘下是 F 上线性空间：对 $\forall \mathscr{A},\mathscr{B}\in \mathrm{Hom}(V_1,V_2)$，$\lambda\in F$ 和 $\forall \alpha\in V_1$

$$(\mathscr{A}+\mathscr{B})\alpha=\mathscr{A}\alpha+\mathscr{B}\alpha,$$

$$(\lambda\mathscr{A})\alpha=\lambda(\mathscr{A}\alpha).$$

定理 6.5 线性空间 $\mathrm{Hom}(V_1,V_2)$与 $M_{m\times n}(F)$同构.

系 (1) 设 V 是域 F 上 n 维线性空间，则定义于 V 上的线性函数(映射)$f:V\to F$ 全体是 F 上 n 维线性空间(记为 V^*，称为 V 的**对偶空间**).

(2) 取定 V 的一个基 $\alpha_1,\cdots,\alpha_n$ 后，若 $x\in V$ 的坐标为 $x_1,\cdots,x_n$，则对 $f\in V^*$ 有

$$f(x)=(a_1,\cdots,a_n)\begin{bmatrix}x_1\\ \vdots\\ x_n\end{bmatrix},$$

其中 $A=(a_1,\cdots,a_n)$是 f 的矩阵表示，$a_i=f(\alpha_i)$.

定义 6.2 设 V 是域 F 上的线性空间.V 到自身的线性映射称为 V 上的一个**线性变换**(即 $\mathscr{A}:V\to V$，对 $\forall \alpha,\beta\in V,\lambda\in F$ 满足 $\mathscr{A}(\alpha+\beta)=\mathscr{A}\alpha+\mathscr{A}\beta$，$\mathscr{A}(\lambda\alpha)=\lambda(\mathscr{A}\alpha)$).

定理 6.6 设 $\mathscr{A}$ 为 F 上线性空间 V 的线性变换，在 V 中取定(有序)基 $\alpha_1,\cdots,\alpha_n$ 后，以 $\mathscr{A}\alpha_1,\cdots,\mathscr{A}\alpha_n$ 的坐标列为列作矩阵 A，记为

$$\mathscr{A}(\alpha_1,\cdots,\alpha_n)=(\alpha_1,\cdots,\alpha_n)A,$$

则对任意 $\alpha\in V,\beta=\mathscr{A}\alpha$ 的充分必要条件是

$$y=Ax,$$

其中 x,y 分别为 α,β 的坐标列(A 称为 $\mathscr{A}$ 的方阵表示).

定理 6.7 设 $\mathscr{A}$ 是域 F 上线性空间 V 的线性变换，$\mathscr{A}$ 在 V 的基 $\alpha_1,\cdots,\alpha_n$ 和 $\eta_1,\cdots,\eta_n$ 下的方阵表示分别为 A 和 B，而$(\eta_1,\cdots,\eta_n)=(\alpha_1,\cdots,\alpha_n)P$，则

$$B=P^{-1}AP.$$

定义 6.3 对于域 F 上的两个 n 阶方阵 A,B，若存在 F 上的可逆阵 P 使得 $B=P^{-1}AP$，则称 A 与 B 在域 F 上**相似**.

定义 6.4 (1) 设 E 是环，又是域 F 上线性空间，且 $\lambda(\alpha\beta)=(\lambda\alpha)\beta=\alpha(\lambda\beta)$($\lambda\in F,\alpha,\beta\in E$)，则称 E 为 F 上的**代数**.

(2) F 上两个代数 E_1 与 E_2 称为同构，是指有双射 $\varphi:E_1\to E_2$ 使得 $\varphi(\alpha+\beta)=\varphi(\alpha)+\varphi(\beta)$，$\varphi(\lambda\alpha)=\lambda\varphi(\alpha)$，$\varphi(\alpha\beta)=\varphi(\alpha)\varphi(\beta)$对任意 $\alpha,\beta\in E_1$ 和 $\lambda\in F$ 成立，φ 称为同构映射.

定理 6.8 设 V 为域 F 上 n 维线性空间，V 上的线性变换全体 $\mathrm{End}(V)$对如下定义的运算是 F 上的**代数**，且它与 n 阶**全方阵代数**同构：

$$\mathrm{End}(V)\cong M_n(F).$$

End(V)上的加法，乘法，数乘定义如下：

$$(\mathscr{A}\mathscr{B})(\alpha)=\mathscr{A}(\mathscr{B}(\alpha)),$$
$$(\mathscr{A}+\mathscr{B})(\alpha)=\mathscr{A}(\alpha)+\mathscr{B}(\alpha),$$
$$(\lambda\mathscr{A})(\alpha)=\lambda(\mathscr{A}(\alpha)).$$

其中 $\mathscr{A},\mathscr{B}\in \mathrm{End}(V),\lambda\in F,\alpha\in V$.

定义 6.5 (1)**零变换** 把任一向量映为 0 的变换，方阵表示为零方阵.

(2) **恒等变换** 记为 $\mathscr{I}$ 或 $\mathscr{E}$，不改变 V 中任一元素的变换，方阵表示为 I.

(3) **数乘(纯量)变换** 记为 k 或 $k\mathscr{I}$，将 V 中任一向量 α 映为 $k\alpha$ 的变换，方阵表示为 kI.

(4) **仿射变换** $\mathscr{A}$ 在 V 的某基 $\alpha_1,\cdots,\alpha_n$ 下的矩阵表示为 $A=\mathrm{diag}\{\lambda_1,\lambda_2,\cdots,\lambda_n\}$.

(5) **投影(射)变换** $\mathscr{A}$ 在 V 的某基 $\alpha_1,\cdots,\alpha_n$ 下的方阵表示为

$$A=\begin{bmatrix} I_r & 0 \\ 0 & 0 \end{bmatrix}.$$

(这相当于把 V 中向量 $\alpha=\lambda_1\alpha_1+\cdots+\lambda_n\alpha_n$ 投影到基向量 $\alpha_1,\cdots,\alpha_r$ 的生成空间上.)

(6) **线性变换 $\mathscr{A}$ 的多项式** 设 $f(X)=a_0X^n+a_1X^{n-1}+\cdots+a_{n-1}X+a_n\in F[X]$，则

$$f(\mathscr{A})=a_0\mathscr{A}^n+a_1\mathscr{A}^{n-1}+\cdots+a_{n-1}\mathscr{A}+a_n\mathscr{E}$$

称为 $\mathscr{A}$ 的多项式，若 $\mathscr{A}$ 的方阵表示为 A，则线性变换 $f(\mathscr{A})$ 的方阵表示为

$$f(A)=a_0A^n+\cdots+a_{n-1}A+a_nI.$$

定义 6.6 设 $\mathscr{A}$ 是域 F 上线性空间 V 的线性变换，W 是 V 的子空间，若对 $\forall\alpha\in W$，有 $\mathscr{A}\alpha\in W$，则称 W 为 $\mathscr{A}$ 的**不变子空间**.

引理 6.1 设 W 是 V 上的线性变换 $\mathscr{A}$ 的不变子空间，则

(1) 映射

$$\mathscr{A}_W: W\to W,$$
$$\alpha\mapsto\mathscr{A}\alpha$$

是 W 上的线性变换(称为 $\mathscr{A}$ 在 W 上的限制)，记为 $\mathscr{A}_W=\mathscr{A}|_W$.

(2) 映射

$$\overline{\mathscr{A}}: V/W\to V/W,$$
$$\overline{\alpha}\mapsto\overline{\mathscr{A}\alpha}$$

是商空间 V/W 的线性变换(称为 $\mathscr{A}$ 诱导的线性变换).

引理 6.2 线性空间 V 上的线性变换 $\mathscr{A}$ 的两个不变子空间之和仍为 $\mathscr{A}$ 的不变子空间；$\mathscr{A}$ 的任意多个不变子空间的交仍为 $\mathscr{A}$ 的不变子空间.

定理 6.9 设 $\mathscr{A}$ 为域 F 上的线性空间 V 上的线性变换，W 是 V 的子空间. 取 W 的基 $\alpha_1,\cdots,\alpha_r$ 并扩充为 V 的基 $\alpha_1,\cdots,\alpha_r,\alpha_{r+1},\cdots,\alpha_n$，那么 W 是 $\mathscr{A}$ 的不变子空间的充要条件是 $\mathscr{A}$ 在此基下的方阵表示形如

$$A=\begin{bmatrix}A_1 & A_3\\ 0 & A_2\end{bmatrix}\quad（其中 A_1 为 r 阶方阵），$$

且当上述成立时，还有以下结论：

(1) A_1 为 $\mathscr{A}_1=\mathscr{A}|_W$ 的方阵表示；

(2) 若 $A_3=0$，则 $W_2=\langle\alpha_{r+1},\cdots,\alpha_n\rangle$ 也是 $\mathscr{A}$ 的不变子空间，A_2 为 $\mathscr{A}|_{W_2}$ 的方阵表示；

(3) 一般情形下，A_2 为商空间 V/W 的线性变换 $\bar{\mathscr{A}}$ 在基 $\bar{\alpha}_{r+1},\cdots,\bar{\alpha}_n$ 下的方阵表示，这里 $\bar{\alpha}=\alpha+W$，而 $\bar{\mathscr{A}}$ 的定义为 $\bar{\mathscr{A}}(\bar{\alpha})=\overline{\mathscr{A}\alpha}$.

系　设 W_1 与 W_2 均为 V 上的线性变换 $\mathscr{A}$ 的不变子空间，且 $V=W_1\oplus W_2$，在 W_1 中取基 $\alpha_1,\cdots,\alpha_r$，在 W_2 中取基 $\alpha_{r+1},\cdots,\alpha_n$，则 $\mathscr{A}$ 在 V 中的基 $\alpha_1,\cdots,\alpha_r,\alpha_{r+1},\cdots,\alpha_n$ 下的方阵表示为

$$A=\begin{bmatrix}A_1 & 0\\ 0 & A_2\end{bmatrix}\quad（其中 A_1 为 r 阶方阵）.$$

定义 6.7　以下设 V 是域 F 上的线性空间，$\mathscr{A}$ 是 V 上的线性变换，A 是 $\mathscr{A}$ 在基 $\{\alpha_i\}$ 下的方阵表示. 若有 $\lambda\in F$ 及非零向量 $\alpha\in V$ 使

$$\mathscr{A}\alpha=\lambda\alpha,$$

或即

$$Ax=\lambda x,$$

（x 是 α 在基 $\{\alpha_i\}$ 下的坐标列）则称 λ 为 $\mathscr{A}$（或 A）的**特征值**（或特征根），α 称为 $\mathscr{A}$ 的属于特征值 λ 的特征向量，x 称为 A 的属于特征值 λ 的特征向量.

定义 6.8　多项式 $f(\lambda)=\det(\lambda I-A)\in F[\lambda]$ 称为 $\mathscr{A}$ 或 A 的**特征多项式**.

定理 6.10　(1) $\mathscr{A}$ 的特征多项式与 V 的基向量的选取无关（即相似方阵有相同的特征多项式）；

(2) $\mathscr{A}$ 的特征多项式 $f(\lambda)$ 在 F 中的根就是它的特征值，对 $\mathscr{A}$ 的每个特征值 $\lambda\in F$，至少存在一个非零向量 $\alpha\in V$，使 $\mathscr{A}\alpha=\lambda\alpha$；

(3) 当 $F=\mathbb{C}$ 时，V 上的任一线性变换 $\mathscr{A}$ 总有复的特征向量（因为特征多项式 $f(\lambda)$ 在 $\mathbb{C}$ 中有根），所以 $\mathscr{A}$ 总有一维不变子空间.

定理 6.11　设 $f(\lambda)=\det(\lambda I-A)=\lambda^n-a_1\lambda^{n-1}+a_2\lambda^{n-2}+\cdots+(-1)^n a_n$ 是 n 阶方阵 A 的特征多项式，则

(1) a_i 是 A 的 i 阶主子式之和（$i=1,2,\cdots,n$），特别

$$a_1=\mathrm{tr}A,\quad a_n=\det A.$$

(2) 若 $f(\lambda)$ 有 n 个根 $\lambda_1,\cdots,\lambda_n$，则 $a_i=\sigma_i$ 是 $\lambda_1,\cdots,\lambda_n$ 的 i 次初等对称多项式，特别

$$a_1=\lambda_1+\cdots+\lambda_n,\quad a_n=\lambda_1\lambda_2\cdots\lambda_n.$$

(3) 若 $A=\begin{bmatrix} A_1 & A_3 \\ 0 & A_2 \end{bmatrix}$,则 $f(\lambda)=f_1(\lambda)f_2(\lambda)$,其中 $f_1(\lambda)$ 为 A_i 的特征多项式 $(i=1,2)$.

(4) 若 $A=\begin{bmatrix} \lambda_1 & * & \cdots & * \\ & \ddots & \ddots & \vdots \\ & & \ddots & * \\ & & & \lambda_n \end{bmatrix}$ 为上三角阵,则 $\lambda_1,\cdots,\lambda_n$ 为 A 的特征根.

(5) 若 F 为数域,则 $\det A\neq 0$ 当且仅当其特征根(复根)均非零.

引理 6.3 (1) 若 F 上方阵 A 有特征根 $\lambda_1\in F$,则存在 F 上方阵 P 使

$$P^{-1}AP=\begin{pmatrix} \lambda_1 & X \\ 0 & B_1 \end{pmatrix}.$$

(2) 若实方阵 A 有虚特征根 $\lambda_1=a+b\mathrm{i}$,设 $x_1=y+z\mathrm{i}\in\mathbb{C}^{(n)}$ 为其虚特征向量(即 $Ax_1=\lambda_1x_1$).则 $W=Ry+Rz$ 是 A(即 φ_A)的二维不变子空间,且存在实方阵 P 使

$$P^{-1}AP=\begin{pmatrix} \begin{pmatrix} a & b \\ -b & a \end{pmatrix} & X \\ 0 & C_1 \end{pmatrix}.$$

(这里 $a,b\in\mathbb{R}$,$y,z\in\mathbb{R}^{(n)}$,$\mathrm{i}=\sqrt{-1}$.)

定理 6.12 设 A 为域 F 上 n 阶方阵.

(1) 若已知 A 在 F 中有特征根 $\lambda_1,\cdots,\lambda_t$(可有重根),则存在 F 上方阵 P 使

$$B=P^{-1}AP=\begin{pmatrix} L & X \\ 0 & A_1 \end{pmatrix},$$

其中 L 为上三角形方阵,对角线为 $\{\lambda_1,\cdots,\lambda_t\}$.

(2) 若 A 在 F 中有 n 个特征根 $\lambda_1,\cdots,\lambda_n$(重根计入),则存在 F 上方阵 P 使

$$L=P^{-1}AP=\begin{pmatrix} \lambda_1 & * & * \\ & \ddots & * \\ & & \lambda_n \end{pmatrix}$$

为上三角形.特别 $F=\mathbb{C}$ 时,复方阵均复相似于上三角形方阵.

(3) 设 $F=\mathbb{R}$,A 为实方阵.则存在实方阵 P 使

$$B=P^{-1}AP=\begin{pmatrix} A_1 & * & * \\ & \ddots & * \\ & & A_m \end{pmatrix}$$

为准上三角形,A_i 为 2 阶实方阵(无实特征根)或实数.

定义 6.9 设$\lambda_1 \in F$是$\mathscr{A}$的特征多项式$f(\lambda)$的n_1重根，则n_1称为λ_1的**代数重数**. 属于λ_1的特征向量全体加上零向量构成一个子空间，记为

$$V_{\lambda_1} = \{\alpha \in V \mid \mathscr{A}\alpha = \lambda_1 \alpha\},$$

称为属于λ_1的**特征子空间**. $\dim V_{\lambda_1}$称为λ_1的**几何重数**.

系 $\dim V_{\lambda_1} \leqslant n_1$（几何重数≤代数重数）.

定义 6.10 若在V中存在一组基，使线性变换$\mathscr{A}$在此基下的方阵表示是对角阵，则称$\mathscr{A}$是可对角化的.

定理 6.13 $\mathscr{A}$可对角化的5个充分必要条件：

(1) $\mathscr{A}$有n个线性无关的特征向量；

(2) 空间V可分解成一维不变子空间的直和；

(3) $\dim V_{\lambda_i} = n_i$（几何重数＝代数重数）；

(4) V可分解成$\mathscr{A}$的特征子空间的直和；

(5) $\mathscr{A}$的极小多项式无重根.

定理 6.14 设A为域F上n阶方阵，(1) 若$x_1, \cdots, x_k$是A的线性无关的特征向量，扩充为$F^{(n)}$的基$x_1, \cdots, x_k, \cdots, x_n$，令$P = (x_1, \cdots, x_n)$，则

$$P^{-1}AP = \begin{bmatrix} \Lambda & A_2 \\ 0 & A_3 \end{bmatrix},$$

其中Λ是k阶对角形方阵.

(2) 设S_i是A的属于特征值λ_i的线性无关的特征向量集$(i=1, \cdots, r)$，且$\lambda_1, \cdots, \lambda_r$互异，则向量集$S_1 \cup S_2 \cup \cdots \cup S_r$线性无关.

6.2 解题方法介绍

求线性变换$\mathscr{A}$在一组基下的矩阵的方法

1. 用定义　由定理6.6，求线性变换$\mathscr{A}$在V中基$\alpha_1, \cdots, \alpha_n$上的方阵表示$A$，只要计算基向量的象$\mathscr{A}\alpha_1, \cdots, \mathscr{A}\alpha_n$在基$\alpha_1, \cdots, \alpha_n$上的坐标列，作为$A$各列. 形式地记为

$$(\mathscr{A}\alpha_1, \cdots, \mathscr{A}\alpha_n) = (\alpha_1, \cdots, \alpha_n)A.$$

2. 用公式$(\mathscr{A}\alpha_1, \cdots, \mathscr{A}\alpha_n) = (\alpha_1, \cdots, \alpha_n)A$

(1) 当V是n数组列向量空间$F^{(n)}$时，$(\mathscr{A}\alpha_1, \cdots, \mathscr{A}\alpha_n)$与$(\alpha_1, \cdots, \alpha_n)$均可看成方阵，于是以上式子可按通常矩阵乘法进行，又$\alpha_1, \cdots, \alpha_n$线性无关，所以方阵$(\alpha_1, \cdots, \alpha_n)$可逆，故

$$A = (\alpha_1, \cdots, \alpha_n)^{-1}(\mathscr{A}\alpha_1, \cdots, \mathscr{A}\alpha_n).$$

(2) 当V是任意的n维线性空间$V_n(F)$时，取定一组基后，$\mathscr{A}\alpha_1, \cdots, \mathscr{A}\alpha_n, \alpha_1, \cdots, \alpha_n$的坐标列仍满足上述公式，所以仍可用(1)的方法计算A.

注　(2)求得的A是线性变换$\mathscr{A}$在基$\alpha_1, \cdots, \alpha_n$上的方阵表示.

3. 用公式 $y=Ax$(见定理 6.6)设线性变换 $\mathscr{A}$ 在基 $\varepsilon_1,\cdots,\varepsilon_n$ 下的方阵为 A,若给出 $\beta_1=\mathscr{A}\alpha_1,\cdots,\beta_n=\mathscr{A}\alpha_n$,且给出 $\alpha_1,\cdots,\alpha_n,\beta_1,\cdots,\beta_n$ 在此基上的坐标列分别为 $x_1,\cdots,x_n,y_1,\cdots,y_n$,则应有 $\beta_i=\mathscr{A}\alpha_i(i=1,\cdots,n)$的坐标式为

$$y_1=Ax_1,\quad y_2=Ax_2,\cdots,\quad y_n=Ax_n,$$

也即

$$(y_1,\cdots,y_n)=(Ax_1,\cdots,Ax_n)=A(x_1,\cdots,x_n),$$

此时,若 $\alpha_1,\cdots,\alpha_n$ 线性无关,则得

$$A=(y_1,\cdots,y_n)(x_1,\cdots,x_n)^{-1}.$$

注 这里算出的 A 是线性变换 $\mathscr{A}$ 在基 $\varepsilon_1,\cdots,\varepsilon_n$ 上的方阵(也即 α_i 与 β_i 的坐标列在哪组基上,求出的方阵就是 $\mathscr{A}$ 在哪组基上的方阵表示,见第 34 题).

6.3 习题与解答

1. 设线性映射 $\mathscr{A}:\mathbb{R}^{(3)}\to\mathbb{R}^{(2)}$ 定义为

$$\mathscr{A}(x_1,x_2,x_3)^{\mathrm{T}}=(x_1+2x_2,x_1-x_2)^{\mathrm{T}},$$

求 $\mathscr{A}$ 在$\mathbb{R}^{(3)}$的基$\{\alpha_1,\alpha_2,\alpha_3\}$和$\mathbb{R}^{(2)}$的基$\{\beta_1,\beta_2\}$下的矩阵表示:

(1) $\alpha_1=(1,0,0)^{\mathrm{T}}$, $\alpha_2=(0,1,0)^{\mathrm{T}}$, $\alpha_3=(0,0,1)^{\mathrm{T}}$; $\beta_1=(1,0)^{\mathrm{T}}$, $\beta_2=(0,1)^{\mathrm{T}}$;

(2) $\alpha_1=(1,1,1)^{\mathrm{T}}$, $\alpha_2=(0,1,1)^{\mathrm{T}}$, $\alpha_3=(0,0,1)^{\mathrm{T}}$; $\beta_1=(1,1)^{\mathrm{T}}$, $\beta_2=(1,0)^{\mathrm{T}}$;

(3) $\alpha_1=(1,2,3)^{\mathrm{T}}$, $\alpha_2=(0,1,-1)^{\mathrm{T}}$, $\alpha_3=(-1,-2,3)^{\mathrm{T}}$; $\beta_1=(1,2)^{\mathrm{T}}$, $\beta_2=(2,1)^{\mathrm{T}}$.

解 由已知,任 $x=\begin{bmatrix}x_1\\x_2\\x_3\end{bmatrix}\in\mathbb{R}^{(3)}$,

$$y=\mathscr{A}x=\begin{bmatrix}x_1+2x_2\\x_1-x_2\end{bmatrix}=\begin{bmatrix}1&2&0\\1&-1&0\end{bmatrix}\begin{bmatrix}x_1\\x_2\\x_3\end{bmatrix}=Ax,$$

故 $A=\begin{bmatrix}1&2&0\\1&-1&0\end{bmatrix}$是 $\mathscr{A}$ 在$\mathbb{R}^{(3)}$的自然基和$\mathbb{R}^{(2)}$的自然基下的矩阵表示(这里用到在自然基下,向量 $x=(x_1,x_2,x_3)^{\mathrm{T}}$ 和 $y=(x_1+2x_2,x_1-x_2)^{\mathrm{T}}$ 的坐标就是它们自身).由此知

(1) 方法 1 因为 $\alpha_1,\alpha_2,\alpha_3$ 及 β_1,β_2 分别为$\mathbb{R}^{(3)}$和$\mathbb{R}^{(2)}$的自然基,所以 $\mathscr{A}$ 的矩阵表示就是

$$A=\begin{bmatrix}1&2&0\\1&-1&0\end{bmatrix}.$$

方法 2 用定义,因为

$$\mathscr{A}\alpha_1=\begin{bmatrix}1\\1\end{bmatrix}=\beta_1+\beta_2=(\beta_1,\beta_2)\begin{bmatrix}1\\1\end{bmatrix},$$

$$\mathscr{A}\alpha_2=\begin{bmatrix}2\\-1\end{bmatrix}=(\beta_1,\beta_2)\begin{bmatrix}2\\-1\end{bmatrix},\quad \mathscr{A}\alpha_3=\begin{bmatrix}0\\0\end{bmatrix}=(\beta_1,\beta_2)\begin{bmatrix}0\\0\end{bmatrix},$$

所以

$$A=\begin{bmatrix}1&2&0\\1&-1&0\end{bmatrix}.$$

(2) 方法 1　设 P,Q 分别是从(1)中基$\{\alpha_i\},\{\beta_j\}$到(2)中基$\{\alpha_i\},\{\beta_j\}$的过渡矩阵,则

$$P=\begin{bmatrix}1&0&0\\1&1&0\\1&1&1\end{bmatrix},\quad Q=\begin{bmatrix}1&1\\1&0\end{bmatrix}.$$

于是

$$B=Q^{-1}AP=\begin{bmatrix}0&1\\1&-1\end{bmatrix}\begin{bmatrix}1&2&0\\1&-1&0\end{bmatrix}\begin{bmatrix}1&0&0\\1&1&0\\1&1&1\end{bmatrix}=\begin{bmatrix}0&-1&0\\3&3&0\end{bmatrix}.$$

方法 2　因为

$$\mathscr{A}\alpha_1=\begin{bmatrix}3\\0\end{bmatrix}=(\beta_1,\beta_2)\begin{bmatrix}0\\3\end{bmatrix},$$

$$\mathscr{A}\alpha_2=\begin{bmatrix}2\\-1\end{bmatrix}=(\beta_1,\beta_2)\begin{bmatrix}-1\\3\end{bmatrix},\quad \mathscr{A}\alpha_3=\begin{bmatrix}0\\0\end{bmatrix}=(\beta_1,\beta_2)\begin{bmatrix}0\\0\end{bmatrix}.$$

所以

$$B=\begin{bmatrix}0&-1&0\\3&3&0\end{bmatrix}.$$

(3) 方法 1　因为 $\mathscr{A}$ 在$\mathbb{R}^{(3)}$和$\mathbb{R}^{(2)}$不同基之下的矩阵表示相抵. 这里$\mathbb{R}^{(3)}$与$\mathbb{R}^{(2)}$中过渡矩阵分别为

$$P=\begin{bmatrix}1&0&-1\\2&1&-2\\3&-1&3\end{bmatrix},\quad Q=\begin{bmatrix}1&2\\2&1\end{bmatrix},$$

于是

$$C=Q^{-1}AP=\frac{1}{3}\begin{bmatrix}-1&2\\2&-1\end{bmatrix}\begin{bmatrix}1&2&0\\1&-1&0\end{bmatrix}\begin{bmatrix}1&0&-1\\2&1&-2\\3&-1&3\end{bmatrix}=\frac{1}{3}\begin{bmatrix}-7&-4&7\\11&5&-11\end{bmatrix}.$$

方法 2 因为

$$\mathscr{A}\alpha_1=\begin{bmatrix}5\\-1\end{bmatrix}=(\beta_1,\beta_2)\begin{bmatrix}-\frac{7}{3}\\ \frac{11}{3}\end{bmatrix},$$

$$\mathscr{A}\alpha_2=\begin{bmatrix}2\\-1\end{bmatrix}=(\beta_1,\beta_2)\begin{bmatrix}-\frac{4}{3}\\ \frac{5}{3}\end{bmatrix},\quad \mathscr{A}\alpha_3=\begin{bmatrix}-5\\1\end{bmatrix}=(\beta_1,\beta_2)\begin{bmatrix}\frac{7}{3}\\ -\frac{11}{3}\end{bmatrix}.$$

所以

$$C=\frac{1}{3}\begin{bmatrix}-7 & -4 & 7\\ 11 & 5 & -11\end{bmatrix}.$$

2. 设

$$A=\begin{bmatrix}1 & 1 & -1\\ 2 & 1 & 2\\ -1 & 0 & 3\end{bmatrix},$$

V_1 是 $\alpha_1=(1,1,1)^{\mathrm{T}}$ 和 $\alpha_2=(0,1,2)^{\mathrm{T}}$ 张成的$\mathbb{R}^{(3)}$的子空间，由 $x\mapsto Ax$ 定义 V_1 到 $V_2=\mathbb{R}^{(3)}$ 的线性映射 φ.

(1) 求 φ 在 V_1 的基 α_1,α_2 和 V_2 的基$(1,0,0)^{\mathrm{T}},(0,1,0)^{\mathrm{T}},(0,0,1)^{\mathrm{T}}$ 下的矩阵表示 B，并求 φ 的核，象及它们的维数；

(2) 求 φ 在 V_1 的基$\{\alpha_1+\alpha_2,\alpha_1-\alpha_2\}$和 V_2 的上述基下的矩阵表示 C；

(3) 求 $\alpha=(3,2,1)^{\mathrm{T}}\in V_1$ 在基 α_1,α_2 下的坐标表示，并分别用(1)中矩阵表示及 $A\alpha$ 求 $\varphi(\alpha)$.

解 (1) 因为

$$\varphi\alpha_1=A\alpha_1=\begin{bmatrix}1 & 1 & -1\\ 2 & 1 & 2\\ -1 & 0 & 3\end{bmatrix}\begin{bmatrix}1\\1\\1\end{bmatrix}=\begin{bmatrix}1\\5\\2\end{bmatrix},\quad \varphi\alpha_2=A\alpha_2=\begin{bmatrix}1 & 1 & -1\\ 2 & 1 & 2\\ -1 & 0 & 3\end{bmatrix}\begin{bmatrix}0\\1\\2\end{bmatrix}=\begin{bmatrix}-1\\5\\6\end{bmatrix},$$

所以

$$B=\begin{bmatrix}1 & -1\\ 5 & 5\\ 2 & 6\end{bmatrix}.$$

$\ker\varphi$ 就是 $Bx=0$ 的解空间，解之，得 $\ker\varphi=\{0\}$，所以 $\dim(\ker\varphi)=0$；

$$\mathrm{Im}\varphi=\langle\varphi\alpha_1,\varphi\alpha_2\rangle=k_1\begin{bmatrix}1\\5\\2\end{bmatrix}+k_2\begin{bmatrix}-1\\5\\6\end{bmatrix},$$

所以

$$\dim(\mathrm{Im}\varphi)=2.$$

(2) 因为$(d_1,d_2)=(\alpha_1,\alpha_2)\begin{bmatrix}1&1\\1&-1\end{bmatrix}$,所以从基$\alpha_1,\alpha_2$到基$\alpha_1+\alpha_2,\alpha_1-\alpha_2$的过渡矩阵为$P=\begin{bmatrix}1&1\\1&-1\end{bmatrix}$.所以

$$C=BP=\begin{bmatrix}1&-1\\5&5\\2&6\end{bmatrix}\begin{bmatrix}1&1\\1&-1\end{bmatrix}=\begin{bmatrix}0&2\\10&0\\8&-4\end{bmatrix}.$$

(3) 因$\alpha=(3,2,1)^{\mathrm{T}}=(\alpha_1,\alpha_2)\begin{bmatrix}3\\-1\end{bmatrix}$,故$\varphi\alpha$在基$(1,0,0)^{\mathrm{T}},(0,1,0)^{\mathrm{T}},(0,0,1)^{\mathrm{T}}$下的坐标为

$$\begin{bmatrix}y_1\\y_2\\y_3\end{bmatrix}=B\begin{bmatrix}3\\-1\end{bmatrix}=\begin{bmatrix}1&-1\\5&5\\2&6\end{bmatrix}\begin{bmatrix}3\\-1\end{bmatrix}=\begin{bmatrix}4\\10\\0\end{bmatrix},$$

又

$$\varphi\alpha=A\alpha=\begin{bmatrix}1&1&-1\\2&1&2\\-1&0&3\end{bmatrix}\begin{bmatrix}3\\2\\1\end{bmatrix}=\begin{bmatrix}4\\10\\0\end{bmatrix}.$$

3. 设$A=\begin{bmatrix}\cos\theta&-\sin\theta\\\sin\theta&\cos\theta\end{bmatrix}$, $B=\begin{bmatrix}\mathrm{e}^{\mathrm{i}\theta}&0\\0&\mathrm{e}^{-\mathrm{i}\theta}\end{bmatrix}$,$\theta$为实数,按如下方法找出方阵$P$使$P^{-1}AP=B$.

(1) 定义线性映射$\mathscr{A}:\mathbb{C}^{(2)}\to\mathbb{C}^{(2)},x\mapsto Ax$ (x用自然基$e_1=(1,0)^{\mathrm{T}}$, $e_2=(0,1)^{\mathrm{T}}$表示);

(2) 求$\mathbb{C}^{(2)}$的新基$\{\alpha_1,\alpha_2\}$,使$\mathscr{A}$在新基下的方阵表示为B;

(3) 求出自然基到新基的过渡矩阵P,验证$P^{-1}AP=B$.

解　(1) 由$(\mathscr{A}e_1,\mathscr{A}e_2)=(e_1,e_2)A$,知在自然基$e_1,e_2$下,任$x\in\mathbb{C}^{(2)}$,有$\mathscr{A}x=Ax$(即$A$为$\mathscr{A}$在$e_1,e_2$下的方阵表示).

(2) 由$(\mathscr{A}\alpha_1,\mathscr{A}\alpha_2)=(\alpha_1,\alpha_2)\begin{bmatrix}\mathrm{e}^{\mathrm{i}\theta}&0\\0&\mathrm{e}^{-\mathrm{i}\theta}\end{bmatrix}=(\mathrm{e}^{\mathrm{i}\theta}\alpha_1,\mathrm{e}^{-\mathrm{i}\theta}\alpha_2)$,知$\alpha_1,\alpha_2$须分别满足

$$A\alpha_1=\mathrm{e}^{\mathrm{i}\theta}\alpha_1,\quad A\alpha_2=\mathrm{e}^{-\mathrm{i}\theta}\alpha_2,$$

设$\alpha_1=(a_{11},a_{21})^{\mathrm{T}},\alpha_2=(a_{12},a_{22})^{\mathrm{T}}$,代入上式得

$$\begin{cases}-\mathrm{i}\sin\theta a_{11}-\sin\theta a_{21}=0,\\a_{11}\sin\theta-\mathrm{i}a_{21}\sin\theta=0\end{cases}\quad 及\quad\begin{cases}\mathrm{i}a_{12}\sin\theta-a_{22}\sin\theta=0,\\a_{12}\sin\theta+\mathrm{i}a_{22}\sin\theta=0.\end{cases}$$

所以可取 $\alpha_1=(1,-\mathrm{i})^{\mathrm{T}}$，$\alpha_2=(1,\mathrm{i})^{\mathrm{T}}$.

(3) 由(2)知

$$(\alpha_1,\alpha_2)=(e_1,e_2)\begin{bmatrix}1 & 1\\ -\mathrm{i} & \mathrm{i}\end{bmatrix},$$

于是 $P=\begin{bmatrix}1 & 1\\ -\mathrm{i} & \mathrm{i}\end{bmatrix}$是从基 e_1,e_2 到基 α_1,α_2 的过渡矩阵，易算出 $P^{-1}=\frac{1}{2}\begin{bmatrix}1 & \mathrm{i}\\ 1 & -\mathrm{i}\end{bmatrix}$，则

$$P^{-1}AP=\frac{1}{2}\begin{bmatrix}1 & \mathrm{i}\\ 1 & -\mathrm{i}\end{bmatrix}\begin{bmatrix}\mathrm{e}^{\mathrm{i}\theta} & \mathrm{e}^{-\mathrm{i}\theta}\\ -\mathrm{i}\mathrm{e}^{\mathrm{i}\theta} & \mathrm{i}\mathrm{e}^{-\mathrm{i}\theta}\end{bmatrix}=\begin{bmatrix}\mathrm{e}^{\mathrm{i}\theta} & 0\\ 0 & \mathrm{e}^{-\mathrm{i}\theta}\end{bmatrix}.$$

4. 设 $\mathscr{A}$ 是 F 上二维线性空间 V 到自身的线性映射，在某基下的方阵表示为 $A=\begin{bmatrix}a & b\\ c & d\end{bmatrix}$，证明：$\mathscr{A}^2-(a+d)\mathscr{A}+(ad-bc)\mathscr{I}=0$ 为零变换($\mathscr{I}$是恒等映射).

证 因为 $\mathscr{A}^2-(a+d)\mathscr{A}+(ad-bc)\mathscr{I}$ 在某基下的方阵表示为

$$\begin{aligned}&A^2-(a+d)A+(ad-bc)I\\ =&\begin{bmatrix}a^2+bc & ab+bd\\ ac+cd & bc+d^2\end{bmatrix}-(a+d)\begin{bmatrix}a & b\\ c & d\end{bmatrix}+\begin{bmatrix}ad-bc & 0\\ 0 & ad-bc\end{bmatrix}\\ =&\begin{bmatrix}0 & 0\\ 0 & 0\end{bmatrix}=0.\end{aligned}$$

所以 $\mathscr{A}^2-(a+d)\mathscr{A}+(ad-bc)\mathscr{I}=0$ 是零变换.

5. 证明：$F[X]$和 $F[[X]]$均为 F 上的代数.

证 因为 $F[X]$是环(见定理 1.4)，是线性空间(见《高等代数学》例 5.6)，又数乘和乘法可交换：对任 $f,g\in F[X]$，$\lambda\in F$ 有

$$\lambda(fg)=(\lambda f)g=f(\lambda g).$$

所以 $F[X]$是 F 上的代数.

同理 $F[[X]]$是环(见 1.3 节第 56 题)，是线性空间(见 5.3 节第 6 题)，又数乘与乘法可交换：对任 $\lambda\in F$，$f,g\in F[[X]]$，设 $f(X)=\sum_{i=1}^{\infty}a_iX^i$，$g(X)=\sum_{i=1}^{\infty}b_iX^i$，有

$$\begin{aligned}\lambda(fg)&=\lambda\sum_{k=0}^{\infty}\Big(\sum_{i+j=k}a_ib_j\Big)X^k=\sum_{k=0}^{\infty}\Big(\sum_{i+j=k}(\lambda a_i)b_j\Big)X^k=(\lambda f)g\\ &=\sum_{k=0}^{\infty}\Big(\sum_{i+j=k}a_i(\lambda b_j)\Big)X^k=f(\lambda g),\end{aligned}$$

所以 $F[[X]]$是 F 上的代数.

6. 证明 $F[X,Y]$是 F 上的代数.

证 $F[X,Y]$中的多项式相加，相乘按结合律、交换律、分配律进行，然后合并同类项.

(1) $F[X,Y]$显然是环(对多项式加法和乘法),因为它对加法是阿贝尔群(即对加法封闭,满足交换律、结合律,$0+f=f$ 对任意 $f\in F[X,Y]$成立,且$(-f)+(f)=0$);对乘法满足封闭性和结合律,而且乘法对加法满足分配律.

(2) $F[X,Y]$是 F 上的线性空间(因为 $F[X,Y]$对加法是阿贝尔群,而且 $\lambda(f+g)=\lambda f+\lambda g$,$(\lambda+\mu)f=\lambda f+\mu f$,$(\lambda\mu)f=\lambda(\mu f)$,$1\cdot f=f$ 对任意 $f,g\in F[X,Y]$,$\lambda,\mu\in F$ 均成立).

(3) $\lambda(fg)=(\lambda f)g=f(\lambda g)$对任 $\lambda\in F$,$f\in F[X,Y]$成立.

综合以上三点,由代数的定义知 $F[X,Y]$是 F 上的代数.

7. 设 V 是 F 上线性空间,$\alpha_1,\cdots,\alpha_n$ 是其一基,于是由

$$\mathscr{A}\alpha_i=\alpha_{i+1}\quad(i=1,\cdots,n-1),\quad \mathscr{A}\alpha_n=0$$

定义了 V 的一个线性变换 $\mathscr{A}$,

(1) 试求 $\mathscr{A}$ 在基 $\alpha_1,\cdots,\alpha_n$ 下的方阵表示;

(2) 证明 $\mathscr{A}^n=0$, $\mathscr{A}^{n-1}\neq 0$;

(3) 设 $\mathscr{B}$ 是 V 的线性变换且满足 $\mathscr{B}^n=0$,$\mathscr{B}^{n-1}\neq 0$,则存在 V 的基使 $\mathscr{B}$ 的方阵表示与(1)中 $\mathscr{A}$ 的方阵表示相同;

(4) 证明:若 F 上 n 阶方阵 M,N 满足 $M^n=N^n=0$,$M^{n-1}\neq 0$, $N^{n-1}\neq 0$,则 M 与 N 相似.

证 (1) 由已知

$$\mathscr{A}\alpha_i=\alpha_{i+1}=(\alpha_1,\cdots,\alpha_n)\begin{bmatrix}\vdots\\0\\1\\0\\\vdots\end{bmatrix}\text{第 } i+1 \text{ 行}\quad i=1,\cdots,n-1,$$

及 $\mathscr{A}\alpha_n=0$,故有

$$(\mathscr{A}\alpha_1,\cdots,\mathscr{A}\alpha_n)=(\alpha_1,\cdots,\alpha_n)\begin{bmatrix}0&0&\cdots&\cdots&0\\1&0&\ddots&&\vdots\\0&\ddots&\ddots&\ddots&\vdots\\\vdots&\ddots&\ddots&\ddots&0\\0&\cdots&0&1&0\end{bmatrix}=(\alpha_1,\cdots,\alpha_n)A,$$

于是知 $\mathscr{A}$ 在基 $\alpha_1,\cdots,\alpha_n$ 下的方阵表示为

$$A=\begin{bmatrix}0&0&\cdots&\cdots&0\\1&\ddots&\ddots&&\vdots\\0&\ddots&\ddots&\ddots&\vdots\\\vdots&\ddots&\ddots&\ddots&0\\0&\cdots&0&1&0\end{bmatrix}.$$

(2) 方法1 因为 $\forall \alpha \in V$,设 $\alpha = \sum_{i=1}^{n} x_i\alpha_i$,则 $\mathscr{A}\alpha = \sum_{i=1}^{n} x_i \mathscr{A}\alpha_i$,由此知,判断一个线性变换是否为零变换,只要看它是否把基向量变成0就可以了.因为由已知条件知有

$$\mathscr{A}\alpha_1 = \alpha_2, \quad \mathscr{A}\alpha_2 = \alpha_3, \cdots, \mathscr{A}\alpha_{n-1} = \alpha_n, \quad \mathscr{A}\alpha_n = 0,$$

易算得

$$\mathscr{A}^{n-1}\alpha_1 = \alpha_n \neq 0, \mathscr{A}^{n-1}\alpha_2 = \mathscr{A}\alpha_n = 0, \cdots, \mathscr{A}^{n-1}\alpha_{n-1} = \mathscr{A}^{n-2}(\mathscr{A}\alpha_n) = 0, \mathscr{A}^{n-1}\alpha_n = 0,$$

也即是 $\mathscr{A}^{n-1}\alpha_1 \neq 0$, $\mathscr{A}^{n-1}\alpha_i = \mathscr{A}^{i-1}(\mathscr{A}^{n-i}\alpha_i) = \mathscr{A}^{i-1}\alpha_n = 0$ $(i=2,\cdots,n)$,故知 $\mathscr{A}^{n-1}\neq 0$;而

$$\mathscr{A}^n\alpha_1 = \mathscr{A}\alpha_n = 0, \quad \mathscr{A}^n\alpha_i = \mathscr{A}^i(\mathscr{A}^{n-i}\alpha_i) = \mathscr{A}^i\alpha_n = 0, \quad i=2,\cdots,n.$$

所以 $\mathscr{A}^n = 0$.

方法2 因为 $\mathscr{A}$ 在基 $\alpha_1,\cdots,\alpha_n$ 下的方阵表示为 A,所以 $\mathscr{A}^{n-1}$ 在基 $\alpha_1,\cdots,\alpha_n$ 下的方阵表示为 A^{n-1};$\mathscr{A}^n$ 在基 $\alpha_1\cdots,\alpha_n$ 下的方阵表示为 A^n.而

$$A^{n-1} = \begin{bmatrix} 0 & & & \\ \vdots & \ddots & & \\ 0 & & \ddots & \\ 1 & 0 & \cdots & 0 \end{bmatrix}, \quad A^n = \begin{bmatrix} 0 & \cdots & \cdots & 0 \\ \vdots & \ddots & & \vdots \\ \vdots & & \ddots & \vdots \\ 0 & \cdots & \cdots & 0 \end{bmatrix}.$$

所以 $\mathscr{A}^{n-1}\neq 0$, $\mathscr{A}^n = 0$.

(3) 因为 $\mathscr{B}^n = 0$, $\mathscr{B}^{n-1}\neq 0$,所以 $\exists \beta \neq 0$,使得 $\mathscr{B}^{n-1}\beta \neq 0$,而 $\mathscr{B}^n\beta = 0$.于是

$$\beta, \mathscr{B}\beta, \cdots, \mathscr{B}^{n-1}\beta$$

线性无关,因为,若有 $k_1,k_2,\cdots,k_n$ 使 $k_1\beta + k_2\mathscr{B}\beta + \cdots + k_n\mathscr{B}^{n-1}\beta = 0$,两边经 $\mathscr{B}$ 作用后得 $k_1\mathscr{B}\beta + k_2\mathscr{B}^2\beta + \cdots + k_{n-1}\mathscr{B}^{n-1}\beta + 0 = 0$,继续用 $\mathscr{B}$ 作用下去,经 $n-2$ 次后得

$$k_1\mathscr{B}^{n-1}\beta = 0 \rightarrow k_1 = 0,$$

代回中间各式,可推知 $k_2 = k_3 = \cdots = k_n = 0$.

由于 $\beta, \mathscr{B}\beta, \cdots, \mathscr{B}^{n-1}\beta$ 线性无关,而 V 是 n 维的,所以它是 V 的一个基,记其为 β_1, $\beta_2,\cdots,\beta_n$,则在此基上显然有

$$\mathscr{B}(\beta_j) = \beta_{j+1}(j = 1,2,\cdots,n-1), \quad \mathscr{B}(\beta_n) = 0.$$

于是由(1)知:$\mathscr{B}$ 在此基上的方阵表示为

$$B = \begin{bmatrix} 0 & & & \\ 1 & \ddots & & \\ & \ddots & \ddots & \\ & & 1 & 0 \end{bmatrix}.$$

(4) 由(2)知方阵 M 所实现的变换 $\mathscr{M}$ 满足 $\mathscr{M}^n = 0$, $\mathscr{M}^{n-1}\neq 0$,又由(3)知 $\mathscr{M}$ 在某基下的方阵表示为 B,所以 M 相似于 B.

同理 N 相似于 B,所以 M 相似于 N.由此知 M,N 可看成一个线性变换在不同基下

的方阵表示.

8. 证明：若 $\mathscr{A}$ 是 $\mathbb{R}^{(2)}$ 上线性变换且 $\mathscr{A}^2=\mathscr{A}$，则存在基使 $\mathscr{A}$ 的方阵表示为 $0, I$，或 $\begin{bmatrix}1 & 0\\0 & 0\end{bmatrix}$.

证 (1) 当 $\dim(\ker\mathscr{A})=0$，设 α_1,α_2 为 $\mathbb{R}^{(2)}$ 的基，则 $\beta_1=\mathscr{A}\alpha_1,\beta_2=\mathscr{A}\alpha_2$ 线性无关. 又因为 $\mathscr{A}^2=\mathscr{A}$，所以有

$$\mathscr{A}\beta_1=\mathscr{A}^2\alpha_1=\mathscr{A}\alpha_1=\beta_1,\quad \mathscr{A}\beta_2=\mathscr{A}^2\alpha_2=\mathscr{A}\alpha_2=\beta_2,$$

故 $\mathscr{A}$ 在基 β_1,β_2 下的方阵表示为 $\begin{bmatrix}1 & 0\\0 & 1\end{bmatrix}$.

(2) 当 $\dim(\ker\mathscr{A})=2$ 时，$\ker\mathscr{A}=\mathbb{R}^{(2)}$，所以任 $\alpha\in\mathbb{R}^{(2)}$，$\mathscr{A}\alpha=0$，故 $\mathscr{A}$ 的方阵表示为 0 方阵.

(3) 当 $\dim(\ker\mathscr{A})=1$，则 $\dim(\operatorname{Im}\mathscr{A})=1$，任取 $\alpha_1\in\operatorname{Im}\mathscr{A}$，必存在 β，使 $\alpha_1=\mathscr{A}\beta$，于是 $\mathscr{A}\alpha_1=\mathscr{A}^2\beta=\mathscr{A}\beta=\alpha_1$，所以 $\alpha_1\neq 0$ 时 $\alpha_1\notin\ker\mathscr{A}$，即 $\ker\mathscr{A}\cap\operatorname{Im}\mathscr{A}=\{0\}$，这说明 $\mathbb{R}^{(2)}=\operatorname{Im}\mathscr{A}\oplus\ker\mathscr{A}$. 取 $\alpha_2(\neq 0)\in\ker\mathscr{A}$，则 α_1,α_2 线性无关，且

$$\begin{cases}\mathscr{A}\alpha_1=\alpha_1,\\ \mathscr{A}\alpha_2=0,\end{cases}$$

所以 $\mathscr{A}$ 在基 (α_1,α_2) 下的方阵表示为 $\begin{bmatrix}1 & 0\\0 & 0\end{bmatrix}$.

注 满足 $\mathscr{A}^2=\mathscr{A}$ 的变换，称为幂等变换，用(3)中证法可以证明：对 n 维线性空间 V 上的幂等变换 $\mathscr{A}$，必存在 V 的一组基，使 $\mathscr{A}$ 的方阵表示为 $\begin{bmatrix}I_r & 0\\0 & 0\end{bmatrix}$，其中 $r=\mathscr{A}$ 的秩.

9. 计算 $\begin{bmatrix}0 & -1\\1 & 0\end{bmatrix}^{100}$，$\begin{bmatrix}1 & -1\\1 & 1\end{bmatrix}^{100}$.

解

$$\begin{bmatrix}0 & -1\\1 & 0\end{bmatrix}^{100}=\left[\begin{bmatrix}0 & -1\\1 & 0\end{bmatrix}^2\right]^{50}=\begin{bmatrix}-1 & \\ & -1\end{bmatrix}^{50}=\begin{bmatrix}1 & 0\\0 & 1\end{bmatrix}=I_2;$$

$$\begin{aligned}\begin{bmatrix}1 & -1\\1 & 1\end{bmatrix}^{100}&=\begin{bmatrix}1 & -1\\1 & 1\end{bmatrix}^{2\times 50}=\begin{bmatrix}0 & -2\\2 & 0\end{bmatrix}^{50}\\&=2^{50}\begin{bmatrix}0 & -1\\1 & 0\end{bmatrix}^{50}=2^{50}\begin{bmatrix}-1 & 0\\0 & -1\end{bmatrix}^{25}=2^{50}\begin{bmatrix}-1 & 0\\0 & -1\end{bmatrix}.\end{aligned}$$

***10.** 用方阵表示 S_4 中元素 $(2\ 3\ 1\ 4)$，$(1\ 3)$，$(2\ 4)$.

解

$$\mu(2\ 3\ 1\ 4)=\begin{bmatrix}0 & 0 & 1 & 0\\0 & 0 & 0 & 1\\0 & 1 & 0 & 0\\1 & 0 & 0 & 0\end{bmatrix},\quad \mu(1\ 3)=\begin{bmatrix}0 & 0 & 1 & 0\\0 & 1 & 0 & 0\\1 & 0 & 0 & 0\\0 & 0 & 0 & 1\end{bmatrix},$$

$$\mu(2\ 4)=\begin{bmatrix}1&0&0&0\\0&0&0&1\\0&0&1&0\\0&1&0&0\end{bmatrix}.$$

*11. 设 $f(X)=X^3+pX+q$ 是 $\mathbb{Z}[X]$ 中不可约多项式，α 是其一复根.

(1) 试证明：$\mathbb{Q}[\alpha]=\{g(\alpha)\mid g(X)\in\mathbb{Q}[X]\}$ 是 $\mathbb{Q}$ 上线性空间，求其维数与基；

(2) 试证明：$\varphi_{f'}:\beta\mapsto f'(\alpha)\beta$ 定义了 $\mathbb{Q}[\alpha]$ 的一个线性变换(其中 $f'(X)$ 是 $f(X)$ 的导数，$f'(\alpha)=3\alpha^2+p$)，求 $\varphi_{f'}$ 在基 $1,\alpha,\alpha^2$ 下的方阵表示 $A_{f'}$；

(3) 求 $\det A_{f'}$ 且与 $\mathrm{disc}(f)$ 比较.

证 (1) 方法 1 在 $\mathbb{Q}[\alpha]$ 中定义加法和数乘如下：对任 $f(\alpha),g(\alpha)\in\mathbb{Q}[\alpha]$，$\lambda\in\mathbb{Q}$，

$$f(\alpha)+g(\alpha)=(f+g)(\alpha),$$
$$\lambda f(\alpha)=(\lambda f)(\alpha).$$

则显然加法、数乘封闭(因为 $f+g\in\mathbb{Q}[X]$，$\lambda f\in\mathbb{Q}[X]$，所以 $(f+g)(\alpha)\in\mathbb{Q}[\alpha]$，$(\lambda f)(\alpha)\in\mathbb{Q}[\alpha]$).

又加法满足：

① 交换律 $f(\alpha)+g(\alpha)=(f+g)(\alpha)=(g+f)(\alpha)=g(\alpha)+f(\alpha)$；

② 结合律 $(f(\alpha)+g(\alpha))+h(\alpha)=(f+g+h)(\alpha)=f(\alpha)+(g(\alpha)+h(\alpha))$；

③ 有零元，即 $0\in\mathbb{Q}[X]$，$0(\alpha)=\theta$，则 $0(\alpha)+f(\alpha)=(0+f)(\alpha)=f(\alpha)$；

④ 有负元，任 $f(\alpha)\in\mathbb{Q}[\alpha]$，有 $-f(\alpha)+f(\alpha)=(-f+f)(\alpha)=0\alpha=\theta$.

数乘满足：

① $\lambda(f(\alpha)+g(\alpha))=\lambda f(\alpha)+\lambda g(\alpha)$；

(因为左边 $=(\lambda(f+g))(\alpha)=(\lambda f+\lambda g)(\alpha)=(\lambda f)(\alpha)+(\lambda g)(\alpha)=$ 右)

② $(\lambda+\mu)f(\alpha)=((\lambda+\mu)f)(\alpha)=(\lambda f+\mu f)(\alpha)=\lambda f(\alpha)+\mu f(\alpha)$；

③ $(\lambda\mu)f(\alpha)=(\lambda\mu f)(\alpha)=\lambda(\mu f)(\alpha)=\lambda(\mu f(\alpha))$；

④ $1\cdot f(\alpha)=f(\alpha)$.

所以 $\mathbb{Q}[\alpha]$ 是 $\mathbb{Q}$ 上的线性空间. $1,\alpha,\alpha^2$ 是 $\mathbb{Q}[\alpha]$ 的基(事实上因 $f(X)$ 在 $\mathbb{Z}$ 上不可约，所以不存在不全为 0 的数 k_1,k_2,k_3 使得 $k_1\cdot1+k_2\alpha+k_3\alpha^2=0$，故 $1,\alpha,\alpha^2$ 线性无关. 而由 $f(\alpha)=\alpha^3+p\alpha+q=0$，得 $\alpha^3=-q-p\alpha$，即 α^3 可由 $1,\alpha,\alpha^2$ 线性表出，由此也易知 $\alpha^k(k\geqslant4)$ 均可由 $1,\alpha,\alpha^2$ 线性表出，于是任 $g(\alpha)$ 可由 $1,\alpha,\alpha^2$ 线性表出)，故知

$$\dim\mathbb{Q}[\alpha]=3.$$

方法 2 同第 12 题(1)的证法.

(2) 任 $\beta_1,\beta_2\in\mathbb{Q}[\alpha]$，设 $\beta_1=g_1(\alpha)$，$\beta_2=g_2(\alpha)$，于是

$$\begin{aligned}\varphi_{f'}(\beta_1+\beta_2)&=\varphi_{f'}(g_1(\alpha)+g_2(\alpha))=\varphi_{f'}(g_1+g_2)(\alpha)=(3\alpha^2+p)(g_1+g_2)(\alpha)\\&=(3\alpha^2+p)(g_1(\alpha)+g_2(\alpha))=(3\alpha^2+p)g_1(\alpha)+(3\alpha^2+p)g_2(\alpha)\end{aligned}$$

$$= \varphi_{f'}\beta_1 + \varphi_{f'}\beta_2,$$

$$\varphi_{f'}\lambda\beta_1 = \varphi_{f'}(\lambda g_1)(\alpha) = (3\alpha^2 + p)(\lambda g_1)(\alpha) = \lambda\varphi_{f'}\beta_1,$$

所以 $\varphi_{f'}$ 是$\mathbb{Q}[\alpha]$上的线性变换.又因为

$$\varphi_{f'}(1) = 3\alpha^2 + p,$$

$$\varphi_{f'}(\alpha) = (3\alpha^2 + p)\alpha = 3\alpha^3 + p\alpha = -3q - 2p\alpha,$$

$$\varphi_{f'}(\alpha^2) = (3\alpha^2 + p)\alpha^2 = 3\alpha^4 + p\alpha^2 = -2p\alpha^2 - 3q\alpha,$$

所以

$$A_{f'} = \begin{bmatrix} p & -3q & 0 \\ 0 & -2p & -3q \\ 3 & 0 & -2p \end{bmatrix}.$$

(3) $\det A_{f'} = 4p^3 + 9q^2$,

$$\operatorname{disc}(f) = R(f, f')/(-1)^{\frac{3\times 2}{2}} = -R(f, f') = -\begin{vmatrix} 1 & 0 & p & q & 0 \\ 0 & 1 & 0 & p & q \\ 3 & 0 & p & & \\ & 3 & 0 & p & \\ & & 3 & 0 & p \end{vmatrix}$$

$$= -(p^3 - 3p^3 - 3p^3 + 9p^3 + 9q^2) = -(4p^3 + 9q^2),$$

所以

$$\det A_{f'} = -\operatorname{disc}(f).$$

*__12.__ 设 $f(X) = X^n + aX + b$ 是$\mathbb{Z}[X]$中不可约多项式,α 是其一复根.

(1) 试证明$\mathbb{Q}[\alpha]$是$\mathbb{Q}$上 n 维线性空间,求其一基;

(2) 试证明:$\varphi_{f'}: \beta \mapsto f'(\alpha)\beta$ 定义了$\mathbb{Q}[\alpha]$的一个线性变换.求 $\varphi_{f'}$ 在某基下的方阵表示 $A_{f'}$;

(3) 求 $\det A_{f'}$,并与 3.3 节中第 44(1)题 $f(X)$的判别式 $\operatorname{disc}(f)$ 比较.

证 (1) 设 $g(\alpha) \in \mathbb{Q}[\alpha]$,其中 $g(X) \in \mathbb{Q}[X]$,由带余除法可得

$$g(X) = f(X)q(X) + r(X), \quad \deg r(X) < n.$$

设 $r(X) = b_0 + b_1X + \cdots + b_{n-1}X^{n-1}$,则

$$g(\alpha) = f(\alpha)q(\alpha) + r(\alpha) = r(\alpha) = b_0 + b_1\alpha + \cdots + b_{n-1}\alpha^{n-1}.$$

因此可知

$$\mathbb{Q}[\alpha] = \{b_0 + b_1\alpha + \cdots + b_{n-1}\alpha^{n-1} \mid b_0, \cdots, b_{n-1} \in \mathbb{Q}\},$$

又 $f(X)$不可约,所以 $1, \alpha, \alpha^2, \cdots, \alpha^{n-1}$ 线性无关,于是得$\mathbb{Q}[\alpha]$是$\mathbb{Q}$上的 n 维线性空间,$\{1, \alpha, \cdots, \alpha^{n-1}\}$是其一基.

(2) (i)对任意的 $\beta_1, \beta_2 \in \mathbb{Q}[\alpha]$和 $\lambda \in \mathbb{Q}$,有

$$\varphi_{f'}(\beta_1 + \beta_2) = f'(\alpha)(\beta_1 + \beta_2) = f'(\alpha)\beta_1 + f'(\alpha)\beta_2 = \varphi_{f'}(\beta_1) + \varphi_{f'}(\beta_2),$$

$$\varphi_{f'}(\lambda\beta_1)=f'(\alpha)(\lambda\beta_1)=\lambda f'(\alpha)\beta_1=\lambda\varphi_{f'}(\beta_1),$$

故 $\varphi_{f'}$ 是$\mathbb{Q}[\alpha]$上的线性变换.

(ii) 取$\mathbb{Q}[\alpha]$的基$\{1,\alpha,\cdots,\alpha^{n-1}\}$,由 $f(\alpha)=\alpha^n+a\alpha+b=0$ 知

$$\begin{aligned}
\varphi_{f'}(1)&=f'(\alpha)=n\alpha^{n-1}+a=a+n\alpha^{n-1},\\
\varphi_{f'}(\alpha)&=f'(\alpha)\alpha=n\alpha^n+a\alpha=-nb+(1-n)a\alpha,\\
\varphi_{f'}(\alpha^2)&=f'(\alpha)\alpha^2=-nb\alpha+(1-n)a\alpha^2,\\
&\cdots\ \cdots\ \cdots\ \cdots\ \cdots\\
\varphi_{f'}(\alpha^{n-2})&=f'(\alpha)\alpha^{n-2}=-nb\alpha^{n-3}+(1-n)a\alpha^{n-2},\\
\varphi_{f'}(\alpha^{n-1})&=f'(\alpha)\alpha^{n-1}=-nb\alpha^{n-2}+(1-n)a\alpha^{n-1}.
\end{aligned}$$

设 $\varphi_{f'}$ 在基 $1,\alpha,\cdots,\alpha^{n-1}$下的方阵表示为 $A_{f'}$,由定义 $A_{f'}$ 的第 j 列应是 $\varphi_{f'}\alpha^{j-1}$ 的坐标列,故

$$A_{f'}=\begin{bmatrix} a & -nb & & & & \\ & (1-n)a & -nb & & & \\ & & (1-n)a & \ddots & & \\ & & & \ddots & \ddots & \\ & & & & \ddots & -nb \\ n & & & & & (1-n)a \end{bmatrix}.$$

(3)

$$\det A_{f'}=a\begin{vmatrix} (1-n)a & -nb & & \\ & \ddots & \ddots & \\ & & \ddots & -nb \\ & & & (1-n)a \end{vmatrix}+(-1)^{n-1}n\begin{vmatrix} -nb & & & \\ (1-n)a & \ddots & & \\ & \ddots & \ddots & \\ & & (1-n)a & -nb \end{vmatrix}$$

$$=a(1-n)^{n-1}a^{n-1}+(-1)^{n-1}n\cdot(-nb)^{n-1}$$

$$=(1-n)^{n-1}a^n+n^nb^{n-1}.$$

因为 $\operatorname{disc}(f)=R(f,f')/(-1)^{\frac{n(n-1)}{2}}=[(1-n)^{n-1}a^n+n^nb^{n-1}]/(-1)^{\frac{n(n-1)}{2}}$,所以

$$\det A_{f'}=(-1)^{\frac{n(n-1)}{2}}\operatorname{disc}(f).$$

***13.** 设 $f(X)=X^n+a_{n-1}X^{n-1}+\cdots+a_0$ 是$\mathbb{Q}[X]$中不可约多项式,α 是其一复根.

(1) 试证明$\mathbb{Q}[\alpha]=\{g(\alpha)\mid g(X)\in\mathbb{Q}[X]\}$是$\mathbb{Q}$上 n 维线性空间,$1,\alpha,\cdots,\alpha^{n-1}$是一基;

(2) 由 α 定义了$\mathbb{Q}[\alpha]$上的线性变换 $\varphi_\alpha:\beta\mapsto\alpha\beta$,求 φ_α 在上述基下的方阵表示 A_α 并求 $\det A_\alpha$;

(3) 设 λ 是一个有理变数(即在$\mathbb{Q}$中取值的自变量),由 $\varphi_{\lambda-\alpha}:\beta\mapsto(\lambda-\alpha)\beta$ 定义了$\mathbb{Q}[\alpha]$中的线性变换 $\varphi_{\lambda-\alpha}$,求它在上述基下的方阵表示 $A_{\lambda-\alpha}$,并求 $\det A_{\lambda-\alpha}$.

证 (1) 设 $g(\alpha)\in\mathbb{Q}[\alpha]$,其中 $g(X)\in\mathbb{Q}[X]$,由带余除法可知 $g(X)=f(X)q(X)+$

$r(X)$,其中 $\deg r(X)<n$. 设

$$r(X)=b_0+b_1X+\cdots+b_{n-1}X^{n-1}$$

则

$$g(\alpha)=f(\alpha)g(\alpha)+r(\alpha)=r(\alpha)=b_0+b_1\alpha+\cdots+b_{n-1}\alpha^{n-1},$$

故

$$\mathbb{Q}[\alpha]=\{g(\alpha)\mid g(X)\in\mathbb{Q}[X]\}=\{b_0+b_1\alpha+\cdots+b_{n-1}\alpha^{n-1}\mid b_0,\cdots,b_{n-1}\in\mathbb{Q}\}.$$

故 $\mathbb{Q}[\alpha]$ 是 $\mathbb{Q}$ 上的 n 维线性空间,$1;\alpha,\cdots,\alpha^{n-1}$ 是其一基(事实上,因为 $f(X)$ 在 $\mathbb{Q}$ 中不可约,所以 $1,\alpha,\cdots,\alpha^{n-1}$ 线性无关,即不存在不全为 0 的数 $k_0,k_1,\cdots,k_{n-1}$,使 $k_0+k_1\alpha+\cdots+k_{n-1}\alpha^{n-1}=0$. 又由前式知任 $g(\alpha)$ 均可由 $1,\alpha,\cdots,\alpha^{n-1}$ 线性表出).

(2) 显然 φ_α 是 $\mathbb{Q}[\alpha]$ 的线性变换. 注意 $f(\alpha)=\alpha^n+a_{n-1}\alpha^{n-1}+\cdots+a_0=0$,

$$\begin{aligned}&\varphi_\alpha(1)=\alpha,\\&\varphi_\alpha(\alpha)=\alpha^2,\\&\cdots\quad\cdots\\&\varphi_\alpha(\alpha^{n-2})=\alpha^{n-1},\\&\varphi_\alpha(\alpha^{n-1})=\alpha^n=-a_0-a_1\alpha-\cdots-a_{n-1}\alpha^{n-1},\end{aligned}$$

由于 A_α 的第 j 列应是 $\varphi_\alpha(\alpha^{j-1})$ 的坐标列,故

$$A_\alpha=\begin{bmatrix}0&&&&-a_0\\1&0&&&-a_1\\&1&\ddots&&\vdots\\&&\ddots&0&\vdots\\&&&1&-a_{n-1}\end{bmatrix}.$$

按第一行展开:

$$\det A_\alpha=(-1)^{n+1}(-a_0)=(-1)^n a_0.$$

(或由 $\det(\lambda I-A_\alpha)=f(\lambda)$,令 $\lambda=0$ 也可得 $\det A_\alpha=(-1)^n f(0)=(-1)^n a_0$.)

(3) 易证 $\varphi_{\lambda-\alpha}$ 是 $\mathbb{Q}[\alpha]$ 的线性变换.

$$\begin{aligned}&\varphi_{\lambda-\alpha}(1)=\lambda-\alpha,\\&\varphi_{\lambda-\alpha}(\alpha)=(\lambda-\alpha)\alpha=\lambda\alpha-\alpha^2,\\&\cdots\quad\cdots\quad\cdots\quad\cdots\\&\varphi_{\lambda-\alpha}(\alpha^{n-2})=(\lambda-\alpha)\alpha^{n-2}=\lambda\alpha^{n-2}-\alpha^{n-1},\\&\varphi_{\lambda-\alpha}(\alpha^{n-1})=(\lambda-\alpha)\alpha^{n-1}=\lambda\alpha^{n-1}-\alpha^n=-a_0-a_1\alpha-\cdots-a_{n-2}\alpha^{n-2}+(\lambda-a_{n-1})\alpha^{n-1}.\end{aligned}$$

由于 $A_{\lambda-\alpha}$ 的第 j 列应是 $\varphi_{\lambda-\alpha}(\alpha^{j-1})$ 的坐标列,故

$$A_{\lambda-\alpha}=\begin{bmatrix}\lambda &&&&& -a_0\\ -1 & \lambda &&&& -a_1\\ & -1 & \ddots &&& \vdots\\ && \ddots & \ddots && \vdots\\ &&& \ddots & \lambda & -a_{n-2}\\ &&&& -1 & \lambda-a_{n-1}\end{bmatrix},$$

故

$$\det A_\alpha = f(\lambda).$$

14. 设 $\mathscr{D}$ 为多项式形式空间 $F[X]$上的"求导"变换,W 为次数不超过 n 的多项式全体,证明 W 是 $\mathscr{D}$ 的不变子空间.

证 任 $f(X)\in W$,设

$$f(X)=a_nX^n+a_{n-1}X^{n-1}+\cdots+a_1X+a_0,$$

则
$$f'(X)=na_nX^{n-1}+(n-1)a_{n-1}X^{n-2}+\cdots+a_1\in W,$$

所以 W 是 $\mathscr{D}$ 的不变子空间.

15. 设 $A=\begin{bmatrix}0 & -1\\ 1 & 0\end{bmatrix}$,由 $x\mapsto Ax$ 定义了$\mathbb{R}^{(2)}$上的线性变换 $\mathscr{A}$. 求 $\mathscr{A}$ 的不变子空间.

解 事实上 A 是 $\mathscr{A}$ 在$\mathbb{R}^{(2)}$的自然基下的方阵表示$\left(自然基\ e_1=\begin{bmatrix}1\\0\end{bmatrix},e_2=\begin{bmatrix}0\\1\end{bmatrix}\right)$. 任 $x\in\mathbb{R}^{(2)}$,设 $x=(x_1,x_2)^{\mathrm{T}}$,则

$$Ax=\begin{bmatrix}0 & -1\\ 1 & 0\end{bmatrix}\begin{bmatrix}x_1\\ x_2\end{bmatrix}=\begin{bmatrix}-x_2\\ x_1\end{bmatrix},$$

所以当 $x=0$ 时,$Ax=0$;当 $x\in\mathbb{R}^{(2)}$时,$Ax\in\mathbb{R}^{(2)}$,故 $0,\mathbb{R}^{(2)}$为 $\mathscr{A}$ 的不变子空间.

因为一维不变子空间是由特征向量生成的,即满足 $Ax=\lambda x$ 的非零向量,为此先求 A 的特征值

$$|\lambda I-A|=\begin{vmatrix}\lambda & 1\\ -1 & \lambda\end{vmatrix}=\lambda^2+1=0\rightarrow\lambda=\pm\mathrm{i},$$

因为无实特征值,所以无实特征向量,故在$\mathbb{R}^{(2)}$中无一维不变子空间.

16. 设 $\mathscr{A}$ 为$\mathbb{R}^{(2)}$的线性变换,在自然基下方阵表示为 $A=\begin{bmatrix}1 & -1\\ 2 & 2\end{bmatrix}$.

(1) 证明 $\mathscr{A}$ 的不变子空间只能为$\mathbb{R}^{(2)}$和 0;

(2) 设 $\mathscr{B}$ 是$\mathbb{C}^{(2)}$的线性变换,在自然基下的方阵表示为 A,证明 $\mathscr{B}$ 有一维不变子空间.

证 (1) 因为 $A0=0$,任 $x=\begin{bmatrix}x_1\\ x_2\end{bmatrix}\in\mathbb{R}^{(2)}$,

$$Ax=\begin{bmatrix}1 & -1\\2 & 2\end{bmatrix}\begin{bmatrix}x_1\\x_2\end{bmatrix}=\begin{bmatrix}x_1-x_2\\2x_1+2x_2\end{bmatrix}\in\mathbb{R}^{(2)},$$

所以 $0,\mathbb{R}^{(2)}$ 是 $\mathscr{A}$ 的不变子空间. 又由 $Ax=\lambda x$,知有

$$\det(\lambda I-A)=\lambda^2-3\lambda+4=0\to\lambda_{1,2}=\frac{3\pm\sqrt{7}\mathrm{i}}{2}\notin\mathbb{R},$$

即特征值为复数,所以在$\mathbb{R}^{(2)}$中,$\mathscr{A}$没有一维不变子空间.

(2) 在$\mathbb{C}^{(2)}$中,$Ax=\lambda x\to(A-\lambda I)x=0$,

$$\begin{bmatrix}\frac{1+\sqrt{7}\mathrm{i}}{2} & 1\\ -2 & \frac{-1+\sqrt{7}\mathrm{i}}{2}\end{bmatrix}\begin{bmatrix}x_1\\x_2\end{bmatrix}=0\to\eta^{(1)}=\begin{bmatrix}1\\-\frac{1+\sqrt{7}\mathrm{i}}{2}\end{bmatrix},$$

$$\begin{bmatrix}\frac{1-\sqrt{7}\mathrm{i}}{2} & 1\\ -2 & \frac{-1-\sqrt{7}\mathrm{i}}{2}\end{bmatrix}\begin{bmatrix}x_1\\x_2\end{bmatrix}=0\to\eta^{(2)}=\begin{bmatrix}1\\\frac{-1+\sqrt{7}\mathrm{i}}{2}\end{bmatrix},$$

所以$\langle\eta^{(1)}\rangle$,$\langle\eta^{(2)}\rangle$均是 $\mathscr{B}$ 的一维不变子空间.

17. 设 V 是$[0,1]$上连续实函数全体所成$\mathbb{R}$ 上线性空间,$\mathscr{T}$为 V 的"不定积分"变换:

$$(\mathscr{T}f)(x)=\int_0^x f(t)\mathrm{d}t$$

多项式函数子空间是否是不变子空间? 可微函数呢? 以 $x=\frac{1}{2}$为零点的函数呢?

解 (1) 设 $W_1=\{f(x)=a_nx^n+a_{n-1}x^{n-1}+\cdots+a_1x+a_0\mid a_i\in\mathbb{R},0\leqslant i\leqslant n,n$ 为正整数$\}$. 任 $f(x)\in W_1$,有

$$\int_0^x f(t)\mathrm{d}t=\frac{a_n}{n+1}x^{n+1}+\frac{a_{n-1}}{n}x^n+\cdots+\frac{a_1x}{2}+a_0x\in W_1,$$

所以 W_1 是 $\mathscr{T}$的不变子空间.(这里 W_1 是全体多项式函数,次数为任意,若限制次数$\leqslant n$,则对"积分"变换不是子空间.)

(2) 设 $W_2=\{f(x)\mid f(x)$可微$\}$. 任 $f(x)\in W_2$,因为

$$\left(\int_0^x f(t)\mathrm{d}t\right)'_x=f(x),$$

所以

$$\int_0^x f(t)\mathrm{d}t\in W_2,$$

故 W_2 是 $\mathscr{T}$的不变子空间.

(3) 设 $W_3=\left\{f(x)\mid f(x)=\left(x-\frac{1}{2}\right)^m g(x), g\left(\frac{1}{2}\right)\neq 0, g(x)\text{在}[0,1]\text{上连续}\right\}$. 任 $f(x)\in W_3$,

$$\int_0^x f(t)\mathrm{d}t=\int_0^x (t-\frac{1}{2})^m g(t)\mathrm{d}t$$

$$=\left(x-\frac{1}{2}\right)^m\int_0^x g(t)\mathrm{d}t-m\int_0^x\left(\int_0^x g(t)\mathrm{d}t\right)\left(t-\frac{1}{2}\right)^{m-1}\mathrm{d}t,$$

当 $m=1$ 时,有

$$\int_0^x f(t)\mathrm{d}t=\left(x-\frac{1}{2}\right)\int_0^x g(t)\mathrm{d}t-\int_0^x\left(\int_0^x g(t)\mathrm{d}t\right)\mathrm{d}t,$$

如 $g(t)=1$, 即 $f(x)=x-\frac{1}{2}$,则$\int_0^x f(t)\mathrm{d}t=\frac{1}{2}x(x-1)$,不再以 $x=\frac{1}{2}$ 为零点.故

$$\int_0^x f(t)\mathrm{d}t\notin W_3,$$

于是 W_3 不是 $\mathscr{T}$的不变子空间.

18. 证明:n 维线性空间 V 的任一子空间 W 是某一线性变换 $\mathscr{A}$ 的象集.

证 在 W 中取基 $b_1,\cdots,b_r$,扩充为 V 的基 $b_1,\cdots,b_r,b_{r+1},\cdots,b_n$. 令

$$\mathscr{A}b_i=b_i\quad i=1,2,\cdots,r,$$

$$\mathscr{A}b_j=0,\quad j=r+1,\cdots,n.$$

对任 $x\in V$,设 $x=\sum_{i=1}^n\lambda_i b_i$, 则有

$$\mathscr{A}x=\sum_{i=1}^n\lambda_i\mathscr{A}b_i=\sum_{i=1}^r\lambda_i b_i\in W,\qquad \text{故 } \mathrm{Im}\mathscr{A}\subseteq W;$$

又任 $\beta\in W$,可设 $\beta=\sum_{i=1}^r\mu_i b_i$,则存在 $\alpha\in V$, 使

$$\mathscr{A}\alpha=\beta\quad\left(\text{只要取 }\alpha=\beta+\sum_{i=r+1}^n\mu_i b_i\text{ 即可}\right),$$

于是得

$$W\subseteq\mathrm{Im}\mathscr{A},\quad \text{所以 } W=\mathrm{Im}\mathscr{A}.$$

19. 证明:n 维线性空间 V 的任一子空间 W 是某一线性变换 $\mathscr{A}$ 的核.

证 在 W 中取基 $b_1,\cdots,b_r$,扩充为整个空间 V 的基 $b_1,\cdots,b_r,b_{r+1},\cdots,b_n$. 令

$$\mathscr{A}b_i=0,\quad i=1,2,\cdots,r,$$

$$\mathscr{A}b_j=b_j,\quad r+1\leqslant j\leqslant n.$$

对任 $x\in V$,设 $x=\sum_{i=1}^n\lambda_i b_i$, 则

$$\mathscr{A}x=\sum_{i=1}^n\lambda_i\mathscr{A}b_i=\sum_{i=r+1}^n\lambda_i b_i,$$

又因为 $b_{r+1},\cdots,b_n$ 线性无关,所以

$$\mathscr{A}x=0\Leftrightarrow\lambda_{r+1}=\cdots=\lambda_n=0\Leftrightarrow x=\sum_{i=1}^{r}\lambda_i b_i\subset W,$$

即

$$\ker\mathscr{A}=W.$$

20. 对任意矩阵 $A_{m\times n}$ 和 $B_{n\times m}$,证明 AB 与 BA 的非0特征根均相同.当 $m=n$ 时,证明 AB 与 BA 的特征根相同.

证 因为对任 $A_{m\times n},B_{n\times m}$ 有

$$\lambda^n\det(\lambda I_m-AB)=\lambda^m\det(\lambda I_n-BA),$$

当 $\lambda\neq0$ 时,

$$\det(\lambda I_m-AB)=0\Leftrightarrow\det(\lambda I_n-BA)=0,$$

所以 AB 与 BA 的非0特征根均相同.

当 $m=n$ 时,有

$$\det(\lambda I_m-AB)=\det(\lambda I_n-BA),$$

即 AB 与 BA 的特征多项式完全相同,所以特征根相同.

21. 设 $\mathscr{A}$ 是 $\mathbb{R}^{(3)}$ 上的线性变换,在自然基下方阵表示为

$$A=\begin{bmatrix}-9&4&4\\-8&3&4\\-16&8&7\end{bmatrix},$$

试求出 $\mathscr{A}$ 的三个线性无关向量构成 $\mathbb{R}^{(3)}$ 的基,从而求出 $\mathscr{A}$ 的对角阵表示.

解

$$\det(\lambda I-A)=\begin{vmatrix}\lambda+9&-4&-4\\8&\lambda-3&-4\\16&-8&\lambda-7\end{vmatrix}=(\lambda-3)(\lambda^2+2\lambda+1)=0,$$

所以 $\lambda_1=3,\lambda_2=-1$ 为二重根.

对 $\lambda_1=3$,解齐次线性方程组 $(\lambda_1 I-A)x=0$,得

$$x_1=(1,1,2)^{\mathrm{T}},\quad \text{全部解为 } kx_1,\ k\in\mathbb{R},$$

对 $\lambda_2=-1$,解齐次线性方程组 $(\lambda_2 I-A)x=0$,得

$$x=k_1x_2+k_2x_3,\quad \text{其中 } x_2=(1,2,0)^{\mathrm{T}},\quad x_3=(1,0,2)^{\mathrm{T}},$$

则 $\mathscr{A}$ 在基 x_1,x_2,x_3 下的方阵表示为

$$\begin{bmatrix}3&&\\&-1&\\&&-1\end{bmatrix}.$$

22. 设

$$A=\begin{bmatrix}6 & -3 & -2\\4 & -1 & -2\\10 & -5 & -3\end{bmatrix},$$

A 在 $\mathbb{R}$ 上是否相似于对角形方阵？在 $\mathbb{C}$ 上呢？

解

$$\det(\lambda I-A)=\begin{vmatrix}\lambda-6 & 3 & 2\\-4 & \lambda+1 & 2\\-10 & 5 & \lambda+3\end{vmatrix}=(\lambda-2)(\lambda^2+1)=0,$$

所以 $\lambda_1=2,\lambda_2=\mathrm{i},\lambda_3=-\mathrm{i}$. 因为有两个复特征根，所以 A 没有三个线性无关的实特征向量，所以在 $\mathbb{R}$ 上 A 不相似于对角阵，在 $\mathbb{C}$ 上 A 相似于

$$\begin{bmatrix}2 & & \\ & \mathrm{i} & \\ & & -\mathrm{i}\end{bmatrix}.$$

23. 设 $\mathscr{A}$ 是 $\mathbb{R}^{(4)}$ 的线性变换，在自然基下方阵表示为

$$A=\begin{bmatrix}0 & a & & \\ & 0 & b & \\ & & 0 & c\\ & & & 0\end{bmatrix},$$

问当 a,b,c 取何值时 $\mathscr{A}$ 可对角化(即有对角形方阵表示)？

解 方法1 显然 $\mathscr{A}$ 的特征值为0(四重根)，为求其特征子空间 $V_{\lambda=0}$，需解方程组 $Ax=0$，知只有当 a,b,c 均为0时，其解空间才是4维的，即 $\mathscr{A}$ 可对角化当且仅当 a,b,c 为0.

方法2 若 $\mathscr{A}$ 可对角化，说明存在可逆阵 P，使得

$$P^{-1}AP=D=0\rightarrow A=0,$$

所以 $a=b=c=0$.

24. 证明：线性变换的属于两个不同特征根的两个特征向量是线性无关的. 试讨论多个特征根或多个特征向量的情形.

证 (1) 设 $\mathscr{A}x_1=\lambda_1x_1$，$\mathscr{A}x_2=\lambda_2x_2$，$\lambda_1\neq\lambda_2$(不妨设 $\lambda_1\neq0$)，则若有

$$k_1x_1+k_2x_2=0, \tag{1}$$

两边作用 $\mathscr{A}$ 得 $k_1\lambda_1x_1+k_2\lambda_2x_2=0$，此式减去(1)×$\lambda_1$ 得 $k_2(\lambda_2-\lambda_1)x_2=0$，由 $\lambda_2-\lambda_1\neq0$，$x_2\neq0$，知 $k_2=0$ 代回(1)式得 $k_1=0$，所以 x_1,x_2 线性无关.

(2) 设 $\lambda_1,\lambda_2,\cdots,\lambda_s$ 为 $\mathscr{A}$ 的互不相同的特征值，且有 $\mathscr{A}x_i=\lambda_ix_i$，$i=1,2,\cdots,s$.

对向量的个数 s 作归纳法：当 $s=2$ 时，由(1)已证. 假设 $s-1$ 时命题成立，做线性组合

$$k_1x_1+k_2x_2+\cdots+k_sx_s=0, \tag{2}$$

用 $\mathscr{A}$ 作用于上式两边得

$$k_1\mathscr{A}x_1+k_2\mathscr{A}x_2+\cdots+k_s\mathscr{A}x_s=0,$$

即
$$k_1\lambda_1x_1+k_2\lambda_2x_2+\cdots+k_s\lambda_sx_s=0,\tag{3}$$

(3)－(2)×λ_s(不妨设 $\lambda_s\neq0$)得

$$k_1(\lambda_1-\lambda_s)x_1+k_2(\lambda_2-\lambda_s)x_2+\cdots+k_{s-1}(\lambda_{s-1}-\lambda_s)x_{s-1}=0,$$

由归纳假设知 $x_1,x_2,\cdots,x_{s-1}$ 线性无关,又 $\lambda_i\neq\lambda_s,i=1,2,\cdots,s-1$,所以必有 $k_1=k_2=\cdots=k_{s-1}=0$,代回(2)式→$k_s=0$. 所以 $x_1,x_2,\cdots,x_s$ 线性无关.

(3) 设 $\lambda_1,\cdots,\lambda_s$ 是 $\mathscr{A}$ 的互不相同的特征值,而 $x_1^{(i)},\cdots,x_{n_i}^{(i)}$ 是 $\mathscr{A}$ 的属于特征值 λ_i 的线性无关的特征向量,$i=1,2,\cdots,s$. 我们将证明向量组

$$x_1^{(1)},\cdots,x_{n_1}^{(1)},x_1^{(2)},\cdots,x_{n_2}^{(2)},\cdots,x_1^{(s)},\cdots,x_{n_s}^{(s)}$$

线性无关. 为此对特征值的个数 s 作归纳法:

当 $s=1$ 时,$x_1^{(1)},\cdots,x_{n_1}^{(1)}$ 线性无关.

假设$(s-1)$时成立,考虑 s 时的情况. 设存在

$$\mu_{ij},\quad i=1,2,\cdots,s,\ j=1,2,\cdots,n_i$$

使得

$$\sum_{i=1}^{s}\sum_{j=1}^{n_i}\mu_{ij}x_j^{(i)}=0,\tag{4}$$

把 $\mathscr{A}$ 作用在(4)式两边,有

$$\sum_{i=1}^{s}\sum_{j=1}^{n_i}\mu_{ij}\mathscr{A}x_j^{(i)}=0,$$

即

$$\sum_{i=1}^{s}\sum_{j=1}^{n_i}\mu_{ij}\lambda_ix_j^{(i)}=0,\tag{5}$$

(5)－(4)×λ_s 有

$$\sum_{i=1}^{s-1}\sum_{j=1}^{n_i}\mu_{ij}(\lambda_i-\lambda_s)x_j^{(i)}=0,$$

由归纳假设知$\{x_j^{(i)}\mid i=1,2,\cdots,s-1,\ j=1,2,\cdots,n_i\}$线性无关. 所以

$$\mu_{ij}=0,\quad i=1,2,\cdots,s-1,\ j=1,2,\cdots,n_i.$$

代回(4)式中知 $\mu_{sj}=0,j=1,2,\cdots,n_s$. 于是得所有的 $\mu_{ij}=0$,故

$$\{x_j^{(i)}\mid i=1,2,\cdots,s;j=1,2,\cdots,n_i\}\ \text{线性无关}.$$

25. 证明:二阶对称实方阵一定在 $\mathbb{R}$ 上相似于对角形方阵.

证　设 $A=\begin{bmatrix}a&b\\b&d\end{bmatrix}$,则 $\det(\lambda I-A)=\lambda^2-(a+d)\lambda+ad-b^2$,所以

$$\lambda_{1,2}=\frac{(a+d)\pm\sqrt{(a-d)^2+4b^2}}{2}.$$

① 当$(a-d)^2+4b^2=0$，即 $a=d,b=0,\lambda_{1,2}=a,\Lambda=\begin{bmatrix}a & \\ & a\end{bmatrix}$；

② 否则 λ_1,λ_2 为不等实数，故存在 x_1,x_2，使 $Ax_1=\lambda x_1$， $Ax_2=\lambda_1 x_2$，取 $P=(x_1,x_2)$，则有

$$AP=(Ax_1,Ax_2)=(\lambda_1 x_1,\lambda_2 x_2)=P\begin{bmatrix}\lambda_1 & \\ & \lambda_2\end{bmatrix},$$

即

$$P^{-1}AP=\begin{bmatrix}\lambda_1 & \\ & \lambda_2\end{bmatrix}.$$

26. 证明：二阶复方阵 A 必复相似于$\begin{bmatrix}a & 0\\ 0 & b\end{bmatrix}$或$\begin{bmatrix}a & 1\\ 0 & a\end{bmatrix}$.

证 若 A 有两个不等特征值 a,b，则 A 相似于$\begin{bmatrix}a & \\ & b\end{bmatrix}$；

若 A 有两个相等的特征值($\lambda_1=\lambda_2=a$)，且有两线性无关的特征向量 x_1,x_2，取 $P=(x_1,x_2)$，则仍有 $P^{-1}AP=\begin{bmatrix}a & 0\\ 0 & a\end{bmatrix}$；

当 $\lambda_1=\lambda_2=a$，且 A 只有一个线性无关的特征向量 x_1 时，再找 x_2，使 $P_1=(x_1,x_2)$为可逆阵，于是有 $AP_1=(Ax_1,Ax_2)=(ax_1,Ax_2)=(x_1,x_2)\begin{bmatrix}a & b\\ 0 & a\end{bmatrix}$，即

$$P_1^{-1}AP_1=\begin{bmatrix}a & b\\ 0 & a\end{bmatrix},$$

再找 $P_2=\begin{bmatrix}b & 0\\ 0 & 1\end{bmatrix}$，则 $P_2^{-1}=\begin{bmatrix}b^{-1} & 0\\ 0 & 1\end{bmatrix}$ 且令 $P=P_1P_2$，故有

$$P^{-1}AP=P_2^{-1}P_1^{-1}AP_1P_2=\begin{bmatrix}a & 1\\ 0 & a\end{bmatrix}.$$

27. 设二阶复方阵 N 满足 $N^2=0$，证明 $N=0$ 或 N 相似于$\begin{bmatrix}0 & 1\\ 0 & 0\end{bmatrix}$.

证 方法 1 设 λ 为 N 的特征值，由 $N^2=0$ 知 $\lambda^2=0$，故 $\lambda=0$ 为二重根(事实上，由 $Nx=\lambda x\to N^2x=\lambda^2x=0,x\neq 0$，所以 $\lambda^2=0$)．再利用第 26 题知 N 相似于对角阵(即相似于 0 矩阵)，所以 $N=0$ 或 N 相似于上三角阵，对角线元素为其特征值 0，所以 N 相似于$\begin{bmatrix}0 & 1\\ 0 & 0\end{bmatrix}$.

方法 2 因为 $N^2=0$，所以 $\det N=0$，故 $\mathrm{r}(N)=0$ 或 1.

当 $\mathrm{r}(N)=0$ 时，$N=0$；

当 $\mathrm{r}(N)=1$ 时，设 $N=\begin{bmatrix} a & b \\ ka & kb \end{bmatrix}$，其中 a,b 不全为 0，

$$\det(\lambda I-N)=\lambda^2-(a+kb)\lambda=0\rightarrow\lambda_1=0,\lambda_2=a+kb=0,$$

所以 $a=-kb$，故

$$N=\begin{bmatrix} -kb & b \\ -k^2b & kb \end{bmatrix}=b\begin{bmatrix} -k & 1 \\ -k^2 & k \end{bmatrix}.$$

解 $(\lambda I-N)x=0$ 得特征向量，取 $x_1=(b,kb)^{\mathrm{T}}$，令 $P=\begin{bmatrix} b & 0 \\ kb & 1 \end{bmatrix}\rightarrow P^{-1}=\begin{bmatrix} b^{-1} & 0 \\ -k & 1 \end{bmatrix}$，则

$$P^{-1}NP=\begin{bmatrix} b^{-1} & 0 \\ -k & 1 \end{bmatrix}\begin{bmatrix} -kb & b \\ -k^2b & kb \end{bmatrix}\begin{bmatrix} b & 0 \\ kb & 1 \end{bmatrix}=\begin{bmatrix} -k & 1 \\ 0 & 0 \end{bmatrix}\begin{bmatrix} b & 0 \\ kb & 1 \end{bmatrix}=\begin{bmatrix} 0 & 1 \\ 0 & 0 \end{bmatrix}.$$

28. 设 V 是 F 上 n 阶方阵全体所成 F 上线性空间，A 为一固定的 F 上 n 阶方阵，设 V 的线性变换 φ 由“左乘以 A”定义，即 $\varphi: X\mapsto AX$，那么 φ 与 A 是否有相同的特征值？

解 由已知

$$\varphi: M_n\rightarrow M_n,$$
$$X\mapsto AX,$$

于是，我们易得

$$\begin{aligned}\lambda \text{ 是 } \varphi \text{ 的特征值} &\Leftrightarrow(\varphi-\lambda\varepsilon)X=0 \text{ 有非零解 } X(\text{方阵}),\\ &\Leftrightarrow(A-\lambda I)X=0 \text{ 有非零解 } X(\text{方阵}),\\ &\Leftrightarrow(A-\lambda I)y=0 \text{ 有非零解 } y(\text{向量},y\in F^{(n)}),\\ &\Leftrightarrow\lambda \text{ 是 } A \text{ 的特征值},\end{aligned}$$

所以 φ 与 A 特征值同.

下面我们来看一下线性变换 φ 的矩阵表示：

先以 $n=2$ 为例，设 $A=\begin{bmatrix} a_{11} & a_{12} \\ a_{21} & a_{22} \end{bmatrix}$，则

$$|\lambda I-A|=\begin{vmatrix} \lambda-a_{11} & -a_{12} \\ -a_{21} & \lambda-a_{22} \end{vmatrix}.$$

易算得 φ 在基 $E_{11},E_{12},E_{21},E_{22}$ 上方阵表示为

$$B=\begin{bmatrix} a_{11} & 0 & a_{12} & 0 \\ 0 & a_{11} & 0 & a_{12} \\ a_{21} & 0 & a_{22} & 0 \\ 0 & a_{21} & 0 & a_{22} \end{bmatrix}=(a_{ij}I_2),$$

于是有

$$\det(\lambda I-B)=\begin{vmatrix}\lambda-a_{11} & -a_{12}\\ -a_{21} & \lambda-a_{22}\end{vmatrix}\begin{vmatrix}\lambda-a_{11} & -a_{12}\\ -a_{21} & \lambda-a_{22}\end{vmatrix}=|\lambda I-A|^2.$$

当 A 是 n 阶方阵时,我们有 $B=(a_{ij}I_n)$,其求法如下:

记 $A=(a_{ij})_{n\times n}$, $X=\begin{bmatrix}\alpha_1\\ \vdots\\ \alpha_n\end{bmatrix}$,其中 α_i 是方阵 X 的第 i 行元素构成的行向量. 取 $M_n(F)$ 的基

$$\{E_{ij}\}=\{E_{11},E_{12},\cdots,E_{1n},E_{21},\cdots,E_{2n},\cdots,E_{n1},\cdots,E_{nn}\},$$

则方阵 X 在此基上的坐标为

$$\widetilde{X}=\begin{bmatrix}\alpha_1^{\mathrm{T}}\\ \vdots\\ \alpha_n^{\mathrm{T}}\end{bmatrix}_{n^2\times 1},$$

设 B 为 φ 在基 $\{E_{ij}\}$ 上的方阵表示,则 $\varphi X=AX$ 的坐标形式为

$$\widetilde{\varphi X}=B\widetilde{X},$$

而

$$\varphi X=AX=(a_{ij})_{n\times n}\begin{bmatrix}\alpha_1\\ \vdots\\ \alpha_n\end{bmatrix}=\begin{bmatrix}a_{11}\alpha_1+\cdots+a_{1n}\alpha_n\\ \vdots\\ a_{n1}\alpha_1+\cdots+a_{nn}\alpha_n\end{bmatrix}_{n\times n},$$

所以

$$\widetilde{\varphi X}=\begin{bmatrix}a_{11}\alpha_1^{\mathrm{T}}+\cdots+a_{1n}\alpha_n^{\mathrm{T}}\\ \vdots\\ a_{n1}\alpha_1^{\mathrm{T}}+\cdots+a_{nn}\alpha_n^{\mathrm{T}}\end{bmatrix}_{n^2\times 1}=\begin{bmatrix}a_{11}I & \cdots & a_{1n}I\\ \vdots & & \vdots\\ a_{n1}I & \cdots & a_{nn}I\end{bmatrix}_{n^2\times n^2}\begin{bmatrix}\alpha_1^{\mathrm{T}}\\ \vdots\\ \alpha_n^{\mathrm{T}}\end{bmatrix}=(a_{ij}I_n)\widetilde{X}.$$

所以

$$B=(a_{ij}I_n)_{n^2\times n^2},$$

且有

$$\det(\lambda I-B)=(\det(\lambda I-A))^n,$$

故 B 与 A 的特征值相同(区别是重数不同).

注 因为 $\det(\lambda I-B)$ 中取 $1,n+1,2n+1,\cdots,(n-1)n+1$ 行、列交叉处的元素得的子式恰为 $\det(\lambda I-A)$;同样取 $2,n+2\cdots,(n-1)n+2$ 行、列交叉处的元素得的子式也为 $\det(\lambda I-A),\cdots$,即 $\lambda I-B$ 经行(列)初等变换可化为准对角阵,用矩阵乘法写出就是

$$P^{-1}(\lambda I-B)P=\begin{bmatrix}(\lambda I-A) & & \\ & \ddots & \\ & & (\lambda I-A)\end{bmatrix}_{n^2\times n^2}.$$

其中 P 为对换方阵之积. 于是得 $|\lambda I-B|=|\lambda I-A|^n$(对换方阵就是单位方阵经互换两行得到的方阵).

29. 设 A 为三阶实方阵,证明:若 A 不实相似于上三角形阵,则 A 复相似于对角阵.

证　因为 A 为实方阵,所以 $\det(\lambda I-A)$ 为三次实系数多项式,于是知其必有实根,且复根共轭出现. 又由已知,A 不实相似于上三角阵,知 A 的特征值不全为实数(否则与定理 6.12 矛盾)故 A 必有三个不等特征值 $\lambda_1,\lambda_2,\lambda_3$,由定理 6.13 知

$$A\sim\begin{bmatrix}\lambda_1 & & \\ & \lambda_2 & \\ & & \lambda_3\end{bmatrix}.$$

30. 设 V 是 F 上 n 阶方阵全体所成 F 上线性空间,A,B 为其中两固定方阵. φ_i 是 V 上线性变换,定义为:$\varphi_1(X)=AX$,$\varphi_2(X)=AX-XA$,$\varphi_3(X)=XB$,$\varphi_4(X)=AXB$. 试求 φ_i 的方阵表示($1\leqslant i\leqslant 4$)(V 的基取为 $E_{11},\cdots,E_{1n},E_{21},\cdots,E_{2n},\cdots,E_{n1},\cdots,E_{nn}$).

解　设 φ_i 的方阵表示为 $M_i(i=1,2,3,4)$,并记 $A=(a_{ij})$, $B=(b_{ij})$, $X=\begin{bmatrix}\alpha_1\\ \vdots\\ \alpha_n\end{bmatrix}$,其中 α_i 是方阵 X 的行向量.

① 由第 28 题知 φ_1 的方阵表示为

$$M_1=(a_{ij}I_n)_{n^2\times n^2}.$$

② 设

$$\psi_2: M_n(F)\to M_n(F),\quad X\mapsto XA,$$

则

$$\psi_2X=XA=\begin{bmatrix}\alpha_1\\ \vdots\\ \alpha_n\end{bmatrix}A=\begin{bmatrix}\alpha_1A\\ \vdots\\ \alpha_nA\end{bmatrix},$$

所以

$$\widetilde{\psi_2X}=\begin{bmatrix}A^{\mathrm T}\alpha_1^{\mathrm T}\\ \vdots\\ A^{\mathrm T}\alpha_n^{\mathrm T}\end{bmatrix}=\begin{bmatrix}A^{\mathrm T} & & \\ & \ddots & \\ & & A^{\mathrm T}\end{bmatrix}\begin{bmatrix}\alpha_1^{\mathrm T}\\ \vdots\\ \alpha_n^{\mathrm T}\end{bmatrix}=\begin{bmatrix}A^{\mathrm T} & & \\ & \ddots & \\ & & A^{\mathrm T}\end{bmatrix}\widetilde{X}.$$

因为 $\varphi_2X=\varphi_1X-\psi_2X$,所以

$$M_2=M_1-\begin{bmatrix}A^{\mathrm T} & & \\ & \ddots & \\ & & A^{\mathrm T}\end{bmatrix}=(a_{ij}I_n)_{n^2}-\begin{bmatrix}A^{\mathrm T} & & \\ & \ddots & \\ & & A^{\mathrm T}\end{bmatrix}_{n^2}.$$

③ 由上知

$$M_3=\begin{bmatrix}B^{\mathrm{T}} & & \\ & \ddots & \\ & & B^{\mathrm{T}}\end{bmatrix}.$$

④ 因为

$$\varphi_4 X=AXB=A\begin{bmatrix}\alpha_1 B\\ \vdots \\ \alpha_n B\end{bmatrix}=\begin{bmatrix}(a_{11}\alpha_1+\cdots+a_{1n}\alpha_n)B\\ \vdots \\ (a_{n1}\alpha_1+\cdots+a_{nn}\alpha_n)B\end{bmatrix},$$

故

$$\widetilde{\varphi_4 X}=\begin{bmatrix}B^{\mathrm{T}}(a_{11}\alpha_1^{\mathrm{T}}+\cdots+a_{1n}\alpha_n^{\mathrm{T}})\\ \vdots \\ B^{\mathrm{T}}(a_{n1}\alpha_1^{\mathrm{T}}+\cdots+a_{nn}\alpha_n^{\mathrm{T}})\end{bmatrix}=\begin{bmatrix}B^{\mathrm{T}} & & \\ & \ddots & \\ & & B^{\mathrm{T}}\end{bmatrix}\begin{bmatrix}a_{11}\alpha_1^{\mathrm{T}}+\cdots+a_{1n}\alpha_n^{\mathrm{T}}\\ \vdots \\ a_{n1}\alpha_1^{\mathrm{T}}+\cdots+a_{nn}\alpha_n^{\mathrm{T}}\end{bmatrix}$$

$$=\begin{bmatrix}B^{\mathrm{T}} & & \\ & \ddots & \\ & & B^{\mathrm{T}}\end{bmatrix}(a_{ij}I_n)\begin{bmatrix}\alpha_1^{\mathrm{T}}\\ \vdots \\ \alpha_n^{\mathrm{T}}\end{bmatrix}=M_3\cdot M_1\widetilde{X},$$

所以 $M_4=M_3M_1$.

31. 设线性空间 V 的线性变换 $\mathscr{E}$ 满足 $\mathscr{E}^2=\mathscr{E}$,则称 $\mathscr{E}$ 为**投影**或投射. 试证明

(1) V 中向量 β 属于 $\mathscr{E}$ 的象集 $\mathscr{E}V$ 当且仅当 $\mathscr{E}\beta=\beta$;

(2) $V=\mathscr{E}V\oplus\ker\mathscr{E}$,且 V 的任一向量直和分解为 $\alpha=\mathscr{E}\alpha+(\alpha-\mathscr{E}\alpha)$;

(3) 对任一直和分解 $V=V_1\oplus V_0$,存在唯一的射影 $\mathscr{E}$,使 $V_1=\sigma V, V_0=\ker\mathscr{E}$;

(4) 每个射影 $\mathscr{E}$ 均有方阵表示 $\begin{bmatrix}I_r & 0\\ 0 & 0\end{bmatrix}$.

证 (1) $\Rightarrow$设 $\beta\in\mathrm{Im}\mathscr{E}$,所以 $\exists\,\alpha$,使 $\beta=\mathscr{E}\alpha$,于是有 $\mathscr{E}\beta=\mathscr{E}(\mathscr{E}\alpha)=\mathscr{E}\alpha=\beta$.

$\Leftarrow$设 $\beta\in V$,若 $\mathscr{E}\beta=\beta$,则 $\beta\in\mathrm{Im}\mathscr{E}$.

(2) 任 $\alpha\in V$,有 $\alpha=\mathscr{E}\alpha+(\alpha-\mathscr{E}\alpha)$,其中 $\mathscr{E}\alpha\in\mathrm{Im}\mathscr{E}$,$\alpha-\mathscr{E}\alpha\in\ker\mathscr{E}$(因为 $\mathscr{E}(\alpha-\mathscr{E}\alpha)=\mathscr{E}\alpha-\mathscr{E}^2\alpha=0$),所以

$$V=\mathscr{E}V+\ker\mathscr{E},$$

又任 $\beta\in\mathrm{Im}\mathscr{E}$,有 $\mathscr{E}\beta=\beta$,故当 $\beta\neq 0$ 时,$\mathscr{E}\beta\neq 0$,所以 $\mathrm{Im}\mathscr{E}\cap\ker\mathscr{E}=\{0\}$,故知

$$V=\mathscr{E}V\oplus\ker\mathscr{E}.$$

注 证直和这一步也可用 $\dim V=\dim\mathscr{E}V+\dim\ker\mathscr{E}=n$ 代替 $\mathscr{E}V\cap\ker\mathscr{E}=\{0\}$.

(3) 在 V_1 中取基 $\alpha_1,\cdots,\alpha_r$,在 V_0 中取基 $\alpha_{r+1},\cdots,\alpha_n$,则 $\alpha_1,\cdots,\alpha_r,\alpha_{r+1},\cdots,\alpha_n$ 为 V 的基. 于是设

$$\mathscr{E}\alpha_i=\alpha_i\,(1\leqslant i\leqslant r),\quad \mathscr{E}\alpha_i=0\ (r+1\leqslant i\leqslant n),$$

则有

$$V_1=\mathscr{E}V,\quad V_0=\ker\mathscr{E},\quad \mathscr{E}\text{ 存在且唯一}.$$

事实上,对任 $\alpha \in V$,记 $\alpha = \sum_{i=1}^{n} x_i\alpha_i$,则有

$$\alpha = \sum_{i=1}^{r} x_i\alpha_i + \sum_{i=r+1}^{n} x_i\alpha_i = \beta+\gamma, \qquad \beta \in V_1,\ \gamma \in V_0,$$

$$\mathscr{E}\alpha = \mathscr{E}\beta + \mathscr{E}\gamma = \beta + 0 = \beta.$$

(4) 在 $\mathrm{Im}\mathscr{E}$ 中选取基 $\mathscr{E}_1,\cdots,\mathscr{E}_r$,$\ker\mathscr{E}$ 中取基 $\mathscr{E}_{r+1},\cdots,\mathscr{E}_n$,由(2)知 $\varepsilon_1,\cdots,\varepsilon_r,\varepsilon_{r+1},\cdots,\varepsilon_n$ 为 V 的基,且有

$$\mathscr{E}\varepsilon_i = \varepsilon_i (1 \leqslant i \leqslant r), \quad \mathscr{E}\varepsilon_i = 0\ (r+1 \leqslant i \leqslant n),$$

于是知 $\mathscr{E}$ 在此基下的方阵表示为

$$A = \begin{bmatrix} I_r & 0 \\ 0 & 0 \end{bmatrix}.$$

32. (1) 设线性空间 $V=W_1\oplus\cdots\oplus W_s$,试证明存在 V 的线性变换 $\mathscr{E}_1,\cdots,\mathscr{E}_s$(称为典型投影或正则投影)使

① $\mathscr{E}_i^2=\mathscr{E}_i$ (即 $\mathscr{E}_i$ 为投影,$1\leqslant i\leqslant s$);

② $\mathscr{E}_i\mathscr{E}_j=0$ (当 $j\neq i$);

③ $\mathscr{E}_1+\cdots+\mathscr{E}_s=I$ 为恒等变换;

④ $\mathscr{E}_iV=W_i$.

(2) 反之试证明:若有 V 上线性变换 $\mathscr{E}_1,\cdots,\mathscr{E}_s$ 满足上述条件① ② ③,记 $W_i=\mathscr{E}_iV$,则

$$V = W_1 \oplus \cdots \oplus W_s.$$

证 (1) 设 $V=W_1\oplus\cdots\oplus W_s$,则任 $\alpha\in V$,有

$$\alpha = \alpha_1 + \cdots + \alpha_s, \quad \alpha_i \in W_i, \quad i=1,\cdots,s.$$

此分解式唯一. 于是有

① 令 $\mathscr{E}_i: V\to V,$

$$\alpha \mapsto \alpha_i, \qquad i=1,\cdots,s.$$

则 $\mathscr{E}_i^2(\alpha)=\mathscr{E}_i(\mathscr{E}_i\alpha)=\mathscr{E}_i\alpha_i=\alpha_i=\mathscr{E}_i(\alpha)$,所以 $\mathscr{E}_i^2=\mathscr{E}_i$.

② 在①的选取下,有 $\mathscr{E}_i\mathscr{E}_j(\alpha)=\mathscr{E}_i(\alpha_j)=0$(当 $i\neq j$ 时).

③ 对任 α 有

$$(\mathscr{E}_1+\cdots+\mathscr{E}_s)(\alpha) = \mathscr{E}_1\alpha+\cdots+\mathscr{E}_s\alpha = \alpha_1+\cdots+\alpha_s = I\alpha,$$

所以 $\mathscr{E}_1+\cdots+\mathscr{E}_s=I$ 是恒等变换.

④ 任 $\alpha\in V$,有 $\mathscr{E}_i\alpha=\alpha_i\in W_i$,所以 $\mathscr{E}_iV\subseteq W_i$;又任 $\beta\in W_i\subset V$,有 $\mathscr{E}_i\beta=\mathscr{E}_i(0+\cdots+0+\beta+0+\cdots+0)=\beta$,所以 $\beta\in\mathscr{E}_iV$,$W_i\subseteq\mathscr{E}_iV$,于是得 $\mathscr{E}_iV=W_i$.

(2) ① 设 $\mathscr{E}_1+\cdots+\mathscr{E}_s=I$ 为恒等变换,则任 $x\in V$,有

$$\mathscr{E}_1x+\cdots+\mathscr{E}_sx = x,$$

其中

$$\mathscr{E}_i x = x_i \in W_i$$

所以 $V=W_1+\cdots+W_s$(是和).

② 下面证 0 向量分解唯一. 设有 $x_1+\cdots+x_s=0$,其中 $x_i\in W_i$,则应有 $x_i=\mathscr{E}_i y_i$, $y_i\in V$,故有

$$\mathscr{E}_1 y_1+\cdots+\mathscr{E}_s y_s=0,$$

上式左作用 $\mathscr{E}_1$,有

$$\mathscr{E}_1^2 y_1+\mathscr{E}_1\mathscr{E}_2 y_2+\cdots+\mathscr{E}_1\mathscr{E}_s y_s=0,$$

因为 $\mathscr{E}_1^2=\mathscr{E}_1$, $\mathscr{E}_1\mathscr{E}_j=0$, $j=2,\cdots,s$,故上式为

$$\mathscr{E}_1 y_1+0+\cdots+0=0\rightarrow x_1=\mathscr{E}_1 y_1=0,$$

同理可证 $x_i=0\ (i=2,\cdots,s)$. 所以 $V=W_1\oplus\cdots\oplus W_s$(是直和).

33. 设 $\alpha_1,\alpha_2,\alpha_3$ 是 $\mathbb{R}^{(3)}$ 的基,W 是 α_1 和 α_2 所决定的平面,$\mathscr{E}$ 是平行于平面 W 而向 α_3 所在直线的**投影**(或投射),求证 $\mathscr{E}$ 是线性变换并求其在基 $\alpha_1,\alpha_2,\alpha_3$ 下的方阵表示.

证 因为 $\mathbb{R}^{(3)}$ 的基是 $\alpha_1,\alpha_2,\alpha_3$,所以任 $\alpha\in\mathbb{R}^{(3)}$ 有 $\alpha=a_1\alpha_1+a_2\alpha_2+a_3\alpha_3$,平行于 W 作投影就是减去 α 在 W 上的分量,所以 $\mathscr{E}\alpha=a_3\alpha_3$. 又 $\forall\beta\in\mathbb{R}^{(3)}$ 记 $\beta=b_1\alpha_1+b_2\alpha_2+b_3\alpha_3$. 则有

$$\mathscr{E}(\alpha+\beta)=\mathscr{E}((a_1+b_1)\alpha_1+(a_2+b_2)\alpha_2+(a_3+b_3)\alpha_3)=(a_3+b_3)\alpha_3=\mathscr{E}\alpha+\mathscr{E}\beta,$$
$$\mathscr{E}(\lambda\alpha)=\mathscr{E}(\lambda a_1\alpha_1+\lambda a_2\alpha_2+\lambda a_3\alpha_3)=\lambda a_3\alpha_3=\lambda\mathscr{E}\alpha.$$

故 $\mathscr{E}$ 是线性变换.

又因为 $\mathscr{E}\alpha_1=\mathscr{E}\alpha_2=0$, $\mathscr{E}\alpha_3=1$,所以 $\mathscr{E}$ 在基 $\alpha_1,\alpha_2,\alpha_3$ 下的方阵表示为

$$E=\begin{bmatrix}0&0&0\\0&0&0\\0&0&1\end{bmatrix}.$$

34. 设 $\mathbb{R}^{(3)}$ 的线性变换 $\mathscr{A}$ 把 $\alpha_1,\alpha_2,\alpha_3$ 分别变换为 β_1,β_2,β_3,求 $\mathscr{A}$ 在 $\mathbb{R}^{(3)}$ 的自然基下的方阵表示 A:

(1) $\alpha_1=(2,3,5)^{\mathrm{T}}$, $\alpha_2=(0,1,2)^{\mathrm{T}}$, $\alpha_3=(1,0,0)^{\mathrm{T}}$;

$\beta_1=(1,1,1)^{\mathrm{T}}$, $\beta_2=(1,1,-1)^{\mathrm{T}}$, $\beta_3=(2,1,2)^{\mathrm{T}}$;

(2) $\alpha_1=(2,0,3)^{\mathrm{T}}$, $\alpha_2=(4,1,5)^{\mathrm{T}}$, $\alpha_3=(3,1,2)^{\mathrm{T}}$;

$\beta_1=(1,2,-1)^{\mathrm{T}}$, $\beta_2=(4,5,-2)^{\mathrm{T}}$, $\beta_3=(1,1,0)^{\mathrm{T}}$.

解 方法 1 因为 $\mathscr{A}$ 在自然基下的方阵表示为 A,而 $\alpha_i,\beta_i(i=1,2,3)$ 在自然基下的坐标就是它们自身. 所以 $\beta_i=\mathscr{A}\alpha_i$ 在自然基下的坐标式为 $\beta_i=A\alpha_i(i=1,2,3)$ 故有 $(\beta_1,\beta_2,\beta_3)=A(\alpha_1,\alpha_2,\alpha_3)$,而 $\det(\alpha_1,\alpha_2,\alpha_3)\neq0$,所以得 $A=(\beta_1,\beta_2,\beta_3)(\alpha_1,\alpha_2,\alpha_3)^{-1}$.

(1) $A=(\beta_1,\beta_2,\beta_3)(\alpha_1,\alpha_2,\alpha_3)^{-1}$

$$=\begin{bmatrix}1&1&2\\1&1&1\\1&-1&2\end{bmatrix}\begin{bmatrix}0&2&-1\\0&-5&3\\1&-4&2\end{bmatrix}=\begin{bmatrix}2&-11&6\\1&-7&4\\2&-1&0\end{bmatrix}.$$

(2) $A=(\beta_1,\beta_2,\beta_3)(\alpha_1,\alpha_2,\alpha_3)^{-1}$

$$=\begin{bmatrix}1 & 4 & 1\\ 2 & 5 & -1\\ -1 & -2 & 1\end{bmatrix}\begin{bmatrix}1 & -\frac{7}{3} & -\frac{1}{3}\\ -1 & \frac{5}{3} & \frac{2}{3}\\ 1 & -\frac{2}{3} & -\frac{2}{3}\end{bmatrix}=\begin{bmatrix}-2 & \frac{11}{3} & \frac{5}{3}\\ -4 & \frac{13}{3} & \frac{10}{3}\\ 2 & -\frac{5}{3} & -\frac{5}{3}\end{bmatrix}.$$

方法2 此题也可这样考虑：因$\alpha_1,\alpha_2,\alpha_3$线性无关，所以是$\mathbb{R}^{(3)}$的基，设$\mathscr{A}$在此基上的方阵表示为$B$，有$(\beta_1,\beta_2,\beta_3)=\mathscr{A}(\alpha_1,\alpha_2,\alpha_3)=(\alpha_1,\alpha_2,\alpha_3)B$，因$\alpha_i,\beta_i$均为数组列向量，故$B=(\alpha_1,\alpha_2,\alpha_3)^{-1}(\beta_1,\beta_2,\beta_3)$. 又设从自然基到$\alpha_1,\alpha_2,\alpha_3$的过渡矩阵为$T$，有$T=(\alpha_1,\alpha_2,\alpha_3)$且$B=T^{-1}AT$，所以$A=TBT^{-1}=(\beta_1,\beta_2,\beta_3)(\alpha_1,\alpha_2,\alpha_3)^{-1}$.

35. 证明：$\mathbb{R}^{(3)}$中变换$\mathscr{A}(x)=\alpha x^{\mathrm{T}}\alpha$是线性变换，其中$\alpha=(1,2,3)^{\mathrm{T}}$，求$\mathscr{A}$在$\mathbb{R}^{(3)}$的自然基$e_1,e_2,e_3$和以下基上的方阵表示：$\beta_1=(1,0,1)^{\mathrm{T}}$，$\beta_2=(2,0,-1)^{\mathrm{T}}$，$\beta_3=(1,1,0)^{\mathrm{T}}$.

证 任$x,y\in\mathbb{R}^{(3)}$ 设$x=\begin{bmatrix}x_1\\ x_2\\ x_3\end{bmatrix}$，$y=\begin{bmatrix}y_1\\ y_2\\ y_3\end{bmatrix}$，则由已知有

$$\mathscr{A}x=\alpha x^{\mathrm{T}}\alpha=\begin{bmatrix}1\\ 2\\ 3\end{bmatrix}(x_1,x_2,x_3)\begin{bmatrix}1\\ 2\\ 3\end{bmatrix},\quad \mathscr{A}y=\alpha y^{\mathrm{T}}\alpha=\begin{bmatrix}1\\ 2\\ 3\end{bmatrix}(y_1,y_2,y_3)\begin{bmatrix}1\\ 2\\ 3\end{bmatrix},$$

故由矩阵乘法的结合律，乘法对加法的分配律，以及数乘可交换知

$$\mathscr{A}(x+y)=\alpha(x+y)^{\mathrm{T}}\alpha=\alpha x^{\mathrm{T}}\alpha+\alpha y^{\mathrm{T}}\alpha=\mathscr{A}x+\mathscr{A}y,$$
$$\mathscr{A}(\lambda x)=\alpha(\lambda x)^{\mathrm{T}}\alpha=\lambda\alpha x^{\mathrm{T}}\alpha=\lambda\mathscr{A}x,$$

所以$\mathscr{A}$是线性变换. 因为

$$\mathscr{A}e_1=\begin{bmatrix}1\\ 2\\ 3\end{bmatrix}(1,0,0)\begin{bmatrix}1\\ 2\\ 3\end{bmatrix}=\begin{bmatrix}1\\ 2\\ 3\end{bmatrix};\quad \mathscr{A}e_2=\begin{bmatrix}1\\ 2\\ 3\end{bmatrix}(0,1,0)\begin{bmatrix}1\\ 2\\ 3\end{bmatrix}=\begin{bmatrix}2\\ 4\\ 6\end{bmatrix};$$

$$\mathscr{A}e_3=\begin{bmatrix}1\\ 2\\ 3\end{bmatrix}(0,0,1)\begin{bmatrix}1\\ 2\\ 3\end{bmatrix}=\begin{bmatrix}3\\ 6\\ 9\end{bmatrix}.$$

所以$\mathscr{A}$在自然基上的方阵表示为$\begin{bmatrix}1 & 2 & 3\\ 2 & 4 & 6\\ 3 & 6 & 9\end{bmatrix}$.

又因为

$$\mathscr{A}\beta_1=\begin{bmatrix}1\\2\\3\end{bmatrix}(1,0,1)\begin{bmatrix}1\\2\\3\end{bmatrix}=\begin{bmatrix}4\\8\\12\end{bmatrix};\quad \mathscr{A}\beta_2=\begin{bmatrix}1\\2\\3\end{bmatrix}(2,0,-1)\begin{bmatrix}1\\2\\3\end{bmatrix}=\begin{bmatrix}-1\\-2\\-3\end{bmatrix};\quad \mathscr{A}\beta_3=\begin{bmatrix}3\\6\\9\end{bmatrix},$$

设 $\mathscr{A}$ 在 β_1,β_2,β_3 上的方阵表示为 B,故有 $\mathscr{A}(\beta_1,\beta_2,\beta_3)=(\beta_1,\beta_2,\beta_3)B$,于是得

$$B=(\beta_1,\beta_2,\beta_3)^{-1}(\mathscr{A}\beta_1,\mathscr{A}\beta_2,\mathscr{A}\beta_3)$$

$$=\begin{bmatrix}\frac{1}{3} & -\frac{1}{3} & \frac{2}{3}\\ \frac{1}{3} & -\frac{1}{3} & -\frac{1}{3}\\ 0 & 1 & 0\end{bmatrix}\begin{bmatrix}4 & -1 & 3\\ 8 & -2 & 6\\ 12 & -3 & 9\end{bmatrix}=\begin{bmatrix}\frac{20}{3} & -\frac{5}{3} & \frac{15}{3}\\ -\frac{16}{3} & \frac{4}{3} & -4\\ 8 & -2 & 6\end{bmatrix}.$$

注 求方阵 B 的过程也可如下进行:因为从自然基 e_1,e_2,e_3 到基 β_1,β_2,β_3 的过渡矩阵 $T=(\beta_1,\beta_2,\beta_3)$,而 $B=T^{-1}AT=(\beta_1,\beta_2,\beta_3)^{-1}A(\beta_1,\beta_2,\beta_3)=(\beta_1,\beta_2,\beta_3)^{-1}(A\beta_1,A\beta_2,A\beta_3)$. 其中 A 是 $\mathscr{A}$ 在自然基上的方阵表示.

36. 证明:用给定矩阵 $A=\begin{bmatrix}a & b\\ c & d\end{bmatrix}$左乘和右乘,定义了二阶方阵空间 V 的两个线性变换 $\mathscr{A}_L$ 和 $\mathscr{A}_R$. 并求此二变换在以下基上的方阵表示:

$$\begin{bmatrix}1 & 0\\ 0 & 0\end{bmatrix},\ \begin{bmatrix}0 & 0\\ 1 & 0\end{bmatrix},\ \begin{bmatrix}0 & 1\\ 0 & 0\end{bmatrix},\ \begin{bmatrix}0 & 0\\ 0 & 1\end{bmatrix}.$$

证 由已知,任 $M\in V$, $\mathscr{A}_LM=AM$, $\mathscr{A}_RM=MA$,又对任 $N\in V$, $k_1,k_2\in F$ 有

$$\mathscr{A}_L(k_1M+k_2N)=A(k_1M+k_2N)=k_1AM+k_2AN=k_1\mathscr{A}_LM+k_2\mathscr{A}_LN,$$

同理 $\mathscr{A}_R(k_1M+k_2N)=k_1\mathscr{A}_RM+k_2\mathscr{A}_RN$,所以 $\mathscr{A}_L,\mathscr{A}_R$ 是线性变换.

因为

$$\mathscr{A}_LE_{11}=\begin{bmatrix}a & 0\\ c & 0\end{bmatrix},\quad \mathscr{A}_LE_{21}=\begin{bmatrix}b & 0\\ d & 0\end{bmatrix},\quad \mathscr{A}_LE_{12}=\begin{bmatrix}0 & a\\ 0 & c\end{bmatrix},\quad \mathscr{A}_LE_{22}=\begin{bmatrix}0 & b\\ 0 & d\end{bmatrix}.$$

所以 $\mathscr{A}_L$ 在基 $E_{11},E_{21},E_{12},E_{22}$ 上的方阵为 $\begin{bmatrix}a & b & 0 & 0\\ c & d & 0 & 0\\ 0 & 0 & a & b\\ 0 & 0 & c & d\end{bmatrix}$.

同理,由

$$\mathscr{A}_RE_{11}=\begin{bmatrix}a & b\\ 0 & 0\end{bmatrix},\quad \mathscr{A}_RE_{21}=\begin{bmatrix}0 & 0\\ a & b\end{bmatrix},\quad \mathscr{A}_RE_{12}=\begin{bmatrix}c & d\\ 0 & 0\end{bmatrix},\quad \mathscr{A}_RE_{22}=\begin{bmatrix}0 & 0\\ c & d\end{bmatrix},$$

知 $\mathscr{A}_R$ 在基 $E_{11},E_{21},E_{12},E_{22}$ 下的方阵表示为 $\begin{bmatrix}a & 0 & c & 0\\ 0 & a & 0 & c\\ b & 0 & d & 0\\ 0 & b & 0 & d\end{bmatrix}$.

37. 设线性变换 $\mathscr{A}$ 在基 $\alpha_1,\alpha_2,\alpha_3,\alpha_4$ 下的方阵表示为

$$A=\begin{bmatrix}1&2&0&1\\3&0&-1&2\\2&5&3&1\\1&2&1&3\end{bmatrix},$$

求 $\mathscr{A}$ 在以下基上的方阵表示：

(1) $\alpha_1,\alpha_3,\alpha_2,\alpha_4$；　(2) $\alpha_1,\alpha_1+\alpha_2,\ \alpha_1+\alpha_2+\alpha_3,\ \alpha_1+\alpha_2+\alpha_3+\alpha_4$.

解　(1) 设$(\mathscr{A}\alpha_1,\mathscr{A}\alpha_3,\mathscr{A}\alpha_2,\mathscr{A}\alpha_4)=(\alpha_1,\alpha_3,\alpha_2,\alpha_4)B$($B$ 的列是基向量的象在基上的坐标),而

$$\begin{aligned}\mathscr{A}\alpha_1&=\alpha_1+3\alpha_2+2\alpha_3+\alpha_4=(\alpha_1,\alpha_3,\alpha_2,\alpha_4)(1,2,3,1)^{\mathrm{T}},\\ \mathscr{A}\alpha_3&=-\alpha_2+3\alpha_3+\alpha_4=(\alpha_1,\alpha_3,\alpha_2,\alpha_4)(0,3,-1,1)^{\mathrm{T}},\\ \mathscr{A}\alpha_2&=2\alpha_1+5\alpha_3+2\alpha_4=(\alpha_1,\alpha_3,\alpha_2,\alpha_4)(2,5,0,2)^{\mathrm{T}},\\ \mathscr{A}\alpha_4&=\alpha_1+2\alpha_2+\alpha_3+3\alpha_4=(\alpha_1,\alpha_3,\alpha_2,\alpha_4)(1,1,2,3)^{\mathrm{T}},\end{aligned}$$

故知

$$B=\begin{bmatrix}1&0&2&1\\2&3&5&1\\3&-1&0&2\\1&1&2&3\end{bmatrix}.$$

(2) 设$(\alpha_1,\alpha_1+\alpha_2,\alpha_1+\alpha_2+\alpha_3,\alpha_1+\alpha_2+\alpha_3+\alpha_4)=(\alpha_1,\alpha_2,\alpha_3,\alpha_4)T$,易知过渡矩阵

$$T=\begin{bmatrix}1&1&1&1\\0&1&1&1\\0&0&1&1\\0&0&0&1\end{bmatrix}\to T^{-1}=\begin{bmatrix}1&-1&&\\&1&-1&\\&&1&-1\\&&&1\end{bmatrix}.$$

设 $\mathscr{A}$ 在基 $\alpha_1,\alpha_1+\alpha_2,\alpha_1+\alpha_2+\alpha_3,\alpha_1+\alpha_2+\alpha_3+\alpha_4$ 下的方阵表示为 C,则有

$$C=T^{-1}AT=\begin{bmatrix}-2&0&1&0\\1&-4&-8&-7\\1&4&6&4\\1&3&4&7\end{bmatrix}.$$

(以上在(1),(2)中我们用的是两个不同的解决问题思路:(1)用的是求基向量的象在基上的坐标,可以说是用的方阵表示的定义.用在这里,几乎不用经什么计算即得;(2)用的是线性变换在不同基下的方阵是相似的,利用已知的 A 和两组基的过渡矩阵 T 及公式 $C=T^{-1}AT$.)

38. 设线性变换 $\mathscr{A}$ 在基 $\alpha_1=(1,2)^{\mathrm{T}}$, $\alpha_2=(2,3)^{\mathrm{T}}$ 下方阵为$\begin{bmatrix}3&5\\4&3\end{bmatrix}$.而线性变换 $\mathscr{B}$ 在

基 $\beta_1=(3,1)^{\mathrm T},\beta_2=(4,2)^{\mathrm T}$，下方阵为$\begin{bmatrix}4 & 6\\6 & 9\end{bmatrix}$，求变换 $\mathscr{A}+\mathscr{B}$ 在基 β_1,β_2 下的方阵表示.

解 设从基 α_1,α_2 到基 β_1,β_2 的过渡矩阵为 T，即有$(\beta_1,\beta_2)=(\alpha_1,\alpha_2)T$，所以 $T=(\alpha_1,\alpha_2)^{-1}(\beta_1,\beta_2)$，于是 $\mathscr{A}$ 在基 β_1,β_2 下的方阵为

$$A_1=T^{-1}AT=(\beta_1,\beta_2)^{-1}(\alpha_1,\alpha_2)A(\alpha_1,\alpha_2)^{-1}(\beta_1,\beta_2)$$

$$=\begin{bmatrix}1 & -2\\-\frac{1}{2} & \frac{3}{2}\end{bmatrix}\begin{bmatrix}1 & 2\\2 & 3\end{bmatrix}\begin{bmatrix}3 & 5\\4 & 3\end{bmatrix}\begin{bmatrix}-3 & 2\\2 & -1\end{bmatrix}\begin{bmatrix}3 & 4\\1 & 2\end{bmatrix}=\begin{bmatrix}40 & 38\\-\frac{71}{2} & -34\end{bmatrix}.$$

$\mathscr{A}+\mathscr{B}$ 在基 β_1,β_2 下的方阵为

$$\begin{bmatrix}40 & 38\\-\frac{71}{2} & -34\end{bmatrix}+\begin{bmatrix}4 & 6\\6 & 9\end{bmatrix}=\begin{bmatrix}44 & 44\\-\frac{59}{2} & -25\end{bmatrix}.$$

39. 设线性变换 $\mathscr{A}$ 在基 $\alpha_1=(-3,7)^{\mathrm T},\alpha_2=(1,-2)^{\mathrm T}$ 下方阵为$\begin{bmatrix}2 & -1\\5 & -3\end{bmatrix}$，线性变换 $\mathscr{B}$ 在基 $\beta_1=(6,-7)^{\mathrm T},\beta_2=(-5,6)^{\mathrm T}$ 下方阵表示为$\begin{bmatrix}1 & 3\\2 & 7\end{bmatrix}$，求变换 $\mathscr{A}\mathscr{B}$ 在基$(1,0)^{\mathrm T}$，$(0,1)^{\mathrm T}$ 下的方阵表示.

解 因为$(\alpha_1,\alpha_2)=(e_1,e_2)T_1$，所以 $T_1=(\alpha_1,\alpha_2)$，又因$(\beta_1,\beta_2)=(e_1,e_2)T_2$，故 $T_2=(\beta_1,\beta_2)$. 于是知 $\mathscr{A}$ 在基 e_1,e_2 下的方阵为

$$A_1=T_1\begin{bmatrix}2 & -1\\5 & -3\end{bmatrix}T_1^{-1}=\begin{bmatrix}-3 & 1\\7 & -2\end{bmatrix}\begin{bmatrix}2 & -1\\5 & -3\end{bmatrix}\begin{bmatrix}2 & 1\\7 & 3\end{bmatrix}=\begin{bmatrix}-2 & -1\\1 & 1\end{bmatrix}.$$

$\mathscr{B}$ 在 e_1,e_2 下方阵表示为

$$B_1=T_2\begin{bmatrix}1 & 3\\2 & 7\end{bmatrix}T_2^{-1}=\begin{bmatrix}6 & -5\\-7 & 6\end{bmatrix}\begin{bmatrix}1 & 3\\2 & 7\end{bmatrix}\begin{bmatrix}6 & 5\\7 & 6\end{bmatrix}=\begin{bmatrix}-143 & -122\\177 & 151\end{bmatrix}.$$

故 $\mathscr{A}\mathscr{B}$ 在基 e_1,e_2 下的方阵为 $A_1B_1=\begin{bmatrix}109 & 93\\34 & 29\end{bmatrix}$.

40. n 维线性空间 V 上线性变换 $\mathscr{A}$ 称为非奇异的，是指 $\mathscr{A}$ 在某基下的方阵表示 A 非奇异(即 $\det A\neq 0$). 试证明 $\mathscr{A}$ 非奇异与以下每个命题等价：

(1) 若 $\mathscr{A}x=0$，总有 $x=0$；

(2) $\mathscr{A}$ 把 V 的基变为基；

(3) 若 $x_1\neq x_2$，总有 $\mathscr{A}x_1\neq\mathscr{A}x_2$；

(4) $\mathscr{A}$ 为满射；

(5) $\mathscr{A}$ 有逆.

证 任 $x\in V$，其坐标记为 $\mathscr{I}x$. 则 $\mathscr{A}x=0\Leftrightarrow A\mathscr{I}x=0$.

(1) $\mathscr{A}$非奇异$\Leftrightarrow \det A\neq 0 \Leftrightarrow A\mathscr{I}x=0$,只有零解($\mathscr{I}x=0$) $\Leftrightarrow$ $\mathscr{A}x=0$ 只有零解($x=0$).

(2) $\mathscr{A}$在基$\alpha_1,\alpha_2,\cdots,\alpha_n$下方阵表示为$A$,即有

$$(\mathscr{A}\alpha_1,\cdots,\mathscr{A}\alpha_n)=(\alpha_1,\cdots,\alpha_n)A,$$

于是有$\mathscr{A}$非奇异$\Leftrightarrow \det A\neq 0\Leftrightarrow A$可逆(其列线性无关)$\Leftrightarrow \mathscr{A}\alpha_1,\cdots,\mathscr{A}\alpha_n$线性无关($A$的$i$列为$\mathscr{A}\alpha_i$的坐标)$\Leftrightarrow \mathscr{A}\alpha_1,\cdots,\mathscr{A}\alpha_n$为基.

(3) 原命题等价于:若$(x_1-x_2)\neq 0$,总有$\mathscr{A}(x_1-x_2)\neq 0$,也即是$\mathscr{A}(x_1-x_2)=0$,仅当$(x_1-x_2)=0$成立.于是由(1)立得.也可由以下得出:

$$\det A\neq 0\Leftrightarrow A\mathscr{I}(x_1-x_2)\neq 0\ (\text{当}\ \mathscr{I}x_1\neq \mathscr{I}x_2)$$

$$\Leftrightarrow \mathscr{A}(x_1-x_2)\neq 0\ (\text{当}\ x_1\neq x_2).$$

(4) $\Rightarrow$任$x\in V$,由A可逆,故可令$A^{-1}\mathscr{I}x=\mathscr{I}y$,即$\mathscr{I}x=A\mathscr{I}y$,所以找到$y$使$x=\mathscr{A}y$,故$\mathscr{A}$为满射.

$\Leftarrow$若$\mathscr{A}$为满射,则$\mathscr{A}V=V$,所以$\mathscr{A}\alpha_1,\cdots,\mathscr{A}\alpha_n$是$V$的基(因$\mathscr{A}V=L(\mathscr{A}\alpha_1,\cdots,\mathscr{A}\alpha_n)$),故其坐标列线性无关,即$A$的列线性无关,故$\det A\neq 0$,所以$\mathscr{A}$非奇异.

(5) 定义

$$\mathscr{B}: V\to V,$$

$$x\mapsto \mathscr{B}x,$$

其中$\mathscr{B}$在基$\alpha_1,\cdots,\alpha_n$下的方阵为A^{-1}.于是

$\mathscr{A}$为非奇异的$\Leftrightarrow \det A\neq 0 \Leftrightarrow AA^{-1}=I \Leftrightarrow \mathscr{A}\mathscr{B}=\mathscr{E}$为恒等变换$\Leftrightarrow \mathscr{A}$有逆.

41. 求在某基$\alpha_1,\cdots,\alpha_n$下有下列方阵表示A的$\mathbb{R}^{(n)}$的线性变换$\mathscr{A}$的特征根与特征向量:

$$(1)\ \begin{bmatrix}2&-1&2\\5&-3&3\\-1&0&-2\end{bmatrix};\quad (2)\ \begin{bmatrix}0&1&0\\-4&4&0\\-2&1&2\end{bmatrix};\quad (3)\ \begin{bmatrix}7&-12&6\\10&-19&10\\12&-24&13\end{bmatrix};$$

$$(4)\ \begin{bmatrix}4&-5&7\\1&-4&9\\-4&0&5\end{bmatrix};\quad (5)\ \begin{bmatrix}1&0&0&0\\0&0&0&0\\1&0&0&0\\0&0&0&1\end{bmatrix};\quad (6)\ \begin{bmatrix}3&-1&0&0\\1&1&0&0\\3&0&5&-3\\4&-1&3&-1\end{bmatrix}.$$

解　(1) $P_A(\lambda)=\det(\lambda I-A)=\lambda^3+3\lambda^2+3\lambda+1=(\lambda+1)^3=0$,所以$\lambda=-1$为$\mathscr{A}$的特征根(三重根).$\mathscr{A}$的特征向量$x$是满足$\mathscr{A}x=\lambda x$的非零向量,其坐标是齐次线性方程组$(\lambda I-A)x=0$的非零解.

对$\lambda=-1$解$(\lambda I-A)x=0$.

$$\begin{bmatrix}-3&1&-2\\-5&2&-3\\1&0&1\end{bmatrix}\to\begin{bmatrix}1&0&1\\0&1&1\\0&2&2\end{bmatrix}\to\begin{bmatrix}1&0&1\\0&1&1\\0&0&0\end{bmatrix}\ \text{所以}\ X=c_1\begin{bmatrix}1\\1\\-1\end{bmatrix},\ c_1\neq 0,$$

故$L(\alpha)=L(\alpha_1+\alpha_2-\alpha_3)$中全部非零向量均是$\mathscr{A}$的属于特征值$-1$的特征向量.

(2) $P_A(\lambda)=\det(\lambda I-A)=\lambda(\lambda-2)(\lambda-4)+4(\lambda-2)=(\lambda-2)^3=0$,故 $\lambda=-2$ 为 $\mathscr{A}$ 的特征值.

解 $(-2I-A)x=0$,得 $x=c_1(1,2,0)^{\mathrm{T}}+c_2(0,0,1)^{\mathrm{T}}$,$c_1,c_2$ 不同时为 0.故 $\alpha=\alpha_1+2\alpha_2$,$\beta=\alpha_3$ 为特征向量,$\mathscr{A}$ 的属于特征根 -2 的全部特征向量为 $L(\alpha,\beta)$ 中非零者.

(3) $P_A(\lambda)=\lambda^3-\lambda^2-\lambda+1=(\lambda-1)^2(\lambda+1)=0$,$\lambda=1$(为二重根),$\lambda=-1$ 为 $\mathscr{A}$ 的特征根.

对 $\lambda=1$,解 $(I-A)x=0$,得 $x=c_1(2,1,0)^{\mathrm{T}}+c_2(1,0,-1)^{\mathrm{T}}$,故 $\mathscr{A}$ 的属于特征值 1 的特征向量为 $L(\beta_1,\beta_2)$ 中非零向量,其中 $\beta_1=2\alpha_1+\alpha_2$,$\beta_2=\alpha_1-\alpha_3$.

对 $\lambda=-1$,解 $(-I-A)x=0$,得 $x=c_1(3,5,6)^{\mathrm{T}}$,故 $\mathscr{A}$ 属于特征值 -1 的特征向量为

$$c_1(3\alpha_1+5\alpha_2+6\alpha_3),\quad c_1\neq 0.$$

(4) $P_A(\lambda)=\lambda^3-5\lambda^2+17\lambda-13=(\lambda-1)(\lambda^2-4\lambda+13)=0$.

对 $\lambda_1=1$,解 $(\lambda_1 I-A)x=0$,得 $x_1=c_1(1,2,1)^{\mathrm{T}}$,故 $\mathscr{A}$ 的属于特征根 1 的特征向量为

$$c_1(\alpha_1+2\alpha_2+\alpha_3),\quad c_1\neq 0.$$

对 $\lambda_2=2+3\mathrm{i}$,解 $(\lambda_2 I-A)x=0$,得 $x_2=c_2(3-3\mathrm{i},5-3\mathrm{i},4)^{\mathrm{T}}$,故 $\mathscr{A}$ 的属于特征值 $2+3\mathrm{i}$ 的特征向量为 $c_2((3-3\mathrm{i})\alpha_1+(5-3\mathrm{i})\alpha_2+4\alpha_3)$,其中 $c_2\neq 0$.

对 $\lambda_3=2-3\mathrm{i}$,解 $(\lambda_3 I-A)x=0$,得 $x_3=c_3(3+3\mathrm{i},5+3\mathrm{i},4)^{\mathrm{T}}$,故 $\mathscr{A}$ 的属于特征值 $2-3\mathrm{i}$ 的特征向量为

$$c_3((3+3\mathrm{i})\alpha_1+(5+3\mathrm{i})\alpha_2+4\alpha_3),\ \text{其中}\ c_3\neq 0.$$

(5) $P_A(\lambda)=\det(\lambda I-A)=\lambda^2(\lambda-1)^2=0$.

对 $\lambda=1$,解得 $x=c_1(1,0,1,0)^{\mathrm{T}}+c_2(0,0,0,1)^{\mathrm{T}}$,记 $\gamma_1=\alpha_1+\alpha_3$,$\gamma_2=\alpha_4$,则 $\mathscr{A}$ 的属于特征值 1 的特征向量为 $c_1\gamma_1+c_2\gamma_2$(c_1,c_2 不同时为 0).

对 $\lambda=0$,解得 $x=c_3(0,1,0,0)^{\mathrm{T}}+c_4(0,0,1,0)^{\mathrm{T}}$,记 $\gamma_3=\alpha_2$,$\gamma_4=\alpha_3$,则 $\mathscr{A}$ 的属于特征根 0 的特征向量为 $c_3\alpha_2+c_4\alpha_3$(c_3,c_4 不同时为 0).

$$(6)\ P_A(\lambda)=\begin{vmatrix}\lambda-3 & 1 & 0 & 0\\ -1 & \lambda-1 & 0 & 0\\ -3 & 0 & \lambda-5 & 3\\ -4 & 1 & -3 & \lambda+1\end{vmatrix}=\begin{vmatrix}\lambda-3 & 1\\ -1 & \lambda-1\end{vmatrix}\begin{vmatrix}\lambda-5 & 3\\ -3 & \lambda+1\end{vmatrix}$$

$$=(\lambda-2)^4=0.$$

对 $\lambda=2$ 解 $(\lambda I-A)x=0$,得 $x=c_1(1,1,-1,0)^{\mathrm{T}}+c_2(1,1,0,1)^{\mathrm{T}}$,故 $\mathscr{A}$ 的属于特征值 2 的特征向量为

$$c_1(\alpha_1+\alpha_2-\alpha_3)+c_2(\alpha_1+\alpha_2+\alpha_4),$$

其中 c_1,c_2 不同时为 0.

42. 设 $\mathscr{A}$ 是 n 维线性空间 V 的线性变换,若 $\mathscr{A}$ 有 n 个互异的特征值,试证明 $\mathscr{A}$ 可对角化(即有对角形方阵表示).反过来对不对?

证　因为 $\mathscr{A}$ 的属于不同特征根的特征向量是线性无关的，于是由 $\mathscr{A}$ 有 n 个不同特征值知 $\mathscr{A}$ 有 n 个线性无关的特征向量，取之为基，则 $\mathscr{A}$ 在此基上的方阵表示为对角阵 $\operatorname{diag}\{\lambda_1,\cdots,\lambda_n\}$.

反之，若 $\mathscr{A}$ 可对角化，并不能得出 $\mathscr{A}$ 有 n 个互异的特征值，如纯量变换 $\mathscr{K}$，它的方阵表示为 kI，是对角阵，但只有一个 n 重特征值 $\lambda=k$.

43. 设 $\mathscr{A}$ 为线性空间 V 的线性变换，在基 $\alpha_1,\cdots,\alpha_n$ 下方阵表示如下. 试问 $\mathscr{A}$ 是否可对角化（即在某基下有对角方阵表示）？若可以，则求出使其对角化的基及对角形方阵表示：

$$(1)\begin{bmatrix}-1&3&-1\\-3&5&-1\\-3&3&1\end{bmatrix};\quad(2)\begin{bmatrix}6&-5&-3\\3&-2&-2\\2&-2&0\end{bmatrix};\quad(3)\begin{bmatrix}1&1&1&1\\1&1&-1&-1\\1&-1&1&-1\\1&-1&-1&1\end{bmatrix};$$

$$(4)\begin{bmatrix}4&-3&1&2\\5&-8&5&4\\6&-12&8&5\\1&-3&2&2\end{bmatrix};\quad(5)\begin{bmatrix}0&0&0&1\\0&0&1&0\\0&1&0&0\\1&0&0&0\end{bmatrix}.$$

解　(1) $P_A(\lambda)=\det(\lambda I-A)=(\lambda-1)(\lambda-2)^2=0$. 对特征值 $\lambda=1$，解得特征向量 $\eta_1=\alpha_1+\alpha_2+\alpha_3$；对特征值 $\lambda=2$，解得两线性无关特征向量 $\eta_2=\alpha_1+\alpha_2$，$\eta_3=\alpha_1-3\alpha_3$，则在基 η_1,η_2,η_3 上 $\mathscr{A}$ 的方阵表示为

$$\operatorname{diag}\{1,2,2\}.$$

(2) $P_A(\lambda)=(\lambda-1)(\lambda^2-3\lambda+2)=(\lambda-1)^2(\lambda-2)=0$. 对特征值 $\lambda=1$（二重根），只有一个线性无关的特征向量 $\eta=\alpha_1+\alpha_2$，所以 $\mathscr{A}$ 不可对角化.

(3) $P_A(\lambda)=(\lambda-2)^3(\lambda+2)=0$. 对特征值 $\lambda=2$，解得三个线性无关的特征向量

$$\eta_1=\alpha_1+\alpha_2,\ \eta_2=\alpha_1+\alpha_3,\ \eta_3=\alpha_1+\alpha_4;$$

对特征值 $\lambda=-2$，解得特征向量 $\eta_4=\alpha_1-\alpha_2-\alpha_3-\alpha_4$，则在基 $\eta_1,\eta_2,\eta_3,\eta_4$ 下 $\mathscr{A}$ 的方阵表示为

$$\operatorname{diag}\{2,2,2,-2\}.$$

(4) $P_A(\lambda)=\det(\lambda I-A)=\lambda^4-6\lambda^3+13\lambda^2-12\lambda+4=(\lambda-1)^2(\lambda-2)^2=0$.

对 $\lambda=1$ 解得两线性无关特征向量 $\eta_1=\dfrac{1}{2}\alpha_1+\dfrac{5}{6}\alpha_2+\alpha_3$，$\eta_2=\dfrac{1}{2}\alpha_1+\dfrac{1}{6}\alpha_2+\alpha_4$；但对 $\lambda=2$（二重根）只解得一个线性无关的特征向量 $\eta_3=\alpha_1+\alpha_2+\alpha_3$，所以 $\mathscr{A}$ 不可对角化.

(5) $P_A(\lambda)=\det(\lambda I-A)=\begin{vmatrix}\lambda&-1\\-1&\lambda\end{vmatrix}^2=(\lambda^2-1)^2=(\lambda+1)^2(\lambda-1)^2=0$.

对 $\lambda=1$，得两线性无关特征向量 $\eta_1=\alpha_2+\alpha_3$，$\eta_2=\alpha_1+\alpha_4$；对 $\lambda=-1$，得两线性无关特

征向量 $\eta_3=-\alpha_1+\alpha_4$，$\eta_4=-\alpha_2+\alpha_3$，所以 $\mathscr{A}$ 在基 $\eta_1,\eta_2,\eta_3,\eta_4$ 上的方阵表示为

$$\mathrm{diag}\{1,1,-1,-1\}.$$

44. 设

$$A=\begin{bmatrix} & & 1\\ & \iddots & \\ 1 & & \end{bmatrix},$$

试求可逆阵 P 使得 $P^{-1}AP=B$ 为对角阵.

解 因

$$P_A(\lambda)=\begin{cases}\begin{vmatrix}\lambda & & & & & -1\\ & \ddots & & & \iddots & \\ & & \lambda & -1 & & \\ & & -1 & \lambda & & \\ & \iddots & & & \ddots & \\ -1 & & & & & \lambda\end{vmatrix}=\begin{vmatrix}\lambda & -1\\ -1 & \lambda\end{vmatrix}^k=(\lambda-1)^k(\lambda+1)^k, & n=2k;\\ \begin{vmatrix}\lambda & & & & & & -1\\ & \ddots & & & & \iddots & \\ & & \lambda & & -1 & & \\ & & & \lambda-1 & & & \\ & & -1 & & \lambda & & \\ & \iddots & & & & \ddots & \\ -1 & & & & & & \lambda\end{vmatrix}=\begin{vmatrix}\lambda & -1\\ -1 & \lambda\end{vmatrix}^k(\lambda-1)=(\lambda-1)^{k+1}(\lambda+1)^k, & n=2k+1.\end{cases}$$

$\lambda=1$，解 $(\lambda I-A)x=0$，得

$$x_{11}=\begin{bmatrix}1\\0\\\vdots\\0\\1\end{bmatrix},\ x_{12}=\begin{bmatrix}0\\1\\0\\\vdots\\0\\1\\0\end{bmatrix},\cdots,x_{1k}=\begin{bmatrix}0\\\vdots\\0\\1\\1\\0\\\vdots\end{bmatrix},\ x_{1k+1}=\begin{bmatrix}0\\\vdots\\0\\1\\0\\\vdots\\0\end{bmatrix},$$

当 $n=2k$ 时，没有 x_{1k+1} 这个特征向量. 而当 $n=2k+1$ 时，$x_{1k}=(0,\cdots,0,1,0,1,0,\cdots,0)^{\mathrm{T}}$.

对 $\lambda=-1$，解 $(-I-A)x=0$，得

$$x_{21}=\begin{bmatrix}-1\\0\\\vdots\\0\\1\end{bmatrix},\ x_{22}=\begin{bmatrix}0\\-1\\0\\\vdots\\0\\1\\0\end{bmatrix},\cdots,\ x_{2k}=\begin{bmatrix}0\\\vdots\\0\\-1\\1\\0\\\vdots\end{bmatrix}.$$

当 $n=2k+1$ 时，$x_{2k}=(0,\cdots,0,-1,0,1,0,\cdots,0)^{\mathrm{T}}$，于是取

$$P=\begin{bmatrix}1&&&&&-1\\&\ddots&&&\iddots&\\&&1&-1&&\\&&1&1&&\\&\iddots&&&\ddots&\\1&&&&&1\end{bmatrix}_{2k},\quad 或\ P=\begin{bmatrix}1&&&&&&-1\\&\ddots&&&&\iddots&\\&&1&&-1&&\\&&&1&&&\\&&1&&1&&\\&\iddots&&&&\ddots&\\1&&&&&&1\end{bmatrix}_{2k+1},$$

则

$$P^{-1}AP=\begin{bmatrix}I_k&\\&-I_k\end{bmatrix}_{2k},\quad 或\ P^{-1}AP=\begin{bmatrix}I_{k+1}&\\&-I_k\end{bmatrix}_{2k+1}.$$

45. 用 $\mathrm{r}(\mathscr{A})$ 表示 n 维线性空间 V 的线性变换 $\mathscr{A}$ 的秩(即其象的维数)，用 $\mathrm{null}(\mathscr{A})$ 表示 $\mathscr{A}$ 的**零度**(即其核的秩). 对 $\mathbb{R}^{(n)}$ 的线性变换 $\mathscr{A}$ 与 $\mathscr{B}$ 及 $\mathbb{R}^{(n)}$ 的任一子空间 W，以及 W 在 $\mathscr{A}$ 下的(全)**原象** $\mathscr{A}^{-1}W$，证明：

(1) $\dim W-\mathrm{null}(\mathscr{A})\leqslant\dim\mathscr{A}W\leqslant\dim W$；

(2) $\dim W\leqslant\dim\mathscr{A}^{-1}W\leqslant\dim W+\mathrm{null}(\mathscr{A})$；

(3) $\mathrm{r}(\mathscr{A}+\mathscr{B})\leqslant\mathrm{r}(\mathscr{A})+\mathrm{r}(\mathscr{B})$；

(4) $\mathrm{null}(\mathscr{A}\mathscr{B})\leqslant\mathrm{null}(\mathscr{A})+\mathrm{null}(\mathscr{B})$.

证　(1) 设 $\mathscr{A}$ 在 W 上的导出变换为 $\mathscr{A}_1$，则有

$$\dim W=\dim\ker\mathscr{A}_1+\dim\mathscr{A}_1W$$

而 $\ker\mathscr{A}_1\subseteq\ker(\mathscr{A})$，$\mathscr{A}_1W=\mathscr{A}W$，故得

$$\dim W\leqslant\mathrm{null}(\mathscr{A})+\dim\mathscr{A}W.$$

(2) 记 $W\cap\mathrm{Im}\mathscr{A}=W_1$，$W=W_1\oplus W_2$，$\mathrm{Im}\mathscr{A}=W_1\oplus W_3$. 记 $\dim W_i=d_i\,(i=1,2,3)$，$\mathrm{null}(\mathscr{A})=k$. 记 $\mathscr{A}^{-1}W=\mathscr{A}^{-1}W_1$ 的维数为 s. 由维数公式知

$$n=\dim\ker\mathscr{A}+\dim\mathrm{Im}\mathscr{A}=k+d_1+d_3.$$

而由 $V=\mathbb{R}^{(n)}\supset W+\mathrm{Im}\mathscr{A}$，知 $n\geqslant d_1+d_2+d_3$. 所以 $k\geqslant d_2$.

再因为 $\mathscr{A}(\mathscr{A}^{-1}W)\subset W$，故将 $\mathscr{A}$ 限制到 $\mathscr{A}^{-1}W$ 得到线性映射 $\mathscr{A}_1$：$\mathscr{A}^{-1}W\rightarrow W$. 故

$$s=\dim\mathscr{A}^{-1}W=\dim\ker\mathscr{A}_1+\dim\operatorname{Im}\mathscr{A}_1.$$

由 $\ker\mathscr{A}_1=\ker\mathscr{A}$(因 $\mathscr{A}^{-1}(0)\subset\mathscr{A}^{-1}W$),$\operatorname{Im}\mathscr{A}_1=W_1$,即得

$$s=k+d_1\geqslant d_2+d_1=\dim W,$$

$$s=k+d_1\leqslant k+(d_1+d_2)=\operatorname{null}(\mathscr{A})+\dim W.$$

(3) 设 $\mathscr{A},\mathscr{B}$ 在某基下方阵表示分别为 A,B,则由 4.3 节 34 题(3)知有 $\mathrm{r}(A+B)\leqslant\mathrm{r}(A)+\mathrm{r}(B)$,即得

$$\mathrm{r}(\mathscr{A}+\mathscr{B})\leqslant\mathrm{r}(\mathscr{A})+\mathrm{r}(\mathscr{B}).$$

(4) 由 $n=\operatorname{null}(\mathscr{A}\mathscr{B})+\mathrm{r}(\mathscr{A}\mathscr{B})=\operatorname{null}\mathscr{B}+\mathrm{r}(\mathscr{B})$,得

$$\operatorname{null}(\mathscr{A}\mathscr{B})=n-\mathrm{r}(\mathscr{A}\mathscr{B})=\operatorname{null}\mathscr{B}+\mathrm{r}(\mathscr{B})-\mathrm{r}(\mathscr{A}\mathscr{B}).$$

记 $\mathscr{B}V=W_1$,则 $\mathrm{r}(\mathscr{B})=\dim W_1$,$\mathrm{r}(\mathscr{A}\mathscr{B})=\dim(\mathscr{A}W_1)$,由(1) 有

$$\mathrm{r}(\mathscr{B})-\mathrm{r}(\mathscr{A}\mathscr{B})=\dim W_1-\dim(\mathscr{A}W_1)\leqslant\operatorname{null}\mathscr{A},$$

故

$$\operatorname{null}(\mathscr{A}\mathscr{B})\leqslant\operatorname{null}\mathscr{A}+\operatorname{null}\mathscr{B}.$$

注 (4)也可以利用 n 阶方阵关于秩的公式:$\mathrm{r}(AB)\geqslant\mathrm{r}(A)+\mathrm{r}(B)-n$ 来证,把 $\mathrm{r}(AB)=n-\operatorname{null}(\mathscr{A}\mathscr{B})$,$\mathrm{r}(A)=n-\operatorname{null}(\mathscr{A})$,$\mathrm{r}(B)=n-\operatorname{null}(\mathscr{B})$代入上式,即得证.

46. 证明:线性变换 $\mathscr{A}$ 的任意一组特征向量张成的向量空间必是 $\mathscr{A}$ 的不变子空间.

证 设 $W=\langle x_1,\cdots,x_s\rangle$,其中 x_i 满足 $\mathscr{A}x_i=\lambda_i x_i(i=1,\cdots,s)$. 任 $\alpha\in W$,记 $\alpha=\sum\limits_{k=1}^{s}c_k x_k$,则有

$$\mathscr{A}\alpha=\sum_{k=1}^{s}c_k\mathscr{A}x_k=\sum_{k=1}^{s}c_k\lambda_k x_k\in W,$$

所以 W 是 $\mathscr{A}$ 的不变子空间.

47. 设 A 是 n 阶方阵且满足 $\mathrm{r}(A+I)+\mathrm{r}(A-I)=n$,则 $A^2=I$.

证 设 $\mathrm{r}(A+I)=r$,则$(A+I)X=0$ 的解空间是 $n-r$ 维的,它是 A 的属于特征值 $\lambda=-1$ 的特征子空间,取 $X_{r+1},\cdots,x_n$ 为其基.

又由已知得 $\mathrm{r}(A-I)=n-r$,所以$(A-I)X=0$ 的解空间是 r 维的,它是 A 的属于特征值 1 的特征子空间,取其基为 $X_1,\cdots,X_r$.

令 $P=(X_1,\cdots,X_r,X_{r+1},\cdots,X_n)$,显然 P 可逆(属于不同特征值的特征向量线性无关),且有

$$P^{-1}AP=\begin{bmatrix}I_r & \\ & -I_{n-r}\end{bmatrix}\to A=P\begin{bmatrix}I_r & \\ & -I_{n-r}\end{bmatrix}P^{-1}\to A^2=I.$$

48. 证明:若空间所有非零向量均为线性变换 $\mathscr{A}$ 的特征向量,则 $\mathscr{A}$ 为纯量变换,即有常数 c 使 $\mathscr{A}x=cx$ 对所有向量 x 成立.

证 取 x_1,x_2 线性无关,且设 $\mathscr{A}x_1=\lambda_1x_1$,$\mathscr{A}x_2=\lambda_2x_2$,则 $\mathscr{A}(x_1+x_2)=\mathscr{A}x_1+\mathscr{A}x_2=\lambda_1x_1+\lambda_2x_2$,要$(x_1+x_2)$也是特征向量则须 $\lambda_1x_1+\lambda_2x_2=\lambda(x_1+x_2)$,即

$$(\lambda_1-\lambda)x_1+(\lambda_2-\lambda)x_2=0,$$

但 x_1,x_2 线性无关，所以必 $\lambda=\lambda_1=\lambda_2$，即 $\mathscr{A}$ 的所有特征值相同，即对任 x，有 $\mathscr{A}x=cx$.

49. 设 $\mathscr{A}$ 为非奇异线性变换，证明 $\mathscr{A}$ 的不变子空间均为 $\mathscr{A}^{-1}$ 的不变子空间.

证 方法1 设 W 是 $\mathscr{A}$ 的不变子空间，在 W 中取基 $\alpha_1,\cdots,\alpha_r$ 并扩充为 V 的基 $\alpha_1,\cdots,\alpha_r,\alpha_{r+1},\cdots,\alpha_n$，则 $\mathscr{A}$ 在此基上的方阵表示为 $A=\begin{bmatrix}A_1 & A_3\\ 0 & A_2\end{bmatrix}$，其中 A_1,A_2 均可逆(因 A 可逆).

又 $\mathscr{A}^{-1}$ 在上述基上的方阵表示为 $A^{-1}=\begin{bmatrix}A_1^{-1} & *\\ 0 & A_2^{-1}\end{bmatrix}$，即仍为准上三角阵，所以 W 是 $\mathscr{A}^{-1}$ 的不变子空间.

方法2 设 W 是 $\mathscr{A}$ 的不变子空间，在 W 中取基 $\alpha_1,\cdots,\alpha_r$，则因 $\mathscr{A}$ 可逆，所以 $\mathscr{A}\alpha_1,\cdots,\mathscr{A}\alpha_r$ 亦线性无关且是 W 的基. 于是任 $\beta\in W$，有

$$\beta=k_1\mathscr{A}\alpha_1+\cdots+k_r\mathscr{A}\alpha_r=\mathscr{A}(k_1\alpha_1+\cdots+k_r\alpha_r),$$

所以

$$\mathscr{A}^{-1}\beta=k_1\alpha_1+\cdots+k_r\alpha_r\in W.$$

方法3 因为 $\mathscr{A}$ 可逆，W 为 $\mathscr{A}$ 的不变子空间，所以 $\mathscr{A}|_W=\mathscr{A}_1$ 仍为可逆，所以 $W=\mathscr{A}_1W$，两边用 $\mathscr{A}^{-1}$ 作用得：$\mathscr{A}^{-1}W=\mathscr{A}^{-1}\mathscr{A}_1W=\mathscr{A}^{-1}\mathscr{A}W=W$，故 W 是 $\mathscr{A}^{-1}$ 的不变子空间.

50. 若 W 是线性变换 $\mathscr{A}$ 的不变子空间，则其象 $\mathscr{A}W$，及原象 $\mathscr{A}^{-1}W$ 均为 $\mathscr{A}$ 的不变子空间.

证 ① 任 $\alpha\in\mathscr{A}W$，$\mathscr{A}\alpha\in\mathscr{A}W$，故 $\mathscr{A}W$ 是 $\mathscr{A}$ 的不变子空间.

② 任 $\alpha\in\mathscr{A}^{-1}W$，则 $\beta=\mathscr{A}\alpha\in W$，故知 $\gamma=\mathscr{A}\beta\in W$(因 W 是 $\mathscr{A}$ 的不变子空间)，所以

$$\mathscr{A}\alpha=\beta=\mathscr{A}^{-1}\gamma,\qquad \gamma\in W,$$

于是 $\mathscr{A}\alpha\in\mathscr{A}^{-1}W$，故 $\mathscr{A}^{-1}W$ 是 $\mathscr{A}$ 的不变子空间.

51. 设 $\mathbb{R}^{(n)}$ 的线性变换 $\mathscr{A}$ 在基 $\alpha_1,\cdots,\alpha_n$ 下的方阵表示为对角形，且对角线上元素互异，求 $\mathscr{A}$ 的所有不变子空间，共多少个？

解 由已知 $\alpha_1,\cdots,\alpha_n$ 均为 $\mathscr{A}$ 的分别属于特征值 $\lambda_1,\cdots,\lambda_n$ 的特征向量. 对任 k，

$$W=\langle\alpha_{i_1},\cdots,\alpha_{i_k}\rangle$$

均是 $\mathscr{A}$ 的不变子空间(由第46题)，其中 $1\leqslant i_1<\cdots<i_k\leqslant n$.

又若 $W_1\subset\mathbb{R}^{(n)}$ 是 $\mathscr{A}$ 的不变子空间，则 $\mathscr{A}_1=\mathscr{A}|_{W_1}$ 是 W_1 上的线性变换，其特征值是 $\mathscr{A}$ 的特征值的一部分，不妨设为 $\lambda_1,\cdots,\lambda_r$，且 $r=\dim W_1$，故存在 $\beta_1,\cdots,\beta_r\in W_1$，使 $\mathscr{A}_1\beta_1=\lambda_1\beta_1,\cdots,\mathscr{A}_1\beta_r=\lambda_1\beta_r$，由于 $\mathscr{A}_1\beta_i=\mathscr{A}\beta_i$，所以 β_i 是 $\mathscr{A}$ 的特征向量，故 $\beta_i=k_i\alpha_i$，$k_i\neq0$，所以 $W_1=\langle\beta_1,\cdots,\beta_r\rangle=\langle\alpha_1,\cdots,\alpha_r\rangle$. 即所有不变子空间均可由特征向量张成. 共有

$$1+C_n^1+C_n^2+\cdots+C_n^{n-1}+1=(1+1)^n=2^n \text{ 个}.$$

52. 证明：复线性空间的任何两个可交换的线性变换必有公共的特征向量.

证 记这样的两个线性变换分别为 $\mathscr{A},\mathscr{B}$,由已知有 $\mathscr{A}\mathscr{B}=\mathscr{B}\mathscr{A}$. 又设 λ_0 是 $\mathscr{A}$ 的一个特征值(特征多项式在复数域上总有根),相应的特征子空间记为 V_{λ_0},即 $V_{\lambda_0}=\ker(\mathscr{A}-\lambda_0\mathscr{E})$. 下证 V_{λ_0} 是 $\mathscr{B}$ 的不变子空间:任 $\alpha\in V_{\lambda_0}$,有

$$(\mathscr{A}-\lambda_0\mathscr{E})\mathscr{B}\alpha=\mathscr{B}(\mathscr{A}-\lambda_0\mathscr{E})\alpha=\mathscr{B}0=0,$$

所以 $\mathscr{B}\alpha\in\ker(\mathscr{A}-\lambda_0\mathscr{E})=V_{\lambda_0}$. 故得证.

又记 $\mathscr{B}_1=\mathscr{B}|_{V_{\lambda_0}}$,则 $\mathscr{B}_1$ 是 V_{λ_0} 上的线性变换,在 $\mathbb{C}$ 上有特征值 μ,于是有特征向量 β,使 $\mathscr{B}_1\beta=\mu\beta(\beta\neq 0,\beta\in V_{\lambda_0})$,此即 $\mathscr{B}\beta=\mu\beta$ 而 $\mathscr{A}\beta=\lambda_0\beta$,所以 β 是 $\mathscr{A},\mathscr{B}$ 的公共特征向量(此证明中 $\mathscr{E}$ 表恒等变换).

53. 证明:若 $B=P^{-1}AP$,$f(X)$为多项式,则 $f(B)=P^{-1}f(A)P$.

证 设 $f(X)=a_nX^n+a_{n-1}X^{n-1}+\cdots+a_1X+a_0$,则

$$\begin{aligned}f(B)&=a_nB^n+a_{n-1}B^{n-1}+\cdots+a_1B+a_0I\\&=a_n(P^{-1}AP)^n+a_{n-1}(P^{-1}AP)^{n-1}+\cdots+a_1(P^{-1}AP)+a_0I\\&=P^{-1}(a_nA^n+a_{n-1}A^{n-1}+\cdots+a_1A+a_0I)P=P^{-1}f(A)P.\end{aligned}$$

(这里用到$(P^{-1}AP)^k=(P^{-1}AP)\cdots(P^{-1}AP)=P^{-1}A^kP$.)

54. 证明:两个对角方阵相似的充分必要条件为对角线元素相同,只是排列次序不同.

证 记 $A=\mathrm{diag}\{\lambda_1,\cdots,\lambda_n\}$, $B=\mathrm{diag}\{\mu_1,\cdots,\mu_n\}$,对角线上分别为它们的特征值.

$\Rightarrow$若有 $B=P^{-1}AP$,则 $\det(\lambda I-A)=\det(\lambda I-B)$,所以其特征值对应相等.

$\Leftarrow$若 $\lambda_{i_k}=\mu_k$, $k=1,\cdots,n$,则取 P 为第一种初等方阵(即由对换单位方阵的两行得到)之积(这样的 P 也称为置换方阵),即有 $P^{-1}AP=B$. 即 A 相似于 B.

55. 设 A,B 为实方阵,若 A,B 在$\mathbb{C}$上相似(即有复方阵 P,使 $P^{-1}AP=B$),则 A,B 在$\mathbb{R}$上相似(即有实方阵 T 使 $T^{-1}AT=B$).

证 设 $P=P_1+\mathrm{i}P_2$,由 $P^{-1}AP=B$ 知 $A(P_1+\mathrm{i}P_2)=(P_1+\mathrm{i}P_2)B$,故得

$$AP_1=P_1B,\ AP_2=P_2B\rightarrow A(P_1+\mu P_2)=(P_1+\mu P_2)B,$$

因 $\det(P_1+\mu P_2)$为 μ 的 n 次多项式,在实数域中最多有 n 个根,避开它们即可使 $P_1+\mu P_2$ 为可逆的. 令其为 T,则 T 为实方阵,且有 $T^{-1}AT=B$.

***56.** 设数域 K 包含域 F,方阵 A,B 的元素属于 F. 证明:若 A,B 在 K 上相似(即有元素属于 K 的方阵 P 使 $P^{-1}AP=B$),则 A,B 在 F 上相似(即有元素属于 F 的方阵 T 使 $T^{-1}AT=B$).

证 因为 $P^{-1}AP=B$ 相当于 $AP=PB$,即 $AP-PB=0$,把 $P=(p_{ij})$的元素看成变元,则 $AP-PB=0$ 是 n^2 个方程,n^2 个未知数的齐次线性方程组,它的系数(由 a_{ij}, b_{ij} 构成)属于 F. 由题设知此线性方程组有非零解 $p_{ij}\in K$,所以系数行列式为 0,故在 F 上也有非零解 $P=(p_{ij})$ $(p_{ij}\in F,1\leqslant i,j\leqslant n)$. 以下只要证明 F 上有解 P 且 P 可逆即可.

$AP-PB=0$ 的基础解系(即解空间的基)可取为 F 上的方阵 $P_1,\cdots,P_s$(基础解系由令自由未知元为$(0,\cdots,0,1)^{\mathrm{T}},\cdots,(1,0,\cdots,0)^{\mathrm{T}}$ 得到)由题设可知,存在 K 上一解 P 是可逆的,令 $P=x_1P_1+x_2P_2+\cdots+x_sP_s$,这相当于说存在 $x_i\in K$,使 $\det P=\det(x_1P_1+\cdots+x_sP_s)\neq 0$. 注意 $\det(x_1P_1+\cdots+x_sP_s)=f(x_1,\cdots,x_s)$是 $x_1,\cdots,x_s$ 的多项式.

以下证明:对系数属于 F 的非零多项式 $f(x_1,\cdots,x_s)$必存在$(c_1,\cdots,c_s)\in F^s$,使 $f(c_1,\cdots,c_s)\neq 0$. $s=1$ 时显然,设对 $s-1$ 情形成立,看 s 情形:因 f 不是 0 多项式,所以 $f(x_1,\cdots,x_s)=a_0x_s^m+\cdots+a_m$,其中 $a_i=a_i(x_1,\cdots,x_{s-1})\in F[x_1,\cdots,x_{s-1}]$,且 $a_0\neq 0$. 故由归纳假设知存在 $c_1,\cdots,c_{s-1}$ 使 $a_0(c_1,\cdots,c_{s-1})\neq 0$,即

$$f(c_1,\cdots,c_{s-1},x_s)=a_0(c_1,\cdots,c_s)x_s^m+\cdots+a_m(c_1,\cdots,c_{s-1})\neq 0,$$

所以必存在 $c_s=x_s$ 代入得$f(c_1,\cdots,c_s)\neq 0$.

57. 设方阵 A 与 B 可交换且均相似于对角形,则它们可同时对角化(即存在方阵 P 使 $P^{-1}AP,P^{-1}BP$ 同时为对角形).

证 因为 A 相似于对角阵,所以必存在 P_1 使

$$P_1^{-1}AP_1=\begin{bmatrix}\lambda_1I_{n1} & & \\ & \ddots & \\ & & \lambda_sI_{n_s}\end{bmatrix},\quad \text{其中 } \lambda_1,\cdots,\lambda_s \text{ 互异}.$$

由 $AB=BA$,知有 $P_1^{-1}AP_1P_1^{-1}BP_1=P_1^{-1}BP_1P_1^{-1}AP_1$,利用 4.3 节 13 题知 $P_1^{-1}BP_1=\mathrm{diag}\{B_{11},\cdots,B_{ss}\}$为准对角阵,且由 B 可对角化知,存在 Q_i 使 $Q_i^{-1}B_{ii}Q_i$ 为对角阵($i=1,\cdots,s$),记

$$P_2=\begin{bmatrix}Q_1 & & \\ & \ddots & \\ & & Q_s\end{bmatrix},$$

取 $P=P_1P_2$,则 $P^{-1}AP,P^{-1}BP$ 同时为对角形.

58. 设 Φ 是一族 n 阶方阵,其中方阵两两可交换且均相似于对角形,则 Φ 中方阵可同时对角化(即存在可逆方阵 P 使对任意 $A\in\Phi$ 均有 $P^{-1}AP$ 为对角形).

证 若方阵 A 只有一个不同的特征值,则 $A=P^{-1}\lambda IP=\lambda I$ 为纯量方阵,故若所有 Φ 中方阵均只有一个不同的特征值,则定理显然. 现设 Φ 中有一个方阵 A_1 至少有两个互异的特征值,于是存在 P_1 使

$$P_1^{-1}A_1P_1=\begin{bmatrix}\lambda_1I & & \\ & \ddots & \\ & & \lambda_sI\end{bmatrix},\quad \lambda_1,\cdots,\lambda_s \text{ 互异},s\geqslant 2.$$

由第 57 题知:对所有与 A_1 可交换的方阵 A_i 均有

$$P_1^{-1}A_iP_1=\begin{bmatrix}A_{i_1} & & \\ & \ddots & \\ & & A_{i_s}\end{bmatrix},$$

因每个方阵 A_{ij}, $i=2,3,\cdots,j=1,2,\cdots,s$ 的阶均小于 n,故对每个固定的 j,由归纳假设知存在可逆阵 Q_j 使 $Q_j^{-1}A_{ij}Q_j=B_{ij}$ 为对角形($1\leqslant j\leqslant s$, $i=2,3,\cdots$),令 $P_2=\operatorname{diag}\{Q_1,\cdots,Q_s\}$,取 $P=P_1P_2$,则对任 $A_i\in\Phi$, $P^{-1}A_iP$ 为对角阵.

59. 设 V 是复数域$\mathbb{C}$上的 n 维线性空间,$\mathscr{A}$ 是 V 的线性变换,则 $\mathscr{A}$ 有任意 r 维的不变子空间($1\leqslant r\leqslant n$).

证 因为 $\mathscr{A}$ 在$\mathbb{C}$上有 n 个特征根 $\lambda_1,\cdots,\lambda_n$(重根计入),于是由定理 6.12,在 V 中存在一组基 $\varepsilon_1,\cdots,\varepsilon_n$,使 $\mathscr{A}$ 在此基上的方阵表示为上三角阵:

$$\begin{bmatrix}\lambda_1 & b_{12} & \cdots & b_{1n}\\ & \lambda_2 & \ddots & \vdots\\ & & \ddots & b_{n-1,n}\\ & & & \lambda_n\end{bmatrix},$$

则 $W_r=\langle\varepsilon_1,\cdots,\varepsilon_r\rangle(1\leqslant r\leqslant n)$ 是 $\mathscr{A}$ 的 r 维不变子空间.事实上,任 $\alpha\in W_r$,有 $\alpha=\sum\limits_{i=1}^{r}x_i\varepsilon_i$,则 $\mathscr{A}\alpha=\sum\limits_{i=1}^{r}x_i\mathscr{A}\varepsilon_i$,其中 $\mathscr{A}\varepsilon_i=b_{1i}\varepsilon_1+\cdots+b_{i-1,i}\varepsilon_{i-1}+\lambda_i\varepsilon_i\in W_r(1\leqslant i\leqslant r)$. 所以 $\mathscr{A}\alpha\in W_r$,故得证.

60. 设 V 是实数域$\mathbb{R}$上二阶方阵所成的线性空间,其中一组基为

$$\varepsilon_1=\begin{bmatrix}1 & 0\\ 0 & 0\end{bmatrix},\quad \varepsilon_2=\begin{bmatrix}1 & 1\\ 0 & 0\end{bmatrix},\quad \varepsilon_3=\begin{bmatrix}1 & 1\\ 1 & 0\end{bmatrix},\quad \varepsilon_4=\begin{bmatrix}1 & 1\\ 1 & 1\end{bmatrix},$$

它们在线性变换 σ 下的象分别为

$$\alpha_1=\begin{bmatrix}1 & 0\\ 3 & 0\end{bmatrix},\quad \alpha_2=\begin{bmatrix}1 & 1\\ 3 & 3\end{bmatrix},\quad \alpha_3=\begin{bmatrix}3 & 1\\ 7 & 3\end{bmatrix},\quad \alpha_4=\begin{bmatrix}3 & 3\\ 7 & 7\end{bmatrix}.$$

求 $\sigma(\alpha_1),\sigma(\alpha_2),\sigma(\alpha_3),\sigma(\alpha_4)$.

解 取 V 的自然基

$$E_{11}=\begin{bmatrix}1 & 0\\ 0 & 0\end{bmatrix},\quad E_{12}=\begin{bmatrix}0 & 1\\ 0 & 0\end{bmatrix},\quad E_{13}=\begin{bmatrix}0 & 0\\ 1 & 0\end{bmatrix},\quad E_{14}=\begin{bmatrix}0 & 0\\ 0 & 1\end{bmatrix},$$

且设 σ 在此基下的方阵表示为 A. 又用 $\tilde{\varepsilon}_i,\tilde{\alpha}_i$ 分别记 ε_i,α_i 在此自然基下的坐标列($\in\mathbb{R}^{(4)}$),于是有

$$\tilde{\alpha}_i=A\tilde{\varepsilon}_i,\quad i=1,2,3,4.$$

也即有

$$(\tilde{\alpha}_1,\tilde{\alpha}_2,\tilde{\alpha}_3,\tilde{\alpha}_4)=A(\tilde{\varepsilon}_1,\tilde{\varepsilon}_2,\tilde{\varepsilon}_3,\tilde{\varepsilon}_4).$$

故知

$$A=(\tilde{\alpha}_1,\tilde{\alpha}_2,\tilde{\alpha}_3,\tilde{\alpha}_4)(\tilde{\varepsilon}_1,\tilde{\varepsilon}_2,\tilde{\varepsilon}_3,\tilde{\varepsilon}_4)^{-1}$$

$$=\begin{bmatrix}1&1&3&3\\0&1&1&3\\3&3&7&7\\0&3&3&7\end{bmatrix}\begin{bmatrix}1&1&1&1\\0&1&1&1\\0&0&1&1\\0&0&0&1\end{bmatrix}^{-1}=\begin{bmatrix}1&0&2&0\\0&1&0&2\\3&0&4&0\\0&3&0&4\end{bmatrix}.$$

则

$$\widetilde{\sigma\alpha_1}=A\tilde{\alpha}_1=\begin{bmatrix}7\\0\\15\\0\end{bmatrix},\quad \widetilde{\sigma\alpha_2}=A\tilde{\alpha}_2=\begin{bmatrix}7\\7\\15\\15\end{bmatrix},\quad \widetilde{\sigma\alpha_3}=A\tilde{\alpha}_3=\begin{bmatrix}17\\7\\37\\15\end{bmatrix},\quad \widetilde{\sigma\alpha_4}=A\tilde{\alpha}_4=\begin{bmatrix}17\\17\\37\\37\end{bmatrix}.$$

这是 $\sigma\alpha_1,\sigma\alpha_2,\sigma\alpha_3,\sigma\alpha_4$ 在自然基下的坐标,故知

$$\sigma\alpha_1=\begin{bmatrix}7&0\\15&0\end{bmatrix},\quad \sigma\alpha_2=\begin{bmatrix}7&7\\15&15\end{bmatrix},\quad \sigma\alpha_3=\begin{bmatrix}17&7\\37&15\end{bmatrix},\quad \sigma\alpha_4=\begin{bmatrix}17&17\\37&37\end{bmatrix}.$$

6.4 补充题与解答

1. 设$\mathbb{R}^3$中的线性变换$\mathscr{A}$把基$\alpha=(1,0,1)$,$\beta=(0,1,0)$,$\gamma=(0,0,1)$变为基$(1,0,2)$,$(-1,2,-1)$,$(1,0,0)$,试求$\mathscr{A}$在基α,β,γ及基$\varepsilon_1=(1,0,0)$,$\varepsilon_2=(0,1,0)$,$\varepsilon_3=(0,0,1)$下的方阵表示.

解 设$\mathscr{A}$在基α,β,γ下的矩阵为A,在基$\varepsilon_1,\varepsilon_2,\varepsilon_3$下的矩阵为$B$. 则有

$$(\sigma\alpha,\sigma\beta,\sigma\gamma)=(\alpha,\beta,\gamma)A\to(\widetilde{\sigma\alpha},\widetilde{\sigma\beta},\widetilde{\sigma\gamma})=(\tilde{\alpha},\tilde{\beta},\tilde{\gamma})A;\tag{1}$$

$$(\widetilde{\sigma\alpha},\widetilde{\sigma\beta},\widetilde{\sigma\gamma})=B(\tilde{\alpha},\tilde{\beta},\tilde{\gamma}).\tag{2}$$

其中$\widetilde{\sigma\alpha}$,是$\sigma\alpha$在自然基$\varepsilon_1,\varepsilon_2,\varepsilon_3$下的坐标.

又因为在$\mathbb{R}^3$中,每个向量的坐标就是其转置. 故得

$$A=(\tilde{\alpha}\ \tilde{\beta}\ \tilde{\gamma})^{-1}(\widetilde{\sigma\alpha}\ \widetilde{\sigma\beta}\ \widetilde{\sigma\gamma})=\begin{bmatrix}1&0&0\\0&1&0\\1&0&1\end{bmatrix}^{-1}\begin{bmatrix}1&-1&1\\0&2&0\\2&-1&0\end{bmatrix}=\begin{bmatrix}1&-1&1\\0&2&0\\1&0&-1\end{bmatrix};$$

$$B=(\widetilde{\sigma\alpha}\ \widetilde{\sigma\beta}\ \widetilde{\sigma\gamma})(\tilde{\alpha}\ \tilde{\beta}\ \tilde{\gamma})^{-1}=\begin{bmatrix}1&-1&1\\0&2&0\\2&-1&0\end{bmatrix}\begin{bmatrix}1&0&0\\0&1&0\\1&0&1\end{bmatrix}^{-1}=\begin{bmatrix}0&-1&1\\0&2&0\\2&-1&0\end{bmatrix}.$$

这里$A=C^{-1}D$和$B=DC^{-1}$均不必求逆后再做方阵乘法. 可直接由对(C,D)做初等行变换化为$(I,C^{-1}D)$和对$\begin{bmatrix}C\\D\end{bmatrix}$做初等列变换化为$\begin{bmatrix}I\\DC^{-1}\end{bmatrix}$得到. 详见5.2节解题方法介绍.

注　公式(1),(2)的来源见 6.2 节求线性变换在某基下的矩阵的方法中 2 与 3.

2. 设 $\mathscr{A}$ 是数域 F 上 n 维线性空间 V 的线性变换,证明:

(1) 在 $F[X]$ 中至少有一个次数 $\leqslant n^2$ 的多项式 $f(X)$,使得 $f(\mathscr{A})=0$;

(2) $\mathscr{A}$ 可逆的充分必要条件是有一常数项不为零的多项式 $f(X)$,使得 $f(\mathscr{A})=0$.

证　(1) 方法 1　因为 $\dim L(V)=n^2$,所以 $L(V)$ 中 n^2+1 个向量 $\mathscr{E},\mathscr{A},\mathscr{A}^2,\cdots,\mathscr{A}^{n^2}$ 必线性相关. 即存在不全为 0 的数 $a_0,a_1,\cdots,a_{n^2}$ 使

$$a_{n^2}\mathscr{A}^{n^2}+a_{n^2-1}\mathscr{A}^{n^2-1}+\cdots+a_1\mathscr{A}+a_0\mathscr{E}=0.$$

方法 2　由于 $\mathscr{A}$ 的特征多项式是 $\mathscr{A}$ 的化零多项式,而 $\deg f_{\mathscr{A}}(\lambda)=n\leqslant n^2$,所以得证.

(2) $\Leftarrow$(充分性)若存在 $f(X)=X^m+a_{m-1}X^{m-1}+\cdots+a_1X+a_0$,其中 $a_0\neq 0$,使 $f(\mathscr{A})=0$,即有

$$\mathscr{A}^m+a_{m-1}\mathscr{A}^{m-1}+\cdots+a_1\mathscr{A}+a_0\mathscr{E}=0,$$

于是得　$\mathscr{A}(\mathscr{A}^{m-1}+a_{m-1}\mathscr{A}^{m-2}+\cdots+a_1)=-a_0\mathscr{E}$, 所以 $\mathscr{A}$ 可逆.

$\Rightarrow$(必要性)方法 1　由(1)知存在 $f(X)$ 使 $f(\mathscr{A})=0(\deg f\leqslant n^2)$. 当 $\mathscr{A}$ 可逆时,设此多项式从低次往高次数,第一个不为零的项为 $a_k\mathscr{A}^k$,则由

$$\mathscr{A}^m+a_{m-1}\mathscr{A}^{m-1}+\cdots+a_k\mathscr{A}^k=0$$

左乘 $(\mathscr{A}^{-1})^k$,得

$$\mathscr{A}^{m-k}+a_{m-1}\mathscr{A}^{m-1-k}+\cdots+a_k\mathscr{E}=0,$$

因为 $a_k\neq 0$,所以 $g(X)=X^{m-k}+a_{m-1}X^{m-1-k}+\cdots+a_k$ 为所求.

方法 2　设 $\mathscr{A}$ 的特征多项式为

$$f_{\mathscr{A}}(\lambda)=\lambda^n+a_{n-1}\lambda^{n-1}+\cdots+a_1\lambda+a_0\varepsilon,\quad \text{其中 } a_0=\det A.$$

则 $f_{\mathscr{A}}(\mathscr{A})=0$,且当 $\mathscr{A}$ 可逆时,A 可逆,故 $a_0=\det A\neq 0$. 即 $f_{\mathscr{A}}(\lambda)$ 满足题设条件(这里 A 是 $\mathscr{A}$ 在某基上的方阵表示).

此题中 $\mathscr{E}$ 表恒等变换.

3. 设数域 F 上的 n 阶方阵

$$A=\sum_{i=1}^{s}(A_iB_i-B_iA_i),$$

且 A 与 A_i 均可交换(其中 A_i,B_i 均为 F 上的 n 阶方阵,$i=1,\cdots,s$),试证明 $A^n=0$.

证　因 $A^k=\sum\limits_{i=1}^{s}A^{k-1}(A_iB_i-B_iA_i)=\sum\limits_{i=1}^{s}(A_i(A^{k-1}B_i)-(A^{k-1}B_i)A_i)$,故 $\operatorname{tr}(A^k)=0$(对任意正整数 k,用到 $\operatorname{tr}(AB)=\operatorname{tr}(BA)$). 设 A 的特征多项式为 $f(\lambda)=\lambda^n+a_1\lambda^{n-1}+\cdots+a_n$,其复根(即 A 的复特征值)为 $\lambda_1,\cdots,\lambda_n$,则 A^k 的复特征值为 $\lambda_1^k,\cdots,\lambda_n^k$,故

$$S_k=\lambda_1^k+\cdots+\lambda_n^k=\operatorname{tr}(A^k)=0.$$

由牛顿公式(见 1.3 节习题 52)知道

$$a_k = \frac{(-1)^k}{k!}\begin{vmatrix} S_1 & 1 & & \\ S_2 & S_1 & \ddots & \\ \vdots & \ddots & \ddots & k-1 \\ S_k & \cdots & S_2 & S_1 \end{vmatrix} = 0.$$

所以 $f(\lambda)=\lambda^n$. 从而 $A^n=f(A)=0$(因为特征多项式是化零多项式).

4. 设

$$\cdots\longrightarrow V_{i-1}\xrightarrow{\varphi_{i-1}} V_i \xrightarrow{\varphi_i} V_{i+1}\longrightarrow\cdots$$

为线性空间的线性映射序列(即各 V_i 为线性空间,各 φ_i 为线性映射). 如果

$$\mathrm{Im}\varphi_{i-1} = \ker\varphi_i,$$

则称此序列在 V_i **正合**(exact). 如果在所有 V_i 均正合(对任意 i)则称此序列为**正合序列**.

(1) $0\xrightarrow{\sigma_0}V_1\xrightarrow{\eta}V_2$ 在 V_1 正合当且仅当 η 为单射;

(2) $V_1\xrightarrow{\Psi}V_2\xrightarrow{\sigma_1}0$ 在 V_2 正合当且仅当 Ψ 为满射;

(3) $0\longrightarrow V_1\xrightarrow{\eta}V_2\xrightarrow{\Psi}V_3\longrightarrow 0$ 为**短正合序列**(即在 V_1,V_2,V_3 均正合)当且仅当有同构

$$V_2/V_1 \xrightarrow[\cong]{\bar{\Psi}} V_3, \quad \bar{\Psi}(\bar{\alpha}) = \Psi(\alpha);$$

(4) 设 $0\longrightarrow V_1\xrightarrow{\eta}V_2\xrightarrow{\Psi}V_3\longrightarrow 0$ 为短正合序列,则

$$V_2 = V_1' \oplus V_3',$$

且 $V_1\cong V_1'$, $V_3'\cong V_3$(映射分别为 η 和 Ψ 的限制).

证　(1) 注意 $\mathrm{Im}\sigma_0=0$,故 $\mathrm{Im}\sigma_0=\ker\eta$ 当且仅当 $\ker\eta=0$,即 η 为单射.

(2) 注意 $\ker\sigma_1=V_2$,故 $\mathrm{Im}\Psi=\ker\sigma_1$ 当且仅当 $\mathrm{Im}\Psi=V_2$,即 Ψ 为满射.

(3) 注意 $V_2/\ker\Psi\cong\mathrm{Im}\Psi, \bar{\alpha}\mapsto\Psi(\alpha)$. 而在 V_2 正合相当于 $\ker\Psi=\mathrm{Im}\eta\cong V_1$(后者是因为在 V_1 正合,即 η 为单射),在 V_3 正合相当于 Ψ 为满射,即 $\mathrm{Im}\Psi=V_3$,即得.

(4) 令 $V_1'=\mathrm{Im}\eta=\ker\Psi$,取 V_1' 的一个补子空间记为 V_3',即 $V_2=V_1'\oplus V_3'$. 设 Ψ 限制到 V_3' 记为 Ψ_3,则 $\ker\Psi_3=\ker\Psi\cap V_3'=V_1'\cap V_3'=\{0\}$,而

$$V_3 = \Psi(V_2) = \Psi(V_1')\oplus\Psi(V_3') = \Psi(V_3') = \Psi_3(V_3'),$$

故 Ψ_3 引起 $V_3\cong V_3'$.

第7章

方阵相似标准形与空间分解

7.1 定义与定理

定理 7.1(孙子定理) 整数的一次同余式组

$$\begin{cases} x = b_1 & (\mathrm{mod}\ m_1), \\ \cdots\ \cdots\ \cdots \\ x = b_s & (\mathrm{mod}\ m_s), \end{cases}$$

当 $m_1,\cdots,m_s$ 为两两互素的整数时,对任意的整数 $b_1,\cdots,b_s$ 总有整数解 x,且此解在模 $m=m_1\cdots m_s$ 意义下唯一.事实上,记 $M_i=m/m_i$,由辗转相除法求得整数 $u_1,\cdots,u_s$,使得

$$u_1M_1+\cdots+u_sM_s=1,$$

记 $e_i=u_iM_i(1\leqslant i\leqslant s)$,则

$$x\equiv b_1e_1+\cdots+b_se_s \quad (\mathrm{mod}\ m).$$

定理 7.1′(孙子分解) 设 $m=m_1\cdots m_s$,其中 m_i 为两两互素整数($1\leqslant i\leqslant s$).则有直和分解

$$\mathbb{Z}/m\mathbb{Z}=\mathbb{Z}\bar{e}_1\oplus\mathbb{Z}\bar{e}_2\oplus\cdots\oplus\mathbb{Z}\bar{e}_s\cong\mathbb{Z}/m_1\mathbb{Z}\oplus\mathbb{Z}/m_2\mathbb{Z}\oplus\cdots\oplus\mathbb{Z}/m_s\mathbb{Z},$$

$$\bar{x}=b_1\bar{e}_1+\cdots+b_s\bar{e}_s\mapsto(b_1,b_2,\cdots,b_s),$$

其中 $x\equiv b_i(\mathrm{mod}\ m_i)$,$\mathbb{Z}\bar{e}_i\cong\mathbb{Z}/m_i\mathbb{Z}$ ($1\leqslant i\leqslant s$).而且

$$\bar{e}_1+\bar{e}_2+\cdots+\bar{e}_s=\bar{1},$$

$$\bar{e}_i\bar{e}_j=\bar{0}(\text{当 } i\neq j),\quad \bar{e}_i^2=\bar{e}_i.$$

定义 7.1 设 $\mathscr{A}$ 为 V 上的线性变换,A 为 n 阶方阵.若多项式形式 $g(\lambda)\in F[\lambda]$ 使得 $g(\mathscr{A})=0$ 为零变换(或 $g(A)=0$ 为零矩阵),则 $g(\lambda)$ 称为 $\mathscr{A}$ 的(或 A 的)零化多项式或化零多项式.

定义 7.2 线性变换 $\mathscr{A}$(方阵 A)的最低次首一零化多项式称为 $\mathscr{A}$ 的(A 的)最小多项式,或极小多项式,记为 $m_{\mathscr{A}}(\lambda)$($m_A(\lambda)$)或 $m(\lambda)$.

定理 7.2 对任一线性变换 $\mathscr{A}$,其极小多项式存在且唯一;其倍式全体 $\{m_{\mathscr{A}}(\lambda)h(\lambda)\mid h(\lambda)\in F[\lambda]\}$ 即为 $\mathscr{A}$ 的零化多项式全体.

定理 7.3(Cayley-Hamilton) 线性变换 $\mathscr{A}$(或方阵 A)的特征多项式 $f(\lambda)$ 是 $\mathscr{A}$(或 A)

的零化多项式.

定理 7.4 设 $F\subset\mathbb{C}$ 为数域,线性变换 $\mathscr{A}$ 的特征多项式 $f(\lambda)$ 在 $F[\lambda]$ 中分解为

$$f(\lambda)=p_1(\lambda)^{d_1}p_2(\lambda)^{d_2}\cdots p_s(\lambda)^{d_s},$$

其中 $p_i(\lambda)$ 为 F 上不可约多项式,$d_i>0(i=1,\cdots,s)$,则 $\mathscr{A}$ 的最小多项式 $m_{\mathscr{A}}(\lambda)$ 为

$$m(\lambda)=p_1(\lambda)^{r_1}p_2(\lambda)^{r_2}\cdots p_s(\lambda)^{r_s},$$

其中 $d_i\geqslant r_i>0(i=1,\cdots,s)$. 特别,$f(\lambda)$ 与 $m(\lambda)$ 的根集相同(重数可不同)不可约因子集也相同.

定理 7.5 设

$$A=\begin{bmatrix}0 & & & & -c_0\\ 1 & \ddots & & & -c_1\\ & \ddots & \ddots & & \vdots\\ & & \ddots & 0 & -c_{n-2}\\ & & & 1 & -c_{n-1}\end{bmatrix},$$

A 称为多项式 $f(\lambda)=c_0+c_1\lambda+\cdots+c_{n-1}\lambda^{n-1}+\lambda^n\in F[\lambda]$ 的**友阵**,则 A 的最小多项式和特征多项式均为 $f(\lambda)$.

定义 7.3 设多项式形式 $f(\lambda)\in F[\lambda]$,则记

$$\ker f=\ker f(\lambda)=\{\alpha\in V\mid f(\mathscr{A})\alpha=0\},$$

称 $\ker f(\mathscr{A})$ 为属于 f 的**广义特征子空间**,其向量称为**广义特征向量**.

引理 7.1 设 $f,g\in F[\lambda]$,$m=m(\lambda)$ 是 $\mathscr{A}$ 的最小多项式,$\mathscr{A}$ 是 V 上的线性变换,则

(1) $\ker f$ 是 $\mathscr{A}$ 的不变子空间;

(2) $\ker(1)=0$, $\ker(m)=V$;

(3) 若 $g\mid f$,则 $\ker g\subset\ker f$;

(4) $\ker(f)\cap\ker(g)=\ker(d)$,其中 $d=(f,g)$ 为最大公因子;

(5) $\ker(f)+\ker(g)=\ker(M)$,其中 $M=[f,g]$ 为最小公倍;

(6) 若 f 与 g 互素,则 $\ker(fg)=\ker(f)\oplus\ker(g)$.

系 设 $\mathscr{A}$ 为 V 的线性变换,极小多项式为

$$m(\lambda)=p_1(\lambda)^{r_1}\cdot\cdots\cdot p_s(\lambda)^{r_s},\quad p_i\text{ 为互异不可约多项式},$$

则有

$$V=\ker(p_1^{r_1})\oplus\cdots\oplus\ker(p_s^{r_s}).$$

定义 7.4 设 $W_1,\cdots,W_s$ 均为线性空间 V 的子空间,若有 $V=W_1\oplus\cdots\oplus W_s$,则对任意 $x\in V$,有唯一分解式 $x=x_1+\cdots+x_s$,其 $x_i\in W_i$,$i=1,2,\cdots,s$. 这时对每个 $i(1\leqslant i\leqslant s)$ 定义映射

$$\eta_i: W_i\to V,\ x_i\mapsto x;$$

$$\pi_i: V\to W_i,\ x\mapsto x_i.$$

则 η_i 为单射，称为**正则嵌入**；π_i 为满射，称为**正则投影**.

定理 7.6(空间准素分解)　设域 F 上线性空间 V 的线性变换 $\mathscr{A}$ 的最小多项式为

$$m(\lambda) = p_1(\lambda)^{r_1} p_2(\lambda)^{r_2} \cdots p_s(\lambda)^{r_s}, \quad s \geqslant 2.$$

其中 $p_i(\lambda)$ 为 F 上首一不可约多项式，互异，r_i 为正整数($i=1,\cdots,s$). 则

$$W_i = \ker p_i(\lambda)^{r_i} = \{\alpha \in V \mid p_i(\mathscr{A})^{r_i}\alpha = 0\}$$

是 $\mathscr{A}$ 的不变子空间，且

(1) $V=W_1\oplus W_2\oplus\cdots\oplus W_s$；

(2) $\mathscr{A}_i=\mathscr{A}|_{W_i}$ 的最小多项式为 $p_i(\lambda)^{r_i}$；

(3) 正则射影 $\mathscr{E}_i: V\to W_i$ 是 $\mathscr{A}$ 的多项式；

(4) 若线性变换 $\mathscr{B}$ 与 $\mathscr{A}$ 可交换，则 W_i 也是 $\mathscr{B}$ 的不变子空间($1\leqslant i\leqslant s$).

系 1　在定理 7.6 的条件下设 $\mathscr{A}$ 的特征多项式为

$$f(\lambda) = p_1(\lambda)^{d_1} p_2(\lambda)^{d_2} \cdots p_s(\lambda)^{d_s},$$

则 $p_i(\lambda)^{d_i}$ 是 $\mathscr{A}_i$ 的特征多项式($i=1,\cdots,s$)，且

$$W_i=\ker p_i(\lambda)^{r_i}=\ker p_i(\lambda)^{d_i}=\{\alpha\in V \mid p_i(\mathscr{A})^k\alpha=0, \text{对某正整数 } k \text{ 成立}\}.$$

系 2(方阵的准素形)　设域 F 上 n 阶方阵 A 的最小多项式为 $m(\lambda)=p_1(\lambda)^{r_1}\cdots p_s(\lambda)^{r_s}$，特征多项式为 $f(\lambda)=p_1(\lambda)^{d_1}\cdots p_s(\lambda)^{d_s}$ ($p_i(\lambda)\in F[\lambda]$为首一不可约，互异，$d_i\geqslant r_i$ 为正整数). 则

(1) 存在 F 上可逆方阵 P 使

$$A = P\begin{bmatrix} A_1 & & \\ & \ddots & \\ & & A_s \end{bmatrix} P^{-1}.$$

其中 A_i 的最小多项式和特征多项式分别为 $p_i(\lambda)^{r_i}$ 和 $p_i(\lambda)^{d_i}$ ($i=1,\cdots,s$).

(2) 方阵

$$E_i = P\operatorname{diag}(0,\cdots,0,I_{n_i},0,\cdots,0)P^{-1}$$

为 A 的多项式(这里的分块与(1)中分块一致，$n_i=\deg p_i(\lambda)^{d_i}$).

(3) 若方阵 B 与 A 可交换，则

$$B = P\begin{bmatrix} B_1 & & \\ & \ddots & \\ & & B_s \end{bmatrix} P^{-1}.$$

其中分块与(1)中一致，B_i 的阶为 $n_i=\deg p_i(\lambda)^{d_i}$.

系 3　域 F 上方阵 A 在 F 上相似于对角形方阵(即存在 F 上方阵 P 使 $P^{-1}AP$ 为对角阵)的充分必要条件为 A 的最小多项式 $m(\lambda)$ 在 F 上分解为互素的一次因子之积：

$$m(\lambda)=(\lambda-\lambda_1)\cdots(\lambda-\lambda_s), \quad \text{其中 } \lambda_1,\cdots,\lambda_s\in F \text{ 互异}.$$

系 4　设 V 是 F 上 n 维线性空间，若其线性变换 $\mathscr{A}$ 的特征多项式和最小多项式分

别为：

$$f(\lambda)=(\lambda-\lambda_1)^{d_1}\cdots(\lambda-\lambda_s)^{d_s},$$

$$m(\lambda)=(\lambda-\lambda_1)^{r_1}\cdots(\lambda-\lambda_s)^{r_s},$$

其中$\lambda_1,\cdots,\lambda_s\in F$互异，$d_i\geqslant r_i>0(1\leqslant i\leqslant s)$，则

(1) $V=W_1\oplus\cdots\oplus W_s$，其中

$$W_i=\ker(\lambda-\lambda_i)^{r_i}=\{\alpha\in V\mid(\lambda_i I-\mathscr{A})^k\alpha=0\text{ 对某正整数 }k\text{ 成立}\}$$

称为"属于λ_i的**根子空间**"，是$\mathscr{A}$的不变子空间，其中向量称为属于λ_i的**根向量**.

(2) $\mathscr{A}_i=\mathscr{A}|_{W_i}$的特征多项式为$(\lambda-\lambda_i)^{d_i}$，最小多项式为$(\lambda-\lambda_i)^{r_i}$.

(3) 正则射影$\mathscr{E}_i: V\longrightarrow W_i$是$\mathscr{A}$的多项式. 特别若$\mathscr{B}$是与$\mathscr{A}$可交换的线性变换，则$W_i$是$\mathscr{B}$的不变子空间$(1\leqslant i\leqslant s)$.

系 5 若域F上的n阶方阵A在F中有几个特征根(重根计入)，则有方阵D和N使

$$A=D+N,\qquad DN=ND,$$

其中D在F上相似于对角形方阵，N为幂零方阵. 并且D与N由A唯一决定且均为A的多项式.

定义 7.5 (1) 设$\alpha\in V$，则$F[\lambda]\alpha=F[\mathscr{A}]\alpha$称为$\alpha$生成的$\mathscr{A}$的**循环子空间**(这是含$\alpha$的最小不变子空间).

(2) 若V中有向量α使$F[\lambda]\alpha=V$，则称V是**循环空间**，称α是V的**循环向量**.

(3) 若

$$g(\lambda)\alpha=g(\mathscr{A})\alpha=0,$$

则称$g(\lambda)$为α的**零化或化零多项式**，α的化零多项式中次数最低的首一多项式称为α的**最小零化子**.

定理 7.7 设V是域F上n维线性空间，$\mathscr{A}$是V的线性变换. 固定$\alpha\in V$，记α生成的循环子空间为

$$W=F[\mathscr{A}]\alpha=F[\lambda]\alpha.$$

(1) 若$\alpha,\mathscr{A}\alpha,\cdots,\mathscr{A}^{k-1}\alpha$线性无关，而$\alpha,\mathscr{A}\alpha,\cdots,\mathscr{A}^k\alpha$线性相关，即存在不全为0的$c_0,\cdots,c_{k-1},1$使

$$\mathscr{A}^k\alpha+c_{k-1}\mathscr{A}^{k-1}\alpha+\cdots+c_0\alpha=0,$$

则$m_\alpha(\lambda)=\lambda^k+c_{k-1}\lambda^{k-1}+\cdots+c_1\lambda+c_0\in F[\lambda]$是$\alpha$的最小零化子.

(2) $W=F[\mathscr{A}]\alpha$的维数为$k=\deg m_\alpha(\lambda)$，且$\alpha,\mathscr{A}\alpha,\cdots,\mathscr{A}^{k-1}\alpha$是$W$的基.

(3) $\mathscr{A}_W=\mathscr{A}|_W$在上述基下的方阵表示为$m_\alpha(\lambda)$的**友阵**

$$A_W=\begin{bmatrix}0 & & & -c_0\\ 1 & \ddots & & \vdots\\ & \ddots & 0 & -c_{k-2}\\ & & 1 & -c_{k-1}\end{bmatrix},$$

特别知道 $\mathscr{A}_W$ 的最小多项式 m_W，特征多项式 f_W 及 α 的最小零化子 m_α 三者相等：

$$m_W = f_W = m_\alpha.$$

定义 7.6 设 W 是 $\mathscr{A}$ 的不变子空间，向量 α 到 W 的**导子** $C_{\alpha/W}$ 是指使 $g(\mathscr{A})\alpha\in W$ 的最低次首一多项式 $g(\lambda)$.

定理 7.8(循环分解定理) 设 V 是域 F 上 n 维线性空间，$\mathscr{A}$ 是 V 的线性变换，则

(1) $$V=F[\mathscr{A}]\alpha_1\oplus\cdots\oplus F[\mathscr{A}]\alpha_r,$$

其中 $V_i=F[\mathscr{A}]\alpha_i$ 是 $\alpha_i\in V$ 生成的非 0 循环子空间，特别 $\mathscr{A}_i=\mathscr{A}|_{V_i}$ 的最小多项式 $m_i=m_i(\lambda)$，特征多项式 $f_i=f_i(\lambda)$，及 α_i 的最小零化子 $m_{\alpha_i}=m_{\alpha_i}(\lambda)$ 三者相等：

$$m_i = f_i = m_{\alpha_i},\quad 1\leqslant i\leqslant r.$$

(2) $m_i\,|\,m_{i-1}(i=2,3,\cdots,r)$，且 $m_1,\cdots,m_r$ 由 $\mathscr{A}$ 唯一决定(称为 $\mathscr{A}$ 的**不变因子**). $\mathscr{A}$ 的最小多项式为 $m(\lambda)=m_i$，特征多项式为 $f(\lambda)=m_1\cdots m_r$.

系 设 $\mathscr{A}$ 是域 F 上 n 维线性空间 V 的线性变换，则

(1) 存在向量 $\alpha\in V$ 使得 $m_\alpha=m$，即 α 的最小零化子 $m_\alpha(\lambda)$ 等于 $\mathscr{A}$ 的最小多项式 $m_{\mathscr{A}}(\lambda)$.

(2) V 是循环空间($V=F[\mathscr{A}]\alpha$)当且仅当 $\mathscr{A}$ 的最小多项式 m 等于其特征多项式 f.

(3) $m\,|\,f$ 且 m 与 f 有相同的不可约因子，即若 $\mathscr{A}$ 的特征多项式分解为

$$f = p_1^{d_1}\cdots p_s^{d_s}.$$

其中 $p_1,\cdots,p_s$ 是 F 上不可约多项式，互异，则 $\mathscr{A}$ 的最小多项式为

$$m = p_1^{r_1}\cdots p_s^{r_s},$$

$d_i\geqslant r_i$ 为正整数，且 $\deg p_i^{d_i}=\dim\ker p_i^{r_i}(1\leqslant i\leqslant s)$.

定理 7.9(方阵的有理标准形，循环标准形) 对域 F 上任一方阵 A，存在着 F 上可逆方阵 P 使得

$$B = P^{-1}AP = \mathrm{diag}\{C(m_1),\cdots,C(m_r)\}.$$

其中 $C(m_i)$ 是 $m_i\in F[\lambda]$ 的友阵，且 $m_i\,|\,m_{i-1}(i=2,\cdots,r)$. $m_1,\cdots,m_r$ 由 A 唯一决定(称为 A 的不变因子). 特别知 A 的最小多项式为 m_1，特征多项式为 $f(\lambda)=m_1\cdots m_r$(方阵 B 称为 A 的**有理标准形**).

系 设 A 是域 F 上的 n 阶幂零方阵(即对某正整数 k 有 $A^k=0$)，则存在 F 上可逆方阵 P 使得

$$P^{-1}AP=\begin{bmatrix}A_1 & & \\ & \ddots & \\ & & A_r\end{bmatrix},\quad \text{其中 } A_i=\begin{bmatrix}0 & & & \\ 1 & \ddots & & \\ & \ddots & \ddots & \\ & & 1 & 0\end{bmatrix}_{k_i\times k_i},$$

且 $k_i\geqslant k_2\geqslant\cdots\geqslant k_r$.

定理 7.10(复数域$\mathbb{C}$上的若当标准分解) 设 V 是域 F 上 n 维线性空间，$\mathscr{A}$ 是 V 的线

性变换. 若 $\mathscr{A}$ 在 F 中有 n 个特征根(重根计入)(例如 $F=\mathbb{C}$ 时总如此), 则 V 分解为循环子空间的直和

$$V = W_1 \oplus W_2 \oplus \cdots \oplus W_t.$$

其中任一 W_i(记为 W)有如下性质: $\mathscr{A}_W = \mathscr{A}|_W$ 的最小多项式与特征多项式相等, 为 $(\lambda-c)^k$, 且存在 α 满足 $\alpha=\alpha_1, (\lambda-c)\alpha_1=\alpha_2, \cdots, (\lambda-c)^{k-1}\alpha_1=\alpha_k, (\lambda-c)^k\alpha_1=0$, 亦即

$$\mathscr{A}\alpha_1 = c\alpha_1+\alpha_2,\quad \mathscr{A}\alpha_2 = c\alpha_2+\alpha_3, \cdots, \mathscr{A}\alpha_{k-1} = c\alpha_{k-1}+\alpha_k,\quad \mathscr{A}\alpha_k = c\alpha_k.$$

在基 $\alpha_1, \cdots, \alpha_k$ 下 $\mathscr{A}_W$ 的方阵表示为 $J_k(c)$(自然 c, k, α 均随 i 不同而可能不同). 其中

$$J_k(c) = \begin{bmatrix} c & & & \\ 1 & \ddots & & \\ & \ddots & \ddots & \\ & & 1 & c \end{bmatrix}.$$

这种方阵称为**若当块**. 如上的序列 $\alpha_1, \cdots, \alpha_k$ 称为一个"**若当链**".

系(复方阵若当标准形) 设域 F 上 n 阶方阵 A 在 F 上有 n 个特征根(重根计入)(例如 $F=\mathbb{C}$ 时), 则存在 F 上可逆方阵 P 使

$$P^{-1}AP = \begin{bmatrix} J_1 & & \\ & \ddots & \\ & & J_t \end{bmatrix},$$

其中 J_i 为若当块, 且 J_i 由 A 唯一决定(不计次序)$(i=1, \cdots, t)$.

定理 7.11(一般域上(广义)若当标准形定理) 设 V 是域 F 上 n 维线性空间, $\mathscr{A}$ 是 V 的线性变换, 则 V 分解为循环子空间的直和:

$$V = W_1 \oplus \cdots \oplus W_t,$$

记 W 为任一 $W_i(i=1, \cdots, t)$, 则 $\mathscr{A}_W = \mathscr{A}|_W$ 的极小多项式和特征多项式均形如 $p(\lambda)^k$, $p(\lambda)$ 为 F 上 e 次不可约多项式. 且存在 $\alpha \in W$ 满足

$$\alpha = \alpha_1,\quad \mathscr{A}\alpha = \alpha_2,\quad \mathscr{A}^2\alpha = \alpha_3, \cdots,\quad \mathscr{A}^{e-1}\alpha = \alpha_e;$$

$$p(\mathscr{A})\alpha = \alpha_{e+1},\quad \mathscr{A}p(\mathscr{A})\alpha = \alpha_{e+2},\quad \mathscr{A}^2 p(\mathscr{A}) = \alpha_{e+3}, \cdots,\quad \mathscr{A}^{e-1}p(\mathscr{A})\alpha = \alpha_{2e};$$

$$\cdots\cdots$$

$$p(\mathscr{A})^{k-1}\alpha = \alpha_{(k-1)e+1},\quad \mathscr{A}p(\mathscr{A})^{k-1}\alpha = \alpha_{(k-1)e+2}, \cdots,\quad \mathscr{A}^{e-1}p(\mathscr{A})^{k-1}\alpha = \alpha_{ke}.$$

$$\mathscr{A}\alpha_e = \mathscr{A}^e\alpha = c_0\alpha_1 + c_1\alpha_2 + \cdots + c_{e-1}\alpha_e + \alpha_{e+1};$$

$$\mathscr{A}\alpha_{2e} = \mathscr{A}^e p(\mathscr{A})\alpha = c_0\alpha_{e+1} + c_1\alpha_{e+2} + \cdots + c_{e-1}\alpha_{2e} + \alpha_{2e+1};$$

$$\cdots\cdots$$

$$\mathscr{A}\alpha_{ke} = \mathscr{A}^e p(\mathscr{A})^{k-1}\alpha = c_0\alpha_{(k-1)e+1} + \cdots + c_{e-1}\alpha_{ke}.$$

使在基 $\alpha_1, \cdots, \alpha_{ke}$ 下, $\mathscr{A}|_W$ 的方阵表示形如

$$J(p(\lambda)^k)=\begin{bmatrix} C(p) & & & \\ E & \ddots & & \\ & \ddots & \ddots & \\ & & E & C(p) \end{bmatrix},\quad 其中\ E=\begin{bmatrix} & & 1 \\ & 0 & \\ & \therefore & \\ 0 & & \end{bmatrix},$$

$C(p)$是 $p(\lambda)$的友阵.

系 1(方阵广义若当标准形定理) 对域 F 上任一方阵 A,存在 F 上方阵 P,使

$$P^{-1}AP=\begin{bmatrix} J_1 & & \\ & \ddots & \\ & & J_t \end{bmatrix},$$

其中 J_i 为形如定理中的广义若当块.且 J_i 由 A 唯一决定(不计次序)($1\leqslant i\leqslant t$).

系 2(实数域$\mathbb{R}$ 上若当标准形定理) 对实数域$\mathbb{R}$ 上任意方阵 A,存在着实可逆方阵 P 使

$$P^{-1}AP=\begin{bmatrix} J_1 & & \\ & \ddots & \\ & & J_t \end{bmatrix},$$

其中 J_i 为形如定理 7.10 中的若当块,或为如下形式:

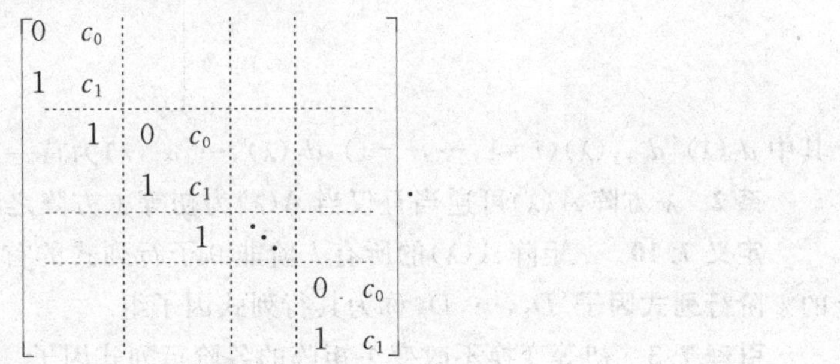

这里 $c_1^2+4c_0<0, c_1, c_0\in\mathbb{R}$.

定义 7.7 元素属于多项式形式环 $F[\lambda]$的矩阵称为 **λ-矩阵**.

引理 7.2 方阵 $A(\lambda)$可逆(即存在 λ-矩阵 $B(\lambda)$使 $A(\lambda)B(\lambda)=B(\lambda)A(\lambda)=I$,此时 $B(\lambda)$称为 $A(\lambda)$的逆,记为 $B(\lambda)=A(\lambda)^{-1}$)的充分必要条件为 $\det A(\lambda)\in F^*$ 为非 0 常数.

定义 7.8 λ-矩阵 $A(\lambda)$与 $B(\lambda)$ **相抵**(或**等价**)是指存在可逆 λ-方阵 $P(\lambda)$和 $Q(\lambda)$使得

$$B(\lambda)=P(\lambda)A(\lambda)Q(\lambda).$$

定理 7.12 F 上方阵 A 与 B 在 F 上相似当且仅当 $\lambda I-A$ 与 $\lambda I-B$ 在 $F[\lambda]$上相抵.

定义 7.9 **初等 λ-方阵**是由单位方阵经以下行变换得到的方阵:

(1) 交换单位方阵 I 的两行;

(2) 把单位方阵 I 的某行乘以一非 0 常数 $c\in F^*$;

(3) 把 I 的一行乘以多项式 $g(\lambda)$加到另一行上去.

易知初等 λ-方阵左乘于 $A(\lambda)$ 相当对 $A(\lambda)$ 做初等行变换.

定理 7.13（λ-矩阵相抵标准形）　设 $A(\lambda)$ 为 λ-矩阵,则存在可逆 λ-方阵 $P(\lambda)$ 和 $Q(\lambda)$ 使得

$$B(\lambda)=P(\lambda)A(\lambda)Q(\lambda)=\begin{bmatrix} d_1(\lambda) & & & & & \\ & \ddots & & & & \\ & & d_r(\lambda) & & & \\ & & & 0 & & \\ & & & & \ddots & \\ & & & & & 0 \end{bmatrix},$$

其中 $d_i(\lambda)\mid d_{i+1}$, $d_i(\lambda)$ 为首一多项式($i=1,\cdots,r$).（$d_1(\lambda),\cdots,d_r(\lambda)$ 称为 $A(\lambda)$ 的**不变因子组**. $B(\lambda)$ 也称为 $A(\lambda)$ 的 **Smith 标准形**.）

系 1　设 $A(\lambda)$ 为 λ-矩阵,则存在初等 λ-方阵 $P_1(\lambda),\cdots,P_s(\lambda),Q_1(\lambda),\cdots,Q_t(\lambda)$ 使

$$P_s(\lambda)\cdots P_1(\lambda)A(\lambda)Q_1(\lambda)\cdots Q_t(\lambda)=\begin{bmatrix} d_1(\lambda) & & & & & \\ & \ddots & & & & \\ & & d_r(\lambda) & & & \\ & & & 0 & & \\ & & & & \ddots & \\ & & & & & 0 \end{bmatrix}$$

其中 $d_i(\lambda)\mid d_{i+1}(\lambda)(i=1,\cdots,r-1)$, $d_1(\lambda),\cdots,d_r(\lambda)$ 为首一多项式.

系 2　λ-方阵 $A(\lambda)$ 可逆当且仅当 $A(\lambda)$ 为初等 λ-方阵之积.

定义 7.10　λ-矩阵 $A(\lambda)$ 的所有 k 阶非 0 子行列式的首一最大公因子 D_k 称为 $A(\lambda)$ 的 k **阶行列式因子**. $D_1,\cdots,D_r$ 称为其行列式因子组.

引理 7.3　初等变换不改变 λ-矩阵的各阶行列式因子.

定理 7.14　λ-矩阵 $A(\lambda)$ 与 $B(\lambda)$ 相抵当且仅当二者的行列式因子组相同,或者不变因子组相同.

定义 7.11　设域 F 上 λ-矩阵 $A(\lambda)$ 的不等于 1 的不变因子为 $d_1(\lambda),\cdots,d_r(\lambda)$, ($d_i(\lambda)\mid d_{i+1}(\lambda)$, $i=1,\cdots,r-1$). 并设在 F 上因子分解为

$$d_1(\lambda)=p_1(\lambda)^{k_{11}}p_2(\lambda)^{k_{12}}\cdots p_{s_1}(\lambda)^{k_{1s_1}},$$

$$\cdots\cdots$$

$$d_r(\lambda)=p_1(\lambda)^{k_{r1}}p_2(\lambda)^{k_{r2}}\cdots p_{s_r}(\lambda)^{k_{rs_r}},$$

其中 $p_j(\lambda)$ 为 F 上互异首一不可约多项式, k_{ij} 为正整数且 $k_{ij}\leqslant k_{(i+1)j}$ ($i=1,\cdots,r$; $j=1,\cdots,s_i$). 则全体不可约因子幂

$$p_j(\lambda)^{k_{ij}}\ (i=1,\cdots,r;j=1,\cdots,s_i),$$

称为$A(\lambda)$的在F上的**初等因子组**(注意相同者均重复计入;1不计入).简言之,初等因子组就是不变因子的准素因子全体.

引理 7.4 若已知$A(\lambda)$的秩r,则$A(\lambda)$的不变因子组与其初等因子组互相决定.

引理 7.5 设$A(\lambda)=\begin{bmatrix} A_1(\lambda) & \\ & A_2(\lambda) \end{bmatrix}$,其中$A_1(\lambda)$和$A_2(\lambda)$为任意$\lambda$-矩阵,则$A(\lambda)$的初等因子组为$A_1(\lambda)$和$A_2(\lambda)$的初等因子组的合并(重因子计入).

系 F上n阶方阵A与B相似$\Leftrightarrow \lambda I-A$与$\lambda I-B$相抵

$\Leftrightarrow \lambda I-A$与$\lambda I-B$的不变因子组相同

$\Leftrightarrow \lambda I-A$与$\lambda I-B$的行列式因子组相同

$\Leftrightarrow \lambda I-A$与$\lambda I-B$的初等因子组相同.

定义 7.12 $\lambda I-A$的不变因子、行列式因子、初等因子分别称为A的不变因子、行列式因子、初等因子(因子1常不计入).

定理 7.15 设域F上方阵A的不变因子为$d_1(\lambda),\cdots,d_r(\lambda)$,在$F$上的初等因子为$p_1(\lambda)^{k_1},\cdots,p_s(\lambda)^{k_s}$(重者也计入),则$A$在$F$上相似于以下三种方阵$C,G,J$(分别称为第一,二,三种相似标准形):

$$C=\begin{bmatrix} C(d_1) & & \\ & \ddots & \\ & & C(d_r) \end{bmatrix} \quad (\text{有理标准形});$$

$$G=\begin{bmatrix} C(p_1^{k_1}) & & \\ & \ddots & \\ & & C(p_s^{k_s}) \end{bmatrix} \quad (\text{初等因子友阵形});$$

$$J=\begin{bmatrix} J(p_1^{k_1}) & & \\ & \ddots & \\ & & J(p_s^{k_s}) \end{bmatrix} \quad (F\text{上若当标准形});$$

其中$C(g)$表示$g(\lambda)$的友阵,而$J(p^k)$形如定理7.11中为$k\deg p$阶方阵(称为**广义若当块**),特别,当$F=\mathbb{C}$为复数域时,$p_i(\lambda)=\lambda-c_i$为一次,$J(p^k)$为若当块,J为若当标准形.

系 1 若域F上n阶方阵在F中有n个特征根(重根计λ)(特别$F=\mathbb{C}$时总有这种情形),则A在F上相似于若当标准形

$$J=\begin{bmatrix} J_{k_1}(\lambda_1) & & \\ & \ddots & \\ & & J_{k_s}(\lambda_s) \end{bmatrix}, \quad J_{k_i}(\lambda_i)=\begin{bmatrix} \lambda_i & & & \\ 1 & \ddots & & \\ & \ddots & \ddots & \\ & & 1 & \lambda_i \end{bmatrix}_{k_i\times k_i}.$$

系 2 方阵A与其转置A^{T}相似.

系3　若域 F 上方阵 A 和 B 在扩域 $E(\supset F)$ 上相似，则必在 F 上相似. 特别两实方阵 A 和 B 若在复数域 $\mathbb{C}$ 上相似，则必在实数域 $\mathbb{R}$ 上相似.

系4　设 V 是域 F 上 n 维线性空间，$\mathscr{A}$ 是其线性变换，则存在 V 的基 $\alpha_1,\cdots,\alpha_n$ 使 $\mathscr{A}$ 的方阵表示为 C；存在 V 的基 $\beta_1,\cdots,\beta_n$ 使 $\mathscr{A}$ 的方阵表示为 G；存在 V 的基 $\gamma_1,\cdots,\gamma_n$ 使 $\mathscr{A}$ 的方阵表示为 J(C,G,J 如定理15).

系5　设 A 为方阵，$\lambda I-A$ 的不变因子组为 $1,\cdots,1,d_1(\lambda),\cdots,d_r(\lambda)(d_i(\lambda)\mid d_{i+1}(\lambda),i=1,\cdots,r-1)$. 若 $m_1(\lambda),\cdots,m_r(\lambda)$ 为 A 的(循环分解)有理标准形决定的"不变因子"，则 $d_r(\lambda)=m_1(\lambda),d_{r-1}(\lambda)=m_2(\lambda),\cdots,d_1(\lambda)=m_1(\lambda)$. 特别 $d_r(\lambda)$ 为 A 的极小多项式.

系6　设 A 为 n 阶复方阵，则 A 在复数域上相似于对角阵(或称可对角化)

$\Leftrightarrow$ A 有 n 个线性无关的(复)特征向量

$\Leftrightarrow$ A 在复数域上初等因子均为一次

$\Leftrightarrow$ A 的不变因子均无重根

$\Leftrightarrow$ A 的极小多项式无重根

$\Leftrightarrow$ $cI-A$ 与 $(cI-A)^2$ 的秩相同(对任意 $c\in\mathbb{C}$)

$\Leftarrow$ A 的特征多项式无重根(即 A 有 n 个不同的特征值).

定义7.13　F 上方阵 A 称为**半单的**，如果其极小多项式为 F 上互异不可约多项式的积. 方阵表示能为半单方阵的线性变换称为**半单变换**.

引理7.6　设方阵 A 的最小多项式为 $m(\lambda)=(\lambda-\lambda_1)^{k_1}\cdots(\lambda-\lambda_r)^{k_r}$，任给一组复数 $\{b_{ij}\mid 1\leqslant i\leqslant r,\ 0\leqslant j\leqslant k_i-1\}$，必存在多项式 $f(\lambda)$ 使得

$$b_{ij}=\frac{1}{j!}f^{(j)}(\lambda_i)\qquad(1\leqslant i\leqslant r,\ 0\leqslant j\leqslant k_i-1),$$

且若作限制 $\deg f(\lambda)<\deg m(\lambda)$，则此多项式 $f(\lambda)$ 是唯一的(称为 **Lagrange-Sylvester 插值多项式**).

定理7.16　设复方阵 $A=PJP^{-1}=P\mathrm{diag}(J_1,\cdots,J_s)P^{-1}$，其中 $J_i=\lambda I+N_i$ 为 k_i 阶若当块. $f(\lambda)$ 为多项式，则 $f(A)=Pf(J)P^{-1}=P\mathrm{diag}(f(J_1),\cdots,f(J_s))P^{-1}$，$f(J_i)$ 如

$$f(J_i)=\begin{bmatrix} b_{i0} & & & & \\ b_{i1} & \ddots & & & \\ \ddots & \ddots & \ddots & & \\ \ddots & \ddots & \ddots & \ddots & \\ \ddots & \ddots & \ddots & b_{i1} & b_{i0} \end{bmatrix},\quad b_{ij}=\frac{1}{j!}f^{(j)}(\lambda_i).$$

反之，若方阵 $B=P\mathrm{diag}(B_1,\cdots,B_s)P^{-1}$，其中

$$B_i = \sum_{j=0}^{k_i} b_{ij} N_i^j = \begin{bmatrix} b_{i0} & & & & \\ b_{i1} & \ddots & & & \\ b_{i2} & \ddots & \ddots & & \\ \ddots & \ddots & \ddots & \ddots & \\ \ddots & \ddots & b_{i2} & b_{i1} & b_{i0} \end{bmatrix}, \quad b_{ij} \in \mathbb{C},$$

且当 $\lambda_i=\lambda_k$ 时有 $b_{ij}=b_{kj}$(对所有可能 i,k,j). 则存在多项式 $f(\lambda)$使 $B=f(A)$,事实上,$f(A)$由 $b_{ij}=\dfrac{1}{j!}f^{(j)}(\lambda_i)$决定.

定义 7.14 设复方阵 A 的最小多项式为 $m(\lambda)=(\lambda-\lambda_1)^{k_1}\cdots(\lambda-\lambda_r)^{k_r}$. 若复变量的数值函数 $f(\lambda)$使得数组(称为 $f(\lambda)$在 A 的谱值组)

$$\{f^{(j)}(\lambda_i) \mid 1\leqslant i\leqslant r,\ 0\leqslant j\leqslant k_i-1\}$$

存在,则称 $f(A)$有意义(或 $f(\lambda)$在 A 有定义). 此时有唯一的次数小于 $\deg m(\lambda)$的多项式 $g(\lambda)$使得

$$f^{(j)}(\lambda_i)=g^{(j)}(\lambda_i) \quad (1\leqslant i\leqslant r,\ 0\leqslant j\leqslant k_i-1),$$

于是定义 $f(\lambda)$在 A 的取值为 $f(A)=g(A)$. $g(\lambda)$称为 $f(\lambda)$对 A 的**代表多项式**.

定理 7.17 设复方阵 A 的若当标准形为 J,即 $A=PJP^{-1}=P\mathrm{diag}(J_1,\cdots,J_s)P^{-1}$,其中

$$J_i=\lambda_i I+N_i=\begin{bmatrix} \lambda_i & & & \\ 1 & \ddots & & \\ & \ddots & \ddots & \\ & & 1 & \lambda_i \end{bmatrix},$$

那么与 A 可交换的方阵恰为所有可能方阵 $B=PB_1P^{-1}=P(B_{ij})P^{-1}$. 其中 $B_i=(B_{ij})$是与 J 相应分块的方阵且

$$B_{ij}=\begin{cases} 0, & \text{当 } \lambda_i\neq\lambda_j \\ \text{下三角分层矩阵}, & \text{当 } \lambda_i=\lambda_j. \end{cases}$$

下三角分层矩阵是指形如下的矩阵

$$\begin{bmatrix} b_1 & 0 & \cdots & \cdots & \cdots & \cdots & 0 \\ b_2 & \ddots & \ddots & & & & \vdots \\ \vdots & \ddots & \ddots & \ddots & & & \vdots \\ b_p & \cdots & b_2 & b_1 & 0 & \cdots & 0 \end{bmatrix} \quad \text{或} \quad \begin{bmatrix} 0 & \cdots & \cdots & 0 \\ \vdots & & & \vdots \\ 0 & & & \vdots \\ b_1 & & & \vdots \\ b_2 & \ddots & & \vdots \\ \vdots & \ddots & \ddots & \vdots \\ b_p & \cdots & b_2 & b_1 \end{bmatrix}.$$

系 方阵 A 相似于某多项式的友阵的充分必要条件是与 A 可交换的方阵都是 A 的

多项式. 又设 $\mathscr{A}$ 为线性空间 V 的线性变换,则 V 是 $\mathscr{A}$ 的循环空间的充要条件是与 $\mathscr{A}$ 乘法可交换的 V 的线性变换都是 $\mathscr{A}$ 的多项式.

定理 7.18　以 $\mathscr{C}(A)$ 记与方阵 A 可交换的方阵全体. 则 $\mathscr{C}(\mathscr{C}(A))$ 为 A 的多项式集. 也就是说,若 M 与所有和 A 可交换的方阵 B 均(乘法)可交换,则 M 只能是 A 的多项式.

系　若方阵 A 可逆,则 A^{-1} 是 A 的多项式.

引理 7.7　设 V 是域 F 上 n 维线性空间,$\mathscr{A}$ 是其线性变换,在基 $\varepsilon_1,\cdots,\varepsilon_n$ 下的方阵表示为 $A=(a_{ij})$ 记 $v_j=\lambda t_j-\sum\limits_{i=1}^{n}a_{ij}t_j(1\leqslant j\leqslant n)$,即

$$(v_1,\cdots,v_n)=(t_1,\cdots,t_n)(\lambda I-A),$$

则 $v_1,\cdots,v_n$ 是 $K=\ker\varphi$ 在 $F[\lambda]$上生成元.

(这里 $t_1,\cdots,t_n$ 是不定元,$V_t=F[\lambda]t_1\oplus F[\lambda]t_2\oplus\cdots\oplus F[\lambda]t_n=\{a_1(\lambda)t_1+\cdots+a_n(\lambda)t_n\mid a_1(\lambda),\cdots,a_n(\lambda)\in F[\lambda]\}$,多项式 $g(\lambda)\in F[\lambda]$对 $v=a_1(\lambda)t_1+\cdots+a_n(\lambda)t_n\in V_t$ 的作用为:$g(\lambda)v=g(\lambda)\sum\limits_i a_i(\lambda)t_i=\sum\limits_i(g(\lambda)a_i(\lambda))t_i$. 映射

$$\varphi:V_t\to V,$$

$$\sum_i a_i(\lambda)t_i\mapsto\sum_i a_i(\lambda)\varepsilon_i.)$$

定理 7.19　设 V 为域 F 上 n 维线性空间,$\mathscr{A}$ 是其线性变换,则

$$V=F[\mathscr{A}]\alpha_1\oplus\cdots\oplus F[\mathscr{A}]\alpha_r\cong F[\mathscr{A}]/(m_1)\oplus\cdots\oplus F[\mathscr{A}]/(m_r),$$

其中 $\alpha_i\in V$ 的最小化零多项式为 m_i(即化零理想为(m_i)),$m_i\mid m_{i+1}$,$i=1,\cdots,r-1$.

定义 7.15　设 R 为含 1 交换环,V 是 Abel 群,且 R 的元素与 V 的元素有数乘定义(即有映射 $R\times V\to V$,$(r,v)\mapsto rv$)满足:$r(v_1+v_2)=r(v_1+v_2)$,$(r_1+r_2)v=r_1v+r_2v$,$(r_1r_2)v=r_1(r_2v)$,$1v=v$. 则称 V 为 ***R*-模**.

7.2　解题方法介绍

7.2.1　求特定余式的多项式的方法

由**孙子定理**得到:已知 $m_1(\lambda)$,$m_2(\lambda)$,求最低次数的多项式 $h(\lambda)$,使 $h(\lambda)$除以 $m_1(\lambda)$余$r_1(\lambda)$,除以 $m_2(\lambda)$余 $r_2(\lambda)$的方法. 其步骤为:(1) 用辗转相除法求 $u(\lambda)$,$v(\lambda)$使 $u(\lambda)m_2(\lambda)+v(\lambda)m_1(\lambda)=1$;(2) $r_1u(\lambda)m_2(\lambda)+r_2v(\lambda)m_1(\lambda)$除以 $m(\lambda)=m_1(\lambda)m_2(\lambda)$得到的余式即为 $h(\lambda)$.

例如,1.4 节中第 1 题,$m_1=(X-1)^2$,$m_2=(X-2)^3$,$r_1=2X$,$r_2=3X$;

$$um_2+vm_1=-(3X-2)(X-2)^3+(3X^2-14X+17)(X-1)^2=1,$$

$$f(X)\equiv-2Xum_2+3Xvm_1\pmod{m_1m_2}$$

$$=-2(X-2)^3(4X-3)+(12X^2-91X+72)(X-1)^2$$
$$=4X^4-27X^3+66X^2-65X+24.$$

7.2.2 求方阵 A 的最小多项式的方法

1. 用特征多项式是零化多项式,重因子部分降幂看是否为化零多项式,找幂次最低者. 即若特征多项式 $P_A(\lambda)=(\lambda-\lambda_1)^{n_1}(\lambda-\lambda_2)^{n_2}\cdots(\lambda-\lambda_s)^{n_s}$,$\lambda_1,\cdots,\lambda_s$ 互异,则$m_A(\lambda)=(\lambda-\lambda_1)^{d_1}\cdots(\lambda-\lambda_s)^{d_s}$,其中 $1\leqslant d_i\leqslant n_i$,$(i=1,\cdots,s)$,$d_i$ 是 Jordan 标准形中相对特征值 λ_i 的最大 Jordan 块的阶数. 所以,(1)当方阵阶数较低,或 n_i 较小时直接验算即可得次数最低的零化多项式;(2)可通过计算相对于各特征值的最大 Jordan 块的阶数来定出 d_i. 这只需要求 $P_A(\lambda)$ 及计算 $(\lambda_i I-A)^k$ 的秩.

2. 用定义"若 $I,A,A^2,\cdots,A^{m-1}$ 线性无关,而 $A^m=\sum\limits_{k=0}^{m-1}c_kA^k$,则 $m(\lambda)=\lambda^m-\sum\limits_{k=0}^{m-1}c_k\lambda^k$ 为 A 的最小多项式". 即先看 A 与 I 是否线性无关,若无关,再看 A^2 是否为 I,A 的线性组合等.

3. 用对 $(\lambda I-A)$ 做初等变换化为 $\begin{bmatrix}1&&&&&\\&\ddots&&&&\\&&1&&&\\&&&d_1(\lambda)&&\\&&&&\ddots&\\&&&&&d_r(\lambda)\end{bmatrix}$,

且 $d_i(\lambda)\mid d_{i+1}(\lambda)$,$i=1,\cdots,r-1$,则 $m(\lambda)=d_r(\lambda)$ 是最小多项式.

4. 若方阵为友阵型,则 $P_A(\lambda)=m(\lambda)$(即特征多项式就是极小多项式). 设

$$A=\begin{bmatrix}0&&&-c_1\\1&\ddots&&\vdots\\&\ddots&0&-c_{k-2}\\&&1&-c_{k-1}\end{bmatrix},$$

则
$$m(\lambda)=P_A(\lambda)=\lambda^k+c_{k-1}\lambda^{k-1}+\cdots+c_1\lambda+c_0.$$

7.2.3 求含向量 $\boldsymbol{\alpha}$ 的($\mathscr{A}$的)最小不变子空间 W 的方法

若 $\alpha,\mathscr{A}\alpha,\cdots,\mathscr{A}^{k-1}\alpha$ 线性无关,而 $\mathscr{A}^k\alpha$ 可由 $\alpha,\mathscr{A}\alpha,\cdots,\mathscr{A}^{k-1}\alpha$ 线性表出,则

$$W=L(\alpha,\mathscr{A}\alpha,\cdots,\mathscr{A}^{k-1}\alpha).$$

又若 $\mathscr{A}$ 在 V 中某基 $\varepsilon_1,\cdots,\varepsilon_n$ 下的方阵表示为 A,α 在此基下的坐标记为 x,则

$$(\alpha,\mathscr{A}\alpha,\cdots,\mathscr{A}^{k-1}\alpha)=(\varepsilon_1,\cdots,\varepsilon_n)(x,Ax,\cdots,A^{k-1}x).$$

故知

$$W=L((\varepsilon_1,\cdots,\varepsilon_n)(x,Ax,\cdots,A^{k-1}x)).$$

例子见 7.3 节第 65 题.

7.2.4　求方阵 A 的 Jordan 标准形和可逆阵 P 的方法(一)

1. 求 A 的特征多项式

$$f(\lambda)=(\lambda-\lambda_1)^{n_1}\cdots(\lambda-\lambda_s)^{n_s},\quad \sum n_i=n,\quad \lambda_i\neq\lambda_j,$$

故

$$A\sim \mathrm{diag}\{J_{n_1}(\lambda_1),\cdots,J_{n_s}(\lambda_s)\}=J.$$

A 有 s 个不同的特征值,所以 J 的准对角线上是 s 个大块,而每块的阶数=特征值的代数重数.

2. (1) 求 $J_{n_i}(\lambda_i)$中 Jordan 块的个数 t_i

$$\begin{aligned} t_i &=\text{属于特征值 }\lambda_i\text{ 的线性无关的特征向量的个数}\\ &=\dim V_{\lambda_i}=n-\mathrm{r}(A-\lambda_i I). \end{aligned}$$

(2) 计算每个 Jordan 块的阶数,记 d_k 为 k 阶 Jordan 块的个数,则

$$d_k=\underbrace{[\mathrm{r}(A-\lambda_i I)^{k-1}-\mathrm{r}(A-\lambda_i I)^k]}_{\geqslant k\text{阶块的个数}}-\underbrace{[\mathrm{r}(A-\lambda_i I)^k-\mathrm{r}(A-\lambda_i I)^{k+1}]}_{>k\text{阶块的个数}}.$$

这个公式不要死记硬背,要理解它:因为对于 k 阶 Jordan 块

$$N_k=\begin{bmatrix}\lambda_i & & & \\ 1 & \ddots & & \\ & \ddots & \ddots & \\ & & 1 & \lambda_i\end{bmatrix},$$

$(N_k-\lambda_i I)^l$ 的秩随 l 每增加 1 而减少 1,$(N_k-\lambda_i I)^k=0$,且当 $l>k$ 时其秩不变. 即每个 k 阶块对

$$\mathrm{r}(J-\lambda_i I)^{k-1}-\mathrm{r}(J-\lambda_i I)^k$$

的贡献是 1,而对 $\mathrm{r}(J-\lambda_i I)^k-\mathrm{r}(J-\lambda_i I)^{k+1}$ 没贡献. 另外,对于阶数比较低的方阵,它的 Jordan 标准形只有仅由 $\mathrm{r}(J-\lambda_i I)(=\mathrm{r}(A-\lambda_i I))$就可确定的几种形式(再由 $\mathrm{r}(J-\lambda_i I)^2$ 就可排除其他而得一种),那么也不必非用此公式去算. 总之要多动脑筋才能巧.

3. 写出 A 的 Jordan 标准形.

4. 求可逆阵 P. 设 $P=(x_1,x_2,\cdots,x_n)$,及 J 的第一个 Jordan 块是 k 阶的,则 $x_1,\cdots,x_k$ 满足

$$(A-\lambda_1 I)x_k=0,\quad (A-\lambda_1 I)x_{k-1}=x_k,\cdots,\ (A-\lambda_1 I)x_1=x_2,$$

故先求特征向量 x_k,再逐个求广义特征向量. 这里要注意:当 $\dim V_{\lambda_1}\geqslant 2$ 时要适当选取特征子空间的基向量以使接下来的非齐次线性方程组有解.

$x_1,x_2,\cdots,x_k$ 也可以这样选取:因为它们均$\in\ker(A-\lambda_1\varepsilon)^k$,所以可以先在根子空间

中选取一个向量 x_1，由它循环生成此循环子空间：

$$x_1,\quad (A-\lambda_1 I)x_1,\cdots,\quad (A-\lambda_1 I)^{k-1}x_1,$$

这里要注意，不是每个 $\alpha\in\ker(A-\lambda_1 I)^k$ 都有资格做 x_1 的，也要选得巧才好（实际上是 $\alpha\in\ker(A-\lambda_1 I)^k$，而 $\alpha\notin\ker(A-\lambda_1 I)^{k-1}$ 才行）. 例子见第 63 题.

7.2.5 求 Jordan 标准形方法（二）用 λ-矩阵方法

1. 先求初等因子组，有以下三个路径：

(1) 求不变因子，找可逆 λ-矩阵 $P(\lambda)$，$Q(\lambda)$，使

$$P(\lambda)(\lambda I-A)Q(\lambda)=\begin{bmatrix}1 & & & & & \\ & \ddots & & & & \\ & & 1 & & & \\ & & & d_1(\lambda) & & \\ & & & & \ddots & \\ & & & & & d_r(\lambda)\end{bmatrix},$$

其中 $d_i\mid d_{i+1}$，$i=1,\cdots,r-1$. 因式分解 $d_i(\lambda)$ 得初等因子组.

(2) 找 $P(\lambda)$，$Q(\lambda)$ 使

$$P(\lambda)(\lambda I-A)Q(\lambda)=\begin{bmatrix}g_1(\lambda) & & & \\ & \ddots & & \\ & & \ddots & \\ & & & g_n(\lambda)\end{bmatrix},$$

分解 $g_i(\lambda)$ 得初等因子组.

(3) 计算 $(\lambda I-A)$ 的行列式因子 $D_1,\cdots,D_n\rightarrow$ 求出 A 的不等于 1 的不变因子 $d_1,\cdots,d_r\rightarrow$ 分解 d_i 得初等因子组.

2. 由初等因子组写出 A 的 Jordan 标准形（若要求有理标准形，初等因子友阵形也一样）.

3. 求 P 的方法有两种：

(1) 由 $(\beta_1,\cdots,\beta_n)=(\alpha_1,\cdots,\alpha_n)P^{-1}(\lambda)$，找 P 使 $(\beta_1,\cdots,\beta_n)=(\alpha_1,\cdots,\alpha_n)P$，这里 A，J 分别看成线性变换 $\mathscr{A}$ 在 V 的基 $\alpha_1,\cdots,\alpha_n$ 和 $\beta_1,\cdots,\beta_n$ 下的方阵表示. 记 $P^{-1}(\lambda)=(g_{ij}(\lambda))$ 则

$$\beta_j=g_{1j}(\mathscr{A})\alpha_1+g_{2j}(\mathscr{A})\alpha_2+\cdots+g_{nj}(\mathscr{A})\alpha_n,\quad j=1,2,\cdots,n.$$

(2) 同（一）解根子空间找 Jordan 链.

7.3 习题与解答

*1. 求整数 x 使

(1) $\begin{cases} x\equiv 3(\mathrm{mod}\ 8), \\ x\equiv 7(\mathrm{mod}\ 81); \end{cases}$ (2) $\begin{cases} x\equiv 1(\mathrm{mod}\ 4), \\ x\equiv 2(\mathrm{mod}\ 5), \\ x\equiv 3(\mathrm{mod}\ 9). \end{cases}$

解 (1) 首先求 u_1, u_2 使 $u_1\cdot 81+u_2\cdot 8=1$,因为 $81-80=1$,所以 $u_1=1, u_2=-10$. 于是得

$$x\equiv 3\times u_1\times 81+7\times u_2\times 80=243-560=-317\equiv 331\ (\mathrm{mod}\ 81\times 8).$$

(2) 求 u_1, u_2, u_3 使得 $u_1\times 45+u_2\times 36+u_3\times 20=1$,为此先求 t_1, t_2 使 $t_1\times 45+t_2\times 36=9$,这只要取 $t_1=1, t_2=-1$ 即可. 再由 $s_1(45-36)+s_2\times 20=1$ 知 $s_1=9, s_2=-4$. 于是有

$$9\times 45-9\times 36-4\times 20=1,\ (u_1=9, u_2=-9, u_3=-4)$$

所以

$$\begin{aligned} x &\equiv 1\times 9\times 45+2\times(-9)\times 36+3\times(-4)\times 20 \quad (\mathrm{mod}\ 180) \\ &=-243-240=-483\equiv 57 \quad (\mathrm{mod}\ 180). \end{aligned}$$

*2. 分解 $\mathbb{Z}/180\mathbb{Z}=\mathbb{Z}\bar{e}_1\oplus\mathbb{Z}\bar{e}_2\oplus\mathbb{Z}\bar{e}_3$,其中 $\mathbb{Z}\bar{e}_1\cong\mathbb{Z}/4\mathbb{Z}$, $\mathbb{Z}\bar{e}_2\cong\mathbb{Z}/5\mathbb{Z}$, $\mathbb{Z}\bar{e}_3\cong\mathbb{Z}/9\mathbb{Z}$,并把任一 $x\in\mathbb{Z}/180\mathbb{Z}$ 表为 $x=x_1+x_2+x_3$, $x_i\in\mathbb{Z}\bar{e}_i$,具体求出 e_i 和 x_i.

解 由第1题(2)知 $e_1=9\times 45, e_2=-9\times 36, e_3=-4\times 20$,故 $\bar{e}_1=\overline{45}, \bar{e}_2=\overline{36}, \bar{e}_3=\overline{100}$. 所以有 $\mathbb{Z}/180\mathbb{Z}=\mathbb{Z}\,\overline{45}\oplus\mathbb{Z}\,\overline{36}\oplus\mathbb{Z}\,\overline{100}\cong\mathbb{Z}/4\mathbb{Z}\oplus\mathbb{Z}/5\mathbb{Z}\oplus\mathbb{Z}/9\mathbb{Z}$ 又 $\bar{e}_1+\bar{e}_2+\bar{e}_3=\overline{45}+\overline{36}+\overline{100}=\bar{1}$,且 $\bar{e}_i^2=\bar{e}_i$, $\bar{e}_i\cdot\bar{e}_j=0(i\neq j)$. 任 $x\in\mathbb{Z}/180\mathbb{Z}$,有

$$x=b_1\,\overline{45}+b_2\,\overline{36}+b_3\,\overline{100}=x_1+x_2+x_3,$$

而 $b_i=\bar{x}\,\bar{e}_i$,所以 $x_i=b_i\,\bar{e}_i=\bar{x}\,\bar{e}_i^2=\bar{x}\,\bar{e}_i=\overline{xe_i}$,故 $x_1=\overline{x45}, x_2=\overline{x36}, x_3=\overline{x100}$.

3. 求下列方阵的最小多项式:

$$\begin{bmatrix} 5 & -6 & -6 \\ -1 & 4 & 2 \\ 3 & -6 & -4 \end{bmatrix};\quad \begin{bmatrix} 3 & 1 & -1 \\ 2 & 2 & -1 \\ 2 & 2 & 0 \end{bmatrix};\quad \begin{bmatrix} 0 & -1 \\ 1 & 0 \end{bmatrix};\quad \begin{bmatrix} 1 & 1 & 0 & 0 \\ -1 & -1 & 0 & 0 \\ -2 & -2 & 2 & 1 \\ 1 & 1 & -1 & 0 \end{bmatrix}.$$

解 (1) 用不变因子组来求(记已知方阵为 A).

$$(\lambda I-A)=\begin{bmatrix} \lambda-5 & 6 & 6 \\ 1 & \lambda-4 & -2 \\ -3 & 6 & \lambda+4 \end{bmatrix}\rightarrow\begin{bmatrix} 1 & 0 & 0 \\ 0 & -\lambda^2+9\lambda-14 & 2(\lambda-2) \\ 0 & 3(\lambda-2) & \lambda-2 \end{bmatrix}$$

$$\to \begin{bmatrix} 1 & 0 & 0 \\ 0 & (\lambda-1)(\lambda-2) & 0 \\ 0 & 0 & \lambda-2 \end{bmatrix} \to \begin{bmatrix} 1 & 0 & 0 \\ 0 & \lambda-2 & 0 \\ 0 & 0 & (\lambda-1)(\lambda-2) \end{bmatrix},$$

因此得最小多项式为 $m(\lambda)=(\lambda-1)(\lambda-2)$.

(2) $P_A(\lambda)=\det(\lambda I-A)=(\lambda-1)(\lambda-2)^2$. 而$(\lambda-1)(\lambda-2)$不是化零多项式,所以 $m(\lambda)=(\lambda-1)(\lambda-2)^2$.

(3) 因为 I,A 线性无关,而 $A^2=-I$,即 $A^2+I=0$,所以 $m(\lambda)=\lambda^2+1$.

(4) $P_A(\lambda)=\det(\lambda I-A)=\lambda^2(\lambda-1)^2$,易得

$$A^2=\begin{bmatrix} 0 & 0 & 0 & 0 \\ 0 & 0 & 0 & 0 \\ -3 & -3 & 3 & 2 \\ 2 & 2 & -2 & -1 \end{bmatrix},$$

$$(A-I)^2=\begin{bmatrix} 0 & 1 & 0 & 0 \\ -1 & -2 & 0 & 0 \\ -2 & -2 & 1 & 1 \\ 1 & 1 & -1 & -1 \end{bmatrix}^2=\begin{bmatrix} -1 & -2 & 0 & 0 \\ 2 & 3 & 0 & 0 \\ 1 & 1 & 0 & 0 \\ 0 & 0 & 0 & 0 \end{bmatrix},$$

显见 $A^2(A-I)\neq 0$,$A(A-I)^2\neq 0$(即 $\lambda^2(\lambda-1)$ 与 $\lambda(\lambda-1)^2$ 均不是化零多项式,此时当然 $A(A-I)\neq 0$)所以最小多项式 $m(\lambda)=P_A(\lambda)=\lambda^2(\lambda-1)^2$.

4. 求方阵 A 的最小多项式和相似标准形.

$$A=\begin{bmatrix} 0 & 1 & 0 & 1 \\ 1 & 0 & 1 & 0 \\ 0 & 1 & 0 & 1 \\ 1 & 0 & 1 & 0 \end{bmatrix}.$$

解 由

$$A^2=2\begin{bmatrix} 1 & 0 & 1 & 0 \\ 0 & 1 & 0 & 1 \\ 1 & 0 & 1 & 0 \\ 0 & 1 & 0 & 1 \end{bmatrix},\quad A^3=2\begin{bmatrix} 0 & 2 & 0 & 2 \\ 2 & 0 & 2 & 0 \\ 0 & 2 & 0 & 2 \\ 2 & 0 & 2 & 0 \end{bmatrix}=4A,$$

所以 $m(\lambda)=\lambda^3-4\lambda=\lambda(\lambda+2)(\lambda-2)$. 又因为 $\mathrm{r}(A)=2$,所以 A 相似于 $\mathrm{diag}\{0,0,2,-2\}$,此为 Jordan 标准形.

也可以写为有理标准形(不变因子友阵形),因为这里 $d_3(\lambda)=m(\lambda)=\lambda(\lambda+2)(\lambda-2)$,$d_2(\lambda)=\lambda$,$d_1(\lambda)=1$,所以 A 相似于

$$\left[\begin{array}{c|ccc}0 & & & \\ \hline & 0 & 0 & 0 \\ & 1 & 0 & 4 \\ & 0 & 1 & 0\end{array}\right].$$

5. 设 $\mathscr{A}$ 为 n 维线性空间 V 的线性变换，若有正整数 k 使 $\mathscr{A}^k=0$ 则 $\mathscr{A}^n=0$.

证 由 $\mathscr{A}x=\lambda x$ 得 $\mathscr{A}^k x=\lambda^k x$，又因为 $\mathscr{A}^k=0$，而 $x\neq 0$，所以 $\lambda^k=0\to\lambda=0$，即 $\mathscr{A}$ 的特征值均为0，于是知 $\mathscr{A}$ 的特征多项式为 $P_{\mathscr{A}}(\lambda)=\lambda^n$，其是 $\mathscr{A}$ 的化零多项式，所以 $\mathscr{A}^n=0$.（或由 $\lambda=0$，知存在 V 的基，使 $\mathscr{A}$ 的方阵表示为上三角阵且对角线上元素均为0，记为 A，则 $A^n=0$，所以 $\mathscr{A}^n=0$.）

6. 找一个三阶方阵 A，其最小多项式为 x^2.

解 找一个 x^2 的二阶友阵再加一块0，即

$$\begin{bmatrix}0 & & \\ & 0 & 0 \\ & 1 & 0\end{bmatrix}.$$

或由 $m(x)=x^2$，知 $A^2=0$，所以特征值为0且最大若当块为二阶的，立得. 由此易知形如

$$P\begin{bmatrix}0 & & \\ & 0 & 0 \\ & 1 & 0\end{bmatrix}P^{-1} \quad 或 \quad P\begin{bmatrix}0 & & \\ & 0 & 1 \\ & 0 & 0\end{bmatrix}P^{-1}$$

（其中 P 为任可逆阵）的方阵均满足要求.

7. 设 V 是次数不超过 n 的 $\mathbb{R}$ 上多项式全体，$\mathscr{D}$ 是 V 上“求导”变换，求 $\mathscr{D}$ 的最小多项式.

解 取 V 的基 $1,x,\cdots,x^n$，则 $\mathscr{D}$ 在此基上的方阵表示为

$$D=\begin{bmatrix}0 & 1 & & & \\ & \ddots & \ddots & & \\ & & & \ddots & \\ & & & \ddots & n \\ & & & & 0\end{bmatrix}_{n+1},$$

所以特征多项式为 λ^{n+1}，而任 $k\leqslant n$，$D^k\neq 0$，故最小多项式 $m(\lambda)=\lambda^{n+1}$.

8. 设 $\mathscr{A}$ 为 $\mathbb{R}^{(2)}$ 上的投影：$(x,y)^{\mathrm{T}}\mapsto(x,0)^{\mathrm{T}}$. 求 $\mathscr{A}$ 的最小多项式.

解 因为 $\mathscr{A}$ 在基 $(1,0)^{\mathrm{T}},(0,1)^{\mathrm{T}}$ 上的方阵表示为 $A=\begin{bmatrix}1 & 0 \\ 0 & 0\end{bmatrix}$，满足 $A^2=A$，所以最小多项式为 $m(\lambda)=\lambda^2-\lambda$.

9. 设 V 是域 F 上 n 阶方阵全体所成空间，A 为其中一固定方阵. V 的线性变换 $\mathscr{T}$ 由下式定义：$\mathscr{T}(B)=AB$，证明 $\mathscr{T}$ 与 A 的极小多项式相同.

证 设 $A=(a_{ij})$，$m(\lambda)$ 为 A 的极小多项式. 由6.3节第28题知线性变换 $\mathscr{T}$ 在基 E_{ij}

(只(i,j)位元素为 1,其他元素为 0 的方阵,$i,j=1,\cdots,n$)上的方阵表示为 $T=(a_{ij}I)_{n^2\times n^2}$,记 $m(\lambda)=\sum_{l=0}^{k}c_l\lambda^l$ 则 $m(A)=\sum_{l=0}^{k}c_lA^l=0$,因为 $A^l=(d_{ij})$ 时,$T^l=(d_{ij}I)$,所以 $m(T)=\sum_{l=0}^{k}c_lT^l=0$.

10. 设 A,B 为域 F 上 n 阶方阵,我们已经知道 AB 和 BA 的特征多项式相同. 它们的最小多项式是否相同?

解 $P_{AB}(\lambda)=\det(\lambda I-AB)=\det(\lambda I-BA)=P_{BA}(\lambda)$,但 AB 和 BA 的极小多项式不一定相同. 如 $A=\begin{bmatrix}0&0\\1&0\end{bmatrix}$,$B=\begin{bmatrix}1&0\\0&0\end{bmatrix}$;$AB=\begin{bmatrix}0&0\\1&0\end{bmatrix}\neq\begin{bmatrix}0&0\\0&0\end{bmatrix}=BA$,$P_{AB}(\lambda)=P_{BA}(\lambda)=\lambda^2$,而 $m_{AB}(\lambda)=\lambda^2$,$m_{BA}(\lambda)=\lambda$.

11. 设 $\mathscr{A}$ 是$\mathbb{R}^{(3)}$的线性变换,在自然基下的方阵表示为

$$A=\begin{bmatrix}6&-3&-2\\4&-1&-2\\10&-5&-3\end{bmatrix},$$

把 $\mathscr{A}$ 的最小多项式表示为 $m(x)=p_1(x)p_2(x)$,p_i 是$\mathbb{R}$上首一不可约多项式,记 $W_i=\ker p_i$,求 W_1 和 W_2 的基,求 $\mathscr{A}_i=\mathscr{A}|_{W_i}$ 的方阵表示.

解 因为特征多项式 $P_A(\lambda)=(\lambda-2)(\lambda^2+1)$无重根,所以 $m(\lambda)=(\lambda-2)(\lambda^2+1)$.

$$W_1=\ker(A-2I)=\{x\in\mathbb{R}^{(3)}\mid(A-2I)x=0\}.$$

解$(A-2I)x=0$,得 $x_1=(1,0,2)^{\mathrm{T}}$,所以 $W_1=\langle x_1\rangle$,$\mathscr{A}_1$ 的方阵表示为 2(一阶方阵).

$$W_2=\ker(\mathscr{A}^2+1)=\{x\in\mathbb{R}^3\mid(A^2+I)x=0\},$$

解$(A^2+I)x=0$,得 $\eta_1=(0,0,1)^{\mathrm{T}}$,$\eta_2=(1,1,0)^{\mathrm{T}}$,则 $W_2=\langle\eta_1,\eta_2\rangle$. (若取 η_1,η_2 为 W_2 的基,则 $\mathscr{A}_2$ 的方阵表示为$\begin{bmatrix}-3&5\\-2&3\end{bmatrix}$,此时$\mathbb{R}^{(3)}=W_1\oplus W_2$) 我们要使 $\mathscr{A}_2$ 的方阵表示为友阵型$\begin{bmatrix}0&-1\\1&0\end{bmatrix}$,即为 λ^2+1 的友阵,则 x_2,x_3 不能为 W_2 中任两线性无关的向量,还需满足

$$Ax_2=x_3,\quad Ax_3=-x_2,$$

取 $x_2=(0,0,-1)^{\mathrm{T}}$,得 $x_3=(2,2,3)^{\mathrm{T}}$. 则 $\mathscr{A}_2$ 在 x_2,x_3 上的方阵表示为$\begin{bmatrix}0&-1\\1&0\end{bmatrix}$. 令 $P=(x_1,x_2,x_3)$,则

$$P^{-1}AP=\begin{bmatrix}2&&\\&0&-1\\&1&0\end{bmatrix}.$$

12. 设 $\mathscr{A}$ 为$\mathbb{R}^{(3)}$的线性变换,在自然基下方阵表示为

$$A=\begin{bmatrix}3&1&-1\\2&2&-1\\2&2&0\end{bmatrix},$$

证明 $\mathscr{A}=\mathscr{D}+\mathscr{N}$,其中 $\mathscr{D}$ 是 $\mathbb{R}^{(3)}$ 上可对角化线性变换,$\mathscr{N}$ 为幂零线性变换,且 $\mathscr{D}\mathscr{N}=\mathscr{N}\mathscr{D}$,求 $\mathscr{D}$ 和 $\mathscr{N}$ 在自然基下的方阵表示.

证 方法 1 $P_A(\lambda)=\det(\lambda I-A)=(\lambda-1)(\lambda-2)^2$,所以 $\lambda_1=1,\lambda_2=\lambda_3=2$,解 $(A-I)x=0$,得 $x_1=(1,0,2)^{\mathrm T}$;对 $\lambda=2$,解 $(A-2I)x=0$,得 $x_3=(1,1,2)^{\mathrm T}$,再由 $(A-2I)x_2=x_3$,得 $x_2=(0,0,-1)^{\mathrm T}$. 故取 $P=(x_1,x_2,x_3)$,即

$$P=\begin{bmatrix}1&0&1\\0&0&1\\2&-1&2\end{bmatrix},\qquad P^{-1}=\begin{bmatrix}1&-1&0\\2&0&-1\\0&1&0\end{bmatrix},$$

则

$$P^{-1}AP=\begin{bmatrix}1&&\\&2&\\&1&2\end{bmatrix}=\begin{bmatrix}1&&\\&2&\\&&2\end{bmatrix}+\begin{bmatrix}0&&\\&0&\\&1&0\end{bmatrix},$$

于是得

$$A=P\begin{bmatrix}1&&\\&2&\\&&2\end{bmatrix}P^{-1}+P\begin{bmatrix}0&&\\&0&\\&1&0\end{bmatrix}P^{-1}$$

$$=\begin{bmatrix}1&1&0\\0&2&0\\-2&2&2\end{bmatrix}+\begin{bmatrix}2&0&-1\\2&0&-1\\4&0&-2\end{bmatrix}=D+N.$$

故 $\mathscr{A}=\mathscr{D}+\mathscr{N}$,其中 $\mathscr{D}$ 在自然基下的方阵表示为 D,即把 $\varepsilon_1,\varepsilon_2,\varepsilon_3$ 分别映为 $\varepsilon_1-2\varepsilon_3,\varepsilon_1+2\varepsilon_2+2\varepsilon_3,2\varepsilon_3$;$\mathscr{N}$ 在自然基 $\varepsilon_1,\varepsilon_2,\varepsilon_3$ 下的方阵表示为 N,即有 $\mathscr{N}\varepsilon_1=2\varepsilon_1+2\varepsilon_2+4\varepsilon_3$,$\mathscr{N}\varepsilon_2=0$,$\mathscr{N}\varepsilon_3=-\varepsilon_1-\varepsilon_2-2\varepsilon_3$. 又

$$DN=P\begin{bmatrix}1&&\\&2&\\&&2\end{bmatrix}\begin{bmatrix}0&&\\&0&\\&1&0\end{bmatrix}P^{-1}=P\begin{bmatrix}0&&\\&0&\\&1&0\end{bmatrix}\begin{bmatrix}1&&\\&2&\\&&2\end{bmatrix}P^{-1}=ND,$$

所以

$$\mathscr{D}\mathscr{N}=\mathscr{N}\mathscr{D}.$$

(显然有 $P^{-1}DP=\mathrm{diag}\{1,2,2\}$,所以 $\mathscr{D}$ 可对角化;而 $N^2=0$,故 $\mathscr{N}$ 为幂零变换.)

方法 2 $P_A(\lambda)=(\lambda-1)(\lambda-2)^2$,故 $\lambda_1=1,\lambda_2=\lambda_3=2$.

$$W_1=\ker(\mathscr{A}-1)=\mathbb{R}(1,0,2)^{\mathrm T},$$

$$W_2=\ker(\mathscr{A}-2)^2=\{x\in\mathbb{R}^{(3)}\mid(A-2I)^2x=0\}=\mathbb{R}(1,1,0)^{\mathrm T}+\mathbb{R}(0,0,1)^{\mathrm T},$$

取

$$P=\begin{bmatrix}1&1&0\\0&1&0\\2&0&1\end{bmatrix},\quad P^{-1}=\begin{bmatrix}1&-1&0\\0&1&0\\-2&2&1\end{bmatrix},$$

则

$$P^{-1}AP=\left[\begin{array}{c:cc}1&&\\ \hdashline &4&-1\\ &4&0\end{array}\right]=\begin{bmatrix}1&&\\&2&\\&&2\end{bmatrix}+\begin{bmatrix}0&&\\&2&-1\\&4&-2\end{bmatrix},$$

所以

$$A=P\begin{bmatrix}1&&\\&2&\\&&2\end{bmatrix}P^{-1}+P\begin{bmatrix}0&&\\&2&-1\\&4&-2\end{bmatrix}P^{-1}=D+N.$$

13. 设 V 是 n 维复线性空间，设 $\mathscr{A}$ 是 V 的线性变换，$\mathscr{D}$ 是 $\mathscr{A}$ 的可对角化部分(见定理 7.6 系 5). 证明：对任意多项式 $g(X)\in\mathbb{C}[X]$，$g(\mathscr{A})$ 的可对角化部分为 $g(\mathscr{D})$.

证 方法 1 设 $\mathscr{A}$ 在 V 的某组基下的方阵表示为 A，因为在复线性空间中总存在 V 的基使 $\mathscr{A}$ 的方阵表示为 Jordan 标准形，类似第 12 题得 $\mathscr{A}=\mathscr{D}+\mathscr{N}$，即 $A=D+N$，其中 D 相似于对角阵，而 N 为幂零方阵.

任 $g(X)\in\mathbb{C}[X]$，设 $g(X)=\sum\limits_{l=1}^{k}a_lX^l$，则

$$\begin{aligned}g(A)&=g(D+N)=\sum_{l=1}^{k}a_l(D+N)^l\\&=\sum_{l=1}^{k}a_l(D^l+C_l^1D^{l-1}N+C_l^2D^{l-2}N^2+\cdots+C_l^{l-1}DN^{l-1}+N^l).\end{aligned}$$

所以

$$g(A)=\sum_{l=1}^{k}a_lD^l+\sum_{l=1}^{k}a_l\sum_{i=1}^{l}C_l^iD^{l-i}N^i=g(D)+M.$$

而 M 是幂零的(不能对角化). 故 $g(\mathscr{A})$ 的可对角部分为 $g(\mathscr{D})$(事实上，M 中的每一项 $D^{l-i}N^i$ 均是幂零的，因为 $DN=ND$，所以 $(DN)^n=D^nN^n=0$).

方法 2 上述结论可由 Jordan 标准形直观得出：设有可逆阵 P 使

$$\begin{aligned}A=PJP^{-1}&=P\begin{bmatrix}J_{n_1}(\lambda_1)&&\\&\ddots&\\&&J_{n_s}(\lambda_s)\end{bmatrix}P^{-1}\\&=P\begin{bmatrix}\lambda_1I_{n_1}&&\\&\ddots&\\&&\lambda_sI_{n_s}\end{bmatrix}P^{-1}+P\begin{bmatrix}J_1&&\\&\ddots&\\&&J_s\end{bmatrix}P^{-1}=D+N.\end{aligned}$$

其中

$$J_{n_i}(\lambda_i)=\begin{bmatrix}\lambda_i & 1 & & \\ & \ddots & \ddots & \\ & & \ddots & 1 \\ & & & \lambda_i\end{bmatrix},\quad J_i=\begin{bmatrix}0 & 1 & & \\ & \ddots & \ddots & \\ & & \ddots & 1 \\ & & & 0\end{bmatrix},$$

又任 $g(X)\in\mathbb{C}[X]$,有

$$g(A)=Pg(J)P^{-1}=P\begin{bmatrix}g(J_{n_1}(\lambda_1)) & & \\ & \ddots & \\ & & g(J_{n_s}(\lambda_s))\end{bmatrix}P^{-1},$$

其中

$$g(J_{n_i}(\lambda_i))=\begin{bmatrix}g(\lambda_i) & g'(\lambda_i) & \cdots & \dfrac{g^{(n_i-1)}(\lambda_i)}{n_i!} \\ & \ddots & \ddots & \vdots \\ & & \ddots & g'(\lambda_i) \\ & & & g(\lambda_i)\end{bmatrix}.$$

所以

$$\begin{aligned}g(A)&=P\begin{bmatrix}g(\lambda_1)I_{n_1} & & \\ & \ddots & \\ & & g(\lambda_s)I_{n_s}\end{bmatrix}P^{-1}+P\begin{bmatrix}0 & * & \cdots & * \\ & \ddots & \ddots & \vdots \\ & & \ddots & * \\ & & & 0\end{bmatrix}P^{-1}\\ &=g(D)+f(N).\end{aligned}$$

显见 $f(N)$是幂零的.

14. 设 V 是域 F 上线性空间,$\mathscr{A}$是 V 上线性变换,且 $\mathrm{r}(\mathscr{A})=1$. 证明:$\mathscr{A}$或为可对角化的,或为幂 0 的,二者不兼有.

证 设 $\mathscr{A}$在 V 的某基下的方阵表示为 A. 因为 $\mathrm{r}(\mathscr{A})=1$,所以 $\mathscr{A}$有 0 特征值. 而由 $Ax=0$ 的解空间是 $n-\mathrm{r}(A)=(n-1)$维的,知道属于 $\lambda=0$ 的特征子空间 V_0 是 $n-1$ 维的,即 $\mathscr{A}$有 $n-1$ 个属于特征值 0 的线性无关的特征向量. 由此知 $\mathscr{A}$的特征多项式为

$$\det(\lambda I-A)=\lambda^k(\lambda-\lambda_1)^{n-k},\quad k\geqslant n-1.$$

若 $k=n-1$,则 A 相似于对角阵 $\mathrm{diag}\{\lambda_1,0,\cdots,0\}\rightarrow\mathscr{A}$可对角化,

若 $k=n$,A 相似于含有一个二阶若当块$\begin{bmatrix}0 & 1\\ 0 & 0\end{bmatrix}$和 $n-2$ 个一阶块的 Jordan 标准形,

即

$$A \sim \begin{bmatrix} 0 & 1 & & & \\ & 0 & & & \\ & & 0 & & \\ & & & \ddots & \\ & & & & 0 \end{bmatrix},$$

所以 $\mathscr{A}$ 是幂零的.

15. 设 V 是域 F 上 n 阶方阵所成线性空间,A 是其中一固定方阵. 定义 V 上线性变换 T:$T(B)=AB-BA$. 证明:若 A 为幂零方阵,则 T 为幂零变换.

证 由 6.3 节第 30 题知 T 的方阵表示(在基 E_{ij} 下)为

$$M = A_1 - A_2 = (a_{ij}I_n) - \begin{bmatrix} A^{\mathrm{T}} & & \\ & \ddots & \\ & & A^{\mathrm{T}} \end{bmatrix},$$

易知当 A 是幂零方阵时,A_1,A_2 均是幂零方阵,且 $A_1A_2=A_2A_1$,则若 $A^k=0$(即 A 是 k 次幂零的,$A^{k-1}\neq 0$),可得 $M^{2k}=(A_1-A_2)^{2k}=0$(因为按二项式展开,各项中 A_1 或 A_2 的幂中总有一个$\geqslant k$,故得知各项均为 0. 注意 A_1,A_2 与 A 的幂零次数相同.).

16. 举出两个四阶幂零方阵的例子,它们有相同的极小多项式而不相似.

解 令

$$A_1 = \begin{bmatrix} 0 & 1 & & \\ & 0 & & \\ & & 0 & \\ & & & 0 \end{bmatrix}, \quad A_2 = \begin{bmatrix} 0 & 1 & & \\ & 0 & & \\ & & 0 & 1 \\ & & & 0 \end{bmatrix},$$

则易算得 A_1 与 A_2 的极小多项式均为 λ^2,但 $\mathrm{r}(A_1)\neq \mathrm{r}(A_2)$,所以 A_1 与 A_2 不相似.

注 这种举例题的思路是:(1)只要能说明问题,要尽量简单,让人一眼就看出结论;(2)极小多项式相同,所以两个方阵的特征值相同,且相对每一特征值的最大 Jordan 块的阶数相同. 为简单醒目,我们取 A_1 为 Jordan 形方阵,取定 A_1 后让 A_2 最大 Jordan 块的个数与 A_1 不同或 A_2 的低阶 Jordan 块不同于 A_1 的即可.

17. 设 $V=W_1\oplus\cdots\oplus W_s$ 是空间 V 对于线性变换 $\mathscr{A}$ 的准素分解(如定理 7.6),而 W 是 $\mathscr{A}$ 的任一个不变子空间,证明

$$W = (W_1 \cap W) \oplus \cdots \oplus (W_s \cap W).$$

证 设 $V=W_1\oplus\cdots\oplus W_s$,则任 $\alpha\in V$ 有 $\alpha=\alpha_1+\cdots+\alpha_s$,其中 $\alpha_i\in W_i$.

任 $\beta\in(W_1\cap W)\oplus\cdots\oplus(W_s\cap W)$,有 $\beta=\beta_1+\cdots+\beta_s$,$\beta_i\in W_i\cap W$,所以 $\beta_i\in W$,由 W 是 V 的子空间,所以 $\sum\beta_i\in W$,即 $\beta\in W$.

故
$$W \supseteq (W_1 \cap W) \oplus \cdots \oplus (W_s \cap W).$$

另一方面，由 $V=\mathscr{E}_1V\oplus\cdots\oplus\mathscr{E}_sV$，其中 $\mathscr{E}_iV=\ker p_i(\lambda)^{r_i}=W_i,i=1,\cdots,s$. 任 $\alpha\in W$，有 $\alpha=\mathscr{E}_1\alpha+\cdots+\mathscr{E}_s\alpha,\mathscr{E}_i\alpha\in W_i$，又因为 $\mathscr{E}_i$ 是 $\mathscr{A}$ 的多项式，而 W 是 $\mathscr{A}$ 的不变子空间，从而也是 $\mathscr{E}_i$ 的不变子空间，所以 $\mathscr{E}_i\alpha\in W$. 故 $\mathscr{E}_i\alpha\in W_i\cap W$，又因为 $(W_i\cap W)\cap(W_j\cap W)=0$，所以

$$W\subseteq(W_1\cap W)\oplus\cdots\oplus(W_s\cap W),$$

于是

$$W=(W_1\cap W)\oplus\cdots\oplus(W_s\cap W).$$

18. 设 V 是 F 上 n 维线性空间，$\mathscr{A}$ 是其线性变换. 证明：若 $\mathscr{A}$ 与 V 上可对角化的每个线性变换均可交换，则 $\mathscr{A}$ 是纯量变换(即恒等变换的固定常数倍).

证 设 $\mathscr{D}$ 为 V 上可对角化的线性变换，它在 V 的基 $\varepsilon_1,\cdots,\varepsilon_n$ 下的方阵表示为

$$D=\mathrm{diag}\{d_1,\cdots,d_n\},\quad 且\ d_i\neq d_j.$$

设 $\mathscr{A}$ 在此基下的方阵表示为 $A=(a_{ij})$，由 $\mathscr{A}\mathscr{D}=\mathscr{D}\mathscr{A}$，知有 $AD=DA\to a_{ij}d_j=d_ia_{ij}\to i\neq j$ 时 $a_{ij}=0$. 于是知 A 必为对角阵. 设 $A=\mathrm{diag}\{\mu_1,\cdots,\mu_n\}$. 令

$$P=I+E_{ij}\quad(i\neq j),$$

则 $P^{-1}=I-E_{ij}$，取基 $\eta_1,\cdots,\eta_n$ 使 P^{-1} 为从基 $\varepsilon_1,\cdots,\varepsilon_n$ 到基 $\eta_1,\cdots,\eta_n$ 的过渡矩阵，即有

$$(\varepsilon_1,\cdots,\varepsilon_n)=(\eta_1,\cdots,\eta_n)P.$$

又设线性变换 $\mathscr{B}$ 在基 $\eta_1,\cdots,\eta_n$ 下的方阵为 $B=\mathrm{diag}\{\lambda_1,\cdots,\lambda_n\}$，且 $\lambda_i\neq\lambda_j$. 则它在基 $\varepsilon_1,\cdots,\varepsilon_n$ 下的方阵表示为

$$P^{-1}BP=P^{-1}\begin{bmatrix}\lambda_1 & & & & & \\ & \ddots & & & & \\ & & \lambda_i & \cdots & \lambda_i & \\ & & & \ddots & \vdots & \\ & & & & \lambda_j & \\ & & & & & \ddots \\ & & & & & & \lambda_n\end{bmatrix}=\begin{bmatrix}\lambda_1 & & & & & \\ & \ddots & & & & \\ & & \lambda_i & \cdots & \lambda_i-\lambda_j & \\ & & & \ddots & \vdots & \\ & & & & \lambda_j & \\ & & & & & \ddots \\ & & & & & & \lambda_n\end{bmatrix},$$

则由 $\mathscr{A}\mathscr{B}=\mathscr{B}\mathscr{A}$，有 $AP^{-1}BP=P^{-1}BP\,A$，即

$$\begin{bmatrix}\mu_1\lambda_1 & & & & & \\ & \ddots & & & & \\ & & \mu_i\lambda_i & \cdots & \mu_j(\lambda_i-\lambda_j) & \\ & & & \ddots & \vdots & \\ & & & & \mu_j\lambda_j & \\ & & & & & \ddots \\ & & & & & & \mu_n\lambda_n\end{bmatrix}$$

$$=\begin{bmatrix}\lambda_1\mu_1 & & & & & & \\ & \ddots & & & & & \\ & & \lambda_i\mu_i & \cdots & \mu_j(\lambda_i-\lambda_j) & & \\ & & & \ddots & \vdots & & \\ & & & & \lambda_j\mu_j & & \\ & & & & & \ddots & \\ & & & & & & \lambda_n\mu_n\end{bmatrix},$$

因为 $\lambda_i-\lambda_j\neq0$,所以必 $\mu_i=\mu_j$,取不同的 $\mathscr{B}$,可知必有 $\mu_1=\mu_2=\cdots=\mu_n$. 所以 A 为纯量方阵,由此知 $\mathscr{A}$ 为纯量变换.

19. n 维复线性空间 V 上任意多两两可交换的线性变换必有公共特征向量.

证 (1) 首先证 V 上两个可交换的线性变换 $\mathscr{A},\mathscr{B}$(满足 $\mathscr{A}\mathscr{B}=\mathscr{B}\mathscr{A}$)必有公共特征向量.

在复数域中 $\mathscr{A}$ 一定有一个特征值,记为 λ_0,且记 V_{λ_0} 是 $\mathscr{A}$ 的属于特征值 λ_0 的特征子空间. 任 $\xi\in V_{\lambda_0}$,有 $\mathscr{A}\xi=\lambda_0\xi$,又由已知 $\mathscr{A}\mathscr{B}=\mathscr{B}\mathscr{A}$,从而得

$$\mathscr{A}(\mathscr{B}\xi)=\mathscr{B}(\mathscr{A}\xi)=\mathscr{B}\lambda\xi=\lambda\mathscr{B}\xi,$$

所以 $\mathscr{B}\xi\in V_{\lambda_0}$,于是 V_{λ_0} 是 $\mathscr{B}$ 的不变子空间. 又设 $\mathscr{B}_0$ 为 $\mathscr{B}$ 在子空间 V_{λ_0} 上的限制,$\mathscr{B}_0$ 为线性变换且在复数域上必有特征值,即存在 $\mu\in\mathbb{C}$ 及 $\alpha\in V_{\lambda_0}$ 使 $\mathscr{B}_0\alpha=\mu\alpha$,$(\alpha\neq0)$,故 $\mathscr{B}\alpha=\mathscr{B}_0\alpha=\mu\alpha$,又由 $\alpha\in V_{\lambda_0}$,故有 $\mathscr{A}\alpha=\lambda_0\alpha$,所以 α 是 $\mathscr{A},\mathscr{B}$ 的公共特征向量.

(2) 当任意多个时,对空间的维数进行归纳法:

V 是 1 维的,显然.(因为对任 $\mathscr{A}$,$\mathscr{A}\alpha=\lambda\alpha$)

假设对 $\dim V=n-1$ 时结论成立. 今证 $\dim V=n$ 时,结论也对. 若对任变换 $\mathscr{A}$,设 λ 为其特征值,有特征子空间 $V_\lambda=V$,则 $\mathscr{A}=\lambda I$($\mathscr{A}$ 为纯量变换)即 V 中每个向量都是各变换的特征向量(λ 随变换不同而变). 否则

若对某个变换 $\mathscr{A}_0$(λ_0 为其特征值),有 $V_{\lambda_0}\neq V$,则 V_{λ_0} 是任变换(与 $\mathscr{A}_0$ 可交换)的不变子空间. 而任变换在 V_{λ_0} 上的限制(或称诱导出的变换)也可交换. 此时 $\dim V_{\lambda_0}=n-1$,由归纳假设,这些两两可交换的线性变换在 V_{λ_0} 上有公共的特征向量 α,而 α 也是 $\mathscr{A}$ 的特征向量. 所以 α 是所有这些两两可交换的线性变换的公共特征向量.

20. 属于不同特征值的所有根向量是线性无关的.

证 方法 1 由定理 7.6 知 $V=W_1\oplus\cdots\oplus W_s$,其中 $W_i=\ker(\lambda-\lambda_i)^{r_i}=\{\alpha\in V\mid(\mathscr{A}-\lambda I)^{r_i}\alpha=0\}$. 其中 $\lambda_1,\cdots,\lambda_s$ 为 V 上的线性变换 $\mathscr{A}$ 的不同的特征值,W_i 中的向量称为属于 λ_i 的根向量.

设 $\alpha_{i1},\cdots,\alpha_{ik_i}$ 是 W_i 的基($i=1,\cdots,s$),则

$$\alpha_{11},\cdots,\alpha_{1k_1},\cdots,\alpha_{i1},\cdots,\alpha_{ik_i},\cdots,\alpha_{s1},\cdots,\alpha_{sk_s}$$

线性无关.事实上,若有

$$\sum_{i=1}^{s}\sum_{j=1}^{k_i}\lambda_{ij}\alpha_{ij}=0,$$

则由 $W_1\oplus\cdots\oplus W_s=V$ 是直和,所以 0 向量的分解是唯一的,知

$$\sum_{j=1}^{k_i}\lambda_{ij}\alpha_{ij}=0,\qquad i=1,\cdots,s.$$

而 $\alpha_{i1},\cdots,\alpha_{ik_i}$ 是 W_i 的基,线性无关,所以必有 $\lambda_{ij}=0,j=1,\cdots,k_i$,对 $i=1,\cdots,s$ 均成立,故得证.

方法 2 设 $\alpha_1\in W_1,\cdots,\alpha_s\in W_s$, $W_i=\ker(\lambda-\lambda_i)^{r_i}$. 我们要证 $\alpha_1,\cdots,\alpha_s$ 线性无关.设有

$$\mu_1\alpha_1+\cdots+\mu_s\alpha_s=0,$$

左边用$(\mathscr{A}-\lambda_1 I)^{r_1}$作用,因为$(\mathscr{A}-\lambda_1 I)^{r_1}\alpha_1=0$,所以得

$$(\mathscr{A}-\lambda_1 I)^{r_1}(\mu_2\alpha_2+\cdots+\mu_s\alpha_s)=0.$$

因为 $W_1\cap W_j=0,j=2,\cdots,s$,所以 $\mu_2\alpha_2+\cdots+\mu_s\alpha_s=0$,再用$(\mathscr{A}-\lambda_2 I)^{r_2}$作用于左边……继续做下去,得 $\mu_{s-1}\alpha_{s-1}+\mu_s\alpha_s=0,\mu_s\alpha_s=0$,于是由 $\alpha_s\neq 0$ 知 $\mu_s=0$,再由 $\alpha_{s-1}\neq 0$,知 $\mu_{s-1}=0$……最后得 $\mu_1=0$,于是 $\alpha_1,\cdots,\alpha_s$ 线性无关.

21. 复线性空间 V 上线性变换 $\mathscr{A}$ 在基 $\alpha_1,\cdots,\alpha_n$ 下的方阵表示如下,求 $\mathscr{A}$ 的特征值及根子空间.

$$(1)\begin{bmatrix}4&-5&2\\5&-7&3\\6&-9&4\end{bmatrix};(2)\begin{bmatrix}1&-3&4\\4&-7&8\\6&-7&7\end{bmatrix};(3)\begin{bmatrix}2&6&-15\\1&1&-5\\1&2&-6\end{bmatrix};(4)\begin{bmatrix}0&-2&3&2\\1&1&-1&-1\\0&0&2&0\\1&-1&0&1\end{bmatrix}.$$

解 (1) $P_A(\lambda)=\lambda^2(\lambda-1)$,因为 $A^2(A-I)=0$ 而 $A(A-I)\neq 0$,所以 $m(\lambda)=\lambda^2(\lambda-1)$(特征值为 0(二重)和 1).

$$W_1=\ker\lambda^2=\{\alpha\in V\mid\mathscr{A}^2\alpha=0\}=\langle\alpha_1-\alpha_3,\alpha_1+\alpha_2\rangle;$$

$$W_2=\ker(\lambda-1)=\{\alpha\in V\mid(\mathscr{A}-I)\alpha=0\}=\langle\alpha_1+\alpha_2+\alpha_3\rangle.$$

(2) $P_A(\lambda)=(\lambda+1)^2(\lambda-3)$,因为$(A+I)(A-3I)\neq 0$,所以 $m(\lambda)=(\lambda+1)^2(\lambda-3)$.则属于特征值$-1$ 的根子空间

$$W_1=\ker(\lambda+1)^2=\{\alpha\in V\mid(\mathscr{A}+I)^2\alpha=0\}=\langle\alpha_1-\alpha_3,\alpha_1+\alpha_2\rangle;$$

属于特征值 3 的根子空间为

$$W_2=\ker(\lambda-3)=\{\alpha\in V\mid(\mathscr{A}-3I)\alpha=0\}=\langle\alpha_1+2\alpha_2+2\alpha_3\rangle.$$

(3) $P_A(\lambda)=(\lambda+1)^3$, $\lambda=-1$ 为三重根,因为$(A+I)^2=0$,所以 $m(\lambda)=(\lambda+1)^2$.又因

为$(\mathscr{A}+I)^2=0$是零变换，所以$\ker(\mathscr{A}+I)^2=V$，即V中任向量均为属于特征根-1的根向量.

(4) 特征多项式$P_A(\lambda)=|\lambda I-A|=\lambda^2(\lambda-2)^2$，所以$\lambda_{1,2}=0,\lambda_{3,4}=2$. 又因为$A^2(A-2I)\neq 0, A(A-2I)^2\neq 0$，所以最小多项式为

$$m(\lambda)=\lambda^2(\lambda-2)^2.$$

属于特征值$\lambda=0$的根子空间为

$$W_1=\ker\lambda^2=\ker\mathscr{A}^2=\langle\alpha_1,\alpha_2+\alpha_4\rangle.$$

其中$\alpha_2+\alpha_4$是特征向量，满足$\mathscr{A}x=0$；记为x_2，则α_1满足$\mathscr{A}x=x_2=\alpha_2+\alpha_4$. 所以$\alpha_1,\alpha_2+\alpha_4$是一个若当链.

属于特征值$\lambda=2$的根子空间为

$$W_2=\ker(\lambda-2)^2=\ker(\mathscr{A}-2I)^2=\langle\alpha_1+\alpha_3,\alpha_1+\alpha_4\rangle.$$

其中$\alpha_1+\alpha_4$是特征向量，满足$\mathscr{A}x=2x$；$\alpha_1+\alpha_3$满足$(\mathscr{A}-2I)x=\alpha_1+\alpha_4$，它与$\alpha_1+\alpha_4$构成一个Jordan链.

注 本题中根子空间是用其基的生成空间形式给出的. 因为这里只要求各根子空间，没要求$\mathscr{A}$的方阵表示，所以基的选取是不唯一的. 若要求为Jordan形，则基的选取必须如(4)题.

22. 证明：复线性空间完全由线性变换$\mathscr{A}$的根向量组成当且仅当$\mathscr{A}$的所有特征值均相等.

证 $\Leftarrow$(充分性)当所有特征值均相等时，$\mathscr{A}$的极小多项式为$m(\lambda)=(\lambda-\lambda_1)^{r_1}$(即$(\mathscr{A}-\lambda_1 I)^{r_1}=0$)，所以$\ker(\mathscr{A}-\lambda_1 I)^{r_1}=V$，于是$V$中每个向量均为根向量.

$\Rightarrow$(必要性)用反证法：设$\mathscr{A}$有两个不同的特征值，即特征多项式为$P_A(\lambda)=(\lambda-\lambda_1)^{n_1}(\lambda-\lambda_2)^{n_2}$，极小多项式为$m(\lambda)=(\lambda-\lambda_1)^{r_1}(\lambda-\lambda_2)^{r_2}$. 则由定理7.6有直和分解$V=W_1\oplus W_2$，其中

$$W_i=\ker(\lambda-\lambda_i)^{r_i}=\ker(\mathscr{A}-\lambda_i I)^{r_i},\quad i=1,2,$$

W_1,W_2分别为属于特征值λ_1和λ_2的根子空间. 又因为W_1,W_2均为V的真子空间，所以必存在$\alpha\in V$，使$\alpha\overline{\in}W_1$且$\alpha\overline{\in}W_2$(证明见5.3节第38题)，于是α不是根向量，与已知矛盾，故必有$\lambda_1=\lambda_2$.

23. 设V是无限可微的实函数$f(x)$全体，按通常加法和数乘而为$\mathbb{R}$上无限维线性空间. $\mathscr{D}$是求导函数变换.

(1) 求$\mathscr{D}$的所有特征值和特征向量；

(2) 求$\mathscr{D}$的所有根子空间.

解 (1) 由$\mathscr{D}f=\lambda f$知$f'(x)=\lambda f(x)\rightarrow f(x)=a\mathrm{e}^{\lambda x},\lambda,a\in\mathbb{R}$，所以任$\lambda\in\mathbb{R}$均为特征值，而对每个特征值$\lambda$，其特征子空间为$V_\lambda=\mathbb{R}\mathrm{e}^{\lambda x}$(即$\forall a\in\mathbb{R}$，$a\mathrm{e}^{\lambda x}$均是$\mathscr{D}$的属于特征值$\lambda$的特征向量).

(2) 对任 $\lambda\in\mathbb{R}$（$\mathscr{D}$ 的特征值），它的根子空间

$$W_\lambda=\ker(\mathscr{D}-\lambda I)^r=\{f(x)\mid(\mathscr{D}-\lambda I)^r f(x)=0\}\quad(r\text{ 为正整数}),$$

即 $f(x)$ 满足

$$f^{(r)}-\lambda r f^{(r-1)}+\cdots+(-1)^r\lambda^r f=0.$$

所以 $f(x)=\mathrm{e}^{\lambda x}Q(x)$，其中 $Q(x)$ 为多项式. 于是知：$\mathscr{D}$ 的属于每个特征值 λ 的根子空间为 $\mathrm{e}^{\lambda x}\mathbb{R}[X]$.

24. 分别在 $\mathbb{R}$ 和 $\mathbb{Q}$ 上准素分解第21题中的矩阵.

解 (1) 因为 $m(\lambda)=\lambda^2(\lambda-1)$，$V=W_1\oplus W_2$，其中

$$W_1=\ker\mathscr{A}^2=\ker\lambda^2=L((\alpha_1,\alpha_2,\alpha_3)((-1,-1,0)^{\mathrm{T}},(1,2,3)^{\mathrm{T}})),$$

$$W_2=\ker(\mathscr{A}-I)=L((\alpha_1,\alpha_2,\alpha_3)(1,1,1)^{\mathrm{T}}).$$

取

$$P=\begin{bmatrix}-1&1&1\\-1&2&1\\0&3&1\end{bmatrix},\quad\text{则 }P^{-1}AP=\begin{bmatrix}0&&\\1&0&\\&&1\end{bmatrix}.$$

(2) 因为 $m(\lambda)=(\lambda+1)^2(\lambda-3)$，$V=W_1\oplus W_2$，其中

$$W_1=\ker(\lambda+1)^2=(\alpha_1,\alpha_2,\alpha_3)L((-1,-1,0)^{\mathrm{T}},(1,2,1)^{\mathrm{T}}),$$

$$W_2=\ker(\lambda-3)=(\alpha_1,\alpha_2,\alpha_3)L((1,2,2)^{\mathrm{T}}).$$

取

$$P=\begin{bmatrix}-1&1&1\\-1&2&2\\0&1&2\end{bmatrix},\quad\text{则 }P^{-1}AP=\begin{bmatrix}-1&&\\1&-1&\\&&3\end{bmatrix}.$$

(3) 因为 $m(\lambda)=(\lambda+1)^2$，此时 V 不能分解，A 的准素分解即其自身. 此时若取

$$P=\begin{bmatrix}1&3&5\\0&1&0\\0&1&1\end{bmatrix},\quad\text{有 }P^{-1}AP=\begin{bmatrix}-1&&\\1&-1&\\&&-1\end{bmatrix}.$$

这是 V 上的循环分解.

(4) 因为 $m(\lambda)=\lambda^2(\lambda-2)^2$，$V=W_1\oplus W_2$，其中

$$W_1=\ker\lambda^2=(\alpha_1,\alpha_2,\alpha_3,\alpha_4)L((1,0,0,0)^{\mathrm{T}},(0,1,0,1)^{\mathrm{T}}),$$

$$W_2=\ker(\lambda-2)^2=(\alpha_1,\alpha_2,\alpha_3,\alpha_4)L((1,0,1,0)^{\mathrm{T}},(1,0,0,1)^{\mathrm{T}}).$$

取

$$P=\begin{bmatrix}1&0&1&1\\0&1&0&0\\0&0&1&0\\0&1&0&1\end{bmatrix},\quad\text{有 }P^{-1}AP=\begin{bmatrix}0&&&\\1&0&&\\&&2&\\&&1&2\end{bmatrix}.$$

25. 设 $\mathscr{A}$ 是 F 上 n 维线性空间 V 上的线性变换，在某基下的方阵表示是 F 上某首一多项式 $f(x)$ 的友阵. 证明：V 是循环空间，即存在 $\alpha\in V$ 使 $V=F[\mathscr{A}]\alpha$，且 $f(x)$ 是 $\mathscr{A}$ 的最小多项式.

证 设 $\mathscr{A}$ 在基 $\varepsilon_1,\cdots,\varepsilon_n$ 下的方阵表示为

$$A=\begin{bmatrix}0 & & & -c_0\\ 1 & \ddots & & \vdots\\ & \ddots & 0 & -c_{n-2}\\ & & 1 & -c_{n-1}\end{bmatrix},$$

即 A 为首一多项式 $f(x)=c_0+c_1x+\cdots+c_{n-1}x^{n-1}+x^n$ 的友阵. 显然有

$$\mathscr{A}\varepsilon_1=\varepsilon_2,\quad \mathscr{A}\varepsilon_2=\varepsilon_3,\cdots,\quad \mathscr{A}\varepsilon_{n-1}=\varepsilon_n,\quad \mathscr{A}\varepsilon_n=-c_0\varepsilon_1-\cdots-c_{n-1}\varepsilon_n.$$

即
$$\varepsilon_1=\varepsilon_1,\varepsilon_2=\mathscr{A}\varepsilon_1,\varepsilon_3=\mathscr{A}^2\varepsilon_1,\cdots,\varepsilon_n=\mathscr{A}^{n-1}\varepsilon_1,$$

故知 $\varepsilon_1,\varepsilon_2,\cdots,\varepsilon_n$ 是循环基，$\alpha=\varepsilon_1$ 是循环向量，$F[\mathscr{A}]\alpha=F[\mathscr{A}]\varepsilon_1=V$，也即 V 是循环空间.

由定理 7.5 知 A 的最小多项式和特征多项式均为 $f(x)$. 事实上，我们很容易算出 A 的特征多项式 $|\lambda I-A|=f(\lambda)$，所以 $f(\mathscr{A})=0$. 而我们只要证明 A 的最小多项式 $m(\lambda)$ 的次数为 n 即可. 若 $\deg m(\lambda)=k<n$，设 $m(\lambda)=\lambda^k+a_{n-1}\lambda^{k-1}+\cdots+a_1\lambda+a_0$，则

$$0=m(\mathscr{A})\varepsilon_1=\mathscr{A}^k\varepsilon_1+a_{k-1}\mathscr{A}^{k-1}\varepsilon_1+\cdots+a_1\mathscr{A}\varepsilon_1+a_0\varepsilon_1,$$

与 $\mathscr{A}^k\varepsilon_1,\mathscr{A}^{k-1}\varepsilon_1,\cdots,\mathscr{A}\varepsilon_1,\varepsilon_1$ 线性无关矛盾. 证毕.

26. 设 $\mathscr{A}$ 是 n 维线性空间 V 上线性变换，$\alpha\in V$. α 的次数最低的首一零化多项式 $m_\alpha(\lambda)$ 称为 α（关于 $\mathscr{A}$）的最小零化子. 证明 $g(\lambda)$ 为 α 的零化多项式（即 $g(\mathscr{A})\alpha=0$）当且仅当 $m_\alpha(\lambda)\mid g(\lambda)$.

证 充分性显然，即当 $g(\lambda)=m_\alpha(\lambda)q(\lambda)$ 时，有 $g(\mathscr{A})\alpha=m_\alpha(\mathscr{A})q(\mathscr{A})\alpha=q(\mathscr{A})0=0$.

必要性：若 $g(\lambda)$ 为 α 的零化多项式，由带余除法可设

$$g(\lambda)=m_\alpha(\lambda)q(\lambda)+r(\lambda),\ r=0\quad 或\ \deg r<\deg m_\alpha,$$

则有

$$0=g(\mathscr{A})\alpha=m_\alpha(\mathscr{A})q(\mathscr{A})\alpha+r(\mathscr{A})\alpha=r(\mathscr{A})\alpha,$$

若 $r\neq0$，则 $r(\lambda)$ 是比 $m_\alpha(\lambda)$ 次数低的零化多项式，与 $m_\alpha(\lambda)$ 的定义矛盾，故 $r=0$，即 $m_\alpha(\lambda)\mid g(\lambda)$.

27. 设 $\mathscr{A}$ 是 n 维线性空间 V 上线性变换，$\alpha\in V$ 的最小零化子次数为 k. 把 $\alpha,\mathscr{A}\alpha,\cdots,\mathscr{A}^{k-1}\alpha$ 扩展为 V 的基. 求 $\mathscr{A}$ 在此基下的方阵表示（分 $k=1,k=2$ 和 $k>2$ 三种情形）. 若把基中向量次序换为 $\alpha,\mathscr{A}^2\alpha,\cdots,\mathscr{A}\alpha$ 呢（只须写出方阵的已知部分）？

解 设 α 的最小零化子为 $m_\alpha(\lambda)=\lambda^k+c_{k-1}\lambda^{k-1}+\cdots+c_1\lambda+c_0$，因为 $\alpha,\mathscr{A}\alpha,\cdots,\mathscr{A}^{k-1}\alpha$ 线性无关，所以扩充 $\alpha_{k+1},\cdots,\alpha_n$ 使

$$\alpha,\mathscr{A}\alpha,\cdots,\mathscr{A}^{k-1}\alpha,\alpha_{k+1},\cdots,\alpha_n$$

为 V 的基，于是 $\mathscr{A}$ 在此基下的方阵表示为

$$A=\left[\begin{array}{cccc:ccc}0 & & & -c_0 & * & \cdots & * \\ 1 & \ddots & & \vdots & \vdots & & \vdots \\ & \ddots & 0 & -c_{k-2} & \vdots & & \vdots \\ & & 1 & -c_{k-1} & \vdots & & \vdots \\ \hdashline & & & & \vdots & & \vdots \\ & & & & \vdots & & \vdots \\ & & & & * & \cdots & *\end{array}\right]=\begin{bmatrix}A_1 & A_3 \\ 0 & A_2\end{bmatrix},$$

当 $k=1$ 时，$m_\alpha(\lambda)=\lambda+c_0$，即 $\mathscr{A}\alpha+c_0\alpha=0\to\mathscr{A}\alpha=-c_0\alpha$，所以 α 是特征向量，故 $A_1=-c_0$；

当 $k=2$ 时，$m_\alpha(\lambda)=\lambda^2+c_1\lambda+c_0$， $\alpha,\mathscr{A}\alpha$ 线性无关，所以 $A_1=\begin{bmatrix}0 & c_0 \\ 1 & -c_1\end{bmatrix}$.

当 $k\geqslant 3$ 时，A_1 为 $m_\alpha(\lambda)$的友阵，如上.

若改变基向量的排序为

$$\alpha,\mathscr{A}^2\alpha,\cdots,\mathscr{A}^{k-1}\alpha,\alpha_{k+1},\cdots,\alpha_n,\mathscr{A}\alpha,$$

则 $\mathscr{A}$ 在此基上的方阵表示为：

$k=1$ 时，不变(仍同上)；$k=2$ 时

$$B=\begin{bmatrix}0 & * & \cdots & * & -c_0 \\ \vdots & \vdots & & \vdots & 0 \\ \vdots & \vdots & & \vdots & \vdots \\ 0 & \vdots & & \vdots & 0 \\ 1 & * & \cdots & * & -c_1\end{bmatrix};$$

$k\geqslant 3$ 时

$$B=\left[\begin{array}{ccccc:ccc:c}0 & & & & -c_0 & * & \cdots & * & 0 \\ 0 & 0 & & & -c_2 & \vdots & & \vdots & 1 \\ \vdots & 1 & \ddots & & \vdots & \vdots & & \vdots & 0 \\ \vdots & & \ddots & 0 & \vdots & \vdots & & \vdots & \vdots \\ \vdots & & & 1 & -c_{k-1} & \vdots & & \vdots & \vdots \\ \hdashline \vdots & & & & & \vdots & & \vdots & \vdots \\ 0 & & & & & \vdots & & \vdots & \vdots \\ 1 & 0 & \cdots & 0 & -c_1 & * & \cdots & * & 0\end{array}\right].$$

28. 设 $\mathscr{A}$ 是 $F^{(2)}$ 上线性变换. 证明：若非 0 向量 α 不是 $\mathscr{A}$ 的特征向量，则 α 生成 $F^{(2)}$(即 $F[\mathscr{A}]\alpha=F^{(2)}$). 由此证明，对于非纯量变换 $\mathscr{A}$，$F^{(2)}$ 总是循环空间.

证 任 $\alpha\in F^{(2)}$，若 $\alpha\neq 0$，且 α 不是 $\mathscr{A}$ 的特征向量，即不存 $\lambda\in F$，使 $\mathscr{A}\alpha=\lambda\alpha$，于是知 α，$\mathscr{A}\alpha$ 线性无关，故为 $F^{(2)}$ 的基，所以 $F[\mathscr{A}]\alpha=F^{(2)}=\langle\alpha,\mathscr{A}\alpha\rangle$(即 α 为循环向量，$F^{(2)}$ 为循环

空间).

对于非纯量变换 $\mathscr{A}$,设 λ 为其一个特征值,(β 为其一个特征向量,有 $\mathscr{A}\beta=\lambda\beta$).则必有 $\alpha\in F^{(2)}$,使 $\mathscr{A}\alpha\neq\lambda\alpha$(否则,若对一切 $\alpha\in F^{(2)}$ 有 $\mathscr{A}\alpha=\lambda\alpha$,则 $\mathscr{A}$ 为纯量变换),此时若有 $\mathscr{A}\alpha=\lambda_1\alpha(\lambda_1\neq\lambda)$,则 $\alpha+\beta$ 不是 $\mathscr{A}$ 的特征向量,由前述讨论知:$F^{(2)}=\langle\alpha+\beta,\mathscr{A}(\alpha+\beta)\rangle$,所以 $F^{(2)}$ 是循环空间.

29. 设 $\mathscr{A}$ 是 $\mathbb{R}^{(3)}$ 的线性变换,在自然基下方阵表示为

$$A=\begin{bmatrix}3 & & \\ & 3 & \\ & & -2\end{bmatrix},$$

证明:$\mathscr{A}$ 没有循环向量,并求 $(1,-1,3)^{\mathrm{T}}$ 生成的循环子空间.

证 由已知 $\mathscr{A}$ 的极小多项式为 $m(\lambda)=(\lambda-3)(\lambda+2)$,即

$$(\mathscr{A}-3I)(\mathscr{A}+2I)=\mathscr{A}^2-\mathscr{A}+6I=0.$$

所以对任 $\alpha\in\mathbb{R}^{(3)}$,有 $m(\mathscr{A})\alpha=\mathscr{A}^2\alpha-\mathscr{A}\alpha+6\alpha=0$,即 $\alpha,\mathscr{A}\alpha,\mathscr{A}^2\alpha$ 线性相关,故 α 不是循环向量(因为 α 是循环向量的必要条件是 $\alpha,\mathscr{A}\alpha,\mathscr{A}^2\alpha$ 线性无关),故 $\mathscr{A}$ 没有循环向量.

当 $\alpha_0=(1,-1,3)^{\mathrm{T}}$,$\mathscr{A}\alpha_0=A\alpha_0=(3,-3,-6)^{\mathrm{T}}$,显然 $\alpha_0,\mathscr{A}\alpha_0$ 线性无关,所以 α_0 生成的循环子空间为

$$W=\langle\alpha_0,\mathscr{A}\alpha_0\rangle=\mathbb{R}(1,-1,3)^{\mathrm{T}}+\mathbb{R}(3,-3,-6)^{\mathrm{T}}.$$

30. 设 $\mathscr{A}$ 是 $\mathbb{C}^{(3)}$ 的线性变换,在自然基下方阵表示为

$$A=\begin{bmatrix}1 & \mathrm{i} & 0\\ -1 & 2 & -\mathrm{i}\\ 0 & 1 & 1\end{bmatrix},$$

求 $\alpha=(1,0,0)^{\mathrm{T}}$,$\beta=(1,0,\mathrm{i})^{\mathrm{T}}$ 的最小零化子.

解 因为

$$\alpha=\begin{bmatrix}1\\0\\0\end{bmatrix},\quad \mathscr{A}\alpha=\begin{bmatrix}1\\-1\\0\end{bmatrix},\quad \mathscr{A}^2\alpha=\begin{bmatrix}1-\mathrm{i}\\-3\\-1\end{bmatrix},$$

$$\mathscr{A}^3\alpha=(1-4\mathrm{i},-7+2\mathrm{i},-4)^{\mathrm{T}}=4\mathscr{A}^2\alpha-(5+2\mathrm{i})\mathscr{A}\alpha+(2+2\mathrm{i})\alpha,$$

所以

$$m_\alpha(\lambda)=\lambda^3-4\lambda^2+(5+2\mathrm{i})\lambda-(2+2\mathrm{i});$$

又因为

$$\beta=\begin{bmatrix}1\\0\\\mathrm{i}\end{bmatrix},\quad \mathscr{A}\beta=\begin{bmatrix}1\\0\\\mathrm{i}\end{bmatrix},\quad \text{所以 } m_\beta(\lambda)=\lambda-1.$$

注 当 A 是三阶方阵时,若 $\alpha,\mathscr{A}\alpha,\mathscr{A}^2\alpha$ 线性无关,则 A 的特征多项式必为 α 的最小

零化子,故

$$m_\alpha(\lambda) = |\lambda I - A|.$$

31. 证明:若 $\mathscr{A}^2$ 有循环向量,则 $\mathscr{A}$ 也有循环向量;反过来对吗?

证　设 α 是 $\mathscr{A}^2$ 的循环向量,则由于

$$V \supset F[\mathscr{A}]\alpha \supset \langle \alpha, \mathscr{A}\alpha, \mathscr{A}^2\alpha, \cdots, \mathscr{A}^{2k-2}\alpha, \mathscr{A}^{2k-1}\alpha, \cdots \rangle$$
$$\supset \langle \alpha, \mathscr{A}^2\alpha, \cdots, (\mathscr{A}^2)^{k-1}\alpha, \cdots \rangle = V.$$

(最后一个等号是因为已知 $\mathscr{A}^2$ 有循环向量 α.)

所以 $F[\mathscr{A}]\alpha = V$,故 α 也是 $\mathscr{A}$ 的循环向量.

反过来不对.如 $\mathscr{A}$ 在自然基下方阵表示为 $A=\begin{bmatrix}0 & 1\\ 0 & 0\end{bmatrix}$,则对任 $\alpha=\begin{bmatrix}x_1\\ x_2\end{bmatrix}$,$x_2\neq 0$,有

$\mathscr{A}\alpha = A\alpha = \begin{bmatrix}x_2\\ 0\end{bmatrix}$,故 α,$\mathscr{A}\alpha$ 线性无关,即

$$F^{(2)} = \langle \alpha, A\alpha \rangle \quad (x_2 \neq 0 \text{ 的任 } \alpha \text{ 均为循环向量});$$

而因为 $A^2=0$,所以对任 $\alpha \in F^{(2)}$,都有 α,$\mathscr{A}^2\alpha$ 线性相关,故 $\mathscr{A}^2$ 无循环向量.

32. 设 V 是 n 维线性空间,$\mathscr{A}$ 为其线性变换,且设 $\mathscr{A}$ 可对角化(即有对角形方阵表示).证明:

(1) 若 $\mathscr{A}$ 有循环向量,则 $\mathscr{A}$ 有 n 个互异特征值;

(2) 若 $\mathscr{A}$ 有 n 个互异的特征值,设 $\alpha_1,\cdots,\alpha_n$ 是它们相应的特征向量,则 $\alpha_1+\cdots+\alpha_n$ 是 $\mathscr{A}$ 的循环向量.

证　由已知,$\mathscr{A}$ 可对角化则存在 V 的基,使 $\mathscr{A}$ 的方阵表示为

$$\begin{bmatrix}\lambda_1 & & & \\ & \lambda_2 & & \\ & & \ddots & \\ & & & \lambda_n\end{bmatrix}.$$

(1) 用反证法.若 $\mathscr{A}$ 有两个特征值相同,不妨设 $\lambda_1=\lambda_2$,则 $\mathscr{A}$ 的极小多项式为

$$m(\lambda) = (\lambda-\lambda_2)(\lambda-\lambda_3)\cdots(\lambda-\lambda_n) = \lambda^{n-1} + c_{n-2}\lambda^{n-2} + \cdots + c_1\lambda + c_0,$$

即有

$$\mathscr{A}^{n-1} + c_{n-2}\mathscr{A}^{n-2} + \cdots + c_1\mathscr{A} + c_0 I = 0,$$

所以对任 $\alpha \in V$,

$$m(\mathscr{A})\alpha = \mathscr{A}^{n-1}\alpha + c_{n-2}\mathscr{A}^{n-2}\alpha + \cdots + c_1\mathscr{A}\alpha + c_0\alpha = 0,$$

故 α,$\mathscr{A}\alpha$,$\cdots$,$\mathscr{A}^{n-1}\alpha$ 线性相关.

于是知 $\mathscr{A}$ 无循环向量,与已知矛盾.所以 $\mathscr{A}$ 必有 n 个互异的特征值.

(2) 当 $\mathscr{A}$ 有 n 个互异的特征值时,设 $\mathscr{A}\alpha_i = \lambda\alpha_i$,$i=1,2,\cdots,n$,则 $\alpha_1,\cdots,\alpha_n$ 是 V 的基.令 $\alpha=\alpha_1+\alpha_2+\cdots+\alpha_n$,则

$$\mathscr{A}\alpha=\mathscr{A}(\alpha_1+\alpha_2+\cdots+\alpha_n)=\lambda_1\alpha_1+\cdots+\lambda_n\alpha_n,$$
$$\mathscr{A}^2\alpha=\lambda^2\alpha_1+\cdots+\lambda_n^2\alpha_n,$$
$$\vdots$$
$$\mathscr{A}^{n-1}\alpha=\lambda^{n-1}\alpha_1+\cdots+\lambda_n^{n-1}\alpha_n.$$

显然,$\alpha,\mathscr{A}\alpha,\cdots,\mathscr{A}^{n-1}\alpha$ 线性无关.

事实上,$\alpha,\mathscr{A}\alpha,\cdots,\mathscr{A}^{n-1}\alpha$ 在基 $\alpha_1,\cdots,\alpha_n$ 上的坐标列排成的矩阵的行列式为 n 阶 Vandermonde 行列式. 即有

$$(\alpha,\mathscr{A}\alpha,\cdots,\mathscr{A}^{n-1}\alpha)=(\alpha_1,\cdots,\alpha_n)\begin{bmatrix}1 & \lambda_1 & \cdots & \lambda_1^{n-1}\\ 1 & \lambda_2 & \cdots & \lambda_2^{n-1}\\ \vdots & \vdots & & \vdots\\ 1 & \lambda_n & \cdots & \lambda_n^{n-1}\end{bmatrix},$$

当 $\lambda_1,\lambda_2,\cdots,\lambda_n$ 互异时,此行列式值非零. 于是知 $\alpha,\mathscr{A}\alpha,\cdots,\mathscr{A}^{n-1}\alpha$ 是 V 的基,故 $\alpha=\alpha_1+\alpha_2+\cdots+\alpha_n$ 是循环向量,$V=F[\mathscr{A}]\alpha$.

***33.** 设 $\mathscr{A}$ 是 n 维线性空间 V 的线性变换,有循环向量. 证明: 与 $\mathscr{A}$ 可交换的 V 的任一线性变换 $\mathscr{B}$ 必为 $\mathscr{A}$ 的多项式.

证 方法 1 由已知 $\mathscr{A}$ 有循环向量,所以存在向量 α,使

$$V=F[\mathscr{A}]\alpha=\langle\alpha,\mathscr{A}\alpha,\cdots,\mathscr{A}^{n-1}\alpha\rangle.$$

对于与 $\mathscr{A}$ 可交换的 V 的任一线性变换 $\mathscr{B}$,有 $\mathscr{B}\alpha$ 可由循环基线性表出,设为

$$\mathscr{B}\alpha=b_0\alpha+b_1\mathscr{A}\alpha+\cdots+b_{n-1}\mathscr{A}^{n-1}\alpha=f(\mathscr{A})\alpha,$$

其中 $f(\lambda)=b_0+b_1\lambda+\cdots+b_{n-1}\lambda^{n-1}$.

对任 $\beta\in V$,设 $\beta=x_1\alpha+x_2\mathscr{A}\alpha+\cdots+x_n\mathscr{A}^{n-1}\alpha=\sum\limits_{k=1}^{n}x_k\mathscr{A}^{k-1}\alpha$,则有

$$\mathscr{B}\beta=\mathscr{B}\sum_{k=1}^{n}x_k\mathscr{A}^{k-1}\alpha=\sum_{k=1}^{n}x_k\mathscr{B}\mathscr{A}^{k-1}\alpha=\sum_{k=1}^{n}x_k\mathscr{A}^{k-1}\mathscr{B}\alpha$$
$$=\sum_{k=1}^{n}x_k\mathscr{A}^{k-1}f(\mathscr{A})\alpha=f(\mathscr{A})\sum_{k=1}^{n}x_k\mathscr{A}^{k-1}\alpha=f(\mathscr{A})\beta,$$

第 3 个等号是因为 $\mathscr{A}\mathscr{B}=\mathscr{B}\mathscr{A}$,从而 $\mathscr{A}^{k-1}\mathscr{B}=\mathscr{B}\mathscr{A}^{k-1}$,由于对一切 $\beta\in V$,有 $\mathscr{B}\beta=f(\mathscr{A})\beta$,所以

$$\mathscr{B}=f(\mathscr{A}).$$

证毕.

方法 2 此题也可用矩阵的语言证明,叙述如下:

由已知,$\mathscr{A}$ 有循环向量 α 使 $\alpha,\mathscr{A}\alpha,\cdots,\mathscr{A}^{n-1}\alpha$ 为 V 的基,$\mathscr{A}$ 在此基下的方阵表示为

$$A=\begin{bmatrix}0 & & & -c_0\\ 1 & \ddots & & \vdots\\ & \ddots & 0 & -c_{n-2}\\ & & 1 & -c_{n-1}\end{bmatrix}.$$

α 在此基下的坐标列为 $(1,0,\cdots,0)^{\mathrm{T}}$，记为 ε，则

$$(\alpha,\mathscr{A}\alpha,\cdots,\mathscr{A}^{n-1}\alpha)=(\alpha,\mathscr{A}\alpha,\cdots,\mathscr{A}^{n-1}\alpha)(\varepsilon,A\varepsilon,\cdots,A^{n-1}\varepsilon),$$

而 $(\varepsilon,A\varepsilon,\cdots,A^{n-1}\varepsilon)=I$（单位方阵），于是对任一与 $\mathscr{A}$ 可交换的线性变换 $\mathscr{B}$，设其在此循环基下的方阵表示为 B，有 $AB=BA$，故

$$B=BI=B(\varepsilon,A\varepsilon,\cdots,A^{n-1}\varepsilon)=(B\varepsilon,AB\varepsilon,\cdots,A^{n-1}B\varepsilon),$$

设 $B=(b_{ij})$，则

$$B\varepsilon=\begin{bmatrix}b_{11}\\ \vdots\\ b_{n1}\end{bmatrix}=b_{11}\varepsilon+b_{21}A\varepsilon+\cdots+b_{n1}A^{n-1}\varepsilon=\sum_{k=1}^{n}b_{k1}A^{k-1}\varepsilon,$$

代入前式有

$$\begin{aligned}B&=\Big(\sum_{k=1}^{n}b_{k1}A^{k-1}\varepsilon,A\sum_{k=1}^{n}b_{k1}A^{k-1}\varepsilon,\cdots,A^{n-1}\sum_{k=1}^{n}b_{k1}A^{k-1}\varepsilon\Big)\\&=\sum_{k=1}^{n}b_{k1}A^{k-1}(\varepsilon,A\varepsilon,\cdots,A^{n-1}\varepsilon)=\sum_{k=1}^{n}b_{k}A^{k-1}.\end{aligned}$$

所以 B 是 A 的多项式，从而 $\mathscr{B}$ 是 $\mathscr{A}$ 的多项式.

34. 设 $\mathscr{A}$ 是 F 上 n 维线性空间 V 的线性变换，且设 $\mathscr{A}$ 可对角化（即在某基下方阵表示为对角形）. 设 $\lambda_1,\cdots,\lambda_s$ 为其互异特征根，λ_i 的特征子空间记为 V_i，$d_i=\dim V_i$.

(1) 证明每个向量 α 可唯一表为 $\alpha=\beta_1+\cdots+\beta_s$，$\beta_i\in V_i$；

(2) 证明 α 生成的循环子空间恰为 $\beta_1,\cdots,\beta_s$ 在 F 上张成的子空间；

(3) 证明 α 的最小零化子为 $m_\alpha(\lambda)=\prod\limits_{\beta_i\neq 0}(\lambda-\lambda_i)$；

(4) 取 V_i 的基 $\beta_{i1},\cdots,\beta_{id_i}$，记 $r=\max\limits_i d_i$，取 $\alpha_1,\cdots,\alpha_r$ 如下：

$$\alpha_j=\sum_{d_i\geqslant j}\beta_{ij}\qquad(1\leqslant j\leqslant r),$$

证明 α_j 生成的循环子空间 $F[\mathscr{A}]\alpha_j$ 由 $\{\beta_{ij}\mid d_i\geqslant j\}$ 张成，且 α_j 的最小零化子为

$$m_j(\lambda)=\prod_{d_i\geqslant j}(\lambda-\lambda_i);$$

(5) 证明 $V=F[\mathscr{A}]\alpha_1\oplus\cdots\oplus F[\mathscr{A}]\alpha_r$ 是 V 的循环分解.

证　(1) 设在基 $\varepsilon_1,\cdots,\varepsilon_n$ 下 $\mathscr{A}$ 的方阵表示为

$$A=\begin{bmatrix}\lambda_1 I&&\\&\ddots&\\&&\lambda_s I\end{bmatrix},$$

则 $V=V_1\oplus\cdots\oplus V_s$，其中 V_i 是 λ_i 的特征子空间. 故任 $\alpha\in V$，有唯一分解式

$$\alpha=\beta_1+\cdots+\beta_s,\quad 其中\ \beta_i\in V_i.$$

(2) 方法1　若对某 α 其分解式中所有 β_i 均不为0，因为 β_i 分别属于不同的特征值，

所以 $\beta_1,\cdots,\beta_s$ 线性无关.且由

$$\alpha=\beta_1+\cdots+\beta_s,$$

有

$$\mathscr{A}\alpha=\lambda_1\beta_1+\cdots+\lambda_s\beta_s,$$

$$\vdots$$

$$\mathscr{A}^{s-1}\alpha=\lambda_1^{s-1}\beta_1+\cdots+\lambda_s^{s-1}\beta_s.$$

所以

$$(\alpha,\mathscr{A}\alpha,\cdots,\mathscr{A}^{s-1}\alpha)=(\beta_1,\cdots,\beta_s)\begin{bmatrix}1 & \lambda_1 & \cdots & \lambda_1^{s-1}\\ \vdots & \vdots & & \vdots\\ \vdots & \vdots & & \vdots\\ 1 & \lambda_s & \cdots & \lambda_s^{s-1}\end{bmatrix},$$

因为右边方阵的行列式不为 0(因 $\lambda_1,\cdots,\lambda_s$ 互异),所以 $\alpha,\mathscr{A}\alpha,\cdots,\mathscr{A}^{s-1}\alpha$ 线性无关,是 $\langle\beta_1,\cdots,\beta_s\rangle$ 中一组基.所以

$$\langle\alpha,\mathscr{A}\alpha,\cdots,\mathscr{A}^{s-1}\alpha\rangle=\langle\beta_1,\cdots,\beta_s\rangle.$$

若分解式中有某些 $\beta_i=0$ 时,重新写为

$$\alpha=\beta_{i_1}+\cdots+\beta_{i_k},\quad 1\leqslant i_1<\cdots<i_k\leqslant s,\quad \beta_{i_j}(\neq 0)\in V_{i_j},\quad 1<j<k,$$

则类似上述讨论,仍得

$$\langle\alpha,\mathscr{A}\alpha,\cdots,\mathscr{A}^{i_k-1}\alpha\rangle=\langle\beta_{i_1},\cdots,\beta_{i_k}\rangle=\langle\beta_1,\cdots,\beta_s\rangle,$$

最后一个等号成立是因为仅仅加入 0 向量(即把为 0 的 β_i 补入).

方法 2 由任 $\alpha\in V$,可唯一表为 $\alpha=\beta_1+\cdots+\beta_s$,其中 $\beta_i\in V_i$,知

$$\mathscr{A}\alpha=\mathscr{A}\beta_1+\cdots+\mathscr{A}\beta_s=\lambda_1\beta_1+\cdots+\lambda_s\beta_s,$$

故对任 $f(X)\in F[X]$,有

$$f(\mathscr{A})\alpha=f(\lambda_1)\beta_1+\cdots+f(\lambda_s)\beta_s\in F\beta_1+\cdots+F\beta_s,$$

故

$$F[\mathscr{A}]\alpha\subseteq F\beta_1+\cdots+F\beta_s,$$

另一方面,显然存在多项式 $f_i(\lambda)(1\leqslant i\leqslant s)$,使 $f_i(\lambda_i)=1,f_i(\lambda_j)=0(\forall j\neq i)$,故

$$\beta_i=f_i(\lambda_1)\beta_1+\cdots+f_i(\lambda_i)\beta_i+\cdots+f_i(\lambda_s)\beta_s=f_i(\mathscr{A})\alpha\in F[\mathscr{A}]\alpha,$$

于是知

$$F\beta_1+\cdots+F\beta_s\subseteq F[\mathscr{A}]\alpha,\quad \text{所以 } F[\mathscr{A}]\alpha=\langle\beta_1,\cdots,\beta_s\rangle.$$

(3) 记 α 生成的循环子空间为 W_α,则 $\mathscr{A}|_{W_\alpha}$($\mathscr{A}$ 在 W_α 上的限制)在基 $\alpha,\mathscr{A}\alpha,\cdots,\mathscr{A}^{i_k-1}\alpha$ 下的方阵为友阵形

$$\begin{bmatrix}0 & & & -c_0\\ 1 & \ddots & & \vdots\\ & \ddots & 0 & -c_{n-2}\\ & & 1 & -c_{n-1}\end{bmatrix},$$

故特征多项式 $f(\lambda)=m(\lambda)=m_\alpha(\lambda)$，而 $\mathscr{A}|_{W_\alpha}$ 在基 $\beta_1,\cdots,\beta_{i_k}$ 下的方阵为对角阵

$$\begin{bmatrix}\lambda_{i_1} & & \\ & \ddots & \\ & & \lambda_{i_k}\end{bmatrix},\quad 1\leqslant i_1<\cdots<i_k\leqslant s,$$

特征多项式为 $f(\lambda)=(\lambda-\lambda_1)\cdots(\lambda-\lambda_{i_k})$，所以

$$m_\alpha(\lambda)=(\lambda-\lambda_1)\cdots(\lambda-\lambda_{i_k})=\prod_{\beta_i\neq 0}(\lambda-\lambda_i).$$

(4) 取 V_i 的基 $\beta_{i1},\cdots,\beta_{id_i}$，$i=1,2,\cdots,s$，则

$$\begin{matrix}\beta_{11}, & \beta_{12}, & \cdots, & \beta_{1d_1} & (\in V_1)\\ \beta_{21}, & \beta_{22}, & \cdots, & \beta_{2d_2} & (\in V_2)\\ \vdots & & & \vdots & \\ \beta_{s1}, & \beta_{s2}, & \cdots, & \beta_{sd_s} & (\in V_s)\end{matrix}$$

是 $\mathscr{A}$ 的 n 个线性无关的特征向量，是 V 的基. 上表中各行的向量个数可能不同，第一列向量相加记为 α_1，第二列向量相加记为 α_2，…，第 r 列相加记为 α_r ($r=\max\limits_i d_i$). 则由(2)的讨论知：α_j 生成的循环子空间 $F[\mathscr{A}]\alpha_j=\langle\beta_{1_j},\cdots,\beta_{s_j}\rangle=L\{\beta_{i_j}\mid d_i\geqslant j\}$. 如

$$\alpha_1=\beta_{11}+\beta_{21}+\cdots+\beta_{s1},$$

$$F[\mathscr{A}]\alpha_1=\langle\alpha_1,\mathscr{A}\alpha_1,\cdots,\mathscr{A}^{s-1}\alpha_1\rangle=\langle\beta_{11},\beta_{21},\cdots,\beta_{s1}\rangle,$$

α_1 的最小零化子为

$$m_1(\lambda)=(\lambda-\lambda_1)(\lambda-\lambda_2)\cdots(\lambda-\lambda_s).$$

对于其他的 α_j ($j\geqslant 2$)，如(2)中第二种情况(可能不是 s 个向量之和，适当补入 0 向量之后，即为(2)中所设)，所以仍有如 α_1 类似的结论. 补入 0 后，可写为 $\alpha_j=\beta_{1j}+\beta_{2j}+\cdots+\beta_{sj}$ (其中只有 V_i 的基的个数 $d_i\geqslant j$ 时，$\beta_{ij}\neq 0$)，所以有 $\alpha_j=\sum\limits_{d_i\geqslant j}\beta_{ij}$ ($1\leqslant j\leqslant r$). 而 α_j 的最小零化子

$$m_{\alpha_j}(\lambda)=\prod_{\beta_{ij}\neq 0}(\lambda-\lambda_i)=\prod_{d_i\geqslant j}(\lambda-\lambda_i).$$

证毕.

(5) 由(4)我们已知 $\{\beta_{ij}\mid i=1,\cdots,s,1\leqslant j\leqslant d_i\}$ 是 V 的基. 所以对任 $\alpha\in V$，有

$$\alpha=\sum_{i=1}^{s}\sum_{j=1}^{d_i}k_{ij}\beta_{ij}=\sum_{j=1}^{r}\sum_{d_i\geqslant j}k_{ij}\beta_{ij}=\sum_{j=1}^{r}\gamma_j,$$

其中 $\gamma_j=\sum\limits_{d_i\geqslant j}k_{ij}\beta_{ij}\in F[\mathscr{A}]\alpha_j$. 又

$$F[\mathscr{A}]\alpha_j\cap F[\mathscr{A}]\alpha_l=0\quad(j\neq l),$$

所以

$$V = F[\mathscr{A}]\alpha_1 \oplus F[\mathscr{A}]\alpha_2 \oplus \cdots \oplus F[\mathscr{A}]\alpha_r.$$

35. 设 $\mathscr{A}$ 为 $F^{(2)}$ 上线性变换，在自然基下方阵为 $\begin{bmatrix}0 & 0\\1 & 0\end{bmatrix}$. 设 $\alpha_1=(0,1)^{\mathrm{T}}$，证明 $F^{(2)}\neq F[\mathscr{A}]\alpha_1$，且对每个非 0 向量 α_2，$F[\mathscr{A}]\alpha_2$ 与 $F[\mathscr{A}]\alpha_1$ 总有非 0 交.

证 因为 $\alpha_1=\begin{bmatrix}0\\1\end{bmatrix}$，$\mathscr{A}\alpha_1=A\alpha_1=\begin{bmatrix}0 & 0\\1 & 0\end{bmatrix}\begin{bmatrix}0\\1\end{bmatrix}=\begin{bmatrix}0\\0\end{bmatrix}$，所以 α_1，$\mathscr{A}\alpha_1$ 线性相关，不能构成 $F^{(2)}$ 的基，于是 α_1 不是 $F^{(2)}$ 的循环向量，即 $F^{(2)}\neq F[\mathscr{A}]\alpha_1$，显然有 $F[\mathscr{A}]\alpha_1=F\alpha_1=\langle\alpha_1\rangle$.

对任 $\alpha_2\neq 0$，设 $\alpha_2=\begin{bmatrix}x_1\\x_2\end{bmatrix}$，则 $\mathscr{A}\alpha_2=\begin{bmatrix}0 & 0\\1 & 0\end{bmatrix}\begin{bmatrix}x_1\\x_2\end{bmatrix}=\begin{bmatrix}0\\x_1\end{bmatrix}$. 故当 $x_1\neq 0$ 时，$F[\mathscr{A}]\alpha_2=\langle\alpha_2,\mathscr{A}\alpha_2\rangle=F^{(2)}$，所以

$$F[\mathscr{A}]\alpha_2 \cap F[\mathscr{A}]\alpha_1 = F[\mathscr{A}]\alpha_1 = F\alpha_1.$$

而当 $x_1=0$，则 $x_2\neq 0$（因为 $\alpha_2\neq 0$），且 $\mathscr{A}\alpha_2=0$，所以 $F[\mathscr{A}]\alpha_2=F\alpha_2=F\alpha_1=F[\mathscr{A}]\alpha_1$，仍有 $F[\mathscr{A}]\alpha_2\cap F[\mathscr{A}]\alpha_1=F\alpha_1$. 故对任 $\alpha_2\neq 0$，总有

$$F[\mathscr{A}]\alpha_2 \cap F[\mathscr{A}]\alpha_1 \neq \{0\}.$$

36. 设 $\mathscr{A}$ 是 $F^{(4)}$ 上线性变换，在自然基 $\varepsilon_1,\varepsilon_2,\varepsilon_3,\varepsilon_4$ 下方阵表示为

$$A=\begin{bmatrix}c & & & \\ 1 & c & & \\ & 1 & c & \\ & & 1 & c\end{bmatrix},$$

设 $W=\ker(\mathscr{A}-cI)$.

(1) 证明 W 是由 ε_4 张成的子空间 $F\varepsilon_4$；

(2) 求 ε_i 到 W 的导子 $C_{\varepsilon_i/W}(i=4,3,2,1)$.

证 (1) 因为 $W=\ker(\mathscr{A}-cI)=\{\alpha\in F^{(4)}\mid(\mathscr{A}-cI)\alpha=0\}$，即 W 是由 $\mathscr{A}$ 的（属于特征值 c 的）特征向量构成，解 $(A-cI)\alpha=0$，得 $\alpha=\mu\varepsilon_4$，$\mu\in F$. 故

$$W=\langle\varepsilon_4\rangle=F\varepsilon_4.$$

(2) W 是 $\mathscr{A}$ 的不变子空间（因为任 $\alpha\in W$，$\mathscr{A}\alpha\in W$），而 $\varepsilon_4\in W$，所以 $C_{\varepsilon_4/W}=1$；又由 $\mathscr{A}$ 在基 $\varepsilon_1,\varepsilon_2,\varepsilon_3,\varepsilon_4$ 下的方阵表示为 A，知

$$A\varepsilon_3=c\varepsilon_3+\varepsilon_4 \to (A-cI)\varepsilon_3=\varepsilon_4\in W \to C_{\varepsilon_3/W}=\lambda-c;$$

$$A\varepsilon_2=c\varepsilon_2+\varepsilon_3 \to (A-cI)^2\varepsilon_2=\varepsilon_4\in W \to C_{\varepsilon_2/W}=(\lambda-c)^2;$$

$$A\varepsilon_1=c\varepsilon_1+\varepsilon_2 \to (A-cI)^3\varepsilon_1=\varepsilon_4\in W \to C_{\varepsilon_1/W}=(\lambda-c)^3.$$

37. 设 $\mathscr{A}$ 是 F 上线性空间 V 的线性变换，$V_1,\cdots,V_s$ 是 $\mathscr{A}$ 的不变子空间且 $V=V_1\oplus\cdots\oplus V_s$，$f(\lambda)\in F[\lambda]$ 是 F 上多项式. 证明：$fV=fV_1\oplus\cdots\oplus fV_s$（注意对 $\alpha\in V$，$f\alpha=f(\mathscr{A})\alpha$）.

证　(1) 证 $fV_i \cap fV_j = \{0\}$ $(i \neq j)$.

因 V_i 是 $\mathscr{A}$ 的不变子空间，从而 V_i 也是 $f(\mathscr{A})$ 的不变子空间. 所以

$$fV_i \subseteq V_i,\ fV_j \subseteq V_j,$$

而 $V_i \cap V_j = \{0\}$，所以 $fV_i \cap fV_j = 0$，于是知 $fV_1 + \cdots + fV_s$ 是直和.

(2) 证 $fV = fV_1 \oplus \cdots \oplus fV_s$，

任 $\alpha \in fV$，存在 $\beta \in V$，使 $\alpha = f(\mathscr{A})\beta$. 又由 $V = V_1 \oplus \cdots \oplus V_s$，知有唯一分解式

$$\beta = \beta_1 + \cdots + \beta_s, \quad 其中\ \beta_i \in V_i,$$

故

$$\alpha = f(\mathscr{A})\beta = f(\mathscr{A})(\beta_1 + \cdots + \beta_s) = f(\mathscr{A})\beta_1 + \cdots + f(\mathscr{A})\beta_s \in fV_1 \oplus \cdots \oplus fV_s$$

(因为其中 $f(\mathscr{A})\beta_i \in fV_i$)，所以

$$fV \subseteq fV_1 \oplus \cdots \oplus fV_s.$$

又 $\forall \gamma \in fV_1 \oplus \cdots \oplus fV_s$，有唯一分解式 $\gamma = \gamma_1 + \cdots + \gamma_s$，其中 $\gamma_i \in fV_i$，故 $\exists\, \eta_i$，使 $f\eta_i = \gamma_i$，即有

$$\begin{aligned}\gamma &= \gamma_1 + \cdots + \gamma_s = f\eta_1 + \cdots + f\eta_s = f(\eta_1 + \cdots + \eta_s) \\ &= f\eta \in fV \qquad (\eta = \eta_1 + \cdots + \eta_s),\end{aligned}$$

故

$$fV_1 \oplus \cdots \oplus fV_s \subseteq fV.$$

证毕.

38. 设 $\mathscr{A}$ 是 F 上线性空间 V 的线性变换，设 $\alpha, \beta \in V$ 的最小零化子相同. 证明对于任意多项式 $f \in F[\lambda]$，$f\alpha$ 和 $f\beta$ 的最小零化子相同.

证　设 α, β 的最小零化子为 $m(\lambda)$，记 $\alpha_1 = f(\lambda)\alpha$，$\beta_1 = f(\lambda)\beta$. 又设

$$(f, m) = d \quad \left(由此得\left(\frac{f}{d}, \frac{m}{d}\right) = 1\right),$$

则 $\alpha_1 = f(\lambda)\alpha = \dfrac{f}{d}d\alpha$ 的最小零化子必为 $\dfrac{m}{d}$：

(1) 证 $\dfrac{m}{d}$ 是 α_1 的化零多项式. 实因

$$\frac{m}{d}\alpha_1 = \frac{m}{d} \cdot \frac{f}{d} \cdot d\alpha = \frac{f}{d} \cdot m\alpha = 0.$$

(2) 证 $\dfrac{m}{d}$ 是任(α_1 的)化零多项式的因式. 若 $0 = g\alpha_1 = gf\alpha$，则 $m \mid gf = g \cdot \dfrac{f}{d} \cdot d$，故 $\dfrac{m}{d} \Big| g \cdot \dfrac{f}{d}$，又因 $\left(\dfrac{m}{d}, \dfrac{f}{d}\right) = 1$，所以 $\dfrac{m}{d} \Big| g$.

同理，$\beta_1 = f\beta$ 的最小零化子也为 $\dfrac{m}{d}$，得证.

39. 设 $\mathscr{A}$ 为 $\mathbb{R}^{(3)}$ 的线性变换，在自然基下的方阵表示为

$$\begin{bmatrix} 3 & -4 & -4 \\ -1 & 3 & 2 \\ 2 & -4 & -3 \end{bmatrix},$$

求出满足循环分解定理中的 $\alpha_1,\cdots,\alpha_r$.

解 特征多项式为 $P_A(\lambda)=\det(\lambda I-A)=(\lambda-1)^3$，极小多项式为 $m(\lambda)=(\lambda-1)^2$. 故 α_1 的最小零化子应为 $m(\lambda)$，$F[\mathscr{A}]\alpha_1$ 是二维的，于是 $F[\mathscr{A}]\alpha_2$ 是一维的(因为 $m_2\mid m_1=m$，所以 $m_2=(\lambda-1)$，而 $P_A(\lambda)=m_1\cdot m_2$)，所以 α_2 应为 $\mathscr{A}$ 的属于特征值 1 的特征向量. 而 α_1 不是特征向量即可. 取 $\alpha_1=\varepsilon_1=(1,0,0)^{\mathrm{T}}$ 试之，得 $\mathscr{A}\alpha_1=(3,-1,2)^{\mathrm{T}}$ 与 α_1 线性无关，故可取 $\alpha_1=\varepsilon_1$，因为 $F[\mathscr{A}]\alpha_1\cap F[\mathscr{A}]\alpha_2=0$，所以 $\alpha_2\notin F[\mathscr{A}]\alpha_1$，解 $(\lambda I-A)x=0$，得 $x^{(1)}=(2,1,0)^{\mathrm{T}}$，$x^{(2)}=(2,0,1)^{\mathrm{T}}$ 为基础解系，特征子空间 $V_1=\mathbb{R}x^{(1)}+\mathbb{R}x^{(2)}$. 取 $\alpha_2=(2,1,0)^{\mathrm{T}}$ 即可. $\mathscr{A}$ 在 $\alpha_1,\mathscr{A}\alpha_1,\alpha_2$ 下的方阵表示为

$$B=\begin{bmatrix}0&-1&0\\1&2&0\\0&0&1\end{bmatrix}.$$

40. 证明：域 F 上三阶方阵 A 与 B 相似的充分必要条件为 A 与 B 有相同的特征多项式和最小多项式. 举例说明这对四阶方阵是不对的.

证 必要性显然. 即当 A 与 B 相似时，它们的特征多项式和最小多项式相同.

充分性：因为 A 与 B 特征多项式相同，所以特征值同. 设为 $\lambda_1,\lambda_2,\lambda_3$. 又最小多项式相同，当 $m(\lambda)$ 为单因子之积(即极小多项式无重根)时，则

$$A\sim\begin{bmatrix}\lambda_1&&\\&\lambda_2&\\&&\lambda_3\end{bmatrix}\sim B;$$

当 $m(\lambda)$ 有二重根，不妨设为 $m(\lambda)=(\lambda-\lambda_1)(\lambda-\lambda_2)^2$，则

$$A\sim\begin{bmatrix}\lambda_1&&\\&\lambda_2&1\\&&\lambda_2\end{bmatrix}\sim B;$$

当 $m(\lambda)=(\lambda-\lambda_1)^3$，即有三重根，则

$$A\sim\begin{bmatrix}\lambda_1&1&\\&\lambda_1&1\\&&\lambda_1\end{bmatrix}\sim B.$$

对于三阶方阵，当特征值确定后，它的极小多项式只有上述三种情况，而对每种情况，只对应一种相似标准形(Jordan 形)，所以我们可以得出 A 相似于 B.

但对于四阶方阵，当 A 与 B 的特征值相同，且极小多项式相同时，可能有不同的相似标准形，因此不能保证 A 与 B 相似. 如当 $m(\lambda)$ 有二重根，设 $m(\lambda)=(\lambda-\lambda_1)^2$，可有

$$A\sim\begin{bmatrix}\lambda_1&1&&\\&\lambda_1&&\\&&\lambda_1&1\\&&&\lambda_1\end{bmatrix},\quad B\sim\begin{bmatrix}\lambda_1&&&\\&\lambda_1&&\\&&\lambda_1&1\\&&&\lambda_1\end{bmatrix}.$$

显然有 A 不相似于 B.

41. 设数域 K 包含域 F,A 与 B 为 F 上 n 阶方阵. 证明:若 A,B 在 K 上相似,则 A,B 在 F 上相似(提示:证明方阵的有理标准形不依赖于 K 或 F).

证 方法 1 此题用定理 7.14 系 1:方阵 A 与方阵 B 相似$\Leftrightarrow A$ 与 B 的不变因子组相同. 而不变因子不因考虑域的不同而变化,只由 $\lambda I - A$ 的元素做加、减、乘得到. 或者叙述为:若 A 与 B 在 K 上相似,则它们的不变因子组相同,而不变因子是 F 上多项式,所以 A 与 B 在 F 上不变因子组同,(再用充分性)故 A 与 B 在 F 上相似.

方法 2 若 A 与 B 在 K 上相似,则它们的有理标准形相同,即

$$A \sim \begin{bmatrix} c(d_1) & & \\ & \ddots & \\ & & c(d_r) \end{bmatrix} \sim B,$$

其中 $d_1, \cdots, d_r$ 为 A(或 B)的不变因子组,$c(d_i)$为 d_i 的友阵. d_i 是 F 上多项式(因 d_i 是 $\lambda I - A$ 的元素作加、减、乘、带余除法而得),所以 A 与 B 在 F 上也有如上的有理标准形,故 A 与 B 在 F 上也相似.

42. 设 A 为复方阵,若 A 的每个特征值均为实数,则 A 相似于实方阵.

证 若 A 的特征值均为实数,设其互异的特征值为 $\lambda_1, \cdots, \lambda_s$,则 A 的特征多项式和极小多项式分别为

$$f(\lambda) = (\lambda - \lambda_1)^{n_1} \cdots (\lambda - \lambda_s)^{n_s} \qquad \left(\sum_{i=1}^{s} n_i = n\right),$$

$$m(\lambda) = (\lambda - \lambda_1)^{r_1} \cdots (\lambda - \lambda_s)^{r_i} \qquad (r_i \leqslant n_i,\ i = 1, \cdots, s).$$

故 $f(\lambda)$, $m(\lambda)$ 均为实系数多项式. 记 A 的不变因子为 $d_1, \cdots, d_r$,则 $d_r = m(\lambda)$,$d_{r-1} | d_r, \cdots, d_1 | d_2$,所以 $d_1, \cdots, d_r$ 均是$\mathbb{R}$上的多项式. 而 A 的有理标准形为

$$\begin{bmatrix} c(d_1) & & \\ & \ddots & \\ & & c(d_r) \end{bmatrix},$$

其中 $c(d_i)$是 d_i 的友阵,其元素均为实数. 所以 A 相似于实方阵.

43. 设 $\mathscr{A}$ 是有限维线性空间 V 的线性变换. 证明:V 中有向量 α 具有如下性质:对任一多项式 f,若 $f(\mathscr{A})\alpha = 0$ 则 $f(\mathscr{A}) = 0$(此种向量 α 称为分离向量). 再证明:若 $\mathscr{A}$ 有循环向量,则循环向量是分离向量.

证 由定理 7.8,取 α_1 使 $c_1 = C_{\alpha_1/0}$ 的次数取得最大值. 则 α_1 的最小零化子 $m_1 = \mathscr{A}$ 的极小多项式 $m(\lambda)$,故任 $f(\lambda) \in F[\lambda]$,若 $f(\mathscr{A})\alpha = 0$,则有 $m_1(\lambda) | f(\lambda)$,也即 $m(\lambda) | f(\lambda)$,所以 $f(\mathscr{A}) = 0$.

若 α 是循环向量,则 $F[\mathscr{A}]\alpha = V$,所以 α 的最小零化子 $m_\alpha(\lambda) = \mathscr{A}$ 的极小多项式 $m(\lambda)$.

若 $f(\mathscr{A})\alpha = 0 \Rightarrow m_\alpha(\lambda) | f(\lambda) \Leftrightarrow m(\lambda) | f(\lambda) \Rightarrow f(\mathscr{A}) = 0$. 即当 α 是循环向量时,它的任

一化零多项式都是线性变换 $\mathscr{A}$ 的化零多项式.

44. 设 A 为数域 F 上 n 阶方阵,$m(\lambda)$ 为 A 的最小多项式.若视 A 为$\mathbb{C}$上方阵,则 A 有复数域上最小多项式 $m^*(\lambda)$.用线性方程组理论证明 $m=m^*$.这是否也可由循环分解得到?

证 设 $m^*(\lambda)=\lambda^k+b_{k-1}\lambda^{k-1}+\cdots+b_1\lambda+b_0, b_i\in\mathbb{C}$,则

$$A^k+b_{k-1}A^{k-1}+\cdots+b_1A+b_0I=0. \qquad (*)$$

用 a_{ij}^l 表 A^l 的(i,j)位元素,则上式左边方阵第(i,j)位元素为

$$a_{ij}^k+b_{k-1}a_{ij}^{k-1}+\cdots+b_0a_{ij}^0, \qquad a_{ij}^0=\delta_{ij}=\begin{cases}1, & i=j,\\ 0, & i\neq j.\end{cases}$$

于是,$(*)$式说明 n^2 个方程,k 个未知量的齐次线性方程组

$$x_ka_{ij}^k+x_{k-1}a_{ij}^{k-1}+\cdots+x_1a_{ij}+x_0a_{ij}^0=0, \quad i,j=1,\cdots,n,$$

有非零解$(1,b_{k-1},\cdots,b_1,b_0)^{\mathrm{T}}$.但由于此线性方程组系数属于 F,所以应有 F 上解$(1,a_{k-1},\cdots,a_0)^{\mathrm{T}}$,即

$$A^k+a_{k-1}A^{k-1}+\cdots+a_0I=0,$$

也就是说,多项式 $f(\lambda)=\lambda^k+a_{k-1}\lambda^{k-1}+\cdots+a_1\lambda+a_0$ 是 A 的(在 F 上的)化零多项式,故 $m(\lambda)\mid f(\lambda)$,所以 $\deg m(\lambda)\leqslant k=\deg m^*(\lambda)$.又在复数域$\mathbb{C}$上,$m(\lambda)$也是 A 的化零多项式,所以又有 $m^*(\lambda)\mid m(\lambda)$,且它们均首一,故 $m(\lambda)=m^*(\lambda)$.

这也可以由循环分解得到.把 A 看成是 $F^{(n)}$ 上的线性变换 $\mathscr{A}$ 在自然基下的矩阵,则

$$F^{(n)}=F[\mathscr{A}]\alpha_1\oplus\cdots\oplus F[\mathscr{A}]\alpha_r=V_1\oplus\cdots\oplus V_r,$$

其中 $V_1=F[\mathscr{A}]\alpha_1$ 是由 $\alpha_1\in F^{(n)}$ 生成的非 0 循环子空间.$\mathscr{A}_1=\mathscr{A}|_{V_1}$ 的最小多项式 $m_1=m(\lambda)$(即 $\mathscr{A}$ 的最小多项式),它是由 $\mathscr{A}$ 唯一决定的(是 $\mathscr{A}$ 的不变因子中次数最高的一个),不随域的扩大而改变,所以 $m^*=m$.

45. 设 A 为 n 阶实方阵且 $A^2+I=0$.证明:n 为偶数且在$\mathbb{R}$上相似于$\begin{bmatrix}0 & -I_k\\ I_k & 0\end{bmatrix}$,其中 $k=n/2$.

证 由已知 $A^2+I=0$,知 A 的极小多项式 $m(\lambda)=\lambda^2+1$,于是由定理 7.8 知(A 的有理标准形为)

$$A\sim\begin{bmatrix}\begin{bmatrix}0 & -1\\ 1 & 0\end{bmatrix} & & \\ & \ddots & \\ & & \begin{bmatrix}0 & -1\\ 1 & 0\end{bmatrix}\end{bmatrix}_n\sim\begin{bmatrix} & & \begin{bmatrix}0 & -1\\ 1 & 0\end{bmatrix}\\ & ⋰ & \\ \begin{bmatrix}0 & -1\\ 1 & 0\end{bmatrix} & & \end{bmatrix}_n\sim\begin{bmatrix}0 & -I_k\\ I_k & 0\end{bmatrix}_n.$$

其中第一个"~"是用循环分解定理;第二个"~"是前后乘初等方阵 $P_{1,n-1},P_{3,n-3},P_{5,n-5},\cdots$,(这里用到 $P_{ij}^{-1}=P_{ij}$);第三个"~"是继续在前面的方阵前后乘

初等方阵 $P_{2,n-2}, P_{4,n-4}, \cdots$，最后得到可逆阵 P，使

$$P^{-1}AP=\begin{bmatrix}0 & -I_k\\ I_k & 0\end{bmatrix}_n.$$

46. 设 F 为数域，$\mathscr{A}$ 为 $F^{(4)}$ 的线性变换，在自然基下方阵表示为

$$\begin{bmatrix}2&0&0&0\\1&2&0&0\\0&a&2&0\\0&0&b&2\end{bmatrix},$$

求 $\mathscr{A}$ 的特征多项式. 分别对情形 $a=b=1$；$a=b=0$；$a=0,b=1$ 求 $\mathscr{A}$ 的最小多项式及满足循环分解定理的 $\alpha_1,\cdots,\alpha_r$.

解　$\mathscr{A}$ 的特征多项式 $f(\lambda)=|\lambda I-A|=(\lambda-2)^4$.

(1) 当 $a=b=1$ 时，$\mathscr{A}$ 在自然基下的方阵表示

$$A=\begin{bmatrix}2&&&\\1&2&&\\&1&2&\\&&1&2\end{bmatrix},$$

$\mathscr{A}$ 的极小多项式 $m(\lambda)=(\lambda-2)^4$. 这时 $\alpha_1=(1,0,0,0)^{\mathrm{T}}$ 是循环向量. $F[\mathscr{A}]\alpha_1=F^{(4)}$，即 $F^{(4)}$ 为循环空间.

$$\alpha_1=\begin{bmatrix}1\\0\\0\\0\end{bmatrix},\quad \mathscr{A}\alpha_1=\begin{bmatrix}2\\1\\0\\0\end{bmatrix},\quad \mathscr{A}^2\alpha_1=\begin{bmatrix}4\\4\\1\\0\end{bmatrix},\quad \mathscr{A}^3\alpha_1=\begin{bmatrix}8\\12\\6\\1\end{bmatrix}.$$

显然 $\alpha_1,\mathscr{A}\alpha_1,\mathscr{A}^2\alpha_1,\mathscr{A}^3\alpha_1$ 线性无关，而 $\mathscr{A}^4\alpha_1=(16,32,24,8)^{\mathrm{T}}=8\mathscr{A}^3\alpha_1-24\mathscr{A}^2\alpha_1+32\mathscr{A}\alpha_1-6\alpha_1$，所以 $\mathscr{A}$ 在基 $\alpha_1,\mathscr{A}\alpha_1,\mathscr{A}^2\alpha_1,\mathscr{A}^3\alpha_1$ 下的方阵表示为

$$\begin{bmatrix}0&0&0&-6\\1&0&0&32\\0&1&0&-24\\0&0&1&8\end{bmatrix}.$$

(2) $a=b=0$ 时，$\mathscr{A}$ 在自然基 $\varepsilon_1,\varepsilon_2,\varepsilon_3,\varepsilon_4$ 下的方阵表示为

$$\begin{bmatrix}2&&&\\1&2&&\\&&2&\\&&&2\end{bmatrix},$$

$\mathscr{A}$ 的极小多项式 $m(\lambda)=(\lambda-2)^2$. 取 $\alpha_1,\alpha_2,\alpha_3$ 如下，

$$\alpha_1=\begin{bmatrix}1\\0\\0\\0\end{bmatrix},\quad \mathscr{A}\alpha_1=\begin{bmatrix}2\\1\\0\\0\end{bmatrix},\quad \alpha_2=\begin{bmatrix}0\\0\\1\\0\end{bmatrix},\quad \alpha_3=\begin{bmatrix}0\\0\\0\\1\end{bmatrix},$$

显然 $\alpha_1,\mathscr{A}\alpha_1$ 生成二维循环子空间，α_2,α_3 各生成一维子空间，$\alpha_1,\mathscr{A}\alpha_1,\alpha_2,\alpha_3$ 线性无关. $\mathscr{A}^2\alpha_1=-4\alpha_1+4\mathscr{A}\alpha_1=(4,4,0,0)^{\mathrm{T}}$. 所以 $\mathscr{A}$ 在基 $\alpha_1,\mathscr{A}\alpha_1,\alpha_2,\alpha_3$ 下的方阵为

$$\begin{bmatrix}0&-4&&\\1&4&&\\&&2&\\&&&2\end{bmatrix}.$$

(3) 当 $a=0,b=1$ 时，$\mathscr{A}$ 在自然基 $\varepsilon_1,\varepsilon_2,\varepsilon_3,\varepsilon_4$ 下的方阵表示为

$$\begin{bmatrix}2&&&\\1&2&&\\&&2&\\&&1&2\end{bmatrix},$$

$\mathscr{A}$ 的极小多项式为 $m(\lambda)=(\lambda-2)^2$. 取 $\alpha_1=\varepsilon_1,\alpha_2=\varepsilon_3$，则

$$\alpha_1=\begin{bmatrix}1\\0\\0\\0\end{bmatrix},\quad \mathscr{A}\alpha_1=\begin{bmatrix}2\\1\\0\\0\end{bmatrix},\quad \alpha_2=\begin{bmatrix}0\\0\\1\\0\end{bmatrix},\quad \mathscr{A}\alpha_2=\begin{bmatrix}0\\0\\2\\1\end{bmatrix},$$

$F[\mathscr{A}]\alpha_1$ 与 $F[\mathscr{A}]\alpha_2$ 都是二维循环子空间. $\mathscr{A}$ 在基 $\alpha_1,\mathscr{A}\alpha_1,\alpha_2,\mathscr{A}\alpha_2$ 下的方阵表示为

$$\begin{bmatrix}0&-4&&\\1&4&&\\&&0&-4\\&&1&4\end{bmatrix}.$$

47. 设 $\mathscr{A}$ 是域 F 上 n 维线性空间 V 的线性变换. 证明：V 中每个非 0 向量均为循环向量的充分必要条件为 $\mathscr{A}$ 的特征多项式在 F 上不可约.

证 $\Leftarrow$(充分性)若 $\mathscr{A}$ 的特征多项式 $f(\lambda)$ 不可约，则由定理 7.8 知，其中只能 $r=1$，即对任 $\alpha\in V\quad(\alpha\neq0)$，其最小零化子 $m_\alpha(\lambda)=f(\lambda)$，$F[\mathscr{A}]\alpha=V$（因为 $\deg m_\alpha(\lambda)=\deg f(\lambda)=n$，所以 $\alpha,\mathscr{A}\alpha,\cdots,\mathscr{A}^{n-1}\alpha$ 线性无关是 V 的基).

$\Rightarrow$(必要性)用反证法. 若 $\mathscr{A}$ 的特征多项式 $f(\lambda)$ 可约. 设 $f=f_1f_2$，于是对任 $\alpha\in V$，有

$$0=f(\mathscr{A})\alpha=f_1(\mathscr{A})(f_2(\mathscr{A})\alpha)=f_1(\mathscr{A})\beta,$$

则 $\beta=f_2(\mathscr{A})\alpha$ 以 $f_1(\lambda)$ 为化零多项式，于是 β 不是循环向量，与已知矛盾（若 $\beta=0$，由 $f_2(\mathscr{A})\alpha=0$，说明 α 不是循环向量），所以 f 必不可约.

48. 设 A 为 n 阶实方阵. $\mathscr{A}$ 为 $\mathbb{R}^{(n)}$ 的线性变换, $\mathscr{T}$ 为 $\mathbb{C}^{(n)}$ 的线性变换, 二者在各自空间自然基下的方阵表示同为 A. 证明: 若 $\mathscr{A}$ 的不变子空间只有 $\mathbb{R}^{(n)}$ 和 0, 则 $\mathscr{T}$ 可对角化.

证 因 $\mathscr{A}$ 的不变子空间只有 $\mathbb{R}^{(n)}$ 和 0, 故 $f(\lambda)=\det(\lambda I-A)$ 在 $\mathbb{R}$ 上不可约(因 $\mathbb{R}^{(n)}$ 的每个非 0 向量 α 生成一个不变子空间 $\mathbb{R}[\mathscr{A}]\alpha$, 由已知 $\mathbb{R}[\mathscr{A}]\alpha$ 只能为 $\mathbb{R}^{(n)}$, 所以 α 是循环向量, 故由第 47 题知 $f(\lambda)$ 不可约).

所以 $f(\lambda)$ 在 $\mathbb{C}$ 中有互异复根, 故 $\mathscr{T}$ 可对角化(由 $f(\lambda)$ 是实系数多项式知它的复根共轭存在. 因此, 若有 $\lambda_1=\lambda_2$ 为 $f(\lambda)$ 的根, 则 $\bar{\lambda}_1=\bar{\lambda}_2$ 也是 $f(\lambda)$ 的根, 于是 $f(x)$ 含 $[(\lambda-\lambda_1)\cdot(\lambda-\bar{\lambda}_1)]^2$ 与 $f(x)$ 在 $\mathbb{R}$ 上不可约矛盾.).

49. 设复方阵

$$A=\begin{bmatrix}2 & 0 & 0\\ a & 2 & 0\\ b & c & -1\end{bmatrix},$$

证明 A 相似于对角形当且仅当 $a=0$.

证 $P_A(\lambda)=\det(\lambda I-A)=(\lambda-2)^2(\lambda+1)$, 故特征值为 $\lambda_{1,2}=2, \lambda_3=-1$.

因 A 相似对角阵 $\Leftrightarrow A$ 有 3 个线性无关的特征向量 $\Leftrightarrow \dim V_{\lambda=2}=2$

$$\Leftrightarrow \dim\ker(2I-A)=3-\mathrm{r}(2I-A)=2 \Leftrightarrow \mathrm{r}(2I-A)=1 \Leftrightarrow a=0.$$

由

$$(2I-A)=\begin{bmatrix}0 & 0 & 0\\ -a & 0 & 0\\ -b & -c & 3\end{bmatrix},$$

知

$$\mathrm{r}(2I-A)=1 \Leftrightarrow a=0.$$

50. 设 N_1 和 N_2 是域 F 上 3 阶幂零方阵. 证明: N_1 与 N_2 相似当且仅当它们的最小多项式相同.

证 N_1 与 N_2 的特征多项式相同均为 $f(\lambda)=\lambda^3$, 所以 $\lambda=0$. 又因为三阶幂零方阵的 Jordan 标准形只有三种可能:

$$J_1=\begin{bmatrix}0 & & \\ 1 & 0 & \\ & & 0\end{bmatrix},\quad J_2=\begin{bmatrix}0 & & \\ 1 & 0 & \\ & 1 & 0\end{bmatrix},\quad J_3=\begin{bmatrix}0 & & \\ & 0 & \\ & & 0\end{bmatrix},$$

它们的极小多项式分别为 $m(\lambda)=\lambda^2, m(\lambda)=\lambda^3, m(\lambda)=\lambda$.

所以 $N_1\sim N_2 \Leftrightarrow N_1$ 与 N_2 的 Jordan 标准形同 $\Leftrightarrow N_1$ 与 N_2 的极小多项式. 证毕.

51. 设 A 与 B 为域 F 上 n 阶方阵, 有相同的特征多项式 $f=(\lambda-\lambda_1)^{d_1}\cdots(\lambda-\lambda_s)^{d_s}$, 也有相同的最小多项式. 证明若 $d_i\leqslant 3(1\leqslant i\leqslant s)$, 则 A 与 B 相似.

证 记 A 与 B 的极小多项式为 $m(\lambda)=(\lambda-\lambda_1)^{r_1}\cdots(\lambda-\lambda_s)^{r_s}$, 其中 $r_i\leqslant d_i$, 并设 A,B 的 Jordan 标准形分别为

$$J_1=\begin{bmatrix} J_{11}(\lambda_1) & & \\ & \ddots & \\ & & J_{1s}(\lambda_s)\end{bmatrix},\quad J_2=\begin{bmatrix} J_{21}(\lambda_1) & & \\ & \ddots & \\ & & J_{2s}(\lambda_s)\end{bmatrix},$$

由 A 与 B 的特征多项式相同，极小多项式相同，知 $J_{1i}(\lambda_i)$ 与 $J_{2i}(\lambda_i)$ 的阶数相同，特征多项式相同，极小多项式相同，所以当 $d_i\leqslant 3$ 时 $J_{1i}(\lambda_i)$ 与 $J_{2i}(\lambda_i)$ 相似 $(i=1,\cdots,s)$. 事实上，当 $d_i\leqslant 3$，极小多项式决定了 Jordan 块. 若 $d_i=3$，如第 50 题；若 $d_i=2$，Jordan 块只有两种情况 $\begin{bmatrix}\lambda_i & \\ 1 & \lambda_i\end{bmatrix}$ 和 $\begin{bmatrix}\lambda_i & \\ & \lambda_i\end{bmatrix}$，分别对应极小多项式 $(\lambda-\lambda_i)^2$ 和 $(\lambda-\lambda_i)$. 故

$$J_1\sim J_2\rightarrow A\sim B.$$

证毕.

52. 若五阶复方阵 A 的特征多项式为 $f=(\lambda-2)^3(\lambda+7)^2$，最小多项式为 $m=(\lambda-2)^2(\lambda+7)$，求 A 的 Jordan 标准形.

解 由已知 $\lambda=2$（三重根），$\lambda=-7$（二重）为 A 的特征值，故 A 的 Jordan 标准形中相对 $\lambda=2$ 的子阵（记为 $J_3(2)$）为三阶，相对 $\lambda=-7$ 的子阵（$J_2(-7)$）为二阶. 又由 $m(\lambda)=(\lambda-2)^2(\lambda+7)$，知 $J_3(2)$ 中最大的 Jordan 块为二阶，$J_2(-7)$ 中最大的 Jordan 块是一阶. 即

$$A\sim\begin{bmatrix} J_3(2) & \\ & J_2(-7)\end{bmatrix}=\begin{bmatrix} 2 & & & & \\ 1 & 2 & & & \\ & & 2 & & \\ & & & -7 & \\ & & & & -7\end{bmatrix}.$$

53. 若六阶复方阵 A 的特征多项式为 $f=(\lambda+2)^4(\lambda-1)^2$，那么 A 的 Jordan 标准形有几种可能？（不计子块次序）

解 由已知得 A 的 Jordan 标准形中是两大块，其中对应 $\lambda=-2$ 的一大块是四阶方阵，记为 $J_4(-2)$；对应 $\lambda=1$ 的一大块是二阶方阵，记为 $J_2(1)$. 即

$$A\sim\begin{bmatrix} J_4(-2) & \\ & J_2(1)\end{bmatrix}.$$

$J_4(-2)$ 有 5 种可能：①4 个一阶块即 $J_4(-2)$ 为对角阵；②两个一阶块，1 个二阶 Jordan 块；③两个二阶块；④一个一阶块，一个三阶块；⑤一个四阶块. $J_2(1)$ 有两种可能：①两个一阶块，即 $J_2(1)$ 为对角阵；②一个二阶 Jordan 块.

所以 A 的 Jordan 标准形有 $5\times 2=10$ 种可能.

54. 次数小于等于 3 的复系数多项式全体 $\mathbb{C}[X]_3$ 是 $\mathbb{C}$ 上线性空间，求导变换 $\mathscr{D}$ 的方阵表示 D 的若当标准形是什么？

解 取 $\mathbb{C}[X]_3$ 的基 $\frac{1}{6}x^3,\frac{1}{2}x^2,x,1$，则

$$\mathscr{D}\frac{1}{6}x^3=\frac{1}{2}x^2,\qquad \mathscr{D}\frac{1}{2}x^2=x,\qquad \mathscr{D}x=1,\qquad \mathscr{D}1=0,$$

于是 $\mathscr{D}$ 在此基下的方阵表示为

$$J=\begin{bmatrix}0&0&0&0\\1&0&0&0\\0&1&0&0\\0&0&1&0\end{bmatrix},$$

这就是 D 的 Jordan 标准形,显然 D 的特征值为 0,$\mathscr{D}$ 是幂零变换.

55. 设复方阵

$$A=\begin{bmatrix}2&0&0&0&0&0\\1&2&0&0&0&0\\-1&0&2&0&0&0\\0&1&0&2&0&0\\1&1&1&1&2&0\\0&0&0&0&1&-1\end{bmatrix},$$

求 A 在 $\mathbb{C}$ 上 Jordan 标准形.在 $\mathbb{R}$ 或 $\mathbb{Q}$ 上呢?

解　方法 1　由方阵 A 的特征多项式 $f(\lambda)=(\lambda-2)^5(\lambda+1)$,所以知

$$A\sim\begin{bmatrix}J_5(2)&\\&J_1(-1)\end{bmatrix},$$

其中 $J_5(2)$是五阶子阵,$J_1(-1)$是一阶子阵.又因为 $\mathrm{r}(2I-A)=4$,所以

$$\dim V_2=6-4=2,$$

即属于特征值 $\lambda=2$ 的特征子空间是二维的,故 $J_5(2)$中有两个若当块,则只有两种可能:一阶与四阶各一个或二阶,三阶各一个.再看

$$\mathrm{r}(2I-A)^2=\mathrm{r}\begin{bmatrix}0&&&&&\\1&0&&&&\\-1&0&0&&&\\0&1&0&0&&\\1&1&1&1&0&\\0&0&0&0&1&4\end{bmatrix}^2=\mathrm{r}\begin{bmatrix}0&0&0&0&0&0\\0&0&0&0&0&0\\0&0&0&0&0&0\\1&0&0&0&0&0\\0&1&0&0&0&0\\1&1&1&1&4&16\end{bmatrix}=3,$$

故 $\mathrm{r}(2I-J)-\mathrm{r}(2I-J)^2=\mathrm{r}(2I-A)-\mathrm{r}(2I-A)^2=4-3=1$,说明 $J_5(2)$中阶数>1 的 Jordan 块只有一个.所以 $J_5(2)$是由一个一阶块和一个四阶块组成,即

$$J_5(2)=\begin{bmatrix}2&&&&\\&2&&&\\&1&2&&\\&&1&2&\\&&&1&2\end{bmatrix},\quad J_1(-1)=-1.$$

又因为 A 的特征值 $2,-1\in\mathbb{Q}\subset\mathbb{R}$，所以在$\mathbb{R}$ 和$\mathbb{Q}$ 上 A 的 Jordan 标准形仍为

$$J=\begin{bmatrix}J_5(2)&\\&J_1(-1)\end{bmatrix}.$$

$J_5(2),J_1(-1)$同前.

方法 2 对$(\lambda I-A)$做初等变换化为对角阵，确定 A 的不变因子.

$$\lambda I-A=\begin{bmatrix}\lambda-2&0&0&0&0&0\\-1&\lambda-2&0&0&0&0\\1&0&\lambda-2&0&0&0\\0&-1&0&\lambda-2&0&0\\-1&-1&-1&-1&\lambda-2&0\\0&0&0&0&-1&\lambda+1\end{bmatrix}$$

$$\xrightarrow{①}\begin{bmatrix}0&0&-(\lambda-2)^2&0&0&0\\0&\lambda-2&\lambda-2&0&0&0\\1&0&\lambda-2&0&0&0\\0&-1&0&\lambda-2&0&0\\0&-1&\lambda-3&-1&\lambda-2&0\\0&0&0&0&-1&\lambda+1\end{bmatrix}$$

$$\xrightarrow{②}\begin{bmatrix}0&0&-(\lambda-2)^2&0&0&0\\0&0&\lambda-2&(\lambda-2)^2&0&0\\1&0&0&0&0&0\\0&-1&0&\lambda-2&0&0\\0&0&\lambda-3&1-\lambda&\lambda-2&0\\0&0&0&0&-1&\lambda+1\end{bmatrix}$$

$$\xrightarrow{③}\begin{bmatrix}1&&&&&\\&1&&&&\\&&-(\lambda-2)^2&&&\\&&\lambda-2&(\lambda-2)^2&&\\&&\lambda-3&1-\lambda&\lambda-2&\\&&&&-1&\lambda+1\end{bmatrix}=\begin{bmatrix}1&&\\&1&\\&&A_4\end{bmatrix}.$$

①做的是$-(\lambda-2)r_3+r_1, r_3+r_1, r_3+r_5$,把第一列除 b_{31} 以外的元素打成 0; ②$-(\lambda-3)c_1+c_3, (\lambda-2)r_4+r_2, -r_4+r_5$; ③$r_3\leftrightarrow r_1, (\lambda-2)c_2+c_4, r_2\leftrightarrow -r_4$;这里 r_i 表示第 i 行,c_j 表示第 j 列.继续化 A_4

$$A_4 \xrightarrow{④} \begin{bmatrix} 0 & (\lambda-2)^3 & 0 & 0 \\ \lambda-2 & 0 & 0 & 0 \\ -1 & -(\lambda-2)^2-1 & \lambda-2 & 0 \\ 0 & 0 & -1 & \lambda+1 \end{bmatrix} \xrightarrow{⑤} \begin{bmatrix} 0 & (\lambda-2)^3 & 0 & 0 \\ 0 & -(\lambda-2) & (\lambda-2)^2 & 0 \\ -1 & 0 & 0 & 0 \\ 0 & 0 & -1 & \lambda+1 \end{bmatrix}$$

$$\xrightarrow{⑥} \begin{bmatrix} 1 & 0 & 0 & 0 \\ 0 & -(\lambda-2) & 0 & 0 \\ 0 & 0 & (\lambda-2)^4 & 0 \\ 0 & 0 & -1 & \lambda+1 \end{bmatrix} \xrightarrow{⑦} \begin{bmatrix} 1 & 0 & 0 & 0 \\ 0 & \lambda-2 & 0 & 0 \\ 0 & 0 & (\lambda-2)^4(\lambda+1) & 0 \\ 0 & 0 & 0 & 1 \end{bmatrix}.$$

以上各步做的初等变换分别为:④$(\lambda-2)r_2+r_1, -r_2+r_3, -(\lambda-2)c_1+c_2$; ⑤$(\lambda-2)r_3+r_4, r_1+r_2, (-(\lambda-2)^2-1)c_1+c_2, (\lambda-2)c_1+c_3$; ⑥$-r_3\leftrightarrow r_1, (\lambda-2)^2r_2+r_3, (\lambda-2)c_2+c_3$; ⑦$(\lambda-2)^4r_4+r_3, (\lambda+1)c_3+c_4, -c_3\leftrightarrow c_4$.于是得 $\lambda I-A$ 相抵于

$$\mathrm{diag}\{1,1,1,1,(\lambda-2),(\lambda-2)^4(\lambda+1)\},$$

所以

$$m(\lambda)=(\lambda-2)^4(\lambda+1).$$

于是知 A 的 Jordan 标准形中,相对特征值 2 的最大若当块为四阶的,故 $J_5(2)$ 中一个一阶块,一个四阶块.

56. 设 N 为域 F 上 n 阶方阵,$N^n=0$ 而 $N^{n-1}\neq 0$.证明:不存在 n 阶方阵 A 使 $A^2=N$.

证 由 $N^n=0\to\lambda^n=0$,所以 N 的特征值全为 0.又 $N^{n-1}\neq 0$,故 N 的极小多项式 $m(\lambda)=\lambda^n$,故知 N 的 Jordan 标准形为

$$J=\begin{bmatrix} 0 & & & \\ 1 & \ddots & & \\ & \ddots & \ddots & \\ & & 1 & 0 \end{bmatrix},$$

显然 $r(N)=r(J)=n-1$.要 $A^2=N$,应有 $\det A=\det N=0$,故 A 的特征值也全为 0,因此,A 的 Jordan 标准形为

$$J_A=\begin{bmatrix} J_{11}(0) & & \\ & \ddots & \\ & & J_{s1}(0) \end{bmatrix}, \quad s\geqslant 1,$$

其中 $J_{i1}(0)$ 为 Jordan 块,故 $r(A)=r(J_A)=n-s$,显然 $r(J_A^2)<n-s\leqslant n-1=r(J)$,所以 $r(A^2)<r(N)$,即 $A^2\neq N$.所以不存在 n 阶方阵 A,使 $A^2=N$.

57. 设 N_1 与 N_2 为域 F 上六阶幂零方阵，有相同的最小多项式和零度(方阵 A 的零度即 $Ax=0$ 的解空间维数). 证明 N_1 与 N_2 相似. 举例说明这对七阶方阵不成立.

证 由已知 N_1 与 N_2 是幂零方阵，所以 N_1 与 N_2 的特征值相同(全为 0)；由零度同，知 N_1 与 N_2 的属于特征值 0 的特征子空间的维数相同，故 Jordan 块的个数相同；由极小多项式同知 N_1 与 N_2 的 Jordan 标准形中最大 Jordan 块的阶数同. 于是

(1) 若 $m(\lambda)=\lambda^6(\text{null}N_1=\text{null}N_2=1)$，则

$$N_1\sim\begin{bmatrix}0 & & & \\ 1 & \ddots & & \\ & \ddots & \ddots & \\ & & 1 & 0\end{bmatrix}\sim N_2;$$

(2) 若 $m(\lambda)=\lambda^5(\text{null}N_i=2)$，则

$$N_1\sim\begin{bmatrix}0 & & & & \\ 1 & \ddots & & & \\ & \ddots & \ddots & & \\ & & 1 & 0 & \\ & & & & 0\end{bmatrix}\sim N_2;$$

(3) 若 $m(\lambda)=\lambda^4(\text{null}N_i=3$ 或 $\text{null}N_i=2)$，则

$$N_1\sim\left[\begin{array}{cccc:cc}0 & & & & & \\ 1 & \ddots & & & & \\ & \ddots & \ddots & & & \\ & & 1 & 0 & & \\ \hdashline & & & & 0 & \\ & & & & & 0\end{array}\right]\sim N_2,\quad \text{或}\quad N_1\sim\left[\begin{array}{cccc:cc}0 & & & & & \\ 1 & \ddots & & & & \\ & \ddots & \ddots & & & \\ & & 1 & 0 & & \\ \hdashline & & & & 0 & 0 \\ & & & & 1 & 0\end{array}\right]\sim N_2;$$

前者 $\text{null}N_i=3$，后者 $\text{null}N_i=2$.

(4) $m(\lambda)=\lambda^3$ 时，

$$J_1=\begin{bmatrix}0 & & & & & \\ 1 & 0 & & & & \\ & 1 & 0 & & & \\ & & & 0 & & \\ & & & & 0 & \\ & & & & & 0\end{bmatrix},\quad J_2=\begin{bmatrix}0 & & & & & \\ 1 & 0 & & & & \\ & 1 & 0 & & & \\ & & & 0 & & \\ & & & & 0 & \\ & & & & 1 & 0\end{bmatrix},\quad J_3=\begin{bmatrix}0 & & & & & \\ 1 & 0 & & & & \\ & 1 & 0 & & & \\ & & 0 & 0 & & \\ & & & 1 & 0 & \\ & & & & 1 & 0\end{bmatrix};$$

$\text{null}J_1=4$，$\quad\text{null}J_2=3$，$\quad\text{null}J_3=2$.

(5) $m(\lambda)=\lambda^2$ 时，

$$J_1=\begin{bmatrix}0&&&&&\\1&0&&&&\\&&0&&&\\&&1&0&&\\&&&&0&\\&&&&1&0\end{bmatrix},J_2=\begin{bmatrix}0&&&&&\\1&0&&&&\\&&0&&&\\&&1&0&&\\&&&&0&\\&&&&&0\end{bmatrix},J_3=\begin{bmatrix}0&&&&&\\1&0&&&&\\&&0&&&\\&&&0&&\\&&&&0&\\&&&&&0\end{bmatrix};$$

$$\mathrm{null}J_1=3,\qquad \mathrm{null}J_2=4,\qquad \mathrm{null}J_3=5.$$

由以上易知对六阶方阵(其特征值为0)最小多项式和零度决定了唯一的Jordan形. 所以 N_1 与 N_2 相似.

而对于七阶幂零方阵，当 $m(\lambda)=\lambda^3$，$\mathrm{null}N=3$ 时，有两个Jordan形满足此条件

$$J_1=\begin{bmatrix}0&&&&&&\\1&0&&&&&\\&1&0&&&&\\&&&0&&&\\&&&1&0&&\\&&&&1&0&\\&&&&&&0\end{bmatrix},\quad J_2=\begin{bmatrix}0&&&&&&\\1&0&&&&&\\&1&0&&&&\\&&&0&&&\\&&&1&0&&\\&&&&&0&\\&&&&&1&0\end{bmatrix}.$$

因为 J_1 不相似于 J_2，所以不能保证有 N_1 相似于 N_2.

58. 利用上题及Jordan形证明以下命题：设 A 与 B 为域 F 上 n 阶方阵，有相同的特征多项式 $f=(\lambda-\lambda_1)^{d_1}\cdots(\lambda-\lambda_k)^{d_k}$，也有相同的最小多项式. 设 $A-\lambda_iI$ 与 $B-\lambda_iI$ 有相同的零度，且 $d_i\leqslant 6(1\leqslant i\leqslant k)$，则 A 与 B 相似.

证 A 与 B 的特征多项式和极小多项式分别为

$$f(\lambda)=(\lambda-\lambda_1)^{d_1}\cdots(\lambda-\lambda_k)^{d_k},$$
$$m(\lambda)=(\lambda-\lambda_1)^{r_1}\cdots(\lambda-\lambda_k)^{r_k},\quad r_i\leqslant d_i\leqslant 6,$$

把 A,B 分别看成线性变换 $\mathscr{A},\mathscr{B}$ 在 V 中某基下的方阵表示，故有准素分解

$$V=U_1\oplus\cdots\oplus U_k,$$

其中 $U_i=\ker(\lambda-\lambda_i)^{r_i}=\varepsilon_iV$($\varepsilon_i$ 是正则投影 $V\to W_i$)，$\mathscr{A}(\mathscr{B})$ 在 U_i 上的限制 $\mathscr{A}_i(\mathscr{B}_i)$ 的特征多项式和极小多项式分别为 $(\lambda-\lambda_i)^{d_i}$，$(\lambda-\lambda_i)^{r_i}$. $\mathscr{A}_i(\mathscr{B}_i)$ 的方阵表示为 $A_i(B_i)$，则 A_i,B_i 满足第57题条件：(1)有相同的特征值；(2)有相同的特征子空间($=\mathrm{null}(A-\lambda_iI)=\mathrm{null}(B-\lambda_iI)$)，所以 $J_{d_i}(\lambda_i)$ 中Jordan块的个数相同；(3)最小多项式相同→最大Jordan块的阶数相同，故 A_i 相似于 B_i. 而由准素分解有

$$A\sim\begin{bmatrix}A_1&&\\&\ddots&\\&&A_k\end{bmatrix},\quad B\sim\begin{bmatrix}B_1&&\\&\ddots&\\&&B_k\end{bmatrix},$$

又 $A_i \sim B_i$，所以

$$\begin{bmatrix} A_1 & & \\ & \ddots & \\ & & A_k \end{bmatrix} \sim \begin{bmatrix} B_1 & & \\ & \ddots & \\ & & B_k \end{bmatrix} \rightarrow A \sim B.$$

59. 证明复方阵 A 的转置 A^{T} 与 A 相似.

证 设 A 的 Jordan 标准形为 J，即有可逆阵 P，使得

$$J = PAP^{-1} = \begin{bmatrix} J_1 & & & \\ & J_2 & & \\ & & \ddots & \\ & & & J_s \end{bmatrix} \quad (J_i \text{ 为 Jordan 块}),$$

则

$$J^{\mathrm{T}} = (P^{\mathrm{T}})^{-1} A^{\mathrm{T}} P^{\mathrm{T}} = \begin{bmatrix} J_1^{\mathrm{T}} & & & \\ & J_2^{\mathrm{T}} & & \\ & & \ddots & \\ & & & J_s^{\mathrm{T}} \end{bmatrix}.$$

故欲证 A^{T} 与 A 相似，只要证 J^{T} 与 J 相似，也即只要证 J_i^{T} 与 J_i 相似. 记

$$H_{k_i} = \begin{bmatrix} & & & 1 \\ & & \begin{matrix}\cdot^{\cdot^{\cdot}}\end{matrix} & \\ & \begin{matrix}\cdot^{\cdot^{\cdot}}\end{matrix} & & \\ 1 & & & \end{bmatrix},$$

则 $H_{k_i}^2 = I$，所以 $H_{k_i} = H_{k_i}^{-1}$，因为

$$H_{k_i} J_i H_{k_i}^{-1} = \begin{bmatrix} & & & 1 \\ & & \begin{matrix}\cdot^{\cdot^{\cdot}}\end{matrix} & \\ & \begin{matrix}\cdot^{\cdot^{\cdot}}\end{matrix} & & \\ 1 & & & \end{bmatrix} \begin{bmatrix} \lambda_i & & & \\ 1 & \ddots & & \\ & \ddots & \ddots & \\ & & 1 & \lambda_i \end{bmatrix} \begin{bmatrix} & & & 1 \\ & & \begin{matrix}\cdot^{\cdot^{\cdot}}\end{matrix} & \\ & \begin{matrix}\cdot^{\cdot^{\cdot}}\end{matrix} & & \\ 1 & & & \end{bmatrix} = J_i^{\mathrm{T}},$$

故只要取

$$H = \begin{bmatrix} H_{k_1} & & & \\ & \ddots & & \\ & & \ddots & \\ & & & H_{k_s} \end{bmatrix},$$

则有 $H^{-1} J^{\mathrm{T}} H = J$，故 A^{T} 相似于 A.

60. 设 N 为三阶幂零方阵,若设 $A=I+\frac{1}{2}N-\frac{1}{8}N^2$,则 $A^2=I+N$. 类似地证明:对 n 阶幂零复方阵 N,有方阵 A 使 $A^2=I+N$.

证 当 N 是三阶幂零方阵时,有

$$A^2=\left(I+\frac{1}{2}N-\frac{1}{8}N^2\right)^2=I+\frac{1}{4}N^2+\frac{1}{64}N^4+N-\frac{1}{4}N^2-\frac{1}{8}N^3=I+N.$$

以上用到 $N^3=N^4=0$. 当 N 是 n 阶幂零方阵时,设

$$A=I+a_1N+a_2N^2+\cdots+a_{n-1}N^{n-1},$$

则

$$\begin{aligned}A^2=I+\;&a_1^2N^2+a_2^2N^4+a_3^2N^6+\cdots+a_{n-1}^2N^{2(n-1)}+\\&+2a_1N+2a_2N^2+2a_3N^3+2a_4N^4+2a_5N^5+2a_6N^6+\cdots+2a_{n-1}N^{n-1}+\\&+2a_1a_2N^3+2a_1a_3N^4+2a_1a_4N^5+2a_1a_5N^6+\cdots+2a_1a_{n-1}N^n+\\&+2a_2a_3N^5+2a_2a_4N^6+\cdots\\&\cdots\\&+2a_{n-2}a_{n-1}N^{2n-3},\end{aligned}$$

故要

$$A^2=I+N,$$

须有

$$a_1=\frac{1}{2},\ a_2=\frac{-1}{2}a_1^2=-\frac{1}{8},\ a_3=-a_1a_2=\frac{1}{16},\ a_4=-a_1a_3-\frac{1}{2}a_2^2=-\frac{5}{128},\cdots,$$

所以

$$A=I+\frac{1}{2}N-\frac{1}{8}N^2+\frac{1}{16}N^3-\frac{5}{128}N^4+\cdots.$$

61. 证明:每个可逆复方阵 M 均有平方根(即有方阵 A 使 $A^2=M$).

证 方法1 令

$$N=\begin{bmatrix}0&&&\\\lambda^{-1}&\ddots&&\\&\ddots&\ddots&\\&&\lambda^{-1}&0\end{bmatrix},\quad N_1=\lambda N=\begin{bmatrix}0&&&\\1&\ddots&&\\&\ddots&\ddots&\\&&1&0\end{bmatrix}.$$

则由第60题知 $\exists A$ 使 $A^2=I+N\to\lambda A^2=\lambda I+\lambda N$,即

$$(\sqrt{\lambda}A)^2=\lambda I+N_1=J,$$

故每个特征值非零的 Jordan 块都有平方根.

对可逆方阵 M,$\exists$ 可逆阵 P 使得

$$P^{-1}MP=\begin{bmatrix}J_1(\lambda_1)&&\\&\ddots&\\&&J_s(\lambda_s)\end{bmatrix},$$

其中 $J_i=\lambda_i I+N_1$ 是特征值 λ_i 的 Jordan 块，$i=1,\cdots,s$，且由 M 是可逆阵知 $\lambda_i\neq 0(i=1,\cdots,s)$，则

$$M=P\begin{bmatrix}J_1(\lambda_1)&&\\&\ddots&\\&&J_s(\lambda_s)\end{bmatrix}P^{-1}=P\begin{bmatrix}B_1^2&&\\&\ddots&\\&&B_s^2\end{bmatrix}P^{-1}=PB^2P^{-1}=(PBP^{-1})^2.$$

方法 2　设 M 的 Jordan 标准形为 J，故存在可逆阵 P 使

$$M=PJP^{-1}=P\begin{bmatrix}J_1(\lambda_1)&&\\&\ddots&\\&&J_s(\lambda_s)\end{bmatrix}P^{-1},$$

令

$$B=\begin{bmatrix}J_1(\sqrt{\lambda_1})&&\\&\ddots&\\&&J_s(\sqrt{\lambda_s})\end{bmatrix},$$

则 $B^2\sim J$. 事实上只要证 $(J_i(\sqrt{\lambda_i}))^2\sim J_i(\lambda_i)$，即证

$$\begin{bmatrix}\lambda_i&&&\\2\sqrt{\lambda_i}&\ddots&&\\1&\ddots&\ddots&\\\ddots&1&2\sqrt{\lambda_i}&\lambda_i\end{bmatrix}=\begin{bmatrix}\sqrt{\lambda_i}&&&\\1&\ddots&&\\&\ddots&\ddots&\\&&1&\sqrt{\lambda_i}\end{bmatrix}^2\sim\begin{bmatrix}\lambda_i&&&\\1&\ddots&&\\&\ddots&\ddots&\\&&1&\lambda_i\end{bmatrix},$$

显然：(1)它们的特征值相同；(2)左边方阵属于特征值 λ_i 的特征子空间是一维的. 所以其 Jordan 标准形只有一个 Jordan 块，故 $(J_i(\sqrt{\lambda_i}))^2\sim J_i(\lambda_i)$，于是有可逆阵 Q_i 使 $Q_i^{-1}(J_i(\sqrt{\lambda_i}))^2Q=J_i(\lambda_i)$. 取

$$Q=\mathrm{diag}\{Q_1,Q_2,\cdots,Q_s\},$$

则 Q 可逆，且有

$$Q^{-1}B^2Q=J=P^{-1}MP,$$

故 $PQ^{-1}B^2QP^{-1}=M$，令 $S=QP^{-1}$，则有

$$S^{-1}B^2S=(S^{-1}BS)^2=M.$$

证毕.

62. 设

$$N=\begin{bmatrix}0 & & & \\ 1 & \ddots & & \\ & \ddots & \ddots & \\ & & 1 & 0\end{bmatrix}$$

为14阶方阵，求 N^4 的 Jordan 标准形 J，并求 P 使 $P^{-1}N^4P=J$.

解 记 $N^4=A$. 显然 A 的特征值全为0. 因为 $\mathrm{r}(A)=10$，所以 $\dim V_0=4$，即 A 的属于特征值0的特征子空间是四维的，故 J 有4个 Jordan 块.

因为 $\mathrm{r}(A^4)=0\to \mathrm{r}(J^4)=0$，所以每个 Jordan 块的阶数 $\leqslant 4$. 又 $\mathrm{r}(A^3)=2$，故 J 有两个四阶块，由 A 是14阶方阵，故易算得另两块是三阶块. 即

$$J=\begin{bmatrix}J_4 & & & \\ & J_4 & & \\ & & J_3 & \\ & & & J_3\end{bmatrix}.$$

记 $P=(P_1,P_2,\cdots,P_{14})$，由 $P^{-1}AP=J\to AP=PJ$，知应有如下4个 Jordan 链：

(1) $AP_1=P_2,AP_2=P_3,AP_3=P_4,AP_4=0$；

(2) $AP_5=P_6,AP_6=P_7,AP_7=P_8,AP_8=0$；

(3) $AP_9=P_{10},AP_{10}=P_{11},AP_{11}=0$；

(4) $AP_{12}=P_{13},AP_{13}=P_{14},AP_{14}=0$.

因为对自然基 $e_1,e_2,\cdots,e_{14}$ 有

$$Ae_1=e_5,\quad Ae_2=e_6,\quad Ae_3=e_7,\quad Ae_4=e_8,\quad Ae_5=e_9,$$
$$Ae_6=e_{10},\quad Ae_7=e_{11},\quad Ae_8=e_{12},\quad Ae_9=e_{13},\quad Ae_{10}=e_{14},$$
$$Ae_{11}=Ae_{12}=Ae_{13}=Ae_{14}=0.$$

故取 $P_1=e_1,P_5=e_2,P_9=e_3,P_{11}=e_4$ 则得上述4个 Jordan 链，即

$$P=(e_1,e_5,e_9,e_{13},e_2,e_6,e_{10},e_{14},e_3,e_7,e_{11},e_4,e_8,e_{12}).$$

63. 求下列方阵 A 在 $\mathbb{C}$ 上的 Jordan 标准形 J，并求复方阵 P 使 $P^{-1}AP=J$：

(1) $\begin{bmatrix}2 & 1 & 3\\ 0 & 2 & -1\\ 0 & 0 & 2\end{bmatrix}$； (2) $\begin{bmatrix}2 & -1 & -1\\ 2 & -1 & -2\\ -1 & 1 & 2\end{bmatrix}$； (3) $\begin{bmatrix}4 & -5 & 2\\ 5 & -7 & 3\\ 6 & -9 & 4\end{bmatrix}$；

(4) $\begin{bmatrix}2 & 6 & -15\\ 1 & 1 & -5\\ 1 & 2 & -6\end{bmatrix}$； (5) $\begin{bmatrix}9 & -6 & -2\\ 18 & -12 & -3\\ 18 & -9 & -6\end{bmatrix}$； (6) $\begin{bmatrix}4 & 6 & -15\\ 1 & 3 & -5\\ 1 & 2 & -4\end{bmatrix}$；

(7) $\begin{bmatrix}1 & -3 & 0 & 3\\ -2 & -6 & 0 & 13\\ 0 & -3 & 1 & 3\\ -1 & -4 & 0 & 8\end{bmatrix}$； (8) $\begin{bmatrix}3 & -1 & 0 & 0\\ 1 & 1 & 0 & 0\\ 3 & 0 & 5 & -3\\ 4 & -1 & 3 & -1\end{bmatrix}$.

解 (1) 显然,特征值 $\lambda=2$(三重根),又因为 $\mathrm{r}(J-2I)=\mathrm{r}(A-2I)=2$,所以 A 的 Jordan 标准形是

$$J=\begin{bmatrix}2 & & \\ 1 & 2 & \\ & 1 & 2\end{bmatrix},$$

解齐次线性方程组 $(A-2I)x=0$,得 $x_3=(1,0,0)^{\mathrm{T}}$,再解 $(A-2I)x=x_3\rightarrow x_2=(0,1,0)^{\mathrm{T}}$,再解 $(A-2I)x=x_2\rightarrow x_1=(0,0,-1)^{\mathrm{T}}$,故取

$$P=(x_1,x_2,x_3)=\begin{bmatrix}0 & 0 & 1\\ 0 & 1 & 0\\ -1 & 0 & 0\end{bmatrix},\quad 则\quad P^{-1}AP=J.$$

(2) 对 $\lambda I-A$ 做初等变换

$$\lambda I-A=\begin{bmatrix}\lambda-2 & 1 & 1\\ -2 & \lambda+1 & 2\\ 1 & -1 & \lambda-2\end{bmatrix}\xrightarrow{①}\begin{bmatrix}0 & 0 & 1\\ -2(\lambda-1) & \lambda-1 & 0\\ -(\lambda-1)^2 & -(\lambda-1) & 0\end{bmatrix}$$

$$\xrightarrow{②}\begin{bmatrix}0 & 0 & 1\\ 0 & \lambda-1 & 0\\ -(\lambda^2-1) & 0 & 0\end{bmatrix}\xrightarrow{③}\begin{bmatrix}1 & & \\ & \lambda-1 & \\ & & (\lambda-1)^2\end{bmatrix},$$

其中所做的变换是① $-c_3+c_2$,$-(\lambda-2)c_3+c_1$,$-2r_1+r_2$,$-(\lambda-2)r_1+r_3$;② $2c_2+c_1$,r_2+r_3;③ $-c_1$;$c_1\leftrightarrow c_3$.

由最后一个方阵知 A 的初等因子为 $(\lambda-1)$,$(\lambda-1)^2$,所以 A 相似于

$$J=\begin{bmatrix}1 & & \\ 1 & 1 & \\ & & 1\end{bmatrix},$$

记 $P=(x_1,x_2,x_3)$,其中 x_2,x_3 应为特征向量,满足 $Ax=x\rightarrow(A-I)x=0$,

$$\begin{bmatrix}1 & -1 & -1\\ 2 & -2 & -2\\ -1 & 1 & 1\end{bmatrix}\rightarrow\begin{bmatrix}1 & -1 & -1\\ 0 & 0 & 0\\ 0 & 0 & 0\end{bmatrix},$$

所以 $x_2=(-1,-2,1)^{\mathrm{T}}$,$x_3=(1,1,0)^{\mathrm{T}}$,解 $(A-I)x=x_2$,得 $x_1=(0,0,1)^{\mathrm{T}}$,所以

$$P=\begin{bmatrix}0 & -1 & 1\\ 0 & -2 & 1\\ 1 & 1 & 0\end{bmatrix},\quad 则\quad P^{-1}AP=J.$$

(3) A 的特征多项式为 $f(\lambda)=\lambda^2(\lambda-1)$,故 $\lambda_1=0$(二重),$\lambda_2=1$. 又 $\mathrm{r}(A-0I)=\mathrm{r}(J-0I)=2$,所以

$$J=\begin{bmatrix}0 & & \\ 1 & 0 & \\ & & 1\end{bmatrix}.$$

解$(A-0I)x=0$，得 $x_2=(1,2,3)^{\mathrm{T}}$，再解$(A-0I)x=x_2$，得 $x_1=(-1,-1,0)^{\mathrm{T}}$，又解$(A-I)x=0$，得 $x_3=(1,1,1)^{\mathrm{T}}$，故取

$$P=(x_1,x_2,x_3)=\begin{bmatrix}-1 & 1 & 1\\ -1 & 2 & 1\\ 0 & 3 & 1\end{bmatrix},\quad 则\quad P^{-1}AP=J.$$

(4) $\det(\lambda I-A)=(\lambda+1)^3$，故特征值为 $\lambda=-1$，又

$$\mathrm{r}(J+I)=\mathrm{r}(A+I)=\mathrm{r}\begin{bmatrix}3 & 6 & -15\\ 1 & 2 & -5\\ 1 & 2 & -5\end{bmatrix}=1,$$

所以

$$J=\begin{bmatrix}-1 & & \\ 1 & -1 & \\ & & -1\end{bmatrix}.$$

令 $P=(x_1,x_2,x_3)$，由 $P^{-1}AP=J\to AP=PJ$，故 x_1,x_2,x_3 应满足$(A+I)x_1=x_2$，$(A+I)x_2=0$，$(A+I)x_3=0$. 解$(A+I)x=0$ 得 $x=c_1(5,0,1)^{\mathrm{T}}+c_2(-2,1,0)^{\mathrm{T}}$，$c_1,c_2\in\mathbb{C}$ 取 $x_2=(3,1,1)^{\mathrm{T}}$，$x_3=(-2,1,0)^{\mathrm{T}}$，又解$(A+I)x=x_2$，得 $x_1=(1,0,0)^{\mathrm{T}}$. 所以取

$$P=\begin{bmatrix}1 & 3 & -2\\ 0 & 1 & 1\\ 0 & 1 & 0\end{bmatrix},\quad 则\quad P^{-1}AP=J.$$

(5) $\det(\lambda I-A)=\lambda^3+9\lambda^2+27\lambda+27=(\lambda+3)^3$，故 $\lambda=-3$. 因为 $\mathrm{r}(A+3I)=1$，所以

$$J=\begin{bmatrix}-3 & & \\ 1 & -3 & \\ & & -3\end{bmatrix},$$

令 $P=(x_1,x_2,x_3)$，由 $P^{-1}AP=J\to AP=PJ$ 知 x_2,x_3 为特征向量，x_1 与 x_2 构成一 Jordan 链，解得

$$P=\begin{bmatrix}0 & 2 & \frac{1}{2}\\ 0 & 3 & 1\\ -1 & 3 & 0\end{bmatrix}.$$

(6) $$(\lambda I-A)=\begin{bmatrix}\lambda-4 & -6 & 15\\ -1 & \lambda-3 & 5\\ -1 & -2 & \lambda+4\end{bmatrix}\xrightarrow[Q_1]{P_1}\begin{bmatrix}0 & 2(1-\lambda) & \lambda^2-1\\ 0 & \lambda-1 & 1-\lambda\\ -1 & 0 & 0\end{bmatrix}$$

$$\xrightarrow[Q_2]{P_2}\begin{bmatrix}0 & 0 & (\lambda-1)^2\\ 0 & \lambda-1 & 0\\ -1 & 0 & 0\end{bmatrix}\xrightarrow{P_3}\begin{bmatrix}1 & & \\ & \lambda-1 & \\ & & (\lambda-1)^2\end{bmatrix}.$$

其中

$$P_1=\begin{bmatrix}1 & 0 & \lambda-4\\ 0 & 1 & -1\\ 0 & 0 & 1\end{bmatrix},\quad P_2=\begin{bmatrix}1 & 2 & 0\\ 0 & 1 & 0\\ 0 & 0 & 1\end{bmatrix},\quad P_3=\begin{bmatrix} & & -1\\ & 1 & \\ 1 & & \end{bmatrix}.$$

故初等因子为$(\lambda-1)$,$(\lambda-1)^2$,所以

$$J=\begin{bmatrix}1 & & \\ & 1 & \\ & 1 & 1\end{bmatrix}.$$

$$(\lambda I-J)=\begin{bmatrix}\lambda-1 & & \\ & \lambda-1 & \\ & -1 & \lambda-1\end{bmatrix}\xrightarrow[\widetilde{Q}_1]{\widetilde{P}_1}\begin{bmatrix}\lambda-1 & & \\ & 0 & (\lambda-1)^2\\ & -1 & 0\end{bmatrix}$$

$$\xrightarrow[\widetilde{Q}_2]{\widetilde{P}_2}\begin{bmatrix}1 & & \\ & \lambda-1 & \\ & & (\lambda-1)^2\end{bmatrix},$$

其中

$$\widetilde{P}_1=\begin{bmatrix}1 & & \\ & 1 & \lambda-1\\ & & 1\end{bmatrix},\quad \widetilde{P}_2=\begin{bmatrix}0 & 0 & -1\\ 1 & 0 & 0\\ 0 & 1 & 0\end{bmatrix},$$

所以

$$\lambda I-A\xrightarrow{P(\lambda)}\lambda I-J,\quad P(\lambda)=\widetilde{P_1}^{-1}\,\widetilde{P_2}^{-1}P_3P_2P_1,$$

$$P^{-1}(\lambda)=P_1^{-1}P_2^{-1}P_3^{-1}\cdot\widetilde{P_2}\,\widetilde{P_1}=\begin{bmatrix}\lambda-4 & -2 & 1\\ -1 & 1 & 0\\ -1 & 0 & 0\end{bmatrix}\begin{bmatrix}0 & 0 & -1\\ 1 & 0 & 0\\ 0 & 1 & \lambda-1\end{bmatrix}=\begin{bmatrix}-2 & 1 & 3\\ 1 & 0 & 1\\ 0 & 0 & 1\end{bmatrix}.$$

所以

$$P=\begin{bmatrix}-2 & 1 & 3\\ 1 & 0 & 1\\ 0 & 0 & 1\end{bmatrix},\quad 则\quad P^{-1}AP=J.$$

(7) $$\lambda I-A=\begin{bmatrix}\lambda-1&3&0&-3\\2&\lambda+6&0&-13\\0&3&\lambda-1&-3\\1&4&0&\lambda-8\end{bmatrix}\xrightarrow[Q_1]{P_1}\begin{bmatrix}0&-4\lambda+7&0&-\lambda^2+9\lambda-11\\0&\lambda-2&0&3-2\lambda\\0&3&\lambda-1&-3\\1&0&0&0\end{bmatrix}$$

$$\xrightarrow[Q_2]{P_2}\begin{bmatrix}0&0&\frac{1}{3}(\lambda-1)(4\lambda-7)&(\lambda-1)(4-\lambda)\\0&0&-\frac{1}{3}(\lambda-1)(\lambda-2)&1-\lambda\\0&1&0&0\\1&0&0&0\end{bmatrix}\xrightarrow[Q_3]{P_3}\begin{bmatrix}(\lambda-1)^3&&&\\&(\lambda-1)&&\\&&1&\\&&&1\end{bmatrix},$$

其中

$$P_1=\begin{bmatrix}1&0&0&-(\lambda-1)\\&1&0&-2\\&&1&0\\&&&1\end{bmatrix},\quad P_2=\begin{bmatrix}1&0&4\lambda-7&0\\&1&-(\lambda-2)&0\\&&\frac{1}{3}&0\\&&&1\end{bmatrix},\quad P_3=\begin{bmatrix}1&4-\lambda&0&0\\&-1&0&0\\&&1&0\\&&&1\end{bmatrix},$$

所以

$$J=\begin{bmatrix}1&&&\\&1&&\\&1&1&\\&&1&1\end{bmatrix}.$$

以下求 P,因为$(A-I)^3=(J-I)^3=0$,所以根子空间的基为:

$$\alpha_1=\begin{bmatrix}1\\0\\0\\0\end{bmatrix},\quad \alpha_2=\begin{bmatrix}0\\1\\0\\0\end{bmatrix},\quad \alpha_3=\begin{bmatrix}0\\0\\1\\0\end{bmatrix},\quad \alpha_4=\begin{bmatrix}0\\0\\0\\1\end{bmatrix},$$

$$(A-I)\alpha_1=\begin{bmatrix}0&-3&0&3\\-2&-7&0&13\\0&-3&0&3\\-1&-4&0&7\end{bmatrix}\begin{bmatrix}1\\0\\0\\0\end{bmatrix}=\begin{bmatrix}0\\-2\\0\\-1\end{bmatrix},$$

$$(A-I)\begin{bmatrix}0\\-2\\0\\-1\end{bmatrix}=\begin{bmatrix}3\\1\\3\\1\end{bmatrix},\quad (A-I)\begin{bmatrix}3\\1\\3\\1\end{bmatrix}=0;$$

又$(A-I)\alpha_3=0$,所以 α_3 和$(3,1,3,1)^{\mathrm{T}}$ 是特征向量.故取

$$P=(\alpha_3,\alpha_1,(A-I)\alpha_1,(A-I)^2\alpha_1)=\begin{bmatrix}0&1&0&3\\0&0&-2&1\\1&0&0&3\\0&0&-1&1\end{bmatrix}.$$

(8) $|\lambda I-A|=\begin{vmatrix}\lambda-3&1&0&0\\-1&\lambda-1&0&0\\-3&0&\lambda-5&3\\-4&1&-3&\lambda+1\end{vmatrix}=\begin{vmatrix}\lambda-3&1\\-1&\lambda-1\end{vmatrix}\begin{vmatrix}\lambda-5&3\\-3&\lambda+1\end{vmatrix}$

$=(\lambda-2)^4,$

又 $r(A-2I)=2$,且$(A-2I)^2=0$,故

$$J=\begin{bmatrix}2&&&\\1&2&&\\&&2&\\&&1&2\end{bmatrix},\quad P=\begin{bmatrix}1&1&0&1\\0&1&-1&1\\0&0&0&-1\\1&1&\frac{1}{3}&0\end{bmatrix}.$$

64. 求下列 λ-矩阵的相抵标准形：

(1) $\begin{bmatrix}\lambda&1\\0&\lambda\end{bmatrix}$； (2) $\begin{bmatrix}\lambda^2-1&\lambda+1\\\lambda+1&\lambda^2+2\lambda+1\end{bmatrix}$； (3) $\begin{bmatrix}\lambda&0\\0&\lambda+5\end{bmatrix}$；

(4) $\begin{bmatrix}\lambda^2-1&0\\0&(\lambda-1)^3\end{bmatrix}$； (5) $\begin{bmatrix}\lambda+1&\lambda^2+1&\lambda^2\\3\lambda-1&3\lambda^2-1&\lambda^2+2\lambda\\\lambda-1&\lambda^2-1&\lambda\end{bmatrix}$； (6) $\begin{bmatrix}\lambda-2&-1&0\\0&\lambda-2&-1\\0&0&\lambda-2\end{bmatrix}$.

解 在做以下初等变换中,符号"↔"表示两行(或两列)对换;r_i,c_j 分别表示第 i 行,第 j 列;$ar_i+r_j(ac_i+c_j)$表示第 i 行(列)的 a 倍加到第 j 行(列)上去;$br_i(bc_i)$表示第 i 行(列)乘 b.

(1) $\begin{bmatrix}\lambda&1\\0&\lambda\end{bmatrix}\xrightarrow{①}\begin{bmatrix}0&1\\-\lambda^2&0\end{bmatrix}\xrightarrow{②}\begin{bmatrix}1&\\&\lambda^2\end{bmatrix}.$

① $-\lambda r_1+r_2$, $-c_2\lambda+c_1$; ② $-r_2$, $c_1\leftrightarrow c_2$.

(2) $\begin{bmatrix}\lambda^2-1&\lambda+1\\\lambda+1&\lambda^2+2\lambda+1\end{bmatrix}\xrightarrow{①}\begin{bmatrix}0&\lambda+1\\(\lambda+1)(2-\lambda^2)&0\end{bmatrix}\xrightarrow{②}\begin{bmatrix}\lambda+1&\\&(\lambda+1)(\lambda^2-2)\end{bmatrix}.$

① $-(\lambda+1)r_1+r_2$, $-(\lambda-1)c_2+c_1$; ② $c_1\leftrightarrow c_2$, $-c_2$.

(3) $\begin{bmatrix}\lambda&0\\0&\lambda+5\end{bmatrix}\xrightarrow{c_1+c_2}\begin{bmatrix}\lambda&\lambda\\0&\lambda+5\end{bmatrix}\xrightarrow{-r_1+r_2}\begin{bmatrix}\lambda&\lambda\\-\lambda&5\end{bmatrix}\xrightarrow{\frac{\lambda}{5}c_2+c_1}\begin{bmatrix}\lambda+\frac{1}{5}\lambda^2&0\\0&5\end{bmatrix}\to\begin{bmatrix}1&\\&\lambda(\lambda+5)\end{bmatrix}.$

(4) $\begin{bmatrix}\lambda^2-1&0\\0&(\lambda-1)^3\end{bmatrix}\xrightarrow{①}\begin{bmatrix}\lambda^2-1&\lambda^2-1\\0&(\lambda-1)^3\end{bmatrix}\xrightarrow{②}\begin{bmatrix}\lambda^2-1&\lambda^2-1\\-(\lambda^2-1)(\lambda-3)&4(\lambda-1)\end{bmatrix}$

$$\xrightarrow{③}\begin{bmatrix}(\lambda^2-1)(\lambda-1)^2 & 0\\ 0 & 4(\lambda-1)\end{bmatrix}\xrightarrow{④}\begin{bmatrix}(\lambda-1) & \\ & (\lambda+1)(\lambda-1)^3\end{bmatrix}.$$

① c_1+c_2；② $(\lambda-3)r_1+r_2$；③ $\frac{1}{4}(\lambda+1)r_2+r_1$，$4r_1$；④ $\frac{1}{4}c_2$，$c_2\leftrightarrow c_1$，$r_2\leftrightarrow r_1$.

(5) $$\begin{bmatrix}\lambda+1 & \lambda^2+1 & \lambda^2\\ 3\lambda-1 & 3\lambda^2-1 & \lambda^2+2\lambda\\ \lambda-1 & \lambda^2-1 & \lambda\end{bmatrix}\xrightarrow{①}\begin{bmatrix}2 & 2 & \lambda^2-\lambda\\ 2 & 2 & \lambda^2-\lambda\\ \lambda-1 & \lambda^2-1 & \lambda\end{bmatrix}$$

$$\xrightarrow{②}\begin{bmatrix}2 & 0 & 0\\ 0 & \lambda^2-\lambda & -\frac{1}{2}\lambda(\lambda-1)^2+\lambda\\ 0 & 0 & 0\end{bmatrix}\xrightarrow{③}\begin{bmatrix}1 & 0 & 0\\ 0 & \lambda & 0\\ 0 & 0 & 0\end{bmatrix}.$$

① $-r_3+r_1$，$-3r_3+r_2$；

② $-r_1+r_2$，$-\frac{1}{2}(\lambda-1)r_1+r_3$，$-c_1+c_2$，$-\frac{1}{2}(\lambda^2-\lambda)c_1+c_3$，$r_2\leftrightarrow r_3$；

③ $\frac{1}{2}r_1$，$\frac{1}{2}(\lambda-1)c_2+c_3$，$(\lambda-1)c_3+c_2$，$c_2\leftrightarrow c_3$.

(6) $$\begin{bmatrix}\lambda-2 & -1 & 0\\ 0 & \lambda-2 & -1\\ 0 & 0 & \lambda-2\end{bmatrix}\xrightarrow{①}\begin{bmatrix}0 & -1 & 0\\ (\lambda-2)^2 & 0 & -1\\ 0 & 0 & \lambda-2\end{bmatrix}\xrightarrow{②}\begin{bmatrix}1 & 0 & 0\\ 0 & (\lambda-2)^2 & -1\\ 0 & (\lambda-2)^3 & 0\end{bmatrix}$$

$$\xrightarrow{③}\begin{bmatrix}1 & 0 & 0\\ 0 & 1 & 0\\ 0 & 0 & (\lambda-2)^3\end{bmatrix}.$$

①$(\lambda-2)c_2+c_1$，$(\lambda-2)r_1+r_2$；②$c_1\leftrightarrow c_2$，$-r_1$，$(\lambda-2)r_2+r_3$；③$(\lambda-2)^2c_3+c_2$，$-c_3$，$c_3\leftrightarrow c_2$，$r_2\leftrightarrow r_3$.

65. 已知线性空间 V 上的线性变换 $\mathscr{A}$ 在基 $\varepsilon_1,\varepsilon_2,\varepsilon_3,\varepsilon_4$ 下的方阵表示为

$$A=\begin{bmatrix}1 & -1 & -1 & 2\\ 0 & 1 & 0 & 0\\ 2 & 3 & 1 & -1\\ 1 & -2 & -2 & -1\end{bmatrix},$$

求 $\mathscr{A}$ 的包含向量 ε_1 的最小不变子空间.

解　方法 1　因为 $\varepsilon_1\in W$，所以 $\mathscr{A}\varepsilon_1\in W\to F[\mathscr{A}]\varepsilon_1\in W$. $\mathscr{A}\varepsilon_1=\varepsilon_1+2\varepsilon_3+\varepsilon_4$（且 ε_1，$\mathscr{A}\varepsilon_1$ 线性无关）；$\mathscr{A}^2\varepsilon_1=\mathscr{A}\varepsilon_1+2\mathscr{A}\varepsilon_3+\mathscr{A}\varepsilon_4=\varepsilon_1+3\varepsilon_3-4\varepsilon_4\neq k_1\varepsilon_1+k_2\mathscr{A}\varepsilon_1$，所以，$\varepsilon_1$，$\mathscr{A}\varepsilon_1$，$\mathscr{A}^2\varepsilon_1$ 线性无关；$\mathscr{A}^3\varepsilon_1=\mathscr{A}\varepsilon_1+3\mathscr{A}\varepsilon_3-4\mathscr{A}\varepsilon_4=-10\varepsilon_1+9\varepsilon_3-\varepsilon_4=-14\varepsilon_1+3\mathscr{A}\varepsilon_1+\mathscr{A}^2\varepsilon_1$，故 ε_1，$\mathscr{A}\varepsilon_1$，$\mathscr{A}^2\varepsilon_1$，$\mathscr{A}^3\varepsilon_1$ 线性相关，于是含 ε_1 的 $\mathscr{A}$ 的最小不变子空间为

$$W = L(\varepsilon_1, \mathscr{A}\varepsilon_1, \mathscr{A}^2\varepsilon_1) = L(\varepsilon_1, \varepsilon_1 + 2\varepsilon_3 + \varepsilon_4, \varepsilon_1 + 3\varepsilon_3 - 4\varepsilon_4).$$

$$= L\left\{(\varepsilon_1, \varepsilon_2, \varepsilon_3, \varepsilon_4)\begin{bmatrix}1 & 1 & 1\\0 & 0 & 0\\0 & 2 & 3\\0 & 1 & -4\end{bmatrix}\right\}.$$

方法 2　因为$(\mathscr{A}\varepsilon_1, \mathscr{A}\varepsilon_2, \mathscr{A}\varepsilon_3, \mathscr{A}\varepsilon_4) = (\varepsilon_1, \varepsilon_2, \varepsilon_3, \varepsilon_4)\begin{bmatrix}1 & -1 & -1 & 2\\0 & 1 & 0 & 0\\2 & 3 & 1 & -1\\1 & -2 & -2 & -1\end{bmatrix}$,直观易知$\mathscr{A}\varepsilon_1, \mathscr{A}\varepsilon_3, \mathscr{A}\varepsilon_4$ 只是$\varepsilon_1, \varepsilon_3, \varepsilon_4$ 的线性组合. 即$\varepsilon_1, \varepsilon_3, \varepsilon_4$ 生成一个含ε_1 的$\mathscr{A}$的不变子空间,它是三维的. 而$\mathscr{A}^2\varepsilon_1$ 不能由$\varepsilon_1, \mathscr{A}\varepsilon_1$ 线性表出,故$\mathscr{A}$的含ε_1 的最小不变子空间为

$$W = L(\varepsilon_1, \varepsilon_3, \varepsilon_4) = L(\varepsilon_1, \mathscr{A}\varepsilon_1, \mathscr{A}^2\varepsilon_1).$$

66. 对下列方阵A,求$\lambda I - A$的相抵标准形,从而求出其不变因子:

$$A_1 = \begin{bmatrix}3 & 2 & -5\\2 & 6 & -10\\1 & 2 & -3\end{bmatrix},\quad A_2 = \begin{bmatrix}6 & 20 & -34\\6 & 32 & -51\\4 & 20 & -32\end{bmatrix};$$

$$B_1 = \begin{bmatrix}6 & 6 & -15\\1 & 5 & -5\\1 & 2 & -2\end{bmatrix},\quad B_2 = \begin{bmatrix}37 & -20 & -4\\34 & -17 & -4\\119 & -70 & -11\end{bmatrix};$$

$$C_1 = \begin{bmatrix}4 & 6 & -15\\1 & 3 & -5\\1 & 2 & -4\end{bmatrix},\quad C_2 = \begin{bmatrix}1 & -3 & 3\\-2 & -6 & 13\\-1 & -4 & 8\end{bmatrix},\quad C_3 = \begin{bmatrix}-13 & -70 & 119\\-4 & -19 & 34\\-4 & -20 & 35\end{bmatrix};$$

$$D_1 = \begin{bmatrix}14 & -2 & -7 & -1\\20 & -2 & -11 & -2\\19 & -3 & -9 & -1\\-6 & 1 & 3 & 1\end{bmatrix},\quad D_2 = \begin{bmatrix}4 & 10 & -19 & 4\\1 & 6 & -8 & 3\\1 & 4 & -6 & 2\\0 & -1 & 1 & 0\end{bmatrix},$$

$$D_3 = \begin{bmatrix}41 & -4 & -26 & -7\\14 & -13 & -91 & -18\\40 & -4 & -25 & -8\\0 & 0 & 0 & 1\end{bmatrix}.$$

解: (1) $\lambda I - A_1 = \begin{bmatrix}\lambda-3 & -2 & 5\\-2 & \lambda-6 & 10\\-1 & -2 & \lambda+3\end{bmatrix} \xrightarrow{①} \begin{bmatrix}0 & 4-2\lambda & \lambda^2-4\\0 & \lambda-2 & 4-2\lambda\\-1 & 0 & 0\end{bmatrix}$

$$\xrightarrow{②}\begin{bmatrix}0 & 0 & (\lambda-2)^2\\ 0 & \lambda-2 & 0\\ -1 & 0 & 0\end{bmatrix}\xrightarrow{③}\begin{bmatrix}1 & & \\ & (\lambda-2) & \\ & & (\lambda-2)^2\end{bmatrix}.$$

其中①$-2r_3+r_2,(\lambda-3)r_3+r_1,-2c_1+c_2,(\lambda+3)c_1+c_3$；②$2r_2+r_1,2c_2+c_3$；③$-c_1$，$r_1\leftrightarrow r_3$. 故 A_1 的不变因子为 $1,(\lambda-2),(\lambda-2)^2$.

$$(2)\ \lambda I-A_2=\begin{bmatrix}\lambda-6 & -20 & 34\\ -6 & \lambda-32 & 51\\ -4 & -20 & \lambda+32\end{bmatrix}\xrightarrow{①}\begin{bmatrix}0 & 5(2-\lambda) & \frac{1}{4}(\lambda+28)(\lambda-2)\\ 0 & \lambda-2 & \frac{3}{2}(2-\lambda)\\ -4 & 0 & 0\end{bmatrix}$$

$$\xrightarrow{②}\begin{bmatrix}0 & 0 & \frac{1}{4}(\lambda-2)^2\\ 0 & \lambda-2 & 0\\ -4 & 0 & 0\end{bmatrix}\xrightarrow{③}\begin{bmatrix}1 & & \\ & \lambda-2 & \\ & & (\lambda-2)^2\end{bmatrix},$$

其中各步所做的变换是：①$-5c_1+c_2,\frac{\lambda+32}{4}c_1+c_3,-\frac{3}{2}r_3+r_4,\frac{\lambda-6}{4}r_3+r_1$；②$5r_2+r_1$，$\frac{3}{2}c_2+c_3$；③$-\frac{1}{4}c_1,4c_3,r_1\leftrightarrow r_3$. 故 A_2 的不变因子为 $1,(\lambda-2),(\lambda-2)^2$.

$$(3)\ \lambda I-B_1=\begin{bmatrix}\lambda-6 & -6 & 15\\ -1 & \lambda-5 & 5\\ -1 & -2 & \lambda+2\end{bmatrix}\xrightarrow{①}\begin{bmatrix}0 & 6-2\lambda & \lambda^2-4\lambda+3\\ 0 & \lambda-3 & 3-\lambda\\ -1 & 0 & 0\end{bmatrix}$$

$$\xrightarrow{②}\begin{bmatrix}0 & 0 & (\lambda-3)^2\\ 0 & \lambda-3 & 0\\ -1 & 0 & 0\end{bmatrix}\xrightarrow{③}\begin{bmatrix}1 & 0 & 0\\ 0 & \lambda-3 & 0\\ 0 & 0 & (\lambda-3)^2\end{bmatrix}.$$

各步初等变换为：①$-r_3+r_2,(\lambda-6)r_3+r_1,-2c_1+c_2,(\lambda+2)c_1+c_3$；②$c_2+c_3,2r_2+r_1$；③$-r_3,r_1\leftrightarrow r_3$. 故 B_1 的不变因子为 $1,\ \lambda-3,\ (\lambda-3)^2$.

$$(4)\ \lambda I-B_2=\begin{bmatrix}\lambda-37 & 20 & 4\\ -34 & \lambda+17 & 4\\ -119 & 70 & \lambda+11\end{bmatrix}\xrightarrow{①}\begin{bmatrix}0 & 0 & 4\\ 3-\lambda & \lambda-3 & 0\\ \frac{-\lambda^2+26\lambda-69}{4} & 15-5\lambda & 0\end{bmatrix}$$

$$\xrightarrow{②}\begin{bmatrix}0 & 0 & 4\\ 0 & \lambda-3 & 0\\ \frac{-\lambda^2+6\lambda-9}{4} & 0 & 0\end{bmatrix}\xrightarrow{③}\begin{bmatrix}1 & & \\ & \lambda-3 & \\ & & (\lambda-3)^2\end{bmatrix}.$$

初等变换为：①$-r_1+r_2,-\frac{\lambda+11}{4}r_1+r_3,-5c_3+c_2,-\frac{\lambda-37}{4}c_3+c_1$；②$c_2+c_1,5r_2+r_3$；

③$\frac{1}{4}r_1,-4r_3,c_1\leftrightarrow c_3$. 故 B_2 的不变因子为 1， $\lambda-3$， $(\lambda-3)^2$.

(5) $$\lambda I-C_1=\begin{bmatrix}\lambda-4 & -6 & 15\\ -1 & \lambda-3 & 5\\ -1 & -2 & \lambda+4\end{bmatrix}\xrightarrow{①}\begin{bmatrix}0 & 2-2\lambda & \lambda^2-1\\ 0 & \lambda-1 & -\lambda+1\\ -1 & 0 & 0\end{bmatrix}$$

$$\xrightarrow{②}\begin{bmatrix}0 & 0 & (\lambda-1)^2\\ 0 & \lambda-1 & 0\\ -1 & 0 & 0\end{bmatrix}\xrightarrow{③}\begin{bmatrix}1 & 0 & 0\\ 0 & \lambda-1 & 0\\ 0 & 0 & (\lambda-1)^2\end{bmatrix}.$$

所做初等变换为：①$-r_3+r_1,(\lambda-4)r_3+r_1,-2c_1+c_2,(\lambda+4)c_1+c_3$；②$c_2+c_3,2r_2+r_1$；③$-c_1,r_1\leftrightarrow r_3$. 故 C_1 的不变因子为 1， $\lambda-1$， $(\lambda-1)^2$.

(6) $$\lambda I-C_2=\begin{bmatrix}\lambda-1 & 3 & -3\\ 2 & \lambda+6 & -13\\ 1 & 4 & \lambda-8\end{bmatrix}\xrightarrow{①}\begin{bmatrix}0 & 7-4\lambda & -\lambda^2+9\lambda-11\\ 0 & \lambda-2 & 3-2\lambda\\ 1 & 0 & 0\end{bmatrix}$$

$$\xrightarrow{②}\begin{bmatrix}0 & 7-4\lambda & -\lambda^2+\lambda+3\\ 0 & \lambda-2 & -1\\ 1 & 0 & 0\end{bmatrix}\xrightarrow{③}\begin{bmatrix}0 & -(\lambda-1)^3 & 0\\ 0 & 0 & -1\\ 1 & 0 & 0\end{bmatrix}\xrightarrow{④}\begin{bmatrix}1 & & \\ & 1 & \\ & & (\lambda-1)^3\end{bmatrix}.$$

所做的初等变换为：①$-2r_3+r_2,-(\lambda-1)r_3+r_1,-4c_1+c_2,-(\lambda-8)c_1+c_3$；②$2c_2+c_3$；③$(\lambda-2)c_3+c_2,(-\lambda^2+\lambda+3)r_2+r_1$；④$-r_2,-r_1,c_2\leftrightarrow c_3,r_1\leftrightarrow r_3$. 所以 C_2 的不变因子为 $1,1,(\lambda-1)^3$.

(7) $$\lambda I-C_3=\begin{bmatrix}\lambda+13 & 70 & -119\\ 4 & \lambda+19 & -34\\ 4 & 20 & \lambda-35\end{bmatrix}\xrightarrow{①}\begin{bmatrix}0 & 5-5\lambda & \frac{-\lambda^2+22\lambda-21}{4}\\ 0 & \lambda-1 & 1-\lambda\\ 4 & 0 & 0\end{bmatrix}$$

$$\xrightarrow{②}\begin{bmatrix}0 & 0 & \frac{-1}{4}(\lambda-1)^2\\ 0 & \lambda-1 & 0\\ 4 & 0 & 0\end{bmatrix}\xrightarrow{③}\begin{bmatrix}1 & & \\ & \lambda-1 & \\ & & (\lambda-1)^2\end{bmatrix}.$$

①$-r_3+r_2,-\frac{1}{4}(\lambda+13)r_3+r_1,-5c_1+c_2,-\frac{1}{4}(\lambda-35)c_1+c_3$；②$c_2+c_3,5r_2+r_1$；③$\frac{1}{4}r_3,-4r_1,r_1\leftrightarrow r_3$.

所以 C_3 的不变因子为 $1,(\lambda-1),(\lambda-1)^2$.

(8) $$\lambda I-D_1=\begin{bmatrix}\lambda-14 & 2 & 7 & 1\\ -20 & \lambda+2 & 11 & 2\\ -19 & 3 & \lambda+9 & 1\\ 6 & -1 & -3 & \lambda-1\end{bmatrix}\xrightarrow{①}\begin{bmatrix}0 & 0 & 0 & 1\\ 8-2\lambda & \lambda-2 & -3 & 0\\ -5-\lambda & 1 & \lambda+2 & 0\\ -\lambda^2+15\lambda-8 & 1-2\lambda & 4-7\lambda & 0\end{bmatrix}$$

$$\xrightarrow{②}\begin{bmatrix}0&0&0&1\\ \lambda^2+\lambda-2&0&1-\lambda^2&0\\ 0&1&0&0\\ -3(\lambda-1)^2&0&2(\lambda-1)^2&0\end{bmatrix}\xrightarrow{③}\begin{bmatrix}0&0&0&1\\ \lambda-1&0&0&0\\ 0&1&0&0\\ 0&0&-(\lambda-1)^3&0\end{bmatrix}$$

$$\xrightarrow{④}\begin{bmatrix}1&&&\\ &1&&\\ &&\lambda-1&\\ &&&(\lambda-1)^3\end{bmatrix}.$$

①$-2r_1+r_2,-r_1+r_3,-(\lambda-1)r_1+r_4,-7c_4+c_3,-2c_4+c_2,-(\lambda-14)c_4+c_1$；②$-(\lambda-2)r_3+r_2,(2\lambda-1)r_3+r_4,-(\lambda+2)c_2+c_3,(5+\lambda)c_2+c_1$；③$c_3+c_1,(\lambda+1)c_1+c_3,(\lambda-1)r_2+r_4$；④$c_1\leftrightarrow c_4,-c_3,c_3\leftrightarrow c_4,r_2\leftrightarrow r_3$.

故 D_1 的不变因子为 $1,1,\lambda-1,(\lambda-1)^3$.

(9) $$\lambda I-D_2=\begin{bmatrix}\lambda-4&-10&19&-4\\ -1&\lambda-6&8&-3\\ -1&-4&\lambda+6&-2\\ 0&1&-1&\lambda\end{bmatrix}\xrightarrow{①}\begin{bmatrix}\lambda-4&0&9&10\lambda-4\\ -1&0&\lambda+2&-\lambda^2+6\lambda-3\\ -1&0&\lambda+2&4\lambda-2\\ 0&1&0&0\end{bmatrix}$$

$$\xrightarrow{②}\begin{bmatrix}0&0&(\lambda-1)^2&4(\lambda-1)^2\\ 0&0&0&-(\lambda-1)^2\\ -1&0&0&0\\ 0&1&0&0\end{bmatrix}\xrightarrow{③}\begin{bmatrix}1&&&\\ &1&&\\ &&(\lambda-1)^2&\\ &&&(\lambda-1)^2\end{bmatrix}.$$

①$c_2+c_3,-\lambda c_2+c_4,4r_4+r_3,-(\lambda-6)r_4+r_2,10r_4+r_1$；②$-r_3+r_2,(\lambda-4)r_3+r_1,(\lambda-2)c_1+c_3,(4\lambda-2)c_1+c_4$；③$4r_2+r_1,-r_3,r_1\leftrightarrow r_3,-r_2,r_2\leftrightarrow r_4$.

故 D_2 的不变因子为 $1,1,(\lambda-1)^2,(\lambda-1)^2$.

(10) $$\lambda I-D_3=\begin{bmatrix}\lambda-41&4&26&7\\ -14&\lambda+13&91&18\\ -40&4&\lambda+25&8\\ 0&0&0&\lambda-1\end{bmatrix}\xrightarrow{①}\begin{bmatrix}8\lambda-48&4&33-7\lambda&0\\ 18\lambda-32&\lambda+13&109-18\lambda&0\\ 0&0&0&1\\ (\lambda-1)^2&0&-(\lambda-1)^2&0\end{bmatrix}$$

$$\xrightarrow{②}\begin{bmatrix}0&4&0&0\\ -2\lambda^2+4\lambda+124&0&\frac{7}{4}(\lambda-1)^2&0\\ 0&0&0&1\\ (\lambda-1)^2&0&-(\lambda-1)^2&0\end{bmatrix}$$

$$\xrightarrow{③}\begin{bmatrix}0 & 4 & 0 & 0\\126 & 0 & 0 & 0\\0 & 0 & 0 & 1\\0 & 0 & \frac{(\lambda-1)^2}{126}(\lambda^2-2\lambda-503) & 0\end{bmatrix}$$

$$\xrightarrow{④}\begin{bmatrix}1 & 0 & 0 & 0\\0 & 1 & 0 & 0\\0 & 0 & 1 & 0\\0 & 0 & 0 & (\lambda-1)^2(\lambda^2-2\lambda-503)\end{bmatrix}.$$

所做初等变换为:① $-r_1+r_3$, $-18r_3+r_2$, $-7r_3+r_1$, $-(\lambda-1)r_3+r_4$, $-(\lambda-1)c_4+c_3$, $(\lambda-1)c_4+c_1$; ② $-\frac{1}{4}(\lambda+13)r_1+r_2$, $-2(\lambda-6)c_2+c_1$, $-\frac{1}{4}(33-7\lambda)c_2+c_3$; ③ c_1+c_3, $2r_4+r_2$, $-\frac{1}{126}(\lambda-1)^2r_2+r_4$, $\frac{1}{504}(\lambda^2-2\lambda-503)c_1+c_3$; ④ $504c_3$, $c_3\leftrightarrow c_4$, $\frac{1}{4}r_1$, $\frac{1}{126}r_2$, $r_1\leftrightarrow r_2$. 故 D_3 的不变因子为 $1,1,1,(\lambda-1)^2(\lambda^2-2\lambda-503)$.

67. 对第 66 题中的方阵 A_1 与 A_2 是否相似? 同样, B_i, C_i, D_i 是否相似?

解 由定理 7.12: F 上方阵 A 与 B 相似 $\Leftrightarrow \lambda I-A$ 与 $\lambda I-B$ 相抵(在 $F[\lambda]$ 上). 再利用第 66 题计算结果知: A_1 与 A_2 相似; B_1 与 B_2 相似; C_1 与 C_3 相似.

68. 对第 66 题中的前 8 个方阵 A, 求出可逆 λ-方阵 $P(\lambda)$ 和 $Q(\lambda)$ 使 $P(\lambda)(\lambda I-A)Q(\lambda)$ 为 $\lambda I-A$ 的相抵标准形.

解 (1) 对 A_1

$$P_1=\begin{bmatrix}1 & & \\ & 1 & -2\\ & & 1\end{bmatrix},\quad P_2=\begin{bmatrix}1 & & \lambda-3\\ & 1 & \\ & & 1\end{bmatrix},\quad P_3=\begin{bmatrix}1 & 2 & \\ & 1 & \\ & & 1\end{bmatrix},\quad P_4=\begin{bmatrix} & & 1\\ & 1 & \\ 1 & & \end{bmatrix};$$

$$Q_1=\begin{bmatrix}1 & -2 & \\ & 1 & \\ & & 1\end{bmatrix},\quad Q_2=\begin{bmatrix}1 & & \lambda+3\\ & 1 & \\ & & 1\end{bmatrix},\quad Q_3=\begin{bmatrix}1 & & \\ & 1 & 2\\ & & 1\end{bmatrix},\quad Q_4=\begin{bmatrix}-1 & & \\ & 1 & \\ & & 1\end{bmatrix};$$

所以

$$P(\lambda)=P_4P_3P_2P_1=\begin{bmatrix} & & 1\\ & 1 & 0\\ 1 & 2 & 0\end{bmatrix}\begin{bmatrix}1 & 0 & \lambda-3\\ & 1 & -2\\ & & 1\end{bmatrix}=\begin{bmatrix} & & 1\\ & 1 & -2\\ 1 & 2 & \lambda-7\end{bmatrix},$$

$$Q(\lambda)=Q_1Q_2Q_3Q_4=\begin{bmatrix}1 & -2 & \lambda+3\\ & 1 & 0\\ & & 1\end{bmatrix}\begin{bmatrix}-1 & & \\ & 1 & 2\\ & & 1\end{bmatrix}=\begin{bmatrix}-1 & -2 & \lambda-1\\ & 1 & 2\\ & & 1\end{bmatrix},$$

$$P(\lambda)(\lambda I-A_1)Q(\lambda)=\begin{bmatrix}1 & & \\ & \lambda-2 & \\ & & (\lambda-2)^2\end{bmatrix}.$$

(2) 对 A_2

$$P_1=\begin{bmatrix}1 & & \\ & 1 & -\frac{3}{2} \\ & & 1\end{bmatrix},\quad P_2=\begin{bmatrix}1 & & \frac{\lambda-6}{4} \\ & 1 & \\ & & 1\end{bmatrix},\quad P_3=\begin{bmatrix}1 & 5 & \\ & 1 & \\ & & 1\end{bmatrix},\quad P_4=\begin{bmatrix} & & 1 \\ & 1 & \\ 1 & & \end{bmatrix};$$

$$Q_1=\begin{bmatrix}1 & -5 & \\ & 1 & \\ & & 1\end{bmatrix},\ Q_2=\begin{bmatrix}1 & 0 & \frac{\lambda+32}{4} \\ & 1 & 0 \\ & & 1\end{bmatrix},\ Q_3=\begin{bmatrix}1 & & \\ & 1 & \frac{3}{2} \\ & & 1\end{bmatrix},\ Q_4=\begin{bmatrix}-\frac{1}{4} & & \\ & 1 & \\ & & 4\end{bmatrix};$$

$$P(\lambda)=P_4P_3P_2P_1=\begin{bmatrix} & & 1 \\ & 1 & 0 \\ 1 & 5 & 0\end{bmatrix}\begin{bmatrix}1 & 0 & \frac{\lambda-6}{4} \\ 0 & 1 & -\frac{3}{2} \\ 0 & 0 & 1\end{bmatrix}=\begin{bmatrix}0 & 0 & 1 \\ 0 & 1 & -\frac{3}{2} \\ 1 & 5 & \frac{\lambda-36}{4}\end{bmatrix},$$

$$Q(\lambda)=Q_1Q_2Q_3Q_4=\begin{bmatrix}1 & -5 & \frac{\lambda+32}{4} \\ & 1 & 0 \\ & & 1\end{bmatrix}\begin{bmatrix}-\frac{1}{4} & 0 & 0 \\ & 1 & 6 \\ & & 4\end{bmatrix}=\begin{bmatrix}-\frac{1}{4} & -5 & \lambda+2 \\ & 1 & 6 \\ & & 4\end{bmatrix},$$

$$P(\lambda)(\lambda I-A_2)Q(\lambda)=\begin{bmatrix}1 & & \\ & \lambda-2 & \\ & & (\lambda-2)^2\end{bmatrix}.$$

(3) 对 B_1

$$P_1=\begin{bmatrix}1 & & \\ & 1 & -1 \\ & & 1\end{bmatrix},\quad P_2=\begin{bmatrix}1 & & \lambda-6 \\ & 1 & \\ & & 1\end{bmatrix},\quad P_3=\begin{bmatrix}1 & 2 & \\ & 1 & \\ & & 1\end{bmatrix},\quad P_4=\begin{bmatrix} & & -1 \\ & 1 & \\ 1 & & \end{bmatrix};$$

$$Q_1=\begin{bmatrix}1 & -2 & \\ & 1 & \\ & & 1\end{bmatrix},\quad Q_2=\begin{bmatrix}1 & & \lambda+2 \\ & 1 & \\ & & 1\end{bmatrix},\quad Q_3=\begin{bmatrix}1 & & \\ & 1 & 1 \\ & & 1\end{bmatrix};$$

$$P(\lambda)=P_4P_3P_2P_1=\begin{bmatrix} & & -1 \\ & 1 & 0 \\ 1 & 2 & 0\end{bmatrix}\begin{bmatrix}1 & 0 & \lambda-6 \\ & 1 & -1 \\ & & 1\end{bmatrix}=\begin{bmatrix} & & -1 \\ & 1 & -1 \\ 1 & 2 & \lambda-8\end{bmatrix},$$

$$Q(\lambda)=Q_1Q_2Q_3=\begin{bmatrix}1&-2&\lambda+2\\&1&0\\&&1\end{bmatrix}\begin{bmatrix}1&0&0\\&1&1\\&&1\end{bmatrix}=\begin{bmatrix}1&-2&\lambda\\&1&1\\&&1\end{bmatrix},$$

$$P(\lambda)(\lambda I-B_1)Q(\lambda)=\begin{bmatrix}1&2&-\lambda-2\\&\lambda-3&3-\lambda\\&&(\lambda-3)^2\end{bmatrix}\begin{bmatrix}1&-2&\lambda\\&1&1\\&&1\end{bmatrix}=\begin{bmatrix}1&&\\&\lambda-3&\\&&(\lambda-3)^2\end{bmatrix}.$$

(4) 对 B_2

$$P_1=\begin{bmatrix}1&&\\-1&1&\\&&1\end{bmatrix},\quad P_2=\begin{bmatrix}1&&\\0&1&\\-\dfrac{\lambda+11}{4}&0&1\end{bmatrix},\quad P_3=\begin{bmatrix}1&&\\0&1&\\0&5&1\end{bmatrix},$$

$$P_4=\begin{bmatrix}\dfrac{1}{4}&&\\&1&\\&&-4\end{bmatrix};\quad Q_1=\begin{bmatrix}1&&\\0&1&\\0&-5&1\end{bmatrix},$$

$$Q_2=\begin{bmatrix}1&&\\0&1&\\-\dfrac{\lambda-37}{4}&0&1\end{bmatrix},\quad Q_3=\begin{bmatrix}1&&\\1&1&\\&&1\end{bmatrix},\quad Q_4=\begin{bmatrix}&&1\\&1&\\1&&\end{bmatrix};$$

$$P(\lambda)=\begin{bmatrix}\dfrac{1}{4}&&\\&1&\\&-20&-4\end{bmatrix}\begin{bmatrix}1&&\\-1&1&\\-\dfrac{\lambda+11}{4}&0&1\end{bmatrix}=\begin{bmatrix}\dfrac{1}{4}&&\\-1&1&\\\lambda+31&-20&-4\end{bmatrix},$$

$$Q(\lambda)=Q_1Q_2Q_3Q_4=\begin{bmatrix}1&&\\0&1&\\\dfrac{37-\lambda}{4}&-5&1\end{bmatrix}\begin{bmatrix}&&1\\&1&1\\1&0&0\end{bmatrix}=\begin{bmatrix}&&1\\&1&1\\1&-5&\dfrac{17-\lambda}{4}\end{bmatrix},$$

$$P(\lambda)(\lambda I-B_2)Q(\lambda)=\begin{bmatrix}1&&\\0&\lambda-3&\\0&0&(\lambda-3)^2\end{bmatrix}.$$

(5) 对 C_1 有

$$P_1=\begin{bmatrix}1&&\\&1&-1\\&&1\end{bmatrix},\quad P_2=\begin{bmatrix}1&&\lambda-4\\&1&\\&&1\end{bmatrix},\quad P_3=\begin{bmatrix}1&2&\\&1&\\&&1\end{bmatrix},\quad P_4=\begin{bmatrix}&&1\\&1&\\1&&\end{bmatrix};$$

$$Q_1=\begin{bmatrix}1&-2&\\&1&\\&&1\end{bmatrix},\quad Q_2=\begin{bmatrix}1&&\lambda+4\\&1&\\&&1\end{bmatrix},\quad Q_3=\begin{bmatrix}1&&\\&1&1\\&&1\end{bmatrix},\quad Q_4=\begin{bmatrix}-1&&\\&1&\\&&1\end{bmatrix};$$

$$P(\lambda)=\begin{bmatrix}&&1\\&1&0\\1&2&0\end{bmatrix}\begin{bmatrix}1&0&\lambda-4\\&1&-1\\&&1\end{bmatrix}=\begin{bmatrix}&&1\\&1&-1\\1&2&\lambda-6\end{bmatrix},$$

$$Q(\lambda)=\begin{bmatrix}1&-2&\lambda+4\\&1&0\\&&1\end{bmatrix}\begin{bmatrix}-1&0&0\\&1&1\\&&1\end{bmatrix}=\begin{bmatrix}-1&-2&\lambda+2\\&1&1\\&&1\end{bmatrix},$$

$$P(\lambda)(\lambda I-C_1)Q(\lambda)=\begin{bmatrix}1&&\\&\lambda-1&\\&&(\lambda-1)^2\end{bmatrix}.$$

(6) 对 C_2 有

$$P_1=\begin{bmatrix}1&&\\&1&-2\\&&1\end{bmatrix},\quad P_2=\begin{bmatrix}1&&-(\lambda-1)\\&1&\\&&1\end{bmatrix},\quad P_3=\begin{bmatrix}1&-\lambda^2+\lambda+3&\\&1&\\&&1\end{bmatrix},$$

$$P_4=\begin{bmatrix}-1&&\\&-1&\\&&1\end{bmatrix},\quad P_5=\begin{bmatrix}&&1\\&1&\\1&&\end{bmatrix};$$

$$Q_1=\begin{bmatrix}1&-4&\\&1&\\&&1\end{bmatrix},\quad Q_2=\begin{bmatrix}1&0&-(\lambda-8)\\&1&0\\&&1\end{bmatrix},\quad Q_3=\begin{bmatrix}1&0&0\\&1&2\\&&1\end{bmatrix},$$

$$Q_4=\begin{bmatrix}1&&\\0&1&\\0&\lambda-2&1\end{bmatrix},\quad Q_5=\begin{bmatrix}1&&\\&0&1\\&1&0\end{bmatrix};$$

$$P(\lambda)=P_5P_4P_3P_2P_1=\begin{bmatrix}&&1\\&-1&2\\-1&\lambda^2-\lambda-3&-2\lambda^2+3\lambda+5\end{bmatrix},$$

$$Q(\lambda)=Q_1Q_2Q_3Q_4Q_5=\begin{bmatrix}1&-\lambda&-\lambda^2+2\lambda-4\\0&2&2\lambda-3\\0&1&\lambda-2\end{bmatrix},$$

$$P(\lambda)(\lambda I-C_2)Q(\lambda)=\begin{bmatrix}1&4&\lambda-8\\0&2-\lambda&2\lambda-3\\0&(\lambda-1)^3&-2(\lambda-1)^3\end{bmatrix}Q(\lambda)=\begin{bmatrix}1&&\\&1&\\&&(\lambda-1)^3\end{bmatrix}.$$

(7) 对 C_3 有

$$P_1=\begin{bmatrix}1&&\\&1&-1\\&&1\end{bmatrix},\quad P_2=\begin{bmatrix}1&0&-\dfrac{\lambda+13}{4}\\0&1&0\\0&0&1\end{bmatrix},\quad P_3=\begin{bmatrix}1&5&\\&1&\\&&1\end{bmatrix},$$

$$P_4=\begin{bmatrix}-4&&\\&1&\\&&\dfrac{1}{4}\end{bmatrix},\quad P_5=\begin{bmatrix}&&1\\&1&\\1&&\end{bmatrix};$$

$$Q_1=\begin{bmatrix}1&-5&\\&1&\\&&1\end{bmatrix},\quad Q_2=\begin{bmatrix}1&&\dfrac{35-\lambda}{4}\\&1&\\&&1\end{bmatrix},\quad Q_3=\begin{bmatrix}1&0&0\\0&1&1\\0&0&1\end{bmatrix};$$

$$P(\lambda)=\begin{bmatrix}&&\dfrac{1}{4}\\&1&-1\\-4&-20&\lambda+33\end{bmatrix},\quad Q(\lambda)=\begin{bmatrix}1&-5&\dfrac{15-\lambda}{4}\\&1&1\\&&1\end{bmatrix},$$

$$P(\lambda)(\lambda I-C_3)Q(\lambda)=\begin{bmatrix}1&5&\dfrac{\lambda-35}{4}\\&\lambda-1&1-\lambda\\&&(\lambda-1)^2\end{bmatrix}Q(\lambda)=\begin{bmatrix}1&&\\&\lambda-1&\\&&(\lambda-1)^2\end{bmatrix}.$$

(8) 对 D_1 有

$$P_1=\begin{bmatrix}1&&&\\-2&1&&\\-1&&1&\\1-\lambda&&&1\end{bmatrix},\quad P_2=\begin{bmatrix}1&&&\\&1&2-\lambda&\\&&1&\\&&2\lambda-1&1\end{bmatrix},\quad P_3=\begin{bmatrix}1&&&\\&0&1&\\&1&0&\\&\lambda-1&&1\end{bmatrix};$$

$$Q_1=\begin{bmatrix}1&&&\\&1&&\\&&1&\\14-\lambda&-2&-7&1\end{bmatrix},\quad Q_2=\begin{bmatrix}1&&&\\5+\lambda&1&-\lambda-2&\\&&1&\\&&&1\end{bmatrix},$$

$$Q_3=\begin{bmatrix}1&0&\lambda+1&0\\0&1&0&0\\1&0&\lambda+2&0\\0&0&0&1\end{bmatrix},\quad Q_4=\begin{bmatrix}0&0&1&0\\0&1&0&0\\0&0&0&-1\\1&0&0&0\end{bmatrix};$$

$$P(\lambda)=\begin{bmatrix}1 & & & \\ -1 & 0 & & \\ \lambda-4 & 1 & 2-\lambda & \\ \lambda^2-8\lambda+6 & \lambda-1 & -\lambda^2+5\lambda-3 & 1\end{bmatrix},$$

$$Q(\lambda)=\begin{bmatrix}0 & 0 & 1 & -\lambda-1 \\ 0 & 1 & 3 & -2\lambda-1 \\ 0 & 0 & 1 & -\lambda-2 \\ 1 & -2 & 1-\lambda & \lambda^2-2\lambda+2\end{bmatrix},$$

$$P(\lambda)(\lambda I-D_1)Q(\lambda)=\begin{bmatrix}1 & & & \\ & 1 & & \\ & & \lambda-1 & \\ & & & (\lambda-1)^3\end{bmatrix}.$$

69. 对第66题中相似的方阵 M_1 与 M_2，求出 P 使 $P^{-1}M_1P=M_2$.

解　(1) $M_1=A_1, M_2=A_2$. 则由第68题知存在可逆 λ-方阵 $P_1(\lambda), Q_1(\lambda), P_2(\lambda), Q_2(\lambda)$使

$$P_1(\lambda I-A_1)Q_1=\begin{bmatrix}1 & & \\ & \lambda-2 & \\ & & (\lambda-2)^2\end{bmatrix}=P_2(\lambda I-A_2)Q_2.$$

记 $P(\lambda)=P_2^{-1}(\lambda)P_1(\lambda), Q(\lambda)=Q_1(\lambda)Q_2^{-1}(\lambda)$，有

$$P(\lambda)(\lambda I-A_1)Q(\lambda)=\lambda I-A_2,$$

$$P^{-1}(\lambda)=P_1^{-1}(\lambda)P_2(\lambda)=\begin{bmatrix}0 & 0 & 1 \\ 0 & 1 & -2 \\ 1 & 2 & \lambda-7\end{bmatrix}^{-1}\begin{bmatrix}0 & 0 & 1 \\ 0 & 1 & -\frac{3}{2} \\ 1 & 5 & \frac{\lambda-36}{4}\end{bmatrix}=\begin{bmatrix}1 & 3 & -3-\frac{3}{4}\lambda \\ 0 & 1 & \frac{1}{2} \\ 0 & 0 & 1\end{bmatrix}.$$

设 A_1 为线性空间 V 的线性变换 $\mathscr{A}$ 在基 $\alpha_1, \alpha_2, \alpha_3$ 下的方阵表示，令

$$(\beta_1, \beta_2, \beta_3)=(\alpha_1, \alpha_2, \alpha_3)P(\lambda)^{-1},$$

则 A_2 是 $\mathscr{A}$ 在基 $\beta_1, \beta_2, \beta_3$ 下的方阵表示. 我们只需求出把 $\beta_1, \beta_2, \beta_3$ 表为 $\alpha_1, \alpha_2, \alpha_3$ 的以 F 中元为系数的线性组合. 由上有

$$\beta_1=\alpha_1, \qquad \beta_2=3\alpha_1+\alpha_2,$$

$$\beta_3=\left(-3-\frac{3}{4}\lambda\right)\alpha_1+\frac{1}{2}\alpha_2+\alpha_3=-3\alpha_1-\frac{3}{4}\mathscr{A}\alpha_1+\frac{1}{2}\alpha_2+\alpha_3$$

$$=-3\alpha_1-\frac{3}{4}(3\alpha_1+2\alpha_2+\alpha_3)+\frac{1}{2}\alpha_2+\alpha_3=-\frac{21}{4}\alpha_1-\alpha_2+\frac{1}{4}\alpha_3.$$

所以

$$(\beta_1,\beta_2,\beta_3)=(\alpha_1,\alpha_2,\alpha_3)\begin{bmatrix}1 & 3 & -\frac{21}{4}\\ 0 & 1 & -1\\ 0 & 0 & \frac{1}{4}\end{bmatrix}=(\alpha_1,\alpha_2,\alpha_3)P,$$

即 P 是从基 $\alpha_1,\alpha_2,\alpha_3$ 到基 β_1,β_2,β_3 的过渡矩阵，故

$$P^{-1}A_1P=\begin{bmatrix}1 & -3 & 9\\ 0 & 1 & 4\\ 0 & 0 & 4\end{bmatrix}\begin{bmatrix}3 & 2 & -5\\ 2 & 6 & -10\\ 1 & 2 & -3\end{bmatrix}\begin{bmatrix}1 & 3 & -\frac{21}{4}\\ & 1 & -1\\ & & \frac{1}{4}\end{bmatrix}=\begin{bmatrix}6 & 20 & -34\\ 6 & 32 & -51\\ 4 & 20 & -32\end{bmatrix}=A_2.$$

(2) $M_1=B_1,M_2=B_2$，则存在可逆 λ-方阵 $P(\lambda),Q(\lambda)$. 使

$$P(\lambda)(\lambda I-B_1)Q(\lambda)=\lambda I-B_2,$$

$$P(\lambda)^{-1}=\begin{bmatrix}0 & 0 & -1\\ 0 & 1 & -1\\ 1 & 2 & \lambda-8\end{bmatrix}^{-1}\begin{bmatrix}\frac{1}{4} & 0 & 0\\ -1 & 1 & 0\\ \lambda+31 & -20 & -4\end{bmatrix}=\begin{bmatrix}\frac{5\lambda+126}{4} & -22 & -4\\ -\frac{5}{4} & 1 & 0\\ -\frac{1}{4} & 0 & 0\end{bmatrix}.$$

设 B_1 为线性空间 V 的线性变换 $\mathscr{A}$ 在基 $\alpha_1,\alpha_2,\alpha_3$ 下的方阵表示，B_2 为 $\mathscr{A}$ 在基 β_1,β_2,β_3 下的方阵表示，从基 $\alpha_1,\alpha_2,\alpha_3$ 到 β_1,β_2,β_3 的过渡矩阵为 P，则

$$(\beta_1,\beta_2,\beta_3)=(\alpha_1,\alpha_2,\alpha_3)P=(\alpha_1,\alpha_2,\alpha_3)\begin{bmatrix}39 & -22 & -4\\ 0 & 1 & 0\\ 1 & 0 & 0\end{bmatrix},$$

且有

$$\begin{aligned}P^{-1}B_1P&=\begin{bmatrix}0 & 0 & 1\\ 0 & 1 & 0\\ -\frac{1}{4} & -\frac{22}{4} & \frac{39}{4}\end{bmatrix}\begin{bmatrix}6 & 6 & -15\\ 1 & 5 & -5\\ 1 & 2 & -2\end{bmatrix}\begin{bmatrix}39 & -22 & -4\\ 0 & 1 & 0\\ 1 & 0 & 0\end{bmatrix}\\ &=\begin{bmatrix}37 & -20 & -4\\ 34 & -17 & -4\\ 119 & -70 & -11\end{bmatrix}=B_2.\end{aligned}$$

(其中 P 的计算过程类似(1)即其第 2,3 列同 $P(\lambda)^{-1}$ 的 2,3 列，第 1 列由 $P(\lambda)^{-1}$ 的第一

列中把 λ 换为 $\mathscr{A}$ 即 $\beta_1=\frac{5}{4}\mathscr{A}\alpha_1+\frac{63}{2}\alpha_1-\frac{5}{4}\alpha_2-\frac{1}{4}\alpha_3=39\alpha_1+\alpha_3$.

(3) $M_1=C_1, M_2=C_3$. 由 66 题知存在可逆 λ-方阵 $P(\lambda), Q(\lambda)$ 使

$$P(\lambda)(\lambda I-C_1)Q(\lambda)=\lambda I-C_3,$$

$$P(\lambda)^{-1}=\begin{bmatrix}0&0&1\\0&1&-1\\1&2&\lambda-6\end{bmatrix}^{-1}\begin{bmatrix}0&0&\frac{1}{4}\\0&1&-1\\-4&-20&\lambda+33\end{bmatrix}=\begin{bmatrix}-4&-22&\frac{3}{4}\lambda+36\\0&1&-\frac{3}{4}\\0&0&\frac{1}{4}\end{bmatrix},$$

由 $(\beta_1,\beta_2,\beta_3)=(\alpha_1,\alpha_2,\alpha_3)P(\lambda)^{-1}$, 知有

$$\beta_1=-4\alpha_1,\quad \beta_2=-22\alpha_1+\alpha_2,$$

$$\beta_3=\frac{3}{4}\mathscr{A}\alpha_1+36\alpha_1-\frac{3}{4}\alpha_2+\frac{1}{4}\alpha_3=39\alpha_1+0\alpha_2+\alpha_3,$$

其中 $\alpha_1,\alpha_2,\alpha_3,\beta_1,\beta_2,\beta_3,\mathscr{A}$ 等说明见(1)或(2). 这里有

$$\mathscr{A}(\alpha_1,\alpha_2,\alpha_3)=(\alpha_1,\alpha_2,\alpha_3)C_1,$$

所以 $\mathscr{A}\alpha_1=4\alpha_1+\alpha_2+\alpha_3$. 故

$$P=\begin{bmatrix}-4&-22&39\\0&1&0\\0&0&1\end{bmatrix}\to P^{-1}=\begin{bmatrix}-\frac{1}{4}&-\frac{11}{2}&\frac{39}{4}\\0&1&0\\0&0&1\end{bmatrix},$$

$$P^{-1}C_1P=\begin{bmatrix}-13&-70&119\\-4&-19&34\\-4&-20&35\end{bmatrix}=C_3.$$

70. 求第 66 题中方阵的行列式因子.

解 设 M 的不变因子为 $d_1(\lambda),\cdots,d_r(\lambda)$, 则 M 的行列式因子为

$$d_1(\lambda),\ d_1(\lambda)d_2(\lambda),\cdots,d_1(\lambda)\cdots d_r(\lambda).$$

在第 66 题中, 我们已求出各方阵的不变因子, 故利用上述计算公式立得十个方阵的行列式因子如下:

A_1 与 A_2: $1,\lambda-2,(\lambda-2)^3$;

B_1 与 B_2: $1,\lambda-3,(\lambda-3)^3$;

C_1 与 C_3: $1,(\lambda-1),(\lambda-1)^3$;

C_2: $1,1,(\lambda-1)^3$;

D_1: $1,1,(\lambda-1),(\lambda-1)^4$;

D_2: $1,1,(\lambda-1)^2,(\lambda-1)^4$;

D_3：$1,1,1,(\lambda-1)^2(\lambda^2-2\lambda-503)$.

71. 分别在$\mathbb{Q}$，$\mathbb{R}$，$\mathbb{C}$上求第66题中方阵的初等因子组.

解 设A的不等于1的不变因子为$d_1(\lambda),\cdots,d_r(\lambda)$，并设在$F$上有因子分解：

$$d_1(\lambda)=p_1(\lambda)^{k_{11}}p_2(\lambda)^{k_{12}}\cdots p_{s_1}(\lambda)^{k_{1s_1}},$$

$$\cdots$$

$$d_r(\lambda)=p_1(\lambda)^{k_{r1}}p_2(\lambda)^{k_{r2}}\cdots p_{s_r}(\lambda)^{k_{rs_r}}.$$

其中 $p_j(\lambda)$ 为 F 上互异首一不可约多项式，k_{ij} 为正整数且 $k_{ij}\leqslant k_{(i+1)j}$ $(i=1,\cdots,r;j=1,\cdots,s_i)$. 则全体不可约因子幂

$$p_j(\lambda)^{k_{ij}}\quad (i=1,\cdots,r;j=1,\cdots,s_i)$$

称为A的在F上的初等因子组(相同者均重复计入).

又第66题中除D_3外各方阵的不变因子在$\mathbb{Q}$，$\mathbb{R}$，$\mathbb{C}$上的因子分解相同，故其在$\mathbb{Q}$，$\mathbb{R}$，$\mathbb{C}$上的初等因子组相同，把相似的写在一起，即有前9个方阵的初等因子组如下：

A_1 与A_2：　$(\lambda-2),(\lambda-2)^2$；

B_1 与B_2：　$(\lambda-3),(\lambda-3)^2$；

C_1 与C_3：　$(\lambda-1),(\lambda-1)^2$；

C_2：　$(\lambda-1)^3$；

D_1：　$(\lambda-1),(\lambda-1)^3$；

D_2：　$(\lambda-1)^2,(\lambda-1)^2$；

而D_3在$\mathbb{Q}$上的初等因子组为：$(\lambda-1)^2,(\lambda^2-2\lambda-503)$；

在$\mathbb{R}$，$\mathbb{C}$上的初等因子组为：$(\lambda-1)^2,(\lambda-1-6\sqrt{14}),(\lambda-1+6\sqrt{14})$.

72. 在域$\mathbb{Q}$上求第66题中各方阵的有理标准形，Jordan标准形，初等因子友阵形.

解 设A的不等于1的不变因子为$d_1(\lambda),\cdots,d_r(\lambda)$，在$\mathbb{Q}$上的初等因子为$p_1(\lambda)^{k_1},\cdots,p_s(\lambda)^{k_s}$(重者也计入)，则$A$的有理标准形，Jordan标准形，初等因子友阵形分别为

$$C=\begin{bmatrix}C(d_1)&&\\&\ddots&\\&&C(d_r)\end{bmatrix},\quad J=\begin{bmatrix}J(p_1^{k_1})&&\\&\ddots&\\&&J(p_s^{k_s})\end{bmatrix},$$

$$G=\begin{bmatrix}C(p_1^{k_1})&&\\&\ddots&\\&&C(p_s^{k_s})\end{bmatrix}.$$

其中$C(g)$表示$g(\lambda)$的友阵，而当p_i为一次时，$J(p_i^{k_i})$为k_i阶Jordan块，当p_i为二次时$(k_i=1)$，$J(p_i)=C(p_i)$是p_i的友阵.

由第66题和第70题我们已知各方阵的不变因子和$\mathbb{Q}$上的初等因子组，故立得所要

求的各类标准形：

(1) A_1 与 A_2 的不变因子为 $1,\lambda-2,(\lambda-2)^2$，初等因子组为 $(\lambda-2),(\lambda-2)^2$. 所以

$$C=\begin{bmatrix} C(\lambda-2) & \\ & C((\lambda-2)^2) \end{bmatrix}=\begin{bmatrix} 2 & & \\ & 0 & -4 \\ & 1 & 4 \end{bmatrix};$$

$$J=\begin{bmatrix} J(\lambda-2) & \\ & J((\lambda-2)^2) \end{bmatrix}=\begin{bmatrix} 2 & & \\ & 2 & \\ & 1 & 2 \end{bmatrix};$$

$$G=\begin{bmatrix} C(\lambda-2) & \\ & C((\lambda-2)^2) \end{bmatrix}=\begin{bmatrix} 2 & & \\ & 0 & -4 \\ & 1 & 4 \end{bmatrix}.$$

(2) B_1 与 B_2 的不变因子为 $1,(\lambda-3),(\lambda-3)^2$，初等因子组为 $\lambda-3,(\lambda-3)^2$，故

$$C=\begin{bmatrix} 3 & & \\ & 0 & -9 \\ & 1 & 6 \end{bmatrix},\quad J=\begin{bmatrix} 3 & & \\ & 3 & \\ & 1 & 3 \end{bmatrix},\quad G=\begin{bmatrix} 3 & & \\ & 0 & -9 \\ & 1 & 6 \end{bmatrix}=C.$$

(3) C_1 与 C_3 的不变因子为 $1,\lambda-1,(\lambda-1)^2$，初等因子组为 $\lambda-1,(\lambda-1)^2$，故

$$C=\begin{bmatrix} 1 & & \\ & 0 & -1 \\ & 1 & 2 \end{bmatrix},\quad J=\begin{bmatrix} 1 & & \\ & 1 & \\ & 1 & 1 \end{bmatrix},\quad G=C=\begin{bmatrix} 1 & & \\ & 0 & -1 \\ & 1 & 2 \end{bmatrix}.$$

(4) C_2 的不变因子为 $1,1,(\lambda-1)^3$，初等因子组为 $(\lambda-1)^3$，故

$$C=\begin{bmatrix} 0 & & 1 \\ 1 & 0 & -3 \\ & 1 & 3 \end{bmatrix},\quad J=\begin{bmatrix} 1 & & \\ 1 & 1 & \\ & 1 & 1 \end{bmatrix},\quad G=C=\begin{bmatrix} 0 & & 1 \\ 1 & 0 & -3 \\ & 1 & 3 \end{bmatrix}.$$

(5) D_1 的不变因子为 $1,1,\lambda-1,(\lambda-1)^3$，初等因子组为 $\lambda-1,(\lambda-1)^3$，故

$$C=\begin{bmatrix} 1 & & & \\ & 0 & & 1 \\ & 1 & 0 & -3 \\ & & 1 & 3 \end{bmatrix},\quad J=\begin{bmatrix} 1 & & & \\ & 1 & & \\ & 1 & 1 & \\ & & 1 & 1 \end{bmatrix},\quad G=C.$$

(6) D_2 的不变因子为 $1,1,(\lambda-1)^2,(\lambda-1)^2$，初等因子为 $(\lambda-1)^2,(\lambda-1)^2$，故

$$C=\begin{bmatrix} 0 & -1 & & \\ 1 & +2 & & \\ & & 0 & -1 \\ & & 1 & +2 \end{bmatrix},\quad J=\begin{bmatrix} 1 & & & \\ 1 & 1 & & \\ & & 1 & \\ & & 1 & 1 \end{bmatrix},\quad G=C.$$

(7) D_3 的不变因子为 $1,1,1,(\lambda-1)^2(\lambda^2-2\lambda-503)$，初等因子组为 $(\lambda-1)^2$，

$(\lambda^2-2\lambda-503)$，故

$$C=\begin{bmatrix}0&&&503\\1&0&&-1004\\&1&0&498\\&&1&4\end{bmatrix},\quad J=\left[\begin{array}{cc:cc}1&&&\\1&1&&\\ \hdashline &&0&503\\&&1&2\end{array}\right],\quad G=\left[\begin{array}{cc:cc}0&-1&&\\1&2&&\\ \hdashline &&0&503\\&&1&2\end{array}\right].$$

注意 $d_4(\lambda)=(\lambda-1)^2(\lambda^2-2\lambda-503)=\lambda^4-4\lambda^3-498\lambda^2+1004\lambda-503$.

73. 在域$\mathbb{R}$上做如第 72 题.

解 因为方阵的不变因子不随基域的不同考虑而改变，所以 10 个方阵在$\mathbb{R}$上的有理标准形均不变(同$\mathbb{Q}$上的).

前 9 个方阵在$\mathbb{R}$和$\mathbb{Q}$上的初等因子组也相同，故其 Jordan 标准形与初等因子友阵形也均同第 72 题. 唯有 D_3 在$\mathbb{R}$上的初等因子组变为

$$(\lambda-1)^2,\lambda-1-6\sqrt{14},\lambda-1+6\sqrt{14},$$

所以

$$J=\begin{bmatrix}1&&&\\1&1&&\\&&1+6\sqrt{14}&\\&&&1-6\sqrt{14}\end{bmatrix},\quad G=\begin{bmatrix}0&-1&&\\1&2&&\\&&1+6\sqrt{14}&\\&&&1-6\sqrt{14}\end{bmatrix}.$$

74. 证明：对任 n 阶复方阵 A 都存在可逆阵 P，使得 $P^{-1}AP=GS$，其中 G,S 都是对称方阵并且 G 可逆.

证 因为对任 n 阶复方阵 A 都有可逆阵 P 使

$$P^{-1}AP=J=\begin{bmatrix}J_1(\lambda_1)&&\\&\ddots&\\&&J_k(\lambda_k)\end{bmatrix},$$

其中 $J_i(\lambda_i)$是 Jordan 块，$i=1,\cdots,k$. 则对每个 $J_i(\lambda_i)$有

$$J_i(\lambda_i)=H_i\cdot H_i\cdot J_i(\lambda_i),\quad 其中\ H_i=\begin{bmatrix}&&1\\&⋰&\\1&&\end{bmatrix},$$

显然 $H_i^2=I$，且 $H_i^{\mathrm{T}}=H_i$，所以 H_i 是对称方阵并且可逆. 又

$$H_iJ_i=\begin{bmatrix}&&1\\&⋰&\\1&&\end{bmatrix}\begin{bmatrix}\lambda_i&1&&\\&\ddots&\ddots&\\&&\ddots&1\\&&&\lambda_i\end{bmatrix}=\begin{bmatrix}&&&\lambda_i\\&&⋰&1\\&⋰&⋰&\\\lambda_i&1&&\end{bmatrix},$$

$$(H_iJ_i)^{\mathrm{T}} = J_i^{\mathrm{T}}H_i^{\mathrm{T}} = \begin{bmatrix} \lambda_i & & & \\ 1 & \ddots & & \\ & \ddots & \ddots & \\ & & 1 & \lambda_i \end{bmatrix} H_i = \begin{bmatrix} & & & \lambda_i \\ & & \iddots & 1 \\ & \iddots & \iddots & \\ \lambda_i & 1 & & \end{bmatrix} = H_iJ_i,$$

故知 H_iJ_i 是对称阵($i=1,\cdots,k$). 令

$$G = \mathrm{diag}\{H_1,\cdots,H_k\},$$

则 $\det G \neq 0$,故 G 可逆,且有

$$G^{\mathrm{T}} = \mathrm{diag}\{H_1^{\mathrm{T}},\cdots,H_k^{\mathrm{T}}\} = G, \quad G^2 = \mathrm{diag}\{H_1^2,\cdots,H_k^2\} = I,$$

又令 $S=GJ$,则 $S=\mathrm{diag}\{H_1J_1,\cdots,H_kJ_k\}$,

$$S^{\mathrm{T}} = \mathrm{diag}\{(H_1J_1)^{\mathrm{T}},\cdots,(H_kJ_k)^{\mathrm{T}}\} = S,$$

故知 G,S 均是对称方阵,且有

$$P^{-1}AP = J = IJ = G^2J = G(GJ) = GS.$$

75. 计算下列方阵函数:

(1) A^{100}, $A=\begin{bmatrix} 0 & 2 \\ -3 & 5 \end{bmatrix}$; (2) A^{50}, $A=\begin{bmatrix} 1 & 1 \\ -1 & 3 \end{bmatrix}$; (3) $\sqrt{A}$, $A=\begin{bmatrix} 3 & 1 \\ -1 & 5 \end{bmatrix}$;

(4) $\sqrt{A}$, $A=\begin{bmatrix} 6 & 2 \\ 3 & 7 \end{bmatrix}$; (5) e^A, $A=\begin{bmatrix} 4 & -2 \\ 6 & -3 \end{bmatrix}$, (6) $\lg A$, $A=\begin{bmatrix} 4 & -15 & 6 \\ 1 & -4 & 2 \\ 1 & -5 & 3 \end{bmatrix}$;

(7) $\sin A$, $A=\begin{bmatrix} \pi-1 & 1 \\ -1 & \pi+1 \end{bmatrix}$; (8) e^A, $A=\begin{bmatrix} 0 & c \\ -c & 0 \end{bmatrix}$.

解 (1) 因为 $\det(\lambda I-A)=\begin{vmatrix} \lambda & -2 \\ 3 & \lambda-5 \end{vmatrix}=(\lambda-2)(\lambda-3)$,所以 $\lambda_1=2,\lambda_2=3$ 为 A 的特征值,故知 A 相似于对角阵.

解 $(A-2I)x=0$,得 $x_1=(1,1)^{\mathrm{T}}$,解 $(A-3I)x=0$,得 $x_2=(2,3)^{\mathrm{T}}$,则 x_1,x_2 线性无关(属于不同特征值的特征向量). 令 $P=(x_1,x_2)=\begin{bmatrix} 1 & 2 \\ 1 & 3 \end{bmatrix}$,则

$$P^{-1}AP = \begin{bmatrix} 2 & \\ & 3 \end{bmatrix} \rightarrow A = P\begin{bmatrix} 2 & \\ & 3 \end{bmatrix}P^{-1},$$

所以

$$A^{100} = \left(P\begin{bmatrix} 2 & 0 \\ 0 & 3 \end{bmatrix}P^{-1}\right)^{100} = P\begin{bmatrix} 2 & 0 \\ 0 & 3 \end{bmatrix}^{100}P^{-1} = \begin{bmatrix} 1 & 2 \\ 1 & 3 \end{bmatrix}\begin{bmatrix} 2^{100} & \\ & 3^{100} \end{bmatrix}\begin{bmatrix} 3 & -2 \\ -1 & 1 \end{bmatrix}$$

$$= \begin{bmatrix} 2^{100} & 2\times 3^{100} \\ 2^{100} & 3^{101} \end{bmatrix}\begin{bmatrix} 3 & -2 \\ -1 & 1 \end{bmatrix} = \begin{bmatrix} 3\cdot 2^{100}-2\cdot 3^{100} & -2^{101}+2\cdot 3^{100} \\ 3\cdot 2^{100}-3^{101} & -2^{101}+3^{101} \end{bmatrix}.$$

(2) $$\lambda I-A=\begin{bmatrix}\lambda-1 & -1\\ 1 & \lambda-3\end{bmatrix}\to\begin{bmatrix}0 & -1\\ (\lambda-2)^2 & 0\end{bmatrix}\to\begin{bmatrix}1 & 0\\ 0 & (\lambda-2)^2\end{bmatrix},$$

故 A 的初等因子为$(\lambda-2)^2$，A 相似于 $J=\begin{bmatrix}2 & \\ 1 & 2\end{bmatrix}$. 令 $P=(x_1,x_2)$，则 x_2 为特征向量是$(A-2I)x=0$ 的解，得 $x_2=(1,1)^T$；x_1 满足$(A-2I)x=x_2$，得 $x_1=(0,1)^T$，则

$$P=\begin{bmatrix}0 & 1\\ 1 & 1\end{bmatrix},\quad P^{-1}=\begin{bmatrix}-1 & 1\\ 1 & 0\end{bmatrix},$$

故

$$\begin{aligned}A^{50}&=PJ^{50}P^{-1}=P\left(2I+\begin{bmatrix}0 & 0\\ 1 & 0\end{bmatrix}\right)^{50}P^{-1}=P\left(2^{50}I+50\cdot 2^{49}\begin{bmatrix}0 & 0\\ 1 & 0\end{bmatrix}\right)P^{-1}\\ &=2^{50}+2^{50}\cdot 25P\begin{bmatrix}0 & 0\\ 1 & 0\end{bmatrix}P^{-1}=2^{50}\left(I+25\begin{bmatrix}-1 & 1\\ -1 & 1\end{bmatrix}\right)=2^{50}\begin{bmatrix}-24 & 25\\ -25 & 26\end{bmatrix}.\end{aligned}$$

(3) $\det(\lambda I-A)=\begin{vmatrix}\lambda-3 & -1\\ 1 & \lambda-5\end{vmatrix}=(\lambda-4)^2$，所以 $\lambda=4$ 为二重根. 解线性方程组$(4I-A)x=0$ 知 A 的属于特征值 4 的特征子空间是一维的，所以 $A\sim\begin{bmatrix}4 & \\ 1 & 4\end{bmatrix}$，令 $P=(x_1,x_2)$，则 x_2 应为特征向量，取 $x_2=(1,1)^T$，而 x_1 是非齐次线性方程组$(A-4I)x=x_2$ 的解，取 $x_1=(-1,0)^T$，所以

$$P=\begin{bmatrix}-1 & 1\\ 0 & 1\end{bmatrix}\to P^{-1}=\begin{bmatrix}-1 & 1\\ 0 & 1\end{bmatrix},\quad 且\quad P^{-1}AP=\begin{bmatrix}4 & \\ 1 & 4\end{bmatrix},$$

故 $$\sqrt{A}=P\sqrt{J}P^{-1}=\begin{bmatrix}-1 & 1\\ 0 & 1\end{bmatrix}\begin{bmatrix}2 & \\ \frac{1}{4} & 2\end{bmatrix}\begin{bmatrix}-1 & 1\\ 0 & 1\end{bmatrix}=\begin{bmatrix}\frac{7}{4} & \frac{1}{4}\\ -\frac{1}{4} & \frac{9}{4}\end{bmatrix}.$$

这里用到：若 $J=\begin{bmatrix}\lambda & \\ 1 & \lambda\end{bmatrix}$，则 $f(J)=\begin{bmatrix}f(\lambda) & \\ f'(\lambda) & f(\lambda)\end{bmatrix}$，此处 $f(x)=x^{\frac{1}{2}}$.

(4) $\det(\lambda I-A)=\begin{vmatrix}\lambda-6 & -2\\ -3 & \lambda-7\end{vmatrix}=\lambda^2-13\lambda+36=(\lambda-4)(\lambda-9)$，所以 $\lambda_1=4$，$\lambda_2=9$，故 $A\sim\mathrm{diag}\{4,9\}=D$.

解$(4I-A)x=0$，得 $x=k_1(1,-1)^T$，取 $x_1=(1,-1)^T$；解$(9I-A)x=0$，得 $x=k_2(2,3)^T$，取 $x_2=(2,3)^T$. 令

$$P=(x_1,x_2)=\begin{bmatrix}1 & 2\\ -1 & 3\end{bmatrix},$$

则 P 可逆且有 $P^{-1}AP=D\to A=PDP^{-1}$. 所以

$$\sqrt{A}=P\sqrt{D}P^{-1}=\begin{bmatrix}1&2\\-1&3\end{bmatrix}\begin{bmatrix}2&\\&3\end{bmatrix}\begin{bmatrix}\frac{3}{5}&-\frac{2}{5}\\\frac{1}{5}&\frac{1}{5}\end{bmatrix}=\frac{1}{5}\begin{bmatrix}12&2\\3&13\end{bmatrix}.$$

(5) $|\lambda I-A|=\begin{vmatrix}\lambda-4&2\\-6&\lambda+3\end{vmatrix}=(\lambda-4)(\lambda+3)+12=\lambda(\lambda-1)$，所以 A 相似于对角阵

$$D=\text{diag}\{1,0\}.$$

令 $P=(x_1,x_2)$，解 $(A-I)x=0$，取 $x_1=\begin{bmatrix}2\\3\end{bmatrix}$；解 $Ax=0$，取 $x_2=\begin{bmatrix}1\\2\end{bmatrix}$，故

$$P=\begin{bmatrix}2&1\\3&2\end{bmatrix},\quad P^{-1}=\begin{bmatrix}2&-1\\-3&2\end{bmatrix},$$

且 $P^{-1}AP=D$，所以

$$\begin{aligned}e^A&=\sum_{k=0}^{\infty}\frac{1}{k!}A^k=P\Big(\sum_{k=0}^{\infty}\frac{1}{k!}D^k\Big)P^{-1}=Pe^DP^{-1}\\&=\begin{bmatrix}2&1\\3&2\end{bmatrix}\begin{bmatrix}e&\\&1\end{bmatrix}\begin{bmatrix}2&-1\\-3&2\end{bmatrix}=\begin{bmatrix}4e-3&2-2e\\6e-6&4-3e\end{bmatrix}.\end{aligned}$$

(6) 由 $|\lambda I-A|=\begin{vmatrix}\lambda-4&15&-6\\-1&\lambda+4&-2\\-1&5&\lambda-3\end{vmatrix}=\lambda^3-3\lambda^2+3\lambda-1=(\lambda-1)^3$，知 $\lambda=1$ 为三重根. 又因为

$$\text{r}(I-J)=\text{r}(I-A)=\text{r}\begin{bmatrix}-3&15&-6\\-1&5&-2\\-1&5&-2\end{bmatrix}=1,\quad 所以\quad A\sim J=\begin{bmatrix}1&&\\1&1&\\&&1\end{bmatrix}.$$

令 $P=(x_1,x_2,x_3)$，由 $P^{-1}AP=J\rightarrow AP=PJ$，所以应有

$$Ax_1=x_1+x_2,\quad Ax_2=x_2,\quad Ax_3=x_3.$$

解 $(A-I)x=0$，得

$$x=k_1\begin{bmatrix}5\\1\\0\end{bmatrix}+k_2\begin{bmatrix}-2\\0\\1\end{bmatrix},\quad 取\quad x_2=\begin{bmatrix}3\\1\\1\end{bmatrix},\quad x_3=\begin{bmatrix}-2\\0\\1\end{bmatrix},$$

再解 $(A-I)x=x_2$，得 $x=(1,0,0)^{\text{T}}+k_1(5,1,0)^{\text{T}}+k_2(-2,0,1)^{\text{T}}$，取 $x_1=(1,0,0)^{\text{T}}$. 于是

$$P=\begin{bmatrix}1&3&-2\\0&1&0\\0&1&1\end{bmatrix}\rightarrow P^{-1}=\begin{bmatrix}1&-5&2\\0&1&0\\0&-1&1\end{bmatrix},$$

则有 $P^{-1}AP=J$,故

$$\lg A = P\lg JP^{-1} = P\begin{bmatrix}0&0&0\\1&0&0\\0&0&0\end{bmatrix}P^{-1} = \begin{bmatrix}3&-15&6\\1&-5&2\\1&-5&2\end{bmatrix}.$$

(7) $|\lambda I-A|=\begin{vmatrix}\lambda-\pi+1 & -1\\ 1 & \lambda-\pi-1\end{vmatrix}=(\lambda-\pi)^2$,所以 $\lambda=\pi$. 又因为 $r(A-\pi I)=1$,

故
$$A\sim J=\begin{bmatrix}\pi & \\ 1 & \pi\end{bmatrix}.$$

解 $(A-\pi I)x=0$,得 $x_2=(1,1)^{\mathrm{T}}$;解 $(A-\pi I)x=x_2$,得 $x_1=(-1,0)^{\mathrm{T}}$. 令

$$P=(x_1,x_2)=\begin{bmatrix}-1&1\\0&1\end{bmatrix}\rightarrow P^{-1}=\begin{bmatrix}-1&1\\0&1\end{bmatrix},\quad 则\quad P^{-1}AP=J,$$

所以

$$\sin A = P(\sin J)P^{-1} = P\begin{bmatrix}\sin\pi & \\ \cos\pi & \sin\pi\end{bmatrix}P^{-1} = P\begin{bmatrix}0 & \\ -1 & 0\end{bmatrix}P^{-1}$$

$$=\begin{bmatrix}-1&1\\0&1\end{bmatrix}\begin{bmatrix}0&\\-1&0\end{bmatrix}\begin{bmatrix}-1&1\\0&1\end{bmatrix}=\begin{bmatrix}1&-1\\1&-1\end{bmatrix}.$$

(8) $|\lambda I-A|=\begin{bmatrix}\lambda & -c\\ c & \lambda\end{bmatrix}=\lambda^2+c^2$,所以 $\lambda=\pm \mathrm{i}c$,

$$A\sim D=\begin{bmatrix}\mathrm{i}c & \\ & -\mathrm{i}c\end{bmatrix}.$$

解 $(A-\mathrm{i}c)x=0$,得 $x_1=(1,\mathrm{i})^{\mathrm{T}}$;解 $(A+\mathrm{i}c)x=0$,得 $x_2=(1,-\mathrm{i})^{\mathrm{T}}$,令

$$P=(x_1,x_2)=\begin{bmatrix}1&1\\\mathrm{i}&-\mathrm{i}\end{bmatrix},\quad 则\quad P^{-1}=\frac{1}{2}\begin{bmatrix}1&-\mathrm{i}\\1&\mathrm{i}\end{bmatrix},$$

且 $P^{-1}AP=D$,于是得

$$\mathrm{e}^A=P\mathrm{e}^DP^{-1}=\begin{bmatrix}1&1\\\mathrm{i}&-\mathrm{i}\end{bmatrix}\begin{bmatrix}\mathrm{e}^{\mathrm{i}c}&\\&\mathrm{e}^{-\mathrm{i}c}\end{bmatrix}\begin{bmatrix}1&-\mathrm{i}\\1&\mathrm{i}\end{bmatrix}\frac{1}{2}$$

$$=\begin{bmatrix}\frac{1}{2}(\mathrm{e}^{\mathrm{i}c}+\mathrm{e}^{-\mathrm{i}c}) & \frac{1}{2\mathrm{i}}(\mathrm{e}^{\mathrm{i}c}-\mathrm{e}^{-\mathrm{i}c})\\ \frac{-1}{2\mathrm{i}}(\mathrm{e}^{\mathrm{i}c}-\mathrm{e}^{-\mathrm{i}c}) & \frac{1}{2}(\mathrm{e}^{\mathrm{i}c}+\mathrm{e}^{-\mathrm{i}c})\end{bmatrix}=\begin{bmatrix}\cos c & \sin c\\ -\sin c & \cos c\end{bmatrix}.$$

76. 证明:对任何方阵 A,方阵 e^A 是非奇异的.

证 对任方阵 A 都有可逆阵 P 使得

$$P^{-1}AP=J=\begin{bmatrix} J_1(\lambda_1) & & \\ & \ddots & \\ & & J_s(\lambda_s)\end{bmatrix},\quad \text{其中 } J_i=\begin{bmatrix}\lambda_i & & & \\ 1 & \ddots & & \\ & \ddots & \ddots & \\ & & 1 & \lambda_i\end{bmatrix}$$

为若当块. $\lambda_1,\cdots,\lambda_s$ 为 A 的特征值. 又

$$e^A=Pe^JP^{-1}=P\begin{bmatrix} e^{J_1} & & \\ & \ddots & \\ & & e^{J_s}\end{bmatrix}P^{-1},\quad \text{其中 } e^{J_i}=\begin{bmatrix} e^{\lambda_i} & 0 & \cdots & 0\\ * & \ddots & \ddots & \vdots\\ \vdots & \ddots & \ddots & 0\\ * & \cdots & * & e^{\lambda_i}\end{bmatrix},$$

所以 $\det e^A=\det e^J=e^J$ 的对角线元素之积. 因为对任 $\lambda_i\in F$, $e^{\lambda_i}\neq 0$, 所以 e^J 的对角线元均非 0, 故 $\det e^A\neq 0$, 即 e^A 可逆, 故 e^A 非奇异.

77. 求 e^A 的行列式, 其中 A 为 n 阶方阵.

解　设 A 的特征值为 $\lambda_1,\cdots,\lambda_n$, 由第 76 题知 e^A 的特征值为 $e^{\lambda_1},e^{\lambda_2},\cdots,e^{\lambda_n}$, 故

$$\det e^A=e^{\lambda_1}\cdot e^{\lambda_2}\cdot\cdots\cdot e^{\lambda_n}=e^{(\lambda_1+\cdots+\lambda_n)}=e^{\mathrm{tr}A}=e^{a_{11}+a_{22}+\cdots+a_{nn}}.$$

倒数第二个等号是因为相似的方阵有相同的迹, 即若 $A\sim B$, 则 $\mathrm{tr}A=\mathrm{tr}B$.

78. 对第 66 题中方阵 A_1,B_1,C_1,D_1,D_2 分别写出与其可交换的所有方阵.

解　由第 72 题我们已知每个方阵 M 的 Jordan 标准形 J, 再求出可逆阵 P, 使得 $P^{-1}MP=J$, 则由定理 7.19 可得与 M 可交换的所有方阵为

$$B=PB_1P^{-1}=P(B_{ij})P^{-1},$$

其中 $B_1=(B_{ij})$ 是与 J 相应分块的方阵, 且

$$B_{ij}=\begin{cases}0, & \text{当 } \lambda_i\neq\lambda_j,\\ \text{下三角分层矩阵}, & \text{当 } \lambda_i=\lambda_j.\end{cases}$$

以下对每个方阵给出具体计算表达式, 其中 a_i,b_i,c_i,d_i 任意.

(1) $A_1\sim J=\begin{bmatrix}2 & & \\ 1 & 2 & \\ & & 2\end{bmatrix}$, $P=\begin{bmatrix}1 & 1 & -2\\ 0 & 2 & 1\\ 0 & 1 & 0\end{bmatrix}$, $P^{-1}=\begin{bmatrix}1 & 2 & -5\\ 0 & 0 & 1\\ 0 & 1 & -2\end{bmatrix}$,

则

$$B=P\begin{bmatrix}a_1 & & \\ a_2 & a_1 & c_1\\ d_1 & & b_1\end{bmatrix}P^{-1}.$$

(2) $B_1\sim J=\begin{bmatrix}3 & & \\ 1 & 3 & \\ & & 3\end{bmatrix}$, $P=\begin{bmatrix}1 & 3 & -2\\ 0 & 1 & 1\\ 0 & 1 & 0\end{bmatrix}$, $P^{-1}=\begin{bmatrix}1 & 2 & -5\\ 0 & 0 & 1\\ 0 & 1 & -1\end{bmatrix}$,

则

$$B=P\begin{bmatrix}a_1 & & \\ a_2 & a_1 & c_1\\ d_1 & & b_1\end{bmatrix}P^{-1}=\begin{bmatrix}1&3&-2\\0&1&1\\0&1&0\end{bmatrix}\begin{bmatrix}a_1&0&0\\a_2&a_1&c_1\\d_1&0&b_1\end{bmatrix}\begin{bmatrix}1&2&-5\\0&0&1\\0&1&-1\end{bmatrix}.$$

(3) $C_1\sim J=\begin{bmatrix}1&&\\1&1&\\&&1\end{bmatrix}$, $P=\begin{bmatrix}1&3&-2\\0&1&1\\0&1&0\end{bmatrix}$, $P^{-1}=\begin{bmatrix}1&2&-5\\0&0&1\\0&1&-1\end{bmatrix}$,

所以

$$B=P\begin{bmatrix}a_1 & & \\ a_2 & a_1 & c_1\\ d_1 & & b_1\end{bmatrix}P^{-1}=\begin{bmatrix}1&3&-2\\0&1&1\\0&1&0\end{bmatrix}\begin{bmatrix}a_1&0&0\\a_2&a_1&c_1\\d_1&0&b_1\end{bmatrix}\begin{bmatrix}1&2&-3\\0&0&1\\0&1&1\end{bmatrix}.$$

(4) $D_1\sim J=\begin{bmatrix}1&&&\\1&1&&\\&1&1&\\&&&1\end{bmatrix}$, $P=\begin{bmatrix}0&-1&-2&1\\0&-2&-3&3\\0&-1&-3&1\\1&0&1&0\end{bmatrix}$,

$$P^{-1}=\begin{bmatrix}-1&0&1&1\\-6&1&3&0\\1&0&-1&0\\-3&1&1&0\end{bmatrix},\quad 所以\quad B=P\begin{bmatrix}a_1&&&\\a_2&a_1&&\\a_3&a_2&a_1&c_1\\d_1&&&b_1\end{bmatrix}P^{-1}.$$

(5) $D_2\sim J=\begin{bmatrix}1&&&\\1&1&&\\&&1&\\&&1&1\end{bmatrix}$, $P=\begin{bmatrix}1&3&0&4\\0&1&0&3\\0&1&0&2\\0&0&1&-1\end{bmatrix}$,

$$P^{-1}=\begin{bmatrix}1&2&-5&0\\0&-2&3&0\\0&1&-1&1\\0&1&-1&0\end{bmatrix},\quad 所以\quad B=P\begin{bmatrix}a_1&&c_1&\\a_2&a_1&c_2&c_1\\d_1&&b_1&\\d_2&d_1&b_2&b_1\end{bmatrix}P^{-1}.$$

*79. **证明：两个可以交换的奇数阶实方阵必有公共的实特征向量.**

证 设 $A,B\in M_n(\mathbb{R})$，$AB=BA$. 将 A,B 分别看成 $\mathbb{R}^{(n)}$ 上的线性变换. 则 A 的特征多项式是奇数次实系数多项式，故必有实根(因复根成共轭对出现)，而且不能所有实根的重数都是偶数. 所以 A 必有重数为奇数 n_1 的实特征根 λ_1. 记其根子空间为 $\tilde{W}_{\lambda_1}$（即满足 $(A-\lambda_1 I)^k\alpha=0$（当 $k\geqslant n_1$）的 $\alpha\in\mathbb{R}^{(n)}$ 全体）. 则 $\dim W_{\lambda_1}=n_1$. 因 $AB=BA$，故 W_{λ_1} 也是 B 的不变子空间（对 $\alpha\in W_{\lambda_1}$，有 $(A-\lambda_1 I)^k(B\alpha)=B(A-\lambda_1 I)^k\alpha=B0=0$（当 $k\geqslant n_1$），故 $B\alpha\in$

W_{λ_1}). 记 A,B 在 W_{λ_1} 上的限制分别为 A_1,B_1. 则 A_1 的特征多项式为 $f_1=(\lambda-\lambda_1)^{n_1}$.

因为 $\dim W_{\lambda_1}=n_1$ 为奇数，故 B_1 的特征多项式为奇数次，必有实特征根 μ_1. 记 V_{μ_1} 为 B_1 的属于 μ_1 的特征子空间. 则 V_{μ_1} 也是 A_1 的不变子空间（对任意 $x\in V_{\mu_1}$，有 $B_1(A_1x)=A_1(B_1x)=A_1(\mu_1x)=\mu_1(A_1x)$，故 $A_1x\in V_{\mu_1}$）. 设 A_1 在 V_{μ_1} 上的限制为 A_2. 因 A_2 的特征多项式是 A_1 的特征多项式 $f_1=(\lambda-\lambda_1)^{n_1}$ 的因子，故 A_2 有实特征根 λ_1，从而有实特征向量 $\beta\in V_{\mu_1}$. 此 β 自然也是 B_1 的特征向量（因为 V_{μ_1} 由 B_1 的特征向量和 0 组成）. 故 β 是 A_2,B_1 的公共实特征向量，自然也就是 A,B 的公共的实特征向量.

80. 证明：n 阶方阵 A 的多项式全体所成线性空间的维数，等于 A 的最小多项式 $m(\lambda)$ 的次数.

证 设 $m(\lambda)=\lambda^d-a_{d-1}\lambda^{d-1}-\cdots-a_1\lambda-a_0$，则 $I,A,\cdots,A^{d-1}$ 线性无关（否则与 $m(\lambda)$ 是最小多项式矛盾）. 且 A^d 可由 $I,A,\cdots,A^{d-1}$ 线性表出.

任 $f(\lambda)\in F[\lambda]$，若 $\deg f\leqslant d$，则 $f(A)$ 可由 $I,A,\cdots,A^{d-1}$ 线性表出；若 $\deg f>d$，由带余除法设

$$f(\lambda)=m(\lambda)q(\lambda)+r(\lambda),\quad \deg r<\deg m,$$

于是有 $f(A)=m(A)q(A)+r(A)=r(A)$ 是 $I,A,\cdots,A^{d-1}$ 的线性组合，故 $I,A,\cdots,A^{d-1}$ 是 W（A 的多项式全体所成线性空间）的基. 所以

$$\dim W=d=\deg m(\lambda).$$

81. 定理 7.15 中关于域 F 上方阵的广义约当标准形的结论中，如果将定理中对应于初等因子 $p(\lambda)^k$ 的广义约当块 $L=J(p^k)$ 换为 $\hat{L}=\hat{J}(p^k)$，其中

$$L=J(p^k)=\begin{pmatrix} C(p) & & & \\ E & \ddots & & \\ & \ddots & \ddots & \\ & & E & C(p) \end{pmatrix},\quad \hat{L}=\hat{J}(p^k)=\begin{pmatrix} C(p) & & & \\ I & \ddots & & \\ & \ddots & \ddots & \\ & & I & C(p) \end{pmatrix},$$

定理是否仍然成立？（方阵 E 只有右上角一个元素非零，是 1；$C=C(p)$ 是 F 上 $e(\geqslant 2)$ 次不可约多项式 $p(\lambda)$ 的友阵；L 和 $\hat{L}$ 中均有 $k(\geqslant 2)$ 个 $C(p)$）

解 当且仅当微商 $p'(\lambda)\neq 0$ 时 L 和 $\hat{L}$ 可替换，亦即二者相似（注意，F 为数域或特征为 0 时必 $p'(\lambda)\neq 0$. 而 $p'(\lambda)=0$ 仅当 F 是有限域上的函数域时才可能. 见《高等代数学》第 20 页注记 3）. 以下用 4 种证法. 最后一种证法构作出空间的基使 L 化为 $\hat{L}$.

证法 1 $\hat{L}$ 的运算性质类似于古典约当块 $J_k(C)$. 考虑各次幂 $\hat{L}^i$，易知

$$p(\hat{L})=\begin{pmatrix} p(C) & & & \\ p'(C) & \ddots & & \\ \vdots & \ddots & \ddots & \\ \frac{p^{(k-1)}(C)}{(k-1)!} & \cdots & p'(C) & p(C) \end{pmatrix}.$$

注意 $p(C)=0$,故

$$p(\hat{L})^{k-1}=\begin{pmatrix}0 & & & \\ \vdots & \ddots & & \\ 0 & & \ddots & \ddots \\ p'(C)^{k-1} & 0 & \cdots & 0\end{pmatrix},\quad p(\hat{L})^{k}=0.$$

(1) $p'(\lambda)\neq 0$ 时,$p'(\lambda)$与$p(\lambda)$互素,$u(\lambda)p'(\lambda)+v(\lambda)p(\lambda)=1$,$u(C)p'(C)=I$,$p'(C)$可逆,$p'(C)^{k-1}\neq 0$,$p(\hat{L})^{k-1}\neq 0$.故 $p(\lambda)^k$ 是 $\hat{L}$ 的极小多项式,也是其非 1 的不变因子,与 $L=J(p^k)$的相同,故 L 和 $\hat{L}$ 相似,可替换.

(2) $p'(\lambda)=0$ 时,$p'(\hat{L})^{k-1}=0$,$\hat{L}$ 的极小多项式不是 $p(\lambda)^k$,$\hat{L}$ 与 L 不相似,不可替代.

证法 2 记 $T=\lambda I-C$,$C=C(p)$.将 $\lambda I-\hat{L}$ 的第 j 列乘以 T 加到第 $j+1$ 列($j=1,\cdots,ek-1$);再将第 $i+1$ 行乘以 T^i 加到第 1 行($i=1,\cdots,ek$),得到 λ 方阵相抵变形

$$\lambda I-\hat{L}=\begin{pmatrix}T & & & \\ -I & T & & \\ & \ddots & \ddots & \\ & & -I & T\end{pmatrix}\sim\begin{pmatrix}T & T^2 & \cdots & T^k \\ -I & 0 & & \\ & \ddots & \ddots & \\ & & -I & 0\end{pmatrix}$$

$$\sim\begin{pmatrix}0 & & & T^k \\ -I & 0 & & \\ & \ddots & \ddots & \\ & & -I & 0\end{pmatrix}\sim\begin{pmatrix}I & & & \\ & \ddots & & \\ & & I & \\ & & & T^k\end{pmatrix}.$$

故 $\lambda I-\hat{L}$ 与 T^k 的不变因子相同.设域 $\widetilde{F}\supset F$ 且 $p(\lambda)$在 $\widetilde{F}$ 中有 $e=\deg p$ 个根 $\lambda_1,\cdots,\lambda_e$.

(1) 当 $p'(\lambda)\neq 0$ 时 $\lambda_1,\cdots,\lambda_e$ 互异.有 $\widetilde{F}$ 上可逆方阵 P 使 $P^{-1}CP=\mathrm{diag}\{\lambda_1,\cdots,\lambda_e\}$,故

$$P^{-1}T^kP=(\lambda I-P^{-1}CP)^k=\mathrm{diag}\{(\lambda-\lambda_1)^k,\cdots,(\lambda-\lambda_e)^k\}.$$

这说明 T^k 在 $\widetilde{F}$ 上的初等因子组为$(\lambda-\lambda_1)^k,\cdots,(\lambda-\lambda_e)^k$,从而不变因子组为 $1,\cdots,1,p(\lambda)^k$,与 $\lambda I-L$ 的相同,故 L 和 $\hat{L}$ 相似,可替换.

(2) 当 $p'(\lambda)=0$ 时 $\lambda_1,\cdots,\lambda_e$ 有重者.可设 $\lambda_1,\cdots,\lambda_s$ 互异,λ_i 为 m_i 重,$m_s\geqslant 2$.于是

$$P^{-1}CP=\begin{pmatrix}J_{m_1}(\lambda_1) & & \\ & \ddots & \\ & & J_{m_s}(\lambda_s)\end{pmatrix},\quad P^{-1}T^kP\sim\begin{pmatrix}J_{m_1}(\lambda-\lambda_1)^k & & \\ & \ddots & \\ & & J_{m_s}(\lambda-\lambda_s)^k\end{pmatrix},$$

考虑右下角的 $m_s(=m\geqslant 2)$阶方阵,记 $\delta=\lambda-\lambda_s$,知

$$J_s = J_{m_s}(\lambda-\lambda_s)^k = \begin{pmatrix} \delta & & & \\ 1 & \delta & & \\ & \ddots & \ddots & \\ & & 1 & \delta \end{pmatrix}^k = \begin{pmatrix} \delta^k & & & \\ k\delta^{k-1} & \delta^k & & \\ \ddots & \ddots & \ddots & \\ \ddots & \ddots & k\delta^{k-1} & \delta^k \end{pmatrix},$$

其行列式因子 $D_m(J_s)=(\lambda-\lambda_s)^{km}$, $D_{m-1}(J_s)=(\lambda-\lambda_s)^{(k-1)(m-1)}\neq 1$(左下角子式各项齐次),故其不变因子 $d_m(J_s)\neq(\lambda-\lambda_s)^{km}$(其行列式). 于是 T^k(和 $\lambda I-\hat{L}$)的最高次不变因子 $d_e(T^k)\neq p(\lambda)^k$. 因 $\lambda I-L$ 的不变因子组是 $1,\cdots,1,p(\lambda)^k$,故 L 和 $\hat{L}$ 不相似,不可换.

证法 3 设域 $\widetilde{F}\supset F$ 且 $p(\lambda)$在 $\widetilde{F}$ 中有 $e=\deg p$ 个根 $\lambda_1,\cdots,\lambda_e$. 考虑 L 和 $\hat{L}$ 在 $\widetilde{F}$ 上的约当标准形 B 和 $\hat{B}$. B 中属于任一特征根 λ_i 的约当块只能有一块,否则与 L 的(也是 B 的)极小多项式为 $p(\lambda)^k$ 矛盾.

(1) 若 $p'(\lambda)\neq 0$,则 $C=C(p)$的特征根 $\lambda_1,\cdots,\lambda_e$ 互异,故存在 $\widetilde{F}$ 上的可逆方阵 P 使

$$P^{-1}CP = \begin{pmatrix} \lambda_1 & & \\ & \ddots & \\ & & \lambda_e \end{pmatrix} = \Lambda.$$

令 $Q=\mathrm{diag}\{P,\cdots,P\}$,则

$$Q^{-1}\hat{L}Q = \begin{pmatrix} P^{-1} & & & \\ & \ddots & & \\ & & \ddots & \\ & & & P^{-1} \end{pmatrix}\begin{pmatrix} C & & & \\ I & \ddots & & \\ & \ddots & \ddots & \\ & & I & C \end{pmatrix}\begin{pmatrix} P & & & \\ & \ddots & & \\ & & \ddots & \\ & & & P \end{pmatrix} = \begin{pmatrix} \Lambda & & & \\ I & \ddots & & \\ & \ddots & \ddots & \\ & & I & \Lambda \end{pmatrix}.$$

故 $Q^{-1}(\hat{L}-\lambda_e I)Q$ 的秩为 $ek-1$(只末列为零列),这说明 $\hat{L}$ 在 $\widetilde{F}$ 上的约当标准形 $\hat{B}$ 中,属于 λ_e 的块只有一个. 对其余 λ_i 也同样. 所以 B 和 $\hat{B}$ 相同,L 和 $\hat{L}$ 相似(在 $\widetilde{F}$ 上,从而在 F 上,见 7.9 节系 3,或第 6 章习题 56),二者可互代.

(2) 若 $p'(\lambda)=0$,则 $\lambda_1,\cdots,\lambda_e$ 有重者. 不妨设 $\lambda_1,\cdots,\lambda_s$ 互异且 λ_i 的重数为 m_i,且 $m_s=m\geqslant 2$. 于是有 $\widetilde{F}$ 上方阵 P, $Q=\mathrm{diag}\{P,\cdots,P\}$使

$$P^{-1}CP = \begin{pmatrix} J_{m_1}(\lambda_1) & & \\ & \ddots & \\ & & J_{m_s}(\lambda_s) \end{pmatrix} = \Lambda, \quad Q^{-1}\hat{L}Q = \begin{pmatrix} \Lambda & & & \\ I & \ddots & & \\ & \ddots & \ddots & \\ & & I & \Lambda \end{pmatrix}.$$

考查 ek 阶方阵 $Q^{-1}(\hat{L}-\lambda_s I)Q$:末列为零列;第 $ek-1$ 列为$(0,\cdots,0,1)^{\mathrm{T}}$,与第 $e(k-1)$列相同. 故 $Q^{-1}(\hat{L}-\lambda_s I)Q$ 的秩$\leqslant ek-2$,说明 $\hat{L}$ 的约当标准形 $\hat{B}$ 中属于λ_s 的块数至少为 2. 故 B 和 $\hat{B}$ 不同,L 和 $\hat{L}$ 不相似,不能替换.

证法 4 设域 $\widetilde{F}\supset F$ 且 $p(\lambda)$在 $\widetilde{F}$ 中有 $e=\deg p$ 个根 $\lambda_1,\cdots,\lambda_e$.

(1) $p'(\lambda)\neq 0$ 时 $\lambda_1,\cdots,\lambda_e$ 互异. 考虑 L 在 $\widetilde{F}$ 上的约当标准形 $B=P^{-1}LP$,知

$$L = PBP^{-1} = P\mathrm{diag}\{J_k(\lambda_1),\cdots,J_k(\lambda_e)\}P^{-1}$$

(属于 λ_i 的块数为 1,因极小多项式为 $p(\lambda)^k$.)记 k 阶约当块 $J_k(\lambda_i)=\lambda_i I_k+N_k$.令

$$D=P\mathrm{diag}\{\lambda_1 I_k,\cdots,\lambda_e I_k\}P^{-1},\quad N=J-D=P\mathrm{diag}\{N_k,\cdots,N_k\}P^{-1},$$

则 $L=D+N$,$DN=DN$.N 幂零,D 可对角化,极小多项式分别为 λ^k 和 $(\lambda-\lambda_1)\cdots(\lambda-\lambda_e)=p(\lambda)$(这种分解唯一,见《高等代数学》第 184 页系 5).视 L,D,N 分别为空间 $W=\widetilde{F}^{(ek)}$ 上的线性变换 $\varphi_L,\varphi_D,\varphi_N$ 在自然基$\{\varepsilon_i\}$下的方阵表示.则 W 是 L 的循环空间,记 $\varepsilon_1=\varepsilon$,则

$$W=\widetilde{F}[L]\varepsilon=\widetilde{F}[D+N]\varepsilon=\left\{\sum a_{ij}D^iN^j\varepsilon \mid 0\leqslant i\leqslant e-1,0\leqslant j\leqslant k-1,a_{ij}\in\widetilde{F}\right\},$$

其中 i,j 的取值范围是由 D,N 的极小多项式的次数得到.这说明

$$\{\varepsilon,D\varepsilon,\cdots,D^{e-1}\varepsilon,N\varepsilon,DN\varepsilon,\cdots,D^{e-1}N\varepsilon,N^2\varepsilon,\cdots,D^{e-1}N^{k-1}\varepsilon\} \qquad (*)$$

是 W 的基.φ_D 和 φ_N 在此基下的方阵分别为

$$\hat{D}=\begin{pmatrix} C(p) & & \\ & \ddots & \\ & & \ddots & \\ & & & C(p)\end{pmatrix},\quad \hat{N}=\begin{pmatrix} 0 & & & \\ I & \ddots & & \\ & \ddots & \ddots & \\ & & I & 0\end{pmatrix}.$$

$\varphi_L=\varphi_D+\varphi_N$ 在此基下的方阵应为 $\hat{D}+\hat{N}$,恰为题中的 $\hat{L}$.故知 L 和 $\hat{L}$ 相似,可互代.

(2) 设 $p'(\lambda)=0$,则 $\lambda_1,\cdots,\lambda_e$ 有重者.可设 $\lambda_1,\cdots,\lambda_s$ 互异,λ_i 的重数为 m_i,$m_s=m\geqslant 2$.则 L 在 $\widetilde{F}$ 上的约当标准形 B 中,属于 λ_i(对固定 $1\leqslant i\leqslant s$)的块只一块,即

$$\begin{aligned} L&=P\mathrm{diag}\{J_{km_1}(\lambda_1),\cdots,J_{km_s}(\lambda_s)\}P^{-1}=D+N,\\ D&=P\mathrm{diag}\{\lambda_1 I_{km_1},\cdots,\lambda_s I_{km_s}\}P^{-1},\\ N&=J-D=P\mathrm{diag}\{N_{km_1},\cdots,N_{km_s}\}P^{-1}.\end{aligned}$$

故 D 的极小多项式为 $(\lambda-\lambda_1)\cdots(\lambda-\lambda_s)\neq p(\lambda)$,上述$(*)$式不构成 W 的基.

另一方面,因 C 的极小多项式为 $p(\lambda)$,故存在 $\widetilde{F}$ 上方阵 P,$Q=\mathrm{diag}\{P,\cdots,P\}$使

$$P^{-1}CP=\begin{pmatrix} J_{m_1}(\lambda_1) & & \\ & \ddots & \\ & & J_{m_s}(\lambda_s)\end{pmatrix}=\Lambda,\quad Q^{-1}\hat{J}Q=\begin{pmatrix} \Lambda & & & \\ I & \ddots & & \\ & \ddots & \ddots & \\ & & I & \Lambda\end{pmatrix}.$$

考虑 ek 阶方阵 $Q^{-1}(\hat{L}-\lambda_s I)Q$:最后一列为零列;第 $ek-1$ 列为 $(0,\cdots,0,1)^{\mathrm{T}}$,与第 $e(k-1)$列相同.故 $Q^{-1}(\hat{L}-\lambda_s I)Q$ 的秩$\leqslant ek-2$,说明 $\hat{L}$ 的约当标准形 $\hat{B}$ 中属于 λ_s 的块数至少为 2.故 B 和 $\hat{B}$ 不同,L 和 $\hat{L}$ 不相似,不能替换.

7.4 补充题与解答

1. 设 V_0,V_1 是数域 F 上的两个线性空间,σ 为 V_0 到 V_1 的同态映射(即保加法,保数乘),则有

$$\dim V_0 = \dim(\ker\sigma) + \dim(\mathrm{Im}\sigma).$$

证　设 $\dim V_0=n$，$\dim(\ker\sigma)=m$. 在 $\ker\sigma$ 中取定一组基 $\alpha_1,\cdots,\alpha_m$，并扩充为 V_0 的基

$$\alpha_1,\cdots,\alpha_m,\alpha_{m+1},\cdots,\alpha_n,$$

因为 $\sigma(\alpha_i)=0$，$i=1,\cdots,m$，故

$$\mathrm{Im}\sigma = \langle \sigma\alpha_1,\cdots,\sigma\alpha_m,\sigma\alpha_{m+1},\cdots,\sigma\alpha_n\rangle = L(\sigma\alpha_{m+1},\cdots,\sigma\alpha_n),$$

我们要证明 $\sigma\alpha_{m+1},\cdots,\sigma\alpha_n$ 就是 $\mathrm{Im}\sigma$ 的基，为此只需证它们是线性无关的. 设有

$$\sum_{i=m+1}^{n} k_i\,\sigma\alpha_i = 0 \to \sigma\sum_{i=m+1}^{n} k_i\,\alpha_i = 0,$$

右式说明 $k_{m+1}\alpha_{m+1}+\cdots+k_n\alpha_n\in\ker\sigma$，于是可由 $\ker\sigma$ 的基 $\alpha_1,\cdots,\alpha_m$ 线性表出，即有 $k_1,\cdots,k_m$ 使

$$k_{m+1}\alpha_{m+1}+\cdots+k_n\alpha_n = k_1\alpha_1+\cdots+k_m\alpha_m,$$

又由于 $\alpha_1,\cdots,\alpha_m,\alpha_{m+1},\cdots,\alpha_n$ 线性无关，故必有

$$k_i = 0,\qquad i=1,\cdots,m,m+1,\cdots,n,$$

所以 $\sigma\alpha_{m+1},\cdots,\sigma\alpha_n$ 线性无关，是 $\mathrm{Im}\sigma$ 的基，故

$$\dim\mathrm{Im}\sigma = n-m = \dim V_0 - \dim(\ker\sigma).$$

注　当 $V_0=V_1=V_n(F)$ 时，σ 称为 $V_n(F)$ 上的线性变换，这时有 $\dim(\ker\sigma)+\dim(\mathrm{Im}\sigma)=n=\dim V_n(F)$.

2. 设 A,B 分别为 $n\times m$，$m\times p$ 矩阵，$\mathscr{L}_0$ 是齐次线性方程组 $xAB=0$ 的解空间，x 是 n 维行向量. 试证：m 维行向量空间$\mathbb{R}^m$的子集 $\mathscr{L}_1=\{y=xA\mid x\in\mathscr{L}_0\}$是子空间，它的维数为 $\mathrm{r}(A)-\mathrm{r}(AB)$.

证　方法1　$\mathscr{L}_1$ 是$\mathbb{R}^m$的子空间显然(因非空，对加法和数乘封闭). 下面求它的维数. 作映射

$$\sigma:\mathscr{L}_0\to\mathscr{L}_1,$$
$$x\mapsto xA,$$

对任意 $x_1,x_2\in\mathscr{L}_0$，$\lambda,\mu\in F$，有

$$\sigma(\lambda x_1+\mu x_2) = (\lambda x_1+\mu x_2)A = \lambda x_1A+\mu x_2A = \lambda\sigma(x_1)+\mu\sigma(x_2),$$

又 $\sigma\mathscr{L}_0=\mathscr{L}_1$ 是满射，故 σ 是 $\mathscr{L}_0$ 到 $\mathscr{L}_1$ 上的同态映射. 所以，由上题知有

$$\dim\mathscr{L}_1 = \dim(\mathrm{Im}\sigma) = \dim\mathscr{L}_0 - \dim(\ker\sigma),$$

由已知条件和线性方程组的理论知

$$\dim\mathscr{L}_0 = n-\mathrm{r}(AB),$$

而 $\ker\sigma=\{x\in\mathscr{L}_0\mid xA=0\}=\{x\in\mathbb{R}^n\mid xA=0\}$. 事实上(第二个等号的证明)，显然因任 $x\in\mathscr{L}_0\subset\mathbb{R}^n$，故左$\subseteq$右；又因为若 $x\in$右边，则因 $xA=0$，必有 $xAB=0$，故 $x\in$左边，所以又有左$\supseteq$右，则左=右. 故

$$\dim(\ker\sigma) = n-\mathrm{r}(A),$$

于是得

$$\dim\mathscr{L}_1 = n - \mathrm{r}(AB) - (n - \mathrm{r}(A)) = \mathrm{r}(A) - \mathrm{r}(AB).$$

方法 2 设 $\mathrm{r}(A)=r,\mathrm{r}(B)=s,\mathrm{r}(AB)=t$,则存在可逆阵 P_1,Q_1,P_2,Q_2,使

$$A = P_1\begin{pmatrix} I_r & 0 \\ 0 & 0 \end{pmatrix}Q_1, \quad B = P_2\begin{pmatrix} I_s & 0 \\ 0 & 0 \end{pmatrix}Q_2,$$

记 $Q_1P_2=\begin{pmatrix} C_{r\times s} & * \\ * & * \end{pmatrix}_{m\times m}$,则有

$$AB = P_1\begin{pmatrix} I_r & 0 \\ 0 & 0 \end{pmatrix}\begin{pmatrix} C_{r\times s} & * \\ * & * \end{pmatrix}\begin{pmatrix} I_s & 0 \\ 0 & 0 \end{pmatrix}Q_2 = P_1\begin{pmatrix} C_{r\times s} & 0 \\ 0 & 0 \end{pmatrix}Q_2,$$

显然,$\mathrm{r}(C_{r\times s})=t$,故存在 r 阶可逆阵 P_3 和 s 阶可逆阵 Q_3,使得 $C_{r\times s}=P_3\begin{pmatrix} I_t & 0 \\ 0 & 0 \end{pmatrix}Q_3$,代入上式得

$$AB = P_1\begin{pmatrix} P_3 & 0 \\ 0 & I_{n-r} \end{pmatrix}\begin{pmatrix} I_t & 0 \\ 0 & 0 \end{pmatrix}\begin{pmatrix} Q_3 & 0 \\ 0 & I_{p-s} \end{pmatrix}Q_2,$$

由于 $\begin{pmatrix} Q_3 & 0 \\ 0 & I_{p-s} \end{pmatrix}Q_2$ 可逆,故线性方程组

$$xAB = 0 \tag{1}$$

与

$$xP_1\begin{pmatrix} P_3 & 0 \\ 0 & I_{n-r} \end{pmatrix}\begin{pmatrix} I_t & 0 \\ 0 & 0 \end{pmatrix}_{n\times p} = 0 \tag{2}$$

同解. 又记 $P=P_1\begin{pmatrix} P_3 & 0 \\ 0 & I_{n-r} \end{pmatrix}$,则方程(2)的解形式为

$$x = (0,\cdots,0,x_{t+1},\cdots,x_n)P^{-1}, \quad x_i \in \mathbb{R}, \ i = t+1,\cdots,n$$

(因由方程(2)知,xP 的前 t 个分量均为 0). 故

$$y = xA = (0,\cdots,0,x_{t+1},\cdots,x_n)\begin{pmatrix} P_3^{-1} & 0 \\ 0 & I_{n-r} \end{pmatrix}P_1^{-1}P_1\begin{pmatrix} I_r & 0 \\ 0 & 0 \end{pmatrix}Q_1$$

$$= (0,\cdots,0,x_{t+1},\cdots,x_r,x_{r+1},\cdots,x_n)\begin{pmatrix} P_3^{-1} & 0 \\ 0 & 0 \end{pmatrix}_{n\times m}Q_1$$

$$= ((0,\cdots,0,x_{t+1},\cdots,x_r)P_3^{-1},0,\cdots,0)_{1\times m}Q_1,$$

因为 Q_1 是可逆方阵,故 $\dim\mathscr{L}_1$ 等于形如

$$((0,\cdots,0,x_{t+1},\cdots,x_r)P_3^{-1},0,\cdots,0)_{1\times m}$$

的行向量所构成的 $\mathbb{R}^m$ 的子空间的维数. 显然,后者的维数由其前 r 个分量决定(因后面 $n-r$ 个分量全为 0). 故得

$$\begin{aligned}\dim\mathscr{L}_1 &= \dim\{(0,\cdots,0,x_{t+1},\cdots x_r)P_3^{-1} \mid x_{t+1},\cdots,x_r \in \mathbb{R}\} \\ &= \dim\{(0,\cdots,0,x_{t+1},\cdots,x_r) \mid x_{t+1},\cdots,x_r \in \mathbb{R}\} \\ &= \dim\{(x_{t+1},\cdots,x_r) \mid (x_{t+1},\cdots,x_r) \in \mathbb{R}^{r-t}\} = r-t.\end{aligned}$$

注　方法2展示了用矩阵的相抵标准形解决问题的思路.虽然书写起来比较繁,但却清楚地刻画了 $\mathscr{L}_1$ 中向量 y 的形式,即给定矩阵 A,B 后,很容易写出 $\mathscr{L}_1$ 的一组基来.

3. 在 n 维线性空间 V 中,给定线性变换 $\mathscr{A}$ 及实数 λ,试证:V 的子集合

$$\mathscr{L}_{\mathscr{A}}^{\lambda} = \{\alpha \in V \mid (\mathscr{A}-\lambda\varepsilon)^n\alpha = 0\}$$

(其中 ε 是恒等变换)是 $\mathscr{A}$ 的不变子空间,且 $\mathscr{L}_{\mathscr{A}}^{\lambda} \neq \{0\}$ 的充要条件是 λ 为 $\mathscr{A}$ 的特征值,这时 $\mathscr{L}_{\mathscr{A}}^{\lambda}$ 称为 $\mathscr{A}$ 的属于特征值 λ 的根子空间.

证　(1) 对任意 $\alpha,\beta \in \mathscr{L}_{\mathscr{A}}^{\lambda}$,有

$$(\mathscr{A}-\lambda\varepsilon)^n(\mu_1\alpha+\mu_2\beta) = \mu_1(\mathscr{A}-\lambda\varepsilon)^n\alpha + \mu_2(\mathscr{A}-\lambda\varepsilon)^n\beta = 0,$$

故 $\mathscr{L}_{\mathscr{A}}^{\lambda}$ 对加法和数乘封闭,且非空,所以是子空间.又对任意 $\alpha \in \mathscr{L}_{\mathscr{A}}^{\lambda}$,

$$(\mathscr{A}-\lambda\varepsilon)^n(\mathscr{A}(\alpha)) = \mathscr{A}((\mathscr{A}-\lambda\varepsilon)^n\alpha) = \mathscr{A}(0) = 0,$$

故 $\mathscr{A}\alpha \in \mathscr{L}_{\mathscr{A}}^{\lambda}$,所以 $\mathscr{L}_{\mathscr{A}}^{\lambda}$ 为 $\mathscr{A}$ 的不变子空间.

(2)$\Leftarrow$若 λ 是 $\mathscr{A}$ 的特征根,则因为特征向量 α 满足 $(\mathscr{A}-\lambda\varepsilon)\alpha=0$,从而 $(\mathscr{A}-\lambda\varepsilon)^{n-1}(\mathscr{A}-\lambda\varepsilon)\alpha=0$,故 $\mathscr{L}_{\mathscr{A}}^{\lambda} \neq \{0\}$.

$\Rightarrow$若 $\mathscr{L}_{\mathscr{A}}^{\lambda} \neq \{0\}$,即存在 $\alpha \neq 0$,使得 $(\mathscr{A}-\lambda\varepsilon)^n\alpha=0$,找使 $(\mathscr{A}-\lambda\varepsilon)^k\alpha=0$ 成立的最小正整数 k,即此时 $\beta=(\mathscr{A}-\lambda\varepsilon)^{k-1}\alpha \neq 0$,则有

$$(\mathscr{A}-\lambda\varepsilon)\beta = (\mathscr{A}-\lambda\varepsilon)((\mathscr{A}-\lambda\varepsilon)^{k-1}\alpha) = (\mathscr{A}-\lambda\varepsilon)^k\alpha = 0,$$

所以 λ 为 $\mathscr{A}$ 的特征值,β 为 $\mathscr{A}$ 的属于特征值 λ 的特征向量.

注　记 $\mathscr{A}$ 的特征多项式和极小多项式分别为($\lambda_i \neq \lambda_j, i \neq j$ 时)

$$p_{\mathscr{A}}(\lambda) = (\lambda-\lambda_1)^{n_1}(\lambda-\lambda_2)^{n_2}\cdots(\lambda-\lambda_s)^{n_s},$$

$$m_{\mathscr{A}}(\lambda) = (\lambda-\lambda_1)^{m_1}(\lambda-\lambda_2)^{m_2}\cdots(\lambda-\lambda_s)^{m_s},$$

其中 $\sum\limits_{i=1}^{s} n_i = n, m_i \leqslant n_i, i=1,\cdots,s$. 则属于特征值 λ_i 的根子空间可以精细地写为

$$U_{\mathscr{A}}(\lambda_i) = \{\alpha \in V \mid (\mathscr{A}-\lambda_i\varepsilon)^{m_i}\alpha = 0\}.$$

4. 设 $\{\varphi_i\}(i \in S)$ 为域 F 上的 n 维线性空间 V 的一组线性变换,均可对角化且两两可交换.试证明 V 可分解为直和

$$V = V_1 \oplus V_2 \oplus \cdots \oplus V_r,$$

其中

$$V_k = \{\alpha \in V \mid \varphi_i\alpha = \lambda_k(\varphi_i)\alpha, \text{对任意 } i \in S, \text{某 } \lambda_k(\varphi_i) \in F \text{ 成立}\} \quad (1 \leqslant k \leqslant r),$$

并指出 $\lambda_k(\varphi_i)$ 的意义(φ 可对角化的意思是,存在 V 的基使 φ 的方阵表示为对角形).

证 由于$\{\varphi_i\}$均可对角化且两两可交换，故$\{\varphi_i\}$可同时对角化，即存在V的基$e_1,\cdots,e_n$使得φ_i的方阵表示A_i均为对角形(对n归纳即可证明，见《高等代数学》(第2版)第160页). 设φ_i的方阵表示为

$$A_i=\begin{bmatrix} c_{1i} & & & \\ & c_{2i} & & \\ & & \ddots & \\ & & & c_{ni} \end{bmatrix},$$

于是知道，e_1是$\{\varphi_i\}$的公共特征向量，相应的φ_i的特征根为c_{1i}，即$\varphi_i e_1=c_{1i}e_1$. 同样可知

$$\varphi_i e_j=c_{ji}e_j \qquad (1\leqslant j\leqslant n).$$

设V_1为$\{\varphi_i\}$的含e_1的特征子空间的交，则V_1由$e_1,\cdots,e_n$中的一些向量(不妨设为$e_1,\cdots,e_{s_1}$)生成. 事实上，对于一个固定的$i\in S$，φ_i的特征根中与c_{1i}相等的记为c_{1i}，$c_{j_2 i},\cdots,c_{j_{p(i)} i}$(即$\lambda_1(\varphi_i)=c_{1i}$为$p(i)$重根)，则$\varphi_i$的含$e_1$的特征子空间(即$\lambda_1(\varphi_i)$的特征子空间)$W_{1i}$恰由$e_1,e_{j_2},\cdots,e_{j_{p(i)}}$生成，从而$\{\varphi_i\}$的含$e_1$的公共特征子空间

$$V_1=\bigcap_{i\in S}W_{1i},$$

由诸$\{e_1,e_{j_2},\cdots,e_{j_{p(i)}}\}$的交集生成，设$V_1$由$e_1,\cdots,e_{s_1}$生成. 记$U_2=Fe_{s_1+1}+\cdots+Fe_n$，则

$$V=V_1\oplus U_2,$$

U_2为$\{\varphi_i\}$的公共不变子空间. 继续上述讨论知可得$U_2=V_2\oplus U_3$，再继续，则可得

$$V=V_1\oplus V_2\oplus\cdots\oplus V_r,$$

其中任一V_k均由$e_1,\cdots,e_n$中一些向量生成(我们可以记为由$e_{s_{k-1}+1},\cdots,e_{s_k}$生成)，且$V_k$中向量为任一$\varphi_i$的相对于某一特征根(记为$\lambda_k(\varphi_i)$)的特征向量. 这也就是说，经过$e_1,\cdots,e_n$的可能重新排序后，$\varphi_i$在此基下的方阵表示为

$$\widetilde{A}_i=\begin{bmatrix} \lambda_1(\varphi_1)I_1 & & \\ & \ddots & \\ & & \lambda_r(\varphi_i)I_r \end{bmatrix},$$

其中I_k为s_k阶单位方阵. φ_i的这种方阵表示($i\in S$)与空间的分解$V=V_1\oplus\cdots\oplus V_r$相互对应. 每一个子空间$V_k(1\leqslant k\leqslant r)$中的向量$\alpha$均满足$\varphi_i\alpha=\lambda_k(\varphi_i)\alpha$，故是$\{\varphi_i\}$的公共特征向量. φ_i在V_k上的限制是数乘变换$\lambda_k(\varphi_i)$(注. 当$\{\varphi_i\}$为乘法(即变换的复合)阿贝尔群时，对任一$1\leqslant k\leqslant r$，$\lambda_k:\{\varphi_i\}\to F,\varphi_i\mapsto\lambda_k(\varphi_i)$是群$\{\varphi_i\}$的一个特征).

5. 设λ_1为n阶复方阵A的复特征根，记$(A-\lambda_1 I)^m$的秩为r^m，则在A的Jordan标准形J中，特征根为λ_1的m阶Jordan块$J_m(\lambda_1)$的个数为

$$s_m=r^{m-1}-2r^m+r^{m+1}.$$

证 设$P^{-1}AP=J=\mathrm{diag}\{J_{k_1}(\lambda_1),\cdots,J_{k_t}(\lambda_t)\}$，则

$$P^{-1}(A-\lambda_1 I)^m P=(J-\lambda_1 I)^m=\mathrm{diag}\{(J_{k_1}(\lambda_1)-\lambda_1 I)^m,\cdots,(J_{k_t}(\lambda_t)-\lambda_1 I)^m\}.$$

记$(J_k(\lambda_i)-\lambda_1 I)^m$的秩为$r_k(\lambda_i)^m$. 当$\lambda_i=\lambda_1$时，$r_k(\lambda_1)^m=0$或$k-m$(对$1\leqslant k\leqslant m$或$k>m$). 而当$\lambda_i\neq\lambda_1$时，$r_k(\lambda_i)^m$不随$m$改变. 因$r^m=\sum\limits_{\lambda_i=\lambda_1}r_k(\lambda_1)^m+\sum\limits_{\lambda_i\neq\lambda_1}r_k(\lambda_i)^m$(对$(J-\lambda_1 I)^m$的所有块求和)，故$r^{m-1}-r^m$为$k\geqslant m$的$J_k(\lambda_1)$的块数，而$r^m-r^{m+1}$为$k\geqslant m+1$的$J_k(\lambda_1)$的块数，故$(r^{m-1}-r^m)-(r^m-r^{m+1})$为阶$k=m$的$J_k(\lambda_1)$的块数.

第8章

双线性型、二次型与方阵相合

8.1 定义与定理

定义 8.1 设 $A=(a_{ij})$ 为域 F 上的 n 阶对称方阵(即 $A^{\mathrm{T}}=A$),$x=(x_1,\cdots,x_n)^{\mathrm{T}}$ 为变元 $x_1,\cdots,x_n$ 构成的列,则 $Q(x)=x^{\mathrm{T}}Ax=\sum\limits_{1\leqslant i,j\leqslant n}a_{ij}x_ix_j$ 称为 F 上 n 个变元 $x_1,\cdots,x_n$ 的**二次型**,也称为列向量空间 $F^{(n)}$ 上的二次型.

定义 8.2 每一个二次型 $Q(x)=x^{\mathrm{T}}Ax$ 对应着 $F^{(n)}\times F^{(n)}$ 上的一个函数 $g(x,y)=x^{\mathrm{T}}Ay$,其中 $y=(y_1,\cdots,y_n)^{\mathrm{T}}$ 是独立于 x 的另一个变元列. $g(x,y)$ 称为 $F^{(n)}$ 上的**对称双线性型**.

定义 8.3 设 $x_1,\cdots,x_n,y_1,\cdots,y_n$ 是两组变元,线性方程组

$$\begin{cases}x_1=c_{11}y_1+\cdots+c_{1n}y_n,\\ x_2=c_{21}y_1+\cdots+c_{2n}y_n,\\ \cdots\cdots\cdots\cdots\cdots\cdots\cdots\cdots\\ x_n=c_{n1}y_1+\cdots+c_{nn}y_n\end{cases}$$

称为由 $x_1,\cdots,x_n$ 到 $y_1,\cdots,y_n$ 的一个**线性代换**. 若 $\det(c_{ij})\neq 0$,称为**可逆线性代换**.

定义 8.4 设 A,B 为 n 阶对称方阵,若存在可逆阵 P 使得 $B=P^{\mathrm{T}}AP$,则称 B 与 A **相合**,记为 $A\approx B$,容易证明相合关系具有自返性、对称性、传递性. 是一种等价关系.

命题 $F^{(n)}$ 上的二次型在不同基上的矩阵是相合的(也即二次型在可逆线性代换下得到的新矩阵与原矩阵相合).

定理 8.1(有理相合标准形) 设 A 为数域 F 上 n 阶对称方阵,则有 F 上可逆方阵 P 使得

$$P^{\mathrm{T}}AP=\begin{bmatrix}a_1 & & & \\ & \ddots & & \\ & & \ddots & \\ & & & a_n\end{bmatrix},\qquad a_i\in F\quad(i=1,\cdots,n).$$

系 设 $Q(x)$ 为 $F^{(n)}$ 上的 n 元二次型,F 为数域,则可经可逆线性代换 $x=P\tilde{x}$ 化为平方和:

$$Q(x)\big|_{x=P\tilde{x}} = a_1\tilde{x}_1 + \cdots + a_n\tilde{x}_n \qquad (a_i \in F,\ \ 1 \leqslant i \leqslant n).$$

同时也使 $Q(x)$ 对应的双线性型 $g(x,y)$ 化为

$$g(x,y) = a_1\tilde{x}_1\tilde{y}_1 + \cdots + a_n\tilde{x}_n\tilde{y}_n.$$

定理 8.2(实相合标准形)　设 A 为实对称方阵，则有实可逆方阵 P 使得

$$P^{\mathrm{T}}AP = \begin{bmatrix} I_p & & \\ & -I_q & \\ & & 0 \end{bmatrix},$$

其中 I_p 表示 p 阶单位方阵，而且 p 与 q 由 A 唯一决定(p,q 分别称为 A 的正、负惯性指数，$p-q$ 称为 A 的符号差).

特别$\mathbb{R}^{(n)}$上的二次型 $Q(\alpha)$(称为实二次型)和其对应的对称双线性型 $g(\alpha,\beta)$ 可经坐标变换化为

$$g(\alpha,\beta) = x_1y_1 + \cdots + x_py_p - x_{p+1}y_{p+1} - \cdots - x_{p+q}y_{p+q},$$
$$Q(\alpha) = x_1^2 + \cdots + x_p^2 - x_{p+1}^2 - \cdots - x_{p+q}^2,$$

其中 $(x_1,\cdots,x_n)^{\mathrm{T}}$ 和 $(y_1,\cdots,y_n)^{\mathrm{T}}$ 是 α,β 的坐标列.

定理 8.3(Witt 消去定理)　设 $A_1 = \begin{bmatrix} R_1 & \\ & S_1 \end{bmatrix}$ 与 $A_2 = \begin{bmatrix} R_2 & \\ & S_2 \end{bmatrix}$ 为数域 F 上两个对称方阵，若在 F 上方阵 A_1 相合于 A_2，方阵 R_1 相合于 R_2，则方阵 S_1 相合于 S_2.

系　若方阵

$$\begin{bmatrix} I_p & & \\ & -I_q & \\ & & 0 \end{bmatrix} \quad 与 \quad \begin{bmatrix} I_{p_1} & & \\ & -I_{q_1} & \\ & & 0 \end{bmatrix}$$

实相合，则 $p=p_1$，$q=q_1$.

定义 8.5　设 $Q(\alpha)$ 是$\mathbb{R}^{(n)}$上的二次型，若对任意 $0 \neq \alpha \in \mathbb{R}^{(n)}$ 均有 $Q(\alpha) > 0$，则称 Q 是**正定的**；设 $Q(\alpha) = \alpha^{\mathrm{T}}S\alpha$，则当 $Q(\alpha) > 0$ 时，称 S 是**正定的**.

定理 8.4　设 S 为 n 阶实对称方阵，则以下命题等价：

(1) S 是正定的(记为 $S>0$)；

(2) S 实相合于单位方阵 I(即正惯性指数 $p=n$)；

(3) 存在可逆实方阵 P，使 $S=P^{\mathrm{T}}P$；

(4) S 的特征值均为正数；

(5) S 的 n 个顺序主子式均为正数；

(6) S 的所有主子式均为正数.

定理 8.5　设 S 为 n 阶实对称方阵，则以下命题等价：

(1) S 是半正定的(记为 $S \geqslant 0$)；

(2) S 实相合于$\begin{pmatrix} I_r & 0 \\ 0 & 0 \end{pmatrix}$；

(3) $S=Q^{\mathrm{T}}Q$,其中 Q 为实方阵；

(4) S 的特征值均非负(即$\geqslant 0$)；

(5) S 的所有主子式均为正数或 0.

定义 8.6 若域 F 上方阵 A 满足 $A^{\mathrm{T}}=-A$ 且对角线元素均为 0,则称 A 为**交错方阵**(又称为反对称方阵或斜对称方阵,当 F 是数域时,条件可仅写为 $A^{\mathrm{T}}=-A$).对双线性型 $g(\alpha,\beta)=\alpha^{\mathrm{T}}A\beta$,若 $g(\alpha,\alpha)=0(\alpha\in V)$,则称 g 为**交错型**.

定理 8.6 设 A 是域 F 上交错方阵,则存在 F 上可逆方阵 T 使得

$$T^{\mathrm{T}}AT=\begin{bmatrix} \begin{bmatrix} 0 & 1 \\ -1 & 0 \end{bmatrix} & & & & \\ & \ddots & & & \\ & & \begin{bmatrix} 0 & 1 \\ -1 & 0 \end{bmatrix} & & \\ & & & 0 & \\ & & & & \ddots \\ & & & & & 0 \end{bmatrix}.$$

系 1 设 $g(\alpha,\beta)=\alpha^{\mathrm{T}}A\beta$ 为一交错型,其中 A 为 F 上方阵,$\alpha,\beta\in F^{(n)}$.则存在 $F^{(n)}$ 的一个基$\{\alpha_i\}$使

$$g(\alpha,\beta)=(x_1y_2-x_2y_1)+\cdots+(x_{2s-1}y_{2s}-x_{2s}y_{2s-1}),$$

其中 $x=(x_1,\cdots,x_n)^{\mathrm{T}}$,$y=(y_1,\cdots,y_n)^{\mathrm{T}}$为 α 和 β 在基$\{\alpha_i\}$下的坐标列.

系 2 交错方阵的秩定为偶数.

定义 8.7 设 V 是域 F 上的线性空间.若 V 到 F 的一个映射 f 满足：对任 $\alpha,\beta\in V$,$k\in F$有

$$f(\alpha+\beta)=f(\alpha)+f(\beta),\qquad f(k\alpha)=kf(\alpha).$$

则称 f 为 V 上的一个**线性函数**(或线性型,或线性泛函).

定义 8.8 线性空间 V 上的线性函数全体记为 V^*(或 $\mathrm{Hom}(V,F)$,或 $L(V;F)$),它对如下定义的加法和数乘是 F 上的线性空间：

$$\begin{cases}(f+g)(\alpha)=f(\alpha)+g(\alpha),\\(kf)(\alpha)=kf(\alpha)\qquad(\forall f,g\in V^*,k\in F)\end{cases}$$

称 V^* 为 V 的**对偶空间**.

引理 8.1 任取 V 的基 $\alpha_1,\cdots,\alpha_n$,可决定线性函数 $f_1,\cdots,f_n\in V^*$ 如下：

$$f_i(\alpha_j)=\delta_{ij}=\begin{cases}1, & i=j\\0, & i\neq j\end{cases}\qquad(1\leqslant i,j\leqslant n),$$

则 $f_1,\cdots,f_n$ 是 V^* 的基,称为 $\alpha_1,\cdots,\alpha_n$ 的**对偶基**,且任 $f(\in V^*)$ 在此基下的坐标行 $(k_1,\cdots,k_n)=(f(\alpha_1),\cdots,f(\alpha_n))$. 又对任 $\alpha\in V$,设 α 的坐标列为 $(a_1,\cdots,a_n)^{\mathrm{T}}$,则

$$f(\alpha)=f(\alpha_1)a_1+\cdots+f(\alpha_n)a_n=k_1a_1+\cdots+k_na_n.$$

定理 8.7　设 V 是有限维线性空间,定义函数

$$\varphi_\alpha:\quad V^*\to F,$$
$$f\mapsto f(\alpha),$$

由定义 8.8 中公式知 φ_α 是线性函数. 则有线性空间的自然同构

$$\tau: V\to V^{**},$$
$$\alpha\mapsto\varphi_\alpha,$$

因此,常将对应 τ 视为等同,即视 α 与 φ_α 等同,V 与 V^{**} 等同. 亦即 V 与 V^* 互为对偶空间.

定义 8.9　设 V^* 与 V 的元素之间的运算 $\langle f,\alpha\rangle$:

$$V^*\times V\to F,$$
$$(f,\alpha)\mapsto\langle f,\alpha\rangle=f(\alpha),$$

这一运算称为"**内积**"或**双线性型**或**配对**.

定义 8.10　设 V 是 F 上有限维线性空间. 对 V 的任一子空间 W,记

$$W^\perp=\{f\in V^*\mid\langle f,w\rangle=0,\ 对任\ w\in W\}.$$

$W^\perp$ 显然是 V^* 的子空间,称为与 W **正交的**子空间. 又对 V 的任一子集 S,设 S(中向量)生成子空间 W,则记 $S^\perp=W^\perp$,称为 S 的正交(补)子空间.

引理 8.2　$\dim W+\dim W^\perp=\dim V$.

定理 8.8　设 W 是 V 的子空间,则有以下线性空间的两个自然同构:

$$W^\perp\cong(V/W)^*,\qquad f\mapsto\bar f$$
$$W^*\cong V^*/W^\perp,\qquad f|_W\mapsto\bar f$$

定理 8.9(对偶基本定理)　设 V 是域 F 上有限维线性空间,V^* 是其对偶空间,则映射

$$W\mapsto W^\perp$$

是 V 的子空间集到 V^* 的子空间集之间的(反序)一一对应,其逆为

$$W'\mapsto W'^\perp,$$

而且

(1) $(W^\perp)^\perp=W$;　　(2) $W_1\subset W_2\Leftrightarrow W_1^\perp\supset W_2^\perp$;

(3) $(W_1+W_2)^\perp=W_1^\perp\cap W_2^\perp$, $(W_1\cap W_2)^\perp=W_1^\perp+W_2^\perp$.

定义 8.11　设 V', V 和 W 是域 F 上线性空间,若映射(函数)

$$g: V'\times V\to W$$

满足：

$$g(\alpha_1+\alpha_2,\beta)=g(\alpha_1,\beta)+g(\alpha_2,\beta),\quad g(k\alpha,\beta)=kg(\alpha,\beta);$$
$$g(\alpha,\beta_1+\beta_2)=g(\alpha,\beta_1)+g(\alpha,\beta_2),\quad g(\alpha,k\beta)=kg(\alpha,\beta).$$

(对任意 $\alpha_1,\alpha_2,\alpha\in V',\beta_1,\beta_2,\beta\in V,k\in F$)，则称 g 是 $V'\times V$ 到 W 的一个**双线性型**. 常记为

$$g(\alpha,\beta)=\langle\alpha,\beta\rangle=\alpha\beta.$$

定理 8.10 设 V' 和 V 分别是域 F 上的 m 维和 n 维线性空间，取定 V' 和 V 的基之后，$V'\times V$ 上的双线性型集与 F 上 $m\times n$ 矩阵集间有一一对应，即双线性型 g 对应于其矩阵 G，且 $g(\alpha,\beta)=x^{\mathrm{T}}Gy$（$x,y$ 为 α,β 的坐标）.

定义 8.12 设 g 是 $V'\times V$ 上的双线性型，若存在非 0 的 $\alpha\in V'$ 使 $g(\alpha,\beta)=0$ 对任 $\beta\in V_1$ 均成立，则称 g 是**左退化的**. 类似定义**右退化**. 若 g 非左退化，也非右退化，则称 g **非退化**.

定理 8.11 $V'\times V$ 上双线性型 g 非退化的充分必要条件为 V' 与 V 的维数相等且 g 的方阵 G 非奇异. 且此时 $V'\cong V^*$ 可视为同一，即 V' 是 V 的对偶空间.

定理 8.12 (1) 线性空间 V 的每个线性变换 $\mathscr{A}$，诱导出对偶空间 V' 的一个线性变换 $\mathscr{A}^*$，称为 $\mathscr{A}$ 的**伴随变换**，即

$$\mathscr{A}^*:V'\to V',\qquad \alpha\ \mapsto\alpha\circ\mathscr{A},$$

亦即对任 $\alpha\in V',\beta\in V$ 有

$$(\mathscr{A}^*\alpha)\beta=\alpha(\mathscr{A}\beta)\quad 或\quad \langle\mathscr{A}^*\alpha,\beta\rangle=\langle\alpha,\mathscr{A}\beta\rangle.$$

(2) 若 $\mathscr{A}$ 在 V 的某基下的方阵表示为 A，则 $\mathscr{A}^*$ 在 V' 中对偶基下的方阵表示为 A^{T}.

定义 8.13 设 V 是数域 F 上 n 维线性空间. $V\times V$ 上的双线性型 g 也称为 V 上双线性型，或者称为 V 的(广义)内积或数量积. 取 V 的基 $\varepsilon_1,\cdots,\varepsilon_n$，设 $\alpha,\beta\in V$ 的坐标列分别为 x,y，则

$$g(\alpha,\beta)=\langle\alpha,\beta\rangle=\Big(\sum_i x_i\varepsilon_i,\sum_j y_j\varepsilon_j\Big)=\sum_{i=1}^n\sum_{j=1}^n x_iy_j\langle\varepsilon_i,\varepsilon_j\rangle=x^{\mathrm{T}}Gy.$$

其中 $G=(g_{ij})$ $(g_{ij}=\langle\varepsilon_i,\varepsilon_j\rangle)$ 称为 g 在基 $\varepsilon_1,\cdots,\varepsilon_n$ 下的**方阵表示**，也称为向量 $\varepsilon_1,\cdots,\varepsilon_n$ 的 Gram **方阵**.

定义 8.14 设 g 是线性空间 V 上双线性型，若对任 $\alpha,\beta\in V$ 有

$$g(\alpha,\beta)=g(\beta,\alpha),$$

则称 g 为**对称双线性型**(此时，它的**对应方阵**是对称方阵).

定义 8.15 V 上每个对称双线性型 g 对应 V 上一个函数 Q：对任 $\alpha\in V$，

$$Q(\alpha)=g(\alpha,\alpha)=x^{\mathrm{T}}Gx.$$

函数 Q 称为 V 上一个**二次型**.（其中 x 为 α 的坐标列，G 为 g 的方阵）它是 α 的坐标 $x_1,\cdots,x_n$ 的二次齐次函数.

引理 8.3 设 V 是数域 F 上线性空间. V 上函数 Q 是 V 上二次型当且仅当以下两条

件成立(对任 $\alpha,\beta\in V$):

(1) $g(\alpha,\beta)=\frac{1}{2}(Q(\alpha+\beta)-Q(\alpha)-Q(\beta))$ 是 V 上(对称)双线性型;**(极化等式)**

(2) $Q(2\alpha)=4Q(\alpha)$.

系 1(有理标准形) 设 V 是数域 F 上 n 维线性空间.

(1) 若 g 是 V 上对称双线性型,则存在 V 的基 $\varepsilon_1,\cdots,\varepsilon_n$ 使 g 的方阵为对角形,即

$$g(\varepsilon_i,\varepsilon_j)=\delta_{ij}a_i\quad(a_i\in F),$$

且

$$g(\alpha,\beta)=a_1x_1y_1+\cdots+a_nx_ny_n,$$

其中 $x_1,\cdots,x_n$ 和 $y_1,\cdots,y_n$ 分别是 α 和 β 的坐标,δ_{ij} 是克罗内克 δ($\delta_{ij}=1$ $(i=j)$ 及 $\delta_{ij}=0$, $(i\neq j)$).

(2) 若 Q 是 V 上二次型,则存在 V 的基使

$$Q(\alpha)=a_1x_1^2+\cdots+a_nx_n^2,$$

其中 $x_1,\cdots,x_n$ 是 α 的坐标.

系 2(实标准形) 实线性空间 V 上的对称双线性型 g 和二次型 Q 分别在适当取基下可表为

$$g(\alpha,\beta)=x_1y_1+\cdots+x_py_p-x_{p+1}y_{p+1}-\cdots-x_ry_r,$$

$$Q(\alpha)=x_1^2+\cdots+x_p^2-x_{p+1}^2-\cdots-x_r^2,$$

其中 $x_1,\cdots,x_n$ 和 $y_1,\cdots,y_n$ 分别是 α 和 β 在相应基下的坐标.

定义 8.16 设 $g(\alpha,\beta)$ 是实线性空间 V 上对称双线性型. 若对任 $0\neq\alpha\in V$ 均有 $g(\alpha,\alpha)>0$,则称 g 为**正定的**.

若 $Q(\alpha)$ 是 V 上二次型且对非 0 的 $\alpha\in V$ 均有 $Q(\alpha)>0$,则称 Q 是正定的.

定义 8.17 设 g 是域 F 上线性空间 V 上的双线性型,若对任 $\alpha\in V$ 总有 $g(\alpha,\alpha)=0$,则称 g 为**交错型**(g 的方阵 G 是交错方阵).

系 设 V 是域 F 上线性空间,g 是 V 上交错型,则存在 V 的基使

$$g(\alpha,\beta)=(x_1y_2-x_2y_1)+\cdots+(x_{2s-1}y_{2s}-x_{2s}y_{2s-1}),$$

其中 $x_1,\cdots,x_n$ 和 $y_1,\cdots,y_n$ 分别是 α 和 β 的坐标.

8.2 解题方法介绍

求线性空间 V 的基 $\varepsilon_1,\cdots,\varepsilon_n$ 的对偶基的方法

任 $\alpha\in V$,设 $\alpha=\sum_{i=1}^{n}x_i\varepsilon_i$,则对任 $f\in V^*$(是 V 上线性函数全体)有

$$f(\alpha)=x_1f(\varepsilon_1)+\cdots+x_nf(\varepsilon_n)=(f(\varepsilon_1),\cdots,f(\varepsilon_n))\begin{bmatrix}x_1\\ \vdots\\ x_n\end{bmatrix}.$$

又设 $f_1,f_2,\cdots,f_n$ 是 $\varepsilon_1,\cdots,\varepsilon_n$ 的对偶基. 则有

$$f_i(\alpha)=x_1f_i(\varepsilon_1)+\cdots+x_nf_i(\varepsilon_n),\quad i=1,2,\cdots,n,$$

即有

$$\begin{bmatrix}f_1(\alpha)\\ \vdots\\ f_n(\alpha)\end{bmatrix}=\begin{bmatrix}f_1(\varepsilon_1) & \cdots & f_1(\varepsilon_n)\\ \vdots & & \vdots\\ f_n(\varepsilon_1) & \cdots & f_n(\varepsilon_n)\end{bmatrix}\begin{bmatrix}x_1\\ \vdots\\ x_n\end{bmatrix}=(f_i(\varepsilon_j))\begin{bmatrix}x_1\\ \vdots\\ x_n\end{bmatrix}. \qquad (*)$$

由对偶基的定义知

$$f_i(\varepsilon_j)=\delta_{ij}=\begin{cases}1, & i=j,\\ 0, & i\neq j.\end{cases}$$

故得 $(f_i(\varepsilon_j))=I_n$, 由 $(*)$ 式立得

$$f_1(\alpha)=x_1,\quad f_2(\alpha)=x_2,\quad \cdots,\quad f_n(\alpha)=x_n.$$

且对任 $f\in V^*$:

$$f(\alpha)=f(\varepsilon_1)f_1+f(\varepsilon_2)f_2+\cdots+f(\varepsilon_n)f_n.$$

也就是说, f 在对偶基上的坐标即为 $f(\varepsilon_1),\cdots,f(\varepsilon_n)$.

8.3 习题与解答

1. 设 $\varepsilon_1,\cdots,\varepsilon_n$ 是线性空间 V 的基. 设 f_i 是"取坐标"行动, 即对 $\alpha\in V$, $f_i\alpha$ 就是 α 的坐标的第 i 分量, 证明 $f_1,\cdots,f_n$ 就是 $\varepsilon_1,\cdots,\varepsilon_n$ 的对偶基.

证 任 $\alpha\in V$, 设 $\alpha=\sum\limits_{i=1}^{n}a_i\varepsilon_i$, 则 $f_i(\alpha)=a_i$. 首先 f_i 是线性函数: 因为对任 $\alpha,\beta\in V$, (记 $\beta=\sum\limits_{i=1}^{n}b_i\varepsilon_i$, 则 $f_i\beta=b_i$) 有

$$f_i(\alpha+\beta)=f_i\left(\sum_{i=1}^{n}(a_i+b_i)\varepsilon_i\right)=a_i+b_i=f_i\alpha+f_i\beta,$$

$$f_i(k\alpha)=f_i\left(\sum_{i=1}^{n}ka_i\varepsilon_i\right)=ka_i=kf_i\alpha.$$

所以 $f_i\in V^*$, $i=1,\cdots,n$. 其次, 任 $f\in V^*$, 对任 $\alpha\in V$ 有

$$f(\alpha)=f\left(\sum_{i=1}^{n}a_i\varepsilon_i\right)=\sum_{i=1}^{n}a_if(\varepsilon_i)=f(\varepsilon_1)f_1(\alpha)+\cdots+f(\varepsilon_n)f_n(\alpha),$$

所以

$$f = f(\varepsilon_1)f_1 + \cdots + f(\varepsilon_n)f_n.$$

故 $f_1,\cdots,f_n$ 是 V^* 的基. 又因为

$$\varepsilon_i = 0\cdot\varepsilon_1 + \cdots + 0\cdot\varepsilon_{i-1} + 1\cdot\varepsilon_i + 0\cdot\varepsilon_{i+1} + \cdots + 0\cdot\varepsilon_n,$$

所以

$$f_i(\varepsilon_i) = 1,\quad f_i(\varepsilon_j) = 0 \qquad (i \neq j),$$

即 $f_i(\varepsilon_j) = \delta_{ij}, i,j = 1,\cdots,n$. 故 $f_1,\cdots,f_n$ 是 $\varepsilon_1,\cdots,\varepsilon_n$ 的对偶基.

2. 设 $\varepsilon_1,\cdots,\varepsilon_n$ 是域 F 上线性空间 V 的基, $b_1,\cdots,b_n$ 是 F 中任意常数. 证明有唯一的线性函数 f 使 $f(\varepsilon_i) = b_i (1 \leqslant i \leqslant n)$. 求出 f.

证 任 $\alpha \in V$, 设 $\alpha = \sum_{i=1}^{n} a_i \varepsilon_i$, 定义 f 为

$$f(\alpha) = a_1 b_1 + a_2 b_2 + \cdots + a_n b_n,$$

则 f 是线性函数. 事实上, 对任 $\alpha,\beta \in V\left(设\ \beta = \sum_{i=1}^{n} \tilde{a}_i \varepsilon_i\right)$, 则

$$f(\alpha+\beta) = (a_1 + \tilde{a}_1)b_1 + \cdots + (a_n + \tilde{a}_n)b_n = f(\alpha) + f(\beta),$$
$$f(k\alpha) = k a_1 b_1 + \cdots + k a_n b_n = k f(\alpha).$$

且有

$$f(\varepsilon_i) = 0\cdot b_1 + \cdots + 0\cdot b_{i-1} + 1\cdot b_i + 0\cdot b_{i+1} + \cdots + 0\cdot b_n = b_i \qquad (1 \leqslant i \leqslant n),$$

唯一性: 若有 $g \in V^*$, 使 $g(\varepsilon_i) = b_i$, 则由 g 为线性函数, 故对任 $\alpha \in V$ 有

$$g(\alpha) = g\left(\sum_{i=1}^{n} a_i \varepsilon_i\right) = \sum_{i=1}^{n} a_i g(\varepsilon_i) = \sum_{i=1}^{n} a_i b_i = a_1 b_1 + \cdots + a_n b_n = f(\alpha),$$

所以 $g = f$.

如上, 我们已给出 f 的表达式. 即对任 $\alpha \in V$ 有

$$f(\alpha) = a_1 b_1 + \cdots + a_n b_n.$$

其中 $a_1,\cdots,a_n$ 为 α 在基 $\varepsilon_1,\cdots,\varepsilon_n$ 下的坐标.

3. 对 $x = (x_1,\cdots,x_n)^{\mathrm{T}} \in F^{(n)}$, 令

$$f(x) = b_1 x_1 + \cdots + b_n x_n \qquad (b_1,\cdots,b_n \in F\ 固定).$$

(1) 试证明: ① f 是 $F^{(n)}$ 的线性函数; ② $F^{(n)}$ 的线性函数必为某 f;

(2) 若记上述 f 为 $\langle (b_1,\cdots,b_n), (\ )\rangle$ (即 $f(x) = \langle b, x\rangle = \langle (b_1,\cdots,b_n), (x_1,\cdots,x_n)^{\mathrm{T}}\rangle$), 用此写出 $F^{(n)}$ 的自然基的对偶基 $f_1,\cdots,f_n$.

证 (1) ① 对任 $x = (x_1,\cdots,x_n)^{\mathrm{T}}, y = (y_1,\cdots,y_n)^{\mathrm{T}}$ 有

$$f(x+y) = \sum_{i=1}^{n} b_i (x_i + y_i) = \sum_{i=1}^{n} b_i x_i + \sum_{i=1}^{n} b_i y_i = f(x) + f(y)$$

$$f(kx) = b_1 k x_1 + \cdots + b_n k x_n = k f(x), \qquad k \in F,\ x,y \in F^{(n)},$$

所以 f 是线性函数.

② 设 g 为 $F^{(n)}$ 的线性函数，则由定义有

$$g(x)=x_1g(\varepsilon_1)+\cdots+x_ng(\varepsilon_n)=\sum_{i=1}^{n}(g(\varepsilon_i))x_i,$$

记 $g(\varepsilon_i)=b_i$，注意 b_i 只与基向量有关，与 x 的选取无关，所以当 g 取定后，$b_1,\cdots,b_n$ 固定，且有

$$g(x)=b_1x_1+\cdots+b_1x_n \quad (\text{即 } g \text{ 为某 } f \text{ 型的}).$$

(2) 令

$$f_1=\langle(1,0,\cdots,0),(\quad)\rangle \quad \to f_1(x)=x_1,$$
$$f_2=\langle(0,1,0,\cdots,0),(\quad)\rangle \quad \to f_2(x)=x_2,$$
$$\cdots\cdots$$
$$f_n=\langle(0,\cdots,0,1),(\quad)\rangle \quad \to f_n(x)=x_n,$$

故 f_i 是“取坐标”行动，由第1题知 $f_1,\cdots,f_n$ 恰为自然基的对偶基. 且

$$f(x)=b_1x_1+\cdots+b_nx_n=b_1f_1(x)+\cdots+b_nf_n(x),$$

对任 $x\in F^{(n)}$ 成立，故

$$f=b_1f_1+\cdots+b_nf_n,$$

于是知 n 个固定的数 $b_1,\cdots,b_n$ 恰为 f 在对偶基 $f_1,\cdots,f_n$ 上的坐标.

4. (1) 设 W 是 n 维线性空间 V 的 k 维子空间，$W'\subset V^*$ 是 W 的零化子(即 V^* 是 V 的对偶空间而 $W'=\{f\in V^* \mid f(\alpha)=0$ 对任意 $\alpha\in W$ 成立$\}$). 证明 W' 是 V^* 的 $n-k$ 维子空间.

(2) 把 V 的子空间 W 对应于其在对偶空间 V^* 中的零化子 W'，证明此对应满足：

$$(W')'=W,\quad (W_1+W_2)'=W_1'\cap W_2',\quad (W_1\cap W_2)'=W_1'+W_2'.$$

证 (1) 在 W 中取基 $\alpha_1,\cdots,\alpha_k$ 扩充为整个空间的基 $\alpha_1,\cdots,\alpha_k,\alpha_{k+1},\cdots,\alpha_n$，则 W 中任 α 的坐标形如

$$(x_1,\cdots,x_k,0,\cdots,0)^{\mathrm{T}},$$

所以

$$f_{k+1}=\langle(0,\cdots,0,\underset{k+1}{1},0,\cdots,0),(\quad)\rangle,$$
$$\cdots\cdots$$
$$f_n=\langle(0,\cdots,0,1)(\quad)\rangle,$$

使 $f_i(\alpha)=0, k+1\leqslant i\leqslant n$，且是 V^* 中对偶基中的 $n-k$ 个. 所以 $\dim W'=n-k$.

(2) 把 α 看成 f 的函数(即每个 α 决定了 V^* 上的线性函数 φ_α)，则 W 是 W' 的零化子. 故① $(W')'=W$.

方法1 ②由第1题 f_i 为“取坐标”行动，即 $f_i\alpha=\alpha$ 的第 i 分量. 在 W_1 中取基 $\alpha_1,\cdots,\alpha_k$，扩充为 W_1+W_2 的基 $\alpha_1,\cdots,\alpha_k,\alpha_{k+1},\cdots,\alpha_{k+r-s}$ ($W_1\cap W_2$ 为 s 维). 再扩充为 V 的基

$$\alpha_1,\cdots,\alpha_k,\alpha_{k+1},\cdots,\alpha_{k+r-s},\cdots,\alpha_n \qquad (r>s),$$

则

$$f_i \alpha_j = 0, \quad j = 1, \cdots, k+r-s, \quad i = k+r-s+1, \cdots, n.$$

所以$(W_1+W_2)'$是$n-(k+r-s)$维，基为$f_{k+r-s+1}, \cdots, f_n$. 而

$$W_1' = \langle f_{k+1}, \cdots, f_n \rangle, \quad W_2' = \langle f_1, \cdots, f_{k-s}, f_{k+r-s+1}, \cdots, f_n \rangle,$$

故$W_1' \cap W_2' = \langle f_{k+r-s+1}, \cdots, f_n \rangle$.

③由②$\alpha_{k-s+1}, \cdots, \alpha_k$为$W_1 \cap W_2$的基，故

$$(W_1 \cap W_2)' = \langle f_1, \cdots, f_{k-s}, f_{k+1}, \cdots, f_n \rangle,$$

$$W_1' = \langle f_{k+1}, \cdots, f_n \rangle, \ W_2' = \langle f_1, \cdots, f_{k-s}, f_{k+r-s+1}, \cdots, n \rangle,$$

故
$$W_1' + W_2' = \langle f_1, \cdots, f_{k-s}, f_{k+1}, \cdots, f_n \rangle = (W_1 \cap W_2)'.$$

方法2 ② 任$f \in (W_1+W_2)'$，则对任$\alpha \in W_1+W_2$有$f(\alpha)=0$. 又$W_1 \subset W_1+W_2$所以任$\alpha_1 \in W_1$有$f(\alpha_1)=0$，故$f \in W_1'$. 同理$f \in W_2'$，故$f \in W_1' \cap W_2'$. 于是得$(W_1+W_2)' \subseteq W_1'+W_2'$. 另一方面，任$g \in W_1' \cap W_2'$，有$g \in W_1'$且$g \in W_2'$，故对任$\alpha_1 \in W_1$，有$g(\alpha_1)=0$，且对任$\alpha_2 \in W_2$有$g(\alpha_2)=0$. 于是$\forall \beta \in W_1+W_2$，设$\beta=\beta_1+\beta_2$，其中$\beta_1 \in W_1$，$\beta_2 \in W_2$，则

$$g(\beta) = g(\beta_1) + g(\beta_2) = 0 + 0 = 0,$$

故$g \in (W_1+W_2)'$，所以

$$W_1' \cap W_2' \subseteq (W_1 + W_2)',$$

即得

$$(W_1 + W_2)' = W_1' \cap W_2'.$$

③ 令$W_1'=V_1$，$W_2'=V_2$代入②式中得

$$V_1 \cap V_2 = (V_1' + V_2')',$$

两边取它们的正交补并利用①式即得

$$(V_1 \cap V_2)' = V_1' + V_2'.$$

5. 设V是域F上n维线性空间，以$S(V)$记V的子空间全体. 证明$S(V)$有到自身的双射$W \to W'$，使得$W_1 \subset W_2$时$W_1' \supset W_2'$且满足第4题中诸等式.

证 取定V的基$\varepsilon_1, \cdots, \varepsilon_n$，定义$V$上双线性型

$$\langle \alpha, \beta \rangle = x^{\mathrm{T}} y = x_1 y_1 + \cdots + x_n y_n,$$

其中$x=(x_1, \cdots, x_n)^{\mathrm{T}}$，$y=(y_1, \cdots, y_n)^{\mathrm{T}}$是$\alpha, \beta$的坐标. 对$W \in S(V)$，令

$$W' = \{\alpha \in V \mid \langle \alpha, \beta \rangle = 0, \quad \text{对任意 } \beta \in W \text{ 成立}\},$$

(W'是W的零化子，事实上$W'=W^{\perp}$是与W正交的子空间). 则$W' \in S(V)$. 易知，若W是k维，则W'是$n-k$维：设W的基为$\alpha_1, \cdots, \alpha_k$，坐标行分别为$\underline{\alpha_1}, \cdots, \underline{\alpha_k}$，则

$$\begin{pmatrix} \underline{\alpha_1} \\ \vdots \\ \underline{\alpha_k} \end{pmatrix} x = 0$$

的解空间恰为W'的坐标向量全体.

(1) $W \mapsto W'$是$S(V)$到自身的双射：①单射：若$W_1'=W'$而$W_1 \neq W$，则W_1与W张成一个子空间U，维数大于$k=\dim W$. 显然$U'=W'$，维数$=\dim W'=n-k$，故$\dim U+\dim U'>n$，矛盾. ②满射：$\forall U$，令$W=U'$，则$W'=(U')'=U$.

(2) 设$W_1 \subset W_2$，$\alpha \in W_2'$，则$\langle \alpha,\beta_2 \rangle=0(\forall \beta_2 \in W_2)$故$\langle \alpha,\beta_1 \rangle=0(\forall \beta_1 \in W_1 \subset W_2$，所以$\alpha \in W_1'$，故$W_2' \subset W_1')$

(3) 满足第4题各等式. 即有

$$(W')'=W,\quad (W_1+W_2)'=W_1' \cap W_2',\quad (W_1 \cap W_2)'=W_1'+W_2';$$

证明如下：

① 任$\alpha \in (W')'$，对任$\beta \in W'$有$\langle \alpha,\beta \rangle=0$，故$\alpha \in W$，所以$(W')' \subset W$；反之任$\alpha \in W$，则对任$\beta \in W'$有$\langle \alpha,\beta \rangle=0$，所以$\alpha \in (W')'$，故$W \subset (W')'$，于是有$(W')'=W$.

② 因为$W_1 \subset W_1+W_2$，$W_2 \subset W_1+W_2$，故$(W_1+W_2)' \subset W_1'$，且$(W_1+W_2)' \subset W_2'$. 于是有$(W_1+W_2)' \subset W_1' \cap W_2'$；反之，任$\alpha \in W_1' \cap W_2'$，有$\alpha \in W_1'$且$\alpha \in W_2'$，即对任$\beta_1 \in W_1$，有$\langle \alpha,\beta_1 \rangle=0$；对任$\beta_2 \in W_2$，有$\langle \alpha,\beta_2 \rangle=0$. 故对任$\beta \in W_1+W_2$，若有$\beta=\beta_1+\beta_2$，其中$\beta_1 \in W_1$，$\beta_2 \in W_2$则因为$\langle \alpha,\beta \rangle=\langle \alpha,\beta_1 \rangle+\langle \alpha,\beta_2 \rangle=0+0=0$，所以$\alpha \in (W_1+W_2)'$，故$W_1' \cap W_2' \subset (W_1+W_2)'$，得证.

③在②中用W_1'代W_1，W_2'代W_2并利用①可得.

6. 对$f,g \in \mathbb{R}[X]$，令$h(X)=f(X)g'(X)$，证明$\varphi(f,g)=h$是多项式空间$\mathbb{R}[X]$上的双线性型.

证 由已知$\varphi(f,g)=f(X)g'(X)$. 则对任$f_1,f_2,f,g,g_1,g_2 \in \mathbb{R}[X]$，$k \in \mathbb{R}$有

$$\varphi((f_1+f_2),g)=(f_1+f_2)g'=f_1g'+f_2g'=\varphi(f_1,g)+\varphi(f_2,g);$$

$$\varphi(f,g_1+g_2)=f(g_1+g_2)'=fg'_1+fg'_2=\varphi(f,g_1)+\varphi(f,g_2);$$

$$\varphi(kf,g)=kfg'=k\varphi(f,g);\ \varphi(f,kg)=k\varphi(f,g).$$

所以$\varphi(f,g)$是$\mathbb{R}[X]$上的双线性型.

7. 令$\varphi(A,B)=\mathrm{tr}(AB)$，证明$\varphi$是$M_{n\times r}(F)\times M_{r\times n}(F)$上的双线性型.

证 对任$A_1,A_2,A \in M_{n\times r}$，$B,B_1,B_2 \in M_{r\times n}$，$k \in F$有

$$\begin{aligned}\varphi(A_1+A_2,B)&=\mathrm{tr}((A_1+A_2)B)=\mathrm{tr}(A_1B+A_2B)\\&=\mathrm{tr}A_1B+\mathrm{tr}A_2B=\varphi(A_1,B)+\varphi(A_2,B);\\\varphi(A,B_1+B_2)&=\mathrm{tr}(A(B_1+B_2))=\mathrm{tr}(AB_1+AB_2)\\&=\mathrm{tr}AB_1+\mathrm{tr}AB_2=\varphi(A,B_1)+\varphi(A,B_2);\\\varphi(kA,B)&=\mathrm{tr}(kAB)=k\mathrm{tr}(AB)=k\varphi(A,B);\\\varphi(A,kB)&=\mathrm{tr}(AkB)=k\mathrm{tr}(AB)=k\varphi(A,B).\end{aligned}$$

(以上各式倒数第二个等式分别用到：设C,D为n阶方阵，$k \in F$则因为$\mathrm{tr}C=\sum_{i=1}^{n}c_{ii}$，

所以 $$\mathrm{tr}(C+D)=\sum_{i=1}^{n}(c_{ii}+d_{ii})=\sum_{i=1}^{n}c_{ii}+\sum_{i=1}^{n}d_{ii}=\mathrm{tr}C+\mathrm{tr}D,$$

$$\mathrm{tr}(kC)=\sum_{i=1}^{n}kc_{ii}=k\sum_{i=1}^{n}c_{ii}=k\mathrm{tr}C.\ \Big)$$

8. V 是$[0,1]$上连续实函数全体所成$\mathbb{R}$上线性空间，设 $k(s,t)$是二元连续实函数，$0\leqslant s\leqslant 1, 0\leqslant t\leqslant 1$，对 $f,g\in V$ 令

$$\varphi(f,g)=\iint f(s)K(s,t)g(t)\mathrm{d}s\mathrm{d}t.$$

(二重积分在单位正方形内进行). 证明 φ 是 $V\times V$ 上双线性型.

证　由于二重积分对被积函数有线性性，故 φ 是双线性型显然.

9. 设 V'和 V 均为域 F 上 n 维线性空间，$g:V'\times V\to F$ 是双线性型，证明以下条件等价：

(1) g 非左退化；　　(2) g 非右退化；

(3) g 非退化；　　(4) g 在任意基下的方阵均是可逆的.

证　因为 $\dim V'=\dim V$，所以双线性型在任基下的矩阵 G 是 n 阶方阵，故(由定义 8.12)

g 非左退化$\Leftrightarrow G$ 是行满秩的，即 $\mathrm{r}(G)=n\Leftrightarrow G$ 是列满秩的$\Leftrightarrow g$ 非右退化$\Leftrightarrow r(G)=n\Leftrightarrow$ g 非退化$\Leftrightarrow G$ 是满秩的$(\mathrm{r}(G)=n)\Leftrightarrow g$ 非退化.

***10.** 设 $g:V'\times V\to F$ 是双线性型，定义 g 的左核：$kl(g)=\{\alpha\in V'\mid g(\alpha,\beta)=0$ 对所有 $\beta\in V$ 成立$\}$. 同样定义 g 的右核 $kr(g)$. 证明：

(1) $kl(g)$是 V'的线性子空间，$kr(g)$是 V 的子空间.

(2) 自然定义双线性型 $\bar{g}:V'/kl(g)\times V\to F$，且 $\bar{g}$ 非左退化.

(3) 自然定义双线性型 $\bar{g}:V'/kl(g)\times V/kr(g)\to F$，且 $\bar{g}$ 非退化.

证　(1) 要证某一子集 S 是子空间只须证：①S 非空；②S 对原空间定义的加法和数乘封闭.

因为 $g(0,\beta)=0$ 对任 $\beta\in V$ 成立，所以 $0\in kl(g)$. 又对任 $\alpha_1,\alpha_2\in kl(g)$，$\lambda\in F$ 由双线性性有

$$g(\alpha_1+\alpha_2,\beta)=g(\alpha_1,\beta)+g(\alpha_2,\beta)=0+0=0,$$
$$g(\lambda\alpha_1,\beta)=\lambda g(\alpha_1,\beta)=\lambda\cdot 0=0,$$

所以 $kl(g)$是 V'的子空间.

显然右核定义为

$$kr(g)=\{\beta\in V\mid g(\alpha,\beta)=0,\ 对所有\ \alpha\in V'\ 成立\}.$$

因为 $g(\alpha,0)=0$，对任 $\alpha\in V'$成立，所以 $0\in kr(g)$. 又对任 $\beta_1,\beta_2\in kr(g)$，$\mu\in F$，由双线性性有

$$g(\alpha,\beta_1+\beta_2)=g(\alpha,\beta_1)+g(\alpha,\beta_2)=0+0=0,$$
$$g(\alpha,\mu\beta_1)=\mu g(\alpha,\beta_1)=\mu\cdot 0=0,$$

所以 $kr(g)$是 V 的子空间.

(2) 定义 $\bar{g}: V'/kl(g)\times V\to F,$

$$(\bar{\alpha},\beta)\mapsto\bar{g}(\bar{\alpha},\beta)=g(\alpha,\beta),$$

其中 $\bar{\alpha}=\alpha+kl(g)$. 显然 $\bar{g}$ 是双线性型. 又

任 $\bar{\alpha}\in V'/kl(g)$,若 $\bar{\alpha}\neq 0$,即 $\alpha\overline{\in} kl(g)$,则对任 $\beta\in V$,$\bar{g}(\bar{\alpha},\beta)=g(\alpha,\beta)\neq 0$,所以 $\bar{g}$ 非左退化.

(3) 定义

$$\bar{g}:V'/kl(g)\times V/kr(g)\to F,$$
$$(\bar{\alpha},\bar{\beta})\mapsto\bar{g}(\bar{\alpha},\bar{\beta})=g(\alpha,\beta),$$

其中 $\bar{\alpha}=\alpha+kl(g)$,$\bar{\beta}=\beta+kr(g)$,显然 $\bar{g}$ 是双线性型. 又因为对任 $0\neq\bar{\alpha}\in V'/kl(g)$,$0\neq\bar{\beta}\in V/kr(g)$,(即 $\alpha\overline{\in} kl(g)$,$\beta\overline{\in} kr(g)$),$\bar{g}(\bar{\alpha},\bar{\beta})=g(\alpha,\beta)\neq 0$,所以 $\bar{g}$ 非退化.

11. 双线性型 $g:V'\times V\to F$ 在 V'和 V 的不同基下的对应矩阵 A 和 B 有何关系? 即若 g 在 V'和 V 的基 $\varepsilon_1,\cdots,\varepsilon_n$ 及 $\eta_1,\cdots,\eta_n$ 下的矩阵为 A,在 V' 和 V 的基 $\tilde{\varepsilon}_1,\cdots,\tilde{\varepsilon}_n$ 和 $\tilde{\eta}_1,\cdots,\tilde{\eta}_n$ 下的矩阵为 B,且

$$(\tilde{\varepsilon}_1,\cdots,\tilde{\varepsilon}_n)=(\varepsilon_1,\cdots,\varepsilon_n)P,\quad(\tilde{\eta}_1,\cdots,\tilde{\eta}_n)=(\varepsilon_1,\cdots,\varepsilon_n)Q,$$

求 B 与 A 的关系.

解 任 $\alpha\in V'$,$\beta\in V$,设 α 在 V'的两组基 $\varepsilon_1,\cdots,\varepsilon_n$ 及 $\tilde{\varepsilon}_1,\cdots,\tilde{\varepsilon}_n$ 下的坐标列分别为 x,$\tilde{x}$;β 在 V 的两组基 $\eta_1,\cdots,\eta_n$ 及 $\tilde{\eta}_1,\cdots,\tilde{\eta}_n$ 下的坐标分别为 $y,\tilde{y}$. 又由 V'和 V 的两组基的过渡矩阵分别为 P,Q,故由坐标变换式有

$$x=P\tilde{x},\qquad y=Q\tilde{y},$$

于是

$$g(x,y)=x^{\mathrm{T}}Ay=(P\tilde{x})^{\mathrm{T}}AQ\tilde{y}=\tilde{x}^{\mathrm{T}}P^{\mathrm{T}}AQ\tilde{y}=\tilde{x}^{\mathrm{T}}B\tilde{y},$$

故 $B=P^{\mathrm{T}}AQ$. 即 B 与 A 相抵.

12. 第 7~9 题中双线性型何时是对称的? 何时可决定二次型? 写出此二次型.

解 (1) 第 7 题中双线性型为: 对任 $A\in M_{n\times r}(F)$,$B\in M_{r\times n}(F)$,有 $\varphi(A,B)=\mathrm{tr}(AB)$. 当 $r=n$ 时,因为对任 $A,B\in M_n(F)$,有

$$\mathrm{tr}(AB)=\sum_{i=1}^{n}c_{ii}=\sum_{i=1}^{n}\sum_{k=1}^{n}a_{ik}b_{ki}=\sum_{k=1}^{n}\sum_{i=1}^{n}b_{ki}a_{ik}=\mathrm{tr}(AB),$$

故 $\varphi(A,B)=\varphi(B,A)$. 即 $\varphi(A,B)$为 $M_n(F)$上的对称双线性型. 又

$$\varphi(A,A)=\mathrm{tr}(AA)=\sum_{i=1}^{n}\sum_{k=1}^{n}a_{ik}a_{ki},$$

即 $r=n$ 时,$\varphi(A,A)=Q(A)$为 $M_n(F)$上的二次型.

(2) 第 8 题中双线性型为：对任 $f,g\in V$ 有：

$$\varphi(f,g)=\iint f(s)K(s,t)g(t)\mathrm{d}t\mathrm{d}s.$$

故① 当 $K(s,t)=K(t,s)$ 时，有 $\varphi(f,g)=\varphi(g,f)$，即是对称双线性型.

② 当 $K(s,t)=K(t,s)$ 时，$Q(f)=\varphi(f,f)=\iint f(s)K(s,t)f(t)\mathrm{d}s\mathrm{d}t$ 是 V 上二次型.

(3) 第 9 题中当 $V'=V$ 且 $G'=G$ 时，$g(\alpha,\beta)=g(\beta,\alpha)$，即 g 为对称双线性型（其中 G 为双线性型 g 在任基下的方阵，α,β 为 V 中任向量）. 记 α 的坐标为 x，则

$$Q(\alpha)=g(\alpha,\alpha)=x^{\mathrm{T}}Gx$$

是 V 上二次型.

13. 对实系数多项式 $f(X)=\sum\limits_{i=0}^{\infty}a_iX^i$ 和 $g(X)=\sum\limits_{j=0}^{\infty}b_jX^j$ 定义：

$$\langle f,g\rangle=\sum_{i,j}\frac{a_i\,b_j}{i+j+1}.$$

(1) 证明这是$\mathbb{R}$ 上线性空间$\mathbb{R}[X]$上的内积（即正定对称双线性型）；

(2) 把此内积限制到子空间$\mathbb{R}[X]_n$ 上（这里$\mathbb{R}[X]_n$ 是次数小于或等于 n 的多项式全体），给出它在基 $1,x,\cdots,x^n$ 下的方阵.

证 (1) 因为

$$\int_0^1 f(x)g(x)\mathrm{d}x=\int_0^1\sum_i\sum_j a_i\,b_jx^{i+j}\mathrm{d}x$$

$$=\sum_{i,j}a_i\,b_j\frac{x^{(i+j+1)}}{i+j+1}\Bigg|_0^1=\sum_{i,j}\frac{a_i\,b_j}{i+j+1}=\langle f,g\rangle,$$

所以双线性性，对称性显然. 又因为

$$\langle f,f\rangle=\int_0^1 f^2(x)\mathrm{d}x>0,$$

故是正定的. 所以$\langle f,g\rangle$是$\mathbb{R}[X]$上的内积.

(2) 在次数$\leqslant n$ 的多项式全体构成的子空间$\mathbb{R}[X]_n$ 上，$1,x,\cdots,x^n$ 是基，任

$$f(x)=\sum_{i=0}^{n}a_ix^i,$$

因为

$$\langle x^i,x^j\rangle=\int_0^1 x^i\cdot x^j\mathrm{d}x=\frac{1}{i+j+1}=\begin{cases}\dfrac{1}{i+j+1}, & i\neq j,\\[2mm] \dfrac{1}{2i+1}, & i=j.\end{cases}$$

所以

$$G=(g_{ij})=\langle x^i,x^j\rangle=\begin{bmatrix}1 & \frac{1}{2} & \cdots & \cdots & \frac{1}{n+1}\\ \frac{1}{2} & \frac{1}{3} & \frac{1}{4} & & \vdots\\ \vdots & \ddots & \ddots & \ddots & \vdots\\ \vdots & & \ddots & \ddots & \frac{1}{2n}\\ \frac{1}{n+1} & \cdots & \cdots & \frac{1}{2n} & \frac{1}{2n+1}\end{bmatrix}.$$

14. 用可逆线性代换化下列二次型为有理标准形,并利用矩阵验算所得结果.

(1) $Q(x_1,x_2,x_3)=4x_1^2+x_2^2+x_3^2-4x_1x_2+4x_1x_3-3x_2x_3$;

(2) $Q(x_1,x_2,x_3)=x_1^2+5x_2^2-4x_3^2+2x_1x_2-4x_2x_3$;

(3) $Q(x_1,x_2,x_3)=x_1^2-3x_2^2-2x_1x_2+2x_1x_3-6x_2x_3$;

(4) $Q(x_1,x_2,x_3,x_4)=x_1x_2+x_2x_3+x_3x_4+x_4x_1$;

(5) $Q(x_1,x_2,x_3)=x_1^2+x_2^2+3x_3^2+4x_1x_2+2x_1x_3+2x_2x_3$;

(6) $Q(x_1,\cdots,x_n)=x_1x_{2n}+x_2x_{2n-1}+\cdots+x_nx_{n+1}$;

(7) $Q(x_1,\cdots,x_n)=x_1x_2+x_2x_3+\cdots+x_{n-1}x_n$;

(8) $Q(x_1,\cdots,x_n)=\sum\limits_{i=1}^{n}x_i^2+\sum\limits_{1\leqslant i<j\leqslant n}x_ix_j$;

(9) $Q(x_1,\cdots,x_n)=\sum\limits_{i=1}^{n}(x_i-\bar{x})^2$,其中 $\bar{x}=\dfrac{x_1+\cdots+x_n}{n}$.

解 (1) $Q(x_1,x_2,x_3)=x^{\mathrm{T}}Ax$,

$$(AI)=\begin{bmatrix}4 & -2 & 2 & 1 & 0 & 0\\ -2 & 1 & -\frac{3}{2} & 0 & 1 & 0\\ 2 & -\frac{3}{2} & 1 & 0 & 0 & 1\end{bmatrix}\xrightarrow[\frac{1}{2}c_1]{\frac{1}{2}r_1}\begin{bmatrix}1 & -1 & 1 & \frac{1}{2} & 0 & 0\\ -1 & 1 & -\frac{3}{2} & 0 & 1 & 0\\ 1 & -\frac{3}{2} & 1 & 0 & 0 & 1\end{bmatrix}\xrightarrow[\substack{c_1+c_2\\ -c_1+c_3}]{\substack{r_1+r_2\\ -r_1+r_3}}$$

$$\longrightarrow\begin{bmatrix}1 & 0 & 0 & \frac{1}{2} & 0 & 0\\ 0 & 0 & -\frac{1}{2} & \frac{1}{2} & 1 & 0\\ 0 & -\frac{1}{2} & 0 & -\frac{1}{2} & 0 & 1\end{bmatrix}\xrightarrow[c_3+c_2]{r_3+r_2}\begin{bmatrix}1 & 0 & 0 & \frac{1}{2} & 0 & 0\\ 0 & -1 & -\frac{1}{2} & 0 & 1 & 1\\ 0 & -\frac{1}{2} & 0 & -\frac{1}{2} & 0 & 1\end{bmatrix}$$

$$\xrightarrow[-\frac{1}{2}c_2+c_3]{-\frac{1}{2}r_2+r_3}\begin{bmatrix}1 & 0 & 0 & \frac{1}{2} & 0 & 0\\ 0 & -1 & 0 & 0 & 1 & 1\\ 0 & 0 & \frac{1}{4} & -\frac{1}{2} & -\frac{1}{2} & \frac{1}{2}\end{bmatrix}\xrightarrow[\substack{r_2\leftrightarrow r_3\\ c_2\leftrightarrow c_3}]{2r_3,2c_3}\begin{bmatrix}1 & 0 & 0 & \frac{1}{2} & 0 & 0\\ 0 & 1 & 0 & -1 & -1 & 1\\ 0 & 0 & -1 & 0 & 1 & 1\end{bmatrix}$$

$=(D,P^{\mathrm{T}})$，

所以 $Q(x_1,x_2,x_3)|_{x=Py}=y_1^2+y_2^2-y_3^2$，其中

$$P=\begin{bmatrix}\frac{1}{2} & -1 & 0\\ 0 & -1 & 1\\ 0 & 1 & 1\end{bmatrix},\quad 且\quad P^{\mathrm{T}}AP=\begin{bmatrix}1 & & \\ & 1 & \\ & & -1\end{bmatrix}.$$

(2) $Q(x_1,x_2,x_3)|_{x=Py}=y_1^2+y_2^2-5y_3^2$，其中

$$P=\begin{bmatrix}1 & -\frac{1}{2} & -\frac{1}{2}\\ 0 & \frac{1}{2} & \frac{1}{2}\\ 0 & 0 & 1\end{bmatrix},\quad 且\quad P^{\mathrm{T}}AP=\begin{bmatrix}1 & & \\ & 1 & \\ & & -5\end{bmatrix}.$$

(3)

$$P=\begin{bmatrix}1 & \frac{1}{2} & -\frac{3}{2}\\ & \frac{1}{2} & -\frac{1}{2}\\ & & 1\end{bmatrix},\quad D=\begin{bmatrix}1 & & \\ & -1 & \\ & & 0\end{bmatrix}=P^{\mathrm{T}}AP,$$

所以 $Q(x_1,x_2,x_3)|_{x=Py}=y_1^2-y_2^2$.

(4) 作代换

$$\begin{cases}x_1=y_1+y_2,\\ x_2=y_1-y_2,\\ x_3=y_3,\\ x_4=y_4,\end{cases}\quad 即\quad x=P_1y=\begin{bmatrix}1 & 1 & 0 & 0\\ 1 & -1 & 0 & 0\\ 0 & 0 & 1 & 0\\ 0 & 0 & 0 & 1\end{bmatrix}y,$$

有

$$\begin{aligned}Q(\alpha)&=y_1^2-y_2^2+y_1y_3-y_2y_3+y_3y_4+y_4y_1+y_4y_2\\ &=\left[y_1+\frac{1}{2}(y_3+y_4)\right]^2-\left[\frac{1}{2}(y_3+y_4)\right]^2\\ &\quad-\left[y_2+\frac{1}{2}(y_3-y_4)\right]^2+\left[\frac{1}{2}(y_3-y_4)\right]^2+y_3y_4\\ &=\left[y_1+\frac{1}{2}(y_3+y_4)\right]^2-\left[y_2+\frac{1}{2}(y_3-y_4)\right]^2,\end{aligned}$$

进一步作代换

$$\begin{cases} z_1 = y_1 + \frac{1}{2}(y_3 + y_4), \\ z_2 = y_2 + \frac{1}{2}(y_3 - y_4), \\ z_3 = y_3, \\ z_4 = y_4, \end{cases} \quad \text{即} \quad z = P_2^{-1} y = \begin{bmatrix} 1 & 0 & \frac{1}{2} & \frac{1}{2} \\ 0 & 1 & \frac{1}{2} & -\frac{1}{2} \\ & & 1 & 0 \\ & & & 1 \end{bmatrix} y,$$

所以

$$P_2 = \begin{bmatrix} 1 & 0 & -\frac{1}{2} & -\frac{1}{2} \\ & 1 & -\frac{1}{2} & \frac{1}{2} \\ & & 1 & 0 \\ & & & 1 \end{bmatrix}, \quad \text{令} \quad P = P_1 P_2 = \begin{bmatrix} 1 & 1 & -1 & 0 \\ 1 & -1 & 0 & -1 \\ 0 & 0 & 1 & 0 \\ 0 & 0 & 0 & 1 \end{bmatrix},$$

则 $Q(x_1,x_2,x_3,x_4)|_{x=Pz} = z_1^2 - z_2^2$,即 $P^{\mathrm{T}}AP = \mathrm{diag}\{1,-1,0,0\}$.

(5)

$$P = \begin{bmatrix} 1 & -2 & -\frac{1}{3} \\ 0 & 1 & -\frac{1}{3} \\ 0 & 0 & 1 \end{bmatrix}, \quad D = \begin{bmatrix} 1 & & \\ & -3 & \\ & & \frac{7}{3} \end{bmatrix} = P^{\mathrm{T}}AP,$$

$$Q(x_1,x_2,x_3)|_{x=Py} = y_1^2 - 3y_2^2 + \frac{7}{3}y_3^2.$$

(6)

$$Q(x_1,\cdots,x_n)|_{x=Py} = y_1^2 + \cdots + y_n^2 - y_{n+1}^2 - \cdots - y_{2n}^2,$$

$$P = \begin{bmatrix} 1 & & & & & 1 \\ & \ddots & & & \iddots & \\ & & 1 & 1 & & \\ & & 1 & -1 & & \\ & \iddots & & & \ddots & \\ 1 & & & & & -1 \end{bmatrix}, \quad P^{\mathrm{T}}AP = \begin{bmatrix} I_n & \\ & -I_n \end{bmatrix}.$$

(7) $Q(x_1,\cdots,x_n)|_{x=Py} = y_1^2 - y_2^2 + \cdots + y_{2k-1}^2 - y_{2k}^2$,$k = \left[\frac{n}{2}\right]$即$\frac{n}{2}$的整数部分.

令

$$C=\begin{bmatrix}1&1&\\1&-1&\\&&1\end{bmatrix}\begin{bmatrix}1&0&-\frac{1}{2}\\&1&-\frac{1}{2}\\&&1\end{bmatrix}=\begin{bmatrix}1&1&-1\\1&-1&0\\&&1\end{bmatrix}.$$

当 $n=2k+1$ 时，只要取

$$P=\begin{bmatrix}C&\\&I_{n-3}\end{bmatrix}\begin{bmatrix}I_2&&\\&C&\\&&I_{n-5}\end{bmatrix}\cdots\begin{bmatrix}I_{n-3}&\\&C\end{bmatrix},$$

则 $P^{\mathrm{T}}AP=\operatorname{diag}\{1,-1,1,-1,\cdots,1,-1,0\}$.

当 $n=2k$ 时，只要取

$$P=\begin{bmatrix}C&\\&I_{n-3}\end{bmatrix}\begin{bmatrix}I_2&&\\&C&\\&&I_{n-5}\end{bmatrix}\cdots\begin{bmatrix}I_{n-5}&&\\&C&\\&&I_2\end{bmatrix}\begin{bmatrix}I_{n-2}&&\\&1&1\\&1&-1\end{bmatrix},$$

则 $P^{\mathrm{T}}AP=\operatorname{diag}\{1,-1,\cdots,1,-1\}$.

(8)

$$A=\begin{bmatrix}1&\frac{1}{2}&\cdots&\frac{1}{2}\\\frac{1}{2}&\ddots&\ddots&\vdots\\\vdots&\ddots&\ddots&\frac{1}{2}\\\frac{1}{2}&\cdots&\frac{1}{2}&1\end{bmatrix},\quad 取\quad P=\begin{bmatrix}1&-\frac{1}{2}&-\frac{1}{3}&\cdots&-\frac{1}{n}\\&1&-\frac{1}{3}&\cdots&\vdots\\&&\ddots&\ddots&\vdots\\&&&1&-\frac{1}{n}\\&&&&1\end{bmatrix},$$

则

$$P^{\mathrm{T}}AP=\operatorname{diag}\left\{1,\frac{3}{4},\frac{2}{3},\cdots,\frac{n+1}{2n}\right\}.$$

(9)

$$\begin{aligned}Q(x_1,\cdots,x_n)&=\sum_{i=1}^{n}(x_i^2+\bar{x}^2-2x_i\bar{x})\\&=x_1^2+\cdots+x_n^2+n\left(\frac{x_1+\cdots+x_n}{n}\right)^2-2\,\frac{x_1+\cdots+x_n}{n}\sum_{i=1}^{n}x_i\\&=x_1^2+\cdots+x_n^2-\frac{(x_1+\cdots+x_n)^2}{n},\end{aligned}$$

所以

$$A=\begin{bmatrix}1-\frac{1}{n} & -\frac{1}{n} & \cdots & -\frac{1}{n}\\ -\frac{1}{n} & \ddots & \ddots & \vdots\\ \vdots & \ddots & \ddots & -\frac{1}{n}\\ -\frac{1}{n} & \cdots & -\frac{1}{n} & 1-\frac{1}{n}\end{bmatrix},$$

$$\det A=\det\left[I_n-\frac{1}{n}\begin{bmatrix}1\\ \vdots\\ 1\end{bmatrix}(1,\cdots,1)\right]=\det\left[1-(1,\cdots,1)\begin{bmatrix}\frac{1}{n}\\ \vdots\\ \frac{1}{n}\end{bmatrix}\right]=0,$$

而

$$\det A_m=\det\left(I_m-\frac{1}{n}\begin{bmatrix}1\\ \vdots\\ 1\end{bmatrix}(1,\cdots,1)\right)=1-\frac{m}{n}=\frac{n-m}{n}\neq 0\qquad(m\leqslant n-1),$$

故 A 的所有 $\leqslant n-1$ 阶顺序主子式均为正，所以

$$A\sim\mathrm{diag}\{1,\cdots,1,0\}.$$

具体化法：令 $y_i=x_i-\bar{x},i=1,\cdots,n-1,y_n=x_n$，则

$$x^{\mathrm{T}}Ax\mid_{x=Py}=\sum_{i=1}^{n-1}y_i^2+(y_1+\cdots+y_{n-1})^2=2\Big(\sum_{i=1}^{n-1}y_i^2+\sum_{1\leqslant i<j\leqslant n-1}y_iy_j\Big)$$

$$\xlongequal{\text{利用第 8 题}}2\left(z_1^2+\frac{3}{4}z_2^2+\cdots+\frac{n}{2n-2}z_{n-1}^2\right)$$

（从已知还可以看出：当 $x_1=\cdots=x_n$ 时，$x^{\mathrm{T}}Ax=0$，所以其正惯性指数一定小于 n），令

$$P=\begin{bmatrix}1-\frac{1}{n} & -\frac{1}{n} & \cdots & \cdots & -\frac{1}{n}\\ -\frac{1}{n} & \ddots & \ddots & & \vdots\\ \vdots & \ddots & \ddots & \ddots & \vdots\\ -\frac{1}{n} & \cdots & -\frac{1}{n} & 1-\frac{1}{n} & -\frac{1}{n}\\ 0 & \cdots & \cdots & 0 & 1\end{bmatrix}\begin{bmatrix}1 & -\frac{1}{2} & -\frac{1}{3} & \cdots & -\frac{1}{n-1} & 0\\ & 1 & -\frac{1}{3} & \cdots & \vdots & \vdots\\ & & \ddots & \ddots & \vdots & \vdots\\ & & & \ddots & -\frac{1}{n-1} & \vdots\\ & & & & 1 & 0\\ 0 & \cdots & \cdots & \cdots & 0 & 1\end{bmatrix},$$

则

$$P^{\mathrm{T}}AP=\mathrm{diag}\left\{2,\frac{3}{2},\cdots,\frac{n}{n-1},0\right\}.$$

15. 设 $A=\begin{bmatrix}A_{11} & A_{12}\\ A_{21} & A_{22}\end{bmatrix}$是一对称方阵，且 $\det A_{11}\neq 0$，证明：存在 $T=\begin{bmatrix}I & X\\ 0 & I\end{bmatrix}$，使 $T^{\mathrm{T}}AT=\begin{bmatrix}A_{11} & 0\\ 0 & *\end{bmatrix}$，其中 $*$ 表示一个与 A_{22} 同阶的方阵.

证 因为 $A^{\mathrm{T}}=A$，所以 $A_{12}^{\mathrm{T}}=A_{21}$，则取块初等方阵

$$T=\begin{bmatrix}I & -A_{11}^{-1}A_{12}\\ 0 & I\end{bmatrix},$$

有

$$\begin{aligned}T^{\mathrm{T}}AT&=\begin{bmatrix}I & 0\\ -A_{12}^{\mathrm{T}}A_{11}^{-1} & I\end{bmatrix}\begin{bmatrix}A_{11} & A_{12}\\ A_{21} & A_{22}\end{bmatrix}\begin{bmatrix}I & -A_{11}^{-1}A_{12}\\ 0 & I\end{bmatrix}\\&=\begin{bmatrix}A_{11} & A_{12}\\ 0 & A_{22}-A_{12}^{\mathrm{T}}A_{11}^{-1}A_{12}\end{bmatrix}\begin{bmatrix}I & -A_{11}^{-1}A_{12}\\ 0 & I\end{bmatrix}\\&=\begin{bmatrix}A_{11} & 0\\ 0 & A_{22}-A_{12}^{\mathrm{T}}A_{11}^{-1}A_{12}\end{bmatrix}.\end{aligned}$$

这里用到 $(A_{11}^{-1})^{\mathrm{T}}=(A_{11}^{\mathrm{T}})^{-1}=A_{11}^{-1}$.

16. 设 A 为实对称阵，求证：对任意实列向量 x 均有 $x^{\mathrm{T}}Ax=0$ 的充要条件是 $A=0$.

证 $\Leftarrow$充分性显然.

$\Rightarrow$方法1 分别取 $x_i=(0,\cdots,0,1,0,\cdots,0)^{\mathrm{T}}$，得 $a_{ii}=0,i=1,2,\cdots,n$；再分别取 $x_{ij}=(0,\cdots,0,1,0,\cdots,0,1,0,\cdots,0)^{\mathrm{T}}$，得

$$x^{\mathrm{T}}Ax=a_{ii}+a_{jj}+2a_{ij}=0\rightarrow a_{ij}=0,\quad i\neq j,\quad i,j=1,2,\cdots,n.$$

所以 $A=0$.

方法2 设有可逆线性代换 $x=py$ 把二次型化为平方和，即有

$$x^{\mathrm{T}}Ax\mid_{x=Py}=c_1y_1^2+\cdots+c_ny_n^2=y^{\mathrm{T}}P^{\mathrm{T}}APy,$$

分别取 $y_i=(0,\cdots,0,1,0,\cdots,0)^{\mathrm{T}}$知 $c_i=0,i=1,\cdots,n$. 所以

$$A=(P^{-1})^{\mathrm{T}}0P^{-1}=0.$$

17. 证明：秩等于 r 的对称方阵可以表示成 r 个秩等于1的对称方阵之和.

证 因为 $\mathrm{r}(A)=r$，则存在可逆阵 P，使

$$\mathrm{A}=P^{\mathrm{T}}\begin{bmatrix}\mu_1 & & & & \\ & \ddots & & & \\ & & \mu_r & & \\ & & & 0 & \\ & & & & \ddots\end{bmatrix}P$$

$$=P^{\mathrm{T}}\begin{bmatrix}\mu_1 & & & \\ & 0 & & \\ & & \ddots & \\ & & & \ddots \\ & & & & 0\end{bmatrix}P+\cdots+P^{\mathrm{T}}\begin{bmatrix}\ddots & & & \\ & 0 & & \\ & & \mu_r & \\ & & & 0 \\ & & & & \ddots\end{bmatrix}P,$$

显然右边每个方阵秩等于 1,且均对称. 得证.

18. 证明:A 是 n 阶反对称阵的充分必要条件是对任一个 n 维列向量 x,有 $x^{\mathrm{T}}Ax=0$.

证 $\Rightarrow$当 $A^{\mathrm{T}}=-A$ 时,对任 x 有 $x^{\mathrm{T}}Ax=(x^{\mathrm{T}}Ax)^{\mathrm{T}}=x^{\mathrm{T}}A^{\mathrm{T}}x=-x^{\mathrm{T}}Ax$,所以 $x^{\mathrm{T}}Ax=0$;

$\Leftarrow$取 $x_i=(0,\cdots,0,1,0,\cdots,0)^{\mathrm{T}}$,则 $x_i^{\mathrm{T}}Ax_i=a_{ii}=0$,所以 $a_{ii}=0,i=1,2,\cdots,n$.

取 $x_{ij}=(0,\cdots,0,1,0,\cdots,0,1,0,\cdots,0)^{\mathrm{T}}$,则

$$0=x_{ij}^{\mathrm{T}}Ax_{ij}=a_{ii}+a_{ij}+a_{ji}+a_{jj}\rightarrow a_{ij}=-a_{ij},\quad i,j=1,\cdots,n,\quad i\neq j.$$

所以 $A^{\mathrm{T}}=-A$. 即 A 是反对称阵.

19. 设二次型 $Q(x_1,\cdots,x_n)$ 的矩阵为 A,λ 是 A 的特征根. 证明,存在 $\mathbb{R}^{(n)}$ 中的非零向量 $(\xi_1,\xi_2,\cdots,\xi_n)^{\mathrm{T}}$,使得

$$Q(\xi_1,\xi_2,\cdots,\xi_n)=\lambda(\xi_1^2+\cdots+\xi_n^2).$$

证 因为 λ 是 A 的特征根,所以 A 有属于此特征值的特征向量 x,即有 $Ax=\lambda x$,设 $x=(\xi_1,\cdots,\xi_n)^{\mathrm{T}}$,则

$$Q(\xi_1,\cdots,\xi_n)=x^{\mathrm{T}}Ax=x^{\mathrm{T}}\lambda x=\lambda x^{\mathrm{T}}x=\lambda(\xi_1^2+\cdots+\xi_n^2).$$

20. 试求下列实对称阵在实相合下的标准形:

(1) $A=\begin{bmatrix}1 & 1 & 2\\ 1 & 0 & 3\\ 2 & 3 & 1\end{bmatrix}$; (2) $A=\begin{bmatrix}0^{(n)} & I^{(n)}\\ I^{(n)} & 0\end{bmatrix}$; (3) $A=\begin{bmatrix} & & 1\\ & ⋰ & \\ 1 & & \end{bmatrix}_{2n}$;

(4) $A=\begin{bmatrix}0^{(n)} & I^{(n)} & 0\\ I^{(n)} & 0^{(n)} & 0\\ 0 & 0 & 1\end{bmatrix}_{2n+1}$; (5) $A=\begin{bmatrix}1 & 1 & 1 & 1\\ 1 & 2 & 2 & 2\\ 1 & 2 & 3 & 3\\ 1 & 2 & 3 & 4\end{bmatrix}$.

解 (1) 取

$$P=\begin{bmatrix}1 & -1 & \frac{-3}{\sqrt{2}}\\ & 1 & \frac{1}{\sqrt{2}}\\ & & \frac{1}{\sqrt{2}}\end{bmatrix},\quad \text{则}\quad P^{\mathrm{T}}AP=\begin{bmatrix}1 & & \\ & -1 & \\ & & -1\end{bmatrix};$$

(2) 取

$$P=\frac{1}{\sqrt{2}}\begin{bmatrix} I^{(n)} & -I^{(n)} \\ I^{(n)} & I^{(n)} \end{bmatrix},\quad 则\quad P^{\mathrm{T}}AP=\begin{bmatrix} I_n & \\ & -I_n \end{bmatrix};$$

(3) 取

$$P=\frac{1}{\sqrt{2}}\begin{bmatrix} I_n & -H_n \\ H_n & I_n \end{bmatrix},$$

其中

$$H_n=\begin{bmatrix} & & 1 \\ & \therefore & \\ 1 & & \end{bmatrix}_n;\quad P^{\mathrm{T}}AP=\begin{bmatrix} I_n & \\ & -I_n \end{bmatrix}.$$

(4)

$$P_1=\frac{1}{\sqrt{2}}\begin{bmatrix} I_n & -I_n & 0 \\ I_n & I_n & 0 \\ 0 & 0 & 1 \end{bmatrix},\quad P_2=\begin{bmatrix} I_n & 0 & 0 & 0 \\ 0 & 0 & 0 & 1 \\ 0 & 0 & I_{n-1} & 0 \\ 0 & 1 & 0 & 0 \end{bmatrix},$$

令 $P=P_1P_2$,则

$$P^{\mathrm{T}}AP=\begin{bmatrix} I_{n+1} & \\ & -I_n \end{bmatrix},$$

(5)

$$P=\begin{bmatrix} 1 & -1 & & \\ & 1 & -1 & \\ & & 1 & -1 \\ & & & 1 \end{bmatrix},\quad 则\quad P^{\mathrm{T}}AP=I_4.$$

以上(1),(5)用初等变换法;(2),(4)相当于块初等变换;(3) 用二次型写出即为

$$Q(x_1,\cdots,x_n)=2x_1x_{2n}+2x_2x_{2n-1}+\cdots+2x_nx_{n+1}$$

所以令

$$\begin{cases} x_1=y_1-y_{2n}, \\ x_{2n}=y_1+y_{2n}, \\ \vdots \\ x_n=y_n-y_{n+1}, \\ x_{n+1}=y_n+y_{n+1}, \end{cases}\quad 即\quad P_1=\begin{bmatrix} 1 & & & & & -1 \\ & \ddots & & & \therefore & \\ & & 1 & -1 & & \\ & & 1 & -1 & & \\ & \therefore & & & \ddots & \\ 1 & & & & & -1 \end{bmatrix},$$

取 $P_2=\frac{1}{\sqrt{2}}I$,则令 $P=P_1P_2$ 即可.

21. 设 A 为 n 阶实系数方阵，且满足 $A^2=A$. 证明：A 可以写成实对称方阵之积.

证 因为 $A^2=A$，设 A 的特征值为 λ，则有 $\lambda^2=\lambda$，所以 $\lambda=1,0$. 又由 $A(A-I)=0$ 知有

$$\mathrm{r}(A-I)+\mathrm{r}(A)\leqslant n.$$

(见 4.3 节第 32 题)设 $\mathrm{r}(A)=r$，则 $\mathrm{r}(A-I)\leqslant n-r$，于是线性方程组 $Ax=0$ 的解空间是 $n-r$ 维的，由于 0 是特征值，故特征子空间 V_0 是 $n-r$ 维的，即 A 的属于特征值 0 的线性无关的特征向量有 $n-r$ 个；而$(A-I)x=0$ 的解空间的维数 $=n-\mathrm{r}(A-I)\geqslant r$，故特征子空间 V_1 是大于等于 r 维的(从 $\dim V_1+\dim V_0=n$，可知 $\dim V_1=r$)，又属于不同特征值的特征向量是线性无关的. 从 V_1 中选取 r 个线性无关的特征向量 $\xi_1,\cdots,\xi_r$，从 V_0 中选取 $n-r$ 个线性无关的特征向量 $\xi_{r+1},\cdots,\xi_n$. 令

$$P=(\xi_1,\cdots,\xi_r,\xi_{r+1},\cdots,\xi_n),$$

则有

$$P^{-1}AP=\begin{bmatrix} I_r & 0\\ 0 & 0\end{bmatrix},$$

所以

$$A=P\begin{bmatrix} I_r & 0\\ 0 & 0\end{bmatrix}P^{-1}=P\begin{bmatrix} I_r & 0\\ 0 & 0\end{bmatrix}P^{\mathrm{T}}(P^{-1})^{\mathrm{T}}\begin{bmatrix} I_r & 0\\ 0 & 0\end{bmatrix}P^{-1}=S_1\cdot S_2.$$

其中

$$S_1=P\begin{bmatrix} I_r & 0\\ 0 & 0\end{bmatrix}P^{\mathrm{T}},\quad S_2=(P^{\mathrm{T}})^{-1}\begin{bmatrix} I_r & 0\\ 0 & 0\end{bmatrix}P^{-1},$$

且 $S_1^{\mathrm{T}}=S_1,S_2^{\mathrm{T}}=S_2$.

注 A 相似于对角阵的证明也可以用 Jordan 标准形来证，见《高等代数学》(第 2 版)例 7.28.

22. 如果二次型 $Q(x_1,\cdots,x_n)$对应的方阵 S 的主子式：

$$d_j=\left|S\begin{pmatrix}1,\cdots,j\\1,\cdots,j\end{pmatrix}\right|\neq 0\quad (j=1,2,\cdots,n).$$

试证 $Q(x_1,\cdots,x_n)$的标准形为

$$d_1y_1^2+\frac{d_2}{d_1}y_2^2+\cdots+\frac{d_n}{d_{n-1}}y_n^2.$$

证 设

$$S=\begin{bmatrix} A_{n-1} & \beta\\ \beta^{\mathrm{T}} & a_{nn}\end{bmatrix},$$

则因为

$$\det A_{n-1}=d_j=\left|S\begin{pmatrix}1,\cdots,n-1\\1,\cdots,n-1\end{pmatrix}\right|\neq 0,$$

所以 A_{n-1}^{-1} 存在.令

$$P_1=\begin{bmatrix}I_{n-1} & -A_{n-1}^{-1}\beta\\0 & 1\end{bmatrix},$$

则有

$$P_1^{\mathrm T}SP_1=\begin{bmatrix}I_{n-1} & 0\\-\beta^{\mathrm T}A_{n-1}^{-1} & 1\end{bmatrix}\begin{bmatrix}A_{n-1} & \beta\\\beta^{\mathrm T} & a_{nn}\end{bmatrix}\begin{bmatrix}I_{n-1} & -A_{n-1}^{-1}\beta\\0 & 1\end{bmatrix}=\begin{bmatrix}A_{n-1} & 0\\0 & a_{nn}-\beta^{\mathrm T}A_{n-1}^{-1}\beta\end{bmatrix},$$

两边取行列式,因为 $\det P_1=1$,且记 $b=a_{nn}-\beta^{\mathrm T}A_{n-1}^{-1}\beta$,所以 $\det S=\det A_{n-1}\cdot b$,故

$$b=\frac{\det S}{\det A_{n-1}}=\frac{d_n}{d_{n-1}}.$$

继续做下去(依次对 $A_{n-1},A_{n-2},\cdots,A_2$ 重复如上的过程)就可以得到

$$S\approx\begin{bmatrix}d_1 & & & & \\ & \frac{d_2}{d_1} & & & \\ & & \ddots & & \\ & & & \frac{d_{n-1}}{d_{n-2}} & \\ & & & & \frac{d_n}{d_{n-1}}\end{bmatrix},$$

即 $Q(x_1,\cdots,x_n)$ 的标准形为

$$d_1y_1^2+\frac{d_2}{d_1}y_2^2+\cdots+\frac{d_n}{d_{n-1}}y_n^2.$$

23. 证明:一个实二次型可以分解成两个实系数的一次齐次多项式的乘积的充要条件是:它的秩等于 2 和符号差等于 0,或者秩等于 1.

证 $\Rightarrow$设 $f(x_1,\cdots,x_n)=(a_1x_1+\cdots+a_nx_n)(b_1x_1+\cdots+b_nx_n)$.

(1) 若 $b_i=ka_i,i=1,\cdots,n$,不妨设 $a_1\neq 0$,令

$$\begin{cases}y_1=a_1x_1+a_2x_2+\cdots+a_nx_n,\\y_i=x_i,\qquad i=2,\cdots,n\end{cases}$$

则有 $f(x_1,\cdots,x_n)\big|_{x=Py}=ky_1^2$,所以 $f(x_1,\cdots,x_n)$ 的秩为 1.

(2) 若两个一次式系数不成比例,不妨设

$$\frac{a_1}{b_1}\neq\frac{a_2}{b_2}.$$

令

$$\begin{cases} y_1 = a_1x_1 + a_2x_2 + \cdots + a_nx_n, \\ y_2 = b_1x_1 + b_2x_2 + \cdots + b_nx_n, \\ y_i = x_i, \quad i = 3, \cdots, n, \end{cases}$$

即

$$P_1^{-1} = \begin{bmatrix} a_1 & a_2 & \cdots & \cdots & \cdots & a_n \\ b_1 & b_2 & \cdots & \cdots & \cdots & b_n \\ 0 & 0 & 1 & 0 & \cdots & 0 \\ \vdots & \vdots & 0 & \ddots & \ddots & \vdots \\ \vdots & \vdots & \vdots & \ddots & \ddots & 0 \\ 0 & 0 & 0 & \cdots & 0 & 1 \end{bmatrix}$$

则有 $f(x_1, \cdots, x_n)|_{x=Py} = y_1y_2$，再令

$$\begin{cases} y_1 = z_1 + z_2, \\ y_2 = z_1 - z_2, \quad i = 3, \cdots, n, \\ y_i = z_i, \end{cases}$$

即

$$P_2 = \begin{bmatrix} 1 & 1 & & & \\ 1 & -1 & & & \\ & & 1 & & \\ & & & \ddots & \\ & & & & 1 \end{bmatrix},$$

则得

$$f(x_1, \cdots, x_n)|_{x=P_1y} = y_1y_2|_{y=P_2z} = z_1^2 - z_2^2.$$

故二次型 $f(x_1, \cdots, x_n)$的秩等于 2，符号差为 0.

$\Leftarrow$(1) 若 $f(x_1, \cdots, x_n)$ 的秩为 1，则可经非退化（可逆）线性替换化为 $f(x_1, \cdots, x_n)|_{x=Py} = ky_1^2$，由 $y = P^{-1}x$，可知有 $y_1 = a_1x_1 + a_2x_2 + \cdots + a_nx_n$，即得

$$f(x_1, \cdots, x_n) = k(a_1x_1 + \cdots + a_nx_n)^2.$$

(2) 若 $f(x_1, \cdots, x_n)$的秩为 2，符号差为零，则必存在可逆阵 P 使

$$f(x_1, \cdots, x_n)|_{x=Py} = y_1^2 - y_2^2 = (y_1 + y_2)(y_1 - y_2),$$

其中 y_1, y_2 均为 $x_1, \cdots, x_n$ 的线性函数(一次齐次式). 这由 $y = P^{-1}x$ 显然. 于是可设

$$y_1 + y_2 = a_1x_1 + a_2x_2 + \cdots + a_nx_n,$$

$$y_1 - y_2 = b_1x_1 + b_2x_2 + \cdots + b_nx_n.$$

故 $f(x_1,x_2,\cdots,x_n)$可表成两个一次齐次式的乘积.

24. 设 $f(x_1,\cdots,x_n)=\sum_{i=1}^{s}(a_{i1}x_1+a_{i2}x_2+\cdots+a_{in}x_n)^2$,证明 $f(x_1,\cdots,x_n)$ 的秩等于矩阵 $A=(a_{ij})$ 的秩.

证 令 $y_i=a_{i1}x_1+\cdots+a_{in}x_n \quad (1\leqslant i\leqslant s)$,记 $x=(x_1,\cdots,x_n)^{\mathrm{T}}$,$y=(y_1,\cdots,y_n)^{\mathrm{T}}$,则有 $y=Ax$,所以

$$f=\sum_{i=1}^{n}y_i^2=y^{\mathrm{T}}y=x^{\mathrm{T}}A^{\mathrm{T}}Ax,$$

故 $f(x_1,\cdots,x_n)$的秩等于 $A^{\mathrm{T}}A$ 的秩. 而由 3.3 节第 9 题知 $\mathrm{r}(A^{\mathrm{T}}A)=\mathrm{r}(A)$,故 $f(x_1,\cdots,x_n)$的秩等于 A 的秩.

25. 设 $f(x_1,\cdots,x_n)=h_1^2+h_2^2+\cdots+h_p^2-h_{p+1}^2-\cdots-h_{p+q}^2$,其中 $h_i(i=1,\cdots,p+q)$是 $x_1,\cdots,x_n$ 的一次齐次式,证明:$f(x_1,\cdots,x_n)$的正惯性指数$\leqslant p$,负惯性指数$\leqslant q$.

证 设 $f(x_1,\cdots,x_n)$的正惯性指数为 p',负惯性指数为 q'. 并设 $f(x_1,\cdots,x_n)$经可逆线性代换 $x=Cy$ 化为规范型

$$f(x_1,\cdots,x_n)=y_1^2+\cdots+y_{p'}^2-y_{p'+1}^2-\cdots-y_{p'+q'}^2, \qquad ②$$

记已知中表达式为①. 设 $C^{-1}=(c_{ij})$,由 $y=C^{-1}x$ 知

$$y_i=c_{i1}x_1+c_{i2}x_2+\cdots+c_{in}x_n, \qquad 1\leqslant i\leqslant n,$$

又由已知 h_i 也都是 $x_1,\cdots,x_n$ 的一次齐次式. 故若 $p'>p$,令 $y_{p'+1}=\cdots=y_n=0$,$h_1=\cdots=h_p=0$,则 n 个未知量 $x_1,\cdots,x_n$ 的齐次线性方程组

$$\begin{cases} y_i=c_{i1}x_1+\cdots+c_{in}x_n=0, & p'+1\leqslant i\leqslant n,\\ h_1=0,\\ \quad\vdots\\ h_p=0,\end{cases}$$

方程的个数$=p+(n-p')<n$,所以有非零解 x^*,此非零解代入①中得 $f(x_1,\cdots,x_n)\leqslant 0$;代入②中得 $f(x_1,\cdots,x_n)>0$,矛盾.

所以必有 $p'\leqslant p$,同理可证 $q'\leqslant q$.

26. 如果把实 n 阶对称方阵按相合分类(即两个实 n 阶对称阵属于同一类当且仅当它们相合),问共有几类?

解 因为两个实对称阵 A,B 相合的充要条件是正、负惯性指数分别相同;或$\mathrm{r}(A)=\mathrm{r}(B)$,$p_1-q_1=p_2-q_2$,所以列举出正、负惯性指数的选取可能即可算出

(1) 正项数　　负项数　　类

$p=0,\quad q=0,1,\cdots,n,\quad$ 共 $n+1$ 类；

$p=1,\quad q=0,1,\cdots,n-1,\quad$ 共 n 类；

$\vdots\qquad\vdots\qquad\vdots$

$p=n-1,\quad q=0,1,\quad 2$ 类；

$p=n,\quad q=0,\quad 1$ 类.

所以共有 $1+2+\cdots+n+n+1=\dfrac{(n+1)(n+2)}{2}$ 类. 或用

(2) 秩　　正惯性指数　　类

$r=0,\quad p=0,\quad 1;$

$r=1,\quad p=0,1,\quad 2;$

$\vdots\qquad\vdots\qquad\vdots$

$r=n-1,\quad p=0,1,\cdots,n-1,\quad n;$

$r=n,\quad p=0,1,\cdots,n,\quad n+1.$

27. 设 A 是 n 阶实对称阵，证明：存在一正实数 c 使对任一个实 n 维列向量 X 都有

$$|X^{\mathrm{T}}AX|\leqslant cX^{\mathrm{T}}X.$$

证 方法 1 因为对 A 存在正交方阵 Q，使 $Q^{\mathrm{T}}AQ=\mathrm{diag}\{\lambda_1,\cdots,\lambda_n\}$，其中 $\lambda_1,\cdots,\lambda_n$ 为 A 的特征值，即

$$X^{\mathrm{T}}AX\,|_{X=QY}=\lambda_1 y_1^2+\cdots+\lambda_n y_n^2,$$

则

$$\min\lambda_i(y_1^2+\cdots+y_n^2)\leqslant X^{\mathrm{T}}AX\leqslant\max\lambda_i(y_1^2+\cdots+y_n^2),$$

令 $c=\max(|\min\lambda_i|,|\max\lambda_i|)$，又 $y_1^2+\cdots+y_n^2=Y^{\mathrm{T}}Y=X^{\mathrm{T}}X$，故有

$$|X^{\mathrm{T}}AX|\leqslant cX^{\mathrm{T}}X.$$

(因为 Q 是正交方阵，所以 $X^{\mathrm{T}}X=(QY)^{\mathrm{T}}QY=Y^{\mathrm{T}}Q^{\mathrm{T}}QY=Y^{\mathrm{T}}Y$).

方法 2 (利用第 28 题)① 因为 A 是实对称阵，所以 $\exists t_1$，使 $t_1I+A>0$，即对任 x，有 $x^{\mathrm{T}}(t_1I+A)x>0$，即

$$x^{\mathrm{T}}Ax\geqslant -t_1x^{\mathrm{T}}x.$$

② 又 $-A$ 亦是对称阵，所以 $\exists t_2$，使 $t_2I-A>0$，故对任 x，有 $x^{\mathrm{T}}(t_2I-A)x>0$，故

$$x^{\mathrm{T}}Ax\leqslant t_2x^{\mathrm{T}}x.$$

取 $c=\max(t_1,t_2)$，则有 $-cx^{\mathrm{T}}x\leqslant x^{\mathrm{T}}Ax\leqslant cx^{\mathrm{T}}x$，即

$$|x^{\mathrm{T}}Ax|\leqslant cx^{\mathrm{T}}x.$$

28. 设 A 是实对称阵，证明：当实数 t 充分大后，$tI+A$ 是正定矩阵.

证　方法 1　用 2.3 节第 27 题，当 t 充分大时，可使 $tI+A$ 是对角优的，这只要取 t 大于各列和的绝对值的最大值即

$$t > \max_j \left| \sum_{i=1}^{n} a_{ij} \right|.$$

方法 2　用定理 9.5 系 2. 对任实对称方阵 A，存在实正交方阵 Q，使

$$Q^{\mathrm{T}} A Q = \operatorname{diag}\{\lambda_1, \cdots, \lambda_n\},$$

其中 $\lambda_1, \cdots, \lambda_n$ 为实数，均为 A 的特征根. 故

$$Q^{\mathrm{T}}(tI + A)Q = \operatorname{diag}\{t+\lambda_1, \cdots, t+\lambda_n\},$$

所以只要选取 $t \geqslant \max|\lambda_i|$ 即可.

29. 判别下列二次型是否正定：

(1) $99x_1^2 - 12x_1x_2 + 48x_1x_3 + 130x_2^2 - 60x_2x_3 + 71x_3^2$；

(2) $10x_1^2 + 8x_1x_2 + 24x_1x_3 + 2x_2^2 - 28x_2x_3 + x_3^2$；

(3) $\sum\limits_{i=1}^{n} x_i^2 + \sum\limits_{1 \leqslant i < j \leqslant n} x_i x_j$；

(4) $\sum\limits_{i=1}^{n} x_i^2 + \sum\limits_{i=1}^{n-1} x_i x_{i+1}$.

解　(1) 因为

$$A = \begin{bmatrix} 99 & -6 & 24 \\ -6 & 130 & -30 \\ 24 & -30 & 71 \end{bmatrix},$$

其各阶顺序主子式

$$d_1 = 99 > 0, \quad d_2 = \begin{vmatrix} 99 & -6 \\ -6 & 130 \end{vmatrix} > 0, \quad d_3 = \det A = 18 \times 49 \times 2283 > 0,$$

所以 $A>0$，即二次型正定.

(2) $d_1 = 10 > 0$，　$d_2 = \begin{vmatrix} 10 & 4 \\ 4 & 2 \end{vmatrix} > 0$，

$$d_3 = \begin{vmatrix} 10 & 4 & 12 \\ 4 & 2 & -14 \\ 12 & -14 & 1 \end{vmatrix} = 2^2(5 - 2\times 14\times 12 - 12\times 6 - 14\times 35 - 4) < 0,$$

所以 $Q(x_1, x_2, x_3)$ 不是正定的.

这里是用顺序主子式来判断的. 要算一个三阶行列式，计算量较大. 本题也可这样来做：利用若 A 正定，则 A 的所有主子式大于 0. 而我们一眼就可以看出有一个二阶主子式

小于 0,即

$$\begin{vmatrix} a_{22} & a_{23} \\ a_{32} & a_{33} \end{vmatrix} = \begin{vmatrix} 2 & -14 \\ -14 & 1 \end{vmatrix} < 0.$$

所以 A 必不正定.

(3) 因

$$A = \begin{bmatrix} 1 & \frac{1}{2} & \cdots & \frac{1}{2} \\ \frac{1}{2} & \ddots & \ddots & \vdots \\ \vdots & \ddots & \ddots & \frac{1}{2} \\ \frac{1}{2} & \cdots & \frac{1}{2} & 1 \end{bmatrix},$$

$$d_m = \frac{1}{2^m} \begin{vmatrix} 2 & 1 & \cdots & 1 \\ 1 & \ddots & \ddots & \vdots \\ \vdots & \ddots & \ddots & 1 \\ 1 & \cdots & 1 & 2 \end{vmatrix}_m = \frac{1}{2^m} \left| I_m + \begin{bmatrix} 1 \\ \vdots \\ \vdots \\ 1 \end{bmatrix} (1,\cdots,1) \right|$$

$$= \frac{1}{2^m} \left| 1 + (1,\cdots,1) \begin{bmatrix} 1 \\ \vdots \\ \vdots \\ 1 \end{bmatrix} \right| = \frac{m+1}{2^m} > 0, \quad m = 1,\cdots,n.$$

所以 $Q(x_1,\cdots,x_n)$ 正定.

(4) $Q(x_1,\cdots,x_n) = \frac{1}{2}\left[x_1^2 + \sum_{i=1}^{n-1}(x_i + x_{i+1})^2 + x_n^2\right] > 0$;

或用

$$A = \begin{bmatrix} 1 & \frac{1}{2} & & \\ \frac{1}{2} & \ddots & \ddots & \\ & \ddots & \ddots & \frac{1}{2} \\ & & \frac{1}{2} & 1 \end{bmatrix},$$

$$d_m = \frac{1}{2^m}\begin{vmatrix} 2 & 1 & & & \\ 1 & \ddots & \ddots & & \\ & \ddots & \ddots & 1 \\ & & 1 & 2 \end{vmatrix} = \frac{1}{2^m}\frac{\alpha^{m+1}-\beta^{m+1}}{\alpha-\beta} = \frac{m+1}{2^m} > 0,$$

上面是三对角线行列式,α,β 满足 $x^2-2x+1=0$,当 $\alpha=\beta$ 时,值为 $\alpha^m+\alpha^{m-1}\beta+\cdots+\alpha\beta^{m-1}+\beta^m$,这里 $\alpha=\beta=1$,故其值为 $m+1$.

30. t 取什么值时,下列二次型是正定的:

(1) $x_1^2+x_2^2+5x_3^2+2tx_1x_2-2x_1x_3+4x_2x_3$;

(2) $x_1^2+4x_2^2+x_3^2+2tx_1x_2+10x_1x_3+6x_2x_3$;

解 (1) 因二次型的矩阵为

$$A = \begin{bmatrix} 1 & t & -1 \\ t & 1 & 2 \\ -1 & 2 & 5 \end{bmatrix},$$

要

$$d_1 = 1 > 0, \quad d_2 = 1-t^2 > 0, \quad d_3 = -t(4+5t) > 0,$$

必有

$$\begin{cases} -1 < t < 1, \\ -t > 0, \\ 4+5t > 0, \end{cases} \to \quad -\frac{4}{5} < t < 0; \quad 或 \begin{cases} -1 < t < 1, \\ -t < 0, \\ 4+5t < 0, \end{cases} \quad 无解.$$

故当 $-\frac{4}{5}<t<0$ 时,$Q(x_1,x_2,x_3)$ 正定.

(2)

$$A = \begin{bmatrix} 1 & t & 5 \\ t & 4 & 3 \\ 5 & 3 & 1 \end{bmatrix}, \quad d_1 = 1, \quad d_2 = 4-t^2, \quad d_3 = 30t-105-t^2;$$

要 $d_1>0,\ d_2>0,\ d_3>0$,必须

$$\begin{cases} -2 < t < 2, \\ -15-\sqrt{120} < t < -15+\sqrt{120}, \end{cases} \quad 无解.$$

所以 t 为任何值时,$Q(x_1,x_2,x_3)$ 均不正定.

31. 在 $Q(x,y,z)=\lambda(x^2+y^2+z^2)+2xy+2xz-2yz$ 中,问:

(1) λ 取什么值时,Q 为正定的?

(2) λ 取什么值时,Q 为负定的?

(3) 当 $\lambda=2$ 和 $\lambda=-1$ 时,Q 为什么类型?

解 (1) 用 Q 正定$\Leftrightarrow$它的矩阵的各阶顺序主子式皆为正数.

$$A=\begin{bmatrix}\lambda & 1 & 1\\ 1 & \lambda & -1\\ 1 & -1 & \lambda\end{bmatrix},\quad d_1=\lambda,\quad d_2=\lambda^2-1,\quad d_3=(\lambda-2)(\lambda+1)^2,$$

所以要 Q 正定必须,$\lambda>0,\lambda^2>1,\lambda>2$,故 $\lambda>2$ 为解答.

(2) Q 负定$\Leftrightarrow d_1<0,d_2>0,d_3<0$,即 $\lambda<0,\lambda^2>1,\lambda<2$,所以 $\lambda<-1$ 为解.

(3) 当 $\lambda=2$ 时,A 的所有主子式均为正数或 0,所以 Q 是半正定的(因 $a_{11}=a_{22}=a_{33}=2>0,\det A=0$,二阶主子式有三个值均为 3).

或用配方法:

$$Q=2\left[x+\frac{1}{2}(y+z)\right]^2+\left(2-\frac{1}{2}\right)(y-z)^2,$$

所以 Q 半正定.

当 $\lambda=-1$ 时,$Q=-(x-y-z)^2$, 故 Q 半负定.

32. 设 $A=\begin{vmatrix}a & \lambda & \cdots & \lambda\\ \lambda & \ddots & \ddots & \vdots\\ \vdots & \ddots & \ddots & \lambda\\ \lambda & \cdots & \lambda & a\end{vmatrix}$,其中 $a>0$, $n\geqslant 2$,试问,当 λ 取何值时,实二次型 $x^{\mathrm{T}}Ax$ 正定?

解 $x^{\mathrm{T}}Ax$ 正定$\Leftrightarrow A$ 正定$\Leftrightarrow A$ 的各阶顺序主子式大于 0,而 k 阶顺序主子式

$$\det A_k=\det\left[(a-\lambda)I_k+\begin{bmatrix}\lambda\\ \vdots\\ \lambda\end{bmatrix}(1,\cdots,1)\right]=(a-\lambda)^{k-1}[a+(k-1)\lambda],$$

其中 $\det A_1=a>0$,当 $k\geqslant 2$,

$$\det A_k>0\Leftrightarrow\begin{cases}a-\lambda>0\\ a+(k-1)\lambda>0\end{cases}\rightarrow a>\lambda>-\frac{a}{k-1},$$

$k=2,\cdots,n$ 代入,得当 $a>\lambda>-\dfrac{a}{n-1}$时,二次型 $x^{\mathrm{T}}Ax$ 正定.

33. 试求下列实二次型的相合标准形:

(1) $\sum\limits_{1\leqslant j<k\leqslant n}(-1)^{j+k}x_jx_k$; (2) $\sum\limits_{1\leqslant j<k\leqslant n}|j-k|x_jx_k$.

解 (1) 方法 1 用判断 A 的各阶顺序主子式的正负来确定正负惯性指数.因为

$$A=\begin{bmatrix} 0 & -\frac{1}{2} & \frac{1}{2} & \cdots & (-1)^{n-1}\frac{1}{2} \\ -\frac{1}{2} & \ddots & \ddots & \ddots & \vdots \\ \frac{1}{2} & \ddots & \ddots & \ddots & \frac{1}{2} \\ \vdots & \ddots & \ddots & \ddots & -\frac{1}{2} \\ (-1)^{n-1}\frac{1}{2} & \cdots & \frac{1}{2} & -\frac{1}{2} & 0 \end{bmatrix}$$

$$=\frac{1}{2}\begin{bmatrix} 1 \\ -1 \\ 1 \\ -1 \\ \vdots \end{bmatrix}(1,-1,1,-1,\cdots)-\frac{1}{2}I_n,$$

所以 A 的 m 阶顺序主子式

$$\det A_m=\left(-\frac{1}{2}\right)^m\left(1-(1,-1,1,-1,\cdots)\begin{bmatrix} \frac{1}{2} \\ -\frac{1}{2} \\ \frac{1}{2} \\ -\frac{1}{2} \\ \vdots \end{bmatrix}\right)=\frac{(-1)^{m-1}}{2^{m+1}}(m-2),$$

故当 $m>2$ 时，m 为奇时 $\det A_m>0$，m 为偶时，$\det A_m<0$. 由第 22 题可知

$$A\approx\mathrm{diag}\{-1,1,-1,\cdots,-1\}.$$

方法 2　作可逆线性代换

$$\begin{cases} x_1=y_1+y_2, \\ x_2=y_1-y_2, \\ x_i=y_i, \qquad i=3,\cdots,n. \end{cases}$$

则有

$$Q(x_1,\cdots,x_n)\mid_{x=P_1y}=-y_1^2+y_2^2+2y_2(y_3-y_4+y_5-\cdots)+\sum_{3\leqslant j<k\leqslant n}y_jy_k(-1)^{j+k}$$

$$=-y_1^2+[y_2+(y_3-y_4+\cdots)]^2-\sum_{j=3}^{n}y_j^2-\sum_{3\leqslant j<k\leqslant n}y_jy_k(-1)^{j+k}$$

$$\xlongequal{y=P_2z}-z_1^2+z_2^2-\sum_{j=3}^{n}z_j^2-\sum_{3\leqslant j<k\leqslant n}z_jz_k(-1)^{j+k},$$

而 $n-2$ 个变量的二次型

$$\sum_{j=3}^{n}z_j^2+\sum_{3\leqslant j<k\leqslant n}z_jz_k(-1)^{j+k}$$

是正定的，这很容易由它的各阶顺序主子式为正得出，事实上 $\det A_m'=\dfrac{(m+2)}{2^m}>0$.

故二次型的标准形为(变量记为 $\tilde{x}$)

$$\tilde{x}_1^2-\tilde{x}_2^2-\tilde{x}_3^2-\cdots-\tilde{x}_n^2.$$

$(x=P\tilde{x},\ P=P_1P_2P_3)$

(2) 看 A 的 m 阶顺序主子式

$$d_m=\begin{vmatrix}0&\frac{1}{2}&1&\cdots&\frac{m-1}{2}\\ \frac{1}{2}&\ddots&\ddots&\ddots&\vdots\\ 1&\ddots&\ddots&\ddots&1\\ \vdots&\ddots&\ddots&\ddots&\frac{1}{2}\\ \frac{m-1}{2}&\cdots&1&\frac{1}{2}&0\end{vmatrix}=\frac{1}{2^m}\begin{vmatrix}0&1&2&\cdots&m-1\\ 1&\ddots&\ddots&\ddots&\vdots\\ 2&\ddots&\ddots&\ddots&2\\ \vdots&\ddots&\ddots&\ddots&1\\ m-1&\cdots&2&1&0\end{vmatrix}$$

$$=\frac{(-1)^{m-1}(m-1)}{4},$$

所以当 $m>1$ 时有：$d_m<0$，m 为偶数；$d_m>0$，m 为奇数. 故当 $m>1$ 后，A 的顺序主子式正、负相间，由第 22 题知

$$A\approx\begin{bmatrix}0&\frac{1}{2}&&&\\ \frac{1}{2}&0&&&\\ &&\frac{d_3}{d_2}&&\\ &&&\ddots&\\ &&&&\frac{d_n}{d_{n-1}}\end{bmatrix}\approx\begin{bmatrix}1&\\&-I_{n-1}\end{bmatrix}.$$

故二次型的相合标准形为

$$Q(\alpha)\big|_{x=Py}=y_1^2-y_2^2-\cdots-y_n^2.$$

34. 判定下列实对称阵属于什么相合类(正定,负定,半正定,半负定,不定)

(1) $A=\begin{bmatrix} n & -1 & \cdots & -1 \\ -1 & \ddots & \ddots & \vdots \\ \vdots & \ddots & \ddots & -1 \\ -1 & \cdots & -1 & n \end{bmatrix}$；　(2) $A=\begin{bmatrix} 2 & 1 & \cdots & 1 \\ 1 & \ddots & \ddots & \vdots \\ \vdots & \ddots & \ddots & 1 \\ 1 & \cdots & 1 & 2 \end{bmatrix}$；

(3) $A=\begin{bmatrix} 0 & \frac{1}{2} & \cdots & \frac{1}{2} \\ \frac{1}{2} & \ddots & \ddots & \vdots \\ \vdots & \ddots & \ddots & \frac{1}{2} \\ \frac{1}{2} & \cdots & \frac{1}{2} & 0 \end{bmatrix}$.

解　(1) 方法1

$$d_k=\begin{vmatrix} n & -1 & \cdots & -1 \\ -1 & \ddots & \ddots & \vdots \\ \vdots & \ddots & \ddots & -1 \\ -1 & \cdots & -1 & n \end{vmatrix}_k=\det\left((n+1)I_k-\begin{bmatrix}1\\ \vdots\\ 1\end{bmatrix}(1,\cdots,1)\right)$$

$$=(n+1)^k\left|I_k-\frac{1}{n+1}\alpha\alpha^{\mathrm{T}}\right|=(n+1)^k\left(1-\frac{1}{n+1}\alpha^{\mathrm{T}}\alpha\right)$$

$$=(n+1)^k\left(1-\frac{k}{n+1}\right)=(n+1)^{k-1}(n+1-k)>0,$$

其中 $\alpha=(1,\cdots,1)^{\mathrm{T}}\in\mathbb{R}^{(k)}$. 所以 $k>1$ 时 $d_k>0$, $k=1$, $d_1=n>0$, 故 A 正定.

方法2

$$Q(\alpha)=n\sum_{i=1}^{n}x_i^2-2\sum_{i<k}x_ix_k=\sum_{i=1}^{n}x_i^2+(n-1)\sum_{i=1}^{n}x_i^2-2\sum_{i<k}x_ix_k$$

$$=\sum_{i=1}^{n}x_i^2+\sum_{1\leqslant i<k\leqslant n}(x_i-x_k)^2\geqslant 0.$$

等号仅当 $\alpha=0$ 成立,故 A 正定.

(2)

$$d_k = \det\left[I + \begin{bmatrix}1\\ \vdots\\ 1\end{bmatrix}(1,\cdots,1)\right] = 1+k>0,\quad k\geqslant 1,$$

故 A 正定.

(3) 方法 1

$$d_k = \frac{1}{2^k}\det\left[\begin{bmatrix}1\\ \vdots\\ 1\end{bmatrix}(1,\cdots,1) - I\right] = (-1)^{k-1}\frac{(k-1)}{2^k}.$$

所以当 $k>1$ 时,A 的各阶顺序主子式正、负相间(即 k 为偶数 $d_k<0$;k 为奇数 $d_k>0$)故 A 是不定的.

方法 2

$$Q(\alpha) = 2\sum_{i=1}^n x_i^2 + 2\sum_{1\leqslant i<k\leqslant n} x_i x_k = \sum_{i=1}^n x_i^2 + (x_1+x_2+\cdots+x_n)^2 > 0$$

35. 设 n 阶实方阵

$$A = \begin{bmatrix}\lambda+3 & 2 & \cdots & \cdots & 2\\ 2 & \lambda & 1 & \cdots & 1\\ \vdots & 1 & \ddots & & \vdots\\ \vdots & \vdots & \ddots & \ddots & 1\\ 2 & 1 & \cdots & 1 & \lambda\end{bmatrix},\quad n\geqslant 2,$$

试求 λ 的取值范围使 A 正定.

解 记 $\alpha=(2,1,\cdots,1)^{\mathrm{T}}$,则

$$\det A_k = \det\left((\lambda-1)I_k + \begin{bmatrix}2\\ 1\\ \vdots\\ 1\end{bmatrix}(2,1,\cdots,1)\right) = \det((\lambda-1)I_k + \alpha\alpha^{\mathrm{T}})$$

$$=(\lambda-1)^k\det\left(I_k + \frac{1}{\lambda-1}\alpha\alpha^{\mathrm{T}}\right) = (\lambda-1)^k\left(I_1 + \frac{1}{\lambda-1}\alpha^{\mathrm{T}}\alpha\right)$$

$$=(\lambda-1)^{k-1}(\lambda-1+k+3) = (\lambda-1)^{k-1}(\lambda+k+2),$$

由

$$A\text{ 正定}\Leftrightarrow \det A_k>0 \Leftrightarrow \begin{cases}\lambda>1,\\ \lambda>-(k+2),\quad k=1,\cdots,n,\end{cases}$$

所以$\lambda>1$.

36. 证明：如果A是正定实对称阵，那么A^{-1}和A^*(古典伴随方阵)也是正定方阵.

证　方法1　因为$(A^{-1})^{\mathrm{T}}=(A^{\mathrm{T}})^{-1}=A^{-1}$，所以$A^{-1}$是实对称阵.设$\lambda_i$为$A$的特征根($i=1,\cdots,n$)，则$\lambda_i^{-1}$是$A^{-1}$的特征根$\left(\text{因由 } Ax_i=\lambda_i x \text{ 可得 } A^{-1}x_i=\dfrac{1}{\lambda_i}x_i\right)$.所以

$$A>0\Leftrightarrow\lambda_i>0\Leftrightarrow\frac{1}{\lambda_i}>0\Leftrightarrow A^{-1}>0.$$

方法2　因为$A>0$，所以对任$x\neq0$，有$x^{\mathrm{T}}Ax>0$，作可逆线性代换$x=A^{-1}y$，得

$$0<x^{\mathrm{T}}Ax=(A^{-1}y)^{\mathrm{T}}A(A^{-1}y)=y^{\mathrm{T}}(A^{-1})^{\mathrm{T}}AA^{-1}y=y^{\mathrm{T}}A^{-1}y,$$

所以$A^{-1}>0$.(因为上式对任$y\neq0$成立)又因为

$$A^*=(\det A)A^{-1},$$

故对任$x\neq0$，有

$$x^{\mathrm{T}}A^*x=x^{\mathrm{T}}(\det A)A^{-1}x=(\det A)x^{\mathrm{T}}A^{-1}x>0.$$

所以A^*正定.最后一个大于号是因为$\det A>0$，(因为A正定)及$x^{\mathrm{T}}A^{-1}x>0$对任$x\neq0$成立(因A^{-1}正定).

37. 如果A,B都是n阶正定方阵，证明$A+B$也是正定方阵.

证　由已知，对任$x\neq0$，有$x^{\mathrm{T}}Ax>0$，$x^{\mathrm{T}}Bx>0$，于是有

$$x^{\mathrm{T}}(A+B)x=x^{\mathrm{T}}Ax+x^{\mathrm{T}}Bx>0,$$

对任$x\neq0$成立，故$A+B$是正定的.

38. 设A为n阶实对称阵，且$|A|<0$，证明：必存在实n维向量$x\neq0$，使$x^{\mathrm{T}}Ax<0$.

证　方法1(反证法)　若对任x均有$x^{\mathrm{T}}Ax\geqslant0$则$A$是半正定的.由定理8.5知$A$的所有主子式$\geqslant0$，与已知$|A|<0$矛盾，故必有$x\neq0$，使$x^{\mathrm{T}}Ax<0$.

方法2　设$\lambda_1,\cdots,\lambda_n$为$A$的特征值，则有$\det A=\lambda_1\lambda_2\cdots\lambda_n$(见定理6.11).由已知$|A|<0$，故必有某个$\lambda_i<0$，即$A$的负惯性指数$\neq0$.故存在可逆线性代换$x=Py$使

$$x^{\mathrm{T}}Ax\,|_{x=Py}=y_1^2+\cdots+y_r^2-(y_{r+1}^2+\cdots+y_n^2),\quad r<n,$$

取$y_1=\cdots=y_r=0$，$y_{r+1}=\cdots=y_n=1$，则

$$x=\begin{bmatrix}x_1\\ \vdots\\ x_n\end{bmatrix}=P\begin{bmatrix}0\\ \vdots\\ 0\\ 1\\ \vdots\\ 1\end{bmatrix}\neq0,$$

且使

$$x^{\mathrm{T}}Ax=0+\cdots+0-(1+\cdots+1)=-(n-r)<0.$$

39. 试证：任一秩为1半正定对称方阵 S 必有 $S=\alpha^{\mathrm{T}}\alpha$，其中 α 是 $1\times n$ 非零矩阵.

证 因为对任实对称阵 S 都存在可逆阵 P，使

$$P^{\mathrm{T}}AP=\begin{bmatrix}I_r & & \\ & -I_q & \\ & & 0\end{bmatrix}.$$

这里，由 S 半正定，所以 $q=0$，又因为 $r(S)=1$，所以 $r=1$. 即

$$P^{\mathrm{T}}SP=\begin{bmatrix}1 & & & \\ & 0 & & \\ & & \ddots & \\ & & & 0\end{bmatrix}\rightarrow S=(P^{-1})^{\mathrm{T}}\begin{bmatrix}1 & & & \\ & 0 & & \\ & & \ddots & \\ & & & 0\end{bmatrix}\begin{bmatrix}1 & & & \\ & 0 & & \\ & & \ddots & \\ & & & 0\end{bmatrix}P^{-1}.$$

记 $P^{-1}=(b_{ij})$，$\alpha=(b_{11},\cdots,b_{1n})$，则

$$S=\begin{bmatrix}b_{11}\\ \vdots \\ b_{1n}\end{bmatrix}(b_{11},\cdots,b_{1n})=\alpha^{\mathrm{T}}\alpha.$$

40. 设 A 是正定实对称方阵，试证：对任两向量 x 和 y，成立着

$$(x^{\mathrm{T}}Ay)^2\leqslant(x^{\mathrm{T}}Ax)(y^{\mathrm{T}}Ay).$$

又等式成立的必要充分条件为 x 和 y 线性相关.

证 当 $y=0$ 时，不等式显然成立. 当 $y\neq 0$，引入参数 t，则由 A 是正定实对称阵有

$$0\leqslant(x+ty)^{\mathrm{T}}A(x+ty)=x^{\mathrm{T}}Ax+t^2y^{\mathrm{T}}Ay+2tx^{\mathrm{T}}Ay, \qquad (*)$$

对一切实数 t 成立. 视右边为 t 的二次三项式，故应有其判别式 $\leqslant 0$，即($b^2-4ac\leqslant 0$)

$$(x^{\mathrm{T}}Ay)^2\leqslant(x^{\mathrm{T}}Ax)(y^{\mathrm{T}}Ay),$$

等号成立 $\Leftrightarrow$ 判别式 $=0\Leftrightarrow$ (*) 式等号成立 $\Leftrightarrow(x+ty)=0$（因 A 正定）$\Leftrightarrow x,y$ 线性相关.

41. 如果二次型 $Q(x_1,\cdots,x_n)$ 等于0的充要条件为 $(x_1,\cdots,x_n)=0$，那么 $Q(x_1,\cdots,x_n)$ 是正定的或负定的.

证 反证法：若 $Q(x_1,\cdots,x_n)$ 不是正定的或负定的，则或①它是不定的，或②它是半正定的，或③它是半负定的.

① 若它是不定的，则 $\exists$ 可逆阵 P，使

$$Q(x_1,\cdots,x_n)\big|_{x=Py}=y_1^2+\cdots+y_r^2-(y_{r+1}^2+\cdots+y_n^2), \quad 其中\ r<n.$$

取 $y_1=y_n=1$，而 $y_i=0$，$i=2,\cdots,n-1$，于是有

$$\tilde{x}=\begin{bmatrix}\tilde{x}_1\\ \vdots\\ \tilde{x}_n\end{bmatrix}=P\begin{bmatrix}1\\0\\ \vdots\\0\\1\end{bmatrix}\neq 0,$$

而 $Q(\tilde{x}_1,\cdots,\tilde{x}_n)=1-1=0$,与已知矛盾.

② 若它是半正定的,则$\exists$可逆阵 P,使

$$Q(x_1,\cdots,x_n)\mid_{x=Py}=y_1^2+\cdots+y_r^2,\quad r<n,$$

取 $y_1=\cdots=y_r=0$, $y_{r+1}=\cdots=y_n=1$,则有

$$x^{(1)}=\begin{bmatrix}x_1^{(1)}\\ \vdots\\ x_n^{(1)}\end{bmatrix}=P\begin{bmatrix}0\\ \vdots\\0\\1\\ \vdots\\1\end{bmatrix}\neq 0,$$

而 $Q(x_1^{(1)},\cdots,x_n^{(1)})=0$,与已知 $Q(\alpha)=0$ 仅当 $\alpha=0$ 矛盾.

③与②类似,故证得.

42. 试证:实线性空间 L 上线性函数的平方是半正定二次型,一些线性函数的平方和也是半正定二次型.

证　(1) 设 f 为 L 上的线性函数,$e_1,\cdots,e_n$ 为空间 L 的基,则对 $\forall x\in L$(设其坐标列为$(x_1,\cdots,x_n)^{\mathrm{T}}$)有

$$f(x)=x_1f(e_1)+\cdots+x_nf(e_n)=(x_1,\cdots,x_n)\begin{bmatrix}f(e_1)\\ \vdots\\ f(e_n)\end{bmatrix}=(f(e_1),\cdots,f(e_n))\begin{bmatrix}x_1\\ \vdots\\ x_n\end{bmatrix},$$

所以

$$[f(x)]^2=(x_1,\cdots,x_n)\begin{bmatrix}f(e_1)\\ \vdots\\ f(e_n)\end{bmatrix}(f(e_1),\cdots,f(e_n))\begin{bmatrix}x_1\\ \vdots\\ x_n\end{bmatrix},\qquad (*)$$

方阵 $A=\begin{bmatrix}f(e_1)\\ \vdots\\ f(e_n)\end{bmatrix}(f(e_1),\cdots,f(e_n))$为半正定的,所以$[f(x)]^2$ 是半正定二次型.

(2) 由($*$)式显然有

$$f_1^2(x)+\cdots+f_s^2(x)=(x_1,\cdots,x_n)\sum_{i=1}^{s}\left[\begin{bmatrix}f_i(e_1)\\ \vdots\\ f_i(e_n)\end{bmatrix}(f_i(e_1),\cdots,f_i(e_n))\right]\begin{bmatrix}x_1\\ \vdots\\ x_n\end{bmatrix},$$

所以 $f_1^2(x)+f_2^2(x)+\cdots+f_s^2(x)$是半正定二次型.

43. 证明：$n\sum_{i=1}^{n}x_i^2-\left(\sum_{i=1}^{n}x_i\right)^2$ 是半正定的，且等号成立的充要条件为 $x_1=x_2=\cdots=x_n$.

证 方法1 因为对任 $x_1,\cdots,x_n$，有

$$n\sum_{i=1}^{n}x_i^2-\left(\sum_{i=1}^{n}x_i\right)^2=\sum_{1\leqslant i<j\leqslant n}(x_i-x_j)^2\geqslant 0,$$

且等号成立$\Leftrightarrow x_i=x_j,i\neq j$.

方法2 在第40题中，取 $A=I,x=(x_1,\cdots,x_n)^{\mathrm{T}},y=(1,\cdots,1)$，则有

$$(x^{\mathrm{T}}x)(y^{\mathrm{T}}y)\geqslant(x^{\mathrm{T}}y)^2,$$

因为这里 $x^{\mathrm{T}}x=\sum_{i=1}^{n}x_i^2,y^{\mathrm{T}}y=n,x^{\mathrm{T}}y=\sum_{i=1}^{n}x_i$，代入上式即得

$$n\sum_{i=1}^{n}x_i^2-\left(\sum_{i=1}^{n}x_i\right)^2\geqslant 0$$

等号成立$\Leftrightarrow x$ 和 y 线性相关，所以 $x=ky=(k,\cdots,k)^{\mathrm{T}}$.

44. 设 $Q(x_1,\cdots,x_n)=X^{\mathrm{T}}AX$ 是一实二次型，若有实 n 维向量 X_1,X_2，使 $X_1^{\mathrm{T}}AX_1>0,X_2^{\mathrm{T}}AX_2<0$. 证明：必存在实 n 维向量 $X_0\neq 0$，使 $X_0^{\mathrm{T}}AX_0=0$.

证 方法1 因为对任 $\lambda\in\mathbb{R}$ 有

$$(X_1+\lambda X_2)^{\mathrm{T}}A(X_1+\lambda X_2)=X_1^{\mathrm{T}}AX_1+2\lambda(X_1^{\mathrm{T}}AX_2)+\lambda^2X_2^{\mathrm{T}}AX_2,$$

上式右边是关于 λ 的二次三项式，其判别式为

$$\Delta=4(X_1^{\mathrm{T}}AX_2)^2-4(X_2^{\mathrm{T}}AX_2)(X_1^{\mathrm{T}}AX_1),$$

由已知条件得 $\Delta>0$，所以有两个不同的实根 λ_1,λ_2，故 $X_1+\lambda_1X_2\neq X_1+\lambda_2X_2$，取 X_0 等于其中不为0者，如$X_0=X_1+\lambda_1X_2$，则由上面讨论知 $X_0^{\mathrm{T}}AX_0=0$.

方法2 由 $X^{\mathrm{T}}AX=f(x_1,\cdots,x_n)$ 是 $x_1,\cdots,x_n$ 的连续函数，$\frac{X_1^{\mathrm{T}}}{|X_1|}A\frac{X_1}{|X_1|}>0$ 与 $\frac{X_2^{\mathrm{T}}}{|X_2|}A\frac{X_2}{|X_2|}<0$，所以 f 在$|X|^2=(x_1^2+\cdots+x_n^2)=1$ 这个 n 维的"单位球"上，有两点的函数值异号，而$|X|=1$ 是 n 维闭球，由中值定理，必有 X_0 且$|X_0|=1$，使 $X_0^{\mathrm{T}}AX_0=0$.

45. 设 $A=(a_{ij})$和 $B=(b_{ij})$都是 n 阶正定对称方阵，试证：方阵 $C=(a_{ij}b_{ij})$也是 n 阶正定对称方阵.

证 显然 C 也是对称方阵，今任取 $x=(x_1,\cdots,x_n)^{\mathrm{T}}\neq 0$，则由 $A>0,B>0$，知同时有

$$x^{\mathrm{T}}Ax=\sum_{j,k=1}^{n}a_{jk}x_jx_k>0;\quad x^{\mathrm{T}}Bx=\sum_{j,k=1}^{n}b_{jk}x_jx_k>0,$$

现在需要证明

$$\sum_{j,k=1}^{n}a_{ij}b_{jk}x_jx_k>0,$$

由 $B>0$,知存在 n 阶可逆阵 $Q=(q_{ij})$,使 $B=Q^{\mathrm{T}}Q$,即

$$b_{jk}=\sum_{l=1}^{n}q_{lj}q_{lk},\quad j,k=1,\cdots,n.$$

所以

$$\sum_{j,k=1}^{n}a_{jk}b_{jk}x_jx_k=\sum_{j,k=1}^{n}a_{jk}\Big(\sum_{l=1}^{n}q_{lj}q_{lk}\Big)x_jx_k=\sum_{l=1}^{n}\sum_{j,k=1}^{n}a_{jk}(x_jq_{lj})(x_kq_{lk}),$$

对任 $x=(x_1,\cdots,x_n)^{\mathrm{T}}\neq 0$,因为 Q 可逆,所以总存在一个 l,使得

$$(x_1q_{l1},x_2q_{l2},\cdots,x_nq_{ln})^{\mathrm{T}}\neq 0,$$

(实因若 $x_1\neq 0$,则由 Q 可逆知 Q 的第一列中总有一元素不为 0,设为 q_{l1},于是 $x_1q_{l1}\neq 0$)

又因为 $A>0$,知

$$\sum_{j,k=1}^{n}a_{jk}(x_jq_{lj})(x_kq_{lk})>0$$

对某 l 成立.所以 $\sum\limits_{j,k=1}^{n}a_{jk}b_{jk}x_jx_k>0$, 所以 $C=(a_{jk}b_{jk})>0$.

46. 证明:如果 $\sum\limits_{i=1}^{n}\sum\limits_{j=1}^{n}a_{ij}x_ix_j\,(a_{ij}=a_{ji})$ 是正定二次型,那么

$$f(y_1,\cdots,y_n)=\begin{vmatrix}a_{11}&\cdots&a_{1n}&y_1\\ \vdots&\ddots&\vdots&\vdots\\ a_{n1}&\cdots&a_{nn}&y_n\\ y_1&\cdots&y_n&0\end{vmatrix}$$

是负定二次型.

证　记 $A=(a_{ij})$,$y=(y_1,\cdots,y_n)^{\mathrm{T}}$,$B=\begin{bmatrix}A&y\\ y^{\mathrm{T}}&0\end{bmatrix}$取 $P=\begin{pmatrix}I_n&-A^{-1}y\\ 0&1\end{pmatrix}$,则

$$P^{\mathrm{T}}BP=\begin{bmatrix}A&\\ &-y^{\mathrm{T}}A^{-1}y\end{bmatrix}$$

两边取行列式,因为 $\det P=1$,所以

$$f(y_1,\cdots,y_n)=\det B=(\det A)(-y^{\mathrm{T}}A^{-1}y)<0$$

对任 $y_1,\cdots,y_n$ 不全为 0 成立.

所以 $f(y_1,\cdots,y_n)$是负定二次型(因 $A>0$,$A^{-1}>0$,所以 $\det A>0$,$y^{\mathrm{T}}A^{-1}y>0$,对任 $y\neq 0$ 成立).

47. 设 A 为实对称正定方阵，则

$$\det A \leqslant a_{11}a_{22}\cdots a_{nn}.$$

等号仅当 A 为对角阵时成立.

证 用归纳法：当 $n=2$ 时，$\det A = a_{11}a_{22}-a_{12}^2 \leqslant a_{11}a_{22}$，今设结论对 $n-1$ 阶方阵成立，则对 n 阶方阵 A，记

$$A=\begin{bmatrix} A_{n-1} & \beta \\ \beta^{\mathrm{T}} & a_{nn} \end{bmatrix},$$

其中 A_{n-1} 为 $n-1$ 阶正定对称阵. 取

$$P=\begin{bmatrix} I_{n-1} & -A_{n-1}^{-1}\beta \\ 0 & I \end{bmatrix}, \quad 则 \quad P^{\mathrm{T}}AP=\begin{bmatrix} A_{n-1} & 0 \\ 0 & a_{nn}-\beta^{\mathrm{T}}A_{n-1}^{-1}\beta \end{bmatrix}.$$

因为 $\det P=1$，所以对右式两边取行列式得

$$\det A=(\det A_{n-1})(a_{nn}-\beta^{\mathrm{T}}A_{n-1}^{-1}\beta)\leqslant(\det A_{n-1})\cdot a_{nn},$$

由 $A_{n-1}>0 \rightarrow A_{n-1}^{-1}>0$，所以 $\beta^{\mathrm{T}}A_{n-1}^{-1}\beta \geqslant 0$，等号成立$\Leftrightarrow \beta=0$，由归纳假设有

$$\det A_{n-1}\leqslant a_{11}\cdots a_{n-1,n-1},$$

等号仅当 A_{n-1} 为对角阵成立. 于是得

$$\det A \leqslant (\det A_{n-1})\cdot a_{nn} \leqslant a_{11}\cdots a_{nn}.$$

等号仅当 A 为对角阵时成立.

48. 对任意实系数 n 阶可逆阵 $B=(b_{ij})$ 有

$$|\det B| \leqslant \prod_{i=1}^{n}\left(\sum_{k=1}^{n} b_{ik}^2\right)^{1/2} \quad (\text{Hadamard 不等式}),$$

等号仅当 $b_{i1}b_{j1}+b_{i2}b_{j2}+\cdots+b_{in}b_{jn}=0(i\neq j)$ 时成立.

证 因为 B 可逆，所以 $A=B^{\mathrm{T}}B$ 是正定实对称阵. 其中

$$a_{ii}=b_{1i}^2+\cdots+b_{ni}^2=\sum_{k=1}^{n}b_{ki}^2,$$

故由第 47 题有

$$(\det B)^2=\det A \leqslant a_{11}\cdots a_{nn}=\prod_{i=1}^{n}a_{ii}=\prod_{i=1}^{n}\sum_{k=1}^{n}b_{ki}^2,$$

所以

$$|\det B| \leqslant \prod_{i=1}^{n}\left(\sum_{k=1}^{n}b_{ki}^2\right)^{1/2}.$$

等号成立$\Leftrightarrow A$ 为对角阵，即 $a_{ij}=0(i\neq j)\Leftrightarrow \sum_{k=1}^{n}b_{ki}\cdot b_{kj}=0(i\neq j)$.

49. 设 A 和 B 都是实对称阵，A 半正定，$\det(A+\mathrm{i}B)=0$. 求证：存在 $1\times n$ 非零实矩阵 α，使得 $\alpha(A+\mathrm{i}B)=0$.

证 由已知 $\det(A+\mathrm{i}B)=0$，故存在复向量 $z=\beta+\mathrm{i}\gamma$，使 $z(A+\mathrm{i}B)=0$. 此时若 β,γ 中

有一个为 0，则已得证.

今设 $\beta\neq 0,\gamma\neq 0$，由 $z(A+\mathrm{i}B)=0$ 分开实，虚部得

$$\begin{cases}\beta A-\gamma B=0, & ①\\ \beta B+\gamma A=0, & ②\end{cases}$$

①$\times\beta^{\mathrm{T}}+$②$\times\gamma^{\mathrm{T}}$得 $\beta A\beta^{\mathrm{T}}+\gamma A\gamma^{\mathrm{T}}=0$. 因为 $A\geqslant 0$，所以必有 $\beta A\beta^{\mathrm{T}}=\gamma A\gamma^{\mathrm{T}}=0$，又由定理 8.5，存在方阵 Q，使得 $A=Q^{\mathrm{T}}Q$，所以 $0=\beta Q^{\mathrm{T}}Q\beta^{\mathrm{T}}=(Q\beta^{\mathrm{T}})^{\mathrm{T}}Q\beta^{\mathrm{T}}\rightarrow Q\beta^{\mathrm{T}}=0$ 或 $\beta Q^{\mathrm{T}}=0$，同理得 $\gamma Q^{\mathrm{T}}=0$. 所以

$$\beta A=\beta Q^{\mathrm{T}}Q=0\xrightarrow{\text{由①}}\gamma B=0,$$

$$\gamma A=\gamma Q^{\mathrm{T}}Q=0\xrightarrow{\text{由②}}\beta B=0,$$

所以

$$\beta(A+\mathrm{i}B)=0,\quad \gamma(A+\mathrm{i}B)=0,$$

且 β,γ 均为 $1\times n$ 实向量.

50. 试证：对一切 $1\times n$ 非零矩阵 $x=(x_1,\cdots,x_n)$，成立

$$\sum_{i=1}^{n}x_i^2-\sum_{i=1}^{n-1}x_ix_{i+1}>0,$$

试求它的最小值，并求它在限制条件 $x_n=1$ 下的最小值.

证　设 $Q(x)=\sum_{i=1}^{n}x_i^2-\sum_{i=1}^{n-1}x_ix_{i+1}=xAx^{\mathrm{T}}$，则显然

$$A=\begin{bmatrix}1 & -\frac{1}{2} & & & \\ -\frac{1}{2} & \ddots & \ddots & & \\ & \ddots & \ddots & -\frac{1}{2} \\ & & -\frac{1}{2} & 1\end{bmatrix},$$

其各阶顺序主子式满足 $\det A_m=\dfrac{m+1}{2^m}>0$，所以 $A>0$. 故当 $x\neq 0$ 时，$Q(x)>0$，无极小值，二次型 xAx^{T} 仅当 $x=0$ 时达到最小值 0.

当 $x_n=1$ 时，记 $A=\begin{bmatrix}A_{n-1} & \alpha^{\mathrm{T}}\\ \alpha & 1\end{bmatrix}$，其中 $\alpha=\left(0,\cdots,0,-\dfrac{1}{2}\right)$，取 $P=\begin{bmatrix}I_{n-1} & 0\\ -\alpha A_{n-1}^{-1} & 1\end{bmatrix}$，则

$$PAP^{\mathrm{T}}=\begin{bmatrix}A_{n-1} & \\ & a\end{bmatrix},$$

其中 $a=1-\alpha A_{n-1}^{-1}\alpha^{\mathrm{T}}$，所以

$$Q(x)=xAx^{\mathrm{T}}=(x_1,\cdots,x_{n-1},1)P^{-1}\begin{bmatrix}A_{n-1} & \\ & a\end{bmatrix}(P^{-1})^{\mathrm{T}}\begin{bmatrix}x_1\\ \vdots\\ x_{n-1}\\ 1\end{bmatrix}$$

$$=(\tilde{x}_1,\cdots,\tilde{x}_{n-1},1)\begin{bmatrix}A_{n-1} & \\ & a\end{bmatrix}\begin{bmatrix}x_1\\ \vdots\\ x_{n-1}\\ 1\end{bmatrix}=\tilde{x}A_{n-1}\tilde{x}^{\mathrm{T}}+a,$$

因为 A_{n-1} 正定，所以 $\tilde{x}A_{n-1}\tilde{x}^{\mathrm{T}}\geqslant 0$，(因为 $\tilde{x}=(\tilde{x}_1,\cdots,\tilde{x}_{n-1})$ 可能为 0)故最小值为 a.

51. 设 A 是 n 阶实对称方阵，$S=\{x \mid x^{\mathrm{T}}Ax=0, x\in\mathbb{R}^{(n)}\}$.

(1) 试给出 S 为 $\mathbb{R}^n$ 的子空间的充分必要条件，并加以证明.

(2) 当 S 是子空间且 $r(A)=r<n$ 时，试求 $\dim S$.

解 设存在可逆阵 P，使

$$A=P^{\mathrm{T}}\begin{bmatrix}I_p & & \\ & -I_q & \\ & & 0\end{bmatrix}P,$$

则

$$x^{\mathrm{T}}Ax=x^{\mathrm{T}}P^{\mathrm{T}}\begin{bmatrix}I_p & & \\ & -I_q & \\ & & 0\end{bmatrix}Px=y^{\mathrm{T}}\begin{bmatrix}I_p & & \\ & -I_q & \\ & & 0\end{bmatrix}y,$$

其中 $y=Px$，故

$$x^{\mathrm{T}}Ax=0\Leftrightarrow y^{\mathrm{T}}\begin{bmatrix}I_p & & \\ & -I_q & \\ & & 0\end{bmatrix}y=0$$

$$\Leftrightarrow y_1^2+\cdots+y_p^2-y_{p+1}^2-\cdots-y_{p+q}^2=0.$$

以下分情况讨论：

① $q=0$ 时，

$$x^{\mathrm{T}}Ax=0\Leftrightarrow y_1^2+\cdots+y_p^2=0\Leftrightarrow y_1=\cdots=y_p=0$$

$$\Leftrightarrow y=\begin{bmatrix}0\\ \vdots\\ 0\\ *\\ \vdots\\ *\end{bmatrix}\Leftrightarrow x=P^{-1}\begin{bmatrix}0\\ \vdots\\ 0\\ *\\ \vdots\\ *\end{bmatrix}.$$

故 S 是子空间，$\dim S=n-p=n-r$.

② $p=0$ 时，同上知 S 是子空间，$\dim S=n-q=n-r$.

(因为 $x^{\mathrm{T}}Ax=0\Leftrightarrow y_{p+1}^2+\cdots+y_{p+q}^2=0\Leftrightarrow y_{p+1}=\cdots=y_{p+q}=0\Leftrightarrow y=(y_1,\cdots,y_p,0,\cdots,0,y_{p+q+1},\cdots,y_n)^{\mathrm{T}}\Leftrightarrow x=P^{-1}(y_1,\cdots,y_p,0,\cdots,0,y_{p+q+1},\cdots,y_n)^{\mathrm{T}}$).

③ p 和 q 均非零时，S 不是子空间：因为 S 对加法不封闭，如设

$$\alpha=P^{-1}(1,0,\cdots,0,1,0,\cdots,0)^{\mathrm{T}}\in S$$

$$\beta=P^{-1}(1,0,\cdots,0,-1,0,\cdots,0)^{\mathrm{T}}\in S,$$

以上 α 中第二个 1 及 β 中的 -1 都是第 $p+1$ 位分量. 显然 $\alpha^{\mathrm{T}}A\alpha=0,\beta^{\mathrm{T}}A\beta=0$，但 $\alpha+\beta\notin S$：

$$(\alpha+\beta)^{\mathrm{T}}A(\alpha+\beta)=(2,0,\cdots)\begin{bmatrix}I_p & & \\ & -I_q & \\ & & 0\end{bmatrix}\begin{bmatrix}2\\0\\\vdots\end{bmatrix}=4\neq 0.$$

于是得结论：

(1) S 为 $\mathbb{R}^n$ 的子空间的充要条件是 A 是半定的(即半正定或半负定)

(2) 当 S 是子空间时，$\dim S=n-\mathrm{r}(A)=n-r$.

52. 设 $\varepsilon_1=\begin{bmatrix}1\\-2\\3\end{bmatrix},\varepsilon_2=\begin{bmatrix}1\\-1\\1\end{bmatrix},\varepsilon_3=\begin{bmatrix}2\\-4\\7\end{bmatrix}$，是 $\mathbb{R}^{(3)}$ 的基，试求 $\varepsilon_1,\varepsilon_2,\varepsilon_3$ 的对偶基.

解　$\forall\alpha\in\mathbb{R}^{(3)}$，设 $\alpha=(a_1,a_2,a_3)^{\mathrm{T}}=x_1\varepsilon_1+x_2\varepsilon_2+x_3\varepsilon_3$ 解此非齐次线性方程组，得

$$\begin{cases}x_1=-3a_1-5a_2-2a_3,\\x_2=2a_1+a_2,\\x_3=a_1+2a_2+a_3.\end{cases}$$

于是由 8.2 节知 $\varepsilon_1,\varepsilon_2,\varepsilon_3$ 的对偶基为

$$f_1(\alpha)=-3a_1-5a_2-2a_3(=x_1),$$

$$f_2(\alpha)=2a_1+a_2(=x_2),$$

$$f_3(\alpha)=a_1+2a_2+a_3(=x_3).$$

8.4　补充题与解答

1. 设 V 和 V' 是域 F 上无限维线性空间，g 是 $V'\times V$ 上非退化的双线性型(记 $g(\alpha,\beta)=\langle\alpha,\beta\rangle$).

(1) 线性映射 σ: $V'\to V^*$，$\alpha\mapsto\langle\alpha,\_\rangle$ 是否一定为同构？举例说明.

(2) 能断定上述映射 σ 有何性质？

解　(1) 对无限维空间，σ 不一定是同构. 例如设 $V'=V=(\mathbb{R}^{\mathbb{N}})_0$，为“只有有限多个分量非零的”实数无限序列全体(见《高等代数学》(第 2 版)第 8.9 节例 8.8)，这样的一

个序列记为

$$\alpha=(a_i)_{i\in\mathbb{N}}=(a_1,a_2,a_3,\cdots)(\text{只有有限多个 } a_i \text{ 非零}).$$

定义 $V'\times V$ 上的双线性型

$$g(\alpha,\beta)=\langle(a_i),(b_i)\rangle=\sum_{i=1}^{\infty}a_ib_i.$$

显然 g 是非退化的，因为若 α 的第 i 个分量 $a_i\neq0$，则 $\langle\alpha,e_i\rangle=a_i\neq0$，其中 e_i 是第 i 个分量为 1 而其余分量均为零的序列. 但由《高等代数学》(第 2 版)第 8.9 节例 8.10 知,V 的对偶空间 $V^*=\mathbb{R}^{\mathbb{N}}$，即"可以有无限多个分量非零的"无限序列集. 故 $V'\ncong V^*$,σ 不是同构. 例如 $\gamma=(1,1,1,\cdots)\in V^*$ 不可能等于任何 $\langle\alpha,\_\rangle$(因为对任一个 $\alpha\in V$，其非零分量只有有限个，故对充分大的 i 总有 $\langle\alpha,e_i\rangle=a_i=0$；但是 $\langle\gamma,e_i\rangle=\gamma_i=1$).

(2) 映射 σ 为单射. 事实上，若 $\langle\alpha,\_\rangle=0$，即 $\langle\alpha,\beta\rangle=0$(对任意 $\beta\in V$)，则由因为双线性型 g 是非退化的，故 $\alpha=0$.

2. 设 V_1,V_2 为域 F 上的向量空间(可以无限维),V_i 的对偶空间记为 V_i^*(即 V_i 上线性函数集). 设 $\varphi:V_1\to V_2$ 为线性映射，其伴随映射记为 $\varphi^*:V_2^*\to V_1^*$(定义为 $\varphi^*f=f\varphi$). 试证明：

(1) $\ker\varphi^*=(\mathrm{Im}\varphi)^\perp,\ker\varphi=(\mathrm{Im}\varphi^*)^\perp,\mathrm{Im}\varphi^*=(\ker\varphi)^\perp,\mathrm{Im}\varphi=(\ker\varphi^*)^\perp$.

(2) $W^{\perp\perp}=W$ (对 V_1 的任意子空间 W).

(3) 若 φ 为满射，则 φ^* 为单射. 若 φ 为单射，则 φ^* 为满射.

(4) 设 ψ 也是 V_1 到 V_2 的线性映射,试证明

$$(\varphi+\psi)^*=\varphi^*+\psi^*;\qquad (k\varphi)^*=k\varphi^*(\text{对 } k\in F).$$

(5) 再设有线性映射 τ：$V_2\to V_3$，记复合映射 $\tau\circ\varphi=\tau\varphi$. 则

$$(\tau\varphi)^*=\varphi^*\tau^*.$$

证 (1) (i) 先证第 1 式. 对任意 $f\in\ker\varphi^*$ 和 $\varphi\alpha\in\mathrm{Im}\varphi$，有

$$\langle f,\varphi\alpha\rangle=\langle\varphi^*f,\alpha\rangle=\langle0,\alpha\rangle=0.$$

故 $\ker\varphi^*\subset(\mathrm{Im}\varphi)^\perp$. 现任取 $f\in(\mathrm{Im}\varphi)^\perp$，对任意 $\alpha\in V_1$，有 $\langle\varphi^*f,\alpha\rangle=\langle f,\varphi\alpha\rangle=0$，故 $\varphi^*f=0$，从而 $f\in\ker\varphi^*$.

(ii) 第 2 式与第 1 式类似证明.

(iii) 为证第 3 式，设 $g=\varphi^*f\in\mathrm{Im}\varphi^*$，则对任意 $\alpha\in\ker\varphi$ 有

$$\langle g,\alpha\rangle=\langle\varphi^*f,\alpha\rangle=\langle f,\varphi\alpha\rangle=\langle f,0\rangle=0.$$

故 $\mathrm{Im}\varphi^*\subset(\ker\varphi)^\perp$.

反之,设 $g\in(\ker\varphi)^\perp$，则对任意 $\alpha\in\ker\varphi$ 有 $\langle g,\alpha\rangle=0$，说明 $\ker g\supset\ker\varphi$. 由 5.4 节第 1 题知,g 可经 φ 分解，即存在线性映射 $\chi:V_2\to F$ 使得 $g=\varphi\chi$. 故 $\varphi^*\chi=\varphi\chi=g$，即

$$g\in\mathrm{Im}\varphi^*,\quad(\ker\varphi)^\perp\subset\mathrm{Im}\varphi^*.$$

(iv) 为证第 4 式，将第 1 式和下面(2)中结果结合起来：

$$(\ker\varphi^*)^{\perp} = (\mathrm{Im}\varphi)^{\perp\perp} = \mathrm{Im}\varphi.$$

(2) 首先由(1)中第 2,3 两式可知，$(\ker\varphi)^{\perp\perp}=(\mathrm{Im}\varphi^*)^{\perp}=\ker\varphi$. 对于模 W 的典型映射 $\sigma: V_1 \to V_1/W, \alpha \mapsto \alpha+W$，显然 $\ker\sigma=W$. 故由已证结果知

$$W^{\perp\perp} = (\ker\sigma)^{\perp\perp} = \ker\sigma = W.$$

(3) 若 φ 为满射，则 $\mathrm{Im}\varphi=V_2, \ker\varphi^*=(\mathrm{Im}\varphi)^{\perp}=0$. 故 φ^* 为单射.

而若 φ 为单射，则 $\mathrm{Im}\varphi^*=(\ker\varphi)^{\perp}=\{0\}^{\perp}=V_1^*$，故知 φ^* 为满射. 也可如下直接证明：因 φ 为单射，故 $V_1 \cong \mathrm{Im}\varphi \subset V_2$，作直和分解 $V_2=\mathrm{Im}\varphi \oplus W$. 任一函数 $g\in V_1^*$ 自然的可看作 $\mathrm{Im}\varphi$ 上的函数 $\hat{g}$，即令 $\hat{g}(\varphi\alpha)=g(\alpha)$. 将 $\hat{g}$ 任意扩展到 V_2，也就是说，按如下方式定义线性映射 $f: V_2 \to F$，对 V_2 中 $\beta=\beta_1+\beta_2$，其中 $\beta_1=\varphi\alpha\in\mathrm{Im}\varphi, \beta_2\in W$，令 $f(\beta)=f(\beta_1)+f(\beta_2)$，其中 $f(\beta_1)=f(\varphi\alpha)=g(\alpha)$，即 $\langle f,\varphi\alpha\rangle=\langle g,\alpha\rangle$，而 $f(\beta_2)=0$（其实 f 到 W 的限制可取为任意线性函数）. 于是对任意 $\alpha\in V_1$ 有

$$\langle \varphi^* f,\alpha\rangle = \langle f,\varphi\alpha\rangle = \langle g,\alpha\rangle.$$

故知 $\varphi^*(f)=g$，即 φ^* 为满射.

(4) $\langle(\varphi+\psi)^* f,\alpha\rangle=\langle f,(\varphi+\psi)\alpha\rangle=\langle f,\varphi\alpha+\psi\alpha\rangle=\langle f,\varphi\alpha\rangle+\langle f,\psi\alpha\rangle$

$=\langle\varphi^* f,\alpha\rangle+\langle\psi^* f,\alpha\rangle=\langle\varphi^* f+\psi^* f,\alpha\rangle=\langle(\varphi^*+\psi^*)f,\alpha\rangle$

（对任意 $f\in V_2^*, \alpha\in V_1$），故 $(\varphi+\psi)^*=\varphi^*+\psi^*$. 类似证明 $(k\varphi)^*=k\varphi^*$.

(5) 因

$$\langle(\tau\varphi)^* f,\alpha\rangle = \langle f,(\tau\varphi)\alpha\rangle = \langle f,\tau(\varphi\alpha)\rangle = \langle\tau^* f,\varphi\alpha\rangle = \langle\varphi^*\tau^* f,\alpha\rangle,$$

（对任意 $f\in V_3^*, \alpha\in V_1$）. 故 $(\tau\varphi)^*=\varphi^*\tau^*$.

3. (1) 设

$$V = W_1 \oplus W_2$$

为线性空间的直和，则其对偶空间有直和分解

$$V^* = W_1^{\perp} \oplus W_2^{\perp} = W_1^* \oplus W_2^*,$$

这里将如下看作等同：$W_1^{\perp}=W_2^*, W_2^{\perp}=W_1^*$.

(2) 设

$$V = W_1 \oplus W_2 \oplus \cdots \oplus W_s,$$

令 $V_i = \sum_{j\neq i} W_j$，则

$$V^* = V_1^{\perp} \oplus \cdots \oplus V_s^{\perp} = W_1^* \oplus \cdots \oplus W_s^*.$$

证 (1) 设 $\alpha\in V$ 分解为 $\alpha=\alpha_1+\alpha_2, \alpha_i\in V_i$. 对 $f\in V^*$ 令 $f_1(\alpha)=f(\alpha_2), f_2(\alpha)=f(\alpha_1)$，则 $f=f_1+f_2$，而且 $f_i\in V_i^{\perp}$，故 $V^*=W_1^{\perp}+W_2^{\perp}$. 而若 $f\in W_1^{\perp}\cap W_2^{\perp}$，则

$$f(\alpha) = f(\alpha_1) + f(\alpha_2) = 0,$$

故 $V^*=W_1^{\perp}\oplus W_2^{\perp}$. 注意 $f\in W_1^{\perp}$ 即是 V 上线性函数使 $f(W_1)=0$；从而 f 实际上是 W_2 上的函数

$$f(\alpha)=f(\alpha_1)+f(\alpha_2)=f(\alpha_2),$$

故 $W_1^{\perp}=W_2^*$. 或者由定理 8.9 知, $W_1^{\perp}$ 与 $(V/W_1)^*$ 可以等同, 而后者与 W_2^* 等同, 所以 $W_1^{\perp}=W_2^*$.

(2) 由(1)知, $V^*=W_1^*\oplus(W_2\oplus\cdots\oplus W_s)^*=W_1^*\oplus W_2^*\cdots\oplus W_s^*$. 又由(1)中同样理由知

$$W_1^{\perp}=(W_2\oplus\cdots\oplus W_s)^*=V_1^*.$$

4(二次型的分解). (1) 复数域 $F=\mathbb{C}$ 上 n 元非零二次型 $Q(x)=x^{\mathrm{T}}Ax$ 可分解的充分必要条件是秩 $\mathrm{r}(A)\leqslant 2$. ($Q(x)$ 可分解是指 $Q(x)=u(x)v(x)$, 其中 u,v 是 $x_1,\cdots,x_n$ 的一次齐次多项式. 此处记 $x=(x_1,\cdots,x_n)^{\mathrm{T}}$).

(2) 实数域 $F=\mathbb{R}$ 上 n 元非零二次型 $Q(x)=x^{\mathrm{T}}Ax$ 可分解的充分必要条件是秩 $\mathrm{r}(A)=1$, 或者 $\mathrm{r}(A)=2$ 而符号差 $\delta(A)=0$.

证 (i) 充分性. 如果 $\mathrm{r}(A)=1$, 则经变量代换 $x=Py$ 可知 $Q(x)=x^{\mathrm{T}}Ax=ay_1^2$. 因 $y=P^{-1}x=(c_{ij})x$, 故 $y_1=c_{11}x_1+\cdots+c_{1n}x_n=u(x)$, 所以 $Q(x)=au(x)^2$ 可分解.

如果 $\mathrm{r}(A)=2$(且当 $F=\mathbb{R}$ 时 $\delta(A)=0$), 则经变量代换 $x=Py$ 之后知道 $Q(x)=x^{\mathrm{T}}Ax=y_1^2-y_2^2$. 故由下式知道 $Q(x)$ 可分解为

$$Q(x)=y_1^2-y_2^2=(y_1+y_2)(y_1-y_2).$$

(ii) 必要性. 设 $Q(x)=u(x)v(x)$, 而 $u(x)=a_1x_1+\cdots+a_nx_n$, $v(x)=b_1x_1+\cdots+b_nx_n$. 如果 $v(x)=au(x)$, 则 $Q(x)=au(x)^2$. 不妨设 $a_1\neq 0$, 则可作变量代换 $y_1=u(x)$, $y_i=x_i$(对 $i=2,\cdots,n$), 使得 $Q(x)=au(x)^2=ay_1^2$. 从而 $\mathrm{r}(A)=1$.

如果 $v(x)\neq au(x)$(对任意 a), 这意味着 $\alpha=(a_1,\cdots,a_n)$ 与 $\beta=(b_1,\cdots,b_n)$ 线性无关, 故存在 $1\leqslant i,j\leqslant n$ 使得

$$\begin{vmatrix} a_i & a_j \\ b_i & b_j \end{vmatrix}\neq 0.$$

不妨设 $i=1,j=2$. 于是可作变量代换 $y_1=u(x)$, $y_2=v(x)$, $y_i=x_i$(对 $i=3,\cdots,n$). 这是因为如下方阵可逆:

$$P=\begin{bmatrix} a_1 & a_2 & \cdots & \cdots & a_n \\ b_1 & b_2 & \cdots & \cdots & b_n \\ & & 1 & & \\ & & & \ddots & \\ & & & & 1 \end{bmatrix}.$$

上述变量代换就是 $y=Px$. 于是

$$Q(x)=u(x)v(x)=y_1y_2.$$

再令 $y_1=z_1+z_2$, $y_2=z_1-z_2$, $z_i=y_i$(对 $i=3,\cdots,n$), 即知 $Q(x)=z_1^2-z_2^2$. 所以 $\mathrm{r}(A)=2$ 而且当 $F=\mathbb{R}$ 时 $\delta(A)=0$.

5. 二次型 $Q_{n+1}=Q(x_1,\cdots,x_n,x_{n+1})$ 可分解当且仅当 $f(x)=Q(x_1,\cdots,x_n,1)$ 可分解(注意 $f(x)$ 是 n 元二次多项式)，这恰相当于 Q_{n+1} 秩为 1，或秩为 2（且 $F=\mathbb{R}$ 时符号差为 0）.

详言之，设 $f(x)=x^{\mathrm{T}}Sx+2\alpha^{\mathrm{T}}x+c$ 为域 $F=\mathbb{C}$ 或 $\mathbb{R}$ 上的 n 元二次多项式，其中 $S=(a_{ij})$ 为 n 阶对称方阵，$\alpha=(c_1,\cdots,c_n)^{\mathrm{T}}$ 为列向量，$x=(x_1,\cdots,x_n)^{\mathrm{T}}$，$c$ 为常数. 则

(1) $f(x)$ 可分解当且仅当 $Q_{n+1}=(x^{\mathrm{T}},x_{n+1})\begin{pmatrix}S & \alpha\\ \alpha^{\mathrm{T}} & c\end{pmatrix}\begin{pmatrix}x\\ x_{n+1}\end{pmatrix}$ 可分解.

(2) $f(x)$ 可分解当且仅当 $S_{n+1}=\begin{pmatrix}S & \alpha\\ \alpha^{\mathrm{T}} & a\end{pmatrix}$ 的秩为 1，或秩为 2（且 $F=\mathbb{R}$ 时符号差为 0）.

证　只需证(1)，再由上题即得(2). 如果 Q_{n+1} 可分解为 $Q_{n+1}=u(x)v(x)$，则令 $x_{n+1}=1$，即得 $f(x)$ 的分解. 反之，注意

$$f(x)=\sum_{1\leqslant i,j\leqslant n}a_{ij}x_ix_j+2\sum_{1\leqslant i\leqslant n}c_ix_i+c.$$

如果 $f(x)$ 可分解，则可设

$$f(x)=(a_1x_1+\cdots+a_nx_n+a_{n+1})(b_1x_1+\cdots+b_nx_n+b_{n+1}).$$

这意味着 $a_{ij}=a_ib_j\,(1\leqslant i,j\leqslant n)$，$2c_i=a_ib_{n+1}+b_ia_{n+1}\,(1\leqslant i\leqslant n)$，$c=a_{n+1}b_{n+1}$. 而这恰相当于

$$Q_{n+1}=(a_1x_1+\cdots+a_nx_n+a_{n+1}x_{n+1})(b_1x_1+\cdots+b_nx_n+b_{n+1}x_{n+1}).$$

6. 设 $f(x_1,x_2,\cdots,x_n)$ 为 n 元实函数，在点 $P_0=(a_1,a_2,\cdots,a_n)$ 的一个邻域中连续并可 Taylor 展开 2 次以上，且 $\alpha=\left(\dfrac{\partial f}{\partial x_1},\cdots,\dfrac{\partial f}{\partial x_n}\right)^{\mathrm{T}}$（在 P_0 点值）为零. 记 n 阶实对称方阵

$$A(f)=(f_{ij}(P_0)),\qquad f_{ij}(P_0)=\frac{\partial^2 f}{\partial x_i\partial x_j}(P_0)$$

试证明：(1) 若 $A(f)$ 正定，则 f 在 P_0 点取极小值；

(2) 若 $A(f)$ 负定，则 f 在 P_0 点取极大值；

(3) 若 $A(f)$ 不定，则 f 在 P_0 点不取极值.

证　因为 $\alpha=0$，故 f 在 P_0 点的 Taylor 展开式为

$$f(P)=f(P_0)+\frac{1}{2}X^{\mathrm{T}}A(f)X+R,$$

其中 $X=(x_1-a_1,\cdots,x_n-a_n)^{\mathrm{T}}$，$R$ 为更高阶的项或余项. 所以当动点 $P=(x_1,x_2,\cdots,x_n)$ 充分靠近 P_0 时，$f(P)-f(P_0)=\dfrac{1}{2}X^{\mathrm{T}}A(f)X+R$ 的正负号由二次型 $X^{\mathrm{T}}A(f)X$ 决定.

7. 设 A,B 都是 n 阶正定实对称阵，证明 AB 的特征值均为正数.

证　方法 1　因为 $A>0,B>0$，所以必存在可逆阵 P,Q，使得 $A=P^{\mathrm{T}}P$，$B=Q^{\mathrm{T}}Q$，则

$$AB = P^{\mathrm{T}}PQ^{\mathrm{T}}Q = P^{\mathrm{T}}PQ^{\mathrm{T}}QP^{\mathrm{T}}(P^{\mathrm{T}})^{-1},$$

所以 AB 相似于 $PQ^{\mathrm{T}}QP^{\mathrm{T}}=(QP^{\mathrm{T}})^{\mathrm{T}}(QP^{\mathrm{T}})$ 而后者是正定实对称阵(因 QP^{T} 可逆),其特征值为正,又相似的方阵有相同的特征值,所以 AB 的特征值均为正数.

方法 2　由 $\det(\lambda I-MN)=\det(\lambda I-NM)$ 对任 n 阶方阵 M,N 成立.知 MN 与 NM 的特征值相同.故 $AB=(P^{\mathrm{T}})(PQ^{\mathrm{T}}Q)$ 与 $(PQ^{\mathrm{T}}Q)P^{\mathrm{T}}$ 的特征值相同.后者 $=(QP^{\mathrm{T}})^{\mathrm{T}}(QP^{\mathrm{T}})$ 是正定的,特征值均正,所以 AB 的特征值均为正数.

方法 3　设 λ 为 AB 的特征值,X 为相应的特征向量,则有

$$ABX = \lambda X,$$

上式两边左乘 $X^{\mathrm{T}}A^{-1}$,得

$$X^{\mathrm{T}}BX = \lambda X^{\mathrm{T}}A^{-1}X, \qquad (*)$$

因 $A>0$,知 $A^{-1}>0$,再由 $B>0$,故,对任 $X\neq 0(\in\mathbb{R}^{(n)})$,均有

$$X^{\mathrm{T}}BX > 0, \qquad X^{\mathrm{T}}A^{-1}X > 0,$$

代回(*)式,知有 $\lambda>0$.故 AB 的特征值均为正数.

第9章

欧几里得空间与酉空间

9.1 定义与定理

定义 9.1 设 V 是实数域 $\mathbb{R}$ 上的线性空间，若 V 上定义着正定对称双线性型 g，即对任 $\alpha,\beta,\alpha_1,\alpha_2,\beta_1,\beta_2\in V,k\in\mathbb{R}$ 有（记 $g(\alpha,\beta)=\langle\alpha,\beta\rangle$）

(1) $\langle\alpha,\alpha\rangle>0,\alpha\neq 0$；

(2) $\langle\alpha,\beta\rangle=\langle\beta,\alpha\rangle$；

(3) $\langle\alpha_1+\alpha_2,\beta\rangle=\langle\alpha_1,\beta\rangle+\langle\alpha_2,\beta\rangle$； $\langle k\alpha,\beta\rangle=k\langle\alpha,\beta\rangle$；

$\langle\alpha,\beta_1+\beta_2\rangle=\langle\alpha,\beta_1\rangle+\langle\alpha,\beta_2\rangle$； $\langle\alpha,k\beta\rangle=k\langle\alpha,\beta\rangle$.

g 称为内积，则 V 称为(对于 g 的)**内积空间**或**欧几里得空间**.

定义 9.2 设 V 是欧几里得空间，则

(1) 向量 $\alpha\in V$ 的**长度**或**范数**定义为 $\|\alpha\|=\sqrt{\langle\alpha,\alpha\rangle}$.

(2) 非 0 向量 $\alpha,\beta\in V$ 的**夹角**定义为 $\theta=\arccos\dfrac{\langle\alpha,\beta\rangle}{\|\alpha\|\,\|\beta\|}$.

(3) 长度为 1 的向量称为**单位向量**，向量 α,β 的**距离**定义为 $\|\alpha-\beta\|$.

引理 9.1(Cauchy-Schwarz 不等式) 对于任意非 0 向量 $\alpha,\beta\in V$ 都有

$$|\langle\alpha,\beta\rangle|\leqslant\|\alpha\|\,\|\beta\|.$$

引理 9.2(三角形不等式) 对任意 $\alpha,\beta\in V$ 均有

$$\|\alpha+\beta\|\leqslant\|\alpha\|+\|\beta\|.$$

定义 9.3 若向量 α,β 满足 $\langle\alpha,\beta\rangle=0$，则称 α 与 β **正交**，记为 $\alpha\perp\beta$. 若 α 与子空间 W 中的向量均正交，则记为 $\alpha\perp W$. 若子空间 W_1 与 W_2 的任二向量均正交，则称 W_1 与 W_2 正交，记为 $W_1\perp W_2$.

引理 9.3 两两正交的非 0 向量组一定线性无关.

定义 9.4 欧几里得空间 V 中由两两正交的向量构成的基称为**正交基**. 若正交基中每个向量长度均为 1，则称为**标准正交基**或**笛卡儿基**.

定理 9.1(Gram-Schmidt 正交化) 设 $\alpha_1,\cdots,\alpha_n$ 是欧几里得空间 V 的基，则存在 V 的标准正交基 $\varepsilon_1,\cdots,\varepsilon_n$ 使

$$\mathbb{R}\alpha_1+\cdots+\mathbb{R}\alpha_s=\mathbb{R}\varepsilon_1+\cdots+\mathbb{R}\varepsilon_s\qquad(1\leqslant s\leqslant n).$$

系 1 设 $\alpha_1,\cdots,\alpha_n$ 是欧几里得空间 V 的基，则存在标准正交基 $\varepsilon_1,\cdots,\varepsilon_n$ 和实的上三角过渡方阵 T，而且 T 的对角线元素均为正数，使得

$$(\varepsilon_1,\cdots,\varepsilon_n)=(\alpha_1,\cdots,\alpha_n)T.$$

系 2 对每个正定实对称方阵 G，总存在实上三角方阵 $T=(t_{ij})(t_{ii}>0,1\leqslant i\leqslant n)$，使得

$$T^{\mathrm{T}}GT=I.$$

系 3 欧几里得空间中任一两两正交的单位向量组可扩充为一个标准正交基.

定义 9.5 若 n 阶方阵 Ω 满足 $\Omega^{\mathrm{T}}\Omega=I$，则称 Ω 为**正交方阵**.

定理 9.2 设欧几里得空间 V 的标准正交基 $\varepsilon_1,\cdots,\varepsilon_n$ 经过渡方阵 Q 变换为基 $\alpha_1,\cdots,\alpha_n$，即

$$(\alpha_1,\cdots,\alpha_n)=(\varepsilon_1,\cdots,\varepsilon_n)Q,$$

则当且仅当 Q 为实正交方阵时，$\alpha_1,\cdots,\alpha_n$ 为标准正交基.

系 1 对任一可逆实方阵 A，唯一地存在着主对角线元素为正数的上三角形实方阵 T，使得 $\Omega=AT$ 为实正交方阵（从而 A 可唯一分解为 $A=\Omega T^{-1}$）.

系 2 设 W 是欧几里得空间 V 的任一子空间，则

$$V=W\oplus W^{\perp},$$

其中 $W^{\perp}$ 由所有与 W 正交的向量 $\alpha\in V$ 组成（$W^{\perp}$ 称为 W 的**正交补**）.

定义 9.6 设 V_1 和 V_2 是两个欧几里得空间，内积各为 g_1 和 g_2. 若存在双射线性映射

$$\varphi: V_1\to V_2$$

使 $g_1(\alpha,\beta)=g_2(\varphi(\alpha),\varphi(\beta))$，则称 φ 是欧几里得空间 V_1 与 V_2 间的（等距）**同构映射**，此时称 V_1（等距）同构于 V_2.

定理 9.3 任一 n 维欧几里得空间 V 同构于 $E^{(n)}=\mathbb{R}^{(n)}$，这里列向量空间 $\mathbb{R}^{(n)}$ 的内积为

$$\langle x,y\rangle=x^{\mathrm{T}}y=x_1y_1+\cdots+x_ny_n.$$

（对于 $x=(x_1,\cdots,x_n)^{\mathrm{T}},y=(y_1,\cdots,y_n)^{\mathrm{T}}\in\mathbb{R}^{(n)}$，$E^{(n)}$ 称为 n **维经典欧几里得空间**）.

定义 9.7 设 A,B 为实方阵. 若 $B=\Omega^{-1}A\Omega$，其中 Ω 为实正交方阵（即 $\Omega^{\mathrm{T}}\Omega=I$），则称 A 与 B（实）**正交相似**.

命题 欧几里得空间 V 的一个线性变换 $\mathscr{A}$，在不同标准正交基下的方阵表示 A,B 是正交相似的.

引理 9.4 (1) 若实方阵 A 有实特征根 λ_1，设 $x_1\in\mathbb{R}^{(n)}$ 为其特征向量（即 $Ax_1=\lambda_1x_1$）. 则 $\mathbb{R}x_1$ 是 A（即 φ_A）的一维不变子空间，A 正交相似于准上三角形：

$$\Omega^{-1}A\Omega=\begin{pmatrix}\lambda_1 & X\\ 0 & B_1\end{pmatrix}.$$

(2) 若实方阵 A 有虚特征根 $\lambda_1=a+bi$，设 $x_1=y+zi\in\mathbb{C}^{(n)}$ 为其虚特征向量(即 $Ax_1=\lambda_1x_1$)，则 $W=Ry+Rz$ 是 A(即 φ_A)的二维不变子空间，A 正交相似于准上三角形，即

$$\Omega^{-1}A\Omega=\begin{pmatrix}A_1 & X\\ 0 & C_1\end{pmatrix},$$

其中 A_1 为二阶实方阵，有虚特征根 λ_1(这里 $a,b\in\mathbb{R}$，$y,z\in\mathbb{R}^{(n)}$，$i=\sqrt{-1}$).

定理 9.4 设 A 为实方阵，则存在实正交方阵 Ω 使 A 正交相似于准上三角形，即

$$\Omega^{-1}A\Omega=\begin{bmatrix}A_1 & * & \cdots & * & \cdots & *\\ & \ddots & \ddots & \ddots & \cdots & \vdots\\ & & A_s & \ddots & \ddots & \vdots\\ & & & \lambda_{2s+1} & \ddots & \vdots\\ & & & & \ddots & *\\ & & & & & \lambda_n\end{bmatrix}$$

其中 $A_1,\cdots,A_s$ 为二阶实方阵(且无实特征根)，$\lambda_{2s+1},\cdots,\lambda_n$ 为实数.

定义 9.8 若实方阵 N 与其转置可变换，即 $NN^{\mathrm{T}}=N^{\mathrm{T}}N$，则称 N 为(实)规范方阵.

引理 9.5 设 N 为实规范方阵且

$$\Omega^{-1}N\Omega=\begin{pmatrix}N_1 & N_3\\ 0 & N_2\end{pmatrix},$$

其中 Ω 为实正交方阵，则 $N_3=0$.

定理 9.5(规范方阵正交相似标准形) 设 N 为实规范方阵，则存在实正交方阵 Ω 使

$$\Omega^{-1}N\Omega=\begin{bmatrix}\begin{pmatrix}a_1 & b_1\\ -b_1 & a_1\end{pmatrix} & & & & & \\ & \ddots & & & & \\ & & \begin{pmatrix}a_s & b_s\\ -b_s & a_s\end{pmatrix} & & & \\ & & & \lambda_{2s+1} & & \\ & & & & \ddots & \\ & & & & & \lambda_n\end{bmatrix}$$

为准对角形，其中 $A_k=\begin{pmatrix}a_k & b_k\\ -b_k & a_k\end{pmatrix}$ 的特征根为虚数 $\lambda_k=a_k+b_k i$ 和 $\bar{\lambda}_k=a_k-b_k i$，有相应特征向量 $\alpha_k=(1,i)^{\mathrm{T}}$ 和 $\bar{\alpha}_k=(1,-i)^{\mathrm{T}}$；$\lambda_{2s+1},\cdots,\lambda_n$ 为实数. 反之，有上述形式的方阵必是规范方阵(这里 $a_k,b_k\in\mathbb{R}$，$i=\sqrt{-1}$，$k=1,\cdots,s$).

系 1(正交方阵的正交相似) 设 Ω 为实正交方阵，则存在实正交方阵 Ω_1 使

$$\Omega_1^{-1}\Omega\Omega_1=\mathrm{diag}\left\{\begin{pmatrix}\cos\theta_1 & \sin\theta_1\\ -\sin\theta_1 & \cos\theta_1\end{pmatrix},\cdots,\begin{pmatrix}\cos\theta_s & \sin\theta_s\\ -\sin\theta_s & \cos\theta_s\end{pmatrix},\pm 1,\cdots,\pm 1\right\},$$

其中 $e^{i\theta_k}$ 和 ± 1 为 Ω 的特征根，θ_k 为实数($k=1,\cdots,s$).

系 2（实对称方阵的正交相似标准形，谱分解定理） 设 S 为 n 阶实对称方阵，则存在实正交方阵 Ω 使

$$\Omega^{-1}S\Omega=\mathrm{diag}\{\lambda_1,\lambda_2,\cdots,\lambda_n\},$$

其中 $\lambda_1,\cdots,\lambda_n$ 为 S 的实特征根.

系 3（实交错（斜称）方阵的正交相似） 设 K 为实交错方阵，则存在实正交方阵 Ω 使

$$\Omega^{-1}K\Omega=\mathrm{diag}\left\{\begin{pmatrix}0 & b_1\\ -b_1 & 0\end{pmatrix},\cdots,\begin{pmatrix}0 & b_s\\ -b_s & 0\end{pmatrix},0,\cdots,0\right\}$$

其中 $ib_1,\cdots,ib_s$ 为 K 的虚特征根.

系 4 设 N 为 n 阶实规范方阵，虚、实特征根分别为 $\{\lambda_k,\bar{\lambda}_k\}$ 和 $\{\lambda_{2s+j}\}$ ($1\leqslant k\leqslant s, 1\leqslant j\leqslant t$). 则存在属于 $\{\lambda_k\}$ 和 $\{\lambda_{2s+j}\}$ 的特征列向量 $\{x_k\}$ 和 $\{x_{2s+j}\}$，使 $\{x_k\}$ 的实虚部分连同 $\{x_{2s+j}\}$ 构成实正交方阵 Ω，且 $\Omega^{-1}N\Omega=\mathrm{diag}\{A_1,\cdots,A_s,\lambda_{2s+1},\cdots,\lambda_n\}$ 为 N 的正交相似标准形.

定义 9.9 设 $\mathscr{A}$ 为欧几里得空间 V 的线性变换，A 为 $\mathscr{A}$ 在一标准正交基下的方阵表示. 若 A 为规范（正交、对称、交错或斜称）方阵，则相应地称 $\mathscr{A}$ 为**规范**（**正交**、**对称**、**交错**或**斜称**）**变换**. 对称变换也称为**自伴随变换**.

引理 9.5′ 设 $\mathscr{N}$ 为欧几里得空间 V 的规范变换，则 $\mathscr{N}$ 的任一不变子空间 W 的正交补 $W^{\perp}$ 也是其不变子空间.

定理 9.5′（规范变换的分解） 设 $\mathscr{N}$ 为欧几里得空间 V 的规范变换，则存在 V 的标准正交基 $\{e_1,\cdots,e_n\}$，使得 V 分解为两两正交的二维和一维不变子空间的直和，即

$$V=(\mathbb{R}e_1+\mathbb{R}e_2)\oplus\cdots\oplus(\mathbb{R}e_{2s-1}+\mathbb{R}e_{2s})\oplus\mathbb{R}e_{2s+1}\oplus\cdots\oplus\mathbb{R}e_n,$$

且 $\mathscr{N}$ 在各不变子空间的作用为

$$\begin{cases}\mathscr{N}(e_{2k-1},e_{2k})=(e_{2k-1},e_{2k})\begin{pmatrix}a_k & b_k\\ -b_k & a_k\end{pmatrix} & (k=1,\cdots,s),\\ \mathscr{N}e_{2s+j}=\lambda_{2s+j}e_{2s+j} \qquad (j=1,\cdots,t).\end{cases}$$

系 1′（正交变换的分解） 设 Ω 为欧几里得空间 V 的正交变换，则存在 V 的标准正交基 $\{e_1,\cdots,e_n\}$，使得 V 分解为两两正交的二维和一维不变子空间的直和：

$$V=(\mathbb{R}e_1+\mathbb{R}e_2)\oplus\cdots\oplus(\mathbb{R}e_{2s-1}+\mathbb{R}e_{2s})\oplus\mathbb{R}e_{2s+1}\oplus\cdots\oplus\mathbb{R}e_n,$$

且 Ω 在二维不变子空间 $W_k=\mathbb{R}e_{2k-1}+\mathbb{R}e_{2k}$ 上限制为旋转变换，即

$$\Omega(e_{2k-1},e_{2k})=(e_{2k-1},e_{2k})\begin{pmatrix}\cos\theta_k & \sin\theta_k\\ -\sin\theta_k & \cos\theta_k\end{pmatrix} \qquad (k=1,\cdots,s);$$

Ω 在一维不变子空间 $W_{2s+j}=\mathbb{R}e_{2s+j}$ 上限制为反射或恒等变换，即

$$\Omega e_{2s+j} = \pm e_{2s+j} \qquad (j = 1, \cdots, t).$$

系 2′(对称变换的谱分解) 设 $\mathscr{L}$ 为欧几里得空间 V 的对称变换,则存在 $\mathscr{L}$ 的特征向量组成的标准正交基 $\{e_1, \cdots, e_n\}$,从而 V 分解为一维不变子空间的正交直和:

$$V = \mathbb{R}e_1 \oplus \mathbb{R}e_2 \oplus \cdots \oplus \mathbb{R}e_n.$$

系 3′(交错(斜称)变换的分解) 设 $\mathscr{K}$ 为欧几里得空间 V 的交错变换,则存在 V 的标准正交基 $\{e_1, \cdots, e_n\}$,使得 V 分解为两两正交的二维和一维不变子空间的直和:

$$V = (\mathbb{R}e_1 + \mathbb{R}e_2) \oplus \cdots \oplus (\mathbb{R}e_{2s-1} + \mathbb{R}e_{2s}) \oplus \mathbb{R}e_{2s+1} \oplus \cdots \oplus \mathbb{R}e_n,$$

且 $\mathscr{K}$ 将 $\mathbb{R}e_{2s+j}$ 化零 $(j=1, \cdots, t)$;$\mathscr{K}$ 在 $W_k = \mathbb{R}e_{2k-1} + \mathbb{R}e_{2k}$ 上作用为

$$\mathscr{K}(e_{2k-1}, e_{2k}) = (e_{2k-1}, e_{2k}) \begin{pmatrix} 0 & b_k \\ -b_k & 0 \end{pmatrix} \qquad (k = 1, \cdots, s).$$

定理 9.6 设 Ω 为欧几里得空间 V 的线性变换,则以下命题等价:

(1) Ω 为正交变换(即 Ω 在标准正交基下的方阵为正交方阵);

(2) Ω 为等距变换,即保持内积不变:$\langle \Omega\alpha, \Omega\beta \rangle = \langle \alpha, \beta \rangle$(对任意 $\alpha, \beta \in V$);

(3) Ω 为有限次旋转和反射变换的复合(乘积).

($\mathscr{R}$ 称为旋转变换是指存在 V 的标准正交基 $\{e_1, \cdots, e_n\}$ 使 $\mathscr{R}$ 在 $\mathbb{R}e_1 + \mathbb{R}e_2$ 限制为旋转,而 $\mathscr{R}e_k = e_k (k=3, \cdots, n)$. $\mathscr{R}$ 称为反射变换是指存在标准正交基 $\{e_1, \cdots, e_n\}$ 使 $\mathscr{R}e_1 = -e_1$,而 $\mathscr{R}e_k = e_k (k=2, \cdots, n)$)

引理 9.6 欧几里得空间 V 的每个线性变换 $\mathscr{A}$ 诱导出 V 的一个线性变换 $\mathscr{A}^*$(称为 $\mathscr{A}$ 的伴随变换),定义为

$$\mathscr{A}^*(\gamma) = \gamma \circ \mathscr{A} \qquad \text{或} \qquad \langle \mathscr{A}^* \gamma, \alpha \rangle = \langle \gamma, \mathscr{A}\alpha \rangle$$

(对任意 $\gamma, \alpha \in V$). 而且在标准正交基下 $\mathscr{A}$ 和 $\mathscr{A}^*$ 的方阵表示 A 和 A^* 互为转置:$A^* = A^{\mathrm{T}}$.

定义 9.9′ 欧几里得空间 V 的规范、正交、对称(自伴随)、交错(斜称)变换 $\mathscr{N}, \Omega, \mathscr{S}, \mathscr{K}$ 分别定义为满足如下关系的变换:

$$\mathscr{N}\mathscr{N}^* = \mathscr{N}^* \mathscr{N}, \quad \Omega^* \Omega = I, \quad \mathscr{S}^* = \mathscr{S}, \quad \mathscr{K}^* = -\mathscr{K}.$$

定理 9.7 设 S 为 n 阶实对称方阵,则下列命题等价:

(1) $S > 0$(即 S 正定);

(2) S 的特征根 $\lambda_i > 0 (i=1, \cdots, n)$;

(3) $S = S_1^2$,其中 S_1 为正定实对称方阵;

(4) S 实正交相合于 $\mathrm{diag}\{\lambda_1, \cdots, \lambda_n\}(\lambda_i > 0, 1 \leqslant i \leqslant n)$;

(5) $S = P^{\mathrm{T}} P$,其中 P 为可逆实方阵(即 S 相合于 I);

(6) S 的主子式皆正数;

(7) S 的顺序主子式皆正数;

(8) S 的同阶主子式之和皆正数.

定理 9.8 设 S 为 n 阶实对称方阵，则下列命题等价：

(1) $S\geqslant 0$（即 S 半正定）；

(2) S 的特征根 $\lambda_i\geqslant 0$ $(i=1,\cdots,n)$；

(3) $S=S_1^2$，其中 S_1 为半正定实对称方阵；

(4) S 实正交相合于 $\mathrm{diag}\{\lambda_1,\cdots,\lambda_r,0,\cdots,0\}(\lambda_i>0,1\leqslant i\leqslant r)$；

(5) $S=Q^{\mathrm{T}}Q$， Q 为实方阵；

(6) S 的主子式皆正数或 0；

(7) S 的同阶主子式之和都为正数或 0.

定理 9.9 设 S 为半正定实对称方阵，则有唯一的半正定实对称方阵 S_1 使 $S=S_1^2$，且与 S 可交换的方阵与 S_1 也可交换.

定理 9.10（正交相抵标准形） 对任一 $m\times n$ 实矩阵 A，存在实正交方阵 P 和 Q 使

$$A=P\begin{bmatrix}\sqrt{\lambda_1} & & & & & \\ & \ddots & & & & \\ & & \sqrt{\lambda_r} & & & \\ & & & 0 & & \\ & & & & \ddots & \\ & & & & & 0\end{bmatrix}Q.$$

其中 $\lambda_1\geqslant\lambda_2\geqslant\cdots\geqslant\lambda_r>0$ 是 $A^{\mathrm{T}}A$ 的非 0 特征根.

定理 9.11（极分解 polar factorization） 任一实方阵 A 可表为

$$A=S\Omega=\Omega_1 S_1,$$

其中 S 和 S_1 为半正定实对称方阵，Ω 与 Ω_1 为实正交方阵，而且 S 和 S_1 均是唯一的.

定义 9.10 设 V 为 n 维欧几里得空间，二次方程

$$f(x)=x^{\mathrm{T}}Sx+2\alpha^{\mathrm{T}}x+a=0$$

的解 $x\in V$ 的集合称为 V 中**二次超曲面**. 其中 S 为实对称方阵，α 和 x 为列向量，$a\in\mathbb{R}$.

定理 9.12 设欧几里得空间 V 中二次超曲面在一标准正交基下的方程为

$$x^{\mathrm{T}}Sx+2\alpha^{\mathrm{T}}x+a=0,$$

实对称方阵 S 的非 0 特征根为 $\lambda_1\geqslant\cdots\geqslant\lambda_r$，则可经正交变换化此曲面为下列情形之一：

(1) $\lambda_1y_1^2+\lambda_2y_2^2+\cdots+\lambda_ry_r^2=0$ $\left(当\ r=\tilde{r},\tilde{r}\ 为\ \widetilde{S}=\begin{bmatrix}S & \alpha^{\mathrm{T}}\\ \alpha & a\end{bmatrix}的秩\right)$；

(2) $\lambda_1y_1^2+\lambda_2y_2^2+\cdots+\lambda_ry_r^2-c=0$ （当 $r=\tilde{r}-1$） $(c\in\mathbb{R})$；

(3) $\lambda_1y_1^2+\lambda_2y_2^2+\cdots+\lambda_ry_r^2+2by_n=0$ （当 $r=\tilde{r}-2$）.

（在情形(1)总有 $\det\widetilde{S}=0$，在情形(3)总有 $\det S=0$）

定理 9.13 设 A 与 B 为 n 阶实对称方阵且 A 正定，则存在可逆方阵 P 使得

$P^{\mathrm{T}}AP=I_n$，$P^{\mathrm{T}}BP$ 为对角阵.

定理 9.14　欧几里得空间 V 中保持向量内积不变的变换 σ 一定是线性变换，从而是正交变换. 这里 σ **保持内积不变**的意义为对任意 $\alpha,\beta\in V$ 均有

$$\langle\sigma(\alpha),\sigma(\beta)\rangle=\langle\alpha,\beta\rangle.$$

定理 9.15(Schur 定理)　设实方阵 A 的复特征根为 $\lambda_1,\cdots,\lambda_n$，则

$$\operatorname{tr}(AA^{\mathrm{T}})\geqslant|\lambda_1|^2+\cdots+|\lambda_n|^2.$$

并且当且仅当 A 为规范方阵时等号成立.

定理 9.16(Rayleigh 定理)　设 S 为实对称 n 阶方阵，则

$$\frac{x^{\mathrm{T}}Sx}{x^{\mathrm{T}}x}\qquad(x\in\mathbb{R}^{(n)})$$

的最小值和最大值分别为 S 的最小特征根 λ_1 和最大特征根 λ_n，且分别当 x 为 λ_1 和 λ_n 的特征向量时取得.

定义 9.11　设 V 是复数域 $\mathbb{C}$ 上线性空间，g 是 $V\times V$ 到 $\mathbb{C}$ 中函数，若 g 满足：对任 α，$\beta,\alpha_1,\alpha_2,\beta_1,\beta_2\in V,k\in\mathbb{C}$ 有

$$g(\alpha_1+\alpha_2,\beta)=g(\alpha_1,\beta)+g(\alpha_2,\beta);\quad g(k\alpha,\beta)=\bar{k}g(\alpha,\beta);$$
$$g(\alpha,\beta_1+\beta_2)=g(\alpha,\beta_1)+g(\alpha,\beta_2);\quad g(\alpha,k\beta)=kg(\alpha,\beta).$$

则称 g 为**半双线性型**，或称**型**.

定义 9.12　设 h 是复线性空间 V 上半双线性型，若对任 $\alpha,\beta\in V$ 有

$$h(\alpha,\beta)=\overline{h(\beta,\alpha)},$$

则称 h 为 Hermite **型**. 而 $\mathscr{H}(\alpha)=h(\alpha,\alpha)$ 称为由 h 决定的 Hermite **二次型**.

引理 9.7　设 h 是复线性空间 V 上半双线性型，则 h 是 Hermite 型的充要条件是 $h(\alpha,\alpha)$ 均为实数(对任 $\alpha\in V$).

引理 9.8　Hermite 型 h 由其对应的 Hermite 二次型 $\mathscr{H}$ 所完全决定，即有(**极化恒等式**)

$$h(\alpha,\beta)=\frac{1}{4}\mathscr{H}(\alpha+\beta)-\frac{1}{4}\mathscr{H}(-\alpha+\beta)+\frac{\mathrm{i}}{4}\mathscr{H}(\mathrm{i}\alpha+\beta)-\frac{\mathrm{i}}{4}\mathscr{H}(-\mathrm{i}\alpha+\beta)$$
$$=\frac{1}{4}\sum_{m=1}^{4}\mathrm{i}^m\mathscr{H}(\mathrm{i}^m\alpha+\beta)\qquad(\alpha,\beta\in V).$$

定义 9.13　满足 $H=\overline{H}^{\mathrm{T}}$ 的方阵称为 Hermite 方阵.

定理 9.17　(1) 对数域 F 上任一 n 阶 Hermite 方阵 H，存在域 F 上可逆方阵 P，使得

$$\overline{P}^{\mathrm{T}}HP=\operatorname{diag}\{a_1,\cdots,a_n\}\qquad(a_i\in\mathbb{R},1\leqslant i\leqslant n).$$

(2) 设 V 是数域 F 上 n 维线性空间，g 是 V 上 Hermite 型，则存在 V 的基使得

$$g(\alpha,\beta)=a_1\bar{x}_1y_1+\cdots+a_n\bar{x}_ny_n\qquad(a_i\in\mathbb{R},1\leqslant i\leqslant n),$$

$$g(\alpha,\alpha)=a_1\bar{x}_1x_1+\cdots+a_n\bar{x}_nx_n,$$

其中 $x_1,\cdots,x_n$ 和 $y_1,\cdots,y_n$ 分别是 α 与 β 的坐标.

系 对任一 Hermite 方阵 H,存在可逆复方阵 P 使得

$$\bar{P}^{\mathrm{T}}HP=\begin{bmatrix}I_p & & \\ & -I_q & \\ & & 0\end{bmatrix},$$

且 p,q 由 H 唯一决定.

定义 9.14 若对任非零向量 $\alpha\in V$,均有 $h(\alpha,\alpha)>0$,则称 Hermite 型 $h(\alpha,\beta)=\bar{x}^{\mathrm{T}}Hy$ 是**正定的**,此时也称 Hermite 方阵 H 为正定的,记为 $H>0$. 正定 Hermite 型也称为 Hermite 内积.

定理 9.18 设 H 为 Hermite 方阵,则 $H>0$(即 H 正定)的充分必要条件是:

(1) H 共轭相合于 I;

(2) 存在可逆复方阵 P,使 $H=\bar{P}^{\mathrm{T}}P$;

(3) H 的特征根均为正实数;

(4) H 的顺序主子式均为正实数;

(5) H 的所有主子式均为正实数.

定理 9.19 设 H 为 Hermite 方阵,则以下命题等价:

(1) $H\geqslant 0$(即对任列向量 x 有 $\bar{x}^{\mathrm{T}}Hx\geqslant 0$,此时称 H 半正定);

(2) H 共轭相合于 $\begin{bmatrix}I_r & \\ & 0\end{bmatrix}$;

(3) $H=\bar{Q}^{\mathrm{T}}Q$,其中 Q 是某复方阵;

(4) H 的所有主子式均为非负实数;

(5) H 的特征值均是非负实数.

定理 9.20 (1) Hermite 方阵的特征根均为实数;

(2) 斜 Hermite 方阵(即满足 $G=-\bar{G}^{\mathrm{T}}$)的特征根均为纯虚数或 0.

定义 9.15 设 V 是复线性空间,若 V 上定义着正定 Hermite 型 g,则 V 称为(对于内积 g 的)**酉空间**,g 称为**内积**.

定义 9.16 设 V 是酉空间,

(1) 向量 $\alpha\in V$ 的长度(或称范数)定义为 $\|\alpha\|=\sqrt{\langle\alpha,\alpha\rangle}$;

(2) 非 0 向量 $\alpha,\beta\in V$ 的夹角定义为 $\theta=\arccos\dfrac{|\langle\alpha,\beta\rangle|}{\|\alpha\|\,\|\beta\|}$;

(3) 若 $\langle\alpha,\beta\rangle=0$,则称 α 与 β **正交**.

定理 9.21(Gram-Schmidt 正交化) 对酉空间 V 中任一基 $\alpha_1,\cdots,\alpha_n$,存在着 V 的标准正交基 $\varepsilon_1,\cdots,\varepsilon_n$ 使

$$\mathbb{C}\alpha_1+\cdots+\mathbb{C}\alpha_k=\mathbb{C}\varepsilon_1+\cdots+\mathbb{C}\varepsilon_k$$

对任意 $1\leqslant k\leqslant n$ 成立.

定理 9.22　设 $\varepsilon_1,\cdots,\varepsilon_n$ 为酉空间 V 的标准正交基,设方阵 P 是从基 $\varepsilon_1,\cdots,\varepsilon_n$ 到基 $e_1,\cdots,e_n$ 的过渡方阵,即

$$(e_1,\cdots,e_n)=(\varepsilon_1,\cdots,\varepsilon_n)P,$$

则当且仅当 $\overline{P}^{\mathrm{T}}P=I$ 时,$e_1,\cdots,e_n$ 为标准正交基.

定义 9.17　满足 $\overline{U}^{\mathrm{T}}U=I$ 的方阵称为酉阵. 酉方阵全体对乘法形成群,称为酉群.

系 1　设 $\alpha_1,\cdots,\alpha_n$ 是酉空间 V 的基,则存在 V 的标准正交基 $\varepsilon_1,\cdots,\varepsilon_n$ 和上三角方阵 T 使

$$(\varepsilon_1,\cdots,\varepsilon_n)=(\alpha_1,\cdots,\alpha_n)T,$$

且 T 的主对角线上元素均为正数.

系 2　对每个正定 Hermite 方阵 G,总存在上三角方阵 T 使得

$$\overline{T}^{\mathrm{T}}GT=I.$$

系 3　对任一可逆复方阵 A,唯一地存在着主对角线上元素为正数的上三角方阵 T 使得 $U=AT$ 为酉阵.

系 4　对任一可逆复方阵 A,存在唯一的酉阵 U 和主对角线元素为正数的上三角方阵 T 使得

$$A=UT;$$

也唯一地存在酉阵 U_1 和主对角线元素为正数的下三角方阵 L 使得

$$A=LU_1.$$

引理 9.9　任一复方阵 A 酉相似于上三角形方阵.

引理 9.10　若复方阵 N 为规范方阵(满足 $\overline{N}^{\mathrm{T}}N=N\overline{N}^{\mathrm{T}}$)且 N 酉相似于

$$\begin{bmatrix}N_1 & N_3\\ 0 & N_2\end{bmatrix}=\overline{U}^{\mathrm{T}}NU,$$

则 $N_3=0$(其中 U 为酉阵).

定理 9.23(规范方阵谱定理)　任一复规范方阵 N 必酉相似于对角阵

$$\overline{U}^{\mathrm{T}}NU=\begin{bmatrix}\lambda_1 & & \\ & \ddots & \\ & & \lambda_n\end{bmatrix}.$$

系 1　Hermite 方阵 H 必酉相似于

$$\mathrm{diag}\{\lambda_1,\cdots,\lambda_n\},\quad \lambda_k\text{ 为实数},\quad 1\leqslant k\leqslant n.$$

系 2　酉方阵 U 必酉相似于

$$\mathrm{diag}\{\mathrm{e}^{\mathrm{i}\theta_1},\cdots,\mathrm{e}^{\mathrm{i}\theta_n}\},\quad \theta_k\text{ 为实数},\quad 1\leqslant k\leqslant n.$$

系 3　斜 Hermite 方阵 K 必酉相似于

$$\mathrm{diag}\{\mathrm{i}a_1,\cdots,\mathrm{i}a_n\},\quad \mathrm{i}a_k \text{ 为纯虚数或 } 0,\ 1\leqslant k\leqslant n.$$

定义 9.18 若酉空间 V 的线性变换 $\mathscr{A}$ 在标准正交基下的方阵表示为规范方阵，Hermite 方阵，酉方阵，或斜 Hermite 方阵，则分别称 $\mathscr{A}$ 为**规范变换**，Hermite **变换**，**酉变换**，或斜 Hermite **变换**. Hermite 变换也称为**自伴随变换**.

引理 9.11 酉空间 V 的规范变换 $\mathscr{N}$ 的不变子空间 W 的正交补 $W^{\perp}$ 也为 $\mathscr{N}$ 的不变子空间.

定理 9.23′ 设 $\mathscr{N}$ 是 n 维酉空间 V 的规范变换，则 $\mathscr{N}$ 有 n 个标准正交的特征向量 $e_1,\cdots,e_n$. 于是 V 可以分解为 n 个一维不变子空间的正交直和

$$V=\mathbb{C}e_1\oplus\cdots\oplus\mathbb{C}e_n,$$

且在每个一维不变子空间上 $\mathscr{N}$ 的作用为数乘：

$$\mathscr{N}e_k=\lambda_k e_k\quad(\lambda_k\in\mathbb{C},\quad 1\leqslant k\leqslant n).$$

系 1′ 设 $\mathscr{H}$ 为 n 维酉空间 V 的 Hermite 变换，则存在 V 的标准正交基 $e_1,\cdots,e_n$ 使

$$\mathscr{H}e_k=\lambda_k e_k\quad(\lambda_k\in\mathbb{R},1\leqslant k\leqslant n).$$

系 2′ 设 $\mathscr{U}$ 为 n 维酉空间 V 的酉变换，则存在 V 的标准正交基 $e_1,\cdots,e_n$ 使

$$\mathscr{U}e_k=\mathrm{e}^{\mathrm{i}\theta_k}e_k\qquad(\theta_k\in\mathbb{R},1\leqslant k\leqslant n).$$

系 3′ 设 $\mathscr{K}$ 为 n 维酉空间 V 的斜 Hermite 变换，则存在 V 的标准正交基 $e_1,\cdots,e_n$ 使

$$\mathscr{K}e_k=\mathrm{i}a_k e_k\qquad(a_k\in\mathbb{R},1\leqslant k\leqslant n).$$

定理 9.24 对于 n 维酉空间 V 的每个线性变换 $\mathscr{A}$，存在着 V 的唯一线性变换 $\mathscr{A}^*$（称为 $\mathscr{A}$ 的伴随）使得

$$\langle\mathscr{A}^*\alpha,\beta\rangle=\langle\alpha,\mathscr{A}\beta\rangle,$$

对任意 $\alpha,\beta\in V$ 成立. 设 $\mathscr{A}$ 及 $\mathscr{A}^*$ 在一标准正交基下的方阵为 A 和 A^*，则

$$A^*=\overline{A}^{\mathrm{T}}.$$

系 设 $\mathscr{A}$ 为有限维酉空间 V 的线性变换，W 为 $\mathscr{A}$ 的不变子空间，则 $W^{\perp}$ 为 $\mathscr{A}^*$ 的不变子空间.

定义 9.19 酉空间 V 上的**规范变换** $\mathscr{N}$，Hermite **变换** $\mathscr{H}$，酉变换 $\mathscr{U}$，斜 Hermite 变换 $\mathscr{K}$ 分别由以下关系刻画：

$$\mathscr{N}\mathscr{N}^*=\mathscr{N}^*\mathscr{N},\quad \mathscr{H}^*=\mathscr{H},\quad \mathscr{U}\mathscr{U}^*=I,\quad \mathscr{K}^*=-\mathscr{K}.$$

定义 9.20 设 $\mathscr{A}$ 为酉空间 V_1 到 V_2 的线性映射，若 $\langle\mathscr{A}\alpha,\mathscr{A}\beta\rangle=\langle\alpha,\beta\rangle$（对所有 $\alpha,\beta\in V_1$），则称 $\mathscr{A}$ 保持内积. 保持内积的双射线性映射称为**等距映射**或**同构映射**. 若存在 $\mathscr{A}$ 为 V_1 到 V_2 的同构映射则称 V_1 与 V_2 同构.

定理 9.25 设 V_1 和 V_2 均为 n 维酉空间，$\mathscr{A}$ 是 V_1 到 V_2 的线性映射，则下列命题等价：

(1) $\mathscr{A}$ 保持内积；

(2) $\mathscr{A}$ 是（酉空间的）同构（映射）；

(3) $\mathscr{A}$ 把任意标准正交基映为标准正交基；

(4) $\mathscr{A}$ 把某一标准正交基映为标准正交基；

(5) $\mathscr{A}$ 在 V_1 和 V_2 标准正交基下的方阵表示为酉方阵.

系 1 维数相同的酉空间均同构，特别 n 维酉空间均同构于列向量空间 $\mathbb{C}^{(n)}$，其中 $x, y\in\mathbb{C}^{(n)}$ 的内积为 $\langle x,y\rangle=\overline{x}^{\mathrm{T}}y$.

系 2 设 $\mathscr{U}$ 为酉空间 V 的线性变换，则以下命题等价：

(1) $\mathscr{U}$ 保持内积；

(2) $\mathscr{U}$ 是自同构；

(3) $\mathscr{U}$ 把任意标准正交基映为标准正交基；

(4) $\mathscr{U}$ 把某一标准正交基映为标准正交基；

(5) $\mathscr{U}^*\mathscr{U}=\mathscr{U}\mathscr{U}^*=I$；

(6) $\mathscr{U}$ 在标准正交基下的方阵表示为酉方阵；

(7) $\mathscr{U}$ 是有限多次旋转变换的复合.

定理 9.26 设 $\{N_i\}(i\in S)$ 是一族 n 阶规范方阵，两两可交换，则存在酉方阵 U 使 $N_i(i\in S)$ 同时对角化，即

$$\overline{U}^{\mathrm{T}}N_iU=\begin{bmatrix}\lambda_1(i) & & \\ & \ddots & \\ & & \lambda_n(i)\end{bmatrix}\quad(i\in S),$$

其中 $\lambda_k(i)=\lambda_k(N_i)\in\mathbb{C}$ 是 N_i 的特征根.

系 设 $\{N_i\}(i\in S)$ 是一族 n 阶两两可交换的规范方阵，则 $N_i(i\in S)$ 有 n 个两两正交的单位(长)公共特征向量 $e_1,\cdots,e_n\in\mathbb{C}^{(n)}$，即

$$N_ie_k=\lambda_k(i)e_k\quad(1\leqslant k\leqslant n)$$

对任意 $i\in S$ 成立. 而酉空间 $\mathbb{C}^{(n)}$ 分解为 n 个两两正交的一维公共不变子空间的直和

$$\mathbb{C}^{(n)}=\mathbb{C}\,e_1\oplus\cdots\oplus\mathbb{C}\,e_n$$

(这里 $\alpha,\beta\in\mathbb{C}^{(n)}$ 的内积定义为 $\overline{\alpha}^{\mathrm{T}}\beta$).

定理 9.27 设 $\{N_i\}(i\in S)$ 是一族两两可交换的 n 阶规范方阵，则存在酉方阵 U 使 $N_i(i\in S)$ 同时对角化，即

$$\overline{U}^{\mathrm{T}}N_iU=\begin{bmatrix}\lambda_1(i)I & & \\ & \ddots & \\ & & \lambda_m(i)I\end{bmatrix}\quad(i\in S),$$

其中 $\lambda_1,\cdots,\lambda_m$ 是族 $\{N_i\}$ 的互异根(映射)(即对其中任两根 λ_k,λ_j，总有某 $i\in S$ 使 $\lambda_k(i)\neq\lambda_j(i)$).

系 设 $\{N_i\}(i\in S)$ 是一族两两可交换的 n 阶规范方阵，则该族有 $m<n$ 个互异的根(映射) $\lambda_k(k=1,\cdots,m)$. 以 $V_k=V(\lambda_k)$ 记属于 λ_k 的公共特征子空间，则 $\mathbb{C}^{(n)}$ 有正交直和分

解

$$\mathbb{C}^{(n)} = V_1 \oplus \cdots \oplus V_m,$$

且对

$$\alpha = \alpha_1 + \cdots + \alpha_m \quad (\alpha_k \in V_k),$$

有

$$N_i \alpha = \lambda_1(i)\alpha_1 + \cdots + \lambda_m(i)\alpha_m \quad (i \in S).$$

定理 9.26′ 设 V 是 n 维酉空间，$\{\mathcal{N}_i\}(i \in S)$ 是 V 上一族两两可交换的规范变换. 则 $\mathcal{N}_i(i \in S)$ 有 n 个单位正交公共特征向量 $e_1, \cdots, e_n \in V$. 于是 $e_1, \cdots, e_n$ 是 V 的标准正交基，V 分解为一维子空间的直和：

$$V = \mathbb{C}e_1 \oplus \cdots \oplus \mathbb{C}e_n,$$

对

$$\alpha = a_1 e_1 + \cdots + a_n e_n \quad (a_i \in \mathbb{C}),$$

有

$$\mathcal{N}_i \alpha = a_1 \lambda_1(i) e_1 + \cdots + a_n \lambda_n(i) e_n \quad (i \in S),$$

亦即每个 $\mathcal{N}_i$ 可分解为

$$\mathcal{N}_i = \lambda_1(i)\mathcal{E}_1 + \cdots + \lambda_n(i)\mathcal{E}_n,$$

其中 $\mathcal{E}_k$ 是正则投影：

$$\mathcal{E}_k : V \to \mathbb{C}e_k,$$

$$\sum a_j e_j \mapsto a_k e_k.$$

定义 9.21 设 $\{\mathcal{N}_i\}(i \in S)$ 是酉空间 V 上的一族线性变换. 映射

$$\lambda : \{\mathcal{N}_i\} \to \mathbb{C}$$

将被称为此族上的**根(映射)**：如果有一非零向量 $\alpha \in V$ 使对每个 $\mathcal{N}_i$ 均有

$$\mathcal{N}_i \alpha = \lambda(\mathcal{N}_i)\alpha \qquad (\forall i \in S).$$

此 α 称为属于根(映射)λ 的**公共特征向量**. 而其全体，即

$$V(\lambda) = \{\alpha \in V \mid \mathcal{N}_i \alpha = \lambda(\mathcal{N}_i)\alpha, \forall i \in S\}$$

称为此族的属于根(映射)λ 的特征子空间.

定理 9.27′ 设 V 是 n 维酉空间，$\{\mathcal{N}_i\}(i \in S)$ 是一族两两可交换的 V 上的规范变换，则该族有 $m \leqslant n$ 个互异的根(映射)$\lambda_k(k = 1, \cdots, m)$. 以 $V_k = V(\lambda_k)$ 记属于 λ_k 的公共特征子空间，即

$$V_k = \{\alpha \in V \mid \mathcal{N}_i \alpha = \lambda_k(i)\alpha, \forall i \in S\},$$

则 V 分解为两两正交的公共特征子空间的直和：

$$V = V_1 \oplus \cdots \oplus V_m.$$

这里记 $\lambda_k(\mathcal{N}_i) = \lambda_k(i)$.

系′ 设如定理 9.27′，记 $\mathcal{E}_k$ 是 V 到 V_k 的正则投影($1 \leqslant k \leqslant m$)，即对

$$\alpha = \alpha_1 + \cdots + \alpha_m \quad (\alpha_k \in V_k)$$

有 $\mathcal{E}_k(\alpha) = \alpha_k$，则 $\mathcal{E}_k \mathcal{E}_j = 0$(当 $k \neq j$)，$1 = \mathcal{E}_1 + \cdots + \mathcal{E}_m$，且族中每个 $\mathcal{N}_i$ 可分解为

$$\mathcal{N}_i = \lambda_1(i)\mathcal{E}_1 + \cdots + \lambda_m(i)\mathcal{E}_m.$$

(这称为 $\mathcal{N}_i$ 在族中的**谱分解**)

引理 9.12 酉空间 V 上的线性变换 $\mathcal{A}$ 全体与型 f 全体间 1—1 对应:

$$f(\alpha,\beta) = \langle\alpha,\mathcal{A}\beta\rangle.$$

在同一标准正交基下,二者的方阵为同一方阵 A,即

$$\mathcal{I}(\mathcal{A}\beta) = Ay, \quad f(\alpha,\beta) = \langle\alpha,\mathcal{A}\beta\rangle = \bar{x}^{\mathrm{T}}Ay.$$

定义 9.22 标准正交基下方阵为规范方阵,Hermite 方阵,酉方阵,斜 Hermite 方阵的型分别称为**规范型**,**Hermite 型**,**酉型**和斜 Hermite 型.

系 1 对 n 维酉空间 V 上任一(半双线性)型 f,存在 V 的标准正交基使 f 的方阵为上三角形方阵.

系 2 设 f 为 n 维酉空间 V 上的规范(半双线性)型,则存在标准正交基使 f 的方阵为对角形,特别对任意 $\alpha,\beta\in V$ 有

$$f(\alpha,\beta) = \lambda_1\bar{x}_1y_1 + \cdots + \lambda_n\bar{x}_ny_n \quad (\lambda_1,\cdots,\lambda_n \in \mathbb{C}),$$

其中 $x=(x_1,\cdots,x_n)^{\mathrm{T}}, y=(y_1,\cdots,y_n)^{\mathrm{T}}$ 为 α 与 β 的坐标列.

系 3(主轴定理) 设 f 为 n 维酉空间 V 上的 Hermite 型,则存在标准正交基使 f 的方阵为实对角形,特别对任 $\alpha,\beta\in V$ 有

$$f(\alpha,\beta) = \lambda_1\bar{x}_1y_1 + \cdots + \lambda_n\bar{x}_ny_n \quad (\lambda_1,\cdots,\lambda_n \in \mathbb{R}),$$

其中 $x_1,\cdots,x_n$ 及 $y_1,\cdots,y_n$ 分别为 α,β 的坐标.

系 4 设 f 为 n 维酉空间 V 上的酉(半双线性)型,则存在标准正交基使 f 的方阵为对角形,特别对任 $\alpha,\beta\in V$,设 $x_1,\cdots,x_n$ 及 $y_1,\cdots,y_n$ 分别为 α,β 的坐标,则

$$f(\alpha,\beta) = \mathrm{e}^{\mathrm{i}\theta_1}\bar{x}_1y_1 + \cdots + \mathrm{e}^{\mathrm{i}\theta_n}\bar{x}_ny_n \quad (\theta_1,\cdots,\theta_n \in \mathbb{R}).$$

系 5 设 f 为 n 维酉空间 V 上的斜 Hermite 型,则存在标准正交基使 f 的方阵为对角形,特别对任 $\alpha,\beta\in V$,其坐标分别为 $\{x_k\},\{y_k\}$,则

$$f(\alpha,\beta) = \sqrt{-1}(a_1\bar{x}_1y_1 + \cdots + a_nx_ny_n) \quad (a_1,\cdots,a_n \in \mathbb{R}).$$

系 6 (1) Hermite 方阵 H 正定的充分必要条件是:

$H=N^2$,其中 N 为正定 Hermite 方阵,由 H 唯一决定.

(2) Hermite 方阵 H 半正定的充分必要条件是:

$H=N^2$,其中 N 为半正定 Hermite 方阵,由 H 唯一决定.

定理 9.28(极分解定理) 设 V 是 n 维酉空间,$\mathcal{A}$ 为其任一变换,则

$$\mathcal{A} = \mathcal{U}\mathcal{H} = \mathcal{H}_1\mathcal{U}_1,$$

其中 $\mathcal{U},\mathcal{U}_1$ 为酉变换,$\mathcal{H}$ 和 $\mathcal{H}_1$ 为半正定 Hermite 变换,且 $\mathcal{H}$ 和 $\mathcal{H}_1$ 唯一由 $\mathcal{A}$ 决定.

系(方阵极分解) 任一复方阵 A 可表为

$$A = UH = H_1U_1,$$

其中 U,U_1 为酉方阵,H 和 H_1 为半正定 Hermite 方阵,且 H 和 H_1 由 A 唯一决定.

引理 9.13 对任一 $n\times m$ 复矩阵 A，总有酉方阵 U_1 及 U_2 使

$$U_1AU_2=\begin{bmatrix}A_1 & 0\\ 0 & 0\end{bmatrix},$$

其中 A_1 为 r 阶可逆方阵，$\mathrm{r}(A)=r$.

定理 9.29（矩阵的酉相抵标准形） 设 $n\times m$ 阶复矩阵 A 的秩为 r，则有酉方阵 U_1 和 U_2 使

$$A=U_1\begin{bmatrix}\lambda_1 & & & & & \\ & \ddots & & & & \\ & & \lambda_r & & & \\ & & & 0 & & \\ & & & & \ddots & \\ & & & & & 0\end{bmatrix}U_2,$$

其中 $\lambda_1\geqslant\lambda_2\geqslant\cdots\geqslant\lambda_r>0,\lambda_1^2,\cdots,\lambda_r^2$ 为 $\overline{A}^{\mathrm{T}}A$ 的所有非 0 特征根.

定义 9.23 全体实正交变换称为**正交群**；全体酉变换 $\mathscr{U}$ 称为**酉群**.

定义 9.24 设 V 为线性空间，g 是 V 上的非退化双线性型或半双线性型. (V,g)的一个**自同构**是指保持 g 不变的 V 的线性变换 $\mathscr{A}$，即 $\mathscr{A}$ 满足

$$g(\mathscr{A}\alpha,\mathscr{A}\beta)=g(\alpha,\beta)\quad(\alpha,\beta\in V).$$

(V,g)的自同构全体记为 $\mathrm{Aut}(V,g)$，称为(V,g)的**自同构群**.

定义 9.25 (1) 当 g 为实线性空间 V 上正定对称双线性型时，$\mathrm{Aut}(V,g)$称为**正交群**；

(2) 当 g 为复线性空间 V 上正定 Hermite 型时，$\mathrm{Aut}(V,g)$称为**酉群**；

(3) 当 g 为线性空间 V 上交错型时，$\mathrm{Aut}(V,g)$称为**辛群**；

(4) 当 g 为实线性空间 V 上非正定对称双线性型时，$\mathrm{Aut}(V,g)$称为 Lorentz 群.

9.2 解题方法介绍

9.2.1 Gram-Schmidt 正交化程序

设 $\alpha_1,\cdots,\alpha_n$ 为欧几里得空间 V 的基，则令

$$\beta_1=\alpha_1,\quad e_1=\frac{\beta_1}{|\beta_1|};$$

$$\beta_2=\alpha_2-(\alpha_2,e_1)e_1,\qquad e_2=\frac{\beta_2}{|\beta_2|};$$

$$\beta_k=\alpha_k-(\alpha_k,e_1)e_1-(\alpha_k,e_2)e_2-\cdots-(\alpha_k,e_{k-1})e_{k-1},\quad e_k=\frac{\beta_k}{|\beta_k|}.$$

其中 $k=3,\cdots,n$，则 $e_1,\cdots,e_n$ 为 V 的标准正交基.

9.2.2 实二次型在可逆线性代换下化为平方和(标准形)的方法

此问题也等价于实对称方阵相合对角化，即存在可逆阵 P，使 $P^{\mathrm{T}}AP=D$，这里 A 为实对称阵，D 为对角阵. 在此总结的三个方法中，有的用矩阵的运算给出，有的用二次型的语言给出.

方法 1 由定理 9.5 的系 2，对每个 n 阶实对称阵 A，总存在实正交方阵 Ω，使 $\Omega^{\mathrm{T}}A\Omega$ 为对角阵. 记 $\Omega=(\tau_1,\cdots,\tau_n)$，由

$$\Omega^{-1}A\Omega=\begin{bmatrix}\lambda_1 & & \\ & \ddots & \\ & & \lambda_n\end{bmatrix},$$

知 τ_i 满足 $A\tau_i=\lambda_i\tau_i$，$i=1,\cdots,n$，故 $\lambda_1,\cdots,\lambda_n$ 为特征值，τ_i 为相应的特征向量. 于是用此方法的步骤是：(1)求 A 的特征值，(2)求特征向量(解方程组 $(\lambda_i I-A)x=0$)，(3)属于同一特征值的特征向量要 Schmidt 正交化(而属于不同特征值的特征向量原本正交). 这里 $\Omega^{-1}=\Omega^{\mathrm{T}}$，故是正交相合对角阵. 如已知给的是二次型形式，写成 $Q(\alpha)=x^{\mathrm{T}}Ax$ 后，以上步骤对 A 进行，得到对角阵 D 后，就可以写出二次型的标准形.

方法 2 大块配方法，见定理 8.1. 证明(步骤)可用方阵运算，也可用二次型写出，我们这里用后者，即关键要分两种情况：

(1) 若 $a_{11}\neq 0$，则

$$\begin{aligned}Q(\alpha)&=a_{11}\left[x_1^2+\frac{2}{a_{11}}(a_{12}x_2+\cdots+a_{1n}x_n)x_1\right]+\sum_{i,j=2}^{n}a_{ij}x_ix_j\\&=a_{11}\left[x_1+\frac{1}{a_{11}}(a_{12}x_2+\cdots+a_{1n}x_n)\right]^2-\frac{1}{a_{11}}\Big(\sum_{j=2}^{n}a_{1j}x_j\Big)^2+\sum_{i,j=2}^{n}a_{ij}x_ix_j,\end{aligned}$$

令
$$\begin{cases}y_1=x_1+\dfrac{a_{12}}{a_{11}}x_2+\cdots+\dfrac{a_{1n}}{a_{11}}x_n,\\ y_i=x_i, \qquad i=2,\cdots,n.\end{cases}$$

即
$$\begin{cases}x_1=y_1-\dfrac{a_{12}}{a_{11}}y_2-\cdots-\dfrac{a_{1n}}{a_{11}}y_n,\\ x_i=y_i, \qquad i=2,\cdots,n.\end{cases}$$

则 $Q(\alpha)=a_{11}y_1^2+Q_1(y_2,\cdots,y_n)$.

(2) 若 $a_{11}=0$，而 $a_{1j}\neq 0$，不妨设 $a_{12}\neq 0$，则

令
$$\begin{cases}x_1=y_1+y_2,\\ x_2=y_1-y_2,\\ x_i=y_i, \qquad i=3,\cdots,n,\end{cases}$$

则 $$Q(\alpha)=2a_{12}y_1^2-2a_{12}y_2^2+a_{22}(y_1-y_2)^2+\cdots$$
$$=(2a_{12}+a_{22})y_1^2+(a_{22}-2a_{12})y_2^2-2a_{22}y_1y_2+\cdots.$$

一般来说,做如上的变换可把(2)化为情况(1),可当 $a_{22}\neq 0$ 时,若 $2a_{12}+a_{22}=0$,则此步骤无用.这就是教材上证明中多讨论的一种情况:若 $a_{11}=0$,而$a_{ii}\neq 0$时,对换 $1,i$,使$a_{11}\neq 0$的原因.另外在具体配方时一定要"大块配",即当 $a_{11}\neq 0$ 时,一次把含 x_1 的项全部配完(这是与中学的配方法不同的),或按(2)的程序进行,这里有一个反例,没按程序做导致错误的结论.

$$\begin{aligned}Q(x_1,x_2,x_3,x_4)&=x_1x_2+x_2x_3+x_3x_4+x_4x_1\\&=\frac{1}{2}[2x_1x_2+2x_2x_3+2x_3x_4+2x_4x_1+x_1^2+x_2^2+x_3^2\\&\quad+x_4^2-x_1^2-x_2^2-x_3^2-x_4^2]\\&=\frac{1}{2}[(x_1+x_2)^2+(x_3+x_4)^2-(x_2-x_3)^2-(x_1-x_4)^2],\end{aligned}$$

令 $$\begin{cases}y_1=x_1+x_2\\y_2=x_3+x_4\\y_3=x_2-x_3\\y_4=x_1-x_4\end{cases},\qquad y=P^{-1}x,\qquad P^{-1}=\begin{bmatrix}1&1&0&0\\0&0&1&1\\0&1&-1&0\\1&0&0&-1\end{bmatrix},$$

但很容易看出 P^{-1}不是可逆阵.事实上我们把原题的方阵写出即是

$$A=\begin{bmatrix}0&1&0&1\\1&0&1&0\\0&1&0&1\\1&0&1&0\end{bmatrix},\quad \mathrm{r}(A)=2.$$

A 相合于 $\mathrm{diag}\{1,-1,0,0\}$,而上面的对角阵是秩为 4.错误根源在 P 不可逆(没按(1),(2)要求做),改变二次型的属性了.

方法 3 初等变换法.即对

$$(A,I)$$

同时做初等行变换,且在做每个行变换时,对列做相应的变换,则当 A 处得对角阵 D 时,I 处得的是 P^{T}.理论依据

$$P^{\mathrm{T}}(A,I)=(P^{\mathrm{T}}A,P^{\mathrm{T}}I)\xrightarrow{①}(P^{\mathrm{T}}AP,P^{\mathrm{T}})=(D,P^{\mathrm{T}}),$$

其中,①是在做每个行变换后,接着做一个相应的列变换(即若 $1,i$ 行对换,则做一个 $1,i$ 列对换;i 行乘 k 倍,则 i 列乘 k 倍;i 行的 λ 倍加到 j 行上去,则 i 列的 λ 倍加到 j 列上去).这里行、列变换是一对一对的,千万不能漏一个列变换.有时为了计算方便起见可以连做几个行变换,再连做几个列变换,由于矩阵乘法有结合律,故是容许的,由存在初等方阵$P_1,\cdots,P_s$使

$$P_s^{\mathrm{T}}\cdots P_1^{\mathrm{T}}AP_1\cdots P_s=\begin{bmatrix}d_1 & & \\ & \ddots & \\ & & d_n\end{bmatrix}=D.$$

它的原理是左乘一个,右乘一个,当然可以左边先连乘几个,再右边连乘几个.但千万注意不能忘了右边的乘积,即不能漏掉列变换.

注 若要求找正交方阵 Ω,使 $\Omega^{\mathrm{T}}A\Omega=D$,只能用方法 1,而不能用方法 3,也就是说,即使用方法 3 得到的 D 的对角线都是 A 的特征值,也不能保证 P 为正交方阵.

9.2.3 Gram-Schmidt 正交化程序(酉空间)

设 $\alpha_1,\cdots,\alpha_n$ 是酉空间 V 中基.则令

$$\beta_1=\alpha_1,\quad e_1=\frac{\beta_1}{\|\beta_1\|}=\frac{\alpha_1}{\|\alpha_1\|},$$

$$\beta_2=\alpha_2-\overline{\langle\alpha_2,e_1\rangle}e_1,\quad e_2=\frac{\beta_2}{\|\beta_2\|},$$

$$\beta_k=\alpha_k-\sum_{i=1}^{k-1}\overline{\langle\alpha_k,e_i\rangle}e_i,\quad e_k=\frac{\beta_k}{\|\beta_k\|},\quad k=3,\cdots,n.$$

则 $e_1,\cdots,e_n$ 为酉空间标准正交基.注意这里公式与欧几里得空间不同之处,即每个 e_i 前系数要取共轭.

9.3 习题与解答

1. 证明 n 维欧几里得空间中的勾股定理:向量 α 与 β 正交的充分必要条件为:

$$\|\alpha\|^2+\|\beta\|^2=\|\alpha-\beta\|^2.$$

证 因为 $\|\alpha-\beta\|^2=\langle\alpha-\beta,\alpha-\beta\rangle=\langle\alpha,\alpha\rangle-\langle\beta,\alpha\rangle-\langle\alpha,\beta\rangle+\langle\beta,\beta\rangle=\|\alpha\|^2-2\langle\alpha,\beta\rangle+\|\beta\|^2$,所以

$$\alpha,\beta\text{ 正交}\Leftrightarrow\langle\alpha,\beta\rangle=0\Leftrightarrow\|\alpha-\beta\|^2=\|\alpha\|^2+\|\beta\|^2.$$

2. (1) 应用 Gram-Schmidt 正交化程序把 E_4 中下列基 $\alpha_1,\alpha_2,\alpha_3,\alpha_4$ 化为标准正交基 $\varepsilon_1,\cdots,\varepsilon_4$:

① $(1,3,2,3)^{\mathrm{T}},(2,8,2,8)^{\mathrm{T}},(-1,0,-4,-1)^{\mathrm{T}},(-2,-4,-3,-6)^{\mathrm{T}}$;

② $(0,0,2,1)^{\mathrm{T}},(0,3,7,2)^{\mathrm{T}},(1,1,6,2)^{\mathrm{T}},(-1,4,-1,-1)^{\mathrm{T}}$;

③ $(1,1,1,1)^{\mathrm{T}},(1,0,1,1)^{\mathrm{T}},(1,1,0,1)^{\mathrm{T}},(1,1,1,0)^{\mathrm{T}}$.

(2) 求上三角方阵 $T=(t_{ij})$ 使 $t_{ii}>0$ 对(1)中的 α_i 和 ε_i 有

$$(\varepsilon_1,\varepsilon_2,\varepsilon_3,\varepsilon_4)=(\alpha_1,\alpha_2,\alpha_3,\alpha_4)T.$$

(3) 设方阵 $A=(\alpha_1,\alpha_2,\alpha_3,\alpha_4)$,$\alpha_i$ 如(1).求上三角方阵 $T=(t_{ij})(t_{ii}>0)$ 使 AT 为正

交方阵.

解 (1) ① 记 $\beta_1=\alpha_1$,则 $\varepsilon_1=\frac{\beta}{|\beta_1|}=\frac{1}{\sqrt{23}}(1,3,2,3)^{\mathrm{T}}$;

$$\beta_2=\alpha_2-\langle\alpha_2,\varepsilon_1\rangle\varepsilon_1=\alpha_2-\frac{54}{23}(1,3,2,3)^{\mathrm{T}}=\frac{2}{23}(-4,11,-31,11)^{\mathrm{T}},$$

故

$$\varepsilon_2=\frac{1}{\sqrt{1219}}(-4,11,-31,11)^{\mathrm{T}};$$

$$\begin{aligned}\beta_3&=\alpha_3-\langle\alpha_3,\varepsilon_1\rangle\varepsilon_1-\langle\alpha_3,\varepsilon_2\rangle\varepsilon_2=\alpha_3+\frac{12}{23}(1,3,2,3)^{\mathrm{T}}-\frac{117}{1219}(-4,11,-31,11)^{\mathrm{T}}\\&=\frac{1}{53}(-5,27,1,-26)^{\mathrm{T}},\end{aligned}$$

所以

$$\varepsilon_3=\frac{1}{\sqrt{1431}}(-5,27,1,-26)^{\mathrm{T}};$$

$$\begin{aligned}\beta_4&=\alpha_4+\frac{38}{23}(1,3,2,3)^{\mathrm{T}}+\frac{9}{1219}(-4,11,-31,11)^{\mathrm{T}}-\frac{55}{1431}(-5,27,1,-26)^{\mathrm{T}}\\&=\frac{1}{27}(-5,0,1,1)^{\mathrm{T}},\end{aligned}$$

故

$$\varepsilon_4=\frac{1}{3\sqrt{3}}(-5,0,1,1)^{\mathrm{T}}.$$

② 计算过程略,结论为:

$\varepsilon_1=\frac{1}{\sqrt{5}}(0,0,2,1)^{\mathrm{T}}$;

$\beta_2=\frac{3}{5}(0,5,1,-2)^{\mathrm{T}}$, 故 $\varepsilon_2=\frac{1}{\sqrt{30}}(0,5,1,-2)^{\mathrm{T}}$;

$\beta_3=\frac{1}{6}(6,-1,1,-2)^{\mathrm{T}}$, 故 $\varepsilon_3=\frac{1}{\sqrt{42}}(6,-1,1,-2)^{\mathrm{T}}$;

$\beta_4=\frac{2}{7}(1,1,-1,2)^{\mathrm{T}}$; 故 $\varepsilon_4=\frac{1}{\sqrt{7}}(1,1,-1,2)^{\mathrm{T}}$.

③ $\varepsilon_1=\frac{1}{2}(1,1,1,1)^{\mathrm{T}}$;

$\beta_2=\frac{1}{4}(1,-3,1,1)^{\mathrm{T}}$, $\varepsilon_2=\frac{1}{2\sqrt{3}}(1,-3,1,1)^{\mathrm{T}}$;

$\beta_3=\frac{1}{3}(1,0,-2,1)^{\mathrm{T}}$, $\varepsilon_3=\frac{1}{\sqrt{6}}(1,0,-2,1)^{\mathrm{T}}$;

$$\beta_4=\frac{1}{2}(1,0,0,-1)^{\mathrm T},\qquad \varepsilon_4=\frac{1}{\sqrt{2}}(1,0,0,-1)^{\mathrm T}.$$

(2) ① $\varepsilon_1=\frac{1}{\sqrt{23}}(1,3,2,3)^{\mathrm T}=\frac{1}{\sqrt{23}}\alpha_1$；$\quad\varepsilon_2=\frac{23}{2\sqrt{1219}}\alpha_2-\frac{27}{\sqrt{1219}}\alpha_1$；

$$\varepsilon_3=\frac{1}{\sqrt{1431}}\left(53\alpha_3-\frac{117}{2}\alpha_2+165\alpha_1\right);\ \varepsilon_4=3\sqrt{3}\alpha_4-\frac{55}{3\sqrt{3}}\alpha_3+7\sqrt{3}\alpha_2-\frac{44}{\sqrt{3}}\alpha_1.$$

令$\sqrt{1219}=a$，$\sqrt{1431}=b$,则有

$$T=\begin{bmatrix}\frac{1}{\sqrt{23}} & -\frac{27}{a} & \frac{165}{b} & -\frac{44}{\sqrt{3}}\\ & \frac{23}{2a} & -\frac{117}{2b} & 7\sqrt{3}\\ & & \frac{53}{b} & -\frac{55}{3\sqrt{3}}\\ & & & 3\sqrt{3}\end{bmatrix}.$$

② $\varepsilon_1=\frac{1}{\sqrt{5}}(0,0,2,1)^{\mathrm T}=\frac{1}{\sqrt{5}}\alpha_1$；$\quad\varepsilon_2=\frac{1}{3\sqrt{30}}(5\alpha_2-16\alpha_1)$；

$$\varepsilon_3=\frac{1}{\sqrt{42}}\left(6\alpha_3-\frac{7}{3}\alpha_2-\frac{28}{3}\alpha_1\right);\quad \varepsilon_4=\frac{\sqrt{7}}{2}\left(\alpha_4+\frac{9}{7}\alpha_3-\frac{5}{3}\alpha_2+\frac{7}{3}\alpha_1\right).$$

所以

$$T=\begin{bmatrix}\frac{1}{\sqrt{5}} & -\frac{16}{3\sqrt{30}} & -\frac{28}{3\sqrt{42}} & \frac{7\sqrt{7}}{6}\\ & \frac{5}{3\sqrt{30}} & -\frac{7}{3\sqrt{42}} & -\frac{5\sqrt{7}}{6}\\ & & \frac{6}{\sqrt{42}} & \frac{9}{2\sqrt{7}}\\ & & & \frac{\sqrt{7}}{2}\end{bmatrix}.$$

③ $\varepsilon_1=\frac{1}{2}\alpha_1$；$\qquad\varepsilon_2=\frac{1}{\sqrt{12}}(4\alpha_2-3\alpha_1)$；

$$\varepsilon_3=\frac{\sqrt{6}}{2}\alpha_3+\frac{\sqrt{6}}{6}\alpha_2-\frac{\sqrt{6}}{2}\alpha_1;\quad \varepsilon_4=\sqrt{2}\alpha_4+\frac{\sqrt{2}}{2}\alpha_3+\frac{1}{\sqrt{2}}\alpha_2-\frac{3}{\sqrt{2}}\alpha_1.$$

所以

$$T=\begin{bmatrix} \frac{1}{2} & -\frac{\sqrt{3}}{2} & -\frac{\sqrt{6}}{2} & -\frac{3}{\sqrt{2}} \\ & \frac{2}{\sqrt{3}} & \frac{\sqrt{6}}{6} & \frac{1}{\sqrt{2}} \\ & & \frac{\sqrt{6}}{2} & \frac{1}{\sqrt{2}} \\ & & & \sqrt{2} \end{bmatrix}.$$

(3) T 如(2)中各式，为了区别起见分别记为 $A_i, T_i, i=1,2,3$.

①

$$A_1=(\alpha_1,\alpha_2,\alpha_3,\alpha_4),\quad T_1=\begin{bmatrix} \frac{1}{\sqrt{23}} & -\frac{27}{a} & \frac{165}{b} & -\frac{44}{\sqrt{3}} \\ & \frac{23}{2a} & -\frac{117}{2b} & 7\sqrt{3} \\ & & \frac{53}{b} & -\frac{55}{3\sqrt{3}} \\ & & & 3\sqrt{3} \end{bmatrix},$$

$$Q_1=A_1T_1=(\varepsilon_1,\varepsilon_2,\varepsilon_3,\varepsilon_4);$$

②

$$A_2=(\alpha_1,\alpha_2,\alpha_3,\alpha_4),\quad T_2=\begin{bmatrix} \frac{1}{\sqrt{5}} & -\frac{16}{3\sqrt{30}} & -\frac{28}{3\sqrt{42}} & \frac{7\sqrt{7}}{6} \\ & \frac{5}{3\sqrt{30}} & -\frac{7}{3\sqrt{42}} & -\frac{5\sqrt{7}}{6} \\ & & \frac{6}{\sqrt{42}} & \frac{9}{2\sqrt{7}} \\ & & & \frac{\sqrt{7}}{2} \end{bmatrix},$$

$$Q_2=A_2T_2=(\varepsilon_1,\varepsilon_2,\varepsilon_3,\varepsilon_4);$$

③

$$A_3=(\alpha_1,\alpha_2,\alpha_3,\alpha_4),\quad T_3=\begin{bmatrix}\frac{1}{2} & -\frac{\sqrt{3}}{2} & -\frac{\sqrt{6}}{2} & -\frac{3}{\sqrt{2}}\\ & \frac{2}{\sqrt{3}} & \frac{\sqrt{6}}{6} & \frac{1}{\sqrt{2}}\\ & & \frac{\sqrt{6}}{2} & \frac{1}{\sqrt{2}}\\ & & & \sqrt{2}\end{bmatrix},$$

$$Q_3=A_3T_3=(\varepsilon_1,\varepsilon_2,\varepsilon_3,\varepsilon_4).$$

3. (1) 应用 Gram-Schmidt 正交化程序，在 E_4 中构造出用下列向量组张成的子空间 W 的标准正交基 $\varepsilon_1,\cdots,\varepsilon_n$.

① $(1,2,2,-1)^{\mathrm T},(1,1,-5,3)^{\mathrm T},(3,2,8,-7)^{\mathrm T}$;

② $(1,1,-1,-2)^{\mathrm T},(5,8,-2,-3)^{\mathrm T},(3,9,3,8)^{\mathrm T}$;

③ $(2,1,3,-1)^{\mathrm T},(7,4,3,-3)^{\mathrm T},(1,1,-6,0)^{\mathrm T},(5,7,7,8)^{\mathrm T}$;

④ $(1,0,0,0)^{\mathrm T},(1,1,0,0)^{\mathrm T},(0,1,1,0)^{\mathrm T},(0,0,1,1)^{\mathrm T}$.

(2) 在(1)的每组向量中选出 W 的基 $\alpha_1,\cdots,\alpha_m$. 求上三角方阵 $T=(t_{ij})(t_{ii}>0)$ 使

$$(\varepsilon_1,\cdots,\varepsilon_m)=(\alpha_1,\cdots,\alpha_m)T.$$

解　(1) 用 $\{\alpha_i\}$ 记已知各向量组.

① $$(\alpha_1,\alpha_2,\alpha_3)=\begin{bmatrix}1 & 1 & 3\\ 2 & 1 & 2\\ 2 & -5 & 8\\ -1 & 3 & -7\end{bmatrix}\xrightarrow{\text{初等行变换}}\begin{bmatrix}1 & 1 & 3\\ 0 & -1 & -4\\ 0 & 0 & 5\\ 0 & 0 & 0\end{bmatrix},$$

所以 $\alpha_1,\alpha_2,\alpha_3$ 线性无关，即 $W=\langle\alpha_1,\alpha_2,\alpha_3\rangle$,

$$\varepsilon_1=\frac{1}{\sqrt{10}}(1,2,2,-1)^{\mathrm T};$$

$$\beta_2=\alpha_2-\langle\alpha_2,\varepsilon_1\rangle\varepsilon_1=(2,3,-3,2)^{\mathrm T},\qquad \varepsilon_2=\frac{1}{\sqrt{26}}(2,3,-3,2)^{\mathrm T};$$

$$\beta_3=\alpha_3-\langle\alpha_3,\varepsilon_1\rangle\varepsilon_1-\langle\alpha_3,\varepsilon_2\rangle\varepsilon_2=(2,-1,-1,-2)^{\mathrm T},$$

所以

$$\varepsilon_3=\frac{1}{\sqrt{10}}(2,-1,-1,-2)^{\mathrm T}.$$

故 W 的标准正交基为 $\varepsilon_1,\varepsilon_2,\varepsilon_3$.

② $$(\alpha_1,\alpha_2,\alpha_3)=\begin{bmatrix}1 & 5 & 3\\ 1 & 8 & 9\\ -1 & -2 & 3\\ -2 & -3 & 8\end{bmatrix}\xrightarrow[\text{行变换}]{\text{经初等}}\begin{bmatrix}1 & 5 & 3\\ 0 & 3 & 6\\ 0 & 0 & 0\\ 0 & 0 & 0\end{bmatrix},$$

所以 $W=\langle\alpha_1,\alpha_2\rangle$(或$\langle\alpha_1,\alpha_3\rangle$,或$\langle\alpha_2,\alpha_3\rangle$),

$$\varepsilon_1=\frac{1}{\sqrt{7}}(1,1,-1,-2)^{\mathrm{T}};$$

$$\beta_2=\alpha_2-\langle\alpha_2,\varepsilon_1\rangle\varepsilon_1=(2,5,1,3)^{\mathrm{T}},\qquad \varepsilon_2=\frac{1}{\sqrt{39}}(2,5,1,3)^{\mathrm{T}};$$

$\varepsilon_1,\varepsilon_2$ 是 W 的标准正交基.

③ $$(\alpha_1,\alpha_2,\alpha_3,\alpha_4)=\begin{bmatrix}2&7&1&5\\1&4&1&7\\3&3&-6&7\\-1&-3&0&8\end{bmatrix}\to\begin{bmatrix}1&4&1&7\\0&1&1&9\\0&0&0&67\\0&0&0&6\end{bmatrix}.$$

因为右边方阵的第 1,2,4 列线性无关,故

$$W=\langle\alpha_1,\alpha_2,\alpha_4\rangle.$$

从 $\alpha_1,\alpha_2,\alpha_4$ 出发用 Schmidt 正交化程序构造标准正交向量组得

$$\varepsilon_1=\frac{1}{\sqrt{15}}(2,1,3,-1)^{\mathrm{T}};$$

$$\beta_2=(3,2,-3,-1)^{\mathrm{T}},\qquad \varepsilon_2=\frac{1}{\sqrt{23}}(3,2,-3,-1)^{\mathrm{T}};$$

$$\beta_3=(1,5,1,10)^{\mathrm{T}},\qquad \varepsilon_3=\frac{1}{\sqrt{127}}(1,5,1,10)^{\mathrm{T}};$$

所以 $W=\langle\varepsilon_1,\varepsilon_2,\varepsilon_3\rangle$.

④ 因为 $$\det(\alpha_1,\alpha_2,\alpha_3,\alpha_4)=\det\begin{bmatrix}1&1&0&0\\0&1&1&0\\0&0&1&1\\0&0&0&1\end{bmatrix}=1\neq0,$$

所以 $\alpha_1,\alpha_2,\alpha_3,\alpha_4$ 是 W 的基.

$$\varepsilon_1=\alpha_1;\quad \beta_2=\alpha_2-\alpha_1=(0,1,0,0)^{\mathrm{T}},\quad 故\ \varepsilon_2=\beta_2,$$

$$\beta_3=\alpha_3-\varepsilon_2=(0,0,1,0)^{\mathrm{T}},\quad 故\ \varepsilon_3=\beta_3,$$

$$\beta_4=\alpha_4-\varepsilon_3=(0,0,0,1)^{\mathrm{T}},\quad 故\ \varepsilon_4=\beta_4.$$

所以 $\varepsilon_1,\varepsilon_2,\varepsilon_3,\varepsilon_4$ 是 W 的标准正交基.

(2) ① $\varepsilon_1=\dfrac{1}{\sqrt{10}}\alpha_1$; $\varepsilon_2=\dfrac{1}{\sqrt{26}}(\alpha_2+\alpha_1)$;

$$\varepsilon_3=\frac{1}{\sqrt{10}}(\alpha_3-3\alpha_1+\beta_2)=\frac{1}{\sqrt{10}}(\alpha_3+\alpha_2-2\alpha_1);$$

所以

$$(\varepsilon_1,\varepsilon_2,\varepsilon_3)=(\alpha_1,\alpha_2,\alpha_3)T=(\alpha_1,\alpha_2,\alpha_3)\begin{bmatrix}\frac{1}{\sqrt{10}} & \frac{1}{\sqrt{26}} & -\frac{2}{\sqrt{10}}\\ & \frac{1}{\sqrt{26}} & \frac{1}{\sqrt{10}}\\ & & \frac{1}{\sqrt{10}}\end{bmatrix}.$$

② $\varepsilon_1=\frac{1}{\sqrt{7}}\alpha_1$；　$\varepsilon_2=\frac{1}{\sqrt{39}}(\alpha_2-3\alpha_1)$. 所以

$$(\varepsilon_1,\varepsilon_2)=(\alpha_1,\alpha_2)T=(\alpha_1,\alpha_2)\begin{bmatrix}\frac{1}{\sqrt{7}} & -\frac{3}{\sqrt{39}}\\ & \frac{1}{\sqrt{39}}\end{bmatrix}.$$

③ $\varepsilon_1=\frac{1}{\sqrt{15}}\alpha_1$；　$\varepsilon_2=\frac{1}{\sqrt{23}}(\alpha_2-2\alpha_1)$；　$\varepsilon_3=\frac{1}{\sqrt{127}}(\alpha_4-2\alpha_1)$. 所以

$$(\varepsilon_1,\varepsilon_2,\varepsilon_3)=(\alpha_1,\alpha_2,\alpha_4)\begin{bmatrix}\frac{1}{\sqrt{15}} & -\frac{2}{\sqrt{23}} & -\frac{2}{\sqrt{127}}\\ & \frac{1}{\sqrt{23}} & 0\\ & & \frac{1}{\sqrt{127}}\end{bmatrix}.$$

④ $\varepsilon_1=\alpha_1$；　$\varepsilon_2=\alpha_2-\alpha_1$；

$\varepsilon_3=\alpha_3-(\alpha_2-\alpha_1)=\alpha_3-\alpha_2+\alpha_1$；

$\varepsilon_4=(\alpha_4-(\alpha_3-(\alpha_2-\alpha_1)))=\alpha_4-\alpha_3+\alpha_2-\alpha_1$.

所以

$$(\varepsilon_1,\varepsilon_2,\varepsilon_3,\varepsilon_4)=(\alpha_1,\alpha_2,\alpha_3,\alpha_4)\begin{bmatrix}1 & -1 & 1 & -1\\ & 1 & -1 & 1\\ & & 1 & -1\\ & & & 1\end{bmatrix}.$$

4. 用向量 $\alpha_1=(1,0,2,1)$，$\alpha_2=(2,1,2,3)$，$\alpha_3=(0,1,-2,1)$张成的子空间为 W，求 W 的正交补 $W^{\perp}$的标准正交基.

解　设

$$A=\begin{bmatrix}\alpha_1\\ \alpha_2\\ \alpha_3\end{bmatrix}=\begin{bmatrix}1 & 0 & 2 & 1\\ 2 & 1 & 2 & 3\\ 0 & 1 & -2 & 1\end{bmatrix},$$

则 $W=R(A^{\mathrm{T}})$ 即 A^{T} 的列空间. 故 $W^{\perp}$ 就是齐次线性方程组 $Ax=0$ 的解空间(也就是

$N(A))$，

$$A \to \begin{bmatrix} 1 & 0 & 2 & 1 \\ 0 & 1 & -2 & 1 \\ 0 & 0 & 0 & 0 \end{bmatrix}, \quad \text{所以} \quad \eta_1 = \begin{bmatrix} -2 \\ 2 \\ 1 \\ 0 \end{bmatrix}, \quad \eta_2 = \begin{bmatrix} 1 \\ 1 \\ 0 \\ 1 \end{bmatrix},$$

又因为$\langle \eta_1, \eta_2 \rangle = 0$，所以$\eta_1, \eta_2$正交. 故

$$\varepsilon_1 = \frac{1}{3}\eta_1 = \frac{1}{3}(-2,2,1,0)^{\mathrm{T}}, \quad \varepsilon_2 = \frac{1}{\sqrt{3}}\eta_2 = \frac{1}{\sqrt{3}}(1,1,0,1)^{\mathrm{T}}$$

是$W^{\perp}$的标准正交基.

5. 线性子空间W用下列方程给出

$$\begin{cases} 2x_1 + x_2 + 3x_3 - x_4 = 0, \\ 3x_1 + 2x_2 - 2x_4 = 0, \\ 3x_1 + x_2 + 9x_3 - x_4 = 0. \end{cases}$$

求给出正交补$W^{\perp}$的诸方程.

解 用消元法解齐次线性方程组得

$$\eta_1 = \begin{bmatrix} -6 \\ 9 \\ 1 \\ 0 \end{bmatrix}, \quad \eta_2 = \begin{bmatrix} 0 \\ 1 \\ 0 \\ 1 \end{bmatrix}, \quad W = L\langle \eta_1, \eta_2 \rangle,$$

则$W^{\perp}$由方程组

$$\begin{bmatrix} \eta_1^{\mathrm{T}} \\ \eta_2^{\mathrm{T}} \end{bmatrix} x = 0, \quad \text{即} \quad \begin{cases} 6x_1 - 9x_2 - x_3 = 0, \\ x_2 + x_4 = 0 \end{cases}$$

给出.

6. 证明任何二阶正交方阵，必取下面两种形式之一.

$$\begin{bmatrix} \cos\varphi & \sin\varphi \\ -\sin\varphi & \cos\varphi \end{bmatrix}, \quad \begin{bmatrix} \cos\varphi & \sin\varphi \\ \sin\varphi & -\cos\varphi \end{bmatrix} \quad (-\pi \leqslant \varphi < \pi).$$

证 设$A = \begin{bmatrix} a & b \\ c & d \end{bmatrix}$，则由$A^{\mathrm{T}}A = I$知有

$$\begin{cases} a^2 + c^2 = b^2 + d^2 = 1, \\ ab + cd = 0, \end{cases} \tag{1}$$

由(1)式可得$|a| < 1$， 所以必存在φ，使$\cos\varphi = a$，代入$a^2 + c^2 = 1$中有$c^2 = 1 - \cos^2\varphi = \sin^2\varphi$，所以$c = \mp\sin\varphi$. 又由$\det A = ad - bc = \pm 1$与(1)式联立可得

$$(a \pm d)^2 + (c \mp b)^2 = 0 \to a = \pm d, \quad b = \mp c.$$

又因φ可正可负，故必有

$$A_1=\begin{bmatrix}\cos\varphi & \sin\varphi\\ -\sin\varphi & \cos\varphi\end{bmatrix},\quad A_2=\begin{bmatrix}\cos\varphi & \sin\varphi\\ \sin\varphi & -\cos\varphi\end{bmatrix},$$

其中 $\det A_1=1,\det A_2=-1$. 且 A_1 中 a,d 同号,b,c 异号;A_2 中 a,d 异号,b,c 同号.

7. 设 $A=\begin{bmatrix}1 & -2 & 0\\ -2 & 2 & -2\\ 0 & -2 & 3\end{bmatrix}$,求正交方阵 T,使 $T^{-1}AT$ 是对角阵,并求 A^k(k 是自然数).

解 $\det(\lambda I-A)=\lambda^3-6\lambda^2+3\lambda+10=(\lambda+1)(\lambda-2)(\lambda-5)$,所以 $\lambda_1=-1,\lambda_2=2,\lambda_3=5$ 为 A 的特征值.

对 $\lambda=-1$,解 $(A+I)x=0$ 得 $x_1=(2,2,1)^{\mathrm T}$;对 $\lambda=2$,解 $(A-2I)x=0$,得 $x_2=(-2,1,2)^{\mathrm T}$;对 $\lambda=5$ 解 $(A-5I)x=0$,得 $x_3=(1,-2,2)^{\mathrm T}$. 把 x_1,x_2,x_3 单位化(因为它们已是正交的)得 $e_1=\dfrac{x_1}{|x_1|},e_2=\dfrac{x_2}{|x_2|},e_3=\dfrac{x_3}{|x_3|}$,令

$$P=(e_1,e_2,e_3)=\frac{1}{3}\begin{bmatrix}2 & -2 & 1\\ 2 & 1 & -2\\ 1 & 2 & 2\end{bmatrix},$$

则

$$P^{\mathrm T}AP=\begin{bmatrix}-1 & & \\ & 2 & \\ & & 5\end{bmatrix}\to A=P\begin{bmatrix}-1 & & \\ & 2 & \\ & & 5\end{bmatrix}P^{\mathrm T},$$

且 P 为正交方阵,即有 $P^{\mathrm T}P=I$. 于是

$$A^k=P\begin{bmatrix}-1 & & \\ & 2 & \\ & & 5\end{bmatrix}^k P^{\mathrm T}=\frac{1}{9}\begin{bmatrix}2 & -2 & 1\\ 2 & 1 & -2\\ 1 & 2 & 2\end{bmatrix}\begin{bmatrix}(-1)^k & & \\ & 2^k & \\ & & 5^k\end{bmatrix}\begin{bmatrix}2 & 2 & 1\\ -2 & 1 & 2\\ 1 & -2 & 2\end{bmatrix}.$$

8. 证明:下列三个条件中只要有两个成立,另一个也必成立.

(1) A 是对称的; (2) A 是正交的; (3) $A^2=I$.

证 由(1),(2)推出(3):因为 $A^{\mathrm T}=A$, $A^{\mathrm T}A=I$,(1)代入(2)中得 $A^2=I$.

由(1),(3)推出(2):$A^{\mathrm T}=A,A^2=I\to A^{\mathrm T}A=I$.

因为 $A^{\mathrm T}A=I$,两边右乘 A 得 $A^{\mathrm T}AA=A$,又因为 $A^2=I$,所以 $A^{\mathrm T}=A$.

9. 对下列实对称方阵 S,求实正交方阵 Ω 使 $\Omega^{\mathrm T}S\Omega$ 为对角形:

(1) $\begin{bmatrix}4 & 3\\ 3 & -4\end{bmatrix}$; (2) $\begin{bmatrix}1 & 2 & 1\\ 2 & 1 & 1\\ 1 & 1 & 3\end{bmatrix}$; (3) $\begin{bmatrix}3 & 2 & 0\\ 2 & 4 & -2\\ 0 & -2 & 5\end{bmatrix}$;

(4) $\begin{bmatrix} 2 & 2 & -2 \\ 2 & 5 & -4 \\ -2 & -4 & 5 \end{bmatrix}$; (5) $\begin{bmatrix} 0 & 1 & 1 & 1 \\ 1 & 0 & 1 & 1 \\ 1 & 1 & 0 & 1 \\ 1 & 1 & 1 & 0 \end{bmatrix}$.

解 (1) S 的特征值为 $\lambda_1=5$, $\lambda_2=-5$, S 的属于特征值 $5,-5$ 的特征向量分别为 $x_1=(3,1)^{\mathrm{T}}$, $x_2=(-1,3)^{\mathrm{T}}$,单位化得 $e_1=\frac{1}{\sqrt{10}}(3,1)^{\mathrm{T}}$, $e_2=\frac{1}{\sqrt{10}}(-1,3)^{\mathrm{T}}$,则

$$\Omega=\frac{1}{\sqrt{10}}\begin{bmatrix} 3 & -1 \\ 1 & 3 \end{bmatrix}, \quad 使 \quad \Omega^{\mathrm{T}}S\Omega=\begin{bmatrix} 5 & \\ & -5 \end{bmatrix}.$$

(2) $\det(\lambda I-S)=(\lambda+1)(\lambda^2-6\lambda+7)=0$,所以

$$\lambda_1=-1, \quad \lambda_2=3-\sqrt{2}, \quad \lambda_3=3+\sqrt{2},$$

因为实对称阵属于不同特征值的特征向量是正交的,所以分别求解齐次线性方程组 $(\lambda_i I-S)x=0$,得相应的特征向量,再单位化即可

$$x_1=\begin{bmatrix} -1 \\ 1 \\ 0 \end{bmatrix}, \quad e_1=\frac{1}{\sqrt{2}}x_1; \quad x_2=\begin{bmatrix} -\frac{1}{\sqrt{2}} \\ -\frac{1}{\sqrt{2}} \\ 1 \end{bmatrix}, \quad e_2=\frac{1}{\sqrt{2}}x_2; \quad x_3=\begin{bmatrix} \frac{1}{\sqrt{2}} \\ \frac{1}{\sqrt{2}} \\ 1 \end{bmatrix}, \quad e_3=\frac{1}{\sqrt{2}}x_3.$$

令 $\Omega=(e_1,e_2,e_3)$,则有

$$\Omega^{\mathrm{T}}S\Omega=\Omega^{\mathrm{T}}S\begin{bmatrix} -\frac{1}{\sqrt{2}} & -\frac{1}{2} & \frac{1}{2} \\ \frac{1}{\sqrt{2}} & -\frac{1}{2} & \frac{1}{2} \\ 0 & \frac{1}{\sqrt{2}} & \frac{1}{\sqrt{2}} \end{bmatrix}=\begin{bmatrix} -1 & & \\ & 3-\sqrt{2} & \\ & & 3+\sqrt{2} \end{bmatrix}.$$

(3) S 的特征值为 $\lambda_1=1$, $\lambda_2=4$, $\lambda_3=7$. 相对应的特征向量分别为

$$x_1=\begin{bmatrix} -2 \\ 2 \\ 1 \end{bmatrix}, \quad x_2=\begin{bmatrix} 2 \\ 1 \\ 2 \end{bmatrix}, \quad x_3=\begin{bmatrix} -1 \\ -2 \\ 2 \end{bmatrix},$$

$e_1=\frac{1}{3}x_1$, $e_2=\frac{1}{3}x_2$, $e_3=\frac{1}{3}x_3$,令 $\Omega=(e_1,e_2,e_3)$,则有

$$\Omega^{\mathrm{T}}S\Omega=\begin{bmatrix} 1 & & \\ & 4 & \\ & & 7 \end{bmatrix}.$$

(4) S 的特征值为 1,1,10. 特征向量分别为 $x_1=(2,0,1)^{\mathrm{T}}$, $x_2=(-2,1,0)^{\mathrm{T}}$, $x_3=(-1,-2,2)^{\mathrm{T}}$. 经 Schmidt 正交化得：$e_1=\frac{1}{\sqrt{5}}x_1$, $e_2=\frac{\sqrt{5}}{3}\left(-\frac{2}{5},1,\frac{4}{5}\right)^{\mathrm{T}}$, $e_3=\frac{1}{3}x_3$, 令 $\Omega=(e_1,e_2,e_3)$,则有

$$\Omega^{\mathrm{T}}S\Omega=\mathrm{diag}\{1,1,10\}.$$

(5) S 的特征值为 $\lambda=-1$(三重根),$\lambda=-3$,相应的特征向量分别为

$$x_1=\begin{bmatrix}-1\\0\\0\\1\end{bmatrix},\quad x_2=\begin{bmatrix}-1\\0\\1\\0\end{bmatrix},\quad x_3=\begin{bmatrix}-1\\1\\0\\0\end{bmatrix},\quad x_4=\begin{bmatrix}1\\1\\1\\1\end{bmatrix}.$$

把 x_1,x_2,x_3 经 Schmidt 正交化,x_4 单位化得：$e_1=\frac{1}{\sqrt{2}}x_1$; $e_2=\frac{1}{\sqrt{6}}(-1,0,2,-1)^{\mathrm{T}}$; $e_3=\frac{1}{\sqrt{12}}(-1,3,-1,-1)^{\mathrm{T}}$; $e_4=\frac{1}{2}x_4$. 令 $\Omega=(e_1,e_2,e_3,e_4)$则有

$$\Omega^{\mathrm{T}}S\Omega=\mathrm{diag}\{-1,-1,-1,-3\}.$$

10. 试求可逆线性代换 $x=Py$,把下列二次型偶,同时化为平方和.

(1) $\begin{cases}f=x_1^2+4x_1x_2-15x_2^2-2x_1x_3+6x_2x_3,\\ g=x_1^2+4x_1x_2+17x_2^2-2x_1x_3-14x_2x_3+3x_3^2;\end{cases}$

(2) $\begin{cases}f=x_1^2+2x_1x_2+2x_2^2+2x_2x_3+2x_3^2,\\ g=x_1^2+4x_1x_2+2x_1x_3+4x_2^2+4x_2x_3+x_3^2;\end{cases}$

(3) $\begin{cases}f=2x_4^2+x_1x_2+x_1x_3-2x_2x_3+2x_2x_4,\\ g=\frac{1}{4}x_1^2+x_2^2+x_3^2+2x_4^2+2x_2x_4.\end{cases}$

解 (1) f,g 的方阵分别为

$$A=\begin{bmatrix}1&2&-1\\2&-15&3\\-1&3&0\end{bmatrix},\quad B=\begin{bmatrix}1&2&-1\\2&17&-7\\-1&-7&3\end{bmatrix},$$

① 对方阵 A,各阶顺序主子式 $d_1>0$,$d_2<0$,所以 A 不是正定的,考查 B 的顺序主子式,$d_1=1>0$,$d_2=13>0$,$d_3=1>0$,所以 B 正定.

② 求 P_1 使 $P_1^{\mathrm{T}}BP_1=I$,用初等变换法进行：

$$(B,I)=\begin{bmatrix}1&2&-1&1&0&0\\2&17&-7&0&1&0\\-1&-7&3&0&0&1\end{bmatrix}\xrightarrow[\substack{-2c_1+c_2\\ c_1+c_3}]{\substack{-2r_1+r_2\\ r_1+r_3}}\begin{bmatrix}1&0&0&1&0&0\\0&13&-5&-2&1&0\\0&-5&2&1&0&1\end{bmatrix}$$

$$\xrightarrow[2c_3+c_2]{2r_3+r_2}\begin{bmatrix}1&0&0&1&0&0\\0&1&-1&0&1&2\\0&-1&2&1&0&1\end{bmatrix}\xrightarrow[c_2+c_3]{r_2+r_3}\begin{bmatrix}1&0&0&1&0&0\\0&1&0&0&1&2\\0&0&1&1&1&3\end{bmatrix},$$

所以

$$P_1=\begin{bmatrix}1&0&1\\0&1&1\\0&2&3\end{bmatrix},\quad 而\quad P_1^{\mathrm{T}}AP_1=\begin{bmatrix}1&0&0\\0&-3&0\\0&0&2\end{bmatrix},$$

③ 取

$$P_2=\begin{bmatrix}1&0&0\\0&0&1\\0&1&0\end{bmatrix},\quad 且令\quad P=P_1P_2=\begin{bmatrix}1&1&0\\0&1&1\\0&3&2\end{bmatrix},$$

则

$$P^{\mathrm{T}}AP=\begin{bmatrix}1&0&0\\0&2&0\\0&0&-3\end{bmatrix},\quad P^{\mathrm{T}}BP=\begin{bmatrix}1&0&0\\0&1&0\\0&0&1\end{bmatrix}.$$

即 $f|_{x=Py}=y_1^2+2y_2^2-3y_3^2,\qquad g|_{x=Py}=y_1^2+y_2^2+y_3^2.$

(2) f,g 的方阵分别为

$$A=\begin{bmatrix}1&1&0\\1&2&1\\0&1&2\end{bmatrix},\quad B=\begin{bmatrix}1&2&1\\2&4&2\\1&2&1\end{bmatrix},$$

① 通过计算各阶顺序主子式,可知 A 正定(因 $d_1=d_2=d_3=1>0$).

② 求 P_1,使 $P_1^{\mathrm{T}}AP_1=I$,对(A,I)做初等变换得

$$(A,I)=\begin{bmatrix}1&1&0&1&0&0\\1&2&1&0&1&0\\0&1&2&0&0&1\end{bmatrix}\to\begin{bmatrix}1&0&0&1&0&0\\0&1&0&-1&1&0\\0&0&1&1&-1&1\end{bmatrix},$$

所以

$$P_1=\begin{bmatrix}1&-1&1\\0&1&-1\\0&0&1\end{bmatrix},\quad 而\quad B_1=P_1^{\mathrm{T}}BP_1=\begin{bmatrix}1&1&0\\1&1&0\\0&0&0\end{bmatrix}.$$

③ 对二阶方阵 $B_{11}=\begin{bmatrix}1&1\\1&1\end{bmatrix}$,求正交方阵 Q,使 $Q^{\mathrm{T}}B_{11}Q$ 为对角阵. 为此,求 B_{11} 的特征值和特征向量. 有 $\det(\lambda I-B_{11})=\lambda(\lambda-2)$,所以 $\lambda_1=2,\lambda_2=0$ 为特征根.

对 $\lambda_1=2$,解$(\lambda I-B_{11})x=0\to x=\begin{bmatrix}1\\1\end{bmatrix}\to e_1=\frac{1}{\sqrt{2}}\begin{bmatrix}1\\1\end{bmatrix}$,

对 $\lambda_2=0$，解 $B_{11}x=0 \to x=\begin{bmatrix}1\\-1\end{bmatrix}$，故 $e_2=\frac{1}{\sqrt{2}}\begin{bmatrix}1\\-1\end{bmatrix}$，

取 $Q=(e_1,e_2)$，则 $Q^{\mathrm{T}}B_{11}Q=\mathrm{diag}\{2,0\}$，故取

$$P_2=\begin{bmatrix}Q&0\\0&1\end{bmatrix}=\begin{bmatrix}\frac{1}{\sqrt{2}}&\frac{1}{\sqrt{2}}&0\\\frac{1}{\sqrt{2}}&-\frac{1}{\sqrt{2}}&0\\0&0&1\end{bmatrix},$$

则 $P_2^{\mathrm{T}}B_1P_2=\mathrm{diag}\{2,0,0\}$，故

$$P=P_1P_2=\begin{bmatrix}1&-1&1\\0&1&-1\\0&0&1\end{bmatrix}\begin{bmatrix}\frac{1}{\sqrt{2}}&\frac{1}{\sqrt{2}}&0\\\frac{1}{\sqrt{2}}&-\frac{1}{\sqrt{2}}&0\\0&0&1\end{bmatrix}=\begin{bmatrix}0&\sqrt{2}&1\\\frac{1}{\sqrt{2}}&-\frac{1}{\sqrt{2}}&-1\\0&0&1\end{bmatrix}$$

使
$$f|_{x=Py}=y_1^2+y_2^2+y_3^2,\quad g|_{x=Py}=2y_1^2.$$

(3) 设 f,g 的方阵分别为 A,B，则

$$A=\begin{bmatrix}0&\frac{1}{2}&\frac{1}{2}&0\\\frac{1}{2}&0&-1&1\\\frac{1}{2}&-1&0&0\\0&1&0&2\end{bmatrix},\quad B=\begin{bmatrix}\frac{1}{4}&0&0&0\\0&1&0&1\\0&0&1&0\\0&1&0&2\end{bmatrix},$$

① 因为 $d_1=d_2=d_3=d_4=\frac{1}{4}>0$，所以 B 正定.

② 求 P_1，使 $P_1^{\mathrm{T}}BP_1=I$，

$$(B,I)=\begin{bmatrix}\frac{1}{4}&0&0&0&1&0&0&0\\0&1&0&1&0&1&0&0\\0&0&1&0&0&0&1&0\\0&1&0&2&0&0&0&1\end{bmatrix}\to\begin{bmatrix}1&0&0&0&2&0&0&0\\0&1&0&0&0&1&0&0\\0&0&1&0&0&0&1&0\\0&0&0&1&0&-1&0&1\end{bmatrix},$$

所以

$$P_1=\begin{bmatrix}2&0&0&0\\0&1&0&-1\\0&0&1&0\\0&0&0&1\end{bmatrix},\quad 且\quad P_1^{\mathrm{T}}AP_1=\begin{bmatrix}0&1&1&-1\\1&0&-1&1\\1&-1&0&1\\-1&1&1&0\end{bmatrix}=A_1.$$

③ 求 A_1 的特征值和特征向量.

$$\det(\lambda I - A_1) = \lambda^4 - 3\lambda^2 + 2\lambda - 3(\lambda - 1)^2 = (\lambda - 1)^3(\lambda + 3).$$

对 $\lambda=1$,解 $(\lambda I - A_1)x=0$,

$$(I - A_1) \to \begin{bmatrix} 1 & -1 & -1 & 1 \\ 0 & 0 & 0 & 0 \\ 0 & 0 & 0 & 0 \\ 0 & 0 & 0 & 0 \end{bmatrix}, \quad 故\ \eta_1 = \begin{bmatrix} 1 \\ 1 \\ 1 \\ 1 \end{bmatrix}, \quad \eta_2 = \begin{bmatrix} 1 \\ 0 \\ 1 \\ 0 \end{bmatrix}, \quad \eta_3 = \begin{bmatrix} -1 \\ 0 \\ 0 \\ 1 \end{bmatrix}.$$

将 η_1,η_2,η_3,Schmidt 正交化得 $e_1=\frac{1}{2}\eta_1, e_2=\eta_2-e_1, e_3=\eta_3+e_2$.

对 $\lambda=-3$,解 $(\lambda I - A_1)x=0$,因

$$(-3I - A_1) \to \begin{bmatrix} 1 & -1 & -1 & -3 \\ 0 & 1 & 0 & 1 \\ 0 & 0 & 1 & 1 \\ 0 & 0 & 0 & 0 \end{bmatrix}, \quad 故\ \eta_4 = \begin{bmatrix} -1 \\ 1 \\ 1 \\ -1 \end{bmatrix}, \quad e_4 = \frac{1}{2}\begin{bmatrix} -1 \\ 1 \\ 1 \\ -1 \end{bmatrix}.$$

故取 $P_2=(e_1,e_2,e_3,e_4)$,有 $P_2^{\mathrm{T}}A_1P_2=\mathrm{diag}\{1,1,1,-3\}$. 所以

$$P = P_1P_2 = \begin{bmatrix} 2 & 0 & 0 & 0 \\ 0 & 1 & 0 & -1 \\ 0 & 0 & 1 & 0 \\ 0 & 0 & 0 & 1 \end{bmatrix} \begin{bmatrix} \frac{1}{2} & \frac{1}{2} & -\frac{1}{2} & -\frac{1}{2} \\ \frac{1}{2} & -\frac{1}{2} & -\frac{1}{2} & \frac{1}{2} \\ \frac{1}{2} & \frac{1}{2} & \frac{1}{2} & \frac{1}{2} \\ \frac{1}{2} & -\frac{1}{2} & \frac{1}{2} & -\frac{1}{2} \end{bmatrix} = \begin{bmatrix} 1 & 1 & -1 & -1 \\ 0 & 0 & -1 & 1 \\ \frac{1}{2} & \frac{1}{2} & \frac{1}{2} & \frac{1}{2} \\ \frac{1}{2} & -\frac{1}{2} & \frac{1}{2} & -\frac{1}{2} \end{bmatrix}$$

使

$$f\,|_{x=Py} = y_1^2 + y_2^2 + y_3^2 - 3y_4^2, \quad g\,|_{x=Py} = y_1^2 + y_2^2 + y_3^2 + y_4^2.$$

即有

$$P^{\mathrm{T}}AP = \mathrm{diag}\{1,1,1,-3\}, \quad P^{\mathrm{T}}BP = I_4.$$

11. 对下列实正交方阵 A,求实正交方阵 Ω 使 $\Omega^{\mathrm{T}}A\Omega$ 为标准形(定理 9.5 系 1):

(1) $A=\begin{bmatrix} \frac{2}{3} & -\frac{1}{3} & \frac{2}{3} \\ \frac{2}{3} & \frac{2}{3} & -\frac{1}{3} \\ -\frac{1}{3} & \frac{2}{3} & \frac{2}{3} \end{bmatrix}$; (2) $A=\begin{bmatrix} \frac{3}{4} & \frac{1}{4} & -\frac{\sqrt{6}}{4} \\ \frac{1}{4} & \frac{3}{4} & \frac{\sqrt{6}}{4} \\ \frac{\sqrt{6}}{4} & -\frac{\sqrt{6}}{4} & \frac{1}{2} \end{bmatrix}$;

(3) $A=\begin{bmatrix}\frac{1}{2} & \frac{1}{2} & \frac{1}{2} & \frac{1}{2}\\ \frac{1}{2} & \frac{1}{2} & -\frac{1}{2} & -\frac{1}{2}\\ \frac{1}{2} & -\frac{1}{2} & \frac{1}{2} & -\frac{1}{2}\\ \frac{1}{2} & -\frac{1}{2} & -\frac{1}{2} & \frac{1}{2}\end{bmatrix}$；(4) $A=\begin{bmatrix}\frac{1}{2} & \frac{1}{2} & \frac{1}{2} & \frac{1}{2}\\ \frac{1}{2} & \frac{1}{2} & -\frac{1}{2} & -\frac{1}{2}\\ -\frac{1}{2} & \frac{1}{2} & -\frac{1}{2} & \frac{1}{2}\\ -\frac{1}{2} & \frac{1}{2} & \frac{1}{2} & -\frac{1}{2}\end{bmatrix}$.

解　(1) ① 求 A 的特征值

$$f(\lambda)=\det(\lambda I-A)=(\lambda-1)(\lambda^2-\lambda+1),$$

所以

$$\lambda_1=1,\quad \lambda_2=\frac{1+\sqrt{3}\mathrm{i}}{2},\quad \lambda_3=\frac{1-\sqrt{3}\mathrm{i}}{2}.$$

② 分别求 A 的属于特征值 λ_i 的特征向量得

$$x_1=\begin{bmatrix}1\\1\\1\end{bmatrix},\quad x_2=\begin{bmatrix}-\frac{1+\sqrt{3}\mathrm{i}}{2}\\ \frac{\sqrt{3}\mathrm{i}-1}{2}\\ 1\end{bmatrix},\quad x_3=\begin{bmatrix}\frac{\sqrt{3}\mathrm{i}-1}{2}\\ -\frac{1+\sqrt{3}\mathrm{i}}{2}\\ 1\end{bmatrix},$$

故由定理 9.5 系 1,A 实正交相合于

$$A\sim\begin{bmatrix}1 & & \\ & \cos\theta & \sin\theta\\ & -\sin\theta & \cos\theta\end{bmatrix}=\begin{bmatrix}1 & & \\ & \frac{1}{2} & \frac{\sqrt{3}}{2}\\ & -\frac{\sqrt{3}}{2} & \frac{1}{2}\end{bmatrix}=B.$$

③ 把 x_1 单位化得 ε_1，取 $x_2(x_3)$ 的实部、虚部得两个向量，它们构成二维子空间 $L(x_2,x_3)$ 的两个实的基向量，再把它们单位化得 $\varepsilon_2,\varepsilon_3$，取

$$\Omega=(\varepsilon_1,\varepsilon_2,\varepsilon_3)=\begin{bmatrix}\frac{1}{\sqrt{3}} & -\frac{1}{\sqrt{6}} & -\frac{1}{\sqrt{2}}\\ \frac{1}{\sqrt{3}} & -\frac{1}{\sqrt{6}} & +\frac{1}{\sqrt{2}}\\ \frac{1}{\sqrt{3}} & \frac{2}{\sqrt{6}} & 0\end{bmatrix},$$

则有

$$\Omega^{\mathrm{T}}A\Omega=\Omega^{-1}A\Omega=B.$$

注　此题要求的是实正交方阵 Ω，故只能得标准形为 B，由于 A 有一对共轭复根，所

以只有在复数域中 A 才能正交相合于对角阵.

(2) A 的特征值为：$\lambda_1=1$，$\lambda_{2,3}=\dfrac{1\pm\sqrt{3}\mathrm{i}}{2}$，求 A 的属于特征值 $\lambda_1,\lambda_{2,3}$ 的特征向量；

$$x_1=\begin{bmatrix}1\\1\\0\end{bmatrix},\quad x_2=\begin{bmatrix}\frac{1}{\sqrt{2}}\mathrm{i}\\-\frac{1}{\sqrt{2}}\mathrm{i}\\1\end{bmatrix},\quad x_3=\begin{bmatrix}-\frac{\mathrm{i}}{\sqrt{2}}\\\frac{\mathrm{i}}{\sqrt{2}}\\1\end{bmatrix},$$

事实上 $x_3=\overline{x}_2$，故求特征向量 x_3 时不必另解线性方程组，同(1)得 $\varepsilon_1,\varepsilon_2,\varepsilon_3$，故

$$\Omega=(\varepsilon_1,\varepsilon_2,\varepsilon_3)=\begin{bmatrix}\frac{1}{\sqrt{2}}&0&\frac{1}{\sqrt{2}}\\\frac{1}{\sqrt{2}}&0&-\frac{1}{\sqrt{2}}\\0&1&0\end{bmatrix},\quad 且\quad \Omega^{\mathrm{T}}A\Omega=\begin{bmatrix}1&&\\&\frac{1}{2}&\frac{\sqrt{3}}{2}\\&-\frac{\sqrt{3}}{2}&\frac{1}{2}\end{bmatrix}.$$

(3) A 的特征值为 $\lambda=1$（三重），$\lambda=-1$，属于特征值 1 的特征向量为 $\varepsilon_1,\varepsilon_2,\varepsilon_3$；属于特征值 -1 的特征向量为 ε_4，令 $\Omega=(\varepsilon_1,\varepsilon_2,\varepsilon_3,\varepsilon_4)$，故有

$$\Omega=\frac{1}{2}\begin{bmatrix}1&1&1&-1\\1&1&-1&1\\1&-1&1&1\\-1&1&1&1\end{bmatrix},\quad \Omega^{-1}A\Omega=\begin{bmatrix}1&&&\\&1&&\\&&1&\\&&&-1\end{bmatrix}.$$

(4) A 的特征值为 $1,-1,\mathrm{i},-\mathrm{i}$. 特征向量分别取为

$$x_1=\begin{bmatrix}1\\1\\0\\0\end{bmatrix},\quad x_2=\begin{bmatrix}0\\0\\-1\\1\end{bmatrix},\quad x_3=\begin{bmatrix}-\mathrm{i}\\\mathrm{i}\\1\\1\end{bmatrix},\quad x_4=\begin{bmatrix}\mathrm{i}\\-\mathrm{i}\\1\\1\end{bmatrix},$$

把 x_1,x_2 单位化得 $\varepsilon_1,\varepsilon_2$，取 x_3 的实部和虚部并单位化得 $\varepsilon_3,\varepsilon_4$. 令 $\Omega=(\varepsilon_1,\varepsilon_2,\varepsilon_3,\varepsilon_4)$，即有

$$\Omega=\frac{\sqrt{2}}{2}\begin{bmatrix}1&0&0&-1\\1&0&0&1\\0&-1&1&0\\0&1&1&0\end{bmatrix},\quad \Omega^{-1}A\Omega=\begin{bmatrix}1&&&\\&-1&&\\&&0&1\\&&-1&0\end{bmatrix}.$$

12. 设欧几里得空间 V 中，对称线性变换 $\mathscr{S}$ 在标准正交基 $\alpha_1,\cdots,\alpha_n$ 下由以下方阵 S 给出. 求由 $\mathscr{S}$ 的特征向量 $e_1,\cdots,e_n$ 组成的标准正交基，及在此基下变换 $\mathscr{S}$ 的方阵表示.

(1) $\begin{bmatrix}11&2&-8\\2&2&10\\-8&10&5\end{bmatrix}$；(2) $\begin{bmatrix}17&-8&4\\-8&17&-4\\4&-4&11\end{bmatrix}$；(3) $\begin{bmatrix}2&1&1\\1&2&1\\1&1&2\end{bmatrix}$.

解 (1) 由 $\det(\lambda I-S)=(\lambda-18)(\lambda-9)(\lambda+9)=0$,知 $\mathscr{S}$ 的特征值为 $\lambda_1=18,\lambda_2=9$, $\lambda_3=-9$. 求 S 的分别属于 λ_i 的特征向量得

$$\eta_1=\begin{bmatrix}-2\\1\\2\end{bmatrix},\quad \eta_2=\begin{bmatrix}2\\2\\1\end{bmatrix},\quad \eta_3=\begin{bmatrix}1\\-2\\2\end{bmatrix}.$$

把它们单位化,故知

$$e_1=(\alpha_1,\alpha_2,\alpha_3)\begin{bmatrix}-\frac{2}{3}\\ \frac{1}{3}\\ \frac{2}{3}\end{bmatrix}=-\frac{2}{3}\alpha_1+\frac{1}{3}\alpha_2+\frac{2}{3}\alpha_3,$$

$$e_2=(\alpha_1,\alpha_2,\alpha_3)\begin{bmatrix}\frac{2}{3}\\ \frac{2}{3}\\ \frac{1}{3}\end{bmatrix}=\frac{2}{3}\alpha_1+\frac{2}{3}\alpha_2+\frac{1}{3}\alpha_3,$$

$$e_3=(\alpha_1,\alpha_2,\alpha_3)\begin{bmatrix}\frac{1}{3}\\ -\frac{2}{3}\\ \frac{2}{3}\end{bmatrix}=\frac{1}{3}\alpha_1-\frac{2}{3}\alpha_2+\frac{2}{3}\alpha_3$$

是 V 的标准正交基,$\mathscr{S}$ 在此基下的方阵表示为 $\mathrm{diag}\{18,9,-9\}$.

(2) S 的特征值为 $\lambda_1=27$, $\lambda_2=\lambda_3=9$. 特征子空间的基分别为 $x_1=(2,-2,1)^{\mathrm{T}}$, $x_2=(1,1,0)^{\mathrm{T}}$, $x_3=(-1,0,2)^{\mathrm{T}}$, 正交化后得 $\eta_1=\frac{1}{3}x_1,\eta_2=\frac{1}{\sqrt{2}}x_2,\eta_3=\frac{1}{\sqrt{18}}(-1,1,4)^{\mathrm{T}}$.

记从 $\alpha_1,\alpha_2,\alpha_3$ 到 e_1,e_2,e_3 的过渡矩阵为 Q,则有

$$(e_1,e_2,e_3)=(\alpha_1,\alpha_2,\alpha_3)Q=(\alpha_1,\alpha_2,\alpha_3)\begin{bmatrix}\frac{2}{3}&\frac{1}{\sqrt{2}}&-\frac{1}{\sqrt{18}}\\ -\frac{2}{3}&\frac{1}{\sqrt{2}}&\frac{1}{\sqrt{18}}\\ \frac{1}{3}&0&\frac{4}{\sqrt{18}}\end{bmatrix},$$

$\mathscr{S}$ 在 e_1,e_2,e_3 下的方阵表示为 $\mathrm{diag}\{27,9,9\}$(其中 Q 是正交方阵,所以 e_1,e_2,e_3 是标准正交基.).

(3) S 的特征值为 $\lambda_1=\lambda_2=1,\lambda_3=4$;特征向量分别为

$$x_1=\begin{bmatrix}-1\\0\\1\end{bmatrix},\quad x_2=\begin{bmatrix}-1\\1\\0\end{bmatrix},\quad x_3=\begin{bmatrix}1\\1\\1\end{bmatrix}.$$

把 x_1,x_2 Schmidt 正交化,把 x_3 单位化得

$$\eta_1=\frac{1}{\sqrt{2}}(-1,0,1)^{\mathrm{T}};\quad \eta_2=\frac{1}{\sqrt{6}}(-1,2,-1)^{\mathrm{T}};\quad \eta_3=\frac{1}{\sqrt{3}}(1,1,1)^{\mathrm{T}}.$$

故令

$$e_1=(\alpha_1,\alpha_2,\alpha_3)\eta_1;\quad e_2=(\alpha_1,\alpha_2,\alpha_3)\eta_2;\quad e_3=(\alpha_1,\alpha_2,\alpha_3)\eta_3.$$

则 e_1,e_2,e_3 为 V 的标准正交基,且 $\mathscr{S}$ 在此基下的方阵表示为 $\mathrm{diag}\{1,1,4\}$.

13. 设 A 为 n 阶实正交方阵.

(1) 若 $\det A=-1$,证明 -1 必为 A 的特征值;

(2) 若 $\lambda=\alpha+\mathrm{i}\beta(\beta\neq0,\alpha,\beta$ 是实数)是 A 的特征值,$x=x_1+\mathrm{i}x_2(x_1,x_2\in\mathbb{R}^n)$ 是 A 的属于特征值 λ 的特征向量,试证明:向量 x_1 与 x_2 的模相等,且相互正交.

证 (1) 因为 $\det A=-1$, $A^{\mathrm{T}}A=I$,故知

$$|-I-A|=|-A^{\mathrm{T}}A-A|=|A||-A^{\mathrm{T}}-I|=-|-I-A|,$$

所以 $|-I-A|=0$,故 -1 为 A 的特征值.

(2) 因为 $\lambda=\alpha+\mathrm{i}\beta$ 是 A 的特征值,A 为实方阵,故其特征多项式 $P_A(\lambda)$ 是实系数多项式,其根成共轭对出现,所以 $\bar{\lambda}=\alpha-\mathrm{i}\beta$ 也是 A 的特征根. 由 $Ax=\lambda x$,知 $A\bar{x}=\overline{\lambda x}$(前式两端取共轭即得),又因为正交方阵 A 的属于不同特征值的特征向量相互正交,所以 x 与 $\bar{x}$ 正交,即有

$$\begin{aligned}0&=(x,\bar{x})=(x_1+\mathrm{i}x_2,x_1-\mathrm{i}x_2),\\&=(x_1,x_1)+\mathrm{i}(x_2,x_1)+\mathrm{i}(x_1,x_2)-(x_2,x_2),\end{aligned}$$

由实部,虚部分别等于 0,知

$$(x_1,x_2)=(x_2,x_2)\rightarrow|x_1|=|x_2|;$$

$$\mathrm{i}(x_2,x_1)+\mathrm{i}(x_1,x_2)=2\mathrm{i}(x_1,x_2)=0\rightarrow(x_1,x_2)=0.$$

14. 设在欧几里得空间 V 中,正交线性变换 $\mathscr{A}$ 在某标准正交基 $\alpha_1,\cdots,\alpha_n$ 下的方阵表示为以下方阵 A. 求 V 的标准正交基 $e_1,\cdots,e_n$ 使 V 分解为 1 维和 2 维不变子空间直和,$\mathscr{A}$ 在二维子空间上作用为旋转(如定理 9.5′系 1′).

(1) $A=\begin{bmatrix}\frac{2}{3}&\frac{2}{3}&-\frac{1}{3}\\\frac{2}{3}&-\frac{1}{3}&\frac{2}{3}\\-\frac{1}{3}&\frac{2}{3}&\frac{2}{3}\end{bmatrix}$; (2) $A=\begin{bmatrix}\frac{1}{2}&\frac{1}{2}&-\frac{1}{2}\sqrt{2}\\\frac{1}{2}&\frac{1}{2}&\frac{1}{2}\sqrt{2}\\\frac{1}{2}\sqrt{2}&-\frac{1}{2}\sqrt{2}&0\end{bmatrix}$;

(3) $A=\begin{bmatrix}\frac{1}{2}\sqrt{2} & 0 & -\frac{1}{2}\sqrt{2}\\ \frac{1}{6}\sqrt{2} & \frac{2}{3}\sqrt{2} & \frac{1}{6}\sqrt{2}\\ \frac{2}{3} & -\frac{1}{3} & \frac{2}{3}\end{bmatrix}$.

解　(1) A 的特征值为 $\lambda_1=\lambda_2=1,\lambda_3=-1$，解齐次线性方程组 $(I-A)x=0$，得两正交特征向量 $x_1=(1,1,1)^{\mathrm{T}},x_2=(-1,0,1)^{\mathrm{T}}$，各自单位化得

$$\eta_1=\frac{1}{\sqrt{3}}(1,1,1)^{\mathrm{T}},\quad \eta_2=\frac{1}{\sqrt{2}}(-1,0,1)^{\mathrm{T}},$$

又解 $(-I-A)x=0$，得属于 $\lambda_3=-1$ 的特征向量 $x_3=(1,-2,1)^{\mathrm{T}}$，单位化得 $\eta_3=\frac{1}{\sqrt{6}}(1,-2,1)^{\mathrm{T}}$. 故

$$e_1=(\alpha_1,\alpha_2,\alpha_3)\eta_1=\frac{1}{\sqrt{3}}(\alpha_1+\alpha_2+\alpha_3),$$

$$e_2=(\alpha_1,\alpha_2,\alpha_3)\eta_2=\frac{1}{\sqrt{2}}(-\alpha_1+\alpha_3),$$

$$e_3=(\alpha_1,\alpha_2,\alpha_3)\eta_3=\frac{1}{\sqrt{6}}(\alpha_1-2\alpha_2+\alpha_3)$$

是 V 的标准正交基，且

$$V=\langle e_1\rangle\oplus\langle e_2\rangle\oplus\langle e_3\rangle.$$

即 V 分解为 3 个一维不变子空间的直和(每个 $\langle e_i\rangle$ 都是 V 的特征向量生成的子空间，任 $\alpha(\neq 0)\in\langle e_i\rangle$ 都有 $\mathscr{A}\alpha=\lambda_i\alpha\in\langle e_i\rangle$). $\mathscr{A}$ 在基 e_1,e_2,e_3 下的方阵表示为

$$A_1=\mathrm{diag}\{1,1,-1\}.$$

(2) 由 $\det(\lambda I-A)=0$，解得 A 的特征值为 $\lambda_1=1,\ \lambda_2=\mathrm{i},\ \lambda_3=-\mathrm{i}$，相应的特征向量为

$$x_1=\begin{bmatrix}1\\1\\0\end{bmatrix},\quad x_2=\begin{bmatrix}\frac{\mathrm{i}}{\sqrt{2}}\\-\frac{\mathrm{i}}{\sqrt{2}}\\1\end{bmatrix},\quad x_3=\begin{bmatrix}-\frac{\mathrm{i}}{\sqrt{2}}\\\frac{\mathrm{i}}{\sqrt{2}}\\1\end{bmatrix},$$

故取 $\eta_1=\frac{1}{\sqrt{2}}x_1,\ \eta_2=\mathrm{Re}x_2,\eta_3=\mathrm{Im}x_2$，于是

$$e_1=(\alpha_1,\alpha_2,\alpha_3)\eta_1=\frac{1}{\sqrt{2}}(\alpha_1+\alpha_2),$$

$$e_2=(\alpha_1,\alpha_2,\alpha_3)\eta_2=\alpha_3,$$

$$e_3=(\alpha_1,\alpha_2,\alpha_3)\eta_3=\frac{1}{\sqrt{2}}(\alpha_1-\alpha_2),$$

则 e_1,e_2,e_3 是 V 的标准正交基,且

$$V=\langle e_1\rangle+\langle e_2,e_3\rangle.$$

即 V 分解为一个 1 维不变子空间和一个二维不变子空间的直和. $\mathscr{A}$ 在不变子空间 $\langle e_2,e_3\rangle$ 上的作用为旋转$\left(因\ \cos\theta=0,\sin\theta=1,故\ \theta=\frac{\pi}{2}\right)$. $\mathscr{A}$ 在基 e_1,e_2,e_3 下的方阵表示为

$$B=(\eta_1,\eta_2,\eta_3)^{\mathrm{T}}A(\eta_1,\eta_2,\eta_3)=\begin{bmatrix}1&0&0\\0&0&1\\0&-1&0\end{bmatrix}.$$

(3) A 的特征值为 $\lambda_1=1$, $\lambda_{2,3}=\dfrac{-2+7\sqrt{2}\pm\mathrm{i}\sqrt{42+28\sqrt{2}}}{12}$. 相应的特征向量为

$$x_1=\begin{bmatrix}-1-\sqrt{2}\\-3-2\sqrt{2}\\1\end{bmatrix},\quad x_2=a+\mathrm{i}b,\quad x_3=a-\mathrm{i}b,$$

其中

$$a=\frac{1}{\sqrt{42}}\begin{bmatrix}6\\-1-\sqrt{2}\\\sqrt{2}-1\end{bmatrix},\quad b=\frac{1}{\sqrt{6}}\begin{bmatrix}0\\1-\sqrt{2}\\1+\sqrt{2}\end{bmatrix}.$$

故取 $\eta_1=\dfrac{1}{\sqrt{21+14\sqrt{2}}}x_1,\eta_2=a,\ \eta_3=b$, 令

$$e_1=(\alpha_1,\alpha_2,\alpha_3)\eta_1=\frac{1}{\sqrt{7}}\left[-\alpha_1+(1+\sqrt{2})\alpha_2+(\sqrt{2}-1)\alpha_3\right],$$

$$e_2=(\alpha_1,\alpha_2,\alpha_3)\eta_2=\frac{1}{\sqrt{42}}\left[6\alpha_1-(1+\sqrt{2})\alpha_2+(\sqrt{2}-1)\alpha_3\right],$$

$$e_3=(\alpha_1,\alpha_2,\alpha_3)\eta_3=\frac{1}{\sqrt{6}}\left[(1-\sqrt{2})\alpha_2+(1+\sqrt{2})\alpha_3\right].$$

则 e_1,e_2,e_3 是 V 的标准正交基,且

$$V=\langle e_1\rangle+\langle e_2,e_3\rangle,$$

即 V 分解成两个不变子空间 $W_1=\langle e_1\rangle$(一维)和 $W_2=\langle e_2,e_3\rangle$(二维)的直和,记从基 $\alpha_1,\alpha_2,\alpha_3$ 到基 e_1,e_2,e_3 的过渡矩阵为 P,则 $P=(\eta_1,\eta_2,\eta_3)$是正交方阵,且有

$$P^{\mathrm{T}}AP=\begin{bmatrix}1 & & \\ & \dfrac{-2+7\sqrt{2}}{12} & \dfrac{\sqrt{42+28\sqrt{2}}}{12} \\ & -\dfrac{\sqrt{42+28\sqrt{2}}}{12} & \dfrac{-2+7\sqrt{2}}{12}\end{bmatrix}=B,$$

B 是 $\mathscr{A}$ 在基 e_1,e_2,e_3 下的方阵表示.

15. 设 $\alpha_1,\cdots,\alpha_m$ 和 $\beta_1,\cdots,\beta_m$ 是 n 维欧几里得空间的两个向量组,试证明:存在一个正交变换 $\mathscr{A}$,使 $\mathscr{A}(\alpha_i)=\beta_i(i=1,\cdots,m)$ 的充分必要条件是 $(\alpha_i,\alpha_j)=(\beta_i,\beta_j),i,j=1,\cdots,m$.

证 $\Rightarrow$ 必要性显然.因为由已知有 $\mathscr{A}\alpha_i=\beta_i$,又因为正交变换保持内积不变,故

$$(\alpha_i,\alpha_j)=(\mathscr{A}\alpha_i,\mathscr{A}\alpha_j)=(\beta_i,\beta_j),\quad i,j=1,\cdots,m.$$

$\Leftarrow$ 当

$$(\alpha_i,\alpha_j)=(\beta_i,\beta_j),\quad i,j=1,\cdots,m. \tag{1}$$

令 $V_1=L(\alpha_1,\cdots,\alpha_m),V_2=L(\beta_1,\cdots,\beta_m)$,且有

$$V=V_1\oplus V_1^{\perp}=V_2\oplus V_2^{\perp}, \tag{2}$$

现作 V_1 到 V_2 的映射 φ_1 如下:任 $\alpha\in V_1$,记 $\alpha=\sum\limits_{i=1}^{m}k_i\alpha_i$,则 $\varphi_1(\alpha)=\beta=\sum\limits_{i=1}^{m}k_i\beta_i$,即

$$\varphi_1(k_1\alpha_1+\cdots+k_m\alpha_m)=k_1\beta_1+\cdots+k_m\beta_m, \tag{3}$$

则根据(1)式可推出 φ_1 为 V_1 到 V_2 的一个同构映射〈1〉.故知

$$\dim V_1=\dim V_2\xrightarrow{\text{由(2)}}\dim V_1^{\perp}=\dim V_2^{\perp},$$

于是可建立 $V_1^{\perp}$ 到 $V_2^{\perp}$ 的同构映射 φ_2.

任 $\gamma\in V$,有 $\gamma=\gamma_1+\gamma_1'$,其中 $\gamma_1\in V_1,\gamma_1'\in V_1^{\perp}$,令

$$\mathscr{A}\gamma=\varphi_1\gamma_1+\varphi_2\gamma_1',$$

可以验证 $\mathscr{A}$ 是 V 的一个线性变换〈2〉,且保持向量内积〈3〉,所以 $\mathscr{A}$ 是正交变换.又由

$$\alpha_i=\alpha_i+0,$$

所以

$$\mathscr{A}(\alpha_i)=\varphi_1\alpha_i+\varphi_2 0=\varphi_1\alpha_i=\beta_i,\quad i=1,\cdots,m.$$

注 为了主体证明的思路清楚,有几个细节问题在此补证.

(1) 证 φ_1 是同构映射.首先,显然 φ_1 为满射(因为任 $\beta\in V_2$,有 $\beta=\lambda_1\beta_1+\cdots+\lambda_m\beta_m$,则 $\alpha=\lambda_1\alpha_1+\cdots+\lambda_m\alpha_m$,使 $\varphi_1(\alpha)=\beta$).而 φ_1 为单射 $\Leftrightarrow\ker\varphi_1=0$,设 $\alpha\in\ker\varphi_1\subset V_1$,则 $\alpha=\sum\limits_{i=1}^{m}k_i\alpha_i$,于是有

$$0=\varphi_1(\alpha)=k_1\beta_1+\cdots+k_m\beta_m,$$

故

$$0=\Big(\sum_{i=1}^{m}k_i\beta_i,\sum_{j=1}^{m}k_j\beta_j\Big)=\sum_{i=1}^{m}k_i\sum_{j=1}^{m}k_j(\beta_i,\beta_j)=\sum_{i=1}^{m}k_i\sum_{j=1}^{m}k_j(\alpha_i,\alpha_j)=(\alpha,\alpha),$$

所以 $\alpha=0$，故 φ_1 是单射(上式第 3 个等号是因为 $(\alpha_i,\alpha_j)=(\beta_i,\beta_j)$)，故知 φ_1 是双射，又由(3)知 φ_1 保加法，保数乘：即

$$\varphi_1(\alpha+\beta)=\varphi_1\alpha+\varphi_1\beta,\quad \varphi_1(k\alpha)=k\varphi_1(\alpha),$$

对任 $\alpha,\beta\in V_1,k\in\mathbb{R}$ 成立. 故此知 φ_1 是同构映射.

(2) 证 $\mathscr{A}$ 是线性变换. $\forall a,b\in V$，设 $a=a_1+a_2,b=b_1+b_2$，其中 $a_1,b_1\in V_1,a_2,b_2\in V_1^{\perp}$. 有

$$\begin{aligned}\mathscr{A}(a+b)&=\mathscr{A}(a_1+a_2+b_1+b_2)=\varphi_1(a_1+b_1)+\varphi_2(a_2+b_2)\\&=\varphi_1a_1+\varphi_1b_1+\varphi_2a_2+\varphi_2b_2=\mathscr{A}a+\mathscr{A}b.\\\mathscr{A}(ka)&=\mathscr{A}(ka_1+ka_2)=\varphi_1(ka_1)+\varphi_2(ka_2)\\&=k(\varphi_1a_1+\varphi_2a_2)=k\mathscr{A}a.\end{aligned}$$

(3) 证 $\mathscr{A}$ 保持向量的内积不变. $\forall a,b\in V$，有

$$\begin{aligned}(\mathscr{A}a,\mathscr{A}b)&=(\varphi_1a_1+\varphi_2a_2,\varphi_1b_1+\varphi_2b_2)\\&=(\varphi_1a_1,\varphi_1b_1)+(\varphi_2a_2,\varphi_2b_2)+(\varphi_1a_1,\varphi_2b_2)+(\varphi_2a_2,\varphi_1b_1)\\&=(a_1,b_1)+(a_2,b_2)+(a_1,b_2)+(a_2,b_1)\\&=(a_1+a_2,b_1+b_2)=(a,b).\end{aligned}$$

其中第 3 个等号是因为：

$(\varphi_1a_1,\varphi_1b_1)=(a_1,b_1)$，　因为　$(\alpha_i,\alpha_j)=(\beta_i,\beta_j)$；

$(\varphi_2a_2,\varphi_2b_2)=(a_2,b_2)$，　因为 φ_2 是同构映射；

$(\varphi_1a_1,\varphi_2b_2)=0=(a_1,b_2)$；

$(\varphi_2a_2,\varphi_1b_1)=0=(a_2,b_1)$.

16. 设 A 是 n 阶实对称阵，且 $A^2=I$，证明：存在正交方阵 T，使得

$$T^{-1}AT=\begin{bmatrix}I_r & \\ & -I_{n-r}\end{bmatrix}\quad(0\leqslant r<n).$$

证　因为 $A^2=I$，所以 $\lambda^2=1$，$\lambda=\pm1$，故 A 的特征值为 ±1，又 A 是实对称阵，故由定理 9.5 系 2 知存在正交方阵 T，使

$$T^{-1}AT=\begin{bmatrix}\lambda_1 & & & \\ & \ddots & & \\ & & \ddots & \\ & & & \lambda_n\end{bmatrix}=\begin{bmatrix}1 & & & & & \\ & \ddots & & & & \\ & & 1 & & & \\ & & & -1 & & \\ & & & & \ddots & \\ & & & & & -1\end{bmatrix}=\begin{bmatrix}I_r & \\ & -I_{n-r}\end{bmatrix}.$$

其中 r 是特征值 1 的重数.

注　此题若不用定理 9.5 系 2，也可以这样考虑，由 $A^2=I\to \mathrm{r}(A+I)+\mathrm{r}(A-I)=n\to A$ 的属于特征值 1 的特征子空间与属于特征值 -1 的特征子空间维数和等于 n. 故 A 有 n 个线性无关特征向量，又 A 是实对称阵，所以属于不同特征值的特征向量相互正交，而属于同一特征值的特征向量经 Schmidt 正交化后得正交向量组，故得正交方阵 T，使 $T^{-1}AT$ 为对角阵.

17. 非奇异二次型可以用正交变换化为标准形式（即元素为 ±1 的对角形）当且仅当它的矩阵是正交阵.

证　设二次型为 $Q(x_1,\cdots,x_n)=x^{\mathrm{T}}Ax$，且有 $A^{\mathrm{T}}=A$，$\det A\neq 0$. 则原命题就是要证：存在正交方阵 Ω，使 $\Omega^{\mathrm{T}}A\Omega=\mathrm{diag}\{1,\cdots,1,-1,\cdots,-1\}\Leftrightarrow A^{\mathrm{T}}A=I$.

$\Leftarrow$由 $A^{\mathrm{T}}A=I$，又 $A^{\mathrm{T}}=A$，所以 $A^2=I$，故由第 16 题可知，存在正交方阵 Ω，使

$$\Omega^{\mathrm{T}}A\Omega=\begin{bmatrix}I_r & \\ & -I_{n-r}\end{bmatrix}.$$

$\Rightarrow$由

$$\Omega^{\mathrm{T}}A\Omega=\begin{bmatrix}I_r & \\ & -I_{n-r}\end{bmatrix}\to A=\Omega\begin{bmatrix}I_r & \\ & -I_{n-r}\end{bmatrix}\Omega^{\mathrm{T}}\to A^2=I,$$

又因为 $A^{\mathrm{T}}=A$，所以 $A^{\mathrm{T}}A=A^2=I$，所以 A 是正交方阵.

18. 设 A 为 n 阶实对称方阵，证明：

(1) A 正定的充要条件是 A 的特征值全大于零；

(2) A 正定，则对任意正整数 k，A^k 为正定.

证　由已知存在正交方阵 T 使

$$T^{\mathrm{T}}AT=\begin{bmatrix}\lambda_1 & & \\ & \ddots & \\ & & \lambda_n\end{bmatrix}$$

或

$$Q(x_1,\cdots,x_n)\big|_{x=Ty}=\lambda_1y_1^2+\cdots+\lambda_ny_n^2. \qquad (*)$$

(1) $\Leftarrow$若 $\lambda_i>0$，$i=1,\cdots,n$，则对任 $x=Ty\neq0\to y\neq0$，故 $\lambda_1y_1^2+\cdots+\lambda_ny_n^2>0$，故 A 正定.

$\Rightarrow$当 A 正定时，若有 $\lambda_i\leqslant0$，不妨设为 $\lambda_n\leqslant0$，则取 $y=(0,\cdots,0,1)^{\mathrm{T}}$ 有 $x=Ty\neq0$，代入 $(*)$式得 $Q(x_1,\cdots,x_n)\leqslant0$，与 A 正定矛盾. 故必所有 $\lambda_i>0$.

(2) 因为 A 正定，所以 $\lambda_i>0$，$i=1,\cdots,n$，又由

$$T^{\mathrm{T}}AT=\begin{bmatrix}\lambda_1 & & \\ & \ddots & \\ & & \lambda_n\end{bmatrix}\to T^{\mathrm{T}}A^kT=\begin{bmatrix}\lambda_i^k & & \\ & \ddots & \\ & & \lambda_n^k\end{bmatrix},$$

$\lambda_i^k>0, i=1,\cdots,n$，又由(1)充分性知 $A^k>0$.

19. 设 $Q(x_1,\cdots,x_n)=x^{\mathrm{T}}Ax$ 是一实二次型，$\lambda_1,\cdots,\lambda_n$ 是 A 的特征根，且 $\lambda_1\leqslant\lambda_2\leqslant\cdots\leqslant\lambda_n$，证明，对任一 $x\in\mathbb{R}^{(n)}$ 有，

$$\lambda_1 x^{\mathrm{T}}x\leqslant x^{\mathrm{T}}Ax\leqslant\lambda_n x^{\mathrm{T}}x;$$

又等号成立的条件是什么?

证 因为 A 是实对称阵，所以存在实正交方阵 Ω 使

$$\Omega^{\mathrm{T}}A\Omega=\begin{bmatrix}\lambda_1 & & \\ & \ddots & \\ & & \lambda_n\end{bmatrix},$$

适当重排 Ω 的列，可设 $\lambda_1\leqslant\lambda_2\leqslant\cdots\leqslant\lambda_n$. 即有

$$x^{\mathrm{T}}Ax\mid_{x=\Omega y}=\lambda_1 y_1^2+\lambda_2 y_2^2+\cdots+\lambda_n y_n^2,$$

又因为

$$x^{\mathrm{T}}x=(\Omega y)^{\mathrm{T}}(\Omega y)=y^{\mathrm{T}}y,$$

且 $\lambda_1 y^{\mathrm{T}}y=\lambda_1(y_1^2+\cdots+y_n^2)\leqslant\lambda_1 y_1^2+\cdots+\lambda_n y_n^2\leqslant\lambda_n(y_1^2+\cdots+y_n^2)=\lambda_n y^{\mathrm{T}}y$,

故知

$$\lambda_1 x^{\mathrm{T}}x=\lambda_1 y^{\mathrm{T}}y\leqslant x^{\mathrm{T}}Ax\leqslant\lambda_n y^{\mathrm{T}}y=\lambda_n x^{\mathrm{T}}x.$$

当 x 分别取为 A 的属于特征值 λ_1 和 λ_n 的特征向量时等号成立，因为

$$x^{\mathrm{T}}Ax=x^{\mathrm{T}}\lambda_n x=\lambda_n x^{\mathrm{T}}x,\quad x^{\mathrm{T}}Ax=x^{\mathrm{T}}\lambda_1 x=\lambda_1 x^{\mathrm{T}}x.$$

20. 设 A,B 都是 n 阶正定实对称阵，证明：

(1) AB 正定的充要条件是 $AB=BA$;

(2) 如果 $A-B$ 正定则 $B^{-1}-A^{-1}$ 亦正定.

证 (1) ⇒因为 A、B、AB 都是正定实对称阵，所以

$$AB=(AB)^{\mathrm{T}}=B^{\mathrm{T}}A^{\mathrm{T}}=BA.$$

⇐当 $AB=BA$ 时，$(AB)^{\mathrm{T}}=B^{\mathrm{T}}A^{\mathrm{T}}=BA=AB$，所以 AB 是实对称阵. 又因为 A,B 是正定实对称阵，所以存在可逆阵 P,Q，使 $A=P^{\mathrm{T}}P, B=Q^{\mathrm{T}}Q$，于是

$$AB=P^{\mathrm{T}}PQ^{\mathrm{T}}Q=P^{\mathrm{T}}PQ^{\mathrm{T}}QP^{\mathrm{T}}(P^{\mathrm{T}})^{-1},$$

故 AB 相似于 $PQ^{\mathrm{T}}QP^{\mathrm{T}}$，于是知两者特征值相同，而后者是正定实对称阵(因为 $PQ^{\mathrm{T}}QP^{\mathrm{T}}=(QP^{\mathrm{T}})^{\mathrm{T}}(QP^{\mathrm{T}})$，$QP^{\mathrm{T}}$ 是可逆阵)，其特征值均为正，所以 AB 的特征值均为正，故 AB 正定.

(2) 用定理 9.13 知，存在可逆阵 P 使

$$P^{\mathrm{T}}AP=I,\quad P^{\mathrm{T}}BP=\begin{bmatrix}\lambda_1 & & \\ & \ddots & \\ & & \lambda_n\end{bmatrix},\qquad (*)$$

由 B 正定，所以 $\lambda_i>0, i=1,\cdots,n$. 又

$$P^{\mathrm{T}}(A-B)P = \mathrm{diag}\{1-\lambda_1,\cdots,1-\lambda_n\},$$

由已知 $A-B$ 正定得 $1-\lambda_1>0,\cdots,1-\lambda_n>0$，即 $\lambda_i<1$，对任 i 成立. 又由($*$)式得

$$P^{-1}A^{-1}(P^{-1})^{\mathrm{T}} = I,\quad P^{-1}B^{-1}(P^{-1})^{\mathrm{T}} = \mathrm{diag}\left\{\frac{1}{\lambda_1},\cdots,\frac{1}{\lambda_n}\right\},$$

所以

$$P^{-1}(B^{-1}-A^{-1})(P^{-1})^{\mathrm{T}} = \begin{bmatrix} \frac{1}{\lambda_1}-1 & & \\ & \ddots & \\ & & \frac{1}{\lambda_n}-1 \end{bmatrix},$$

因为 $\lambda_i<1$，所以 $\frac{1}{\lambda_i}>1$，即 $\frac{1}{\lambda_i}-1>0$，$i=1,\cdots,n$. 故 $B^{-1}-A^{-1}$ 正定.

21. 设半正定对称方阵 S_1 和 S_2 可交换，试证 $S_1S_2\geqslant 0$.

证 方法 1 首先由 $S_1S_2=S_2S_1$ 可知 $(S_1S_2)^{\mathrm{T}}=S_1S_2$，故 S_1S_2 为实对称阵，再证其特征值 $\geqslant 0$，证法与第 20 题类似：因为 S_1,S_2 半正定，所以存在方阵 P,Q 使 $S_1=P^{\mathrm{T}}P$，$S_2=Q^{\mathrm{T}}Q$，于是

$$S_1S_2 = P^{\mathrm{T}}PQ^{\mathrm{T}}Q,$$

再利用对任 n 阶方阵 A,B，$\det(\lambda I_n-AB)=\det(\lambda I_n-BA)$，知 $P^{\mathrm{T}}(PQ^{\mathrm{T}}Q)$ 与 $(PQ^{\mathrm{T}}Q)P^{\mathrm{T}}=(QP^{\mathrm{T}})^{\mathrm{T}}(QP^{\mathrm{T}})$ 的特征值相同，而后者是半正定的，其特征值 $\geqslant 0$，故知 S_1S_2 的特征值 $\geqslant 0$. 所以 $S_1S_2\geqslant 0$ （半正定）.

方法 2 用两个可交换的规范阵可以同时正交相似(相合)于对角阵(此命题在补充题中给出).

因为 S_1 与 S_2 可交换，所以存在正交方阵 Ω，使

$$\Omega^{\mathrm{T}}S_1\Omega = \begin{bmatrix} \lambda_1 & & \\ & \ddots & \\ & & \lambda_n \end{bmatrix},\quad \Omega^{\mathrm{T}}S_2\Omega = \begin{bmatrix} \mu_1 & & \\ & \ddots & \\ & & \mu_n \end{bmatrix}.$$

于是

$$\Omega^{\mathrm{T}}S_1S_2\Omega = \begin{bmatrix} \lambda_1\mu_1 & & \\ & \ddots & \\ & & \lambda_n\mu_n \end{bmatrix}.$$

且 $\lambda_i\mu_i\geqslant 0$ $\quad i=1,2,\cdots,n$（因 $\lambda_i\geqslant 0$，$\mu_i\geqslant 0$），所以 $S_1S_2\geqslant 0$ （半正定）.

22. S 是实对称正定方阵，证明：存在上三角阵 T，使 $S=T^{\mathrm{T}}T$.

证 方法 1 因为 A 正定，所以存在可逆阵 P，使 $A=P^{\mathrm{T}}P$. 又由任可逆阵均有 QR 分解，即 $P=QR$，其中 Q 为正交方阵，R 为上三角阵. 于是有

$$A = P^{\mathrm{T}}P = R^{\mathrm{T}}Q^{\mathrm{T}}QR = R^{\mathrm{T}}R.$$

方法 2（归纳法） $n=2$ 时，设

$$A=\begin{bmatrix}a_{11} & a_{12}\\ a_{21} & a_{22}\end{bmatrix},$$

其中 $a_{12}=a_{21}$，则有

$$\begin{bmatrix}1 & 0\\ -\dfrac{a_{12}}{a_{11}} & 1\end{bmatrix}\begin{bmatrix}a_{11} & a_{12}\\ a_{12} & a_{22}\end{bmatrix}\begin{bmatrix}1 & -\dfrac{a_{12}}{a_{11}}\\ 0 & 1\end{bmatrix}=\begin{bmatrix}a_{11} & 0\\ 0 & a_{22}-\dfrac{a_{12}a_{21}}{a_{11}}\end{bmatrix},$$

所以

$$A=\begin{bmatrix}1 & 0\\ \dfrac{a_{12}}{a_{11}} & 1\end{bmatrix}\begin{bmatrix}\sqrt{a_{11}} & \\ & \sqrt{\dfrac{a_{11}a_{22}-a_{12}^2}{a_{11}}}\end{bmatrix}^2\begin{bmatrix}1 & \dfrac{a_{12}}{a_{11}}\\ 0 & 1\end{bmatrix}=R^{\mathrm{T}}R.$$

假设对 $n-1$ 阶方阵结论成立，即 $A_{n-1}=R_{n-1}^{\mathrm{T}}R_{n-1}$，其中 R_{n-1} 是上三角阵．则当 A 为 n 阶方阵时，设 $A=\begin{bmatrix}A_{n-1} & \beta\\ \beta^{\mathrm{T}} & a_{nn}\end{bmatrix}$，取 $P=\begin{bmatrix}I_{n-1} & -A_{n-1}^{-1}\beta\\ 0 & 1\end{bmatrix}$，则有

$$P^{\mathrm{T}}AP=\begin{bmatrix}A_{n-1} & 0\\ 0 & a_{nn}-\beta^{\mathrm{T}}A_{n-1}^{-1}\beta\end{bmatrix},$$

记 $b=a_{nn}-\beta^{\mathrm{T}}A_{n-1}^{-1}\beta$，所以

$$A=(P^{-1})^{\mathrm{T}}\begin{bmatrix}R_{n-1}^{\mathrm{T}}R_{n-1} & 0\\ 0 & b\end{bmatrix}P^{-1}=(P^{-1})^{\mathrm{T}}\begin{bmatrix}R_{n-1}^{\mathrm{T}} & 0\\ 0 & \sqrt{b}\end{bmatrix}\begin{bmatrix}R_{n-1} & 0\\ 0 & \sqrt{b}\end{bmatrix}P^{-1}=R^{\mathrm{T}}R,$$

其中

$$R=\begin{bmatrix}R_{n-1} & \\ & \sqrt{b}\end{bmatrix}P^{-1}=\begin{bmatrix}R_{n-1} & R_{n-1}A_{n-1}^{-1}\beta\\ 0 & \sqrt{b}\end{bmatrix}$$

是上三角阵（因为 R_{n-1} 是上三角阵，且 $R_{n-1}A_{n-1}^{-1}\beta$ 为 $n-1$ 维列向量）．

注 从证法上来说方法 1 很漂亮，但不利于理解这个命题的本质，也不易具体操作：给一个具体的正定实对阵怎么去找 R，使 $A=R^{\mathrm{T}}R$．方法 2 虽书写较长，但恰恰解决了这两个问题：因为 A 正定，所以 $a_{11}\neq0$，于是取

$$P_1=\begin{bmatrix}1 & -\dfrac{a_{12}}{a_{11}} & \cdots & -\dfrac{a_{1n}}{a_{11}}\\ & & \ddots & \\ & & & 1\end{bmatrix},\quad \text{有}\quad P_1^{\mathrm{T}}AP_1=\begin{bmatrix}a_{11} & 0 & \cdots & 0\\ 0 & a_{22}' & \cdots & a_{2n}'\\ \vdots & \vdots & & \\ 0 & a_{n2}' & \cdots & a_{nn}'\end{bmatrix},$$

又因为 $a_{22}'>0$，所以再取

$$P_2=\begin{bmatrix}1 & 0 & \cdots & 0\\ & 1 & -\frac{a'_{23}}{a'_{22}} & \cdots & \frac{a'_{2n}}{a'_{22}}\\ & & 1 & & \\ & & & \ddots & \\ & & & & 1\end{bmatrix},\quad 使\quad A\sim\begin{bmatrix}a_{11} & 0 & \cdots & \cdots & 0\\ 0 & a'_{22} & 0 & \cdots & 0\\ \vdots & 0 & & & \\ \vdots & \vdots & & * & \\ 0 & 0 & & & \end{bmatrix},$$

继续做下去得

$$P_s^{\mathrm T}\cdots P_1^{\mathrm T}AP_1\cdots P_s=\begin{bmatrix}a_{11} & & & \\ & a_{22}^{(1)} & & \\ & & \ddots & \\ & & & a_{nn}^{(s)}\end{bmatrix},$$

其中 $s\leqslant n-1$，且 $P_1,\cdots,P_s$ 均为上三角阵，其积也是上三角阵，记 $P=(P_1\cdots P_s)^{-1}$，则

$$R=\begin{bmatrix}\sqrt{a_{11}} & & \\ & \ddots & \\ & & \sqrt{a_{nn}^{(s)}}\end{bmatrix}P,\quad 且\quad A=R^{\mathrm T}R.$$

（条件 $A>0$，保证了每一步得到的新方阵的对角线元素均大于 0，故可以继续仅用如 P_1，P_2 这样的方阵去化对角阵，这就是此题的本质.）

23. 设 $\alpha_1,\cdots,\alpha_m$ 是 n 维欧氏空间 V 中一组向量，而其 Gram 方阵为

$$G=\begin{bmatrix}\langle\alpha_1,\alpha_1\rangle & \langle\alpha_1,\alpha_2\rangle & \cdots & \langle\alpha_1,\alpha_m\rangle\\ \langle\alpha_2,\alpha_1\rangle & \langle\alpha_2,\alpha_2\rangle & \cdots & \langle\alpha_2,\alpha_m\rangle\\ \vdots & \vdots & & \vdots\\ \langle\alpha_m,\alpha_1\rangle & \langle\alpha_m,\alpha_2\rangle & \cdots & \langle\alpha_m,\alpha_m\rangle\end{bmatrix}.$$

证明：当且仅当 $\det G\neq 0$ 时，$\alpha_1,\cdots,\alpha_m$ 线性无关.

证 $\Leftarrow$若 $\alpha_1,\cdots,\alpha_m$ 线性无关，则可将它扩充成 V 的一组基 $\alpha_1,\cdots,\alpha_m,\alpha_{m+1},\cdots,\alpha_n$. 而这个基向量的内积所构成的矩阵

$$A=\begin{bmatrix}\langle\alpha_1,\alpha_1\rangle & \cdots & \langle\alpha_1,\alpha_n\rangle\\ \vdots & & \vdots\\ \langle\alpha_n,\alpha_1\rangle & \cdots & \langle\alpha_n,\alpha_n\rangle\end{bmatrix}$$

是此内积的度量矩阵，A 是正定的，而 $\det G$ 是 A 的 m 阶主子式，故其大于 0.

$\Rightarrow$反证法，若 $\alpha_1,\cdots,\alpha_m$ 线性相关，那么其中一定有一个 $\alpha_i(1\leqslant i\leqslant m)$ 可被其余向量线性表出，于是 $\det G$ 的第 i 行也可以被其余各行线性表出，所以 $\det G=0$，与已知矛盾，所以 $\alpha_1,\cdots,\alpha_m$ 必线性无关.

24. 试证：实对称阵 A 的特征根全部落在区间$[a,b]$上的充要条件是 $A-aI\geqslant 0$，

$bI-A\geqslant 0$.

证 方法 1 因为 A 是实对称阵,所以存在正交方阵 P,使得 $P^{\mathrm{T}}AP=\mathrm{diag}\{\lambda_1,\cdots,\lambda_n\}$. 于是有

$$P^{\mathrm{T}}(A-aI)P=\begin{bmatrix}\lambda_1-a & & \\ & \ddots & \\ & & \lambda_n-a\end{bmatrix},\quad P^{\mathrm{T}}(bI-A)P=\begin{bmatrix}b-\lambda_1 & & \\ & \ddots & \\ & & b-\lambda_n\end{bmatrix},$$

故 $A-aI\geqslant 0, bI-A\geqslant 0 \Leftrightarrow \lambda_i-a\geqslant 0, b-\lambda_i\geqslant 0,\quad i=1,\cdots,n$

$$\Leftrightarrow a\leqslant\lambda_i\leqslant b,\quad i=1,\cdots,n.$$

方法 2 设 λ,μ,γ 分别为方阵 $A, A-aI, bI-A$ 的特征根. 由

$$0=|\mu I-(A-aI)|=|(\mu+a)I-A|\rightarrow\mu+a=\lambda,$$

$$0=|\gamma I-(bI-A)|=(-1)^n|(b-\gamma)I-A|\rightarrow b-\gamma=\lambda,$$

所以 $\mu=\lambda-a,\quad\gamma=b-\lambda$,故

$$A-aI\geqslant 0, bI-A\geqslant 0\Leftrightarrow\mu\geqslant 0,\gamma\geqslant 0\Leftrightarrow\lambda-a\geqslant 0, b-\lambda\geqslant 0$$

$$\Leftrightarrow a\leqslant\lambda\leqslant b.$$

25. 设对称方阵 S_1 和 S_2 的特征根分别落在 $[a,b]$ 和 $[c,d]$ 内,试证:对称方阵 S_1+S_2 的特征根落在区间 $[a+c,b+d]$ 内.

证 由第 24 题的必要性有

$$S_1-aI\geqslant 0,\quad bI-S_1\geqslant 0,\quad S_2-cI\geqslant 0,\quad dI-S_2\geqslant 0,$$

于是有

$$(S_1-aI)+(S_2-cI)\geqslant 0,\quad (bI-S_1)+(dI-S_2)\geqslant 0,$$

即

$$(S_1+S_2)-(a+c)I\geqslant 0,\quad (b+d)I-(S_1+S_2)\geqslant 0$$

又由上题的充分性知 S_1+S_2 的特征根落入 $[a+c,b+d]$ 中.

注 上面证明中用到两个半正定方阵的和是半正定方阵. 事实上若 $A\geqslant 0, B\geqslant 0$,则对任 x 有

$$x^{\mathrm{T}}(A+B)x=x^{\mathrm{T}}Ax+x^{\mathrm{T}}Bx\geqslant 0.$$

26. 设 A 是 n 阶正定对称方阵,试证 n 维空间 $\mathbb{R}^{(n)}$ 中由不等式 $x^{\mathrm{T}}Ax\leqslant 1$ 所定义的区域是有界的,且它的体积

$$V=\int_{x^{\mathrm{T}}Ax\leqslant 1}\mathrm{d}x_1\mathrm{d}x_2\cdots\mathrm{d}x_n=\frac{\pi^{\frac{n}{2}}}{\Gamma\left(\frac{n}{2}+1\right)}(\det A)^{-\frac{1}{2}}.$$

证 设有正交方阵 T,使 $T^{\mathrm{T}}AT$ 为对角阵,即

$$x^{\mathrm{T}}Ax\,|_{x=Ty}=\lambda_1y_1^2+\cdots+\lambda_ny_n^2=\frac{y_1^2}{\frac{1}{\lambda_1}}+\cdots+\frac{y_n^2}{\frac{1}{\lambda_n}}\leqslant 1,$$

显然 $n=3$ 时为椭球,故原区域为 n 维椭球.以下用归纳法证明结论,$n=3$ 时有

$$左边=椭球体的体积=\frac{4}{3}\pi abc=\frac{4}{3}\pi\frac{1}{\sqrt{\lambda_1\lambda_2\lambda_3}},$$

$$右边=\frac{\pi^{\frac{3}{2}}(\lambda_1\lambda_2\lambda_3)^{-\frac{1}{2}}}{\Gamma\left(\frac{3}{2}+1\right)}=\frac{\pi^{\frac{3}{2}}(\lambda_1\lambda_2\lambda_3)^{-\frac{1}{2}}}{\frac{3}{2}\cdot\frac{1}{2}\Gamma\left(\frac{1}{2}\right)}=左边.$$

这里用到 $\det A=\lambda_1\lambda_2\lambda_3$,$\Gamma(x+1)=x\Gamma(x)$,$\Gamma\left(\frac{1}{2}\right)=\sqrt{\pi}$.

设当 $n-1$ 时结论成立,则当 n 时,由

$$\frac{y_1^2}{\frac{1}{\lambda_1}}+\cdots+\frac{y_{n-1}^2}{\frac{1}{\lambda_{n-1}}}\leqslant 1-\frac{y_n^2}{\frac{1}{\lambda_n}},$$

所以 $n-1$ 时各半轴长为$\sqrt{\frac{1}{\lambda_i}\left(1-\frac{y_n^2}{1/\lambda_n}\right)}$,故

$$V=2\int_0^{\frac{1}{\sqrt{\lambda_n}}}(1-\lambda_n y_n^2)^{\frac{n-1}{2}}\cdot\frac{\pi^{\frac{n-1}{2}}}{\Gamma\left(\frac{n-1}{2}+1\right)\sqrt{\lambda_1\cdots\lambda_{n-1}}}\mathrm{d}y_n$$

$$=\frac{2\pi^{\frac{n-1}{2}}}{\Gamma\left(\frac{n+1}{2}\right)\sqrt{\lambda_1\cdots\lambda_{n-1}}}\int_0^{\frac{1}{\sqrt{\lambda_n}}}(1-\lambda_n y_n^2)^{\frac{n-1}{2}}\mathrm{d}y_n,$$

最后一个积分中令 $\sqrt{\lambda_n}y_n=\cos\theta$,有

$$\int_0^d f(y_n)\mathrm{d}y=\frac{1}{\sqrt{\lambda_n}}\int_0^{\frac{\pi}{2}}\sin^n\theta\mathrm{d}\theta=\frac{1}{\sqrt{\lambda_n}}\frac{\sqrt{\pi}}{2}\frac{\Gamma\left(\frac{n+1}{2}\right)}{\Gamma\left(\frac{n}{2}+1\right)},$$

所以

$$V=\frac{\pi^{\frac{n}{2}}(\lambda_1\cdots\lambda_n)^{-\frac{1}{2}}}{\Gamma\left(\frac{n}{2}+1\right)}=\frac{\pi^{\frac{n}{2}}}{\Gamma\left(\frac{n}{2}+1\right)}(\det A)^{-\frac{1}{2}}.$$

注

$$\int_0^{\frac{\pi}{2}}\sin^n\theta\mathrm{d}\theta=\begin{cases}\frac{n-1}{n}\cdot\frac{n-3}{n-2}\cdot\cdots\cdot\frac{3}{4}\cdot\frac{1}{2}\cdot\frac{\pi}{2}, & n=奇数,\\ \frac{n-1}{n}\cdot\frac{n-3}{n-2}\cdot\cdots\cdot\frac{4}{5}\cdot\frac{2}{3}, & n为偶数;\end{cases}$$

$$\Gamma\left(\frac{n+1}{2}\right)=\begin{cases}\frac{n-1}{2}\cdot\frac{n-3}{2}\cdot\cdots\cdot\frac{1}{2}\Gamma\left(\frac{1}{2}\right), & n=2k,\\ \frac{n-1}{2}\cdot\frac{n-3}{2}\cdot\cdots\cdot 1\cdot\Gamma(1), & n=2k+1;\end{cases}$$

$$\Gamma\left(\frac{n}{2}+1\right)=\begin{cases}\frac{n}{2}\cdot\frac{n-2}{2}\cdot\cdots\cdot\frac{2}{2}, & n=2k,\\ \frac{n}{2}\cdot\frac{n-2}{2}\cdot\cdots\cdot\frac{1}{2}\Gamma\left(\frac{1}{2}\right), & n=2k+1.\end{cases}$$

其中 $\Gamma(1)=1$，且显然有

$$\int_0^{\frac{\pi}{2}}\sin^n\theta\mathrm{d}\theta=\frac{\sqrt{\pi}}{2}\frac{\Gamma\left(\frac{n+1}{2}\right)}{\Gamma\left(\frac{n}{2}+1\right)}.$$

27. 设 $A=(a_{ij})$ 是三阶正交方阵，且 $\det A=1$，求证：

(1) $\lambda=1$ 必为 A 的特征值；

(2) 存在正交阵 T，使 $T^{\mathrm{T}}AT=\begin{bmatrix}1&0&0\\0&\cos\varphi&\sin\varphi\\0&-\sin\varphi&\cos\varphi\end{bmatrix}$；

(3) $\varphi=\cos^{-1}\frac{a_{11}+a_{22}+a_{33}-1}{2}$.

证 (1) 因为 A 是正交方阵，所以 $A^{\mathrm{T}}A=I$，故

$$|I-A|=|A^{\mathrm{T}}A-A|=|A^{\mathrm{T}}-I||A|=|A-I|=(-1)^3|I-A|=-|I-A|,$$

所以 $\det(I-A)=0$，故 $\lambda_1=1$ 是 A 的特征根.

(2) 对 $\lambda_1=1$，存在 x，使 $Ax=\lambda_1x=x$，把 x 单位化得 ε_1，当然 $A\varepsilon_1=\varepsilon_1$. 把 ε_1 扩充 ε_2，ε_3，使 $\varepsilon_1,\varepsilon_2,\varepsilon_3$ 为标准正交向量组(即 $\mathbb{R}^3$ 中标准正交基)，则取 $T=(\varepsilon_1,\varepsilon_2,\varepsilon_3)$，有

$$B=T^{-1}AT=\begin{bmatrix}1&\alpha\\0&A_2\end{bmatrix},$$

其中 A_2 为二阶方阵，α 为行向量. 因为 T 为正交方阵，所以 $T^{\mathrm{T}}T=I$，$(T^{-1})^{\mathrm{T}}T^{-1}=I$. 故 $B^{\mathrm{T}}B=(T^{-1}AT)^{\mathrm{T}}(T^{-1}AT)=T^{\mathrm{T}}A^{\mathrm{T}}(T^{-1})^{\mathrm{T}}T^{-1}AT=I$，即 B 仍为正交方阵. 由此知

$$I_3=B^{\mathrm{T}}B=\begin{bmatrix}1&\alpha\\0&A_2\end{bmatrix}^{\mathrm{T}}\begin{bmatrix}1&\alpha\\0&A_2\end{bmatrix}=\begin{bmatrix}1&\alpha\\\alpha^{\mathrm{T}}&\alpha^{\mathrm{T}}\alpha+A_2^{\mathrm{T}}A_2\end{bmatrix},$$

所以 $\alpha=0$，$A_2^{\mathrm{T}}A_2=I_2$. 故 A_2 为正交阵，又 $\det A_2=\det A_3=1$，由第 6 题知

$$A_2=\begin{bmatrix}\cos\varphi&\sin\varphi\\-\sin\varphi&\cos\varphi\end{bmatrix}.$$

(3) 因为 $A\sim B$，而相似的矩阵有相同的迹. 所以

$$a_{11}+a_{22}+a_{33}=\mathrm{tr}A=\mathrm{tr}B=1+2\cos\varphi,$$

故

$$\cos\varphi=\frac{1}{2}(a_{11}+a_{22}+a_{33}-1).$$

28. 欧几里得空间 V 的线性变换 $\mathscr{A}$ 在由向量 $\alpha_1=(1,2,1)^{\mathrm{T}}$，$\alpha_2=(1,1,2)^{\mathrm{T}}$，$\alpha_3=$

$(1,1,0)^{\mathrm{T}}$组成的基下用矩阵$\begin{bmatrix}1&1&3\\0&5&-1\\2&7&-3\end{bmatrix}$给出. 求伴随变换 $\mathscr{A}^*$ 在同一基下的矩阵,假定基向量的坐标是在某标准正交基下给出的.

证　设 $\mathscr{A}$ 在标准正交基 $\varepsilon_1,\varepsilon_2,\varepsilon_3$ 下的方阵为 A,从基 $\varepsilon_1,\varepsilon_2,\varepsilon_3$ 到基 $\alpha_1,\alpha_2,\alpha_3$ 的过渡矩阵为 T,则 T 的列恰为已知 α_i 的坐标列. 又设 $\mathscr{A}$ 在基 $\alpha_1,\alpha_2,\alpha_3$ 下的方阵为 B,故有

$$B = T^{-1}AT \to A = TBT^{-1}.$$

又由定义知 $\mathscr{A}^*$ 在基 $\varepsilon_1,\varepsilon_2,\varepsilon_3$ 下的方阵为 A^{T},由此得 $\mathscr{A}^*$ 在基 $\alpha_1,\alpha_2,\alpha_3$ 下的方阵表示为

$$B_1 = T^{-1}A^{\mathrm{T}}T = T^{-1}(TBT^{-1})^{\mathrm{T}}T = T^{-1}(T^{-1})^{\mathrm{T}}B^{\mathrm{T}}T^{\mathrm{T}}T.$$

记 $T^{\mathrm{T}}T=P$,则

$$B_1 = P^{-1}B^{\mathrm{T}}P = \begin{bmatrix}6&5&3\\5&6&2\\3&2&2\end{bmatrix}^{-1}\begin{bmatrix}1&0&2\\1&5&7\\3&-1&-3\end{bmatrix}\begin{bmatrix}6&5&3\\5&6&2\\3&2&2\end{bmatrix}$$

$$= \begin{bmatrix}-5&-3&3\\2&3&1\\7&1&-7\end{bmatrix}P = \begin{bmatrix}-36&-37&-15\\30&30&14\\26&27&9\end{bmatrix}.$$

29. 在标准正交基 e_1,e_2,e_3 下,求线性变换 $\mathscr{A}$ 的伴随变换 $\mathscr{A}^*$ 的矩阵表示,其中 $\mathscr{A}$ 分别变向量 $\alpha_1=(0,0,1),\alpha_2=(0,1,1),\alpha_3=(1,1,1)$ 为 $\beta_1=(1,2,1),\beta_2=(3,1,2),\beta_3=(7,-1,4)$. 这里所有向量的坐标都在基 e_1,e_2,e_3 下给出.

解　设 $\mathscr{A}$ 在基 e_1,e_2,e_3 下的方阵表示为 A,则 $\mathscr{A}^*$ 在此基下的方阵为 A^{T}.

因为 $\mathscr{A}\alpha_1=\beta_1$, $\mathscr{A}\alpha_2=\beta_2$, $\mathscr{A}\alpha_3=\beta_3$,故它们在基 e_1,e_2,e_3 下的坐标形式为

$$\beta_1^{\mathrm{T}} = A\alpha_1^{\mathrm{T}},\quad \beta_2^{\mathrm{T}} = A\alpha_2^{\mathrm{T}},\quad \beta_3^{\mathrm{T}} = A\alpha_3^{\mathrm{T}},$$

这里 $\alpha_i^{\mathrm{T}},\beta_i^{\mathrm{T}}$ 分别代表向量 α_i,β_i 在基 e_1,e_2,e_3 上的坐标列. 上式也就是向量 α_i 与其在 $\mathscr{A}$ 下的象 β_i 的坐标之间的关系式. 也可以写为 $(\beta_1^{\mathrm{T}},\beta_2^{\mathrm{T}},\beta_3^{\mathrm{T}})=A(\alpha_1^{\mathrm{T}},\alpha_2^{\mathrm{T}},\alpha_3^{\mathrm{T}})$,所以

$$A = (\beta_1^{\mathrm{T}},\beta_2^{\mathrm{T}},\beta_3^{\mathrm{T}})(\alpha_1^{\mathrm{T}},\alpha_2^{\mathrm{T}},\alpha_3^{\mathrm{T}})^{-1}$$

$$= \begin{bmatrix}1&3&7\\2&1&-1\\1&2&4\end{bmatrix}\begin{bmatrix}0&0&1\\0&1&1\\1&1&1\end{bmatrix}^{-1} = \begin{bmatrix}1&3&7\\2&1&-1\\1&2&4\end{bmatrix}\begin{bmatrix}0&-1&1\\-1&1&0\\1&0&0\end{bmatrix}$$

$$= \begin{bmatrix}4&2&1\\-2&-1&2\\2&1&1\end{bmatrix},$$

所以 $\mathscr{A}^*$ 在基 e_1,e_2,e_3 下的方阵为

$$A^{\mathrm{T}} = \begin{bmatrix}4&-2&2\\2&-1&1\\1&2&1\end{bmatrix}.$$

30. 试举例说明，如果方阵 A 的行向量两两正交，它的列向量并不一定是两两正交的.

解 如单位方阵，其行、列均是两两正交的，但方阵

$$\begin{bmatrix} 1 & 1 & -1 \\ 1 & -1 & 0 \\ 1 & 1 & 2 \end{bmatrix}$$

虽行是两两正交的，但列向量却不是两两正交的.

31. 试证：正交方阵的任一子方阵的特征根的模小于或等于 1.

证 设正交方阵

$$\Omega = \begin{bmatrix} \Omega_{11} & \Omega_{12} \\ \Omega_{21} & \Omega_{22} \end{bmatrix},$$

则由 $\Omega^{\mathrm{T}}\Omega = I$ 可得关系式

$$\Omega_{11}^{\mathrm{T}}\Omega_{11} + \Omega_{21}^{\mathrm{T}}\Omega_{21} = I.$$

对 Ω 的子方阵 Ω_{11}，设 λ 为其特征值，x 为相应的特征向量，于是有

$$\Omega_{11}x = \lambda x,$$

两边取共轭转置后再与原式相乘有

$$\bar{\lambda}\lambda\bar{x}^{\mathrm{T}}x = \bar{x}^{\mathrm{T}}\Omega_{11}^{\mathrm{T}}\Omega_{11}x = \bar{x}^{\mathrm{T}}(I - \Omega_{21}^{\mathrm{T}}\Omega_{21})x,$$

所以

$$(1 - |\lambda|^2)\bar{x}^{\mathrm{T}}x = \bar{x}^{\mathrm{T}}\Omega_{21}^{\mathrm{T}}\Omega_{21}x \geqslant 0,$$

(因为 $\Omega_{21}x$ 是一个列量，右边是这个向量的模平方，所以非负）又 $\bar{x}^{\mathrm{T}}x > 0$，所以 $|\lambda| \leqslant 1$. 又对 Ω 的任一子方阵，可通过交换行、列把它换到“西北角”，这可通过方阵两边同乘第一种初等方阵完成. 且后者仍是正交方阵（单位阵经交换两行后得到的方阵称为第一种初等方阵).

32. 如果 A 和 B 都是正交方阵，且 $\det A = -\det B$，则方阵 $A+B$ 是奇异方阵.

证 方法 1 因为 A, B 均正交方阵，所以 $A^{\mathrm{T}}B$ 仍为正交方阵，且 $\det(A^{\mathrm{T}}B) = -1$，又复根共轭出现，特征根模均为 1，行列式等于特征值之积，故 -1 为 $A^{\mathrm{T}}B$ 的特征根. 所以

$$|-I - A^{\mathrm{T}}B| = 0 \to |I + A^{\mathrm{T}}B| = 0,$$

故

$$|A+B| = |A||I + A^{\mathrm{T}}B| = 0,$$

故 $A+B$ 是奇异方阵.

方法 2 由 $A^{\mathrm{T}}A = B^{\mathrm{T}}B = I$，$\det A \neq 0$，可知

$$\begin{aligned} \det(A+B) &= \det A \det(I + A^{\mathrm{T}}B) \\ &= \det B \cdot \det(I + B^{\mathrm{T}}A) = -\det A \cdot \det(I + B^{\mathrm{T}}A), \end{aligned} \quad (*)$$

于是得

$$\det(I + A^{\mathrm{T}}B) = -\det(I + B^{\mathrm{T}}A) = -\det(I + A^{\mathrm{T}}B).$$

因$(I+B^{T}A)^{T}=I+A^{T}B$,故最后一个等号成立.

所以 $\det(I+A^{T}B)=0$,再由(*)式即知有 $\det(A+B)=0$, 故 $A+B$ 奇异.

33. 设方阵 A 的秩为 r,试证 A 能表成 $A=PTQ$,其中 Q 为 n 阶正交方阵,

$$T=\begin{bmatrix}\begin{bmatrix}t_{11} & & \\ \vdots & \ddots & \\ t_{r1} & & t_{rr}\end{bmatrix} & 0^{(r,n-r)} \\ T_1^{(n-r,r)} & 0^{(n-r,n-r)}\end{bmatrix},\quad 其中\ t_{ii}>0\ (i=1,2,\cdots,r),$$

P 是第一种初等方阵之乘积.

证　因为 $\mathrm{r}(A)=r$,故经第一种初等变换后可使方阵的前 r 行线性无关. 即设

$$P^{-1}A=\begin{bmatrix}\alpha_1\\ \vdots\\ \alpha_r\\ \vdots\\ \alpha_n\end{bmatrix},\quad 使\ \alpha_1,\cdots,\alpha_r\ 线性无关.$$

把 $\alpha_1,\cdots,\alpha_r$ 正交化为 $Q_1,\cdots,Q_r$,扩充为 $Q_1,\cdots,Q_n$,有

$$\mathbb{R}\alpha_1+\cdots+\mathbb{R}\alpha_i=\mathbb{R}Q_1+\cdots+\mathbb{R}Q_i,\quad 1\leqslant i\leqslant r,$$

即每个 α_i 仅由 $Q_1,\cdots,Q_i$ 线性表出,记为

$$\begin{bmatrix}\alpha_1\\ \vdots\\ \alpha_r\end{bmatrix}=\begin{bmatrix}t_{11} & & \\ \vdots & \ddots & \\ t_{r1} & \cdots & t_{rr}\end{bmatrix}\begin{bmatrix}Q_1\\ \vdots\\ Q_r\end{bmatrix},\quad t_{ii}>0,$$

见定理 9.1 Schmidt 正交化. 又因为 $\alpha_{r+1},\cdots,\alpha_n$ 可由 $\alpha_1,\cdots,\alpha_r$ 线性表出,所以可仅由 $Q_1,\cdots,Q_r$ 线性表出.

设

$$\begin{bmatrix}\alpha_{r+1}\\ \vdots\\ \alpha_n\end{bmatrix}=T_1\begin{bmatrix}Q_1\\ \vdots\\ Q_r\end{bmatrix},$$

故

$$P^{-1}A=\begin{bmatrix}\alpha_1\\ \vdots\\ \alpha_r\\ \vdots\\ \alpha_n\end{bmatrix}=\begin{bmatrix}t_{11} & & & \\ \vdots & \ddots & & 0\\ t_{r1} & \cdots & t_{rr} & \\ & T_1 & & 0\end{bmatrix}\begin{bmatrix}Q_1\\ \vdots\\ Q_r\\ \vdots\\ Q_n\end{bmatrix},$$

两边左乘 P 即得结论.

注 可逆阵 P 的 Q、R 分解，即 $P=QR$ 的证明是对 P 的列做 Schmidt 正交化，其中 Q 是正交方阵(其列是标准正交基)，R 是上三角阵，取其转置得

$$P^{\mathrm{T}}=R^{\mathrm{T}}Q.$$

则 R^{T} 为下三角阵，这样就得到对一个可逆阵的行做 Schmidt 正交化得到分解是一个下三角阵乘正交阵，本题用的正是这个分解.

34. 设 K 是 n 阶斜对称方阵，并设 λ 是它的纯虚特征根，α 是属于特征根 λ 的 K 的特征向量，记 $\alpha=\beta+\mathrm{i}\gamma$，试证：$\beta$ 和 γ 正交且长度相等.

证 方法 1 设 $\lambda=\mu\mathrm{i}$ 是 K 的特征根，则有

$$K(\beta+\mathrm{i}\gamma)=\mu\mathrm{i}(\beta+\mathrm{i}\gamma),$$

展开得

$$\begin{cases}K\beta=-\mu\gamma, & ①\\ K\gamma=\mu\beta, & ②\end{cases}$$

用 γ^{T} 左乘①$\gamma^{\mathrm{T}}K\beta=-\mu\gamma^{\mathrm{T}}\gamma$，②转置后右乘 β 得 $\gamma^{\mathrm{T}}K\beta=\mu\beta^{\mathrm{T}}\beta$，这两式左边相等，故有 $\mu(\beta^{\mathrm{T}}\beta-\gamma^{\mathrm{T}}\gamma)=0$，所以 $\beta^{\mathrm{T}}\beta=\gamma^{\mathrm{T}}\gamma$，即 β 与 γ 长度相等.

又因为 K 是斜对称的，所以对任 x，恒有 $x^{\mathrm{T}}Kx=0$，①左乘 β^{T} 得：$\beta^{\mathrm{T}}K\beta=-\mu\beta^{\mathrm{T}}\gamma=0$，所以 $\beta^{\mathrm{T}}\gamma=0$，故 β 与 γ 正交.

方法 2 因为复根共轭出现，所以当 λ 为 K 的特征根时，$\bar{\lambda}=-\mathrm{i}\mu$ 也是 K 的特征根. 故由

$$K\alpha=\lambda\alpha\rightarrow K\bar{\alpha}=\bar{\lambda}\bar{\alpha},$$

又由 K 的属于不同特征值的特征向量是正交的，于是有

$$\begin{aligned}0&=\langle\beta+\mathrm{i}\gamma,\beta-\mathrm{i}\gamma\rangle=\langle\beta,\beta\rangle+\langle\mathrm{i}\gamma,\beta\rangle+\langle\beta,-\mathrm{i}\gamma\rangle+\langle\mathrm{i}\gamma,-\mathrm{i}\gamma\rangle\\&=\langle\beta,\beta\rangle-\langle\gamma,\gamma\rangle-\mathrm{i}\langle\gamma,\beta\rangle-\mathrm{i}\langle\beta,\gamma\rangle,\end{aligned}$$

由实部为 0，虚部为 0，并利用$\langle\beta,\gamma\rangle=\langle\gamma,\beta\rangle$知

$$\langle\beta,\beta\rangle=\langle\gamma,\gamma\rangle,\quad\langle\beta,\gamma\rangle=0.$$

35. 设 A 和 B 都是规范方阵，如果 AB 也是规范方阵，试证 BA 也是规范方阵.

证 此题利用：① 定理 9.15；S 是规范阵 $\Leftrightarrow \mathrm{tr}SS^{\mathrm{T}}=\sum\limits_{j=1}^{n}|\lambda_j|^2$，其中 λ_j 为 S 的特征根；

② 对任 n 阶方阵 P,Q，$\mathrm{tr}PQ=\mathrm{tr}QP$；$|\lambda I-PQ|=|\lambda I-QP|$. 也就是说 PQ 与 QP 的特征值和迹分别相等.

$$\begin{aligned}\mathrm{tr}(BA)(BA)^{\mathrm{T}}&=\mathrm{tr}(BAA^{\mathrm{T}}B^{\mathrm{T}})=\mathrm{tr}BA^{\mathrm{T}}AB^{\mathrm{T}}\\&=\mathrm{tr}AB^{\mathrm{T}}BA^{\mathrm{T}}=\mathrm{tr}ABB^{\mathrm{T}}A^{\mathrm{T}}=\mathrm{tr}(AB)(AB)^{\mathrm{T}}\\&=\sum_{j=1}^{n}|\lambda_j^{(AB)}|^2=\sum_{j=1}^{n}|\lambda_j^{(BA)}|^2.\end{aligned}$$

其中第二个等号是因为 $AA^{\mathrm{T}}=A^{\mathrm{T}}A$；第三个等号是因为 $\mathrm{tr}PQ=\mathrm{tr}QP$，该处 $P=BA^{\mathrm{T}}$，$Q=AB^{\mathrm{T}}$；第四个等号是因为 $B^{\mathrm{T}}B=BB^{\mathrm{T}}$；第六个等号是用定理 9.15 的必要性；第七个等号是因为 AB 与 BA 的特征值相同. 故由定理 9.15 的充分性知 BA 是规范方阵.

36. 设 A 是 n 阶实对称方阵，且 $A^2=A$，证明：存在正交方阵 T，使得

$$T^{-1}AT=\begin{bmatrix} I_r & \\ & 0 \end{bmatrix}, \text{其中 } r=\mathrm{r}(A).$$

证 方法1 因为 $A^2=A$，设 λ 为 A 的特征值，x 为相应特征向量，故由 $Ax=\lambda x$ 得

$$\lambda x = Ax = A^2x = AAx = \lambda Ax = \lambda^2 x,$$

因 $x\neq 0$，所以 $\lambda^2=\lambda$，故 $\lambda=0$ 或 1，又由定理 9.5 的系 2 知存在正交方阵 T，使

$$T^{-1}AT=\begin{bmatrix} \lambda_1 & & \\ & \ddots & \\ & & \lambda_n \end{bmatrix}=\begin{bmatrix} I_r & \\ & 0 \end{bmatrix}.$$

方法2 由 $A(A-I)=0\to \mathrm{r}(A)+\mathrm{r}(A-I)=n$，所以 A 属于特征值 0 和 1 的特征子空间维数和等于 n.（事实上当 $\mathrm{r}(A)=r<n$，$\det A=0$，说明 0 是 A 的特征值，$Ax=0$ 的解空间是 $n-r$ 维的，恰是特征子空间的维数，而 $\det(A-I)=0$，说明 1 是 A 的特征值，$\mathrm{r}(A-I)=n-\mathrm{r}(A)=n-r$，所以 $(A-I)x$ 的解空间是 $n-(n-r)=r$ 维的）在这两个子空间中选标准正交向量组，又因为 A 是对称方阵，所以其属于不同特征值的特征向量是正交的. 于是得正交方阵 T. 使 $T^{-1}AT=\mathrm{diag}\{1,\cdots,1,0,\cdots,0\}$.

37. 试证：若 $2n+1$ 阶正交方阵 Q 的行列式为 1，则必有一个属于特征根 1 的特征向量.

证 因为 $AA^{\mathrm{T}}=I$，$\det(A^{\mathrm{T}}-I)=\det(A-I)^{\mathrm{T}}=\det(A-I)$，所以

$$\begin{aligned} |I-A| &= |AA^{\mathrm{T}}-A| = |A||A^{\mathrm{T}}-I| = |A||A-I| = |A-I| \\ &= (-1)^{2n+1}|I-A| = -|I-A|, \end{aligned}$$

故 $|I-A|=0$，所以 1 是 A 的特征值. 于是 $(I-A)x=0$ 有非零解. 故 A 有一个属于特征根 1 的特征向量.

38. 设 A,B 均为 n 阶实对称方阵，A 正定，证明：$tA+B$ 对充分大的实数 t 也正定.

证 由定理 9.13，存在可逆阵 P，使得

$$P^{\mathrm{T}}AP=I,\quad P^{\mathrm{T}}BP=\mathrm{diag}\{d_1,\cdots,d_n\},$$

则

$$P^{\mathrm{T}}(tA+B)P=tI+\begin{bmatrix} d_1 & & \\ & \ddots & \\ & & d_n \end{bmatrix},$$

故只要取 $t>\max\limits_i|d_i|$，就有 $t+d_i>0(i=1,\cdots,n)$. 于是知 $tA+B$ 的正惯性指数为 n，故

正定.

39. 设 A,B 均为半正定实对称 n 阶方阵,证明 AB 的特征值是非负实数.

证 因为 $A\geqslant 0,B\geqslant 0$,所以存在 n 阶方阵 P,Q 使 $A=P^{\mathrm T}P$, $B=Q^{\mathrm T}Q$,则 $AB=P^{\mathrm T}PQ^{\mathrm T}Q$,而此方阵特征值与方阵

$$PQ^{\mathrm T}QP^{\mathrm T}=(QP^{\mathrm T})^{\mathrm T}(QP^{\mathrm T})$$

的特征值相同(参见 8.4 节第 2 题).而后者是半正定对称阵(事实上记 $M=PQ^{\mathrm T}QP^{\mathrm T}$,则①$M^{\mathrm T}=M$,故 M 是对称阵;②对任 x,有 $x^{\mathrm T}Mx=x^{\mathrm T}PQ^{\mathrm T}QP^{\mathrm T}x=(QP^{\mathrm T}x)^{\mathrm T}(QP^{\mathrm T}x)\geqslant 0$),故 AB 的特征值非负.

40. 设 S 是对称实方阵,试证:存在 $t>0$ 使

$$tI+S>0,\quad -tI+S<0.$$

证 由定理 9.5 系 2,存在正交方阵 Ω,使

$$\Omega^{\mathrm T}S\Omega=\operatorname{diag}\{\lambda_1,\cdots,\lambda_n\},$$

$$\Omega^{\mathrm T}(tI+S)\Omega=\begin{bmatrix}t+\lambda_1 & & \\ & \ddots & \\ & & t+\lambda_n\end{bmatrix},$$

所以当 $t>\max\limits_i|\lambda_i|$时,$t+\lambda_i>0,i=1,\cdots,n$,于是 $tI+S>0$. 而此时也有 $-t+\lambda_i<0$,故 $-tI+S<0$.

41. 试证:实方阵 A 是规范方阵的充要条件为它有极分解式

$$A=S\Omega=\Omega S.$$

其中 Ω 是实正交方阵,S 为实对称阵.

证 由定理 9.11 知:对任实方阵 A,存在实正交方阵 Ω 和半正定实对称阵 S_1 和 S_2,使得

$$A=S_2\Omega=\Omega S_1.$$

$\Rightarrow$(必要性)若 $A^{\mathrm T}A=AA^{\mathrm T}$,则

$$(\Omega S_1)^{\mathrm T}\Omega S_1=S_2\Omega(S_2\Omega)^{\mathrm T},$$

所以

$$S_1^{\mathrm T}S_1=S_2S_2^{\mathrm T}\rightarrow S_1^2=S_2^2,$$

又因为 S_1,S_2 均半正定,所以 S_1^2,S_2^2 均半正定故知

$$S=S_1^2=S_2^2,\quad 故\ S_1=S_2.$$

最后一步是用定理 9.9:对任半正定实对称阵 S,存在唯一的半正定实对称方阵 S_1 使 $S=S_1^2$.

$\Leftarrow$当 $A=S\Omega=\Omega S$ 时

$$A^{\mathrm T}A=S^{\mathrm T}\Omega^{\mathrm T}\Omega S=S^{\mathrm T}S=SS^{\mathrm T}=S\Omega\Omega^{\mathrm T}S^{\mathrm T}=AA^{\mathrm T},$$

所以 A 是规范阵.

42. 第 12 题中的实对称方阵 S 中，哪些是正定和半正定的？对这样的 S 求对称方阵 S_1 使 $S=S_1^2$.

解　第 12 题中(2)，(3)是正定的，故只对这两个方阵进行分解.

对(2)因

$$S=\begin{bmatrix}17 & -8 & 4\\ -8 & 17 & -4\\ 4 & -4 & 11\end{bmatrix},$$

取

$$\Omega=\begin{bmatrix}\frac{2}{3} & \frac{1}{\sqrt{2}} & -\frac{1}{\sqrt{18}}\\ -\frac{2}{3} & \frac{1}{\sqrt{2}} & \frac{1}{\sqrt{18}}\\ \frac{1}{3} & 0 & \frac{4}{\sqrt{18}}\end{bmatrix}\quad 有\quad \Omega^{T}S\Omega=\begin{bmatrix}27 & & \\ & 9 & \\ & & 9\end{bmatrix}$$

则取

$$S_1=\Omega\begin{bmatrix}3\sqrt{3} & & \\ & 3 & \\ & & 3\end{bmatrix}\Omega^{T}=\frac{1}{3}\begin{bmatrix}5+4\sqrt{3} & 4-4\sqrt{3} & -2+2\sqrt{3}\\ 4-3\sqrt{3} & 5+4\sqrt{3} & 2-2\sqrt{3}\\ -2+2\sqrt{3} & 2-2\sqrt{3} & 8+\sqrt{3}\end{bmatrix}.$$

使 $S=S_1^2$.

对(3)因

$$S=\begin{bmatrix}2 & 1 & 1\\ 1 & 2 & 1\\ 1 & 1 & 2\end{bmatrix},\quad 取\quad \Omega=\begin{bmatrix}-\frac{1}{\sqrt{2}} & -\frac{1}{\sqrt{6}} & \frac{1}{\sqrt{3}}\\ 0 & \frac{2}{\sqrt{6}} & \frac{1}{\sqrt{3}}\\ \frac{1}{\sqrt{2}} & -\frac{1}{\sqrt{6}} & \frac{1}{\sqrt{3}}\end{bmatrix},$$

则令

$$S_1=\Omega\begin{bmatrix}1 & & \\ & 1 & \\ & & 2\end{bmatrix}\Omega^{T}=\frac{1}{3}\begin{bmatrix}4 & 1 & 1\\ 1 & 4 & 1\\ 1 & 1 & 4\end{bmatrix},$$

使 $S=S_1^2$.

43. 用正交变换把下面二次曲面方程变为标准形，并写出变换矩阵.

$$2xy+2xz+2yz=1.$$

解　$Q(x,y,z)=2xy+2xz+2yz=(x,y,z)A(x,y,z)^{T}$，其中

$$A=\begin{bmatrix}0&1&1\\1&0&1\\1&1&0\end{bmatrix},$$

对 A 求特征值,得 $\lambda_1=2,\lambda_2=\lambda_3=-1$,求 A 的属于不同特征值的特征向量:解 $Ax=2x$ 得 $\alpha=(1,1,1)^{\mathrm{T}}$,单位化得 $\eta_1=\frac{1}{\sqrt{3}}\alpha$;解 $Ax=-x$ 得解空间为二维的,取两线性无关的解并 Schmidt 正交化得 $\eta_2=\left(-\frac{1}{\sqrt{2}},0,\frac{1}{\sqrt{2}}\right)^{\mathrm{T}}$,$\eta_3=\frac{1}{\sqrt{6}}(-1,2,-1)^{\mathrm{T}}$,于是

$$T=\begin{bmatrix}\frac{1}{\sqrt{3}}&-\frac{1}{\sqrt{2}}&-\frac{1}{\sqrt{6}}\\\frac{1}{\sqrt{3}}&0&\frac{2}{\sqrt{6}}\\\frac{1}{\sqrt{3}}&\frac{1}{\sqrt{2}}&-\frac{1}{\sqrt{6}}\end{bmatrix},\quad 使\quad T^{\mathrm{T}}AT=\begin{bmatrix}2&&\\&-1&\\&&-1\end{bmatrix}.$$

故在变换 $(x,y,z)^{\mathrm{T}}=T(\tilde{x},\tilde{y},\tilde{z})^{\mathrm{T}}$ 下得二次曲面的标准方程:

$$2\tilde{x}^2-\tilde{y}^2-\tilde{z}^2=1$$

这是双叶双曲面.

44. 设 $M_n(F)$ 为数域 F 上 n 阶方阵全体,是 F 上 n^2 维线性空间. 对 $A=(a_{ij})$,$B=(b_{ij})$,定义

$$g(A,B)=\langle A,B\rangle=\sum_{i,j}\overline{a_{ij}}b_{ij}.$$

证明 g 是 $V=M_n(F)$ 上的 Hermite 内积(即正定 Hermite 型). 并证明

$$\langle A,B\rangle=\mathrm{tr}(\overline{A}^{\mathrm{T}}B)=\mathrm{tr}(B\overline{A}^{\mathrm{T}}).$$

证 (1) g 是半双线性型,因为

$$\begin{aligned}g(A_1+A_2,B)&=\sum_{i,j}\overline{(a_{ij}+c_{ij})}b_{ij}=\sum_{i,j}\overline{a_{ij}}b_{ij}+\sum_{i,j}\overline{c_{ij}}b_{ij}\\&=g(A_1,B)+g(A_2,B),\\g(kA,B)&=\bar{k}g(A,B);\end{aligned}$$

同理有 $g(A,B_1+B_2)=g(A,B_1)+g(A,B_2)$,$g(A,kB)=kg(A,B)$.

(2) g 是 Hermite 型. 因为满足

$$g(A,B)=\sum_{ij}\overline{a_{ij}}b_{ij}=\overline{\sum_{ij}a_{ij}\,\overline{b_{ij}}}=\overline{g(B,A)}.$$

(3) g 是正定的. 因为对任 $A\in M_n(F)$ 有

$$g(A,A)=\sum_{ij}\overline{a_{ij}}a_{ij}>0\quad(A\neq 0),$$

所以 g 是 V 上的 Hermite 内积. 又记

$$\overline{A}^{\mathrm{T}}B=(W_{ij}),\quad B\overline{A}^{\mathrm{T}}=(\mu_{ij}),$$

而

$$W_{ii}=\overline{a_{1i}}b_{1i}+\cdots+\overline{a_{ni}}b_{ni}=\sum_{k=1}^{n}\overline{a_{ki}}b_{ki},$$

$$\mu_{ii}=b_{i1}\,\overline{a_{i1}}+\cdots+b_{in}\,\overline{a_{in}}=\sum_{k=1}^{n}b_{ik}\,\overline{a_{ik}},$$

故

$$\mathrm{tr}(\overline{A}^{\mathrm{T}}B)=\sum_{i=1}^{n}W_{ii}=\sum_{i,k}\overline{a_{ki}}b_{ki}=g(A,B),$$

$$\mathrm{tr}(B\overline{A}^{\mathrm{T}})=\sum_{i=1}^{n}\mu_{ii}=\sum_{i,k}\overline{a_{ik}}b_{ik}=g(A,B).$$

45. 设 V 是 $[0,1]$ 区间上复值连续函数全体，证明以下是 Hermite 内积：

$$\langle f,g\rangle=\int_0^1\overline{f(t)}g(t)\mathrm{d}t.$$

证　(1) 因为

$$\langle f_1+f_2,g\rangle=\int_0^1\overline{(f_1+f_2)}g\mathrm{d}t=\int_0^1\overline{f}_1g\mathrm{d}t+\int_0^1\overline{f}_2g\mathrm{d}t=\langle f_1,g\rangle+\langle f_2,g\rangle;$$

$$\langle kf,g\rangle=\int_0^1\overline{kf}g\,\mathrm{d}t=\overline{k}\int_0^1\overline{f}g\,\mathrm{d}t=\overline{k}\langle f,g\rangle.$$

同理有 $\langle f,g_1+g_2\rangle=\langle f,g_1\rangle+\langle f,g_2\rangle$；$\langle f,kg\rangle=k\langle f,g\rangle$. 所以 $\langle f,g\rangle$ 是半双线性型.

(2) 又因为

$$\langle f,g\rangle=\int_0^1\overline{f}g\,\mathrm{d}t=\overline{\int_0^1\overline{g}f\,\mathrm{d}t}=\overline{\langle g,f\rangle}.$$

所以是 Hermite 二次型(以上也称为共轭对称性).

(3) 对任 $f\in V$ 有

$$\langle f,f\rangle=\int_0^1\overline{f}f\,\mathrm{d}t=\int_0^1|f|^2\mathrm{d}t>0\quad(f\neq0).$$

故 $\langle f,g\rangle$ 是 V 上的 Hermite 内积.

46. 设 g 是 V_2 的 Hermite 内积，$\varphi:V_1\to V_2$ 是线性映射单射，则 $g\circ\varphi$ 是 V_1 的 Hermite 内积(若记 $g(\alpha,\beta)=\langle\alpha,\beta\rangle$，则 $(g\circ\varphi)(x,y)=\langle\varphi x,\varphi y\rangle$).

证　(1) 由 g 是 V_2 的内积，故对任 $\alpha,\beta,\alpha_1,\alpha_2,\beta_1,\beta_2\in V_2,k\in\mathbb{C}$ 有：

① $g(\alpha_1+\alpha_2,\beta)=g(\alpha_1,\beta)+g(\alpha_2,\beta)$，$g(k\alpha_1,\beta)=\overline{k}g(\alpha_1,\beta)$；

$g(\alpha,\beta_1+\beta_2)=g(\alpha,\beta_1)+g(\alpha,\beta_2)$，$g(\alpha,k\beta)=kg(\alpha,\beta)$；

② $g(\alpha,\beta)=\overline{g(\beta,\alpha)}$；③ $g(\alpha,\alpha)>0,\alpha\neq0$.

(2) φ 是线性映射单射. 故对任 $x_1,x_2\in V_1,k\in\mathbb{C}$ 有

①$\varphi(x_1+x_2)=\varphi(x_1)+\varphi(x_2)$，$\varphi(kx)=k\varphi(x)$；

② 若 $x_1 \neq x_2$，则 $\varphi(x_1) \neq \varphi(x_2)$.

由以上两个已知条件，可得对任 $x, y, x_1, x_2, y_1, y_2 \in V_1, k \in \mathbb{C}$ 有

① $(g \circ \varphi)(x_1 + x_2, y) = \langle \varphi(x_1 + x_2), \varphi(y) \rangle \xlongequal{(2)} \langle \varphi x_1 + \varphi x_2, \varphi y \rangle$

$$\xlongequal{(1)} \langle \varphi x_1, \varphi y \rangle + \langle \varphi x_2, \varphi y \rangle \xlongequal{(2)} (g \circ \varphi)(x_1, y) + (g \circ \varphi)(x_2, y);$$

$$(g \circ \varphi)(kx, y) = \langle \varphi kx, \varphi y \rangle = \langle k\varphi x, \varphi y \rangle = \bar{k}(g \circ \varphi)(x, y);$$

同理可得

$$(g \circ \varphi)(x, y_1 + y_2) = (g \circ \varphi)(x, y_1) + (g \circ \varphi)(x, y_2)$$

$$(g \circ \varphi)(x, ky) = k(g \circ \varphi)(x, y).$$

② $(g \circ \varphi)(x, y) = \langle \varphi x, \varphi y \rangle \xlongequal{(1)} \overline{\langle \varphi y, \varphi x \rangle} \xlongequal{(2)} \overline{(g \circ f)(y, x)}$;

③ 对任 $0 \neq x \in V_1$，

$$(g \circ \varphi)(x, x) = \langle \varphi x, \varphi x \rangle = g(\varphi(x), \varphi(x)) \overset{(1)}{>} 0.$$

所以 $g \circ \varphi$ 是 V_1 的内积，即它是正定的 Hermite 型.

47. 设 g 是 V 上 Hermite 内积，证明：$g(\alpha, \beta) = 0$ 对任意 $\beta \in V$ 成立当且仅当 $\alpha = 0$.

证 $\Rightarrow$当 $\beta = \alpha$ 时，有 $g(\alpha, \alpha) = 0$，由 g 正定，所以 $\alpha = 0$；

$\Leftarrow$当 $\alpha = 0$ 时，有 $g(\alpha, \beta) = g(0 \cdot \alpha_1, \beta) = 0 \cdot g(\alpha_1, \beta) = 0$ 对任 $\beta \in V$ 成立.

48. 在酉空间中证明平行四边形法则：

$$\|\alpha + \beta\|^2 + \|\alpha - \beta\|^2 = 2\|\alpha\|^2 + 2\|\beta\|^2.$$

证

左边 $= \langle \alpha + \beta, \alpha + \beta \rangle + \langle \alpha - \beta, \alpha - \beta \rangle$

$= \langle \alpha, \alpha \rangle + \langle \beta, \beta \rangle + \langle \alpha, \beta \rangle + \langle \beta, \alpha \rangle + \langle \alpha, \alpha \rangle + \langle -\beta, -\beta \rangle + \langle \alpha, -\beta \rangle + \langle -\beta, \alpha \rangle$

$= 2\langle \alpha, \alpha \rangle + 2\langle \beta, \beta \rangle =$ 右边.

49. 求第 44 题中一标准正交基.

解 记 E_{ij} 为 (i, j) 位元素为 1，而其余元素为 0 的 n 阶方阵，则

$$E_{11}, \cdots, E_{1n}, E_{21}, \cdots, E_{2n}, \cdots, \cdots, E_{n1}, \cdots, E_{nn},$$

为第 44 题中一标准正交基. 任 $A = (a_{ij}) \in M_n(F)$ 在此标准正交基下的坐标为

$$(a_{11}, \cdots, a_{1n}, a_{21}, \cdots, a_{2n}, \cdots, \cdots, a_{n1}, \cdots, a_{nn})^{\mathrm{T}} \in F^{(n^2)},$$

而第 44 题中内积 $\operatorname{tr}(\overline{A}^{\mathrm{T}} B) = \sum_{i,j=1}^{n} \bar{a}_{ij} b_{ij}$，正相当于 $F^{(n^2)}$ 中内积

$$\langle x, y \rangle = \sum_{i=1}^{n^2} \bar{x}_i y_i = \bar{x}_1 y_1 + \cdots + \bar{x}_{n^2} y_{n^2}.$$

***50.** 令 $f_n(x) = \sqrt{2}\cos 2\pi n x, g_n(x) = \sqrt{2}\sin 2\pi n x$. 对第 5 题中空间和内积证明

(1) $\{1, f_1, g_1, f_2, g_2, \cdots\}$ 是标准正交基.

(2) $e^{i2\pi nx}$ ($n\in\mathbb{Z}$)是标准正交基.

证　(1) 因为$\langle 1,1\rangle = \int_0^1 1\mathrm{d}t = 1$,

$$\langle f_n,f_n\rangle = \int_0^1 2\cos^2 2\pi nt\,\mathrm{d}t = \int_0^1 (1+\cos 4\pi nt)\mathrm{d}t = 1,$$

$$\langle g_n,g_n\rangle = \int_0^1 2\sin^2 2\pi nt\,\mathrm{d}t = \int_0^1 (1-\cos 4\pi nt)\mathrm{d}t = 1,$$

$$\langle 1,f_n\rangle = \int_0^1 \sqrt{2}\cos 2\pi nt\,\mathrm{d}t = \frac{\sqrt{2}}{2n\pi}\sin 2\pi nt\,\Big|_0^1 = 0,$$

$$\langle 1,g_n\rangle = \int_0^1 \sqrt{2}\sin 2\pi nt\,\mathrm{d}t = 0,$$

$$\langle f_m,f_n\rangle = \int_0^1 2\cos 2\pi mt\cos 2\pi nt\,\mathrm{d}t = \int_0^1 [\cos 2\pi(m+n)t + \cos 2\pi(m-n)t]\mathrm{d}t = 0, m\neq n,$$

$$\langle g_m,g_n\rangle = \int_0^1 2\sin 2\pi mt\sin 2\pi nt\,\mathrm{d}t = \int_0^1 [\cos 2\pi(m-n)t - \cos 2\pi(m+n)t]\mathrm{d}t = 0, m\neq n,$$

$$\langle f_m,g_n\rangle = \int_0^1 2\cos 2\pi mt\sin 2\pi nt\,\mathrm{d}t = \int_0^1 [\sin 2\pi(m+n)t - \sin 2\pi(n-m)t]\mathrm{d}t = 0,$$

故$\{1,f_1,g_1,\cdots\}$是标准正交基.

$$(2)\ \langle e^{i2\pi mx},e^{i2\pi nx}\rangle = \int_0^1 e^{-i2\pi mx}\cdot e^{i2\pi nx}\mathrm{d}x = \int_0^1 e^{i2\pi(n-m)x}\mathrm{d}x = \begin{cases}1, & m=n,\\ 0, & m\neq n.\end{cases}$$

故 $e^{i2\pi nx}$ ($n\in\mathbb{Z}$)是标准正交基.

51. 证明:若酉空间中向量β是正交向量集$\alpha_1,\cdots,\alpha_m$的线性组合,则

$$\beta = \sum_{k=1}^m \frac{\langle\alpha_k,\beta\rangle}{\|\alpha_k\|^2}\alpha_k.$$

证　设

$$\beta = x_1\alpha_1 + \cdots + x_m\alpha_m,$$

两边用α_k做内积,得

$$\langle\alpha_k,\beta\rangle = \left\langle\alpha_k,\sum_{i=1}^m x_i\alpha_i\right\rangle = \sum_{i=1}^m x_i\langle\alpha_k,\alpha_i\rangle = x_k\langle\alpha_k,\alpha_k\rangle,$$

所以 $x_k=\langle\alpha_k,\beta\rangle/\langle\alpha_k,\alpha_k\rangle$. 故得证.

52. 设$A=\begin{bmatrix}a & b\\ c & d\end{bmatrix}$为可逆复方阵,求主对角线上元素为正数的上三角形方阵T,使$U=AT$为酉方阵.

解　方法1　设$A=\begin{bmatrix}a & b\\ c & d\end{bmatrix}=(\alpha_1,\alpha_2)$,对$\alpha_1,\alpha_2$进行 Schmidt 正交化得:

$$e_1=\frac{\beta_1}{\|\beta_1\|}=\frac{\alpha_1}{\|\alpha_1\|}=\frac{1}{\sqrt{|a|^2+|c|^2}}\begin{bmatrix}a\\c\end{bmatrix}=(\alpha_1,\alpha_2)\begin{bmatrix}\dfrac{1}{\sqrt{|a|^2+|c|^2}}\\0\end{bmatrix},$$

$$\beta_2=\alpha_2-\frac{\bar{a}b+\bar{c}d}{|a|^2+|c|^2}\alpha_1=(\alpha_1,\alpha_2)\begin{bmatrix}-\dfrac{\bar{a}b+\bar{c}d}{|a|^2+|c|^2}\\1\end{bmatrix},$$

所以

$$U=(e_1,e_2)=AT=(\alpha_1,\alpha_2)\begin{bmatrix}\dfrac{1}{\sqrt{|a|^2+|c|^2}} & -\dfrac{\bar{a}b+\bar{c}d}{|a|^2+|c|^2}k\\0 & k\end{bmatrix}.$$

又因为$|\det U|=1,|\det A|=|ad-bc|,|\det T|=k\cdot\dfrac{1}{\sqrt{|a|^2+|c|^2}}$,故由$U=AT$两边取行列式得

$$k=\sqrt{|a|^2+|c|^2}/|ad-bc|,$$

所以

$$T=\begin{bmatrix}\dfrac{1}{\rho} & -\dfrac{\bar{a}b+\bar{c}d}{\rho|ad-bc|}\\0 & \dfrac{\rho}{|ad-bc|}\end{bmatrix},$$

其中$\rho=\sqrt{|a|^2+|c|^2}$.

方法2 T的第二列也可由直接计算β_2的模并把β_2单位化得到:记$\rho=|a|^2+|c|^2$,则

$$\beta_2=\begin{bmatrix}b\\a\end{bmatrix}-\frac{\langle\alpha_2,e_1\rangle}{\rho}\alpha_1=\frac{1}{\rho}\begin{bmatrix}b\rho-(\bar{a}b+\bar{c}d)a\\d\rho-(\bar{a}b+\bar{c}d)c\end{bmatrix},$$

故

$$\begin{aligned}|\beta_2|^2&=\langle\beta_2,\beta_2\rangle=\frac{1}{\rho^2}\{[\bar{b}\rho-(a\bar{b}+c\bar{d})\bar{a}][b\rho-(\bar{a}b+\bar{c}d)a]\\&\qquad+[\bar{d}\rho-(a\bar{b}+c\bar{d})\bar{c}][d\rho-(\bar{a}b+\bar{c}d)c]\}\\&=\frac{1}{\rho^2}[\rho^2|b|^2-\bar{a}b\rho(a\bar{b}+c\bar{d})-a\bar{b}\rho(\bar{a}b+\bar{c}d)+|a|^2|\bar{a}b+\bar{c}d|^2\\&\qquad+|d|^2\rho^2-\bar{c}d\rho(a\bar{b}+c\bar{d})-c\bar{d}\rho(\bar{a}b+\bar{c}d)+|c|^2|\bar{a}b+\bar{c}d|^2]\\&=\frac{1}{\rho}[(|b|^2+|d|^2)(|a|^2+|c|^2)-|a|^2|b|^2-\bar{a}bc\bar{d}-|ab|^2-\\&\qquad a\bar{b}\bar{c}d-a\bar{b}\bar{c}d-|c|^2|d|^2-\bar{a}bc\bar{d}-|c|^2|d|^2+|\bar{a}b+\bar{c}d|^2]\\&=\frac{1}{\rho}(|b|^2|c|^2+|a|^2|d|^2-\bar{a}bc\bar{d}-a\bar{b}\bar{c}d)\end{aligned}$$

$$=\frac{1}{\rho}|ad-bc|^2,$$

所以

$$e_2=\frac{\rho^{1/2}}{|ad-bc|}\beta_2=\frac{\sqrt{|a|^2+|c|^2}}{|ad-bc|}\alpha_2-\frac{\bar{a}b+\bar{c}d}{\rho^{1/2}|ad-bc|}\alpha_1.$$

故 $$U=(e_1,e_2)=AT=(\alpha_1,\alpha_2)\begin{bmatrix}\rho^{-\frac{1}{2}} & -\dfrac{\bar{a}b+\bar{c}d}{\rho^{1/2}|ad-bc|}\\ 0 & \dfrac{\rho^{1/2}}{|ad-bc|}\end{bmatrix}.$$

53. 设V为酉空间,W是其一子空间,对$\beta\in V$,若存在$\alpha\in W$使$\|\beta-\alpha\|\leqslant\|\beta-\gamma\|$对所有$\gamma\in W$成立,则称$\alpha$是$\beta$到$W$的最近点或正射影.证明:

(1) $\alpha\in W$是β到W的正射影当且仅当$\beta-\alpha$与W中向量均正交;

(2) 若β到W的正射影存在,则必唯一;

(3) 若W是有限维的,则任一$\beta\in V$在W的正射影存在(且唯一).记W的正交基为$\alpha_1,\cdots,\alpha_m$,则β到W的正射影即为

$$\alpha=\sum_{k=1}^{m}\frac{\langle\alpha_k,\beta\rangle}{\|\alpha_k\|^2}\alpha_k;$$

(4) 若α是β在W的正射影,则$\beta-\alpha$是β在$W^{\perp}$的正射影(这里$W^{\perp}=\{x\in V\mid\langle x,y\rangle=0$对所有$y\in W\}$称为$W$的**正交补**).

证 (1) $\Rightarrow$若存在$\gamma\in W$,使$\beta-\alpha$与γ不正交,不妨设γ为单位向量,把$\gamma,\beta-\alpha$ Schmidt正交化得

$$\beta_2=(\beta-\alpha)-\overline{\langle\beta-\alpha,\gamma\rangle}\gamma,\quad 有\langle\beta_2,\gamma\rangle=0.$$

记$\alpha_1=\alpha+\langle\beta-\alpha,\gamma\rangle\gamma$,则$\alpha_1\in W$(因为$\alpha,\gamma\in W$),且

$$\begin{aligned}\|\beta-\alpha_1\|^2&=\langle\beta-\alpha_1,\beta-\alpha_1\rangle=\langle\beta-\alpha-\overline{\langle\beta-\alpha,\gamma\rangle}\gamma,\beta-\alpha-\overline{\langle\beta-\alpha,\gamma\rangle}\gamma\rangle\\&=\langle\beta,\beta\rangle-\langle\beta,\alpha\rangle-\overline{\langle\beta-\alpha,\gamma\rangle}\langle\beta,\gamma\rangle-\langle\alpha,\beta\rangle+\langle\alpha,\alpha\rangle+\overline{\langle\beta-\alpha,\gamma\rangle}\langle\alpha,\gamma\rangle\\&\quad-\langle\beta-\alpha,\gamma\rangle\langle\gamma,\beta\rangle+\langle\beta-\alpha,\gamma\rangle\langle\gamma,\alpha\rangle+\langle\beta-\alpha,\gamma\rangle\overline{\langle\beta-\alpha,\gamma\rangle}\\&=(\langle\beta,\beta\rangle-\langle\beta,\alpha\rangle-\langle\alpha,\beta\rangle+\langle\alpha,\alpha\rangle)-\overline{\langle\beta-\alpha,\gamma\rangle}\langle\beta-\alpha,\gamma\rangle\\&\quad-\langle\beta-\alpha,\gamma\rangle\langle\gamma,\beta-\alpha\rangle+\langle\beta-\alpha,\gamma\rangle\overline{\langle\beta-\alpha,\gamma\rangle}\\&=\|\beta-\alpha\|^2-|\langle\beta-\alpha,\gamma\rangle|^2<\|\beta-\alpha\|^2,\end{aligned}$$

即$\|\beta-\alpha_1\|<\|\beta-\alpha\|$与$\alpha$是$\beta$到$W$的正射影矛盾.故必$\beta-\alpha$与$W$中所有向量均正交.

$\Leftarrow\forall\gamma\in W$,因为$\alpha-\gamma\in W$,所以$\langle\beta-\alpha,\alpha-\gamma\rangle=0$(因$\beta-\alpha$与$W$中向量均正交).故有

$$\begin{aligned}\|\beta-\gamma\|^2&=\langle\beta-\gamma,\beta-\gamma\rangle=\langle\beta-\alpha+\alpha-\gamma,\beta-\alpha+\alpha-\gamma\rangle\\&=\langle\beta-\alpha,\beta-\alpha\rangle+\langle\alpha-\gamma,\beta-\alpha\rangle+\langle\beta-\alpha,\alpha-\gamma\rangle+\langle\alpha-\gamma,\alpha-\gamma\rangle\end{aligned}$$

$$=\|\beta-\alpha\|^2+\|\alpha-\gamma\|^2>\|\beta-\alpha\|^2,$$

由定义,知 α 是 β 到 W 的正射影.

(2) 若 α_1,α_2 均是 β 到 W 的正射影,则由 $\alpha_1\in W,\alpha_2\in W$,所以 $\alpha_1-\alpha_2\in W$,故由(1)知

$$\langle\beta-\alpha_1,\alpha_2-\alpha_1\rangle=0,\quad \langle\beta-\alpha_2,\alpha_1-\alpha_2\rangle=0,$$

于是

$$\begin{aligned}\langle\alpha_1-\alpha_2,\alpha_1-\alpha_2\rangle&=\langle\alpha_1,\alpha_1\rangle-\langle\alpha_2,\alpha_1\rangle-\langle\alpha_1,\alpha_2\rangle+\langle\alpha_2,\alpha_2\rangle\\&=\langle\alpha_2,\alpha_2\rangle-\langle\alpha_2,\alpha_1\rangle+\langle\beta,\alpha_1\rangle-\langle\beta,\alpha_2\rangle-\langle\beta,\alpha_1\rangle+\langle\beta,\alpha_2\rangle\\&\quad+\langle\alpha_1,\alpha_1\rangle-\langle\alpha_1,\alpha_2\rangle\\&=\langle\beta-\alpha_2,\alpha_1-\alpha_2\rangle+\langle\beta-\alpha_1,\alpha_2-\alpha_1\rangle=0+0=0.\end{aligned}$$

所以 $\alpha_1-\alpha_2=0$,即 $\alpha_1=\alpha_2$ (正射影唯一).

(3) 因为 $\alpha\in W$,所以 α 可由 $\alpha_1,\cdots,\alpha_m$ 线性表出,设

$$\alpha=k_1\alpha_1+\cdots+k_m\alpha_m,$$

则由 $\beta-\alpha$ 与 $\alpha_1,\cdots,\alpha_m$ 均正交,知

$$0=\langle\beta-\alpha,\alpha_i\rangle=\langle\beta,\alpha_i\rangle-\left\langle\sum_{j=1}^m k_j\alpha_j,\alpha_i\right\rangle=\langle\beta,\alpha_i\rangle-\bar{k}_i\langle\alpha_i,\alpha_i\rangle$$

所以

$$k_i=\frac{\overline{\langle\beta,\alpha_i\rangle}}{\langle\alpha_i,\alpha_i\rangle}=\frac{\langle\alpha_i,\beta\rangle}{\|\alpha_i\|^2},$$

即

$$\alpha=\sum_{i=1}^m\frac{\langle\alpha_i,\beta\rangle}{\|\alpha_i\|^2}\alpha_i.$$

(4) 当 α 是 β 在 W 的正射影时,由(1)的必要性知 $\beta-\alpha$ 与 W 中向量均正交,所以 $\beta-\alpha\in W^{\perp}$;又对任 $\gamma\in W^{\perp}$,有:

$$\langle\beta-(\beta-\alpha),\gamma\rangle=\langle\alpha,\gamma\rangle=0\qquad(\text{因 }\alpha\in W),$$

由(1)的充分性知 $\beta-\alpha$ 恰是 β 在 $W^{\perp}$ 的正射影.

54. 设 W 是酉空间 V 的有限维子空间,把 $\beta\in V$ 映为其在 W 中正射影 α 的变换 $\mathscr{E}:V\to W,\ \beta\mapsto\alpha$,称为 V 到 W 的正射影(变换).

(1) 证明:$\mathscr{E}$ 是 V 的幂等变换(即 $\mathscr{E}^2=\mathscr{E}$),象 $\mathrm{Im}\mathscr{E}=W$,核 $\ker\mathscr{E}=W^{\perp}$(正交补 $W^{\perp}$ 的定义见前题),且 $V=W\oplus W^{\perp}$;

(2) $I-\mathscr{E}$ 是 V 到 $W^{\perp}$ 的正射影变换,幂等,象为 $W^{\perp}$,核为 W.

证 方法 1 (1) ①任 $\beta\in V,\mathscr{E}\beta=\alpha=\mathscr{E}\alpha=\mathscr{E}^2\beta$,所以 $\mathscr{E}^2=\mathscr{E}$; ②显然 $\mathrm{Im}\mathscr{E}\subseteq W$,又任 $\gamma\in W$,有 $\gamma=\mathscr{E}\gamma\in\mathrm{Im}\mathscr{E}$,所以 $\mathrm{Im}\mathscr{E}=W$;③ $\forall\,\xi\in W^{\perp}$,对所有 $\gamma\in W$ 有

$$0=\langle\xi-\mathscr{E}\xi,\gamma\rangle=\langle\xi,\gamma\rangle-\langle\mathscr{E}\xi,\gamma\rangle,$$

所以

$$\langle \mathscr{E}\xi,\gamma\rangle=0\Rightarrow \mathscr{E}\xi=0\quad(\text{因 }\mathscr{E}\xi\in W),$$

故

$$W^{\perp}\subseteq \ker\mathscr{E}\Rightarrow \ker\mathscr{E}=W^{\perp}.$$

(事实上,任 $\eta\in\ker\mathscr{E}$,有 $\mathscr{E}\eta=0$,故 $0=\langle \eta-\mathscr{E}\eta,\gamma\rangle=\langle \eta,\gamma\rangle$,对所有 $\gamma\in W$ 成立,所以 $\eta\in W^{\perp}\Rightarrow \ker\mathscr{E}\subseteq W^{\perp}$.)

(2) 由上题(4)知:当 α 是 β 在 W 的正射影时,$\beta-\alpha$ 是 β 在 $W^{\perp}$ 的正射影,故

$$I-\mathscr{E}:\ V\to W^{\perp},$$

$$\beta\mapsto\beta-\alpha$$

是 V 到 $W^{\perp}$ 的正射影变换. ①因为 $(I-\mathscr{E})^2=I-2\mathscr{E}+\mathscr{E}^2=I-\mathscr{E}$,所以 $I-\mathscr{E}$ 是幂等变换;②任 $\beta\in V$,$(I-\mathscr{E})\beta=\beta-\alpha\in W^{\perp}$,所以 $\mathrm{Im}(I-\mathscr{E})\subseteq W^{\perp}$,又任 $\xi\in W^{\perp}$,有 $\xi=\xi-\mathscr{E}\xi=(I-\mathscr{E})\xi\in\mathrm{Im}(I-\mathscr{E})\Rightarrow W^{\perp}\subseteq\mathrm{Im}(I-\mathscr{E})$,所以 $\mathrm{Im}(I-\mathscr{E})=W^{\perp}$;③ $\forall\gamma\in\ker(I-\mathscr{E})$,有 $0=(I-\mathscr{E})\gamma=\gamma-\mathscr{E}\gamma\Rightarrow\mathscr{E}\gamma=\gamma$,故 $\gamma\in W$,反之,对任 $\alpha\in W$,有 $0=\alpha-\mathscr{E}\alpha=(I-\mathscr{E})\alpha$,所以 $\alpha\in\ker(I-\mathscr{E})$,故有 $\ker(I-\mathscr{E})=W$.

方法2　(1) ①显然 $\mathrm{Im}\mathscr{E}\subseteq W$,又对任 $\alpha\in W$,有 $\mathscr{E}\alpha=\alpha$(因为 $\|\alpha-\alpha\|\leqslant\|\alpha-\gamma\|$ 对一切 $\gamma\in W$ 成立),所以 $\mathscr{E}$ 是满射,从而有 $\mathrm{Im}\mathscr{E}=W$. ②同时知,对任 $\beta\in V$(设 $\mathscr{E}\beta=\alpha\in W$),有

$$\mathscr{E}^2\beta=\mathscr{E}\alpha=\alpha=\mathscr{E}\beta,\quad\text{所以 }\mathscr{E}^2=\mathscr{E},$$

即 $\mathscr{E}$ 是幂等变换. ③由①还知,对任 $\alpha\in W$,当 $\alpha\neq0$ 时,$\mathscr{E}\alpha=\alpha\neq0$,故 $\ker\mathscr{E}\cap W=\{0\}$,又

$$\dim V=n=\dim\ker\mathscr{E}+\dim\mathrm{Im}\mathscr{E}=\dim(\ker\mathscr{E}+\mathrm{Im}\mathscr{E}),$$

所以

$$V=\ker\mathscr{E}\oplus W=W^{\perp}\oplus W.$$

任 $\beta\in V$,有 $\beta=\alpha+(\beta-\alpha)$,其中 $\alpha=\mathscr{E}\beta\in W=\mathrm{Im}\mathscr{E}$,$\beta-\alpha\in W^{\perp}$.

因为 $\mathscr{E}(\beta-\alpha)=\mathscr{E}\beta-\mathscr{E}\alpha=\alpha-\alpha=0$,所以 $\beta-\alpha\in\ker\mathscr{E}$ 故 $W^{\perp}=\ker\mathscr{E}$.

(2) 由(1)对任 $\beta\in V$,有直和分解

$$\beta=\alpha+(\beta-\alpha)=\mathscr{E}\beta+(I-\mathscr{E})\beta=(I-(I-\mathscr{E}))\beta+(I-\mathscr{E})\beta.$$

故 $\mathrm{Im}(I-\mathscr{E})=W^{\perp}$,$\ker(I-\mathscr{E})=W$,且 $(I-\mathscr{E})^2=I-2\mathscr{E}+\mathscr{E}^2=I-\mathscr{E}$.

55. 设 $\alpha_1,\cdots,\alpha_m$ 是酉空间 V 中一个非0正交向量集,则对任意 β 有(Bessel不等式):

$$\sum_{k=1}^{m}\frac{|\langle\alpha_k,\beta\rangle|^2}{\|\alpha_k\|^2}\leqslant\|\beta\|^2,$$

且等号成立当且仅当 $\beta=\sum_k\langle\alpha_k,\beta\rangle\|\alpha_k\|^{-2}\alpha_k$.

证　方法1　记 $W=L(\alpha_1,\cdots,\alpha_m)$,且设 α 是 β 在 W 的正射影,则由第15题知:$\beta-\alpha$ 与 W 中向量均正交,特别有

$$\langle\beta-\alpha,\alpha\rangle=0,\quad\langle\alpha,\alpha-\beta\rangle=0.$$

于是得

$$\begin{aligned}\|\beta\|^2 &= \langle\beta,\beta\rangle = \langle\beta-\alpha,\beta\rangle + \langle\alpha,\beta\rangle \\ &= \langle\beta-\alpha,\beta\rangle + \langle\alpha,\beta\rangle - \langle\beta-\alpha,\alpha\rangle + \langle\alpha,\alpha-\beta\rangle \\ &= \langle\beta-\alpha,\beta-\alpha\rangle + \langle\alpha,\alpha\rangle \\ &= \|\beta-\alpha\|^2 + \|\alpha\|^2.\end{aligned}$$

这是酉空间的勾股定理.故有

$$\|\beta\|^2 \geqslant \|\alpha\|^2,$$

等号成立当且仅当 $\|\beta-\alpha\|=0$,即 $\beta=\alpha\in W$.又由第15题(3)知

$$\alpha = \sum_{k=1}^{m} \frac{\langle\alpha_k,\beta\rangle}{\|\alpha_k\|^2}\alpha_k, \quad 所以\ \|\alpha\|^2 = \sum_{k=1}^{m} \frac{|\langle\alpha_k,\beta\rangle|^2}{\|\alpha_k\|^2}.$$

故得 Bessel 不等式.

方法2 把 $\alpha_1,\cdots,\alpha_m$ 扩充为 V 的正交基(因为 $\alpha_1,\cdots,\alpha_m$ 线性无关,所以可先扩为 V 的基,再正交化得到):

$$\alpha_1,\cdots,\alpha_m,\alpha_{m+1},\cdots,\alpha_n,$$

于是任 $\beta\in V$,设 $\beta=\mu_1\alpha_1+\cdots+\mu_m\alpha_m+\cdots+\mu_n\alpha_n$,两边与 α_k 做内积有

$$\langle\alpha_k,\beta\rangle = \left\langle\alpha_k,\sum_{j=1}^{n}\mu_j\alpha_j\right\rangle = \mu_k\langle\alpha_k,\alpha_k\rangle, \quad k=1,\cdots,n.$$

故
$$\beta = \sum_{k=1}^{n}\frac{\langle\alpha_k,\beta\rangle}{\|\alpha_k\|^2}\alpha_k,$$

由此得

$$\|\beta\|^2 = \sum_{k=1}^{n}\bar{\mu}_k\mu_k\langle\alpha_k,\alpha_k\rangle = \sum_{k=1}^{n}\frac{|\langle\alpha_k,\beta\rangle|^2}{\|\alpha_k\|^2} \geqslant \sum_{k=1}^{m}\frac{|\langle\alpha_k,\beta\rangle|^2}{\|\alpha_k\|^2}.$$

(其中≥是因 n 个正数之和变为 m 个正数之和)等号当且仅当 $\mu_{m+1}=\cdots=\mu_n=0$,即 $\beta\in L(\alpha_1,\cdots,\alpha_m)$ 成立.

56. 设 $V=M_n(\mathbb{C})$ 中定义内积 $\langle A,B\rangle=\mathrm{tr}(\overline{A}^{\mathrm{T}}B)$(见第4题),求对角方阵所成子空间 W 的正交补 $W^{\perp}$.

解 因 $\{E_{11},\cdots,E_{1n},\cdots,E_{n1},\cdots,E_{nn}\}$ 是 n^2 维线性空间 $M_n(\mathbb{C})$ 的标准正交基,其中 E_{ij} 是 (i,j) 位元素为1,而其余元素皆为0的 n 阶方阵.

由 $E_{11},E_{22},\cdots,E_{nn}$ 均是对角阵,且任对角阵都是它们的线性组合,故

$$W=L(E_{11},E_{22},\cdots,E_{nn}).$$

又 $V=W\oplus W^{\perp}$,所以 $E_{ij}(i,j=1,\cdots,n)$ 中去掉这 n 个向量得到的标准正交向量组就是 $W^{\perp}$ 的基,故 $\dim W^{\perp}=n^2-n$,即

$$W=L(E_{12},\cdots,E_{1n},E_{21},E_{23},\cdots,E_{2n},\cdots,E_{n1},\cdots,E_{nn-1}).$$

57. 设法决定所有可能的二阶酉方阵.

解 设 $A=\begin{bmatrix}a & b\\ c & d\end{bmatrix}$,由 $\overline{A}^{\mathrm{T}}A=I=A\overline{A}^{\mathrm{T}}$ 得

$$\begin{bmatrix}\bar{a} & \bar{c}\\ \bar{b} & \bar{d}\end{bmatrix}\begin{bmatrix}a & b\\ c & d\end{bmatrix}=\begin{bmatrix}1 & 0\\ 0 & 1\end{bmatrix}=\begin{bmatrix}a & b\\ c & d\end{bmatrix}\begin{bmatrix}\bar{a} & \bar{c}\\ \bar{b} & \bar{d}\end{bmatrix}.$$

即

$$\begin{cases}\bar{a}a+\bar{c}c=1,\\ \bar{a}b+\bar{c}d=0,\\ \bar{b}b+\bar{d}d=1,\end{cases}\quad \begin{cases}\bar{a}a+\bar{b}b=1,\\ \bar{a}c+\bar{b}d=0,\\ \bar{c}c+\bar{d}d=1,\end{cases}\quad 且\ |\det A|=|ad-bc|=1,$$

故知$|a|=|d|\leqslant 1$,$|b|=|c|\leqslant 1$,于是令

$$a=e^{i\alpha}\cos\theta\rightarrow b=e^{i\beta}\sin\theta\rightarrow c=\pm e^{i\beta_1}\sin\theta\rightarrow d=\pm e^{i\alpha_1}\cos\theta,$$

又由 $\bar{a}b=-\bar{c}d$ 知 c,d 反号,由$|\det A|=1$,知 $\alpha+\alpha_1=\beta+\beta_1$. 故

$$A=\begin{bmatrix}e^{i\alpha}\cos\theta & e^{i\beta}\sin\theta\\ -e^{i\beta_1}\sin\theta & e^{i\alpha_1}\cos\theta\end{bmatrix},\quad 其中\ \alpha+\alpha_1=\beta+\beta_1,\quad 0\leqslant\theta<2\pi.$$

58. 设 $V=M_n(\mathbb{C})$中定义内积$\langle A,B\rangle=\mathrm{tr}(\bar{A}^{\mathrm{T}}B)$(见第 4 题). 每个 $M\in V$ 定义了 V 的一个线性变换

$$T_M:\ A\ \mapsto MA.$$

证明:T_M 是酉变换当且仅当 M 为酉方阵.

证　$\Leftarrow$当 M 为酉阵,即 $\bar{M}^{\mathrm{T}}M=I$ 时,因$\{E_{ij}\,|\,i,j=1,\cdots,n\}$是标准正交基,而

$$\langle ME_{ij},ME_{kl}\rangle=\mathrm{tr}(\bar{E}_{ij}^{\mathrm{T}}\bar{M}^{\mathrm{T}}ME_{kl})=\mathrm{tr}(\bar{E}_{ij}^{\mathrm{T}}E_{kl})=\begin{cases}1, & i=k\ 且\ j=l,\\ 0, & i\neq k\ 或\ j\neq l.\end{cases}$$

故 T_M 把某一标准正交基变为标准正交基,因此是酉变换.

$\Rightarrow$方法 1　当 T_M 是酉变换时,对任 $A,B\in M_n(\mathbb{C})$有

$$\langle MA,MB\rangle=\langle A,B\rangle=\mathrm{tr}(\bar{A}^{\mathrm{T}}B),$$

所以

$$\mathrm{tr}(\bar{A}^{\mathrm{T}}\bar{M}^{\mathrm{T}}MB)=\mathrm{tr}(\bar{A}^{\mathrm{T}}B).$$

记 $M=(\beta_1,\cdots,\beta_n)$,分别取 $A=B=E_{ii}$,$i=1,\cdots,n$,代入上式得

$$\bar{\beta}_i^{\mathrm{T}}\beta_i=1\rightarrow\langle\beta_i,\beta_i\rangle=1.$$

再取 $B=E_{ii}$,而 $A=E_{ji}$,$1\leqslant i<j\leqslant n$,得

$$\bar{\beta}_j^{\mathrm{T}}\beta_i=0\ \rightarrow\ \langle\beta_j,\beta_i\rangle=0,\quad 1\leqslant i<j\leqslant n.$$

故 M 的列模为 1,且相互之间正交,所以 $\bar{M}^{\mathrm{T}}M=I$,即 M 为酉阵.

方法 2　设 $M=(m_{ij})$,由 T_M 是酉变换,利用 6.3 节第 28 题知线性变换 T_M 在基 $E_{11},\cdots,E_{1n},\cdots,E_{n1},\cdots,E_{nn}$下的方阵表示为

$$T=(m_{ij}I_n),$$

且 T 为酉阵,所以 $\bar{T}^{\mathrm{T}}T=I$. 由此矩阵乘积可得

$$\sum_{k=1}^{n}\bar{m}_{ki}m_{kj}=\delta_{ij}=\begin{cases}1, & i=j,\\ 0, & i\neq j.\end{cases}$$

故得 $\overline{M}^{\mathrm{T}}M=I$. 以下我们看 $n=2$ 时的情况，便可理解：$n=2$ 时，设

$$M=\begin{bmatrix} m_{11} & m_{12} \\ m_{21} & m_{22} \end{bmatrix} \quad 则 \quad T=(m_{ij}I_2)=\begin{bmatrix} m_{11} & & m_{12} & \\ & m_{11} & & m_{12} \\ m_{21} & & m_{22} & \\ & m_{21} & & m_{22} \end{bmatrix}.$$

由 $\overline{T}^{\mathrm{T}}T=I$ 得

$$\sum_{k=1}^{2}\overline{m}_{ki}m_{ki}=1,\quad i=1,2;\quad \sum_{k=1}^{2}\overline{m}_{ki}m_{kj}=0,\quad i\neq j,\quad i,j=1,2.$$

所以

$$\overline{M}^{\mathrm{T}}M=\begin{bmatrix} \sum\limits_{k=1}^{2}\overline{m}_{k1}m_{k1} & \sum\limits_{k=1}^{2}\overline{m}_{k1}m_{k2} \\ \sum\limits_{k=1}^{2}m_{k2}m_{k1} & \sum\limits_{k=1}^{2}\overline{m}_{k2}m_{k2} \end{bmatrix}=\begin{bmatrix} 1 & 0 \\ 0 & 1 \end{bmatrix}=I_2.$$

59. 设 $\mathscr{E}$ 为 n 维酉空间 V 到子空间 W 的正射影变换(见第 53,54 题)，求 $\mathscr{E}$ 的伴随变换 $\mathscr{E}^*$.

解 由第 54 题知 $V=\mathrm{Im}\mathscr{E}\oplus\ker\mathscr{E}=W\oplus W^{\perp}$，设 $\dim W=r$，则 $\dim W^{\perp}=n-r$. 在 W 中取标准正交基 $\alpha_1,\cdots,\alpha_r$，在 $W^{\perp}$ 中取标准正交基 $\alpha_{r+1},\cdots,\alpha_n$，则 $\alpha_1,\cdots,\alpha_r,\alpha_{r+1},\cdots,\alpha_n$ 是 V 的标准正交基，且正射影变换 $\mathscr{E}$ 在此标准正交基上的方阵表示为

$$A=\begin{bmatrix} I_r & 0 \\ 0 & 0 \end{bmatrix},$$

又 $\mathscr{E}$ 的伴随变换 $\mathscr{E}^*$ 在此标准正交基下的方阵为 $B=\overline{A}^{\mathrm{T}}=A$，故

$$\mathscr{E}^*=\mathscr{E}.$$

60. 设酉空间 $V=M_n(\mathbb{C})$ 中定义内积 $\langle A,B\rangle=\mathrm{tr}(\overline{A}^{\mathrm{T}}B)$，及线性变换 $T_M: A\mapsto MA$ (见第 58 题). 求 T_M 的伴随变换.

解 设 $M=(m_{ij})$. 由 6.3 节的第 28 题知线性变换 T_M 在标准正交基 $E_{11},\cdots,E_{1n},\cdots,E_{n1},\cdots,E_{nn}$ 下的方阵为

$$T=(m_{ij}I_n)\quad(是\ n^2\ 阶方阵),$$

又由定理 9.24 知 T_M 的伴随变换 T_M^* 在此基下的方阵为 $B=\overline{T}^{\mathrm{T}}=(\overline{m}_{ji}I_n)$，故

$$T_M^*:\quad A\mapsto\overline{M}^{\mathrm{T}}A,\quad 即\quad T_M^*=T_{\overline{M}^{\mathrm{T}}}.$$

61. 设酉空间 V 由复数域上多项式组成，定义内积

$$\langle f,g\rangle=\int_0^1\overline{f(t)}g(t)\mathrm{d}t,$$

对 $f=\sum a_kx^k$，记 $\overline{f}=\sum\overline{a}_kx^k$，多项式 f 定义了 V 上的线性变换

$$T_f:\quad g\mapsto fg.$$

求证 T_f 的伴随变换存在，即为 $T_{\bar{f}}$.

证 定义 V 上的线性变换

$$T_f^*:\quad g \mapsto \bar{f}g,$$

则有

$$\langle T_f^* g_1, g_2\rangle = \int_0^1 \overline{\bar{f}g_1} g_2 \mathrm{d}t = \int_0^1 \overline{g_1} f g_2 \mathrm{d}t = \langle g_1, T_f, g_2\rangle,$$

由定理 9.24 知 T_f^* 是 T_f 的伴随变换. 即 $T_f^* = T_{\bar{f}}$.

注 若 $\dim V = n$，设 $e_1, \cdots, e_n$ 为其标准正交基，则 T_f 在此基下的方阵表示为

$$A = (a_{ij}) = \begin{bmatrix} \langle fe_1, e_1\rangle & \langle fe_2, e_1\rangle & \cdots & \langle fe_n, e_1\rangle \\ \langle fe_1, e_2\rangle & \langle fe_2, e_2\rangle & \cdots & \langle fe_n, e_2\rangle \\ \vdots & \vdots & & \vdots \\ \langle fe_1, e_n\rangle & \langle fe_2, e_n\rangle & \cdots & \langle fe_n, e_n\rangle \end{bmatrix} = (\langle fe_j, e_i\rangle),$$

其中 A 的第 j 列是 fe_j 在基 $e_1, \cdots, e_n$ 下的坐标. 于是其伴随变换 T_f^* 在同一基下的方阵表示为 $B = \overline{A}^{\mathrm{T}} = (\overline{a_{ji}}) = (b_{ij})$. 而

$$\overline{a_{ji}} = \overline{\langle fe_i, e_j\rangle} = \langle e_j, fe_i\rangle = \int_0^1 \overline{e_j} f e_i \mathrm{d}t = \int_0^1 \overline{\bar{f}e_j} e_i \mathrm{d}t = \langle \bar{f}e_j, e_i\rangle,$$

所以 $T_f^* = T_{\bar{f}}$.

62. 设 V 为 n 维酉空间，$\mathscr{A}$ 和 $\mathscr{B}$ 为 V 上线性变换，$c \in \mathbb{C}$. 证明伴随变换的如下性质.

(1) $(\mathscr{A}+\mathscr{B})^* = \mathscr{A}^* + \mathscr{B}^*$； (2) $(c\mathscr{A})^* = \bar{c}\mathscr{A}^*$；

(3) $(\mathscr{A}\mathscr{B})^* = \mathscr{B}^*\mathscr{A}^*$； (4) $(\mathscr{A}^*)^* = \mathscr{A}$；

(5) $(\mathscr{A}^*)^{-1} = (\mathscr{A}^{-1})^*$ （当 $\mathscr{A}$ 可逆时）.

证 此题可用两种语言来叙述，这里先用“变换”的语言来论证. 用定理 9.24 的前半部：对每个 V 上的线性变换 $\mathscr{A}$，存在唯一的线性变换 $\mathscr{A}^*$ 使对任 $\alpha, \beta \in V$ 有

$$\langle \mathscr{A}^*\alpha, \beta\rangle = \langle \alpha, \mathscr{A}\beta\rangle.$$

(1) $\langle \alpha, (\mathscr{A}+\mathscr{B})\beta\rangle = \langle \alpha, \mathscr{A}\beta\rangle + \langle \alpha, \mathscr{B}\beta\rangle = \langle \mathscr{A}^*\alpha, \beta\rangle + \langle \mathscr{B}^*\alpha, \beta\rangle = \langle \mathscr{A}^*\alpha + \mathscr{B}^*\alpha, \beta\rangle = \langle (\mathscr{A}^* + \mathscr{B}^*)\alpha, \beta\rangle$，所以

$$(\mathscr{A}+\mathscr{B})^* = \mathscr{A}^* + \mathscr{B}^*;$$

(2) $\langle \alpha, c\mathscr{A}\beta\rangle = c\langle \alpha, \mathscr{A}\beta\rangle = c\langle \mathscr{A}^*\alpha, \beta\rangle = \langle \bar{c}\mathscr{A}^*\alpha, \beta\rangle$，所以

$$(c\mathscr{A})^* = \bar{c}\mathscr{A}^*;$$

(3) $\langle \alpha, \mathscr{A}\mathscr{B}\beta\rangle = \langle \mathscr{A}^*\alpha, \mathscr{B}\beta\rangle = \langle \mathscr{B}^*\mathscr{A}^*\alpha, \beta\rangle$，所以

$$(\mathscr{A}\mathscr{B})^* = \mathscr{B}^*\mathscr{A}^*;$$

(4) 由 $\langle \alpha, \mathscr{A}\beta\rangle = \langle \mathscr{A}^*\alpha, \beta\rangle$，两边取共轭得

$$\langle \mathscr{A}\beta, \alpha\rangle = \langle \beta, \mathscr{A}^*\alpha\rangle = \langle (\mathscr{A}^*)^*\beta, \alpha\rangle,$$

由伴随变换的唯一性知 $(\mathscr{A}^*)^* = \mathscr{A}$；

(5) 首先 $I^*=I$,即恒等变换是自伴随的.由(3)

$$\mathscr{A}^*(\mathscr{A}^{-1})^*=(\mathscr{A}^{-1}\mathscr{A})^*=I^*=I,$$

所以

$$(\mathscr{A}^*)^{-1}=(\mathscr{A}^{-1})^*.$$

此题也可用矩阵的语言来论证,即利用定理 9.24 的后半部:设 $\mathscr{A}$ 及 $\mathscr{A}^*$ 在同一标准正交基下的方阵为 A 和 A^*,则 $A^*=\overline{A}^{\mathrm{T}}$.

(1) 因为 $\overline{(A+B)}^{\mathrm{T}}=\overline{A}^{\mathrm{T}}+\overline{B}^{\mathrm{T}}$, 所以 $(\mathscr{A}+\mathscr{B})^*=\mathscr{A}^*+\mathscr{B}^*$;

(2) 因 $\overline{cA}^{\mathrm{T}}=\bar{c}\overline{A}^{\mathrm{T}}$, 故 $(c\mathscr{A})^*=\bar{c}\mathscr{A}^*$;

(3) 因为 $(\overline{AB})^{\mathrm{T}}=\overline{B}^{\mathrm{T}}\overline{A}^{\mathrm{T}}$, 所以 $(\mathscr{A}\mathscr{B})^*=\mathscr{B}^*\mathscr{A}^*$;

(4) 因为 $\overline{(\overline{A}^{\mathrm{T}})}^{\mathrm{T}}=A$, 所以 $(\mathscr{A}^*)^*=\mathscr{A}$;

(5) 因为 $(\overline{A}^{\mathrm{T}})\overline{(A^{-1})}^{\mathrm{T}}=\overline{(AA^{-1})}^{\mathrm{T}}=I$, 所以 $(\overline{A}^{\mathrm{T}})^{-1}=\overline{(A^{-1})}^{\mathrm{T}}$,故 $(\mathscr{A}^*)^{-1}=(\mathscr{A}^{-1})^*$.

63. 证明:n 维酉空间 V 的每个线性变换 $\mathscr{A}$ 可写为

$$\mathscr{A}=\mathscr{H}_1+\sqrt{-1}\mathscr{H}_2,$$

其中 $\mathscr{H}_i$ 为 Hermite 变换(即自伴随变换).

证 因为 $\mathscr{A}=\dfrac{\mathscr{A}+\mathscr{A}^*}{2}+\dfrac{\mathscr{A}-\mathscr{A}^*}{2}=\dfrac{\mathscr{A}+\mathscr{A}^*}{2}+\mathrm{i}\dfrac{\mathscr{A}-\mathscr{A}^*}{2\mathrm{i}}=\mathscr{H}_1+\mathrm{i}\mathscr{H}_2$,且

$$(\mathscr{H}_1)^*=\left(\frac{\mathscr{A}+\mathscr{A}^*}{2}\right)^*=\mathscr{H}_1;$$

$$(\mathscr{H}_2)^*=\left(\frac{\mathscr{A}-\mathscr{A}^*}{2\mathrm{i}}\right)^*=\frac{-(\mathscr{A}^*-\mathscr{A})}{2\mathrm{i}}=\mathscr{H}_2.$$

故 $\mathscr{H}_1,\mathscr{H}_2$ 均为 Hermite 变换.

64. 酉空间 $\mathbb{C}^{(2)}$ 中内积定义为 $\langle x,y\rangle=\bar{x}^{\mathrm{T}}y$.设线性变换 $\mathscr{A}$ 把自然基 $\varepsilon_1,\varepsilon_2$ 依次变换为 $(1,-2)^{\mathrm{T}},(\mathrm{i},-1)^{\mathrm{T}}$.求 $\mathscr{A}^*(x_1,x_2)^{\mathrm{T}}$.

解 由已给的内积定义知自然基为标准正交基,又由 $\mathscr{A}\varepsilon_1=(1,-2)^{\mathrm{T}}$,$\mathscr{A}\varepsilon_2=(\mathrm{i},-1)^{\mathrm{T}}$,故 $\mathscr{A}$ 在基 $\varepsilon_1,\varepsilon_2$ 下的方阵表示为

$$A=\begin{bmatrix}1 & \mathrm{i}\\ -2 & -1\end{bmatrix},$$

于是知 $\mathscr{A}^*$ 在此基上的方阵为 $\overline{A}^{\mathrm{T}}=\begin{bmatrix}1 & -2\\ -\mathrm{i} & -1\end{bmatrix}$,故得

$$\mathscr{A}^*\begin{bmatrix}x_1\\ x_2\end{bmatrix}=\begin{bmatrix}1 & -2\\ -\mathrm{i} & -1\end{bmatrix}\begin{bmatrix}x_1\\ x_2\end{bmatrix}=\begin{pmatrix}x_1-2x_2\\ -\mathrm{i}x_1-x_2\end{pmatrix}.$$

65. 设 $\mathscr{A}$ 为 n 维酉空间 V 的线性变换,证明 $\mathscr{A}^*$ 的象集是 $\mathscr{A}$ 的核的正交补.

证 由题意即是要证 $\mathrm{Im}\mathscr{A}^*=(\ker\mathscr{A})^{\perp}$.首先有

$$\dim(\ker\mathscr{A})^{\perp}=n-\dim(\ker\mathscr{A})=n-(n-\mathscr{A}\text{的秩})=\mathscr{A}\text{的秩},$$

而
$$\mathscr{A}^{*}\text{的秩}=\overline{A}^{\mathrm{T}}\text{的秩}=A\text{的秩}=\mathscr{A}\text{的秩}$$

其中 $\overline{A}^{\mathrm{T}}$ 与 A 分别为 $\mathscr{A}^{*}$ 和 $\mathscr{A}$ 在同一标准正交基下的方阵表示. 故得

$$\dim(\mathrm{Im}\mathscr{A}^{*})=\dim(\ker\mathscr{A})^{\perp}.$$

又对任 $\alpha\in\mathrm{Im}\mathscr{A}^{*}$（必存在 $\eta\in V$，使 $\alpha=\mathscr{A}^{*}\eta$），$\beta\in\ker\mathscr{A}$，

$$\langle\alpha,\beta\rangle=\langle\mathscr{A}^{*}\eta,\beta\rangle=\langle\eta,\mathscr{A}\beta\rangle=\langle\eta,0\rangle=0,$$

所以 $\alpha\in(\ker\mathscr{A})^{\perp}$，故 $\mathrm{Im}\mathscr{A}^{*}\subseteq(\ker\mathscr{A})^{\perp}$，故得证.

66. 设 $V=M_n(\mathbb{C})$ 中内积定义为 $\langle A,B\rangle=\mathrm{tr}(\overline{A}^{\mathrm{T}}B)$（见第44题）. 对固定的可逆方阵 P，定义 V 的线性变换 $T_P:A\mapsto P^{-1}AP$. 求 T_P 的伴随变换.

解　令 $T_P^{*}:A\mapsto(\overline{P}^{\mathrm{T}})^{-1}A\overline{P}^{\mathrm{T}}$，即 $T_P^{*}=T_{\overline{P}^{\mathrm{T}}}$，则对任 $A,B\in M_n(\mathbb{C})$ 有

$$\begin{aligned}\langle T_P^{*}A,B\rangle&=\langle(\overline{P}^{\mathrm{T}})^{-1}A(\overline{P}^{\mathrm{T}}),B\rangle=\mathrm{tr}(P\overline{A}^{\mathrm{T}}P^{-1}B)\xlongequal{①}\mathrm{tr}(\overline{A}^{\mathrm{T}}P^{-1}BP)\\&=\langle A,P^{-1}BP\rangle=\langle A,T_PB\rangle.\end{aligned}$$

其中①用到：对任 n 阶方阵 M,N，有 $\mathrm{tr}(MN)=\mathrm{tr}(NM)$，由 T_P 的伴随变换是唯一的，所以 $T_P^{*}=T_{\overline{P}^{\mathrm{T}}}$ 是 T_P 的伴随变换.

67. 设 $V_1=\mathbb{R}^{(3)}$ 按标准内积定义为酉空间（即欧几里得空间），$\mathbb{R}$ 上三阶斜对称方阵全体 V_2 按如下内积定义为酉空间：$\langle A,B\rangle=\dfrac{1}{2}\mathrm{tr}(A^{\mathrm{T}}B)$. V_1 到 V_2 上的映射 $\mathscr{A}$ 定义为

$$\mathscr{A}:\begin{bmatrix}x_1\\x_2\\x_3\end{bmatrix}\mapsto\begin{bmatrix}0&-x_3&x_2\\x_3&0&-x_1\\-x_2&x_1&0\end{bmatrix}.$$

求证 $\mathscr{A}$ 是 V_1 到 V_2 的酉空间同构.

证　任 $\alpha,\beta\in V_1$，设 $\alpha=(x_1,x_2,x_3)^{\mathrm{T}}$，$\beta=(y_1,y_2,y_3)^{\mathrm{T}}$，则

$$\mathscr{A}\alpha=\begin{bmatrix}0&-x_3&x_2\\x_3&0&-x_1\\-x_2&x_1&0\end{bmatrix}=A_1,\ \mathscr{A}\beta=\begin{bmatrix}0&-y_3&y_2\\y_3&0&-y_1\\-y_2&y_1&0\end{bmatrix}=A_2,$$

(1) $\mathscr{A}$ 是1—1对应（即双射）：① 因为当 $\alpha\neq\beta$ 时，$\mathscr{A}\alpha\neq\mathscr{A}\beta$，对一切 $\alpha,\beta\in V_1$ 成立，故是单射. ② 任 $A\in V_2$，设

$$A=\begin{bmatrix}0&a_{12}&a_{13}\\-a_{12}&0&a_{23}\\-a_{13}&-a_{23}&0\end{bmatrix},\quad\text{则}\quad\mathscr{A}\begin{bmatrix}-a_{23}\\a_{13}\\-a_{12}\end{bmatrix}=A,$$

所以是满射；

$$(2)\ \mathscr{A}(\alpha+\beta)=\mathscr{A}\begin{bmatrix}x_1+y_1\\x_2+y_2\\x_3+y_3\end{bmatrix}=\begin{bmatrix}0&-(x_3+y_3)&x_2+y_2\\x_3+y_3&0&-(x_1+y_1)\\-(x_2+y_2)&x_1+y_1&0\end{bmatrix}=\mathscr{A}\alpha+\mathscr{A}y,$$

同理，$\mathscr{A}(k\alpha)=k\mathscr{A}\alpha$，所以是线性映射；

(3)

$$\langle \mathscr{A}\alpha,\mathscr{A}\beta\rangle=\langle A_1,A_2\rangle=\frac{1}{2}\mathrm{tr}(A_1^{\mathrm{T}}A_2)=\frac{1}{2}\mathrm{tr}\begin{bmatrix} x_2y_2+x_3y_3 & * & * \\ * & x_3y_3+x_1y_1 & * \\ * & * & x_2y_2+x_1y_1 \end{bmatrix}$$

$$=x_1y_1+x_2y_2+x_3y_3=\alpha^{\mathrm{T}}\beta=\langle\alpha,\beta\rangle,$$

所以，$\mathscr{A}$保持内积，故$\mathscr{A}$是V_1到V_2的同构映射.

68. 设V是酉空间，$\mathscr{H}$是V上 Hermite 变换(即自伴随变换). 证明：

(1) $\|\alpha+\mathrm{i}\mathscr{H}\alpha\|=\|\alpha-\mathrm{i}\mathscr{H}\alpha\|$ (对任意$\alpha\in V$)；

(2) $\alpha+\mathrm{i}\mathscr{H}\alpha=\beta+\mathrm{i}\mathscr{H}\beta$ 当且仅当$\alpha=\beta$；

(3) $I+\mathrm{i}\mathscr{H}$ 非奇异；

(4) $I-\mathrm{i}\mathscr{H}$ 非奇异；

(5) $\mathscr{U}=(I-\mathrm{i}\mathscr{H})(I+\mathrm{i}\mathscr{H})^{-1}$是酉变换(此处设$V$是有限维).

证 (1) 因

$$\|\alpha+\mathrm{i}\mathscr{H}\alpha\|^2=\langle\alpha+\mathrm{i}\mathscr{H}\alpha,\alpha+\mathrm{i}\mathscr{H}\alpha\rangle=\langle\alpha,\alpha\rangle+\langle\mathscr{H}\alpha,\mathscr{H}\alpha\rangle-\mathrm{i}\langle\mathscr{H}\alpha,\alpha\rangle+\mathrm{i}\langle\alpha,\mathscr{H}\alpha\rangle$$
$$=\|\alpha-\mathrm{i}\mathscr{H}\alpha\|^2.$$

(2) $\Leftarrow$充分性显然；

$\Rightarrow$由已知等式得 $\mathrm{i}\mathscr{H}(\alpha-\beta)=-(\alpha-\beta)\to\mathscr{H}(\alpha-\beta)=\frac{1}{\mathrm{i}}(\alpha-\beta)$，由$\mathscr{H}$的特征值为实数，所以$\alpha-\beta=0$，即$\alpha=\beta$. (事实上，若$\alpha\neq\beta$，则$\alpha-\beta$是$\mathscr{H}$的属于特征值$\frac{1}{\mathrm{i}}$的特征向量，与$\mathscr{H}$的特征值为实数矛盾.)

(3) 因为$\mathscr{H}$的特征值均为实数，所以$\det(I+\mathrm{i}H)=\det\mathrm{i}\left(\frac{1}{\mathrm{i}}I+H\right)\neq0$，故$I+\mathrm{i}\mathscr{H}$非奇异(这里$H$为$\mathscr{H}$在$V$中标准正交基下的方阵表示，$H$是 Hermite 阵.).

(4) 同(3)，因为$|I-\mathrm{i}H|=\left|\mathrm{i}\left(\frac{1}{\mathrm{i}}I-H\right)\right|$，$\frac{1}{\mathrm{i}}$不是$H$的特征值. 所以$\left|\frac{1}{\mathrm{i}}I-H\right|\neq0$.

(5) 因为$(I+\mathrm{i}\mathscr{H})(I-\mathrm{i}\mathscr{H})=(I-\mathrm{i}\mathscr{H})(I+\mathrm{i}\mathscr{H})$，前后均乘$(I-\mathrm{i}\mathscr{H})^{-1}$得

$$(I-\mathrm{i}\mathscr{H})^{-1}(I+\mathrm{i}\mathscr{H})=(I+\mathrm{i}\mathscr{H})(I-\mathrm{i}\mathscr{H})^{-1}.$$

于是由

$$\mathscr{U}^*=((I+\mathrm{i}\mathscr{H})^{-1})^*(I-\mathrm{i}\mathscr{H})^*=(I^*-\mathrm{i}\mathscr{H}^*)^{-1}(I+\mathrm{i}\mathscr{H}^*)$$
$$=(I-\mathrm{i}\mathscr{H})^{-1}(I+\mathrm{i}\mathscr{H}),$$

利用前式可得

$$\mathscr{U}^*=(I+\mathrm{i}\mathscr{H})(I-\mathrm{i}\mathscr{H})^{-1},$$

所以$\mathscr{U}^*\mathscr{U}=\mathscr{U}\mathscr{U}^*=I$. 故知$\mathscr{U}$是酉变换.

69. 设 θ 为实数,证明以下方阵酉相似

$$\begin{bmatrix}\cos\theta & -\sin\theta\\ \sin\theta & \cos\theta\end{bmatrix},\quad \begin{bmatrix}e^{i\theta} & 0\\ 0 & e^{-i\theta}\end{bmatrix}.$$

证　$$|\lambda I-A|=\begin{bmatrix}\lambda-\cos\theta & \sin\theta\\ -\sin\theta & \lambda-\cos\theta\end{bmatrix}=\lambda^2-2\lambda\cos\theta+1,$$

所以

$$\lambda=\cos\theta\pm i\sin\theta=e^{\pm i\theta},$$

对 $\lambda_1=\cos\theta+i\sin\theta$,解得全部特征向量为 $X_1=c_1\begin{bmatrix}i\\1\end{bmatrix}$,取 $e_1=\frac{1}{\sqrt{2}}\begin{pmatrix}i\\1\end{pmatrix}$;

对 $\lambda_2=\cos\theta-i\sin\theta$,解得特征向量为 $X_2=c_2\begin{bmatrix}1\\i\end{bmatrix}$,取 $e_2=\frac{1}{\sqrt{2}}\begin{pmatrix}1\\i\end{pmatrix}$,令

$$U=(e_1,e_2)=\frac{1}{\sqrt{2}}\begin{bmatrix}i & 1\\ 1 & i\end{bmatrix},$$

则 U 为酉阵,且有

$$U^{-1}\begin{bmatrix}\cos\theta & -\sin\theta\\ \sin\theta & \cos\theta\end{bmatrix}U=\begin{bmatrix}e^{i\theta} & \\ & e^{-i\theta}\end{bmatrix}.$$

70. 设酉空间$\mathbb{C}^{(2)}$中有标准内积,在自然基下线性变换 $\mathscr{A}$ 的方阵表示为

$$A=\begin{bmatrix}1 & i\\ i & 1\end{bmatrix},$$

证明 $\mathscr{A}$ 是规范变换,求$\mathbb{C}^{(2)}$中由 $\mathscr{A}$ 的特征向量构成的一个标准正交基.

证　由

$$\overline{A}^{T}A=\begin{bmatrix}1 & -i\\ -i & 1\end{bmatrix}\begin{bmatrix}1 & i\\ i & 1\end{bmatrix}=\begin{bmatrix}2 & 0\\ 0 & 2\end{bmatrix}=\begin{bmatrix}1 & i\\ i & 1\end{bmatrix}\begin{bmatrix}1 & -i\\ -i & 1\end{bmatrix}=A\overline{A}^{T},$$

所以 A 是规范阵,从而 $\mathscr{A}$ 是规范变换(满足 $\mathscr{A}^*\mathscr{A}=\mathscr{A}\mathscr{A}^*$). 又

$$|\lambda I-A|=\begin{vmatrix}\lambda-1 & -i\\ -i & \lambda-1\end{vmatrix}=(\lambda-1)^2+1=\lambda^2-2\lambda+2,$$

所以 $\lambda=1\pm i$.

对 $\lambda=1+i$,解 $(\lambda I-A)x=0$,得 $x=c_1\begin{bmatrix}1\\1\end{bmatrix}$,取 $e_1=\frac{1}{\sqrt{2}}\begin{bmatrix}1\\1\end{bmatrix}$;

对 $\lambda=1-i$,解 $(\lambda I-A)x=0$,得 $x=c_2\begin{bmatrix}1\\-1\end{bmatrix}$,取 $e_2=\frac{1}{\sqrt{2}}\begin{bmatrix}1\\-1\end{bmatrix}$.

则 e_1,e_2 为$\mathbb{C}^{(2)}$的标准正交基(且均为 $\mathscr{A}$ 的特征向量).

71. 证明:线性变换 $\mathscr{A}$ 是规范(正规)的当且仅当 $\mathscr{A}=\mathscr{H}_1+i\mathscr{H}_2$,其中 $\mathscr{H}_1$ 和 $\mathscr{H}_2$ 是可交换的 Hermite 变换.

证 由第 26 题我们已有:对任一线性变换 $\mathscr{A}$,均有 $\mathscr{A}=\mathscr{H}_1+\mathrm{i}\mathscr{H}_2$,其中 $\mathscr{H}_1,\mathscr{H}_2$ 均为 Hermite 变换. 故这里只需证明

$$\mathscr{A}\text{是规范的}\Leftrightarrow\mathscr{H}_1\mathscr{H}_2=\mathscr{H}_2\mathscr{H}_1.$$

由 $\mathscr{A}=\mathscr{H}_1+\mathrm{i}\mathscr{H}_2$,得 $\mathscr{A}^*=(\mathscr{H}_1+\mathrm{i}\mathscr{H}_2)^*=\mathscr{H}_1^*-\mathrm{i}\mathscr{H}_2^*=\mathscr{H}_1-\mathrm{i}\mathscr{H}_2$,所以

$$\mathscr{A}^*\mathscr{A}=(\mathscr{H}_1-\mathrm{i}\mathscr{H}_2)(\mathscr{H}_1+\mathrm{i}\mathscr{H}_2)=\mathscr{H}_1^2-\mathrm{i}\mathscr{H}_2\mathscr{H}_1+\mathrm{i}\mathscr{H}_1\mathscr{H}_2+\mathscr{H}_2^2,$$

$$\mathscr{A}\mathscr{A}^*=(\mathscr{H}_1+\mathrm{i}\mathscr{H}_2)(\mathscr{H}_1-\mathrm{i}\mathscr{H}_2)=\mathscr{H}_1^2+\mathrm{i}\mathscr{H}_2\mathscr{H}_1-\mathrm{i}\mathscr{H}_1\mathscr{H}_2+\mathscr{H}_2^2,$$

于是

$$\mathscr{A}^*\mathscr{A}=\mathscr{A}\mathscr{A}^*\quad\Leftrightarrow\quad 2\mathrm{i}\mathscr{H}_1\mathscr{H}_2=2\mathrm{i}\mathscr{H}_2\mathscr{H}_1\quad\Leftrightarrow\quad\mathscr{H}_1\mathscr{H}_2=\mathscr{H}_2\mathscr{H}_1,$$

故知

$$\mathscr{A}\text{是规范的}\quad\Leftrightarrow\quad\mathscr{A}^*\mathscr{A}=\mathscr{A}\mathscr{A}^*\quad\Leftrightarrow\quad\mathscr{H}_1\mathscr{H}_2=\mathscr{H}_2\mathscr{H}_1.$$

72. 设 $\mathscr{N}$是 n 维酉空间 V 的规范(正规)线性变换,证明有一复系数多项式 f 使

$$\mathscr{N}^*=f(\mathscr{N}).$$

证 方法 1 设 $\mathscr{N}$在某标准正交基下的方阵表示为

$$N=\begin{bmatrix}\lambda_1&&\\&\ddots&\\&&\lambda_n\end{bmatrix},$$

则 $\mathscr{N}^*$ 在同一基下的方阵表示为

$$\overline{N}^{\mathrm{T}}=\begin{bmatrix}\bar{\lambda}_1&&\\&\ddots&\\&&\bar{\lambda}_n\end{bmatrix}.$$

记 $m_i(X)=(X-\lambda_1)\cdots(X-\lambda_n)/(X-\lambda_i),i=1,\cdots,n$,令

$$f(X)=\sum_{i=1}^n\frac{m_i(X)}{m_i(\lambda_i)}\bar{\lambda}_i,$$

则

$$f(N)=\begin{bmatrix}f(\lambda_1)&&\\&\ddots&\\&&f(\lambda_n)\end{bmatrix}=\begin{bmatrix}\bar{\lambda}_1&&\\&\ddots&\\&&\bar{\lambda}_n\end{bmatrix}.$$

所以

$$N^*=\overline{N}^{\mathrm{T}}=f(N)\rightarrow\mathscr{N}^*=f(\mathscr{N}).$$

方法 2 首先证明:$\mathscr{N}^*$ 与“所有和 $\mathscr{N}$可交换的变换”可交换,即 $\mathscr{N}^*\in\mathscr{C}(\mathscr{C}(\mathscr{N}))$,再由定理 7.20 知 $\mathscr{N}^*$ 是 $\mathscr{N}$的多项式.

事实上,设线性变换 $\mathscr{B}$ 与 $\mathscr{N}$可交换,即有 $\mathscr{N}\mathscr{B}=\mathscr{B}\mathscr{N}$,则因 $\mathscr{N}$是正规变换,故在 V 中存在标准正交基,使 $\mathscr{N}$的方阵表示为

$$N=\begin{bmatrix}\lambda_1 I_{n1} & & \\ & \ddots & \\ & & \lambda_s I_{ns}\end{bmatrix},\quad \text{其中}\quad \lambda_1,\cdots,\lambda_s\ \text{互异}.$$

记 $\mathscr{B}$ 的方阵表示为 B，由 $NB=BN$ 得

$$\lambda_i B_{ij}=\lambda_j B_{ij}\text{，因为 } i\neq j \text{ 时，}\lambda_i\neq\lambda_j\text{，所以 } B_{ij}=0,$$

故有

$$NB=\begin{bmatrix}\lambda_1 B_{11} & & & \\ & \lambda_2 B_{22} & & \\ & & \ddots & \\ & & & \lambda_s B_{ss}\end{bmatrix}=BN,$$

由此得

$$N^* B=\begin{bmatrix}\bar{\lambda}_1 B_{11} & & & \\ & \bar{\lambda}_2 B_{22} & & \\ & & \ddots & \\ & & & \bar{\lambda}_s B_{ss}\end{bmatrix}=N^* B,$$

也即有 $\mathscr{N}^*\mathscr{B}=\mathscr{B}\mathscr{N}^*$.

73. 设 $\mathscr{A}$ 是 n 维酉空间 V 上的规范变换，$W\subset V$，且 W 是 $\mathscr{A}$ 的不变子空间，$W^\perp$ 是 W 在 V 中的正交补，求证：$\mathscr{A}$ 在 $W^\perp$ 上的限制 $\mathscr{A}|_{W^\perp}$ 是规范变换.

证　在 W 中取标准正交基 $\alpha_1,\cdots,\alpha_r$，并扩充为 V 的标准正交基

$$\alpha_1,\cdots,\alpha_r,\beta_{r+1},\cdots,\beta_n,$$

故有

$$W^\perp=L(\beta_{r+1},\cdots,\beta_n),\quad V=W\oplus W^\perp.$$

又因为 W 是 $\mathscr{A}$ 的不变子空间，故 $\mathscr{A}$ 在基 $\alpha_1,\cdots,\alpha_r,\beta_{r+1},\cdots,\beta_n$ 下的方阵表示为

$$M=\begin{bmatrix}A_1 & C\\ 0 & A_2\end{bmatrix}.$$

则由 $\mathscr{A}$ 是规范变换，知 M 是规范方阵. 故有

$$\overline{M}^{\mathrm{T}}M=M\overline{M}^{\mathrm{T}}\rightarrow\begin{bmatrix}\overline{A}_1^{\mathrm{T}} & 0\\ \overline{C}^{\mathrm{T}} & \overline{A}_2^{\mathrm{T}}\end{bmatrix}\begin{bmatrix}A_1 & C\\ 0 & A_2\end{bmatrix}=\begin{bmatrix}A_1 & C\\ 0 & A_2\end{bmatrix}\begin{bmatrix}\overline{A}_1^{\mathrm{T}} & 0\\ \overline{C}^{\mathrm{T}} & \overline{A}_2^{\mathrm{T}}\end{bmatrix},$$

即
$$\begin{bmatrix}\overline{A}_1^{\mathrm{T}}A_1 & \overline{A}_1^{\mathrm{T}}C\\ \overline{C}^{\mathrm{T}}A_1 & \overline{C}^{\mathrm{T}}C+\overline{A}_2^{\mathrm{T}}A_2\end{bmatrix}=\begin{bmatrix}A_1\overline{A}_1^{\mathrm{T}}+C\overline{C}^{\mathrm{T}} & C\overline{A}_2^{\mathrm{T}}\\ A_2\overline{C}^{\mathrm{T}} & A_2\overline{A}_2^{\mathrm{T}}\end{bmatrix},$$

故有

$$\begin{cases}\overline{A}_1^{\mathrm{T}}A_1=A_1\overline{A}_1^{\mathrm{T}}+C\overline{C}^{\mathrm{T}}, & (1)\\ \overline{C}^{\mathrm{T}}C+\overline{A}_2^{\mathrm{T}}A_2=A_2\overline{A}_2^{\mathrm{T}}. & (2)\end{cases}$$

(2)式两边取迹(即对角线元素之和)得

$$\mathrm{tr}(\overline{C}^{\mathrm{T}}C)+\mathrm{tr}(\overline{A}_2^{\mathrm{T}}A_2)=\mathrm{tr}(A\overline{A}_2^{\mathrm{T}}), \tag{3}$$

这是由于两个方阵相等,它们的对角线元素之和当然相等,以及对任两 n 阶方阵 A,B,有 $\mathrm{tr}(A+B)=\mathrm{tr}A+\mathrm{tr}B$.

记 $C=(C_1,\cdots,C_{n-r})$,$\overline{C}^{\mathrm{T}}C=(d_{ij})$,则 $d_{ii}=\overline{C}_i^{\mathrm{T}}C_i$,故

$$\mathrm{tr}\overline{C}^{\mathrm{T}}C=\sum_{i=1}^{n}d_{ii}=\sum_{i=1}^{n}\overline{C}_i^{\mathrm{T}}C_i=\sum_{i=1}^{n}\|C_i\|^2\geqslant 0,$$

等号仅当 $C_i=0(i=1,\cdots,n-r)$成立.

又 $\mathrm{tr}(\overline{A}_2^{\mathrm{T}}A_2)=\mathrm{tr}A_2\overline{A}_2^{\mathrm{T}}$(利用对任 n 阶方阵 A,B,有 $\mathrm{tr}(AB)=\mathrm{tr}(BA)$. 其证明如下:设$A=(a_{ij})$, $B=(b_{ij})$,$AB=(h_{ij})$,$BA=(\tilde{h}_{ij})$,则

$$\mathrm{tr}AB=\sum_{i=1}^{n}h_{ii}=\sum_{i=1}^{n}\left(\sum_{k=1}^{n}a_{ik}b_{ki}\right)=\sum_{i=1}^{n}\sum_{k=1}^{n}a_{ik}b_{ki},$$

$$\mathrm{tr}BA=\sum_{k=1}^{n}\tilde{h}_{kk}=\sum_{k=1}^{n}\sum_{i=1}^{n}b_{ki}a_{ik}=\sum_{i=1}^{n}\sum_{k=1}^{n}a_{ik}b_{ki},$$

于是得 $\mathrm{tr}AB=\mathrm{tr}BA$).

故由(3)式知:

$$\mathrm{tr}\overline{C}^{\mathrm{T}}C'=0\to C_i=0,\quad i=1,2,\cdots,n-r,$$

故知 $C=0$,再代回(2)式中即得

$$\overline{A}_2^{\mathrm{T}}A_2=A_2\overline{A}_2^{\mathrm{T}},$$

即 A_2 为规范阵,而此时有

$$M=\begin{bmatrix}A_1 & \\ & A_2\end{bmatrix},$$

故 A_2 就是 $\mathscr{A}|_{W^\perp}$ 在基 $\beta_{r+1},\cdots,\beta_n$ 上的方阵表示,因 A_2 为规范阵,$\beta_{r+1},\cdots,\beta_n$ 为标准正交基,故 $\mathscr{A}|_{W^\perp}$ 为规范变换(见定义 9.18).

9.4 补充题与解答

1. 设 $A=\begin{bmatrix}0 & 1 & -2\\ 1 & 0 & -1\\ 1 & -1 & 0\end{bmatrix}$,试求一个酉阵 U,使得 $\overline{U}^{\mathrm{T}}AU$ 为上三角阵.

解 方法 1 首先求 A 的特征多项式,因为 $P_A(\lambda)=|\lambda I-A|=\lambda^3-1$,所以 $\lambda_1=1$ 为 A 的实特征值. 对 $\lambda_1=1$,解得模为 1 的特征向量 $x_1=\frac{1}{\sqrt{2}}(1,1,0)^{\mathrm{T}}$,将其扩充为$\mathbb{C}^{(3)}$的标准正交基,取

$$x_2 = \frac{1}{\sqrt{2}}(1,-1,0)^{\mathrm{T}},\quad x_3 = (0,0,1)^{\mathrm{T}},$$

令 $U_1=(x_1,x_2,x_3)$，则 U_1 是酉阵. 且有

$$\overline{U}_1^{\mathrm{T}}AU_1 = \begin{bmatrix} 1 & 0 & -\frac{3}{\sqrt{2}} \\ 0 & -1 & -\frac{1}{\sqrt{2}} \\ 0 & \sqrt{2} & 0 \end{bmatrix} = \begin{bmatrix} 1 & \alpha \\ 0 & A_2 \end{bmatrix},$$

其中 $\alpha=\left(0,-\frac{3}{\sqrt{2}}\right)$，$A_2$ 为右下角二阶方阵. 对 A_2 解得属于特征值 $\lambda_2=\frac{-1+\sqrt{3}\mathrm{i}}{2}$ 的特征向量 $y_1=\left(-\frac{1}{\sqrt{3}},\frac{1+\mathrm{i}\sqrt{3}}{\sqrt{6}}\right)^{\mathrm{T}}$，将其扩充为 $\mathbb{C}^{(2)}$ 的标准正交基，

$$y_1 = \begin{bmatrix} -\frac{1}{\sqrt{3}} \\ \frac{1+\mathrm{i}\sqrt{3}}{\sqrt{6}} \end{bmatrix},\quad y_2 = \begin{bmatrix} \frac{1-\mathrm{i}\sqrt{3}}{\sqrt{6}} \\ \frac{1}{\sqrt{3}} \end{bmatrix},$$

令 $U_2=(y_1,y_2)$，则 U_2 是酉阵，且有

$$\overline{U}_2^{\mathrm{T}}AU_2 = \begin{bmatrix} \frac{-1+\mathrm{i}\sqrt{3}}{2} & -\frac{3}{\sqrt{6}}\mathrm{i} \\ 0 & \frac{-1-\mathrm{i}\sqrt{3}}{2} \end{bmatrix},$$

令

$$U = U_1\begin{bmatrix} 1 & 0 \\ 0 & U_2 \end{bmatrix} = \begin{bmatrix} \frac{1}{\sqrt{2}} & -\frac{1}{\sqrt{6}} & \frac{1-\mathrm{i}\sqrt{3}}{2\sqrt{3}} \\ \frac{1}{\sqrt{2}} & \frac{1}{\sqrt{6}} & \frac{-1+\mathrm{i}\sqrt{3}}{2\sqrt{3}} \\ 0 & \frac{1+\mathrm{i}\sqrt{3}}{\sqrt{6}} & \frac{1}{\sqrt{3}} \end{bmatrix},$$

则得

$$U^{-1}AU=\begin{bmatrix}1 & \frac{-\sqrt{3}-3\mathrm{i}}{2} & -\frac{3}{\sqrt{6}}\\ 0 & \frac{-1+\mathrm{i}\sqrt{3}}{2} & -\frac{3\mathrm{i}}{\sqrt{6}}\\ 0 & 0 & \frac{-1-\mathrm{i}\sqrt{3}}{2}\end{bmatrix}\quad (U^{-1}=\overline{U}^{\mathrm{T}}).$$

方法 2　由 $P_A(\lambda)=\lambda^3-1=0$ 得

$$\lambda_1=1,\quad \lambda_2=\frac{-1+\mathrm{i}\sqrt{3}}{2},\quad \lambda_3=\frac{-1-\mathrm{i}\sqrt{3}}{2},$$

对 λ_i，分别解 $(\lambda_i I-A)x=0$，得各相应的特征向量：取 $x_1=(1,1,0)^{\mathrm{T}}$；$x_2=\left(\frac{1+\mathrm{i}\sqrt{3}}{2},1,1\right)^{\mathrm{T}}$；$x_3=\left(\frac{1-\mathrm{i}\sqrt{3}}{2},1,1\right)^{\mathrm{T}}$，令 $P=(x_1,x_2,x_3)$，则有

$$P^{-1}AP=\mathrm{diag}\left\{1,\frac{-1+\mathrm{i}\sqrt{3}}{2},\frac{-1-\mathrm{i}\sqrt{3}}{2}\right\}.$$

又由定理 9.22 的系 4 知：对复方阵 P 有 U,T 分解，即

$$P=UT,$$

其中 P 可逆，U 为酉阵，T 为对角线元素为正数的上三角阵. 所以

$$(UT)^{-1}A(UT)=D\rightarrow U^{-1}AU=TDT^{-1}.$$

因为上三角阵的逆为上三角阵，上三角阵之积为上三角阵. 故 TDT^{-1} 为上三角阵. 且因 U 为酉阵，故 $U^{-1}=\overline{U}^{\mathrm{T}}$.

此方法要对 P 的列进行 Schmidt 正交化，故计算量较大. 书写如下：

$$e_1=\frac{1}{\sqrt{2}}x_1,\quad 记\ \beta_1=x_1,则\ e_1=\frac{1}{|\beta|}\beta_1,$$

$$\beta_2=x_2-(x_2,e_1)e_1=x_2-\frac{3+\mathrm{i}\sqrt{3}}{2\sqrt{2}}e_1=\left(\frac{-1+\mathrm{i}\sqrt{3}}{4},\frac{1-\mathrm{i}\sqrt{3}}{4},1\right)^{\mathrm{T}},$$

$$|\beta_2|=\sqrt{\frac{3}{2}},所以\ e_2=\frac{1}{|\beta_2|}\beta_2,$$

$$\beta_3=x_3-(x_3,e_1)e_1-(x_3,e_2)e_2=x_3-\frac{3-\mathrm{i}\sqrt{3}}{2\sqrt{2}}e_1-\frac{\sqrt{3}+\mathrm{i}}{2\sqrt{2}}e_2$$

$$=\left(-\frac{\mathrm{i}}{\sqrt{3}},\frac{\mathrm{i}}{\sqrt{3}},\frac{\sqrt{3}-\mathrm{i}}{2\sqrt{3}}\right)^{\mathrm{T}},$$

$|\beta_3|=1$，所以 $e_3=\beta_3$.

反解之，得

$$x_1=|\beta_1|e_1=\sqrt{2}e_1,$$

$$x_2=|\beta_2|e_2+(x_2,e_1)e_1=\sqrt{\frac{3}{2}}\cdot e_2+\frac{3+\mathrm{i}\sqrt{3}}{2\sqrt{2}}e_1,$$

$$x_3 = |\beta_3| e_3 + (x_3, e_1)e_1 + (x_3, e_2)e_2 = e_3 + \frac{3 - \mathrm{i}\sqrt{3}}{2\sqrt{2}} e_1 + \frac{\sqrt{3} + \mathrm{i}}{2\sqrt{2}} e_2,$$

即有

$$(x_1, x_2, x_3) = (e_1, e_2, e_3) \begin{bmatrix} \sqrt{2} & \dfrac{3 + \mathrm{i}\sqrt{3}}{2\sqrt{2}} & \dfrac{3 - \mathrm{i}\sqrt{3}}{2\sqrt{2}} \\ 0 & \sqrt{\dfrac{3}{2}} & \dfrac{\sqrt{3} + \mathrm{i}}{2\sqrt{2}} \\ 0 & 0 & 1 \end{bmatrix} = UT,$$

而

$$U = (e_1, e_2, e_3) = \begin{bmatrix} \dfrac{1}{\sqrt{2}} & \dfrac{-1 + \mathrm{i}\sqrt{3}}{2\sqrt{6}} & -\dfrac{\mathrm{i}}{\sqrt{3}} \\ \dfrac{1}{\sqrt{2}} & \dfrac{1 - \mathrm{i}\sqrt{3}}{2\sqrt{6}} & \dfrac{\mathrm{i}}{\sqrt{3}} \\ 0 & \dfrac{2}{\sqrt{6}} & \dfrac{\sqrt{3} - \mathrm{i}}{2\sqrt{3}} \end{bmatrix},$$

使得 $\overline{U}^{\mathrm{T}} AU$ 为上三角阵.

2. 设 A,B 是正定 Hermite 阵,若 AB 是 Hermite 阵,证明 AB 正定.

证　方法 1　由已知 AB 是 Hermite 阵,故

$$AB = \overline{(AB)}^{\mathrm{T}} = \overline{B}^{\mathrm{T}} \overline{A}^{\mathrm{T}} = BA,$$

即 A,B 乘法可交换. 由定理 9.26 知,存在酉阵 U,使

$$\overline{U}^{\mathrm{T}} AU = \mathrm{diag}\{\lambda_1, \cdots, \lambda_n\}, \quad \overline{U}^{\mathrm{T}} BU = \mathrm{diag}\{\mu_1, \cdots, \mu_n\},$$

则有

$$\overline{U}^{\mathrm{T}} ABU = \overline{U}^{\mathrm{T}} AU \overline{U}^{\mathrm{T}} BU = \mathrm{diag}\{\lambda_1\mu_1, \cdots, \lambda_n\mu_n\},$$

因为 $\lambda_i\mu_i > 0, i = 1, \cdots, n$. 所以 AB 正定.

方法 2　因为 A,B 正定,所以存在可逆阵 P,Q 使 $A = \overline{P}^{\mathrm{T}} P, B = \overline{Q}^{\mathrm{T}} Q$,则

$$AB = \overline{P}^{\mathrm{T}} P \overline{Q}^{\mathrm{T}} Q = \overline{P}^{\mathrm{T}} P \overline{Q}^{\mathrm{T}} Q \overline{P}^{\mathrm{T}} (\overline{P}^{\mathrm{T}})^{-1},$$

故知 AB 与 $P\overline{Q}^{\mathrm{T}} Q\overline{P}^{\mathrm{T}}$ 相似,而 $P\overline{Q}^{\mathrm{T}} Q\overline{P}^{\mathrm{T}} = \overline{(Q\overline{P}^{\mathrm{T}})}^{\mathrm{T}} Q\overline{P}^{\mathrm{T}}$ 是正定 Hermite 阵,故其特征值全为正,于是由相似的矩阵有相同的特征值得知:AB 的特征值皆为正. 又已知 AB 为 Hermite 阵,所以 AB 正定.

方法 3　设 A,B 分别为 $U_n(\mathbb{C})$ 中的线性变换 $\mathscr{A},\mathscr{B}$ 在标准正交基下的矩阵,则 $\mathscr{A},\mathscr{B}$,$\mathscr{A}\mathscr{B}$ 均为 Hermite 变换,由

$$\mathscr{A}\mathscr{B} = (\mathscr{A}\mathscr{B})^* = \mathscr{B}^* \mathscr{A}^* = \mathscr{B}\mathscr{A},$$

知 $\mathscr{A},\mathscr{B}$ 乘法可交换. 故必存在 $U_n(\mathbb{C})$ 的标准正交基 $\eta_1, \eta_2, \cdots, \eta_n$ 使得

$$\mathscr{A}\eta_i = \lambda_i \eta_i, \quad \mathscr{B}\eta_i = \mu_i \eta_i, \quad i = 1, \cdots, n.$$

于是,对任 $\alpha\in V$,设 $\alpha=\sum_{i=1}^{n}x_i\eta_i$,有

$$(\mathscr{AB}\alpha,\alpha)=\left(\mathscr{AB}\sum_{i=1}^{n}x_i\eta_i,\sum_{j=1}^{n}x_j\eta_j\right)=\left(\sum_{i=1}^{n}x_i\lambda_i\mu_i\eta_i,\sum_{j=1}^{n}x_j\eta_j\right)$$
$$=\sum_{i=1}^{n}x_i\sum_{j=1}^{n}\bar{x}_j\lambda_i\mu_i(\eta_i,\eta_j)=\sum_{i=1}^{n}x_i\bar{x}_i\lambda_i\mu_i>0.$$

(这里用到因 $\mathscr{A},\mathscr{B}$ 正定,所以 λ_i,μ_i 均为正)故知 $\mathscr{AB}$ 为正定 Hermite 变换,故 AB 是正定 Hermite 阵.

线性变换族(群表示)与特征

以下第 3~17 题,介绍线性变换族,即群表示与特征理论.

3. 设 G 是群,其元素均(可视)为复数域上线性空间 V 的自同构(即可逆线性变换),且

$$(\sigma_2\sigma_1)(\alpha)=\sigma_2(\sigma_1\alpha)\quad(\text{对任意 }\sigma_1,\sigma_2\in G,\ \alpha\in V).$$

(例如设有 G 到 V 的自同构群 $GL(V)$ 的映射 ρ: $G\to GL(V)$ 且 $\rho(\sigma_2\sigma_1)=\rho(\sigma_2)\rho(\sigma_1)$,则 $\sigma\in G$可视为 V 的自同构: $\sigma(\alpha)=\rho(\sigma)(\alpha)$). 此时,常称 V(的自同构群)是 G 的一个线性表示(如《高等代数学》中 6.4 节和 9.10.2 节). G 中元素的公共不变子空间称为 G 的不变子空间. 现设 G 为 g 元有限群,V 的维数为 n,W 是 G 的不变子空间,则 W 有一(直和)补子空间 W°也为 G 的不变子空间.

证 设 W'是 W 的(直和)补子空间,π 是 V 到 W 的正则投影(即 $\pi(\alpha_1+\alpha_2)=\alpha_1$, $\alpha_1\in W,\alpha_2\in W'$). 令

$$\pi^\circ=\frac{1}{g}\sum_{\sigma\in G}\sigma\pi\sigma^{-1},$$

则 $\pi^\circ(V)\subset W$,对 $\alpha\in W$,有 $\sigma^{-1}\alpha\in W$,

$$\pi\sigma^{-1}\alpha=\sigma^{-1}\alpha,\quad\sigma\pi\sigma^{-1}\alpha=\alpha,\quad\pi^\circ\alpha=\alpha.$$

所以 π°是 V 到 W 的投影,记 $W^\circ=\ker\pi^\circ$,则知有直和 $V=W\oplus W^\circ$. 而且更有

$$\rho\pi^\circ=\pi^\circ\rho\qquad(\text{对任意 }\rho\in G),$$

这是由于

$$\rho\pi^\circ\rho^{-1}=\frac{1}{g}\sum_{\sigma\in G}\rho\sigma\pi\sigma^{-1}\rho^{-1}=\frac{1}{g}\sum_{\sigma\in G}(\rho\sigma)\pi(\rho\sigma)^{-1}=\frac{1}{g}\sum_{\sigma'\in G}\sigma'\pi\sigma'^{-1}=\pi^\circ,$$

其中第 3 个等号是令 $\rho\sigma=\sigma'$,当 σ 遍历 G 时可知 σ'也遍历 G.

现若 $\alpha\in W^\circ,\rho\in G$,则 $\pi^\circ\alpha=0$,故 $\pi^\circ\rho\alpha=\rho\pi^\circ\alpha=0$,即知 $\rho\alpha\in W^\circ$,这说明 W°是 G 中任一变换 ρ 的不变子空间.

4. 设 V,G,W 如补充题 3,且 V 是酉空间有内积 h(即 h 是正定 Hermite 型).

(1) 令

$$\hat{h}(\alpha,\beta)=\sum_{\sigma\in G}h(\sigma\alpha,\sigma\beta),$$

则 $\hat{h}$ 为 G 的不变内积(即 $\hat{h}(\rho\alpha,\rho\beta)=\hat{h}(\alpha,\beta),\rho\in G$).

(2) 记 $\hat{h}(\alpha,\beta)=\langle\alpha,\beta\rangle$ 且 V 对此内积为酉空间. 证明 W 对此内积的正交补 $W^{\perp}$ 是 G 的不变子空间(从而给出补充题3的另一证明).

(3) 存在 V 的基,使 G 中变换的方阵表示均为酉方阵.

证 (1) $\hat{h}(\rho\alpha,\rho\beta)=\sum\limits_{\sigma\in G}h(\sigma\rho\alpha,\sigma\rho\beta)=\sum\limits_{\sigma'\in G}h(\sigma'\alpha,\sigma'\beta)=\hat{h}(\alpha,\beta)$,其中 $\sigma'=\sigma\rho$,σ 遍历 G 则 σ' 遍历 G.

(2) 取 W 的标准正交基 $e_1,\cdots,e_r$,扩展为 V 的标准正交基 $e_1,\cdots,e_r,\cdots,e_n$,则 $e_{r+1},\cdots,e_n$ 张成的子空间 $W^{\perp}$ 是 W 的正交补,$V=W\oplus W^{\perp}$,显然对于 $\rho\in G$ 有

$$\langle\rho e_1,\rho e_n\rangle=\langle e_1,e_n\rangle=0,$$

即 $\rho e_n\perp\rho e_1$,同样可知 $\rho e_n\perp\rho e_i\,(1\leqslant i\leqslant r)$,但是 $\rho e_1,\cdots,\rho e_r$ 张成 W,故 $\rho e_n\perp W$,即 $\rho e_n\in W^{\perp}$. 同理知 $\rho e_j\in W^{\perp}\,(r<j\leqslant n)$,故 $W^{\perp}$ 为 G 的不变子空间.

(3) 任取 V(对(2)中内积)的标准正交基,设 $\rho\in G$ 的方阵表示为 A,$\alpha,\beta\in V$ 的坐标列为 x,y,则因为内积在 G 下不变,故

$$\langle\rho\alpha,\rho\beta\rangle=\langle\alpha,\beta\rangle,\quad\text{即}\quad\overline{x}'\overline{A}'Ay=\overline{x}'y$$

对任意 $x,y\in\mathbb{C}^{(n)}$ 成立,即知 $\overline{A}'A=I$,即 A 为酉方阵.

5. 设 V 是 n 维复线性空间,G 是 V 上有限个线性变换构成的群如补充题3. 则 V 可分解为直和:

$$V=W_1\oplus W_2\oplus\cdots\oplus W_s,$$

其中 W_i 为 G 的不可约不变子空间(即 W_i 是 G 的不变子空间,且不包含 G 的其他真不变子空间($\neq 0,W_i$))$(1\leqslant i\leqslant s)$.

证 若 V 对 G 是不可约的(即不含真不变子空间),则 $V=V$ 即为所求分解. 若 V 可约,则由补充题3可知 $V=W\oplus W^{\circ}$,其中 W 和 W° 为 G 的不变子空间. 对 V 的维数 $\dim(V)$ 进行归纳法. 按归纳法可设 $W=W_1\oplus\cdots\oplus W_r$,$W^{\circ}=W_{r+1}\oplus\cdots\oplus W_s$,其中 W_i 为 G 的不可约不变子空间. 由此即得所需的分解 $V=W\oplus W^{\circ}=W_1\oplus\cdots\oplus W_s$.

6. 设 V_1 和 V_2 为有限维复线性空间,有限群 G 中的元素同时是 V_1 和 V_2 的线性变换而且群运算与变换的复合一致(当 $\sigma\in G$ 视为 V_i 的线性变换时常记为 $\sigma_i\,(i=1,2)$). 若有线性空间同构 $\tau:V_1\to V_2$ 使 $\tau\sigma_1=\sigma_2\tau$(对任意 $\sigma\in G$),则称 V_1 与 V_2 对 G 同构. 现设 $\varphi:V_1\to V_2$ 为线性映射且 $\varphi\sigma_1=\sigma_2\varphi$(对任意 $\sigma\in G$),且 V_1 和 V_2 对 G 均是不可约的,则:

(1) 若 V_1 与 V_2 对 G 不同构,则 $\varphi=0$;

(2) 若 $V_1=V_2$,$\sigma_1=\sigma_2\,(\sigma\in G)$,则 φ 为数乘变换.

证 (1) $\varphi=0$ 时显然. 若 $\varphi\neq 0$,$W_1=\ker\varphi$,则对 $\alpha\in W_1$ 有 $\varphi\sigma_1\alpha=\sigma_2\varphi\alpha=0$,故 $\sigma_1\alpha\in W_1$,即知 W_1 是 G 的不变子空间. 因为 V_1 对 G 不可约,故 $W_1=V_1$ 或 0. 若 $W_1=V_1$

则$\varphi=0$,不可能.类似地可得$\varphi(W_2)=V_2$.这说明φ是V_1与V_2对G的同构,与所设矛盾.

(2) 设λ是φ的特征根,记$\varphi'=\varphi-\lambda$,则$\ker\varphi'\neq 0$(含特征向量),且$\sigma_2\varphi'=\varphi'\sigma_1$,由(1)可知这只能是$\varphi'=0$,即$\varphi=\lambda$.

7. 设如补充题6,记g为G的元素个数.设$\Psi:V_1\to V_2$为线性映射,记

$$\Psi^\circ=\frac{1}{g}\sum_{\rho\in G}\rho_2^{-1}\Psi\rho_1.$$

(1) 若V_1与V_2对G不同构,则$\Psi^\circ=0$;

(2) 若$V_1=V_2$,$\sigma_1=\sigma_2$(当$\sigma\in G$),则$\Psi^\circ=\mathrm{tr}(\Psi)/n$为数乘(其中$n=\dim(V_1)$,$\mathrm{tr}(\Psi)$为$\Psi$方阵表示的迹).

证 (1) 由下式知$\sigma_2\Psi^\circ=\Psi^\circ\sigma_1$(对任意$\sigma\in G$):

$$\sigma_2^{-1}\Psi^\circ\sigma_1=\frac{1}{g}\sum_{\rho\in G}\sigma_2^{-1}\rho_2^{-1}\Psi\rho_1\sigma_1=\frac{1}{g}\sum_{\rho\in G}(\rho\sigma)_2^{-1}\Psi(\rho\sigma)_1=\frac{1}{g}\sum_{\rho'\in G}\rho_2'^{-1}\Psi\rho_1'=\Psi^\circ$$

(其中$\rho'=\rho\sigma$).由补充题6中(1)即知$\Psi^\circ=0$.

(2) 由补充题6中(2)知$\Psi^\circ=\lambda$为其特征值.由

$$\mathrm{tr}(\Psi^\circ)=\frac{1}{g}\sum_{\rho\in G}\mathrm{tr}(\rho_1^{-1}\Psi\rho_1)=\mathrm{tr}(\Psi),$$

及$\mathrm{tr}(\lambda)=n\lambda$,知$\lambda=\mathrm{tr}(\Psi)/n$.

8. 设如上题,对$t\in G$,记t_1(即t作为V_1的变换)的方阵表示为$T_1=(a_{ij}(t))$,t_2的方阵为$T_2=(b_{ij}(t))$.则在情形(1)有

$$\sum_{t\in G}b_{ik}(t^{-1})a_{mj}(t)=0\quad(\text{对任意 }i,k,m,j).$$

在情形(2)有

$$\frac{1}{g}\sum_{t\in G}b_{ik}(t^{-1})a_{mj}(t)=\frac{1}{n}\delta_{ij}\delta_{km}=\begin{cases}\dfrac{1}{n}, & \text{当 } i=j,\quad k=m.\\ 0, & \text{否则}.\end{cases}$$

证 (1) 记上题中Ψ和Ψ°的矩阵表示为(x_{ij})和(x°_{ij}).则Ψ°的定义说明

$$x^\circ_{ij}=\frac{1}{g}\sum_{t\in G,k,m}b_{ik}(t^{-1})x_{km}a_{mj}(t),$$

右方为x_{km}的齐次线性型,对任意的x_{km}值为0,说明其系数均为0,即得所欲证.

(2) 此时$\Psi^\circ=\lambda=\mathrm{tr}(\Psi)/n$,故$x^\circ_{ij}=\lambda\delta_{ij}$,$\lambda=\dfrac{1}{n}\sum\delta_{km}x_{km}$,$\Psi^\circ$的定义式化为

$$\frac{1}{g}\sum_{t,k,m}b_{ik}(t^{-1})x_{km}a_{mj}(t)=x^\circ_{ij}=\frac{1}{n}\sum_{k,m}\delta_{ij}\delta_{km}x_{km},$$

考虑等式两边x_{km}的系数即得所欲证.

9. 设V是有限维复线性空间,有限群G中元素可看作V的可逆线性变换(即如补充题3).对$\sigma\in G$定义$\chi(\sigma)=\mathrm{tr}(\sigma)$为$\sigma$的方阵表示的迹(也等于$\sigma$特征根的和),则$\chi$是$G$到

$\mathbb{C}$ 的一个函数，称为 G(对于 V)的一个**特征**. 对 G 上的任意复值函数 φ,Ψ 定义内积(正定 Hermite 型)：

$$\langle\varphi,\Psi\rangle=\frac{1}{g}\sum_{t\in G}\varphi(t)^*\Psi(t),$$

其中 $c^*=\bar{c}$ 为 c 的复共轭，$g=\#G$ 为 G 的元素个数.

(1) 若 V 对 G 不可约，则 $\langle\chi,\chi\rangle=1$.

(2) 若 G 中元可同时看作线性空间 V_1 和 V_2 的线性变换(即如补充题 6 情形)，且 V_1 和 V_2 对 G 不同构也不可约，记 χ_1 和 χ_2 为 G 对 V_1 和 V_2 的特征，则 $\langle\chi_1,\chi_2\rangle=0$.

证　(1) 记 $t\in G$ 的方阵表示为 $T=(a_{ij}(t))$，则 $\chi(t)=\sum a_{ii}(t)$. 由于 G 为 g 个元素的群，故 $t^g=1,\chi(t)^g=\chi(t^g)=\chi(1)=1$. 故 $\chi(t)$ 为 g 次单位根，$\chi(t)^*=\chi(t^{-1})$.

$$\langle\chi,\chi\rangle=\frac{1}{g}\sum_t\chi(t^{-1})\chi(t)=\frac{1}{g}\sum_t\Big(\sum_i a_{ii}(t^{-1})\Big)\Big(\sum_j a_{jj}(t)\Big)=\frac{1}{g}\sum_{i,j}\sum_t a_{ii}(t^{-1})a_{jj}(t),$$

而由上题情形(2)知

$$\frac{1}{g}\sum_{t\in G}a_{ii}(t^{-1})a_{jj}(t)=\frac{1}{n}\delta_{ij},$$

故 $\langle\chi,\chi\rangle=\Big(\sum_{i,j}\delta_{ij}\Big)/n=n/n=1$.

(2) 按(1)中同样方法，利用上题第一情形即得.

10. 设 V 和 G 如上题(或补充题 3)，G 的相应特征为 χ. 设 V 分解为 G 的不变不可约子空间的直和(如补充题 5)：

$$V=W_1\oplus W_2\oplus\cdots\oplus W_s.$$

若 W 是 G 的任一不变不可约子空间，相应的 G 的特征为 Ψ，则与 W 对 G 同构的 W_i 的个数为 $\langle\chi,\Psi\rangle=\frac{1}{g}\sum_{t\in G}\chi(t)^*\Psi(t)$.

证　记 χ_i 为 G 对 W_i 的特征(即设 $t\in G$ 视为 W_i 上变换方阵表示为 T_i)，则 $\chi_i(t)=\mathrm{tr}(T_i)$. 于是

$$\chi=\chi_1+\chi_2+\cdots+\chi_s.$$

故 $\langle\chi,\Psi\rangle=\langle\chi_1,\Psi\rangle+\cdots+\langle\chi_s,\Psi\rangle$. 由上题知 $\langle\chi_i,\Psi\rangle=1$ 或 0(当 W_i 与 W 对 G 同构或否)，即得所欲证.

11. 设有限群 G 可看作复线性空间 V_1 和 V_2 的线性变换(子)群(如补充题 6)，χ_1 和 χ_2 是 G 的相应的特征，则当且仅当 $\chi_1=\chi_2$ 时，V_1 与 V_2 对于 G 同构.

证　若 V_1 与 V_2 对于 G 同构，则有线性空间同构 $\tau:V_1\to V_2$ 使 $\tau\sigma_1=\sigma_2\tau$(对任意 $\sigma\in G$). 取定 V_1 和 V_2 的基之后，设 τ 和 σ_i(即 σ 作为 V_i 的变换)的方阵表示为 T 和 A_i，则由 $\tau\sigma_1=\sigma_2\tau$ 知 $TA_1=A_2T$，即 $A_1=T^{-1}A_2T$，故 $\chi_1(\sigma)=\mathrm{tr}(A_1)=\mathrm{tr}(A_2)=\chi_2(\sigma)$，即知 $\chi_1=\chi_2$.

反之,若 $\chi_1=\chi_2$,则由上题可知在 V_1 和 V_2 的直和分解中,与给定不可约空间 W 对 G 同构的子空间个数相同,故可作这样的分解:$V_1=W_1\oplus\cdots\oplus W_s$,$V_2=W'_1\oplus\cdots\oplus W'_s$,且 W_i 与 W'_i 对 G 同构($1\leqslant i\leqslant s$),即知 V_1 与 V_2 对 G 同构.

12. 设 G 是 V 的一些线性变换构成的群(如补充题 3 或 9),χ 是相应的 G 的特征,则 $\langle\chi,\chi\rangle$ 为正整数,且 $\langle\chi,\chi\rangle=1$ 当且仅当 V 对 G 不可约.

证 按第 10 题将 V 分解且不妨设对 G 同构的 W_i 相等(这样的诸 W_i 决定相同的 G 的特征),故在对 G 同构意义下可设

$$V=m_1W_1\oplus\cdots\oplus m_hW_h,$$

其中 $W_1,\cdots,W_h$ 对 G 互不同构,决定不同的 G 的特征 $\chi_1,\cdots,\chi_h$,且 m_i 为正整数. 于是知

$$\chi=m_1\chi_1+\cdots+m_h\chi_h,$$

由 χ_i 的正交性和规范性(补充题 9),即知

$$\langle\chi,\chi\rangle=m_1^2+\cdots+m_h^2$$

为正整数,而 $\langle\chi,\chi\rangle=1$ 当且仅当 $h=1,m_1=1$.

13. 设 G 为有限群,对 G 的每一个元素 t 设定一个不定元 X_t(有时记 X_t 为 t),则以 $\{X_t\mid t\in G\}$ 为基生成复线性空间 V. 每个 $\sigma\in G$ 自然是 V 的线性变换:$\sigma(X_t)=X_{\sigma t}$. V 称为 G 的**正则空间**(表示),相应的 G 的特征 r_G 称为 G 的正则特征.

(1) $r_G(1)=g$ (G 的元素个数,即 V 的维数),

$r_G(t)=0$, 当 $t\neq1$.

(2) G 的任一 m 维不可约(不变)空间 W 均 m 重含于 G 的正则空间 V(即 W 与 m 个 W_i 对 G 同构,在第 10 题分解中).

(3) 设 $V=m_1W_1\oplus\cdots\oplus m_hW_h$ 为正则空间 V 的分解(如上题证明),其中 $m_i=W_i$ 的重数$=\dim W_i$,则

$$m_1^2+\cdots+m_h^2=g,$$

$$m_1\chi_1(t)+\cdots+m_h\chi_h(t)=0\quad(\text{当 }1\neq t\in G),$$

其中 χ_i 是 G 对 W_i 的特征($\chi(t)=\mathrm{tr}(T_i)$,T_i 是 t 作为 W_i 变换的方阵).

证 (1) 若 $1\neq t\in G$,则 $ts\neq s(s\in G)$,故 t(作为 V 上线性变换)的方阵 T 的对角线元素为 0,故 $r_G(t)=\mathrm{tr}(T)=0$. 而若 $t=1$,则 $T=I,\mathrm{tr}(T)=g$.

(2) 由第 10 题知 W_i 含于 V 的重数为

$$\langle r_G,\chi_i\rangle=\frac{1}{g}\sum_{t\in G}r_G(t)^*\chi_i(t)=\frac{1}{g}g\chi_i(1)=\chi_i(1)=m_i.$$

(3) $r_G(t)=m_1\chi_1(t)+\cdots+m_h\chi_h(t)$,取 $t=1$ 则 $\chi_i(1)=\dim W_i=m_i$ 即得上一式. 而当 $t\neq1$ 时 $r_G(t)=0$,即得下一式.

14. 有限群 G 上的函数 f 称为**(共轭)类函数**是指 f 满足 $f(t\sigma t^{-1})=f(\sigma)$(对任意 $\sigma,t\in G$). G 上类函数全体记为 $\mathscr{C}_G$,是一个复线性空间. G 的特征全体 $\chi_1,\cdots,\chi_h$(如第 12

题证明中,不计对 G 的同构)是 $\mathscr{C}_G$ 的标准正交基(内积如第 9 题定义).

证　由第 9 题知 $\chi_1,\cdots,\chi_h$ 相互正交,只需再证它们生成 $\mathscr{C}_G$. 任取 $f\in\mathscr{C}_G$,设 V 为 G 的正则空间如第 13 题,χ 为相应特征. 令

$$\varphi=\sum_{t\in G}f(t)t$$

为 V 上线性变换,以 φ_i,t_i 记 φ,t 到 W_i 的限制,为 W_i 的线性变换,W_i 是定义特征 χ_i 的 G 的不可约不变空间,维数为 m_i. 于是对 $\sigma\in G$ 有

$$\begin{aligned}\sigma^{-1}\varphi_i\sigma&=\sum_{t\in G}f(t)\sigma^{-1}t_i\sigma=\sum_{t\in G}f(t)(\sigma^{-1}t\sigma)_i\\&=\sum_{t'\in G}f(\sigma t'\sigma^{-1})t'_i=\sum_{t'\in G}f(t')t'_i=\varphi_i,\end{aligned}$$

故 $\varphi_i\sigma=\sigma\varphi_i$. 由补充第 6 题知 $\varphi_i=\lambda_i$ 为数乘.

$$\mathrm{tr}(\varphi_i)=m_i\lambda_i,\quad \mathrm{tr}(\varphi_i)=\sum_{t\in G}f(t)\mathrm{tr}(t_i)=\sum_t f(t)\chi_i(t),$$

故 $\lambda_i=\dfrac{1}{m_i}\sum f(t)\chi_i(t)=(g/m_i)\langle f^*,\chi_i\rangle$. 现设 f^* 与所有 $\chi_1,\cdots,\chi_h$ 正交,则 $\varphi_i=\lambda_i=0(1\leqslant i\leqslant h)$,故由 V 的分解知 $\varphi=0$. 设 $\{X_t\}$ 为 V 的基,则

$$0=\varphi(X_1)=\sum_{t\in G}f(t)tX_1=\sum_{t\in G}f(t)X_t.$$

故 $f(t)=0$(当 $t\in G$),即 $f=0$. 这也说明若 f 与所有 χ_i^* $(1\leqslant i\leqslant h)$正交,则 $f=0$. 即得所欲证.

15. 有限群 G 的不同的不可约特征个数 h 等于 G 的共轭类数,这也是对 G 不可约的不变空间个数(不计 G 同构意义下)(对 $s,t\in G$,若存在 $\sigma\in G$ 使 $s=\sigma t\sigma^{-1}$ 则称 s,t 共轭、按共轭关系对 G 分类,类的个数称为 G 的共轭类数). 特别可知,阿贝尔群 G 的特征个数为 $g=\#G$.

证　设 G 的共轭类为 $C_1,\cdots,C_k$,则类函数 $f\in\mathscr{C}_G$ 在每个 C_i 中元素取同一值 λ_i. 反之,任意指定在 C_i 中元素的值 $\lambda_i(1\leqslant i\leqslant k)$,则可得到一个类函数. 故知类函数空间 $\mathscr{C}_G$ 的维数为 k. 另一方面,由上题知 $\mathscr{C}_G$ 的维数为特征的个数 h,故 $h=k$.

16.(典型分解)　设 g 元有限群 G 的全部不同的不可约特征为 $\chi_1,\cdots,\chi_h$,次数分别为$m_1,\cdots,m_h$(即 χ_i 是以 G 作变换群的不可约不变空间 W_i 的特征,$m_i=\dim W_i$,h 为 G 的共轭类数,见第 9,15 题). 设 V 为任一复线性空间,以 G 中元素为线性变换,令

$$\pi_i=\frac{m_i}{g}\sum_{t\in G}\chi_i(t)^*t,\quad V_i=\pi_iV\quad(1\leqslant i\leqslant h).$$

则

$$V=V_1\oplus V_2\oplus\cdots\oplus V_h,$$

这称为 V 的典型分解,V_i 为 G 的不变子空间,π_i 为 V 到 V_i 的正则投影(即在 V_j 的限制为 δ_{ij}),且每一个 V_i 中任二 G 的不可约不变子空间均G-同构,而不同的 V_i 和 V_j 的任意 G 的不可约不变子空间均非 G-同构.

证 先将 V 分解为 G-不可约不变子空间的直和如第 5 题：

$$V = U_1 \oplus \cdots \oplus U_s,$$

将 G-同构于 W_i 的所有 U_j 加起来记为 $V_i(1\leqslant i\leqslant h)$（可能有的 $V_i=0$）. 则得 $V=V_1\oplus\cdots\oplus V_h$. 由第 14 题的证明可知 π_j（相当于第 14 题的 φ 和 φ_j）限制到 W_i 后为数乘 $\lambda_{ji}=\langle\chi_j,\chi_i\rangle=\delta_{ij}$，这里 W_i 是 m_i 维 G-不可约不变空间，决定的特征为 χ_i. 这也说明 π_j 限制到 V_j（它的 G-不变不可约子空间均 G-同构于 W_j，故均决定特征 χ_j）为 1，而 π_j 限制到 $V_i(i\neq j)$为 0. 即知 π_j 是 V 到 V_j 的正则投影，$V_j=\pi_j V$.

17. 设 G 为有限群，W 是任意G-不可约复线性空间（即 G 的元素均可视为 W 的线性变换且 W 无非平凡的 G 中元素的公共不变子空间）. 若 G 为阿贝尔群则 W 的维数必为 1，反之亦然（即若 G 不是阿贝尔群，则必存在维数$\geqslant 2$ 的 W）.

证 由补充题 15 知，G 的不可约特征$\{\chi_i\}$（对应于G-不可约的互不同构空间$\{W_i\}$）的个数 h 为 G 的共轭类数. 而据补充题 13 知 $m_1^2+\cdots+m_h^2=g(m_i=\dim W_i, g=\#G)$. 故 G 为阿贝尔群当且仅当 $h=g$，这又相当于 $m_1=\cdots=m_h=1$.

18. 已知 A,B 都是 n 阶实对称阵，且 A 正定，B 半正定，证明：$\det(A+B)\geqslant\det A$.

证 方法 1 由定理 9.13，存在可逆阵 P，使得

$$P^{\mathrm T}AP = I,\quad P^{\mathrm T}BP = D = \operatorname{diag}\{\lambda_1,\cdots,\lambda_n\},$$

于是有

$$\begin{aligned}\det P^{\mathrm T}(A+B)P &= \det(I+D) = (1+\lambda_1)\cdots(1+\lambda_n)\\ &\geqslant 1 = \det I = \det(P^{\mathrm T}AP),\end{aligned}$$

即得$(\det P)^2\det(A+B)\geqslant(\det P)^2\det A$，所以 $\det(A+B)\geqslant\det A$.

方法 2 由已知 A 正定，所以 A^{-1}存在. 故得

$$\det(A+B) = \det(A(I+A^{-1}B)) = (\det A)\cdot\det(I+A^{-1}B),$$

又因为 A^{-1}正定，所以存在可逆阵 P，使 $A^{-1}=P^{\mathrm T}P$，且因 B 半正定，故存在方阵 Q，使得 $B=Q^{\mathrm T}Q$，于是有

$$\det(I+A^{-1}B) = \det(I+P^{\mathrm T}PQ^{\mathrm T}Q) = \det(I+PQ^{\mathrm T}QP^{\mathrm T}),$$

最后一个等号是因为：对任 n 阶方阵 M,N 有 $|I+MN|=|I+NM|$，这里 $M=P^{\mathrm T}$，$N=PQ^{\mathrm T}Q$.

因为 $PQ^{\mathrm T}QP^{\mathrm T}=(QP^{\mathrm T})^{\mathrm T}(QP^{\mathrm T})\geqslant 0$，即 $PQ^{\mathrm T}QP^{\mathrm T}$ 是半正定的，故存在正交方阵 T，使 $T^{-1}(PQ^{\mathrm T}QP^{\mathrm T})T=\operatorname{diag}\{\mu_1,\cdots,\mu_n\}$，其中 $\mu_i\geqslant 0$，所以

$$\begin{aligned}\det(I+A^{-1}B) &= (\det T^{-1})\det(I+PQ^{\mathrm T}QP^{\mathrm T})\det T\\ &= \det\left(I+\begin{bmatrix}\mu_1 & & \\ & \ddots & \\ & & \mu_n\end{bmatrix}\right)\\ &= (1+\mu_1)\cdots(1+\mu_n)\geqslant 1,\end{aligned}$$

故得

$$\det(A+B)=\det A\cdot\det(I+A^{-1}B)\geqslant\det A.$$

19. 试证明酉空间的 Cauchy-Schwarz 不等式：对任 $\alpha,\beta\in V$，有

$$|\langle\alpha,\beta\rangle|\leqslant\|\alpha\|\|\beta\|.$$

(用内积写出为 $\langle\alpha,\beta\rangle\overline{\langle\alpha,\beta\rangle}\leqslant\langle\alpha,\alpha\rangle\langle\beta,\beta\rangle$.)

证 设 $\alpha\neq 0$，对任 $\lambda\in\mathbb{C}$ 有

$$\begin{aligned}0\leqslant\langle\lambda\alpha+\beta,\lambda\alpha+\beta\rangle&=\langle\lambda\alpha,\lambda\alpha\rangle+\langle\lambda\alpha,\beta\rangle+\langle\beta,\lambda\alpha\rangle+\langle\beta,\beta\rangle\\&=\bar{\lambda}\lambda\langle\alpha,\alpha\rangle+\bar{\lambda}\langle\alpha,\beta\rangle+\lambda\langle\beta,\alpha\rangle+\langle\beta,\beta\rangle\\&=\bar{\lambda}(\lambda\langle\alpha,\alpha\rangle+\langle\alpha,\beta\rangle)+\lambda\langle\beta,\alpha\rangle+\langle\beta,\beta\rangle,\end{aligned}$$

取 $\lambda=-\langle\alpha,\beta\rangle/\langle\alpha,\alpha\rangle$，则有

$$-\frac{\langle\alpha,\beta\rangle\langle\beta,\alpha\rangle}{\langle\alpha,\alpha\rangle}+\langle\beta,\beta\rangle\geqslant 0,$$

即

$$\langle\alpha,\beta\rangle\langle\alpha,\beta\rangle\leqslant\langle\alpha,\alpha\rangle\langle\beta,\beta\rangle.$$

20. 求正交方阵 T，使 A,B 同时化为标准形，其中

$$A=\begin{bmatrix}0&1&1\\1&0&1\\1&1&0\end{bmatrix},\qquad B=\frac{1}{3}\begin{bmatrix}1&1-\sqrt{3}&1+\sqrt{3}\\1+\sqrt{3}&1&1-\sqrt{3}\\1-\sqrt{3}&1+\sqrt{3}&1\end{bmatrix}.$$

解 先求 A 的特征值和特征向量，有

$$P_A(\lambda)=|\lambda I-A|=(\lambda+1)^2(\lambda-2)=0,$$

所以 $\lambda_1=\lambda_2=-1,\lambda_3=2$.

对 $\lambda=-1$ 求得特征子空间 $V_{\lambda=-1}$ 的标准正交基

$$e_1=\frac{1}{\sqrt{2}}(-1,0,1)^{\mathrm{T}},\qquad e_2=\frac{1}{\sqrt{6}}(-1,2,-1)^{\mathrm{T}},$$

对 $\lambda=2$ 求得单位特征向量 $e_3=\frac{1}{\sqrt{3}}(1,1,1)^{\mathrm{T}}$.

下面来求 B 与 A 公共的特征向量：由上述结论 $V_{\lambda=-1}$ 中任一向量形如

$$x=c_1e_1+c_2e_2=\left[-\left(\frac{c_1}{\sqrt{2}}+\frac{c_2}{\sqrt{6}}\right),\frac{2c_2}{\sqrt{6}},\left(\frac{c_1}{\sqrt{2}}-\frac{c_2}{\sqrt{6}}\right)\right],\quad c_1,c_2\in\mathbb{C}.$$

设 $Bx=\mu x$，有关于 c_1,c_2,μ 这三个未知量，3 个方程的线性方程组，可解得

$$\mu^2=-1\rightarrow\mu=\pm\mathrm{i},\qquad c_2=-\mu c_1=\mp\mathrm{i}c_1,$$

取 $c_1=1$，则

$$\alpha=e_1-\mathrm{i}e_2,\qquad\beta=e_1+\mathrm{i}e_2$$

为 A,B 的公共特征向量(虽然相应的特征值不同).

又对于 A 的特征子空间 $V_{\lambda=2}$，其中任一向量形如 $y=c_3e_3, c_3\in\mathbb{C}$，故设 $By=\mu y$，得 $\mu=1$，故 $\gamma=e_3$ 就是 A,B 的公共特征向量. 于是令 $T=(\alpha,\beta,\gamma)$，则有

$$T^{\mathrm{T}}AT=\begin{pmatrix}-1&&\\&-1&\\&&2\end{pmatrix},\quad T^{\mathrm{T}}BT=\begin{pmatrix}\mathrm{i}&&\\&-\mathrm{i}&\\&&1\end{pmatrix}.$$

这是 A,B 在复数域中的标准形，它们都相似于对角阵，且对角线上元素分别是 A,B 的特征值. 若要在实数域中的标准形，则取 $T=(e_1,e_2,e_3)$，有

$$T^{\mathrm{T}}AT=\begin{pmatrix}-1&&\\&-1&\\&&2\end{pmatrix},\quad T^{\mathrm{T}}BT=\begin{pmatrix}0&1&\\-1&0&\\&&1\end{pmatrix}.$$

21. 设 V_1,V_2 为欧几里得空间，它们都是自对偶空间. 设 $\varphi: V_1\to V_2$ 为线性映射，其伴随映射记为 $\varphi^*:V_2\to V_1$（定义为 $\langle\varphi^*\beta,\alpha\rangle=\langle\beta,\varphi\alpha\rangle$，对任意 $\beta\in V_2$）. 试证明：

(1) $\varphi^{**}=\varphi$；

(2) $V_2=\mathrm{Im}\varphi\oplus\ker\varphi^*$（正交直和）.

证 (1) 由 $\langle\varphi^{**}\alpha,\beta\rangle=\langle\alpha,\varphi^*\beta\rangle=\langle\varphi^*\beta,\alpha\rangle=\langle\beta,\varphi\alpha\rangle=\langle\varphi\alpha,\beta\rangle$（对任意 $\alpha\in V_1$ 和 $\beta\in V_2$），且内积是非退化的，即知 $\varphi^{**}=\varphi$.

(2) 由第 8 章补充题 2 知，$\mathrm{Im}\varphi$ 与 $\ker\varphi^*$ 互为正交补，即得.

22. 设 φ 是欧几里得空间 V 的线性变换，φ^* 是其伴随变换. 设 φ 是规范变换（即 $\varphi^*\varphi=\varphi\varphi^*$）. 试证明：

(1) $\ker\varphi=\ker\varphi^*$；

(2) $V=\ker\varphi\oplus\mathrm{Im}\varphi$（正交直和）；

(3) φ 和 φ^* 的特征向量相同；

(4) φ 的不同特征根 λ 和 μ $(\lambda\neq\mu)$ 的特征向量 α 和 β 正交.

证 (1) 易知 φ 是规范变换当且仅当 $\|\varphi\alpha\|=\|\varphi^*\alpha\|$（对任意 $\alpha\in V$）（由 9.3 节，或由 $\|\varphi\alpha\|^2=\langle\varphi\alpha,\varphi\alpha\rangle=\langle\varphi^*\varphi\alpha,\alpha\rangle=\langle\varphi\varphi^*\alpha,\alpha\rangle=\langle\varphi^*\alpha,\varphi^*\alpha\rangle=\|\varphi^*\alpha\|^2$），所以 $\varphi\alpha=0$ 当且仅当 $\varphi^*\alpha=0$，即得.

(2) 由(1)和上述补充题 1 即知.

(3) 由(1)知道 $\ker(\varphi-\lambda)=\ker(\varphi^*-\lambda)$. 而 α 是 φ 的特征向量当且仅当 $\varphi\alpha=\lambda\alpha$，即 $(\varphi-\lambda)\alpha=0$，亦即 $\alpha\in\ker(\varphi-\lambda)$. 即得证.

(4) 由(3)知也有 $\varphi^*\beta=\mu\beta$. 故 $\langle\varphi^*\beta,\alpha\rangle=\langle\beta,\varphi\alpha\rangle$，故 $\langle\mu\beta,\alpha\rangle=\langle\beta,\lambda\alpha\rangle$，$\mu\langle\beta,\alpha\rangle=\lambda\langle\beta,\alpha\rangle$. 由 $\lambda\neq\mu$ 即知 $\langle\beta,\alpha\rangle=0$.

23. 设 V 是 $\mathbb{R}$ 上 n 维线性空间，φ 是 V 的线性变换，g,h 是 V 上两个对称双线性型（其中 h 非退化），且满足

$$g(\alpha,\beta)=h(\alpha,\varphi(\beta))\quad（对\ \alpha,\beta\in V）.$$

则 g,h 可同时对角化当且仅当 φ 有 n 个线性无关的特征向量（g,h 可同时对角化是指，存在 V 的基使 g,h 的方阵均为对角形）.

证 设 φ 的互异特征根为 $\lambda_1,\cdots,\lambda_s$. 记 λ_i 的特征子空间为 V_i. 若 φ 有 n 个线性无关特征向量，则整个空间分解为特征子空间的直和：

$$V = V_1 \oplus \cdots \oplus V_s.$$

对于 φ 的不同特征根 $\lambda_i \neq \lambda_j$ 的特征向量 $e_i \in V_i, e_j \in V_j$，有

$$g(e_i,e_j) = h(e_i,\varphi e_j) = h(e_i,\lambda_j e_j) = \lambda_j h(e_i,e_j);$$

同样 $g(e_j,e_i)=\lambda_i h(e_j,e_i)$，即 $g(e_i,e_j)=\lambda_i h(e_i,e_j)$；二式相减得 $0=(\lambda_i-\lambda_j)h(e_i,e_j)$，即知

$$g(e_i,e_j) = h(e_i,e_j) = 0.$$

在每个 V_i 中取基 $\{e_i,e_i',\cdots\}$，使得 h 在 V_i 中的限制的方阵为对角形. 合而为 V 的基，则 h 的方阵为对角形. 而对于互异的 $e_i,e_i'\in V_i$ 有

$$g(e_i,e_i') = h(e_i,\varphi(e_i')) = h(e_i,\lambda_i e_i') = \lambda_i h(e_i,e_i') = 0.$$

所以 g 在此基下的方阵也是对角形. 故 g,h 可同时对角化.

反之，若存在 V 的基 $\{\varepsilon_i\}$ 使 g,h 的方阵均对角，则

$$0 = g_{ij} = g(\varepsilon_i,\varepsilon_j) = h(\varepsilon_i,\varphi\varepsilon_j) \quad (\text{对所有 } i \neq j),$$

说明 $\varphi\varepsilon_j$“正交”于所有 $\{\varepsilon_i\}(i\neq j)$（此处的“正交”是对于非退化的 h 定义的内积），但后者生成 $n-1$ 维子空间（因为 h 非退化，故满足 $0=h(\alpha,\varphi\varepsilon_j)$ 的 α 全体是 $n-1$ 维子空间），故 $\varphi\varepsilon_j$ 必与 ε_j 共线，即知 ε_j 为 φ 的特征向量. 故 φ 有 n 个线性无关的特征向量 $\{\varepsilon_i\}$.

用矩阵的语言，证明如下：若 φ 有 n 个线性无关的特征向量 $\{e_i\}$，取之为基，记 φ,g,h 的方阵分别为 A,G,H. 于是，$g(\alpha,\beta)=h(\alpha,\varphi(\beta))$ 相当于 $x^{\mathrm{T}}Gy=x^{\mathrm{T}}AHy$（对 $x,y\in\mathbb{R}^{(n)}$），即

$$G = AH.$$

注意 A 为对角形，设为 $A=\mathrm{diag}(\lambda_1 I,\cdots,\lambda_s I)$，$\lambda_i$ 互异. 将 G,H 相应分块为 $G=(G_{ij})$，$H=(H_{ij})$. 由 $G=AH$ 知

$$\lambda_i H_{ij} = G_{ij} = G_{ji} = \lambda_j H_{ji} = \lambda_j H_{ij},$$

故 $H_{ij}=G_{ij}=0$（当 $i\neq j$）. 故 $G=AH$ 实为

$$\begin{pmatrix} G_1 & & \\ & \ddots & \\ & & G_s \end{pmatrix} = \begin{pmatrix} \lambda_1 I & & \\ & \ddots & \\ & & \lambda_s I \end{pmatrix} \begin{pmatrix} H_1 & & \\ & \ddots & \\ & & H_s \end{pmatrix}.$$

再设 $Q_i H_{ii} Q_i^{\mathrm{T}}$ 为对角形，令 $Q=\mathrm{diag}\{Q_1,\cdots,Q_s\}$. 于是

$$QGQ^{\mathrm{T}} = (QAQ^{-1})(QHQ^{\mathrm{T}}) = A(QHQ^{\mathrm{T}}),$$

其中 QHQ^{T} 和 $QAQ^{-1}=A$ 均为对角形，故 QGQ^{T}，从而将 g,h 同时对角化.

为证必要性，设 φ,g,h 在某基下的方阵为 A,G,H. 如果 g,h 可同时对角化，则存在方阵 $P=(p_{ij})$ 使 PGP^{T} 和 PHP^{T} 均为对角形. 由 $G=AH$ 知

$$\begin{pmatrix} a_1 & & \\ & \ddots & \\ & & a_n \end{pmatrix} = PGP^{\mathrm{T}} = PAP^{-1}PHP^{\mathrm{T}} = PAP^{-1}\begin{pmatrix} b_1 & & \\ & \ddots & \\ & & b_n \end{pmatrix},$$

考虑两边的第 j 列，得到

$$a_j\varepsilon_j = PAP^{-1}(b_j\varepsilon_j),$$

其中 ε_j 表示单位方阵 I 的第 j 列. 故 ε_j 为 PAP^{-1} 的特征向量. 故 A(从而 φ)有 n 个线性无关的特征向量.

(说明　如果 h 是正定的，则 V 对内积 h 成为欧几里得空间. 本题中的线性变换 φ 和对称双线性型 g 的关系即是《高等代数学》引理 9.11 的关系. 二者在标准正交基(对内积 h)下的方阵是同一方阵，同时对角化成为平凡.)

24(**射影空间**). 设 F^3 为域 F 上三维向量空间(当每个向量等同于一点时,也称为仿射空间). 对 F^3 中非零向量 $\alpha=(a_1,a_2,a_3)$，记

$$[\alpha]=[a_1,a_2,a_3]=\{(ca_1,ca_2,ca_3)\mid 0\neq c\in F\},$$

即与 α 共线的非零向量集合(亦即 α 所在一维子空间(直线),零除外). 全体$[\alpha]$记为 $P^2=P^2(F)$，称为**射影平面**(或二维**射影空间**). 每个$[\alpha]$称为 P^2 中的一个点,$[a_1,a_2,a_3]$称为其齐次坐标. 而 F^3 中的二维子空间(即含零的平面,零除外)称为 P^2 中的直线. 试证明：

(1) 在射影平面 P^2 中，任两不同的点在唯一的直线上(即两点定一线)；

(2) 在射影平面 P^2 中，任两不同的直线交于唯一的点(即两线定一点)；

(3) 射影平面 P^2 可表示为"对距点视为等同的 F^3 中的单位球面"(单位球面上的点(b_1,b_2,b_3)与$(-b_1,-b_2,-b_3)$称为对距点,它们关于球心对称)，并可以认为包含仿射平面 F^2；

(4) F^3 的每个可逆线性变换 σ，自然地决定了 P^2 的一个变换 σ^*(称为**射影变换**)，即 $\sigma^*[\alpha]=[\sigma\alpha]$. σ^* 将直线变换为直线. $\sigma^*=1$ 当且仅当 $\sigma=c$ 为数乘. $\sigma_1^*=\sigma_2^*$ 当且仅当 $\sigma_1=c\sigma_2$(对某非零常数 c). 故 P^2 的射影变换集就是三阶方阵全体,不过相差非零常数倍的方阵决定同一个射影变换.

证　(1) P^2 中两点$[\alpha]$,$[\beta]$不同意味着 α,β 在 F^3 中线性无关(不共线)，它们生成的 F^3 的唯一的二维子空间(即平面)，即是 P^2 中的直线，含$[\alpha]$,$[\beta]$.

(2) P^2 中不同直线 L_1,L_2 即为 F^3 中两不同平面(二维子空间 V_1,V_2)，它们必相交于 F^3 中唯一的直线(即一维子空间)，这是因为

$$\dim(V_1\cap V_2)=\dim V_1+\dim V_2-\dim(V_1+V_2)=2+2-3=1,$$

即相当于 L_1,L_2 交于 P^2 中的点.

(3) 设$[\alpha]=[a_1,a_2,a_3]\in P^2$，记 $r=\sqrt{a_1^2+a_2^2+a_3^2}$，令 $b_i=a_i/r$，则$[\alpha]=[b_1,b_2,b_3]$且 $b_1^2+b_2^2+b_3^2=1$. 也就是说 P^2 的点$[\alpha]$与 F^3 中单位球面上的点(b_1,b_2,b_3)之间对应，而

且如果对跖点视为等同(即(b_1,b_2,b_3)与$(-b_1,-b_2,-b_3)$等同)，此对应是一一对应．这也相当于说，$[\alpha]$作为F^3中的一维子空间与单位球交于两点(对跖点)，将此对跖点视为同一，并用它表示(即代表)$[\alpha]$，就用单位球(对跖点视为同一)表示出了P^2.

射影平面P^2的点$[\alpha]=[b_1,b_2,b_3]$分为两类：$b_3\neq 0$或$b_3=0$．当$b_3\neq 0$时，$[\alpha]=[b_1,b_2,b_3]$称为有限点，令$c_i=b_i/b_3$则其坐标可写为

$$[\alpha]=[c_1,c_2,1].$$

它对应于仿射平面F^2中的点(c_1,c_2)．所以P^2的有限点全体(即单位球的上半球面内部)与F^2之间一一对应，二者可以等同.

另一方面，点$[b_1,b_2,0]$全体是P^2中的直线(因为满足$x_3=0$的$(x_1,x_2,x_3)\in F^3$是F^3中的二维子空间)，称为P^2中的无穷直线，记为L_∞．所以

$$P^2=F^2\cup L_\infty.$$

(4) 设σ为F^3的可逆线性变换，令$\sigma^*[\alpha]=[\sigma\alpha]$，因为$[\sigma(c\alpha)]=[c(\sigma\alpha)]=[\sigma\alpha]$，故$\sigma^*$是$P^2$的一个变换．因为$\sigma$将$F^3$的二维子空间仍变为二维子空间，故$\sigma^*$将直线变换为直线．$\sigma^*=1$相当于$[\sigma\alpha]=[\alpha]$(对任意$\alpha$)，即$\sigma\alpha=c\alpha$(对某常数$c$)，即$\sigma=c$为数乘．同样$\sigma_1^*=\sigma_2^*$相当于$[\sigma_1\alpha]=[\sigma_2\alpha]$，$\sigma_1\alpha=c\sigma_2\alpha$，$\sigma_1=c\sigma_2$(对某非零常数$c$).

25. 设代数E的非零元集是乘法群，则称E是**可除代数**(此时E是“体”，除了乘法不一定可交换之外，其他性质与域一样．例如，复数域$\mathbb{C}$，四元数代数$\mathbb{H}$(见 6.4 节)都是可除代数．代数定义见 6.3 节)．设E是实数域$\mathbb{R}$上的n维可除代数，e为其乘法单位元，则

(1) 可以认为$\mathbb{R}\subset E$，$e=1$．详言之，映射η: $\mathbb{R}\to E$，$r\mapsto re$是单射；

(2) 若$\alpha\in E$而$\alpha\notin\mathbb{R}$，则$\alpha=a+\beta$，$a\in\mathbb{R}$而$\alpha^2<0\in\mathbb{R}$.

证　(1) 若$r_1e=r_2e$，则显然$r_1=r_2$，所以η是单射．而且η保持加法和乘法．所以$\eta\mathbb{R}=\{re\mid r\in\mathbb{R}\}$与$\mathbb{R}$同构(即一一对应，而且加法和乘法也对应)．故可以将二者等同，将re与r等同，将e与 1 等同．从而认为$\mathbb{R}\subset E$.

(2) 考虑$1,\alpha,\alpha^2,\cdots$．因E维数有限，必存在正整数k使

$$\alpha^k=c_{k-1}\alpha^{k-1}+\cdots+c_1\alpha+c_0,\quad c_i\in\mathbb{R}.$$

记$f(X)=X^k-c_{k-1}X^{k-1}-\cdots-c_1X-c_0$，在$\mathbb{R}$上分解$f(X)=p_1(X)\cdots p_s(X)$，其中$p_i(X)$为一或二次不可约多项式．由$f(\alpha)=0$可知$p_i(\alpha)=0$对某$i$成立．若$p_i(X)=X-a$为一次，则$\alpha=a\in\mathbb{R}$，矛盾．故$p_i(X)=X^2+bX+c$为二次不可约，于是

$$\alpha=-b/2\pm\sqrt{b^2-4c}/2.$$

因为$p_i(X)$不可约故$b^2-4c<0$，证毕.

***26.(Frobenius 定理)**　实数域$\mathbb{R}$上的有限维可除代数E必同构于$\mathbb{R}$，$\mathbb{C}$，$\mathbb{H}$之一．按如下步骤证明此定理：

(1) 由上题知可设$\mathbb{R}\subset E$，$e=1$．$\dim E=1$时$E=\mathbb{R}$．$\dim E>1$时，令

$$B = \{\beta \in E \mid \beta^2 \leqslant 0 \in \mathbb{R}\}.$$

按如下方法证明 B 是 E 的子空间：

① 若 $\alpha,\beta\in B$ 线性相关，则 $\alpha+\beta\in B$.

② 若 $\alpha,\beta\in B$ 线性无关，则 $1,\alpha,\beta$ 也线性无关.

③ 若 $\alpha,\beta\in B$ 线性无关，则 $\alpha+\beta\in B$.

(2) B 对内积 $\langle\alpha,\beta\rangle=-(\alpha\beta+\beta\alpha)/2$ 成为欧几里得空间.

(3) $E=\mathbb{R}\oplus B$. 若 $\dim E=2$，则 $E=\mathbb{C}$.

(4) 若 $3\leqslant\dim E\leqslant 4$，则 B 有标准正交基 $\mathrm{i},\mathrm{j},\mathrm{k}$，从而 $E=\mathbb{R}\oplus\mathbb{R}\mathrm{i}\oplus\mathbb{R}\mathrm{j}\oplus\mathbb{R}\mathrm{k}=\mathbb{H}$.

(5) 若 $\dim E\geqslant 5$，则可取 l 与 $\mathrm{i},\mathrm{j},\mathrm{k}$ 正交，从而导致矛盾.

证 (1) ① 设 $\alpha=r\beta$ 则 $\alpha+\beta=(r+1)\beta\in B$.

② 若 $1,\alpha,\beta$ 线性相关，应有 $\alpha=s\beta+t$（或 $\beta=s\alpha+t$），$s,t\in\mathbb{R}$；则

$$0>\alpha^2=s^2\beta^2+2st\beta+t^2,$$

因 $\beta^2<0\in\mathbb{R}$，$\beta\notin\mathbb{R}$，故 $st=0$，与 $\alpha,\beta\notin\mathbb{R}$ 线性无关矛盾.

③ 由②知道 $\alpha+\beta$ 和 $\alpha-\beta$ 不是实数，由上题知道 $(\alpha+\beta)^2+b_1(\alpha+\beta)+c_1=0$，$(\alpha-\beta)^2+b_2(\alpha-\beta)+c_2=0$（其中 $b_1^2-4c_1<0,b_2^2-4c_2<0$）. 两式相加得

$$(b_1+b_2)\alpha+(b_1-b_2)\beta+(2\alpha^2+2\beta^2+c_1+c_2)=0,$$

因 $1,\alpha,\beta$ 线性无关，故 $b_1+b_2=b_1-b_2=0$，$b_1=b_2=0$. 知 $(\alpha+\beta)^2=-c_1<0$，$\alpha+\beta\in B$.

(2) $\langle\alpha,\beta\rangle=-(\alpha\beta+\beta\alpha)/2$ 显然是对称双线性型，且 $\langle\alpha,\alpha\rangle=-\alpha^2>0$（当 $\alpha\neq0$）.

(3) 由上题知道 $E=\mathbb{R}+B$，且 $\mathbb{R}\cap B=\{0\}$，故 $E=\mathbb{R}\oplus B$. 取欧几里得空间 B 中任取长度为 1 的向量 i，则 $\mathrm{i}^2=-\langle\mathrm{i},\mathrm{i}\rangle=-1$. 若 $\dim E=2$，则 $\dim B=1$，$B=\mathbb{R}\mathrm{i}$. 从而

$$E=\mathbb{R}\oplus\mathbb{R}\mathrm{i}=\{a+b\mathrm{i}\mid a,b\in\mathbb{R}\}=\mathbb{C}.$$

(4) 若 $\dim E\geqslant 3$，则 $\dim B\geqslant 2$，故 B 中有长为 1 的向量 j 与 i 正交，从而

$$\mathrm{j}^2=-\langle\mathrm{j},\mathrm{j}\rangle=-1,\qquad \mathrm{ij}+\mathrm{ji}=-2\langle\mathrm{i},\mathrm{j}\rangle=0,$$

令 $\mathrm{ij}=-\mathrm{ji}=\mathrm{k}$. 则

$$\mathrm{k}^2=\mathrm{i}(\mathrm{ji})\mathrm{j}=\mathrm{i}(-\mathrm{ij})\mathrm{j}=-\mathrm{i}^2\mathrm{j}^2=-1,$$

$$-2\langle\mathrm{i},\mathrm{k}\rangle=\mathrm{ik}+\mathrm{ki}=\mathrm{i}(\mathrm{ij})-(\mathrm{ji})\mathrm{i}=-\mathrm{j}+\mathrm{j}=0,$$

同理 $-2\langle\mathrm{j},\mathrm{k}\rangle=\mathrm{jk}+\mathrm{kj}=0$. 故 $\mathrm{i},\mathrm{j},\mathrm{k}$ 是 B 中正交单位长向量. 若 $\dim E=4$，则 $1,\mathrm{i},\mathrm{j},\mathrm{k}$ 构成 E 的标准，显然 $E=\mathbb{R}\oplus\mathbb{R}\mathrm{i}\oplus\mathbb{R}\mathrm{j}\oplus\mathbb{R}\mathrm{k}=\mathbb{H}$.

(5) 若 $\dim E\geqslant 5$，则 $\dim B\geqslant 4$，故 B 中有长为 1 的向量 l 与 $\mathrm{i},\mathrm{j},\mathrm{k}$ 正交. 于是如(4)可知 $\mathrm{i}l=-l\mathrm{i}$，$\mathrm{j}l=-l\mathrm{j}$，$\mathrm{k}l=-l\mathrm{k}$. 但

$$\mathrm{k}l=\mathrm{ij}l=-\mathrm{i}l\mathrm{j}=l\mathrm{ij}=l\mathrm{k}=-\mathrm{k}l,$$

故 $\mathrm{k}l=0$. 但因可除代数的非零元集是乘法群，非零元之积不可能为零. 矛盾. 故知 $\dim E\leqslant 4$. 证毕.

27. 试用线性变换（而不是矩阵）的语言，证明酉空间线性变换的极分解定理：设 σ 是

n 维酉空间 V 的线性变换，则存在酉变换 ω,ω_1 和 Hermite 变换 ρ,ρ_1 使得

$$\sigma = \omega\rho = \rho_1\omega_1,$$

其中 Hermite 变换 ρ,ρ_1 是半正定的，且由 σ 唯一决定.

证 (1) 如果有分解 $\sigma=\omega\rho$，则 $\sigma^*\sigma=\rho^*\omega^*\omega\rho=\rho^2$，由 9.11 节系 7，即知此 ρ 由 σ 唯一决定. 反之，因 $\sigma^*\sigma$ 为半正定 Hermite 变换，所以必存在(唯一的)半正定 Hermite 变换 ρ 使 $\sigma^*\sigma=\rho^2$. 于是，对任意 $\beta\in V$ 有

$$\|\sigma\beta\|^2 = \langle\sigma\beta,\sigma\beta\rangle = \langle\sigma^*\sigma\beta,\beta\rangle = \langle\rho^2\beta,\beta\rangle = \langle\rho\beta,\rho\beta\rangle = \|\rho\beta\|^2.$$

这说明 $\rho\beta=0\Leftrightarrow\sigma\beta=0$，故 $\ker\rho=\ker\sigma$. 从而 ρ 与 σ 的象子空间同构，即

$$\rho V \cong V/\ker\rho = V/\ker\sigma \cong \sigma V.$$

故其正交补 $(\rho V)^\perp$ 和 $(\sigma V)^\perp$ 的维数相同，从而存在酉空间的(等距)同构

$$\omega_0: (\rho V)^\perp \to (\sigma V)^\perp.$$

考虑正交直和分解 $V=\rho V\oplus(\rho V)^\perp$ 和 $V=\sigma V\oplus(\sigma V)^\perp$，构作线性映射

$$\omega: V = \rho V \oplus (\rho V)^\perp \longrightarrow V = \sigma V \oplus (\sigma V)^\perp,$$

$$\rho\beta + \gamma \longmapsto \sigma\beta + \omega_0\gamma,$$

即令 $\omega(\rho\beta)=\sigma\beta,\omega\gamma=\omega_0\gamma,\omega(\rho\beta+\gamma)=\sigma\beta+\omega_0\gamma$（对 $\beta\in V,\gamma\in(\rho V)^\perp$）. 现在验证 ω 是酉变换(即保内积)，注意 $\rho\beta\perp\gamma,\sigma\beta\perp\omega_0\gamma,\omega_0$ 保内积，故对 $\alpha=\rho\beta+\gamma$ 有

$$\begin{aligned}\langle\omega\alpha,\omega\alpha\rangle &= \langle\sigma\beta+\omega_0\gamma,\sigma\beta+\omega_0\gamma\rangle = \langle\sigma\beta,\sigma\beta\rangle + \langle\omega_0\gamma,\omega_0\gamma\rangle \\ &= \langle\rho\beta,\rho\beta\rangle + \langle\gamma,\gamma\rangle = \langle\rho\beta+\gamma,\rho\beta+\gamma\rangle = \langle\alpha,\alpha\rangle.\end{aligned}$$

由于 $\omega(\rho\beta)=\sigma\beta$（对 $\beta\in V$），所以 $\omega\rho=\sigma$，因此得到第一种分解.

(2) 分解 σ^* 为 $\sigma^*=\omega_1\rho_1$，则 $\sigma=\sigma^{**}=\rho_1^*\omega_1^*=\rho_1\omega_1^*$，就得到第二种分解.

28. 设 η 是欧几里得空间的一个单位向量，对任 $\alpha\in V$，定义 $\mathscr{A}(\alpha)=\alpha-2(\eta\cdot\alpha)\eta$，证明

(1) $\mathscr{A}$ 是正交变换(这样的变换称为镜面反射)；

(2) $\mathscr{A}$ 是第二类的；

(3) 如果 n 维欧几里得空间中，正交变换 $\mathscr{B}$ 以 1 作为一个特征值，且属于特征值 1 的特征子空间 V_1 的维数是 $n-1$，那么 $\mathscr{B}$ 是镜面反射.

证 (1) 对 $\forall\alpha,\beta\in V$，有

$$\mathscr{A}(\alpha+\beta) = (\alpha+\beta) - 2(\eta,\alpha+\beta)\eta = \alpha+\beta-2(\eta,\alpha)\eta-2(\eta,\beta)\eta = \mathscr{A}\alpha+\mathscr{A}\beta,$$

$$\mathscr{A}(k\alpha) = k\alpha - 2(\eta,k\alpha)\eta = k[\alpha-2(\eta,\alpha)\eta] = k\mathscr{A}\alpha,$$

所以 $\mathscr{A}$ 是线性变换. 又有

$$(\mathscr{A}\alpha,\mathscr{A}\beta) = (\alpha-2(\eta,\alpha)\eta,\beta-2(\eta,\beta)\eta) = (\alpha,\beta),$$

于是 $\mathscr{A}$ 是正交变换.

(2) 将 η 扩充为 V 的一组标准正交基 $\eta_1,\eta_2,\cdots,\eta_n$，则因为

$$\mathscr{A}\eta = \eta - 2(\eta,\eta)\eta = -\eta,$$

$$\mathscr{A}\eta_i = \eta_i \quad (i=2,\cdots,n),$$

故 $\mathscr{A}$ 在此基下的方阵表示为

$$A = \mathrm{diag}\{-1,1,\cdots,1\}.$$

因为 $\det A=-1$，所以 $\mathscr{A}$ 是第二类的.

(3) 取 V_1 的一组标准正交基 $\varepsilon_1,\cdots,\varepsilon_{n-1}$，因为 V_1 是 $\mathscr{B}$ 的不变子空间，而 $\mathscr{B}$ 是正交变换，所以 $V_1^{\perp}$ 也是 $\mathscr{B}$ 的不变子空间. 且 $\dim V_1^{\perp}=\dim V-\dim V_1=1$，故任 $\varepsilon_n\in V_1^{\perp}(\varepsilon_n\neq 0)$，有 $\mathscr{B}\varepsilon_n=k\varepsilon_n$. 又因为 $\mathscr{B}$ 的实特征值为 ±1，而复根共轭出现，及 $\mathscr{B}$ 恰有 $n-1$ 个属于特征值 1 的线性无关的特征向量，所以 $k=-1$. 于是知 $\mathscr{B}$ 在基 $\varepsilon_1,\cdots,\varepsilon_{n-1},\varepsilon_n$ 下的方阵表示为

$$B = \mathrm{diag}\{1,1,\cdots,1,-1\}.$$

$\forall\alpha\in V$，设 $\alpha=x_1\varepsilon_1+x_2\varepsilon_2+\cdots+x_n\varepsilon_n$，有

$$\begin{aligned}\mathscr{B}(\alpha) &= \mathscr{B}(x_1\varepsilon_1+\cdots+x_n\varepsilon_n) = x_1\mathscr{B}\varepsilon_1+\cdots+x_{n-1}\mathscr{B}\varepsilon_{n-1}+x_n\mathscr{B}\varepsilon_n\\ &= x_1\varepsilon_1+\cdots+x_{n-1}\varepsilon_{n-1}-x_n\varepsilon_n\\ &= x_1\varepsilon_1+\cdots+x_n\varepsilon_n-2x_n\varepsilon_n=\alpha-2(\alpha,\varepsilon_n)\varepsilon_n,\end{aligned}$$

所以 $\mathscr{B}$ 是镜面反射.

29. 设三阶实对称方阵 A 的特征值为 $\lambda_1=1,\lambda_2=\lambda_3=-1$，对应于特征值 λ_1 的特征向量为 $\xi_1=(1,0,1)^{\mathrm{T}}$，求 A，并说明满足题设条件的 A 是否唯一.

解 方法 1 因为实对称阵 A 的属于不同特征值的特征向量相互正交，故知 A 属于的特征值 -1 的特征向量应在与 ξ_1 垂直的平面上. 取

$$x_1=\frac{1}{\sqrt{2}}\xi_1,\quad x_2=\begin{bmatrix}0\\1\\0\end{bmatrix},\quad x_3=\frac{1}{\sqrt{2}}\begin{bmatrix}1\\0\\-1\end{bmatrix},$$

且令 $T=(x_1,x_2,x_3)$，则有

$$A=T\begin{bmatrix}1&&\\&-1&\\&&-1\end{bmatrix}T^{-1}=\begin{bmatrix}\frac{1}{\sqrt{2}}&0&\frac{1}{\sqrt{2}}\\0&1&0\\\frac{1}{\sqrt{2}}&0&-\frac{1}{\sqrt{2}}\end{bmatrix}\begin{bmatrix}1&&\\&-1&\\&&-1\end{bmatrix}\begin{bmatrix}\frac{1}{\sqrt{2}}&0&\frac{1}{\sqrt{2}}\\0&1&0\\\frac{1}{\sqrt{2}}&0&-\frac{1}{\sqrt{2}}\end{bmatrix}$$

$$=\begin{bmatrix}0&0&1\\0&-1&0\\1&0&0\end{bmatrix}.$$

注 这里属于特征值 $\lambda=-1$ 的特征子空间是二维的，它等于 $L(x_2,x_3)=c_1x_2+c_2x_3$，$(c_1,c_2\in\mathbb{R})$，因此 T 的 2,3 列的选取不唯一，但不影响 A 的结论.

方法 2 设 $x_1=\frac{1}{\sqrt{2}}\xi_1$，取 x_2,x_3 是 $V_{\lambda=-1}$ 的任一标准正交基. 令 $Q=(x_1,x_2,x_3)$，则

Q 为正交方阵，且有

$$Q^{\mathrm{T}}AQ = \mathrm{diag}\{1, -1, -1\}.$$

故

$$A = Q\begin{pmatrix}1 & & \\ & -1 & \\ & & -1\end{pmatrix}Q^{\mathrm{T}} = (x_1, x_2, x_3)\begin{pmatrix}1 & & \\ & -1 & \\ & & -1\end{pmatrix}\begin{pmatrix}x_1^{\mathrm{T}} \\ x_2^{\mathrm{T}} \\ x_3^{\mathrm{T}}\end{pmatrix}$$

$$= (x_1, -x_2, -x_3)\begin{pmatrix}x_1^{\mathrm{T}} \\ x_2^{\mathrm{T}} \\ x_3^{\mathrm{T}}\end{pmatrix} = x_1x_1^{\mathrm{T}} - x_2x_2^{\mathrm{T}} - x_3x_3^{\mathrm{T}}, \qquad (*)$$

又因为

$$I = QQ^{\mathrm{T}} = (x_1, x_2, x_3)\begin{pmatrix}x_1^{\mathrm{T}} \\ x_2^{\mathrm{T}} \\ x_3^{\mathrm{T}}\end{pmatrix} = x_1x_1^{\mathrm{T}} + x_2x_2^{\mathrm{T}} + x_3x_3^{\mathrm{T}},$$

代入(*)式，得

$$A = 2x_1x_1^{\mathrm{T}} - I = \xi_1\xi_1^{\mathrm{T}} - I = \begin{pmatrix}0 & 0 & 1 \\ 0 & -1 & 0 \\ 1 & 0 & 0\end{pmatrix}.$$

由方法 2 很容易看出，A 只由 ξ_1 决定，与 x_2, x_3 的选取无关. 即在 A 的属于特征值 -1 的特征子空间中，怎样选取标准正交基得的结果都一样：

$$A = \xi_1\xi_1^{\mathrm{T}} - I.$$

*第10章

正交几何与辛几何

10.1 定义与定理

定义 10.1 设 V 是域 F 上 n 维线性空间，g 是 V 上双线性型(也记 $g(\alpha,\beta)$ 为 $\langle\alpha,\beta\rangle$).

(1) 若 g 是对称的，则 (V,g) 称为**正交**(orthogonal，或**对称**)**几何空间**.

(2) 若 g 是交错的，则 (V,g) 称为**辛**(symplectic)**几何空间**.

两种情形下，g 均称为广义**内积**，(V,g) 也称为广义**内积空间**，或度量向量空间(但应区别于度量拓扑空间). V 的子空间 W 以 g(在 W 的限制)为内积，称为 (V,g) 的子空间(几何空间常简称为几何，或空间).

定义 10.2 (1) 若 $g(\alpha,\beta)=\langle\alpha,\beta\rangle=0$，则称 α 与 β **正交**(**或垂直**)，记为 $\alpha\perp\beta$. V 的两个子集合 S,T 正交是指其向量互相正交，记为 $S\perp T$. 以 $S^{\perp}$ 记与 S 正交的 V 中向量全体，称为 S 的**正交补**. 记 $(S^{\perp})^{\perp}=S^{\perp\perp}$.

(2) 若非零向量 α 与自身正交，即 $\alpha\perp\alpha$，或 $\langle\alpha,\alpha\rangle=0$，则称 α 为**迷向**(isotropic)或**零(内)积**(null)向量.

(3) 与 V(中所有向量均)正交的向量集 $\mathrm{rad}(V)$ 称为 V 的**根**(radical)，即

$$\mathrm{rad}(V)=\{\alpha\in V\mid\langle\alpha,x\rangle=0,x\in V\}=V^{\perp}.$$

同样定义子空间 W 的根 $\mathrm{rad}(W)=W\cap W^{\perp}$.

定理 10.1 设 (V,g) 是非奇异正交或辛空间，W 是其子空间，则以下等价：

(1) W 非奇异，　(2) $W^{\perp}$ 非奇异，　(3) $W\cap W^{\perp}=0$，

(4) $V=W+W^{\perp}$，　(5) $V=W\oplus W^{\perp}$.

定理 10.2 设 (V,g) 是正交或辛空间，则

$$V=\mathrm{rad}(V)\oplus V'.$$

其中 $\mathrm{rad}(V)$ 是根(零积子空间)，V' 是非奇异子空间.

定理 10.3 辛几何空间 V 可分解为双曲平面及零积空间的正交直和，即有基 $\{e_1,\cdots,e_n\}$ 使

$$V=H_1\oplus H_2\oplus\cdots\oplus H_s\oplus\mathrm{rad}(V).$$

其中 $H_i=Fe_{2i-1}+Fe_{2i}$ 为**双曲平面**，即满足 $\langle e_{2i-1},e_{2i-1}\rangle=\langle e_{2i},e_{2i}\rangle=0$，$\langle e_{2i-1},e_{2i}\rangle=1$ 的二维空间 $(1\leqslant i\leqslant s)$. $\mathrm{rad}(V)$ 是零积空间(内积恒零).

定理 10.4　设(V,g)为域F上正交几何空间(且当特征$\mathrm{char}(F)=2$时,不是辛空间). 则V可分解为一维子空间的正交直和，即存在V的正交基$\{\varepsilon_1,\cdots,\varepsilon_n\}$，使得

$$V = F\varepsilon_1 \oplus \cdots \oplus F\varepsilon_n.$$

g在此基下的方阵为对角形：$P^{\mathrm{T}}GP=\mathrm{diag}\{a_1,\cdots,a_n\}$.

相应地，任意域F上的对称方阵G(且当特征$\mathrm{char}(F)=2$时,对角线非全0) 在F上相合于对角形：$P^{\mathrm{T}}GP=\mathrm{diag}\{a_1,\cdots,a_n\}$.

引理 10.1　(1) 若有限域$\mathbb{F}_q=\mathbb{F}_{2^e}$，即特征为2，则$\mathbb{F}_{2^e}$的每个元素均为平方元.

(2) 若有限域$\mathbb{F}_q$的特征$p\neq2$，则$\mathbb{F}_q^*$中平方元占半数，且$\mathbb{F}_q^*=(\mathbb{F}_q^*)^2\cup s(\mathbb{F}_q^*)^2$，其中$s$为任一非平方元.

定理 10.5　设$F=\mathbb{F}_{2^e}$是特征为2的有限域,(V,g)是$\mathbb{F}_{2^e}$上n维正交几何空间(且非辛空间). 若(V,g)非奇异则存在标准正交基. 若(V,g)奇异则存在正交基$\{\varepsilon_1,\cdots,\varepsilon_n\}$满足$\langle\varepsilon_i,\varepsilon_i\rangle=1$或0 (依$1\leqslant i\leqslant r$或$r+1\leqslant i\leqslant n$)；$g$在此基下的方阵表示为

$$P^{\mathrm{T}}GP = \begin{pmatrix} 1 & & & \\ & \ddots & & \\ & & 1 & \\ & & & 0 \end{pmatrix}.$$

特别,$\mathbb{F}_{2^e}$上的对称(且非交错)方阵必在$\mathbb{F}_{2^e}$上相合于$\mathrm{diag}\{1,\cdots,1,0,\cdots,0\}$.

定理 10.6　设$F=\mathbb{F}_q$是有限域，特征$\mathrm{char}(\mathbb{F}_q)\neq2$,$(V,g)$是$\mathbb{F}_q$上$n$维正交几何空间. 则存在$V$的正交基$\{\varepsilon_1,\cdots,\varepsilon_n\}$，满足$\langle\varepsilon_r,\varepsilon_r\rangle=d\neq0$,$\langle\varepsilon_i,\varepsilon_i\rangle=1$或0 (依$1\leqslant i\leqslant r-1$或$r+1\leqslant i\leqslant n$)；$g$在此基下的方阵表示为

$$P^{\mathrm{T}}GP = \begin{pmatrix} 1 & & & & \\ & \ddots & & & \\ & & 1 & & \\ & & & d & \\ & & & & 0 \end{pmatrix}.$$

其中$d\in F^*$是唯一确定的(不计F^*中数的平方倍意义下).

特别可知，特征非2有限域$\mathbb{F}_q$上的任一对称方阵G，在$\mathbb{F}_q$上相合于

$$P^{\mathrm{T}}GP = \mathrm{diag}\{1,\cdots,1,d,0,\cdots,0\}.$$

引理 10.2　设$\mathbb{F}_q$是特征$p\neq2$的有限域,$a_1,a_2\in\mathbb{F}_q$. 则$a_1x^2+a_2y^2=1$有解x,$y\in\mathbb{F}_q$.

定义 10.3　设(V,g)和(V',g')是两个正交空间或辛空间. 二者的内积通常均用$\langle,\rangle$表示. 若线性映射σ: $V\to V'$是双射且保持内积，即满足(对任意$\alpha,\beta\in V$)：

$$\langle\sigma\alpha,\sigma\beta\rangle=\langle\alpha,\beta\rangle.$$

则称σ为**等距映射**(isometry)，或(正交或辛空间的)**同构映射**；此时称(V,g)和(V',g')

是(等距)同构的，记为$(V,g)\approx(V',g')$. (V,g)到自身的等距映射也称为**等距变换**，全体记为$\mathrm{Aut}(V,g)$，是乘法群. 非奇异的正交几何空间的等距变换σ又称为**正交变换**(其中当σ的方阵的行列式$\det\sigma=1$时,σ称为**旋转**(或**正常正交变换**)；当$\det\sigma=-1$时,σ称为**反常正交变换**(也有文献称为反射变换)). 非奇异的辛几何空间的等距变换又称为**辛变换**.

定理 10.7 设(V,g)是n维正交空间或辛空间，非奇异,σ是其双射线性变换.

(1) σ是等距变换当且仅当$\sigma^*\sigma=1$.(其中σ^*是σ的伴随变换)

(2) 设σ是V的等距变换. 若W是σ的不变子空间，则$W^{\perp}$也是σ的不变子空间.

定理 10.8 设V是域F上非奇异的n维正交几何空间,F的特征不为2.

(1) 若$\alpha,\beta\in V$满足$\langle\alpha,\alpha\rangle=\langle\beta,\beta\rangle\neq0$，则存在对称(反射)$\psi$使$\psi(\alpha)=\pm\beta$.

(2) V的每个正交(即等距)变换σ是有限个对称(反射)之积.

Cartan-Dieudonne 定理 n维空间的每个正交变换是不超过n个对称(反射)之积.

10.2 习题与解答

1. 设V是域F上的线性空间,g是V上的双线性型. 证明：

(1) 交错的g总是斜称的；(反之是否成立，为什么?)

(2) 若域的特征$\mathrm{char}(F)=2$，则g是斜称的当且仅当g是对称的；

(3) 若域的特征$\mathrm{char}(F)\neq2$，则g是斜称的当且仅当g是交错的.

解 (1) 展开$g(\alpha+\beta,\alpha+\beta)=g(\alpha,\alpha)+g(\alpha,\beta)+g(\beta,\alpha)+g(\beta,\beta)$. 若$g$交错则得$g(\alpha,\beta)+g(\beta,\alpha)=0$,$g(\alpha,\beta)=-g(\beta,\alpha)$即知$g$斜称. 反之，若$g$斜称，则由$g(\alpha,\beta)=-g(\beta,\alpha)$,可知$g(\alpha,\alpha)=-g(\alpha,\alpha)$；当$\mathrm{char}(F)\neq2$时得$g(\alpha,\alpha)=0$，即$g$交错；但当$\mathrm{char}(F)=2$时,$-1=1$，上式成为恒等式，不能得出$g$是交错的. 例如当$\mathrm{char}(F)=2$，而$g$的方阵为$I$时,$g$斜称,不交错.

(2) 当$\mathrm{char}(F)=2$时，因为$-1=1$，所以斜称与对称是同一件事情.

(3) 在(1)的证明中已经得到.

2. 在$\mathbb{F}_2^n$中定义内积$\langle(a_1,\cdots,a_n),(b_1,\cdots,b_n)\rangle=a_1b_1+\cdots+a_nb_n$. (1)证明此内积是对称的，也是斜称的，但不是交错的；(2)求出3个迷向向量；(3)求出若干零积子空间.

证 (1) 对称是显然的. 因为基域$\mathbb{F}_2$的特征为2，故$-1=1$，对称与斜称是一回事. 由$\langle(1,0,\cdots,0),(1,0,\cdots,0)\rangle=1$知此内积不是交错的.

(2) 以下均为迷向向量：$(1,1,0,\cdots,0)$,$(1,0,1,0,\cdots,0)$,$(0,1,1,0,\cdots,0)$.

(3) 当$n=4$时,$\{0,(0,0,1,1),(1,1,0,0),(1,1,1,1)\}$是零积空间. 当$n>4$时，后面加一些零分量即可. 零分量也可加在其他的地方.

3. 设域的特征$\mathrm{char}(F)\neq2$,V是域F上线性空间. 证明：V上函数Q是二次型当且仅当Q有如下性质：

(1) $Q(k\alpha)=k^2Q(\alpha)$(对所有$k\in F,\alpha\in V$)；

(2) $g(\alpha,\beta)=\frac{1}{2}(Q(\alpha+\beta)-Q(\alpha)-Q(\beta))$是双线性型.

证　若Q是二次型，按定义可知$Q(\alpha)=g(\alpha,\alpha)$，其中$g(\alpha,\beta)$是对称双线性型. 由

$$Q(k\alpha)=g(k\alpha,k\alpha)=k^2g(\alpha,\alpha)=k^2Q(\alpha),$$
$$g(\alpha+\beta,\alpha+\beta)=g(\alpha,\alpha)+g(\alpha,\beta)+g(\beta,\alpha)+g(\beta,\beta).$$

即可得到(1)式和(2)式. 反之，若Q满足(1)式和(2)式，则由下式即知Q为二次型：

$$g(\alpha,\alpha)=\frac{1}{2}(Q(\alpha+\alpha)-Q(\alpha)-Q(\alpha))=\frac{1}{2}(4Q(\alpha)-Q(\alpha)-Q(\alpha))=Q(\alpha).$$

4. 试证明Riesz表示定理：设V是n维非奇异正交或辛空间，内积记为$\langle,\rangle$. 对V上任一线性函数(泛函)$f\in V^*$,存在唯一向量$\alpha\in V$使$f=f_\alpha$，即$f(x)=\langle\alpha,x\rangle(x\in V)$.

证　显然$f_\alpha=\langle\alpha,\cdot\rangle\in V^*$，即是线性函数，因为$f_\alpha(x+y)=\langle\alpha,x+y\rangle=\langle\alpha,x\rangle+\langle\alpha,y\rangle=f_\alpha(x)+f_\alpha(y)$,$f_\alpha(kx)=\langle\alpha,kx\rangle=k\langle\alpha,x\rangle=kf_\alpha(x)$. 这就得出映射

$$\varphi:V\to V^*,\qquad \varphi(\alpha)=f_\alpha.$$

显然φ是线性映射，这是因为

$$\begin{aligned}\varphi(\alpha+\beta)(x)&=f_{\alpha+\beta}(x)=\langle\alpha+\beta,x\rangle=\langle\alpha,x\rangle+\langle\beta,x\rangle=f_\alpha(x)+f_\beta(x)\\&=\varphi(\alpha)(x)+\varphi(\beta)(x)=(\varphi(\alpha)+\varphi(\beta)(x)),\end{aligned}$$

即$\varphi(\alpha+\beta)=\varphi(\alpha)+\varphi(\beta)$. 同样可知$\varphi(k\alpha)=k\varphi(\alpha)$. 又由于$V$是$n$维非奇异的，即内积是非退化的，可得出$\varphi$是单射；事实上若$\alpha\neq0$，则$\varphi(\alpha)=f_\alpha=0$意味着$\langle\alpha,x\rangle=0$对任意$x\in V$成立，也就意味着内积是左退化的，就导致矛盾. 这就得出φ是单射. 所以$\varphi(V)$是V^*的n维子空间. 我们又知道V^*的维数也是n，所以$\varphi(V)=V^*$，即知对任意$f\in V^*$,存在唯一的$\alpha\in V$使$f=\varphi(\alpha)=f_\alpha$. 再说明一点,$V^*$的维数是$n$可以这样看出，取定$V$的基$\alpha_1,\cdots,\alpha_n$，则可构作$f_1,\cdots,f_n\in V^*$使$f_i(\alpha_j)=\delta_{ij}$. 易知$f_1,\cdots,f_n$是线性无关的，事实上若$\sum k_if_i=0$，则$0=\sum k_if_i(\alpha_j)=k_j$(对$j=1,\cdots,n$).

5.(正交关系的对称性)　证明：正交关系满足对称性的几何，只有正交几何与辛几何. 详言之：设V是任意域F上的线性空间,$g(\alpha,\beta)=\langle\alpha,\beta\rangle$是$V$上双线性型. 若$\langle\alpha,\beta\rangle=0$则称$\alpha$正交于$\beta$，记为$\alpha\perp\beta$. 试证明：如果$\alpha\perp\beta$当且仅当$\beta\perp\alpha$(任意$\alpha,\beta\in V$)，则$g$必是对称的或交错的.

证　(1) 设正交关系满足对称性. 记$v=\langle\alpha,\beta\rangle\gamma-\langle\alpha,\gamma\rangle\beta$,则$\langle\alpha,v\rangle=\langle\alpha,\beta\rangle\langle\alpha,\gamma\rangle-\langle\alpha,\gamma\rangle\langle\alpha,\beta\rangle=0$. 由正交关系对称性应当有$\langle v,\alpha\rangle=0$，即

$$\langle\alpha,\beta\rangle\langle\gamma,\alpha\rangle=\langle\alpha,\gamma\rangle\langle\beta,\alpha\rangle.$$

令$\alpha=\beta$，则得$\langle\alpha,\alpha\rangle\langle\gamma,\alpha\rangle=\langle\alpha,\gamma\rangle\langle\alpha,\alpha\rangle$. 所以得到命题：“若$\langle\gamma,\alpha\rangle\neq\langle\alpha,\gamma\rangle$则$\alpha$迷向(对任意$\alpha,\gamma$)”.

(2) 如果内积 g 非对称，则必对某 α,γ 有 $\langle\gamma,\alpha\rangle\neq\langle\alpha,\gamma\rangle$，于是由上述(1)中的名题知道 α(和 γ)为迷向向量. 若此 g 又是非交错的，则必对某 β 有 $\langle\beta,\beta\rangle\neq 0$，即知此 β 非迷向. 故由本证明(1)中最后的命题知

$$\langle\beta,x\rangle=\langle x,\beta\rangle \quad (\text{对任意 } x).$$

特别可知 $\langle\beta,\gamma\rangle-\langle\gamma,\beta\rangle$，故 $\langle\alpha+\beta,\gamma\rangle=\langle\alpha,\gamma\rangle+\langle\beta,\gamma\rangle$ 与 $\langle\gamma,\alpha+\beta\rangle=\langle\gamma,\alpha\rangle+\langle\gamma,\beta\rangle$ 二者不等，从而由上述命题知道 $\alpha+\beta$ 迷向. 但由(1)中 $\langle\alpha,\beta\rangle\langle\gamma,\alpha\rangle=\langle\alpha,\gamma\rangle\langle\beta,\alpha\rangle$ 和 $\langle\gamma,\alpha\rangle\neq\langle\alpha,\gamma\rangle$ 及 $\langle\beta,\alpha\rangle=\langle\alpha,\beta\rangle$，知 $\langle\beta,\alpha\rangle=\langle\alpha,\beta\rangle=0$. 故 $0=\langle\alpha+\beta,\alpha+\beta\rangle=\langle\beta,\beta\rangle$，故 β 迷向，矛盾. 这说明 g 既非对称又非交错是不可能的.

6. 试证明：域 F 上的交错方阵 A 的行列式是 F 中元素的平方.

证 由 8.4 节的结果(或定理 10.3)知，存在 F 上可逆方阵 P 使得

$$A=P^{\mathrm{T}}\operatorname{diag}\left\{\begin{pmatrix} & 1\\ -1 & \end{pmatrix},\cdots\right\}P,$$

故若 $\det A\neq 0$，则 $\det A=(\det P)^2$.

7. 试证明：域 F 上的两个 n 阶交错方阵相合当且仅当它们的秩相等.

证 设交错方阵 A,B 的秩均为 r. 由 8.4 节的结果(或定理 10.3)知，存在 F 上可逆方阵 P 和 Q 使

$$P^{\mathrm{T}}AP=\operatorname{diag}\left\{\begin{pmatrix} & 1\\ -1 & \end{pmatrix},\cdots,\begin{pmatrix} & 1\\ -1 & \end{pmatrix},0,\cdots,0\right\}=Q^{\mathrm{T}}BQ,$$

即知 A,B 相合.

8. 设 $A=(a_{ij})$ 为 n 阶交错方阵，其中 $a_{ij}=X_{ij}$ 为互异不定元($i<j$ 时).

(1) $\det A=f^2$ 是 $X_{ij}\,(i<j)$ 的整数系数多项式 f 的平方；

(2) 上式中的 f 在相差正负号意义下唯一. 证明可这样取 f 的符号：使得 A 取值为 $\operatorname{diag}\{S,\cdots,S\}$，$S=\begin{pmatrix} & 1\\ -1 & \end{pmatrix}$ 的时候 f 取值为 1. 选取这样符号的多项式 f 称为 Pfaffian (多项式)，记为 $Pf(A)$；

(3) 证明 $Pf(P^{\mathrm{T}}AP)=\det P\cdot Pf(A)$(这里 A,P 为整数系数阵，A 交错)；

(4) 计算 $n=2,4$ 时的 Pfaffian (多项式) $Pf(A)$.

证 (1) 设 F 为(有理数域上多元) X_{ij} 的有理式全体构成的域. 则 A 是域 F 上的交错方阵. 由第 6 题知 $\det A=(f/g)^2$，可设 f,g 为互素多项式，系数为 $\mathbb{R}$ 中整数. 故 $g^2\det A=f^2$，注意 $\det A$ 为 X_{ij} 的多项式，故由 $\mathbb{R}$ 上多元多项式环中的唯一因子分解律，及 f,g 互素，即知 $g=\pm 1$. 故 $\det A=f^2$.

(2) 记 $f(X_{12},X_{13},\cdots,X_{n-1,n})=ef_0(X_{12},X_{13},\cdots,X_{n-1,n})$，其中符号 $e=\pm 1$. 当 A 取值为 $D=\operatorname{diag}\{S,\cdots,S\}$ 时，即 $(X_{12},X_{13},\cdots,X_{n-1,n})$ 取定一组值 $(1,0,\cdots,1)$ 时，$\det A$ 取值 $\det D=1$，故 $f(1,0,\cdots,1)=ef_0(1,0,\cdots,1)=\pm 1$. 选取 $e=\pm 1$ 使此值为 1，就决定了符

号 e.

(3) 显然 $Pf(P^{\mathrm{T}}AP)=\pm\det P\cdot Pf(A)$. 视 A,P 的系数为不定元，则取不定元的特殊值即可决定符号±1. 取 P 为 I，则 $Pf(A)=Pf(P^{\mathrm{T}}AP)=\pm\det I\cdot Pf(A)$. 故知$\pm1=1$.

(4) $Pf(A_2)=X_{12}$. $Pf(A_4)=X_{12}X_{34}+X_{13}X_{42}+X_{14}X_{23}$.

9. 设$\mathbb{F}_q$为特征非 2 的有限域，G 为$\mathbb{F}_q$上非奇异对称方阵. 证明：

(1) 存在$\mathbb{F}_q$上可逆方阵 P 使 $P^{\mathrm{T}}GP=\mathrm{diag}\{1,\cdots,1,d(G)\}$，其中非零 $d(G)\in\mathbb{F}_q$；

(2) 设 G_1,G_2 为$\mathbb{F}_q$上非奇异对称方阵. 则 $G_1\approx G_2$（相合）当且仅当 $d(G_1)=d(G_2)\cdot k^2$，其中非零 $k\in\mathbb{F}_q$.

证　(1) 由定理 10.6 即知.

(2) 可设 $P_i^{\mathrm{T}}G_iP_i=\mathrm{diag}\{1,\cdots,1,d(G_i)\}$（对 $i=1,2$）. 若 $G_1\approx G_2$，则有可逆阵 Q 使 $\mathrm{diag}\{1,\cdots,1,d(G_1)\}=Q^{\mathrm{T}}\mathrm{diag}\{1,\cdots,1,d(G_2)\}Q$，两边取行列式即得 $d(G_1)=d(G_2)(\det Q)^2$. 反之，若 $d(G_1)=d(G_2)\cdot k^2,k\neq0$，令 $Q=\mathrm{diag}\{1,\cdots,1,k\}$，则 $\mathrm{diag}\{1,\cdots 1,d(G_1)\}=Q^{\mathrm{T}}\mathrm{diag}\{1,\cdots,1,d(G_2)\}Q$，即知 $G_1\approx G_2$.

10. 设(V,g)是域 F（特征不为 2）上非退化的正交或辛空间，$\varepsilon\in V$ 不是迷向向量. 沿 ε 的反射（或对称）ψ_ε 定义为

$$\psi_\varepsilon(\alpha)=\alpha-\varepsilon2\langle\alpha,\varepsilon\rangle/\langle\varepsilon,\varepsilon\rangle.$$

试证明：(1) ψ_ε 为等距变换；(2) $\psi_\varepsilon(\varepsilon)=-\varepsilon$；(3) 若 $\alpha\perp\varepsilon$ 则 $\psi_\varepsilon(\alpha)=\alpha$；(4) 性质(2-3)决定 ψ_ε；(5) 是否有基使 ψ_ε 的方阵为 $\mathrm{diag}\{-1,1,\cdots,1\}$？(6) 若 σ 是 V 的正交变换，则 $\sigma\psi_\varepsilon\sigma^{-1}=\psi_{\sigma\varepsilon}$.

证　(1)～(3)易直接验证. (4) 由 $V=\mathrm{span}\{\varepsilon\}\oplus\mathrm{span}\{\varepsilon\}^{\perp}$即知. (5) 由(4)中 V 的分解，在两个正交子空间中取基即可. (6) 由下式可知

$$\sigma\psi_\varepsilon\sigma^{-1}(x)=\sigma(\sigma^{-1}x-\varepsilon2\langle\sigma^{-1}x,\varepsilon\rangle/\langle\varepsilon,\varepsilon\rangle)=x-\sigma(\varepsilon2\langle x,\sigma\varepsilon\rangle/\langle\sigma\varepsilon,\sigma\varepsilon\rangle)=\psi_{\sigma\varepsilon}(x).$$

11. 设 V 是 F（特征非 2）上二维线性空间，$g=\langle,\rangle$是对称双线性型.

(1) 试证明如下命题等价：①(V,g)是双曲平面. ②(V,g)非奇异，且含迷向向量. ③g 的(方阵的)判别式为$(-1)F^{*2}$.

(2) 任两双曲平面等距同构.

(3) 任一双曲平面恰包含两个全迷向一维子空间.

(4) 双曲平面的旋转 ρ（即行列式为 1 的正交变换）1—1 对应于 F^*（且此对应保持乘法）. 双曲平面的反常正交变换 φ（即行列式为-1 的正交变换）恰为第 10 题中的反射.

证　(3) 设 $V=F\alpha+F\beta$，则$\langle a\alpha+b\beta,a\alpha+b\beta\rangle=2ab$，故 $a\alpha+b\beta$迷向需 $ab=0$.

(4) 设 $V=F\alpha+F\beta,\langle\alpha,\alpha\rangle=\langle\beta,\beta\rangle=0$，则只有两种可能：①$\rho(F\alpha)=F\alpha,\rho(F\beta)=F\beta$；或者②$(F\alpha)=F\beta,\rho(F\beta)=F\alpha$. 若①则 $\rho\alpha=a\alpha,\rho\beta=b\beta,ab=ab\langle\alpha,\beta\rangle=\langle\sigma\alpha,\sigma\beta\rangle=\langle\alpha,\beta\rangle=1$. 故 ρ 为旋转且 $\rho\rightarrow a\in F^*$. 若②则 $\rho\alpha=a\beta,\rho\beta=b\alpha,ab=ab\langle\alpha,\beta\rangle=\langle\sigma\beta,\sigma\alpha\rangle=\langle\beta,\alpha\rangle=1$. 故 ρ 的行列式为-1 且 $\sigma(\alpha+a\beta)=a\beta+a(b\alpha)=\alpha+a\beta,\sigma(\alpha-a\beta)=a\beta-a(b\alpha)=-(\alpha-a\beta)$，为

反射.

12. 当域 F 的特征非 2 时，正交空间的线性映射 $\sigma:V\to V'$“保持内积”(等距映射) 当且仅当“保持长度”，即 $\langle\sigma\alpha,\sigma\alpha\rangle=\langle\alpha,\alpha\rangle$(对任意 $\alpha\in V$).

证 由 $\langle\alpha+\beta,\alpha+\beta\rangle-\langle\alpha-\beta,\alpha-\beta\rangle=4\langle\alpha,\beta\rangle$，故若保长度则保内积.

13. (**Minkowski 空间**) 在 $V=\mathbb{R}^{(4)}$ 中定义如下二次型

$$Q(x_1,x_2,x_3,x_4)=x_1^2+x_2^2+x_3^2-x_4^2,$$

从而由 $Q(\alpha)=\langle\alpha,\alpha\rangle$ 引入内积 $g=\langle,\rangle$. 自然基 $\{e_i\}$ 是正交基. $(\mathbb{R}^{(4)},g)$ 实即 Minkowski 四维时空. 记 $e_4=e,x_4=t$(时间分量). 于是 $\mathbb{R}^{(4)}=V_0\oplus^{\perp}\mathbb{R}e,\alpha=\alpha_0+te,V_0$ 是 $\alpha_0=x_1e_1+x_2e_2+x_3e_3$ 全体，是欧几里得空间. 显然 $\langle\alpha,\alpha\rangle=\langle\alpha_0,\alpha_0\rangle-t^2$. $\mathbb{R}^{(4)}$ 的向量分为 3 部分：α 为类空、类时、和光(迷向)向量，分别指 $\langle\alpha,\alpha\rangle$ 为正、负和零. 光(迷向)向量全体称为光锥. 试证明：

(1) 两个光(迷向)向量不正交；

(2) 类时向量与光(迷向)向量不会正交；

(3) 两个光(迷向)向量正交当且仅当共线；

(4) 一个光(迷向)向量的正交补是三维子空间，其(限制)内积半正定，秩为 2.

证 (1) 类时向量 $\alpha=\alpha_0+te$ 满足 $\langle\alpha,\alpha\rangle=\langle\alpha_0,\alpha_0\rangle-t^2<0$，故 $t\neq0$. $\langle\alpha,e\rangle=t\neq0$.

(2) 光向量 α' 满足 $\langle\alpha',\alpha'\rangle=\langle\alpha_0',\alpha_0'\rangle-t'^2=0$，故 $\langle\alpha',e\rangle=t'\neq0$.

(3) 若光向量 α 与 α' 正交，则 $\langle\alpha_0,\alpha_0'\rangle-tt'=0$，即 $\langle\alpha_0,\alpha_0'\rangle^2=\langle\alpha_0,\alpha_0\rangle\langle\alpha_0',\alpha_0'\rangle$，由欧几里得空间的 Cauchy-Schwarz 不等式知 α 与 α' 线性相关.

(4) 设 $\alpha=\alpha_0+te$ 为光向量，正交补为 V_α. 由(2)知 V_α 不含类时向量，即内积半正定. 若 $\beta\in V_\alpha$ 使 $\langle\beta,x\rangle=0$(所有 $x\in V_\alpha$)，则 $\langle\beta,\beta\rangle=0$，即 β 为光(迷向)向量，由(3)知 $\beta=k\alpha$. 故 V_α 的零积空间由 α 生成.

14. 考虑 Minkowski 空间 $(\mathbb{R}^{(4)},g)$(第 13 题). 以 T 记类时向量集，引入关系 $\alpha\sim\beta\Leftrightarrow\langle\alpha,\beta\rangle<0$. 证明：(1) 此关系为等价关系；(2) T 分解为两个等价类的并 $T=T^+\cup T^-$, T^+ 以 e 代表，称为未来锥；T^- 以 $-e$ 为代表，称为过去锥.

证 设 $\alpha_i=\alpha_{0i}+t_ie$ 类时，$\alpha_2=e,\langle\alpha_i,\alpha_i\rangle<0$. 由 $\langle\alpha_1,e\rangle<0,\langle\alpha_3,e\rangle<0$ 可推出 $\langle\alpha_1,\alpha_3\rangle=\langle\alpha_{01},\alpha_{03}\rangle-t_1t_3<0$：$\langle\alpha_i,\alpha_i\rangle=\langle\alpha_{0i},\alpha_{0i}\rangle-t_i^2<0,t_i<0,\langle\alpha_{01},\alpha_{03}\rangle^2\leqslant\langle\alpha_{01},\alpha_{01}\rangle\langle\alpha_{03},\alpha_{03}\rangle\leqslant t_1^2t_3^2$.

15. 由 Cartan-Dieudonne 定理证明：奇数维线性空间的旋转变换 σ 有非零不动点；偶数维线性空间的反常正交变换 σ 有非零不动点.

证 设 $n=\dim V,\sigma=\psi_1\cdots\psi_s,s\leqslant n,\psi_i$ 是沿 ε_i 的对称(反射). 每个 ψ_i 有 $n-1$ 维不动子空间 W_i，它们的交 W 为 $\geqslant n-s$ 维子空间(由 $\dim W_1\cap W_2=\dim W_1+\dim W_2-\dim(W_1+W_2)$). 每个 ψ_i 是反常正交变换，偶数个相乘才可为旋转. 故若 n 为奇数而 σ 为旋转，必有 $s\leqslant n-1$. 若 n 为偶数而 σ 为反常，也必有 $s\leqslant n-1$. 故不动空间 W 的维数 $\geqslant1$.

16. 检查定理7.13的证明过程，确定在求Smith标准形(不要求不变因子是首一的)时，并没有使用第2类初等方阵，即 $P_i(c)=\mathrm{diag}\{1,\cdots,1,c,1,\cdots,1\}$. 从而得到如下结论：对欧几里得整环 R(例如多项式环 $F[X]$，或整数环)上的方阵 A，存在 P,Q 使得

$$PAQ=\mathrm{diag}\{d_1,\cdots,d_n\},\quad (d_i\mid d_{i+1})$$

其中 P,Q 是若干 $P_{ij}(c)$ 和 P_{ij} 的乘积，$P_{ij}(c)=I+cE_{ij}$，$P_{ij}=I+E_{ij}+E_{ji}-E_{ii}-E_{jj}$ $(i\neq j)$，方阵 E_{ij} 的 (i,j) 位元素为1，其余皆零.

证　由《高等代数学》(第2版)定理7.13的证明即知. 简述如下. 欧几里得整环 R 即是"可以进行带余除法"的整环. 即存在 R 到自然数集$\mathbb{N}$的(欧几里得)映射 $\varepsilon: R\to\mathbb{N}$，使得对任意 $a,b\in R$ $(b\neq 0)$ 存在 $q,r\in R$ 满足 $a=bq+r$ 且 $\varepsilon(r)<\varepsilon(b)$. 我们称 $\varepsilon(b)$ 为 b 的"欧几里得值". 设 $A=(a_{ij})$，经对换行或列，可设 $\varepsilon(a_{11})\leqslant\varepsilon(a_{ij})$(对 $1\leqslant i,j\leqslant n$). 如果 $a_{11}\nmid a_{1j}$，作带余除法可得

$$a_{1j}=a_{11}q+r,\quad \varepsilon(r)<\varepsilon(a_{11}).$$

将 A 的第1列的 $-q$ 倍加到第 j 列，再交换 $1,j$ 列(可对 A 右乘以 $P_{1j}(-q)$，P_{1j} 达到)，则(1,1)位元素化为 r，其欧几里得值比原来 a_{11} 的小. 同理，若 $a_{11}\nmid a_{i1}$，则可对 A 左乘以第一、三类初等方阵使(1,1)位的欧几里得值下降. 因为(1,1)位的欧几里得值是自然数，不能无限下降，所以在 A 的两边适当乘以第一、三类的若干初等方阵后，A 化为 $A'=(a'_{ij})$ 而 $a_{11}\mid a_{1j}$，$a_{11}\mid a_{i1}$ $(1\leqslant i,j\leqslant n)$. 再将第一行和列的适当倍加到各行，则 A' 化为 $\mathrm{diag}\{b_1,A_1\}$. 再对 A_1 作同样变换，如此继续下去，可将 A' 化为对角形

$$\mathrm{diag}\{b_1,b_2,\cdots,b_n\}.$$

此时如果 $b_1\nmid b_i$，则将第 i 行加到第1行，重复上述步骤仍可将方阵化为对角形，但(1,1)位元素比 b_1 的欧几里得值低. 因为不能无限如此进行，所以有限步之后可得到对角形 $\mathrm{diag}\{d_1,\cdots,d_n\}$ 而且 $d_1\mid d_i$ $(1\leqslant i\leqslant n)$. 即得所要求的结果.

17. 主理想环 R(如多项式环 $F[X]$，或整数环$\mathbb{Z}$)上行列式为1的方阵 A，可表为形如 $P_{ij}(a)=I+aE_{ij}$ 的方阵的乘积 $(a\in R,i\neq j)$.

证　记 $E_{-i}=(I-2E_{ii})=\mathrm{diag}\{1,\cdots,1,-1,1,\cdots,1\}$，则 $P_{ij}=P_{ij}(1)P_{ji}(-1)P_{ij}(1)E_{-i}$，且 $P_{ij}(a)E_{-i}=E_{-i}P_{ij}(-a)$，$P_{ji}(a)E_{-i}=E_{-i}P_{ji}(-a)$，$E_{-i}P_{uv}(a)=P_{uv}(a)E_{-i}$(对 $u,v\neq i$). 故由上题知 $P_bP_gAQ_gQ_b=\mathrm{diag}\{d_1,\cdots,d_n\}$，$P_g,Q_g$ 是 $P_{ij}(a)$ 形阵之积，P_b,Q_b 是 E_{-i} 形阵之积. 故 $P_gAQ_g=\mathrm{diag}\{c_1,\cdots,c_n\}$，$\det A=c_1\cdots c_n=1$. c_i 是 R 中可逆元($R=\mathbb{Z}$ 时 $c_i=\pm1$). 因

$$\begin{pmatrix}c^{-1}&\\&c\end{pmatrix}\to\begin{pmatrix}c^{-1}&\\c^{-1}&c\end{pmatrix}\to\begin{pmatrix}&-c\\c^{-1}&c\end{pmatrix}\to\begin{pmatrix}&-c\\c^{-1}&\end{pmatrix}\to\begin{pmatrix}1&-c\\c^{-1}&0\end{pmatrix}\to\begin{pmatrix}1&0\\c^{-1}&1\end{pmatrix},$$

故 $\mathrm{diag}\{c^{-1},c\}$ 是 $P_{ij}(a)$ 形阵之积，$\mathrm{diag}\{c^{-1},c,1,\cdots,1\}$ 亦然. 在 $P_gAQ_g=\mathrm{diag}\{c_1,\cdots,c_n\}$ 右方陆续乘以 $\mathrm{diag}\{c_1^{-1},c_1,1,\cdots,1\}$，$\mathrm{diag}\{1,(c_1c_2)^{-1},c_1c_2,1,\cdots,1\}$ 等即得.

18. 现代信息通信中，信息经编码，成为二元域$\mathbb{F}_2$上的 n 维向量(n 称为码长). 但传

输(或保存)过程中可能发生错误. 现代编码技术可使收信方能“自动检错”，甚至“自动纠错”. 奥妙在于：不使用$\mathbb{F}_2^m$中所有向量，双方约定只使用$\mathbb{F}_2^m$的一个子集合C中向量. 称C为一个**码**(code)，其中向量称为**码字**(codeword). 这样一来，当接收到$\alpha'\notin C$时，即知有错. 向量$\alpha\in\mathbb{F}_2^m$的非零分量个数称为其重量(或权)，记为$w(\alpha)$，C中非零码字的最小重量称为码C的最小重量. $w(\alpha-\beta)$称为α,β的距离，C中码字之间的最小距离称为码C的最小距离，记为$d(C)$. 如果收信方检测出错码$\alpha'\notin C$，就将α'译码为与它距离最近的码字$\alpha\in C$(最近似原则). 因此，如果码C的最小距离d很大(例如$d=10$)，而每个码字的错位数不超过e，e较小(例如$e=2$)，就可正确的纠错，此时称可纠e个错.

试证明：若码C的最小距离为d，可纠正e个错误，则$d\geqslant 2e+1$. 事实上$e=\left[\dfrac{d-1}{2}\right]=\dfrac{d}{2-1}$或$\dfrac{d-1}{2}$(依$d$为偶或奇数).

证　设码C的最小距离为d，可纠正e位错误. 设两个码字$\alpha_1,\alpha_2\in C$的距离为d，则存在向量β使$d(\alpha_1,\beta)=d(\alpha_2,\beta)=d/2$或$d(\alpha_1,\beta)=d(\alpha_2,\beta)+1=(d+1)/2$(当$d$为偶或奇数). 事实上，$\delta=\alpha_2-\alpha_1$有$d$个分量是1，将其中一半或$(d+1)/2$个换为0，化为$\delta'$，令$\beta=\alpha_1+\delta'$即可. 如果传输过程中将$\alpha_1$错为$\beta$，则不能正确纠错(因为可能将$\beta$译码为$\alpha_2$)，这说明$e<d/2$或$(d+1)/2$(依$d$为偶或奇数)，即$e\leqslant(d-1)/2$，即$2e+1\leqslant d$. 另一方面，以每个码字$\alpha\in C$为中心，在距离小于$d/2$之内，形成一个范围(开球体)，记为$S(\alpha)$. 这些开球体显然是不相交的，即对不同的码字$\alpha_1,\alpha_2\in C$，$S(\alpha_1)\cap S(\alpha_2)=\varnothing$. 所以当$\alpha_1\in C$发生错位不超过$\left[\dfrac{d-1}{2}\right]$而变为$\alpha_1'$的时候，必有$\alpha_1'\in S(\alpha_1)$，故可由最近似原则正确译码为$\alpha_1$.

19. 继续上题. 若码C是$\mathbb{F}_2^m$的一个子空间，则C称为**线性码**. 设C的维数为k，则C中共有2^k个码字.

(1) 若C可纠e个错，试证明

$$2^{n-k}\geqslant s_e=1+C_n^1+\cdots+C_n^e.$$

特别可知，码长为17，维数为10的线性码，不能纠1个以上的错；

(2) 线性码的最小距离等于其(非零)最小重量：$d(C)=w(C)$.

证　对一个固定的码字$\alpha\in C$，错r位的错码共C_n^r个，故错0，1，…，e位的错码集合E_α中共有s_e个向量(当然错0位等于没错，并非真错码). 2^k个码字中的每一个都是这样，而且这些错码集E_α互不相交(因为可正确纠e个错)，故$2^k s_e\leqslant 2^n$.

20. 设H为$\mathbb{F}_2$上的$r\times n$矩阵，以$Hx=0$的解集合作为线性码C(写为$\mathbb{F}_2^{(n)}$中列向量)(见上题)，C是$k=n-r$维，H称为码C的**校验矩阵**. 设H没有零列，没有两列相同. 则易证明C至少可纠$e=1$个错(即最小距离$d\geqslant 3$). 固定r，使n最大的上述码C，称为**Hamming 码**，其校验矩阵H由$\mathbb{F}_2^{(r)}$的所有非零列向量构成. 试证明：

(1) Hamming码的码长为 $n=2^r-1$，维数为 $k=2^r-1-r$，最小距离为 $d=3$. 对 $r=3$，求出 H 和 C；

(2) Hamming码是同样码长和纠错能力的最佳码(即达到第19题式中等号).

证　先证明 $d\geqslant 3$. 因为 H 没有零列，所以 C 的最小重量 $w\geqslant 2$(重量为1的码 c 只有一位非零，设为第 i 位非零，则 Hc 为 H 的第 i 列，于是 H 没有零列与 $Hc=0$ 矛盾). 再因为 H 的任两列均线性无关，所以码 C 的最小重量 $w\geqslant 3$(若为2则有两列之和为0). 故 $d=w\geqslant 3$.

(1) n 最大意味着 H 的列取遍 $\mathbb{F}_2^{(r)}$ 中所有非零列向量，共 2^r-1 个，所以 $n=2^r-1$. H 的秩显然为 r，所以 C 的维数，即 $Hx=0$ 的解空间的维数，是 $n-r=2^r-1-r$. 任取 H 的两列 $h_1,h_2\in\mathbb{F}_2^{(r)}$，则 $h_3=h_1+h_2\in\mathbb{F}_2^{(r)}$. 所以 H 的3列 h_1,h_2,h_3 线性相关. 设这3列是第 i_1,i_2,i_3 列，设 $c\in\mathbb{F}_2^{(n)}$ 的第 i_1,i_2,i_3 位为1，其余位为0，则显然 $Hc=0$. 所以码的重量 $w\leqslant 3$. 前述已证 $w\geqslant 3$，故 $d=w=3$.

当 $r=3$ 时，$n=2^3-1=7$，$k=7-4=4$. 故

$$H=\begin{bmatrix}1&0&0&1&1&0&1\\0&1&0&1&0&1&1\\0&0&1&0&1&1&1\end{bmatrix}.$$

C 中码字即是 $Hx=0$ 的解 $c=(x_1,x_2,x_3,x_4,x_5,x_6,x_7)^{\mathrm{T}}$ 的集合. H 已经是规范阶梯形，(x_4,x_5,x_6,x_7) 是自由未知元，取为 $(1,0,0,0),\cdots,(0,0,0,1)$ 得到4个基本解为 $c_1=(1,1,0,1,0,0,0)^{\mathrm{T}}$，$c_2=(1,0,1,0,1,0,0)^{\mathrm{T}}$，$c_3=(0,1,1,0,0,1,0)^{\mathrm{T}}$，$c_4=(1,1,1,0,0,0,1)^{\mathrm{T}}$. 故 C 的码字 $c=t_1c_1+t_2c_2+t_3c_3+t_4c_4$($t_1,t_2,t_3,t_4$ 任取0和1). 从而得到 C 的16个码字：$(0,0,0,0,0,0,0),(1,1,0,1,0,0,0),(1,0,1,0,1,0,0),\cdots,(1,1,1,1,1,1,1)$.

(2) 由 $n=2^r-1,k=2^r-1-r,d=3,e=1,n-k=r$，知 $s_e=1+C_n^1=1+n=2^r=2^{n-k}$.

21. 设 $C\subset\mathbb{F}_2^n$ 为线性码(见第19题). 如果每个码字 $(a_0,a_1,\cdots,a_{n-1})\in C$ 的"位移" $(a_{n-1},a_0,a_1,\cdots,a_{n-2})\in C$ 也是码字，则称 C 为**循环码**. 将码字 $\alpha=(a_0,a_1,\cdots,a_{n-1})\in C$ 对应(等同)于多项式

$$\alpha(x)=a_0+a_1x+\cdots+a_{n-1}x^{n-1},$$

于是 C 对应(等同)于 $\leqslant n-1$ 次多项式的一个子集 $C(x)$. 循环码的定义性质即为：若 $\alpha(x)\in C(x)$，则

$$x\alpha(x)\in C(x)\pmod{x^n-1}.$$

所以可以认为 $C(x)$ 属于商环 $R=\mathbb{F}_2^n[x]/(x^n-1)$. 试证明：

(1) $C(x)$ 是循环码当且仅当 $C(x)$ 是 R 的理想；

(2) 循环码 $C(x)$ 作为理想必由一个多项式 $g(x)$ 生成，且 $g(x)$ 是 x^n-1 的因子.

证　(1) $C(x)$ 作为 $\mathbb{F}_2^n[x]$ 的理想，应是主理想，有生成元 $g(x)$，即是 $C(x)$ 作为 R 的理想的生成元. 也可取 $C(x)$ 中的最低次非零元素 $g(x)$，用带余除法即知 $g(x)$ 是理想生

成元. x^n-1 也是码字(即零码字,mod x^n-1 为零),故应是 $g(x)$的倍. 也可由带余除法证明.

另证 (1) $x\alpha(x)\in C(x)$ (mod x^n-1)成立当且仅当 $g(x)\alpha(x)\in C(x)$ (mod x^n-1)(对任意多项式 $g(x)$),这就意味着 $C(x)$是 R 的理想.

(2) 因为多项式环 $\mathbb{F}_2^n[x]$ 是主理想整环,所以其理想均由一个多项式生成. 环 $\mathbb{F}_2^n[x]$的包含(x^n-1)的理想,与其商环 R 的理想之间,有一一对应关系,理想$(g(x))$对应于理想$(\overline{g(x)})$,其中$\overline{g(x)}\in R$ 是 $g(x)$所在的陪集. 设 $g(x)$与 x^n-1 的最大公因子为 $d(x)$,则由 Bezout 等式知存在 $s(x)$,$t(x)$使

$$s(x)g(x)+t(x)(x^n-1)=d(x),$$
$$\overline{s(x)}\ \overline{g(x)}=\overline{d(x)},$$

这说明$\overline{d(x)}$与$\overline{g(x)}$互为倍式,所以$(\overline{d(x)})=(\overline{g(x)})$,即此理想由 $d(x)$生成(mod x^n-1),而 $d(x)$整除 x^n-1.

10.3 补充题与解答

1. 记线性码 C 的码长为 n,最小距离为 d,维数为 k. 证明 **Singleton 界**:

$$k\leqslant n-d+1.$$

证 码 C 的校验矩阵 H 是$(n-k)\times n$ 阵,列秩为 $d-1$(最小距离即最小重量为 d,说明有 d 个分量非零(为 1)的码 c 使 $Hc=0$,即 H 的某 d 个列之和(组合)为零,故它们线性相关,且 d 是最小的). 从而行秩为 $d-1$,故 $d-1\leqslant n-k$,即 $k\leqslant n-d+1$.

2. 设线性码 C 的码长为 n,最小距离为 d,维数为 k. 证明 **Griesmer 界**:

$$n\geqslant\sum_{i=0}^{k-1}\left\lceil\frac{d}{2^i}\right\rceil,$$

其中 $\lceil r\rceil$ 表示不小于 r 的最小正整数.

证 设 C 的基为 $\alpha_1,\cdots,\alpha_k$(写为行向量),且 $\alpha_1=(1,\cdots,1,0,\cdots,0)$(共 d 个 1). 则 C 的生成矩阵($k\times n$ 阵)G 可写为

$$G=\begin{pmatrix}\alpha_1\\ \vdots\\ \alpha_k\end{pmatrix}=\begin{pmatrix}1,\cdots,1 & 0,\cdots,0\\ G' & G''\end{pmatrix},\qquad G'=\begin{pmatrix}\alpha_2'\\ \vdots\\ \alpha_k'\end{pmatrix},\qquad G''=\begin{pmatrix}\alpha_2''\\ \vdots\\ \alpha_k''\end{pmatrix},$$

其中以 α_i'和 α_i''记 α_i 的前 d 位和后 $n-d$ 位. 显然 G''的行线性无关,否则若 $c_2\alpha_2''+\cdots+c_k\alpha_k''=0$,则码字 $\alpha=c_2\alpha_2+\cdots+c_k\alpha_k$ 的后段 $n-d$ 位全为零,前段不可能全为 1(因为不能等于 α_1),故重量 $w(\alpha)<d$,矛盾.

所以 G''的行生成一个码 C''(称为 C 的**剩余码**),码长为 $n-d$,维数是 $k-1$. 设其最

小重量为 d'' 且码 $\alpha''=c_2\alpha_2''+\cdots+c_k\alpha_k''\in C''$ 的重量为 d''. 则 $\alpha=c_2\alpha_2+\cdots+c_k\alpha_k\in C$, $\alpha+\alpha_1\in C$, 二者中必有一个重量 $\leqslant d/2$, 故知 $d''>d/2$. 我们以 $n(k,d)$ 表示维数为 k、最小距离为 d 的码的最小可能码长. 则上述由 C 构作剩余码的过程说明

$$n(k-1,[d/2])\leqslant n(k,d)-d.$$

递归之,知道

$$\begin{aligned} n(k,d) &\geqslant d+n(k-1,[d/2]) \\ &\geqslant d+[d/2]+n(k-2,[d/2^2]) \\ &\geqslant\cdots\geqslant\sum_{i=0}^{k-2}[d/2^i]+n(1,[d/2^{k-1}]) \\ &=\sum_{i=0}^{k-1}[d/2^i]. \end{aligned}$$

第11章

Hilbert 空间

11.1 定义与定理

定义 11.1 一个**度量(拓扑)空间**，就是一个非空集合 X，定义了**距离**(也称度量)d，即 X 上一个二元实函数，满足(度量公理)：(1)(正定性)$d(x,y)\geqslant 0$，且仅当 $x=y$ 时 $d(x,y)=0$；(2)(对称性)$d(x,y)=d(y,x)$；(3)(三角形不等式)$d(x,z)\leqslant d(x,y)+d(y,z)$(对 $x,y,z\in X$). 对 X 中每点 x，定义 ε 邻域(开球邻域)

$$U(x,\varepsilon)=\{y\in X \mid d(x,y)<\varepsilon\} \quad (\text{任意 } \varepsilon>0).$$

以开球邻域(可无限多个)的并集为 X 的开集，称(X,d)为度量(或距离)拓扑空间.

定义 11.2 若 X 中的(无限)序列$\{a_n\}$满足如下条件，则称为 **Cauchy 序列**：任给 $\varepsilon>0$，存在整数 N，使得当 $m,n>N$ 时总有 $d(a_m,a_n)<\varepsilon$. 如果 X 中的 Cauchy 序列都是收敛的(即在 X 中有极限)，则称 X 是**完备的**(complete).

定理 11.1(度量空间的完备化) 对任意度量空间(X,d)，存在完备的度量空间$(\widetilde{X},\widetilde{d})$和等距双射 τ: $X\to\widetilde{X}$，使 τX 在 $\widetilde{X}$ 中稠密. 而且$(\widetilde{X},\widetilde{d})$是唯一的(不计等距双射意义下)，称为$(X,d)$的完备化 ($\tau$ 为等距映射是指：$d(a,b)=\widetilde{d}(\tau a,\tau b)$，对 $a,b\in X$).

Banach 压缩映射不动点定理 设 X 为完备度量空间，φ 是 X 到自身的映射，且 $d(\varphi x,\varphi y)\leqslant\theta d(x,y)$, $0\leqslant\theta<1$(对任意 $x,y\in X$)；则 $x=\varphi(x)$有唯一解 $x_0\in X$.

定义 11.3 V 中的内积诱导出其向量 α 的**范数**(norm)，或称**长度**(length)的定义：

$$\|\alpha\| = \sqrt{\langle\alpha,\alpha\rangle}.$$

此范数有如下性质(对任意 $\alpha,\beta\in V, k\in F$)：

(1)(正定性) $\|\alpha\|\geqslant 0$ 且仅当 $\alpha=0$ 时 $\|\alpha\|=0$；

(2)(数乘的积性) $\|k\alpha\|\geqslant|k|\cdot\|\alpha\|$；

(3)(三角形不等式) $\|\alpha+\beta\|\leqslant\|\alpha\|+\|\beta\|$；

(4)(Cauchy-Schwarz 不等式) $|\langle\alpha,\beta\rangle|\leqslant\|\alpha\|\cdot\|\beta\|$；

(5)(平行四边形等式) $\|\alpha+\beta\|^2+\|\alpha-\beta\|^2=2\|\alpha\|^2+2\|\beta\|^2$.

定义 11.4 对任一(实或复)线性空间 V，若有函数 $\|\cdot\|: V\to\mathbb{R}^+$ 满足上述性质(1)～(3)(称为范数公理)，则称 $\|\cdot\|$ 是**范数**，V 是**赋范线性空间**. 内积空间是一类特殊的赋范线性空间.

定义 11.5 如果内积空间对内积诱导的度量拓扑是完备的，则称为 **Hilbert 空间**.

定理 11.2（Jordan 和 von Neumann） 范数是由内积诱导（即赋范线性空间是内积空间）的充分必要条件为：范数满足平行四边形等式.

Hölder 不等式：设 $p,q\geqslant 1$ 且 $1/p+1/q=1$. 若 $a=(a_n)\in l^p, b=(b_n)\in l^q$，则 $ab=(a_nb_n)\in l^1$，且 $\|ab\|_1\leqslant\|a\|_p\|b\|_q$（当 $p=q=2$ 时，即为 Cauchy-Schwarz 不等式）.

Minkowski 不等式：对 $p\geqslant 1$，若 $a,b\in l^p$，则 $a+b=(a_n+b_n)\in l^p$，且 $\|a+b\|_p\leqslant\|a\|_p+\|b\|_p$.

Hölder 不等式：设 $p,q\geqslant 1$ 且 $1/p+1/q=1$，若 $f\in L^p, g\in L^q$，则 $fg\in L^1$ 且 $\|fg\|_1\leqslant\|f\|_p\|g\|_q$（当 $p=q=2$ 时，即为 Cauchy 不等式）.

Minkowski 不等式：对 $p\geqslant 1$，若 $f,g\in L^p$，则 $f+g\in L^p$，且 $\|f+g\|_p\leqslant\|f\|_p+\|g\|_p$.

定义 11.6 设 $\sigma: V\to V'$ 为内积空间的线性映射. 若 σ 保持内积，即 $\langle\sigma\alpha,\sigma\beta\rangle=\langle\alpha,\beta\rangle$（对任意 $\alpha,\beta\in V$），则称 σ 为**等距映射**. 双射等距映射称为**等距同构**.

定理 11.3（内积空间的完备化） 设 V 是内积空间，则存在 Hilbert 空间 $\widetilde{V}$ 和等距映射 $\sigma: V\to\widetilde{V}$，使 $\sigma(V)$ 在 $\widetilde{V}$ 中稠密. $\widetilde{V}$ 是唯一的（在等距同构意义下），称为 V 的完备化.

定理 11.4 设 V 是（$\mathbb{R}$ 或 $\mathbb{C}$ 上）内积空间，W 为其子空间.（1）若 W 是完备的，则 W 是闭的. 当 V 是完备（即 Hilbert 空间）时，W 是完备的当且仅当 W 是闭的.（2）有限维的 W 必是闭的、完备的（从而是 Hilbert 空间）. 特别地，有限维内积空间 V 必是 Hilbert 空间.

定理 11.5 内积空间 V 完备的充分必要条件是，其绝对收敛的序列均收敛（V 的序列 $\sum\alpha_n$ 绝对收敛是指 $\sum\|\alpha_n\|$ 收敛）.

定理 11.6 设 V 是内积空间.（1）若 S 是 V 的完备凸子集，则任一向量 $\alpha\in V$ 在 S 中有唯一的最佳逼近，即满足下式的唯一 $\hat{s}\in S$：

$$\|\alpha-\hat{s}\|=\inf_{s\in S}\|\alpha-s\|=\delta \qquad (\delta\text{ 称为 }\alpha\text{ 到 }S\text{ 的距离}).$$

（2）若 S 是 V 的完备子空间，则 $\alpha\in V$ 在 S 中的最佳逼近即是满足 $(\alpha-\hat{s})\perp S$ 的唯一向量 $\hat{s}\in S$.

定理 11.7 设 V 是内积空间，W 和 W_i 均为其子空间，S 为其子集. 以 $S^\perp$ 记 S 的正交补，即与 S（中所有向量）正交的 V 中向量全体. 记 $(S^\perp)^\perp=S^{\perp\perp}$. 以 $\oplus$ 表示正交直和.

（1）（**投影定理**） 若 W 完备（例如 V 是 Hilbert 空间而 W 闭），则

$$V=W\oplus W^\perp,\quad \alpha=\hat{s}+(\alpha-\hat{s}) \quad (\hat{s}\text{ 是 }\alpha\text{ 在 }W\text{ 的最佳逼近}).$$

（2）若 $V=W_1\oplus W_2$，则 $W_2=W_1^\perp$. 若 $W_1\oplus W_2=W_1\oplus W_3$，则 $W_2=W_3$.

（3）若 $V=H$ 是 Hilbert 空间，则

(i) $\operatorname{cspan}(S)=S^{\perp\perp}$.（$\operatorname{cspan}(S)$ 为 $\operatorname{span}(S)$ 的闭包）

(ii) $\mathrm{cl}(W)=W^{\perp\perp}$. ($\mathrm{cl}(W)$为 W 的闭包)

(iii) $\mathrm{cspan}(S)=H\Leftrightarrow S^{\perp}=\{0\}$.

定义 11.7 Hilbert 空间 H 中的极大正交向量族$\{\varepsilon_i\}$称为其 Hilbert 基.

引理 11.1 设 Ω 是 Hilbert 空间 H 的正交族(也称正交系)，则如下等价：

(1) Ω 是 Hilbert 基(即极大正交族).

(2) $\Omega^{\perp}=\{0\}$(即 Ω 的正交补为 0).

(3) $\mathrm{cspan}(\Omega)=H$(即 $\mathrm{span}(\Omega)$的闭包是 H，这样的 Ω 称为完全正交系).

定理 11.8 (1) 设 $\Omega=\{\varepsilon_i\mid i\in I\}$是 Hilbert 空间 H 中一个**单位长正交**向量族(无限或有限). 则 $\alpha\in H$ 对 Ω 的如下 Fourier 展开 $\hat{\alpha}$ 无条件收敛，且是 α 在 $\mathrm{cspan}(\Omega)$中的最佳逼近：

$$\hat{\alpha}=\sum_{i\in I}a_i\varepsilon_i,\qquad a_i=\langle\varepsilon_i,\alpha\rangle.$$

而且成立 Bessel 不等式：$\|\hat{\alpha}\|\leqslant\|\alpha\|$，即

$$\sum_{i\in I}|a_i|^2\leqslant\|\alpha\|^2\qquad(\text{等号恰当 }\alpha=\hat{\alpha}\text{，即 }\alpha\in\mathrm{cspan}\Omega\text{ 时}).$$

(2) 以下条件等价：①Ω 是 Hilbert 基；②$\alpha=\hat{\alpha}$；③ $\|\hat{\alpha}\|=\|\alpha\|$；④$\langle\alpha,\beta\rangle=\langle\hat{\alpha},\hat{\beta}\rangle$ (Parseval 等式)(对任意 $\alpha,\beta\in H$).

引理 11.2 Hilbert 空间 H 中级数 $\sum\limits_{i=1}^{\infty}k_i\varepsilon_i$ 与实数级数 $\sum\limits_{i=1}^{\infty}|k_i|^2$ 同时收敛或发散. 且当收敛时均为无条件收敛，而且

$$\left\|\sum_{i=1}^{\infty}k_i\varepsilon_i\right\|^2=\sum_{i=1}^{\infty}|k_i|^2.$$

引理 11.3 设$\{a_i\}(i\in I)$是内积空间 V 中向量的一个序列. 若$\sum\limits_{i\in I}\alpha_i$ 收敛，则对任意 $\varepsilon>0$ 存在有限集 $S\subset I$，使当有限集 $J\cap S=\varnothing$ 时，$\left\|\sum\limits_{i\in J}\alpha_i\right\|\leqslant\varepsilon$. 若 V 为 Hilbert 空间，则反之亦真.

引理 11.4 若 $\sum\limits_{i\in I}\alpha_i$ 收敛，则至多有可数项 α_i 非零.

引理 11.5 设 $\Omega=\{\varepsilon_i\mid i\in I\}$ 是 Hilbert 空间 H 中正交族. 则级数 $\sum\limits_{i\in I}k_i\varepsilon_i$ 与实数级数 $\sum\limits_{i\in I}|k_i|^2$ 同时收敛或发散. 且当收敛时

$$\left\|\sum_{i\in I}k_i\varepsilon_i\right\|^2=\sum_{i\in I}|k_i|^2.$$

引理 11.6 设$\{k_i\mid i\in I\}$为非负实数族(可以不可数)，则

$$\sum_{i\in I}k_i=\sup_{\text{有限}S\subset I}\sum_{i\in S}k_i.$$

(即当一方有限时另一方也有限，且双方相等).

引理 11.7 设 I 为可数集，则对 Hilbert 空间中的级数 $\sum_{i\in I}\alpha_i$，以下等价：(1)无条件收敛于 β；(2)任意排列级数项的顺序均收敛于 β.

定理 11.9 设 H 为 $F(=\mathbb{R}$ 或 $\mathbb{C})$ 上 Hilbert 空间.

(1) H 的所有 Hilbert 基的元素个数(基数)相同(称为 H 的 Hilbert 维数，记为 $\mathrm{hdim}(H)$).

(2) 两个 Hilbert 空间等距同构当且仅当其 Hilbert 维数相等.

(3) 设 H 有可数 Hilbert 基，则 H 等距同构于(平方可和序列集)：

$$l^2 = l^2(\mathbb{C})\left(\text{即满足} \sum |a_n|^2 < \infty \text{ 的 } F \text{ 的序列集}\right).$$

(4) 设 $\mathrm{hdim}(H)=|I|$(即 I 是基数等于 $\mathrm{hdim}(H)$的任一集合)，则 H 等距同构于

$$l^2(I) = \left\{y \mid y \text{ 为 } I \text{ 到 } F \text{ 的映射，且} \sum_{i\in I} |y_i|^2 < \infty\right\}.$$

这里记 $y(i)=y_i$，$l^2(I)$称为平方可和函数集. 内积定义为$\langle y,z\rangle = \sum_{i\in I}\bar{y}_i z_i$.

(注意，由引理 11.4 知，$y\in l^2(I)$只能有可数个取值 y_i 非零.)

定义 11.8 称线性映射 $f:H\to H'$是有界的，是指存在 M 使

$$\| f(x) \| \leqslant M \| x \| \qquad (\text{对任意 } x \in H).$$

记最小界 M 为 $\|f\|$，称为 f 的范数. 有界线性函数(也称泛函)f：$H\to F$ 全体记为 H^c，称为 H 的(有界)对偶空间.

定理 11.10 设 $f:H\to H'$为 Hilbert 空间的线性映射，则

$$f \text{ 有界} \Leftrightarrow f \text{ 连续} \Leftrightarrow f \text{ 在某一点 } x_0 \in H \text{ 连续}.$$

定理 11.11 (Riesz 表示定理) 对 Hilbert 空间 H 上的有界(即连续)线性函数 $f\in H^c$，存在唯一的 $\alpha\in H$ 使 $f=f_\alpha=\langle\alpha,\cdot\rangle$，即 $f_\alpha(x)=\langle\alpha,x\rangle$. 而且 $\|f_\alpha\|=\|\alpha\|$.

11.2 习题与解答

1. 证明 Hermite 型 $h(\alpha,\beta)$与 $H(\alpha)=h(\alpha,\alpha)$的极化恒等式也可写为

$$h(\alpha,\beta) = \frac{1}{4}(H(\alpha+\beta) - H(\alpha-\beta) + \mathrm{i}H(\alpha-\mathrm{i}\beta) - \mathrm{i}H(\alpha+\mathrm{i}\beta)).$$

证 注意 $H(k\alpha)=h(k\alpha,k\alpha)=\bar{k}kh(\alpha,\alpha)=\bar{k}kH(\alpha)$，和 $H(\pm\mathrm{i}\alpha)=H(\alpha)$，则由《高等代数学》(第 2 版)9.7 节引理 9.8 的极化恒等式即可得.

2. 对酉空间 V 上半双线性型 $h(\alpha,\beta)$，记 $H(\alpha)=h(\alpha,\alpha)$，证明以下各性质等价(对任意 $\alpha,\beta\in V$)：

(1) h 是 Hermite 型；(2) $H(\alpha)$为实数；(3) h 满足极化恒等式；

(4) $\mathrm{Re}h(\alpha,\beta)=\frac{1}{4}(H(\alpha+\beta)-H(\alpha-\beta))$；

(5) $\mathrm{Im}h(\alpha,\beta)=\frac{1}{4}(H(\alpha-\mathrm{i}\beta)-H(\alpha+\mathrm{i}\beta))$.

证 (1)⇔(2)：由《高等代数学》(第2版)引理9.7.

(1)⇔(3)：由《高等代数学》(第2版)引理9.8可知Hermite型满足极化恒等式. 反之，若h满足极化恒等式，注意到$H(k\alpha)=h(k\alpha,k\alpha)=\bar{k}kh(\alpha,\alpha)$,由极化恒等式计算$h(\beta,\alpha)$可得

$$\begin{aligned}h(\beta,\alpha)&=\frac{1}{4}(H(\beta+\alpha)-H(\beta-\alpha)+\mathrm{i}H(\beta-\mathrm{i}\alpha)-\mathrm{i}H(\beta+\mathrm{i}\alpha))\\&=\frac{1}{4}(H(\alpha+\beta)-H(\alpha-\beta)+\mathrm{i}H(\alpha+\mathrm{i}\beta)-\mathrm{i}H(\alpha-\mathrm{i}\beta))\\&=\overline{h(\alpha,\beta)}.\end{aligned}$$

即知h是Hermite型.

(4)⇔(5)：由$h(\alpha,\mathrm{i}\beta)=\mathrm{i}h(\alpha,\beta)$知$\mathrm{Im}h(\alpha,\beta)=\mathrm{Re}h(\alpha,-\mathrm{i}\beta)$,$\mathrm{Re}h(\alpha,\beta)=\mathrm{Im}h(\alpha,\mathrm{i}\beta)$,即得.

(3)⇔(4)和(5)：将极化恒等式分实、虚部写，就是(4)和(5).

3. 以$C[0,1]$记$[0,1]\subset\mathbb{R}$上复值连续函数集，是复线性空间，定义

$$h(f,g)=\int_0^1\overline{f(x)}g(x)r(x)\mathrm{d}x\qquad(f,g,r\in C[0,1]).$$

试证明：h是$C[0,1]$上的半双线性型,h是Hermite型当且仅当$r(x)$总取实值,h非负当且仅当$r(x)$非负,$r(x)$正定当且仅当$r(x)$非负且在任意非平凡区间上均不恒为零.

证 容易直接验证h是半双线性型. 再若h是Hermite型，则对任意的$f,g\in C[0,1]$有

$$\int_0^1\overline{g(x)}f(x)r(x)\mathrm{d}x=h(g,f)=\overline{h(f,g)}=\int_0^1f(x)\,\overline{g(x)}\,\overline{r(x)}\mathrm{d}x,$$

$$\int_0^1\overline{g(x)}f(x)(r(x)-\overline{r(x)})\mathrm{d}x=0,$$

取$g=1$,f在一点很大实值而其余点较小，可知$r(x)-\overline{r(x)}=0$,即$r(x)$总取实值. 类似地取$f,g\in C[0,1]$,可知h非负和正定的条件如题所示.

4. 证明，如下定义给出$C[0,1]$上的半双线性型：

$$h(f,g)=\int_0^1\int_0^1\overline{f(x)}g(y)r(x,y)\mathrm{d}x\mathrm{d}y,$$

其中$r(x,y)$为连续函数. 证明h是Hermite型当且仅当$r(x,y)$是Hermite函数，即$r(x,y)=\overline{h(y,x)}$.

证 h是Hermite型意味着对任意f,g有

$$\int_0^1\int_0^1 \overline{g(x)}f(y)r(x,y)\mathrm{d}x\mathrm{d}y=h(g,f)=\overline{h(f,g)}=\int_0^1\int_0^1 f(x)\ \overline{g(y)}\ \overline{r(x,y)}\mathrm{d}x\mathrm{d}y$$

$$=\int_0^1\int_0^1 f(y)\ \overline{g(x)}\ \overline{r(y,x)}\mathrm{d}x\mathrm{d}y.$$

适当取 f,g 使得 $f(y)\overline{g(x)}$ 在区域 $[0,1]\times[0,1]$ 中的一点取很大实数值，在其余点取值较小，由上式可知 $r(x,y)=\overline{h(y,x)}$. 反之显然.

5. 试证明 $(C[a,b],d_s)$ 的取上限范数不满足平行四边形等式.

证 取 f 的图像为 $(a,1)$ 到 $((a+b)/2,0)$ 的线段，其余取值为 0. 取 g 的图像为 $((a+b)/2,0)$ 到 $(b,1)$ 的线段，其余取值为 0. 也就是说

$f=(2x-a-b)/(a-b)$ （当 $a\leqslant x\leqslant(a+b)/2$），$f(x)=0$（对其余 x）；

$g=(2x-a-b)/(a-b)$ （当 $a\leqslant x\leqslant(a+b)/2$），$g(x)=0$（对其余 x）.

于是由下式知不满足平行四边形等式：

$$\|f+g\|_s^2+\|f-g\|_s^2=1+1=2,$$

$$2\|\alpha\|_s^2+2\|\beta\|_s^2=2+2=4.$$

6. 试证明 **Hölder** 不等式和 **Minkowski** 不等式（关于积分的和级数的）.

证 (1) 函数积分 Hölder 不等式的证明：首先证明，对任意 $s,t\geqslant 0$ 有 $st\leqslant s^p/p+t^q/q$. 为此考虑曲线 $y=x^{p-1}$（即 $x=y^{q-1}$）.

由图（按照 s,t 的相对大小有三种情形）上的面积可知，矩形的面积小于曲线两边的两个曲边三角形面积之和，故

$$st\leqslant\int_0^s y\mathrm{d}x+\int_0^t x\mathrm{d}y=s^p/p+t^q/q.$$

令 $\hat{f}=f/\|f\|_p,\ \hat{g}=g/\|g\|_q$（这里设 $\|\hat{f}\|_p\|\hat{g}\|_q\neq 0$，否则定理显然成立），于是 $\|\hat{f}\|_p=\|\hat{g}\|_q=1$. 取 $s=|\hat{f}|,t=|\hat{g}|$，代入上式得到

$$|\hat{f}\hat{g}|\leqslant|\hat{f}|^p/p+|\hat{g}|^q/q.$$

因 $f\in L^p$，即 $f^p\in L^1$，$|\hat{f}|^p\in L^1$，同理 $|\hat{g}|^q\in L^1$，故由上述不等式知 $fg\in L^1$. 两边积分得

$$\int_E|\hat{f}\hat{g}|\mathrm{d}x\leqslant\frac{1}{p}\int_E|\hat{f}|^p\mathrm{d}x+\frac{1}{q}\int_E|\hat{g}|^q\mathrm{d}x$$

$$=\frac{1}{p}(\|\hat{f}\|_p)^p+\frac{1}{q}(\|\hat{g}\|_q)^q$$

$$=\frac{1}{p}+\frac{1}{q}=1.$$

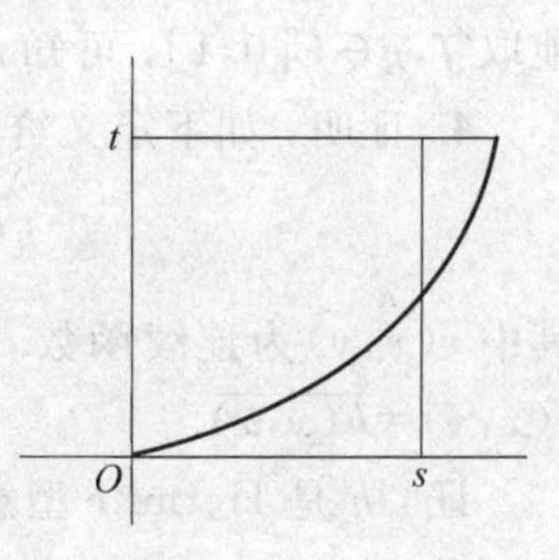

将 $\hat{f}=f/\|f\|_p,\ \hat{g}=g/\|g\|_q$ 代入即得 $\|fg\|_1\leqslant\|f\|_p\cdot\|g\|_q$.

(2) 函数积分 Minkowski 不等式的证明：当 $p=1$ 时显然成立．设 $p>1$．对任意 x 有

$$|f+g|^p \leqslant (|f|+|g|)^p \leqslant (2\max\{|f|,|g|\})^p \leqslant 2^p(|f|^p+|g|^p) \in L^1,$$

故知 $f+g\in L^p$．由 Hölder 不等式知

$$\begin{aligned}\|(f+g)^p\|_1 &= \|(f+g)(f+g)^{p/q}\|_1 \\ &= \|\,|f|\cdot|f+g|^{p/q}\|_1 + \|\,|g|\cdot|f+g|^{p/q}\|_1 \\ &\leqslant \|f\|_p\cdot\|(f+g)^{p/q}\|_q + \|g\|_p\cdot\|(f+g)^{p/q}\|_q \\ &= (\|f\|_p+\|g\|_p)\cdot\|(f+g)^{p/q})\|_q,\end{aligned}$$

因 $\|(f+g)^{p/q}\|_q=\|(f+g)^p\|_1^{1/q}$，而 $1-1/q=1/p$，即得 $\|f+g\|_p\leqslant\|f\|_p+\|g\|_p$．

(3) 级数 Hölder 不等式的证明：每个数列 $a=(a_n)$ 是定义于自然数集$\mathbb{N}$上的函数：$a(n)=a_n$（也可以认为是实数集$\mathbb{R}$上的阶梯函数）．这样，l^p 就是 $L^p(\mathbb{N})$（其中$\mathbb{N}$上的测度 μ 定义为 $\mu(S)=|S|$ 为 S 中元素个数（可为无限），对 $S\subset\mathbb{N}$）．由函数的 Hölder 不等式就得到级数 Hölder 不等式．

也可如函数积分情形，用不等式 $st\leqslant s^p/p+t^q/q$ 同样证明：对于 $a=(a_i)\in l^p$，$b=(b_i)\in l^q$，令 $s=\hat{a}_i=a_i/\|a\|_p$，$t=\hat{b}_i=b_i/\|b\|_q$，于是 $\|(\hat{a}_i)\|_p=1$，$\|(\hat{b}_i)\|_q=1$，代入得

$$|\hat{a}_i\hat{b}_i|\leqslant|\hat{a}_i|^p/p+|\hat{b}_i|^q/q.$$

因$(\hat{a}_i)\in l^p$，$(\hat{b}_i)\in l^q$，故上式说明$(\hat{a}_i\hat{b}_i)\in l^1$，即$(a_ib_i)\in l^1$．上式两边对 i 求和得

$$\begin{aligned}\sum_i|\hat{a}_i\hat{b}_i| &\leqslant \frac{1}{p}\sum_i|\hat{a}_i|^p+\frac{1}{q}\sum_i|\hat{b}_i|^q/q \\ &= \frac{1}{p}(\|(\hat{a}_i)\|_p)^p+\frac{1}{q}(\|(\hat{b}_i)\|_q)^q=\frac{1}{p}+\frac{1}{q}=1\end{aligned}$$

将 $\hat{a}_i=a_i/\|a\|_p$，$\hat{b}_i=b_i/\|b\|_q$ 代入，即得到 $\sum_i|a_ib_i|\leqslant\|a\|_p\cdot\|b\|_q$．

(4) 级数 Minkowski 不等式的证明：由上述知 l^p 就是 $L^p(\mathbb{N})$，故由函数的 Minkowski 不等式即得．也可直接证明：$p=1$ 时显然成立．设 $p>1$．于是

$$|a_i+b_i|^p\leqslant|a_i+b_i|^{p-1}(|a_i|+|b_i|)=|a_i+b_i|^{p-1}|a_i|+|a_i+b_i|^{p-1}|b_i|.$$

两边对 i 求和，利用级数 Hölder 不等式得到（注意$(p-1)q=p$）：

$$\begin{aligned}\sum_{i=1}^n|a_i+b_i|^p &\leqslant \sum_{i=1}^n|a_i+b_i|^{p-1}|a_i|+\sum_{i=1}^n|a_i+b_i|^{p-1}|b_i| \\ &\leqslant \Big(\sum_{i=1}^n|a_i|^p\Big)^{1/p}\Big(\sum_{i=1}^n|a_i+b_i|^{(p-1)q}\Big)^{1/q} \\ &\quad+\Big(\sum_{i=1}^n|b_i|^p\Big)^{1/p}\Big(\sum_{i=1}^n|a_i+b_i|^{(p-1)q}\Big)^{1/q}\end{aligned}$$

$$=\Big[\big(\sum_{i=1}^{n}|a_i|^p\big)^{1/p}+\big(\sum_{i=1}^{n}|b_i|^p\big)^{1/p}\Big]\big(\sum_{i=1}^{n}|a_i+b_i|^p\big)^{1/q}.$$

两边同除以右边最后因子，即得下式，再令 $n\to\infty$ 即得 Minkowski 不等式：

$$\big(\sum_{i=1}^{n}|a_i+b_i|^p\big)^{1/p}\leqslant\big(\sum_{i=1}^{n}|a_i|^p\big)^{1/p}+\big(\sum_{i=1}^{n}|b_i|^p\big)^{1/p}.$$

7. 设 h 是内积空间 V 上非负 Hermite 型. $H(\alpha)=h(\alpha,\alpha)$. 证明

$$|h(x,y)|\leqslant(H(x)H(y))^{1/2}\qquad(\text{Schwarz 不等式}).$$

如果 h 正定，则上式等号成立当且仅当 x,y 线性相关；而 $h(x,y)=(H(x)H(y))^{1/2}$ 成立当且仅当 $x=ay$ 或 $y=ax$(对某 $a\geqslant0$).

证 对任意实数 t 有

$$0\leqslant H(x+ty)=h(x+ty,x+ty)=H(x)+2t\mathrm{Re}h(x,y)+t^2H(y)=f(t),$$

即 t 的二次三项式 $f(t)$ 非负，故知其判别式

$$\Delta(f)=(\mathrm{Re}h(x,y))^2-H(x)H(y)\leqslant0.$$

取 $|c|=1$ 使 $|h(xy)|=ch(x,y)=h(x,cy)$，即得 $|h(x,y)|^2=(\mathrm{Re}h(x,cy))^2\leqslant H(x)H(cy)=H(x)H(y)$，即 Schwarz 不等式.

设 h 正定，$h(x,y)=(H(x)H(y))^{1/2}$ (实数). 若 $y=0$ 则 $y=0x$. 若 $y\neq0$，因为 $(\mathrm{Re}h(x,y))^2-H(x)H(y)=0$ 故 $\Delta(f)=0$，$f(t)$ 有实重根 t_0. 于是 $f(t_0)=H(x+t_0y)=0$，由 h 正定知 $x=-t_0y$，且由 $-t_0h(y,y)=h(-t_0y,y)=h(x,y)\geqslant0$，$h(y,y)>0$，知 $-t_0\geqslant0$.

设 h 正定而 $|h(x,y)|\leqslant(H(x)H(y))^{1/2}$，由前述 $|h(x,y)|=ch(x,y)=h(x,cy)$，可得 $h(x,cy)\leqslant(H(x)H(cy))^{1/2}$，所以 $x=acy$ 或 $cy=ax$(对某 $a\geqslant0$)，即知 x,y 线性相关. 反之则容易直接验证.

8. 复线性空间 V 上非负的 Hermite 型 h 称为半内积. 而半范数 $p(x)=\|x\|$ 的定义是在范数定义中改正定性为半正定性. 证明半范数满足

$$p(x\pm y)\geqslant|p(x)-p(y)|.$$

证 由三角形不等式知

$$p(x)=p(x-y+y)\leqslant p(x-y)+p(y),$$
$$p(x)-p(y)\leqslant p(x-y);$$

同样知道

$$p(y)-p(x)\leqslant p(y-x)=p(x-y).$$

由此即知

$$|p(x)-p(y)|\leqslant p(x-y).$$

类似证明 $|p(x)-p(y)|\leqslant p(x+y)$.

9. 内积空间中，$\|x+y\|=\|x\|+\|y\|$ 当且仅当有 $a\geqslant0$ 使 $x=ay$ 或 $y=ax$.

证 若$\|x+y\|=\|x\|+\|y\|$，则$\|x+y\|^2=\|x\|^2+2\|x\|\cdot\|y\|+\|y\|^2$，而因为$\|x+y\|^2=h(x+y,x+y)=\|x\|^2+2\mathrm{Re}h(x,y)+\|y\|^2$，故$\mathrm{Re}h(x,y)=\|x\|\cdot\|y\|$，结合 Schwarz 不等式(第 7 题)$|h(x,y)|\leqslant\|x\|\cdot\|y\|$，得到$h(x,y)=\|x\|\cdot\|y\|$. 由第 7 题即得 $x=ay$ 或 $y=ax$. 反之容易直接验证.(这里 h 是定义内积空间范数的 Hermite 型)

10. $\mathbb{R}^n$和$\mathbb{C}^n$对如下三种范数的定义均是 Banach 空间($a=(a_j)$)：

$$\|a\|_1=\sum_{j=1}^n|a_j|,\qquad \|a\|_\infty=\max_{1\leqslant j\leqslant n}\{|a_j|\},\qquad \|a\|=\left(\sum_{j=1}^n|a_j|^2\right)^{1/2}.$$

证 容易直接验证三种定义均三条范数公理：正定性，数乘的积性，和三角形不等式. $\mathbb{R}^n$(或$\mathbb{C}^n$)对范数$\|\cdot\|$完备的证明，见《高等代数学》(第 2 版)例 11.1. 对其余的范数，可同样证明，主要是基于如下事实：$\mathbb{R}^n$或$\mathbb{C}^n$中的序列为 Cauchy 序列(收敛序列)当且仅当它按分量收敛. 事实上，设$\{a^{(m)}\}$为 Cauchy 序列，$a^{(m)}=(a_{m1},\cdots,a_{mn})$，则其各分量$\{a_{mi}\}$(固定 i)均为 Cauchy 序列，这是因为

$$|a_{mi}-a_{ni}|\leqslant\max_{1\leqslant j\leqslant n}\{|a_{mj}-a_{nj}|\}=\|a^{(m)}-a^{(n)}\|_\infty\to 0\qquad(m,n\to 0\text{ 时}),$$

或

$$|a_{mi}-a_{ni}|\leqslant\sum_{j=1}^n|a_{mj}-a_{nj}|=\|a^{(m)}-a^{(n)}\|_1\to 0\qquad(m,n\to 0\text{ 时}),$$

故 $a_{mi}\to b_i\in\mathbb{R}$(当 $m\to 0$). 即知 $a^{(m)}=(a_{m1},\cdots,a_{mn})\to b=(b_1,\cdots,b_n)$，这是因为$\|a^{(m)}-b\|_\infty=\max\limits_{1\leqslant j\leqslant n}\{|a_{mj}-b_j|\}\to 0$，或$\|a^{(m)}-b\|_1=\sum\limits_{j=1}^n|a_{mj}-b_j|\to 0$.

11. 内积空间 V 中，若 $\alpha\perp\beta$，则$\|\alpha+\beta\|^2=\|\alpha\|^2+\|\beta\|^2$(勾股定理).

证 $\alpha\perp\beta$ 意味着内积$\langle\alpha,\beta\rangle=0$，故

$$\|\alpha+\beta\|^2=\langle\alpha+\beta,\alpha+\beta\rangle=\|\alpha\|^2+\langle\alpha,\beta\rangle+\langle\beta,\alpha\rangle+\|\beta\|^2=\|\alpha\|^2+\|\beta\|^2.$$

12. 对内积空间 V 及其子集 S，证明：

(1) $\{0\}^\perp=V, V^\perp=\{0\}$.

(2) $S^\perp$是闭子空间.

(3) $S^\perp=\mathrm{span}(S)^\perp=\mathrm{cspan}(S)^\perp$，其中 $\mathrm{cspan}(S)$是 $\mathrm{span}(S)$的闭包.

证 (1) 由内积的非退化性，显然可知.

(2) 设 $S^\perp$ 中 $a_n\to a\in cl(S^\perp)$，则$\langle a,S\rangle=\lim\langle a_n,S\rangle=0$. 故 $a\in S^\perp$.

(3) 显然 $S^\perp\supset\mathrm{span}(S)^\perp\supset\mathrm{cspan}(S)^\perp$. 设 $a\in S^\perp, s=(s_n)\in\mathrm{cspan}(S), s_n\in\mathrm{span}(S)$，有$\langle a,s\rangle=\lim\langle a,s_n\rangle=0, a\in\mathrm{cspan}(S)^\perp$.

13. 设 W_1,W_2 为 Hilbert 空间 H 的正交子空间. 证明：$W_1\oplus W_2$ 闭当且仅当 W_1，W_2 均闭.

证 (1) 设 $W_1\oplus W_2$ 闭. 任取 $\alpha\in\overline{W}_1$，设 W_1 中的序列$\{\alpha_n\}$收敛于 $\alpha\in\overline{W}_1\subset\overline{W_1\oplus W_2}=$

$W_1 \oplus W_2$. 于是 $\alpha=\alpha_1+\alpha_2$(其中 $\alpha_1\in W_1,\alpha_2\in W_2$). 因 $\alpha_n\in W_1$ 故 $\alpha_n\perp W_2$，从而 $\alpha\perp W_2$. 故 $\alpha_2=\alpha-\alpha_1\in W_2\cap W_2^{\perp}=\{0\}$. 即知 $\alpha_2=0,\alpha=\alpha_1\in W_1,W_1$ 是闭集. 同样知 W_2 闭. 注意，由 $W_1\oplus W_2$ 闭推知 W_1,W_2 闭时，并不需 H 的完备性.

(2) 设 W_1,W_2 均闭. 任取 $x\in\overline{W_1\oplus W_2}$，则有 $W_1\oplus W_2$ 中序列 $\alpha_n+\beta_n\to x$(其中 $\alpha_n\in W_1,\beta_n\in W_2$). 由 W_1,W_2 正交知道

$$\|\alpha_m+\beta_m-\alpha_n-\beta_n\|^2=\|\alpha_m-\alpha_n\|^2+\|\beta_m-\beta_n\|^2,$$

故$\{\alpha_n\},\{\beta_n\}$均为 Cauchy 序列. 记 $\alpha_n\to x_1\in W_1,\beta_n\to x_2\in W_2$，于是

$$x=\lim(\alpha_n+\beta_n)=x_1+x_2\in W_1\oplus W_2.$$

14. 证明 $l^2(I)$为 Hilbert 空间(I 为任意集合).

证 我们回忆，$l^2(I)$ 是满足 $\sum\limits_{i\in I}|y_i|^2<\infty$ 的 I 到 $F(=\mathbb{R}$ 或$\mathbb{C})$ 的映射 y 全体. 这里记 $y(i)=y_i$. 因为 $\sum|y_i|^2<\infty$，由《高等代数学》(第 2 版) 的引理 11.4 知，y 只能有可数个取值 y_i 非零. 按通常意义定义加法和数乘为$(y+z)(i)=y(i)+z(i),cy(i)=cy(i)$，可像 $l^2=l^2(\mathbb{N})$(例 11.2) 一样知 $l^2(I)$ 为线性空间：因为 $2|y_iz_i|\leqslant|y_i|^2+|z_i|^2$，故

$$\sum_{i\in I}|y_i+z_i|^2\leqslant 2\Big(\sum_{i\in I}|y_i|^2+\sum_{i\in I}|z_i|^2\Big)<\infty.$$

同样可知 $l^2(I)$是内积空间，内积及其诱导的范数和距离的定义为

$$\langle y,z\rangle=\sum_{i\in I}\bar{y}_iz_i,\qquad \|y\|=\Big(\sum_{i\in I}|y_i|^2\Big)^{1/2},\qquad d(y,z)=\|y-z\|.$$

注意 $\sum\bar{y}_iz_i$ 是收敛的，因为 $|\bar{y}_iz_i|\leqslant(|y_i|^2+|z_i|^2)/2$. $l^2(I)$ 对此距离定义的度量拓扑的完备性证明与 $l^2=l^2(\mathbb{R})$(例 11.2) 类似：设$\{y^{(m)}\}$为 $l^2(I)$的 Cauchy 序列. 对固定的 $i\in I,\{y_i^{(m)}\}$是 F 中的 Cauchy 序列，这是因为

$$|y_i^{(m)}-y_i^{(n)}|^2\leqslant\sum_{i\in I}|y_i^{(m)}-y_i^{(n)}|^2=d(y^{(m)},y^{(n)})^2\to 0\qquad(m,n\to\infty\text{ 时}).$$

因为 F 完备，故$\lim\limits_{m\to\infty}y_i^{(m)}=z_i\in F$. 由 $z(i)=z_i$ 定义 I 到 F 的映射 z，易证明 $z\in l^2(I)$且 $y^{(m)}\to z$. 事实上，因$\{y^{(m)}\}$为 Cauchy 序列，故对任意 $\varepsilon>0$，存在 N 使当 $m,n>N$ 时 $\|y^{(m)}-y^{(n)}\|<\varepsilon$. 故对任意的有限集 $S\subset I$ 和 $m>N$ 有

$$\sum_{i\in S}|y_i^{(m)}-z_i|^2=\lim_{n\to\infty}\sum_{i\in S}|y_i^{(m)}-y_i^{(n)}|^2\leqslant\limsup_{n\to\infty}\|y^{(m)}-y^{(n)}\|^2\leqslant\varepsilon^2.$$

这说明 F 上的无限级数 $\sum\limits_{i\in I}|y_i^{(m)}-z_i|^2$ 收敛于 0，且对 $m>N$ 有

$$\sum_{i\in I}|y_i^{(m)}-z_i|^2\leqslant\varepsilon^2.$$

所以 $y^{(m)}-z\in l^2(I)$，所以 $z\in l^2(I)$，也说明$\|y^{(m)}-z\|<\varepsilon$，所以 $y^{(m)}\to z$.

15. 证明：$L^2([-1,1])$中$\{1,x,x^2,\cdots\}$为极大线性无关组，经 Gram-Schmidt 正交

化可得 Hilbert 基（Legendre 多项式）：

$$p_n(x) = (2^n \cdot n!)^{-1} \sqrt{(2n+1)/2} \frac{\mathrm{d}^n}{\mathrm{d}x^n}(x^2-1)^n \qquad (n=0,1,2,\cdots).$$

证 $\Omega=\{1,x,x^2,\cdots\}$的元素显然线性无关，其极大性是因为它们的线性组合（即多项式函数）可以无限逼近任意函数，或者说与Ω正交的$L^2([-1,1])$中函数只能为零（即若对任意多项式$g(x)$总有$\int_{-1}^1 \overline{f(x)}g(x)\mathrm{d}x=0$，则$f=0$）. 现记

$$q_n(x) = \frac{\mathrm{d}^n}{\mathrm{d}x^n}(x^2-1)^n$$

为n次多项式($n=0,1,2,\cdots$). 下面证明，当$m<n$时内积$\langle q_m,q_n\rangle=0$. 由分部积分得

$$\begin{aligned}\langle q_m,q_n\rangle &= \int_{-1}^1 \frac{\mathrm{d}^n}{\mathrm{d}x^n}(x^2-1)^n \cdot \frac{\mathrm{d}^m}{\mathrm{d}x^m}(x^2-1)^m \mathrm{d}x \\ &= -\int_{-1}^1 \frac{\mathrm{d}^{n-1}}{\mathrm{d}x^{n-1}}(x^2-1)^n \frac{\mathrm{d}^{m+1}}{\mathrm{d}x^{m+1}}(x^2-1)^m \mathrm{d}x \\ &= \cdots = (-1)^n \int_{-1}^1 (x^2-1)^n \frac{\mathrm{d}^{m+n}}{\mathrm{d}x^{m+n}}(x^2-1)^m \mathrm{d}x.\end{aligned}$$

当$m<n$时，上述被积函数为零，故积分为零，即$\langle q_m,q_n\rangle=0$. 而当$m=n$时，由上式得到

$$\langle q_n,q_n\rangle = (-1)^n \cdot (2n)! \int_{-1}^1 (x^2-1)^n \mathrm{d}x = (2^n \cdot n!)^2 2/(2n+1).$$

故令$p_n=(2^n n!)^{-1}\sqrt{(2n+1)/2}q_n$，则知道$\{p_0,p_1,p_2,\cdots\}$均单位长且两两正交，而且因为$p_n$是$n$次多项式，所以知道

$$\mathrm{span}\{1,x,x^2,\cdots,x^k\} = \mathrm{span}\{p_0,p_1,p_2,\cdots,p_k\},$$

对任意$k=0,1,2,\cdots$成立. 这就说明$\{p_0,p_1,p_2,\cdots\}$是$\{1,x,x^2,\cdots\}$经 Gram-Schmidt 正交化所得.

第12章

张量积与外积

12.1 定义与定理

定义 12.1 设 $V_1, \cdots, V_r, V$ 及 W 是域 F 上的线性空间. 记

$$\prod_{i=1}^{r} V_i = V_1 \times \cdots \times V_r$$

为 $(v_1, \cdots, v_r)$ 全体，其中 $v_i \in V_i$，当 $V_1 = \cdots = V_r = V$ 时，也记

$$V \times \cdots \times V = V^r.$$

映射

$$f: \quad \prod_{i=1}^{r} V_i \to W,$$

称为**多线性映射**或**多线性型**，是指对任 $i(i=1, \cdots, r)$ 和 $c \in F$ 均有

$$f(v_1, \cdots, v_i + v_i', \cdots, v_r) = f(v_1, \cdots, v_r) + f(v_1, \cdots, v_i', \cdots, v_r),$$
$$f(v_1, \cdots, cv_i, \cdots, v_r) = cf(v_1, \cdots, v_r).$$

全体这种多线性映射记为 $L(V_1, \cdots, V_r; W)$.

定义 12.2 设 T 是 F 上线性空间，且

$$\tau: \quad V_1 \times \cdots \times V_r \to T$$

是多线性映射. 若对 F 上任意的线性空间 W 和任意的多线性映射

$$f: \quad V_1 \times \cdots \times V_r \to W,$$

均存在唯一线性映射 $f_*: T \to W$ 使得复合映射 $f_* \circ \tau = f$，则称 (T, τ) 具有万有性或泛性.

以 $V_1 \times \cdots \times V_r$ 中元素集为基(自由)生成的 F 上的线性空间记为 M. 设 N 为 M 的子空间，由定义 12.2 前两式左右两边之差那样的元素全体生成.

定理 12.1 (1) 记商空间 $M/N = T$，模 N 自然映射为 $\tau: V_1 \times \cdots \times V_r \to T$，则 (T, τ) 具万有性.

(2) 具万有性的 (T, τ) 在同构意义下是唯一存在的，也就是说，设 (T, τ) 具万有性，那么 (T', τ') 具万有性当且仅当有线性空间的同构

$$\rho: T \cong T' \quad 使 \quad \tau' = \rho\tau.$$

系 设如定义 12.2 或定理 12.1，则有线性空间的同构

$$\tau^*: \quad L(T;W) \cong L(V_1, \cdots, V_r; W),$$
$$f_* \mapsto f_* \circ \tau.$$

定义 12.3 若(T,τ)具万有性，则称(T,τ)为$V_1,\cdots,V_r$的一个张量积(空间)．张量积(空间)在同构意义下唯一，记为$V_1 \otimes \cdots \otimes V_r$．记$\tau(v_1,\cdots,v_r)$为$v_1 \otimes \cdots \otimes v_r$，称为向量$v_1,\cdots,v_r$的张量积．

定理 12.2 设$\dim V_i = d_i$，则$\dim V_1 \otimes \cdots \otimes V_r = d_1 d_2 \cdots d_r$．又若$\varepsilon_{i1},\cdots,\varepsilon_{id_i}$是$V_i$的基，则

$$\varepsilon_{1j_1} \otimes \cdots \otimes \varepsilon_{rj_r} \quad (1 \leqslant j_i \leqslant d_i, \quad 1 \leqslant i \leqslant r)$$

是$V_1 \otimes \cdots \otimes V_r$的基．

定义 12.4 设$A=(a_{ij}) \in M_{m\times n}(F)$，$B=(b_{ij}) \in M_{m'\times n'}(F)$，则$mm' \times nn'$矩阵

$$(a_{ij}B) = \begin{bmatrix} a_{11}B & \cdots & a_{1n}B \\ \vdots & & \vdots \\ a_{m1}B & \cdots & a_{mn}B \end{bmatrix},$$

称为A与B的 Kronecker 积(可以证明这也是在定义 12.3 下A与B的张量积)．

定理 12.3 对任意线性空间V_1,V_2,V_3，有以下线性空间的自然同构：

(1) $(V_1 \otimes V_2) \otimes V_3 \cong V_1 \otimes (V_2 \otimes V_3) \cong V_1 \otimes V_2 \otimes V_3$，

(2) $(V_1 \oplus V_2) \otimes V_3 \cong (V_1 \otimes V_3) \oplus (V_2 \otimes V_3)$，

分别由以下对应给出(对任意$v_i \in V_i$)：

(1) $(v_1 \otimes v_2) \otimes v_3 \mapsto v_1 \otimes (v_2 \otimes v_3) \mapsto v_1 \otimes v_2 \otimes v_3$，

(2) $(v_1 + v_2) \otimes v_3 \mapsto (v_1 \otimes v_3) + (v_2 \otimes v_3)$．

定义 12.5 对任两个张量积空间$V_1 \otimes \cdots \otimes V_r$和$V_{r+1} \otimes \cdots \otimes V_{r+s}$中任两张量

$$t = v_1 \otimes \cdots \otimes v_r, \quad u = v_{r+1} \otimes \cdots \otimes v_{r+s},$$

称$t \otimes u = v_1 \otimes \cdots \otimes v_r \otimes v_{r+1} \otimes \cdots \otimes v_{r+s}$为**张量($t$和$u$)的积**，它是$V_1 \otimes \cdots \otimes V_r \otimes \cdots \otimes V_{r+s}$中元素．

引理 12.1 设φ_i是V_i到V_i'的线性映射$(i=1,2)$，则$V_1 \otimes V_2$到$V_1' \otimes V_2'$有唯一的线性映射$T(\varphi_1,\varphi_2)$满足

$$T(\varphi_1,\varphi_2)(v_1 \otimes v_2) = \varphi_1(v_1) \otimes \varphi_2(v_2) \quad (\text{对任 } v_i \in V_i).$$

定理 12.4 记V的线性变换全体为$\mathrm{End}(V)$．设V_1,V_2为有限维线性空间，则有线性空间的自然同构

$$\mathrm{End}(V_1) \otimes \mathrm{End}(V_2) \cong \mathrm{End}(V_1 \otimes V_2),$$
$$\varphi_1 \otimes \varphi_2 \mapsto T(\varphi_1,\varphi_2).$$

系 把定理 12.4 中的同构视为等同，则

$$(\varphi_1 \otimes \varphi_2)(\psi_1 \otimes \psi_2) = (\varphi_1\psi_1) \otimes (\varphi_2\psi_2),$$

对任意$\varphi_1 \otimes \varphi_2, \psi_1 \otimes \psi_2 \in \mathrm{End}(V_1) \otimes \mathrm{End}(V_2) = \mathrm{End}(V_1 \otimes V_2)$成立．

定理 12.5　设 V_1, V_2 为有限维线性空间，以 V^* 记 V 的对偶空间，则有线性空间的自然同构

$$V_1^* \otimes V_2^* \cong (V_1 \otimes V_2)^*,$$
$$f_1 \otimes f_2 \mapsto T(f_1, f_2).$$

（把同构视为等同，也可以写为

$$V_1^* \otimes V_2^* = (V_1 \otimes V_2)^*,$$
$$f_1 \otimes f_2 = T(f_1, f_2), (f_1 \otimes f_2)(v_1 \otimes v_2) = f_1(v_1) f_2(v_2)).$$

系　当 V_1 和 V_2 为有限维时，有线性空间的自然同构

$$V_1^* \otimes V_2^* \overset{\theta}{\cong} L(V_1, V_2; F),$$
$$\theta(f_1, f_2)(v_1, v_2) = (f_1 \otimes f_2)(v_1 \otimes v_2) = f_1(v_1) f_2(v_2).$$

定义 12.6　设 V 为域 F 上的 n 维线性空间，V^* 为其对偶空间，则形如

$$T_q^p(V) = V \otimes \cdots \otimes V \otimes V^* \otimes \cdots \otimes V^*$$

的张量积（p 重 V，q 重 V^*），称为 V 的**（p,q）型张量积**（空间），其中元素（张量）称为 p 次**反变**（逆变）且 q 次**共变**（协变）张量. 也记 $T_0^p(V) = T^p(V)$.

定理 12.6　设（p,q）型张量 t 对基 $\{e_i\}$ 和 $\{\bar{e}_i\}$ 的分量表示分别为 ξ 和 $\bar{\xi}$，即

$$t = \sum \xi_{j_1 \cdots j_q}^{i_1 \cdots i_p} e_{i_1} \otimes \cdots \otimes e_{i_p} \otimes f^{j_1} \otimes \cdots \otimes f^{j_q}$$
$$= \sum \bar{\xi}_{m_1 \cdots m_q}^{k_1 \cdots k_p} \bar{e}_{k_1} \otimes \cdots \otimes \bar{e}_{k_p} \otimes \bar{f}^{m_1} \otimes \cdots \otimes \bar{f}^{m_q},$$

其中 $\{f^j\}$ 和 $\{\bar{f}^j\}$ 分别为 $\{e_i\}$ 和 $\{\bar{e}_i\}$ 的对偶基. 若 $\bar{e}_i = \sum\limits_j a_i^j e_j, \bar{f}^i = \sum\limits_j b_j^i f^j$，则对不同基的分量间变换法则为

$$\xi_{j_1 \cdots j_q}^{i_1 \cdots i_p} = \sum a_{k_1}^{i_1} \cdots a_{k_p}^{i_p} b_{j_1}^{m_1} \cdots b_{j_q}^{m_q} \bar{\xi}_{m_1 \cdots m_q}^{k_1 \cdots k_p},$$
$$\bar{\xi}_{m_1 \cdots m_q}^{k_1 \cdots k_p} = \sum a_{m_1}^{j_1} \cdots a_{m_q}^{j_q} b_{i_1}^{k_1} \cdots b_{i_p}^{k_p} \xi_{j_1 \cdots j_q}^{i_1 \cdots i_p}.$$

定义 12.7（张量的乘积）　对于（p,q）和（r,s）型两张量

$$t_1 = v_1 \otimes \cdots \otimes v_p \otimes f_1 \otimes \cdots \otimes f_q \in T_q^p(V),$$
$$t_2 = u_1 \otimes \cdots \otimes u_r \otimes g_1 \otimes \cdots \otimes g_s \in T_s^r(V),$$

定义 t_1 和 t_2 的**积**为（$p+r, q+s$）型张量.

$$t_1 \otimes t_2 = v_1 \otimes \cdots \otimes v_p \otimes u_1 \otimes \cdots \otimes u_r \otimes f_1 \otimes \cdots \otimes f_q \otimes g_1 \otimes \cdots \otimes g_s.$$

定义 12.8　线性空间族 $T_q^p(V)$（$p, q = 0, 1, 2, \cdots$）的外直和空间记为 $T(V)$. 定义 12.7 中的张量间的乘积可按分配律扩展到 $T(V)$ 中，故 $T(V)$ 是一个线性空间，同时又是一个环，它是域 F 上的代数，称为**张量代数**.

定义 12.9　张量空间 $T^r(V)$ 中含平方因子元素：

$x_1 \otimes \cdots \otimes x_r$（其中有 $x_i = x_j$ 对某 $1 \leqslant i \neq j \leqslant r$ 成立），全体生成的线性子空间记为 K.

商空间记为 $T^r(V)/K=\wedge^r(V)$，称为 V 的 r 重**外积**(幂)空间. 模 K 的自然映射记为

$$\omega:\ T^r(V)\to\wedge^r(V),$$
$$t\mapsto\bar{t}=t+K.$$

而且记 $\omega(v_1\otimes\cdots\otimes v_r)=v_1\wedge\cdots\wedge v_r$，称为向量 $v_1,\cdots,v_r\in V$ 的**外积**(或交错积). $\wedge^r(V)$ 中元素称为 r-**向量**，$\wedge^r(V^*)$中元素称为 r-余向量.

引理 12.2 对任 $v_1,\cdots,v_r,v_i'\in V$ 及 $c\in F$，有

(1) 多线性：对任 $1\leqslant i\leqslant r$ 成立

$$v_1\wedge\cdots\wedge(v_i+v_i')\wedge\cdots\wedge v_r=v_1\wedge\cdots\wedge v_r+v_1\wedge\cdots\wedge v_i'\wedge\cdots\wedge v_r;$$
$$v_1\wedge\cdots\wedge(cv_i)\wedge\cdots\wedge v_r=c(v_1\wedge\cdots\wedge v_r).$$

(2) 交错性：当 $v_i=v_j(i\neq j)$时，有 $v_1\wedge\cdots\wedge v_r=0$.

定义 12.10 设 V 和 W 为 F 上线性空间，且设 $f:V^r\to W$ 为多线性映射. 若当 $v_i=v_j$(对任 $1\leqslant i\neq j\leqslant r$)时总有 $f(v_1,\cdots,v_r)=0$，则称 f 是**交错的**.

定理 12.7(外积的万有性) 设 V 和 W 是域 F 上线性空间，则对任意交错的多线性映射 $f:V^r\to W$，存在着唯一的线性映射 $f':\wedge^r(V)\to W$，使得 $f'(v_1\wedge\cdots\wedge v_r)=f(v_1,\cdots,v_r)$ 对任意 $v_1,\cdots,v_r\in V$ 成立. 特别，取 $W=F$，则对应 $f'\mapsto f$ 给出线性空间的自然同构：

$$(\wedge^r V)^*\cong AL(V^r;F),$$

其中 $AL(V^r;W)$表示交错的多线性映射全体(由 V^r 到 W).

定义 12.11 $\wedge(V)=\bigoplus\limits_{r=0}^{n}\wedge^r(V)$称为 V 的外代数或 Grassmann 代数.

定理 12.8 设 V 是 F 上 n 维线性空间.

(1) $\dim\wedge^r(V)=\mathrm{C}_n^r$(当 $1\leqslant r\leqslant n$)或 0(当 $r>n$)；$\dim\wedge(V)=2^n$.

(2) $\wedge^r(V)$有如下的基

$$e_{i_1}\wedge\cdots\wedge e_{i_r}\quad(1\leqslant i_1<i_2<\cdots<i_r\leqslant n).$$

其中 $e_1,\cdots,e_n$ 是 V 的基，$1\leqslant r\leqslant n$.

定理 12.9 设 V 与 V^* 是域 F 上互为对偶的有限维线性空间，则有线性空间的自然同构

$$\psi:\ \wedge^r(V^*)\cong(\wedge^r(V))^*,$$
$$\psi(f_1\wedge\cdots\wedge f_r)(v_1\wedge\cdots\wedge v_r)=\det(f_i(v_j)).$$

其中 $f_i\in V^*,v_j\in V,1\leqslant i,j\leqslant r$.

系 1 对有限维线性空间 V 有自然同构

$$\lambda:\ \wedge^r(V^*)\cong AL(V^r;F),$$
$$\lambda(f_1\wedge\cdots\wedge f_r)(v_1,\cdots,v_r)=\det(f_i(v_j)).$$

系 2 设 $f\in\wedge^r V^*$ 和 $w\in\wedge^r V$ 的坐标表示分别为

$$f=\sum_{i_1<\cdots<i_r}f_{i_1\cdots i_r}f^{i_1}\wedge\cdots\wedge f^{i_r},\quad w=\sum_{i_1<\cdots<i_r}w^{i_1\cdots i_r}e_{i_1}\wedge\cdots\wedge e_{i_r},$$

则

$$\psi(f)w=(f,w)=\sum_{i_1<\cdots<i_r} f_{i_1\cdots i_r}w^{i_1\cdots i_r}.$$

定义 12.12 张量空间 $T^r(V^*)$由下式

$$\mathscr{A}(f_1\otimes\cdots\otimes f_r)=\sum_{\sigma_1\cdots\sigma_r}(-1)^{\tau(\sigma_1\cdots\sigma_r)}f_{\sigma_1}\otimes\cdots\otimes f_{\sigma_r}$$

定义的线性变换 $\mathscr{A}$ 称为**交错化算子**(其中 $\sigma_1\cdots\sigma_r$ 过 $12\cdots r$ 的排列).

定理 12.10 设 V 是数域 F 上有限维线性空间,则有外积空间与交错张量空间的自然同构

$$\pi:\ \wedge^r(V^*)\cong AT^r(V^*)\subset T^r(V^*),$$

$$\pi(f_1\wedge\cdots\wedge f_r)=\mathscr{A}(f_1\otimes\cdots\otimes f_r).$$

定理 12.10′ 设 V 是数域 F 上有限维线性空间,则有如下线性空间的自然同构

$$\pi:\ \wedge^r(V)\cong AT^r(V)\subset T^r(V),$$

$$\pi(v_1\wedge\cdots\wedge v_r)=\mathscr{A}(v_1\otimes\cdots\otimes v_r).$$

其中 $AT^r(V)$是交错张量全体,$\mathscr{A}$ 为 $T^r(V)$的线性变换,定义为

$$\mathscr{A}(v_1\otimes\cdots\otimes v_r)=\sum_{\sigma_1\cdots\sigma_r}(-1)^{\tau(\sigma_1\cdots\sigma_r)}v_{\sigma_1}\otimes\cdots\otimes v_{\sigma_r}.$$

引理 12.3 (1) 定义 12.12 中 $\mathscr{A}$ 的象均为交错张量.

(2) 若 $t\in T^r(V^*)$为交错张量,则 $\mathscr{A}(t)=(r!)t$.

定理 12.11 对交错张量 $t_1\in AT^r(V)$和 $t_2\in AT^s(V)$,定义它们的**外积**为

$$t_1\wedge t_2=\frac{1}{r!s!}\mathscr{A}(t_1\otimes t_2),$$

则 $AT(V)=AT^0(V)\oplus AT^1(V)\oplus\cdots\oplus AT^n(V)$是一个代数. 而且若将 $\wedge^rV$ 与 $AT^r(V)$视为等同,则此处定义与下式中积的定义一致,**外代数** $\wedge V$ 与 $AT(V)$完全相同. 对 $W_1=v_1\wedge\cdots\wedge v_r$, $W_2=u_1\wedge\cdots\wedge u_s$,其外积定义为

$$W_1\wedge W_2=v_1\wedge\cdots\wedge v_r\wedge u_1\wedge\cdots\wedge u_s\in\wedge^{r+s}V\subset\wedge V.$$

12.2 习题与解答

1. 设 V 为域 F 上线性空间,证明如下映射是线性空间的同构:

$$\theta:\quad V\otimes F^n\to V^n,$$

$$v\otimes(c_1,\cdots,c_n)\mapsto(c_1v,\cdots,c_nv).$$

证 注意 $F^n=F\oplus\cdots\oplus F$ 是 n 个 F 的直和(线性空间的外直和),同样这里 V^n 也是指 V 的外直和. 由于 $V\otimes F\cong V$(在映射 $v\otimes a\mapsto av$ 之下),故 $V\otimes(F\oplus\cdots\oplus F)=(V\otimes F)\oplus\cdots\oplus(V\otimes F)\cong V\oplus\cdots\oplus V$. 也可以直接验证 θ 是线性映射,是双射,从而是同构,详证

如下：

(1) θ 是线性映射：这按题意即知. 因为 $V\otimes F^n$ 的元素均是形如 $\sum\limits_{v,c_i} v\otimes(c_1,\cdots,c_n)$ 的有限和，而按题意应有

$$\theta\Big(\sum_{v,c_i} v\otimes(c_1,\cdots,c_n)\Big)=\sum_{v,c_i}\theta(v\otimes(c_1,\cdots,c_n)),$$

由此易知 θ 是线性映射.

(2) θ 是单射：若 $(c_1v,\cdots,c_nv)=0$，按外直和定义知应有 $c_iv=0(1\leqslant i\leqslant n)$，故 $v=0$ 或 $c_i=0$，即知 $v\otimes(c_1,\cdots,c_n)=0$.

(3) θ 是满射：对任意 $(v_1,\cdots,v_n)\in V\oplus\cdots\oplus V$，令 $\alpha_i=v_i\otimes\varepsilon_i\in V\otimes F^n$（其中 ε_i 只有第 i 分量非 0，为 1），则

$$\begin{aligned}\theta(\alpha_1+\cdots+\alpha_n)&=\theta(\alpha_1)+\cdots+\theta(\alpha_n)\\&=(v_1,0,\cdots,0)+\cdots+(0,\cdots,0,v_n)\\&=(v_1,\cdots,v_n).\end{aligned}$$

故 θ 是满射.

2. 设 $V_1\otimes V_2$ 中 $\sum\limits_{i=1}^{s}x_i\otimes y_i=0$ 且 $x_1,\cdots,x_s$ 线性无关，则 $y_1=\cdots=y_s=0$.

证 反证法. 若 $y_1,\cdots,y_s$ 不全为 0，不妨设 $y_1,\cdots,y_r$ 非 0 而 $y_{r+1}=\cdots=y_s=0$. 取 V_1 的基 $x_1,\cdots,x_s,\cdots,x_m$，取 V_2 的基 $\beta_1,\cdots,\beta_n$，并设 $y_i=\sum a_{ij}\beta_j(1\leqslant i\leqslant r)$ 于是 a_{ij} 不全为 0，因为 $y_i\neq 0$. 则

$$\begin{aligned}0&=\sum_{i=1}^{r}x_i\otimes y_i=x_1\otimes y_1+\cdots+x_r\otimes y_r\\&=a_{11}x_1\otimes\beta_1+\cdots+a_{1n}x_1\otimes\beta_n+\cdots+a_{r1}x_r\otimes\beta_1+\cdots+a_{rn}x_r\otimes\beta_n.\end{aligned}$$

由于 $x_1\otimes\beta_1,\cdots,x_1\otimes\beta_n,\cdots,x_r\otimes\beta_1,\cdots,x_r\otimes\beta_n$ 线性无关（它们是 $V_1\otimes V_2$ 的基的一部分），故与系数 a_{ij} 不全为 0 矛盾.

3. 设 S,V,W 是域 F 上有限维线性空间，若线性映射 $\varphi:S\to V$ 是单射，则 $\varphi\otimes 1_W:S\otimes W\to V\otimes W$ 也是单射.

证 证法 1 映射为单射相当于有左逆. 设 ψ 是 φ 的左逆，则

$$(\psi\otimes 1)\circ(\varphi\otimes 1)=(\psi\circ\varphi)\otimes(1\circ 1)=1\otimes 1$$

为恒等映射，故 $\varphi\otimes 1$ 有左逆 $\psi\otimes 1$，是单射.

证法 2 设 $(\varphi\otimes 1)(s\otimes w)=\varphi(s)\otimes w=0$（其中 $s\in S,w\in W$）. 则 $\varphi(s)=0$ 或 $w=0$，即 $s=0$ 或 $w=0$，从而 $s\times w=0$. 故 $\varphi\otimes 1$ 为单射.

4. 复数全体 $\mathbb{C}$ 可看作实数域 $\mathbb{R}$ 上线性空间（二维），也可看作 $\mathbb{C}$ 上线性空间. 作为这两种线性空间，$\mathbb{C}$ 与自身的张量积分别记为

$$\mathbb{C}\otimes_{\mathbb{R}}\mathbb{C} \quad 和 \quad \mathbb{C}\otimes_{\mathbb{C}}\mathbb{C}.$$

试问$\mathbb{C}\otimes_{\mathbb{R}}\mathbb{C}$与$\mathbb{C}\otimes_{\mathbb{C}}\mathbb{C}$是否相等？分别求出它们的基.它们中的哪些运算不同,有何不同？

解　$\mathbb{C}\otimes_{\mathbb{R}}\mathbb{C}$与$\mathbb{C}\otimes_{\mathbb{C}}\mathbb{C}$不相等.$\mathbb{C}\otimes_{\mathbb{R}}\mathbb{C}$的基为$\{1\otimes 1, 1\otimes \mathrm{i}, \mathrm{i}\otimes 1, \mathrm{i}\otimes \mathrm{i}\}$.而$\mathbb{C}\otimes_{\mathbb{C}}\mathbb{C}$的基为$\{1\otimes 1\}$.它们的数乘运算不同:$\mathbb{C}\otimes_{\mathbb{R}}\mathbb{C}$的数乘为实数乘,而$\mathbb{C}\otimes_{\mathbb{C}}\mathbb{C}$的数乘为复数乘.

5. 设V是复数域$\mathbb{C}$上n维空间,于是V自然是$\mathbb{R}$上$2n$维空间.V作为$\mathbb{R}$和$\mathbb{C}$上空间的与自身的内积分别记为$V\otimes_{\mathbb{R}}V$和$V\otimes_{\mathbb{C}}V$,试问二者是否相同,基有何关系,哪些运算不同?

解　$V\otimes_{\mathbb{R}}V$与$V\otimes_{\mathbb{C}}V$不相等.设V作为$\mathbb{C}$上线性空间的基为$\alpha_1,\cdots,\alpha_n$,则V作为$\mathbb{R}$上的线性空间基为$\alpha_1,\cdots,\alpha_n,\mathrm{i}\alpha_1,\cdots,\mathrm{i}\alpha_n$.$V\otimes_{\mathbb{C}}V$的基为$\{\alpha_k\otimes\alpha_j\}(1\leqslant k,j\leqslant n)$.$V\otimes_{\mathbb{R}}V$的基为

$$\{\alpha_k\otimes\alpha_j, \mathrm{i}\alpha_k\otimes\alpha_j, \alpha_k\otimes\mathrm{i}\alpha_j, \mathrm{i}\alpha_k\otimes\mathrm{i}\alpha_j\} \quad (1\leqslant k,j\leqslant n).$$

它们的数乘运算不同:$V\otimes_{\mathbb{C}}V$中的数乘允许用复数乘.

6. 试证明有如下线性空间的自然同构:

$$\mathrm{Hom}(V_1\otimes V_2, V_3)\cong \mathrm{Hom}(V_1, \mathrm{Hom}(V_2, V_3)),$$

其中$\mathrm{Hom}(V_1,V_2)$是V_1到V_2的线性映射全体,V_i是域F上的线性空间$(i=1,2,3)$.

证　任取$f\in L(V_1\times V_2;V_3)$(即双线性映射),对任一固定的$x\in V_1$,则有线性映射$\sigma:V_2\to V_3, y\mapsto f(x,y)$.因此每个$f$定义了$\mathrm{Hom}(V_1,\mathrm{Hom}(V_2,V_3))$中一个元素$\theta(f)$: $x\mapsto\sigma$.反之,任一$\varphi\in\mathrm{Hom}(V_1,\mathrm{Hom}(V_2,V_3))$定义了一个双线性映射$f:(x,y)\mapsto\varphi(x)y$,而且$\theta(f)=\varphi$(因为$\theta(f)(x)y=\sigma y=f(x,y)=\varphi(x)y$).故$\theta$是$L(V_1\times V_2;V_3)$到$\mathrm{Hom}(V_1,\mathrm{Hom}(V_2,V_3))$的$1:1$对应.容易看出$\theta$是线性空间的同构(设$\theta(f_i)=\varphi_i(i=1,2)$如上,则易验证

$$\theta(f_1+f_2)(x)y=(\varphi_1+\varphi_2)(x)y, \quad \theta(cf)(x)y=c\theta(f)(x)y,$$

(对任意$x\in V_1, y\in V_2, c\in F$)).再由$L(V_1\times V_2;V_3)\cong L(V_1\otimes V_2,V_3)$,即得所欲证.

7. 设V_1和V_2是域F上两个线性空间,维数分别为m和n.设U是F上mn维线性空间,且满足如下条件:

(1) 存在$V_1\times V_2$到U的一个双线性映射σ;

(2) 若$\alpha_1,\cdots,\alpha_m$和$\beta_1,\cdots,\beta_n$是V_1与V_2的基,则$\{\sigma(\alpha_i,\beta_j)\}$是$U$的一个基;

试证明(U,σ)是V_1和V_2的(一个)张量积.

证　只需证明(U,σ)具万有性.对F上任意线性空间W和每个$f\in L(V_1\times V_2;W)$,令$f_*(\sigma(\alpha_i,\beta_j))=f(\alpha_i,\beta_j)$,则可扩展$f_*$为$U$到$W$的线性映射(因为$\{\sigma(\alpha_i,\beta_j)\}$是$U$的基),故$(U,\sigma)$具有万有性.

8. 设V_1,V_2和U是F上线性空间,维数分别为m,n和mn.分别取它们的基$\{\alpha_i\}$, $\{\beta_j\}$, $\{\gamma_{ij}\}$.对$v_1=\sum\limits_{i=1}^{m}a_i\alpha_i$和$v_2=\sum\limits_{j=1}^{n}b_i\beta_i$,定义

$$\sigma(v_1, v_2) = \sum_{i=1}^{m}\sum_{j=1}^{n} a_i b_j \gamma_{ij} \in U.$$

试证明(U,σ)是V_1和V_2的一个张量积.

证 显然σ是双线性映射:$V_1 \times V_2 \to U$,且满足第7题的条件.故得证.

9. 设(T,τ)是V_1和V_2的张量积(见定义12.2),试说明$\tau: V_1 \times V_2 \to T$是否为满射,为什么?

解 τ不是满射,τ的像生成线性空间T.τ的像均形如

$$\tau(v_1, v_2) = v_1 \otimes v_2 \quad (v_i \in V_i),$$

称为主张量.而T的元素是主张量的有限线性组合.(第11题中例子说明T中有的张量不是主张量.)

10. 说明张量积无交换律,即一般$v_1 \otimes v_2 \neq v_2 \otimes v_1$.

解 设V的基为α_1, α_2;则$V \otimes V$的基为

$$\alpha_1 \otimes \alpha_1, \alpha_1 \otimes \alpha_2, \alpha_2 \otimes \alpha_1, \alpha_2 \otimes \alpha_2,$$

特别可知

$$\alpha_1 \otimes \alpha_2 \neq \alpha_2 \otimes \alpha_1.$$

11. 设如第8题,且$m, n \geqslant 2$.试证明$\alpha_1 \otimes \beta_1 + \alpha_2 \otimes \beta_2$不是主张量(即不能表示为$v_1 \otimes v_2 (v_i \in V_i)$).

证 反证法.设$\alpha_1 \otimes \beta_1 + \alpha_2 \otimes \beta_2 = v_1 \otimes v_2$,$v_1 = a_1\alpha_1 + \cdots + a_m\alpha_m$,$v_2 = b_1\beta_1 + \cdots + b_n\beta_n$,则

$$\alpha_1 \otimes \beta_1 + \alpha_2 \otimes \beta_2 = v_1 \otimes v_2 = \sum_{i,j} a_i b_j \alpha_i \otimes \beta_j,$$

比较两边$\alpha_1 \otimes \beta_1$和$\alpha_2 \otimes \beta_2$的系数可知$a_1 b_1 = 1$,$a_2 b_2 = 1$.特别可知a_1, b_1, a_2, b_2均非0.故右方$\alpha_1 \otimes \beta_2$一项的系数$a_1 b_2 \neq 0$,与左方矛盾.故$\alpha_1 \otimes \beta_1 + \alpha_2 \otimes \beta_2$不是主张量.

12. 设A, B为m, n阶方阵,试求$\mathrm{tr}(A \otimes B)$,$\det(A \otimes B)$,及$A \otimes B$的全部特征值(设A, B的特征值已知,基域为$\mathbb{C}$);并证明$A \otimes B$与$B \otimes A$相似.

解 (1) $A \otimes B$即为$A = (a_{ij})$和$B = (b_{ij})$的Kronecker积$(a_{ij}B)$.故

$$\mathrm{tr}(A \otimes B) = \sum_{i=1}^{m} \mathrm{tr}(a_{ii}B) = \left(\sum a_{ii}\right)(\mathrm{tr}B) = (\mathrm{tr}A)(\mathrm{tr}B).$$

(2) 设A的特征根为$\lambda_1, \cdots, \lambda_m$;$B$的特征根为$\mu_1, \cdots, \mu_n$,则$A \otimes B$的特征根为$\{\lambda_i \mu_j\}$ $(1 \leqslant i \leqslant m, 1 \leqslant j \leqslant n)$.由此也可知

$$\det(A \otimes B) = (\det A)^n (\det B)^m.$$

证 设$P^{-1}AP = \begin{bmatrix} \lambda_1 & & * \\ & \ddots & \\ & & \lambda_m \end{bmatrix} = \Lambda = (\lambda_{ij})$为上三角方阵,其中$P = (p_{ij})$.则易知

$$(p_{ij}I)^{-1}(a_{ij}B)(p_{ij}I)=\begin{bmatrix}\lambda_1 B & & *\\ & \ddots & \\ & & \lambda_m B\end{bmatrix}$$

为准上三角方阵，这里$(p_{ij}I)$是 mn 阶方阵，分为 m^2 块，(i,j)位置的 $n\times n$ 块为 $p_{ij}I$. 同理$(a_{ij}B)$的(i,j)位块为 $n\times n$ 阵 $a_{ij}B$.（这是因为 $P^{-1}AP=\Lambda$ 相当于 $AP=P\Lambda$，将元素的运算对应到分块运算则得到$(a_{ij}I)(p_{ij}I)=(p_{ij}I)(\lambda_{ij}I)$，从而得到

$$(a_{ij}B)(p_{ij}I)=(p_{ij}I)(\lambda_{ij}B),$$

即$(p_{ij}I)^{-1}(a_{ij}B)(p_{ij}I)=(\lambda_{ij}B)$. 所以 $A\otimes B=(a_{ij}B)$的特征根即是 $\lambda_1 B,\cdots,\lambda_m B$ 的特征根的合并，即为$\{\lambda_i\mu_j\}$.

(3) $A\otimes B=(a_{ij}B)$和 $B\otimes A=(b_{ij}A)$是同一线性映射在两个不同基下的方阵表示，所以是相似的. 设 $V=M_{m\times n}(F)$为域 F 上 $m\times n$ 矩阵全体构成的 F 上的 $m\times n$ 维线性空间. 考虑 V 的如下线性变换 σ：

$$\sigma(X)=AXB\quad(X\in V=M_{m\times n}(F)),$$

取 V 的(有序)基 $E_{11},E_{12},\cdots,E_{1n},E_{21},E_{22},\cdots,E_{2n},\cdots,E_{m1},E_{m2},\cdots,E_{mn}$. 注意任意矩阵

$X=\begin{bmatrix}x_1\\ \vdots\\ x_m\end{bmatrix}\in V$ 在此基下的坐标列为 $\hat{X}=\begin{bmatrix}x_1^{\mathrm T}\\ \vdots\\ x_m^{\mathrm T}\end{bmatrix}$，(其中 x_i 是 X 的第 i 行)，故

$$\sigma(X)=AXB=\begin{bmatrix}a_{11}x_1+\cdots+a_{1m}x_m\\ \vdots\\ a_{m1}x_1+\cdots+a_{mm}x_m\end{bmatrix}B=\begin{bmatrix}a_{11}x_1B+\cdots+a_{1m}x_mB\\ \vdots\\ a_{m1}x_1B+\cdots+a_{mm}x_mB\end{bmatrix}.$$

故 $\sigma(X)$的坐标列为

$$(\sigma(X))^\wedge=\begin{bmatrix}a_{11}B^{\mathrm T}x_1^{\mathrm T}+\cdots+a_{1m}B^{\mathrm T}x_m\\ \vdots\\ a_{m1}B^{\mathrm T}x_1^{\mathrm T}+\cdots+a_{mm}B^{\mathrm T}x_m^{\mathrm T}\end{bmatrix}=(a_{ij}B^{\mathrm T})\begin{bmatrix}x_1^{\mathrm T}\\ \vdots\\ x_m^{\mathrm T}\end{bmatrix}=(A\otimes B^{\mathrm T})\hat{X}.$$

故 $A\otimes B^{\mathrm T}=(a_{ij}B^{\mathrm T})$是 σ 在上述基下的方阵表示. 再取 V 的(有序)基 $E_{11},E_{21},\cdots,E_{m1},E_{12},E_{22},\cdots,E_{m2},\cdots,E_{1n},E_{2n},\cdots,E_{mn}$，则 $X=(y_1,\cdots,y_n)\in V$ 在此基下的坐标列为

$$\widetilde{X}=\begin{bmatrix}y_1\\ \vdots\\ y_n\end{bmatrix},$$

其中 y_j 为 X 的第 j 列. 故

$$\begin{aligned}\sigma(X)&=AXB=A(y_1,\cdots,y_n)(b_{ij})=A(b_{11}y_1+\cdots+b_{n1}y_n,\cdots,b_{1n}y_1+\cdots+b_{nn}y_n)\\&=(b_{11}Ay_1+\cdots+b_{n1}Ay_n,\cdots,b_{1n}Ay_1+\cdots+b_{nn}Ay_n).\end{aligned}$$

故 $\sigma(X)$的坐标列为

$$(\sigma(X))^{\sim}=\begin{bmatrix}b_{11}Ay_1+\cdots+b_{n1}Ay_n\\ \vdots\\ b_{1n}Ay_1+\cdots+b_{nn}Ay_n\end{bmatrix}=(b_{ji}A)\begin{bmatrix}y_1\\ \vdots\\ y_n\end{bmatrix}=(B^{\mathrm{T}}\otimes A)\begin{bmatrix}y_1\\ \vdots\\ y_n\end{bmatrix}.$$

故 $B^{\mathrm{T}}\otimes A=(b_{ji}A)$ 是 $\sigma(X)$ 在上述基下的方阵表示. 故 $A\otimes B^{\mathrm{T}}$ 和 $B^{\mathrm{T}}\otimes A$ 是同一线性变换 σ 在不同基下的方阵表示. 故 $A\otimes B^{\mathrm{T}}$ 与 $B^{\mathrm{T}}\otimes A$ 相似. $A\otimes B$ 与 $B\otimes A$ 相似.

13. 设 V 是域 F 上 n 维线性空间, E 是 F 的 d 次扩域(即 $E\supset F$), 且 E 作为 F 上线性空间有维数 d. 证明 $E\otimes V$ 是 E 上线性空间, 其中数乘定义为 $k(x\otimes v)=(kx)\otimes v$. 且若 $\alpha_1,\cdots,\alpha_n$ 是 V 在 F 上的基, 则 $1\otimes\alpha_1,\cdots,1\otimes\alpha_n$ 是 $E\otimes V$ 在 E 上的基($E\otimes V$ 称为 V 的基域到 E 的扩展).

证 E 和 V 均为 F 上的线性空间, 故其张量积 $E\otimes V$ 是域 F 上的 nd 维线性空间. 对 $k\in E, x\otimes v\in E\otimes V$, 定义"数乘" $k(x\otimes v)=(kx)\otimes v$, 亦即 $k\left(\sum_i x_i\otimes v_i\right)=\sum_i(kx_i)\otimes v_i$. 易知 $E\otimes V$ 是 E 上线性空间: $E\otimes V$ 对加法是阿贝尔群(因为是 F 上的线性空间), 对 E 上的数乘满足:

$$\begin{aligned}(k_1+k_2)(x\otimes v)&=((k_1+k_2)x)\otimes v=(k_1x+k_2x)\otimes v\\&=(k_1x)\otimes v+(k_2x)\otimes v=k_1(x\otimes v)+k_2(x\otimes v).\end{aligned}$$

$$k(x_1\otimes v_1+x_2\otimes v_2)=k(x_1\otimes v_1)+k(x_2\otimes v_2),$$

$$k_2(k_1(x\otimes v))=k_2((k_1x)\otimes v)=(k_2k_1x)\otimes v=(k_2k_1)(x\otimes v),$$

$$1\cdot(x\otimes v)=x\otimes v.$$

若 E 在 F 上的基为 $e_1,\cdots,e_d$, 则 $\{e_i\otimes\alpha_j\}(1\leqslant i\leqslant d, 1\leqslant j\leqslant n)$ 为 $E\otimes V$ 在 F 上的基. 特别可知 $\{e_i\otimes\alpha_j\}$ 是 $E\otimes V$ 在 F 上的生成元集, 从而 $\{1\otimes\alpha_j\}(1\leqslant j\leqslant n)$ 是 $E\otimes V$ 在 E 上的生成元集. 只需再证明它们在 E 上线性无关. 若有 $k_1,\cdots,k_n\in E$ 使 $\sum_{j=1}^{n}k_j(1\otimes\alpha_j)=0$, 设

$k_j=\sum_{i=1}^{d}c_{ij}e_i,\quad c_{ij}\in F$, 则

$$0=\sum_{j=1}^{n}\sum_{i=1}^{d}c_{ij}e_i(1\otimes\alpha_j)=\sum_{i,j}c_{ij}(e_i\otimes e_j),$$

故知 $c_{ij}=0(1\leqslant i\leqslant d, 1\leqslant j\leqslant n)$(因为 $\{e_i\otimes\alpha_j\}$ 是 $E\otimes V$ 在 F 上的基), 从而知 $k_1=\cdots=k_n=0$. 即知 $\{1\otimes\alpha_j\}$ 在 E 上线性无关, 是 $E\otimes V$ 在 E 上的基.

14. 设 V 是 $\mathbb{R}$ 上欧几里得空间, 内积为 $g(\alpha,\beta)=\langle\alpha,\beta\rangle$. 试证明 $T^r(V)$ 中可定义内积

$$\langle\alpha_1\otimes\cdots\otimes\alpha_r,\beta_1\otimes\cdots\otimes\beta_r\rangle=\langle\alpha_1,\beta_1\rangle\times\cdots\times\langle\alpha_r,\beta_r\rangle$$

设 $e_1,\cdots,e_n$ 是 V 的标准正交基, 试求 $T^r(V)$ 的标准正交基.

证 欧几里得空间 V 是自对偶空间, 即其对偶空间是自身: $V^*=V$. 故由定理 12.5 知 $T^r(V)$ 的对偶空间 $(T^r(V))^*=T^r(V^*)=T^r(V)$, 即 $T^r(V)$ 也是自对偶的, 这一自对

偶决定了 $T^r(V)$ 的内积(见定理 12.5)：

$$\langle \alpha_1 \otimes \cdots \otimes \alpha_r, \beta_1 \otimes \cdots \otimes \beta_r \rangle = \langle \alpha_1, \beta_1 \rangle \cdots \langle \alpha_r, \beta_r \rangle, \qquad (*)$$

也可以直接验证(*)式决定 $T^r(V)$ 的一个内积(即正定对称双线性型)：

(1) 正定性：注意

$$\langle \alpha_1 \otimes \cdots \otimes \alpha_r, \alpha_1 \otimes \cdots \otimes \alpha_r \rangle = \langle \alpha_1, \alpha_1 \rangle \cdots \langle \alpha_r, \alpha_r \rangle,$$

故若 $\alpha_1 \otimes \cdots \otimes \alpha_r \neq 0$，则每个 $\alpha_i \neq 0 (1 \leqslant i \leqslant n)$，故 $\langle \alpha_i, \alpha_i \rangle > 0$，即知上式为正. 而若 $\alpha_1 \otimes \cdots \otimes \alpha_r = 0$，则存在一个 $\alpha_i = 0$，即知上式为 0.

(2) 对称性：由 $\langle \alpha, \beta \rangle$ 的对称性即知.

(3) 双线性：此内积的定义正是由(*)式双线性地拓展到 $T^r(V)$ 上.

若 $e_1, \cdots, e_n$ 是 V 的标准正交基，则

$$\{e_{i_1} \otimes \cdots \otimes e_{i_r}\} \quad (1 \leqslant i_1, \cdots, i_r \leqslant n),$$

为 $T^r(V)$ 的标准正交基：

(1) 若 $e_{i_1} \otimes \cdots \otimes e_{i_r} \neq e_{j_1} \otimes \cdots \otimes e_{i_r}$，则不妨设 $e_{i_1} \neq e_{j_1}$，于是 $\langle e_{i_1}, e_{j_1} \rangle = 0$，故

$$\langle e_{i_1} \otimes \cdots \otimes e_{i_r}, e_{j_1} \otimes \cdots \otimes e_{j_r} \rangle = \langle e_{i_1}, e_{j_1} \rangle \cdots \langle e_{i_r}, e_{j_r} \rangle = 0.$$

(2) $\langle e_{i_1} \otimes \cdots \otimes e_{i_r}, e_{i_1} \otimes \cdots \otimes e_{i_r} \rangle = \langle e_{i_1}, e_{i_1} \rangle \cdots \langle e_{i_r}, e_{i_r} \rangle = 1 \cdots 1 = 1.$

15. 设 $\mathscr{A}$ 和 $\mathscr{B}$ 是 V_1 和 V_2 的线性变换，在基 $\alpha_1, \cdots, \alpha_m$ 和 $\beta_1, \cdots, \beta_n$ 下的方阵表示分别为 A 和 B. 于是 $\alpha_1 \otimes \beta_1, \cdots, \alpha_1 \otimes \beta_n, \alpha_2 \otimes \beta_1, \cdots, \alpha_2 \otimes \beta_n, \cdots, \alpha_m \otimes \beta_1, \cdots, \alpha_m \otimes \beta_n$ 是 $V_1 \otimes V_2$ 的基. 试证明 $\mathscr{A} \otimes \mathscr{B}$ 作为 $V_1 \otimes V_2$ 的线性变换在上述基下的方阵表示为 $A \otimes B$.

证　设 $\alpha, \beta \in V$ 的坐标列为 $x = (x_1, \cdots, x_m)^{\mathrm{T}}$ 和 $y = (y_1, \cdots, y_n)^{\mathrm{T}}$. 则

$$\alpha \otimes \beta = \Big(\sum_i x_i \alpha_i\Big) \otimes \Big(\sum_j y_j \beta_j\Big) = \sum_{i,j} x_i y_j (\alpha_i \otimes \beta_j).$$

故 $\alpha \otimes \beta$ 的坐标列为

$$(x_1 y_1, \cdots, x_1 y_n, \cdots, x_m y_1, \cdots, x_n y_n)^{\mathrm{T}} = \begin{bmatrix} x_1 y \\ \vdots \\ x_m y \end{bmatrix} = x \otimes y.$$

因为 $\mathscr{A}\alpha$ 的坐标列为 Ax，$\mathscr{B}\beta$ 的坐标列为 By，记 $A = (a_{ij})$，$B = (b_{ij})$. 则 $(\mathscr{A} \otimes \mathscr{B})(\alpha \otimes \beta) = (\mathscr{A}\alpha) \otimes (\mathscr{B}\beta)$ 的坐标列为 $(Ax) \otimes (By)$，而

$$(Ax) \otimes (By) = \begin{bmatrix} (a_{11} x_1 + \cdots + a_{1n} x_n) By \\ \vdots \\ (a_{m1} x_1 + \cdots + a_{mn} x_n) By \end{bmatrix} = \begin{bmatrix} a_{11} B x_1 y + \cdots + a_{1n} B x_n y \\ \vdots \\ a_{m1} B x_1 y + \cdots + a_{mn} B x_n y \end{bmatrix}$$

$$= \begin{bmatrix} a_{11} B & \cdots & a_{1n} B \\ \vdots & & \vdots \\ a_{m1} B & \cdots & a_{mn} B \end{bmatrix} \begin{bmatrix} x_1 y \\ \vdots \\ x_n y \end{bmatrix} = (A \otimes B)(x \otimes y).$$

即 $(\mathscr{A} \otimes \mathscr{B})(\alpha \otimes \beta)$ 的坐标列为 $(A \otimes B)(x \otimes y)$，这说明 $\mathscr{A} \times \mathscr{B}$ 的方阵表示为 $A \otimes B$.

16. 设 $v_1,\cdots,v_r\in V$ 是线性空间 V 中 r 个向量. 试证明：$v_1\wedge\cdots\wedge v_r=0$ 当且仅当 $v_1,\cdots,v_r$ 线性相关.

证 $\Leftarrow$设 v_r 线性相关时，不妨设 $v_r=\sum\limits_{i=1}^{r-1}k_iv_i$ 是 $v_1,\cdots,v_{r-1}$ 的线性组合，于是有

$$v_1\wedge\cdots\wedge v_{r-1}\wedge v_r=v_1\wedge\cdots\wedge v_{r-1}\wedge\left(\sum_i k_iv_i\right)$$

$$=\sum_{i=1}^{r-1}k_i(v_1\wedge\cdots\wedge v_{r-1}\wedge v_i)=\sum_{i=1}^{r-1}0=0$$

($v_1\wedge\cdots\wedge v_{r-1}\wedge v_i=0$ 是因为含有平方因子(重因子)).

$\Rightarrow$反之，若 $v_1,\cdots,v_r$ 线性无关，则可扩充为 V 的基，从而 $v_1\wedge\cdots\wedge v_r$ 是$\wedge^rV$ 的基中一元素，故非 0(此即说明了当 $v_1\wedge\cdots\wedge v_r=0$时必有 $v_1,\cdots,v_r$ 线性相关).

17. 设 W 是 V 的一个子空间，基为 $\alpha_1,\cdots,\alpha_r$，令 $\omega=\alpha_1\wedge\cdots\wedge\alpha_r$. 试证明 ω 不随 W 的基的不同选取而变化(不计非 0 常数倍意义下)，且 ω 与 W 相互决定：

$$W=\{\alpha\in V\mid\alpha\wedge\omega=0\}.$$

(在一定意义上，ω 可称为 W 的“外积法线”，ω 的长度是基中向量张成的 r 维平行体的体积——如果进一步假定 V 是欧几里得空间的话. $\omega\in\wedge^rV$ 的坐标(在定理 12.8(2)中)称为子空间 W 的 **Plücker 坐标**，它在不计非 0 常数倍意义下唯一.)

证 设 $\beta_1,\cdots,\beta_r$ 为 W 的另一基，$(\beta_1,\cdots,\beta_r)=(\alpha_1,\cdots,\alpha_r)A$，其中 $A=(a_{ij})$为 r 阶可逆方阵，则

$$\beta_1\wedge\cdots\wedge\beta_r=\left(\sum_{i_1=1}^{r}a_{1i_1}\alpha_{i_1}\right)\wedge\cdots\wedge\left(\sum_{i_r=1}^{r}a_{ri_r}\alpha_{i_r}\right)$$

$$=\sum_{1\leqslant i_1,\cdots,i_r\leqslant r}a_{1i_1}\cdots a_{ri_r}\alpha_{i_1}\wedge\cdots\wedge\alpha_{i_r}.$$

当 $i_1,\cdots,i_r$ 不是 $1,2,\cdots,r$ 的排列时(即 $i_1,\cdots,i_r$ 中有相等的)，$\alpha_{i_1}\wedge\cdots\wedge\alpha_{i_r}=0$. 故上述和式实为取遍 $1,2,\cdots,r$ 的排列 $i_1,\cdots,i_r$. 此时经对换可以将 $\alpha_{i_1}\wedge\cdots\wedge\alpha_{i_r}$ 化为 $\alpha_1\wedge\cdots\wedge\alpha_r$，每次对换变一次符号，故知

$$\beta_1\wedge\cdots\wedge\beta_r=\sum_{i_1\cdots i_r}(-1)^{\tau(i_1\cdots i_r)}a_{1i_1}\cdots a_{ri_r}\alpha_1\wedge\cdots\wedge\alpha_r=(\det A)\alpha_1\wedge\cdots\wedge\alpha_r.$$

故 $\beta_1\wedge\cdots\wedge\beta_r$ 与 $\alpha_1\wedge\cdots\wedge\alpha_r$ 相差非 0 常数倍 $\det A$.

又由第 16 题可知 $\alpha\wedge\omega=\alpha\wedge\alpha_1\wedge\cdots\wedge\alpha_r=0$ 当且仅当 $\alpha,\alpha_1,\cdots,\alpha_r$ 线性相关，这相当于 α 是 $\alpha_1,\cdots,\alpha_r$ 的线性组合，即 $\alpha\in W$.

如果 V 是欧几里得空间，则 V 是自对偶的：$V^*=V$. 从而由定理 12.9 可知 $\wedge^rV=\wedge^rV^*$ 也是自对偶的，内积为$\langle\alpha_1\wedge\cdots\wedge\alpha_r,v_1\wedge\cdots\wedge v_r\rangle=\det(\langle\alpha_i,v_j\rangle)$. 若取 $\alpha_1,\cdots,\alpha_r$ 为 W 的标准正交基，则

$$\langle\omega,\omega\rangle=\langle\alpha_1\wedge\cdots\wedge\alpha_r,\alpha_1\wedge\cdots\wedge\alpha_r\rangle=\det(\langle\alpha_i,\alpha_j\rangle)=\det I=1,$$

即 ω 长度为 1(在 $\wedge^r V$ 中). 此时 ω 在另一基 $\beta_1,\cdots,\beta_r$ 下的长度 $\beta_1\wedge\cdots\wedge\beta_r=\det A$,恰为 $\beta_1,\cdots,\beta_r$ 张成的 r 维平行体的体积.

18. 对每个线性映射 $\mathscr{A}:V\to V'$(这里 V 和 V' 是 F 上线性空间),试证明如下是线性映射:

$$\wedge(\mathscr{A}):\bigwedge(V)\to\bigwedge(V')$$
$$\wedge(\mathscr{A})(v_1\wedge\cdots\wedge v_r)=\mathscr{A}v_1\wedge\cdots\wedge\mathscr{A}v_r,$$

(对任意 $v_1,\cdots,v_r\in V$). 进而证明 $\wedge(\mathscr{A})$ 还保持外代数中的(外)乘法: $\wedge(\mathscr{A})(w\wedge u)=(\wedge(\mathscr{A})w)\wedge(\wedge(\mathscr{A})u)$ 对任意 $w,u\in\bigwedge(V)$ 成立.

证 注意

$$\wedge(\mathscr{A})((v_1+v_1')\wedge v_2\wedge\cdots\wedge v_r)=\wedge(\mathscr{A})(v_1\wedge v_2\wedge\cdots\wedge v_r+v_1'\wedge v_2\wedge\cdots\wedge v_r)$$

而 $\mathscr{A}(v_1+v_1')\wedge\cdots\wedge\mathscr{A}v_r=(\mathscr{A}v_1+\mathscr{A}v_1')\wedge\cdots\wedge\mathscr{A}v_r=\mathscr{A}v_1\wedge\cdots\wedge\mathscr{A}v_r+\mathscr{A}v_1'\wedge\mathscr{A}v_2\wedge\cdots\wedge\mathscr{A}v_r$. 故题中映射可按线性拓展为 $\bigwedge(V)$ 到 $\bigwedge(V')$ 的线性映射. 设

$$w=v_1\wedge\cdots\wedge v_r,\quad u=u_1\wedge\cdots\wedge u_s,$$

则

$$\begin{aligned}\wedge(\mathscr{A})(w\wedge u)&=\wedge(\mathscr{A})(v_1\wedge\cdots\wedge v_r\wedge u_1\wedge\cdots\wedge u_s)\\&=\mathscr{A}v_1\wedge\cdots\wedge\mathscr{A}v_r\wedge\mathscr{A}u_1\wedge\cdots\wedge\mathscr{A}u_s\\&=(\wedge(\mathscr{A})w)\wedge(\wedge(\mathscr{A})u).\end{aligned}$$

19. 记号如第 18 题,若 $V'=V$ 即 $\mathscr{A}$ 是 V 的线性变换,则 $\wedge(\mathscr{A})$ 给出 $\bigwedge^r(V)$ 的线性变换. 且证明:

(1) $(\wedge(\mathscr{A}))(\wedge(\mathscr{B}))=\wedge(\mathscr{A}\mathscr{B})$;

(2) 若 $\mathscr{A}$ 可逆则 $\wedge(\mathscr{A})$ 也可逆,且 $(\wedge(\mathscr{A}))^{-1}=\wedge(\mathscr{A}^{-1})$.

证 (1) 因为对任意 $v_1,\cdots,v_r\in V$,有

$$\begin{aligned}(\wedge(\mathscr{A}))(\wedge(\mathscr{B}))(v_1\wedge\cdots\wedge v_r)&=\wedge(\mathscr{A})(\mathscr{B}v_1\wedge\cdots\wedge\mathscr{B}v_r)\\&=(\mathscr{A}\mathscr{B})v_1\wedge\cdots\wedge(\mathscr{A}\mathscr{B})v_r=\wedge(\mathscr{A}\mathscr{B})(v_1\wedge\cdots\wedge v_r),\end{aligned}$$

故 $(\wedge(\mathscr{A}))(\wedge\mathscr{B})=\wedge(\mathscr{A}\mathscr{B})$.

(2) 由(1)知

$$(\wedge(\mathscr{A}^{-1}))(\wedge(\mathscr{A}))=\wedge(\mathscr{A}^{-1}\mathscr{A})=\wedge(1)$$

为恒等变换,故 $\wedge(\mathscr{A})$ 可逆且逆为 $\wedge(\mathscr{A}^{-1})$.

20. 设 $\mathscr{A}$ 为张量空间的交错化算子(见定义 12.12)试证明 $\mathscr{A}$ 与任一 $\sigma\in S_r$ 可交换,即

$$\mathscr{A}\circ\sigma=\sigma\circ\mathscr{A}=sg(\sigma)\mathscr{A}.$$

证 只需证明 $\mathscr{A}\sigma,\sigma\mathscr{A},s(\sigma)\mathscr{A}$ 三者在任一张量 t 上的作用相等(这里记 $\mathscr{A}\sigma=\mathscr{A}\circ\sigma$,

$s(\sigma)=sg(\sigma)$).

$$(\mathscr{A}\sigma)(t)=\mathscr{A}(\sigma t)=\sum_{\tau\in S_r}s(\tau)\tau\sigma(t)=s(\sigma)\sum_{\tau}s(\sigma)s(\tau)\tau\sigma(t)$$

$$=s(\sigma)\sum_{\tau}s(\tau\sigma)(\tau\sigma)(t)=s(\sigma)\sum_{\rho\in S_r}s(\rho)\rho(t)=s(\sigma)\mathscr{A}(t).$$

同理可证$(\sigma\mathscr{A})(t)=s(\sigma)\mathscr{A}(t)$.

21. 设 $\mathscr{A}$ 如第 20 题,证明 $\ker\mathscr{A}=K$ 为 $T^r(V)$中含平方因子元素生成的子空间.

证 设 $t\in K$ 为 $T^r(V)$中含平方因子元素,即 $t=v_1\otimes\cdots\otimes v_r$,其中 $v_i=v_j\ (1\leqslant i\neq j\leqslant r)$. 记对换 $\tau(ij)\in S_r$,则 $\tau t=t$. 而由第 20 题知

$$\mathscr{A}(t)=\mathscr{A}(\tau t)=sg(\tau)\mathscr{A}(t)=-\mathscr{A}(t),$$

故 $\mathscr{A}(t)=0$,即 $t\in\ker\mathscr{A}$,故 $K\subset\ker\mathscr{A}$. 又由引理 12.3,定理 12.10′和定义 12.9 知

$$T^r(V)/\ker\mathscr{A}\cong\mathscr{A}(T^r(V))=AT^r(V)\cong\bigwedge^r(V)=T^r(V)/K,$$

故知 $\ker\mathscr{A}=K$.

22. 有的作者按如下方式定义交错化算子 $\hat{\mathscr{A}}:T^r(V)\to T^r(V)$,即对 $t\in T^r(V)$令

$$\hat{\mathscr{A}}(t)=\frac{1}{r!}\sum_{\sigma\in S_r}sg(\sigma)\sigma(t).$$

证明 $\ker\hat{\mathscr{A}}=\ker\mathscr{A}=K$,且当 t 为交错张量时有 $\hat{\mathscr{A}}(t)=t$,从而 $\hat{\mathscr{A}}^2=\hat{\mathscr{A}}$.

证 显然 $\hat{\mathscr{A}}=\frac{1}{r!}\mathscr{A}$. 故 $\hat{\mathscr{A}}(t)=0$ 当且仅当 $\mathscr{A}(t)=0$,故 $\ker\hat{\mathscr{A}}=\ker\mathscr{A}=K$. 而当 t 为交错张量时,

$$\hat{\mathscr{A}}(t)=\frac{1}{r!}\mathscr{A}(t)=\frac{r!}{r!}t=t.$$

对任一 $u\in T^r(V)$,

$$t=\hat{\mathscr{A}}(u)=\frac{1}{r!}\mathscr{A}(u)\subset AT^r(V)$$

为交错张量. 故

$$\hat{\mathscr{A}}^2(u)=\hat{\mathscr{A}}(t)=t=\hat{\mathscr{A}}(u),$$

这说明 $\hat{\mathscr{A}}^2=\hat{\mathscr{A}}$.

23. 设 $w_1\in\bigwedge^r(V)$, $w_2\in\bigwedge^s(V)$,试证明 $w_1\wedge w_2=(-1)^{rs}w_2\wedge w_1$.

证 设 V 的基为 $e_1,\cdots,e_n$,则 $\bigwedge^r(V)$ 的基为$\{e_{i_1}\wedge\cdots\wedge e_{i_r}\}1\leqslant i_1<\cdots<i_r\leqslant n$. 设 $w_1=\sum_i a_ie_{i_1}\wedge\cdots\wedge e_{i_r}$, $w_2=\sum_j b_je_{j_1}\wedge\cdots\wedge e_{j_s}$,其中记 $i=i_1\cdots i_r$, $j=j_1\cdots j_s$. 于是

$$w_1\wedge w_2=\Big(\sum_i a_ie_{i_1}\wedge\cdots\wedge e_{i_r}\Big)\wedge\Big(\sum_j b_je_{j_1}\wedge\cdots\wedge e_{j_s}\Big)$$

$$=\sum_{i,j}a_ib_je_{i_1}\wedge\cdots\wedge e_{i_r}\wedge e_{j_1}\wedge\cdots\wedge e_{j_s}.$$

显然

$$e_{i_1}\wedge\cdots\wedge e_{i_r}\wedge e_{j_1}\wedge\cdots\wedge e_{j_s}=(-1)^re_{j_1}\wedge e_{i_1}\wedge\cdots\wedge e_{i_r}\wedge e_{j_2}\wedge\cdots\wedge e_{j_s},$$

即 e_{j_1} 可经 r 次相邻对换移到最左边，而每次对换改变一次正负号. 同样可以依次将 $e_{j_2},\cdots,e_{j_s}$ 均经 r 次相邻对换移到 e_{i_1} 的左方，共改变符号 rs 次，故

$$e_{i_1}\wedge\cdots\wedge e_{i_r}\wedge e_{j_1}\wedge\cdots\wedge e_{j_s}=(-1)^{rs}e_{j_1}\wedge\cdots\wedge e_{j_s}\wedge e_{i_1}\wedge\cdots\wedge e_{i_r}.$$

故知

$$\begin{aligned}w_1\wedge w_2&=\sum_{i,j}a_ib_j(-1)^{rs}e_{j_1}\wedge\cdots\wedge e_{j_s}\wedge e_{i_1}\wedge\cdots\wedge e_{i_r}\\&=(-1)^{rs}\Big(\sum_j b_je_{j_1}\wedge\cdots\wedge e_{j_s}\Big)\wedge\Big(\sum_i a_ie_{i_1}\wedge\cdots\wedge e_{i_r}\Big)\\&=(-1)^{rs}w_2\wedge w_1.\end{aligned}$$

24. 多线性映射 $f:V^r\to W$ 称为对称的，是指

$$f(\cdots,v_i,\cdots,v_j,\cdots)=f(\cdots,v_j,\cdots,v_i,\cdots)$$

对任意 $v_i,v_j\in V$ 和 $1\leqslant i,j\leqslant r$ 成立. 证明这相当于 $\sigma f=f$ 对任意 $\sigma\in S_r$ 成立.

证　题中条件相当于 $\sigma f=f$ 对任意对换 $\sigma=(i,j)$ 成立 $(1\leqslant i,j\leqslant r)$. 若题中条件成立，任意置换 $\sigma\in S_r$ 可分解为 $\sigma=\sigma_s\cdots\sigma_2\sigma_1$（其中 $\sigma_1,\cdots,\sigma_s$ 均为对换），于是

$$\sigma f=(\sigma s\cdots\sigma_2\sigma_1)f=(\sigma_s\cdots\sigma_2)(\sigma_1 f)=(\sigma_s\cdots\sigma_2)f=\cdots=\sigma_sf=f.$$

反之，若 $\sigma f=f$ 对任意 $\sigma\in S_r$ 成立，则因任一对换 $\sigma=(i,j)$ 也属于 S_r，对 $\sigma f=f$，即为题中条件.

25. 设 V 是域 F 上线性空间，M 为 $T^r(V)$ 中如下形式的元素全体生成的子空间：

$$x_1\otimes\cdots\otimes x_r-x_{\sigma_1}\otimes\cdots\otimes x_{\sigma_r}$$

(σ 过 S_r；$\sigma_k=\sigma(k)$，$x_i\in V$). 定义商空间

$$S^r(V)=T^r(V)/M,$$

称为 V 的 r 重**对称积**(幂). 记模 M 的自然映射为

$$\begin{aligned}\zeta:\ &T^r(V)\to S^r(V),\\&t\mapsto t+M,\end{aligned}$$

记 $\zeta(v_1\otimes\cdots\otimes v_r)=v_1\cdots v_r$（或 $v_1\vee\cdots\vee v_r$），称为 $v_1,\cdots,v_r$ 的**对称积**. 试证明：

(1) 对称积是对称的（或称交换的），即

$$v_1\cdots v_i\cdots v_j\cdots v_r=v_1\cdots v_j\cdots v_i\cdots v_r\quad（对任意\ i,j）;$$

(2) 对称积有多线性（或称分配律），即

$$v_1\cdots(v_i+v_i')\cdots v_r=v_1\cdots v_i\cdots v_r+v_1\cdots v_i'\cdots v_r;$$

$$v_1\cdots(cv_i)\cdots v_r=cv_1\cdots v_r.$$

(3) 如下复合映射是对称映射：

$$V^r\to T^r(V)\to S^r(V),$$

$$(v_1, \cdots, v_r) \mapsto v_1 \otimes \cdots \otimes v_r \mapsto v_1 \cdots v_r.$$

证 (1) 因为

$$\alpha = v_1 \otimes \cdots \otimes v_i \otimes \cdots \otimes v_j \otimes \cdots \otimes v_r - v_1 \otimes \cdots \otimes v_j \otimes \cdots \otimes v_i \otimes \cdots \otimes v_r \in M,$$

故

$$0 = \zeta(\alpha) = v_1 \cdots v_i \cdots v_j \cdots v_r - v_1 \cdots v_j \cdots v_i \cdots v_r.$$

(2)

$$\begin{aligned} v_1 \cdots (v_i + v_i') \cdots v_r &= \zeta(v_1 \otimes \cdots \otimes (v_i + v_i') \otimes \cdots \otimes v_r) \\ &= \zeta(v_1 \otimes \cdots \otimes v_i \otimes \cdots \otimes v_r + v_1 \otimes \cdots \otimes v_i' \otimes \cdots \otimes v_r) \\ &= v_1 \cdots v_i \cdots v_r + v_1 \cdots v_i' \cdots v_r. \end{aligned}$$

而对任意 $c \in F$,

$$\begin{aligned} v_1 \cdots (c v_i) \cdots v_r &= \zeta(v_1 \otimes \cdots \otimes (c v_i) \otimes \cdots \otimes v_r) \\ &= \zeta(c v_1 \otimes \cdots \otimes v_i \otimes \cdots \otimes v_r) = c v_1 \cdots v_i \cdots v_r. \end{aligned}$$

(3) 记题中复合映射为 f,则

$$\begin{aligned} f(v_1, \cdots, v_i, \cdots, v_j, \cdots, v_r) &= v_1 \cdots v_i \cdots v_j \cdots v_r = v_1 \cdots v_j \cdots v_i \cdots v_r \\ &= f(v_1, \cdots, v_j, \cdots, v_i, \cdots, v_r) \end{aligned}$$

对任意 $1 \leqslant i, j \leqslant r$ 成立,故 f 是对称映射.

26. **(对称积的万有性)** 设如上题,对任一线性空间 W 和对称多线性映射 $f: V^r \to W$,必存在唯一的线性映射 $f_s: S^r(V) \to W$ 使 $f_s(v_1 \cdots v_r) = f(v_1, \cdots, v_r)$ 对任意 $v_1, \cdots, v_r \in V$ 成立.

证 由张量积的万有性,知道存在唯一的线性映射

$$f_*: \quad T^r(V) \to W, \quad 使\ f_*(v_1 \otimes \cdots \otimes v_r) = f(v_1, \cdots, v_r)$$

对任意 $v_1, \cdots, v_r \in V$ 成立. 因 f 是对称的,故知第 25 题中的子空间 $M \subset \ker f_*$ (M 由 $\alpha = v_1 \otimes \cdots \otimes v_r - v_{\sigma_1} \otimes \cdots \otimes v_{\sigma_r}$ 生成,而 $f_*(\alpha) = f_*(v_1 \otimes \cdots \otimes v_r) - f_*(v_{\sigma_1} \otimes \cdots \otimes v_{\sigma_r}) = f(v_1, \cdots, v_r) - f(v_{\sigma_1}, \cdots, v_{\sigma_r}) = 0$). 故知第 25 题中映射 ζ 的核 $\ker \zeta = M \subset \ker f_*$. 因此,对于 $T^r(V)$ 中的每一个模 M 同余类 $t + M \in S^r(V)$,其中的所有张量(不仅在映射 ζ 下的像)在 f_* 下的像也都相同. 故 f_* 自然地决定了一个映射

$$f_s: \quad S^r(V) \to W,$$

使得

$$f_s(v_1 \cdots v_r) = f_*(v_1 \otimes \cdots \otimes v_r) = f(v_1, \cdots, v_r).$$

27. 记号如上题. 令 $S(V) = \bigoplus_{r=0}^{\infty} S^r(V)$ 为外直和空间,约定 $S^0(V) = F$. 由 $T(V) = \bigoplus_{r=0}^{\infty} T^r(V)$ 中的乘法定义 $S(V)$ 中的乘法,即令

$$\zeta(t_1 \otimes t_2) = \zeta(t_1) \zeta(t_2).$$

(或记为 $\zeta(t_1)\vee\zeta(t_2)$,ζ 见第25题). 证明 $S(V)$是一个代数(称为**对称代数**).

证 由 $T(V)$中乘法的结合律可得 $S(V)$中乘法的结合律:由 $(t_1\otimes t_2)\otimes t_3=t_1\otimes(t_2\otimes t_3)$可知 $\zeta(t_1\otimes t_2)\zeta(t_3)=\zeta(t_1)\zeta(t_2\otimes t_3)$,即

$$(\zeta(t_1)\zeta(t_2))\zeta(t_3)=\zeta(t_1)(\zeta(t_2)\zeta(t_3)).$$

同样,由 $T(V)$中的分配律可得 $S(V)$中的分配律. 所以 $S(V)$是一个环,又是 F 上的线性空间. 且对于 $c\in F$,由$(ct_1)\otimes t_2=t_1\otimes(ct_2)$可知

$$(c\zeta(t_1))\otimes\zeta(t_2)=\zeta(ct_1)\otimes\zeta(t_2)=(\zeta(t_1))\otimes(c\zeta(t_2)).$$

故知 $S(V)$是 F 上的代数.

28. 记号如上题. 设 V 的基为 $e_1,\cdots,e_n$(注意 $V=S'(V)\subset S(V)$). 证明对称代数 $S(V)$与 F 上 n 元多项式(形式)代数 $F[X_1,\cdots,X_n]$同构,即如下映射是双射且保持加法,数乘和乘法:

$$\varphi:\ S(V)\to F[X_1,\cdots,X_n]$$
$$e_i\mapsto X_i\quad(i=1,\cdots,n).$$

证 设 $X_1,\cdots,X_n$ 是互异的不定元,记 P_r 为 $X_1,\cdots,X_n$ 的 r 次齐次多项式全体,$v_i=a_{i1}e_1+\cdots+a_{in}e_n$. 定义映射

$$f:\quad V^r\to P_r$$
$$(v_1,\cdots,v_r)\mapsto(a_{11}X_1+\cdots+a_{1n}X_n)\cdots(a_{r1}X_1+\cdots+a_{rn}X_n),$$

显然 f 是多线性对称映射. 由对称积的万有性(第26题)可知存在唯一的线性映射 $\varphi:S^r(V)\to P_r$ 使

$$\varphi(v_1\cdots v_r)=f(v_1,\cdots,v_r)=\prod_{i=1}^{r}\Big(\sum_{j=1}^{n}a_{ij}X_j\Big),$$

特别可知当 $v_1,\cdots,v_r$ 都取基 $e_1,\cdots,e_n$ 中向量时有:

$$\varphi(e_{i_1}\cdots e_{i_r})=X_{i_1}X_{i_2}\cdots X_{i_r}.$$

由于单项式集$\{X_{i_1}X_{i_2}\cdots X_{i_r}\}$在 F 上是线性无关的,故集合$\{e_{i_1}\cdots e_{i_r}\}$在 F 上是线性无关的(这也称为 $e_1,\cdots,e_n$ 在 F 上是代数独立的). 所以映射 φ: $S^r(V)\to P_r$ 是线性空间的同构映射. φ 决定了线性空间同构 $S(V)\to F[X_1,\cdots,X_n]$,仍记为 φ,而且将 $S(V)$中的乘法对应为多项式乘法:

$$\varphi(v_1\cdots v_rv_{r+1}\cdots v_{r+s})=\prod_{i=1}^{r+s}\Big(\sum_{j=1}^{n}a_{ij}X_j\Big)=\Big[\prod_{i=1}^{r}\Big(\sum_{j=1}^{n}a_{ij}X_j\Big)\Big]\Big[\prod_{i=1}^{s}\sum_{j=1}^{n}a_{ij}X_j\Big]$$
$$=\varphi(v_1\cdots v_r)\varphi(v_{r+1}\cdots v_{r+s}).$$

故 φ 为对称代数 $S(V)$与多项式代数 $F[X_1,\cdots,X_n]$之间的同构.

29. 如下定义的 $T^r(V)$的线性变换 $\mathscr{S}$称为**对称化算子**:

$$\mathscr{S}(t)=\sum_{\sigma\in S_r}\sigma(t).$$

证明这相当于定义

$$\mathscr{S}(v_1\otimes\cdots\otimes v_r)=\sum_{\sigma\in S_r}v_{\sigma_1}\otimes\cdots\otimes v_{\sigma_r},$$

且 $\ker\mathscr{S}=M$(M 如第 25 题).

证 (1) 记 $u=v_1\otimes\cdots\otimes v_r$,则对 $\sigma\in S_r$,已知 $\sigma u=v_{\sigma_1}\otimes\cdots\otimes v_{\sigma_r}$. 故由 $\mathscr{S}(t)=\sum_{\sigma\in S_r}\sigma(t)$ 可知

$$\mathscr{S}(u)=\sum_{\sigma\in S_r}\sigma(u)=\sum_{\sigma}v_{\sigma_1}\otimes\cdots\otimes v_{\sigma_r}.$$

反之,由于任一张量 $t\in T^r(V)$ 可表为形如 $v_1\otimes\cdots\otimes v_r$ 的主张量的和,故由

$$\mathscr{S}(v_1\otimes\cdots\otimes v_r)=\sum_{\sigma}v_{\sigma_1}\otimes\cdots\otimes v_{\sigma_r},$$

即知 $\mathscr{S}(t)=\sum_{\sigma}\sigma(t)$.

(2) 由第 25 题知 M 由形如 $u-\sigma u$ 的张量生成(这里 $u=v_1\otimes\cdots\otimes v_r$ 为主张量).

$$\mathscr{S}(u-\sigma u)=\sum_{\tau\in S_r}\tau(u-\sigma u)=\sum_{\tau\in S_r}(\tau u-\tau\sigma u)=\sum_{\tau\in S_r}\tau(u)-\sum_{\tau\in S_r}\tau\sigma(u).$$

记 $\tau'=\tau\sigma$,则当 τ 遍历 S_r 时,τ' 也遍历 S_r,故由上式知

$$\mathscr{S}(u-\sigma u)=\mathscr{S}(u)-\sum_{\tau'\in S_r}\tau'(u)=\mathscr{S}(u)-\mathscr{S}(u)=0.$$

即知 $u-\sigma u\in\ker\mathscr{S}$,从而 $M\subset\ker\mathscr{S}$.

(3) 对称积空间的对偶空间 $(S^r(V))^*$ 与对称多线性映射集 $SL(V^r;F)$ 是同构的. 这可由对称积的万有性(第 26 题)得到:对每个 $f\in SL(V^r;F)$,存在唯一的 $f_s\in(S^r(V))^*=L(S^r(V);F)$ 使

$$f_s(v_1\cdots v_r)=f(v_1,\cdots,v_r),$$

即 $f=f_s\zeta\tau$(其中 ζ 在第 25 题定义,τ 为张量积如在定义 12.2 或定理 12.1). 如同定理 12.1 的系 1 或定理 12.7 一样,对应 $f_s\mapsto f$ 给出同构 $(S^r(V))^*\cong SL(V^r;F)$.

(4) $\mathscr{S}$ 的像 $\mathscr{S}(T^r(V))$ 恰为对称张量全体 $ST^r(V)$(张量 t 是对称的当且仅当 $\tau t=\tau$ 对任意 $\tau\in S_r$ 成立). 首先,由于

$$\tau\mathscr{S}(t)=\tau\sum_{\sigma\in S_r}\sigma(t)=\sum_{\sigma\in S_r}\tau\sigma(t)=\sum_{\sigma'\in S_r}\sigma'(t)=\mathscr{S}(t),$$

故知 $\mathscr{S}$ 的像均为对称张量,另一方面,若 t 为对称张量,则

$$\mathscr{S}(t)=\sum_{\sigma\in S_r}\sigma(t)=\sum_{\sigma\in S_r}(t)=(r!)t$$

仍为对称张量. 故

$$\mathscr{S}(T^r(V))=ST^r(V).$$

(5) 由上述知

$$T^r(V)/\ker\mathscr{S}\cong\mathscr{S}(T^r(V))=ST^r(V)\cong ST^r(V^*)\cong SL(V^r;F),$$

最后的同构是由于 $T^r(V^*)\cong L(V^r;F)$，即 V^* 的张量积同构于 V 上多线性映射集，故其中的对称张量对应于对称多线性映射. 另一方面，由第 25 题和(3)知

$$T^r(V)/M\cong S^r(V)\cong(S^r(V))^*\cong SL(V^r;F).$$

这就知道 M 与 $\ker\mathscr{S}$ 的维数相同，再由(2)即知 $M=\ker\mathscr{S}$.

30. 设 V 是域 F 上的 n 维线性空间. 试证明 $\bigwedge^{(n-1)}(V)$ 中每个元素(即 $(n-1)$-向量)均为可因子分解的(可表为 $v_1\wedge\cdots\wedge v_r(v_1,\cdots,v_r\in V)$ 形式的 r-向量称为**可因子分解的**，也称为主 r-向量).

证 设 $e_1,\cdots,e_n$ 为 V 的基，$w_i=e_1\wedge\cdots\wedge e_{i-1}\wedge e_{i+1}\wedge\cdots\wedge e_n$（无因子 e_i），则 $w_1,\cdots,w_n$ 是 $\bigwedge^{(n-1)}V$ 的基. 每个 $w\in\bigwedge^{(n-1)}V$ 可表为 $w=k_1w_1+\cdots+k_nw_n,k_i\in F$. 而对 V 中每个向量 $\alpha=x_1e_1+\cdots+x_ne_n,x_i\in F$，外积

$$\alpha\wedge w=\left(\sum_i x_ie_i\right)\wedge\left(\sum_j k_jw_j\right)=\sum_{i,j}x_ik_j(e_i\wedge w_j),$$

注意当 $i\neq j$ 时 $e_i\wedge w_j=0$，而 $e_i\wedge w_i=(-1)^{i-1}e_1\wedge\cdots\wedge e_n$. 故

$$\alpha\wedge w=(e_1\wedge\cdots\wedge e_n)\sum_{i=1}^n x_ik_i(-1)^{i-1}.$$

故 $\alpha\wedge w=0$ 当且仅当 $k_1x_1-k_2x_2+\cdots+(-1)^{n-1}k_nx_n=0$，当 w 固定时(即固定 $k_1,\cdots,k_n$)，解 $(x_1,\cdots,x_n)$ 是 F^n 的 $n-1$ 维子空间. 故 $W=\{\alpha\in V\mid\alpha\wedge w=0\}$ 是 V 的 $n-1$ 维子空间. 由第 17 题知，w 应当是 W 的"外积法线". 所以 w 应可表示为 $w=(kv_1)\wedge\cdots\wedge v_{n-1}$，其中 $v_1,\cdots,v_{n-1}$ 是 $W\subset V$ 的基.

31. 设 V 是$\mathbb{Q}$上四维线性空间，$e_1,\cdots,e_4$ 为其基，试证明 $w=e_1\wedge e_2+e_3\wedge e_4$ 不可因子分解(定义见上题).

证 若 $w=e_1\wedge e_2+e_3\wedge e_4$ 可分解为 $w=\alpha_1\wedge\cdots\wedge\alpha_r$，则 $\alpha_1,\cdots,\alpha_r$ 必线性无关(因为 $w\neq0$)，生成一个 $r\geqslant1$ 维子空间 W. 按第 17 题知 W 由所有满足 $\alpha\wedge w=0$ 的 $\alpha\in V$ 组成. 若 $\alpha=x_1e_1+x_2e_2+x_3e_3+x_4e_4$，则

$$\begin{aligned}\alpha\wedge w&=(x_1e_1+x_2e_2+x_3e_3+x_4e_4)\wedge(e_1\wedge e_2+e_3\wedge e_4)\\&=x_1e_1\wedge e_3\wedge e_4+x_2e_2\wedge e_3\wedge e_4+x_3e_1\wedge e_2\wedge e_3+x_4e_1\wedge e_2\wedge e_4.\end{aligned}$$

故 $\alpha\wedge w=0$ 当且仅当 $x_1=x_2=x_3=x_4=0$，即 $\alpha=0$. 所以 $W=\{0\}$. 这说明 w 不可分解.

12.3 补充题与解答

1. 设 V 是 n 维复线性空间，$\{e_i\}$ 为其基. 由下式定义 $V\otimes V$ 的自同构 θ：

$$\theta(e_i\otimes e_j)=e_j\otimes e_i\quad(1\leqslant i,j\leqslant n).$$

(1) 证明 $\theta(\alpha\otimes\beta)=\beta\otimes\alpha$（对任意 $\alpha,\beta\in V$），且 $\theta^2=1$.

(2) $V\otimes V=\mathrm{Sym}^2(V)\oplus\mathrm{Alt}^2(V)$

为直和分解,其中 $\mathrm{Sym}^2(V)$ 由满足 $\theta(\alpha)=\alpha$ 所有 $\alpha\in V$ 组成,$\mathrm{Alt}^2(V)$ 为满足 $\theta(\alpha)=-\alpha$ 的所有 $\alpha\in V$.

(3) 求 $\mathrm{Sym}^2(V)$ 和 $\mathrm{Alt}^2(V)$ 的基与维数.

(4) 若 G 为 V 的可逆线性变换构成的一个有限群(如同 7.4 节第 3 题),则 $\mathrm{Sym}^2(V)$ 和 $\mathrm{Alt}^2(V)$ 均为 G(中元素公共)的不变子空间,分别称为**对称平方**和**交错平方**子空间($\sigma\in G$ 对 $V_1\otimes V_2$ 的作用由下式定义:$\sigma(v_1\otimes v_2)=(\sigma v_1)\otimes(\sigma v_2)$).

证 (1) 设 $\alpha=\sum x_ie_i$, $\beta=\sum y_ie_j$, 则

$$\theta(\alpha\otimes\beta)=\theta\Big(\sum_i\sum_j x_iy_je_i\otimes e_j\Big)=\sum_{i,j}x_iy_j\theta(e_i\otimes e_j)$$

$$=\sum_{i,j}x_iy_je_j\otimes e_i=\Big(\sum_j y_je_j\Big)\otimes\Big(\sum_i x_ie_i\Big)=\beta\otimes\alpha.$$

$$\theta^2(\alpha\otimes\beta)=\theta(\beta\otimes\alpha)=\alpha\otimes\beta, \text{故 } \theta^2=1.$$

(2) 注意 θ 是线性空间 $U=V\otimes V$ 的线性变换且满足 $\theta^2=1$,故存在 U 的基 $u_1,\cdots,u_{n^2}$ 使得 θ 的方阵表示为

$$S=\begin{bmatrix}I_s & \\ & -I_t\end{bmatrix},$$

这对应着 U 的分解

$$V_1\otimes V_2=U_1\oplus U_2.$$

其中 U_1,U_2 均为 θ 的不变子空间,分别由 $u_1,\cdots,u_s$ 和 $u_{s+1},\cdots,u_{s+t}$ 生成,且 θ 在 U_1 和 U_2 限制 θ_1 和 θ_2 的方阵表示分别为 I_s 和 $-I_t$,这说明 U_1 的元素 α 满足 $\theta(\alpha)=\theta_1(\alpha)=\alpha$,$U_2$ 的元素 β 满足 $\theta(\beta)=-\beta$. 任意 $\alpha\in U$ 可分解为 $\alpha=\alpha_1+\alpha_2$,$\alpha_i\in U_i$,

$$\theta(\alpha)=\theta(\alpha_1+\alpha_2)=\theta_1\alpha_1+\theta_2\alpha_2=\alpha_1-\alpha_2.$$

故 $\theta(\alpha)=\alpha$ 当且仅当 $\alpha_2=0$,即 $\alpha\in U_1$;$\theta(\alpha)=-\alpha$ 当且仅当 $\alpha_1=0$,即 $\alpha\in U_2$.

(3) 显然 $e_i\otimes e_j+e_j\otimes e_i$ $(i\leqslant j)$ 均属于 $\mathrm{Sym}^2(V)$,共 $n(n+1)/2$ 个. 而 $e_i\otimes e_j-e_j\otimes e_i$ $(i<j)$ 均属于 $\mathrm{Alt}^2(V)$,共 $n(n-1)/2$ 个. 由于 $n(n+1)/2+n(n-1)/2=n^2=\dim V\otimes V$,且上述元素均线性无关,故它们分别为 $\mathrm{Sym}^2(V)$ 和 $\mathrm{Alt}^2(V)$ 的基.

(4) 对 $\sigma\in G$,显然 $\theta(\sigma(e_i\otimes e_j+e_j\otimes e_i))$

$$\begin{aligned}&=\theta((\sigma e_i)\otimes(\sigma e_j)+(\sigma e_j)\otimes(\sigma e_i))\\&=(\sigma e_i)\otimes(\sigma e_j)+(\sigma e_j)\otimes(\sigma e_i),\\&=\sigma(e_i\otimes e_j+e_j\otimes e_i),\end{aligned}$$

故 $\sigma(e_i\otimes e_j+e_j\otimes e_i)$ 仍属于 $\mathrm{Sym}^2(V)$,故知 $\mathrm{Sym}^2(V)$ 是 G 的不变子空间. 同样可知 $\mathrm{Alt}^2(V)$ 为 G 的不变子空间.

2. 设 $V\otimes V=\mathrm{Sym}^2(V)\oplus\mathrm{Alt}^2(V)$ 和 G 如上题,记 χ,χ_+^2 和 χ_-^2 为 V,$\mathrm{Sym}^2(V)$ 和 $\mathrm{Alt}^2(V)$ 决定的 G 的特征(即对 $\sigma\in G$,$\chi_+^2(\sigma)$ 为 σ 作为 $\mathrm{Sym}^2(V)$ 的变换的方阵的迹). 则对

任意 $\sigma\in G$ 有

$$\chi_+^2(\sigma)=(\chi(\sigma)^2+\chi(\sigma^2))/2,$$
$$\chi_-^2(\sigma)=(\chi(\sigma)^2-\chi(\sigma^2))/2,$$
$$\chi^2=\chi_+^2+\chi_-^2.$$

证　对 $\sigma\in G$,可取 V 的基 $\{e_i\}$ 使 e_i 均为 σ 的特征向量(因为由 9.4 节第 4 题知 σ 的方阵表示可为酉方阵),设 $\sigma e_i=\lambda_i e_i$,λ_i 为复数,则

$$\chi(\sigma)=\sum_{i=1}^{n}\lambda_i,\quad \chi(\sigma^2)=\sum\lambda_i^2,$$

另一方面,我们知道 $\mathrm{End}(V_1)\otimes\mathrm{End}(V_2)=\mathrm{End}(V_1\otimes V_2)$,故

$$\begin{aligned}(\sigma\otimes\sigma)(e_i\otimes e_j+e_j\otimes e_i)&=(\sigma e_i)\otimes(\sigma e_j)+(\sigma e_j\otimes\sigma e_i)\\&=(\lambda_i e_i)\otimes(\lambda_j e_j)+(\lambda_j e_j)\otimes(\lambda_i e_i)=\lambda_i\lambda_j(e_i\otimes e_j+e_j\otimes e_i),\end{aligned}$$
$$(\sigma\otimes\sigma)(e_i\otimes e_j-e_j\otimes e_i)=\lambda_i\lambda_j(e_i\otimes e_j-e_j\otimes e_i),$$

这说明 $\mathrm{Sym}^2(V)$的变换 $\sigma\otimes\sigma$ 的方阵表示是对角形,故

$$\chi_+^2(\sigma)=\mathrm{tr}(\sigma\otimes\sigma)=\sum_{i\leqslant j}\lambda_i\lambda_j=\sum\lambda_i^2+\sum_{i<j}\lambda_i\lambda_j=\frac{1}{2}\left(\sum\lambda_i\right)^2+\frac{1}{2}\sum\lambda_i^2,$$
$$\chi_-^2(\sigma)=\sum_{i<j}\lambda_i\lambda_j=\frac{1}{2}\left(\sum\lambda_i\right)^2-\frac{1}{2}\sum\lambda_i^2.$$

3. 设 G_i 为复线性空间 V_i 的一些自同构组成的群,χ_i 为 G_i 的相应特征(参见上两题)($i=1,2$). 则群直积 $G=G_1\times G_2=\{(\sigma_1,\sigma_2)\mid\sigma_1\in G_1,\sigma_2\in G_2\}$可视为 $V_1\otimes V_2$ 的自同构组成的群:即对 $\sigma_i\in G_i,v_i\in V_i$ 定义

$$(\sigma_1,\sigma_2)(v_1\otimes v_2)=(\sigma_1 v_1)\otimes(\sigma_2 v_2),$$

且 G 由此决定的特征 χ 满足

$$\chi(\sigma_1,\sigma_2)=\chi_1(\sigma_1)\cdot\chi_2(\sigma_2).$$

(1) 若 V_i 对 G_i 不可约($i=1,2$),则 $V_1\otimes V_2$ 对 $G_1\times G_2$ 不可约.

(2) 设 V 为任一线性空间,以 $G=G_1\times G_2$ 中元素为自同构且对 G 不可约,则必有 $V=V_1\otimes V_2$ 如上述(对于某线性空间 V_1,V_2).

证　设 V_1 的基为 $\{e_i\}$,V_2 的基为 $\{\varepsilon_j\}$,维数分别为 n 和 m,并设 $\sigma_1\in G_1$ 在基 $\{e_i\}$ 下的方阵表示为 $A=(a_{ij})$,$\sigma_2\in G_2$ 在基 $\{\varepsilon_j\}$ 下方阵为 $B=(b_{ij})$. 则 $V_1\otimes V_2$ 以 $\{e_i\otimes e_j\}$ 为基,(σ_1,σ_2)在此基下方阵表示为 $A\otimes B=(a_{ij}B)$(见 12.3 节第 15 题),故

$$\chi(\sigma_1,\sigma_2)=\mathrm{tr}(A\otimes B)=\mathrm{tr}(A)\cdot\mathrm{tr}(B)=\chi_1(\sigma_1)\chi_2(\sigma_2).$$

(1) 由 9.4 节第 9 题知,

$$\frac{1}{g_1}\sum_{t_1\in G_1}\chi_1(t_1)^*\chi_1(t_1)=1,\quad \frac{1}{g_2}\sum_{t_2\in G_2}\chi_2(t_2)^*\chi_2(t_2)=1.$$

相乘得

$$\frac{1}{g}\sum_{t_1,t_2}\chi(t_1,t_2)^*\chi(t_1,t_2)=1.$$

这说明 $V_1\otimes V_2$ 对 $G_1\times G_2$ 不可约(补充题 12).

(2) 以 G 为自同构群的空间 V 由相应定义的特征 χ 唯一决定(G-同构意义下,见 9.4 节第 11 题). 故只需证 χ 可由如下形式定义的特征生成:$\Psi(\sigma_1,\sigma_2)=\chi_1(\sigma_1)\chi_2(\sigma_2)$(见 9.4 节第 14 题). 这又只需证明:若 G 的类函数 f 与上述特征 Ψ 均正交则 $f=0$(也见第 14 题). 现设 G 的类函数 f 满足

$$0=\langle f,\Psi\rangle=\frac{1}{g}\sum_{t_1,t_2}f(t_1,t_2)^*\chi_1(t_1)\chi_2(t_2)\quad(\text{任意 }\chi_1,\chi_2).$$

固定 χ_2,令 $g(t_1)=\sum\limits_{t_2\in G_2}f(t_1,t_2)^*\chi_2(t_2)$,则

$$\langle g,\chi_1^*\rangle=\sum_{t_1\in G_1}g_1(t_1)\chi_1(t_1)=0\quad(\text{任意 }\chi_1).$$

因为 g 为 G_1 的类函数,上述说明 $g=0$,同样的讨论适用于 χ_2 和 $f(t_1,t_2)^*$,即由

$$0=g(t_1)=\sum f(t_1,t_2^*)\chi_2(t_2)$$

则说明 $f(t_1,t_2)=0$. 证毕.

符号说明

AL	交错多线性映射 (12.1)
$\mathrm{Aut}(V,g)$	(V,g)的自同构群 (9.11)
$\mathscr{A}$	线性变换(6.1);交错化算子(12.6)
$\mathscr{A}^*$	$\mathscr{A}$的伴随变换 (8.6,9.3,9.9)
$\mathbb{C}$	复数域 (1.1)
C_n^k	等于$n!/(k!(n-k)!)$
$C(f)$	$f(\lambda)$的友阵 (7.2,7.5,7.9)
$C_{\alpha/W}$	向量α到W的导子 (7.5)
$\deg(f)$	多项式f的次数 (1.3)
$\dim(V)$	V的维数 (5.1)
$\mathrm{End}(V)$	V上线性变换全体 (6.3)
E_{ij}	只在(i,j)位上为1其余元素为0的矩阵
F	一个域(本书作为基域)
$\mathbb{F}_p$	p元有限域 (1.2)
F^n	域F上n维行向量空间 (3.3)
$F^{(n)}$	域F上n维列向量空间 (3.3)
$F[X]$	域F上多项式形式环 (1.3)
$F[\lambda]$	域F上多项式形式环(以λ为不定元) (6.6)
$F(X)$	F上有理式(形式)域,有理函数域 (1.3)
$F[[X]]$	F上形式幂级数环 (1.12)
$F[X_1,\cdots,X_n]$	F上n元多项式环 (1.10)
$F[\mathscr{A}]$	线性变换$\mathscr{A}$的多项式全体 (6.3,7.2)
$F\alpha_1+\cdots+F\alpha_s$	向量$\alpha_1,\cdots,\alpha_s$的线性组合全体(以F中数为组合系数)
$\mathrm{Hom}(V_1,V_2)$	V_1到V_2的线性映射全体 (6.2)
$J_k(c)$	k阶若当块 (7.6,7.9)
$J(p(\lambda)^k)$	广义若当块 (7.6,7.9)
$\ker\varphi$	映射φ的核 (13.1,4.5,5.2)

$L(V_1,\cdots,V_r;W)$	$V_1,\cdots,V_r$ 到 W 的多线性映射集 (12.1)
$M_{m\times n}(F)$	F 上 $m\times n$ 矩阵全体(线性空间) (4.1)
$M_n(F)$	F 上 n 阶方阵全体(环,代数) (4.1)
$m(\lambda)$	极小多项式 (7.2)
$m_\alpha(\lambda)$	α 的最小零化子 (7.4)
$\mathbb{N}$	自然数全体 (1.1)
$\mathbb{Q}$	有理数域 (1.1)
$\mathbb{R}$	实数域 (1.1)
$\mathrm{span}\{\alpha_1,\cdots,\alpha_s\}$	$\alpha_1,\cdots,\alpha_s$ 张成(生成)的子空间
V	常表示线性空间
V^*	V 的对偶空间 (8.5,12.1)
V/W	V 模 W 的商空间 (5.5)
$\mathbb{Z}$	整数环
$\mathbb{Z}/m\mathbb{Z}$	整数模 m 同余类环 (1.2)
δ_{ij},δ_j^i	Kronecker delta (8.5,12.4)
λ	(1)常数 (第1～6章);(2) 不定元(第7章)
λ-矩阵	元素为多项式(λ 为不定元)的矩阵 (7.7)
σ_i	初等对称多项式 (1.11)
$\tau(i_1\cdots i_n)$	排列 $i_1\cdots i_n$ 的逆序数
Ω	常表示正交方阵
$\langle\alpha,\beta\rangle$	α 与 β 的内积 (8.6,9.1,9.7)
$a\mid b$	a 整除 b (1.2,1.4)
$\varphi\circ\psi$	映射 φ 与 ψ 的复合 (13.1,5.2)
$A\times B$	集合 A 与 B 的直积(笛卡儿积) (13.1)
$V_1\oplus V_2$	空间 V_1 与 V_2 的直和 (5.4,7.1,12.2)
$V_1\ominus V_2$	空间 V_1 与 V_2 的正交直和 (10.1)
$V_1\otimes V_2$	空间 V_1 与 V_2 的张量积 (12.1,12.2)
$v_1\otimes\cdots\otimes v_r$	向量 $v_1,\cdots,v_r$ 的张量积 (11.2)
$T^r(V)$	空间 V 的 r 重张量积 (11.3)
$\Lambda^r(V)$	空间 V 的 r 重外积 (12.4)
$v_1\wedge\cdots\wedge v_r$	向量 $v_1,\cdots,v_r$ 的外积 (12.4)
$W^\perp$	W 的正交(补)子空间 (8.5,9.1,9.8)
$\equiv$	同余于 (1.2,7.1)
$\sim$	相抵于(4.3),(线性)等价于 (3.3)

$\approx$	相合于 (8.1)
$\cong$	同构于 (5.2)
$A \rightarrow B$	集合 A 映射到 B (13.1)
$a \mapsto b$	元素 a 映射到 b (13.1)
$A \Rightarrow B$	命题 A 蕴含 B